国家科学技术学术著作出版基金项目

酶工程技术及其在农产品加工中应用

贾英民 等◎编著

中国轻工业出版社

图书在版编目（CIP）数据

酶工程技术及其在农产品加工中应用/贾英民等编著. —
北京：中国轻工业出版社，2020.6
国家科学技术学术著作出版基金项目
ISBN 978-7-5184-2903-5

Ⅰ. ①酶…　Ⅱ. ①贾…　Ⅲ. ①酶工程—应用—农产品
加工—研究　Ⅳ. ①Q814②S37

中国版本图书馆 CIP 数据核字（2020）第 027878 号

责任编辑：马　妍　　责任终审：张乃东　　封面设计：锋尚设计
策划编辑：马　妍　　责任校对：晋　洁　　责任监印：张　可

出版发行：中国轻工业出版社（北京东长安街6号，邮编：100740）
印　　刷：三河市万龙印装有限公司
经　　销：各地新华书店
版　　次：2020年6月第1版第1次印刷
开　　本：787×1092　1/16　印张：42.75
字　　数：1000千字
书　　号：ISBN 978-7-5184-2903-5　定价：240.00元
邮购电话：010-65241695
发行电话：010-85119835　传真：85113293
网　　址：http：//www.chlip.com.cn
Email：club@chlip.com.cn
如发现图书残缺请与我社邮购联系调换
181551K1X101ZBW

序

我国改革开放 40 多年来，以食品工业为主导的农产品加工业取得了举世瞩目的发展成就。总体上看，改革开放的前 30 年，我国农产品加工业实现了数量和规模快速发展，由于多数农产品加工企业加工设备陈旧、技术水平低，农产品加工行业缺少相应的行业标准，产品质量监管体系不健全；农产品加工以初级加工为主，加工副产物综合利用不足现象普遍。随着我国经济结构转型，农产品加工业势必要加快转型发展，由追求数量与规模的粗犷式加工向以清洁生产为主线的精深加工转型，向现代高新技术、工艺与装备转型，以实现高质量发展。农产品加工高新技术在学科交叉中快速突破，如目前国际上广泛应用于农产品加工领域的高新技术，主要有生物工程技术（酶工程技术、发酵过程技术）、速冻技术、冷冻升华干燥技术、冷冻浓缩技术、气调保鲜技术、膜分离技术、微波膨化技术、挤压技术、超临界流体萃取技术、微电子技术、计算机图像处理技术、微胶囊技术、真空技术、高压加工技术、特征红外干燥技术、无菌包装技术等。

酶工程技术作为现代农产品加工高新技术之一，在农产品加工领域的应用，对于改进加工工艺、提高产品质量和产品得率、降低原料消耗、节省生产成本、减少废物排放、降低环境污染等都具有显著的工业优势。酶工程技术自 20 世纪 70 年代诞生以来，短短几十年取得了迅猛发展，尤其是近些年来，随着基因工程、蛋白质工程研究的深入，为酶分子工程提供了坚实的技术支撑，酶蛋白的分子进化、修饰改造等新技术、新成果日新月异；酶技术的应用范围快速拓展，目前国际生产的商品酶制剂拓展到酶学分类中的六大类，应用领域涉及食品工业、发酵工业、纺织、洗涤剂、皮革、造纸、精细化工、饲料加工、临床医学、药物生产、环境控制、分析检测等各个领域。

作者团队从事酶工程技术及其在农产品加工中的应用等教学科研工作 20 余年，一直致力于农产品加工用酶制剂的微生物资源开发、酶工程技术在农产品加工中的应用研究，围绕酶技术在农产品品质改性作用、酶技术在农产品功能性营养因子的开发制备应用、酶技术在农产品精深加工工艺技术以及酶技术在农产品检验检测中的作用开展了较为系统的研究。本书作者对多年从事研究工作取得的成果、国内外最新研究和应用文献资料进行了系统梳理，重点对粮食、油脂、果品蔬菜、畜产品（肉、蛋、奶）、水产品、饲料等主要农副产品加工中的酶制剂及其性质，主要酶工程技术及其在加工工艺中的作用、应用领域等进行了系统性整理，对于我国农产品精深加工研究、产品开发和技术工艺进步将具有重要指导作用。

2020 年 1 月于北京工商大学

前　言

　　酶是体现生命新陈代谢本质特征的一类特殊蛋白质，如何在细胞外条件下充分利用酶的高效、温和、专一等优点，发挥其生物催化的功能来造福人类，是科学家孜孜以求的目标。酶工程正是为实现上述目标而孕育形成的新兴生物工程技术。随着酶工程技术的进步，酶技术的应用日新月异，目前国际生产的商品酶制剂已拓展到酶学分类中的六大类，应用领域涉及国民经济中几乎所有行业。

　　农产品加工业横跨农业、工业和服务业三大领域，具有投资少、周期短、效益好的特点，是发展中国家工业化初中期应优先发展的产业。发达国家和我国经济发达地区的实践表明，农产品加工业具有延长农业产业链条、提高农产品附加值和增加农民收入的作用，是带动现代农业发展的"引擎"，是减少农产品产后损失的重要途径，是推进农业产业化链条的关键环节。

　　随着我国经济结构的转型，农产品加工业势必要加快转型发展，由追求数量与规模的粗犷式加工向以清洁生产为主线的精深加工转型，向现代高新技术、工艺与装备转型，以实现高质量发展。酶工程技术作为现代农产品加工的高新技术之一，在农产品加工领域的应用，对于改进加工工艺、提高产品品质以及降低环境污染等都具有显著工业优势。现代酶工程技术应用于农产品加工领域，对于推动产业发展和技术进步具有重要意义。

　　作者团队从事酶工程技术及其在农产品加工中的应用等教学科研工作 20 余年，一直致力于酶制剂微生物资源开发、酶技术在农产品加工中的应用研究，围绕酶技术在农产品品质改性作用、酶技术在农产品功能性营养因子的开发制备应用、酶技术在农产品精深加工工艺技术以及酶技术在农产品检验检测中的作用开展了较为系统的研究。本书将多年从事研究工作取得的成果、国内外最新研究和应用文献资料进行了系统梳理。为使酶学、酶工程技术的理论知识系统化，前 6 章围绕酶的高效应用，对酶工程技术基本原理、共性技术及其研究进展进行编排；后 7 章根据农产品原料及加工领域，重点对粮食、油脂、果品蔬菜、畜产品（肉、蛋、奶）、水产品、饲料等主要农副产品加工中的酶制剂及其性质，主要酶工程技术及其在加工工艺中的作用、应用领域等进行了系统性整理，希望对农产品精深加工研究、产品开发和技术工艺进步有所裨益。本书是面向从事农产品加工领域的科研院所、具有研发能力的企业研发中心和指导生产的相关人员、高校高年级本科生和研究生等的参考用书。

北京工商大学孙宝国院士对本书的出版曾给予指导与帮助，并在百忙中为本书作序，借书稿完成之际，谨表衷心感谢。

由于作者水平所限，开展的研究深度和广度也不够充分，收集的资料不尽完善，书中存在错漏或不足之处，恳请本领域广大科技工作者批评指正。

感谢国家科学技术学术著作出版基金项目的资助。

贾英民

2020 年 1 月于北京工商大学

目 录
CONTENTS

第一章

绪 论

一、酶工程及其研究的主要内容

酶是体现生命新陈代谢本质特征的一类特殊蛋白质，如何在细胞外条件下充分利用酶的高效、温和、专一等优点，发挥其生物催化的奇妙作用来造福人类，是科学家孜孜以求的目标。酶工程正是为实现上述目标而孕育而生的新兴生物工程技术。酶工程（Enzyme Engineering）是酶学、微生物学与生物化工等学科相互交叉、有机结合而产生的新兴边缘学科，也是 20 世纪 70 年代初在分子生物学、生物化学、细胞生物学和发酵工程技术基础上发展起来的现代生物工程的重要组成部分。它是一项利用酶、含酶细胞器或细胞（微生物、动物、植物）作为生物催化剂来完成重要化学反应，并将相应底物转化成有用物质的应用型生物高新技术[1]。酶工程分为化学酶工程和生物酶工程。前者指自然酶、化学修饰酶、固定化酶及化学人工酶的研究和应用；后者则是酶学和以基因重组技术为主的现代分子生物学技术相结合的产物，主要包括三个方面：①用基因工程技术大量生产酶（克隆酶）；②修饰酶基因产生遗传修饰酶（突变酶）；③设计新的酶基因合成自然界不曾有的新酶。

在酶工程研究中，除酶分子的修饰、改造等蛋白质工程外，还有一项重要内容就是酶生物反应器。酶生物反应器结合酶固定化技术，在以农产品加工为基础的食品工业、饲料加工、洗涤剂工业、纺织、造纸、皮革、生物医药等多领域发挥了革命性技术进步作用，在酶固定化技术基础上，发展成的酶电极、酶膜反应器、免疫传感器和多酶反应器等新技术，已在生化分析、临床诊断与工业生产过程的监测、环境治理和监控等方面得到了广泛的应用。

1971 年在美国召开了第一届国际酶工程会议，把酶的生产与应用确认为酶工程的核心内容，主要涉及以下六个部分：①酶的生产；②酶的分离纯化；③酶的固定化；④酶分子的定向改造与修饰；⑤酶生物反应器；⑥酶的应用。

二、酶工程研究的历史与现状

（一） 酶学的奠基与发展

尽管我国古代劳动人民早在 4000 多年前就已掌握了酿酒技术（酒是酵母发酵的产物，是细胞内酶作用的结果），然而对酶的理性探索却是源于欧洲大陆。对酶的真正认识是在 19 世纪前后，人们通过对胃肠消化作用、麦芽的糖化作用和酵母的酒精发酵作用的研究而逐渐形成的。在此以前，人们总以为食物在胃中的消化是靠胃壁蠕动的机械碾磨，1752 年有人将肉片装在金属小丝笼内给老鹰吞下，经过一定时间后取出小笼，里面的肉片不见了，这才意识到胃液中有某些可以消化肉类的物质存在，动摇了蠕动消化的说法。19 世纪科学启蒙时代的一些科学家围绕酵母酒精发酵的问题展开了一场旷日持久的争论。以化学家李比希（Justus，Baron Von Liebig，1803—1873）为代表的学派认为，酵母发酵生成酒精纯系一种有机化学反应；而法国微生物学家巴斯德（Louis Pasteur, 1822—1895）则认为，发酵是由于活酵母细胞的生命活动而引起的结果，1856—1860年，他提出了以微生物代谢活动为基础的发酵本质新理论，通过对蔗糖转化为酒精的发酵过程研究，提出在酵母细胞中存在一种活性物质，命名为

李比希　　　　　　　巴斯德

"酵素"（Ferment），认为发酵是这种活性物质催化的结果，并认为活性物质只存在于生命体中，细胞破裂就会失去发酵作用；1878年，德国生理学家威廉·屈内首次提出了酶（Enzyme）这一概念，原意是"在酵母中"。随后，酶被用于专指胃蛋白酶等一类非活体物质，而酵素则被用于由活体细胞产生的催化活性。这种争论长达半个世纪。直到巴斯德去世后，1897年，德国化学家爱德华·毕希纳（Eduard Buchner）对不含细胞的酵母提取液进行发酵研究，最终证明发酵过程并不需要完整的活细胞存在，他将其中能够发挥发酵作用的酶命名为发酵酶。这一贡献打开了通向现代酶学与现代生物化学的大门，他也因"发现无细胞发酵及相应的生化研究"而获得了1907年的诺贝尔化学奖。在此之后，酶和酵素两个概念合二为一，并依据毕希纳的命名方法，后来的酶的发现者们根据其所催化的反应对其命名。通常酶的英文名称是在催化底物或者反应类型的名字最后加上 -ase 的后缀，而中文命名也采用类似方法，即在名字最后加上"酶"。例如，乳糖酶（Lactase）是能够水解乳糖（Lactose）的酶，DNA 聚合酶（DNA Polymerase）则能够催化 DNA 聚合反应。需要特别指出的是，萨姆纳（James B. Sumner, 1926）从刀豆中提取出脲酶的结晶，并证明是一种蛋白质，为酶化学和蛋白质化学的发展奠定了基础。

毕希纳

　　由于酶在物质转化中的特殊作用，进入 20 世纪后，对酶的研究引起众多学者的极大兴趣，新酶不断被发现，并对酶的化学本质、酶催化物质转化的反应及其影响进行了广泛而深入的研究。1913 年米凯利斯（Leonor Michaelis）和门顿（Maud L. Menten）提出了酶催化动力学理论，并建立了米氏方程（Michaelis-Menten Equation），Briggs 和 Haldane 通过大量研究，对米氏方程进行了修正。米氏方程至今一直是研究酶催化动力学的理论依据。酶作用的锁钥学说及诱导契合学说的提出，使人们对酶有了更深入的了解；米氏方程的建立开拓了对酶由定性到定量的分析，并揭示了生物催化的作用机制，是酶学发展史上的重要里程碑；脲酶结晶的获得不仅揭示了酶的蛋白质本质，而且奠定

了现代酶学、蛋白质化学的基础；蛋白质一级结构测定方法的建立，有力地推动了酶学的发展，也为酶的分子生物学的建立奠定了基础。

（二） 酶工程的奠基与发展

随着酶学研究的深入，酶在工农业生产以及医药领域的应用成果如雨后春笋般地涌现，酶工程技术就是在酶制剂的工业生产应用中诞生的。20 世纪中叶，随着微生物深层发酵技术在淀粉酶生产中的应用，开始了酶制剂工业生产的新时代，极大地推动了酶制剂的规模化工业应用，20 世纪 50 年代末，利用葡萄糖淀粉酶催化淀粉水解生产葡萄糖的新工艺研究成功，彻底革除了沿用 100 多年的酸水解生产葡萄糖的传统工艺，并使淀粉得糖率从 80% 提高到 99%。这项新工艺的改革成功，极大地促进了酶在工业上的应用。20 世纪 60 年代中期，欧洲加酶洗衣粉风行，60% 以上的洗涤剂添加酶，使得碱性蛋白酶生产供不应求。这些成就迎来了酶制剂工业的第一次大发展。酶作为一种催化剂，在催化过程中自身不发生变化，可以反复使用。但酶是水溶性的，不易回收，其提纯也比较困难，在水溶液中也不甚稳定，这些都限制了酶的使用范围和应用效率。若用物理或化学方法将酶与不溶性载体结合而固定化，就可以从反应体系中回收再用，并且可以装入反应器进行连续化反应，不仅保证酶不进入产品，而且可以节约酶的用量，有利于产品的提纯，反应器也可大大缩小，人们开始了酶固定化技术的探索。1969 年，固定化氨基酰化酶成功地应用于拆分 D,L-酰化氨基酸生产 L-氨基酸，引起了酶固定化技术研究热潮。1971 年第一届国际酶工程会议在 Hemileer 召开，会议提出了"酶工程"（Enzyme Engineering）的名词，应该说这次会议是酶工程技术诞生的标志，此后，固定化酶的生产和应用一度达到高潮。特别是 20 世纪 70 年代末，固定化葡萄糖异构酶用于生产果葡糖浆，实现了规模化生产，成为固定化酶最成功的典范，固定化酶与可溶性的游离酶相比具有很多优点：①稳定性高；②酶可反复使用；③产物纯度高，副产物少，从而有利提纯；④生产可连续化、自动化；⑤设备小型化，节约能源等。其应用范围越来越广。酶的固定化技术曾一度是酶工程的重要研究内容。除应用于传统的食品工业（乳糖的分解、乳酸制造、牛奶消毒、酒精生产等）外，在其他领域如有机合成反应、分析化学、医疗、废液处理、亲和层析等也获得广泛应用。随着酶工程领域研究内容的拓展，认识到酶制剂的应用并不一定都需要固定化，而且需要固定化的天然酶也仍有必要提高其活力，改善其某些性质，以便更好地发挥酶的催化功能。由此而提出了酶分子的改造和修饰。在第七届国际酶工程会议上，以酶分子改造和修饰为主要内容的提高酶稳定性的研究占较大比例，它与基因工程的应用、活细胞的固定化一起，成为当今国际酶工程最为活跃的三大领域。通常将改变酶蛋白一级结构的过程称为改造，而将酶蛋白侧链基团的共价变化称为修饰。酶分子经加工改造后，可导致有利于应用的许多重要性质与功能的变化。美国 Davis 等还利用蛋白质侧链基团的修饰作用，研究降低或解除异体蛋白的抗原性及免疫原性。以聚乙二醇修饰治疗白血病的特效药 L-天冬酰胺酶，使其抗原性完全解除。但是，由于工业酶制剂需求的量很大，在酶蛋白分子水平对酶结构的改造加工难以实现规模化加工，且无疑对酶制剂的生产成本影响很大，所以随着分子生物学研究的深入，基因工程技术的成熟，工业酶制剂的修饰改造，化学修饰技术被基因工程技术所取代，诞生了以酶基因改造为主要内容的酶工程分支学科——生物酶工程。

（三）　现代酶工程的新进展

进入 21 世纪后，酶工程研究的内容不断拓展，研究应用的领域急速拓宽，酶工程与生命科学及生物技术的其他学科紧密地相互促进，酶工程也在研究内容和手段上与结构生物学、基因工程、蛋白质工程、发酵工程、代谢工程、合成生物学等学科相互交融，把酶工程学科推进现代酶工程阶段。作为以应用技术为主导的新型学科，凭借其广阔的应用前景和多学科交叉促进的优势，从一诞生就得到广大科技工作者的极大兴趣，从而取得了快速发展并迎来了广阔的发展前景，21 世纪从应用角度分析，把酶工程的发展概括在新酶的研究与开发，酶的优化生产，酶的高效应用技术等几个方面。

1. 新酶的研究与开发

（1）利用生物多样性筛选自然酶，并进一步利用现代分子生物学技术进行优化培育。随着酶工程的发展，目前已知的酶已不能满足人们的需要，研究和开发新酶已成为酶工程发展的前沿课题。新酶的研究与开发，一方面是利用传统的生物质资源挖掘技术手段，继续利用生物多样性资源，从尚未认识到的生物资源尤其是微生物资源进行充分挖掘；另一方面进一步利用现代分子生物学手段进行优化改进，已经取得了令人瞩目的成就，成功范例不胜枚举。

①纤维素酶：是多酶的复合酶系，非理性设计是目前纤维素酶定向进化的方法，木霉纤维素外切酶和纤维素内切酶已在噬菌体展示功能。目前已经克隆表达一批中碱性纤维素酶的基因，可用于纺织和洗涤剂，造纸工业用途的中性内切纤维素酶工程菌优化培养，酶活可达 32529U/mL，提高了原株的 7.8 倍。

②脂肪酶：是生物合成中一个重要酶类。目前我国已建立了通过理性设计成熟的 3 个脂肪酶基因改造、生产和应用的技术平台。用基因改组技术将扩展青霉 *Penicillium expansum* FS 8486 酶活力提高了 317%。对脂肪酶 "盖子" 结构进行了定点突变，获得开盖型脂肪酶，酶比活力提高 5.7 倍，两相催化效率提高 1.8 倍。

③甘露聚糖酶：属于半纤维素酶，适用于甘露寡糖制备。肇东市日成酶制剂公司用黑曲霉工程菌酸性 β-甘露聚糖酶表达活力达 20000U/mL，为目前生产菌株水平的 25 倍，处于真菌基因工程菌领先地位。利用 DNA shuffling 定点突变获得耐高温耐酸的 *A. tabescens* MAN 47 β-甘露聚糖酶突变体，高温 80℃、pH 4.0 酶活力为野生型的 10 倍。定向引入 N-糖基化位点，实现了野生型和突变型在毕赤酵母中的表达，热稳定性、酸稳定性、蛋白酶抗性均得到改善。也获得了比野生型甘露聚糖酶活性高 3~5 倍的 3 个突变体。从嗜热网球菌中克隆获得热稳定的 β-1，4-甘露聚糖酶，在 80℃ 高温低渗油井中、对羟基瓜尔胶有最高活力。该酶半衰期为 46h。

④半乳糖苷酶：又称乳糖酶，能将乳糖分解成葡萄糖和半乳糖基，可以合成低聚

糖。通过宏基因组法从海底泥中获得高效转糖基的 β-半乳糖苷酶，在 *E. coli* 中可溶性表达，对有机溶剂有耐受性，合成低聚半乳糖产量可达 51.6%[9]。曲霉 α-半乳糖苷酶固体发酵，酶活力达 305IU/g。硫磺矿硫化叶菌 *Sulfolobus solfataricus* P2 的 β-半乳糖苷酶进行分子改造构建了突变体，突变酶 F441Y 生产低聚半乳糖，产率达 61%，较野生型高10% 左右。

（2）挖掘极端环境微生物资源，开发极端酶。随着对微生物资源的挖掘研究，发现在普通生物所不能生存的极端环境中，存在着能够适应的微生物，20 世纪 70 年代，提出来极端微生物（Extremophiles）这个概念，主要包括高温、低温、高酸、高碱、高盐、高压、高辐射等环境，从极端微生物筛选出具有特定意义和特定用途的极端酶；由于其独特的生物化学特性和独特的应用环境，已引起各国学者的高度重视并取得了突破性成就。

①高温酶（嗜热酶，Thermophilic Enzyme）：由于其热稳定性好、酶促反应快速、反应环境条件有利于防污染等工业优势，展示出其在食品、化工、制药等领域的应用前景，有些已经得到广泛应用。如高温 DNA 聚合酶的发现，建立了 PCR 技术，为分子生物学研究提供了关键技术手段，高温淀粉酶的诞生为淀粉工业带来革命性工艺进步。

②低温酶（嗜冷酶，Psychrophilic Enzyme）：由于其能够在低温下（−2~20℃）条件下催化反应，一方面在低温条件下，有利于防止微生物污染，同时对于一些热不稳定的底物或产物的反应更具有工业优势。

③嗜酸酶（Acidophilic Enzyme）：能够在 pH4 以下酸环境发挥催化活性，在煤炭脱硫、贵金属冶炼提取中显示应用优势。

④嗜碱酶（Alkaliphilic Enzyme）：能够在 pH9 以上的碱性环境，由于嗜碱酶的耐碱性，在洗涤剂、造纸、皮毛加工和纺织工业中具有优势应用前景。

⑤嗜盐酶（Halophilic Enzyme）：能够在高盐浓度（120~300g/L NaCl）下表现出高催化活力，在嗜盐酶蛋白表面具有密集的负电荷，其在低盐离子液相环境溶解度极低，有利于用于液相无机与有机界面发挥催化优势；所有极端环境微生物筛选的极端酶，相比常规的微生物酶，都有独特的生物化学特性和独特的催化反应特点，随着极端酶研究的深入，将开辟出酶工程技术应用的新境地。

（3）以现代基因工程、蛋白质工程交叉渗透，构建模拟酶、抗体酶、杂交酶等蛋白质工程酶。尽管目前应用于生产实践的成果还不广泛，但已经预示令人兴奋的前景。

①模拟酶（Enzyme Mimics）：又称人工合成酶（Synzyme），一般认为模拟酶是根据天然酶的构效关系，利用有机化学方法合成的比天然酶结构更简单的非蛋白质分子的高效催化剂。模拟酶能够克服天然酶一系列在应用过程中的环境干扰因素，在应用上具有高效率、高适应性、高选择性和稳定性等特点，并且克服了酶蛋白的免疫原性。模拟酶的研究始于 20 世纪 60 年代，现已在模拟酶的金属配基、模拟酶的催化活性基团和底物结合基团、催化作用方式、模拟酶与底物的选择性及其催化特性等方面取得了突破性进展，可以预测，随着蛋白质工程、化学工程和分子生物学的发展与交叉，模拟酶的设计

与制备技术将会对食品、生物医药工业贡献高效、安全、廉价的新型酶制剂。

②抗体酶（Abzyme）：又称催化抗体（Catalytic Antibody），早在 20 世纪 60 年代 Jencks 根据 Panling 的化学反应过渡态理论预言，如果找到针对某一反应过渡态的抗体，就可能实现这个抗体对该化学反应的催化效应的设想，随着单克隆抗体技术的成功，具有催化活力的抗体问世了，几十年的研究，抗体酶已经在制备方法、催化反应等取得了突破性成功，目前已经成功地开发出能催化所有六大类天然酶的催化活性的数百种抗体酶，并且在有机合成、手性药物的合成与拆分、天然产物人工合成、前药设计及疾病治疗方面取得成功，展现出了未来令人注目的发展前景。

③杂交酶（Hybrid Enzyme）：又称杂合酶，是建立在蛋白质工程技术与基因工程技术交叉融合的重大突破，是将两种及其以上酶分子中结构单元或整个分子进行组合或交换，而产生的具有新的催化活性的酶蛋白杂合体。尤其是近些年来，酶基因克隆、酶基因定向进化、定点突变等 DNA 改组技术的不断成熟，为杂合酶研究提供了关键技术支撑，杂合酶研究新成果不断涌现。通过酶结构单元的组合或交换，已经在改变酶的催化特性、创造新酶催化活性、构建具有协同催化活性的双功能活性酶等方面展示出令人兴奋的成就。

（4）开发蛋白质以外的新型化学本质的酶。自从 Archiman 发现催化活性的核酸片段以来，先后发现多种不同类型的具有催化活性的 RNA 片段——核酶（Ribozyme），虽然在自然界还没有发现天然的具有催化活性的 DNA，但人们利用体外选择技术，已经成功地获得了许多具有催化功能的 DNA 分子——脱氧核酶（Deoxyribozyme），核酶的催化活性研究表明，其具有高度的专一性和催化的高效性。核酶的发现预示人们可以利用核酶在医学基因治疗、筛选特异性抗病毒药物等方面取得重大突破，目前已有部分研究成果进入临床前期或临床一、二期，随着医学、分子生物学、基因组学等交叉深入，不久的将来，核酶将在遗传疾病、病毒感染或癌症等治疗中大显身手。

2. 酶的优化生产

酶的优化生产是通过各种调控技术使酶的生产在最优化的条件下进行，以获得更多更好的酶，这是酶工程研究成果产业化的重要条件，常用的方法是对培养基、培养条件和分离纯化条件等进行系列优化，建立发酵和提取制备的优化工艺。20 世纪 50 年代开始建立了液态深层发酵技术，经过在设备和工艺工程一系列研究的进步，到目前用于液态深层发酵的分批式发酵罐可以达到 200~400t 级规模，为工业酶制剂的规模化生产带来了巨大技术进步，如果说液态深层发酵技术的发明是对酶制剂工业带来的第一次技术革命的话，基因工程技术在产酶微生物菌株培育中的应用，应该是酶制剂工业的第二次技术革命，传统的产酶微生物菌种选育工作是利用微生物的生物多样性，从自然界筛选产酶菌种，再利用基因突变原理进行诱变育种，在细胞水平上进行基因突变，由于基因突变的独立性，对突变位点和突变的方向是无法把控的，所以在细胞水平上的基因突变盲目性很大，诱变工作的效率就很低，突变后的筛选工作可以形容为"大海里捞针"。DNA 重组技术的发展，使人们通过酶基因克隆，在分子水平上对酶基因改造成为可能，随后建立的酶基因的定向进化、定点突变、酶基因杂交等改组技术不断成熟，这些新技术为酶基因在分子水平上加工改造、酶蛋白催化特性修饰及高效表达等提供了现代技术支撑，到目前诺维信公司等酶制剂的生产绝大部分是构建的工程菌种，极大地推动了酶制剂工业的技术进步；未来随着代谢工程、合成生物学等新兴学科研究的深入，预期将为酶制剂工业带来又一次革命性技术进步。

3. 酶的高效应用

随着酶工程技术的进步，酶技术的应用可以说是日新月异，目前国际生产的商品酶制剂拓展到酶学分类中的六大类，应用领域涉及整个国民经济几乎所有行业。

（1）酶的应用新技术　酶固定化技术为酶制剂的应用产生巨大影响，一方面对酶制剂的应用效率有极大的提高，通过固定化处理，使得酶制剂得以周而复始重复使用；同时适应于固定化酶催化的反应器的设计，使酶应用工艺改进，通过与自动化控制技术融合，使酶催化工艺得以自动化控制。酶固定化技术一直是酶工程的重点研究领域，在已建立的成熟的吸附法、吸附交联法、共价结合法、包埋法基础上，近些年酶固定化新载体材料、新型固定化技术方法不断涌现。

①固定化酶新载体材料：以 Fe_3O_4 纳米颗粒为基础的磁性载体材料制备的固定化酶，可以在应用工艺中利用其磁性很方便地与反应体系分离；导电载体用于固定化酶载体，利用其电子传导性，在基于酶电极的各类生物传感器得到应用，为制剂在分析检测领域高效应用提供基本技术支撑；利用环境敏感性材料对环境条件的敏感性（如温度、pH等），制备的固定化酶可以通过调节催化体系的环境条件，控制固定化酶的聚集与分离等。总之，目前固定化酶载体材料通过筛选和改造极大地丰富了固定化酶制剂的类型和应用工艺。今后通过新型载体材料的筛选、改进和复合制备等仍是固定化酶的主要研究方向。

②酶固定化新兴技术方法：随着固定化酶研究的深入，为克服固定化酶制备过程中存在的问题或方便其应用工艺，不断创新出一些新兴的固定化技术方法，如酶的定向固定化技术，能够将酶蛋白以有序的方式固定在载体表面，使酶活性中心充分暴露，克服了在固定化处理过程中由于立体屏蔽带来的损失，定向固定化技术已经在生物传感器、药物设计、医学临床检测等得到应用；酶固定化另一创新方法是多酶共固定化技术，它是根据催化某一反应体系中的相关几个酶共同固定在同一载体上，形成一个固定化多酶体系。例如，将葡萄氧化酶和过氧化物酶共同固定在同一载体上，并制备出可检测血糖的试纸条是成功的范例，已得到临床应用；多酶、酶与细胞等共固定化技术将成为酶的高效利用的有效途径。

③新型固定化酶反应器：与游离酶（溶解酶）不同，为充分发挥固定化酶在应用工艺中的优势，需要设计特定的固定化酶反应器，传统的固定化酶反应器包括分批式、填充床和流化床反应器，近些年随着新材料的不断创新，已设计出多种新型固定化酶反应器，如将固定化酶与膜技术结合，开发出的模式反应器，能够扩大酶与底物结合面积，提高催化效率，并为工艺自动化控制提供了技术支持。

（2）酶应用新领域　由于酶催化反应条件温和、催化专一性强、反应效率高、能耗低且环境友好等特点，随着酶工程领域研究的新技术新成果不断涌现，酶应用领域快速拓展，到目前，已经成功应用于食品、饲料、发酵、纺织、洗涤剂、皮革、造纸、日化、医疗、药物等生产领域，并在农、林、牧、渔、环境治理、能源开发、生命科学等领域的研究工作中成为重要的工具或技术方法；专家预测，酶工程技术将为人类解决未来面临的食物与营养、疾病与健康、资源与能源、气候变化与环境问题的主要技术支撑，并且在工、农业、医药和环保等领域应用的程度不断提升，应用的范围不断拓展；B. Marrs 等把酶技术在各类工业领域的广泛应用所带来的技术进步称为生物技术的第三次浪潮——白色生物技术。21 世纪酶工程技术将成为推动生物经济时代的主要动力。

三、 酶与酶工程技术在农产品加工中的作用

农产品加工业横跨农业、工业和服务业三大领域，具有投资少、周期短、效益好的特点，是发展中国家工业化初、中期应优先发展的产业。发达国家和我国经济发达地区实践表明，农产品加工业具有延长农业产业链条、提高农产品附加值和增加农民收入的作用，是带动现代农业发展的"引擎"，减少农产品产后损失的重要途径，推进农业产业化的核心。

改革开放以来，我国农产品加工业已经取得了举世瞩目的成就，从企业数量看，农产品加工企业由 2000 年 60753 个增至 2014 年 129367 个，增长 112.94%，年均增长 5.55%。2000 年以来，我国农产品加工业产值与农业产值比值逐渐提高，从 2000 年 0.93：1 升至 2005 年 1.46：1，2009 年突破 2：1；总体上看，改革开放的前 30 年，我国农产品加工业实现了数量和规模快速发展，由于多数农产品加工企业加工设备陈旧、技术水平低，农产品加工行业缺少相应的行业标准，产品质量监管体系不健全；农产品加工以初级加工为主，加工副产物综合利用不足现象普遍。发达国家农产品综合利用率高达 90%，我国仅 40% 左右，造成资源严重浪费。据报道，2013 年我国粮油、果蔬、畜禽、水产品加工副产物约 5.8 亿吨，其中 60% 作为废物丢掉或简单堆放；粮食加工副产物中，稻壳利用率不足 5%，米糠不足 10%，碎米为 16%；其他类农产品加工副产物综合利用情况，油料在 20% 以上，果蔬不足 5%，畜类为 29.9%，禽类为 59.4%，水产类在 50% 以上。在多数农产品或其副产物加工开发不足的同时，少数农产品又存在过度加工问题，突出表现为粮食过度加工。粮食碾磨加工中，大米出品率应在 70%～75%，小麦面粉应达 80% 以上，但由于片面追求"精、细、白"的产品外观，我国大米、小麦面粉平均出品率仅为 65%。由于粮食过度加工，每年损失 750 万吨以上，不仅造成营养损失，更造成粮食资源浪费。随着我国经济结构转型，农产品加工业势必要加快转型发展，由追求数量与规模的粗放式加工向以清洁生产为主线的精深加工转型，向建现代高新技术武装的现代工艺与装备转型，以实现高质量发展；农产

品加工的高新技术在学科交叉中快速突破，如目前国际上广泛应用于农产品加工领域的高新技术，主要有生物工程技术、速冻技术、冷冻升华干燥技术、冷冻浓缩技术、气调保鲜技术、膜分离技术、微波技术、膨化技术、挤压技术、超临界流体萃取技术、微电子技术、计算机图像处理技术、微胶囊技术、真空技术、高压加工技术、特征红外干燥技术、无菌包装技术等。酶工程技术作为现代农产品加工高新技术之一，在农产品加工领域的应用，对于改进加工工艺、提高产品品质以及降低环境污染等都具有显著工业优势。现代酶工程技术应用于农产品加工领域，对于推动产业发展和技术进步具有重要意义。

1. 酶技术在农产品品质改性的作用

很多以食品加工原料为主要用途的农产品，其天然成分是加工食品的基本原料，但其加工适性和营养特性需要针对现代加工业的特殊需求，进行改性处理。如面粉经过复合酶处理后，配制出加工专用粉（饺子粉、面包粉、饼干粉等），肉制品经过酶嫩化处理，加工肉食品经谷酰胺转移酶处理后，提高肉制品的凝胶特性等。利用蛋白酶处理大豆蛋白，解除大豆蛋白的致敏原性等。

2. 酶技术在功能性营养因子的开发制备中的作用

随着国民经济的快速发展，百姓日常消费水平快速提升和不断转型，健康食品产业快速兴起，农产品中天然功能性成分不断被发现，功能性成分的生理调节活性得到理论阐释和实验证实，在功能性成分的分离提取过程中，酶技术在天然成分中的功能性因子的转化和挖掘中起到不可或缺的作用，酶技术的应用，酶辅助提取技术的建立，为功能性成分的提取工艺带来突破性进步，并极大地提高了产品的纯度和稳定性。例如，最突出的成功是以牛乳酪蛋白、大豆蛋白为资源的活性肽的开发。

3. 酶技术在农产品精深加工工艺作用

利用酶的高度专一性和催化高效性，酶技术引入农产品加工工艺，为农产品加工带来了革命性技术进步。一方面是工艺过程极大优化，同时，借助酶催化物质转化作用，实现了传统加工工艺所不可能的新型加工制品。最早规模化应用于农产品加工工艺的如淀粉糖加工工艺，通过淀粉酶催化淀粉的液化、糖化工艺过程，淀粉转化葡萄糖，不仅制备的葡萄糖纯度得到极大提升，产率极大提高，同时催化过程是在温和反应条件下进行的，避免了强酸处理环境，产品下游工艺简化，环境影响降低。利用不同酶制剂，控制不同的工艺条件，可以用糖的原料生产出不同的目标产品，如利用淀粉→液化→糖化→葡萄糖→葡萄糖异构酶→果葡糖浆→循环处理→高果糖浆。在澄清型果蔬汁加工的过滤工艺中，由于引进果胶酶处理工序，解决了澄清型果蔬汁加工的过滤难题，实现关键技术的突破。

4. 酶技术在农产品检验检测中的作用

酶法分析技术是以酶为工具，通过酶催化特异性反应，对酶催化底物或酶活性效应物进行定量或定性分析测定，已在分析检测领域得到广泛应用，主要包括酶联免疫技术、酶标记抗体、酶标记基因探针、酶传感器技术等。酶法分析在农产品加工领域应用也越来越得到普及推广，主要用于有效成分分析检测、农药（兽药）残留检测、环境污染重金属的检测等。

（作者：贾英民）

参考文献

［1］居乃虎．酶工程手册．北京：中国轻工业出版社，2011.

［2］罗贵民．酶工程．北京：化学工业出版社，2003.

［3］冯定远、左建军．饲料酶制剂技术体系的研究与实践．北京：中国农业大学出版社，2011.

［4］江正强、杨绍青．食品酶学与酶工程原理．北京：中国轻工业出版社，2018.

［5］李斌．食品酶工程．北京：中国农业大学出版社，2010.

［6］袁勤生．酶与酶工程．北京：华南理工大学出版社，2012.

［7］黎高翔．中国酶工程的兴旺与崛起［J］．生物工程学报，2015，31（6）：805819.

［8］Konrad B Otte and Bernhard Hauer. Enzyme engineering in the context of novel pathways and products［J］，Biotechnology 2015，35：16−22.

［9］Anil Kumar Patel，Reeta Rani Singhania and Ashok Pandey. Novel enzymatic processes applied to the food industry［J］，Food Science 2016，7：64−72.

［10］Yi Zhang，Shudong He and Benjamin K Simpson. Enzymes in food bioprocessing−novel. food enzymes，applications，and related techniques［J］．Food Science 2018，19：30−35.

［11］孙万儒．我国酶与酶工程及其相关产业发展的回顾［J］．微生物学通报 2014，41（3）：466−475.

［12］王博，熊皓平，黄和，等．酶在水产品加工中的应用［J］．中国食物与营养，2010，No.7：36−39.

［13］谢佳敏、张东敏．农产品加工业产业集群模式文献综述［J］．当代经济，2017，No.15：128−130．

［14］卢永军．我国农产品加工业的发展现状与展望［J］．农产品加工，2010，No.7：4−5.

［15］何安华、秦光远．中国农产品加工业发展的现状问题及对策［J］．农业经济与管理，2016，No.5：73−79.

［16］工业信息化部消费品工业司．食品工业发展报告．北京：中国轻工业出版社，2013~2018.

第二章
酶工程技术基本原理

酶（Enzyme）是由活细胞产生的具有高效催化能力和催化专一性的蛋白质。由于目前几乎所有的酶都来源于生物体，所以酶又称为生物催化剂。

生物体最重要的特征是具有新陈代谢作用，生物体的一切生理机能都以物质代谢为基础。而新陈代谢过程中所包括的各种化学反应，基本上也都是由酶来催化的。酶的存在是生物体进行新陈代谢的必要条件。不同生物体所含的酶在类别与数量上各有不同，这种差异决定了生物的代谢类型。细胞自身还可以通过改变酶的活性来控制和调节代谢过程的强度，使代谢过程能经常地与周围环境和自身生理活动的需要保持平衡。

第一节
酶的命名与分类

迄今为止发现的在自然界中天然存在的酶多达几千种。酶的结构复杂，不能像一般的有机化合物根据结构来命名。为了准确地识别某一种酶，对每一种酶都有准确的名称和明确的分类。

一、 习惯命名法

1961 年以前使用的酶的名称都是习惯沿用的，称为习惯名（Recommended Name）[1]。其命名原则是：

（一）根据酶作用的底物命名

如催化淀粉水解的酶称淀粉酶，催化蛋白质水解的酶称蛋白酶。有时还加上酶的来源，如胃蛋白酶、胰蛋白酶。

（二）根据酶催化的反应类型来命名

如水解酶催化底物水解，转氨酶催化一种化合物的氨基转移至另一化合物上。

（三）根据上述两个原则结合起来命名

如琥珀酸脱氢酶是催化琥珀酸氧化脱氢的酶，丙酮酸脱羧酶是催化丙酮酸脱去羧基的酶等。

（四）将酶的来源与作用底物结合起来命名

如来源于细菌的蛋白酶和淀粉酶、细菌蛋白酶和细菌淀粉酶。

酶的习惯名称使用起来比较方便，但缺乏统一，会造成一些混乱。因此，国际酶学委员会（International Commission on Enzymes）于 1961 年提出了酶的系统命名法和系统分类法，获得了国际生物化学联合会的批准，此后经过了多次修订，不断得到补充和完善。

二、 国际系统命名法

根据国际系统命名法原则，每一种酶都有一个系统名称（Systematic Name）和一个习惯名称。习惯名称应简单，便于使用。系统名称应明确表明：酶的底物及所催化的反应性质两个部分。如果有两个底物则都应写出，中间用冒号隔开。此外，底物的构型也应写出。如谷丙转氨酶，其系统名称为 L-丙氨酸：α-酮戊二酸氨基转移酶。如 ATP 酶，其系统名称为己糖磷酸基转移酶。如果底物之一是水，可省去水不写。如 D-葡萄糖-δ内酯水解酶，不必写成 D-葡萄糖-δ内酯：水水解酶。

系统命名很严格，科学性强，一种酶只可能有一个名称，不管其催化的反应是正反应还是逆反应。如催化 L-丙氨酸和 α-酮戊二酸生成 L-谷氨酸及丙酮酸的反应的酶，只是称为 L-丙氨酸（α-酮戊二酸氨基转移酶），而不能称为 L-谷氨酸（丙酮酸氨基转移酶）。

当只有一个方向的反应能够被证实，或只有一个方向的反应有生化重要性时，就以此方向来命名[2]。有时也带有一定的习惯性，例如在包含有 NAD$^+$ 和 NADH 相互转化的所有反应中，命名为 DH$_2$（供氢体）：NAD$^+$氧化还原酶，而不采用其反方向命名。

三、 国际系统分类法

（一）蛋白类酶的分类

国际系统分类法是国际生物化学联合会酶学委员会提出的，其分类原则是：根据催化反应的性质，分为六大类，分别用 1、2、3、4、5、6 的编号来表示，依次为氧化还原酶类、转移酶类、水解酶类、裂合酶类、异构酶类和合成酶类（如表 2-1 所示）。再根据底物分子中被作用的基团或键的特点，将每一大类分为若干个亚类，每一亚类又按顺序编为若干亚亚类。均用 1、2、3、4…编号。每一个酶的编号由四个数字组成，数字用"·"隔开，最前面冠以"EC"标志。如催化乳酸脱氢转变为丙酮酸的乳酸脱氢酶，编号为 EC1.1.1.27。EC 是国际酶学委员会的缩写；第一个 1，代表该酶属于氧化还原酶类；第二个 1，代表该酶属于氧化还原酶类中的第一亚类，催化醇的氧化；第三个 1，代表该酶属于氧化还原酶类中的第一亚类的第一亚亚类；代表以 NAD$^+$或 NADP$^+$作为受氢体的醇氧化酶；第四个数字代表该酶在一定的亚亚类中的特定序号。

表 2-1　　　　　　　　　　　　　　酶的国际系统分类原则

第一位数字（大类）	反应的本质	第二位数字（亚类）	第三位数字（亚亚类）	占有比例/%
1. 氧化还原酶类	电子、氢转移	供体中被氧化的基团	被还原的受体	27
2. 转移酶类	基团转移	被转移的基团	被转移的基团的描述	24
3. 水解酶类	水解	被水解的键：酯键、肽键等	底物类型：糖苷、肽等	26
4. 裂合酶类	键裂开 *	被裂开的键：C-S、C-N 等	被消去的基团	12
5. 异构酶类	异构化	反应的类型	底物的类别，反应的	5
6. 合成酶类	键形成并使 ATP 裂解	被合成的键：C-C、C-O 等	类型和手性的位置 底物类型	6

注：* 键裂开，此处指的是非水解地转移底物上的一个基团而形成双键及其逆反应[2]。

　　2018 年 8 月，国际生物化学与分子生物学联合会（IUBMB）更改了酶的分类规则，在原有六大酶类之外又增加了一种新的酶类——转位酶（Translocases），编号为 EC 7[3]。

　　新增加的转位酶是指催化离子或分子穿越膜结构的酶或其膜内组分。这类酶中的一部分因为能够催化 ATP 水解，所以曾经被归类到 ATP 水解酶（EC 3.6.3.-）中，现在则认为催化 ATP 水解并非其主要功能，所以划归到转位酶中。

　　转位酶的编号为 EC 7，规定其催化的反应类型为"将离子或分子从膜的一侧转移到另一侧"。对于膜的两侧，以前曾经用"内外"或"顺反"来描述，但容易引起歧义，现在统一用"面 1"和"面 2"来描述。

　　转位酶目前分为六个亚类：

EC 7.1 催化氢离子转位

EC 7.2 催化无机阳离子及其螯合物转位

EC 7.3 催化无机阴离子转位

EC 7.4 催化氨基酸和肽转位

EC 7.5 催化糖及其衍生物转位

EC 7.6 催化其他化合物转位

转位酶的子类（亚-亚类）按照转位反应的驱动力来区分：

EC 7.x.1 转位与氧化-还原反应偶联

EC 7.x.2 转位与核苷三磷酸水解反应偶联

EC 7.x.3 转位与焦磷酸水解反应偶联

EC7.x.4 转位与脱羧反应偶联

　　另外，不依赖酶催化反应的交换转运体（Exchange Transporters）不属于转位酶，例如，通过离子交换穿越膜结构等。通过磷酸化或其他催化反应，在"开启"和"关闭"构象之间转换的通道，分类到 EC 5.6（大分子构象异构酶类）。

（二）七大类酶的特征

1. 氧化还原酶类（Oxido-reductases）

是一类催化氧化还原反应的酶。反应通式：

$$AH_2+B \Longrightarrow A+BH_2$$

式中 AH_2 为供氢体，B 为受氢体。

该类酶有的以 NAD^+ 或 $NADP^+$ 作为受氢体，有的以 FAD 或 FMN 作为受氢体。例如，乳酸脱氢酶（EC1.1.1.27）催化乳酸脱氢的反应就是以 NAD^+ 作为受氢体。反应如下：

$$\underset{乳酸}{\overset{CH_3}{\underset{COOH}{HO-C-H}}} + NAD^+ \xrightleftharpoons{乳酸脱氢酶} \underset{丙酮酸}{\overset{CH_3}{\underset{COOH}{C=O}}} + NADH + H^+$$

根据所作用的基团不同，该大类酶分为 24 个亚类。

2. 转移酶类（Transferases）

此类能够催化一种化合物上的基团转移到另一种化合物的分子上，其反应通式为：

$$A-R+B \Longrightarrow A+B-R$$

式中 R 为被转移的基团，它可以是醛基、一碳基团、酮基、磷酸基等。例如谷丙转氨酶（EC2.6.1.2）属于转移酶类的转氨基酶，催化丙氨酸和 α-酮戊二酸之间氨基转移。该大类酶根据其转移的基团不同，分为 10 个亚类。每一亚类表示被转移基团的性质。该酶需要磷酸吡哆醛为辅基，使谷氨酸上的氨基转移到丙酮酸上，使之成为丙氨酸，而谷氨酸成为 α-酮戊二酸。反应如下：

$$\underset{谷氨酸}{\overset{COOH}{\underset{COOH}{(CH_2)_2 \, CHNH_2}}} + \underset{丙酮酸}{\overset{CH_3}{\underset{COOH}{C-O}}} \xrightleftharpoons{谷丙转氨酶} \underset{\alpha\text{-}酮戊二酸}{\overset{COOH}{\underset{COOH}{(CH_2)_2 \, C=O}}} + \underset{丙氨酸}{\overset{CH_3}{\underset{COOH}{CHNH_2}}}$$

3. 水解酶类（Hydrolases）

此类酶能催化大分子物质加水分解成小分子物质的反应或其逆反应，其反应通式为：

$$A-B+H_2O \Longrightarrow AOH+BH$$

式中 A-B 代表大分子底物。这类酶大多数属于细胞外酶，在体内担负降解任务。也是目前应用最广的一类酶，如淀粉酶、蛋白酶、纤维素酶、脂肪酶等。一般不需要辅酶物质，但无机离子对某些水解酶的活性有一定影响。根据水解键的类型，分为 13 个亚类，每一亚类表示被水解键的性质。如水解酯键、水解糖苷键、水解肽键等。碱性磷酸酯酶专一性较低，在碱性 pH 下能作用于各种底物。

例如，正磷酸单磷酸水解酶（EC3.1.3.1）（碱性磷酸酯酶）催化反应如下。

$$R-O-\overset{\overset{\displaystyle O}{\|}}{\underset{\underset{\displaystyle O}{|}}{P}}-O + H_2O \rightleftharpoons HO-\overset{\overset{\displaystyle O}{\|}}{\underset{\underset{\displaystyle O}{|}}{P}}-O + R-OH$$

有机磷酸酯　　　　　　　　　　　　　无机磷酸

4. 裂合酶类（Lyases）

此类酶能催化一个化合物分解成为几个化合物的反应或其逆反应，底物裂解时，一分为二；产物中往往留下双键。在逆反应中，催化某一基团加到这个双键上。其反应通式为：

$$AB \rightleftharpoons A+B$$

例如，脱羧酶催化分子中 C—C 键断裂，产生 CO_2；醛缩酶催化分子中 C—C 键断裂，产生醛；脱氨酶催化分子中 C—N 键断裂，产物中有氨生成。该类酶包括 8 个亚类，亚类表示被裂解键的性质，如 C—C 键的断裂、C—O 键的断裂、C—N 键的断裂等。

如天门冬氨酸氨裂合酶（EC4.3.1.1）。

$$\overset{\displaystyle COOH}{\underset{\displaystyle COOH}{|}}\overset{\displaystyle |}{\underset{\displaystyle |}{CH_2}}\ H_2N-\overset{}{\underset{}{C}}-H \xrightarrow{\text{天门冬氨酸氨裂合酶}} \overset{\displaystyle COOH}{\underset{\displaystyle HC-COOH}{|}}\overset{}{C}-H + NH_3$$

L-天门冬氨酸　　　　　　延胡素酸　　　氨

5. 异构酶类（Isomerases）

此类酶能催化同分异构物之间的相互转化，即分子内部基团的重新排列，其反应通式为：

$$A \rightleftharpoons B$$

例如，葡萄糖异构酶（EC5.3.1.9）催化葡萄糖生成果糖的反应如下：

$$\overset{\displaystyle CHO}{\underset{\displaystyle CH_2O-PO_3H_2}{}}\quad \xrightleftharpoons{\text{6-磷酸葡萄糖异构酶}}\quad \overset{\displaystyle CH_2OH}{\underset{\displaystyle CH_2O-PO_3H_2}{}}$$

6-磷酸葡萄糖　　　　　　　　　　　6-磷酸果糖

该类酶包括 7 个亚类，亚类表示异构作用的类型，如消旋酶、差向异构酶、顺反异构酶、分子内氧化还原酶、分子内转移酶和分子内裂解酶。

6. 合成酶类（Synthetase）

此类酶一般是催化有腺苷三磷酸参加的由两种或两种以上的物质合成一种物质的反应，例如蛋白质、核酸的反应。合成酶类包括生成 $C=O$、$C-S$、$C-N$、$C-C$ 和磷酸酯键 6 个亚类。其反应通式为：

$$A+B+ATP \rightleftharpoons AB+ADP/AMP+无机磷酸/无机焦磷酸$$

例如，乙酰 CoA 合成酶（EC6.2.1.1）反应如下：

$$CH_3COOH+CoASH+ATP \xrightleftharpoons[（催化C-S键连接）]{乙酰CoA合成酶} CH_3CSCoA+AMP+PPi$$

7. 转位酶（Translocases）

转位酶催化的反应类型为"将离子或分子从膜的一侧转移到另一侧"。对于膜的两侧，以前曾经用"内外"或"顺反"来描述，但容易引起歧义，现在统一用"面 1"和"面 2"来描述。

（1）EC 7.1.1.3 泛醇氧化酶（Ubiquinol Oxidase）（转运 H^+）

催化反应：$2 泛醇+O_2+nH^+_{[面1]} \rightarrow 2 泛醌+2 H_2O+nH^+_{[面2]}$

（2）EC 7.2.1.3 抗坏血酸铁还原酶（Ascorbate Ferrireductase）（跨膜）

催化反应：$抗坏血酸_{[面1]}+Fe^{3+}_{[面2]} \rightarrow 单脱氢抗坏血酸_{[面1]}+Fe^{2+}_{[面2]}$

（3）EC 7.3.4.3 ABC-型硫酸转运体（ABC-type Sulfate Transporter）

催化反应：$ATP + H_2O + 硫酸-硫酸结合蛋白质_{[面1]} \rightarrow ADP+Pi+SO_4^{2-}_{[面2]}+硫酸结合蛋白质_{[面1]}$

（4）EC 7.4.2.3 线粒体蛋白质转运 ATP 酶（Mitochondrialprotein-transporting ATPase）

催化反应：$ATP + H_2O + 线粒体蛋白质_{[面1]} \rightarrow ADP+Pi+线粒体蛋白质$

（5）EC 7.5.2.3 ABC 型 β-葡聚糖转运体（ABC-type β-glucan Transporter）

催化反应：$ATP + H_2O + \beta-葡聚糖_{[面1]} \rightarrow ADP+ Pi +\beta-葡聚糖_{[面2]}$

（6）EC 7.6.2.4 ABC 型脂肪酰 CoA 转运体（ABC-type fatty-acyl-CoA Transporter）

催化反应：$ATP+ H_2O + 脂肪酰 CoA_{[面1]} \rightarrow ADP + Pi +脂肪酰 CoA_{[面2]}$

不依赖酶催化的交换转运体，如离子跨膜交换的转运体不包括在这第七大类酶中。由磷酸化反应或其他催化反应而在"打开"和"关闭"两种构象状态之间转变的孔道被归为异构酶类（EC 5.6；属大分子构象异构酶）。

（三）核酶的分类

自 1982 年以来，被发现的核酶（Ribozyme，R 酶）越来越多，对它的研究也越来越深入和广泛。R 酶是具有催化功能的小分子 RNA，属于生物催化剂，可降解特异的 mRNA 序列。核酶可通过催化靶位点 RNA 链中磷酸二酯键的断裂，特异性地剪切底物 RNA 分子，从而阻断靶基因的表达。现已形成以下几种分类方式[2,4-5]。

1. 分子内催化的 R 酶

分子内（Incis）催化的 R 酶是指催化本身 RNA 分子进行反应的一类核酶。该大类酶均为 RNA 前体。由于这类酶是催化分子内反应，所以冠以"自我"（self）字样。

根据酶所催化的反应类型，可以将该大类酶分为自我剪切酶和自我剪接酶等。

（1）自我剪切酶　自我剪切酶（Self-cleavage Ribozyme）是指催化本身 RNA 进行剪切反应的 R 酶。具有自我剪切功能的 R 酶是 RNA 的前体。它可以在一定条件下催化本身 RNA 进行剪切反应，使 RNA 前体生成成熟的 RNA 分子和另一个 RNA 片段。例如，1984 年，阿比利安（Apirion）发现 T4 噬菌体 RNA 前体可以进行自我剪切，将含有 215 个核苷酸（nt）的前体剪切成为含 139 个核苷酸的成熟 RNA 和另一个 76 个核苷酸的片段。

（2）自我剪接酶　自我剪接酶（Self-splicing Ribozyme）是在一定条件下催化本身 RNA 分子同时进行剪切和连接反应的 R 酶。

自我剪接酶都是 RNA 前体。它可以同时催化 RNA 前体本身的剪切和连接两种类型的反应。根据其结构特点和催化特性的不同，自我剪接酶可分为含 I 型间隔序列（Intervening Sequence，IVS）的 R 酶和含 II 型 IVS 的 R 酶等。

I 型 IVS 均与四膜虫 rRNA 前体的间隔序列（IVS）的结构相似，在催化 rRNA 前体的自我剪接时，需要鸟苷（或 5'-鸟苷酸）及镁离子（Mg^{2+}）参与。

II 型 IVS 则与细胞核 mRNA 前体的 IVS 相似，在催化 mRNA 前体的自我剪接时，需要镁离子参与，但不需要鸟苷或鸟苷酸。

2. 分子间催化的 R 酶

分子间（Intrans）催化的 R 酶是催化其他分子进行反应的核酶。根据所作用的底物分子的不同，该类 R 酶可以分为若干亚类。根据现有资料介绍如下。

（1）RNA 剪切酶（RNA Clevage Ribozyme）　RNA 剪切酶是催化其他 RNA 分子进行剪切反应的 R 酶。

例如，1983 年，S. Altman 发现大肠杆菌核糖核酸酶 P（RNase P）的核酸组分 M1 RNA 在高浓度镁离子存在的条件下，具有该酶的催化活性，而该酶的蛋白质部分 C5 蛋白并无催化活性。M1RNA 可催化 tRNA 前体的剪切反应，除去部分 RNA 片段，而成为成熟的 tRNA 分子。后来的研究证明，许多原核微生物的核糖核苷酸酶 P 中的 RNA（RNase P-RNA）也具有剪切 tRNA 前体生成成熟 tRNA 的功能。

（2）DNA 剪切酶（DNA Cleavage Ribozyme）　DNA 剪切酶是催化 DNA 分子进行剪切反应的 R 酶。

1990 年，发现核酸类酶除了以 RNA 为底物以外，有些 R 酶还可以 DNA 为底物，在一定条件下催化 DNA 分子进行剪切反应。

（3）多糖剪接酶（Polysaccharide Splicing Ribozyme）　多糖剪接酶是催化多糖分子进行剪切和连接反应的 R 酶。例如，兔肌 1,4-α-D-葡萄糖分支酶［EC2.4.1.18］是一种催化直链葡聚糖转化为支链葡聚糖的糖链转移酶，分子中含有蛋白质和 RNA。其 RNA 组分由 31 个核苷酸组成，它单独具有类似分支酶的催化功能，即该 RNA 可以催化糖链的剪切和连接反应。属于多糖剪切酶。

（4）多肽剪切酶（Peptide Cleavage Ribozyme）　多肽剪切酶是催化多肽进行剪切反应的 R 酶。1992 年发现了多肽剪切酶。

（5）氨基酸酯剪切酶（Aminoacid Ester Cleavage Ribozyme）　氨基酸酯剪切酶是催化氨基酸酯进行剪切反应的 R 酶。

1992 年发现了以氨基酸酯为底物的核酶。该酶同时具有氨基酸酯的剪切作用、氨酰基-tRNA 的连接作用和多肽的剪接作用等功能。

（6）多功能酶（Multifunction Ribozyme）　多功能酶是催化其他分子进行多种反应的 R 酶。例如，L-19IVS 是一种多功能 R 酶，能够催化其他 RNA 分子进行下列多种类型的反应：

RNA 剪接作用：2CpCpCpCpC→CpCpCpCpCpC+CpCpCpC

末端剪切作用：CpCpCpCpC→CpCpCpC+Cp

限制性内切作用：…CpUpCpUpGpN…→…CpUpCpUp+GpN…

转磷酸作用：CpCpCpCpCpCp+UpCpU→CpCpCpCpCpC+UpCpUp

去磷酸作用：CpCpCpCpCpCp→CpCpCpCpCpCpC+Pi

第二节
酶的化学本质及其组成

一、 酶的化学本质

迄今为止，除了某些具有催化活性的 RNA 和 DNA 外，所发现的酶的化学本质均是蛋白质。其主要依据是：

（1）酶的相对分子质量很大，如胃蛋白酶的相对分子质量为 36000，牛胰核糖核酸酶为 14000，L-谷氨酸脱氢酶为 100000 等，属于典型的蛋白质分子质量的数量级；且酶的水溶液具有亲水胶体的性质。

（2）酶由氨基酸组成，酶经酸碱水解后其最终产物为氨基酸。

（3）酶具两性性质，酶同蛋白质一样，在不同 pH 下可解离成不同的离子状态，每种酶都有其特定的等电点。

（4）酶易变性失活，一切可使蛋白质变性的因素均可使酶变性失活。

由此可见，酶的化学本质是蛋白质，因为凡是蛋白质所具有的性质酶也同样具有。

二、 酶的组成

酶的组成也与蛋白质相似，根据其组成可将酶分为两类，即单纯酶（Simple

Enzyme）和结合酶（Conjugated Enzyme）。单纯酶分子中只含有氨基酸，如胃蛋白酶、胰蛋白酶、核酸酶、脲酶等水解酶类。结合酶也称为全酶，由酶蛋白（全酶中的蛋白部分）和辅助因子（全酶中的非蛋白部分）两部分组成，如氧化还原酶和转移酶中的许多酶都属于结合酶。

根据全酶中的非蛋白部分与酶蛋白结合的紧密程度不同，将酶的辅助因子分为辅酶（Coenzyme）和辅基（Prostheticgroup）。辅酶或辅基一般指小分子的有机化合物（主要是 B 族维生素及其衍生物）或一些金属离子，二者之间没有严格的界限。一般来说，辅基与酶蛋白通过共价键相结合，不易用透析等方法除去。辅酶与酶蛋白结合较松，可用透析等方法除去而使酶丧失活性。酶蛋白和辅酶、辅基是酶表现催化活性不可缺少的两部分。辅酶、辅基和酶蛋白单独存在时均无活性，只有二者结合成全酶才有活性。酶蛋白决定反应的专一性，辅酶或辅基则起着传递电子、原子和某些功能基团的作用。金属离子是最多见的辅助因子，许多酶的催化作用需要金属离子。

虽然一直认为酶的化学本质就是蛋白质，但在 20 世纪 80 年代初开始，人们陆续发现某些 RNA 也具有酶的催化性质，并将具有酶催化活性的 RNA 称为 R 酶。后来人们又逐渐发现了多种人工合成的具有生物催化功能的 DNA 分子，同样将具有酶催化活性的 DNA 称为脱氧核酶（Deoxyribozyme）。只是到目前为止，尚未发现自然存在的脱氧核酶。另外，在 20 世纪 80 年代后期，一种本质上是免疫球蛋白的抗体酶（Abzymes）得以产生。

第三节
酶催化作用的特点

酶是生物体活细胞产生的一类生物催化剂。酶和一般催化剂比较有其共性，如只需微量就能显著提高化学反应的速率，而本身在反应的前后没有质和量的改变；都能使反应提前到达平衡，但不能改变反应的平衡点等。但酶是细胞产生的生物催化剂，与一般非生物催化剂相比较又有其显著特点，即酶促反应具有温和性、专一性、高效性和可调性。

一、　酶的高效性

生物体内进行的各种化学反应几乎都是酶促反应，可以说，没有酶就不会有生命。酶的催化效率比无催化剂要高 $10^8 \sim 10^{20}$ 倍，比一般催化剂要高 $10^7 \sim 10^{13}$ 倍。如在 0℃ 时，1mol 铁离子每秒钟只能催化 10^{-5}mol 过氧化氢分解，而在同样的条件下，1mol 过氧化氢酶却能催化 10^5mol 过氧化氢分解，两者相比，酶的催化效率是铁离子的 10^{10} 倍。又如在血液中催化 $H_2CO_3 \rightarrow CO_2 + H_2O$ 的碳酸酐酶，每分钟每分子的碳酸酐酶可催化 9.6×10^8 个 H_2CO_3 进行分解，以保证细胞组织中的 CO_2 迅速通过肺泡及时排出，维持血液的正常

pH。再如将唾液淀粉酶稀释 100 万倍后，仍具有催化能力。由此可见，酶的催化效率是极高的。

酶的催化效率之所以这么高，是由于酶催化可以使反应所需的活化能显著降低。底物分子要发生反应，首先要吸收一定的能量成为活化分子。活化分子进行有效碰撞才能发生反应，形成产物。在一定的温度条件下，1mol 的初态分子转化为活化分子所需的自由能称为活化能，其单位为焦耳/摩尔（J/mol）。酶催化和非酶催化反应所需的活化能有显著差别，酶催化反应比非酶催化反应所需的活化能要低得多。例如，过氧化氢（H_2O_2）分解为水和原子氧的反应，无催化剂存在时，所需要的活化能为 75.24kJ/mol；以钯为催化剂时，催化所需的活化能为 48.94kJ/mol；而在过氧化氢酶的催化作用下，活化能仅为 8.36kJ/mol。

二、 酶的专一性

酶的专一性（Specificity）是指酶对催化的反应和反应物有严格的选择性。被作用的反应物，通常称为底物（Substrate）。酶往往只能催化一种或一类反应，作用于一种或一类物质。而一般催化剂没有这样严格的选择性。如淀粉酶只能水解淀粉类分子中的葡萄糖苷键，蛋白酶只能催化蛋白质肽键的水解，脂肪酶只能催化脂肪中酯键的水解，而不能催化作用其他类物质。酶作用的专一性，是酶最重要的特点之一，也是与一般催化剂最主要的区别。

各种酶的专一性程度是不同的。有的酶可作用于结构相似的一类物质，有的酶则仅作用于一种物质。根据酶对底物要求的严格程度不同，酶的专一性一般分为结构专一性和立体异构专一性两大类。

1. 结构专一性

根据不同酶对不同结构的底物专一性程度的不同，将结构专一性分为绝对专一性和相对专一性。

（1）绝对专一性 有的酶对底物要求非常严格，它只能催化某一种物质起反应，而对与其结构相似的其他任何物质均不起作用，将酶的这种专一性称为绝对专一性（Absolute Specificity）。如脲酶只能催化尿素分解，而对与尿素结构相似的甲基尿素（H_2N—CO—NH—CH_3）不起任何作用。这说明绝对专一性只能作用于唯一的一种底物，任何其他物质，尽管化学结构相似，酶也对其不起作用。

核酸类酶类也同样具有绝对专一性。例如，四膜虫 26S rRNA 前体等催化自我剪接反应的 R 酶，只能催化其本身 RNA 分子剪接反应，而对于其他分子一概不起作用。再如 L-19IVS 是含有 395 个核苷酸的核酸酶类，该酶催化底物 GGCCUCUAAAAA 与鸟苷酸（G）反应，生成产物 GGCCUCU+GAAAAA，但是对寡核苷酸 GGCCCUAAAAA 等一概不作用。

（2）相对专一性 有些酶对底物的专一性较绝对专一性低一些，能和底物结构类似的一系列化合物发生作用，称为相对专一性（Relative Specificity）。如羧酸酯酶，凡是由羧酸所形成的酯键都可以水解，对脂肪酸和醇基无选择性。

根据酶对底物的键以及组成该键的基团的要求不同，相对专一性又分为两种情况：键专一性和基团专一性。

① 具有键专一性的酶只要求底物具有一定的化学键，至于键两旁的基团性质如何，并不影响酶的催化作用。例如，酯酶催化时只要求酯键，对底物 RCOOR′ 中的 R 及 R′ 基团没有严格要求。因此，它既可以水解甘油酯类、简单酯类，也能水解一元醇酯、乙酰胆碱及丁酰胆碱等。

② 具有基团专一性的酶除了具有键专一性外，对键两旁的基团之一也有严格要求。这类酶的专一性介于键专一性与绝对专一性之间。如 α-D-葡萄糖苷酶不仅要求底物具有糖苷键，还要求该化学键旁的一端具有葡萄糖残基。因此可催化各种 α-D-葡萄糖苷衍生物中 α-糖苷键的水解。

再如核糖核酸酶 P 的 RNA 部分，催化 tRNA 前体 5′ 端的成熟。要求底物核糖核酸的 3′ 端部分是一个 tRNA，而对 5′ 端部分的核苷酸的顺序和长度没有要求，催化反应的产物为一个成熟的 tRNA 分子和一个低聚核苷酸。

2. 立体异构专一性

立体异构专一性（Stereospecificity）是从酶和底物的立体化学性质来划分的，包括光学专一性和几何专一性等不同类型。

（1）光学专一性　在生物体中由代谢过程产生的物质大多具有旋光性，当底物具有一个不对称碳原子时，酶只作用于旋光异构体中的一种，对另一种没有作用。这种对具有旋光异构体底物的高度专一性称为光学专一性。例如，L-氨基酸氧化酶只能催化 L-氨基酸氧化，而对 D-氨基酸无作用。

$$L-氨基酸+H_2O+O_2 \xrightarrow{L-氨基酸氧化酶} \alpha-酮酸+NH_3+H_2O_2$$

（2）几何专一性　有些酶的底物具有双键，酶对该双键旁的基团排列也有要求。有些酶可作用于顺式结构，有些则只作用于反式结构，即一种酶只作用于几何异构体中的一种。这种对具有几何异构体底物的选择性称为几何专一性。例如，延胡索酸酶只作用于反丁烯二酸（延胡索酸）水化生成苹果酸，而不作用于顺丁烯二酸。

正是由于酶的专一性，才从根本上保证了生物体内错综复杂的各种各样的化学反应得以有条不紊地协调进行。

三、酶的温和性

酶来源于生物细胞，其本身是蛋白质，对高温、高压或强酸、强碱等剧烈条件非常敏感。所以，酶的反应条件温和，能在接近中性 pH 和生物体温以及在常压下催化反应。与之相反，一般非酶催化作用往往需要高温、高压和极端的 pH 条件。酶促反应的这一特点使得酶制剂在工业上的应用展现了良好的前景，使一些产品的生产可免除高温高压耐腐蚀的设备，因而可提高产品的质量，降低原材料和能源的消耗，改善劳动条件和劳动强度，降低成本，也有利于环境保护。

究其原因，一是由于酶催化作用所需的活化能较低；二是由于酶是具有生物催化功能的大分子。在高温、高压、过高或过低 pH 等极端条件下，大多数酶会变性失活而失去其催化功能。

四、 酶的可调性

细胞内的物质代谢过程既相互联系，又错综复杂，但生物体却能有序地协调进行，这是由于生物体内的酶促作用受多方面的调节和控制。酶的这种调控方式是多种多样的。从分子水平上讲，是以酶为中心的调节控制。酶作用调节的方式主要是通过调节酶的催化活性来实现的。例如，共价调节、别构调节、激素调节、同工酶的调节、酶之间的相互作用。在酶分子合成水平上，是对酶的含量进行调解，主要是控制酶的合成和降解。

第四节
酶的分子结构

酶分子都具有球状蛋白质分子所共有的一、二、三级结构。有些酶由 2 条或 2 条以上的多肽链组成（称为寡聚酶），如乳酸脱氢酶由 4 条肽链所组成，谷氨酸脱氢酶由 6 条肽链构成，所有寡聚酶都有四级结构。各种酶的生物学活性都是由其分子结构的特殊性决定的。酶的催化活性不仅与酶分子的一级结构有关，而且与其高级结构的构象以及酶的活性部位的形成有关。

一、 酶的活性中心

酶作为生物催化剂，在起作用时，是整个酶分子都与催化活性有关呢，还是分子中的某一部分结构与催化活性直接相关？实验证明，与酶的催化活性有关的，并非酶的整个分子，而往往只是酶分子中的一小部分结构。也就是说，酶蛋白中只有少数特异的氨基酸残基的侧链基团与酶的催化作用直接有关。这些官能团称为酶的必需基团。必需基团比较集中的区域，即与底物分子结合并完成特定催化反应的区域称为酶的活性中心（Active Center）或活性部位。对单纯酶来说，活性中心就是酶分子中在三维结构上比较靠近的少数几个氨基酸残基或是必需基团组成的。它们在一级结构中可能相差甚远，但由于肽链的盘绕折叠使它们在空间结构中相互靠近。对结合酶来说，它们在肽链上的某些氨基酸以及辅酶或辅酶分子上的某一部分结构往往就是其活性中心的组成部分。不同的酶在结构和专一性，甚至在催化机制方面均有相当大的差异，但它们的活性中心有许多共性存在。

二、 酶原及酶原的激活

有些酶（如消化系统中的各种蛋白酶）在细胞内合成及初分泌时，是无催化活性的酶的前体，称为酶原（Zymogen）。酶原分泌后，输送到特定的部位，当功能需要时经一些酶或酸的激活，转变为有活性的酶而发挥作用。由无活性的酶原转变成有活性的酶的过程称为酶原的激活（Zymogen Activation）。使酶原激活的物质称为激活剂（Activator）。如弹性蛋白酶原、胰蛋白酶原、胰凝乳蛋白酶原和羧肽酶原等都需经特定的激活剂激活后才能变成有活性的酶。

酶原的激活主要是分子内肽键的一处或多处断裂，进而使分子构象发生某种改变，形成酶的活性中心。如胰蛋白酶原进入小肠后，在钙离子存在下，肠激酶作用于 Lys6 和 Ile7 之间的肽键，失去 N 端的 6 个氨基酸后，肽链重新折叠，分子构象发生改变而形成了有活性中心的胰蛋白酶。因此，酶原的激活过程实际上就是酶活性中心形成的过程。

在组织内，某些酶以酶原的形式存在具有重要的生物学意义。它是生物体内一种自我保护及调控的重要方式，是在长期生物进化中发展起来的。如血液中的凝血酶以酶原的形式存在，这就保护了在正常循环中不会出现凝血现象，只有在组织破损而出血时，凝血酶原才被激活，促使伤口处血液凝固以防止大量出血。

三、 寡聚酶

目前，研究过的寡聚酶多达 500 种以上。寡聚酶的分子大都是由偶数亚基组成的（如表 2-2 所示），以四聚体为最常见，奇数亚基很少。因为是由多亚基组成的，所以相对分子质量都比较大，一般在几万到几十万。

不同寡聚酶分子的亚基类别组成不一样。有些酶是由结构相同、功能也相同的一种亚基组成的，例如 3-磷酸甘油醛脱氢酶就是由完全相同的四个亚基组成的。四聚体分子，每个亚基上都有酶活中心，还具有多个与调节因子结合的位点，称为调节中心。调节中心负责与调节因子结合，对酶活性进行调节。有些酶是由结构不同，功能也不同的两种亚基组成的。其中一种亚基具有酶活中心，称为催化亚基；另一种亚基只有调节中心，没有酶活中心，称为调节亚基。

表 2-2 　　　　　　　　　不同寡聚酶的亚基数和相对分子质量

酶	亚基		相对分子质量
	数目	相对分子质量	
磷酸化酶 a	4	92500	370000
己糖激酶	4	27500	102000
果糖磷酸激酶	2	78000	190000

续表

酶	亚基		相对分子质量
	数目	相对分子质量	
果糖二磷酸酶	2	29000	58000
醛缩酶	4	40000	160000
3-磷酸甘油醛脱氢酶	2	72000	140000
烯醇化酶	2	41000	82000
肌酸激酶	2	40000	80000
乳酸脱氢酶	4	35000	150000
丙酮酸激酶	4	57200	237000

四、 别构酶

能发生别构效应的酶称为别构酶（Allosteric Enzyme），一般为寡聚酶，含有两个或多个亚基。所谓别构调节（Ailosteric Control）是指某些小分子物质与酶的非催化部位或别构部位特异地结合，引起酶蛋白构象的变化，从而改变酶活性的方式。别构调节就是建立在别构酶的四级结构基础上的，通过酶分子本身构象的变化来改变酶的活性。别构酶分子中除活性中心外，还有别构中心。它们可能存在于同一个亚基的不同部位上，也可能存在于不同的亚基（多为调节亚基）上。别构酶的活性中心负责对底物的结合与催化，别构中心可结合效应物，负责调节酶促反应的速率。

五、 同工酶

同工酶（Isozyme）是指催化相同的化学反应，但其蛋白质分子结构、理化性质及生物学特性等方面都存在明显差异的一组酶。至今已发现了数百种具有不同分子形式的同工酶。同工酶是寡聚酶，一般由两种或两种以上的亚基组成。如乳酸脱氢酶（LDH）是第一个被发现的同工酶。存在于哺乳类动物中的该酶有 H（心肌型）和 M（骨骼肌型）两种亚基，共组成 5 种不同的同工酶，分别是 LDH1（H4）、LDH2（H3M）、LDH3（H2M2）、LDH4（HM3）、LDH5（M4）。它们在机体各组织器官的分布和含量各不相同，如 LDH1 在心肌中相对含量较高，LDH5 在肝脏和骨骼肌以及 LDH2 在肾脏和红细胞中相对含量较高等。虽然五种 LDH 催化的反应相同，即乳酸 + NAD^+ ⇌ 丙酮酸 + NADH + H^+，但由于其分子结构有所不同，各种酶对底物的专一性与亲和力以及酶的动力学特性都存在差异。如心肌富含 LDH1（H4），它对底物 NAD^+ 有一个较低的 K_m 值，而对丙酮酸的 K_m 较大；故其作用主要是催化乳酸脱氢，以便于心肌利用乳酸氧化供能。而骨骼肌中富含 LDH5（M4），它对 NAD^+ 的 K_m 值较大，而对丙酮酸的 K_m 值较小，故其作用主要是催化丙酮酸还原为乳酸。

第五节
酶的作用机制

酶催化作用的基本机制包括以下共同程序：酶与底物相遇、互相定向、电子重组以及产物释放。酶作为生物催化剂，具有催化效率高，能在常温常压以及近中性的溶液中进行催化反应等。那么酶为什么能催化化学反应？它是如何催化的？哪些因素促成酶具有高的催化效率？现分述如下。

一、 酶能降低反应活化能

在一个化学反应体系中，由于各个分子所含的能量高低不同，因此每一瞬间并非全部反应物分子都能进行反应，只有那些所含能量达到或超过一定限度的分子才能发生化学反应。这些分子称为活化分子（Activated Molecule）。活化分子含有的能参加化学反应的最低限度的能量称为化学反应的能域或能障。活化分子比普通分子多含的能量称为活化能（Activation Energy），通常指一定温度下 1mol 底物全部转变成活化状态所需要的自由能。因此，设法降低反应所需要的活化能，增加活化分子数，就能提高反应速率。而酶催化作用的实质就在于它能降低反应的活化能，使反应在较低能量水平上进行，从而使反应加速。非催化过程和催化过程的自由能变化如图 2-1 所示。

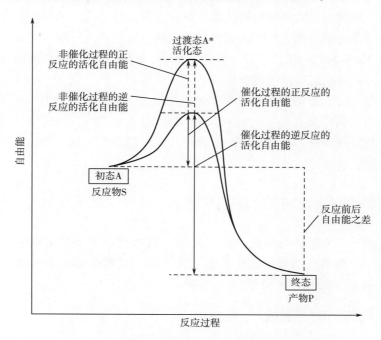

图 2-1 非催化过程和催化过程的自由能变化

二、 酶催化化学反应的中间产物学说

酶之所以降低活化能，加速化学反应，可以用目前比较公认的中间产物学说的理论来解释。大量实验证明，酶促反应是分两步进行的。酶（E）与底物（S）反应前，首先形成一个不稳定的过渡态中间复合物（ES），然后再分解为产物（P）并放出酶，两步反应所需活化能总和比无催化剂存在时发生的一步反应所需的活化能要低得多。目前借助电子显微镜或 X 射线晶体学的方法已观察到酶底物中间复合物的存在。如羧肽酶 A 和它的底物甘氨酰 L 酪氨酸的相互作用及其作用位置已借助 X 射线晶体学的方法观察到。另外采用些光谱学方法，如核磁共振、顺磁共振、圆二色谱、荧光色谱等也能对酶和底物中间复合物的形成提供信息[6]。

化学反应的发生总是伴随着反应物中化学键的断裂和产物化学键的形成。而在酶促反应中，由于在形成新键之前，酶与底物首先形成中间复合物 ES，酶的构象受底物分子的诱导发生了明显的改变；同时酶中的某些基团可使底物分子内敏感键中的某些基团更易于发生反应，甚至使底物分子发生形变，从而形成一个相互契合的酶-底物复合物。处于这种状态的化合物反应活性很高，很容易变成过渡态，因此反应的活化能大大降低，底物可以越过较低的"能阈"而形成产物。

三、 酶作用专一性的机理

早在 1894 年 Fisher 就提出了"锁与钥匙"学说来解释酶的专性。即酶与底物为锁与钥匙的关系，底物的形状和酶的活性部位被认为彼此相适应，两种形状是刚性的和固定的，当它们正确地组合在一起时，正好互相互补。该学说的局限性是不能解释酶的逆反应。1958 年 Koshland 提出了"诱导契合"假说，即底物的结合在酶的活性部位诱导出构象的变化。此外酶也可以使底物形变，迫使其构象近似于它的过渡态。近年来，科学家对羧肽酶等进行了 X 射线衍射研究，研究的结果有力地支持了这个学说[6]。酶与底物分子结构上的"诱导契合"，是由氢键、静电作用、范德华力、疏水作用这些次级键来保障的，酶与底物分子结合时，酶与底物间的次级键种类不同、数目不同、组合方式不同，则酶识别底物的专一性不同。

四、 影响酶催化效率的有关因素

经研究发现有 7 种因素可以使酶反应加速，但这些因素不是同时在一个酶中起作用，也不是某一种因素在所有的酶中都起作用。不同的酶，起主要作用的因素可能不同，也可能分别受一种或几种不同因素的影响。

（一）底物与酶的"靠近" 及"定向"

反应速率与反应物浓度成正比，若反应系统局部区域的底物浓度增高，则反应速率

也随之增高。"靠近"是指酶与专一性底物结合时，酶的结合基团与底物之间结合于同一分子，使酶活性部位的底物浓度远远大于溶液中的浓度，从而使反应速率大大增加。曾有人测到，某底物在溶液中的浓度只有 0.001mol/L，而在酶的活性中心部位测到的底物浓度达到了 100mol/L，比溶液中高出 10^5 倍，这就是靠近效应。

在酶促反应中，除了底物向酶的活性中心"靠近"，形成局部的高浓度区外，还需要使底物分子的反应基团和酶分子上的催化基团，严格地排列与"定向"。酶与底物的定向效应（Orientation Effects）在酶催化作用中非常重要，普通有机化学反应中分子间常常是随机碰撞方式，难以产生高效率和专一性作用。而酶促反应中由于活性中心的特定空间构象和相关基团的诱导，使底物分子结合在酶的活性中心部位，使作用基团互相靠近和定向，大大提高了酶的催化效率。由 X 线衍射分析证明，溶菌酶和羧肽酶均具有这样的机制。另外，"靠近"与"定向"还为反应物分子轨道交叉提供了良好的条件。两个反应物分子为进入过渡态，它们的反应基团的分子轨道要交叉，并有极强的方向性；稍稍脱离基团之间的正确方向就要付出多余的能量才能进入过渡态。所以反应物结合在专一的活性部位上给分子轨道交叉提供了良好的条件。

（二）底物分子的敏感键产生张力或变形

由于酶同底物的结合，酶中的某些基团或离子可以使底物敏感键中的某些基团的电子云密度增高或降低，从而产生一种"电子张力"，使底物分子发生形变。此时的底物比较接近它的过渡态，降低了反应活化能，敏感键就易于发生化学反应。

（三）酸碱催化

酸碱催化剂是催化有机反应的最普遍、最有效的催化剂。酸碱催化剂有两种，一种是狭义的酸碱催化剂（Specific Acidbase Catalyst），即 H^+ 和 OH^- 的催化；由于酶反应的最适 pH 一般接近中性，因此 H^+ 和 OH^- 的催化在酶反应中的重要性不大；而广义的酸碱催化剂（general acid-base catalyst），即质子供体和质子受体所致的酸碱催化在酶反应中的重要性则大得多。在酶蛋白中有许多可起广义酸碱催化作用的功能团，如氨基、羧基、巯基、酚羟基及咪唑基等。它们能在近中性 pH 的范围内，作为催化性的质子供体或质子受体参与广义的酸催化或碱催化。

影响酸碱催化反应速率的因素有两个：酸碱强度和质子传递的速率。在以上的功能团中，最活泼的广义酸碱是组氨酸的咪唑基，其解离常数约为 6.0，因此在接近于生理体液 pH 的条件下（即在近中性的条件下），咪唑基既可作为质子供体，也可作为质子受体在酶促反应中发挥催化作用。同时咪唑基接受质子和供出质子的速率十分迅速，其半衰期小于 10^{-10}s，而且供出质子和接受质子速率几乎相等。由于咪唑基有如此特点，所以组氨酸在大多数蛋白质中含量虽然很少，却占很重要的地位。参与广义酸碱催化作用的酶很多，如溶菌酶、牛胰核糖核酸酶、牛胰凝乳蛋白酶等。

（四）共价催化

共价催化（Covalent Catalysis）可分为亲核催化和亲电催化两大类型，在酶促反应机制中占极其重要的地位。这种催化方式是底物与酶形成一个反应活性很高的共价中间物，这种中间物很易变成过渡态，因此反应的活化能大大降低，底物可以越过较低的"能域"而形成产物。亲核催化是具有一个非共用电子对的原子或基团，攻击缺少电子具有部分正电性的原子，并利用非共用电子对形成共价键的催化反应。反应速率的快慢取决于亲核试剂供出电子对的能力。酶活性中心部位常见的亲核基因有巯基、羟基、咪唑基。如3-磷酸甘油醛脱氢酶催化3-磷酸甘油醛生成1，3-二磷酸甘油酸的反应：反应的第一步是酶分子中149位半胱氨酸的巯基对底物的自主基进行亲核攻击，形成硫代半缩醛（硫酯共价键），然后转变为酰基酶，因酰基酶进行磷酸解作用而转变为产物，放出自由的酶。亲电催化与亲核催化作用相反，它是指亲电子催化剂从底物中汲取一个电子对。最典型的亲电催化剂是酶中非蛋白组分的辅助因子，如 Mg^{2+}、Mn^{2+}、Fe^{2+} 等。酶蛋白组分的酪氨酸羟基及亲核碱基被质子化了的共轭酸，如 NH_4^+ 等也可作为亲电催化剂。

值得提出的是酶分子中的氨基、羧基、巯基、咪唑基等既可以作为酸碱催化剂，又可作为亲核催化剂。在不同的微环境中其作用方式不同。

（五）金属离子催化

很多酶的催化活性需要金属离子参与，如 Na^+、K^+、Fe^{2+}、Fe^{3+}、Cu^{2+}、Zn^{2+}、Mn^{2+}、Ca^{2+} 等金属离子常与酶紧密或疏松结合，在酶促反应中发挥作用。有些金属离子是作为酶的辅基存在，有的是酶的激活剂。它们通过结合底物为反应定向，通过可逆地改变金属离子的氧化态调节氧化还原反应，还有的通过静电来稳定或屏蔽负电荷。

氧化还原反应中包含了金属离子价的变化，许多氧化还原酶含有金属离子，因此电子的转移和金属离子的配基数目和性质有很大的关系。

（六）活性部位微环境的影响

某些酶的活性中心穴内相对来说是非极性的，即酶的活性部位是一个疏水的微环境。微环境影响酶活性部位本身催化基团的解离状态。化学基团的反应活性和化学反应的速率在极性和非极性介质中有显著差别。这是由于在非极性环境中的介电常数较在水介质的介电常数低。在非极性环境中两个带电基因之间的静电作用比在极性环境中显著增高。这也是使某些酶催化总速度提高的一个原因。

然而，以上介绍的影响酶催化效率的几个因素中，并不能指出哪一种因素确切的贡献有多大，也不能指出哪一种因素是否可影响所有酶的全部催化活性。对某一个酶来说，起主要影响的因素可能有偏重。但不同的酶，起主要影响的因素是不同的。另外，在酶催化反应中，往往是几个因素配合在一起共同起作用。简单地说，酶具有使底物分子彼此靠近，并按一定方向排列的能力，在此基础上，酶与底物分子彼此变形适应对方，在酸碱或金属离子的作用下，在酶形成的非极性微环境中，精确改变反应底物分子的电子云排布，降低反应能量，形成共价催化。

第六节
酶促反应动力学

酶促反应的动力学（Kimties of Emymreataiyzed Reactions）是研究酶促反应的速率以及影响此速率的各种因素。如在研究酶的结构与功能的关系以及酶的作用机制时，需要动力学提供试验依据；为了充分发挥酶催化反应的高效率，寻找最有利的反应条件；为了解酶在代谢中的作用和筛选出理想的药物等，都需要掌握酶促反应的规律。酶催化的反应体系复杂，且影响酶促反应速率的因素很多，包括底物浓度、酶浓度、pH、温度、抑制剂和激活剂等。酶促反应动力学对基础理论和生产实践都有十分重要的意义。

一、 酶促反应速率

酶催化反应速率通常以单位时间（t）内反应物（S）的减少量或产物（P）的生成量来表示，即：

$$v = -\frac{\mathrm{d}S}{\mathrm{d}t} = \frac{\mathrm{d}P}{\mathrm{d}t}$$

式中　　v——反应速率；

$\quad\quad\ S$——反应物减少量；

$\quad\quad\ P$——产物生成量；

$\quad\quad\ t$——时间。

随着反应的进行，反应物逐渐消耗，分子碰撞的机会也逐渐减小，因此反应速率也随着减慢（图 2-2）。故反应速率是指酶反应的初速率，通常是指在酶促反应过程中，底物浓度消耗不超过 5% 时的速率（图 2-3）。因为，在过量的底物存在下，这时的反应速率与酶浓度成正比，而且还可以避免一些其他因素，如产物的形成、反应体系中 pH 的变化、逆反应速率加快、酶活力稳定性下降等对反应速率的影响。

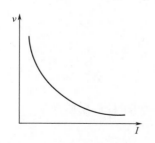
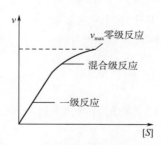

图 2-2　反应速率与时间的关系　　　图 2-3　底物浓度对酶促反应速率的影响

二、 底物浓度对酶反应的影响

(一) 单底物酶促反应动力学

1903 年，Henri 用蔗糖酶水解蔗糖的实验工作中观察到，在蔗糖酶作用的最适条件下，向反应体系中加入一定量的蔗糖酶，在底物浓度 [S] 低时，反应速率与底物浓度的增加呈正比关系，表现为一级反应；但随着底物浓度的继续增加，反应速率的上升不再成正比，表现为混合级的反应；当底物浓度增加到某种程度时，反应速率达到最大，此时即便再增加底物浓度，反应速率也不再增加，表现为零级反应。此后的实验证明，大多数酶都有此饱和现象，但达到饱和所需的底物浓度不同。相反，非酶催化反应没有这种饱和现象。Henri 提出酶催化底物转化成产物之前，底物与酶首先形成一个中间复合物（ES），然后再转变成产物（P）并释放出酶。底物浓度 [S] 对速度 v 作图，便形成"双曲线"图形。

1. 米氏方程

1913 年，L. Michaelis 和 M. L. Menten 在前人工作的基础上，根据酶反应的中间产物学说，在假定形成酶底物复合物（ES）的反应迅速达到化学平衡状态，底物浓度远远大于酶浓度的情况下，酶底物复合物（ES）分解成产物的逆反应几乎可以忽略不计。

$$E+S \underset{}{\overset{K_s}{\rightleftharpoons}} ES \underset{}{\overset{K}{\rightleftharpoons}} E+P$$

按照这种酶促反应的快速平衡法，推导出一个数学方程式来表示底物浓度和反应速率之间的定量关系，称为米氏方程。

$$v = \frac{V_{\max}[S]}{K_s + [S]} \tag{2-1}$$

式中　v——反应速度；

　　$[S]$——底物浓度；

　　$V_{\max}$——最大反应速度；

　　K_s——ES 的解离常数（底物常数）。

1925 年 Briggs 和 Haldane 提出了稳态理论，据此对米氏方程做了一项很重要的修正，认为酶促反应应该分以下两步进行[7]。

第一步，酶与底物相互作用，形成酶底物复合物：

$$E+S \underset{k_2}{\overset{k_1}{\rightleftharpoons}} ES$$

第二步，酶底物复合物（ES）分解形成产物，同时释放出游离酶：

$$ES \underset{k_4}{\overset{k_3}{\rightleftharpoons}} E+P$$

这两步反应都是可逆的，它们的正反应与逆反应的速度常数分别为 k_1、k_2、k_3、k_4。

Briggs 和 Haldane 对于酶促化学反应机制的发展所做的贡献就在于他们指出了酶底物复合物（ES）的量不仅与形成 ES 复合物的平衡有关，而且还与 ES 复合物分解的平衡有关，即用稳态代替了平衡态。根据这一理论推导出

$$v = \frac{V_{\max}[S]}{K_m + [S]} \tag{2-2}$$

由于 Michaelis 和 Menten 所做的开创性工作，习惯上把式（2-1）和式（2-2）都称为米氏方程。其中 K_m 称为米氏常数，它是由一些速度常数组成的一个复合常数。该方程式表明了当已知 K_m 及 $V_{\max}$ 时，酶反应速率与底物浓度之间的定量关系如图 2-4 所示，该曲线恰好与实验所得的结果相符合。

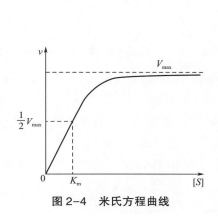

图 2-4　米氏方程曲线

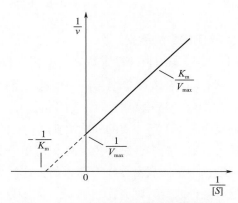

图 2-5　Lineweaver–Burk 双倒数作图法

从米氏方程可以看出，当反应速率达到最大速率的一半时，即 $v = V_{\max}/2$ 时，可以推理得到：$[S] = K_m$，据此可以看出 K_m 值的物理意义，即 K_m 值是当酶促反应速率达到最大反应速率一半时的底物浓度，其单位与底物浓度（$[S]$）的单位相向。

（1）利用作图法测定 K_m 与 $V_{\max}$　为了简便地测得难确定的 K_m 与 $V_{\max}$ 值，可以通过转换米氏方程的形式，使它从曲线方程变为直线方程，然后再用图解法求出相应的 K_m 与 $V_{\max}$ 值。

（2）双倒数作图法（Lineweaver-Burk 作图法）　该法是将米氏方程两边取倒数，即以 $1/v$ 为纵坐标、$1/[S]$ 为横坐标作图，所得直线在纵坐标上的截距为最大反应速率的倒数（$1/V_{\max}$），而在横坐标上的截距为 $-1/K_m$（图 2-5）。由图 2-5 可方便地求出 K_m 和 $V_{\max}$。

$$\frac{1}{v} = \frac{K_m}{V_{\max}} \frac{1}{[S]} + \frac{1}{V_{\max}} \tag{2-3}$$

（3）Eadie-Hofstee 作图法可以将米氏方程改写成下面的方程式：

$$v = V_{\max} - K_m \frac{v}{[S]} \tag{2-4}$$

以 v 对 $v/[S]$ 作图，也得一直线，其纵轴截距为 $V_{\max}$，横轴截距为 $V_{\max}/K_m$，斜率为 $-K_m$（图 2-6）。

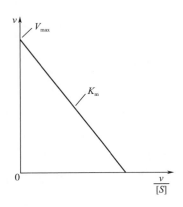

图 2-6   Eadie-Hofstee 作图法

2. 米氏常数的意义

（1）K_m 是酶的特征性常数之一   它只与酶的性质有关，与酶的浓度无关；不同的酶其 K_m 不同。K_m 有浓度量纲，其物理意义是使反应浓度达到最大浓度一半时的底物浓度。它的单位即底物浓度单位，一般用 mol/L。K_m 代表酶与底物的亲和力，K_m 越小，代表达到相同反应速度的所需要的底物浓度越小，酶与底物靠次级键结合，酶与底物之间次级键强度越大，数目越多，亲和力越强，对每一种酶来说，它的 K_m 是指在一定的温度、pH、离子强度、一定的底物存在下而言的，这些条件都影响酶与底物间次级键的强度或数目，因此这些条件改变，则 K_m 发生变化。大多数酶的 K_m 在 $10^{-6} \sim 10^{-1}$ mol/L。

（2）判断酶的最适底物   有的酶可作用多种底物，因此对每一个底物都有一个 K_m 值，K_m 最小的那个底物为该酶的最适底物或天然底物。如己糖激酶既可催化葡萄糖分解（$K_m = 1.5 \times 10^{-4}$ mol/L）也可催化果糖分解（$K_m = 1.5 \times 10^{-3}$ mol/L），因此葡萄糖是己糖激酶的最适底物，而不是果糖。

（3）K_m 值可帮助判断某一代谢的方向及生理功能   催化可逆反应的酶，对正、逆两个方向反应的 K_m 常常是不同的。测定这些 K_m 的大小及细胞内正、逆两向的底物浓度，可以大致推测该酶催化正逆两向反应的效率；这对了解酶在细胞内的主要催化方向及生理功能具有重要的意义。一些酶的 K_m 值如表 2-3 所示。

表 2-3   一些酶的 K_m 值

酶	底物	K_m/（mol/L）
蔗糖酶	蔗糖	2.8×10^{-2}
麦芽糖酶	麦芽糖	2.1×10^{-1}
磷酸酯酶	磷酸甘油酯	3.0×10^{-3}
磷酸甘油酸激酶	ATP	1.1×10^{-4}
乳酸脱氢酶	丙酮酸	3.5×10^{-5}
乙醇脱氢酶	乙醇	1.8×10^{-2}

续表

酶	底物	$K_m/(mol/L)$
乙醛脱氢酶	乙醛	1.1×10^{-4}
细胞色素 C 氧化酶	细胞色素 C	1.2×10^{-4}
苹果酸酶	苹果酸	5.0×10^{-5}

（4）K_m在特殊的情况下 $v=V_{max}$ 时，反应速率与底物浓度无关，只与 $[E]_t$ 成正比，表明酶的全部活性部位均被底物所占据。当 K_m 已知时，任何 $[S]$ 下酶活性中心被底物饱和的分数 f_{ES} 可求出，即

$$f_{Es}=\frac{v}{V_{max}}=\frac{V_m S}{K_m+S} \tag{2-5}$$

（二）多底物酶促反应动力学

酶的催化反应按其底物数可分为单底物和多底物的催化作用，两者反应系统的动力学规律不完全相同。一个底物分解成两个产物，而其逆反应也可称为双底物，但是不能适用于米氏方程[7]。

所谓多底物催化是指两个或两个以上的底物参与反应，其动力学方程相当复杂，数学推导也十分繁琐。1963 年国际生物化学联合会（IUB）酶学委员会（EC）按照底物数，规定划分为单底物酶促反应、双底物酶促反应和多底物酶促反应三大类酶促反应。

单底物酶促反应又可分为：

单底物　　　　　　A⇌B　　约占酶总数 5%

单向单底物　　　　A⇌B+C　　约占酶总数 12%

假单底物　　　　　A–B+H₂O⇌A–OH+BH　　约占酶总数 26%

双底物酶促反应可分为：

①氧化还原酶类：AH₂+B⇌A+BH₂

　　　　　　　　　A²⁺+B³⁺⇌A³⁺+B²⁺　　约占酶总数 27%

②基团转移酶类：A+BX⇌AX+B　　约占酶总数 24%

三底物酶促反应：连接酶　A+B+ATP⇌AB+ADP+Pi

　　　　　　　　　A+B+ATP⇌AB+AMP+PPi　　约占酶总数 6%

1. 多底物酶促反应历程表示法

多底物酶促反应动力学比单底物酶促反应复杂得多，为了统一和简化表示其反应历程，1967 年 Cleland 推荐一种命名和反应历程的表示法则，有如下 5 条：

（1）符号表示 A、B、C、D……表示酶结合的底物顺序符号；P、Q、R、S……表示形成产物的顺序符号。

（2）用 E 代表游离酶形式，而 F、G……等代表酶的其他稳定形式。

（3）酶与底物结合或酶与产物结合形式的中间复合物有两种形式。一种是各种底

（或产物）全部与酶的活性部位结合后的中间复合体（Central Complex）；另一种是没有和各种底物（或产物）全部结合的中间复合体，称为非中心复合体。

（4）动力学上有意义的底物或产物（不包括水及 H^+）的数目用 Uni（单底物）、Bi（双底物）、BiBi（双底物双产物）、TerTer（三底物三产物）、Quad Quad（四底物四产物）等表示。在顺序机制中仅出现一次底物数和一次产物数；而乒乓机制，因为属于双取代反应，可出现两次底物或两次产物数。

（5）除随机机制外，酶促反应的历程用一条水平基线表示，线上向下的箭头表示与酶结合的底物，向上的箭头表示从酶释出的产物，而酶在结合底物或释出产物前后的形式则列于线下。

2. 多底物酶促反应动力学描述方法

多底物酶促反应历程复杂，包括连续性机制和非连续性机制。

（1）连续性机制　连续性机制又可分为有次序机制和随机性机制两种：

①有次序机制（Ordered Mechanism）：底物和产物按严格次序与酶缩合，如脱氢酶 Ordered BiBi 机制。

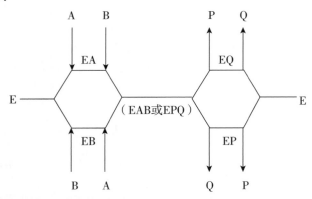

②随机性机制：

上述机制以稳定态法处理，其酶促反应速度方程式为：

$$v = \frac{v_{\mathrm{m}}[A][B]}{[A][B] + [B]K_{\mathrm{m}}^A + [A]K_{\mathrm{m}}^B + K_{\mathrm{s}}^A K_{\mathrm{m}}^B} \quad\quad (2-6)$$

（2）非连续性机制（乒乓机制，即 Ping pong Mechanism）　这种机制是酶一次只结合一个底物，当一个产物自酶离开后，酶再与第二个底物结合。反应过程形成四种二元复合物，而不形成三元复合物。例如转氨酶催化历程：

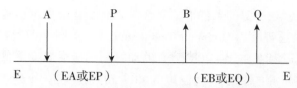

根据乒乓机制的反应历程及恒态学说，可推导出酶促反应速度方程为：

$$v = \frac{v_m[A][B]}{[A][B] + K_m^A[B] + K_m^B[A]} \tag{2-7}$$

三、 酶浓度对酶促反应的影响

在一个酶作用的最适条件下，如果底物浓度足够大，足以使酶饱和的情况下，酶促反应的速率与酶浓度成正比，$v=k[E]$，k 为反应速率常数。这种性质是测定酶活力的依据。在测定酶活力时，要求 $[E]$ 远小于 S，从而保证酶促反应速率与酶浓度成正比。这里要注意的是，使用的酶应是纯酶制剂（图 2-7）。

四、 温度对酶促反应的影响

酶促反应同其他大多数化学反应一样，受温度的影响较大。温度对酶反应速度的影响有两个方面，一方面，温度是分子内能的标志，代表了分子运动的剧烈程度，温度的高低可改变酶本身的"活性状态"，温度升高，分子会逐渐摆脱次级键的束缚而运动，酶蛋白的变形能力-诱导契合效应增加，酶活力上升；另一方面，随温度升高，酶分子基团运动加速，酶的次级键逐渐不能维持酶的空间结构，酶结构发生不可逆改变，酶蛋白逐渐变性失活，反应速率反而下降。如果以温度为横坐标，反应速率为纵坐标，可得到如图 2-8 所示的曲线。

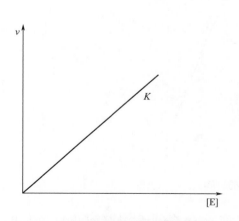

图 2-7 酶浓度对酶促反应速率的影响

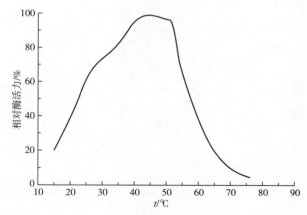

图 2-8 温度对酶活力的影响

对每一种酶来说，在一定的条件下，都有一个显示其最大反应速率的温度，这一温度称为该酶反应的最适温度（Optimum Temperature）。不同来源的酶，最适温度不同。一般动物来源的酶最适温度在 35~40℃，有的动物酶的最适温度更低，如淡水鱼的最适温度 20~30℃；植物来源的酶，最适温度为 40~50℃；大部分微生物酶的最适温度在 30~60℃。一般来讲，温度超过 60℃，大多数酶都要变性失活，但也有一些酶具有较高的抗热性，如在聚合酶链反应（Polymerase Chain Reaction，PCR）中广泛使用的 Taq 聚合酶（Taq Polymerase）在 95℃仍然可以稳定地进行催化；牛胰核糖核酸酶在 100℃仍不失活。添加酶的作用底物或者某些稳定剂，可以适当提高酶的热稳定性。

最适温度不是酶的特征物理常数，因为一种酶具有的最高催化能力的温度不是一成不变的，它往往受到酶的纯度、底物、激活剂、抑制剂以及酶促反应时间等因素的影响。因此对同一种酶而言，必须说明什么条件下的最适温度。

掌握温度对酶促反应的影响规律，具有一定的实践意义。如低温保藏菌种和作物种子，也同样是利用低温降低酶的活性，以减慢新陈代谢的特性。相反，高温杀菌则是利用高温使酶蛋白变性失活，导致细菌死亡的特性。酶在干燥状态下比在水溶液中稳定得多，对温度的耐受力也明显提高，所以酶制剂以固体保存为佳。

五、pH 对酶促反应的影响

酶的活性受环境 pH 影响较大。在一定的 pH 条件下，酶反应速度最大，高于或低于此 pH 值是反应速度都下降。在一定条件下，酶表现其最大活力时的 pH 称为酶的最适 pH。用酶反应速度对 pH 作图，一般酶都可得到钟形曲线，如图 2-9 所示。

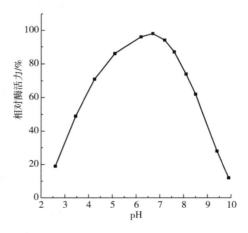

图 2-9 pH 对酶活力的影响

pH 之所以影响酶的催化作用，主要是由于在不同的 pH 条件下，酶分子和底物分子中基团的解离状态发生改变，从而影响酶分子的构象以及酶与底物的结合能力和催化能力。在极端的 pH 条件下，酶分子的空间结构发生改变，从而引起酶的变性失活。

但不是所有的酶都如此，有的酶曲线只是钟罩形的一半，如胃蛋白酶和胆碱酯酶；也有的酶，如木瓜蛋白酶的活力在较大的 pH 范围内几乎没有变化。

一般来说，大多数酶的最适 pH 在 5.0~8.0。其中微生物和植物来源的酶 pH 常在 4.5~6.5；动物来源的 pH 常在 6.5~8.0。但有不少例外，如霉菌酸性蛋白酶最适 pH 为 2.0，地衣芽孢杆菌碱性蛋白酶则为 11.0，胃蛋白酶为 1.5~2.0。最适 pH 因底物的性质及浓度、缓冲液的性质和浓度、介质的离子强度、反应的温度和作用时间等不同而不同。它不是一个常数，只能作为一种实验参数。几种酶的最适 pH 如表 2-4 所示。

表 2-4 几种酶的最适 pH

酶名称	来源	底物	最适 pH
淀粉酶	枯草芽孢杆菌	淀粉	5.2
麦芽糖酶	酵母	麦芽糖	6.6
蔗糖酶	酵母	蔗糖	4.6~5.0
乳糖酶	霉菌	乳糖	5.0
纤维素酶	霉菌	纤维素	4.5~6.5
果胶酶	曲霉	果胶	2.5~6.0
蛋白酶	曲霉	不同蛋白质	9.5~10.0
二肽酶	酵母	二肽	7.8
琥珀酸脱氢酶	大肠杆菌	琥珀酸	9.5~10.0
脂肪酶	—	油脂	7.0~10.0
葡萄糖氧化酶	—	葡萄糖	3.5~6.5
辣根过氧化物酶	—	过氧化物	5.0
谷氨酰胺转氨酶	—	酪蛋白	5.0~8.0

六、 抑制剂对酶促反应的影响

很多因素能降低酶的催化反应速度，归纳起来可分为两类，即失活作用和抑制作用。由于理化因素的影响，破坏了酶分子的三维结构，酶蛋白变性，导致酶部分或全部丧失活性，称为酶的失活或钝化。酶在不变性的情况下，由于必需基团或活性中心化学性质的改变而引起的酶活性降低或丧失，则称为抑制作用。抑制剂（Inhibitor）是指能降低酶的活性，使酶促反应速率减慢的物质。抑制剂对酶的作用具有一定的选择性，一种抑制剂只能引起某一种酶或某一类酶的活性丧失或降低，从而影响酶的催化功能。

根据抑制剂与酶作用方式的不同，将抑制作用分为可逆的抑制作用和不可逆的抑制作用两种。

（一）不可逆的抑制作用

这种抑制剂通常以共价键与酶分子上的某些基团结合，导致酶的活性下降或丧失，且不能用透析、超滤等物理方法除去抑制剂而使酶复活的作用称为不可逆的抑制作用。由于是不可逆抑制，故抑制剂与酶接触时间越长，抑制作用也就越明显，如有机磷农药中毒。

根据不同抑制剂对酶的选择性不同，不可逆抑制作用又可分为非专一性抑制作用与专一性抑制作用两类。前者是指一种抑制剂可作用于酶分子上的不同基团或作用于几类不同的酶；后者是指一种抑制剂通常只作用于酶分子中一种氨基酸侧链基团或仅作用于一类酶，因此它也是研究酶活性中心的结构和功能重要试剂。

常见的非专一性不可逆抑制剂主要有以下几类：

（1）重金属离子、有机汞、有机砷化合物　如 Pb^{2+}、Hg^{2+} 及含有 Hg^{2+}、Ag^+、As^{3+} 离子的化合物可与某些酶活性中心的必需基团如巯基结合而使酶失去活性。

（2）有机磷化合物　如有机磷农药，能与酶（如乙酰胆碱酯酶）活性中心上的丝氨酸以共价键结合而使酶丧失活性。

（3）氰化物和一氧化碳　这些物质能与金属离子形成稳定的络合物，而使一些需要金属离子的酶的活性受到抑制。如含铁卟啉辅基的细胞色素氧化酶。

（4）青霉素　抗生素中的青霉素也属于这种抑制剂，它主要与糖肽转肽酶活性部位的丝氨酸羟基共价结合，使酶失活，从而抑制细菌细胞壁肽聚糖链形成，达到抗菌效果。

（二）可逆的抑制作用

可逆抑制剂与酶蛋白结合成复合物的过程是可逆的。可用透析、超滤等方法可除去抑制剂而使酶恢复活性。这类抑制剂与酶分子的结合部位可以是酶的活性中心，也可以是非活性中心部位。根据抑制剂与酶分子的结合关系，将可逆抑制作用分为下列四种。根据可逆性抑制作用的机制不同，酶的可逆性抑制作用可以分为竞争性抑制、非竞争性抑制和反竞争性抑制三种。

1. 竞争性抑制作用

竞争性抑制作用（Competitive Inhibition）是一种比较常见的可逆抑制作用。抑制剂（I）的结构和底物的结构类似，可与底物（S）竞争与酶的活性中心结合，并与酶形成可逆的 EI 复合物，但 EI 不能分解成产物（P），如图 2-10 所示。故酶促反应速率下降。若增加底物浓度，抑制作用可以解除。

可逆抑制作用中最重要和最常见的是竞争性抑制，许多药物就是利用竞争性抑制作用的原理来设计的，如磺胺类药物、某些抗癌药物（如阿糖胞苷）等都是利用这一原理而设计的。例如，丙二酸是琥珀酸的结构类似物，它们可竞争珀酸脱氢酶分子上的结合位点，而琥珀酸脱氢酶只能催化琥珀酸脱氢，所以丙二酸是琥珀酸脱氢酶的竞争性抑制剂。

　　竞争性抑制剂的抑制程度取决于底物和抑制剂的相对浓度，且这种抑制作用可通过增加底物浓度而解除。

图 2-10　酶的竞争性抑制示意

2. 非竞争性抑制作用

　　非竞争性抑制作用（Noncompetitive Inhibition）　非竞争抑制作用的特点是 S 和 I 可同时与 E 结合，两者没有竞争作用。S 与 E 结合后还可与 I 结合，同样 I 与 E 结合后还能与 S 结合，即 E 可以同时与 I 及 S 结合，形成酶-底物-抑制剂（ESI）三元复合物，但不能分解成产物，如图 2-11 所示，因此酶活力降低。

　　这类抑制剂与酶活性中心以外的基团相结合，不能用增加底物浓度的方法解除抑制。可用透析或分子筛过滤的方法将抑制剂除去。

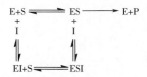

图 2-11　酶的非竞争性抑制示意

3. 反竞争性抑制

　　反竞争性抑制作用（Noncompetitive Inhibition）是指在底物与酶分子结合生成中间复合物后，抑制剂再与中间复合物结合而引起的抑制作用。反竞争性抑制剂不能与未结合底物的酶分子结合，只有当底物与酶分子结合以后，由于底物的结合引起酶分子结构的某些变化，使抑制剂的结合部位展现出来，抑制剂才能结合并产生抑制作用。因此不能通过增加底物浓度使反竞争抑制作用逆转。反竞争抑制的特点是最大反应速度 V_{max} 和米氏常数 K_m 减小（图 2-12）。

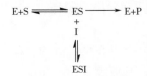

图 2-12　酶的反竞争性抑制示意

　　过渡态底物类似物可作为酶的一种竞争性抑制剂。所谓过渡态底物是指底物和酶结合成中间复合物后被活化的过渡态形式，由于能障小，其与酶结合得比较紧密，这是酶具有高度催化效力的原因之一。例如，来自微生物的脯氨酸外消旋酶可被吡咯-2-羧酸酯抑制就是一个例子。该酶催化 L-脯氨酸异构化为 D 脯氨酸。脯氨酸的外消旋作用通过一个过渡态，在过渡态中，脯氨酸的 α 碳原子丢失一个质子而成为三角形而不是四面体构型（图 2-13）；其三个键都在一个平面上；α 碳原子带一个负电荷，这个对称性的负碳离子在一侧被重新质子化，而形成 L 异构体，或者在另一侧重新质子化形成 D 异构体。人们发现，吡咯-2-羧酸酯（图 2-14）像脯氨酸那样能紧紧地与外消旋酶结合，它的 α 碳原子像上述过渡态一样是三角形的，也带有一个负电荷，而且比脯氨酸与外消旋酶结合得更紧，吡咯-2-羧酸酯就是一种过渡态底物类似物。

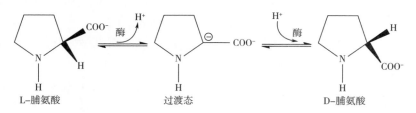

图 2-13　脯氨酸外消旋酶的催化作用

吡咯-2-羧酸酯

图 2-14　吡咯-2-羧酸酯

　　由于抑制剂的化学结构类似于过渡态底物，因此其对酶的亲和力就会远大于底物，从而引起对酶活性的强烈抑制。目前，多种酶反应的几百种过渡态底物类似物已被报道，其抑制效率比其基态底物类似物要高得多。因此，对过渡态底物类似物的研究，可以合成具有高效而特异的新药物。

七、 高浓度底物对酶促反应的影响

　　有些酶反应在低底物浓度时完全符合米氏方程，但当底物浓度升高时，反应速率反而下降，这种现象称为底物抑制。其原因有如下几点[7]：

　　（1）酶促反应是在水溶液中进行的，水在反应中有利于分子的扩散和运动。当底物浓度过高时就使水的有效浓度降低，使反应速度下降；

（2）过量的底物与酶的激活剂（如某些金属离子）结合，降低了激活剂的有效浓度而使反应速度下降；

（3）一定的底物与酶分子中一定的活性部位结合，并形成不稳定的中间产物。过量的底物分子聚集在酶分子上就可能生成无活性的中间产物，因此，这个中间产物不能再分解为反应产物。

底物抑制作用在单底物和多底物反应中均存在，如过量的丁酰乙酯可抑制羊肝的羧基酯酶；过量的 ATP 抑制磷酸果糖激酶。底物抑制作用在酶学研究和酶工程中都有着重要的意义，如根据该反应是否有底物抑制作用，可指导酶反应器和进出料方式的选择。

八、 激活剂对酶促反应的影响

能够提高酶活性，加速酶促反应进行的物质都称为该酶的激活剂（activator）。在激活剂的作用下，酶的催化活性提高或者由无活性的酶原生成有催化活性的酶。激活剂按其相对分子质量大小可分为以下三种：

（一）无机离子激活剂

无机阴离子（如 Cl^-、Br^-、I^-）和某些金属离子（如 Na^+、K^+、Mg^{2+}、Ca^{2+}、Zn^{2+}、Mn^{2+}等）都可作为激活剂。如 Cl^- 是唾液淀粉酶的激活剂，Zn^{2+} 是羧肽酶的激活剂，而 Mg^{2+} 则是多种激酶以及合成酶的激活剂等。一般认为金属离子的激活作用，主要是由于金属离子在酶和底物之间起了桥梁的作用，形成酶-金属离子-底物三元复合物，从而更有利于底物和酶的活性中心部位的结合。

（二）一些小分子的有机化合物

如抗坏血酸、半胱氨酸、谷胱甘肽等对某些含巯基的酶也有激活作用，它们主要是保护巯基酶分子中的巯基不被氧化，从而提高酶的活性。如 3-磷酸甘油醛脱氢酶就属于巯基酶，在其分离纯化过程中，往往要加上述还原剂，以保护其巯基不被氧化。

（三）生物大分子激活剂

一些蛋白激酶对某些酶的激活，在生物体代谢活动中起重要的作用。如磷酸化酶 b 激酶可激活磷酸化酶 b，而磷酸化酶 b 激酶又受到 CAMP 依赖性蛋白激酶的激活。

激活剂对酶的作用具有一定的选择性，一种激活剂对某种酶可能具有激活作用，但对另一种酶可能具有抑制作用。如 Mg^{2+} 是脱羧酶、烯醇化酶、DNA 聚合酶等的激活剂，但对肌球蛋白 ATP 酶的活性有抑制作用。有时离子之间还有拮抗作用，如 Na^+ 抑制 K^+ 激活的酶，Ca^{2+} 能抑制 Mg^{2+} 激活的酶。此外，激活剂的浓度不同其作用效果也不一样，有时对同一种酶是低浓度起激活作用，而高浓度则起抑制作用。

激活无活性的酶原转变为有活性的酶的物质也称为激活剂，这类激活剂往往都是蛋白质性质的大分子物质，如前所述的胰蛋白酶原的激活。但酶的激活与酶原的激活有所不同，酶的激活是使已具活性的酶的活性增高，使活性由小变大；而酶原的激活则是使本来无活性的酶原变为有活性的酶。

九、 酶在非水介质中的催化^[8]

1966 年以来，F. R. Dostoli 和 S. M. Siegel 报道了胰凝乳蛋白酶和辣根过氧化物酶在几种非极性有机溶剂中具有催化活性。后来，采用游离酶、微生物细胞和固定化酶在有机溶剂中合成酯和类固醇也取得类似的进展。直至 1984 年，美国 A. M Klibanov 在《科学》杂志上发表了关于酶在有机介质中催化作用一文，成功地在仅含微量水的有机介质中进行酶促反应，合成了酯、肽、手性醇等许多有机化合物，开创了非水介质酶学理论[9]。

根据非水介质酶学研究进展，其主要研究有机溶剂为主的微水有机溶剂中和反相胶束中酶结构与性质、催化动力学、催化条件、反应机制及其应用等内容。

（一）非水介质中酶的结构

酶在水溶液中是均一地溶解或存在于水溶液中，而酶不溶于疏水性有机溶剂，在含微量水（1%以下）的有机溶剂中以悬浮状态起催化作用。有大量实验表明酶悬浮于苯、环己烷等有机溶剂中并不变性，而且还能表现出催化活性，并认为酶的活性部位结构在水中与在有机溶剂中是相同的。

D. S. Clark 等首次采用电子顺磁共振（Electron Paramagnetic Resonance，EPR）技术研究了固定化乙醇脱氢酶在有机溶剂中的构象，表明了固定化乙醇脱氢酶在有机溶剂中能够保持天然构象。Klibanov 等将 α-溶菌酶直接悬浮于无水丙酮中，采用固态 ^{15}N 标记的组氨酸的化学位移，也证明组氨酸在丙酮中的化学位移与在水溶液中位移相同。

但是，并非所有的酶悬浮于任何有机溶剂中都能维持其天然构象。Burke 用固态核磁共振方法研究了 α-胰凝乳蛋白酶在冷冻干燥、向酶粉中添加有机溶剂后其活性部位的结构变化，结果显示冻干作用能造成 42%活性被破坏，当加入冻干保护剂（如蔗糖）能不同程度地稳定其活性部位结构。酶分子在水溶液中以其紧密的空间结构和一定的柔性发挥其催化功能，而酶悬浮于微量水（小于 1%）的有机溶剂时，与蛋白质分子形成分子氢键的水分子极少，导致氢键减弱，蛋白质结构变得"刚硬"（rigidity），活动的自由度变小。蛋白质的这种动力学刚性（kinetic rigidity）限制了疏水环境下的蛋白质构象向热力学稳定状态转化。

（二）在反相胶束中酶的结构与性质

反胶束（Reversedmicelles）是分散于连续有机相中的表面活性剂自发形成的具有纳米尺寸的聚集体。在这种聚集体即反胶束中的表面活性剂上的疏水基和亲水基则分别向外和具有非极性的有机相发生接触，朝内聚集形成一个极性核（Polarcore）。极性核可以容纳（或增容）少量水。

自 1997 年以来有关学者已研究了酶在反相胶束中的结构变化。研究得比较多的是水溶性蛋白质（包括单体酶和多聚体酶）、一些膜蛋白（如细胞色素氧化酶、肌浆网状体 Ca-ATP 酶、亚线粒体 ATP 酶）和附着生物膜表面或介于两膜表面之间的蛋白质（如细胞色素 C、髓磷脂碱性蛋白）三种。

其中水溶性酶被水分子所包围，当水与表面活性剂的比率较低时，蛋白质分子与胶束的极性表面接触，往往会对蛋白质分子进行修饰；存在于两膜之间或附于膜上的髓磷脂碱性蛋白和细胞色素 C 在反相胶束中，它们与胶束的内表面相接触，如细胞色素氧化酶线粒体 ATP 酶等整合蛋白具有一疏水部分，被埋入膜的非极性区域。因此，在反相胶束中，蛋白质的极性部分与胶束的水池相接触，而疏水部分与有机溶剂相接触。反相胶束是种热力学稳定、光学透明的溶液体系。光谱学可以作为探测反相胶束中酶的结构、稳定性和动力学行为。吸收光谱的圆二色性、荧光光谱和三态光谱对检测反胶束中的酶活力有着实际应用。溶菌酶与反相胶束结合后，圆二色性发生变化，而乙醇脱氢酶和硫辛酰胺脱氢酶与反相胶束结合后则无变化。荧光光谱法用于反相胶束中几种多肽类激素和溶菌酶的研究，可以测出荧光基团的动态情况，发现色氨酸残基的转动受到限制。而三态光谱法则可测定反相胶束间的交换速率，可作为研究蛋白质和反相胶束表面活性剂之间相互作用的探针。

（三）非水介质中酶催化动力学

早在 1966 年，Dastoli 和 Price 在研究胰凝乳蛋白酶和黄嘌呤氧化酶在微水有机溶剂中的催化反应时，发现酶在有机溶剂中不仅能保持天然活性，而且符合 Michaelis-Menten 动力学模式。研究得最多的是缬氨酸类蛋白酶，包括枯草杆菌蛋白酶、胰凝乳蛋白酶等。这些酶在水溶液中是通过酰基–酶机制水解底物肽或酯。即酶与底物首先通过非共价键形成酶与底物复合物，然后酶活性部位的缬氨酸残基的羟基与底物的羧基形成四面体中间物。

研究水溶液中酶促反应动力学时，其扩散限制和水分活度可忽略。而在微水有机溶剂中酶促反应扩散限制尤其内扩散限制则不能忽略，它与酶活力颗粒大小、形态以及底物性质有关。

为了系统地研究反相胶束中酶催化动力学，许多学者提出了多种不同的动力学模型包括扩散模型和非扩散型。对于前者，必须考虑反应物在介质中的流动，即底物的扩散系数。而对于反相胶束，除了穿过界面，底物的流动还可以直接从一个液滴到另一个液滴，胶束扩散速度依赖于周围有机溶剂的黏度、胶束大小及温度；而非扩散模型，这种模型假设酶的转换数（K_{cat}）和米氏常数（K_m）的变化是蛋白质在反相胶束中结构变化的结果。

（四）非水相酶学的应用

非水相酶催化反应技术的应用始于20世纪80年代后期，界面酶学和非水相酶学的研究取得突破性进展，极大地促进了脂肪酶多功能催化作用的开发。随着油脂加工业的发展和高品位的脂肪食品的开发，有机相的生物催化成为当今酶工程学的研究热点之一。在食品添加剂生产领域，利用有机相中固定化脂肪酶的催化作用，把廉价的棕榈油和乌桕脂经酯交换反应，变成可口的类可可脂，能很好地应用于巧克力糖果的生产。国外利用酶促酯交换反应把廉价的油脂转变成高品质的食用油脂的研究也很活跃，Eigtved等用人造奶油和不饱和脂肪酸的交换反应，使人造奶油熔点降低，改良了人造奶油的质量。山根等用脂肪酶选择性水解鱼油，使鱼油中 $n-3$ 多不饱和脂肪酸（PUFA）含量由原来的15%~30%提高到50%。Okada等用脂肪酶在微水介质中催化鱼油的酯交换反应也得到富含 $n-3$ PUFA的甘油三酯。Yoshimoto等用PEC脂肪酶催化二十碳五烯酸（EPA）和DPPL的酯交换反应，制备了二十碳五烯酰棕榈卵磷脂（EPPC）。这种含高不饱和脂肪酸的卵磷脂具有细胞分化诱导作用，可作为癌症治疗药物。袁红玲、汤鲁宏、陶文昕[10]以氢化棕榈油、大豆油和海狗油等为脂肪酸基团供体，在固定化脂肪酶的催化下，在有机溶剂中与L-抗坏血酸直接进行酯交换反应形成L-抗坏血酸脂肪酯。初始油脂底物浓度200~600mmol/L，温度55℃，反应时间为9h，在此条件下产物质量浓度可达43.51g/L。罗志刚、杨连生、李文志[11]采用Novozyme435脂肪酶，以叔丁醇为底物，40℃水分活度0.66~0.85，pH 10，加酶量4mg/mL，肌醇和烟酸最适摩尔比为1：6，而烟酸浓度低于6.0mmol/L时，产物生成率可达89.00%。总之，非水溶剂中酯催化反应技术在食品添加剂生产中的应用具有很大的发展潜力。

第七节
酶活力及其测定

酶活力测定是酶学研究、酶制剂生产和应用中必不可少的一项工作。酶制剂生产中，从发酵成效的好坏及提取、纯化方法的评价，一直到酶的保存与应用，都是以酶活力测定为依据的。在发酵工业的生产过程中，也涉及酶活力的测定。这说明酶活力测定对指导生产实践具有重要意义。

一、 酶活力

在酶的分离提纯、酶的性质研究以及酶的生产和应用过程中，经常要对酶的含量及活力进行测定，以了解酶的纯度和性质。

（一）酶活力的概念

酶活力（Enzyme Acrivity）又称酶活性，是指酶催化某一化学反应的能力。酶活力的大小可用在一定的条件下，酶催化某一化学反应的反应速率来表示。酶的活力测定，实际上就是测定酶所催化的化学反应的速率。反应速率越大，表示酶的活力越高。

反应速率可用范围时间内底物的减少量或产物的生成量来表示，所以反应速率的单位为浓度/单位时间。在一般的酶促反应体系中，底物的量往往是过量的。在测定的初速率范围内，底物减少量仅为底物总量的很少一部分，测定不易准确；而产物从无到有，较易测定。故一般用单位时间内产物生成的量来表示酶催化的反应速率。

（二）酶活力单位

酶活力单位是人为规定的一个对酶进行定量描述的基本度量单位，其含义是一定反应条件下，单位时间内完成一个规定的反应量所需的酶量。在实际工作中，酶活力单位往往与所用的测定方法、反应条件等因素有关。同一种酶采用的测定方法不同，活力单位也不尽相同。

为了便于比较和统一活力标准，1961年国际生物化学联合会（IUB）酶学委员会提出使用国际单位（IU）。一个国际单位是指在酶最适条件（最适底物、最适pH、最适缓冲液的离子强度及温度25℃）下，每1min催化1μmol底物转化为产物（或产生1μmol产物）所需的酶量即为1个酶活力单位。如果酶的底物中有一个以上的可被作用的键或基团，则一个国际单位指的是每分钟催化1μmol的有关基团或键的变化所需的酶量。国际单位虽然可以作为统一的标准进行活力的比较，但是这种单位在实际应用时，往往显得太繁琐。不同行业、不同地区往往有自己不同的酶活力定义。所以，一般都还采用各自规定的单位。

国际上另一个常用的酶活力单位是卡特（kat）。在特定条件下每秒催化1mol底物转化为产物的酶量定义为1卡特（kat）。

上述两种酶活力单位之间可以相互换算，即 $kat = 1mol/s = 60mol/min = 60 \times 10^6 \mu mol/min = 6 \times 10^7 IU$。

（三）酶的比活力

酶的比活力（Specific Activity，TN，等于转换数 K_{cat}），是指单位酶制剂中的酶活单位数。1964年国际生物化学学会将酶的"比活力"定义为：在特定条件下，单位重量（mg）蛋白质或RNA所具有的酶活力单位数。有时也用每克酶制剂或每毫升酶制剂所含的活力单位数来表示；比活力是表示酶制剂纯度的一个重要指标，在酶学研究和提纯酶时常常用到。对同一种酶来说，酶的比活力越高，纯度越高。

（四）转换数与催化周期

酶的转换数 K_{cat}，又称摩尔催化活性（Molar Catalytic Activity），是指每个酶分子每分钟催化底物转化的分子数,即每摩尔酶每分钟催化底物转化为产物的摩尔数。

酶的转换数是酶催化效率的量度指标,酶的转化系数越大,表明酶的催化效率越高。酶的转化数通常用每微摩尔的酶活力单位数表示,单位为 min^{-1}。

$$K_{cat} = \frac{底物转变摩尔数(mol)}{酶摩尔数·分钟(mol·min)} = \frac{酶活力单位数(IU)}{酶微摩尔数(\mu mol)}$$

一般酶的转换数在 $10^3 min^{-1}$ 左右,如 β-半乳糖苷酶的转化数为 $12.5×10^3 min^{-1}$,碳酸酐酶的转换数最高,达到 $3.6×10^7 min^{-1}$。

酶转换数的倒数称为酶的催化周期。催化周期是指酶进行一次催化所需的时间,单位为毫秒(ms)或(μs),即 $T = 1/K_{cat}$

例如,上述碳酸酐酶的催化周期 $T = \frac{1×60×10^6}{3.6×10^7} = 1.799$($\mu s$)

二、 酶活力的测定

酶活力测定的方法很多,总的要求是快速、简便、准确。主要根据产物或底物的物理或化学特性来决定具体选用测定的方法。常用的方法有以下几种:

(一) 比色法

如果酶反应的产物可与特定的化学试剂反应而生成稳定的有色溶液,生成颜色的深浅与产物浓度在一定的浓度范围内有线性关系可用此法。如蛋白酶的活力测定。蛋白酶可水解酶蛋白,产生的酪氨酸可与福林试剂反应生成稳定的蓝色化合物,在一定的浓度范围内,产生蓝色化合物颜色的深浅与酪氨酸的量之间有线性关系,可用于定量测定。

(二) 分光光度法

利用底物和产物光吸收性质的不同,在整个反应过程中通过不断测定其吸收光谱的变化,测得反应混合物中底物的减少量或产物的增加量,以了解反应的进程。几乎所有的氧化还原酶都使用该法测定。如还原型辅酶 I(NADH)和辅酶 II(NADPH)在340mm 处有光吸收,而 NAD⁺ 和 NADP⁺ 在该波长下无光吸收,故脱氢酶类可用该法测定。如乳酸脱氢酶的活力测定,在该酶作用的最适条件下,每分钟在 340nm 下的吸光度增加 0.1 个单位(或 0.5 个单位)定为一个酶活力单位。该法测定迅速简便,特异性强。而自动扫描分光光度计对于酶活力和酶反应研究工作中的测定更是快速准确和自动化。

(三) 滴定法

如果产物之一是自由的酸性物质或碱性物质可用此法。如脂酶催化脂肪水解出脂肪酸,脂肪酸的浓度可用 NaOH 溶液进行滴定。这种方法目前多被 pH 电极取而代之,即采用 pH 电极跟踪反应过程中 H⁺ 的变化,用 pH 的变化来测定酶的反应速率。

（四）量气法

当酶促反应中产物或底物之一为气体时，可以测量反应系统中气相的体积或压力的改变，从而计算气体释放和吸收的量，根据气体变化和时间的关系，求得酶反应的速率。如氨基酸脱羧酶、脲酶的活力测定。产生的二氧化碳量可用特制的仪器如华勃氏呼吸仪或者二氧化碳电极测定。

（五）酶偶联分析

某些酶促反应本身没有光吸收的变化，通过偶联至另一个能引起光吸收变化的酶反应，使第一个酶反应的产物，转变成为第二个酶的具有光吸收变化的产物来进行测定。如葡萄糖氧化酶的活力测定就是与过氧化氢酶相偶联而进行的。其基本方法为：葡萄糖氧化酶催化葡萄糖氧化生成 D-葡萄糖酸和过氧化氢，加入过氧化氢酶后，过氧化氢分解产生氧，氧与邻联二茴香胺发生氧化反应，生成一棕色化合物，测定其在 460nm 处的光吸收可确定反应的速率，计算出酶活力。

其他方法除以上介绍的方法外，还有离子选择电极法、旋光法、量热法、层析法等也常用于酶活力的测定。

（六）固定化酶的活力测定

固定在水不溶性载体上，在一定的空间范围内起催化作用的酶称为固定化酶。固定化酶由于与载体的相互作用，其性质与游离酶有所不同，故其活力测定方法亦有些区别。常用的方法有以下几种：

1. 振荡测定法

称取一定质量的固定化酶，放进一定形状一定大小的容器中，加入一定量的底物溶液，在特定的条件下，一边振荡或搅拌，一边进行催化反应。经过一定时间，取出一定量的反应液进行酶活力测定。

固定化酶反应液的测定方法与游离酶反应液的测定方法完全相同。但在固定化酶反应时，振荡或搅拌方式和速度对酶反应速度有很大影响，在振荡或搅拌速度不高时，反应速度随振荡或搅拌速度的增加而升高，在达到一定速度后，反应速度不再升高。若振荡或搅拌速度过高，则可能破坏固定化酶的结构，缩短固定化酶的使用寿命，所以，在测定固定化酶的活力时，要在一定的振荡或搅拌速度下进行，速度的变化对反应速度有明显的影响。此外，底物浓度、pH、反应温度、激活剂浓度、抑制剂浓度、反正时间等条件可以与游离酶活力测定时的条件相同，也可以根据固定化酶的特性不同而选择适宜的条件，最好在固定化酶应用的工艺条件下进行活力测定。

2. 酶柱测定法

将一定量的固定化酶装进具有恒温装置的反应柱中，在适宜的条件下让底物溶液以一定的流速流过酶柱，收集流出的反应液，测定反应液中底物的消耗量或产物的生成量。再计算酶活力。测定方法与游离酶反应液的测定方法相同。底物溶液流经酶柱的速度对反应速度有很大的影响。在不同的流速条件下反应速度不同。在某一适宜的流速条件下，反应速度达到最大。所以测定固定化酶的活力要在恒定的流速条件下进行，而且，反应柱的形状和径高比都对反应速度有明显的影响，必须固定不变，此外，底物浓度、pH、反应温度、激活剂和抑制剂浓度、离子强度等条件可以游离酶活力测定的条件相同，也可以选用固定化酶反应的最适条件，最好有实际应用时的工艺条件相同。

3. 连续测定法

利用连续分光光度法等测定方法可以对固定化酶反应液进行连续测定，从而测定固定化酶的酶活力，测定时，可将振荡反应器中的反应液连续引到连续测定仪（如双光束紫外分光光度计等）的流动比色杯中进行连续分光测定，或者让固定化酶柱流出的反应液连续流经流动比色杯进行连续分光测定。固定化酶活力的连续测定，可以及时并准确的知道某一时刻的酶活力变化情况，对利用固定化酶进行连续生产和自动控制有重大意义。

4. 固定化酶的比活力测定

游离酶的比活力可以用每毫克（mg）酶蛋白或酶 RNA 所具有的酶活力单位数表示。在固定化酶中，一般采用每克（g）干固定化酶所具有的酶活力单位数表示。在测定固定化酶的比活力时，可先用湿固定化酶测定其酶活力，再在一定的条件下干燥，称取固定化酶的干重，然后计算出固定化酶的比活力，也可以称取一定量的干固定化酶，让它在一定条件下充分溶胀后，进行酶活力测定，再计算出固定化酶的比活力。

对于酶膜、酶管、酶板等固定化酶，其比活力则可以用单位面积的酶活力单位表示，即

$$比活力 = 酶活力单位/cm^2$$

5. 酶结合效率与酶活力回收率的测定

酶在进行固定化时，并非所有的酶都成为固定化酶，而总是有一部分酶没有与载体结合在一起，所以需要测定酶结合效率或酶活力回收率，以确定固定化的效果。

酶结合效率又称酶的固定化率，是指酶与载体结合的百分率。酶结合效率的计算一般由用于固定化的总酶活力的减去未结合的酶活力所得到的差值，再除以用于固定化的总酶活力而得到，即

$$酶结合效率 = \frac{加入的总酶活力 - 未结合的酶活力}{加入的总酶活力} \times 100\%$$

未结合的酶活力，包括固定化后滤出固定化酶后的滤液以及洗涤固定化酶的洗涤液中所含的酶活力的总和。

酶活力回收率是指固定化酶的总活力与用于固定化的总酶活力的百分率。

$$酶活力回收率 = \frac{固定化酶总活力}{用于固定化酶的总酶活力} \times 100\%$$

当固定化方法对酶活力没有明显影响时，酶结合效率与酶活回收率的数值相近。然而，固定化载体和固定化方法往往对酶活力有一定的影响，两者的数值往往有较大的差

别。所以通常都通过测定酶结合效率来表示固定化的效果。

6. 相对酶活力的测定

具有相同酶蛋白（或酶 RNA）量的固定化酶活力与游离酶活力的比值称为相对酶活力。相对酶活力与载体结构、固定化酶颗粒大小、底物分子质量的大小以及酶结合效率等有密切关系。相对酶活力的高级表明了固定化酶应用价值的大小。相对酶活力太低的固定化酶一般没有使用价值。在固定化酶的研制过程中，应从固定化载体、固定化技术等方面进行研究和改进，以尽量提高固定化酶的相对酶活力。

三、 几种常用酶活力的测定

（一） α-淀粉酶活力的测定

1. 原理

α-淀粉酶制剂能将淀粉分子链中的 α-1，4 葡萄糖苷键随机切断成长短不同的短链糊精、少量麦芽糖和葡萄糖，而使淀粉遇碘呈蓝紫色的特性反应逐渐消失，呈现棕红色，其颜色消失的速度与酶活性有关，据此可通过反应后的吸光度计算酶活力。

2. 试剂和材料

（1）原碘液　称取 11.00g 碘和 22.00g 碘化钾，用少量水使碘完全溶解，定容至 500mL，贮存于棕色瓶中。

（2）稀碘液　吸取原碘液 200.00mL，加 20.00g 碘化钾用水溶解并定容至 500.00mL，贮存于棕色瓶中。

（3）可溶性淀粉溶液（20.00g/L）　称取 2.00g（精确至 0.001g）可溶性淀粉（以绝干计）于烧杯中，用少量水调成浆状物，边搅拌边缓缓加入 70.00mL 沸水中，然后用水分次冲洗装淀粉的烧杯，洗液倒入其中，搅拌加热至完全透明，冷却定容至 100.00mL。溶液现配现用。

注：可溶性淀粉应采用酶制剂分析专用淀粉。

（4）磷酸缓冲液（pH6.0）　称取 45.23g 磷酸氢二钠（$Na_2HPO_4 \cdot 12H_2O$）和 8.07g 柠檬酸（$C_6H_8O_7 \cdot H_2O$），用水溶解并定容至 1000.00mL。用 pH 计校正后使用。

（5）盐酸溶液 c（HCl）= 0.1mol/L。

3. 分析步骤

（1）待测酶液的制备　称取试样 1.00 ~ 2.00g（精确至 0.001g）或准确吸取 100.00mL，用少量磷酸缓冲液充分溶解，将上清液小心倾入容量瓶中，若有剩余残渣，再加少量磷酸缓冲液充分研磨，最终样品全部移入容量瓶中，用磷酸缓冲液定容至刻度，摇匀。用四层纱布过滤，滤液待用。

注：待测中温 α-淀粉酶酶液酶活力控制酶浓度在 3.4~4.5U/mL 范围内，测耐高温 α-淀粉酶活力控制酶浓度在 60~65U/mL 范围内。

（2）测定　吸取 20.00mL 可溶性淀粉溶液于试管中，加入磷酸缓冲液 5.00mL，摇匀后置于 60℃±0.2℃（耐高温 α-淀粉酶制剂置于 70℃±0.2℃）恒温水浴中预热 8min；加入 1.00mL 稀释好的待测酶液，立即计时，摇匀，准确反应 5min；立即用自动移液器吸取 1.00mL 反应液，加到预先盛有 0.50mL 盐酸溶液和 5.00mL 稀碘液的试管中，摇匀，并以 0.50mL 盐酸溶液和 5.00mL 稀碘液为空白，于 660nm 波长下，用 10mm 比色皿迅速测定其吸光度（A）。

4. 计算

1g 酶粉或 1mL 酶液在 60℃、pH 6.0 的条件下，每小时液化 1g 可溶性淀粉即为 1 个酶活力单位（U/g 或 U/mL）。

$$中温\ \alpha-淀粉酶制剂的酶活力\ X = c \times n$$

式中　X——淀粉酶活力，U/mL 或 U/g；

　　　n——样品的稀释倍数；

$$耐高温\ \alpha-淀粉酶制剂的酶活力\ X = c \times n \times 16.67$$

式中　c——测试酶样的浓度，U/mL 或 U/g；

　　　n——样品的稀释倍数；

16.67——根据酶活力定义计算的换算系数。

（二）糖化酶活力测定

1. 原理

糖化酶具有催化淀粉或糊精水解而生成葡萄糖的作用。其催化作用是从淀粉分子非还原性末端开始，降解 α-1,4 糖苷键生成葡萄糖。葡萄糖分子中含有醛基，能被次碘酸钠氧化后析出碘，再用硫代硫酸钠标准溶液进行滴定，计算出酶活力。

2. 试剂

（1）0.1mol/L 乙酸-乙酸钠缓冲溶液（pH4.6）　称取 6.70g 乙酸钠（$CH_3COONa \cdot 3H_2O$）吸取冰醋酸 2.60mL，用蒸馏水溶解定容至 1000.00mL，然后以酸度计校正 pH。

（2）0.05mol/L $Na_2S_2O_3$ 溶液　按 GB/T 601—2016《化学试剂标准溶液制备方法》配制，使用时准确稀释一倍。

（3）0.1mol/L I_2 液　按 GB/T 601—2016《化学试剂标准溶液制备方法》配制。

（4）0.1mol/L NaOH 溶液　按 GB/T 601—2016《化学试剂标准溶液制备方法》配制。

（5）2mol/L H_2SO_4 溶液　量取分析纯浓硫酸（相对密度 1.84）5.60mL 缓缓加入适量蒸馏水中，冷却后用蒸馏水定容至 1000.00mL，摇匀。

（6）20%NaOH 溶液　称取 20.00g 分析纯氢氧化钠，用蒸馏水溶解定容至 100.00mL。

（7）2%可溶性淀粉溶液　称取可溶性淀粉 2.00g，然后用少量蒸馏水调匀，慢慢倾入已沸的蒸馏水中，煮沸至透明，冷却，用蒸馏水定容至 100.00mL，此溶液需当天配制。

3. 测定程序

（1）待测酶液的制备　称取酶粉2.00g（或1.00mL酶液），倒入50.00mL烧杯中用少量的乙酸-乙酸钠缓冲溶液（pH4.6）溶解，并用玻璃棒捣碎，将上层清液小心倾入适当的容量瓶中，沉渣再加入少量上述缓冲溶液。如此反复捣研3~4次，最后全部移入容量瓶中，用缓冲溶液定容至刻度，摇匀，用4层纱布过滤。再用滤纸滤清，滤液供测定用。浓缩酶液可直接吸取一定量于容量瓶中，用缓冲溶液稀释定容至刻度。

注：制备酶液时，酶液浓度最好控制在样品与空白消耗0.05mol/L $Na_2S_2O_3$ 的差值为3~6.00mL（以每毫升酶活力50~90U为宜）。

（2）测定　于甲、乙两支50mL比色管中，分别加入2%可溶性淀粉溶液2500mL，0.10moL乙酸-乙酸钠缓冲溶液（pH4.6）5mL，摇匀。于（40±0.2）℃的恒温水浴中预热5~10min。在甲管中加入酶制备液2.00mL（酶的总活力为110~170U），立即计时摇匀。在此温度下准确反应1h后立即在甲、乙两管各加20%氢氧化钠溶液0.20mL，摇匀。将两管取出迅速用水冷却，并于乙管中补加酶制备液2.00mL（作为对照）。取两管中上述反应液各5.00mL放入碘量瓶中，准确加入0.1mol/L I_2 液10mL，再加入0.1mol/L NaOH溶液15.00mL（边加边摇晃），放置暗处15min，加入2mol/L硫酸2.00mL，用0.05mol/L $Na_2S_2O_3$ 溶液滴定至无色为终点。

4. 计算

1g酶粉或1mL酶液在40℃、pH4.6的条件下，每小时分解可溶性淀粉产生1mg葡萄糖的酶量为1个酶活力单位。

$$X=（A-B）\times c\times90.05\times\frac{1}{2}\times\frac{32.2}{5}\times n$$

式中　X——糖化酶活力，U/g（U/mL）；

A——空白试验消耗 $Na_2S_2O_3$ 溶液的体积，mL；

B——样品消耗 $Na_2S_2O_3$ 溶液的体积，mL；

c——$Na_2S_2O_3$ 溶液的物质的量浓度；

n——稀释倍数；

90.05——1mL 1mol/L $Na_2S_2O_3$ 相当葡萄糖质量，mg；

$\frac{1}{2}$——折算成1.00mL酶液的量；

32.2——反应液总体积；

5——吸取反应液的体积，mL；

为了方便计算，可按稀释倍数参考表计算，系数乘以滴定空白和样品所消耗0.05mol/L $Na_2S_2O_3$ 溶液的差值（$A-B$）为酶活力单位。

（三）果胶酶活力测定

1. 原理

果胶酶水解果胶，生成半乳糖醛酸，半乳糖醛酸具有还原性糖醛基，可用次亚碘酸法定量测定，以此来表示果胶酶的活力。

2. 试剂和溶液

（1）10g/L果胶粉水溶液（Sigma公司）　称取果胶粉1.0000g，精确至0.0002g，加水溶解，煮沸，冷却。如有不溶物则需进行过滤。调pH至3.5，用水定容至100.00mL，在冰箱中贮存备用，使用时间不超过3d。

（2）0.05mol/L $Na_2S_2O_3$溶液　按GB/T 601—2016《化学试剂标准溶液制备方法》配制，使用时准确稀释一倍。

（3）1mol/L碳酸钠溶液（Na_2CO_3）　按GB/T 601—2016《化学试剂标准溶液制备方法》配制。

（4）0.1mol/L I_2液　按GB/T 601—2016《化学试剂标准溶液制备方法》配制。

（5）2mol/L硫酸溶液（H_2SO_4）　取浓硫酸（相对密度$d=1.84$）5.6mL，缓缓加入适量水中，冷却后定容至100.00mL，摇匀。

（6）可溶性淀粉指示液（10g/L）　按GB/T 603—2002《化学试剂 试验方法中所用制剂及制品的制备》配制。

（7）0.1mol/L柠檬酸-柠檬酸钠缓冲溶液（pH3.5）

甲液　称取柠檬酸（$C_6H_8O_7 \cdot H_2O$）21.01g，用水溶解并定容至1000mL；

乙液　称取柠檬酸三钠（$C_6H_5O_7Na_3 \cdot 2H_2O$）29.41g，用水溶解并定容至1000mL；

取甲液140mL、乙液60mL，混匀，缓冲液的pH应为3.5（用pH计调试）。

3. 测定程序

（1）制备酶液

①固体酶：用已知质量的50mL小烧杯，称取样品1.000g（精确至0.0002g），加入少量柠檬酸-柠檬酸钠缓冲溶液（pH3.5）溶解，并用玻璃棒搅溶，将上清液小心倾入适当的容量瓶中。沉渣再加少量缓冲液，反复搅溶3~4次，最后全部移入容量瓶，用缓冲液定容，摇匀。以4层纱布过滤，滤液供测试用；

②液体酶：准确吸取液体酶液1.00mL，于一定体积的容量瓶中，用柠檬酸-柠檬酸钠缓冲溶液（pH3.5）稀释定容；

固体酶或液体酶均需稀释至一定倍数，酶液浓度应控制在消耗0.05mL $Na_2S_2O_3$。

（2）测定　于甲、乙两支比色管中，分别加入10g/L果胶溶液5mL，在（50±0.2）℃水浴中预热5~10min。向甲管（空白）中加柠檬酸-柠檬酸钠缓冲溶液（pH3.5）5mL；乙管（样品）中加稀释酶液1mL、柠檬酸-柠檬酸钠缓冲溶液（pH3.5）4mL，立即摇匀，计算好时间。在此温度下准确反应0.5h，立即取出，加热煮沸5min终止反应，冷却备用。上述甲、乙管反应液各5mL放入碘量瓶中，准确加入1mol/L碳酸钠溶液，0.1mol/L碘液5mL，摇匀，于暗处放置20min。取出，加入2mol/L硫酸溶液2mL，用0.05mo/L $Na_2S_2O_3$标准溶液滴定至浅黄色。加淀粉指示液3滴，继续滴定至蓝色刚好消失为其终点，记录甲管（空白）、乙管（样品）反应液消耗$Na_2S_2O_3$标准溶液的体积。同时做平行测定。

4. 计算

1g 酶粉或 1mL 酶液在 50℃、pH3.5 的条件下，1h 分解果胶产生 1.00mg 半乳糖醛酸为 1 个酶活力单位。

$$X = (V_1 - V_2) \times c \times 0.51 \times 194.14 \times \frac{10}{5 \times 1 \times 0.5} \times n$$

式中　X——果胶酶活力，U/g（U/mL）；

$\quad\quad V_1$——空白消耗 $Na_2S_2O_3$ 标准溶液的体积，mL；

$\quad\quad V_2$——样品消耗 $Na_2S_2O_3$ 标准溶液的体积，mL；

$\quad\quad c$——$Na_2S_2O_3$ 标准溶液的浓度，mol/L；

$\quad$ 0.51——1 mmol$Na_2S_2O_3$ 相当于 0.51 mmol 游离半乳糖醛酸；

194.14——半乳糖醛酸的摩尔质量，g/mol；

$\quad\quad n$——酶液稀释倍数；

$\quad$ 10——反应液总体积；

$\quad$ 5——滴定时取反应混合物的体积，mL；

$\quad$ 1——反应时加入稀释酶液的体积，mL；

0.5——反应时间，h。

（四）蛋白酶活力测定

1. 原理

以酪蛋白为催化作用底物，在一定 pH 和温度下，同一体积酶液反应一定时间后，加三氯乙酸终止酶反应，并使残余的酶蛋白沉淀。过滤后取滤液用碳酸钠碱化，再加入福林试剂使之发色（蓝色反应），用分光光度计或比色计测定吸光度后计算酶活力。在 40℃下每分钟水解酪蛋白产生 1μg 酪氨酸，定义为 1 个蛋白酶活力单位（U）。

2. 试剂

（1）pH8.0 磷酸盐缓冲液　取 3.56g 二水磷酸二氢钠（$NaH_2PO_4 \cdot 2H_2O$）溶液 740mL 蒸馏水中，用 1mol/L NaOH 溶液将 pH 调至 8.0，定容至 1000 mL。

（2）三氯乙酸溶液　取 6.54g 三氯乙酸（CCl_3COOH）溶于蒸馏水中，并定容至 100mL。

（3）碳酸钠溶液　取 21.2g 碳酸钠（Na_2CO_3）溶于蒸馏水中，并定容至 500mL。

（4）福林试剂　用 4 份蒸馏水稀释 1 份福林试剂。

（5）底物溶液　取 1.5g 酪蛋白（生化试剂）放入 30mL 0.1mo/L NaOH 中，并加热至酪蛋白完全溶解。冷却后用正磷酸（H_3PO_4 用蒸馏水按 1∶25 稀释）将 pH 调至 8.0，用蒸馏水定容至 100mL。

（6）酶溶液　用磷酸盐缓冲液溶解酶，配制的酶溶液浓度应约为 0.3U/mL。

（7）酪氨酸标准溶液　取 25.0mg 酪氨酸（$C_9H_{11}NO_3$）溶于 0.1mol/L 盐酸中，再用 0.1mol/L 盐酸按 1∶10 稀释。

3. 测定程序

用移液管将 1.0mL 底物溶液滴入一试管，并置于水浴中调温至 37℃。加 1.0mL 酶溶液，振摇，并按动秒表，于 37℃ 精确保温 60min 后加 2.0mL 三氯乙酸溶液，使反应终止。在水浴中再放置 25min 后过滤此反应液。取出 1.0mL 上清液与 5.0mL 碳酸钠溶液和 1.0mL 福林试剂混合，将此溶液于 37℃ 再静置 20min。然后用分光光度计于 660nm 处的白值为参比测定吸光度（1cm 比色皿）。像测定酶液样品那样测定空白对照的吸光度，只是这里不加酶溶液，而加 1.0mL 蒸馏水。以上步骤总结于表 2-5 中。

表 2-5	蛋白酶活力测定		单位：mL
试剂（测定程序）		待测样	空白对照
底物溶液		1.0	1.0
蒸馏水		—	1.0
混合，调温至 37℃，加酶溶液		1.0	—
混合，按动秒表，于 37℃ 精确保温 60min；加三氯乙酸溶液		2.0	2.0
于 37℃ 静置 25min，过滤，取出 1.0mL 上清液，加碳酸钠溶液		5.0	5.0
福林试剂		1.0	1.0
于 37℃ 再静置 20min，用分光光度计在 660nm 处测定吸光度			

4. 计算

借助于标准曲线进行计算。如果使用一批新的福林试剂，需对标准曲线的数值进行核对，以免出错。

（五）羧甲基纤维素（还原糖法）酶活力（CMCA-DNS）测定方法

1. 原理

纤维素酶在一定温度和 pH 条件下，将纤维素底物（羧甲基纤维素钠）水解，释放出还原糖。在碱性、煮沸条件下，3，5-二硝基水杨酸（DNS 试剂）与还原糖发生显色反应，其颜色的深浅与还原糖（以葡萄糖计）含量成正比。通过在 540 nm 测其吸光度，可得到产生还原糖的量，计算出纤维素酶的 CMCA-DNS 酶活力。以此代表纤维素酶的酶活力。

2. 试剂和溶液

（1）羧甲基纤维素钠（CMC-Na）（化学纯，上海光华化学试剂厂） 在 25℃，2% 水溶液，黏度 800~1200mPa·s（每批羧甲基纤维素钠使用前用标准酶加以校正）。

（2）0.05 mol/L 柠檬酸钠缓冲液（pH4.8，适用于酸性纤维素酶） 称取一水合柠檬酸 4.83g，溶于约 750mL 水中，在搅拌情况下，加入柠檬酸三钠 7.94g，用蒸馏水定容至 1000mL，调节溶液的 pH 到（4.8±0.05）备用。

注：也可采用 pH4.8 乙酸缓冲溶液：称取三水乙酸钠 8.16g，溶于约 750mL 水中，加入乙酸 2.31mL，用蒸馏水定容至 1000mL，调节溶液的 pH 到（4.81±0.05）备用。

（3）0.1mol/L 磷酸缓冲液（pH6.0，适用于中性纤维素酶） 分别称取一水合磷酸二氢钠 121.0g 和二水合磷酸氢二钠 21.89g，将其溶解在 10mL 去离子水中。调节溶液的 pH 到（6.0±0.05），备用。溶液在室温下可保存一个月。

（4）CMC-Na 溶液 称取 2g CMC-Na，精确至 1mg，缓缓加入相应的缓冲液约 200mL 并加热至 80~90℃，边加热边磁力搅拌，直至 CMC-Na 全部溶解，冷却后用相应的缓冲液稀释至 300mL，用 2mol/L 盐酸或氢氧化钠调节溶液的 pH 至（4.8±0.05）（酸性纤维素酶）或（6.0±0.05）（中性纤维素酶），最后定容到 300mL，搅拌均匀，贮存于冰箱中备用。

（5）DNS 试剂 称取 3,5-二硝基水杨酸（10±0.1）g，置于约 600mL 水中，逐渐加入氢氧化钠 10g，在 50℃水浴中（磁力）搅拌溶解后，再依次加入酒石酸钾钠 200g、苯酚（重蒸）2g 和无水亚硫酸钠 5g，待全部溶解并澄清后，冷却至室温，用蒸馏水定容至 1000mL，过滤。贮存于棕色试剂瓶中，于暗处放置 7d 后使用。

（6）葡萄糖标准贮备溶液（10mg/mL） 称取于（103±2）℃下烘干至恒重的无水葡萄糖 1g，精确至 0.1mg，用水定容至 100mL。

（7）葡萄糖标准使用溶液 分别吸取葡萄糖标准贮备溶液 0.00mL，1.00mL，1.50mL，2.00mL，2.50mL，3.00mL，3.50mL 于 10mL 容量瓶中，用蒸馏水定容至 10mL，盖塞，摇匀备用。

3. 测定程序

（1）绘制标准曲线 按规定的量，分别吸取葡萄糖标准使用溶液，缓冲溶液和 DNS 试剂于各管中（每管号平行作 3 个样），混匀。

将标准管同时置于沸水浴中，反应 10min。取出，迅速冷却至室温，用水定容至 25mL，盖塞，混匀。用 10mm 比色杯，在分光光度计波长 540nm 处测量吸光度。以葡萄糖量为横坐标，以吸光度为纵坐标，绘制标准曲线，获得线性回归方程，线性回归系数应在 0.9990 以上时方可使用（否则须重做）。

（2）样品的测定 称取固体酶样 1g，精确至 0.1mg（或吸取液体酶样 1.0mL，精确至 0.01mL），用水溶解，准确稀释定容（使试样液与空白液的吸光度之差恰好落在 0.33~0.35 范围内），混匀放置 10min，待测。

（3）操作程序 取四支 25mL 刻度具塞试管（一支空白管，三支样品管）。分别向四支管中，准确加入用相应 pH 缓冲溶液配制的 CMC-Na 溶液 2.00mL。分别准确加入稀释好的待测酶液 0.50mL 于三支样品管中（空白管不加），用漩涡混匀器混匀，盖塞。将四支试管同时置于（50±0.1）℃水浴中，准确计时，反应 30min，取出。迅速，准确地向各管中加入 DNS 试剂 3.0mL，于空白管中准确加入稀释好的待测酶液 0.50mL，摇匀。将四支管同时放入沸水浴中，准确计时，加热 10min，取出，迅速冷却至室温，用水定容至 25mL。以空白管（对照液）调仪器零点，在分光光度计波长 540nm 下，用 10mm 比色杯，分别测量三支样品管中样液的吸光度，取平均值。通过查标准曲线或用线性回归方程求出还原糖的含量。

4. 计算

在 50℃，pH4.8（或 6.0）条件下，每小时催化产生 1mg 还原糖所需的酶量为 1 个酶活力单位。

$$X = \frac{A \times 1}{0.5} \times n \times 2$$

式中　X——羧甲基纤维素（还原糖法）酶活力（CMCA-DNS），U/g（或 U/mL）；

　　　A——根据所测吸光度在标准曲线上查得（或计算出）相应的还原糖量，mg；

　　$1/0.5$——换算成 1mL 酶液；

　　　n——酶样的稀释倍数；

　　　2——时间换算系数。

（六）　β-半乳糖苷酶活力的测定

1. 原理

β-半乳糖苷酶能迅速催化邻硝基苯-β-半乳糖生成邻硝基苯酚和半乳糖，通过吸光度的变化得出邻硝基苯酚的生成量计算出酶活力。

2. 试剂

（1）pH6.5 磷酸盐缓冲液（适用于乳酸克鲁维酵母、脆壁克鲁维酵母、马克斯克鲁维酵母、脆壁酵母来源的 β-半乳糖苷酶）　称取 8.8g 磷酸二氢钾（KH_2PO_4），8.0g 三水合磷酸氢二钾（$K_2HPO_4 \cdot 3H_2O$），0.25g 七水合硫酸镁（$MgSO_4 \cdot 7H_2O$）和 18.6mg 二水合 EDTA（$C_{10}H_{16}N_2O_8 \cdot 2H_{12}O$）溶解在 900mL 的水中，使用 1mol/L 盐酸或氢氧化钠溶液，调节 pH 至 6.50±0.05，用去离子水定容至 1000mL 摇匀。

（2）pH7.3 磷酸盐缓冲液（适用于大肠杆菌来源的半乳糖苷酶）　称取 3.8g 磷酸二氢钾（KH_2PO_4），16.4g 三水合磷酸氢二钾（$K_2HPO_4 \cdot 3H_2O$），0.25g 七水合硫酸镁（$MgSO_4 \cdot 7H_2O$）和 18.6mg 二水合 EDTA 溶解在 900mL 的水中，使用 1mol/L 盐酸或氢氧化钠溶液，调节 pH 至 7.30±0.05，用去离子水定容至 1000mL，摇匀。

（3）pH4.5 磷酸盐缓冲液（适用于黑曲霉，米曲霉来源的 β-半乳糖苷酶）　称取 22.5g 三水合磷酸氢二钾（$K_2HPO_4 \cdot 3H_2O$），11.2g 一水合柠檬酸溶解在 900mL 的水中，使用 1mol/L 盐酸或氢氧化钠溶液，调节 pH 至 4.50±0.05，用去离子水定容至 1000mL，摇匀。

（4）ONPG 底物溶液　将 250.0mg 邻硝基苯 β-D-半乳糖苷（o-nitrophenyl-β-D-galactopyranoside，ONPG）溶解在约 80mL 相应的反应缓冲液中，用反应缓冲液定容至 100mL，摇匀，需在使用前 2h 内制备。

（5）碳酸钠溶液　将 50g 碳酸钠（Na_2CO_3）和 37.2g 二水合 EDTA（$C_{15}H_{16}N_2O_5 \cdot 2H_2O$）溶解在大约 900mL 的去离子水中，用去离子水定容至 1000mL，摇匀。

（6）邻硝基苯酚标准储备液　称取 139.0mg 的邻硝基苯酚（o-nitrophenol），用 10mL 96%的乙醇溶解后，用去离子水定容至 1000mL，摇匀。

3. 测定程序

（1）标准曲线的绘制　分别移取邻硝基苯酚储备液 2，4，6，8，10，12，14mL 到 100mL 的容量瓶中，分别加入 25mL 的碳酸钠溶液，再用反应缓冲液定容至刻度，摇匀，溶液邻硝基苯酚的浓度分别是 0.02，0.04，0.06，0.08，0.10，0.12，0.14mmol/L。

使用 1cm 的石英比色皿，用去离子水作空白，在 420nm 处测定每个稀释液的吸光度。以邻硝基苯酚物质的量为横坐标，以稀释液的吸光度为纵坐标做标准曲线，得出回归方程。相关系数应在 0.9990 以上时方可使用，否则需重做。

（2）试验液的制备

①固体样品待测酶液制备：称取酶粉 0.1g（精确至 0.0001g），用相应的反应缓冲液溶解后，定容至 10mL，使得最后的溶液中含有 0.035~0.120U/mL 的酶活力。

②液体样品待测酶液制备：将液体酶适当稀释，使得最后的溶液中含有 0.035~0.120U/mL 的酶活力。

（3）测定程序　取 1.0mL 待测酶液加入 10mL 的具塞比色管中，于（37.0±0.5）℃ 恒温水溶槽中平衡 15min，接着快速加入 5.0 mL ONPG 底物溶液［使用前需要在（37.0±0.5）℃平衡］，加盖颠倒混匀，在（37.0±0.5）℃恒温条件下，精确反应 10min 后，迅速加入 2.0mL 碳酸钠溶液，晃动混合，静置。将添加 ONPG 底物和碳酸钠溶液的顺序颠倒，其余步骤与样品处理方式相同，作为空白对照。在 30min 内，用 1cm 的石英比色皿，在 420nm 处测定样品试验液和空白液的吸光度。样品试验液和空白液的吸光度之差即 ΔA，将 ΔA 带入标准曲线线性回归方程计算试验液中邻硝基苯酚的浓度［米曲霉和黑曲霉来源的 β-半乳糖苷酶活性测定时，试剂的平衡和反应温度均为（55.0±0.5）℃，其余测定步骤同上］。

4. 计算

在规定的反应条件下，每分钟催化转化 1 微摩尔邻硝基苯 β-D-半乳糖苷所需要的酶量为 1 个酶活力单位。

（1）液体样品酶活力 X

$$X = \frac{c \times 8 \times n}{1 \times 10}$$

式中　c——试验液中邻硝基苯酚的浓度，mmol/L；

　　　8——反应试剂的总体积，mL；

　　　n——稀释倍数；

　　　1——参与反应酶液的体积，mL；

　　　10——反应时间，min。

（2）固体样品酶活力 X

$$X = \frac{c \times 8 \times n}{1 \times 10} \times \frac{V}{m}$$

式中　c——试验液中邻硝基苯酚的浓度，mmol/L；

8——反应试剂的总体积，mL；

n——稀释倍数；

1——参与反应酶液的体积，mL；

10——反应时间，min；

V——溶解酶粉的液体体积，mL；

m——称取酶粉的质量，g。

（七）葡萄糖氧化酶活力的测定

1. 原理

葡萄糖氧化酶是一种需氧脱氢酶，能催化氧化葡萄糖生成葡萄糖酸。用过量的氢氧化钠中和产生的葡萄糖酸，再用盐酸返滴定，即可求得葡萄糖酸的产量，根据产葡萄糖酸量表示酶活力高低。

2. 试剂和溶液

（1）葡萄糖磷酸缓冲液（20g/L） 称取 20g 无水葡萄糖，用 0.06mol/L pH5.6 磷酸缓冲液溶解，定容至 1000mL。

（2）NaOH 标准滴定溶液（0.1mol/L）。

（3）HCl 标准滴定溶液（0.1mol/L）。

（4）酚酞指示剂（10g/L） 称取酚酞 1g 溶于 100mL90%乙醇中。

（5）磷酸缓冲液（0.06mol/L pH5.6）

$NaH_2PO_4 \cdot 2H_2O$ 溶液 称取 $NaH_2PO_4 \cdot 2H_2O$ 9.36g，加水溶解，定容至 1000mL，摇匀即可；

$Na_2HPO_4 \cdot 12H_2O$ 溶液 称取 $Na_2HPO_4 \cdot 12H_2O$ 21.48g，加水溶解，定容至 1000mL，摇匀即可；

取上述 $NaH_2PO_4 \cdot 2H_2O$ 溶液和 $Na_2HPO_4 \cdot 12H_2O$ 溶液按 20：1 比例混合，用 $NaH_2PO_4 \cdot 2H_2O$ 溶液或 $Na_2HPO_4 \cdot 12H_2O$ 溶液调 pH 至 5.6 即可。

3. 测定程序

取固体产品 10.00g 置 250mL 锥形瓶中。准确加入适量蒸馏水稀释，使酶液浓度控制在 2.4~3.5U/mL 范围（记录稀释倍数 n）。搅拌摇匀后于 4~8℃冰箱中浸提 15~16h，用中性快速滤纸或细绸布过滤，滤液作为测定液；准确量取液体产品，用适量蒸馏水稀释，使酶液浓度控制在 2.4~3.5U/mL 范围（记录稀释倍数 n），作为测定液。

取 2%葡萄糖磷酸缓冲液 25.00mL 置于 250mL 锥形瓶中，于恒温摇床上 30℃，150r/min 预热 3min，准确加入上述待测酶液 1.00mL，立即置恒温摇床上，30℃，150r/min 振荡反应 60min 取出（准确计时）；立即准确加入 0.1mol/L 的氢氧化钠溶液 20.00mL，振摇终止反应；加酚酞指示剂 1 滴，用 0.1mol/L 盐酸滴定剩余的氢氧化钠，记录所消耗的盐酸毫升数 A。

空白对照，取 2%葡萄糖磷酸缓冲液 25.00mL 置于 250mL 锥形瓶中，准确加入

0.1mol/L 的氢氧化钠溶液 20.00mL，摇匀，再准确加入酶液 1.00mL，酚酞指示剂 1 滴，用 0.1mol/L 盐酸滴定剩余的氢氧化钠，记录所消耗的盐酸毫升数 B。

4. 计算

葡萄糖氧化酶活力 X：

$$X = \frac{(B-A) \times N \times n \times 1000}{60}$$

式中　A——反应后消耗的盐酸，mL；

　　　B——反应前消耗的盐酸，mL；

　　　N——盐酸摩尔浓度，mol/L；

　　　n——稀释倍数；

　　60——反应时间，min。

（八）几丁质酶活力的测定

1. 原理

几丁质酶能迅速催化几丁质水解为 N-乙酰葡萄糖或由 N-乙酰葡萄糖构成的双糖和寡糖，双糖和寡糖在 β-N-乙酰氨基葡萄糖苷酶的催化下继续水解为可由吸光度法检测的 N-乙酰葡萄糖通过外标法计算 N-乙酰葡萄糖生成量测得酶活力。

2. 试剂

（1）200 mmol/L 磷酸钾缓冲液（pH 6.0）　磷酸氢二钾 0.459g，磷酸二氢钾 2.36g，加入 90mL 水，用 1mol/L 的氢氧化钾或盐酸调节 pH 至 6.0，定容至 100mL。

（2）12.5mg/mL 几丁质悬浊液　称取粉末状几丁质 5.00g 缓慢加入 200mL（≤4℃）预冷的 37% 的盐酸中，在磁力搅拌器上剧烈搅拌，待几丁质基本上溶解完毕且溶液变为清亮的黄色时，于 4℃ 冰箱沉淀过夜。将上清液倒入 2000mL 的水中，搅拌，几分钟后几丁质沉淀，溶液变得混浊，30min 后停止搅拌，将悬浮液置于 4℃ 冰箱沉淀过夜。倒掉上清，剩余部分用双层中性滤纸抽滤，沉淀用蒸馏水洗涤数次，至滤液 pH 达到 5.5 以上。将上述沉淀物加到 50mL 的水中，剧烈搅拌最新悬浮，即为胶体几丁质悬浊液。取该悬浊液 5mL，105℃ 烘箱干燥至恒重，测定所制备的几丁质悬浊液浓度。该悬浊液可于 4℃ 放置 3 个月，临用前剧烈振荡摇匀，用 200mmol/L 磷酸钾缓冲液 pH6.0 稀释至 12.5mg/mL。

（3）2.5mol/L 酒石酸钾钠溶液　称取 28.22g 四水合酒石酸钾钠（$KNaC_4H_4O_5 \cdot 4H_2O$），加入 40mL 的 2mol/L 氢氧化钠溶液。100℃ 水浴加热，不可直接煮沸。

（4）96mmol/L 3，5-二硝基水杨酸溶液　称取 1.1g 的 3，5-二硝基水杨酸（3，5-Dinitrosalicylic Acid），加入 50mL 水，100℃ 水浴加热溶解，不可直接煮沸。

（5）显色试剂溶液　缓慢搅拌将溶液（3）和（4）混匀。用水稀释到 100mL。若未完全溶解，试剂应该在混匀时溶解。试剂置于棕色瓶中，室温保存。稳定保存 6 个月。

（6）10mmol/L 对硝基苯-N-乙酰-β-D-氨基葡萄糖苷溶液（PNP-NAG）　称取 342.3mg 对硝基苯-N-乙酰-β-D-氨基葡萄糖苷（p-Nitrophenyl N-Acetyl-β-D-Glucosaminide，PNP-NA），用水定容至 100mL。

（7）β-N-乙酰葡糖胺糖苷酶溶液　用 200mmol/L 磷酸钾缓冲液 pH6.0 配制 β-N-乙酰葡糖胺糖苷酶（β-N-Acetylglucosaminide）的溶液，现用现配，并按以下方法调整酶浓度：所有试剂使用前在 37℃ 恒温箱中平衡 30min。取 1μL β-N-乙酰葡糖胺糖苷酶溶液加入 1.25mL pH 6.0 磷酸钾缓冲液中，再加入 1.25mL 溶液 F，快速混匀后于分光光度计 400nm 波长下，测定初始时和 37℃ 恒温反应 10min 后的吸光度，两者之差即为 ΔA。调整酶浓度至 ΔA 在 0.16~0.20。

（8）0.5 mg/mL N-乙酰-D-葡萄糖胺标准溶液　称取 0.05g N-乙酰-D-葡萄糖胺（N-Acetyl-D-Glucosamine，NAG），用水定容至 100 mL。

3. 测定程序

（1）试验液的制备

①固体样品待测酶液制备：称取 10 mg 样品，精确至 0.1 mg，加入溶液（1）至固体样品完全溶解，并适当稀释，使得最后的溶液中含有 0.8~1.0U/mL 的酶活力。

②液体样品待测酶液制备：将液体酶样适当稀释，使得最后的溶液中含有 0.8~1.0U/mL 的酶活力。

（2）酶促反应　取 2 只离心管，其中样液处理管加入溶液（2）0.8 mL，0.2 mL 试验液。空白对照管加入溶液（2）0.8 mL，0.2 mL 水。盖紧离心管，涡旋振荡，使几丁质保持悬浊状态。样液处理管和空白对照管在 37℃ 反应 2h。反应结束后，100℃ 水浴终止反应，冷水浴冷却到 37℃。每管中加入 0.16 mL 的 β-N-乙酰葡糖胺糖苷酶溶液，37℃ 涡旋振荡反应 30 min。离心后取上清。

（3）分光光度分析　取 8 只离心管，分别标记为 0~5 号管，样液测试管和空白对照管。0~5 号管用于绘制标准曲线，加样方法如表 2-6 所示。样液测试管加入 0.5 mL 样液处理管上清液，1.0 mL 水，0.75 mL 溶液（8）。空白测试管取 0.50 mL 空白对照管上清，1.0 mL 水，0.75 mL 溶液（8）。100℃ 水浴 5 min。结束后冷却到室温，在 540 nm 处测吸光度，记录每管的 A_{549nm}。

表 2-6　　　　　　　　　　　　　　标准曲线加样方法

溶液	0 号管	1 号管	2 号管	3 号管	4 号管	5 号管
显色试剂溶液/mL	0.0	0.1	0.2	0.3	0.4	0.5
水/mL	1.5	1.4	1.3	1.2	1.1	1.0
N-乙酰-D-葡萄糖胺标准溶液/mL	0.75	0.75	0.75	0.75	0.75	0.75

4. 计算

在 37℃，pH6.0 条件下，每分钟催化生成 1mg N-乙酰葡萄糖的几丁质酶量为 1 个酶活力单位（U）。

（1）标准曲线 1~5 号管 ΔA_{540nm} 为其 A_{540nm} 与 0 号管 ΔA_{540nm} 的差值。1~5 号管对应的 N-乙酰葡萄糖量分别为 0.05mg，0.10mg，0.15mg，0.20mg，0.25mg。以 1~5 号管对应的 N-乙酰葡萄糖量为横坐标，ΔA_{540nm} 为纵坐标，采用最小二乘法拟合线性回归方程。样品的 ΔA_{540nm}。为样品测试管 A_{540nm} 与空白测试管 A_{540nm} 的差值。通过标准曲线计算生成的 N-乙酰葡萄糖的量 m_1。

（2）样品酶活力计算

液体样品酶活力 X：

$$X = \frac{m_1 \times 1.16 \times n}{120 \times 0.5 \times 0.2}$$

式中 X——几丁质酶活力，U/mL；

m_1——由标准曲线计算出催化生成的 N-乙酰葡萄糖的质量，mg；

n——样品稀释倍数；

1.16——样液处理管反应液最终体积，mL；

120——反应时间，min；

0.5——取样液处理管上清液的体积，mL；

0.2——参与反应的试验液体积，mL。

固体样品酶活力 X：

$$X = \frac{m_1 \times 1.16 \times V \times n}{m_2 \times 120 \times 0.5 \times 0.2}$$

式中 X——几丁质酶活力，U/g；

m_1——由标准曲线计算出催化生成的 N-乙酰葡萄糖的质量，mg；

V——样品溶解液体积，mL；

n——样品稀释倍数；

m_2——样品质量，g；

1.16——样液处理管反应液最终体积，mL；

120——反应时间，min；

0.5——取样液处理管上清的体积，mL；

0.2——参与反应的试验液体积，mL。

（九）转葡糖苷酶活力的测定

1. 原理

转葡糖苷酶作用于底物 α-甲基-D-葡萄糖苷，生成的葡萄糖与含有葡萄糖氧化酶，过氧化酶的 4-氨基安替比林和酚试剂进行显色反应定量测定。

2. 试剂和材料

（1）0.1mol/L 乙酸溶液 将乙酸（CH_3COOH）6.0g 溶于水，稀释至 1000mL。

（2）0.1mol/L 乙酸钠溶液 将乙酸钠（$CH_3COOHNa$）8.20g 溶于水，稀释

至 1000mL。

（3）0.02mol/L 乙酸-乙酸钠溶液（pH5.0）　将乙酸溶液（1）20mL 溶于水，稀释至 100mL；将乙酸钠溶液（2）20mL 溶于水，稀释至 100mL；将两者混合，调 pH 至 5.0。

（4）Tris-磷酸缓冲液（pH7.2）　将 Tris（羟甲基）氨基甲烷 $[H_2NC(CH_2OH)_3]$ 36.3g 和二水合磷酸二氢钠（$NaH_2PO_4 \cdot 2H_2O$）50.0g 溶于 900mL 水，用 2mol/L 盐酸溶液调 pH 至 7.2，用水稀释至 1000mL。

（5）0.4% 4-氨基安替比林溶液　将 4-氨基安替比林（$C_{11}H_{13}ON_3$）200mg 溶于水，稀释至 50mL。

（6）5%苯酚溶液　将苯酚（C_6H_5OH）5g 于 60℃溶于 50mL 水，将溶液冷却至室温，用水稀释至 100mL。

（7）4-氨基安替比林-苯酚显色剂　在 Tris-磷酸缓冲液 40mL 中，加入葡萄糖氧化酶（5mg 葡萄糖氧化酶"Amano"）550U 和过氧化物酶（0.76mg，165U/mg 的过氧化物酶"Amano"）125U，再加入 4-氨基安替比林溶液 1mL 和苯酚溶液 14mL，用 Tris-磷酸缓冲液稀释至 50mL（随配随用）。

（8）底物溶液　将 α-甲基葡萄糖（$C_7H_{14}O_6$）2.0g 溶解于水 50mL，用水稀释至 100mL（5~15℃可稳定两周）。

3. 测定程序

（1）样品溶液的制备　称取 1g 酶样，精确至±0.0001g 或吸取酶样 1mL，精确至 0.01mL，加到适当大小的容量瓶中，用经冷却的水稀释至刻度，混匀。

注：配制的样品溶液使其 0.5mL 的 $A_{60} \sim A_0$ 介于 0.15~0.32。

（2）测定　吸取底物溶液 1mL 和 0.02mol/L 乙酸-乙酸钠溶液 1mL 加入 15mm×150mm 的试管中，在（40±0.5）℃的恒温水浴箱中保温 10min。加入样品溶液 0.5mL，混匀，于（40±0.5）℃的恒温水浴箱中准确保温 60min 后，将试管转移至沸水浴中加热 5min，然后用流水快速冷却。冷却后，吸取此溶液 0.1mL 到试管中，并加入 4-氨基安替比林-苯酚显色剂 3mL，混匀。将此试管放入（40±0.5）℃的恒温水浴箱中保温 20min，测定 500nm 处的吸光度 A_{60}。

空白对照　吸取 0.02mol 乙酸-乙酸钠溶液 1mL 和样品溶液 0.5mL 加入 15mm×150mm 的试管中，混匀。将试管转移至沸水浴中加热 5min，然后用流水快速冷却。冷却后，加入底物溶液 1mL，混匀。吸取此溶液 0.1mL 到空试管中，加入 4-氨基安替比林-苯酚显色剂 3mL，混匀。将此试管放入（40±0.5）℃的恒温水浴箱中保温 20min，测定 500nm 处的吸光度 A_{s0}。

精确称取 105℃下干燥 6h 的葡萄糖（$C_6H_{12}O_6$）1000g，溶于 100mL 水中，分别取 1mL，2mL，3mL，4mL，5mL，用水定容至 100mL（每 1mL 该溶液分别含有 100μg，200μg，300μg，400μg，500μg 葡萄糖）。

分别吸取以上葡萄糖标准液 0.1mL 和 4-氨基安替比林-苯酚显色剂 3mL 加入 15mm×150mm 的试管中，混匀。将这些试管放入（40±0.5）℃的恒温水浴箱中保温

20min，测定 500nm 处的吸光度 A_{s10}，A_{s20}，A_{s30}，A_{s40}，A_{s50} 标准液的空白对照；用水来替代葡萄糖标准液，按上述方法测定空白对照液吸光度。

4. 计算

转葡糖苷酶活力 X：

$$X = (A_{60} - A_{S0}) \times G \times \frac{2.5}{0.1} \times \frac{n}{0.5}$$

其中 G 按下式计算：

$$G = \frac{\dfrac{10}{A_{S10}-A_{S0}} + \dfrac{20}{A_{S10}-A_{S0}} + \dfrac{30}{A_{S30}-A_{S0}} + \dfrac{40}{A_{S40}-A_{S0}} + \dfrac{50}{A_{S50}-A_{S0}}}{5}$$

式中　G——吸光度差为 1 时，由葡萄糖标准曲线求得的葡萄糖量，μg；

2.5——反应体系的总容量，mL；

0.1——反应体系的取样量，mL；

n——酶样品的稀释倍数；

0.5——反应体系中酶样品的添加量，mL；

A_{sx}——各反应液对应的吸光度；

A_{s0}——空白对照液的吸光度。

（十）脂肪酶活力的测定

1. 原理

脂肪酶在一定条件下，能使甘油三酯水解成脂肪酸，甘油二酯，甘油单酯和甘油，所释放的游离脂肪酸可用标准碱溶液进行中和滴定，用 pH 计或酚酞指示液指示反应终点，根据消耗的碱量，计算其酶活力。

注 1：酯酶的存在会使检测的脂肪酶的活力增加。蛋白酶的存在会降解脂肪酶，从而使检测到的脂肪酶活力降低；

注 2：洗涤剂的存在会严重影响本方法。依不同洗涤剂的类型和浓度不同，这种影响表现为从完全抑制到激活；

注 3：酶会附着在塑料上，因此应用玻璃器皿溶解稀释，同时也应用玻璃器皿滴定，在溶液的转移中如果时间很短且选择适当的塑料材质，可以使用塑料移液枪头。

2. 试剂和溶液

（1）聚乙烯醇（PVA）　聚合度 1750±50。

（2）橄榄油　试验试剂。

（3）95%（体积分数）乙醇。

（4）底物溶液　称取聚乙烯醇（PVA）40g（精确至 0.1g），加水 800mL，在沸水浴中加热，搅拌，直至全部溶解，冷却后定容至 1000mL。用干净的双层纱布过滤，取滤液备用。

量取上述滤液 150mL，加橄榄油 50mL，用高速匀浆机处理 6min（分两次处理，间隔 5min，每次处理 3min），即得乳白色 PVA 乳化液。该溶液现用现配。

（5）磷酸缓冲溶液（pH 7.5）　分别称取磷酸二氢钾 1.96g 和十二水合磷酸氢二钠 39.62g，用水溶解并定容到 500mL，如需要，调节溶液的 pH 到 7.5±0.05。

（6）氢氧化钠标准溶液［c（NaOH）= 0.05mol/L］　按 GB/T 601—2016 配制与标定，使用时准确稀释 10 倍。

（7）酚酞指示液（10g/L）　按 GB/T 603—2002 配制。

3. 分析步骤

（1）待测酶液的制备　称取酶样品 1~2g，精确至 0.0002g 用磷酸缓冲液（pH 7.5）溶解并稀释。如果样品为粉状，可用少量磷酸缓冲液溶解后用玻璃棒捣研，然后将上清液小心倾入容量瓶中，若有剩余残渣，再加少量磷酸缓冲液充分研磨，最终样品全部移入容量瓶中，用磷酸缓冲液定容至刻度，摇匀，转入高速匀浆机组织捣碎机捣研 3min 后供测定。测定时控制酶液浓度，样品与空白对照消耗碱量之差控制在 1~2mL 范围内。吸取样品时，应将酶液摇匀后再取。

（2）测定

①电位滴定法（第一法）：

a. 按 pH 计使用说明书进行仪器校正；

b. 取两个 100mL 烧杯，于空白杯（A）和样品杯（B）中各加入底物溶液 4.00mL 和磷酸缓冲液 5.00mL，再于 A 杯中加入 95% 乙醇 15.00mL，于（40±0.2）℃ 水浴中预热 5min，然后于 A、B 杯中各加待测酶液 1.00mL，立即混匀计时，准确反应 15min 后，于 B 杯中立即补加 95% 乙醇 15.00mL 终止反应，取出；

c. 在烧杯中加入一枚转子，置于电磁搅拌器上，边搅拌，边用氢氧化钠标准溶液滴定直至 pH 10.3，为滴定终点，记录消耗氢氧化钠标准溶液的体积。

②指示剂滴定法（第二法）：

a. 取两个 100mL 三角瓶，分别于空白瓶（A）和样品瓶（B）中各加入底物溶液 4.00mL 和磷酸缓冲液 5.00mL，再于 A 瓶中加入 95% 乙醇 15.00mL，于（40±0.2）℃ 水浴中预热 5min，然后于 A、B 瓶中各加待测酶液 1.00mL，立即混匀计时，准确反应 15min 后，于 B 瓶中立即补加 95% 乙醇 15.0mL 终止反应，取出；

b. 于空白和样品溶液中各加酚酞指示液两滴，用氢氧化钠标准溶液滴定，直至微红色并保持 30 s 不褪色为滴定终点，记录消耗氢氧化钠标准溶液的体积。

4. 计算

脂肪酶活力以脂肪酶活力单位表示，定义为 1g 固体酶粉（或 1mL 液体酶），在一定温度和 pH 条件下，1min 水解底物产生 1μmol 的可滴定的脂肪酸，即为 1 个酶活力单位。

脂肪酶活力 X：

$$X = \frac{(V_1 - V_0) \times c \times 50 \times n}{0.05} \times \frac{1}{15}$$

式中　X——样品的脂肪酶活力，U/g（U/mL）；

V_1——试样滴定时消耗氢氧化钠溶液体积，mL；

V_0——空白试验时消耗氢氧化钠溶液体积，mL；

c——氢氧化钠标准溶液浓度，mol/L；

50——0.05mol/L 氢氧化钠溶液 1.00mL 相当于脂肪酸 50 μmol；

n——样品的稀释倍数；

0.05——氢氧化钠标准溶液浓度换算系数；

1/15——反应应时间 15min，以 1 min 计。

（十一）谷氨酰胺转氨酶活力的测定

1. 原理

谷氨酰胺转氨酶能催化 N-苄氧羰基-L-谷氨酰甘氨酸和羟胺生成 L-谷氨酸-γ-单异羟肟酸，L-谷氨酸-γ-单异羟肟酸可以通过三氯化铁显色，在 525mm 波长下具有特征吸收峰。因此可以通过外标法计算 L 谷氨酸-γ-单异羟肟酸的生成量测得酶活性。

2. 试剂

（1）0.2mo/LTris-HCl 缓冲液（pH6.0）　称取 12.114g 三羟甲基氨基甲烷（Tris），溶解在 450mL 水中，使用 1mol/L 盐酸调节 pH 至 6.00±0.05，转入 500mL 容量瓶中，定容并摇匀。

（2）试剂 A　称取 1.000g N-苄氧羰基-L-谷氨酰甘氨酸，0.695g 羟胺盐酸盐，0.307g 还原型谷胱甘肽（GSH），溶解于 Tris-HCl 缓冲液（pH6.0，0.2mol/L），使用 1mol/L 氢氧化钠调节 pH 至 6.00±0.05，用 Tris-HCl 缓冲液（pH6.0，0.2mol/L）定容至 100mL。

（3）3mol/L 盐酸溶液　将 360~380g/L 盐酸与水按体积比 1:3 稀释。

（4）12%三氯乙酸（TCA）溶液　称取 12.00g 三氯乙酸溶于 80mL 水中，定容至 100mL。

（5）5%三氯化铁（$FeCl_3$）溶液　称取 5.00g 三氯化铁溶于 0.1mol/LHC1 中，定容至 100mL。

（6）试剂 B　由（3）、（4）、（5）所述溶液按体积比 1:1:1 混合，现配现用。

（7）L-谷氨酸-γ-单异羟肟酸标准储备液　称取 0.1621g 的 L-谷氨酸-γ-单异羟肟酸，用 10mL 的 Tris-HCl 缓冲液（pH6.0，0.2mol/L）溶解后，转移至 100mL 的容量瓶中，用 Tris-HCl 缓冲液定容并摇匀。

3. 分析步骤

（1）标准曲线的绘制　分别移取 L-谷氨酸-γ-单异羟肟酸标准储备液 0，0.2，0.5，1.0，2.0，4.0 到 10mL 的容量瓶中，再用 Tris-HCl 缓冲液定容至刻度，摇匀，L-谷氨酸-γ-单异羟肟酸的浓度分别是 0，0.2，0.5，1.0，2.0 和 4.0 μmol/mL，取 1mL 试剂 A 与 0.4mL 不同浓度的 L-谷氨酸-γ-单异羟肟酸标准溶液混合，（37.0±0.5）℃水浴 10min，加 0.4mL 试剂 B 终止反应。使用 1cm 的石英比色皿，以 L-谷氨酸-γ-单异羟肟酸浓度为 0 μmol/mL 的标准溶液反应液作空白，在 525mm 处测定每个稀释液的吸光度。以 L-谷氨酸-γ-单异羟肟酸浓度为横坐标，以稀释液的吸光度为纵坐标做标准曲线，以最小二乘法得出线性回归方程。相关系数应在 0.9990 以上时方可使用，否则需重做。

（2）试验液的制备　称取样品 0.1g，精确至 0.0001g，用 Tris－HCl 缓冲液（pH6.0，0.2mol/L）溶解后，转移至合适容量瓶中并定容，使得最后的溶液中含有 0.17~0.23U/mL 的酶活力。

（3）测定　取 1mL 试剂 A 与 0.4mL 试验液混合，（37.0±0.5）℃水溶 10min，加 0.4mL 试剂 B 终止反应。另取一支试管加入试验液，于 95~100℃水浴加热 10min 后，以 5000 r/min 离心 10min。取该上清液 0.4mL，37℃水浴 10min，加 0.4mL 试剂 B 终止反应，作为空白对照。用 1cm 的石英比色皿，在 525mm 处测样品试验液和空白液的吸光度。样品试验液和空白液的吸光度之差即 ΔA，将 ΔA 带入标准曲线线性回归方程计算试验液中 L-谷氨酸-γ-单异羟肟酸的浓度 c。

4. 计算

在 37℃，pH6.0 时，每分钟可催化 N 苄氧羰基-L-谷氨酰甘氨酸（CBZ-GIn-Gly，CAS：6610-42-0）和羟胺形成 1.0 μmol 的异羟肟酸盐所需的酶量为 1 个酶活力单位。

$$X = \frac{c \times V \times n}{m \times 10}$$

式中　X——谷氨酰胺转氨酶活力，U/g；

　　　c——0.4mL 试验液中生成的 L-谷氨酸-γ-单异羟肟酸浓度，μmol/mL；

　　　V——样品溶解液体积，mL；

　　　n——样品稀释倍数；

　　　m——样品质量，g；

　　　10——反应时间，min。

（十二）多酚氧化酶活力的测定

1. 原理

样品中多酚氧化酶与邻苯二酚氧化反应生成醌，用分光光度计测定 410nm 波长处吸收强度，以此表示多酚氧化酶的活力。

2. 试剂

（1）邻苯二酚溶液　准确称取 1.300g 邻苯二酚，用水溶解后，至 100mL 棕色容量瓶定容，现配现用。

（2）0.2mol/L 磷酸二氢钠磷酸氢二钠缓冲液（pH6.0）　称取 31.2g 二水合磷酸二氢钠，溶于适量蒸馏水中，稀释至 1000mL；称取 71.6g 十二水合磷酸氢二钠，溶于适量蒸馏水中，稀释至 10mL；将 87.7mL 磷酸二氢钠溶液和 12.3mL 磷酸氢二钠溶液混合，得到 0.2mol/L pH 6.0 的磷酸二氢钠-磷酸氢二钠缓冲液。

3. 分析步骤

用分析天平称取 1.5g（精确到 0.001g）样品，放入 50mL 锥形瓶中，用 10.00mL 磷酸二氢钠-磷酸氢二钠缓冲溶液混合均匀，加 2.00mL 邻苯二酚溶液，在 37℃ 恒温振荡器中氧化反应 15min，迅速放入 0℃ 冰水中，静置 3min 终止反应，样液倒入 50mL 离心管中，冷冻离心机（4℃，10000r/min）离心 10min，用定性滤纸过滤，滤液倒入 1cm 比色皿，用分光光度计在 410nm 下测定其吸光度。

另取 1.5g 样品做空白试验，除不用 37℃ 恒温振荡器中氧化反应 15min 外，其余操作同上，测定吸光度调零。

4. 计算

在 37℃，pH6.0 的测定条件下，每克样品每分钟吸光度变化 0.001，为 1 个酶活力单位。

$$X = \frac{A}{m \times 0.001 \times t}$$

式中　X——样品中多酚氧化酶活力，U/g；

　　　A——吸光度；

　0.001——酶活力单位换算系数；

　　　m——样品质量，g；

　　　t——反应时间，min。

（十三）辣根过氧化物酶活力的测定

1. 原理

辣根过氧化物酶能迅速催化过氧化氢氧化愈创木酚（又称邻甲氧基苯酚），生成棕色的四邻甲氧基连酚，通过 436 nm 处吸光度的变化计算其酶活力。

2. 试剂

（1）0.1 mo l/L 磷酸二氢钠　称取 $NaH_2PO_4 \cdot 2H_2O$ 15.6 g（或 $NaH_2PO_4 \cdot H_2O$ 13.8 g）加蒸馏水至 1000 mL 溶解。

（2）0.1 mol/ L 磷酸氢二钠　称取 $Na_2HPO_4 \cdot 12H_2O$ 35.816 g（或 $Na_2HPO_4 \cdot 7H_2O$ 26.8 g 或 $Na_2HPO_4 \cdot 2H_2O$ 17.8g）加蒸馏水至 1000mL 溶解。

（3）0.1mol/L pH7.0 磷酸盐缓冲液　由 38mL 0.1mol/L 磷酸二氢钠，62mL 0.1mol/L磷酸氢二钠，加蒸馏水定容至 100mL 磷酸盐缓冲液（pH7.0）。

（4）20mmol/L 愈创木酚水溶液　由 0.22mL 愈创木酚用蒸馏水定容至 100mL。

（5）8mmo1/L 过氧化氢水溶液　由 0.082mL 30%过氧化氢用蒸馏水定容至 100mL。

3. 测定程序

（1）固体样品待测酶液的制备　称取酶粉 0.1 g 精确至 0.0001 g，加入 10 mL 磷酸盐缓冲液溶解，再用磷酸盐缓冲液稀释至适宜浓度。

（2）液体样品待测酶液的制备　吸取液体酶1mL，用磷酸盐缓冲液稀释至适宜浓度。

（3）测定　所用试剂及样品潜液测定前于 25℃±2℃ 恒温箱中孵育 30min。于 1 cm 比色皿中，按次序加入 2.8mL 磷酸盐缓冲液，0.1mL 愈创木酚水溶液液，0.05mL 过氧化氢水溶液和 0.05mL 蒸馏水作为参比溶液。于另一只 1cm 比色皿中，按次序加入 2.8mL 磷酸盐缓冲液，0.1mL 愈创木酚水溶液，0.05mL 过氧化氢水溶液和 0.05mL 酶液。快速混匀后，于分光光度计 436nm 波长下，测定初始时和 2 min 后的吸光度，两者之差即为 ΔA（ΔA 在 0.08~0.40 有效，如大于 0.4 应调整稀释度）。每次测定至少完成 2 个平行实验。

4. 计算

在 25℃，pH 7.0 时，每分钟催化转化 1.0 μmol 过氧化氢所需的酶量为 1 个酶活力单位。

（1）液体样品酶活力 X

$$X=\frac{\Delta A\times3.0\times4\times n}{25.5\times1\times0.05\times2}\times1000$$

式中　X——液体样品酶活力，U/mL；

　　ΔA——样品吸光度变化值；

　　3.0——反应试剂的总体积，mL；

　　4——四邻甲氧基连酚换算成过氧化氢的量的系数；

　　n——稀释倍数；

　　25.5——四邻甲氧基连酚的摩尔消光系数，L/(mol·cm)；

　　1——比色皿光径，cm；

　　0.05——参与反应酶液的体积，mL；

　　2——反应时间，min。

（2）固体样品酶活力 X

$$X=\frac{\Delta A\times3.0\times4\times n}{25.5\times1\times0.05\times2}\times\frac{V}{m}\times1000$$

式中　X——固体样品酶活力，U/g；

　　ΔA——样品吸光度变化值；

　　3.0——反应试剂的总体积，mL；

　　4——四邻甲氧基连酚换算成过氧化氢的量的系数；

　　n——稀释倍数；

　　25.5——四邻甲氧基连酚的摩尔消光系数，L/(mol·cm)；

　　1——比色皿光径，cm；

　　0.05——参与反应酶液的体积，mL；

　　2——反应时间，min；

　　m——称取酶粉的质量，g；

　　V——溶解酶粉的液体体积，mL。

（十四）漆酶活力的测定

1. 原理

漆酶分解 2，2'-联氮-双-3-乙基苯并噻唑-6-磺酸（ABTS），产物为 ABTS 自由基，在 25℃、pH 5.0（0.08 mol/L 醋酸钠缓冲液）条件下，以每秒钟氧化 1 mmol 的

0.5mmol/L ABTS 所需的酶量为 1 个酶活力单位。

2. 试剂和溶液

（1）乙酸溶液（1mol/L）　冰乙酸 0.6mL，加水溶解，定容至 100mL；

（2）乙酸钠溶液（1mol/L）　称取无水乙酸钠 82.0g，加水溶解，定容至 100mL；

（3）乙酸-乙酸钠缓冲液　称取无水乙酸钠 8.2g，加入冰乙酸加水溶解，定容至 1000mL。用乙酸溶液或乙酸钠溶液调节 pH5.0；

（4）0.5mmol/L ABTS 溶液　称取 0.0274 g ABTS 试剂，加容至 100mL。随用随配。

3. 测定程序

（1）标准曲线的绘制　按照表 2-7 配制不同浓度的 ABTS 标准溶液浓度，以空白标准样为对照调零，于波长 420nm 处测定其吸光度，以 ABTS 溶液浓度为横坐标，以吸光度为纵坐标，绘制标准曲线。

表 2-7　　　　　　　　　　　　ABTS 溶液标准溶液的配制

管号	ABTS 试剂质量/mg	水的体积/mL	ABS 标准溶液浓度/（mmol/L）
0	0	100	0.0
1	5.4868	100	0.1
2	10.9736	100	0.2
3	16.4604	100	0.3
4	21.947	100	0.4
5	27.434	100	0.5
6	32.9208	100	0.6

（2）漆酶活力的测定　取待测液用缓冲液稀释 10~50 倍，测定的吸光度在 0.5~0.6 为宜。

取 3 支具塞试管，一支为空白管，两支为样品管，按表 2-8 的测定方法及步骤操作，反应结束后，在分光光度计波长 420nm 处，分别测定样品空白管和样品管中酶液的吸光度（A_0，A）。

表 2-8　　　　　　　　　　　　测定方法及步骤

序号	反应顺序	样品管	空白管
1	加入待测液	0.1mL	0.1mL（水）
2	加入缓冲液	1.7 mL	1.7 mL
3	加入底物溶液	0.2 mL	0.2 mL
4	反应时间	6.0min	6.0min
5	加入三氯乙酸	0.5 mL	0.5 mL
6	总体积	2.5 mL	2.5 mL

4. 计算

漆酶活力 X：

$$X = \frac{\Delta A}{M \times t} \times 1000 \times n \times 60$$

式中 ΔA——酶液的吸光度；

     1000——mmol 与 μmol 的换算系数；

     n——稀释倍数；

     M——ABTS 分子质量，548.68；

     t——反应时间，min；

     60——换算系数，1min＝60s。

（作者：李宁　贾英民）

参考文献

［1］ 王璋著. 食品酶学 ［M］. 北京：中国轻工业出版社，1990.

［2］ 李斌，于国萍主编. 食品酶工程 ［M］. 北京：中国农业大学出版社，2010.

［3］ Enzyme Nomenclature ［DB/OL］. https：//www.qmul.ac.uk/sbcs/iubmb/enzyme/

［4］ 郭勇. 酶工程 ［M］.4 版. 北京：科学出版社，2015.

［5］ 江正强，杨绍青著. 食品酶学与酶工程原理 ［M］. 北京：中国轻工业出版社，2018.

［6］ 肖连冬，张彩莹主编. 酶工程 ［M］. 北京：化学工业出版社，2008.

［7］ 彭志英编著. 食品酶学导论 ［M］. 北京：中国轻工业出版社，2009.

［8］ 罗贵民主编. 酶工程 ［M］. 北京：化学工业出版社，2002.

［9］ Klibanov A M. Improving enzymes by using them in organic solvents ［J］. Nature，2001，409（6817）：241-246.

［10］ 袁红玲，汤鲁宏，陶文沂. 非水相酶促酯交换法合成抗坏血酸脂肪酸酯 ［J］. 食品与生物技术学报，2007，26（1）：100-105.

［11］ 罗志刚，杨连生，李文志. 有机介质中脂肪酶催化肌醇烟酸酯的合成 ［J］. 食品与生物技术，2006，25（1）：100-105.

［12］ 陈石根. 酶学 ［M］. 上海：复旦大学出版社，2001.

［13］ 徐凤彩. 酶工程 ［M］. 北京：中国农业出版社，2001.

［14］ 袁勤生，赵健. 酶与酶工程 ［M］. 上海：华东理工大学出版社，2006.

［15］ 张今，曹淑桂. 分子酶学工程导论 ［M］. 北京：科学出版社，2003.

［16］ 郭勇. 酶学 ［M］. 广州：华南理工大学出版社，2003.

［17］ 熊振平. 酶工程 ［M］. 北京：化学工业出版社，1998.

［18］ 郭勇. 酶工程 ［M］. 北京：科学出版社，2009.

第三章
酶制剂的发酵生产

产酶微生物

　　酶最早来源于动、植物原料，如木瓜蛋白酶、菠萝蛋白酶、胃蛋白酶等。随着酶制剂的广泛应用和酶工程技术的发展，单纯依赖动、植物来源的酶已不能满足生产要求。由于微生物的多样性，几乎所有被发现的酶，都能从微生物当中找到；与动、植物相比，微生物具有独特的生物学优势：①微生物种类繁多，迄今我们认识到的微生物约有10万种，并且微生物的营养类型多样，代谢类型各异，相对于动、植物具有极高的产酶能力，而且生产的酶更具多样化，有利于满足各个领域的需求；②微生物生长周期短、繁殖快、培养条件相对简单，还可通过调控培养条件来提高酶的产量，适用于工业规模化生产，能降低成本，产生更大的经济效益；③微生物适应不同环境的能力较强，可设法改变微生物的遗传性质，以筛选出新的、更理想的菌株，从而大大提高微生物产酶的能力。如通过基因突变、基因重组等手段来提高目标酶的产量、改善酶的催化特性等高效菌种具有独特优势。早在19世纪，微生物就被用来生产商品酶，最初的生产方法是固体法和表层培养法。自二战以来，随着微生物纯培养技术、发酵工艺和设备的进一步发展，创立了深层通气液体发酵技术，并得到了广泛的应用。以微生物为来源生产酶制剂已形成了规模化的产业，并在工业、农业，特别是在医药业等各个领域得到了广泛应用。用于酶制剂工业生产的微生物种类繁多，可分为细菌、放线菌、霉菌、酵母菌四大类。

一、细菌

　　细菌（*Bacteria*）是一大类单细胞原核微生物，其结构简单，主要以二均分裂方式进行繁殖。按其形状不同，细菌又可分为近球形的球菌、近圆柱形的杆菌和近螺旋形的螺旋菌三种。在酶制剂工业上主要用的是球菌和杆菌，尤其以杆菌为多。

（一）无芽孢杆菌

　　（1）大肠埃希氏菌属（*Escherichia*）　　大肠埃希氏菌可用来制备多种酶：天门冬酰胺酶，用于抗肿瘤、治疗白血病；青霉素酰化酶，用于生产半合成青霉素；氨基转移酶，用于拆分 DL-氨基酸，制备 *L*-氨基酸；溶菌酶，用于消炎、抗菌等；谷氨酸脱羧酶，在味精工业中，用于谷氨酸的定量分析等。

　　（2）假单胞菌属（*Pseudomonas*）　　假单胞菌为革兰氏阴性菌，能用来制备多种酶，如 *β*-酪氨酸酶（用于合成 *L*-多巴，治疗帕金森病）、葡萄糖异构酶、溶菌酶、青霉素 G 酰化酶和脂肪酶等。

（二） 芽孢杆菌

枯草芽孢杆菌（*Bacillus subtilis*） 能够用来生产各种酶制剂，如 α-淀粉酶、蛋白酶、青霉素酶、5′-磷酸二酯酶（用于水解 RNA，生产核苷酸和核苷等）、溶菌酶和纳豆激酶等，其中纳豆激酶具有很强的溶解血栓及抑制金黄葡萄球菌、大肠埃希氏菌 O157 菌株及沙门氏菌的作用；嗜热脂肪芽孢杆菌（*B. stearothermophilus*）：产生 α-半乳糖苷酶、青霉素酶等；果糖芽孢杆菌（*B. fructoses*）：产生异构酶、溶菌酶等；环状芽孢杆菌（*B. circulans*）：产生环糊精葡糖基转移酶，用于由淀粉生产环状糊精，丁苷菌素酶 A、B（Butirosin）等；巨大芽孢杆菌（*B. megaterium*）：产生头孢菌素酰化酶，用于酶法半合成生产各种头孢菌素衍生物，如先锋霉素 I~V 等。

（三） 球菌

（1）微球菌属（*Micrococcus*） 其中溶壁微球菌（*M. lysodeikticus*）和玫瑰色微球菌（*M. roseus*）用于生产青霉素酰化酶和溶壁酶等多种酶类。

（2）链球菌属（*Streptococcus*） 其中 β-溶血性链球菌（*S. β-hemolytic*）在工业上用于生产氨基酸脱羧酶、链激酶、链道酶、双链酶，有溶解血栓、血块，加速伤口愈合等作用。另外明串珠菌属（*Leuconostoc*）可产生葡萄糖异构酶，用于制造果葡糖浆。

二、 放线菌

放线菌（*Actinomycetes*）是一种原核生物，但放线菌能形成菌丝，并以产生孢子形式繁殖，所以放线菌是介于细菌和丝状真菌之间的一类原核微生物。放线菌能产生各种胞外酶，如蛋白酶、葡萄糖异构酶、溶菌酶等，而且放线菌还是生产抗生素的主要微生物。

链霉菌属（*Streptomyces*）：此菌属中的委内瑞拉链霉菌（*S. venezuelae*）、灰色链霉菌（*S. griseus*）、白色链霉菌（*S. albus*）和不产色素链霉菌（*S. achromogenes*）等，可产生葡萄糖异构酶；灰色链霉菌和白色链霉菌产生溶菌酶；横须贺链霉菌（*S. yokosukanensis*）、密执安链霉菌（*S. michiganensis*）和锦葵色链霉菌（*S. nigrum*）等能产生抗膜酶，可抑制食道癌和乳腺癌的发生、抑制烧伤疼痛和水泡形成等；金色链霉菌（*S. aureus*）和淡紫灰叶链霉菌（*S. lavendofoliae*）用于产生青霉素 V 酰化酶；弗氏链霉菌（*S. fradiae*）产生角蛋白酶；橄榄色链霉菌（*S. olivaceoviridis*）产生木聚糖酶[1]；高温紫链霉菌（*S. thermoviolaceus*）产生酸性耐热几丁质酶[2]。其次，诺卡氏菌属（*Nocardia Trevisan*）又称为原放线菌属，产生单加氧酶、双加氧酶，用于炔类、脂类物质的降解等。

三、 酵母菌

酵母菌（*Yeast*）是一类单细胞真核微生物。目前已知的酵母菌有 490 多种，比发现的细菌种类要少得多，但其在现代发酵工业中，具有重要经济价值，除了可以生产酶制剂、有机酸外，还可用其酿酒，生产甘油、强力味精、核苷酸、肌苷、食用酵母和饲料酵母等。

酿酒酵母（*Saccharomyces cerevisiae*），是糖酵母属中最主要的酵母种，也是发酵工业上最常用、最重要的菌种之一，用于生产凝血激酶、尿激酶等药用酶；球拟酵母（*Torulopsis*）可制取青霉素酰化酶、谷氨酸脱羧酶和酸性蛋白酶等；假丝酵母（*Candida*）产生单加氧酶、双加氧酶，用于石油产品的降解。

四、 霉菌

霉菌（*Mold*）是人们早就认识的微生物，由于霉菌的菌体呈丝状，发育成菌丝体后，肉眼可见，在日常生活中，常见到食品霉变时，表面长出絮状物即是霉菌。霉菌在自然界分布极为广泛，具有较强、较完整的酶系，可以直接用于发酵生产糖化酶、蛋白酶、脂肪酶、纤维素酶、果胶酶等多种酶类，在近代发酵工业中有着重大的作用。

（一） 曲霉（ *Aspergillus* ）

曲霉属是目前产酶能力最强的种属之一，用其制成的酶制剂广泛应用于食品工业、发酵工业和医药工业。曲霉菌可生产的酶品种丰富多样，主要包括：①淀粉酶：主要是 α-淀粉酶和糖化型淀粉酶，其中尤以黑曲霉（*A. niger*）的糖化酶活性最强。有的淀粉糖化酶高产菌株，酶活力高达 20000U/mL 以上，广泛用于酶法生产葡萄糖、淀粉水解糖、酒精工业和医药上的抗菌消炎剂；②蛋白酶：其中黄曲霉（*A. flavus*）、黑曲霉、米曲霉（*A. oryzae*）、栖土曲霉（*A. terricola*）和海枣曲霉（*A. phoenicis*）等产生酸性或中性蛋白酶，应用于蛋白质的分解、食品加工、药用消化剂、化妆品研制、纺织工业上除胶浆等；③果胶酶：米曲霉、黄曲霉和黑曲霉等均可产生果胶酶，用于果汁和果酒的澄清、制酒、酱油和糖浆、精炼植物纤维等；④葡萄糖氧化酶：用于食品脱糖、氧化葡萄糖生产葡萄糖酸、除氧防锈、医疗诊断用的检糖试纸等。主要生产菌有亮白曲霉（*A. candidus*）、黄柄曲霉（*A. flavipes*）和黑曲霉等；⑤其他酶类：如纤维素酶和半纤维素酶、β-葡萄糖苷酶、脱氧核糖核酸酶、α-半乳糖苷酶、葡萄糖异构酶、酰化氨基酸水解酶、右旋糖酐酶、脂肪酶、过氧化氢酶（用于加工食品、防腐杀菌、分解除去 H_2O_2）、溶栓酶，用于消除动脉及静脉血栓等。

（二） 根霉（ *Rhizopus* ）

根霉中的米根霉（*R. oryzae*）、黑根霉（*R. nigricans*）、少根根霉（*R. arrhizus*）和代氏根霉（*R. delemar*）等都是淀粉糖化酶的主要生产菌种，其中少根根霉和代氏根霉还被用于生产脂肪酶；匍枝根霉（*R. stolonifer*）主要用于生产果胶酶；微孢根霉（*R. microsporus*）可用于生产凝乳酶[3]；其他根霉还可产生酸性蛋白酶和 α-半乳糖苷酶等。

（三） 毛霉（*Mucor*） 和犁头霉（*Absidia*）

毛霉能生产多种酶系，如高大毛霉（*M. mucedo*）和总状毛霉（*M. racemosus*）产生用于腐乳发酵的蛋白酶和淀粉糖化酶等，其中高大毛霉还可产生脂肪酶；爪哇毛霉（*M. javanius*）用于产生果胶酶；微小毛霉（*M. pusillus*）、灰蓝毛霉（*M. griseo cyanus*）和刺状毛霉（*M. spinosus*）可生产凝乳酶等。

犁头霉中的蓝色犁头霉（*A. coerulea*）可生产糖化酶；李克犁头霉（*A. lichtheimi Lendner*）等用于 α-半乳糖苷酶的生产；伞枝犁头霉（*A. corymbifera*）可产生 β-甘露糖苷酶、新型乙酰酯酶等。

（四） 青霉（*Penicillium*）

青霉也是多种酶制剂的主要生产菌种之一，如葡萄糖氧化酶，可由产黄青霉（*P. chrysogenum*）、点青霉（*P. notatum*）、产紫青霉（*P. puopuragenum*）等产生；产黄青霉还能产生中性、碱性蛋白酶和青霉素 V 酰化酶；由橘青霉（*P. citrinum*）产生的 5′-磷酸二酯酶，可水解 RNA，生产 4 种 5′-单核苷酸、肌苷酸和鸟苷酸助鲜剂；环青霉（*P. cyclopium*）可用于产生脂肪酶；草酸青霉（*P. oxalicum*）可产生凝乳酶，属于干酪生产中形成质构和特殊风味的关键性酶。

（五） 木霉（*Trichoderma*）

木霉菌是产生纤维素酶、半纤维素酶等多种酶的重要菌种，它们在木质纤维素原料的降解当中起着非常重要的角色。如绿色木霉（*T. viride*）和康氏木霉（*T. koningii*）均可产生活性很强的纤维素酶（C1 酶和 Cx 酶）、纤维二糖酶、淀粉酶、乳糖酶、真菌细胞壁溶解酶和青霉素 V 酰化酶等；里氏木霉（*T. reesei*）也是木质纤维素降解酶的优良生产菌种之一，它还能产生内切葡聚糖酶和环氧化物水解酶等；棘孢木霉（*T. asperellum*）能直接利用棕榈叶并发酵产生纤维素酶和木聚糖酶。

目前已经发现和鉴定的酶，约有 3000 多种，小批量生产的商品酶约有 800 多种，大规模生产和应用的酶制剂约 30 多种。酶制剂所属种类，多以糖苷水解酶为主，其中各类蛋白酶约占总量的 60%，糖酶（如淀粉酶等）占 30%。常见的一些重要工业用酶的相关信息总结如下（表 3-1）。工业应用中的酶制剂，以在食品工业中的应用最多，它们在淀粉加工、酿造、乳品制造、焙烤中合计消耗的酶制剂量约占总量的60%，其中约有 81.7% 的食品酶用于碳水化合物、蛋白质和乳品等原料中，应用最广的酶是 α-淀粉酶、蛋白酶、糖化酶、脂肪酶、纤维素酶、半纤维素酶、果胶酶和植酸酶等；洗涤剂用酶约占 35%，其中最典型的酶包括 α-淀粉酶、蛋白酶和纤维素酶等；而在饲料加工等领域所需的酶制剂约占 5%，主要应用的酶包括植酸酶和非淀粉多糖酶。

表 3-1 常见的工业酶制剂的种类、用途及其产酶微生物

酶的名称	相应的产酶微生物	用途
α-淀粉酶（EC 3.2.1.1）	解淀粉芽孢杆菌、嗜热脂肪芽孢杆菌、地衣芽孢杆菌、枯草芽孢杆菌、米曲霉、黑曲霉	织物退浆、酒精及其他发酵工业液化淀粉、果糖、酿酒、消化剂
β-淀粉酶（EC 3.2.1.2）	巨大芽孢杆菌、多黏芽孢杆菌、蜡状芽孢杆菌、吸水链霉菌	与异淀粉酶同，用于麦芽糖制造，蒸饼，防止老化
葡萄糖淀粉酶（EC 3.2.1.3）	根霉、黑曲霉、内孢霉、红曲霉	制造葡萄糖，发酵工业、酿酒中用作糖化剂
异淀粉酶及茁霉多糖酶（EC 3.2.1.33）	假单胞杆菌、产气杆菌属	制造麦芽糖（与β-淀粉酶合用），制造直链淀粉，用于淀粉糖化
纤维素酶（EC 3.2.1.4）	木霉（绿色木霉、里氏木霉、康氏木霉等）、曲霉、青霉	消化植物细胞壁，饲料添加剂，抽提植物成分
半纤维素酶（EC 3.2.1.78）	曲霉、根霉、解淀粉芽孢杆菌、枯草芽孢杆菌	消化植物细胞壁，饲料添加剂，抽提植物成分
菊粉酶（EC 3.2.1.7）	霉菌、酵母菌、细菌	水解菊粉，生产高果糖浆和低聚果糖
海因酶（二氢嘧啶酶）（EC 3.5.2.2）	假单胞菌、杆菌	不对称水解 DL-对羟基苯海因，用于生产半合成抗生素的一些重要侧链
肝素酶（EC 4.2.2.7）	肝素黄杆菌、棒杆菌	降解肝素，研究和医疗价值高
右旋糖酐酶（EC 3.2.1.11）	青霉、曲霉、赤霉	分解葡聚糖，防止龋齿，制造麦芽糖
蜜二糖酶（EC 3.2.1.22）	橄榄色链霉菌、玫瑰多刺链霉菌、紫红被包霉	提高甜菜糖回收率
柚苷酶（EC 3.2.1.40）	黑曲霉、米曲霉、青霉	去除橘汁苦味
橙皮苷酶（EC 3.2.1.40）	黑曲霉	防止蜜橘汁混浊
花色素酶（EC 3.4.22.2）	米曲霉、黑曲霉、寄生曲霉、青霉	桃子、葡萄脱色
果胶酶（EC 3.2.1.15）	木质壳霉、黑曲霉（与果胶质共存）	果汁澄清，果实榨汁，植物纤维精炼

左侧竖排：碳水化合物水解酶

续表

酶的名称	相应的产酶微生物	用途
β-半乳糖苷酶 （EC 3.2.1.23）	克鲁维酵母、曲霉、大肠埃希氏菌、环状芽孢杆菌	治疗不耐乳糖症，炼乳脱乳糖，制备功能性低聚半乳糖（GOS）
α-半乳糖苷酶 （EC 3.2.1.22）	曲霉、链霉菌、嗜热脂肪芽孢杆菌	消除棉子糖、水苏糖等抗营养因子
α-葡萄糖苷酶 （EC 3.2.1.20）	黑曲霉	酒类制造，制特种水饴
果糖基转移酶 （EC 2.4.1.9）	米曲霉	制备功能性低聚果糖（FOS）
普鲁兰酶 （EC 3.2.1.41）	地衣芽孢杆菌、植生克雷伯氏菌	谷物、饮料、面包加工
超氧化物歧化酶 （SOD） （EC 1.15.1.1）	酵母菌、细菌、霉菌	清除氧自由基，应用于医疗和保健方面、化妆品、食品添加剂和分析试剂
过氧化氢酶 （EC 1.11.1.6）	黑曲霉、青霉	去除过氧化氢
葡萄糖氧化酶 （EC 1.1.3.4）	青霉、黑曲霉	葡萄糖定量，测定尿糖、血糖，食品去氧
细胞色素 C （EC 1.9.3.1）	酵母	试剂
尿素酶 （EC 3.5.1.5）	产朊假丝酵母	测定尿酸
氨基酸氧化酶 （EC 1.4.3.2； EC 1.4.3.3）	细菌	氨基酸测定
胆固醇氧化酶 （EC 1.1.3.6）	胆碱酯菌	胆固醇定量
脱氧核糖核酸酶 （EC 3.1.4.5）	黑曲霉、枯草芽孢杆菌、链球菌、大肠埃希氏菌	试剂
多核苷酸磷酸酶 （EC 2.7.7.8）	溶壁小球菌、固氮菌	试剂
核酸内切酶 Mbo I	牛摩拉氏菌	用于基因测序、分析
磷酸二酯酶 （EC 3.1.4.1）	固氮菌、放线菌、米曲霉、青霉	制造调味品与 ATP 脱氨酶，并用于由 RNA 制造 5′-IMP 和 5′-GMP

碳水化合物水解酶（前五行）

氧化还原酶（中间七行）

核酸分解酶（后四行）

续表

酶的名称	相应的产酶微生物	用途
放线菌蛋白酶	链霉菌	食品加工,调味品制造,制革工业
细菌蛋白酶	枯草芽孢杆菌、赛氏杆菌、链球菌	洗涤剂、皮革工业脱毛软化、丝绸脱胶、消化剂、消炎剂、清创、溶解坏死组织、活化透明质酸酶
霉菌蛋白酶	米曲霉、栖土曲霉、酱油曲霉	消化剂、食品加工、皮革工业（脱毛软化）、毛皮工业、蛋白质水解、调味品制造、防止酒类混浊
酸性蛋白酶	黑曲霉、斋藤曲霉、根霉、青霉	毛皮软化、啤酒澄清、消炎化痰、消化剂、羊毛染色
中性蛋白酶	米曲霉、解淀粉芽孢杆菌、枯草芽孢杆菌、地衣芽孢杆菌	奶酪、肉类、鱼类、谷物、饮料、面包、沙拉加工
凝乳酶 （EC 3.4.23.4）	黑曲霉、泡盛曲霉、克鲁维酵母、微小毛霉	干酪制造
双链酶	链球菌	溶解血栓、血块,加速伤口愈合
链道酶	链球菌	在临床上用于激活溶血酶
链激酶 （EC 3.4.4.18）	链球菌	激活纤维蛋白溶酶,用于医疗
脂肪酶 （EC 3.1.1.3）	黑曲霉、米曲霉、根霉、镰刀霉、地霉、假丝酵母、扩展青霉、圆弧青霉	洗涤剂添加剂,药物拆分,面粉添加剂,皮革、皮毛脱脂剂,消化剂,试剂
木聚糖酶 （EC 3.2.1.8）	木霉（里氏木霉、长枝木霉等）、曲霉（米曲霉、黑曲霉等）、芽孢杆菌（解淀粉芽孢杆菌、枯草芽孢杆菌等）	降解木聚糖,用于饲料业、造纸业,减少环境污染
β-葡聚糖酶 （EC 3.2.1.73）	解淀粉芽孢杆菌、杆菌、里氏木霉、长枝木霉	谷物、饮料、膳食食品加工
β-甘露聚糖酶 （EC 3.2.1.78）	缓慢芽孢杆菌	促进类胰岛素生长因子（IDF-I）的分泌,促进蛋白质的合成
植酸酶 （EC 3.1.3.8）	杆菌、酵母、根霉、曲霉	水解植酸,用于饲料工业
酚氧化酶 （EC 1.14.18.1）	热带假丝酵母	处理含酚废水
酯酶 （EC 3.1.1.1）	米曲霉、米根霉、假单胞菌	降解聚酯以产生非酯化的脂肪酸和内酯

其中最左侧合并列依次为：蛋白酶类（EC 3.4）、脂肪分解酶、环保酶

续表

酶的名称	相应的产酶微生物	用途
腈水解酶（EC 3.5.5.1）	恶臭假单胞菌、棒状杆菌	催化腈水解，生产丙烯酰胺、手性药物
漆酶（EC 1.10.3.2）	担子菌、半知菌、子囊菌	降解木素，制浆，造纸工业的生物漂白、废水处理
邻苯二酚2，3-双加氧酶（EC 1.13.11.2）	假单胞菌、柯氏单胞菌、杆菌、紫球菌	催化苯环的邻位裂解，消除芳香类化合物的污染
葡萄糖异构酶（EC 5.3.1.5）	链霉菌、锈棕色链霉菌、凝结芽孢杆菌、短乳酸杆菌、节杆菌、游动放线菌	葡萄糖异构化制果糖
青霉素酶（EC 3.5.2.6）	蜡状芽孢杆菌、地衣芽孢杆菌	分解青霉素
几丁质酶（EC 3.2.1.14）	细菌、放线菌、真菌	生物农药制剂的添加剂，用于病虫害防治
青霉素酰化酶（EC 3.5.1.1）	细菌、放线菌	制6-氨基青霉烷酸（6-APA）
溶栓酶	芽孢杆菌、球菌、链霉菌、曲霉	具溶栓活性，用于治疗血栓症
β-酪氨酸酶（EC 1.14.18.1）	中间埃希氏杆菌	制L-多巴
氨基酸酰化酶（EC 3.5.1.81）	霉菌、细菌	用于DL-氨基酸拆分
扩环酶（EC 1.14.20.1）	小型丝状真菌、链霉菌	用于头孢菌素生物合成
延胡索酸酶（EC 4.2.1.2）	短杆乳酸菌	由延胡索酸制苹果酸
天冬氨酸酶（EC 3.4.23.18）	大肠埃希氏菌、假单胞杆菌	由延胡索酸制天冬氨酸
天冬酰胺酶（EC 3.5.1.1）	霉菌、细菌	治疗白血病
谷氨酸脱羧酶（EC 4.1.1.15）	大肠埃希氏菌	谷氨酸定量，制γ-氨基丁酸
环糊精葡萄糖基转移酶（EC 2.4.1.19）	地衣芽孢杆菌、软化芽孢杆菌、巨大芽孢杆菌	制环糊精

注：引自张树政，《酶制剂工业》，中国轻工业出版社，稍作修改[4]。

第二节
产酶微生物的分离和筛选

　　微生物分布非常广泛，可以说微生物无处不在，凡是有高等生物生存的地方，都有微生物存在，甚至某些没有其他生物生存的地方，也有微生物存在，例如在冰川、温泉、火山口等极端环境条件下也有大量微生物分布。土壤是微生物的大本营，尤其是耕作的土壤中，微生物的含量很大，每克沃土中含菌量高达几亿甚至几十亿。一般土壤越肥沃，其含菌量越高，表层土要比深层土中的含菌量高。土壤中微生物的种类繁多，几乎所有的微生物都能从土壤中分离筛选得到，要分离筛选某种微生物，多数情况都是从土壤采取样品。

一、 样品采集

　　采样，要根据选菌目的、微生物分布状况、菌种的特征与外界环境的关系等，进行综合的、具体的分析来决定。

　　由于土壤是微生物生活的大本营，其中包括各种各样的微生物，因此，如果我们不知道生产某种产品的微生物属类及某些特征时，一般都可以以土壤为样品进行分离。但是，微生物的存在及数量常随土质的不同而不同，一般在有机质较多的肥沃土壤中，微生物的数量最多，中性偏碱的土壤中细菌、放线菌较多，酸性红壤及森林土壤中，霉菌较多，果园土与菜园土中酵母菌较多，浅层土要比深层土中的微生物多，一般离土壤表层5~15cm深处的微生物数量最多。采样方法，在选好合适地点后，用小铲子除去表层土，采取离地面5~15cm的土壤几十克，盛入预先消毒好的牛皮纸袋中，扎好，记录采样地点、时间以及环境情况等，以备查考。

　　如果已知所需菌种的明显特征，则可直接采样。例如，分离啤酒酵母可直接从酒厂的酒槽中采样；如果分离米曲霉菌种，可以直接从酱油曲或酒曲中采样分离。

二、 增殖培养

　　增殖培养（又称富集培养），采集样品后，为使目标菌在样品中成为优势菌，增加其分离概率，针对目标菌的特性，在培养基或培养条件上采取特定的控制方式，以增加目标菌在混杂菌体系中的比例，这种培养措施即为增殖培养。

　　进行增殖培养可根据预定的技术措施和菌种特性，采取的控制条件各异，总体目标是使所需微生物增殖后在数量上占绝对优势，主要是增加待分离微生物特定的养分和控制一定的培养条件（表3-2）。

表 3-2			产酶微生物增殖培养条件的控制
酶	富集条件	采集样品	待分离微生物
纤维素酶	羧甲基纤维素钠、秸秆类农业废弃物（2%）	土壤	木霉（绿色木霉、里氏木霉、康氏木霉等）、曲霉、青霉
木聚糖酶	桦木木聚糖、榉木木聚糖、燕麦木聚糖、玉米芯木聚糖等（2%）	土壤	木霉（里氏木霉、长枝木霉等）、曲霉（米曲霉、黑曲霉等）、芽孢杆菌（解淀粉芽孢杆菌、枯草芽孢杆菌等）
乳糖酶	乳糖（2%）	土壤	克鲁维酵母、曲霉、大肠埃希氏菌、环状芽孢杆菌
几丁质酶	胶体几丁质（1%）	土壤（80℃热处理10min）	芽孢杆菌
壳聚糖酶	壳聚糖（0.5%）	土壤（80℃热处理10min）	芽孢杆菌
葡聚糖酶	大麦葡聚糖、燕麦葡聚糖、大麦粉、燕麦粉（0.5%）	土壤	解淀粉芽孢杆菌、芽孢杆菌、里氏木霉、长枝木霉
甘露聚糖酶	厄尔豆胶、槐豆胶、洋槐豆粉（0.5%）	土壤	曲霉、青霉、缓慢芽孢杆菌
凝乳酶	酪蛋白	土壤、乳制品	黑曲霉、泡盛曲霉、克鲁维酵母、微小毛霉

三、　纯种分离

通过增殖培养，具有某一特性的微生物大量存在，但它不是唯一的，仍有其他类型的微生物与之共存。因此，经过增殖培养后得到的依然是一群各类微生物的混合体。为了取得所需微生物的纯种，就必须对此进行纯种分离，常用的纯种分离法有稀释平皿分离法、平皿划线分离法和组织分离法三种。无论采取何种方法，分离的基本原则是：①使培养物生长出彼此分离的单个菌落；②让目标菌直观显现，培养后目标菌长出的单一菌落有直观标志，常用的筛选标志有透明圈法、变色圈法等。

（一）　稀释平皿分离法

其基本方法与微生物生长量的测定方法类似，将样品进行梯度稀释，然后将稀释液涂布接种于培养基平板上进行培养，待长出独立的单个菌落，再进行挑选分离，如图3-1所示。

（二）　平皿划线分离法

其基本过程是，首先倒培养基平板，然后用灭菌的接种针（接种环）挑取样品，在平板上划线。基本操作要领是：

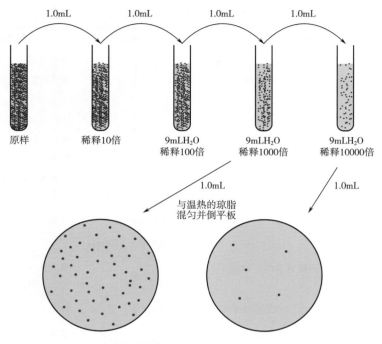

图 3-1　稀释平皿分离法操作示意图[5]

1. 涂菌

将接种环上的菌均匀地涂布在平板的边缘，使菌细胞个体彼此分开。

2. 划线分离

划线的方法有两种，无论哪种方法，其基本原则是确保能培养出单个菌落，如图3-2所示。

（1）分步划线法　此法适合于初级实验室工作人员，无论挑取的菌量多少，基本上都能分离出单个菌落；

（2）一次划线法　从涂菌部位起，一次性连续划蛇形线，此法操作快捷，基本原则是将线划得越密越好，但来回线不能重叠。

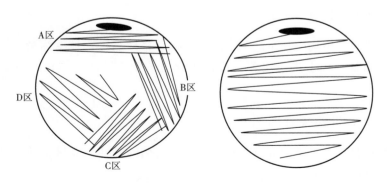

图 3-2　平板划线分离法操作示意图[6]

（三）　组织分离法

主要适用于食用菌菌种的分离，是以食用菌的子实体等作为原料进行分离的方法。分离时，首先用 10% 漂白粉水或 75% 酒精对食用菌的子实体进行表面消毒，并用无菌水洗涤数次后，无菌操作切取一小块组织，移置于固体培养基表面上进行培养，数天后就可以看到从组织块周围长出的菌丝，并向外扩展。

四、　纯培养

纯培养是将分离到的目的菌种接种到试管斜面上，进行扩大的培养方法。经过分离培养，在平板上出现很多单菌落，通过菌落形态观察，选出疑似菌落；然后取菌落的一半进行形态学鉴定，记录目标菌的技术资料（菌落特征、菌体形态等），菌落的另一半转接到试管斜面纯培养后编号保存。

五、　菌种产酶性能的检定

分离到的纯种只是筛选的第一步，所得菌种是否确定为分离的目标对象，还需进一步检定其产酶性能。产酶性能的检定主要通过初步筛选（初筛）和重复筛选（复筛）来确定。

初筛是从已分离出来的菌种中挑选出具备产酶性能的菌株的方法，一般要求检出方法快捷、简便。初筛多采用平板培养透明圈法（见表 3-3），筛选时通常会将水解酶的底物添加在平板培养基里，当某些筛选菌株产生了水解酶时，便能将培养基中的底物降解并呈现出透明的水解圈，根据透明圈的大小来初步判断菌株产酶性能的强弱。如果透明圈不明显，有时可向平板培养基中添加底物沉淀剂，使分解的底物析出，以更清晰的衬托出显色圈。此外，还可以在制备平板培养基时加入"色原底物"，当筛选菌株产酶时可将其周围的"色原底物"降解，从而释放出有色物质，形成光亮的有色圈。

表 3-3　　　　　　　　　常见胞外酶的产酶微生物的初筛方法

酶	底物	试剂	备注
淀粉酶	淀粉/糖原	碘溶液	红色透明圈
α-淀粉酶	蓝色淀粉		浅蓝色光环
纤维素酶	蓝色纤维素		浅蓝色光环
	滤纸		滤纸崩解
几丁质酶	几丁质		不溶性几丁质的透明圈
α-葡糖苷酶	对硝基-α-D-葡萄糖苷		黄色菌落与透明圈
α-葡聚糖酶	1, 3-α-/1, 6-α-葡聚糖		不溶性葡聚糖的透明圈

续表

酶	底物	试剂	备注
1，3-β-葡聚糖酶	凉薯	苯胺蓝	浅蓝色透明圈
β-1，3-1，4-葡聚糖酶	大麦葡聚糖	刚果红	透明圈
支链淀粉酶	菊粉	乙醇或丙酮	透明圈
果胶酯酶	果胶或多聚半乳糖醛酸	十六烷基三甲基溴化铵	透明圈
蛋白酶	脱脂乳		透明圈
	胶原	硫酸铵	透明圈
DNA 酶	DNA	HCl	透明圈
	DNA	甲基绿	粉红色光环
RNA 酶	RNA	HCl	透明圈
	RNA	吖啶橙	紫外线下荧光绿背景，菌落暗
脂肪酶	吐温		不透明斑
β-内酰胺酶	青霉素	聚乙烯醇/I$_2$	暗绿背景下成蓝色

复筛是在初筛的基础上进一步筛选产酶量高、性能更符合需求的菌株的方法，一般要求测定方法准确可靠。复筛多采用摇瓶发酵的方式进行，即将初筛获得的产酶能力强的菌株接种到发酵摇瓶中进行培养，随后直接测定发酵产物的酶催化活力，并结合菌株的生理生化特性和培养特点等指标综合考虑挑选出产酶量最高、性能更优的目标菌株。

六、 几种产酶微生物的分离筛选实例

（一）蛋白酶菌株的筛选

蛋白酶可分为碱性、中性、酸性三种类型，分别适用于分解不同 pH 条件下的底物。与此，初筛时可在分离培养基中分别添加一定量的碱性、中性、酸性酪蛋白。如果样品中含有相应的产蛋白酶菌株，培养后会在菌落周围形成透明的水解圈。再向平板中加入一定浓度的三氯乙酸等蛋白质沉淀剂，就可以从乳白色背景上显示出非常清晰的透明圈了，该菌株产酶能力越强，其透明圈的直径就越大。高卜渝等[7]用含有脱脂乳粉平板上点种培养的方法，从分属93 个属，492 个种的 2129 个酵母菌株中进行筛选，发现有分属 27 个属，87 个种的 165 个酵母菌株可分泌不同酶活力的蛋白酶。于宏伟等从养牛场附近的土壤中分离筛选产蛋白酶的菌株，初筛获得 8 株性状较好的菌株，再分别摇瓶发酵 12，24，36，48h 复筛考察菌株的产酶能力，最终选定菌株 N19 为最优良菌株，初步鉴定为芽孢杆菌[8]。黄志强等[9]从福建海域的海水、海泥及海藻样品中分离到 3 株产碱性蛋白酶的海洋细菌菌株 3B、6CW 和 15E，采用 16S rDNA 分子生物学鉴定结合细菌的常规鉴定方法，确认分离到的 3 株产蛋白酶的海洋细菌菌株分别是荧光假单胞菌

（*P. fluorescens*）、黏质沙雷菌（*Serratia marcescens*）和氧化短杆菌（*Brevibacterium oxy-dans*）。张晶等[10]筛选出 5 株具有产碱性蛋白酶能力的菌株 N1、N2、N3、N4 和 N5。通过形态学观察和生理生化指标对这 5 株菌株进行鉴定，初步鉴定菌株 N1 属于漫游菌属（*Vagococcus collinsetal*）、N2 属于芽孢八叠球菌属（*Sporosaricina*）、N3 属于肠杆菌属（*Enterobacteriaceae*）、N4 属于黄色杆菌属（*Xanthobacter*）、N5 属于脂肪杆菌属（*Pimelobacer*）。再经复筛后，5 株菌株在 25℃ 条件下测得的酶活均超过 200U/mL，其中又以 N1 的酶活最高，达到 280U/mL。

（二）淀粉酶菌株的筛选

筛选 α-淀粉酶生产菌时，可以向平板分离培养基中添加适量的可溶性淀粉（0.1%~0.2%）。培养后，若在菌落周围产生透明的水解圈，就说明该菌落能产生 α-淀粉酶，而且形成的水解圈的直径越大，表示其产酶能力越强。如果用碘熏蒸，则可在蓝色的背景下显示出明亮的水解圈。但这种方法不适用于筛选 β-淀粉酶及糖化酶的生产菌种，因为它们水解淀粉的方式是不同的。徐良玉等[11]采用平板冷冻透明圈法筛选耐酸性 α-淀粉酶生产菌株，以可溶性淀粉为底物配制固体培养基，并将培养基的 pH 调整为 4.2，以便筛选到产耐酸性 α-淀粉酶的菌株；这种筛选方法可以快速、方便的大量筛选 α-淀粉酶生产菌株，不需要频繁地接种，也不易被其他微生物污染。他们还通过对比筛选菌株在 pH 4.2 和 pH 6.0 的琼脂平板上透明圈直径的大小，选择性地筛选产耐酸性 α-淀粉酶的菌株。

（三）脂肪酶菌株的筛选

一般选用大豆油、橄榄油或者其他油脂作为底物来筛选产脂肪酶的野生菌株，添加维多利亚蓝、罗丹明 B 等作为显色剂并制作成初筛平板。吸取一定量适当稀释的菌悬液，在上述平板上涂布培养，恒温培养 3~5d 后形成单菌落，这时如在菌落周围产生蓝绿色圈，表明脂肪被水解成脂肪酸，将这样的菌落接到斜面培养基上。谢康庄等[12]选用罗丹明 B 和三丁酸甘油酯为原料配制成了初筛平板，通过鉴别初筛平板上产生的透明圈法来从湘西腊肉中筛选产脂肪酶的菌株，进一步采用（pNPP）比色法比较初筛菌株产脂肪酶的活力，最终获得两株高产脂肪酶菌株 M18 和 C2，其中 M18 的产酶能力更强，最高酶活达 11.0U/mL。

（四）果胶酶菌株的筛选

初筛果胶酶产生菌时，主要以果胶为唯一碳源，添加各种指示剂，详细方法见表 3-4。陈峰等[13]使用含 0.2%果胶为唯一碳源的果胶琼脂培养基筛选果胶分解菌株，待菌落形成后，加入 0.2%刚果红水溶液染色 4h，如在菌落周围出现绛红色水解圈者即为果胶分解菌。

表3-4 果胶分解菌的快捷筛选方法

方法	现象	优点	缺点
刚果红法	绛红色水解圈，背景深暗	灵敏度高，果胶用量少	染色时间不易控
透明带法	培养基上部略有透明部分	无需特殊药品	清晰度不高
十六烷基三甲基溴化铵沉淀法	无色透明圈，背景带乳白色	结果较清晰	果胶用量较大
钌红法	淡色透明圈，背景色深	灵敏度高，果胶用量少	药品较昂贵

（五）纤维素酶菌株的筛选

能分解纤维素的细菌，分三大类群：（1）厌氧发酵型：芽孢梭菌属（Clostridium）、牛黄瘤胃球菌属（Ruminococcus）、白色瘤胃球菌（Ruminococcus albus）、产琥珀酸拟杆菌（Bacteroides succinogenes）、产琥珀酸丝状杆菌（Fibrobacter succinogenes）、溶纤维菌（Butyrivibrio fibrisol - vens）、热纤梭菌（Clostridium thermocellum）、解纤维梭菌（Clostridium cellulolyticum）；（2）好氧型：粪碱纤维单胞菌（Cellulomonas fimi）、纤维单胞菌属（Cellulomonas）、纤维弧菌属（Cellvibrio）、发酵单胞菌（Zymomonas）、混合纤维弧菌（Cellvibrimixtus）；（3）好氧滑动菌，如噬胞菌属（Cytophaga）。高凤菊等[14]以羧甲基纤维素钠为唯一碳源，采用刚果红法从废泥浆中反复筛选后获得一株高活力纤维素酶生产菌株C-36。经与枯草芽孢杆菌标准菌株进行参比试验，初步鉴定该细菌为枯草芽孢杆菌。张超等[15]研究了真菌产纤维素酶的培养基中刚果红转移机理，表明刚果红染料进入真菌的机制为纤维素分解真菌首先分解纤维素为含有葡聚糖等结构的多聚糖类物质，多聚糖与刚果红形成多聚糖-刚果红复合物，复合物不仅被吸附到产纤维素酶活的菌丝外表面，而且能被进一步转运吸收至该部分菌丝内部，使菌丝体和菌落呈现红色。所以，纤维素刚果红培养基可作为分离、筛选纤维素分解真菌的特异性培养基。

（六）其他

郑丽伟等以脱脂乳粉为初筛底物，再以纤维蛋白为复筛底物，透明圈为筛选标记，分别筛选到40株产纤溶蛋白酶的菌株，通过进一步评价产酶能力最终选定菌株ZLW-2作为后续研究的出发菌株[16]；李潜等[17]采用双层平板法筛选产溶菌酶的菌株，他们从不同地区采集的156个土样中筛选获得产酶菌株97株（包含细菌60株、放线菌37株），确定后续研究的出发菌株后还对其摇瓶发酵产酶条件进行了优化，最高酶活力可达6167U/mL；刘晗等[18]从土壤中筛选产黄原胶酶的菌种，以黄原胶为唯一碳源制备初筛平板，通过观察培养基的黏度变化来判定产酶能力的强弱，再用含有1%黄原胶的选择性液体培养基进行复筛，最终获得最高产酶活力达466IU/L的优良菌株XT-11。逄玉娟等[19]筛选壳聚糖酶菌株，以胶体壳聚糖为筛选底物，透明圈为筛选标记，从土壤中筛选。初筛培养基组分为（g/L）：$(NH_4)_2SO_4$ 5.0，K_2HPO_4 2.0，NaCl 5.0，$MgSO_4 \cdot 7H_2O$ 1.0，胶体壳聚糖10.0，琼脂20.0，调pH至6.5。

第三节
产酶微生物优良菌种的优化培育

一、 产酶菌种的诱变育种

（一）诱变育种的意义

微生物的诱变育种，是以人工诱变手段诱发微生物基因突变，改变遗传结构和功能，通过筛选，从众多突变体中筛选产量高、性状优良的突变菌株，然后通过发酵工艺条件优化，使其在最适的环境下合成有效产物。微生物育种过程分为三个阶段：

（1）菌株基因型改变；

（2）筛选菌株，确认并分离出具有目的基因型或表型的变异株；

（3）产量评估，全面考察此变异株在工业化生产上的接受性。简言之，微生物育种就是经由改变和操纵微生物的基因，进而选育出适合工业化生产的菌种的一种综合技术。

基因突变是微生物变异的主要途径，人工诱变又是加速基因突变的重要手段。以人工诱发突变为基础的微生物诱变育种，具有速度快、收效大、方法简单等优点，是菌种选育的一个重要途径，在发酵工业菌种选育上具有卓越的成就。迄今为止，国内外发酵工业中所使用的生产菌种绝大部分是人工诱变选育出来的。诱变育种在抗生素工业生产上的作用更是无可比拟，几乎所有的抗生素生产菌都离不开诱变育种的方法。我国抗生素、酶制剂工业的发展，是与菌种选育工作的发展紧密相关的。菌种选育取得重要成就，使发酵工业生产得以发展、扩大和提高。时至今日，诱变育种仍是大多数工业微生物育种最重要，而且最有效的技术之一。

从自然界分离所得的野生型菌种，不论在产量上或质量上，均难满足工业化生产的需求。在微生物发酵工业中，菌种通过诱变育种不仅可以提高有效产物的产量，改善生物学特性和创造新品种，而且对于研究有效产物代谢途径、遗传图谱制定等方面都有一定的用途。

（二）诱变育种

诱变育种具有方法简单、投资少、收获大等优点，缺点是缺乏定向性。对此，除了深入开展诱变机制研究外，在诱变育种过程中应注意出发菌株、诱变剂及诱变剂量的选择、诱变处理方式、方法的应用以及结合有效的筛选方法等来弥补其不足。

诱变育种的基本工作程序如下：

确定出发菌株
↓
菌种的纯化选优
↓←出发菌株的性能鉴定
同步培养
↓
制备单细胞（或单孢子）悬液
↓←活菌浓度测定
诱变剂的选择与确定诱变剂量的预试验
↓
诱变处理
↓
平板分离
↓计形态变异的菌落数，计算突变率
挑取疑似突变菌落纯培养
↓
突变体的初步筛选
↓←用简单快捷的方法
重复筛选
↓←摇瓶发酵试验
选出突变体（根据情况进行生产试验或重复诱变处理）

1. 出发菌株的选择

出发菌株是用于诱变育种的原始菌株。选择应用合适的出发菌株对提高诱变育种的效果有着极其重要的意义。经常用作出发菌株的有以下三类：一类是新从自然界分离的野生型菌株，这类菌株的特点是对诱变因素敏感，容易发生变异，而且容易向好的方向变异，产生正向突变。第二类是诱变育种中经常采用的，对在生产中由于自发突变而经筛选得到的菌株进行诱变，这类菌株类似野生型菌株，容易得到好的结果。第三类是对已经诱变过的菌株进行再诱变，这也是诱变育种工作中经常采用的，这类菌株情况比较复杂，必须区别情况、个别对待。以下是一些实际工作经验供参考：

（1）最好是经过生产选育过的自发变异菌株。

（2）采用具有有利性状的菌株。例如，生长速度快，营养要求低以及产孢子早而多的菌株。

（3）选择已经发生其他变异的菌株作为出发菌株。有些菌株在发生某一变异后，会提高其他诱变因素的敏感性。

（4）在细菌中曾发现一类称为增变菌株的变异菌株，它们对诱变剂的敏感性比原始菌株大为提高，所以更适宜做出发菌株。

2. 同步培养

在诱变育种中，一般均采用生理状态一致的单细胞或单孢子，诱变处理前，菌悬液的细胞应尽可能达到同步生长状态，这种培养生理活性一致的细胞方法，称同步培养法。

3. 单细胞（或单孢子）菌悬液的制备

在诱变育种中要求待处理的菌悬液呈分散的单细胞或单孢子状态，这样一方面可以均匀地接触诱变剂，另一方面是由于突变的独立性决定的，在同一诱变环境中，不同细胞发生基因突变彼此独立，为防止突变菌株在筛选过程中互相干扰，避免长出不纯菌落，有利于突变菌株的筛选。

供诱变菌悬液的制备方法：一般处理霉菌孢子或酵母菌细胞悬浮液的浓度大约 10^6 个/mL，放线菌或细菌密度大些，可在 10^8 个/mL 左右。悬浮液的细胞数可用平板活菌计数，也可用血球计数器或光密度法测定，但以平板活菌计数更为准确。

菌悬液一般可用生理盐水或缓冲液配制，特别是应用化学诱变剂处理时，因处理的 pH 会变动，必须要用缓冲液，除此之外，还应注意分散度。采用的方法是先用玻璃珠振荡分散，再用脱脂棉或滤纸过滤，经过如此处理，分散度可达90%以上，供诱变处理较为合适。

4. 诱变剂的选择及其剂量的确定

常用的诱变剂主要分为两大类：物理诱变剂和化学诱变剂。

（1）物理诱变剂　物理诱变主要是采用辐射，包括紫外线、X 射线、γ 射线（钴^{60}）、快中子、α 射线、β 射线和超声波等，其中以前三种的应用最多。它们主要是通过引起核酸分子中四种脱氧核苷酸，尤其是胞苷酸、胸苷酸发生氧化，从而造成 DNA 的损伤或畸变。

由于紫外线无需什么特殊贵重设备，只需有一根用于灭菌的普通紫外灯管就能实现，而且诱变效果也很显著，因此它是目前使用最广泛的一种诱变剂。为了避免光复活作用，紫外诱变应在暗室的红光下操作，处理完毕后，应用黑布将盛有菌悬液的器皿包起来培养，之后再进行分离筛选。不同的微生物对于紫外线的敏感程度不同，因此不同的微生物对于诱变所需要的照射剂量也是不同的。紫外线的照射剂量，可以相对地按照紫外灯的功率、照射距离和照射时间来决定。一般对于一个实验室来说，在暗室中安装的紫外灯的功率是固定的（15W），照射距离确定后（30cm 左右），决定照射剂量的只有照射时间的长短；这样可设计一个照射不同时间梯度的实验，将 5mL 菌悬液放在直径为 9cm 的培养皿中，培养皿底要平，启动电磁搅拌设备，照射时间不少于 10~20s，也不长于 10~20min 为宜，为准确起见，照射前应先开灯 20~30min 进行预热，然后再行处理。然后测定不同时间照射的致死率，做出照射时间与致死率的曲线，这样就可以选择适当的剂量，确定具体的照射时间，使其不能太长，也不能太短，最好使照射后微生物的存活率在5%以下为宜。

X 射线和 γ 射线二者都属于高能电磁波，两者性质相似。生物学上应用的 X 射线一般由 X 光机产生，γ 射线来自放线性元素钴、镭、氡等。X 射线和 γ 射线诱发的突变率和射线剂量直接相关，而与时间长短无关。不同的微生物对 X 射线和 γ 射线的辐射敏感程度差异很大，甚至可以相差几百倍。引起最高变异的剂量也随菌种的差异而有所不同。一般照射时多采用菌悬液，也可用长了菌落的平皿直接照射。照射剂量在 10.32~25.80c/kg，或者采用能使微生物产生 90%~99% 死亡率的剂量

（2）化学诱变剂　化学诱变剂的种类很多，根据它们对 DNA 的作用机制，可分为三大类：

第一类是直接与核苷酸碱基起化学变化，引起核苷酸碱基发生改变，因而引起 DNA 复制时碱基配对的置换而发生变异。例如亚硝酸、硫酸二乙酯、甲基磺酸乙酯等。

第二类是一些核苷酸碱基类似物，它们在核酸复制过程中替代相应碱基渗入到 DNA 分子中，这些碱基类似物在不同条件下配对碱基发生改变，从而引起变异。例如，5-溴尿嘧啶、5-氨基尿嘧啶、2-氨基嘌呤、8-氮鸟嘌呤等。

第三类是吖啶类染料，例如三氨基吖啶、吖啶黄、吖啶橙、5-氨基吖啶。吖啶类化合物的诱变机制目前还不是很清楚。现普遍认为，由于吖啶类化合物是一种平面型三环分子结构，与一个嘌呤：嘧啶碱基对相似，因此能够嵌入两个相邻的 DNA 碱基对之间，造成双螺旋的部分解开，从而在 DNA 复制过程中，会使链上插入或缺失一个碱基，结果引起移码突变。

决定化学诱变剂剂量的因素主要有诱变剂的浓度、作用温度和作用时间，化学诱变剂的处理浓度常用微克至毫克级，但这个浓度取决于药剂、溶剂及微生物本身的特性，还受水解产物的浓度、某些金属离子以及特定情况下诱变剂延迟作用的影响。一般对于一种化学诱变剂来说，处理浓度对不同微生物有一个大致范围，在进行预试验时，也通常是将浓度、处理温度确定后，测定不同时间的致死率来确定适宜的诱变剂量。这里需要说明的是化学诱变剂与物理诱变剂不同，在处理到确定时间后，不像紫外线那样关灯停止照射那么简单，化学诱变剂处理需要有合适的方法来终止反应。一般采取稀释法、解毒剂或改变 pH 等方法来中止反应（表 3-5）。

表 3-5　　　　　　各种化学诱变剂的常用浓度、处理时间及其终止方法

诱变剂名称	常用浓度	处理时间/min	缓冲液	终止反应剂
亚硝酸	0.01~0.1mol	8~10	pH 4.5 醋酸缓冲液	磷酸氢二钠
甲基磺酸乙酯	0.05~0.5mol	10~60	pH 7.0 磷酸缓冲液	硫代硫酸钠
硫酸二乙酯	0.05%~0.1%（V/V）	15~30	pH 7.0 磷酸缓冲液	硫代硫酸钠
亚硝基胍	0.1~1.0mg/mL	15~60	pH 6.0 醋酸缓冲液	大量稀释
亚硝基甲基脲	0.1~1.0mg/mL	15~90	pH 7.0 磷酸缓冲液	甘氨酸或稀释
氮芥	0.1~1.0mg/mL	5~10	—	稀释
乙烯亚胺	0.01%~0.1%	30~60	—	稀释
羟胺	0.1%~5.0%	加入培养基	—	稀释
秋水仙碱	0.01%~0.2%	加入培养基	—	稀释

注："—" 表示"无"。

　　要确定一个合适的剂量，通常要经过多次试验，就一般微生物而言，诱变频率往往随剂量的增高而提高，但达到一定剂量后，再提高剂量反而会使诱变频率下降。根据对紫外线、X射线及乙烯亚胺等诱变剂诱变效应的研究，发现正突变较多地出现在偏低的剂量中，而负突变则较多地出现于高剂量中，同时还发现经多次诱变而提高产量的菌株中，高剂量更容易出现负突变。因此，在诱变育种工作中，目前比较倾向于采用较低的剂量。例如过去用紫外线作诱变剂时，常采用杀菌率为90%、99%或99.9%的剂量，而近来则倾向于采用杀菌率为70%~75%甚至更低（30%~70%）的剂量，特别是对于经多次诱变后的高产菌株更是如此。

　　诱变剂的选择主要看具体实验条件，一般对于重复诱变处理，多采用不同诱变剂交替使用，以避免回复突变；也有选择物理诱变剂和化学诱变剂同时处理的方法，以取得较理想的诱变效果。

诱变工作实例：

　　王弋博等[20]用紫外线诱变及紫外线+硫酸二乙酯复合诱变方法选育高产异淀粉酶的地衣芽孢杆菌菌株，紫外线诱变采用15W，254nm紫外灯，30cm处分别照射0、1，1.5，2，2.5，3min，在红灯下将菌液稀释，取0.1mL涂布，用黑布包好避光，32℃恒温培养箱中培养20h；紫外线（UV）+硫酸二乙酯（DES）复合诱变采用紫外线照射2min后的菌悬液为原始菌液，接种到摇瓶发酵培养基上，32℃避光培养20h，3000r/min离心15min，弃上清，制成菌悬液（约10^8个/mL），取4mL上述菌悬液加入16mL磷酸缓冲液，再加DES乙醇溶液（0.5g/mL），分别震荡处理30，40，50，60min后加入0.5mL 25%的硫代硫酸钠溶液终止反应，然后稀释涂平板。发现处理菌液的浓度是影响诱变效应很重要的因素，细菌以10^8个/mL为宜，浓度过高，处理时可能由于菌体过厚遮住了紫外线，而影响照射效果，采用UV+DES复合诱变，诱变效果并不十分理想，其酶活仅比单纯用紫外线诱变的菌株高出12%。

　　于宏伟等[21]以枯草芽孢杆菌N19为出发菌株，采用紫外线诱变、微波诱变以及亚硝酸诱变逐级诱变的方式对N19进行诱变，以杆菌产中性蛋白酶活性为考察指标。研究表明，当紫外线照射芽孢杆菌30s后获得突变株UV-11，突变株产蛋白酶的能力由初始的158U/mL提高到261U/mL；再以紫外线诱变菌株UV-11为出发菌株进行微波诱变，微波诱变40s后获得新突变株UM-13，该突变菌株产蛋白酶活力提高至509U/mL；最终再以UM-13为出发菌株，用亚硝酸诱变处理2min后获得突变株UMN-26，该菌株的产酶能力进一步提高，最高酶活力达803U/mL，较初始菌株提高了408%。

　　李宁等[22]采用紫外线诱变结合γ射线（^{60}Co）诱变的方式对一株产乳糖酶的黑曲霉菌株进行了诱变，突变菌株UCo-3的乳糖酶酶活力由原来的5.42U/mL提高到了16.27U/mL，增加了2.01倍。具体诱变条件为：10^6个/mL的孢子液5mL，18W紫外灯30cm处，照射15min；再进行γ射线诱变，在无菌试管中以2 kGy的辐射量进行诱变处理，3次逐级诱变后所得的突变菌株（UCo-1、UCo-2、UCo-3）的乳糖酶酶活力分别为 4.48、13.61 和 16.27U/mL。在此基础之上，该课题组的杜海英等[23]又以 UCo-3 原生质体为诱变对象，再次通过紫外线诱变协同 γ 射线（^{60}Co）诱变的方法提高了新突变菌株 DL116 产乳糖酶的能力，最高酶活力达到 44.37U/mL，是初始酶活的 1.73 倍。紫外线诱变条件为：10^6个/mL 的原生质体悬液 5mL，18W 紫外灯 30cm 处，照射 4min；γ 射线诱变条件为：10^6个/mL 的原生质体悬液 5mL 于无菌试管中，按 500 Gy 的辐射量进行诱变处理，重复诱变 2 次。沈莲莲等[24]采用紫外线和亚硝酸复合处理对拉恩氏菌进行诱变。结果显示，最佳复合诱变条件为：先用 30W 的紫外线照射 100s，筛选出菌株诱变效果好的菌株 UV-14，然后再用 0.1mol/L 的亚硝酸处理菌株 100s，筛选到产乳糖酶量最高的突变菌株 UN-9，其产乳糖酶活力达到 4.06U/mL，比出发菌株提高了 35.0%。

韩铭海等[25]采用紫外线和 γ 射线对中性纤维素酶产生菌木霉 ZC 进行了反复诱变和大量筛选，其诱变条件为：首先紫外线诱变，$10^5 \sim 10^6$个/mL 的孢子悬液，30W 紫外灯 15cm，照射 3~5min；再用 γ 射线（^{60}Co）诱变，在内径为 1.5mL 试管中加入 0.5mL 孢子悬液（$10^5 \sim 10^6$个/mL），以 650 Gy 剂量照射，最后紫外线和 γ 射线复合诱变，用紫外线处理 2min，接着用 γ 射线 450 Gy 剂量处理，得到了一株中性纤维素酶高产突变菌株 BE40~39（99U/mL），突变株 BE40~39 和出发株 ZC 在性状上有明显区别，突变菌株的孢子颜色比出发菌株的稍浅，两者的摇瓶发酵性状有很大的差异；同时他们还设计了一种根据水解透明圈与菌落直径之比（D/d）以初步判断菌株产酶活力大小的方法，发现菌株的液体发酵酶活的对数（$\lg E$）和菌落透明圈直径与菌落直径之比（D/d）基本上呈线性关系。杨永彬等[26]对产碱性纤维素酶浅黄金色单胞菌进行诱变选育，先后采用了紫外线诱变、EMS 诱变、UV 和 EMS 的复合诱变，其紫外线诱变条件为：8mL 单细胞菌悬液（菌体密度大于 1.4×10^7个/mL），于直径 9cm 的培养皿中，15W 紫外灯 20cm、照射 70s，该剂量下致死率为 40.45%，正变率为 5.65%；EMS 诱变，取 8mL 单细胞菌悬液（菌体密度大于 1.4×10^7个/mL），于直径 9cm 的培养皿中，加入 EMS，使培养皿终体积分数分别为 0.5%、1.0%、1.5%，作用 40min 后，稀释终止反应，取一定量涂布到平板筛选培养基进行培养。EMS 作用体积分数为 1% 时，其致死率为 70.12%，正变率为 19.06%；最后采用复合诱变，取 8mL 单细胞菌悬液（菌体密度大于 1.4×10^7个/mL），于直径 9cm 的培养皿中，磁力搅拌 15W 紫外灯 20cm，照射 70s 后，加入一定量的 EMS 原液，使其终体积分数为 1.0%，作用 40min 后稀释法终止反应，取一定量进行涂板培养。产 CMC 酶活力从原来的 156.61U/mL 提高到 325.45U/mL，同时，结果表明突变株 FQ2 产酶特性已趋于稳定。曾宪贤等[27]对纤维分解细菌 HY2 进行不同剂量离子束注入诱变，筛选出高产纤维素酶活性的突变菌株 HY2-3。通过 PCR 技术扩增得到纤维素酶高产菌株 *Bacillus* sp. HY2-3 以及原始菌株 *Bacillus* sp. HY2 的纤维酶基因 *chy2-3* 和 *chy2*。经过克隆和序列分析表明，所得到的突变型和野生型纤维素酶基因编码区均为 1500 bp，同时发现，经过离子束诱变得到的高产菌株和野生菌株的纤维素酶基因序列存在差别。这些碱基突变引起氨基酸序列的改变有可能导致两个菌株纤维素酶产量上的不同。李西波等[28]以青霉（*Penicillium* sp.）HK-003 为原始菌，经亚硝基胍（NTG）和羟胺复合诱变筛选出一株高产纤维素酶菌株 LX-435，其产酶能力由 200U/mL 提高到 415U/mL，较出发菌株提高了 2.08 倍。

李晓清等[29]以溶菌酶产生菌溶杆菌 S2-6 为出发菌株，采用紫外线和 γ 射线（^{60}Co）复合诱变的方式进行诱变。具体诱变条件为：10^8 个/mL 的孢子液 5mL，18W 紫外灯 28cm 处，照射 15 s 后得到产酶力最强的突变菌株 U11-2，其酶活力较出发菌株提高了 12.4%；再以 U11-2 为出发菌株进行 γ 射线诱变，优化后选定 25 Gy 为最佳辐射量进行诱变，诱变后再通过初筛平板和复筛平板筛选产酶活力较高的突变菌株，筛选时以突变株所产生的透明圈的大小为鉴定指标，最终筛选到一株高产溶菌酶的突变菌株 UCo1，其最高产酶活力为 8 148.6U/mL，较出发菌株提高了 50% 以上。王艳等[30]以假单胞菌 Y8.0 为出发菌株，分别通过亚硝基胍（NTG）、^{60}Co、UV 诱变，采用透明圈法筛选，获得了产壳聚糖酶较好的突变菌株假单胞菌 Y8，其产酶活力达到 3.0U/mL，酶活力提高近 6 倍，并具有较好的遗传稳定性，3 种诱变方法中，UV 诱变效果最好。

5. 变异菌株的初步筛选

近十几年来，人们为了缩短筛选周期，尽量减少不必要的工作量，往往对筛选方法加以简化，以代替大量的摇瓶培养工作，并将初筛与复筛两个阶段结合在一起进行，其效果甚佳。筛选方法的简化主要从两方面着手：一是利用形态突变体直接淘汰低产变异菌株；二是利用平皿反应直接挑取高产变异菌株。

所谓平皿反应是指每个变异菌落产生的代谢产物与培养基内的指示物在培养皿平板上作用后表现出的生理效应（如变色圈、透明圈、生长圈和抑菌圈等）的大小，这些效应的大小表示了变异菌株生产活力的高低，所以可以作为筛选的标志。常用的方法如下：

（1）纸片培养显色法　此种方法适用于多种生理指标的测定，通常会将显色物或反应物吸附于纸片之上，如 β-内酰胺酶产生菌株的筛选（纸片预先用头孢西丁溶液浸泡），氨基酸显色圈（转印到滤纸上再用茚三酮显色）大小的测定，柠檬酸变色圈（用溴甲酚兰作指示剂）大小的测定等来估计相应代谢产物的产量。比如，可以使用纸片培养显色法筛选生产 β-内酰胺酶的变异菌株，首先将样品均匀涂布于琼脂平板上，待长出单菌落后再铺上带有头孢西丁溶液的纸片，35℃孵育 18~24h 后观察制片上出现透明圈的情况，透明圈大者为产酶能力高的菌株。

（2）透明圈法　产蛋白酶的酱油曲霉突变体经紫外线处理，使之再变异，然后在含酪素的琼脂培养基上使其长出菌落，利用菌落周围透明圈的大小，选出了优良高产菌株 U$_{34}$，该菌的产酶活力约为出发菌株的 6 倍。在筛选产淀粉酶的变异菌株时，通常会在培养基中添加淀粉作为唯一碳源，待样品涂布到平板上并长出单菌落后，再用碘液显色，根据菌落周围是否出现透明水解圈来鉴别产酶菌株。

（3）琼脂块培养法　这种方法可被用来筛选产核酸水解酶的变异菌株，首先将样品均匀涂布在琼脂平板上，待长出菌落后再覆盖一层显色琼脂，琼脂内含 3% 酵母 RNA，

0.7%琼脂及 0.1mol/L EDTA，pH 7.0，于 42℃培养 2~4h，琼脂块上出现透明圈处所对应的菌落即为核酸分解酶的产生菌株。

6. 变异菌株的特性研究与鉴定

高产菌株选育之后，为了在工业化生产中应用，需要研究菌种的纯度、遗传稳定性、菌落类型、群体形态、生活能力、产孢子量、保藏培养基及保藏方法；研究菌种碳、氮源利用情况、菌丝生长速度、菌丝量、发酵液浓度、过滤难易状况；研究最适移种期、移种量、通气搅拌、温度、pH 等。这些重要发酵条件，一般摇瓶先试验、再在小型发酵罐上摸索其与大型发酵罐之间一些重要参数的相关性，为工业化生产提供更为接近的发酵条件。

高产菌株选出后，要及时妥善保藏，然后进行中间试验，最后投入生产。一个高产菌株不仅要具有高产性能，还要具有遗传性状稳定、生活能力强、产孢子丰富、发酵性能好、周期短、能广泛适应环境条件等优良特性。

优良菌株选育后，还应从分子水平上进一步对变异菌株的生理生化特性加以鉴定，以全面了解菌株的各种属性，这是考核菌株基因突变的重要指标，也可为菌株进一步的研究和应用提供有指导意义的参考数据。

二、 产酶微生物的基因重组育种

工业微生物育种方法，除诱变育种外，还有以基因重组为基础的杂交育种和基因工程育种。杂交（Hybridization）育种包括常规杂交、控制杂交和原生质体融合等方法。

原生质体融合（Protoplast Fusion）是 20 世纪 70 年代发展起来的基因重组技术。用水解酶去除细胞壁，制成由原生质膜包被的原生质体，然后用物理、化学或生物学方法诱导遗传特性不同的两亲本原生质体融合，经染色体交换、重组而达到杂交的目的，并筛选获得集双亲优良性状于一体的稳定重组体。但历时 30 多年的研究实践，利用原生质体融合技术，无论是在改善目的酶的酶学特性还是提高酶蛋白产量方面，取得成功的实例并不多见。

基因工程的诞生为微生物育种带来了一场革命。与传统育种方法不同的是，基因工程育种不但可以完全突破物种间的障碍，实现真正意义上的远缘杂交，而且这种远缘既可跨越微生物之间的种属障碍，还可实现动物、植物、微生物之间的杂交。同时，利用基因工程方法，人们可以"随心所欲"地进行自然演化过程中不可能发生的新的遗传组合，创造全新的物种。这是一种自觉的、能像工程一样事先进行设计和控制的育种技术，是最新、最有前途的育种方法。

基因工程育种包括所有利用 DNA 重组技术将外源基因导入微生物细胞，使后者获得前者的某些优良性状或者利用后者作为表达场所来生产目的产物。由于微生物是单细胞，且结构简单，是基因工程理想的表达载体，因此来自不同生物（人体、动物、植物等）的酶基因都能够被克隆到微生物细胞中并获得表达，获得异源酶基因并能表达异源酶的微生物细胞可以通过发酵来生产酶。在构建重组微生物细胞时，通过表达质粒中异常活跃的启动子的作用，使异源酶在重组细胞中的表达量大幅度提高，从而达到高产的目的。Kurosawa 等[31]通过突变枯草芽孢杆菌基因 *rpsL*，改变核糖体蛋白 S12，可以提高 70S 亚基复合体的稳定性，从而提高了淀粉酶和蛋白酶的产量。Vitikainen 等[32]发现在枯草芽孢杆菌合成淀粉酶的过程中，有两个因素限制淀粉酶分泌，一是信号肽酶对信号肽的加工；二是一种脂蛋白。研究发现这种脂蛋白并不影响蛋白的翻译与信号肽的加工，但是显著影响翻译后的分泌。脂蛋白的量同淀粉酶分泌量正相关。Yu 等[33]利用毕赤酵母高效生产人源溶菌酶，结果表明，诱导温度、诱导时间和培养体积对溶菌酶表达水平有显著影响，响应面设计优化，在优化条件下（23.5℃诱导90h，48mL 装液量）溶菌酶活力最高达到 3 301U/mL。Duan 等[34]研究了重组环状芽孢杆菌的半乳糖苷酶在大肠杆菌 BL21（DE3）中的分泌表达，研究了三个关键参数：诱导开始时间，诱导温度和诱导剂（乳糖）补料速率。当 $A_{600\,nm}$ 达到 40 时开始诱导，在 37℃诱导表达，以 1.0 g/L/h 的恒定进料速率加入乳糖，在最佳条件下，细胞外酶活力达到 220.0U/mL，占所表达的总 β-半乳糖苷酶活力的 65.0%。

重组 DNA 技术不仅可以将外源酶基因导入受体菌构建新的工程菌，以高效表达目的产物酶，还可以用来对酶基因或相关基因进行体外定向突变，将他们按人们所希望的目标加以改造。基因体外定向突变的基本方法是先克隆待突变的目的 DNA 片段，并将它与载体重组，然后在体外对环状重组体进行定位突变，再将突变后的 DNA 片段导入受体细胞使其表达目标产物。利用特定的鉴别手段可以将克隆子挑选出来。这是一种人为定向的改造菌种的方法，和传统育种方法比较目的性更强，性质更为优良。Bessler 等[35]对解淀粉芽孢杆菌所产淀粉酶进行了易错 PCR 和 DNA 改组，得到了两个性质较好的突变株，一是最适 pH 变为 7，与野生型相比偏移了一个单位，pH 范围变宽，pH 10 的酶活力是野生型的 5 倍，细胞周质空间酶活力提高了 4 倍，比酶活力提高了 1.5 倍；另一种 pH 不变，细胞周质空间酶活力提高了 40 倍，比酶活力提高了 9 倍。Kim 等[36]通过 DNA 改组随机突变栖热菌（*Thermus* sp.）的麦芽糖淀粉酶，共有 7 个氨基酸位点（R26Q、S169N、I333V、M375T、A398V、Q411L 和 P453L）发生了突变，其最适温度为 75℃，比野生菌株提高了 15℃，其中 6 个突变对酶的比酶活力无显著影响，一个突变（M375T）降低了 23%的活力，A398V 和 Q411L 的突变认为是加强了酶的疏水作用而提高了酶的稳定性，R26Q 和 P453L 认为可以形成潜在的氢键而提高稳定性。

第四节
酶制剂的发酵生产及其工艺调控

一、发酵方法

利用微生物生产酶制剂的发酵方法分固态发酵法和液态发酵法，对于酶制剂生产来说，两种方法各有侧重，各有特点（图3-3、图3-4）[37]。

（一）固态发酵法

固态发酵法又称麸曲培养法，该法是利用麸皮或米糠为主要原料，添加其他辅料，制成固体培养基，进行发酵的一种方法。固态发酵具有悠久的应用历史，它曾经广泛用于制造干酪、面包发酵、制曲酿酒、堆肥生产等。该方法的特点是：①本法对设备条件要求简单，适合投入力量不足的乡镇企业生产；②此法利用固体培养基，由于麸皮、米糠等的通气性好，尤其是对于好氧性微生物的发酵，通气对产酶的影响很大；③固态发酵的产酶效率高，一般情况下，每克发酵基质的产酶量是液态发酵每毫升发酵液的10倍；④固态发酵有其局限性，首先，固态发酵需要繁重的劳动，需更多的人力投入；其次，固态发酵不利于自动化控制。

1. 固态发酵选用的菌种

固态发酵时应选用性能优良的菌种，它们应符合以下几点优势：①菌株繁殖能力强，产酶量大；②能够同化基质碳源和无机氮源；③安全无毒性；④菌株的性能稳定，抵抗外来菌株的能力强。常用于固态发酵的菌种有黑曲霉、米曲霉、根霉、毛霉和白地霉等丝状真菌。

2. 固态发酵的原料

可用于固态发酵的原料来源十分广泛，工业中选用最多的是谷物糠麸，如小麦麸皮、米糠等；其次是淀粉或糖的加工过程产生的废弃物，如豆粕、玉米渣、甜菜渣、酒糟、果渣等；一些纤维素酶类和半纤维素酶类在固态发酵时还可以考虑选择农作物秸秆等基质。

3. 固态发酵的常用方法

根据固态发酵所使用的设备和通气方法不同，通常将发酵方法分为以下几种：

（1）浅盘发酵法　此法是将固体培养基平铺在浅盘内，进行微生物的培养和产酶，一般都是用木制的浅盘或竹编的匾框，铺培养基3~5cm厚，控制温度和湿度进行发酵。该法需要占用较大的空间，需求的曲盘量较多，包括发酵、灭菌、清洗等整个过程几乎全部依靠人工操作，并且该法还存在产酶量不稳定的风险，现已很少采用。

（2）转桶发酵法　将菌种接入到固态培养基之后，放置于可旋转的转桶内，随着发酵桶的缓慢转动从而带动了内部固态培养基的转动，这样一来便可均匀的调控发酵过程中的通气量和温湿度，有利于创造微生物生长和产酶的适宜条件。该法具备了一定的机械化程度，有效减轻了人力劳动的强度，但转桶的清洗和灭菌却又给生产带来了新的麻烦。

（3）厚层通气发酵法又称深池发酵法，此法是在浅盘发酵法的基础上发展起来的，在发酵池的底部，设计成多孔假底，在发酵池内铺20~30cm厚的已拌入发酵菌种的固态培养基质（近年来，在国外已发展到，培养基的厚度达到1~2 m厚），当接种的微生物开始生长，曲温逐渐开始升高时，即从发酵池的假底下通入具有一定湿度和温度的空气，室内保持同一温湿度进行培养，促使微生物能在较为适宜的环境下生长繁殖和产酶。本法与前两种方法相比，投资稍大，但设备的利用率却大大提高，机械化程度也较高，降低了劳动力成本，是一种较理想的固态发酵方法（图3-3）。

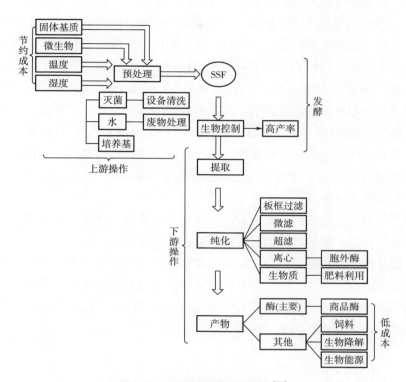

图 3-3　固态发酵过程流程图[37]

（二）液态发酵法

液态发酵方法，是利用液体培养基进行微生物生长繁殖和产酶的一种方法，分为液体表面发酵法和液体深层发酵法两种。与固态发酵相比，液态发酵法具有如下特点：①自动化控制程度高，人力投入成本小；②酶制剂的提取制备相对容易；③适用于大规模生产；④但液态发酵的投资成本较高，它对生产的技术条件有一定要求（图3-4）[37]。

1. 液体表面发酵法

又称液体浅盘发酵法或者静置培养法，本法是最初使用的液态发酵方法。它是将适量的菌种接入到已灭菌的液体培养基中，再接入到浅盘发酵盘或发酵箱中，铺成薄薄一层（厚度1~2cm），静置发酵培养。发酵过程中可向盘架间通入无菌空气，目的是让发酵液与空气有充分的接触面积，并维持一定的温度进行发酵。该法发酵时无需搅拌、动力成本低，但该法最大弊病是不利于防污染、发酵周期长。因此，该方法目前已趋于淘汰。

2. 液态深层发酵法

这是液态发酵最主流的应用方法，也是目前酶制剂发酵生产最广泛的应用方法，该法需要的主要设备——发酵罐是一个具有通气系统并带有搅拌功能的密闭装置。发酵罐的规格多样，在我国酶制剂的生产中，小型发酵罐采用 10 t 罐，大型的采用 50~60 t 罐（甚至更大）。应用发酵罐进行发酵时，从培养基的配制、灭菌、冷却到发酵都是在罐体内完成的，这对于预防杂菌污染非常有利。液态深层次发酵时，依据它们发酵的模式不同又可将其分为分批（间歇）发酵和连续发酵两种。

（1）分批（间歇）发酵（Two-steps Culture 或 Sequential Culture）　这是一种依据菌株生长期和产酶期所需培养条件不同而区别培养的一种方法。通常是先让菌株在最适宜生长的条件下富集培养，使得菌体充分生长，待菌体达到生长对数期以后，收集菌体，洗净，再将菌体转接到富含诱导物的选择性培养基中进行培养，以诱导酶的大量合成。这种"针对性"的培养方法，能较大限度的节省营养物质的流失，但从总体上看，这种方法很难实现大规模的生产。

（2）连续发酵（Eontinuous Culture）　这是一种维持菌体动态生长平衡的方法，一方面会在菌株生长至对数期时往里面连续添加新鲜的培养基；另一方面又不断地以相同速度释放出菌株的分泌产物，始终将添加和释放速度与菌株生长产酶的速度相统一。该法不仅能有效提高发酵效率，还能合理调控菌株产酶过程中存在的反馈阻遏，非常有利于酶制剂的积累。但在连续发酵过程中，添加和释放培养基的过程又存在染菌的风险，这也是限制该法大力推广使用的元凶之一。

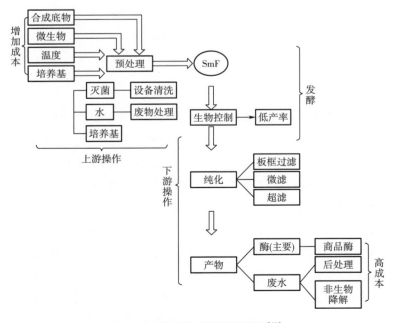

图 3-4　液态发酵过程流程图[37]

二、　发酵产酶的影响因素

培养条件和发酵工艺是影响微生物产酶的两大核心要素。培养条件直接关系到菌株的生长、传代和产酶；而发酵工艺则制约着微生物合成酶的产量、制备酶制剂的生产成本等。因此，在选择培养条件以及确定发酵工艺时，既要充分考虑微生物正常生长和菌株产酶的需求，还必须兼顾生产所需的成本，经综合考虑后再确定最佳结合点。一般来说，首先应保证菌株生长的最适条件，随后调整各种因素来满足微生物产酶的需求，最后再设法降低发酵成本。

（一）培养基对发酵产酶的影响

1. 培养基的配制

培养基是指经人工配制而成的适合微生物生长繁殖和积累代谢产物所需要的营养基质。我们配制培养基不但需要根据不同产酶微生物菌种的营养要求，加入适当种类和数量的营养物；并要注意一定的碳氮比例（C/N）；还要调节适宜的酸碱度（pH）；保持适当的氧化还原电位和渗透压。

配制微生物的培养基，主要考虑以下几个因素：

（1）符合微生物菌种的营养特点　不同的微生物对营养有着不同的要求，所以，在配制培养基时，培养基的营养搭配及搭配比例首先要考虑到这一点，明确培养基的用途，如用于培养何种微生物，培养的目的是什么，是培养菌种还是用于发酵生产，发酵生产的目的是获得大量菌体还是获得次级代谢产物等，根据不同的菌种及其不同的培养目的确定搭配的营养成分及营养比例。

营养的要求主要是对碳素和氮素的性质，如果是自养型的微生物则主要考虑无机碳源，如果是异养型的微生物，主要提供有机碳源物质；除碳源物质外，还要考虑加入适量的无机矿物质元素；有些微生物菌种在培养时还要求加入一定的生长因子，如很多乳酸菌在培养时，要求在培养基中加入一些氨基酸和维生素等才能很好地生长。

除营养物质要求外，还要考虑营养成分的比例适当，其中碳素营养与氮素营养的比例很重要。C/N 比是指培养基中所含 C 原子的摩尔浓度与 N 原子的摩尔浓度之比，不同的微生物菌种要求不同的 C/N 比，同一菌种，在不同的生长时期也有不同的要求。一般 C/N 比在配制发酵生产用培养基时，要求比较严格，C/N 比例对发酵产物的积累影响很大；一般在发酵工业上，发酵用种子的培养，培养基的营养越丰富越好，尤其是 N 源要丰富，而对以积累次级代谢产物为发酵目的的发酵培养基，则要求提高 C/N 比值，提高 C 素营养物质的含量。

Simair 等[38]运用生物统计分析研究了蜡样芽孢杆菌选用不同碳源发酵时木聚糖酶的产量，他们对麦麸、香蕉皮、谷子渣和甘蔗渣进行了比较，最终确定以麦麸为底物，得到最大木聚糖酶产量为 10 545U/g。Sahnoun 等[39]研究了米曲霉固态发酵产 α-淀粉酶的情况，当含水率为 76.25%，C/N 比为 0.62，接种孢子量为 $10^{6.87}$/个，最大酶活力为 22 118.34U/g，是优化前的 33 倍。

（2）适宜的 pH 条件　除营养成分外，培养基的 pH 条件也直接影响微生物的生长和产酶代谢，其中主要有：

微生物一般都有它们适宜的生长 pH 范围，细菌的最适 pH 一般在 pH 7~8 范围，放线菌要求 pH 7.5~8.5 范围，酵母菌要求 pH 3.8~6.0，霉菌的适宜 pH 为 4.0~5.8。由于微生物在代谢过程中，会不断地向培养基中分泌代谢产物，从而影响培养基的 pH 变化，对大多数微生物来说，主要产生酸性产物，所以在培养过程中常引起 pH 的下降，影响微生物的生长繁殖速度。为了尽可能地减缓培养过程中 pH 的变化，在配制培养基时，要加入一定的缓冲物质，通过培养基中的这些成分发挥调节作用，常用的缓冲物质主要有以下两类：

①磷酸盐类：这是以缓冲液的形式发挥作用的，通过磷酸盐不同程度的解离，对培养基的 pH 的变化起到缓冲作用，其缓冲原理是：

$$H^+ + HPO_4^{2-} \longrightarrow H_2PO_4^-$$
$$OH^- + H_2PO_4^- \longrightarrow H_2O + HPO_4^{2-}$$

②碳酸钙：这类缓冲物质是以"备用碱"的方式发挥缓冲作用的，碳酸钙在中性条件下的溶解度极低，加入到培养基后，由于其在中性条件下几乎不解离，所以不影响培养基的 pH 变化，当微生物生长，培养基 pH 下降时，碳酸钙就不断地解离，游离出碳酸根离子，碳酸根离子不稳定，与氢离子形成碳酸，最后释放出二氧化碳，在一定程度上缓解了培养基 pH 的降低。

$$CO_3^{2-} \underset{-H^+}{\overset{+H^+}{\rightleftharpoons}} H_2CO_3 \rightleftharpoons CO_2 \uparrow + H_2O$$

（3）合适的渗透压　由于微生物细胞膜是半通透膜，外有细胞壁起到机械性保护作用，要求其生长的培养基具有一定的渗透压，当环境中的渗透压低于细胞原生质的渗透压时，就会出现细胞的膨胀，轻者影响细胞的正常代谢，重者出现细胞破裂；当环境渗透压高于原生质的渗透压时，导致细胞皱缩，细胞膜与细胞壁分开，即所谓质壁分离现象。只有在等渗条件下最适宜微生物的生长。

2. 培养基的类型

（1）根据营养成分的来源划分

①天然培养基（Complex Medium；Undefined Medium）：是利用一些天然的动、植物组织器官和抽提物，如牛肉膏、蛋白胨、麸皮、马铃薯、玉米浆等制成。它们的优点是取材广泛、营养全面而丰富、制备方便、价格低廉、适宜于大规模培养微生物之用。缺点是成分复杂、每批成分不稳定。如实验室常用的牛肉膏、蛋白胨培养基便属于这种类型。

②合成培养基（Defined Medium；Synthetic Medium）：是利用已知成分和数量的化学物质配制而成。此类培养基成分精确、重复性强，一般用于实验室进行营养代谢、分类

鉴定和选育菌种等工作。缺点是配制较复杂、微生物在此类培养基上生长缓慢，加上价格较贵，不宜用于大规模生产。如实验室常用的高氏1号培养基、察氏培养基等。

③半合成培养基（Semi-defined Medium）：用一部分天然物质作为碳、氮源及生长辅助物质，又适当补充少量无机盐类，这样配制的培养基称为半合成培养基。如实验室常用的马铃薯葡萄糖培养基。半合成培养基的应用最广，能使绝大多数微生物良好地生长。

Silva等[40]利用人工神经网络优化大肠杆菌生产人可溶性儿茶酚-O-甲基转移酶的发酵条件，在半合成培养基中，优化条件为40℃，pH 6.5，搅拌速度为351r/min，最大人可溶性儿茶酚-O-甲基转移酶活力为183.73nmol/h；而在天然培养基中，优化条件为35℃，pH 6.2，搅拌速度为351r/min，最大人可溶性儿茶酚-O-甲基转移酶活力为132.90nmol/h。

（2）根据物理状态划分

①液体培养基（Liquid Medium）：把各种营养物质溶解于水中，混合制成水溶液，调节适宜的pH，成为液体状态的培养基质。该培养基有利于微生物的生长和积累代谢产物，常用于大规模工业化生产的液态深层发酵。

②固体培养基（Solid Medium）：一般采用天然固体营养物质，如米糠、麸皮等作为发酵固态基质，添加其他营养成分而配制的营养基质。适合用于固态发酵产酶。

3. 培养基的主要营养物质

（1）水分　水分是微生物细胞的主要组成成分，占鲜重的70%~90%。不同种类微生物细胞含水量不同。同种微生物处于发育的不同时期或不同的环境其水分含量也有差异，幼龄菌含水量较多，衰老和休眠体含水量较少（表3-6）。微生物所含水分以游离水和结合水两种状态存在，两者的生理作用不同。结合水不具有一般水的特性，不能流动、不易蒸发、不冻结，不能作为溶剂，也不能渗透。游离水则与之相反，具有一般水的特性，能流动，容易从细胞中排出，并能作为溶剂，帮助水溶性物质进出细胞。微生物细胞游离态的水同结合态的水的平均比为4:1。

表3-6　　　　　　　　　　各类微生物细胞中的含水量

微生物类型	细菌	霉菌	酵母菌	芽孢	孢子
水分含量/%	75~85	85~90	75~80	40	38

微生物细胞中的结合态水约束于原生质的胶体系统之中，成为细胞物质的组成成分，是微生物细胞生活的必要条件。游离态的水是微生物细胞内外物质运输的液态基质，营养物质的吸收和代谢产物的排泄、分泌等过程的介质，同时水分子作为营养成分参与细胞内的很多代谢反应；一定量的水分又是维持细胞渗透压的必要条件。由于水的比热高又是热的良导体，故能有效地吸收代谢过程中产生的热量，使细胞温度不至于骤然升高，能有效地调节细胞内的温度。所以在酶制剂固态发酵生产中，培养基的水分含量是影响酶产量的主要因素。

（2）碳源　凡是可以被微生物利用，构成细胞代谢产物的营养物质，统称为碳源物质。碳源物质通过细胞内的一系列化学变化，被微生物用于合成各代谢产物。微生物对碳素化合物的需求是极为广泛的，根据碳素的来源不同，可将碳源物质分为无机碳源物质和有机碳源物质。除少数具有光合色素的蓝细菌、绿硫细菌、紫硫细菌、红螺菌能像绿色植物那样，利用太阳光能还原二氧化碳合成碳水化合物作为碳源以外，一些化能自养型微生物（如硝化细菌和硫化细菌）还能利用无机物的氧化作为供氢体来还原二氧化碳，同时无机物的氧化还产生化学能。但绝大多数的细菌以及全部放线菌和真菌都是以有机物作为碳源的。当然不同的微生物对不同碳源的分解和利用能力是不一样的。糖类是较好的碳源，尤其是单糖（葡萄糖、果糖）和双糖（蔗糖、麦芽糖、乳糖），绝大多数微生物都能利用。此外，简单的有机酸、氨基酸、醇、醛、酚等含碳化合物也能被许多微生物利用。所以一般在制作培养基时常加入葡萄糖、蔗糖作为碳源。淀粉、果胶、纤维素、木质素、蛋白质、脂肪、蜡质以及碳氢化合物，只要微生物具有分解它们的能力也能加以吸收利用。大多有机碳源被微生物吸收后，首先要降解成小分子前体物质，再用于代谢产物的合成，在降解的同时，产生能量；有的被彻底氧化产生能量。所以有机碳源物质既能提供碳素营养，同时又是能源物质。

在微生物发酵生产酶制剂工业中（尤其是工业酶制剂的生产），培养基的成本是生产考虑的主要因素，所以常根据不同微生物的需要，利用各种农副产品如玉米粉、米糠、麦麸、马铃薯、甘薯以及各种野生植物的淀粉，作为微生物生产的廉价碳源。这类天然的碳源物质往往包含了碳源、氮源和部分维生素和矿物质等多种营养要素。

（3）氮源　微生物细胞中含氮 5%~13%，它是微生物细胞蛋白质和核酸的主要成分。氮素对微生物的生长发育有着重要的意义，微生物利用它在细胞内合成氨基酸和碱基，进而合成蛋白质、核酸等细胞成分，以及其他含氮的代谢产物。无机的氮源物质一般不提供能量，只有极少数的化能自养型细菌（如硝化细菌）可利用铵态氮和硝态氮作为氮源和能源。

微生物营养上要求的氮素物质可以分为三个类型：

①空气中分子态氮：只有少数具有固氮能力的微生物（如自生固氮菌、根瘤菌）能利用。

②无机氮化合物：如铵态氮（NH_4^+）、硝态氮（NO_3^-）和简单的有机氮化物（如尿素），绝大多数微生物可以利用。

③有机氮化合物：大多数寄生性微生物和一部分腐生性微生物需以有机氮化合物（蛋白质、氨基酸）为必需的氮素营养。尿素要经微生物先分解成 NH_4^+ 以后再加以利用。氨基酸能为微生物直接吸收利用。蛋白质等复杂的有机氮化合物则需先经微生物分泌的胞外蛋白酶水解成氨基酸等简单小分子化合物后才能吸收利用。

在酶制剂的工业化生产中，常以豆饼粉、花生饼粉等天然农副产品作为氮源物质，有些微生物还可利用有机氮源或同时补充部分无机氮源（如铵盐、硝酸盐）等。

（4）无机元素　微生物细胞中的矿物元素占干重的 3%~10%，它是微生物细胞结构物质不可缺少的组成成分和微生物生长不可缺少的营养物质。根据微生物对矿质元素需要量的不同，分为常量元素和微量元素。

常量矿质元素是磷、硫、钾、钠、钙、镁和铁等。磷、硫的需要量很大，磷是微生物细胞中许多含磷细胞的成分，如核酸、核蛋白、磷脂、三磷酸腺苷（ATP）、辅酶的重要元素。硫是细胞中含硫氨基酸及生物素、硫胺素等辅酶的重要组成成分。钾、钠、镁是细胞中某些酶的活性基团，并具有调节和控制细胞质的胶体状态、细胞质膜的通透性和细胞代谢活动的功能。

微量元素有钼、锌、锰、钴、铜、硼、碘、镍、溴和钒等，一般在培养基中含有0.1 mg/L 或更少就可以满足需要。所以在制作培养基时，使用的天然水（如井水、河水或自来水）中微量元素的含量已经足够，无需再添加；反之，过量的微量元素反而会对微生物起到毒害作用。

无机矿物质元素是微生物必需的营养要素，一方面无机矿物质元素是部分细胞内结构成分的组成元素，在细胞代谢过程中起重要作用，并具有调节细胞的渗透压、调节酸碱度和氧化还原电位以及能量转移等作用；此外，无机矿物质元素对酶制剂的生产来说更为重要，因为无机矿物质元素常作为酶蛋白某些基团的组成成分，影响着酶蛋白的构象或催化活性，如某些酶蛋白的活性中心需要特定的无机离子，金属离子可构成酶蛋白的激活剂或抑制剂等。

（5）生长因子　生长因子是微生物维持正常生命活动所不可缺少的、微量的特殊有机营养物，这些物质不能由微生物自身合成，必须在培养基中加入。生长因子有两种作用，一是调节微生物代谢活动，促进酶的合成；二是作为辅酶的构成成分，影响酶的活性。

生长因子是指维生素、氨基酸、嘌呤和嘧啶等特殊有机营养物；而狭义的生长因子仅指维生素。生长因子与一般营养物质的区别在于这些微量有机营养物质被微生物吸收后，一般不被分解，而是直接参与或调节代谢反应。

在自然界中，自养型细菌和大多数腐生细菌、霉菌都能自己合成许多生长辅助物质，不需要另外供给就能正常生长发育。

（6）产酶促进剂　在发酵培养基中添加某些少量成分，能显著提高酶的产量，这类添加成分即为产酶促进剂。常用的产酶促进剂是产酶的诱导物或表面活性剂（如吐温、曲拉通等），诱导物主要是对那些诱导酶的产生有一定的诱导作用，能显著提高酶的产量；而表面活性剂则是通过改变细胞的通透性，促进酶的分泌，从而提高酶的产量，常用的表面活性剂包括吐温和曲拉通等，吐温更利于提高微生物发酵产酶的水平，其中以吐温 80 的应用最广泛。微生物在添加吐温 80 的培养基中发酵产酶量甚至会比其在初始发酵培养基下的产量提高近 20 倍（表 3-7）。添加其他种类的表面活性剂也能不同程度的促进酶的分泌，如刘璐等[41]在优化黄曲霉产 β-1，3-1，4-葡聚糖酶发酵条件时发现，培养基中添加 2.1% 吐温 60 时的产酶量是未添加前的 1.6 倍；陈瑶瑶等[42]通过单因素优化法对黄曲霉产木聚糖酶的能力进行了考察，研究表明在培养基中添加 1.0% 的吐温

60 可以有效提高酶的产量，发酵 5 d 后酶活力约提高 1.4 倍；Kumar 等[43] 利用响应面法优化枝孢霉产 L–天冬酰胺酶，在好氧条件下，发酵 120h，水分含量为 58%，pH 为 5.8，培养温度为 30℃ 时，固态发酵的产酶效果最佳（3.74 U），吐温–20 的存在使酶产量增加 1.3 倍。

表 3-7 　　　　　　　　　 表面活性剂（吐温 80） 对多种酶产量的影响

酶种类	表面活性剂	微生物来源	酶产量增加倍数
纤维素酶	吐温 80	多种霉菌	20
转化酶	吐温 80	多种霉菌	16
β-1，3-葡聚糖酶	吐温 80	多种霉菌	10
β-葡萄糖苷酶	吐温 80	多种霉菌	8
酯酶	吐温 80	多种霉菌	6
木聚糖酶	吐温 80	多种霉菌	4
淀粉酶	吐温 80	多种霉菌	4

4. 培养基浓度对发酵产酶的影响及补料控制

（1）培养基浓度对发酵产酶的影响　　培养基浓度对于酶的形成同样具有重要影响。培养基营养成分过低，不能满足菌体细胞生长代谢物质和能量的需要，从而影响菌体生长和酶的形成。培养基过于丰富，有时会使菌体生长过盛，发酵液非常黏稠，传质状况差，菌体细胞不得不花费较多的能量来维持其生存环境，即用于非生产的能量大大增加，这对酶的合成非常不利；同时高浓度的培养基会引起碳分解代谢物阻遏现象，并阻遏产物的形成。例如，在葡萄糖氧化酶（GOD）发酵中，以葡萄糖为碳源，它对 GOD 的形成具有双重效应，即低浓度下有诱导作用，而高浓度下有分解代谢物阻遏作用。实验结果表明葡萄糖的代谢中间物，如柠檬酸、琥珀酸、苹果酸和丙氨酸，对 GOD 的形成都有明显的抑制作用。因此降低葡萄糖用量，从 8% 降至 6%，补入 2% 氨基乙酸或甘油，能部分解除由高浓度葡萄糖所产生的分解代谢物阻遏作用，使酶活力分别提高 26% 和 6.7%。

（2）补料控制　　在酶的发酵生产中，为了解除培养基过浓的抑制、产物反馈抑制和葡萄糖分解阻遏效应，以及避免在分批发酵过程中因一次投糖过多造成细胞大量生长，耗氧过多而供氧不足等状况，必须控制培养基的浓度。发酵过程中培养基浓度控制可通过中间补料的方法来实现。

补料培养包括补料分批培养（Fed-batch Culture，FBC）和连续培养。补料分批培养又称半连续培养，是指在分批培养过程中，间歇或连续地补加新鲜培养基的方法，它属于分批培养和连续培养之间的一种过渡方式。同连续培养相比，补料分批培养无须严格的无菌条件，也不会产生菌种老化和变异问题，适用范围也比连续培养广泛，因此广泛应用于发酵工业。

与传统的分批培养相比，由于补料分批培养能够调节发酵培养基中的营养物质的浓度，一方面可以避免某种营养成分由于初始浓度过高而出现底物抑制或阻遏现象；另一方面能防止某些限制性营养成分在培养过程中被耗尽而影响细胞的生长和产物的形成；同时可避免在分批发酵中因一次投料过多造成细胞大量生长所引起的一切影响，改善发酵液的流变学性质，因此可大大提高产物产量。例如，利用假单胞菌 JW-12 生产脂肪酶，高浓度碳源——吐温 80 不仅会对菌体的生长产生抑制，而且其高浓度的分解产物油酸会阻遏脂肪酶的产生。通过采用碳源补料分批培养工艺，依据发酵液 pH 的变化控制补加碳源速率，控制产酶期发酵液 pH 在 8.2 左右，能提高菌体的发酵密度，大幅度提高诱导脂肪酶的产生量。

在补料分批培养中，补料的内容主要包括：①碳源和能源，如在发酵液中添加葡萄糖、怡糖和液化淀粉等；发酵中作为消泡剂的天然油脂类物质，同样也起了补充碳源的作用。②氮源，如在发酵过程中添加蛋白胨、豆饼粉、花生饼、玉米浆、酵母粉和尿素等有机氮源；有些发酵过程中还会通入氨水来补充发酵所需的氮源。③微生物生长和合成需要的微量元素或无机盐，如磷酸盐、硫酸盐和氯化钴等。④酶的诱导底物，如乳糖等。

目前，补料分批培养的类型很多，所用的术语也未统一。就补料方式而言，有连续流加和变速流加。每次流加又可分为快速流加、恒速流加、指数速率流加和变速流加。从补加的培养基成分来区分，又可分为单一组分补料和多组分补料。从反应器中发酵体积分，可分为变体积流加和恒体积流加等。

补料分批发酵技术自 20 世纪初始用于酵母生产以来，已广泛应用于抗生素、氨基酸、酶制剂和有机酸等生产领域。可以预见，随着研究工作的深入，随着计算机在发酵过程自动控制中的应用发展，补料分批培养技术必将在发酵工业中得到更为广泛的应用，发挥更大的经济效应。

（二）发酵工艺对发酵产酶的影响

酶制剂的发酵生产，除菌种的生产性状和发酵培养基对产量有显著影响外，发酵工艺条件对酶的产量也有很大的影响，主要包括发酵温度、发酵液的 pH、溶氧等发酵条件。

1. 发酵温度

（1）发酵温度对发酵产酶的影响　在发酵过程中除了满足生产菌种的营养需求外，还需要维持菌的适当培养条件。其中之一就是保持菌体生长和产物合成所需的最适温度。微生物的生长和产物合成都是在各种酶的催化下进行的，温度是保证酶活性的重要条件，温度对细胞膜状态也有影响，进而影响到细胞膜透性而影响物质运输，因此发酵系统中必须保证稳定而合适的温度环境。不同的细胞有各自不同的最适生长温度，如枯草芽孢杆菌的最适生长温度 34~37℃，黑曲霉的最适生长温度 28~32℃，植物细胞的最适生长温度 25℃左右。

温度的变化对发酵过程可产生两方面的影响：一方面是影响各种催化酶反应的速率

和蛋白质的性质；另一方面是影响发酵液的物理性质，如发酵液的粘度、基质和氧在发酵液中的溶解度和传递速率、某些基质的分解和吸收速率等。

（2）影响发酵温度变化的因素　　在发酵过程中温度的变化主要是由于发酵过程中既存在产生热能的因素，又存在散失热能的因素。产热因素有生物热（$Q_{生物}$）和搅拌热（$Q_{搅拌}$）；散热的因素有蒸发热（$Q_{蒸发}$）、辐射热（$Q_{辐射}$）和显热（$Q_{显}$）。产生的热能减去散失的热能，所得的净热量就是发酵热（$Q_{发酵}$），即 $Q_{发酵} = Q_{生物} + Q_{搅拌} - Q_{蒸发} - Q_{显} - Q_{辐射}$。发酵热是发酵温度变化的主要因素。

由于 $Q_{生物}$、$Q_{蒸发}$ 和 $Q_{辐射}$，特别是 $Q_{生物}$ 在发酵过程中是随时间变化的，因此发酵热在整个发酵过程中也随时间变化，从而引起发酵温度发生波动。为了使发酵能维持在一定温度下进行，需要设法对其进行控制。

（3）最适温度的选择与控制　　细胞发酵产酶的最适温度与菌株的最适生长温度有所不同，而且往往低于最适生长温度，这是由于在温度较低的条件下，酶的稳定性较高，细胞产酶时间相对延长。例如，用酱油曲霉生产蛋白酶，在 28℃ 条件下发酵，其蛋白酶的产量比在 40℃ 条件下高 2~4 倍，在 20℃ 条件下发酵，则其蛋白酶产量会更高。但并不是温度越低越好，若温度过低，生化反应速度很慢，反而会降低酶产量，延长发酵周期。故必须通过试验研究，以确定最佳产酶温度。

对于细胞生长与发酵产酶适合温度不同的微生物，要实现酶的高效生产，须在不同发酵产酶阶段控制不同的温度条件。在生长繁殖阶段控制在细胞生长最适温度范围内，以利于细胞生长繁殖，而在产酶阶段，则需控制在产酶的最适温度。

温度控制一般采用热水升温、冷水降温的方法。因此，在发酵罐上均设计有足够传热面积的热交换装置，如排管、蛇管、夹套、喷淋管等，以保证能较好地控制发酵过程中的温度。对于微生物来讲，其最适生长温度与最适产酶温度稍有差异，故在发酵工艺温度控制时，应在微生物生长期和产酶期作相应的调整，以提供相应的最适温度。在刚接种的初期，微生物尚未大量生长起来，此时主要是通过供热和保温来保持发酵液温度的恒定；大量微生物生长起来以后，由于微生物细胞的代谢旺盛，发酵液的热量来源主要有细胞的代谢热、通气带入的热量和发酵液机械搅拌产生的机械热，这些热能足以使发酵液的温度上升，所以，这个时期发酵液的温度控制主要通过降温冷却来实现。

2. 培养基的 pH

（1）pH 对发酵产酶的影响　　发酵过程中培养液的 pH 是微生物在一定条件下代谢活动的综合指标，是一项重要的发酵参数。它对菌体的生长和产物的积累有很大影响。因此必须掌握发酵过程中 pH 的变化规律，及时监测并加以控制，使它处于最佳的状态。

不同细胞生长繁殖的最适 pH 有所不同。一般细菌和放线菌的生长最适 pH 为中性或微碱性（pH 6.5~8）；霉菌和酵母的生长最适 pH 为偏酸性（pH 4~6）；植物细胞生长的最适 pH 为 5~6。对 pH 的适应范围取决于微生物的生态学，每种微生物都有自己的生长最适 pH，如果培养液的 pH 不合适，则微生物的生长就要受到影响。因此，合理控制好培养基的 pH，不仅是保证微生物生长的主要条件之一，而且是防止杂菌污染的一个重要措施。

pH 对微生物代谢活性产生影响的主要原因有以下几方面：①细胞外的 H^+ 或 OH^- 离子能够影响细胞外酶蛋白的解离度和电荷情况，改变酶的结构和功能，引起酶活性的改变；②pH 影响细胞对基质的利用速度和细胞的结构，以致影响菌体的生长和产物的合成；③pH 影响细胞膜的电荷状况，引起膜通透性发生改变，从而影响细胞对营养物质的吸收和代谢产物的形成。

（2）影响 pH 变化的因素　在发酵过程中，发酵液的 pH 变化仍是细胞产酸和产碱的代谢反应的综合结果。当培养基中含有丰富的碳源，碳源氧化不完全就会使有机酸（如苹果酸、柠檬酸和丙酮酸等）大量积累，从而引起培养基 pH 下降。此外，一些生理酸性盐，如 $(NH_4)_2SO_4$ 中 NH_4^+ 被菌体利用后，残留的 SO_4^{2-} 会使发酵液的 pH 下降。另一方面，当培养基中的氮源物质占很大比例时，会由于蛋白质和其他含氮有机物被水解后释放出氨，从而导致培养液的 pH 迅速上升，而且一些生理碱性盐，如 $NaNO_3$ 中 NO_3^- 被菌体利用后，也会导致发酵液的 pH 上升。此外，通气量的大小也影响着 pH 的变化，当通气量充足时，细胞的有氧代谢占主导地位，糖和脂肪的氧化进行较为彻底，其最终产物是二氧化碳和水，pH 的变化就相对慢些，反之，当通气量不足时，碳源物质的氧化不彻底，大量有机酸中间产物积累，pH 降低较快。

由上可知，发酵液 pH 的变化是细胞代谢的综合结果，因而我们从代谢曲线的 pH 变化就可以推测发酵罐中的各种生化反应的进展和 pH 变化异常的可能原因，由此提出改进措施。在发酵过程中，要选择好发酵培养基的成分及其配比，并控制好发酵工艺条件，才能保证 pH 不会产生明显的波动，维持在最佳的范围内，得到良好的结果。

（3）发酵最适 pH 的确定和控制

①发酵最适 pH 的确定：由于微生物不断地吸收、同化营养物质和排出代谢产物，因此在发酵过程中发酵液的 pH 不断在变化。pH 变化不但与培养基的组成有关，而且与微生物的生理特性有关。各种微生物的生长和发酵都有各自最适的 pH，最适 pH 需根据实验结果来确定。将发酵培养基调节成不同的出发 pH 进行发酵，在发酵过程中，定时测定和调节 pH，以分别维持出发 pH，或者利用缓冲液来配制培养基以维持之，到时观察菌体的生长情况，以菌体生长达到最高值的 pH 为菌体生长的最适 pH。采用同样的方法，可测得微生物产酶的最适 pH。但对于同一产品的最适 pH，先后报告的数值会有一定的差异，这可能是所用的菌株、培养基组成和发酵工艺不同引起的。在确定最适发酵 pH 时，还要考虑培养温度的影响，若温度提高或降低，最适 pH 也可能发生变动。

②pH 的控制：微生物本身具有一定的调节周围 pH 的能力，以建成最适 pH 的环境。如地中海诺卡氏菌在发酵过程中，分别采用 pH 6.0、6.8、7.5 三个出发值，结果发现 pH 在 6.8 和 7.5 时，最终发酵 pH 都达到 7.5 左右，菌丝生长和发酵产酶都达到正常水平，这说明菌体具有一定的自调能力。但是，菌体自生调节周围 pH 的能力是非常有限的。酶制剂的液态发酵生产中，我们必须采取合理的方法来控制发酵液 pH 的变化，才能使其恒定在最适 pH 左右。首先应考虑和试验发酵培养基的基础配方，通过获得合适

配比的培养基组分，使发酵过程中的 pH 变化控制在合适的范围内。因为培养基中含有代谢产酸［如葡萄糖、$(NH_4)_2SO_4$ 等］和产碱（如 $NaNO_3$、尿素等）的物质以及缓冲剂（如 $CaCO_3$）等成分，它们在发酵过程中会影响 pH 的变化，特别是 $CaCO_3$ 能同酸等反应而起到缓冲作用，所以它的用量比较重要。如果利用上述方法仍达不到 pH 调节的要求，便可在发酵过程中直接补加酸或碱，以便实现发酵 pH 的有效调控，而且整个调控过程都是自动完成的，这主要是借助安装在发酵罐里的 pH 敏感电极来实现自动化调控的。pH 调控时，以往都是直接加入酸（如 H_2SO_4）或碱（如 NaOH），但现在常用的是以生理酸性物质 $(NH_4)_2SO_4$ 和碱性物质氨水来控制。这种方法既可以达到稳定 pH 的目的，又可以不断补充营养物质，特别是对于能产生阻遏作用的物质，少量多次补加还可解除对产物合成的阻遏作用，提高产物产量。当发酵的 pH 和氨氮含量都低时，可通过补加氨水来达到调节 pH 和补充氨氮的双重目的；反之，当 pH 较高，而氨氮含量偏低时，可补加 $(NH_4)_2SO_4$。可见，采用补料的方法可以同时实现补充营养、延长发酵周期、调节pH 和培养液的特性（如菌体密度等）等几个目的。

3. 溶氧

（1）溶氧对发酵产酶的影响　细胞的生长繁殖以及酶的生物合成过程需要大量的能量，这些能量一般是由 ATP 等高能化合物来提供。为了获得足够的能量，以满足细胞生长和发酵产酶的需要，培养基中的能源（一般由碳源提供）必须经过有氧分解才能合成大量的 ATP。因此，发酵过程中必须供给大量的氧气。

在培养基中生长和发酵产酶的细胞，一般只能利用溶解在培养基中的氧气——溶解氧。氧是一种难溶的气体，在 25℃ 和 $1×10^5$ Pa 时，空气中的氧在纯水中的溶解度仅为 $0.25mol/m^3$ 左右。培养基中含有大量有机物和无机盐，因而氧在培养基中的溶解度就更低。对于菌体浓度为 10^5 个/mL 的发酵液，假设细胞的呼吸强度为 $2.6×10^3$ mol/（kg·s），菌体密度为 1 000 kg/m^3 时，含水量为 80%，则每立方米培养液的需氧量为 $187.2molO_2$/（$m^3·h$），即每小时在 1mL 培养液中需要的氧是溶解量的 750 倍。如果中断供氧，菌体就会在几秒钟内把溶解氧耗尽，所以在发酵过程中连续不断地供给无菌空气，使培养基中的溶解氧保持在一定水平，以满足细胞生长和产酶的需要。

微生物的耗氧速率受发酵液中溶氧浓度的影响。各种微生物对发酵液中溶氧浓度有一个最低要求，这一溶氧浓度称作"临界氧浓度"，以 $C_临$ 表示。发酵过程中，溶氧速率低于耗氧速率，则会引起发酵液中溶氧浓度下降，当溶氧浓度降至低于 $C_临$ 时，细胞得不到所需的供氧量，必然影响其生长和产酶；然而溶氧速率过高，有时对发酵也是不利的，一则造成浪费，二则在高溶氧速率下会抑制某些酶的生成；此外，为获得高溶氧速率而采用的大量通气和快速搅拌等措施会使某些细胞（如霉菌、放线菌、植物细胞、动物细胞和固定化细胞等）受到损伤。所以培养过程中不需要使溶氧浓度达到或接近饱和值，而只要超过某一临界氧浓度即可。

（2）溶氧的控制　发酵液的溶氧浓度变化，是由供氧和需氧两方面所决定的。控制发酵液中的溶氧浓度，需从以下两方面着手：

①从供氧方面考虑：根据气液传递速率方程：$N = Kl\ (C^* - C)$

式中　N——单位时间内培养溶液氧浓度的变化，$kmol/(m^3 \cdot h)$；

　　　C^*——在罐内氧分压下培养液中氧的饱和浓度，$mmol/L$；

　　　C——测定的氧浓度，$mmol/L$；

　　　Kl——传质系数，h^{-1}。

由上式可知，氧的供应主要受到 Kl 和 C^* 的制约，增加 Kl 和 C^* 均能使发酵液的供氧改善。因此增加培养液中的氧浓度可采用如下一些办法：a. 提高氧分压：增加空气压力，或提高空气中氧的含量，均能提高氧的分压，从而提高溶氧速率。b. 增加通气量：通气量是指单位时间内流经培养液的空气量（L/min）。通常用培养液体积与每分钟通入空气体积之比表示，当通气量增大时，可提高溶氧速率。c. 延长气液接触时间。气液两相接触时间延长，可增加氧的溶解，从而提高溶氧速率。可以通过增加液层高度，在反应器中增设挡板等方法以延长气液接触时间。d. 增加气液比表面积：氧气溶解到培养液是通过气液两相的界面进行。气液比表面积的大小取决于截留在液体中的气体体积以及气泡的大小。截留在液体中的气体越多，气泡的直径越小，那么气液比表面积就越多，越有利于提高溶氧速率。为了增大气液接触面积，应使通过培养液的空气尽量分散。在发酵容器底部安装空气分配管，使分散的气泡进入液层，是增加气液接触的主要方法。装设搅拌装置或增设挡板等可使气泡进一步打碎和分散，也可有效地增加气液两相的接触面积，从而提高溶氧速率。e. 改变培养液的性质：液体的性质如密度、黏度、表面张力、扩散系数等的变化，都会对 Kl 带来影响。在同样的发酵罐中和同样的操作条件下进行通气搅拌，如果液体性质有较大的不同，则 Kl 也不相同。液体的黏度对 Kl 影响很大。液体的黏度增大时，由于滞流液膜厚度增加，产生气泡多，传质阻力就增大，同时扩散系数降低，不利于氧的溶解。通过改变培养液的组分或浓度，可有效地降低培养液的黏度。加入适宜的消泡剂或设置消泡装置，以消除泡沫的影响，都可提高溶氧速率。f. 添加氧载体：氧载体（Oxygen Carrier）是一种与水不互溶，对微生物无毒，具有较高溶氧能力的有机物。它与发酵液形成的体系具有氧传递速度快、能耗低、气泡生成少、剪切力小等特点，越来越受到人们的重视。如在利用大肠埃希氏菌发酵生产 L-天冬酰胺酶过程中，加入 5%正十二烷作为氧载体，明显地提高了发酵介质中的溶氧水平，改善了供氧条件，增加了菌体浓度，提高了 L-天冬酰胺酶发酵水平，在优化条件下，可使发酵液最终酶活力提高 21%左右。

②从需氧方面考虑：菌的需氧量可用下式表示：$r = Q_{O_2} \cdot C_c$。

式中，r 为摄氧率，指的是单位体积的培养液中的细胞在单位时间内所消耗的氧气量，单位为 $mmolO_2/(L \cdot h)$。Q_{O_2} 为细胞呼吸强度，是指单位细胞量在单位时间内的耗氧量，单位为 $mmolO_2/(g \cdot h)$。细胞的呼吸强度与细胞种类和细胞生长期有关。不同细胞的呼吸强度各不相同，同一种细胞在不同的生长阶段，其呼吸强度也有差别。一般细胞在对数生长期，呼吸强度较大，在产酶高峰期，由于大量进行酶的合成，需要很多的能量，也就需要大量的氧气，呼吸强度大。C_c 为细胞浓度，指的是单位体积培养液中细胞的量，单位为 g/L。

　　根据上式，可采用以下两种手段来提高发酵液中的溶氧速率：a. 限制培养液中的营养成分，减少细胞生长速率。此方法看似有"消极作用"，但从经济效果来看，在设备供氧条件不足的情况下，控制细胞数量，使发酵液中有较高的氧浓度，从而有利于代谢产物的合成。b. 降低培养温度，由于氧传质的温度系数比生长速率的温度系数低，降低培养温度可得到较高的溶氧值。当然，采用降低温度而偏离酶生物合成的最适温度以求得较高的溶氧值是不值得的。

　　以上各种方法可根据实际情况选择使用，以便根据耗氧速率的改变而有效快捷地调节溶氧速率。

4. 泡沫和泡沫的控制

　　（1）泡沫对发酵产酶的影响　　在发酵过程中，由于培养基中存在蛋白质类表面活性剂，通气后的培养液很容易形成泡沫。发酵过程中，形成的泡沫主要分为两种：一种是发酵液液面泡沫，由于通气和搅拌使得发酵液表面形成大量泡沫，这种泡沫持久性很强，它们会阻碍发酵过程中产生的 CO_2 的排除以及发酵液对 O_2 的吸收，从而严重影响酶的产生；另一种是发酵液中的泡沫，又称流态泡沫。起泡会给发酵和酶制剂生产带来许多不利因素，如减少发酵罐的装料系数、减少氧传递系数等。泡沫过多，会造成发酵液从排气管路或轴封逃出，产生大量的逃液，而且还会增加染菌的机会等。起泡严重时甚至会影响通气和搅拌，进而影响菌体的呼吸，导致菌体代谢异常或自溶。因此，控制泡沫是保证正常发酵的基本条件之一。

　　（2）泡沫的控制　　在发酵过程中，必须采取有效措施来消除泡沫，泡沫的控制主要采用以下三种途径：①通过菌种选育，筛选出不产流态泡沫的菌种；②调整培养基中的营养成分（如减少或缓加易起泡的原材料），或改变某些物理化学参数（如 pH、温度、通气和搅拌等），或者改变发酵工艺（如采用分批补料等）来控制，以减少泡沫的形成机会；③采用机械消沫或消泡剂消沫这两类方法来消除已形成的泡沫，这也是目前公认较好的方法。机械消泡，在发酵罐的搅拌轴的上端（在发酵液面以上）装搅拌桨，在发酵搅拌的同时，消泡搅拌桨打击泡沫，起到消泡的作用。该法的特点为：节省原料，减少染菌机会，但消沫效果不理想，仅可作为消沫的辅助方法。由于机械消泡是难以满足生产需求的，所以必须配合消泡剂才能起到充分消泡作用。消泡剂消沫是通过外界加入消泡剂，使泡沫破裂的方法，添加的消泡剂必须具备以下条件：①表面张力较低，并且难溶于水或不溶于水；②不会对发酵微生物的正常代谢产生阻碍作用；③无毒无害，尤其是生产食品工业酶制剂，此项要求更为严格；④价格便宜、取材方便。目前，已获得认可并被使用的消泡剂主要有：矿物油类、脂肪酸类、脂肪酸酯类、酰胺类、醚类、磷酸酯类聚硅氧烷等，我国酶制剂生产最常用的是聚氧丙烯甘油醚和泡敌（聚环氧丙烷环氧乙烷甘油醚），前者属于非电离性高分子表面活性剂，呈淡黄色油状，难溶于水，易溶于乙醇和苯等有机溶剂，消泡能力强，用量少，并且性能稳定，耐高压灭菌，在酶制剂发酵应用中，无不良影响，对人体有无慢性中毒问题尚无定论。

5. 发酵终点的判断

微生物发酵产酶的趋势通常和菌株生长趋势相一致，一般菌株停止生长时其产酶量也几乎达到最大，继续发酵酶产量往往会有不同程度的降低。因此，想要准确判断发酵的终点，就必须在实验阶段严格的操作，获取稳定的菌株生长产酶曲线，以为酶制剂的工业生产提供可靠数据。发酵终点的判断对于酶的生产能力和经济效益至关重要，生产不能只片面追求高的生产力，而不顾及产品的成本，必须把二者结合起来，既要有高产量，又要有低成本。比如，使用 5L 发酵罐培养重组大肠杆菌生产木糖苷酶时（图3-5），当发酵至 12h 时该菌的产酶水平趋于最高，继续发酵至 24h 时达到最高产酶量，但是这段时间酶产量提高的水平非常有限。另一方面，虽然发酵至 12h 以后菌株仍在继续生长，但是其产酶水平基本趋于平缓，因此继续进行发酵的意义也不大。综合以上因素，选定 12h 为该菌发酵生产木糖苷酶的最佳终止时机[44]。

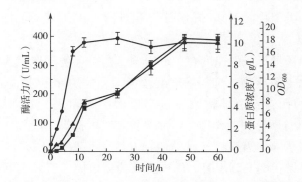

图 3-5　重组大肠杆菌发酵生产木糖苷酶的产酶曲线和菌株生长曲线[44]

（三）　生物酶产量提高的策略

酶合成调节机制保证了生物体内酶合成最经济、最有效地利用体内合成的原料与能量。然而从人类利用的目的出发，要使酶产量提高，就要有针对性地打破这种调节机制。这可从内外两方面入手：一是控制产酶条件；二是调控微生物的遗传信息，包括基因突变和基因重组。事实证明，采取相应措施后，参与分解代谢的酶产量可能有上千倍的变化，而参加合成代谢的酶类则有百余倍的增长。

1. 添加诱导物

许多工业上常用的酶，如淀粉酶、蛋白酶、纤维素酶、葡萄糖异构酶、β-半乳糖苷酶等都属于诱导酶。对于诱导酶的发酵生产，在发酵培养基中添加适量诱导物，可使酶产量显著提高。其原理很清楚，加入的效应物（诱导物等）与阻遏物结合后，可阻止其与操纵基因结合，使结构基因得以表达。在酶发酵生产中，选择一个适当的诱导物、确定诱导物浓度及诱导时间是提高酶产量的关键。

诱导物一般包括以下四类：

（1）酶的作用底物　许多诱导酶可由其作用底物诱导产生，如淀粉可诱导淀粉酶，乳糖可诱导乳糖酶，纤维素酶、果胶酶、青霉素酶、蛋白酶以及右旋糖酐酶等均可由各自的作用底物诱导产生。

（2）酶作用底物的前体　底物的前体也可作为诱导物添加，如犬尿氨酸能诱导犬尿氨酸酶，而它的前体色氨酸也具有同样的诱导作用。

（3）酶的反应产物　参与分解代谢的胞外酶，其反应产物往往具有诱导作用，如纤维素酶可将纤维素水解成纤维二糖，而纤维二糖可诱导纤维素酶的合成；半乳糖醛酸是果胶酶催化果胶水解的产物，它可作为诱导物，诱导果胶酶的产生。

（4）酶的底物类似物　酶的底物类似物或底物修饰物与酶的作用研究表明，酶的最有效诱导物往往不是酶的作用底物及作用底物的前体，也不是其反应产物，而是不能被酶作用或很少被酶作用的底物类似物。如脂肪族酰胺酶的底物为乙酰胺，但乙酰胺的结构类似物 N-甲基乙酰胺对脂肪族酰胺酶的诱导效率远远高于乙酰胺；乳糖为乳糖酶的作用底物，但其结构类似物异丙基-β-D-巯基半乳糖（IPTG）对乳糖酶诱导效果比乳糖高几百倍。

诱导物浓度对酶诱导形成的速度有一定影响。在表现诱导作用的范围内，浓度低时酶诱导生成速度正比于诱导物浓度，浓度继续增大，酶诱导生成的速度上升趋于缓慢，最后饱和。对许多酶而言，诱导物浓度过高反而引起阻遏，如纤维二糖水平维持在 0.05mg/mL 以下时具有诱导物的作用，但如果将其浓度提高 100 倍，则纤维素酶的生成就显著受到阻遏。当诱导物为底物及其类似物（浓度很高而且易被分解时），这种浓度效应往往引起酶的分解代谢产物阻遏，即产生葡萄糖效应。所以实际工作中常常将葡萄糖以流加方式加入，以避免引起阻遏，进行有效的诱导。诱导物浓度效应也说明诱导与阻遏之间并没有绝对的界限。

2. 降低阻遏物浓度

有些酶的生物合成会受到阻遏物的阻遏作用。为了提高酶产量，必须设法解除阻遏作用。引起阻遏的原因有两种，即终点产物阻遏和分解代谢产物阻遏，因此控制这两种产物都有可能提高酶产量。

（1）终点产物阻遏（End Product Repressio）　又称反馈抑制（Feedback Repression），是指微生物在生长繁殖过程中，会持续不断的合成酶，当这些酶积累到一定程度时就会阻遏微生物进一步合成酶的现象。为解决终点产物阻遏，提高酶的产量，在生产实践中可采用以下两种方法：其一，设法从培养基中除去终产物，以消除反馈阻遏。例如，枯草芽孢杆菌的生产蛋白酶培养基中含有氨基酸时蛋白酶产量减少，如果除去氨基酸，便可大大提高蛋白酶的产量。此外，限制培养基中氨的含量或限制末端产物在细胞内的积累，也可增加酶的产量。其二，向培养基中加入代谢途径的某个抑制因子，切断代谢途径通路，可限制细胞内末端产物的积累，便可达到缓解其反馈阻遏的目的。例如，硫胺素生物合成的 4 个酶，加入抑制物腺嘌呤，可使其酶的合成提高 5~10 倍。

（2）分解代谢产物阻遏（Catabolite Repression）　它是指某些酶，尤其是一些参与分解代谢的酶，在利用碳源（如葡萄糖）生长繁殖时，酶的合成受到明显抑制的现象，又称葡萄糖效应（Glucose Effect）。目前已经生产的酶或即将投产的酶品种，大部分会受到分解代谢产物的阻遏作用，因此减少分解代谢产物阻遏作用对酶制剂的生产至关重要。引起分解代谢阻遏作用的物质很多，除葡萄糖外，还存在其他一些引起分解代谢阻遏作用的物质（表3-8）。

表3-8　　　　　　　　　　某些分解代谢产物对酶合成的阻遏作用

酶	微生物	引起阻遏作用的物质
α-淀粉酶、纤维素酶、蛋白酶	嗜热脂肪芽孢杆菌、绿色木霉、巨大芽孢杆菌	果糖、葡萄糖、甘油、纤维二糖
淀粉葡萄糖苷酶、转化酶	二孢内孢霉、粗糙脉孢霉、节杆菌	甘露糖、葡萄糖、果糖、乙酸

为解决分解代谢产物阻遏，应尽量使用非阻遏性碳源以提高分解代谢作用敏感酶的生产。例如，嗜热芽孢杆菌以甘油为碳源时产α-淀粉酶的能力是其以果糖为碳源时的25倍以上；用甘露糖培养荧光假单胞杆菌纤维素突变株可使细胞生产的纤维素酶相当于生长在半乳糖中细胞纤维素酶产量的1500倍以上。如出于经济等原因而必须使用某一阻遏性碳源时，常采取流加方法来限制碳源浓度以解除对酶的阻遏作用。如荧光假单胞杆菌纤维素突变株通过缓慢流加补糖的方法，可增加纤维素酶的产量近200倍。

3. 添加其他产酶促进剂

上述添加诱导物或降低阻遏物浓度的方法存在成本问题（如有些诱导物价格较昂贵）和操作问题（如流加易引起染菌等），所以有时采用添加表面活性剂等产酶促进剂来提高细胞酶的生产。

细胞内酶含量提高到一定程度时容易被胞内蛋白酶分解，限制了酶的生产。当加入表面活性剂之类的产酶促进剂后，便可使胞内酶在未被分解前就被释放到胞外，提高了胞外酶的产量。由于表面活性剂有助于改善细胞壁通透性，因而也可打破胞内酶合成的"反馈平衡"。常用的表面活性剂有非离子型的吐温（如吐温20、吐温40、吐温60和吐温80）、曲拉通（如曲拉通100和曲拉通114）等无毒性表面活性剂；阴离子型的油酸、烷基磺酸钠和烷基硫酸钠等表面活性剂，但它们具有一定毒性，一般不能用于酶的发酵生产；阳离子型的有机氮化合物的衍生物等表面活性剂，但它们通常会对菌株的生长代谢产生抑制，也不能用在酶制剂的生产中。表面活性剂的添加通常要控制在合理范围以内，比如1%的吐温可使霉菌发酵生产的纤维素酶产量提高1~20倍，但过量添加就会对微生物的生长产生严重的负面影响，从而降低酶的合成。

（四）常见酶制剂发酵优化的案例

1. 淀粉酶

Vijayaraghavan等[45]以牛粪为发酵介质，研究了蜡样芽孢杆菌固态发酵生产淀粉酶的情况。结果表明水分活度、pH、果糖浓度、酵母提取物和硫酸铵对酶的产生有显著影响：在 100% 的水分活度、0.1% 的果糖和 0.01% 的硫酸铵的作用下，淀粉酶的最大产量为 464.0U/mL，酶的产量增加了 3 倍。王建华等[46]研究了曲霉亲株、融合子的生物量、淀粉酶分泌量与氮源之间的关系；观察了曲霉亲株、融合子产淀粉酶时间进程；通过正交试验研究了曲霉亲株、融合子产淀粉酶的条件，结果表明：产酶因素效应与菌株关系不大，不同菌株效应表现基本一致；对产淀粉酶因素而言，中温、高氮好，但在特定组合中高温也产高酶；pH 效应无明显规律，这与天然培养基强缓冲能力有关。在朱学军等[47]的研究中，用正交法确定了芽孢杆菌 MS5.1 菌株的最适产酶条件：通气量在 60% 以上，55℃培养 24h，实验结果表明，培养温度是影响产酶水平的最主要因素。马晓军等[48]从淀粉加工厂附近的土壤中分离出一株产耐热、嗜碱性支链淀粉酶的芽孢杆菌菌株 SX-12，优化后的最佳发酵培养基为（g/L）：可溶性淀粉 3.0，蛋白胨 1.0，酵母膏 0.5，K_2HPO_4 0.2，$MgSO_4 \cdot 7H_2O$ 0.05，最适 pH 8.5，最适温度 40℃，酶活从最初的 2.4U/mL 提高到 4.62U/mL。

2. 纤维素酶

Han 等[49]研究了嗜纤维杆菌（*Clostridium cellulovorans*）中不同碳源对纤维素酶与半纤维素酶基因表达的影响，研究表明，在有纤维二糖或纤维素的条件下，纤维素酶基因（*cbpA* 和 *engE*）和半纤维素酶基因（*xynA*）协同表达，在有纤维素、木聚糖和果胶存在的条件下，可引起大多数纤维素酶基因（*cbpA-exgS*、*engH*、*hbpA*、*manA*、*engM*、*engE*、*xynA* 和 *pelA*）的大量表达，在以纤维二糖或果糖为碳源时，可看到纤维素酶基因（*cbpA*、*engH*、*manA*、*engE* 和 *xynA*）的适量表达，如果以乳糖、甘露糖和卡拉胶作为碳源，则基因（*cbpA*、*manA*、*engE* 和 *xynA*）mRNA 水平较低，如果是葡萄糖、半乳糖、麦芽糖和蔗糖供细胞生长，则基因（*cbpA*、*engH*、*manA*、*engE* 和 *xynA*）很少或基本不表达，有些基因（*cbpA-exgS* 和 *engE*）在研究条件下都表达，而木聚糖基因和果胶酶基因（*xynA* 和 *pelA*）只有在木聚糖或果胶含量较高时才诱导表达，在大部分可溶性的单糖或双糖中，有些基因（*cbpA*、*hbpA*、*manA*、*engM* 和 *engE*）不表达。Karaffa 等[50]研究了在恒化培养器中，乳糖、半乳糖、半乳糖醇、葡萄糖对里氏木霉纤维二糖水解酶的诱导作用，结果表明，在相同的稀释速率下，乳糖的诱导效果最好，半乳糖对两种纤维二糖水解酶有低水平的诱导，葡萄糖只对一种纤维二糖水解酶有诱导作用，但水平低于半乳糖，葡萄糖与半乳糖的混合物诱导能力与单独的半乳糖相当，葡萄糖与半乳糖醇的诱导则介于乳糖与半乳糖之间。Spiridonov 等[51]研究了碳源诱导热单胞菌（*Thermomonospora fusca*）产纤维素酶的情况，结果表明，木聚糖具有最低的诱导表达量，而微晶状的纤维素具有最高的诱导表达量。Hemansi 等[52]研究了黑曲霉产纤维素酶的情况，优化后的产酶条件为（g/L）：麦麸 5.0，NH_4Cl 0.5、牛肉膏 2.0 和聚乙二醇 8000 3.0，pH 5，底物与水分比为 1:3.5，接种量为 30%（V/W）的 18h 种子培养基，在最佳产酶条件下，外切纤维素酶、内切纤维素酶、β-葡糖苷酶酶活力分别提高 2.5、3.0 和 1.5 倍。El-Hadi 等[53]优化霍塔氏曲霉产羧甲基纤维素酶的培养条件，在液体培养基中含有（g/L）CMC 5.0，酵母提取物 0.1，$(NH_4)_2SO_4$ 0.5，KH_2PO_4 10.0，$MgSO_4 \cdot 7H_2O$ 0.1，NaCl 0.2 和乳糖 5.0，接种量 10%（v/v），温度 37℃，pH 为 7，培养 96h，得到最大 CMCase 产量（1.18U/mL）。伍红等[54]通过单因子及正交试验，对黑曲霉 AF-98 固体发酵产纤维素酶的条件进行了探讨，最优产酶条件为（g/L）：甘蔗渣 3，麸皮 2，含 0.15% 尿素的 Mandels 营养液 25mL（加水比 1∶5），初始 pH 5.0，28℃ 发酵 72h。在此优化条件下，纤维素酶活力可达 7.56U/g 干曲。耿丽平等[55]对草酸青霉菌产酶条件进行了优化，以玉米秸秆为底物其产天然纤维素总酶活力可达到 376.1 U，该菌最佳产酶条件为：以 3.0g/L 的牛肉膏蛋白胨为氮源，接种量为 5%，培养温度为 28~35℃，pH 4~7，培养 48~96h；正交实验的结果表明其最优发酵条件为固液比为 1∶10，培养时间为 48h，培养温度为 30℃，pH 为 6.5。

3. 蛋白酶

Débora 等[56]在固态发酵下通过黑曲霉产生肽酶，生产的最佳条件如下：大豆皮/橙皮质量比为 0.25，初始 pH 7.05，43.5 g/L K_2HPO_4 和 4.03 g/L $NaNO_3$，每 3.0 g 固体基质接种 5 000 个分生孢子，30℃ 温度下培养 5d 后肽酶活力可达（1 000±100）AU/mL。De Castro 等[57]使用工农业废物作为支持物优化米曲霉蛋白酶的生产，结果表明，最佳发酵培养基由 20.0 g/L 麦麸、蛋白胨和酵母提取物组成，初始水分含量为 50.0%，接种量为 10^7 孢子/g，培养温度为 23℃。Abidi 等[58]通过灰葡萄孢菌生产碱性蛋白酶，最佳发酵条件是 28℃，搅拌速度 150r/min 和初始 pH 6.5；氮源是胰蛋白胨和酵母膏的混合物，糖蜜是产酶的良好碳源。培养基中添加藻类（螺旋藻）、KCl 得到最大蛋白酶活力，最终的蛋白酶活力比初始条件下的活性高 6.2 倍。迟乃玉等[59]从渤海和黄海的海水中分离出 400 多株在低温条件下生长良好的菌株，利用常规筛选方法选出 2 株低温蛋白酶产生菌（*Pseudomonas alcaligenes*）。经 UV、DES、NTG、EMS、LiCl 单独及复合诱变，选育出一株蛋白酶高产突变株（Pa040523）。通过单因素实验，确定了 Pa040523 菌株蛋白酶发酵培养基为（g/L）：玉米淀粉糖 18.0，尿素 6.0，磷酸氢二钾 6.0，磷酸二氢钾 3.0，该突变株低温蛋白酶产量为 940.8U/mg。袁康培等[60]报道了黑曲霉 HU53 菌株产酸性蛋白酶的固体发酵条件优化，适合该菌株的最佳固体发酵培养基为（g/L）：麦麸 388.0，豆粕 97.0，NH_4NO_3 15.0 和水 50.0%，最佳起始 pH 5.5，在 28℃ 下发酵 50h 后酸性蛋白酶的比活力达到 93.8U/g，且在 52h 发酵期内基本不产孢子。徐建国等[61]筛选高产蛋白酶菌株并对产酶条件优化，影响菌株发酵培养基组成因素的主次顺序为氮源含量、起始 pH、碳源含量；最佳产酶条件为，在以 30.0g/L 葡萄糖为碳源，50.0g/L 蛋白胨为氮源，起始 pH 7.0 的最适产酶培养基中，培养温度 35℃，接种量为 8% 的条件下发酵培养 48h，具有最大产酶量，其蛋白酶活力可达 129.2U/mL。朱耀霞等[62]为提高枯草芽孢杆菌（*B. subtilis*）FJ-3-16 胞外角蛋白酶产量，优化了摇瓶产酶发酵条件，优化后的培养基配方为（g/L）：玉米粉 14.1、豆粉 36.2、酪素 20.0、$CaCl_2$ 1.6、K_2HPO_4 3.0、KH_2PO_4 1.0、pH 8.0，温度 37℃，转速 250 r/min，培养时间 48h，胞外角蛋白酶酶活力由原来的 73.82U/mL 提高至 166.08U/mL。

4. 果胶酶

Uzuner 等[63]优化了枯草芽孢杆菌利用榛子壳水解物发酵产果胶酶的能力，利用响应面法进一步优化对果胶酶产量影响显著的 5 个变量（pH、时间、温度、酵母提取物浓度、K_2HPO_4）。在使用 5.0 g/L 酵母提取物和 0.2 g/L K_2HPO_4 的发酵培养基，pH 7.0，30℃发酵72h 时果胶酶产量达到 5.60U/mL，优化条件下枯草芽孢杆菌果胶酶活力提高 2.7 倍。Rehman 等[64]从地衣芽孢杆菌 KIBGE IB-21 生产多聚半乳糖醛酸酶，研究发现当苹果果胶添加量为 10.0 g/L 酵母提取物添加量为 3.0g/L，在 37℃发酵 48h，中性 pH 下产生 1 015U/mg 的多聚半乳糖醛酸酶。朱宏莉等[65]利用氦氖激光诱变原生质体筛选到了一株产果胶酶性能稳定且酶活力明显提高的突变株 ZH-2，其最适发酵条件为（g/L）：橘皮粉 20.0 和乳糖 10.0 作为碳源，以 $(NH_4)_2SO_4$ 10.0 和酵母膏 3.0 作氮源，在起始 pH 7.0，33℃下发酵 32h 达产酶高峰。钟卫鸿等[66]从芦苇土壤中筛选到 7 株碱性果胶酶产生菌株，鉴定为螺孢菌属，最适摇瓶产酶条件是（g/L）：果胶 20，乳糖 20，蛋白胨 3，酵母膏 4，KH_2PO_4 1，$MgSO_4 \cdot 7H_2O$ 0.04，$MgCl_2$ 0.2，pH 9.0，32℃培养 36h 达到产酶高峰。尤华等[67]研究了碳源、氮源、金属离子及表面活性剂等对菌株 XZ-131 产原果胶酶的影响，研究发现添加果胶类物质为诱导物，以 $(NH_4)_2SO_4$ 和 $(NH_4)_2HPO_4$ 作为氮源时，产酶高达 300U/mL。钙离子及吐温 20 均能促进该酶的产生，通过正交试验优化得出该菌株产酶的最佳培养基配方为（g/L）：橘皮粉 10.0，$(NH_4)_2SO_4$ 20.0，$CaCl_2$ 0.15，吐温 20 0.2mL，KH_2PO_4 38.0，$K_2HPO_4 \cdot 3H_2O$ 2.0，pH 6.5。李建洲等[68]对 Alkalibacterium sp. F26 发酵产碱性果胶酶的培养基和培养条件进行了优化，适宜的发酵培养基为（g/L）：葡萄糖 9.5，蛋白胨 10.0，NaCl 63.0，$MgSO_4 \cdot 7H_2O$ 0.2，$K_2HPO_4 \cdot 3H_2O$ 1.0，Na_2CO_3 1.0，吐温 80 1.0；培养条件为：250mL 三角瓶装液量 25mL，35℃，起始 pH 11.25，培养 24h，在此优化条件下培养，酶活力达 1 015U/mL。董云舟等[69]自行筛选获得一株产碱性果胶酶芽孢杆菌 WSH03-09，在小型发酵罐中研究了不同温度对碱性果胶酶分批发酵的影响。结果表明，在恒定 39℃条件下，可获得最高酶活力为 5.39U/mL，各温度条件下的菌体干重相差不多，最终均能达 11.5 g/L 左右；在发酵前期，控制温度 41℃时最有利于菌体的生长，而在产物合成期，控制 37℃有利于获得较高的产物合成比速，在此基础上，提出分阶段温度控制策略，采用此温度控制策略进行碱性果胶酶的发酵，碱性果胶酶酶活力达 5.99U/mL。

5. 壳聚糖酶与几丁质酶

Kuddus 等[70]研究了嗜水气单胞菌和斑点气单胞菌培养基组成和不同发酵条件对生产几丁质酶的影响。嗜水气单胞菌经培养 24~48h 后，在 37℃和 pH 8.0 下几丁质酶产量最高，斑点气单胞菌；经培养 48h 后，在 37℃和 pH 7.0 下几丁质酶产量最高；胶体几丁质对两种菌株产酶能力均有较好的促进作用。碳源方面，淀粉（10.0 g/L）均为两种菌株最佳碳源；而麦芽和酵母提取物（10.0 g/L）分别为嗜水气单胞菌和斑点气单胞菌的最佳氮源。金属离子中 Mn^{2+} 和 Cu^{2+} 对嗜水气单胞菌酶的产生有促进作用。而 Co^{2+} 最利于斑点气单胞菌产酶。段文凯等[71]系统研究了碳源、氮源、初始 pH、培养温度、培养基装液量、接种量和培养时间等因素对绿色木霉 867 产壳聚糖酶的影响，结果表明，最佳碳、氮源分别为可溶性壳聚糖和蛋白胨，在初始 pH 5.0，培养温度 28℃，培养基装液量 75mL/250mL，接种量 6.0% 和培养时间（180r/min）40h 时最利于产酶；优化后的培养基配方为（g/L）：可溶性壳聚糖 9.0，氨基葡萄糖 5.0，蛋白胨 9.0，K_2HPO_4 0.16，$CaCl_2 \cdot 2H_2O$ 0.55，在该条件下，壳聚糖酶活为 0.291U/mL，比原基础培养条件下酶活力提高 29.9%。Lingappa 等[72]研究黄单胞链霉菌胞外产几丁质酶的影响因素，发现以 15.0 g/L 胶态几丁质、12.5 g/L 果糖为生产培养基，pH 8.0、培养温度 40℃、160r/min 的搅拌速度和 1.25mL 孢子悬浮液 1×10^8 个/mL 的接种量，几丁质酶的最终活力为 1210.67IU，提高了 14.3 倍。Zhang 等[73]优化日本根霉 M193 甲壳素脱乙酰酶发酵条件，其中 25.0 g/L 几丁质，5.0 g/L 葡萄糖，5% 接种量，0.6 g/L $MgSO_4 \cdot 7H_2O$，和 5 d 培养时间被确定为最佳发酵条件。Kim 等[74]从大肠埃希氏菌中生产几丁质酶，从产吲哚金黄杆菌生产壳聚糖酶，两种菌都在 pH 7.0 和 30℃的深层发酵中达到最大几丁质酶 [(7.24±0.07) U/mL] 和壳聚糖酶 [(8.42±0.09) U/mL，(8.51±0.25) U/mL] 酶活力；包括蔗糖、酵母提取物、$(NH_4)_2SO_4$ 和 NaCl 在内的物质都是外切几丁质潜在增强剂；而葡萄糖、玉米粉、酵母提取物、大豆粉、$(NH_4)_2SO_4$、NH_4Cl 和 K_2HPO_4 都属于外切壳聚糖酶的潜在促进剂。

6. 木聚糖酶

陈瑶瑶等[42]研究了 *A.flavus* 产木聚糖酶的能力，他们采用单因素优化方法对该菌的产酶能力进行了系统研究，结果表明，产酶最佳培养基为（g/L）：麸皮 35.0、磷酸氢二铵 30.0、吐温 60 10.0、NaCl 5.0、$MgSO_4 \cdot 7H_2O$ 0.5 和 KH_2PO_4 0.75；*A.flavus* 在 35℃下培养 5 d 达到最高酶活力 115.08U/mL，为未优化时的 9.4 倍。包怡红等[75]采用刚果红法从碱性土壤中筛选到短小芽孢杆菌 BP51，其木聚糖酶产量很高。经产酶发酵条件的优化，即 40 g/L 麸皮，10.0 g/L 麸皮半纤维素，5.0 g/L $(NH_4)_2SO_4$，pH 8.0，37℃培养 72h，产酶活力达到 553.4IU/mL。Adhyaru 等[76]运用统计学方法优化了高地芽孢杆菌产木聚糖酶的产量，培养条件为（g/L）：高粱秸秆 30.0，明胶 5.0，木糖 5.0 和 KNO_3 3.0，接种量 1%，培养 42h，培养温度 35℃，搅拌速度 250r/min，在此条件下，木聚糖酶酶活力比单因素优化后的酶活力高 3.74 倍。Irfan 等[77]研究枯草芽孢杆菌在深层发酵中产木聚糖酶工艺参数的优化，整个发酵过程在 250mL 锥形瓶中进行，搅拌速度为 140r/min，初始 pH 为 8，底物浓度为 20.0 g/L，接种量为 2%，在 35℃下发酵 48h 条件下具有最大的产酶量。进一步补充蔗糖、$(NH_4)_2SO_4$ 和蛋白胨作为碳源和氮源都有利于酶的产生。Ajijolakewu 等[78]通过固态发酵油棕空果串优化黑曲霉菌株生产木聚糖酶的生产条件，在 25℃时，初始水分与底物比例为 4:1，pH 6.3、总接种量为 2×10^6 孢子/mL 时木聚糖酶活力最佳，酵母提取物是最优氮源，在其最佳浓度（15 g/L）下，该菌株最终产酶活力达 3246IU/gds。

7. 其他

刘璐等[41]采用单因素优化结合响应面优化的方法考察了黄曲霉产 β-1，3-1，4-葡聚糖酶的能力，研究发现该菌最优的产酶条件是（g/L）：麸皮 19.0、磷酸氢二铵 30.0、吐温 60 21.0、NaCl 5.0、$MgSO_4 \cdot 7H_2O$ 0.5 和 KH_2PO_4 0.75，培养温度为 35℃，培养周期为 6 d，此时最高酶活力可达 155.9U/mL。陈洲等[44]将嗜热拟青霉中 β-木糖苷酶基因成功克隆在大肠杆菌中，研究进一步通过单因素方法优化了该重组菌的胞外酶产量，结果表明：以 20.0 g/L 乳糖为诱导剂、培养温度为 33℃、OD_{600} 控制在 0.8~0.9 时诱导时产胞外酶的量最大，可达 103.9U/mL。随后，他们还进行了 5 L 发酵罐的放大培养，发酵至 48h 时胞外酶活力达到最高值 392.5U/mL，蛋白含量为 10.1 g/L。Wang 等[79]研究了无花果曲霉产菊粉酶的发酵条件，最适的发酵培养基组成为（g/L）：菊粉 20.0，酵母膏 20.0，（NH_4）H_2PO_4 5.0，NaCl 5.0，$MgSO_4 \cdot 7H_2O$ 0.5，$ZnSO_4 \cdot 7H_2O$ 0.1，起始 pH 6.5。Gill 等[80]研究了链霉菌的菊粉酶发酵情况，其发酵条件为 10.0 g/L 的菊粉，起始 pH 7.5，46℃发酵 24h，达到一个较高的水平，酵母膏是合适的产酶氮源，氨离子可抑制酶的产生。Dias 等[81]从米曲霉中产 L-天冬酰胺酶，微生物改良培养基为（g/L）：脯氨酸 20.0，葡萄糖 5.0，L-天冬酰胺诱导物 2.0，酵母提取物 5.0，KH_2PO_4 1.52，KCl 0.52，$MgSO_4 \cdot 7H_2O$ 0.52，$CuNO_3 \cdot 3H_2O$ 0.01，$ZnSO_4 \cdot 7H_2O$ 0.01 和 $FeSO_4 \cdot 7H_2O$ 0.01，调节至 pH 8.0，孢子浓度为 3×10^7 个/mL，将该菌在 30℃下，以 150r/min 的转速，发酵 72h 后酶活力达到 67.49U/mL，相比于初始的非优化条件，酶活力增加了 225%。Jia 等[82]研究了黏质沙雷氏菌产过氧化氢酶的情况，25.0 g/L 大豆蛋白胨、90.0 g/L 蔗糖和 2.0 g/L KCl 在 pH 7.0、发酵温度 30℃下发酵 55h 后过氧化氢酶粗酶的催化活力最高，达到 51 468U/mL。Singh 等[83]通过梅奇酵母生产羰基还原酶，最佳条件是：由 20 g/L 葡萄糖、5 g/L 蛋白胨、5 g/L 酵母提取物和 0.3 g/L 硫酸锌组成的培养基；pH 控制在 7，温度控制在 25℃，搅拌速度为 500r/min，通气率为 0.25 vvm，在生物反应器中，获得 115.6U/g 细胞干重的生物量特异性酶活力，最大生物量浓度为 15.3 g 细胞干重/L。Mathur 等[84]对白腐担子菌固态发酵生产漆酶进行了研究，以 89% 的相对湿度；黄豆粉 1g/5g 干物质，起始 pH 5.0 条件下培养 10d，漆酶活力（2661.36U/g 干底物）增加 6.5 倍；统计分析表明，相对湿度为漆酶生产的最显著参数，培养时间为漆酶生产的最不显著参数。王剑锋等[85]采用单因子实验分析了培养基成分及初始 pH 对漏斗多孔菌液体发酵产漆酶的影响。结果表明，米糠和甘蔗半纤维素组成复合碳源、NH_4Cl 和高 C/N 有利于漆酶的产生，Cu^{2+}、米糠水解液和萘乙酸对漆酶合成具有诱导作用，1-萘酚、愈创木酚、联苯胺、乙醇、吐温 80 等抑制漆酶的合成，Cu^{2+} 和萘乙酸同时存在时也限制漆酶的产生，产酶培养基最适初始 pH 为 5.2~5.7。利用优化的产酶培养基液体摇瓶培养漏斗多孔菌 A08，产酶活力提高 0.95 倍，达到 1480U/L。Subbalaxmi 等[86]在惰性聚氨酯泡沫载体上通过芽孢杆菌优化生产鞣酸酶，在 32℃下，初始培养基 pH 4.74，5% 接种量，40.0 g/L 单宁酸，20.0 g/L NH_4NO_3，1.0 g/L KH_2PO_4，2.0 g/L $MgSO_4$，1.0g/L NaCl 和 0.5 g/L $CaCl_2 \cdot 2H_2O$ 组成的液体培养基中发酵，在静态条件下浸渍在聚氨酯泡沫上 26.45h，最终酶活力达到 49.32U/L，相对于最初的未优化条件，增加了 328%。

（作者：贾英民 陈洲）

参考文献

［1］ Ai ZL, Jiang ZQ, Li LT, et al. Immobilization of *Streptomyces olivaceoviridis* E-86 xylanase on Eudragit S-100 for xylo-oligosaccharide production［J］. Process Biochemistry, 2005 (40): 2707-2714.

［2］ 杨绍青，张舒平，闫巧娟，等. 高温紫链霉菌酸性耐热几丁质酶的纯化及性质研究［J］. 食品工业科技，2012 (23): 163-167.

［3］ 孙倩，王喜平，闫巧娟，等. 微孢根霉产凝乳酶的发酵条件优化［J］. 中国农业大学学报，2019, 19 (4): 137-143.

［4］ 张树正主编. 酶制剂工业［M］. 北京：中国轻工业出版社，1998.

［5］ Prescott LM, Haeley JP, Klein DA. Microbiology (5 th ed.)［M］. Higher education press and McGraw-Hill Companies, 2002.

［6］ 陈峥宏主编. 微生物学实验教程［M］. 上海：第二军医大学出版社，2008.

［7］ 高卜渝，陈孝康，徐波，等. 产分泌蛋白酶酵母菌株的筛选［J］. 复旦学报（自然科学版），1999, 38 (5): 537-539.

［8］ 于宏伟，栗志丹，郝姗姗，等. 蛋白酶产生菌的筛选及酶学性质研究［J］. 农产品加工·学刊，2006 (10): 67-70.

［9］ 黄志强，林白雪，谢联辉. 产碱性蛋白酶海洋细菌的筛选与鉴定［J］. 福建农林大学学报（自然科学版），2006, 35 (4): 416-420.

［10］ 张晶，王战勇，韩玉，等. 碱性蛋白酶产生菌株的筛选及鉴定［J］. 化学与生物工程，2006, 23 (10): 42-43.

［11］ 徐良玉，石贵阳，陶飞，等. 快速筛选耐酸性 α-淀粉酶生产菌株的平板透明圈法［J］. 无锡轻工大学学报，2003, 22 (5): 91-94.

［12］ 谢康庄，颜道民，郑旭，等. 湘西腊肉中脂肪酶真菌的筛选［J］. 轻工科技，2019, 35 (4): 1-4.

［13］ 陈峰，赵学慧，赵山. 果胶分解菌的简便筛选方法［J］. 中国酿造，1998, (3): 32.

［14］ 高凤菊，陈惠，吴琦，等. 产纤维素酶芽孢杆菌 C-36 的分离筛选及其鉴定［J］. 四川农业大学学报，2006, 24 (2): 175-177.

［15］ 张超，李艳宾，张磊，等. 真菌产纤维素酶培养基中刚果红转移机理研究［J］. 微生物学通报，2006 (6): 12-16.

［16］ 郑丽伟，于宏伟，贾英民. 产纤溶酶菌株的分离筛选［J］. 河北农业大学学报，2008 (1): 56-59.

［17］ 李潜，于宏伟，郭润芳，等. 溶菌酶产生菌的筛选及产酶条件研究［J］. 河北农业大学学报，2011, 34 (1): 68-72.

［18］ 刘晗，白雪芳，杜昱光. 产黄原胶酶菌种的选育及发酵条件的研究［J］. 食品与发酵工业，2006, 32 (1): 33-36.

［19］ 逄玉娟，韩宝琴，刘万顺，等. 高产壳聚糖酶菌株的筛选和发酵产酶条件研究［J］. 中国海洋大学学报，2005, 35 (2): 287-292.

［20］ 王弋博，刘向阳，李三相，等. 用紫外诱变及紫外+硫酸二乙酯复合诱变方法选育高产异淀粉酶菌株［J］. 青海大学学报（自然科学版），2003, 21 (4): 7-10.

［21］ 于宏伟，马宏颖，贾英民. 中性蛋白酶高产菌株的诱变［C］. 管产学研助推食品安全重庆高峰论坛——2011 年中国农产品加工及贮藏工程分会学术年会暨全国食品科学与工程博士生学术论坛文集.

［22］ 李宁，贾英民，韩军. 高温乳糖酶产生菌株的诱变选育［J］. 河北农业大学学报，2018, 28 (2):

64-66.

[23] 杜海英，于宏伟，韩军，等.原生质体诱变选育乳糖酶高产菌株［J］.微生物学通报，2006，33（6）：48-51.

[24] 沈莲莲.低温乳糖酶产生菌株的选育、产酶条件优化及其粗酶性质研究［D］.无锡：江南大学，2013.

[25] 韩铭海，黄俊，余晓斌.高产中性纤维素酶菌株的诱变选育和筛选方法［J］.无锡轻工大学学报，2004（1）：19-12.

[26] 杨永彬，黄谚谚，林跃鑫.产碱性纤维素酶浅黄色单胞菌 Chrysemonasluteola 的诱变选育［J］.福建师范大学学报（自然科学版），2005，21（1）：93-97.

[27] 曾宪贤，吕杰.离子注入改良纤维分解细菌及其机理研究［J］.新疆大学学报（自然科学版），2005（2）：17-21.

[28] 李西波，刘胜利，王耀民，等.高产纤维素酶菌株的诱变选育和筛选［J］.食品生物技术学报，2006，25（6）：107-110.

[29] 李晓清，于宏伟，郭润芳，等.溶菌酶产生菌诱变选育的研究［J］.河北农业大学学报，2011，34（4）：69-74.

[30] 王艳，周培根，俞剑燊，等.产壳聚糖酶菌株选育及培养条件优化［J］.中国海洋大学学报，2005，35（2）：293-296.

[31] Kurosawa K，Hosaka T，Tamehiro N，et al. Improvement of amylase production by modulation of ribosomal component protein S12 in Bacillus subtilis 168［J］.Applied and Environmental Microbiology，2006，72（1）：71-77.

[32] Vitikainen M，Pummi T，Airaksinen U，et al. Quantitation of the capacity of the secretion apparatus and requirement for PrsA in growth and secretion of amylase in Bacillus subtilis［J］.Journal of Bacteriology，2001，183（6）：1881-1890.

[33] Yu Y，Zhou XY，Wu S，et al. High-yield production of the human lysozyme by Pichia pastoris SMD1168 using response surface methodology and high-cell-density fermentation［J］.Electronic Journal of Biotechnology，2014（17）：311-316.

[34] Duan XG，Hu SB，Qi XH，et al. Optimal extracellular production of recombinant Bacillus circulans β-galactosidase in Escherichia coli BL21（DE3）［J］.Process Biochemistry，2017（53）：17-24.

[35] Bessler C，Schmitt J，Maurer KH，et al. Directed evolution of a bacterial α-amylase：Toward enhanced pH-performance and higher specific activity［J］.Protein Science，2003，12（10）：2141-2149.

[36] Kim YW，Choi JH，Kim JW，et al. Directed evolution of Thermus maltogenic amylase toward enhanced thermal resistance［J］.Applied and Environmental Microbiology，2003，69（8）：4866-4874.

[37] Ashok A，Doriya K，Rao DRM，et al. Design of solid state bioreactor for industrial applications：An overview to conventional bioreactors［J］.Biocatalysis and Agricultural Biotechnology，2017（9）：11-18.

[38] Simair AA，Qureshi AS，Simair SP，et al. An integrated bioprocess for xylanase production from agriculture waste under open non-sterilized conditions：Biofabrication as fermentation tool［J］.Journal of Cleaner Production，2018（193）：194-205.

[39] Sahnoun M，Kriaa M，Elgharbi F，et al. Aspergillus oryzae S2 alpha-amylase production under solid state fermentation：Optimization of culture conditions［J］.International Journal of Biological Macromolecules，2015（75）：73-80.

[40] Silva R，Ferreira S，Bonifácio MJ，et al. Optimization of fermentation conditions for the production of human soluble catechol-O-methyltransferase by Escherichia coli using artificial neural network［J］.Journal of Biotechnol-

ogy，2012（160）：161-168.

［41］ 刘璐，陈洲，陈瑶瑶，等. 黄曲霉产胞外 β-1，3-1，4-葡聚糖酶的发酵条件优化［J］. 食品科学技术学报，2019，37（1）：28-35.

［42］ 陈瑶瑶，陈洲，刘璐，等. 黄曲霉产 β-1，4-木聚糖酶发酵条件优化及其酶学特性研究［J］. 食品工业科技，2019，40（7）：131-137.

［43］ Kumar NSM，Ramasamy R，Manonmani HK. Production and optimization of L-asparaginase from *Cladosporium* sp. using agricultural residues in solid state fermentation［J］. Industrial Crops and Products，2013（43）：150-158.

［44］ 陈洲，贾会勇，闫巧娟，等. 重组大肠杆菌高效分泌表达 β-木糖苷酶发酵条件的优化［J］微生物学通报，2013，40（2）：212-219.

［45］ Vijayaraghavan P，Kalaiyarasi M，Vincent SGP. Cow dung is an ideal fermentation medium for amylase production in solid-state fermentation by *Bacillus cereus*［J］. Journal of Genetic Engineering and Biotechnology，2015（13）：111-117

［46］ 王建华，赵学慧. 曲霉种间融合子产淀粉酶条件优化研究［J］. 中国食品学报，2006，3（6）：38-42.

［47］ 朱学军，李吉平，孟庆繁，等. 高产新型淀粉酶菌株 MS5.1 的选育及最适产酶条件［J］. 吉林大学学报（理学版），2002，4（2）：196-199.

［48］ 马晓军，张晓君，杨玲，等. 支链淀粉酶产生菌的筛选及发酵条件的研究［J］. 兰州大学学报（自然科学版），2001，37（6）：80-84.

［49］ Han SO，Yukawa H，Inui M，et al. Regulation of expression of cellulosomal cellulase and hemicellulase genes in *Clostridium cellulovorans*［J］. Journal of Bacteriology，2003，185（20）：6067-6075.

［50］ Karaffa L，Fekete E，Gamauf C，et al. D-Galactose induces cellulase gene expression in *Hypocrea jecorina* at low growth rates［J］. Microbiology，2006，（152）：1507-1514.

［51］ Spiridonov NA，Wilson DB. Regulation of biosynthesis of individual cellulases in *Thermomonospora fusca*［J］. Journal of Bacteriol，1998，180（14）：3529-3532.

［52］ Hemansi，Gupta R，Kuhad RC，et al. Cost effective production of complete cellulase system by newly isolated *Aspergillus niger* RCKH-3 for efficient enzymatic saccharification：Medium engineering by overall evaluation criteria approach（OEC）［J］. Biochemical Engineering Journal，2018（132）：182-190.

［53］ El-Hadi AA，EI-Nour SA，Hammad A，et al. Optimization of cultural and nutritional conditions for carboxymethylcellulase production by *Aspergillus hortai*［J］. Journal of Radiation Research and Applied Sciences，2014（7）：23-28.

［54］ 伍红，陆兆新，吕玫，等. 黑曲霉 AF-98 固体发酵产纤维素酶的产酶条件研究［J］. 菌物学报，2006，25（3）：475-480.

［55］ 耿丽平，陆秀君，赵全利，等. 草酸青霉菌产酶条件优化及其秸秆腐解能力［J］. 农业工程学报，2014，30（3）：170-179.

［56］ Débora LN，Micaela G，Germán R，et al. Peptidase from *Aspergillus niger* NRRL 3：Optimization of its production by solid-state fermentation，purification and characterization［J］. LWT-Food Science and Technology，2018（98）：485-491.

［57］ De Castro RJS，Sato HH. Production and biochemical characterization of protease from *Aspergillus oryzae*：An evaluation of the physical-chemical parameters using agroindustrial wastes as supports［J］. Biocatalysis and Agricultural Biotechnology，2014（3）：20-25.

［58］ Abidi F，Limam F，Nejib MM. Production of alkaline proteases by *Botrytis cinerea* using economic raw materials：

Assay as biodetergent [J]. Process Biochemistry, 2008, (43): 1202-1208.

[59] 迟乃玉, 张庆芳, 王晓辉, 等. 海洋低温蛋白酶菌株选育及发酵培养基的研究 (Ⅰ) [J]. 微生物学通报, 2006, 33 (1): 114-117.

[60] 袁康培, 郑春丽, 冯明光. 黑曲霉 HU53 菌株产酸性蛋白酶的条件和酶学性质 [J]. 食品科学, 2003, 24 (8): 46-49.

[61] 徐建国, 田呈瑞, 胡青平, 等. 高产蛋白酶菌株的筛选及产酶条件优化 [J]. 中国粮油学报, 2010, 25 (10): 112-115.

[62] 朱耀霞, 马德源, 毕玉平, 等. 枯草芽孢杆菌 FJ-3-16 产角蛋白酶条件优化及在生猪脱毛中的应用 [J]. 农业生物技术学报, 2018, 26 (2): 346-356.

[63] Uzuner S, Cekmecelioglu D. Enhanced pectinase production by optimizing fermentation conditions of *Bacillus subtilis* growing on hazelnut shell hydrolyzate [J]. Journal of Molecular Catalysis B: Enzymatic, 2015 (113): 62-67.

[64] Rehman HU, Qader SAU, Aman A. Polygalacturonase: Production of pectin depolymerising enzyme from *Bacillus licheniformis* KIBGE IB-21 [J]. Carbohydrate Polymers, 2012 (90): 387-391.

[65] 朱宏莉, 宋纪蓉, 张嘉, 等. 果胶酶高产菌株的激光选育及发酵条件的优化 [J]. 食品科学, 2005, 26 (12): 160-164.

[66] 钟卫鸿, 王启军, 岑沛霖. 螺孢菌 ZG9901 的筛选及其产碱性果胶酶发酵条件研究 [J]. 应用与环境生物学报, 2000, 6 (5): 468-472.

[67] 尤华, 陆兆新, 冯红霞. 曲霉液体发酵产原果胶酶的条件优化研究 [J]. 微生物学通报, 2003, 30 (1): 26-30.

[68] 李建洲, 李江华, 许正宏, 等. 嗜盐嗜碱菌 *Alkalibacterium* sp. F26 产碱性果胶酶发酵条件的优化 [J]. 食品与生物技术学报, 2005, 24 (6): 43-48.

[69] 董云舟, 堵国成, 陈坚. 芽孢杆菌发酵产碱性果胶酶温度控制策略 [J]. 应用与环境生物学报, 2005, 11 (3): 359-362.

[70] Kuddus SM, Ahmad RIZ. Isolation of novel chitinolytic bacteria and production optimization of extracellular chitinase [J]. Journal of Genetic Engineering and Biotechnology, 2013 (11): 39-46.

[71] 段文凯, 郑春翠, 周晓云, 等. 绿色木霉 (*Trichoderma viride*) 867 产壳聚糖酶的发酵工艺条件的优化 [J]. 浙江工业大学学报, 2007, 35 (1): 41-45.

[72] Lingappa ASK, Mahesh D. Influence of bioprocess variables on the production of extracellular chitinase under submerged fermentation by *Streptomyces pratensis* strain KLSL55 [J]. Journal of Genetic Engineering and Biotechnology, 2018 (16): 421-426.

[73] Zhang HC, Yang SF, Fang JY, et al. Optimization of the fermentation conditions of *Rhizopus japonicus* M193 for the production of chitin deacetylase and chitosan [J]. Carbohydrate Polymers, 2014 (101): 57-67.

[74] Kim TI, Lim DH, Baek KS, et al. Production of chitinase from *Escherichia fergusonii*, chitosanase from *Chryseobacterium indologenes*, Comamonas koreensis and its application in N-acetylglucosamine production [J]. International Journal of Biological Macromolecules, 2018 (112): 1115-1121.

[75] 包怡红, 刘伟丰, 毛爱军, 等. 耐碱性木聚糖酶高产菌株的筛选产酶条件优化及在麦草浆生物漂白中的应用 [J]. 农业生物技术学报, 2005, 13 (2): 235-240.

[76] Adhyaru DN, Bhatt NS, Modi HA, et al. Cellulase-free-thermo-alkali-solvent-stable xylanase from *Bacillus altitudinis* DHN8: Over-production through statistical approach, purification and biodeinking/bio-bleaching potential [J]. Biocatalysis and Agricultural Biotechnology, 2017 (12): 220-227.

［77］ Irfan M，Asghar U，Nadeem M，et al. Optimization of process parameters for xylanase production by *Bacillus* sp. in submerged fermentation ［J］. Journal of Radiation Research and Applied Sciences，2016（9）：139-147.

［78］ Ajijolakewu AK，Leh CP，Abdullah WNW，et al. Optimization of production conditions for xylanase production by newly isolated strain *Aspergillus niger* through solid state fermentation of oil palm empty fruit bunches ［J］. Biocatalysis and Agricultural Biotechnology，2017（11）：239-247.

［79］ Wang J，Jin ZY，Jiang B，et al. Production and separation of exo- and endoinulinase from *Aspergillus ficuum* ［J］. Process Biochemistry，2003（39）：5-11.

［80］ Gill PK，Sharma AD，Harchand RK，et al. Effect of media supplements and culture conditions oninulinase production by an actinomycete strain ［J］. *Bioresource Technology*，2003（87）：359-362.

［81］ Dias FFG，Sato HH. Sequential optimization strategy for maximum L-asparaginase production from *Aspergillus oryzae* CCT 3940 ［J］. Biocatalysis and Agricultural Biotechnology，2016（6）：33-39.

［82］ Jia XB，Lin XJ，Lin CQ，et al. Enhanced alkaline catalase production by *Serratia marcescens* FZSF01：Enzyme purification，characterization，and recombinant expression ［J］. Electronic Journal of Biotechnology，2017（30）：110-117.

［83］ Singh A，Chisti Y，Banerjee UC. Production of carbonyl reductase by *Metschnikowia koreensis* ［J］. Bioresource Technology，2011（102）：10679-10685.

［84］ Mathur G，Mathur A，Sharma BM，et al. Enhanced production of laccase from *Coriolus* sp. using Plackette-Burman design ［J］. Journal of Pharmacy Research，2013（6）：151-154.

［85］ 王剑锋，王璋，李江，等. 漏斗多孔菌液体发酵产漆酶条件研究 ［J］. 菌物学报，2009，28（3）：440-444.

［86］ Subbalaxmi S，Murty VR. Process optimization for tannase production by *Bacillus gottheilii* M2S2 on inert polyurethane foam support ［J］. Biocatalysis and Agricultural Biotechnology，2016（7）：48-55.

第四章
酶蛋白的提取纯化与酶制剂制备

　　一般天然存在的酶在组织或细胞中都是以复杂的混合物形式存在，每种类型的细胞都含有多种不同的蛋白质。由于酶位于细胞内部或分散的发酵液当中，杂质较多或是酶活力较低，难以直接利用，需要对酶进行提纯或浓缩，而使其应用到实际生产中。酶的分离和提纯工作是一项艰巨而繁重的任务，到目前为止，还没有一个单独的或一套现成的方法能把任何一种蛋白质从复杂的混合物中提取出来，但对任何一种蛋白质都有可能制定一套适当的分离提纯程序来获取高纯度的制品，所以酶的分离纯化是酶工程的一项重要研究内容。酶提纯的基本原则：

　　（1）防止酶分子变性、降解。控制适当的 pH，酶液一般处于一定的 pH 以下，保持酶分子的 pH 稳定性；

　　（2）控制低温，既可抑制杂菌生长，又有效抑制蛋白酶的活性，防止目的酶蛋白的降解；

　　（3）注意提取过程中的溶液环境，离子强度的变化，温度的变化都有可能导致酶蛋白失活；

　　（4）防止提纯过程中丢失一些辅助因子或亚基，尤其是一些结构复杂的酶，这一点更应注意。

第一节
酶液预处理

　　酶是由生物细胞产生的，根据酶存在的位置可分为胞外酶与胞内酶，而胞外酶又可有三个层次：①仅仅指定域到细胞外表面中的蛋白质，称为外泌蛋白；②定域到周质空间及其以外的蛋白称为分泌蛋白；③凡穿过了质膜，定域到质膜外表面、周质空间、外膜及细胞外环境中的蛋白质，统称为输出蛋白。广义的概念的胞外酶指穿过质膜，释放到发酵液的任何酶。对于胞内酶与存在周质空间的酶，一般需破碎细胞，才能将酶释放，进行后续处理，细胞破碎根据其原理可分为物理、化学和生物三种。

一、　细胞破碎

（一）物理破碎法

　　利用物理性的作用使细胞膜破碎的方法，而使细胞内容物释放，称为物理破碎法。根据破碎的方式又可分为以下几种。

1. 机械破碎法
　　利用剪切或挤压使细胞破碎，如组织捣碎机、均质机、研钵等都是利用此原理使细胞破碎。组织捣碎机是叶片高速旋转产生剪切作用，将组织细胞破碎；均质机则是利用器械挤压使细胞破碎；研钵则是加入精制石英砂、小玻璃球等作为助磨剂，通过人工研磨使细胞破碎。前两种方法可用于工厂又可用于实验室，第三种主要用于实验室。工业化生产中，应注意温度的变化，因为强烈的剪切或摩擦挤压易产生大量热量，而使温度急剧升高，促使酶蛋白变性失活。

目前国内外高压匀浆破碎法的研究主要集中在真核的酵母细胞的破碎，释放胞内可溶性蛋白，也有对重组大肠杆菌细胞进行高压匀浆破碎，释放含重组表达产物的包含体的研究报道，研究的参数主要有匀浆次数、匀浆压力、菌体浓度等。吴蕾等[6]对大肠杆菌细胞释放重组人白细胞介素-6包含体的研究中，选择操作压力为80MPa悬浮体系为去离子水，经3次破碎，表达量为20%的菌体可获得粗包含体的纯度约为40%。

2. 反复冻融法

利用细胞内冰粒的形成和细胞液浓度增高引起溶胀，使细胞结构破碎，此法操作简单，方便适用于实验室中少量样品的处理，处理过程应注意冰晶的形成速度，冰晶形成太快，晶体多而且太小，不易破碎细胞。

3. 超声波破碎法

超声波发生器所发出的声波或超声波的作用使细胞膜产生空穴作用（Cavitation）而使细胞破碎的方法称为超声波破碎法。超声波是机械振动能量的传播，破坏介质的结构，粉碎液体中的颗粒，当盛满液体的容器通入超声波后，会引起液体共振，由于液体在各部分振动的非同步性而产生距离差，进而形成数以万计的微小气泡，即空化泡。这些气泡在超声波纵向传播形成的负压区生长，而在正压区迅速闭合，从而在交替正负压强下受到压缩和拉伸。在气泡被压缩直至崩溃的一瞬间，会产生巨大的瞬时压力，一般可高达几十兆帕至上百兆帕（图4-1）。控制一定的超声频率和强度，其空化作用产生的极大压力可造成生物细胞壁及整个生物体破裂，且整个破碎过程在瞬间完成，同时超声波产生的振动作用和强大的空化效应加强了胞内物质的释放、扩散及溶解。而空穴又会在声波作用下持续振荡（稳态空化）或崩溃（瞬态空化），在瞬态空化泡绝热收缩至崩溃时，空化泡周围的极小空间可产生高温、高压，并伴随强烈的冲击波，因此破碎细胞时，应间歇降温处理，防止高温对酶的变性作用。

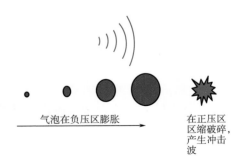

气泡在负压区膨胀

在正压区
区缩破碎，
产生冲击
波

图4-1 超声破碎原理

　　超声波破碎的效果与输出功率、破碎时间有密切关系。同时受到细胞浓度、溶液黏度、pH、温度以及离子强度等的影响，必须根据细胞的种类和酶的特性加以选择。超声波功率主要影响空化泡的大小，如果超声波功率过小，分子的振幅减小，液体分子无法产生足够的拉应力，分子距离不会变大，无法产生空化泡，也就无法产生对细胞的破碎作用，但功率过大，空化泡破碎冲击波强度过大，温度变化剧烈，容易引起蛋白失活。而破碎时间的延长会导致热量的累积，也会导致温度升高蛋白变性，所以一般超声破碎为间歇处理。而细胞浓度、溶液黏度、pH、温度以及离子强度等主要影响溶液内部分子作用力的大小，液体分子间作用力较大，也不易产生空化泡。

表 4-1　　　　　　　　　　　　　　超声波破碎细胞技术参数

处理对象	处理功率	超声频率	工作时间；工作间歇	处理温度
β- 半乳糖苷酶/ 嗜酸乳杆菌 A[5]	200~220W	—	7.6min；28 s/20 s	36℃
β- 半乳糖苷酶/ 嗜酸乳杆菌 B[5]	200~220W	—	6.8min；20s/20s	37℃
2-氯丙酸脱卤酶[9]	600W	—	70 次 3s/5s	30℃
过氧化氢酶[8]	40W/cm²	13.5kHz	10min	—
多酚氧化酶[8]	25W/cm²	13.5 kHz	10min	—
淀粉酶[7]	150W	16.5kHz	5min	—

　　有关超声波破碎细胞的优化研究中，可以如表 4-1 所示，从结果看，酶的超声波参数因酶而异，且影响规律要综合考虑功率、频率等参数，超声波对一种酶的酶促反应究竟有何影响，要看不同的参数和试验条件而定，并不能一概而论。

（二）化学破碎法

　　通过各种化学试剂对细胞膜的作用，使细胞膜的磷脂的定向排列被破坏，而使细胞破碎的方法称为化学破碎法。有机溶剂可以改变细胞膜的透过性，使胞内酶等细胞内物质释放到细胞外。有些化学试剂低浓度下干扰细胞膜排列，而使细胞膜通透性增加，而高浓度的化学试剂则会裂解细胞膜，而使细胞内蛋白释放，另外也易使水溶性的极性蛋白变性，所以应注意化学试剂的性质与用量，同时为了防止酶的变性失活操作时应当在低温条件下进行。刘晓艳等[10]研究了有机溶剂对酵母细胞膜通透性的影响，甲苯和氯仿对胞内物质的渗出率影响非常大，而利用 SDS 提取藻蓝蛋白，提取率可达 98%。Gehmlich 等[12]将重组 *E. coli* 细胞冻干后用胍、盐酸、TritonX100 处理，经微滤得到链激酶。酶收率82%，纯度46%。

（三）生物破碎法

　　通过细胞本身的酶系或外加酶制剂的催化作用，使细胞外层结构受到破坏，而达到细胞破碎的方法称为酶促破碎法或称为酶学破碎法。例如，添加溶菌酶破碎细胞壁，此法适合存在于细胞周质空间的酶，既可以使酶释放，又可降低杂蛋白含量。

二、 酶的浸提

对于固体发酵或动植物组织一般需要进行酶的提取，使其溶解在液相当中，便于后续处理，大部分酶蛋白都可溶于水、稀盐、稀酸或碱溶液，少数与脂类结合的酶蛋白则溶于乙醇、丙酮、丁醇等有机溶剂中，因此，可采用不同溶剂提取分离和纯化酶蛋白。酶提取的基本原理是通过改变蛋白所处环境条件，是蛋白与原存在相亲和力变小，而与新存在相亲和力变大，而脱离原存在相进入新相。

（一）水溶液提取法

1. 蛋白溶解原理

溶解是溶质均匀稳定的分散到溶剂的过程，水溶液提取其溶质是蛋白，溶剂是水。为了把影响蛋白溶解度的因素解释清楚需要首先说明溶解的过程。

如图4-2所示，水在自然条件下，主要以两种状态存在，一是水与水彼此结合，彼此抵消对方的极性，形成一个正面体结构，一是以单个游离水状态存在，两种以动态平

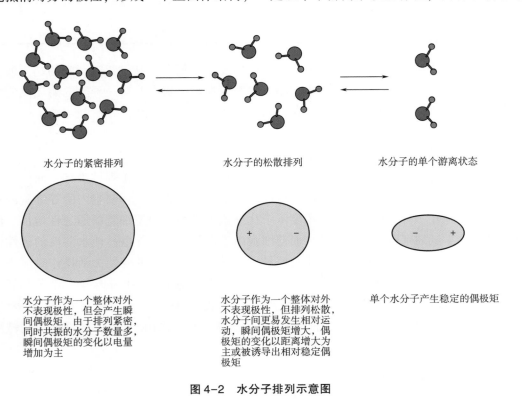

水分子的紧密排列　　　　　水分子的松散排列　　　　　水分子的单个游离状态

水分子作为一个整体对外不表现极性，但会产生瞬间偶极矩，由于排列紧密，同时共振的水分子数量多，瞬间偶极矩的变化以电量增加为主　　　　水分子作为一个整体对外不表现极性，但排列松散，水分子间更易发生相对运动，瞬间偶极矩增大，偶极矩的变化以距离增大为主或被诱导出相对稳定偶极矩　　　　单个水分子产生稳定的偶极矩

图4-2　水分子排列示意图

衡的形式存在。当水形成正面体体结构时，作为一个整体，不会表现出极性（表现为整体不带电状态，但由于分子间的相对振动，会表现出瞬间的电荷不对称—瞬间偶极矩），而单个水分子则表现出稳定的电荷极性——稳定偶极矩。所以在水溶液当中，如图 4-3 所示，极性溶质不能与结合态的水形成稳定持续的作用力。因为作为一个整体而言，结合态的水不能表现出稳定的电场方向，电场的方向取决于电荷振动所产生的方向，而极性溶质的电场指向是固定的，因此它们之间的作用力有时是引力，有时是斥力，溶质不能随水一起运动，也就无法分散，也就谈不上溶解，而非极性溶质与结合水的状态类似，都是产生瞬间偶极矩，即它们的振动可以受另一方的诱导而同步振动，即它们能够形成稳定、持续的作用力，因此可以共同运动，而在体系中分散，达到溶解；而这两种溶质与单个游离水的作用则与上述过程相反，极性溶质主要与游离水分子作用而溶解，这就是我们平时所描述的相似相溶，即极性物质之间主要以稳定的偶极矩发生作用，而非极性物质主要以瞬间的偶极矩发生作用（疏水作用，注：熵值是混乱度的表现，而有序排列的结构是熵值降低的表现，有序排列则意味着极性的彼此抵消，是非极性的表现，故有些教材认为疏水作用是熵值的表现）。

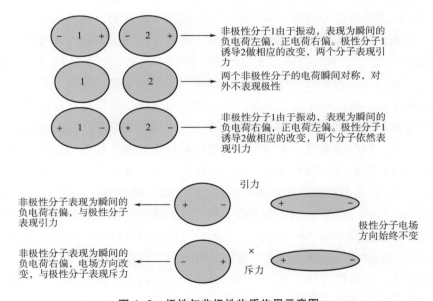

图 4-3 极性与非极性物质作用示意图

蛋白与水的作用更为复杂，蛋白是生物大分子，维持蛋白结构的次级键有氢键，范德华力，静电作用，疏水作用，从作用力类型看蛋白内部存在不同的偶极矩类型。偶极矩类型不同会导致分子间作用力类型也不同，这种不同会表现在两个方面：一个是作用力大小的差异，偶极矩的极性不同——电荷偏转的距离不同，电量不同；二是作用力方向的不同。即使是稳定方向的偶极矩，由于分子振动的普遍性，它的偶极矩的大小也在发生着变化，如果两个分子间的偶极矩变化不能达到同步，即它们的运动也不能达到完全同步，不同分子间会出现分子分离的现象，而同步振动的分子会出现聚集的现象，共振的分子越多，电量越强，偶极矩越强，相互作用越强，分子的聚集作用越强。这是蛋白分离纯化的重要原理。而分子共振的基本要求是频率一致，因此结构的相似性，比分子极性（带电量大小）更为重要，因为它可以决定分子间能否共振，以及由此衍生的分子聚集或者分离。蛋白结构既有疏水区又有亲水区，蛋白的存在状态则取决于各种作用的平衡，例如当以亲水作用为主时，与水的作用强于蛋白间的相互作用则蛋白以溶液形式存在，当蛋白间的相互作用强于与水的相互作用，则蛋白会聚集沉淀，或形成组织，或者蛋白与其他溶剂的作用强于与水的相互作用，则蛋白会被萃取。

通过蛋白的溶解机制，我们就可以探讨影响蛋白提取的影响因素了，一个基本的方向就是增加蛋白与水的相互作用，而影响因素主要有温度、pH、离子强度（盐浓度）等。

2. 酶蛋白溶解度影响因素

（1）温度　温度是分子内能的标志，是分子无规则运动的剧烈程度。当温度升高分子的无规则运动加剧，偶极矩变大，则水分子偏向于单个水分子的解离状态，溶液极性升高，能够与极性溶质发生作用的溶剂增加，则极性溶质溶解度增大，非极性溶质溶解度减小，如果温度降低，无规则运动减弱，分子倾向有序排列，结合态水增加，极性降低，这一过程则相反，非极性溶质溶解度增加，而结合态的水更易与非极性溶质发生作用（瞬间偶极矩作用），极性溶质溶解度减小。但温度过高会使极性偶极矩的作用也不能束缚分子运动，而出现水分子与溶质分离现象，为干燥现象，温度过低，分子振动幅减小，偶极矩变小，分子间作用力减弱，而出现结晶现象。无论温度过高还是过低，同一类分子对外界的反应是一样（即它们的偶极矩变化是一样的），即同种分子间始终存在共振现象，当我们改变条件，使不同分子间（溶剂和溶质）作用力发生变化，使分子运动不再同步时，则会出现溶质与溶剂分离的现象。由于蛋白结构的复杂性，有水溶性蛋白（极性蛋白），有脂溶性蛋白（非极性蛋白），水溶性蛋白也是表面亲水内部疏水，所以温度对蛋白溶解（提取）也更为复杂，但在我们常见的生理温度范围内，其基本的规律是温度升高，极性蛋白溶解度增加，非极性蛋白溶解度降低，温度降低则相反。在超出生理温度的范畴，则出现蛋白变性或结晶的现象。温度对溶解度的影响，实际就是由于温度的变化，偶极矩（稳定偶极矩与瞬间偶极矩）都变大或变小，分子间作用力都变大或变小，但溶剂与溶质变化的幅度不同，则出现了溶解度的变化。

（2）pH　蛋白质，酶是具有等电点的两性电解质，pH 主要影响酶蛋白的带电量，进而影响蛋白的整体偶极矩的大小，偶极矩大小不同，与水的亲和力不同，溶解度不同，蛋白如果处于等电点，蛋白整体对外不表现极性，稳定偶极矩最小，与水的亲和力最小，温度不变的情况下，瞬间偶极矩没有显著变化，蛋白间的引力不变，而蛋白不带电，同种蛋白彼此之间斥力也最小，蛋白就会聚集沉淀（等电点沉淀）。所以提取液的pH 应选择在偏离等电点两侧的 pH 范围内。用稀酸或稀碱提取时，应防止过酸或过碱而引起蛋白质可解离基团发生变化，从而导致蛋白质构象的不可逆变化，一般来说，pH

应偏离蛋白质的等电点，加大蛋白质带电量与极性，增加蛋白质溶解度，所以碱性蛋白质用偏酸性的提取液提取，而酸性蛋白质用偏碱性的提取液。

（3）盐浓度　低浓度的盐可促进蛋白质的溶解，称为盐溶作用。少量盐的加入会破坏结合比较松散的水分子，使其变成游离水分子，作为溶剂的水分子数目增加，而使溶解度增加，同时低盐溶液因盐离子与蛋白质部分结合，具有保护蛋白质不易变性的优点，因此在提取液中加入少量中性盐，增加蛋白质溶解度，但盐离子种类与用量应注意，避免蛋白质变性沉淀。

（二）有机溶剂提取法

有机溶剂提取针对的对象主要是那些不溶于水、稀盐溶液、稀酸或稀碱中，但和脂质结合比较牢固或分子中非极性侧链较多的蛋白质和酶，原理是通过增加溶液中有机溶剂含量使溶液介电常数降低，极性降低，如图4-4所示（以乙醇为例），乙醇结构中有甲基，有羟基，极性羟基可以使乙醇与水发生稳定的相互作用而使其分散到整个水体系中，但非极性基团——甲基的存在要求甲基周围的水分子必须表现出瞬间偶极矩（水与水彼此结合形成结合水）才能与甲基形成稳定的相互作用而容纳甲基，这会使整个体系的游离水变少，整个水体系极性降低，介电常数变弱，表现为极性溶质溶解度降低，甚至沉淀（有机溶剂沉淀），非极性溶质溶解度升高。常用的有机溶剂有乙醇、丙酮和丁醇等，它们具有一定的亲水性，还有较强的亲脂性、是理想的提脂蛋白的提取液。温度、pH、盐浓度都影响提取效果。温度升高，分子运动加剧，分子倾向于解离，极性增加，对于非极性溶质溶解度降低，所以一般必须在低温下操作。pH主要影响提取蛋白的解离状态，带电量，带电量不同，溶解度不同，一般在等电点附近在有机溶剂中的溶解度会高一些。盐浓度的影响表现在两个方面：一是盐的加入会促进水的电离，使溶液极性增加；二是盐会中和蛋白表面电荷，使蛋白极性降低，由于盐离子本身的极性，盐与有机溶剂不易发生作用，有机溶剂的加入，游离水的减少，会迫使盐停留在蛋白的

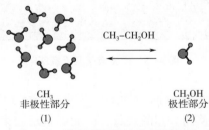

$$CH_3-CH_2OH$$

CH_3
非极性部分
(1)

CH_2OH
极性部分
(2)

图4-4　有机溶剂与水作用示意图
（1）以瞬间偶极矩与结合态水作用　（2）以稳定偶极矩与游离态水作用
图片说明：乙醇的羟基以稳定的偶极矩与单个游离水作用，可以使乙醇与水彼此分散形成混溶体系，
而乙醇中的甲基属于非极性部分，要求甲基周围的水是结合态，才能够与甲基以瞬间偶极矩作用，
所以甲基部分的存在会抑制结合态水的游离，由于游离态的水减少，
则表现为整个体系导电能力减弱，介电常数降低，溶液极性减弱。

极性表面，所以少量盐的加入对提取有利。丁醇提取法对提取一些与脂质结合紧密的蛋白质和酶特别优越，一是因为丁醇亲脂性强，特别是溶解磷脂的能力强；二是丁醇兼具亲水性，在溶解度范围内不会引起酶的变性失活。另外，丁醇提取法的 pH 及温度选择范围较广，也适用于动植物及微生物材料。

杜新永[14]从生姜中提取蛋白酶，提取方案为缓冲液 pH7.5、离子强度 0.03mol/L、料液比 1：2、无水乙醇用量 1：2.5，得到的粗酶活力值 843.7U，粗酶得率为 1.40%。乙醇粉法提取生姜蛋白酶最佳提取工艺条件为：缓冲液 pH6.5、离子强度 0.10mol/L、打浆用无水乙醇料液比 1：3，测得酶活力 601.5U，粗酶得率为 1.39%。

（三）反胶束萃取

反胶束是指当有机溶剂中加入表面活性剂并令其浓度超过某临界值时表面活性剂便会在有机溶剂中形成一种大小为纳米级稳定的聚集体，这种聚集体就是反胶束（或称反胶团）。通常，形成反胶束体系的有机溶剂为脂肪烷烃，表面活性剂根据其极性头基性质的不同，可分为以下四种类型：非离子型、阳离子型、阴离子型、两性离子型；某些双亲物质，如三辛基甲基氯化铵、卵磷脂，需加入一定量的助表面活性剂才能形成稳定的反胶束体系。蛋白质进入反胶束溶液是一种协同过程，即在宏观两相（有机相和水相）界面间的表面活性剂层，同邻近的蛋白质发生静电作用而变形，接着在两相界面形成了包含有蛋白质的反胶束，此反胶束扩散进入有机相，从而实现了蛋白质的萃取。改变水相条件（如 pH 和离子种类及其浓度）又可使蛋白质由有机相重新返回水相实现反萃取过程（如图 4-5 所示）。

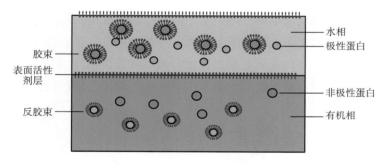

图 4-5　反胶束萃取示意图

反胶束萃取的实质是蛋白在表面活性剂作用下，与水相和有机相的亲和力发生改变，从而在两相之间转移，从新分布的现象，因此影响反胶束萃取蛋白质的因素包括蛋白质的等电点、大小、浓度以及蛋白质表面的电荷分布，表面活性剂及其溶剂的种类、浓度及操作温度，离子的种类、强度以及酸碱度（ pH），这些影响蛋白质的表面电荷与反胶束内的表面电荷两者之间发生的静电作用、有机相形成的反胶束微粒大小。孙青池[33]考察了接触时间、助表面活性剂浓度、表面活性剂浓度、水相 pH、离子强度和种类、温度等对萃取的影响，其反胶束体系萃取牛血清白蛋白难易程度主要受到静电作用力大小、空间位阻、蛋白质的疏水性的影响。

Bansal-MutalikR 等[92]利用反胶束溶液提取大肠杆菌青霉素酰化酶，酶的回收率是超声波处理方法的 144%，而酶的比活力可达 26U/mg。表 4-2 所示为部分学者研究反胶束萃取的结果。

表 4-2　酶蛋白的反胶束萃取

目的蛋白	前萃组成	反萃组成	纯化倍数/倍	回收率/%
菠萝蛋白酶[84]	150 mmol/L 十六烷基三甲基溴化铵（CTAB）/80%（体积比）异辛烷/5%（体积比）正己醇/15% 正丁醇 水相：NaCl（pH 8.0，0.1mol/L）	含 0.5mol/L KBr 的 pH 4.2 的醋酸缓冲液	4.0	85
谷氨酰胺转移酶[61]	有机相：正己醇：正辛烷（体积比）=1：5+5%无水乙醇（体积比）+0.02mol/L CTAB 水相：磷酸缓冲液（pH9.0，0.01mol/L）	0.5mol/L KBr + 磷酸盐（pH5.0，0.01mol/L）缓冲液	4.12	90.36

但对反胶束体系的应用现在仅仅停留在研究阶段，至今仍无大规模的工业化应用，还存在许多技术上的问题有待解决。可以相信随着研究的深入反胶束萃取技术极有可能成为蛋白质等生物活性物质分离、提取的一种重要方法。

三、　酶液的预处理

首先发酵液要进行过滤除菌，在胞外酶的发酵液中，有完整的菌体，有菌体自溶产生的细胞碎片、核酸、蛋白质等大分子物质，使得发酵液黏度较高，很难过滤；而胞内酶由于菌体的破碎，大分子物质含量很高，黏度更高，在过滤前必须进行一定的预处理过程，如果胞外酶发酵液的成分较单一，可以直接进行下一步处理。

发酵液的预处理的常用方法主要是在发酵液中加入絮凝剂，絮凝剂种类分为无机的、有机的和天然高分子多种。无机絮凝剂：有些无机絮凝剂如铅盐、铁盐等水解后生成氢氧化物的凝胶微粒具有吸附作用和电荷作用。产生絮凝下降。有些无机絮凝剂如醋酸钙、磷酸钙等钙盐及锌盐也具有包围吸附沉淀作用。天然高分子絮凝剂主要有壳聚糖。壳聚糖与钙盐或铝盐可增进分离效果。

有机絮凝剂是一些聚合物，多为水溶性直链状的大分子，按其链上所带基团不同而分为阳离子型、阴离子型和非离子型三种。常用的絮凝剂有聚丙烯酰胺（Polyacrylamide）磺化聚苯乙烯（Polystyrrene Sulfonate），它们主要是分子交联剂，絮凝剂加入，主要有以下三方面作用：①改变发酵液中悬浮粒子的物理特性，如加大粒子的大小，提高粒子的硬度等；②使一些可溶性的胶体物质变成不溶性的沉淀粒子；③降低发酵液的黏度。其原理是分子交联剂可以加大分子直径，增加分子间作用力，超出胶体颗粒的大小而沉淀。

发酵液经絮凝处理后，大大改善了发酵液的滤过性，工业上只要用板框压滤，即可得到澄清的酶液，实验室滤纸过滤处理即可。

一般食品工业酶制剂允许含有来源中的色素，所以就不脱色；尽管如此，目前大部分工业酶制剂都要进行脱色处理过程。

常用的脱色剂有活性炭和离子交换树脂。活性炭吸附法，操作效率较高，脱色较彻底，但由于活性炭是物理性吸附，在脱色的同时，会有部分酶蛋白被吸附掉了；离子交换树脂则是通过静电引力吸附色素，具有一定的专一性。现有一种特制的低交联度的大孔树脂，用于脱色效果很好。

我国生产了一种脱色专用树脂：通用 1 号脱色树脂，在弱酸性条件下，其吸附色素，而在碱性条件下便释放色素，树脂的再生方便再生的条件是：先用 50g/L NaOH 洗脱色素，待色素洗脱干净后，用蒸馏水洗到中性，再用 50g/L 的 HCl（二倍树脂床体积）中和树脂，再用蒸馏水洗至 pH5.0~5.5。

第二节
酶蛋白的初步提纯与浓缩

在发酵液中，酶蛋白的浓度一般不会太高，并且在发酵液中混有很多其他代谢产物，即使是高产菌种。从发酵液中提取酶制剂，首先要对发酵液进行浓缩和酶蛋白的初步纯化，经典的方法有以下几种：

一、沉淀

沉淀分离是通过改变某些条件或添加某种物质，使酶的溶解度降低，从溶液中沉淀析出与其他溶质分离的技术过程。沉淀分离是酶的分离纯化过程中经常采用的方法。沉淀分离的方法主要有盐析沉淀法、等电点沉淀法、有机溶剂沉淀法、复合沉淀法和选择性变性沉淀法等。

（一）盐析沉淀法

1. 酶蛋白盐析原理

盐析沉淀法简称盐析法，是利用不同蛋白质在不同的盐浓度条件下溶解度不同的特性，通过在酶液中添加一定浓度的中性盐，使酶或杂质从溶液中析出沉淀，从而使酶与杂质分离的过程。蛋白质在水中的溶解度受到溶液中盐浓度的影响，在某一浓度的盐溶液中，不同蛋白质的溶解度各不相同，由此可达到彼此分离的目的。蛋白质在水中的溶解度与其所带净电荷的多少呈正相关，即蛋白质的极性越强，其溶解度越大，添加盐离子后，如图 4-6 所示。

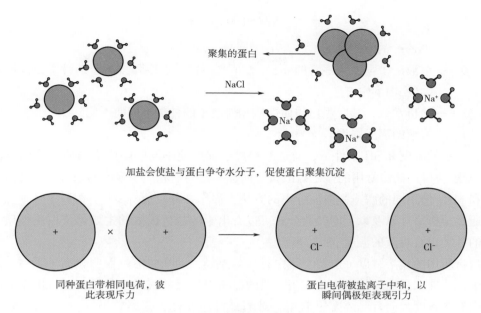

加盐会使盐与蛋白争夺水分子，促使蛋白聚集沉淀

同种蛋白带相同电荷，彼
此表现斥力

蛋白电荷被盐离子中和，以
瞬间偶极矩表现引力

图 4-6　盐析原理示意图

　　溶液中的离子与蛋白质分子争夺水分，从而减弱蛋白质的水合程度，降低其溶解度；另一方面，盐离子部分地中和蛋白质表面分子上的电荷，使其净电荷降低或净电荷消失，降低蛋白质之间的斥力，蛋白以瞬间偶极矩表现引力，蛋白质聚集，促使蛋白质析出；但盐离子会在蛋白质表面形成电荷层，当蛋白彼此距离过近时，盐离子形成的电荷层会彼此排斥，这样蛋白盐析时，聚集的蛋白不会距离过小而发生不可逆沉淀，属于可逆变性。另外，少量盐浓度会促使蛋白溶解度增加，这种现象叫盐溶，如图 4-7 所示，盐的加入会破坏水与水之间的结合，促使游离水增多，溶液极性增加，溶解度增大，但当大量盐加入时，游离水大部分与盐结合，盐无法争夺彼此紧密结合的水分子（注：水与水的亲和力大于水与盐的亲和力，如果盐与水的亲和力比水彼此之间强，说明离子会置换水中氢或氧的位置，不能定义为水），盐开始争夺与蛋白结合的水分子，则盐浓度开始进入盐析阶段。

加盐会破坏水分子平衡，游离水增多

图 4-7　盐溶原理示意图

2. 盐析影响因素

　　盐析法是在酶的分离纯化中应用最早，而且至今仍在广泛使用的方法，主要用于蛋白类酶的分离纯化。蛋白质在溶液中的溶解度与溶液的离子强度关系可用下式表示：

$$logS = \beta - Ks \cdot \mu$$

式中　S——Protein 的溶解度 g/L；

　　　　β——溶液离子强度为零时的 $logS$，β 值受蛋白质性质和盐离子的种类以及溶液的温度 pH 的影响；

　　　　Ks——盐析常数，其因蛋白质而性质和盐离子的种类不同而不同；

　　　　μ——溶液的离子强度。

在一定的温度和 pH 条件下，通过改变离子强度使不同的酶或蛋白质分离的方法称为 Ks 分段盐析；此法常用的盐是硫酸铵。而在一定的盐和离子强度的条件下，通过改变温度和 pH，使不同的酶或蛋白质分离的方法，称作 β 分段盐析。

通过盐析原理以及以上的经验公式可以看出影响盐析因素的主要是蛋白质性质和盐离子的种类以及溶液的温度 pH 的影响。

盐析所用的盐溶解度一般要与蛋白有显著差异，即盐的溶解度明显高于蛋白，否则盐离子无法夺取蛋白的结合水，在蛋白质的盐析中以硫酸铵最为常用，这是由于硫酸铵在水中的溶解度大而且受温度影响小，对酶是可逆变性，分离效果好，而且价廉易得。但是用硫酸铵进行盐析时，硫酸铵溶解放出大量热量，盐析温度一般维持在室温左右，对于温度敏感的酶，则应在低温条件下进行，并且进行搅拌，以利于散热，同时防止硫酸铵局部浓度过高，干扰分离效果。由于不同的酶有不同的结构，其带电量不同，大小不同，盐析时所需的盐浓度各不相同。蛋白质浓度大，占据的游离水数量多，少量盐就可以与蛋白竞争结合水分子，蛋白开始沉淀时，所用的盐的饱和度低，但共沉作用明显，分辨率低；蛋白质浓度小，盐的用量大，分辨率高；pH 影响蛋白质表面净电荷的数量，通常调整体系 pH，使其在 pI 附近；大多数情况下，高盐浓度下，蛋白质电荷被中和，温度升高，分子振动增加，偶极矩作用加强，蛋白之间引力加大，其溶解度反而下降，更容易沉淀；此外，酶的来源、杂质的成分等对盐析时所需的盐浓度也有所影响。在实际应用时，可以根据具体情况，通过试验确定。一些具体盐析提纯的方法如表 4-3 所示。

表 4-3　　　　　　　　　　　　　　酶蛋白硫酸铵盐析

纯化的目的蛋白	盐析（硫酸铵）饱和度	纯化倍数（或比活力变化）	回收率/%
纳豆激酶[15]	20%~60%	1.8 倍	80.6
硫酸软骨素酶[16]	30%~75%	4.18 倍	60.25
几丁质酶[17]	30%~75%	3.18 倍	71
L-谷氨酸氧化酶[18]	80%	2.6 倍	81.53
酯酶[93]	35%~60%	11.0~328U/mg	—
壳聚糖酶[20]	80%	1.61~4.75U/mg	70.8
酸性蛋白酶[23]	40%~60%	0.42~1.06U/mg	—
蛋白酶[21]	20%~80%	—	—

于宏伟等纯化菊粉酶[19]、乳糖酶[45]、葡萄糖氧化酶[48]时，对于硫酸铵沉淀饱和度的选择，经试验发现，分级沉淀的提纯效果对所提蛋白不显著，比活力微有上升，尤其是40%硫酸铵一次沉淀时，只沉淀微量杂蛋白，因此直接采用80%~90%硫酸铵沉淀浓缩蛋白，同时发现，在沉淀过程中，蛋白的浓度影响也较显著，酶液浓缩前与浓缩后，采用相同的硫酸铵饱和度，浓度高的酶液有目的蛋白析出。

经过盐析得到的酶沉淀含有大量盐分，需要将蛋白质中的盐除去，常用的办法是透析，即把蛋白质溶液装入透析袋内，用缓冲液或蒸馏水进行透析，并不断的更换缓冲介质，因透析所需时间较长，所以最好在低温中进行。此外也可用葡萄糖凝胶 G–25 或 G–50 过柱的办法除盐，所用的时间就比较短。

（二）有机溶剂沉淀法

除用盐析法沉淀酶蛋白外，还可以用有机溶剂沉淀酶蛋白，通过添加一定量的某种有机溶剂，使酶或杂质沉淀析出，从而使酶与杂质分离的方法称为有机溶剂沉淀法。有机溶剂沉淀蛋白的机理在有机溶剂提取中已有介绍，其主要沉淀极性蛋白。有机溶剂之所以能使酶沉淀析出，一是由于有机溶剂的存在可以与游离水互相作用，争夺溶质分子表面的水膜，促使溶质聚集，使其溶解度降低而沉淀析出；二是溶液的介电常数降低，非极性的结合态水增加，不易电离游离水，作为溶剂的游离水分子数目减少，极性蛋白的水合分子减少，极性分子被排斥在蛋白周围中和蛋白表面电荷，蛋白的瞬间偶极矩作用增加，互相吸引而易于凝集，常用于酶的沉淀分离的有机溶剂有乙醇、丙酮、异丙醇、甲醇等。有机溶剂的用量一般为酶液体积计算，不同的酶和使用不同的有机溶剂时，有机溶剂的使用浓度有所不同。

程立忠[24]利用丙酮沉淀提取 β–甘露聚糖酶，–20℃时 $v_{发酵液}$：$v_{丙酮}$ 用量为 1：1.0 时，提取率为 82.57%，固体酶制剂酶活力为 19.43 万 U/g，1：2.0 时，提取率为 95.40%，所得固体酶净重增加，酶活力下降为 8.62 万 U/g；祝彦忠等采用酶液：乙醇（v/v）为 1.0：1.5~2.0 的比例来添加乙醇，沉淀菊粉酶[86]，可得到较好效果。

有机溶剂沉淀法的分离效果受到溶液 pH 和温度等多种因素的影响，低温有利于防止溶质变性；提高收率；调节 pH 原则是避免目标蛋白与杂质带有相反的电荷，防止共沉淀现象，一般应将酶液的 pH，调节到欲分离酶的等电点附近；低离子强度有利于沉淀，样品浓度稀，溶剂用量大，回收率低，但共沉淀作用小，样品浓度浓，节省溶剂用量，共沉作用强，分辨率低。有机溶剂沉淀法析出的酶沉淀，一般比盐析法析出的沉淀易于离心或过滤分离，不含无机盐，分辨率也较高，溶剂容易分离，并可回收使用，产品也洁净；但是有机溶剂沉淀法容易使蛋白质等生物大分子失活，所以必须在低温条件下操作，而且沉淀析出后要尽快分离，尽量减少有机溶剂对酶活力的影响。

（三）等电点沉淀法

利用两性电解质在等电点时溶解度最低以及不同的两性电解质有不同的等电点这一

特性，通过调节溶液的 pH，使酶或杂质沉淀析出，从而使酶与杂质分离的方法称为等电点沉淀法。在溶液的 pH 等于溶液中某两性电解质的等电点时，该两性电解质分子的净电荷为零，分子间的静电斥力消除，蛋白以瞬间偶极矩作用，使分子能聚集在一起而沉淀下来。从这一点来说，盐析沉淀与等电点沉淀没有本质差别，都是中和了蛋白表面电荷而使蛋白聚集，但等电点时两性电解质分子表面的水化膜仍然存在，使酶等大分子物质仍有一定的溶解性，而使沉淀不完全。而盐会争夺部分的水而使沉淀相对完全。所以在实际使用时，等电点沉淀法往往与其他方法一起使用，例如，等电点沉淀法经常与盐析沉淀、有机溶剂沉淀和复合剂等一起使用。有时单独使用等电点沉淀法，主要是用于从粗酶液中除去某些等电点相距较大的杂蛋白。加酸或加碱调节 pH 的过程中，要一边搅拌一边慢慢加进，以防止局部过酸或过碱引起的酶变性失活。

（四）其他沉淀法

水溶性非离子型聚合物沉淀：常用的此类沉淀剂是 PEG（聚乙二醇），相对分子质量一般为 6000，例如，PEG 可将纤维素酶从酶-单宁复合物中解析出来，聚乙二醇二次沉淀葡萄糖氧化酶等都有实验报道。

选择性变性沉析法：例如，对于热稳定性好的酶（如 α-淀粉酶等），可以通过加热进行热处理，使大多数杂蛋白受热变性沉淀而去除，α-淀粉酶依然以可溶形式存在；利用抗体抗原反应专一性沉淀目的酶蛋白，也属于此种方法，选择性变性沉析法优点是专一性强，缺点是应用范围太窄。

二、 膜过滤技术

除上述经典的浓缩方法外，目前膜技术的发展已应用到酶蛋白的浓缩和分离中，膜分离过程以选择性透过膜为分离介质，通过在膜两侧施加某种推动力（如压力差、蒸气分压差、浓度差、电位差等），使得原料侧组分选择性透过膜，将不同大小、不同性状、物质颗粒或大分子进行分离的技术。

根据物质颗粒通过膜的原理及和推动力的不同，膜分离技术可分为：加压膜、电场膜、扩散膜，酶蛋白过滤主要使用加压膜过滤。

（一）加压膜分离

加压膜分离是以膜两侧的流体静压差为动力，推动小于膜孔径的颗粒通过膜孔，大于孔径的颗粒被截留。根据膜孔径大小范围又分为超滤、微滤和反渗透三种。微滤又称为微孔过滤。微滤膜截留的物质颗粒直径为 $0.2\sim2\mu m$，主要用于分离细菌、灰尘等光学显微镜可看到的物质颗粒，在无菌水、软饮料、矿泉水等的生产中广泛应用。反渗透膜的孔径最小，一般在 $0.02\mu m$，截留分子质量为 1000Da 主要用于分离各种离子和小分子物质，此技术主要用于生产纯水，海水的淡化等。加压膜过滤中超滤主要用于酶蛋白的纯化。

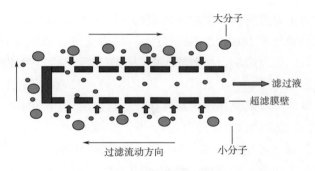

图4-8　超滤原理示意图

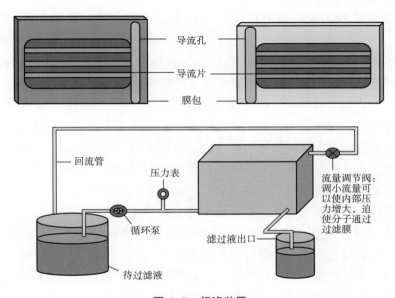

图4-9　超滤装置

　　超滤即超过滤，本技术过滤截留的颗粒直径在 0.02~2μm，相当于分子质量 1000~5×10⁵Da，并且有多种规格供选用。此法主要用于酶蛋白的浓缩和部分纯化分离，此外，在生化药业也常被采用。超滤是侧压循环过滤，原理如图 4-8 所示，装置如图 4-9 所示。滤膜是由丙烯腈、醋酸纤维素、硝酸纤维素、尼龙等高分子聚合物制成的高分子膜，膜由两层构成，分表层和基层，表层是滤膜的有效层，其厚度为 0.1~5 μm，孔径大小有多种规格；基层为支持层，主要负责膜的强度，其厚度为 200~250μm，具有坚韧的强度。膜的过滤效果用膜的流率来表示，即每平方厘米膜每分钟滤过的流体量，以 mL/(cm² · min) 表示，影响流率的主要因素有膜孔径的大小、颗粒性状、溶液的黏度、流体静压、溶液 pH 等。从膜孔径大小来说，膜孔径越大，颗粒越容易通过，过滤效率增加；对于颗粒来说，球形颗粒比非球形颗粒更容易通过滤膜；黏度大的过滤体系，彼此之间容易黏结，不易通过滤膜，但升高温度或增加搅拌，可以降低分子黏结，使过滤效率升高；在一定的压力范围内，增加压力或增加跨膜的推动力而使过滤效率增加，但压力过大会使过滤颗粒压积在膜孔，阻塞过滤，反而使过滤效率降低；pH 主要影响蛋白带电性质与带电量，进而影响蛋白对滤膜的吸附与排斥，而影响过滤效率。

根据上述影响因素，可在一定范围内增加流体静压（一般控制在 50~700 kPa）、适当提高溶液温度、增加溶液的搅拌速度都可在一定程度上提高膜的流率。丁凤平[25]研究了超滤技术在碱性果胶酶浓缩工艺中的应用，发现在室温下，操作压力为 0.27~0.34MPa，处理 1h，收率可达到 95%。Teixeira 等[94]采用截留分子质量为 47000Da 的聚砜超滤膜进行了处理天然原水的试验，结果表明 pH 的降低导致膜过滤通量的下降，而 pH 的升高会提高膜通量。王来欢[26]对超滤膜的电荷特性及对蛋白质分离行为影响进行了研究，荷电超滤膜能提供较传统超滤膜更好的通量和分离选择性相结合的优势，带电小分子和荷电超滤膜之间的静电相互作用对荷电超滤过程中带电小分子清除起主导作用。

超滤技术在目前无论是实验室研究还是酶制剂的工业化生产应用都非常广泛，其操作简单，工作效率高，但对于那些有小分子辅酶的酶制剂不宜采用此技术。膜分离操作模式根据具体分离任务和要求，在进行膜分离工艺设计时，主要有浓缩和渗滤两种操作模式。浓缩是指在一定压力下，料液流过膜面时，溶剂和小分子溶质透过膜，大于膜孔的大分子溶质被膜截留，从而被浓缩回收。渗滤是指膜分离过程中，向料液或浓缩液中添加渗滤溶剂，小分子与渗滤溶剂一同透过膜而被不断去除，直到料液中能透过组分的浓度达到限定的数值。渗滤可以克服高浓度料液透过率低的缺点，减少浓差极化和膜污染，广泛地应用于大分子的纯化，即大分子与小分子的分离。在实际操作中，常将浓缩和渗滤两种模式结合起来，即开始采用浓缩模式，当达到一定浓度时，转换为渗滤模式，其转换点应以使整个过程所需时间最短为标准。

超滤完毕之后，需要对膜进行清洗。齐希光[27]研究了超滤操作条件对超滤膜清洗效率的影响，着重考察超滤溶液 pH、离子强度、污染时间以及超滤压力对清洗效率的影响。结果表明，超滤 pH 从 2.77 升高到 7.00 时，清洗效率升高到 99.48%；但 pH 进一步升高到 9.00 时，发酵液中的菌体和蛋白质及膜表面均带强大负电荷，由于静电排斥使得清洗剂中的有效成分阴离子表面活性剂难以接近污染层，清洗效率降低，从 pH7.0 的 99.48% 降低到 pH 9.0 的 82.71%；超滤时间越长，剪切力的作用使膜面滤饼越致密，清洗变得困难，超滤 1h 的清洗效率为 99.73%，而 3h 的清洗效率为 57.92%；超滤压力为 0.05MPa 时清洗效率为 86.49%，压力升高到 0.08 MPa 时，清洗效率达 99.48%，即低压范围内，超滤压力大，清洗效率高；清洗效率随超滤溶液离子强度增大而增大。

（二）扩散膜分离

扩散膜分离主要是指透析方法，将酶溶液装在由扩散膜制成的透析袋中，再将透析袋置于扩散介质（缓冲液）中，以浓度差为推动力，溶液中的小分子就通过膜扩散出来，大分子被截留在袋内。通常是将半透膜制成袋状，将生物大分子样品溶液置入袋内，将此透析袋浸入水或缓冲液中，样品溶液中的大分子量的生物大分子被截留在袋内，而盐和小分子物质不断扩散透析到袋外，直到袋内外两边的浓度达到平衡为止。此法主要用于酶蛋白的脱盐；另外此法还可用于酶蛋白的浓缩，当浓缩酶蛋白时，是用高浓度的吸水性较强的扩散介质，逆转浓度差，是介质失水而达到浓缩蛋白的目的，常用的有甘油、聚乙二醇（粉剂）等。许多因素会影响透析效率，主要包括：浓度差大小、膜孔径、温度、pH、扩散介质体积、膜表面积等。一般透析袋标注的分子质量都是指截留分子质量 8000~14000Da，常用的制备材料有铜氨法再生纤维素、醋酸纤维素、聚丙烯腈、乙烯-乙烯醇共聚物以及聚甲基丙烯酸甲酯、聚砜、聚丙烯酰胺等，选择透析袋时要注意材料组成，于宏伟等[19]使用透析袋浓缩黑曲霉发酵液时，出现了透析袋被降解的现象。

第三节
酶的提纯与精制

　　一般情况下，工业上用的大多是经过初步提纯的酶制剂，不需要进行高度提纯和精制，但对于一种酶来讲，在其应用以前，我们必须弄清楚酶的有关酶学特性，要研究酶的性质，在分析用酶中则需要排除杂质的干扰，医学用酶中杂质过多则引起免疫反应，在遗传用酶中，杂质会干扰反应，所以需要将酶进一步提纯和精制，在众多的蛋白质分离纯化技术中，层析是一项关键的技术，它通常在分离工序的后部，决定着产品的纯度和收率。与其他分离技术相比，层析技术具有以下特点：①分离效率高。离心、沉淀、双水相萃取技术往往只能获取粗产品，而运用层析技术，可得到纯度较高的生物产品。②和电泳分离相比，层析过程易于放大，易于自动化。若采用电泳技术分离蛋白质，虽然产品纯度非常高，但其过程却产生大量的热，不但有损于蛋白质的生物活性，而且过程难以放大。层析过程并不产生明显的热量，放大可采用加大柱径和高度的方法。运用计算机进行控制，还可实现操作过程的自动化。③层析技术适用性广。几乎每一种蛋白质纯化过程都包括层析技术，或者是离子交换层析，或者是分子筛层析，或者是几种层析技术的组合。针对蛋白质不同的生物特性，采用不同的层析技术，可获得纯度很高的蛋白质产品。下面我们介绍几种常用的层析方法（表4-4）。

表4-4　　　　　　　　　　　　　常用的层析提纯方法

类别	分离原理	基质或载体
吸附层析	化学、物理吸附	硅胶、氧化铝、羟基磷酸钙
分配层析	两溶剂相中的溶解效应	纤维素、硅藻土、硅胶
凝胶层析	分子筛效应的排阻效应	琼脂糖、葡聚糖
离子交换层析	离子基团的交换反应	离子交换树脂、纤维素、葡聚糖

续表

类别	分离原理	基质或载体
亲和层析	分离物与配体之间有特殊亲和力	带配基的琼脂糖或葡聚糖
疏水层折	基于蛋白质与介质间的疏水作用	主要有多糖类如琼脂糖、纤维素和人工合成聚合物类如聚苯乙烯、聚丙烯酸甲酯
聚焦层析	等电点和离子交换作用	多缓冲交换剂（与带有多种电荷基团的配体相偶联的Sepharose6B）

一、 离子交换层析法

　　此法是利用离子交换剂上的可解离基团对各种极性粒子的亲和力不同，而达到分离目的的方法。离子交换层析（Ion Exchange Chromatography，IEC）是以离子交换剂为固定相，依据流动相中的组分离子与交换剂上的平衡离子进行可逆交换的结合力大小的差别而进行分离的一种层析方法，如图4-10所示。广泛地应用于各种生化物质如氨基酸、蛋白、糖类、核苷酸等的分离纯化。离子交换层析的固定相是离子交换剂，它是由一类不溶于水的惰性高分子聚合物基质通过酯化、氧化或醚化等化学反应共价结合上某种极性基团形成的，极性基团可与溶液中蛋白质发生可逆的交换反应。与带正电的离子基团发生交换作用，称为阳离子交换剂；与带负电的离子基团发生交换作用，称为阴离子交

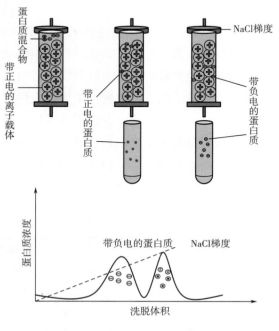

图4-10　离子交换层析原理示意图

换剂。通过选择合适的洗脱液和洗脱方式，洗脱液中的离子可以逐步与结合在离子交换剂上的各种酶蛋白进行交换，随洗脱液流出。与离子交换剂结合力小的蛋白质先被置换出来，而与离子交换剂结合力强的需要较高的离子强度才能被置换出来，这样各种蛋白质就会按其与离子交换剂结合力从小到大的顺序逐步被洗脱下来，从而达到分离目的，如图 4-11 所示。

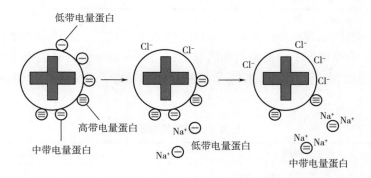

图 4-11　离子交换蛋白洗脱原理示意图

（一）　离子交换剂的种类和性质

1. 离子交换剂的基质

离子交换剂的大分子聚合物基质如纤维素（Cellulose）、球状纤维素（Sephacel）、葡聚糖（Sephadex）、琼脂糖（Sepharose）为基质的离子交换剂都与水有较强的亲和力，适合于分离蛋白质等大分子物质，葡聚糖离子交换剂一般以 SephadexG-25 和 SephadexG-50 为基质，琼脂糖离子交换剂一般以 SepharoseCL-6B 为基质。基质对蛋白质分离效果影响较大的是其表面性质，如亲水性和内部的孔径分布。目前，用于蛋白质分离的离子交换介质一般都有较好的亲水性能，所以内部的孔径分布对蛋白质的分离影响更大，它不但决定了蛋白质分离的范围，而且还决定了蛋白质扩散的速度。与凝胶过滤介质相比，离子交换对孔径没有特定的要求，为了消除在分离时所带来的分子筛效应，应选择较大孔径以利于蛋白质分子的扩散从而加快平衡、提高容量。另外，基质的性质还决定了介质的溶胀性能、耐压性能等。

2. 离子交换剂的配基

阳离子交换剂的电荷基团带负电，可以交换阳离子物质。根据电荷基团的解离度不同，又可以分为强酸型、中等酸型和弱酸型三类。区别在于其电荷基团完全解离的 pH 范围，强酸型离子交换剂在较大的 pH 范围内电荷基团完全解离，而弱酸型完全解离的 pH 范围则较小，一般来讲，强酸型离子交换剂与 H^+ 离子的结合力比 Na^+ 离子小，弱酸型离子交换剂与 H^+ 离子的结合力比 Na^+ 离子大，如表 4-5 所示。

表 4-5　　　　　　　　　　　　　　阳离子交换剂的配基

离子交换剂	可电离基团
CM-纤维素（弱酸型）	羧甲基
P-纤维素（中强弱酸型）	磷酸基
SE-纤维素（强弱酸型）	磺乙基
SP-纤维素（强弱酸型）	磺丙基

阴离子交换剂的电荷基团带正电，可以交换阴离子物质。同样根据电荷基团的解离度不同，可以分为强碱型、中等碱型和弱碱型三类。一般来讲强碱型离子交换剂对 OH⁻ 离子的结合力比 Cl⁻ 离子小，弱酸型离子交换剂对 OH⁻ 离子的结合力比 Cl⁻ 离子大（如表 4-6 所示）。

表 4-6　　　　　　　　　　　　　　阴离子交换剂的配基

离子交换剂	可电离基团
AE-纤维素（弱碱型）	氨基乙基
PAB-纤维素（弱碱型）	对氨基苯甲酸
DEAE-纤维素（中弱碱型）	二乙基氨基乙基
DEAE-Sephadex（中弱碱型）	二乙基氨基乙基
DEAE-纤维素（强碱型）	二乙基氨基乙基
QAE-纤维素（强碱型）	二乙基（2-羟丙基）-氨基乙基

配基（层析核心物质，起特异性吸附作用）不但决定了离子交换介质的种类，而且决定了离子交换介质的诸多性质。首先，配基的 pK 决定了相应的离子交换剂的 pH 工作范围。通常通过酸碱滴定曲线来确定，对同类型的离子交换剂来说，强阳（阴）离子交换剂比弱阳（阴）离子交换剂有更宽的工作范围，这被认为是强弱介质的一个重要区别。其次，配基密度对蛋白质吸附能力也有影响。Wu 等[95]研究了阳离子交换介质配基密度的增加（10~500 μmol/g）对溶菌酶和细胞色素 C 的吸附容量和保留值的影响，结果表明，在配基密度达到一个极限值之前，蛋白质的吸附容量和保留值随着配基密度的增加而明显增加；过了极限值，蛋白质的吸附容量和保留值随配基密度的增加基本上没有影响。在这个极限密度时，吸附剂表面配基的平均距离和蛋白质的直径相当。另外，配基种类对蛋白质吸附能力也有影响。一般对同类型的离子交换剂来说，强阳（阴）离子交换剂比弱阳（阴）离子交换剂对蛋白质的结合能力强，需较强的盐浓度进行洗脱，相对的选择性较高。但这并不能认为强离子交换剂就比弱的好，强离子交换剂有时会和蛋白质结合太强而发生不可逆吸附，影响收率，因此应根据具体情况来选择离子交换剂的类型。对于在高盐浓度不稳定或难溶解在高盐浓度的蛋白质进行离子交换层析时，可以使用结合力相对较弱的弱离子交换剂。另外，对于含有硫酸基的强阳离子交换剂而言，因其有类似于肝素的结构，除了离子交换的作用，还有亲和作用，利用这点，在分

离凝血因子时发现含有硫酸基的强阳离子交换剂比含磺酸基的强阳离子交换剂的效果好。

3. 交换容量

交换容量是指离子交换剂能提供交换蛋白的量，它反映离子交换剂与溶液中蛋白进行交换的能力。通常所说的离子交换剂的交换容量是指离子交换剂所能提供交换蛋白的总量，又称总交换容量，它只和离子交换剂本身的性质有关。用得最多的是 DEAE-纤维素，每克交换剂可吸附 0.1~1.1mg 酶蛋白，DEAE-SephadexA50 每克交换剂可吸附 5.0mg 酶蛋白。另外实验中的离子强度、pH 也影响样品中蛋白和离子交换剂的带电性质。一般 pH 对弱酸和弱碱型离子交换剂影响较大，如对于弱酸型离子交换剂在 pH 较高时，电荷基团充分解离，交换容量大，而在较低的 pH 时，电荷基团不易解离，交换容量小，对于蛋白质等两性物质，在离子交换层析中要选择合适的 pH 以使样品组分能充分的与离子交换剂交换、结合。一般来说，离子强度增大，交换容量下降。实验中增大离子强度进行洗脱，就是要降低交换容量以将结合在离子交换剂上的样品组分洗脱下来。

姚善泾[44]研究了离子交换介质 CM-Sepharose FF 对几种不同的蛋白质——溶菌酶、木瓜蛋白酶、牛血清蛋白的动态吸附性能，考察了 pH、溶液黏度、初始蛋白浓度及吸附剂量等因素的影响。结果表明，这些参数会对吸附剂的动态吸附性能产生不同程度的影响，对于初始蛋白浓度相同的溶液，随着 pH 的减小，吸附剂的平衡吸附容量逐渐增大。随着溶液黏度的增大，吸附剂到达平衡所需的时间增大，而溶液的黏度对吸附剂的平衡吸附量基本上无影响。随着溶液中初始蛋白浓度升高，吸附剂的平衡吸附容量逐渐增大，说明在一定范围内，浓度的增大可以加大介质的平衡吸附量。在相同蛋白浓度的溶液中加入不同量的吸附剂时，随着吸附剂加入量的增大，吸附过程进行得越彻底，溶液的平衡浓度越小。当在 1.0 mg/mL 的溶菌酶中加入 3mL 吸附剂时，蛋白质几乎被全部吸附。另外随着吸附剂量的增大，单位量的吸附剂的平衡吸附量减小。

（二）离子交换层析的操作过程

1. 离子交换剂的选择

离子交换剂的种类很多，离子交换层析要取得较好的效果首先要选择合适的离子交换剂，选择离子交换剂时应考虑下列主要因素：①离子交换剂的物理、化学性质：强酸或强碱型离子交换剂适用的 pH 范围广，常用于分离一些小分子物质或在极端 pH 下的分离。由于弱酸型或弱碱型离子交换剂不易使蛋白质失活，故一般分离蛋白质等大分子物质常用弱酸型或弱碱型离子交换剂。②组分离子性质：这主要取决于被分离的蛋白质在其稳定的 pH 下所带的电荷，如果带正电，则选择阳离子交换剂；如带负电，则选择阴离子交换剂。

其次是对离子交换剂基质的选择，纤维素、葡聚糖、琼脂糖等离子交换剂亲水性较强，适合于分离蛋白质等大分子物质。一般纤维素离子交换剂价格较低，但分辨率和稳定性都较低，适于初步分离和大量制备。葡聚糖离子交换剂的分辨率和价格适中，但受外界影响较大，柱床体积可能随离子强度和 pH 变化有较大改变，影响分辨率。琼脂糖离子交换剂机械稳定性较好，分辨率也较高，但价格较贵。

离子交换纤维素目前种类很多，其中以 DEAE-纤维素（二乙基氨基乙基-纤维素）和 CM-纤维素（羧甲基纤维素）最常用，它具有开放性长链和松散的网状结构，有较大的表面积，大分子可自由通过，吸附容量最大；具有亲水性，对蛋白质等生物大分子物质吸附的不太牢，用较温和的洗脱条件就可达到分离的目的，因此不致引起生物大分子物质的变性和失活，易于洗脱；具有良好的稳定性，洗脱剂的选择范围广。所以离子交换纤维素已成为非常重要的一类离子交换剂。

马晓轩[30]分别考察了不同离子交换树脂对批量离子交换的影响，初始蛋白溶液浓度为 20mg/mL，在不同 pH 条件下比较了用阴离子交换树脂 DEAE52 和用阳离子交换树脂 CM52 吸附杂蛋白，经 DEAE52 吸附后类人胶原蛋白 I 的纯度可达到 74.5%，回收率为 93.6%，而经 CM52 吸附后类人胶原蛋白 I 的纯度、回收率和纯化倍数均低于 DEAE52 吸附。

2. 离子交换剂的处理和保存

离子交换剂使用前一般要进行处理。干粉状的离子交换剂首要在水中充分溶胀，以使离子交换剂颗粒的孔隙增大，具有交换活性的电荷基团充分暴露出来。而后用水悬浮去除杂质和细小颗粒。再用酸碱分别浸泡，每一种试剂处理后要用水洗至中性，再用另一种试剂处理，最后再用水洗至中性，这是为了进一步去除杂质，并使离子交换剂带上需要的平衡离子。处理时一般阳离子交换剂最后用碱处理，阴离子交换剂最后用酸处理。常用的酸是 HCl，碱是 NaOH 或再加一定的 NaCl，使用的酸碱浓度一般<0.5/L，浸泡时间 30min。处理时应注意酸碱浓度不宜过高、处理时间不宜过长、温度不宜过高，以免离子交换剂被破坏。经上述处理后的离子交换剂需经转型，使离子交换剂所带的可交换离子转变为适当的离子型。如：阳离子交换剂用 NaOH 处理，转为 Na^+ 型；用 HCl 处理，转为 H^+ 型等。阴离子交换剂用 NaOH 处理成 OH^- 型；用 HCl 处理成 Cl^- 型等。交换剂在使用之后也需经转型，使之得以再生以重复使用。另外要注意的是离子交换剂使用前要排除气泡，否则会影响分离效果。

离子交换剂保存时应首先处理洗净蛋白等杂质，并加入适当的防腐剂，一般加入 0.02%的叠氮化钠，4℃下保存。

3. 洗脱条件的确定

洗脱缓冲液是指装柱后及上样后用于平衡离子交换柱的缓冲液。洗脱缓冲液的离子强度和 pH 的选择首先要保证各个酶蛋白组分的稳定。其次是要使各个酶蛋白组分与离子交换剂有适当的结合，并尽量使目的蛋白和杂蛋白与离子交换剂的结合有较大的差别。另外注意洗脱缓冲液中不能有与离子交换剂结合力强的离子，否则会大大降低交换容量，影响分离效果。影响蛋白质在层析过程中稳定性的条件，除了层析介质外还有操作时间、环境温度、蛋白酶、压力以及缓冲液的组成等。一些不稳定的蛋白质随着操作时间的延长活性逐步降低，降低操作时间可以提高蛋白质的活性收率。Benedek 等[37] 指出，蛋白质变性的一个重要因素是蛋白质与介质表面的结合时间，减少蛋白质分子在柱上的时间是减少变性的一个有效方法。影响蛋白质在层析中稳定性的第二个物理因素是环境温度，一般情况下环境温度越高，蛋白质被降解的速度越快，同时会产生蛋白质的热变性，这两种变化是不可逆的。所以在层析过程中，一般控制环境温度在 4℃ 比较理想。同时，不同的温度有时也会影响蛋白质在层析柱中的行为，从而影响蛋白质的分离效果。但是需要注意的是，一些蛋白质在低温下会发生不可逆的冷变性或者解聚，应根据不同的蛋白质考虑不同的操作温度。缓冲液的组成：pH、盐离子的种类和浓度以及其他添加物都会影响蛋白质在层析过程中的结构变化。

洗脱液 pH 的确定可以设定 pH 梯度，按 10% 交换当量加入离子交换剂和酶蛋白，振荡保温 20~30min 静止后，测定上清液的酶活力，到没有酶活力测出的试管，增加一个 pH 单位，即为离子交换洗脱液的最适 pH。

4. 装柱

层析柱安装要垂直。装柱时将交换剂搅拌悬浮起来，抽气处理，在柱内先装入一定体积的溶剂或溶液，然后用倾倒法装柱，让离子交换剂慢慢自然沉降，胶面要均匀平整，不能有气泡，断层。

5. 平衡

装柱后，用洗脱液进行平衡过夜，流速稍大于洗脱流速，使流出缓冲液的 pH 与流入的相同。目的是使层析柱各部分离子强度，pH 均匀一致，避免造成对酶蛋白的不均一吸附。

6. 上样

离子交换层析的上样时应注意样品液的离子强度和 pH，上样量也不宜过大，一般为柱床吸附交换总量蛋白的 1%~5% 为宜，以使样品能吸附在层析柱的上层，得到较好的分离效果。

7. 洗脱

在离子交换层析中一般常用梯度洗脱，通常有改变离子强度和改变 pH 两种方式。改变离子强度通常是在洗脱过程中逐步增大离子强度，从而使与离子交换剂结合的各个组分被洗脱下来；而改变 pH 的洗脱，对于阳离子交换剂一般是 pH 从低到高洗脱，阴离子交换剂一般是 pH 从高到低。由于 pH 可能对蛋白的稳定性有较大的影响，对于载体的吸附性能也有影响，故一般通常采用改变离子强度的梯度洗脱。通过改变洗脱液的离子强度进行梯度洗脱，梯度洗脱公式为：

$$C = C_2 - (C_2 - C_1)(1 - v/V)^{A_2/A_1}$$

式中　　C_2——洗脱液的极限离子浓度；

　　　　C_1——初始离子浓度；

　　　　v——洗脱液流出体积；

V——贮液室和混合室的总体积；

A_2——贮液室的截面积；

A_1——混合室的截面积。

当 $A_2/A_1 = 1$ 时，上述公式为直线梯度变化；当 $A_2/A_1 < 1$ 时，为凹形梯度变化；当 $A_2/A_1 > 1$ 时，为凸形梯度变化，如图 4-12 所示，一般直线斜率代表 NaCl 浓度变化的快慢，斜率大标志着 NaCl 浓度变化快，对蛋白的区分效果差，但在洗脱总体积确定的情况下，对目的蛋白的稀释较小；斜率小，NaCl 浓度变化慢，对蛋白区分效果较好，但在洗脱总体积确定的情况下，对目的蛋白稀释作用较大，所以一般应根据实际情况选择洗脱曲线。洗脱曲线凹形梯度变化时，在曲线的前半部斜率变化较慢，分辨率好，而前半部一般位于低 NaCl 浓度区，洗脱的蛋白带电量较小，因此适合带电较少的蛋白的洗脱区分；洗脱曲线凸形梯度变化时，在曲线的后半部斜率变化较慢，分辨率好，而后半部一般位于高 NaCl 浓度区，洗脱的蛋白带电量较大，因此适合带电较多的蛋白的洗脱区分；如果蛋白电量分布较为均匀，则线性梯度洗脱分离效果较好。因此离子交换洗脱条件优化多集中在洗脱 pH（决定蛋白带电性质与带电量）与洗脱的 NaCl 浓度（洗脱的区分效果）。

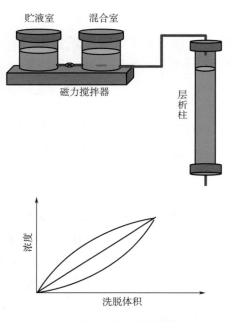

图 4-12　离子交换层析装置示意图

洗脱液的流速也会影响离子交换层析分离效果，洗脱速度通常要保持恒定。一般来说洗脱速度慢比快的分辨率要好，但洗脱速度过慢会造成分离时间长、样品扩散、分辨率降低等副作用，所以要根据实际情况选择合适的洗脱速度。如果洗脱峰相对集中某个区域造成重叠，则应适当缩小梯度范围或降低洗脱速度来提高分辨率；如果分辨率较好，但洗脱峰过宽，则可适当提高洗脱速度。李明等[39-41]发现梯度洗脱对于蛋白质的折叠复性比较有利，进一步研究发现，一种双梯度离子交换层析复性方法可以大大提高变性蛋白质的复性效率。蛋白质吸附在层析介质上以后，逐步降低缓冲液中变性剂的浓度，同时逐步改变缓冲液中的 pH，在缓冲液中离子强度逐步增强的同时，蛋白质在层析柱中经历一个吸附、解吸附、再吸附的过程，在此过程中伴随有蛋白质的折叠和结构的重组。此过程可以充分利用层析介质的吸附段、展开段，允许蛋白质结构的重排，对包涵体蛋白质的复性效率具有较大的优越性。

8. 样品的浓缩、 脱盐

离子交换层析得到的样品往往盐浓度较高，而且体积较大，样品浓度较低。所以一般离子交换层析得到的样品要进行浓缩、脱盐处理。

对于蛋白质纯化，离子交换层析属于最常用的一种层析方法，报道也较多，洗脱过程中选择的参数通常包括凝胶类型及层析柱类型，洗脱缓冲液、洗脱离子强度、洗脱流速等，以比活力与回收率衡量分离效果，如表 4-7 所示。

表 4-7　　　　　　　　　　酶蛋白离子交换层析

分离酶蛋白	凝胶及柱床体积	洗脱缓冲液	洗脱离子强度 NaCl	流速	比活力变化或提纯倍数	收率/%
几丁质酶[17]	DEAE-葡聚糖 （1.5cm×12cm）	Tris-HCl （25mmol/L, pH7.5）	0~0.25mol/L	42mL/h	560.5~4090.9U/mg	66.3
L-谷氨酸氧化酶[18]	阳离子 SP-SepharoseFF 30mL	磷酸钾缓冲液 （20mmol/L, pH6.0）	0~0.3mol/L	1mL/min	42.7 倍	37.91
L-谷氨酸氧化酶[18]	阴离子 Q-Sepharose 30mL	Tris-HCl （20mmol/L, pH8.0）	0.0~1.0mol/L	1mL/min	302 倍	18.05
蛋白酶 B[31]	DEAE-层析柱	Tris-HCl （25mmol/L pH6.5）	0.15~0.5mol/L	4mL/min	17.8~67U/mg	13.8
木聚糖酶[32]	DEAE-琼脂糖 CL-6B（2.5cm×6.7cm）	乙酸缓冲液 （20mmol/L, pH5.4）	0~0.2mol/L	60mL/h	0.5~2.1U/mg	41.4
木聚糖酶[32]	CM-琼脂糖 CL-6B （2.5cm×5.3cm）	乙酸缓冲液 （20mmol/L, pH5.4）	0~0.2mol/L	56mL/h	2.1~2.3U/mg	37.1
壳聚糖酶[20]	CM-SepharoseFF （2.0cm×50cm）	乙酸缓冲液 （20mmol/L, pH5.6）	0.0~1.0mol/L, 600mL	30mL/h	4.75~13.8U/mg	72.1
酪氨酸酶[22]	Q-Sepharose （1cm×30cm）	Tris-HCl （20mmol/L, pH7.1）	0~0.5mol/L	1mL/min	4.48~112.5U/mg	79.9

续表

分离酶蛋白	凝胶及柱床体积	洗脱缓冲液	洗脱离子强度 NaCl	流速	比活力变化或提纯倍数	收率/%
酸性蛋白酶[23]	DEAE-纤维素层析（3cm×25cm） CM-纤维素层析柱（3cm×25cm）	Tris-HCl 缓冲液（0.2mol/L，pH7.2）	0~0.5mol/L KCl	—	1.06~3.65U/mg 3.65~37.08U/mg	38.2 57.8
DNA 甲基转移酶[28]	Econo-Pac Q 柱 Hitrap-Heparin 柱	—	0.3~0.4mol/L 0.8~0.9mol/L	—	29 倍 298 倍	—
淀粉酶[29]	DEAE-纤维素柱（1.5cm×20cm）	磷酸钾缓冲液（0.1mol/L，pH8.0）	0.1~1mol/L	15mL/h	5.2 倍	65.8

　　于宏伟等用 DEAE-纤维素纯化了三种蛋白，DEAE-纤维素性能稳定，刚性较好，洗脱过程中，柱床体积基本不发生变化，而且流速也基本恒定，可得到较好的分离效果。所采用柱子皆为 DEAE-32 纤维素柱（16cm×30cm），在进行菊粉酶[19]的分离纯化时，胞外组分采用的是 Tris-HCl 缓冲溶液（0.1mol/L，pH6.0），0~1.0mol/L NaCl 洗脱，收率16.2%，纯化倍数2.54倍，胞内组分采用的是 Tris-HCl（0.1mol/L，pH7.0），0~0.8mol/L NaCl 洗脱，收率6.54%，纯化倍数1.65倍，二次离子交换处理，收率37.1%，纯化倍数7.37倍；在乳糖酶[45]的分离纯化中，采用乙酸缓冲溶液（0.05mol/L，pH5.5），0~0.8mol/L NaCl 洗脱，收率81.09%，纯化倍数2.22倍，而胞内葡萄糖氧化酶[48]在采用的是 Tris-HCl（0.05mol/L，pH7.0）0.05mol/L，0~0.8mol/L NaCl 洗脱，收率48.07%，纯化倍数7.08倍。因此离子交换分离蛋白的效果，不仅与所采用的凝胶有关，还与洗脱条件、目的蛋白性质等有关，具体洗脱方式依据试验而定。

二、 凝胶过滤层析

　　离子交换层析，是根据蛋白质所带静电荷的多少，其与交换剂的亲和力不同，来将不同的蛋白质分开；但对于那些等电点较接近，所带静电荷接近的蛋白质，利用离子交换的方法就无法分开。

（一） 凝胶层析的基本原理

　　凝胶层析（Gel Chromatography）又称凝胶排阻层析（Gelexclusion Chromatography）、分子筛层（Molecular Sieve Chromatography）、凝胶过滤（Gel Filtration）、凝胶渗透层析（Gel Permeation Chromatography）等。它是以多孔性凝胶填料为固定相，按分子大小顺序分离样品中各个组分的层析方法，操作简便、分离效果好，重复性高，回收率高、分离条件温和，因此广泛用于蛋白质（包括酶）、核酸、多糖等生物分子的分离纯化，同时还应用于蛋白质分子质量的测定、脱盐等。

　　凝胶层析是依据分子大小进行分离纯化的。凝胶层析的固定相是球状凝胶颗粒，颗粒的内部具有立体网状结构，形成很多孔穴。当含有不同分子大小的组分的样品进入凝胶层析柱后，比孔穴孔径大的分子不能进入孔穴内部，完全被排阻在孔外，只能在凝胶颗粒外的空间随流动相向下流动，它们经历的流程短，流动速度快，所以首先流出；而较小的分子则可以完全进入凝胶颗粒内部，经历的流程长，流动速度慢，所以最后流出；而分子大小介于二者之间的分子流出的时间介于二者之间，分子越大的组分越先流出，分子越小的组分越后流出。这样样品经过凝胶层析后，各个组分便按分子从大到小的顺序依次流出，从而达到了分离的目的。如图 4-13 所示。

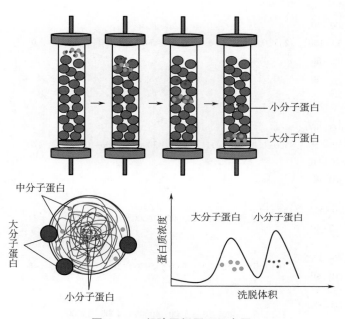

图 4-13　凝胶层析原理示意图

（二）　凝胶的种类和性质

凝胶的种类很多，常用的凝胶主要有葡聚糖凝胶（Dextran）、聚丙烯酰胺凝胶（Polyacrylamide）、琼脂糖凝胶（Agarose）（如表 4-8 至表 4-10 所示，引自郭勇《酶工程》）以及聚丙烯酰胺和琼脂糖之间的交联物。另外还有多孔玻璃珠、多孔硅胶、聚苯乙烯凝胶等。

葡聚糖凝胶是指由天然高分子——葡聚糖与其他交联剂交联而成的凝胶。葡聚糖凝胶中最常见的是 Sephadex 系列，它是葡聚糖与 3-氯-1，2-环氧丙烷（交联剂）相互交联而成。Sephadex 的主要型号是 G-10～G-200，Sephadex 在水溶液、盐溶液、碱溶液、弱酸溶液以及有机溶液中都较稳定，可以重复使用。强酸溶液和氧化剂会使交联的糖苷键水解断裂，所以要避免 Sephadex 与强酸和氧化剂接触。Sephadex 的机械稳定性相对较差，它不耐压，对操作压又要求，流速较慢，所以不能实现快速而高效的分离。

表 4-8   葡聚糖凝胶的型号与特性

品名	干胶颗粒直径/μm	得水值 Wr (±10%)	床体积/(mL/g)	最适分离范围		溶胀所需时间/h		最大流体静压/cmH₂O
				球蛋白(相对分子质量)	线性葡聚糖(相对分子质量)	20℃	100℃	
Sephadex G-10	40~120	1.0±0.1	2~3	700	700	3	1	>100
Sephadex G-15	40~120	1.5±0.1	2.5~3.5	1500	1500	3	1	>100
Sephadex G-25								
粗	100~300							
中粗	50~150	2.5±0.2	4~6	1000~5000	100~5000	6	2	>100
细	20~80							
超细	10~40							
Sephadex G-50								
粗	100~300							
中粗	50~150	5.0±0.3	9~11	1500~30000	500~10000	6	2	>100
细	20~80							
超细	10~40							
Sephadex G-75	40~120	7.5±0.5	12~15	3000~70000	1000~50000	24	3	50
超细	10~40							
Sephadex G-100	40~120	10±1.0	15~20	4000~150000	1000~100000	48	5	35
超细	10~40							
Sephadex G-150	40~120	15±1.5	20~30	5000~400000	1000~150000	72	5	15
超细	10~40							
Sephadex G-200	40~120	20±2.0	30~40	5000~800000	1000~200000	72	5	10
超细	10~40							

表 4-9   琼脂糖凝胶的型号与特性

型号	琼脂糖含量	湿胶粒直径	分离范围(相对分子质量)	
			蛋白质	多糖
Sepharose 2B	2	60~200	$7\times10^4 \sim 40\times10^6$	$10^5 \sim 20\times10^6$
Sepharose 4B	4	60~140	$6\times10^4 \sim 20\times10^6$	$3\times10^4 \sim 5\times10^6$
Sepharose 6B	6	45~165	$10^4 \sim 4\times10^6$	$10^4 \sim \times10^6$

表 4-10　　　　　　　　　生物胶聚丙烯酰胺凝胶的型号与特性

品名	湿颗粒大小/目	得水值 Wr（±10%）	床体积/（mL/g）	对球蛋白最适分离范围	水溶胀所需时间/h		最大流体静压/cmH$_2$O
					20℃	100℃	
Bio-Gel P-2	50~100 100~200 200~400	1.5	3.0	200~1800	4	2	>100
Bio-Gel P-4	50~100 100~200 200~400	2.4	4.8	800~4000	4	2	>100
Bio-Gel P-6	50~100 100~200 200~400	3.7	7.4	1000~6000	4	2	>100
Bio-Gel P-10	50~100 100~200 200~400	4.5	9.0	1500~20000	4	2	>100
Bio-Gel P-30	50~100 100~200 200~400	5.7	11.4	2500~40000	12	3	>100
Bio-Gel P-60	50~100 100~200 200~400	7.2	14.4	3000~60000	12	3	>100
Bio-Gel P-100	50~100 100~200 200~400	7.5	15.0	5000~100000	24	5	50
Bio-Gel P-150	50~100 100~200 200~400	9.2	18.4	15000~150000	24	5	35
Bio-Gel P-200	50~100 100~200 200~400	14.7	29.4	30000~200000	48	5	25
Bio-Gel P-300	50~100 100~200 200~400	18.0	36.0	60000~400000	48	5	15

（三）操作

1. 凝胶的选择

一般来讲，选择凝胶首先要根据样品的情况确定一个合适的分离范围，根据分离范围来选择合适型号的凝胶。选择凝胶另外一个方面就是凝胶颗粒的大小。颗粒小，分辨率高，但相对流速慢，实验时间长；颗粒大，流速快，分辨率较低。选择时要依据分离的具体情况而定。

2. 凝胶的处理

凝胶使用前首先要进行处理。葡聚糖凝胶和丙烯酰胺凝胶干胶的处理首先是在水中溶胀，一般型号较小的凝胶溶胀时间较短；型号较大的凝胶溶胀时间则较长。如果加热煮沸，时间会大大缩短，而且煮沸也可以排除凝胶颗粒中的部分空气。但应注意尽量避免在酸或碱中加热，以免凝胶被破坏。溶胀处理后，要对凝胶进行纯化和排除气泡。纯化可以反复洗涤，除去杂质和不均一的细小凝胶颗粒。也可以一定的酸或碱浸泡一段时间，再用水洗至中性。

3. 层析柱的选择

层析柱大小主要是根据样品量的多少以及对分辨率的要求来进行选择。主要是层析柱的长度对分辨率影响较大，长的层析柱分辨率要比短的高；但层析柱长度不能过长，否则会引起柱子不均一、流速过慢，样品易扩散。分级分离时，一般需要 100cm 左右长的层析柱其直径在 1~5cm 范围内，小于 1cm 产生管壁效应，大于 5cm 则稀释现象（样品浓度变低）严重。层析柱的直径和长度比一般在 1：25~1：100。

4. 凝胶柱效果检测

凝胶柱的填装情况将直接影响分离效果，凝胶柱填装后用肉眼观察应均匀、无断纹、无气泡。通常用蓝色葡聚糖-2000 上柱，观察有色区带在柱中的洗脱行为以检测凝胶柱的均匀程度。如果色带狭窄、平整、均匀下降，则表明柱中的凝胶填装情况较好，可以使用；如果色带扩散、倾斜，则需重新装柱。

5. 洗脱液的选择

凝胶层析的分离原理是分子筛作用，由于凝胶层析的分离机理简单以及凝胶稳定工作的 pH 范围较广，所以洗脱液的选择主要取决于待分离样品，一般来说只要能溶解被洗脱物质并不使其变性的缓冲液都可以用于凝胶层析。但 Sephadex 由于含有羟基基团，故呈弱酸性，这使得它有可能与分离物中的一些带电基团发生吸附作用。唐振兴[42]动力学研究表明，在牛血清蛋白 1mg/mL 和 pH 6.0 时，壳聚糖凝胶对牛血清蛋白的吸附在 30min 内可达平衡，红外光谱测定表明，凝胶中与蛋白质或酶离子的相互作用主要是以氢键形式存在的静电引力。在一定的离子强度下，凝胶吸附作用极低。所以实验时常使用一定浓度的缓冲溶液作为洗脱液，避免与蛋白发生吸附，但应注意如果浓度过高，会引起凝胶柱床体积发生较大的变化。

6. 上样量

上样体积过多，会造成洗脱峰的重叠，分辨率差，影响分离效果；上样体积过少，提纯后各组分量少、浓度较低，实验效率低。加样量的多少要根据具体的实验要求而定：一般分级分离时加样体积约为凝胶柱床体积的 1%~5%，另外加样前要注意，样品中的不溶物必须在上样前去掉，样品的黏度不能过大，否则洗脱速度太慢，会影响分离效果。

7. 洗脱

洗脱速度也会影响凝胶层析的分离效果，一般洗脱速度要恒定而且合适。保持洗脱速度恒定通常有两种方法，一种是使用恒流泵，另一种是恒压重力洗脱。洗脱速度取决于很多因素，包括柱长、凝胶种类、颗粒大小等，一般来讲，洗脱速度慢一些样品可以与凝胶基质充分平衡，分离效果好。但洗脱速度过慢会造成样品扩散加剧、区带变宽，反而会降低分辨率，而且实验时间会大大延长；童望宇[47]考察了流速、进样体积与柱床高度对人表皮生长因子分离行为的影响。结果表明，在实验范围内，流速对人表皮生长因子的分配系数影响较小，人表皮生长因子的分配系数随样品体积的增加而上升，但柱床高度对人表皮生长因子的分配系数几乎无影响。安春菊[46]考察了凝胶过滤介质、层析柱直径、柱床高度和洗脱流速对家蝇蛋白粗提液分离效果的影响，结果表明：凝胶过滤介质种类、层析柱直径、柱床高度、洗脱流速均能不同程度地影响家蝇蛋白粗提液的分离效果，关于蛋白的洗脱条件，国内外也有很多报道，通常选择的参数包括凝胶类型、洗脱缓冲液、流速，而以比活力或纯化倍数衡量分离效果（如表 4-11 所示）。

表 4-11　　　　　　　　　　　　　　　　　　酶蛋白分子筛层析

分离蛋白	凝胶及柱型	洗脱缓冲液	流速	比活力或纯化倍数	回收率/%
中性蛋白酶[43]	120~140μm 壳聚糖生物层析凝胶	0.05mol/L NaCl+Tris-HCl（pH 9.05）	2.0~3.0mL/min	—	90
硫酸软骨素酶[16]	SephacrylS-200 1.6cm×60cm	Tris-HCl（0.05mol/L，pH 7.5）	0.6mL/min，3mL/管	1.94 倍	85.37
几丁质酶[17]	SephadexG-200 2.2cm×90cm	—	20mL/h	4090.9~7783.3U/mg	66.0
L-谷氨酸氧化酶[18]	Superdex200HR 柱床体积 24mL	0.15mol/L NaCl+磷酸缓冲液（50mmol/L，pH7.0）	0.5mL/min	46.48~152.36U/mg	92.2
蛋白酶[31]	Sephacryl S-300 HR 70cm×1.6cm	0.1mol/L NaCl+Tris-HCl（25mmol/L，pH7.5）	18.5mL/h	67.0~196.3U/mg	40.41
木聚糖酶[32]	丙烯葡聚糖凝胶 S-200HR 1.6cm×65cm	乙酸缓冲液（20mmol/L，pH5.4）	30mL/h	2.3~10.8U/mg	38.2
壳聚糖酶[20] A B	SephacrylS-200 2.0cm×100cm	0.1mol/L NaCl + 乙酸缓冲液（20mmol/L，pH5.6）	12mL/h	5.52~6.46U/mg 13.8~18.26U/mg	72.5 72.4
酪氨酸酶[22]	SephacrylS-100 1.5cm×40cm	Tris-HCl（20mmol/L，pH7.1）	0.5mL/min	3.26~4.48U/mg	69.8

于宏伟等主要使用了 SephadexG-100 对菊粉酶[19]、乳糖酶[45]、葡萄糖氧化酶[48]进行了提纯，发现层析柱直径、柱床高度、上样体积等均能影响分离结果，层析柱直径越大，柱床高度越高，上样体积越小，分离效果越好，但一个突出的缺点是葡聚糖凝胶刚性较差，在分离过程中，柱床体积会发生明显的变化，流速显著降低，影响分离效果，

此外，凝胶对蛋白质还是有一定量的吸附，会降低得率，但对于蛋白质的分离效果还是较满意的，贾英民等采用柱型 1.6cm×80cm，0.05mol/L，pH5.0 的乙酸缓冲液，对胞外菊粉酶[19]进行提纯，得率 36.77%，提纯倍数 2.35 倍，而胞内菊粉酶得率 73.71%，提纯倍数 4.67 倍；在对葡萄糖氧化酶[48]的提纯中，采用柱型 1.6cm×80cm，0.05mol/L，pH7.0 的 Tris-HCl 缓冲液，得率 49.41%，提纯倍数 1.25 倍，在对乳糖酶[45]的提纯中，采用柱型 1.6cm×80cm，0.05mol/L，pH5.5 的乙酸缓冲液，得率 86.91%，提纯倍数 1.32 倍，都得到了较好的效果。

（注：有关洗脱的几个概念　洗脱体积 Ve，表示将样品中某一组分从加进层析柱到最高峰出现时所需洗脱液的体积。外水体积 Vo，是指层析柱内，也就是凝胶颗粒间液体流动相的体积，即为凝胶颗粒空隙之间的体积；内水体积 Vi，是指凝胶颗粒中孔穴的体积，即为层析柱内凝胶颗粒内部微孔的体积。基质体积是指凝胶颗粒实际骨架体积。而柱床体积就是指凝胶柱所能容纳的总体积。排阻极限是指不能进入凝胶颗粒孔穴内部的最小分子的分子质量。所有大于排阻极限的分子都不能进入凝胶颗粒内部，直接从凝胶颗粒外流出，所以它们同时被最先洗脱出来。排阻极限代表一种凝胶能有效分离的最大分子质量，大于这种凝胶的排阻极限的分子用这种凝胶不能得到分离。外水体积 Vo 可以用大分子物质，如蓝色葡聚糖-2000（分子质量 2000 kDa）等加进层析柱中，所测出的洗脱体积即为外水体积。应注意，对于同一型号的凝胶，蛋白质的形状也影响分离效果，球形蛋白与线形蛋白的分级分离范围是不同的。）

8. 凝胶的保存

当样品的各组分全部洗脱下来后，即可加入新的样品，继续使用。保存方法有三种：

（1）在液相中保存最方便，即于凝胶悬液中加入防腐剂（一般为 0.02% 叠氮钠）此法至少可以保存半年以上。

（2）用完后，以水冲洗，然后用 60%~70% 酒精液冲洗，凝胶体积缩小，即在半收缩状态下保存。

（3）长期不用者，最好以干燥状态保存，即水洗净后，用含乙醇的水洗，逐渐加大乙醇用量，最后用 95% 的乙醇洗，可全部去水，抽滤干，于 60~80℃ 干燥后保存。

现代蛋白的层析纯化，大多是盐析、离子交换与分子筛结合进行，如表 4-12 所示，大部分可以达到不错的提纯效果。

表 4-12　　　　　　　　　　酶蛋白离子交换与分子筛层析

目的蛋白	硫酸铵饱和度	离子交换凝胶	分子筛凝胶	比活力或纯化倍数	回收率/%
碱性蛋白酶[49]	50%	DEAE-纤维素	SephadexG-100	300U/mg 17.04 倍	34.6
木聚糖酶[50]	25%~55%	MonoQ	SephacrylS-200HR	4 倍	21.6

续表

目的蛋白	硫酸铵饱和度	离子交换凝胶	分子筛凝胶	比活力或纯化倍数	回收率/%
查尔酮异构酶[51]	35%~80%	DEAE-纤维素 （DE-52）	SephadexTMG-100	125U/mg 12.35 倍	6.86
过氧化氢酶[33]		DEAE-快流速 离子交换层析	Sephedex-G150	10 倍	—
RNA 酶[34]	0~50%	—	Sephadex G-100	10.4 倍	3.12

　　除上述纯化方法外，还有吸附层析法、亲和层析、疏水层析等。

三、 亲和层析

　　生物分子间存在很多特异性的相互作用，它们之间都能够专一而可逆的结合，这种结合力就称为亲和力。亲和层析就是利用分子间亲和力的特异性和可逆性，对另一个分子进行分离纯化。如图 4-14 所示，被固定在基质上的分子称为配体，配体和基质是共价结合的，构成亲和层析的固定相，称为亲和吸附剂。将制备的亲和吸附剂装柱平衡，当样品溶液通过亲和层析柱的时候，待分离的生物分子就与配体发生特异性的结合，从而留在固定相上；而其他杂质不能与配体结合，仍在流动相中，并随洗脱液流出，这样层析柱中就只有待分离的生物分子。通过适当的洗脱液将其从配体上洗脱下来，就得到了纯化的待分离物质。此法具有高效、快速、简便等优点。

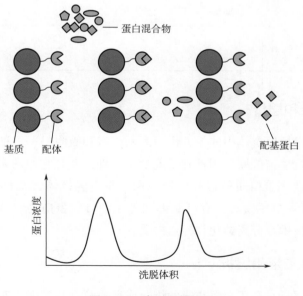

图 4-14　亲和层析原理

（一） 生物亲和层析

生物亲和层析是利用自然界中存在的生物特异性相互作用物质对的亲和层析，通常具有很高的选择性。典型的物质对有酶–底物、酶–抑制剂、激素–受体等，通常酶的底物并不是合适的亲和配基，因为它们易于转化成产物，而影响目的产物的分离。但是产物型化合物不会转化成底物，不存在这个问题，尽管酶与产物的结合能力要弱于它与底物的结合能力，但是在某些条件下产物型配基也能与酶强烈的相互作用，因此，利用酶–产物型物质对更加有利于酶的纯化。另外，小分子质量的竞争性抑制剂比蛋白抑制剂具有更多的优点，因为它们通常含有所需的多肽序列或其他生物识别结构且不易生物降解。表 4–13 是部分学者利用生物亲和纯化得结果。

表 4–13　　　　　　　　　　　酶蛋白生物亲和层析

分离蛋白	载体配基	洗脱缓冲液	流速	比活力变化或纯化倍数	回收率
碱性磷酸酶[54]	对氨基苄基磷酸–琼脂糖	$NaCl+NaH_2PO_4$	—	300 倍	90%
6-磷酸葡萄糖脱氢酶[52]	2′, 5′–ADP 琼脂糖 4B 1cm×10cm	0.1mol/L 乙酸钾 + 磷酸钾（0.1mol/L，pH 6.0） 0.1mol/L 乙酸钾 + 磷酸钾（0.1mol/L，pH 7.85） 80mmol/L 磷酸钾 + 80mmol/L 氯化钾 + 0.5mmol/L NADP + 10mmol/L EDTA（pH 7.85）	50mL/h 20mL/h	0.044~14.51U/mg 1271.19 倍	—
酸性蛋白酶[23]	酪蛋白–琼脂糖	—		37.08~64.5U/mg	65.2%

（二） 免疫亲和层析

免疫亲和层析以抗原抗体中的一方作为配基，亲和吸附另一方的分离系统，称为免疫亲和层析。由于抗体与抗原作用具有高度的专一性，并且它们的亲和力极强，所以许多典型的亲和层析纯化蛋白质的过程已经使用了单克隆抗体（简称单抗）作为亲和配基。目前，利用抗体–抗原模式，有可能得到每一种目标蛋白的单抗，然后以单抗为配基，通过亲和层析技术来分离纯化目标蛋白质。

（三） 金属离子亲和层析

金属离子亲和层析是利用金属离子的络合或形成螯合物的能力吸附蛋白质的分离系统。目的蛋白质表面暴露的供电子氨基酸残基，如组氨酸的咪唑基、半胱氨酸的巯基和色氨酸的吲哚基，十分有利于蛋白质与固定化金属离子结合，这也是 IMAC 用于蛋白质分离纯化的唯一依据，金属离子如锌和铜，已发现能很好地与组氨酸的咪唑基及半胱氨酸的巯基结合，含有不同数量这些基团的蛋白质可以通过金属离子亲和层析得到分离，它们具有以下优点：①蛋白质吸附容量大，是天然配基结合量的 10~100 倍；②价格便宜，投资低；③具有普遍适用性，金属离子配基具有很好的稳定性，吸附容量大，成本很低，且层析柱可长期连续使用，易于再生。

金属离子亲和层析与免疫亲和层析比较起来，对蛋白质的特异性差，为了增加结合的特异性，可以通过基因工程人工合成多组氨酸残基尾巴（PolyH 尾巴）添加到蛋白质的 C 末端，这种基因工程蛋白与料液中的其他蛋白质相比将会对金属离子具有更高的特异性，在分离纯化后，可再将尾巴剪切掉，但是，运用基因工程的手段，便会产生与抗体配基同样的问题，螯合在亲和载体上的金属离子在操作过程中有可能脱落而混入产品中，严重影响产品质量。目前常规的金属螯合柱大多以葡聚糖或琼脂糖等软基质作载体，如用琼脂糖（Sepharose 6B）作为基质，在碱性条件下与亚氨基二乙酸偶联后再与 Cu^{2+}、Zn^{2+} 等离子螯合，由于这些介质机械强度差、扩散传质慢，分离操作只能在低流速下行，仅适于常压或低压液相色谱法，限制了其在大规模蛋白质分离纯化中的应用规模和效率。

国内外学者一直在寻找价廉、亲水性好、刚性强的 IMAC 载体在琼脂糖介质的制备方法改进方面，国内刘平等[53]以 Sepharose 6B 为原料，在强碱性条件下用环氧氯丙烷活化，再与亚氨基二乙酸（Iminodiacetate，IDA）的钠盐溶液反应，在活化好的胶颗粒表面接上很多手臂亚氨基二乙酸；最后与硫酸镍溶液反应，使手臂 IDA 与 Ni^{2+} 发生螯合反应，得到固定化 Ni^{2+} 亲和层析胶（Ni^{2+}-IDA），该填料用于纯化重组人 B 淋巴细胞刺激因子。壳聚糖为天然碱性多糖，生物相容性较好，易于衍生化，非特异性吸附很弱，配基偶联方法简单，可制成具有各种不同性能的吸附材料，用于蛋白质的分离纯化具有较好的应用前景。但由于制备壳聚糖微球往往是空心的，机械强度和粒度均性仍显不足，距离大规模工业应用还有待进一步深入研究。冯长根[58]采用戊二醛稀溶液制备交联壳聚糖树脂的方法，该树脂对 Cu^{2+} 和牛血清白蛋白（BSA）有较好的吸附容量。谭天伟等[59]以壳聚糖涂层固定化 Cu^{2+} 亲和层析分离大肠杆菌细胞抽提物，通过不同的洗脱条件分别得到了细胞色素 C 和溶菌酶。王雪峰等[63]以壳聚糖为载体，戊二醛为交联剂，IDA 为螯合配基制备了分别固载有 Cu^{2+}、Zn^{2+} 和 Mn^{2+} 的 3 种金属螯合亲和吸附剂，其稳定性较好。为了提高分离效率，缩短分析周期，一些学者提出利用硬基质金属螯合柱分离生物大分子，Hashimoto 等[66]以苯乙烯-二乙烯基苯聚合物为基质，制成了螯合树脂，螯合 Zn^{2+} 离子后用于分离蛋白质混合物。国内也有合成硅胶亲和填料的报道，如邸泽梅等[64]以国产硅胶为基质，研究了 IDA 在硅胶基质上键合的适宜条件，利用合成的固定相考察了蛋白质的保留特性，首次用硬基质金属螯合柱分离了来自牛血红细胞的超氧化物歧化酶。这些硬基质填料（如硅胶）虽然机械强度较好，但也有改性比较困难，生物亲水性差的缺点。谭天伟[60]分离纯化纤维素酶，研究了金属亲和配基种类、pH、离子强度及流速对酶吸附和解吸的影响，确定了酶洗脱条件和介质再生条件，纤维素酶在 Cu^{2+} 和 Zn^{2+} 二种配基上的吸附容量相差不大，选用 Zn^{2+}，pH7.5，杂蛋白的吸附量很多，当离子强度增加时，蛋白吸附量减少，而纤维素酶吸附量也有所降低，离子浓度太高时（1mol/L），蛋白质吸附量没有降低。Delia Spanò[62] 开发了一种使用磁性亲和吸收剂的新型纯化方法，天然几丁质颗粒通过与磁性铁氧化物纳米微粒的直接混合，通过微波辅助合成制备。使用磁性几丁质颗粒作为亲和剂纯化，获得了几种几丁质结合蛋白的澄清溶液。磁性亲和吸附剂的应用显著简化和缩短了纯化过程。

（四）拟生物亲和层析

拟生物亲和层析是利用部分分子相互作用，模拟生物分子结构或某特定部位，以人工合成的配基为固定相吸附分离目的蛋白质的亲和层析，尤以氨基酸（包括多肽）亲和层析（AALA）和染料亲和层析（DAFC）为代表。染料配基能通过共价键牢固地结合到亲和载体上。由于价格低廉，与蛋白质的结合容量高，并且不易为物理或化学物质所降解，因此也是一种较为理想的基团特异性配基。但是活性染料对蛋白质分子特异性较低且染料配基通常是有毒性的，且与蛋白质会发生非特异性相互作用，通过实验找到一种与特定目的蛋白很好结合的染料配基是可能的，但是产品回收纯度不高，特别是当分离复杂的体系时，难度更大。表 4-14 所示为部分学者利用拟生物亲和层析进行蛋白纯化的一些结果，一般分辨率回收率都能得到较好的结果。

表 4-14　　　　　　　　　　　酶蛋白拟生物亲和层析

分离蛋白	载体配基	洗脱缓冲液	流速	比活力变化或纯化倍数	回收率
碱性磷酸酶[55]	对氨基苯磷酸 – Sepharose CL-6B 4.55 mg 配基/g 湿胶	NaCl+ Na_2HPO_4	—	65 倍	89%
麦谷蛋白[56]	活性红色染料 120-琼脂糖 黄色染料 86-琼脂糖 （1cm× 8cm）	SDS+乙酸钠缓冲液 （0.01mol/L，pH 4.5）	0.5mL/min	—	80% 60%
血红蛋白[57]	磷钼氧酸盐	pH7.0 的咪唑-盐酸溶液	—	—	64.7%

四、 疏水层析

Shaltiel 等[96] 在 1972 年发现溴化氰活化的琼脂糖凝胶被碳链长短不同的烃类衍生物取代后，可选择性吸附某些酶。进一步研究的结果表明，这种选择性吸附作用是取代反应后的琼脂糖凝胶介质与酶之间的疏水作用的结果。众所周知，酶分子的表面既有极性的亲水性基团或区域，也有非极性的硫水基团或区域。疏水基团或区域可在酶分子的表面，也可处于亲水区域包围之中，而形成疏水性小孔或袋。在一定的条件下，某些具有同样疏水性能的基团可越过亲水区域，即伸入疏水区城。各种酶分子表面的疏水基团或区域的多少、大小及分布是不同的。处于亲水区域包围的疏水小孔或袋的结构、大小及可伸入的情况也是不同的，也就是说，各种酶的疏水作用力是不相同的。另一方面，种类繁多的烃类衍生物可生成许多疏水作用不同的琼脂糖凝胶介质。基于酶与介质间的疏水作用设计的层析方法称为疏水层析（Hydrophobic Chromatography）。很多学者也在此方面进行了研究，如表4-15所示。

表4-15　　　　　　　　　　　　　酶蛋白疏水层析

分离蛋白	凝胶及柱型	洗脱缓冲液	流速	比活力或纯化倍数	回收率
蛋白酶[31]	PHE 层析柱	1mol/L（NH₄）₂SO₄+磷酸缓冲液（50mmol/L，pH 7.0）→1～0.5mol/L（NH₄）₂SO₄→0.5～0mol/L（NH₄）₂SO₄→0mol/L（NH₄）₂SO₄	1mL/min	196.3～70.0U/mg	11.7%
木聚糖酶[32]	Phenyl – Sepharose CL – 4B 疏水层析（1.6cm×4.5cm）	1.7mol/L 硫代硫酸钠+乙酸缓冲液（20mmol/L，pH 5.4）→硫代硫酸钠乙酸缓冲液（20mmol/L，pH 5.4）1.7～0mol/L	60mL/h	10.8～26.4U/mg	71.2%
酸性磷酸酶[35]	Phenyl–Sepharose HP（1.4cm×4.6cm）	1.7mol/L 硫代硫酸钠+乙酸钠缓冲液（20mmol/L，pH 5.0）→硫代硫酸钠乙酸缓冲液（20mmol/L，pH 5.0）0.9～0mol/L	0.33mL/min	组分I 25.7～54.7U/mg 组分IIa 10～30.5U/mg 组分IIb 13.5～36U/mg	52.6% 85.4% 84.5%
丁酸甘油酯酶[69]	Phenyl – 琼脂糖（XK 26/40）,	1mol/L（NH₄）₂SO₄+磷酸缓冲液（50mmol/L，pH 7.0）→1～0mol/L（NH₄）₂SO₄→30%异丙醇磷酸缓冲液（50mmol/L，pH 7.0）	5mL/min	4.84～78.5U/mg	98.5%

疏水作用层析介质经过三十多年的发展，疏水层析已成为分离纯化蛋白质和多肽等生物大分子的重要手段，在实验室和工业化生产中得到了广泛的应用。疏水层析介质的重要特点是疏水性弱，与蛋白质的作用比较温和，能更好地保持生物大分子的天然结构和生物活性。此外，其"高盐吸附、低盐洗脱"的特点使得疏水层析能直接与其他分离技术如盐析、离子交换层析联合使用。

（一）基质和配基

目前用于制备用途的疏水层析介质的基质主要有多糖类如琼脂糖、纤维素和人工合成聚合物类，如聚苯乙烯、聚丙烯酸甲酯类。其中，半刚性的琼脂糖类凝胶仍是应用最广泛的疏水介质。Gustavsson 等[97]研制了超大孔琼脂糖作为疏水层析介质的基质，在扩散孔的基础上增加了对流孔，传质速率快，能在流速较高的情况下获得较好的分辨率。另外，由于壳聚糖具有良好的生物相容性和化学稳定性，近年来在疏水层析中也得到了应用。用于疏水层析介质的疏水配基很多，如羟丙基、丙基、苄基、异丙基、苯基、戊基、辛基等。通常，配基通过稳定的非离子键（如醚键）与基质结合，对某些蛋白质而言，上述配基与其结合力太强，为了洗脱这些蛋白质需使用离液序列高的试剂和有机溶剂，常导致活性生物大分子变性。由于具有中等疏水性的高分子配基（如聚乙二醇和聚丙二醇等），不仅可以提供足够的结合力，而且避免了上述缺点，因而在蛋白质的分离中也得到了应用。配基密度的增加为疏水层析在低盐浓度下吸附蛋白质提供了可能。Kato 等[68]研究了不同配基密度（苯基密度 $0 \sim 200 \mu mol/mL$）的 11 种介质在低盐浓度下（硫酸铵浓度为 0.3 或 0.5mol/L）对 17 种蛋白质的分离情况，结果表明，随着介质配基密度的增加，蛋白质的保留值也会相应增加；对于疏水性强的蛋白质，在低盐浓度下是完全可以分离的，这样不但避免了使用高浓度盐所带来的腐蚀性，而且无需其他中间步骤（如脱盐或加盐）就可与离子交换或亲和层析联用。

（二）疏水层析应用方法

应用疏水层析技术对酶进行分离提纯时有两种吸附-解析方法。

1. 盐溶吸附-解析法

即使含酶的蛋白质混合溶液通过一根疏水层析介质柱，其含有某一选定系列的某一个疏水作用力强弱合适的层析介质，希望提纯的酶被吸附在柱上，然后用一合适浓度的盐溶试剂如：盐酸胍、硫氰化钾、氯化四乙铵等使其解析下柱。此方法的缺点是：①解析时使用的盐溶试剂可导致酶失活与变性；②层析后，酶溶液中的盐浓度较高，故需脱盐后方可与后续工艺相衔接。

2. 盐析吸附-解析法

即使酶蛋白在高盐浓度［如在含有 $1 \sim 3mol/L$（NH_4）$_2SO_4$ 的缓冲液中］时被疏水层析介质柱吸附，然后用降低盐浓度的缓冲液、水或非极性溶剂如乙二醇等使其洗脱下柱。此法与上法比较有以下三个优点：①由于在高盐浓度时吸附，故前步处理后的溶液不需脱盐，直接可进行疏水层析；②洗脱条件温和，酶活回收率高；③下柱液不含有变性剂，盐浓度也十分低，故不需要进行脱盐或去除变性剂的处理，可直接与后续工艺相衔接。

疏水作用对于温度的影响是十分敏感的，当温度高时，疏水作用力增加，反之则减少。溶质的性质也可影响疏水作用，引起盐析作用的物质如 NaCl、Na_2SO_4 可增加疏水作用；而引起盐溶作用的物质如盐酸胍、硫氰化钾、氯化四乙铵、尿素等则使疏水作用减少。

五、 电泳

（一）电泳原理

电泳是指带电颗粒在电场的作用下发生迁移的过程。电泳技术就是利用在电场的作用下，由于待分离样品中各种分子带电性质以及分子本身大小、形状等性质的差异，使带电分子产生不同的迁移速度，从而对样品进行分离、鉴定或提纯的技术。

在酶学研究中，电泳技术主要用于酶的纯度鉴定、酶分子质量测定、酶等电点测定以及少量酶的分离纯化。为了更好地理解带电分子在电泳过程中是如何被分离的，下面简单介绍一下电泳的基本原理。

在稀溶液中，电场对带电分子的作用力（F），等于所带净电荷与电场强度的乘积：

$$F = q \cdot E$$

式中　q——带电分子的净电荷；

　　　E——电场强度。

此外，分子还会受到介质黏滞力的阻碍。黏滞力（F'）的大小与分子大小、形状、电泳介质孔径大小、带电分子的移动速度以及电解质黏度等有关，并与成正比，对于带电分子：

$$F' = 6\pi r \eta \upsilon$$

式中　r——球状分子的半径；

　　　η——电解质黏度；

　　　υ——电泳速度。

当带电分子达到稳态匀速移动时：$F = F'$，$q \cdot E = 6\pi r \eta \upsilon$

（二）影响因素

从电泳的关系式可看出，待分离生物大分子的电泳速度与分子所带的电荷、所处的电场、分子大小和性质都会对电泳有明显影响。一般来说，分子带的电荷量越大、直径越小、形状越接近球形，则其电泳迁移速度越快。

当 pH 或离子强度变化时，通常会影响到生物大分子所带电量及改变所处的局部的电场强度，都会影响电泳速度，所以一般电泳样品上样前，要进行平衡处理，电泳缓冲液通常要保持一定的浓度，浓度过低，则缓冲能力差，但如果浓度过高，会在待分离分子周围形成方向相反的电场，因而引起电泳速度降低，延长电泳时间。

生物分子的形状一般会影响到分子的半径，比如变性的蛋白与天然蛋白半径不同，电泳速度不同，核酸的超螺旋形式的电泳速度快于其线性条件下的速度。

温度升高会引起热运动增加，扩散速度加快，分子间束缚降低导致电解质黏度降低。电泳电压越大，电泳速度越快。但增大电压会引起电流强度增大，而造成电泳过程产生的热量增大。因而引起介质温度升高，这会造成很多影响：①样品和缓冲离子扩散速度增加，引起样品分离带的加宽；②产生对流，引起待分离物的混合；③如果样品对热敏感，会引起蛋白变性；④引起介质黏度降低、电阻下降等。支持介质的筛孔大小对待分离生物大分子的电泳迁移速度有明显的影响。在筛孔大的介质中泳动速度快，反之，则泳动速度慢。

（三）电泳基质

蛋白质的聚丙烯酰胺凝胶电泳是分离蛋白质的最常用的一类电泳。聚丙烯酰胺凝胶电泳（Polyacrylamideg Elelectrophoresis，PAGE）是以聚丙烯酰胺凝胶作为支持介质。聚丙烯酰胺凝胶是由单体的丙烯酰胺和甲叉双丙烯酰胺聚合而成，常用的催化聚合方法有两种：化学聚合和光聚合。化学聚合催化剂是以过硫酸铵（AP）四甲基乙二胺作为加速剂（TEMED），乙烯基"$CH_2\!=\!CH\!-\!$"聚合形成丙烯酰胺长链，同时甲叉双丙烯酰胺在不断延长的丙烯酰胺链间形成甲叉键交联，形成交联的三维网状结构。氧气对自由基有清除作用，所以通常凝胶溶液聚合前要进行抽气。丙烯酰胺的另一种聚合方法是光聚合，催化剂是核黄素，核黄素在光照下能够产生自由基，催化聚合反应。一般光照2~3h即可完成聚合反应。

聚丙烯酰胺凝胶的孔径可以通过改变丙烯酰胺和甲叉双丙烯酰胺的浓度来控制，丙烯酰胺的浓度可以在3%~30%。低浓度的凝胶具有较大的孔径，对蛋白质没有明显的阻碍作用，可用于平板等电聚焦或SDS-聚丙烯酰胺凝胶电泳的浓缩胶；高浓度凝胶具有较小的孔径，对蛋白质有分子筛的作用，可以用于根据蛋白质的分子质量进行分离的电泳中（见表4-16）。

聚合后的聚丙烯酰胺凝胶的强度、弹性、透明度、黏度和孔径大小均取决于两个重要参数T和C，T的计算公式是：

$$T = \frac{a+b}{m} \times 100(\%)$$

式中　a——丙烯酰胺的质量/g；

　　　b——甲叉双丙烯酰胺的质量/g；

　　　m——水或缓冲液体积，mL。

选择T和C的经验公式是：

$$C = 6.5 - 0.3T$$

实验中最常用的C是2.5%和3%。

表 4-16　　　　　　　　　　　　聚丙烯酰胺凝胶分离范围

聚丙烯酰胺凝胶浓度/%	分离物质	分离范围/kDa
2~5	蛋白	>500
5~10	蛋白	100~500
10~15	蛋白	40~100
15~20	蛋白	10~40
20~30	蛋白	<10
2~5	核酸	100~1000
5~10	核酸	10~100
10~20	核酸	<10

　　聚丙烯酰胺凝胶电泳有两种系统，即只有分离胶的连续系统和有浓缩胶与分离胶的不连续系统，不连续系统中最典型、其浓缩胶丙烯酰胺 pH 为 6.8，分离胶的丙烯酰胺 pH 为 8.8。电极缓冲液的 pH 为 8.3，用 Tris、甘氨酸配制。配胶的缓冲液用 Tris 和 HCl 配制。不连续电泳有三种效应，分别是电荷效应、分子筛效应与浓缩效应，如图 4-15 和图 4-16 所示。

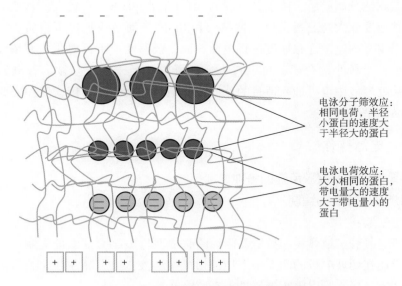

图 4-15　电泳电荷与分子筛效应示意图

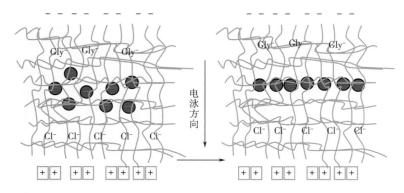

图 4-16　电泳浓缩效应示意图

　　样品在电泳过程中首先通过浓缩胶，在进入分离胶前被浓缩。这是由于在电泳缓冲液中主要存在三种阴离子，Cl^-、甘氨酸阴离子以及蛋白质，在浓缩胶的 pH 下，甘氨酸等电点为 6.0，只有少量的电离，所以其电泳迁移率最小，而 Cl^- 的电泳迁移率最大。在电场的作用下，Cl^- 最初的迁移速度最快，Cl^- 是快离子（前导离子），甘氨酸是慢离子（尾随离子）。Cl^- 和甘氨酸之间形成一个电场强度方向相反的附加电场，在 Cl^- 后面形成低离子浓度区域，即低电导区，而低电导区会产生较高的电场强度，因此 Cl^- 后面的离子在较高的电场强度作用下会减速作用大，而靠近甘氨酸减速作用小，靠近甘氨酸的离子被甘氨酸排斥加速，蛋白质就会聚集在甘氨酸和 Cl^- 的界面附近而被浓缩成很窄的区带。当甘氨酸到达分离胶后，由于分离胶的 pH（通常 pH 8.8）较大，甘氨酸解离度加大，电泳迁移速度变大超过蛋白质，甘氨酸和 Cl^- 的界面很快超过蛋白质。这时蛋白质在分离胶中以本身的电泳迁移速度进行电泳，向正极移动，不再对蛋白有浓缩效应。溴酚蓝指示剂是一个较小的分子，可以自由通过凝胶孔径，所以它显示着电泳的前沿位置。另外样品处理液中也可加入适量的蔗糖或甘油以增大样品密度，使加样时样品溶液可以沉入样品凹槽底部。

（四）　电泳操作

1. 配制聚丙烯酰胺凝胶所需的各种试剂

2. 聚丙烯酰胺凝胶的灌制

①电泳槽安装；

②确定所需凝胶溶液体积，按所需丙烯酰胺浓度与 Tris-HCl 浓度配制一定体积的分离胶溶液。迅速在两玻璃板的间隙中灌注丙烯酰胺溶液，留出灌注浓缩胶所需空间。胶液面上小心注入一层水，以阻止氧气进入凝胶溶液；

③分离胶聚合完全后，倾出覆盖水层，吸净残留水；

④制备浓缩胶：制备一定体积及一定浓度的丙烯酰胺溶液，方法同分离胶。

3. 上样

制备好的蛋白质样品与上样缓冲液 1∶1 混合，点在进样孔。

4. 电泳

连接电源，开始电泳，溴酚蓝前沿到达玻璃板底部时停止电泳，取出凝胶，做好标记，准备染色，如图4-17所示。

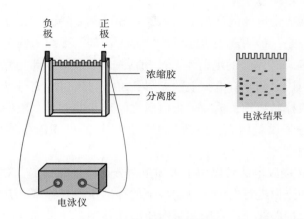

图4-17　电泳装置示意图

5. 染色

检测蛋白质最常用的染色剂是考马斯亮蓝 R-250，考马斯亮蓝染料能与蛋白质的碱性氨基酸结合形成较稳定的复合物形式从而使蛋白质显色。通常是用甲醇：水：冰醋酸（体积比为 45：45：10）配制 1g/L 或 2.5g/L 的考马斯亮蓝溶液作为染色液。这种酸-甲醇溶液使蛋白质变性脱水，固定在凝胶中，防止蛋白质在染色过程中在凝胶内扩散，在聚丙烯酰胺凝胶中可以检测到 0.1mg 的蛋白质形成的染色带。银染是比考马斯亮蓝染色更灵敏的一种方法，在碱性条件下，用甲醛将蛋白带上的硝酸银（银离子）还原成金属银，以使银颗粒沉积在蛋白带上形成黑色来指示蛋白区带的，银染的灵敏度比考马斯亮蓝染色高 100 倍。表4-17 所示为染色剂常用参数。

表4-17　　　　　　　　　　　　　　蛋白染色剂

染色方法	试剂组成	染色/脱色时间	检测限
考马斯亮蓝染色法	染色固定液：甲醇：水：冰醋酸＝45：45：10＋1g/L 或 2.5g/L（W/V）考马斯亮蓝 脱色液：甲醇：水：冰醋酸＝45：45：10	2~3h 过夜	0.2~0.5μg
银染法	固定液：10%乙醇 0.1%硝酸银 显色液：3%碳酸钠（500mL＋100μL 甲醛＋100μL 硫代硫酸钠）	30min 10min 15s	2~5μg

（五）SDS-聚丙烯酰胺凝胶电泳（ SDS-PAGE ）

SDS-聚丙烯酰胺凝胶电泳是最常用的定性分析蛋白质的电泳方法，特别是用于蛋白质纯度检测和测定蛋白质分子量。

SDS-PAGE 是在要走电泳的样品中加入含有 SDS 和 β-巯基乙醇的样品处理液，SDS即十二烷基磺酸钠，是一种阴离子表面活性剂即去污剂。平均每两个氨基酸残基结合一个 SDS 分子，蛋白质分子本身的电荷完全被 SDS 掩盖，使蛋白带电量只与本身分子质量成正比，消除了蛋白质之间原有电荷上的差异；SDS 与蛋白质充分结合，会使蛋白质完全变性和解聚，形成棒状结构，消除了蛋白质之间形状的差异。蛋白质电泳速度只与蛋白质分子量相关，分子质量越大，电泳速度越慢。样品处理液中通常还加入溴酚蓝染料，用于指示电泳速度。

SDS-聚丙烯酰胺凝胶电泳可以用于未知蛋白分子质量的测定，对一系列已知分子质量的标准蛋白及未知蛋白进行电泳，测定各个的标准蛋白迁移率，并对各自分子质量的对数作图，即得到标准曲线。测定未知蛋白质的迁移率，通过标准曲线就可以求出未知蛋白的分子质量。

SDS-聚丙烯酰胺凝胶电泳经常应用于提纯过程中纯度的检测，纯化的蛋白质通常在SDS 电泳上应只有一条带，但如果蛋白质是由不同的亚基组成的，它在电泳中可能会形成分别对应于各个亚基的几条带。

（六）等电聚焦电泳

等电聚焦电泳是根据两性物质等电点（pI）的不同而进行分离的，它具有很高的分辨率，可以分辨出等电点相差 0.01 的蛋白质，是分离两性物质如蛋白质的一种理想方法。等电聚焦的分离原理是在凝胶中通过加入两性电解质形成一个 pH 梯度，两性物质在电泳过程中会被集中在与其等电点相等的 pH 区域内，从而得到分离。

两性电解质是人工合成的一种复杂得多氨基-多羧基的混合物。不同的两性电解质有不同的 pH 梯度范围，既有较宽的范围如 pH3～10，也有各种较窄的范围如 pH7～8。要根据待分离样品的情况选择适当的两性电解质，使待分离样品中各个组分都在两性电解质的 pH 范围内，两性电解质的 pH 范围越小，分辨率越高。

由于等电聚焦过程需要蛋白质根据其电荷性质在电场中自由迁移，通常使用较低浓度的聚丙烯酰胺凝胶以防止分子筛作用，也经常使用琼脂糖，尤其是对于分子量很大的蛋白质。

等电聚焦还可以用于测定某个未知蛋白质的等电点，将一系列已知等电点的标准蛋白（pI3.5～10）及待测蛋白同时进行等电聚焦。测定各个标准蛋白电泳区带到凝胶某一侧边缘的距离对各自的 pI 作图，即得到标准曲线。而后测定待测蛋白的距离，通过标准曲线即可求出其等电点。

等电聚焦具有很高的灵敏度，特别适合于研究蛋白质微观不均一性，例如一种蛋白质在 SDS-聚丙烯酰胺凝胶电泳中表现单一带，而在等电聚焦中表现三条带。这可能是由于蛋白质存在单磷酸化、双磷酸化和三磷酸化形式。由于几个磷酸基团不会对蛋白质的分子量产生明显的影响，因此在 SDS-聚丙烯酰胺凝胶电泳中表现单一带，但由于它们所带的电荷有差异，所以在等电聚焦中可以被分离检测到。同工酶之间可能只有一两个氨基酸的差别，利用等电聚焦也可以得到较好的分离效果。由于等电聚焦过程中蛋白质通常是处于天然状态的，所以可以通过前面介绍的活性染色的方法对酶进行检测。等电聚焦主要用于分离分析，但也可以用于纯化制备。虽然成本较高，但操作简单、纯化效率很高。除了通常的方法，制备性等电聚焦也可以在垂直玻璃管中的梯度蔗糖溶液或颗粒状凝胶如 Sephadex G-75 中进行。

第四节
酶的剂型与保存

一、 主要剂型与特点

酶的剂型包括粗酶制剂与纯酶制剂，粗酶制剂实际包括两类制剂：液体酶制剂和固体粗酶制剂。经过纯化后的制剂，即纯酶制剂，通常是结晶酶制剂，有时也制成液体制剂，如遗传工程的工具酶，常加甘油成剂；医用酶有液体口服剂、针剂（安瓿）、片剂、酶药剂、固定化微囊等商品；分析试剂用酶，则常为结晶酶；工业用酶多为粉剂、颗粒酶、麸皮酶等粗制酶；液体酶制剂，较不稳定，但较经济，常为某些工业用户就近使用而生产。

二、 制备技术

固体粗酶制剂的干燥成型酶液经浓缩、沉淀或吸附后，再经干燥处理并添加填充剂、稳定剂调配即成成品干剂。由于酶粉密度小，颗粒细，易飞扬产生粉尘污染环境，与皮肤接触特别是与眼睛周围皮肤与呼吸系统黏膜接触会溶蚀蛋白质造成伤害和引起过敏反应。在干燥作业中，常添加一些添加剂，以防止酶粉飞扬，而制成颗粒酶，或增加酶的热稳定性和保藏稳定性。现代酶制剂的造粒技术可行的方式有：①挤压造粒法；②流化床造粒法；③喷雾造粒法[70,71]等。

挤压造粒法是采用挤出机和滚圆机完成造粒过程，挤出机是使混合后的湿粉物料成形为细长圆柱形的装置，目前常用的主要有螺杆式挤出机和篮筐筛网式挤出机；滚圆机主要包括滚圆筒和摩擦盘，摩擦盘表面开有许多小槽，相互交错形成小齿。造粒的形状是圆柱形或不规则的颗粒，粒径的大小由钢模或筛网的孔径决定，粒径从数百微米到数十毫米，制备工艺大致为：将所需制备粉料与适量的黏结剂溶液混合均匀→混合均匀的物料经挤压机挤成直径相等的条状→挤出条在高速转动的摩擦盘上被小齿切断成短圆柱颗粒，然后，在离心力、摩擦力、重力作用下不断旋转滚动，直至成为球形颗粒→将所收得微丸进行干燥处理。在挤压造粒法中应注意螺旋升角与挤出孔板的直径和筛目，螺旋升角主要影响物料在螺槽中滞留时间与物料所受压力，而挤出孔板的直径和筛目影响物料挤出速度和温度。

流化床造粒法是将物料置于流化室内，一定温度的热空气经流化室底部的筛网进入流化室，使物料在热空气作用下在流化室内悬浮混合，由喷嘴喷出的包衣液涂布包裹，在含有黏结剂的溶液中使粉体粒子之间形成"液桥"，从而团聚成一个较大的粒子，开始凝集成球粒，当颗粒大小达到规定要求时，停止喷雾，形成的小球粒即在原来的流化室内干燥。在整个过程中，微粉捕集装置始终处在振动状态，微粉不断被震落到流化床内，继续与雾滴或湿粒接触成球。在顶喷流化床制粒中关键的过程参数是喷雾空气压力与液压加料速度，空气进口温度和体积对颗粒形成影响较小，但当黏结剂强度降低时，这些次要参数的影响会增长，黏结剂类型和浓度在粒径形成中也起到重要作用。

喷雾造粒法即喷雾干燥，其原理与流化床喷雾法类似，但喷雾干燥造粒的热风温度远远高于流化床温度，喷雾干燥造粒一般是将液体物料喷入塔中雾化，雾滴与热空气相遇后被迅速干燥成粉料，将黏结剂与粉状物料混合后喷入造粒塔中，热空气使黏结剂固化后就能得到颗粒状物料。喷雾干燥是一种干燥手段，一般说来不是一种提取的方法。但是有些工业酶制剂或其他生物制剂，在特定条件下可直接用喷雾干燥法制成粉剂。喷雾干烘器进风温度很高，而一般生物制剂很容易受热破坏。但实际上在喷雾干燥 α-淀粉酶时，当进风温度在 150℃ 以上，出风温度在 80℃ 以下，酶的失活却在 10% 以下。这是因为酶的失活不仅与温度有关，而且与湿度、作用时间等有关。

在许多酶浓缩液中，加入一定比例酶粉黏结剂，可使酶粉黏结，防止酶粉尘被吸入后，引起过敏反应。通常是含结晶水的盐类，混合后在干燥过程由于结晶水释放，在大分子之间形成共用水与离子键，增强蛋白质之间的作用力，硫酸钠或三聚磷酸钠、或硼砂、或柠檬酸钠溶液与蛋白酶浓缩液混匀，在室温下加丙酮，沉淀物于 55℃ 真空干燥，即得到颗粒酶。添加适量聚乙烯醇及类似物混合后也可在喷雾干燥时得到颗粒酶；相对较短长度、低吸水值的硬木纤维素在生物酶制剂中表现出了较好的颗粒的分布，同时得到的平均粒径最大；将酶与黏合剂和水混合、挤压成线条状，再经成丸器制成球状，并在干燥后包上蜡层。这种制剂贮藏稳定性好。表 4-18 所示为几项造粒工艺的比较。

表 4-18　　　　　　　　　　　　　酶蛋白造粒工艺

目的蛋白	颗粒酶黏结剂	酶保护剂	造粒参数
蛋白酶[73] （流化造粒）	玉米淀粉：糊精：聚乙二醇为 1：1：1：1 时挤出颗粒质量最优	黏结剂：填充剂：蛋白酶 = 7：12：14	挤出速度 30Hz，流化温度 75℃

续表

目的蛋白	颗粒酶黏结剂	酶保护剂	造粒参数
脂肪酶[74] (喷雾-沸腾造粒)	硅藻土作为造粒基质，添加33%（w/v）的麦芽糊精	保护剂配方为（w/v）：4%聚乙二醇6000，0.5% β-环糊精，0.5%明胶	喷雾进出口温度分别为160℃和70℃ 造粒进口温度为70~80℃，出口温度为26~35℃
纤维素酶[75] (喷雾-沸腾造粒)	5%淀粉浆	喷雾干燥时海藻糖：酶蛋白总量=4:1 海藻糖：酶蛋白总量=1:2	喷雾进风温度200℃出风温度85℃，流量5L/h 造粒：20目筛90℃10min鼓风

三、 酶制剂稳定性及保存技术

（一）酶稳定性研究

酶的稳定性与酶的结构及所处环境相关，与酶稳定性相对的是酶的变性，而变性是指结构改变导致蛋白功能丧失，因此维持蛋白结构的作用力就至关重要。维持蛋白结构的次级键有氢键、范德华力、静电作用与疏水作用，蛋白的结构是各种作用力达到稳态平衡的表现，所以当维持蛋白结构的作用力发生变化时，蛋白的构象就会发生变化，蛋白的稳定性就会增强或减弱。一般要想加强酶蛋白的稳定性，要么增加维持蛋白作用力的数目，要么增加作用力的强度。酶制剂当中通常加入一些大分子或小分子物质，或者与酶直接作用，比如以多个氢键位点直接连接或者以螯合作用稳定酶的构象或者改变酶所处的外部环境，下面是一些简单的酶的稳定剂或保护剂的方式。

1. 金属离子对稳定性的影响

不同的酶制剂对不同的金属离子反应不同，薛正莲[98]研究了不同金属离子对糖化酶稳定性的影响，其中Na^+能提高糖化酶的热稳定性，Ca^{2+}的作用不明显，而Fe^{2+}、K^+对酶有抑制作用；而祝彦忠[83]在研究菊粉酶的稳定性时，Na^+无明显作用，Ca^{2+}可以提高菊粉酶的热稳定性；在陈小泉[99]的研究中Ca^{2+}添加方式，浓度对脂肪酶的稳定性有显著影响，在较低浓度下Ca^{2+}的稳定作用随浓度增大而增大，当增大到一定浓度，如果单纯与酶作用，则稳定性降低，如果先于底物作用，再与酶作用，则稳定性不变；金属离子稳定性机理可能是金属离子与酶蛋白基团发生相互作用，在一定浓度下，可通过金属离子的静电作用，加强酶结构的稳定性，但过量的金属离子与蛋白作用力与作用点太多，反而不利于酶蛋白的稳定性。赵荧[76]测定了耐高温 α-淀粉酶分子中含10个Ca^{2+}，脱钙酶逐量补钙后的活力及稳定性研究表明：酶分子中前8个Ca^{2+}参与酶的催化作用，后2个Ca^{2+}对酶结构起稳定作用。脱钙酶加钙后，室温下的荧光光谱和CD谱表明：酶的构象虽有变化，但不显著，说明酶的构象对Ca^{2+}的依赖性很小。脱钙酶结合不同数目的

Ca^{2+}，于90℃加热15min后，测其荧光光谱，结果表明，结合10个Ca^{2+}时，酶保持最大的稳定构象；CD谱表明脱钙酶加热时仍具有一定的螺旋结构。这再次说明，酶的构象对Ca^{2+}依赖性较低。

2. 有机小分子稳定性研究

常用的小分子物质有甘油、蔗糖、海藻糖、乙醇、戊二醛、羧酸盐等，甘油、蔗糖、乙醇是含羟基的化合物，其稳定机理可能是羟基基团和酶分子的相互作用，可与酶蛋白形成氢键，或是醇类减少了介质的介电常数，而增强了蛋白之间与蛋白内部的作用力而增强了酶蛋白的稳定性。这一结果在不同的研究中表现出了较一致的现象，如前面介绍的菊粉酶、脂肪酶、糖化酶在添加甘油的时候，都表现出酶稳定性增加，但对乙醇有不同的反应，可能是醇类物质对某些蛋白有变性作用。在对羧酸盐的研究中，不同的羧酸盐有不同的反应，较低的羧酸有一定的稳定作用，而具有多个羧基的则有一定的变性作用。其稳定性变化，可能是羧基与蛋白质的静电作用力强弱有关，作用力较弱时，可起到稳定活性中心的作用，多个羧基则对蛋白质作用力较强，破坏了蛋白质的结构。对海藻糖的研究中，有学者认为糖保护酶活的机理可能是：在低温下葡萄糖的羟基代替水分子同蛋白质表面分子作用，可以防止酶的失活。在高温下葡聚糖会在酶蛋白分子的周围形成玻璃态，从而保护酶分子免受失水所带来的损伤。海藻糖有效保护酶活性的机理可能是：一方面海藻糖的羟基替代水分子同酶分子表面结合；另一方面海藻糖以分子的形式填充到酶蛋白的空隙中，干燥脱水后海藻糖呈玻璃态，将酶分子支撑和包裹起来。在这两种机理的共同作用下，海藻糖能在较宽的温度范围内，有效地防止蛋白质分子发生三维结构的变化，使酶避免失活。也有少数用戊二醛处理的酶制剂，戊二醛或可与酶交联，限制酶的空间构象变化，增强酶稳定性，但会降低酶活力，应用一般较少。

3. 有机大分子稳定性研究

常用的有机大分子有：黄原胶、惰性蛋白质，其机理一是大分子与水或蛋白质形成氢键，与水作用会束缚水分子的活动，降低水与蛋白质的作用，增强蛋白质的稳定性，二与蛋白质形成氢键，束缚蛋白质的构象变化，而加强了蛋白质的稳定性。薛正莲[98]在对糖化酶稳定性的研究中，随着胶浓度的增加，酶的热稳定性能逐渐增强，当胶浓度增加至0.2%时相对残余酶活力增加幅度最大。这可能由于结构的不同，黄原胶分子与它们作用的机会并非均等。酶的活性功能决定于其分子结构的完整和严格的构象，酶分子是热敏分子，温度升高会导致酶的高级立体结构的破坏，从而丧失其原有的生物活性。具有空间结构的黄原胶大分子形成的网状结构可产生筛孔效应，对较小的酶蛋白分子空间限位减少了酶分子的相互碰撞，一定程度上提高了酶分子的热稳定性。在祝彦忠对菊粉酶保护剂的研究中，也得到了类似的结果。增稠剂对提高菊粉酶的热稳定性具有一定的作用，其中，黄原胶的效果最好，在65℃的条件下，酶活性的半衰期延长了三倍。

4. 底物、抑制剂和辅酶

它们的作用可能是通过降低局部的能级水平，使酶蛋白处于不稳定状态的扭曲部分转入稳定状态，即它们可以降低酶的活性中心的能级水平或使酶的活性中心与之结合，稳定酶的构型而起到保护作用。

5. 对巯基酶，可加入 SH-保护剂

如二硫基乙醇、GSH（谷胱甘肽）、二硫苏糖醇等还原性物质，防止酶蛋白中的巯基被氧化而使酶失活。

（二）保存技术

1. 温度

在低温条件下（0~4℃）使用、处理和保存。有的需更低温度，加入甘油或多元醇有保护作用。温度低，酶蛋白分子内能小，酶蛋白不易改变结构，酶稳定好。

2. pH 与缓冲液

pH 应在酶的 pH 稳定范围内，采用缓冲液保存。pH 过低或过高，都易使酶的同种电荷增多，分子内斥力增大，酶构象改变而变性失活。

3. 酶蛋白浓度

一般酶浓度高较稳定，类似与添加惰性蛋白，蛋白质浓度升高，大量蛋白与水作用会束缚水分子的活动，降低水与蛋白质的作用，增强蛋白质的稳定性。

表 4-19　　　　　　　　　　　　　　酶蛋白稳定剂

酶制剂	稳定剂	稳定性
辣根过氧化物酶[77]	硫酸镁和明胶	50℃，80h 保留 89% 常温 90 d 保留 57%
液体脂肪酶[78]	4mmol/L 的 Ca^{2+}、0.0313mol/L 的四硼酸钠和 4mol/L 的丙三醇	40℃，半衰期 84h 35℃，半衰期 790h
固体脂肪酶[78]	2mmol/L 的 Ca^{2+}、0.0313mol/L 四硼酸钠和 0.5% 山梨糖	40℃，半衰期 30h 35℃，半衰期 166h
氨肽酶[79]	10%的甘油，20 mmol/L 的氯化钠，0.001%的吐温 80	70 d 保留 94%
液体凝乳酶[80]	60mmol/L 的 Mg^{2+}、25%的甘油、4%的可溶性淀粉	9 d 保留 95.35%±1.50%
糖化酶溶液[81]	3 g/L 黄原胶、10 mmol/L 氯化钠、90 g/L 甘油的复合稳定剂和 1 g/L 山梨酸钾的酶液	室温 60 d 保留 89.6%
液体 β-葡聚糖酶[82]	甘油 120g/L、黄原胶 5g/L NaCl 3.51g/L，明胶 1g/L	60℃ 2h，保留 59.5%

表 4-19 所示为部分酶的稳定剂制备技术，李宁等研究制备了乳糖酶[85]、菊粉酶[83]的酶制剂，结果表明添加甘油、乳糖、麦芽糊精、大豆蛋白等可提高乳糖酶的热稳定性，6%的甘油，0.6%的黄原胶，100mmol/L 的 $CaCl_2$ 组合的保护剂，对提高菊粉酶的热稳定性提高具有显著作用。乳糖酶最佳复合稳定剂为 4%甘油、3%乳糖、4%麦芽糊精、4%大豆蛋白，在该稳定剂作用下，经 70℃保温 2h 后，酶活力保留率仍为 85.28%，可显著提高乳糖酶的热稳定性。在室温条件下储存 60d，酶活力保留率为 88.77%，比对照

高 20.63%，4℃贮藏 2 年后依然有 50%以上酶活力，显示出良好的储存稳定性。

（作者：于宏伟　贾英民）

参考文献

[1] 鲍时翔，姚汝华等. 蛋白质分离纯化与层析技术进展 [J]. 华南理工大学学报（自然科学版），1996，12：98-103.

[2] 杨宏顺，陈复生，于志玲等. 反胶束萃取技术在食品科学中的研究进展 [J]. 郑州工程学院学报，2001，22（4）：42-45.

[3] 韩金玉，那平，元英进. 亲和色谱纯化蛋白质新进展色谱 [J]. 色谱，1996（6）：447-450.

[4] 陈勇，徐燚，应汉杰等. 亲和层析研究进展 [J]. 离子交换与吸附，2001，17（3）：276-280.

[5] 赵瑞香，王大红，牛生洋等. 超声波细胞破碎法检测嗜酸乳杆菌 β- 半乳糖苷酶活力的研究 [J]. 食品科学，2006，27（1）：47-50.

[6] 吴蕾，洪建辉，甘一如等. 高压匀浆破碎释放重组大肠杆菌提取包含体过程的研究 [J]. 高校化学工程学报，2001，15（2）：191-194.

[7] 陈小丽，黄卓烈，巫光宏等. 超声波对淀粉酶催化活性的影响 [J]. 华南农业大学学报，2005，26（1）：76-79.

[8] 黄卓烈，林茹，何平等. 超声波对酵母过氧化氢酶及多酚氧化酶活性的影响研究 [J]. 中国生物工程杂志 2003，23（4）：89-93.

[9] 项炯华，吴坚平，王能强等. 2-氯丙酸脱卤酶产酶菌种的筛选及酶学性质研究 [J]. 化学反应工程与工艺，2005，21（6）：537-541.

[10] 刘晓艳，丘泰球，黄卓烈. 不同方法对酵母细胞膜通透性的影响 [J]. 华南农业大学学报，2004，25（1）：74-76.

[11] 林红卫，梁宏. 钝顶螺旋藻糟啦蛋白的提取新工艺 [J]. 广西化工，1997，4：5-7.

[12] Castor, Trevor P. Hong, Glenn T. Supercritical fluid disruption of and extraction from microbioal cells. United States Patent：5380826 [P] 1995，01-15.

[13] 庄志凯. 凡纳滨对虾虾头内源性蛋白酶分离纯化与酶学特性研究 [D] 湛江：广东海洋大学，2011.

[14] 杜新永. 生姜蛋白酶分离纯化及品种间差异性比较 [D]. 泰安：山东农业大学，2010.

[15] 高大海，梅乐和，盛清等. 硫酸铵沉淀和层析法分离纯化纳豆激酶的研究 [J]. 高校化学工程学报，2006，20（1）：63-67.

[16] 陶科，龙章富，刘昆等. 硫酸软骨素酶的分离纯化及部分性质 [J]. 吉首大学学报，2004，5（4）：44-48.

[17] Neetu Dahiya, Rupinder Tewari, Ram Prakash Tiwari, et al. Chitinase from Enterobacter sp. NRG4：Its purification, characterization and reaction pattern [J]. Electronic Journal of Biotechnology 2005，8（2）：134-144.

[18] Supawadee Wachiratianchai, Amaret Bhumiratana, Suchat Udomsopagit. Isolation, purification, and characterization of L-glutamate oxidase from *Streptomyces* sp. 18GElectronic [J]. Journal of Biotechnology, 2004，7（3）：277-284.

[19] 于宏伟，贾英民，桑亚新等. 黑曲霉 U γ-2 胞外菊粉酶的分离纯化 [J]. 河北农业大学学报，2005，28（1）：59-61.

[20] Xiao'e Chen, Wenshui Xia, Xiaobin Yu. Purification and characterization of two types of chitosanase from *Asper-*

*gillus sp. CJ*22-326 [J]. Food Research International, 2005, 38: 315-322.

[21] 肖丽. 巴西松子蛋白酶分离纯化及蛋白质提取 [D]. 杭州：浙江大学，2012.

[22] Guangxing Liu, Lingling Yang, Tingjun Fan et al. Purification and characterization of phenoloxidase from crab Charybdis japonica [J]. Fish & Shellfish Immunology, 2006, 20: 47-57.

[23] Vadde Ramakrishna, P Ramakrishna Rao. Purification of acidic protease from the cotyledons of germinating Indian bean (*Dolichos lablab* L. var lignosus) seeds [J]. African Journal of Biotechnology 2005, 4 (7): 703-707.

[24] 程立忠，张理珉，丁骅孙等. 丙酮沉淀法提取中性β-甘露聚糖酶的条件研究 [J]. 云南大学学报，2000, 22 (4): 318-320.

[25] DING Fengping, Hidetaka Noritomi, Kunio Nagahama. Concentration of alkaline pecticlyase with ultrafition process [J]. Membrane Science and Technology 2001, 21 (6): 53-58.

[26] 王来欢. 超滤膜的荷电特性及对蛋白质分离行为影响的研究 [D]. 上海：上海交通大学，2008.

[27] 齐希光，郭群峰，李秀芬. 超滤操作条件对超滤膜清洗效率的影响 [J]. 膜科学与技术，2006, 26 (1): 47-54.

[28] Prapapan Teerawanichpan, Palika Krittanai. Nopmanee Chauvatcharin et al. Purification and characterization of rice DNA methyltransferase [J]. Plant Physiology and Biochemistry, 2009, (47): 671-680.

[29] S. Agülǒ glu Fincan Bariş Enez, Ihsan Rezzukǧlu. Purification and characterization of thermostable α-amylase from Thermophilic Anoxybacillus flavithermus [J]. Carbohydrate Polymers, 2014, (102): 144-150.

[30] 马晓轩，范代娣，王晓军等. 批量离子交换层析和凝胶过滤层析在类人胶原蛋白 I 纯化中的应用 [J]. 离子交换与吸附，2006, 22 (1): 47-52.

[31] T. Bolumar, Yolanda Sanz, M-Concepción Aristoy et al. Protease B from Debaryomyces hansenii: purification and biochemical properties [J]. International Journal of Food Microbiology, 2005, 98: 167-177.

[32] BM Faulet, S Niamke, JT Gonnety et al. Purification and biochemical properties of a new thermostable xylanase from symbiotic fungus, *Termitomyces sp.* [J]. African Journal of Biotechnology, 2006, 5 (3): 273-282.

[33] 孙青池. 反胶束萃取牛血清白蛋白的研究 [D]. 济南：山东大学，2011.

[34] Gupta Shruti, Singh Sukhdev, Kanwar Shamsher Singh. Purification and characterization of an extracellular ribonuclease from a *Bacillus sp. RNS*3 (*KX*966412) [J]. International Journal of Biological Macromolecules, 2017 (97): 440-446.

[35] Jean Tia Gonnety, Sébastien Niamké, Betty Meuwiah Faulet et al. Purification and characterization of three low molecular-weight acid phosphatases from peanut (*Arachis hypogaea*) seedlings [J]. African Journal of Biotechnology 2006, 5 (1): 035-044.

[36] Michael K. Unstable Proteins: How to Subject Them to Chromatographic Separation for Purification Procedures [J]. J. Chromatogr 1997, 699 (1~2): 347-369.

[37] Benedek K, Dong S, Karger B L. Kinetics of Unfolding of Proteins on Hydrophobic Surfaces in Reversed phase Liquid Chromatography [J]. J. Chromatogr, 1984, 317: 227-243.

[38] Jaenicke R. Enzymes Under Extremes of Physical Conditions [J]. Annu. Rev. Biophys. Bioeng, 1981, 10 (1): 1-67.

[39] Li M, Su Z G. Refolding of Superoxide Dismutase by Ion. Exchang Chromatography [J]. Biotechnol. Lett, 2002, 24: 919-923.

[40] Ming Li, Zhi-Guo Su. Dual Gradient Ion exchang Chromatography Improved Refolding Yield of Lysozyme [J]. J. Chromatogra. A, 2002, 959: 113-120.

[41] Li M, Su Z G. Refolding Human Lysozyme Produced as an Inclusion Body by Urea Concentration and pH Gradi-

ent Ion Exchange Chromatography [J] . Chromatographia, 2002, 56: 33-38.

[42] 唐振兴, 钱俊青, 石陆娥. 壳聚糖层析凝胶洗脱条件优化 [J]. 精细化工, 2004, 21 (10): 726-730.

[43] 唐振兴, 石陆娥, 钱俊青. 壳聚糖层析凝胶吸附蛋白质机理研究 [J]. 精细化工, 2004, 21 (11): 833-836.

[44] 姚善泾, 关怡新, 俞丽华. 蛋白质在离子交换介质中的动态吸附性能 [J]. 高校化学工程学报, 2002, 16 (6): 663-669.

[45] 李红飞, 于宏伟, 韩军等. 黑曲霉 D2-26 乳糖酶分离纯化研究 [J]. 河北农业大学学报, 2006, 29 (5): 65-68.

[46] 安春菊, 李德森, 赵素然等. 凝胶过滤层析参数对家蝇蛋白粗提液分离效果的影响 [J]. 昆虫学报, 2005, 48 (1): 139-142.

[47] 童望宇, 姚善泾, 朱自强. 人表皮生长因子在凝胶层析中的某些分离性质 [J]. 化工学报, 2002, 53 (14): 369-372.

[48] 王志新, 李宁, 韩军等. 黑曲霉 A9 葡萄糖氧化酶的提取纯化 [J]. 中国食品学报, 2007, 7 (1): 64-68.

[49] B. K. M Lakshmi, Muni Kumar D., Hemalatha K. P. J et al. Purification and characterization of alkaline protease with novel properties from *Bacillus cereus strain S8* [J]. Journal of Genetic Engineering and Biotechnology, 2018, (16): 295-304.

[50] Hao Wu, Xianbo Cheng Yong feng Zhu, et al. Purification and characterization of a cellulase-free, thermostable endo-xylanase from *Streptomyces griseorubens LH*-3 and its use in biobleaching on eucalyptus kraft pulp [J]. Journal of Bioscience and Bioengineering, 2018, 125 (1): 46-51.

[51] Fengping He, Yonggui Pan. Purification and characterization of chalcone isomerase from fresh-cut Chinese water-chestnut [J]. LWT-Food Science and Technology, 2017 (79): 402-409.

[52] M. CIFTCI, A. Ciltas, O. Erdogan. Purification and characterization of glucose 6-phosphate dehydrogenase from rainbow trout (*Oncorhynchus mykiss*) erythrocytes [J]. Vet. Med. – Czech, 2004 (9): 327-333.

[53] 刘平, 张双全, 闫晓梅等. 固定化镍离子亲和层析胶的制备及其性能鉴定 [J]. 生物化学与生物物理进展, 2001, 28 (2): 267-269.

[54] 杨青, 姚伟. 定向合成化学配基亲和层析纯化碱性磷酸酶 [J]. 生物化学与生物物理学报, 1998, 30 (3): 241-245.

[55] 王静云. 新型染料配基对碱性磷酸酶的亲和纯化 [J]. 高校化学工程学报, 2001, 15 (6): 563-567.

[56] S. Fisichella, G. Alberghina, M. E. Amato et al. Purification of wheat flour high-Mr glutenin subunits by Reactive Red 120-Agarose and Reactive Yellow 86-Agarose resins [J]. Journal of Cereal Science, 2003, 38: 77-85.

[57] 陈晴. 磷钼氧酸盐在蛋白质分离纯化中的应用研究 [D]. 沈阳: 东北大学, 2014.

[58] 冯长根, 白林山, 任启生. 二甲胺修饰戊二醛交联壳聚糖树脂的制备及性能 [J]. 离子交换与吸附, 2003, 19 (3): 262-268.

[59] 谭天伟, 许伟坚. 壳聚糖涂层亲和层析介质合成的研究 [J]. 离子交换与吸附, 1997, 13 (2): 141-146.

[60] 谭天伟, 邓利, 许伟坚等. 用膨胀床金属亲和层析从淡菜匀浆液中分离纯化纤维素酶 [J]. 生物工程学报, 1998, 14 (4): 434-438.

[61] 余婷婷. 促溶剂对反胶束反萃取的影响及反胶束萃取的分子相互作用机理 [D]. 上海: 华东理工大学, 2017.

［62］ Delia Spanò, Pospiskova, Kristyna, Safarik, Ivo et al. Chitinase III in Euphorbia characias latex：Purification and characterization ［J］. Protein Expression and Purification 2015（116）：152-158.

［63］ 王雪峰，杨龙寿，陈天. 壳聚糖为载体金属亲和吸附剂的制备及性质［J］. 功能高分子学报，2003，16（3）：327-331.

［64］ 邱泽梅，陈国亮，雷建都等. 金属螯合亲和色谱介质的合成及其色谱特性研究［J］. 色谱，1998，16（4）：297-300.

［65］ Anspach F B. Silica-based metal chelate affinity sorbents I. Preparation and characterization of iminodiacetic acid affinity sorbents preparedvia different immobilization techniques ［J］. Chromatogr. A，1994，672：35-49.

［66］ Hashimoto T，Kato K，NakamuraK. High－performance Metal chelate affinity chromatography of proteins ［J］. J. Chromatogr. A，1986，354：511-517.

［67］ Rassi Z E，Horvath C S. Metal chelate-interaction chromatography of proteins with iminodiacetate acid-bonded stationary phase sonsilica support ［J］. J. Chromatogr. A，1986，359：241-253.

［68］ Kato Y，Nakamura K，Kitamura T，*et al*. Separation of protein by hydrophobic interaction chromatography at low salt concentration ［J］. Chromatogr A，2002，971（12）：143-149.

［69］ J. Fernandez，Angel F. Mohedano，Estrella Fernández-Garc，*et al*. Purification and characterization of an extra-cellular tributyrinesterase produced by a cheese isolate *Micrococcus sp. INIA* 528 ［J］. International Dairy Journal，2004，14：135-142.

［70］ 王雄健，张剑. 洗涤用酶制剂的造粒技术研究［J］. 中国洗涤用品工业，2017，8：77-84.

［71］ 张栋梁，崔政伟. 饲料酶的造粒方法和设备［J］. 饲料研究，2006，12：61-64.

［72］ 何伟正. 木质纤维素在工业级生物酶制剂高速剪切造粒中的作用［D］. 天津：天津大学，2014.

［73］ 王雄健. 洗涤剂用蛋白酶的发酵及造粒技术研究［D］. 太原：山西大学，2018.

［74］ 叶宗浩. 脂肪酶制剂规模化生产工艺［D］. 北京：北京化工大学，2016.

［75］ 蒙健宗，高秀岩，马少敏等. 海藻糖对纤维素酶的干燥保护作用［J］. 食品工业科技，2005，12：164-166.

［76］ 赵荧，费小芳，郑玉娟等. 耐高温 α-淀粉酶结合 Ca^{2+} 的研究［J］. 高等学校化学学报，1998，19（8）：1267-1270.

［77］ 毛新焕. 辣根过氧化物酶热稳定剂的筛选及其作用机制研究［D］. 西安：陕西师范大学，2009.

［78］ 李品周. 扩展青霉碱性脂肪酶稳定性研究［D］. 福州：福建师范大学，2007.

［79］ 张静. 提高枯草芽孢杆菌氨肽酶稳定性的研究［D］. 无锡：江南大学，2013.

［80］ 曹磊，张卫兵，张忠明等. 米黑毛霉凝乳酶稳定剂的研究［J］. 食品与发酵科技，2017，53（2）：19-23.

［81］ 张贺迎，武金霞，张瑞英等. 稳定剂对糖化酶溶液的保护作用［J］. 河北大学学报（自然科学版），2002，22（4）：374-376.

［82］ 郝秋娟，李永仙，李崎等. 淀粉液化芽孢杆菌产 β- 葡聚糖酶培养基优化以及酶稳定剂的研究［J］. 中国酿造 2006，157（4）：18-23.

［83］ 祝彦忠，贾英民，于宏伟等. 黑曲霉（*Aspergillus niger*）U γ-2 菊粉酶保护剂的研究［J］. 微生物学通报，2005，32（5）：67-71.

［84］ 范景辉. 反胶束萃取技术在提取分离生物制品中的应用［J］. 粮食与油脂，2016，29（5）：9-11.

［85］ 李宁，赵珊，于宏伟等. 黑曲霉 DL-116 高温乳糖酶复合热稳定剂的研究［J］. 食品科技，2010，35（6）：25-34.

［86］ 祝彦忠，贾英民，李宁. 黑曲霉 U γ-2 菊粉酶酶制剂的生产工艺［J］. 中国食品学报，2011，11（8）：

113-117.

[87] 熊振平. 酶工程 [M]. 北京：化学工业出版社, 1989.

[88] 郭勇. 酶工程（第一版）[M]. 北京：中国轻工业出版社, 1994.

[89] 徐凤彩. 酶工程 [M]. 北京：中国农业出版社, 2001.

[90] 罗九甫. 酶和酶工程 [M]. 上海：上海交通大学出版社, 1996.

[91] 郭勇. 酶工程（第四版）[M]. 北京：科学出版社, 2016.

[92] Bansal-Mutalik R, 吴大治. 利用反胶束溶液提取大肠杆菌青霉素酰化酶 [J]. 中国医药工业杂志 2003, 34 (07)：14.

[93] Kashmiri Ahmad Adnan, Beenish Waseem Butt. Production, purification and partial characterization of lipase from Trichoderma Viride [J]. African Journal of Biotechnology. 2006, 5 (10)：878-882.

[94] MargaridaRibau Teixeira, Maria JoãoRosa. pH adjustment for seasonal control of UF fouling by natural waters [J]. Desalination 2003, 151 (2)：165-175.

[95] Wu D, Walters R R. Effect of stationary phase ligand density on high performance ion exchange Chromatography of proteins [J]. Chromatogr 1992, 598 (1)：7-13.

[96] ZviEr-el, Yeshayahu Zaidenzaig, Shmuel Shaltiel. Hydrocarbon-coated Sepharoses. Use in the purification of glycogen phosphorylase [J]. Biochemical and Biophysical Research Communications 1972, 49 (2)：383-390.

[97] Inger Lagerlund, Erik Larsson, Jan Gustavsson et al. Characterisation of ANX Sepharose ® 4 Fast Flow media [J]. Journal of Chromatography A, 1998, 796 (1)：129-140.

[98] 薛正莲, 赵光鳌. 糖化酶稳定性的研究 [J]. 食品与发酵工业, 1999：38-40.

[99] 陈小泉, 古国榜. 洗涤剂用碱性脂肪酶稳定剂研究 [J]. 南华大学学报（自然科学版）, 2001, 2：17-19.

第五章

酶固定化技术及固定化酶反应器

酶的化学本质是蛋白质，其具有一系列的优点，比如反应条件温和，比较环保，不会对环境造成污染，并且有着较高的选择性和催化效率等；但是，游离状态的酶却有着较差的稳定性，比如热、酸、碱、有机溶剂和高离子强度等都容易使酶变性失活，并且反应之后容易混入一些其他的物质，比如催化产物等，为了提高酶的稳定性，延长酶的使用周期，降低产物纯化成本，在 20 世纪出现了酶固定化技术，与游离酶相比，固定化酶在保持其高效专一及温和的反应条件的同时，又克服了游离酶的不足，呈现出稳定性好，分离回收容易，可多次重复使用的特点，酶固定化技术已在食品工业、精细化学品工业、医药、特别是手性化合物等行业得到广泛应用，在废水处理方面也取得了一定进展，随着人类对环保的日益关注，酶的应用会更受关注。如何充分利用新载体、新方法来进一步提高固定化酶的活力、回收率，延长使用周期，降低成本，成为固定化酶研究领域的热点。同时开发新型高效固定化酶反应器，进一步提高转化率和生产能力，在反应过程中引入自动化控制与智能化相结合也是研究的重点和方向。

第一节
固定化酶及其制备原则

酶的固定化是用固体材料将酶束缚或限制在一定区域内，但仍能进行其特有的催化反应，并可回收及重复使用的一类技术。固定化酶是 20 世纪 60 年代发展起来的一项新技术，最初主要是将水溶性酶与不溶性载体结合起来，成为不溶于水的酶衍生物，所以曾称水不溶酶或固相酶。但是，出现了将酶包埋在凝胶内或置于酶膜反应器中，在这种情况下，酶本身仍是可溶的，只不过被固定在一个有限的空间内不能再自由流动。因此，用水不溶酶或固相酶的名称就不再恰当。在 1971 年第一届国际酶工程会议上，正式建议采用"固定化酶"的名称。将"固定化酶"这个术语定义为：被局限在某表面的特定区域上的、并且保留了它们的催化活力，可以反复、连续使用的酶。

一、 固定化酶的特点

（1）酶的使用效率提高，成本降低。固定化酶可以多次使用，而且在多数情况下，酶的稳定性提高，酶经过固定化处理一般稳定性有较大提高，对热、pH 等的稳定性提高，对抑制剂的敏感性降低，有的酶具有了抗蛋白酶分解的特性，用酶量大减，即单位酶的生产力高。

（2）固定化酶极易与底物、产物分开，反应完成后经过简单的过滤或离心，酶就可以回收，而且酶活力降低较少，因而催化产物中，没有酶的残留，简化了提纯工艺，产率较高，产品质量较好。

（3）固定化酶的反应条件易于控制，催化过程易控制，适合于连续化、自动化生产，可以装柱（塔）连续反应，节约劳动力，减少反应器占地面积，且产品中不会带进酶蛋白或细胞，改善了后处理过程，提高了酶的利用效率，降低了生产成本。

（4）较水溶性酶更适合于多酶反应。酶固定化之后，可以排列在一起，一种酶的产物可直接转移到另一种酶，作为底物，利于实现酶的连续反应，但只适用于简单的酶反应，多种酶连续反应仍有一定困难。

（5）辅酶固定化和辅酶再生技术，将使固定化酶和能量再生体系或氧化还原体系合并使用，从而扩大其应用范围。

固定化酶虽然有上述优点，但用于工业生产的实例，至今仍然不多，原因就在于固定酶的应用尚存若干困难或缺点：①固定化酶所用载体与试剂较贵、成本高、工厂投资大，加上固定化过程中，连接于载体上后，蛋白的构型和活性中心都会发生改变，活力有损失，即酶活力回收率低，增加了固定化的成本；更增加了工业化生产的投资困难。如果用胞内酶进行固定化，还要增加酶的分离成本；另外，固定化酶在长期使用后，因染杂菌，酶的渗漏，载体降解以及其他错误操作，也会致使酶失活。②只能用于水溶性底物，而且较适用于小分子底物，对大分子底物不适宜，大分子底物常受载体阻拦，载体骨架和侧链可能造成空间位阻，影响底物接近酶分子，不易接触酶，致使酶催化效率受到不同程度的影响，但通过改变催化环境因子，可在一定程度上得以克服。③目前固定化酶尚限于单级反应，与完整细胞相比，不宜多酶反应；对于一些结构复杂的产物，往往不能通过酶的简单转化完成，需要多个酶的协同，但少数几个酶的共固定化已发展的较为成熟。

二、 固定化酶的制备原则

1. 固定化处理后不能改变酶的专一性及其他催化特性

固定化处理后，酶分子所处环境发生改变，由游离酶变成了固相酶，环境的改变有时会使酶的催化方向逆转或降低酶的催化活力，例如水解反应，由于载体周围的水分子量较少，相当于降低了反应物浓度，使化学平衡向水解的逆反应方向进行，或者载体阻挡了大分子底物的进入，而只允许小分子进入，所以固定化后应注意固定化酶的酶学性质。

2. 固定化载体应有一定的刚性， 有利于固定化酶的应用工艺自动化

因为固定化酶需要重复使用，随着固定化酶使用时间的延长，固定化酶会因其机械性能的下降，会有部分固定化酶与载体混到产品中，催化活力降低，增加产品中的杂质，从而影响了产品的质量。现在提高固定化酶机械性能的一种方法就是通过添加化学试剂对原有的固定化载体进行硬化处理，如用含有 Fe_3O_4 的交联聚乙烯醇（PVA）微球为载体，固定化酶，不仅反应条件温和，酶不易失活，固定化产物的机械性能较好，而且酶用量少，活性回收率高；另一种方法就是采取联合固定化法或采用新型固定化载体的方法。例如，现在经常采用的吸附交联法进行酶的固定化。

3. 固定化处理应有尽可能小的空间位阻，不影响酶活性中心的临近和定向效应

酶固定化后由于酶分子和底物处于不同相中，底物就必须和酶接触反应，而且由于载体本身的空间位阻，底物的扩散进一步受到了限制，降低了酶分子周围的底物浓度，影响酶的催化。因此固定化处理后空间位阻尽可能小。

4. 酶与载体的结合要牢固，一般不受应用环境条件的影响

酶结合不牢固，如属于非共价结合，易受溶液的离子强度、温度、pH 等因素的影响，溶液环境发生变化，酶易从载体上脱离下来，进入溶液，降低固定化酶活力。

5. 固定化处理后，酶活性的稳定性要有明显改善

酶经固定化后，对热、pH 的变化抗性要有一定程度的改善，最适作用温度范围变宽，热稳定性提高，最适 pH 范围变宽，pH 稳定性提高，尤其是酶的半衰期变长，这样固定化酶的使用周期才会变长，其应用才有价值。

第二节
固定化酶中应用的载体材料

固定化酶中应用的载体，可分为有机高分子载体、无机载体和复合载体三大类。

一、 有机高分子载体

（一）天然高分子载体材料

有机高分子载体有两类。一类是天然高分子载体材料，此类材料一般无毒性，传质性能好，但强度较低，在厌氧条件下易被微生物分解，寿命短。常见的有琼脂、海藻酸钠等。Colagrande[1]曾详尽研究了海藻酸钠、海藻酸钙、海藻酸钡作为固定化细胞载体，结果证明：海藻酸钙是最适于固定化细胞发酵生产酒精。近年来研究比较热门的新载体是甲壳素和壳聚糖及其衍生物，丝素膜（家蚕丝纤维）。

1. 甲壳素和壳聚糖及其衍生物

甲壳素是一种天然氨基多糖，是虾、蟹和昆虫的外壳的主要成分，是一种储量极为丰富的自然资源。在碱性条件下将其水解，脱去分子中的部分乙酰基，就转变为溶解性较好的壳聚糖。由于甲壳素和壳聚糖及其衍生物对蛋白质具有较好的亲和性，具有许多反应基团，可被广泛地进行化学改性，制备简易，安全无毒和生物相容，廉价易得，是理想的固定化载体，目前其应用日益受到人们的重视。甲壳素和壳聚糖分子中存在氨基，既易于与酶和蛋白质共价结合，又可螯合金属离子，使酶免受金属离子的抑制，又易于接枝改性，对蛋白质有较好的亲和性，有较好的固定化效率。Qingqing Liu[2]测试了五种间隔臂连接的壳聚糖杂合水凝胶用作氢过氧化物裂解酶固定化载体的可能性，1,6-六亚甲基二胺附着的壳聚糖-卡拉胶，其具有仿生疏水表面，是最合适的载体。通过吸附作用，能牢固的固定淀粉酶和溶菌酶而不用任何交联剂，活性残留率可高达 90%，同时它们具有多孔结构，能适用于底物为黏稠溶液或大分子物质的酶的固定化。目前已用甲壳素及其衍生物固定的酶有：葡萄糖异构酶、碱性磷酸酶、蛋白酶、乳糖酶、转化酶、α-淀粉酶、纤维素酶等数十种酶。由于甲壳素不溶于普通试剂，壳聚糖也仅溶于部分有机酸介质，其应用受到很大限制。近年来，通过酰化、羧基化、醚化、酯化、N 烷基化、水解、重氮化、氧化、卤化、接枝共聚、螯合成盐等反应对其进行化学改性，引入多功能基团，提高其溶解性，可用于吸附法、交联法以及共价法固定的载体，已成为一个较活跃而深入的课题。

2. 丝素膜（家蚕丝纤维）

家蚕丝纤维由于其特殊的氨基酸组成和结晶结构可作为固定化载体。蚕丝经过脱胶，丝素蛋白质溶液成膜，丝素膜的结构和不溶化处理，采用简单的活化方法将青霉素酰化酶共价交联在膜上，该固定化酶具有良好的储存和操作稳定性，同时丝素蛋白膜制备简便、固定化方法简单、来源广、价格便宜。

（二）合成有机高分子载体材料

另一类是合成有机高分子载体材料，一般来说强度大，但传质性能较差。这类材料种类很多，有聚乙烯醇冷冻胶、聚乙烯氧化物载体、聚苯乙烯磺酸钠微球载体、球状纤维素单宁树脂和多孔醋酸纤维素球形载体等。

1. 聚乙烯醇冷冻胶

经冻融技术制成的冷冻凝胶，20 世纪 70 年代始见于报道，其孔径大，孔隙率很高，所以对溶质和溶解气体的扩散阻力很小。其中，又以聚乙烯醇（PVA）冷冻胶的操作稳定性最佳，在近年来得到了广泛的研究和应用。聚乙烯醇冷冻胶是由该聚合物的浓溶液经冻融制备而成，除上述的特点以外，它的流变学性质优良，可适用于多种类型的反应器，不易被微生物降解，化学惰性强，无毒，生物相容性好，可用于包埋法固定化酶载体。

2. Poly（EGDMA/AAm）共聚物珠状载体

Poly（EGDMA/AAm）共聚物珠状载体是一种新型的固定化酶载体。该共聚物的单体为乙二醇二甲基丙烯酸酯和丙烯酰胺，在其单体的共悬浮液中加入过氧化苯酰作引发剂，聚乙烯醇为稳定剂，无甲苯时制得直径约 200μm 的无孔、无弹性小珠，加甲苯作稀释剂则得到直径约 200μm 的多孔弹性小珠，再以戊二醛为交联剂，六亚甲基二胺作为间隔臂，对其进行修饰得到两种载体，用它们固定葡萄糖氧化酶，发现甲苯作为稀释剂可提高小珠的弹性和小珠表面的醛基数量，进而可提高酶的结合效率，而间隔臂的掺入不会改变酶的固定量，却能显著提高固定化酶的活力。

3. 聚苯乙烯磺酸钠微球载体

固定化酶往往活性回收率不高，对底物和产物有扩散阻力，这主要是受载体的性质和固定化操作条件的影响，与传统的多孔载体不同，韩国的一些学者采用颗粒小、单分散性的无孔聚苯乙烯和聚苯乙烯磺酸钠微球为固定淀粉葡糖苷酶的载体，其微小的体积使可供固定化的比表面积增加从而提高了酶的结合效率，而且消除了底物和产物的扩散阻力，该载体上的磺化基团可简单地将酶吸附在其表面，固定化过程简单、温和而省时，同时固定化酶的 pH 和热稳定性也有所改善。Francisco Rojas-Melgarejo[3] 用苯丙烯酸与各种醇混合，以玻璃珠为固体基质经过紫外线光照交联制备反应生成苯丙烯酸酯，吸附辣根过氧化物酶，再经紫外照射交联，固定结果表明：固定化酶活力与回收率受光照时间与载体最终交联密度的影响，固定化酶对 H_2O_2 对 pH 热的稳定性加强。苯丙烯酸酯可用于工业领域的酶的固定化。

4. PF 凝胶载体

用对苯二酚和甲醛在酸催化下制得了新一类凝胶树脂，取名为 PF 凝胶，可作为载体对多种酶和蛋白质进行简单、快速、有效的固定。此类凝胶价廉且易于制备，疏松多孔、无毒、不溶于水，而且具有极强的亲水性、不溶于有机溶剂等特点，这类载体固定的糖化型淀粉酶应用于酶解淀粉时，由于 PF 凝胶对底物（如多糖）有很好的吸附作用而对产物（如低分子糖）没有亲和性，所以具有高转化率和高的选择性，对糖化型淀粉酶进行固定，将淀粉转化为葡萄糖，已收到极佳效果，而且可以装入反应器连续使用。

5. 球状纤维素单宁树脂

以球状纤维素为基体，通过醚化和胺化反应制备的新型载体—球状纤维素单宁树脂，其机械强度和稳定性好，化学稳定性好，能用于酸碱度较高的体系；有疏松的网状结构和真正的大孔结构，能有效地吸附蛋白质、酶等大分子；蛋白质的吸附容量高，对酶吸附牢固，且安全卫生，能应用于食品工业及酶制剂工业中，用于吸附固定，是一种良好的固定化载体。

6. 多孔醋酸纤维素球形载体

用多孔醋酸纤维素球为载体，以 $NaIO_3$ 氧化法活化，固定糖化酶，取得了良好的效果，多孔醋酸纤维素载体成本低，易于活化；$NaIO_3$ 氧化固定法，操作简便、安全、步骤少，制成的固定化酶稳定性较好，但是固定化使酶与底物的亲和力降低，在载体制备工艺和固定化方面有待进一步的研究。

二、 无机载体材料

无机载体材料具有一些有机材料不具备的优点，如稳定性好、机械强度高、对微生物无毒性，不易被微生物分解，耐酸碱，成本低，寿命长等。

（一） 硅载体及多孔二氧化硅珠

生物传感器和生物电子器件的体积越来越小，可供固定的面积非常小，新近发展的微型生物器件、集成生物器件和生物器件阵列的有效固定面积为微米和亚微米水平，这就对酶的固定化提出了很高的要求：固定化效率要好，再生性也要好。目前在这一方面，经表面处理过的硅载体应用前景很好。已研究出的在硅载体上固定化酶的方法有五种：通过金属键结合；用含氨基的硅烷试剂结合；用环氧交联剂结合；凝胶薄层包埋法；多聚赖氨酸吸附法；其中前三种均属于共价结合法，共价结合法的酶结合效率较好，但相对来说更耗时，其中以四氧化钛结合法最费时，氨基处理最简单，然而共价结合法处理过的硅载体表面在电子显微镜下不规则，随机结构导致在较小固定面积上表面的不平滑和酶活不均一，尽管凝胶包埋法的酶结合效率好，而且又避免了化学变化，但操作时必须很仔细且对不同的酶其固定化操作不一，所以该法应用起来也不是很理想，比较而言，多聚赖氨酸吸附法最适于直接应用于硅的微器件，它温和、简便易行，其处理的硅载体表面平滑整齐。Bakoyianis[10,11]研究了 kissiri（一种多孔的火山矿物，包含 70% 的 SiO_2）作为固定化酵母的载体，低温生产酒饮料，与传统的发酵相比，其发酵水平与常温相同，但香味浓郁，乙酰乙酸含量高，而乙醇含量低，证明 kissiri 适用于固定化发酵生产。

（二）氧化铝载体

以大孔氧化铝为核心，经化学修饰制成的固定化酶具有优良的孔结构和表面性质，通过化学修饰在氧化铝表面形成牢固的有机膜，且有数量较多的与酶结合能力较强的官能团，可用于吸附固定，工艺可行，流程简单，操作条件温和。Loukatos[12]以氧化铝为载体，固定细胞生产酒饮料，去除发酵液中的铝后，也可以提高最终产物的水平。

（三）其他无机材料

其他无机材料作为酶载体的研究也在迅速发展。以 $CaCO_3$ 粉末为载体吸附法固定化脂肪酶，该固定化酶很容易从反应体系中回收，重复使用 5 次，酶活力保留 73.37%。用作酶固定化载体的无机材料还有蛋壳、陶瓷拉西环、活性炭和膨润和多孔黏土材料等。

三、 复合载体材料

复合载体材料是将有机材料和无机材料复合组成新的载体材料，以改进材料的性能。如磁性高分子微球，这是一种内部含有磁性金属或金属氧化物的超细粉末，从而具有顺磁性的高分子微球。

磁性高分子微球是指内部含有磁性金属或金属氧化物的超细粉末而具有磁响应性的高分子微球，磁性高分子微球既可以通过共聚、表面改性等化学反应在微球表面引入多种反应性功能基团，也可通过共价键来结合酶、细胞、抗体等生物活性物质。在外加磁场的作用下，进行快速运动或分离，因而在生物工程、生物医学及细胞学等领域有着广泛的应用前景。最重要的是，它们的磁性能可以保证磁性固定化酶易于从反应混合物中分离，因此可以快速终止酶促反应并回收固定化的酶用于重复使用。作为固定化载体它具有以下优点：①有利于从反应体系中分离和回收，操作简便；②磁性载体固定化酶放入磁场稳定的流化床反应器中，可以减少持续反应体系中的操作，适合于大规模连续化操作；③利用外部磁场可以控制磁性材料固定化酶的运动方式和方向，替代传统的机械搅拌方式，提高固定化酶的催化效率。如图 5-1 所示，固定化方法可采用：吸附交联法、磁性微球硅烷基化、过渡金属与酶表面功能基的螯合作用、包埋和共沉淀法、磁性高分子微球功能基共价偶合等方法。在各种磁性纳米颗粒中，如氧化铁基（Fe_3O_4 和 $\gamma-Fe_2O_3$），纯金属基（Fe 和 Co），尖晶石型铁磁（$MgFe_2O_4$，$MnFe_2O_4$ 和 $CoFe_2O_4$）和合金基（$CoPt_3$ 和 FePt）磁性纳米颗粒，Fe_3O_4 纳米颗粒由于其无毒性和良好的生物相容性等优越性，最常用于酶固定化。

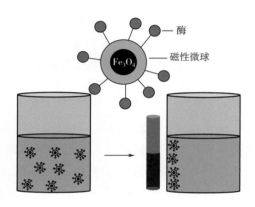

图 5-1　磁性微球固定化

国内外许多学者已经在这方面作了一些研究，用磁性聚乙二醇胶体粒子作为载体，采用吸附交联法，制备出具有磁响应性的固定化糖化酶，效果良好，但由于酶在磁性高分子微球表面的缠结、取向等因素，其稳定性和活性往往会降低。用有机聚合物修饰磁性纳米颗粒有两种模式，原位修饰模式和非原位修饰模式，在原位改性模式中，将有机聚合物作为稳定剂加入到前体溶液中以合成 Fe_3O_4 纳米粒子。Yue Wu[7] 原位合成 Fe_3O_4-壳聚糖纳米粒子，作为脂肪酶固定化的支持基质，亚铁离子与脱乙酰壳多糖和三聚磷酸钠混合物调至碱性，$Fe(OH)_2$ 沉淀并氧化成 Fe_3O_4 纳米粒子，直径 20nm 的磁性 Fe_3O_4 纳米粒子均匀地分散在壳聚糖凝胶的孔中，复合纳米粒子的直径约为 80nm，脂肪酶对纳米粒子的吸附能力为 129 mg/g。在非原位改性模式中，单体聚合以在 Fe_3O_4 纳米粒子的表面上形成聚合物涂层。由聚合物涂层产生的空间排斥将削弱 Fe_3O_4 纳米粒子的磁力和范德华力，从而防止它们聚集并改善它们的分散性和稳定性。二氧化硅涂层是改性 Fe_3O_4 纳米颗粒的典型方法，如图 5-2 所示，其中二氧化硅壳形成在磁芯表面上。二氧化硅壳保护磁芯免于聚集和氧化，从而改善化学稳定性。Fe_3O_4 纳米粒子可以使用溶胶-凝胶法直接涂覆硅壳。Yonghui Deng[6] 让四乙氧基硅烷在碱性条件下水解，促使在磁芯表面上形成二氧化硅壳，得到核-壳 $Fe_3O_4@SiO_2$ 纳米颗粒。Ranjana Das[48] 将 β-淀粉酶固定到氧化石墨烯-碳纳米管复合物（GO-CNT），氧化石墨烯纳米片（GO）和氧化铁纳米颗粒（Fe_3O_4）上。

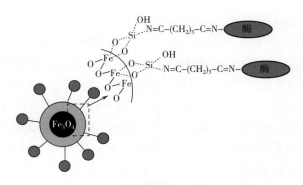

图 5-2　磁性微球固定方法

　　金属有机骨架由于其可调孔隙率，均匀孔径，可改性表面，超高表面积和优异的化学和热稳定性等优异特性而作为酶固定化的支持载体而备受关注。Jun Zheng[8]使用柠檬酸三钠作为表面改性剂，制备具有负电荷的 Fe_3O_4 纳米粒子。Zn^{2+} 离子与 Fe_3O_4 纳米粒子上的羧酸基团结合，引发 ZIF-8 壳在 Fe_3O_4 纳米粒子表面上的生长。其过程为将柠檬酸处理的 Fe_3O_4 纳米粒子与 $Zn（NO_3）_2$ 和 HCl 混合，加入 2-甲基咪唑、聚乙烯吡咯烷酮和葡萄糖氧化酶搅拌后，制备磁性 ZIF-8β-葡萄糖氧化酶。其具有独特的形态，大的比表面积，优异的热稳定性和超顺磁性。最大吸附容量为 20.2 mg/g。导电聚合物作为酶固定化载体时特别有利于酶电极类生物传感器的制备，这里研究较多的是葡萄糖氧化酶，应用最广泛的是聚吡咯，应用目标主要是生物医学检测。

四、 对一些固定化载体的改进

　　利用有机聚合物载体键合蛋白能力强、易成形及无机聚合物载体刚性大孔结构的特点，可使二者结合成一种新型复合载体，如将有机聚合物材料先涂附在具有刚性结构的无机载体上，然后再与酶结合。酶的固定化一般是将酶固定在水不溶性载体上，可方便地将酶与底物和产物分离，但催化反应为异相反应，催化效果会受到影响；若将酶固定在水溶性大分子上，催化反应为均相反应，但所得的固定化酶存在难以分离和重复使用问题。近年来，研究者利用水溶性大分子间可通过次级键合力形成水不溶性大分子复合物沉淀作为酶的载体，例如，用甲基丙烯酸-甲基丙烯酸甲酯二元共聚物作为载体材料固定水解蛋白酶，此酶于 pH4.8 以下呈沉淀状态，pH5.8 以上则呈溶解状态。用自由基沉淀聚合反应合成了甲基丙烯酸-丙烯酰胺-顺丁烯二酸酐三元共聚物，利用共聚物上的酸酐基团直接进行木瓜蛋白酶的固定化，可通过调节 pH 来改变其沉淀、溶解状态，具有液相酶和固相酶的优点。另外，N-异丙基丙烯酰胺同丙烯酰胺共聚得到热可塑性凝胶载体，通过载体上的琥珀酰亚胺活性酯将天冬酰胺酶固定于该载体上，可通过温度来调节其膨胀和聚沉；用 N-丙基丙烯酰胺、聚二甲基硅氧烷和 N-羟基琥珀酰亚胺丙烯酸酯共聚，然后水解得到对 pH 及温度敏感的大孔水凝胶，其在 30℃ 和 pH1.4 条件下处于收缩状态，而在 pH7.4 条件下则处于溶胀状态。

Arfaoui Mohamed[34]研究 3 种不同等离子体处理的纤维状非织造膜表面上固定化 β-半乳糖苷酶的方法，采用两种方式，用薄藻酸钙包埋和直接吸附用于固定化酶。三种不同的等离子体处理是：①空气大气等离子体；②具有 N_2 的冷远程等离子体；③具有 N_2/O_2 气体混合物的等离子体。使用包埋方法对 PET 纤维表面的等离子体处理可增加固定化酶的量，并且藻酸盐膜交联的程度高度影响酶活力。用 0.25g/L 的 $CaCl_2$ 包埋，可在空气大气等离子体处理的 PET 上达到最高酶活力。使用直接吸附方法可固定更多的酶，但是相当酶丧失了催化活性，只有使用 N_2/O_2 气体混合物的等离子体处理，90%的吸附酶才能保持其活性。重复实验表明，对于包埋法，在每个使用周期后的固定化酶活性逐渐降低。采用 N_2/O_2 气体混合物的等离子体处理吸附法，未检测到酶活力降低，固定化酶可循环使用 15 次以上。

第三节
酶的固定化方法

一、 吸附法

吸附法是利用离子键、物理吸附等方法，将酶固定在纤维素、琼脂糖等多糖类或多孔玻璃、离子交换树脂等载体上的固定方式。工艺简便及条件温和是其显著特点，其载体选择范围很大，涉及天然或合成的无机、有机高分子材料。吸附过程可同时达到纯化和固定化；酶失活后可重新活化载体，可以再生，国内科研人员选择不同的载体进行了很多研究。

吸附法分为物理吸附法和离子吸附法。

（一）物理吸附法

酶被载体吸附而固定的方法称为物理吸附法，如图 5-3 所示。常用的无机载体有活性炭、多孔陶瓷、酸性白土、磷酸钙、金属氧化物等；有机载体有淀粉、谷蛋白、纤维素及其衍生物、甲壳素及其衍生物等。此法具有酶活力部位及其空间构象不易被破坏的特点，制成的固定化酶活力损失少，操作简单，但酶与载体的结合不牢固，酶附着在载体上，存在易于脱落等缺点，很少有实用价值。

（二） 离子吸附法

将酶与含有离子交换基团的水不溶性载体以静电作用力相结合的固定化方法，如图 5-4 所示。此法的载体有多糖类离子交换剂和合成高分子离子交换树脂。例如，DEAE-纤维素、TEAE-纤维素、CM-纤维素等。离子吸附法操作简单、处理条件温和，酶活力

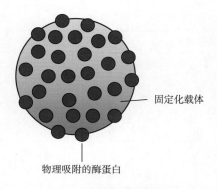

固定化载体

物理吸附的酶蛋白

图 5-3　酶的物理吸附固定法

部位的氨基酸残基不易被破坏。但是，载体和酶的结合力比较弱，容易受缓冲液种类或 pH 的影响，在高离子强度的条件下进行反应时，酶往往会从载体上脱落。

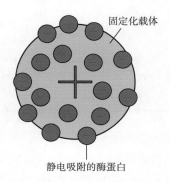

固定化载体

静电吸附的酶蛋白

图 5-4　酶的离子吸附固定法

王静等研究了离子交换树脂对乳糖酶[76]的吸附条件：通过对乳糖酶吸附条件的优化，得到阳离子交换树脂 D151 对乳糖酶的最佳吸附条件为：pH 4.0、酶与载体的最佳比例 50U/g 载体、最佳时间 24h、离子强度 0.3/L，最终得到乳糖酶吸附率为 89.6%，固定化酶活力 9.08U/g 载体。与阴离子交换树脂 D201GF 相比，吸附率高出 57.9%，固定化酶活力高出 2U/g 载体，最终选择阳离子交换树脂 D151 作为乳糖酶的固定化载体。表 5-1 所示为部分酶的吸附固定的方法以及效果。

表 5-1　　　　　　　　　　　　吸附法固定化酶

固定化酶	固定化酶载体	固定化条件	固定化酶性质
大豆脂肪氧合酶[35]	活性白土 滑石粉	酶用量比 897U/mg，磷酸盐缓冲液（0.05mol/L，pH 7.0），20℃，搅拌吸附 30min； 酶用量比 238U/mg，磷酸盐缓冲液（0.05mol/L，pH8.0），10℃ 搅拌吸附 15min	固定化酶置于 0~4℃保存 20d，酶活损失分别为 19.2% 和 17.7%，产率分别提高 9.6% 和 42.5%

续表

固定化酶	固定化酶载体	固定化条件	固定化酶性质
胰蛋白酶和α-淀粉酶[37]	珠状糖基蛋白	水溶液恒温 30℃，24h	半衰期延长
脂肪酶[58]	CaCO₃粉末	—	重复使用 5 次，酶活力保留 73.37%
漆酶[36]	粒径约为 200nm 羧化 Zr-金属有机骨架	pH3.0，固定 1h	使用 10 次后固定化漆酶活力保持 50%，水相中储存 3 周活性保留 55.4%
环糊精葡萄糖基转移酶[30]	AmberliteIRA - 900 树脂	吸附条件 pH 6.0 600 U CGTase/g 树脂	固定化酶得率 63%，固定化酶最适温度由 70℃变为 90℃，热稳定性提高
氨基酰化酶[31]	弱碱性大孔阴离子树脂 DEAE-E/H	酶液浓度 120U/mL，pH 6.5，常温固定	比酶活力 1200～1500U/g，酶活保留率超过 60%
胞内菊粉酶[29]	D201-GM 大孔径阴离子交换树脂	树脂吸附酶时 pH6.5、温度 30℃、时间 3h，交联时戊二醛浓度 0.03%、温度 4℃、时间 3h	菊粉酶活力的活性产率可达 62%

吸附法也有许多不足，如酶量的选择全凭经验，pH、离子强度、温度、时间的选择对每一种酶和载体都不同，酶和载体之间结合力不强，易导致催化活力的丧失和玷污反应产物等。因此，其应用受到限制，为提高其适用性能，一部分科研人员将此法与其他方法联用。

二、 交联法

交联法是用双功能试剂或多功能试剂进行酶分子之间的交联，是酶分子和双功能试剂或多功能试剂之间形成共价键，得到三向的交联网状结构，除了酶分子之间发生交联外，还存在一定的分子内交联。根据使用条件和添加材料的不同，还能够产生不同物理性质的固定化酶。常用交联剂有戊二醛、异氰酸衍生物、双氮联苯、N，N-聚甲烯双碘丙酮酰胺和 N，N-乙烯双马来酰亚胺等。

此法的缺点是可能使酶活力降低，如果交联位点为酶的活性中心或交联后酶的柔性丧失，则交联的酶失活，而单纯的使用交联法，酶与酶之间，酶与载体之间交联很低，很少单独使用，如图 5-5 所示，使用较多的是吸附-交联法，其中又以先吸附后交联的联用法占多数。载体吸附酶蛋白后，在周围的空间交联，则交联效率大大提高。也可使酶先吸附在一种离子交换树脂上，将戊二醛的一端用二乙醇胺保护后用于载体活化再脱保护并用于酶的固定化，避免了载体或酶的自身交联反应，可以较大幅度地提高固定化

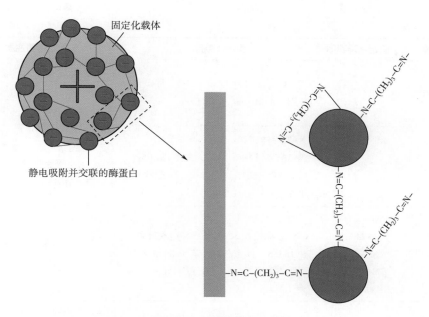

固定化载体

静电吸附并交联的酶蛋白

图 5-5　吸附交联固定法

葡萄糖氧化酶的活力回收。

　　王静等在乳糖酶[76]的固定化中，在吸附的基础上，采用戊二醛交联，乳糖酶的最佳交联条件为：pH4.0、酶与载体比例为 70U/g 载体、戊二醛浓度为 4 %、30℃交联 6h，在此条件下获得的固定化酶活力可达 11.2U/g（载体），固定酶回收率为 33.3 %。Akiko Kurota[47]用不同载体以戊二醛为交联剂对胰蛋白酶进行吸附交联固定化，所采用的载体有 DEAE-，QAE-，CM-，与 SP-葡聚糖、CM-纤维素、CM-纤维素 32，结果表明：阴阳离子交换剂由于带电性质不同，与酶吸附能力不同，表现的酶活力不同，阳离子交换剂在 pH2.0 表现出了最大酶活力，阴离子交换剂与酶相斥，在各个 pH 下酶活力都较低，同时分析了载体材料对酶活力的影响，在上述处理下纤维素的酶活力较低，不同类型的葡聚糖，网孔越大，表现的酶活力越高，SephadexG-50 作为载体比 SephadexG-25 的酶活力高，而且底物分量越大，酶活力越低。表 5-2 所示为部分酶的交联固定化条件及效果。

表 5-2　　　　　　　　　　　　　　　　　　交联法固定化酶

固定化酶	固定化酶载体	固定化条件	固定化酶性质
葡萄糖氧化酶[32]	氨基化硅胶	四甲氧基硅为 10%，戊二醛浓度 2.0%，给酶量 1600U	最适 pH5.2 和最适温度 32℃，具有良好的热稳定性和贮存稳定性
漆酶[33]	壳聚糖	戊二醛浓度 5%，交联时间 8h，给酶量 20mg/g 载体，固定化时间 6h	固定化漆酶酶活力保持率为 52.2%

续表

固定化酶	固定化酶载体	固定化条件	固定化酶性质
β-乳糖苷酶[45]	石墨	戊二醛比活力为 17% 和 25%，固载量分别为 1.8U/cm² 和 1.1U/cm²	K_m 值约提高 5 倍，水解乳糖（质量分数 5%），37℃，3.5h 以上乳糖水解接近 70%，可操作性好
L-天冬酰胺酶[46]	丝胶蛋白粉末	天冬酰胺酶 770U/g 丝胶蛋白粉末戊二醛溶液加保护剂天冬酰胺（5g/L），4℃，交联固定 12h，真空冷冻干燥	固定化酶性能稳定，对热的稳定性提高，操作稳定性好，抗胰蛋白酶水解能力增强
胰蛋白酶[47]	DEAE-，QAE-，CM-，与 SP-葡聚糖、CM-纤维素、CM-纤维素 32	0.5g 载体浸在 50mL 的各种缓冲液中，加 1mL 5% 胰蛋白酶振荡 5min 加戊二醛至终浓度 2.5%，4℃反应 15h	—
β-淀粉酶[9]	硫化钼纳米片	戊二醛活化固定	固定效率约 92%，10 次重复使用保留 80% 的活力，50d 后具有约 83% 的活力
辣根过氧化物酶[50]	—	75% 硫酸铵沉淀，乙二醇-双琥珀酸 N-羟基琥珀酰亚胺作为交联剂	填充床反应器 7 次重复循环后保留了其初始活力的近 60%
漆酶[49]	氨基修饰的磁性 SiO₂	戊二醛浓度 8%，固定化时间 6h，缓冲液 pH 7.0，初始酶液浓度 0.15g/L	最适 pH4.0，最适温度 20℃，在 60℃保温 4h，保持酶活力 60.9%，连续 10 次操作保持 55% 以上

三、 共价键结合法

共价键结合法是将酶与聚合物载体以共价键结合的固定化方法，如图 5-6 所示。它是利用化学方法将载体活化，再与酶分子上的某些基团反应，形成共价的化学键，从而使酶分子结合到载体上，这是广泛采用的制备固定化酶的方法。此法研究较为深入，与载体以共价键结合的酶的功能团包括：氨基，赖氨酸的 ε-氨基和多肽键的 N 末端的 α-氨基；羧基，天冬氨酸的 β-羧基、谷氨酸的 α-羧基和末端 α-羧基；酚基，酪氨酸的酚环；巯基，半胱氨酸的巯基；羟基，丝氨酸、苏氨酸和酪氨酸的羟基；咪唑基，组氨酸的咪唑基；吲哚基，氨酸的吲哚基。最常见的为氨基、羧基、酪氨酸和组氨酸的芳环。

此法优点是酶与载体的结合较为牢固，不易脱落。因反应条件较为剧烈，活性有所降低。且制备过程较繁琐。

共价键结合法有以下几种：

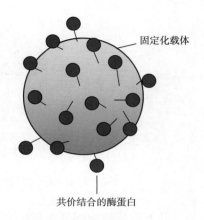

图 5-6　共价固定法

（一）重氮化法

重氮化法是将酶蛋白与水不溶性载体的重氮化物通过共价键相连接而固定化，含有氨基的载体先与亚硝酸反应生成重氮化合物，再与酶蛋白反应使酶固定化，如图 5-7 所示。常用的载体有多糖类的芳香族氨基衍生物、氨基酸的共聚体和聚丙烯酰胺等。

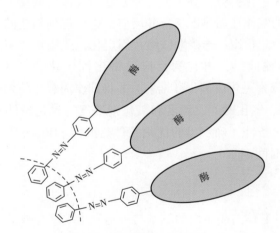

图 5-7　重氮共价固定法

（二）　肽键法

此法通过肽键将水不溶性载体与酶结合起来，如图 5-8 所示。这是在酶蛋白与水不溶性载体间形成肽键而被固定的方法。此类方法包括以下几种：

用酰基叠氮衍生物固定化，将羧甲基纤维素转变为甲酯，再与肼作用成为酰肼，此酰肼与亚硝酸作用成为相应的叠氮衍生物，此衍生物在低温下与酶蛋白作用，使酶固定

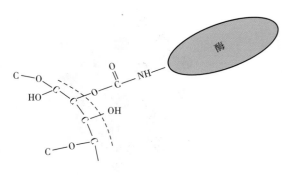

图 5-8　肽键共价固定法

化，或用聚甲基谷氨酸通过叠氮反应成为酰基叠氮衍生物；用溴化氰活化的多糖类固定化，此法是将水不溶性多糖类、纤维素、交联右旋糖酐和琼脂糖用卤化氰活化，以形成亚氨碳酸盐，然后再与酶蛋白中氨基进行共价结合而制成固定化酶；用碳酸纤维素衍生物固定化，将纤维素粉悬浮于甲硫砜二烷和三乙胺混合溶剂中，并在 0℃ 下加入氯甲酸酯，搅拌后，将反应液用浓盐酸中和，移至乙醇中，制得活化纤维素，将此活化纤维素加入溶有酶的中性缓冲液中，在 50℃ 下缓缓搅拌，即得固定化酶；用马来酐衍生物固定化，马来酐与乙烯、苯乙烯等的共聚物可用于酶的固定化，例如，马来酐和乙烯共聚物在六甲叉二胺存在下与酶作用，则在马来酐与酶蛋白的氨基之间形成肽键，得到固定化酶。用异氰酸衍生物固定化，将含有一个芳族氨基的载体在碱性条件下与光气反应或将含有酰基叠氮衍生物的载体在加热下与盐酸反应，均可得到相应的异氰酸衍生物，所得异氰酸衍生物可供酶固定化用；与硫酰胺结合固定化，此法是使酶蛋白与载体的异硫氰酸衍生物之间形成硫酰胺键，再与酶反应而得到固定化酶。钱军民[43]用高碘酸钠（$NaIO_4$）溶液将棉纤维素氧化成氧化纤维素，并将其作为载体使葡萄糖氧化酶能够固定化，考察了溶液的 pH、氧化时间、温度和氧化剂浓度等氧化条件对氧化纤维素醛基含量的影响，优化了氧化条件，确定出的优化条件是溶液 pH6.0，氧化剂浓度 0.3mol/L，氧化温度 30℃，氧化时间 8h。

（三）烷化法

以卤素为功能团的载体与酶蛋白的氨基与巯基发生烷基化或芳基化反应而成固定化酶，如图 5-9 所示。此法常用的载体有卤乙酰、二嗪基或卤异丁烯基的衍生物。卤乙酰衍生物包括氯乙酰纤维素、溴乙酰纤维素、碘乙酰纤维素等。

Zaita[62]等将由黑曲霉制得的胞外内切菊粉酶共价固定在溴乙酰纤维素（BAC），纤维素碳酸盐（CC）和溴化氰活化的琼脂糖（CAS）上，并通过对氯苯甲酸汞、Fe^{3+}、Mn^{2+}激发这 3 种固定酶以提高其抵抗失活的能力，研究表明，用 CAS 固定酶水解菊粉，最适温度显著提高（由 45℃ 升至 60℃）；BAC 固定内切菊粉酶在酸性环境稳定性降低，而在碱性环境中稳定性有所升高；CC 固定内切菊粉酶则在酸性环境中稳定性较高，BAC 固定内切菊粉酶 K_m 降低，而 CAS 固定内切菊粉酶 K_m 升高。Nesrine Aissaoui[38]研究交联

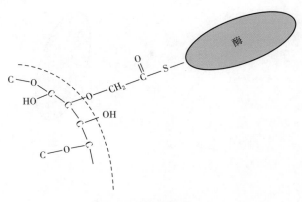

图 5-9　烷化共价固定法

剂对固定化酶在硅烷化表面的催化活性和热稳定性的影响，对于使用 1，4-亚苯基二异硫氰酸酯（PDC）和 1，4-亚苯基二异氰酸酯（DIC）固定的酶，其热稳定性增强。而使用后一种交联剂（DIC），活性在连续使用时大部分保存，具有最佳的操作稳定性。与 1，3-亚苯基二异硫氰酸酯（MDC）相比，1，4-亚苯基二异硫氰酸酯，对操作和热稳定性具有关键影响。实际上，在所有使用的交联剂中，MDC 使用 6 次后的残余活性为 16%）。使用二醛交联剂：戊二醛（GA）和对苯二甲醛（TE），活性明显低于 DIC 和 PDC（对于 GA 和 TE，在 30℃时损失约 50%，而 PDC 和 DIC 没有损失）。这些效应可以通过多点附着模型来解释，其中有更多数量的键结合点稳定三维结构，但会导致酶的刚性增加。

（四）金属螯合法

金属螯合法前面在复合载体材料磁性高分子微球中已经有所介绍，金属螯合法是指金属螯合配体与蛋白质表面的供电子氨基酸中的咪唑基、巯基、吲哚基等（其中以组氨酸最为重要）以配位作用紧密结合，达到对蛋白质进行固定化目的，金属螯合磁性载体含有非常活泼的亲电子离子，可以不需连接剂活化，能在室温与酶分子反应形成配位键，在较温和的条件下使酶固定化，减少了固定化过程中酶活力的损失（如图 5-10 所示）。供酶的固定的金属盐无毒、无致癌性，价格低廉且载体可以回收。

Zhu Xiongjun[4] 研究了在微水有机介质中操作的酶共价固定化，通过测定所得固定化酶的活性和稳定性，显示了在水和微水有机溶剂中固定化的两种环境之间的差异。过氧化氢酶、胰蛋白酶、辣根过氧化物酶、漆酶和葡萄糖氧化酶被用作模型酶。结果表明，与水中固定化酶相比，微水性有机共价固定化酶的热稳定性、pH 和可重复使用稳定性得到改善。与传统的水相固定相比，微量水性共价固定在保持所有五种酶的酶催化活性方面显示出显著的优势。并且水和微水有机介质中固定化的最佳 pH 略有变化。表 5-3 总结了部分酶的共价固定化的方法以及结果。

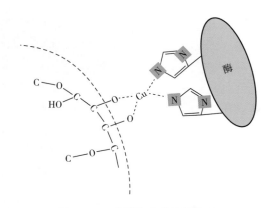

图 5-10　金属螯合共价固定法

表 5-3　　　　　　　　　　　　　　　酶的共价固定法

固定化酶	固定化酶载体	固定化条件	固定化酶性质
青霉素酰化酶[63]	珠状多孔的甲基丙烯酸缩水甘油酯（GM）共聚物	将 GM 共聚物载体加入磷酸缓冲液（0.1mol/L，pH10.8）与青霉素酰化酶液（每克干载体用酶液 1mL）的混合溶液中，在 30℃下反应 72h	固定化酶的表观活性为 348U/g，表观偶联效率为 66.7%，活力回收率为 31.7%
木瓜蛋白酶[39]	水滑石	给酶量为每 0.5g 载体固定 16mL 10 g/L 的溶液酶，固定化温度 15℃，pH7.0，固定化时间 12 ~ 24h+2mL 质量分数 0.5% 的戊二醛交联	所得固定化木瓜蛋白酶酶活力回收率平均可达 55% 左右
麦芽糖环糊精葡萄糖基转移酶[40]	树脂	0.5mmol/L CaCl$_2$ + 乙酸缓冲液（0.1mol/L，pH 6.0）平衡→5% 戊二醛，室温处理 60min→0.5mmol/L CaCl$_2$ 的乙酸缓冲液（0.1mol/L，pH 6.0）洗涤→0.16mL 酶液（1246IU/mL）与 3mL 乙酸缓冲液（0.1mol/L，pH 6.0）室温处理 2h	固定化酶同游离酶相比，最适 pH 由 6.0 变为 8.0，最适温度略有下降
淀粉酶[44]	聚合松香及聚乙烯醇接枝聚合松香树脂的配合物	—	使用 5 次后，酶活力为 30.8%；最适作用温度 70℃，最适作用 pH5.0，以淀粉为底物，固定化酶的米氏常数 K_m 为 1.69×10^{-2}

续表

固定化酶	固定化酶载体	固定化条件	固定化酶性质
木瓜蛋白酶[75]	葡聚糖螯合凝胶+Cu 离子和 Co 离子	葡聚糖螯合凝胶与 0.4mol/L CuCl₂ 或 0.4mol/LCoCl₂，1：1 室温搅拌 30min→离心去上清→离子水洗涤→加入 1mL 的磷酸缓冲液（pH 8.2，10mmol/L）与 1mL 木瓜蛋白酶混合（8.9 mg/mL）→室温搅拌 3h→离心收集上清液→基质用磷酸缓冲液（pH 8.2，10mmol/L）洗涤，悬浮	固定化酶活力回收率为（固定化酶活力/游离酶总活力）78%，固定化收率为（固定化酶活力/用于固定化的游离酶酶活力）96%
木瓜蛋白酶[77]	叠氮树脂	0.5mL 载体悬浮在 2mL 洗脱液（0.05mol/L EDTA 与 0.5mol/L NaCl）室温反应 1h，离心取上清，基质用酸缓冲液（pH 8.2，10mmol/L）彻底洗涤。Co 离子、Cu 离子固定木瓜蛋白酶	Co 离子、Cu 离子得率分别为 72%与 90%，65℃保温 1h，固定化酶酶活力 87%，游离酶活力 75%

四、 包埋法

包埋法是将酶包埋于聚丙烯酰胺等凝胶的细微囊中或包埋于具有半透性的尼龙、聚脲等聚合物膜内、凝胶或其他聚合体格子内而成固定化酶的方法。这种结构可以防止酶渗出，但是底物能渗入格内与酶相接触。此法的优点是适用范围广。许多种酶都可用此法固定，工艺简便，酶分子仅仅是被包埋起来。固定化过程中酶未参与化学反应，故可得到活力较高的固定化酶。但是，用此法制成的固定化酶，不能对大分子底物的生化反应起催化作用。微胶囊是一种带有聚合物壁壳的微型容囊，用以包封和保持囊内的物质微粒。囊壁是由无缝的、坚固和有渗透性的薄膜所构成。微囊的尺寸一般在 5～200μm 范围内，其形状可呈现球形、粒形等。微囊储存的微细物质在适宜条件下可释放出来。

（一）网格包埋法

此法之一是将含有游离酶的水溶液与凝胶前体溶液混合，在物理、化学等作用下凝胶前体聚合成凝胶，将酶包埋入凝胶格，将所得凝胶制成颗粒，低温贮存或冷冻干燥成为粉末如图 5-11 所示。常用的凝胶之一是聚丙烯酰胺凝胶，制备聚丙烯酰胺凝胶的具体方法是：将酶溶液（酶溶于适当缓冲液中）加于含丙烯酰胺单体和 N，N′-甲叉双丙烯酰胺（交联剂）的溶液中，再加入四甲基乙二胺作为加速剂，加入过硫酸铵为引发剂。将此混合物在室温反应便成为含酶的凝胶。将此固定化酶用于生化反应过程，底物和产物可通过凝胶格进出，而酶分子则不能渗出。另一种是溶胶–凝胶法，溶胶–凝胶过程利用前驱体正硅酸酯，水解、缩聚后形成凝胶网格，生物分子在凝胶形成过程中被包囊于其中，水解反应通常是在酸或碱的催化下完成的，经过几天或者几周的老化，凝胶结构进一步稳固，在此期间，在凝胶化反应过程中产生的水和醇会从凝胶体系中挥发，凝胶收缩10%~30%，孔径也会缩小约25%，最后，经过老化的材料部分干燥，其中的水分基本挥发，体系经过进一步交联，结构也发生坍塌，孔径缩小，孔体积减小。姜忠义[52]利用溶胶–凝胶固定化多酶催化二氧化碳转化为甲醇，初步研究了反应温度、pH、酶含量及 NADH 用量对甲醇收率的影响。实验结果表明，在 37℃、pH7.0 条件下，甲醇的收率可达 92.4%，从凝胶时间的长短看，当酶含量由 11mg 增加到 22mg 时，凝胶化时间缩短至原来的 1/10，这说明酶含量对凝胶网络的形成及结构有很大影响，NADH 浓度增大对甲醇收率将产生不利影响。

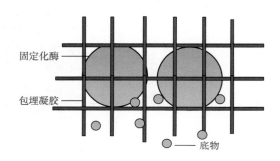

图 5-11　网格包埋固定化法

卡拉胶是由角叉菜提取的一种多糖。具体包埋方法是将酶溶于蒸馏水中，另将卡拉胶溶于生理盐水中，将上述两种溶液混合，然后冷却，使凝胶成形并强化。将凝胶浸在氯化钾溶液中硬化，将此硬化凝胶作成适当大小的颗粒即为固定化酶。如将此固定化酶再用硬化剂如单宁、戊二醛或六甲叉二胺处理，便可得到更稳定的固定化酶。此法条件温和，操作简单，可供多种酶固定化之用。酶的网格包埋法如表 5-4 所示。

表 5-4　　　　　　　　　　　　　　　酶的网格包埋法

固定化酶	固定化酶载体	固定化条件	固定化酶性质
猪肝酯酶[73]	聚丙烯酰胺凝胶	胶浓度 20%，交联度 8.3%	固定化酶得率为 55.4%，连续使用 10 次酶活力无损失
醇脱氢酶[72]	正硅酸乙酯	2.6g 正硅酸乙酯（TEOS）+1.5% 的 HCl 溶液 0.55g→1% 的 NaOH 溶液调 pH 至中性，形成空白溶胶→加入 0.5mL 3.5mg/mL 醇脱氢酶磷酸盐缓冲溶液（0.1mol/L，pH 7.0）密封，4℃下静置老化 7d	—

续表

固定化酶	固定化酶载体	固定化条件	固定化酶性质
脂肪酶[53]	海藻酸钠	酶粉和海藻酸钠乙酸钠缓冲液（pH 5.0）→滴入到 0.05mol/L 无菌 CaCl₂ 溶液中→静置固化45min→过滤、洗涤和干燥	固定化酶活力回收约为34.1%
多酚氧化酶[54]	海藻酸钠	酶（100mg）溶解于 4℃ 磷酸缓冲溶液中（0.05mol/L，pH6.8）→酶液按 1:1（v:v）与 2%海藻酸钠溶液混合→置冰箱中冷却后→加入微量 0.25%戊二醛，充分搅拌振荡 0.5h→注入 0.1mol/LCaCl₂ 溶液→更换 CaCl₂ 溶液浸 1h 左右→滤出小球体 4℃，0.025%的戊二醛浸 2h	活力基本保留

（二）微囊法

此法是将酶包埋于半透性聚合体膜内或包埋于液膜内，形成直径 1~100μm 的微囊，如图5-12所示。微囊制备方法如下：

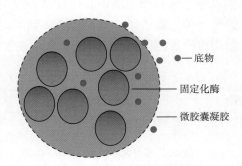

图5-12 微胶囊包埋固定化法

1. 界面聚合法

此法是将酶的水溶液和亲水单体用一种与水不混溶的有机溶剂制成乳化液。再将溶于同一有机溶剂的疏水单体溶液，在搅拌下，加入上述乳化液中。在乳化液中的水相和有机溶剂相之间的界而发生聚合作用形成半透膜，这样水相中的酶即被包埋于半透膜内。

2. 液体干燥法

将一种聚合物溶于一种沸点低于水且与水不混溶的溶剂中，加入酶的水溶液。以油溶性表面活性剂为乳化剂，制成第一种乳化液。把它分散在含有保护性胶质（如明胶）、聚丙烯醇和表面活性剂的水溶液中，形成第二种乳化液。在不断的搅拌、低温和真空条件下蒸出有机溶剂，便得到含酶的微囊。常用的聚合物为乙基纤维素、聚苯乙烯、氯化橡胶等。常用的有机溶剂为苯、环己烷和氯仿。

3. 分相法

将酶的水溶液分散于含有聚合物的与水不混溶的有机溶剂中，一边搅拌，一边加入另一种有机溶剂（它与前一种有机溶剂可混溶）。此时聚合物浓缩在微小水滴的周围形成薄膜。

上述两种有机溶剂都必须与水不混溶。例如，聚合物为乙基纤维素时，第一种有机溶剂为四氯化碳，第二种为石油醚；聚合物为硝基纤维素时，第一种有机溶剂为乙醚，第二种为苯甲酸丁酯。

4. 液膜（脂质体）法

上述微囊法是用半透膜包埋酶液，近年又研究出采用液膜的新微囊法。例如，糖化酶的液膜固定化方法，是用由表面活性剂和卵磷脂制成的脂质体液膜来作微囊的。

此法的最大特征是底物和产物穿过液膜时与膜的孔径无关，但与底物和产物在膜组分中的溶解度有关。郭永胜[55]考察了铸膜液配比对醋酸纤维素固定化氨基酰化酶微孔滤膜的影响，对酶膜的活力收率而言，三醋酸纤维素的水平变化影响最大，丁醇次之，二氯甲烷的影响最小，而影响酶膜透水速率的因素依次为三醋酸纤维素、二氯甲烷、丁醇和异丁醇由强到弱；各因素的水平变化对膜的空隙率影响不大。C. Jolivalt[57]研究漆酶固定化，用水合肼处理聚（偏二氟乙烯）微滤膜以获得氨基表面。然后，漆酶被醛官能化以共价连接到氨基官能化的聚（偏二氟乙烯）微滤膜上，到固定化的漆酶与游离的漆酶相比表现出良好的稳定性和相当的活性。酶的微胶囊包埋如表 5-5 所示。

表 5-5		酶的微胶囊包埋	
固定化酶	固定化酶载体	固定化条件	固定化酶性质
脂肪酶[59]	AB-8 型大孔吸附树脂	谷氨酸双十二烷基酯核糖醇进行包衣	酶的比活提高 60%~90%
氨基酰化酶[55]	铸膜液	36%的二氯甲烷：4%的正丁醇：0.8%的三醋酸纤维素：21%异丁醇	酶相对活力产率高达 98.2%，重复使用 10 次后仍保留原活力的 79.7%
脂肪酶[56]	α-氧化铝陶瓷	明胶和/或聚乙烯亚胺交叉流过 α-氧化铝陶瓷载体上，戊二醛作为交联剂将脂肪酶固定在氨基官能化的膜上	28×10^{-3} U/cm 的合成活性和 203d 的半衰期

五、 新型固定化技术

（一）酶的声（或力）化学固定法

在传统的固定化方法中，共价结合法研究较多，在固定化过程中，升高温度虽可使一般化学反应的速率及键合在载体上的酶量提高，但可能使酶的失活量增大，解决这些问题的途径之一是研究酶的声（或力）化学固定法，声化学与力化学反应一般易在温和条件下进行，并且具有随温度的降低反应加快的特点，一些实验研究结果表明：在超声波作用下使高分子主链均裂产生自由基，引发功能性单体聚合成嵌段共聚物载体，酶主链肽键亦可均裂成大分子自由基，大多数酶的溶液经超声处理后仅部分失活，有少数酶完全不失活，增大酶浓度，加入可保护酶活性点的抑制剂，或在反应器中充入某些气体（如 H_2）等可避免或减少酶的超声波失活。

（二）共价包埋法

酶溶解在纯单体水溶液、单体加聚合物水溶液或纯聚合物溶液中（如图 5-13）。在常温或低温下用 γ 射线、X 射线或电子束进行辐射，可以得到包埋有酶的亲水凝胶。γ射线引发丙烯醛与聚乙烯膜接枝聚合后，活性醛基可共价固定化酶并呈现良好结果；[60]Co辐照冰冻态水溶性单体与酶的水溶液混合体时，将使单体聚合与酶固定化同步完成，其回到常温时因冰融化形成的多孔结构非常有利于底物与产物的扩散；等离子体活化处理聚丙烯膜接枝丙烯酸后可用固定化胰蛋白酶；等离子体引发丙烯酰胺聚合包埋固定化的葡萄糖氧化酶用于麦芽糖的酶促转化时，运转 20d 也未发现酶活力损失现象，显示出优良的操作稳定性；光敏性单体聚合包埋固定化酶或带光敏性基团的载体共价固定化酶时，由于条件温和，可获得酶活力较高、稳定性良好的固定化酶。N-异丙基丙烯酰胺与丙烯酰胺及其衍生物共聚，可得到温敏性水凝胶载体，其固定化嗜热菌蛋白酶时可实现均相催化与异相分离的统一，温敏载体的较低临界液相温度，可通过改变取代丙烯酰胺的结构以调整。温敏载体是环境敏感性载体的一种，类似地酸敏性载体固定化酶时也可达到良好效果。

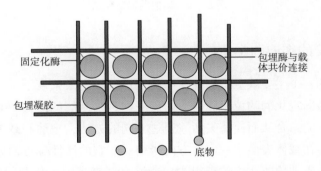

图 5-13 共价包埋固定化法

（三）多酶系统的共固定化

多酶系统的共固定化是一个引人注目的研究动向，它是将两种或多种有联系的酶同时进行固定化，以形成多功能的生物催化剂，达到比单一酶更复杂的转化。葡萄糖氧化酶与过氧化氢酶共固定化，黄素氧化酶与过氧化氢酶及超氧化物歧化酶共固定化和腺苷酸激酶与乙酸激酶共固定化等都是人们进行多酶共固定化的例子（图5-14），将淀粉酶、葡萄糖淀粉酶和葡萄糖异构酶进行共固定化，以此作用于淀粉使其转化为果糖，取得良好的效果；也将葡萄糖淀粉酶和葡萄糖氧化酶不对称地固定在膜的一侧，以麦芽糖为底物研究了其催化反应特性。管文军[60]将葡萄糖氧化酶和过氧化物酶共同固定在同一载体尼龙66膜上，并制备出可检测血糖浓度的试纸，用于临床检验：在固定过程中，酶浓度、染料浓度、固定温度、pH、固定剂、干燥温度等因素的变化均会对固定结果产生影响结果表明，固定化后膜的合适烘干温度应在45～55℃，葡萄糖检测反应的最适pH4.9。多酶系统的共固定化还有一个重要的研究内容是将酶与辅酶共固定化，Hiroyuki Ukeda[51]用被己二胺与戊二醛修饰的葡聚糖凝胶，对醇脱氢酶、硫辛酰胺脱氢酶和辅酶Ⅰ（NAD）进行共固定化，发现固定化酶活力与稳定性主要受固定化的温度与时间影响，戊二醛的聚合度影响固定化酶活力与回收率，最佳固定化条件为修饰度为$A_{235}/A_{280} = 20$，20℃固定7h。

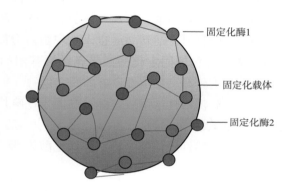

固定化酶1
固定化载体
固定化酶2

图5-14　酶的共固定化法

（四）　酶的定向固定化

酶的固定化的一个主要缺点是固定化酶的活性通常会大幅度下降，其原因是它的活性位点可能会因为固定化酶的位阻障碍，妨碍底物进入到酶的活性位点，另外还会发生酶和载体产生多点的结合从而使酶失活。通过不同的方法，把酶和载体在酶的特定位点上连接起来，使酶在载体表面按一定的方向排列，使它的活性位点而朝固体表面的外侧排列有利于底物进入到酶的活性位点里去，能够显著提高固定化酶的活性如图5-15所示。这种定向固定化技术具有以下一些优点：每一个酶蛋白分子通过其一个特定的位点以可重复的方式进行固定化；蛋白质的定向固定化技术有利于进一步研究蛋白质结构；这种固定化技术可以借助一个与酶蛋白的酶活力无关或影响很小的氨基酸来实现。目前已经发展了一些不同的定向固定化酶的方法：利用酶和它的抗体之间的亲和性；通过酶分子上的糖基部分固定化；酶和金属离子形成复合物；用分子生物学方法使酶定向固定化。

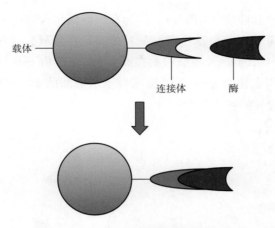

图 5-15　酶的定向固定化法

1. 酶和抗体的亲和连接

利用抗体抗原之间的特殊亲和性。酶和它的特定抗体通过这种亲和作用紧密地连接起来而抗体又和蛋白质 A 有很强的结合能力，这样就可以先在载体上固定化上蛋白质 A，然后通过蛋白质 A 连接上抗体，再通过抗体定向固定化酶。羧肽酶 A 和它的抗体形成复合物的亲和常数可以达到 10^{-9}mol/L 级。这样就可以通过抗体将羧肽酶 A 定向固定化在载体上，可以先在载体上固定化蛋白质 A，然后将抗体和蛋白质 A 连接在一起，也可以直接将抗体连接在聚丙烯酸载体上，然后抗体和羧肽酶 A 亲和连接。

2. 酶通过糖基部分固定化

一般酶有几个互补结合位点可以和不同的分子结合形成不同类型的复合物。利用这些不同的复合物可以进行酶的纯化和定向固定化。例如，羧肽酶 Y 有抑制剂甘氨酰-甘氨酰-p-氨苄琥珀酸的互补结合位点，两者之间可以通过—SH 基团连接，同时它还有抗原位点可以和抗体连接。另外，酶是糖蛋白，它的糖基部分可以和凝集素连接，这样，针对不同的用途，就可以采用不同的复合结构。如果先用戊二醛将凝集素和载体交联在一起，然后用酶的糖基部分和凝集素 Con A 连接起来，可以形成定向固定化。固定化后的酶活力可以保持原来的 96%，而且著增加酶的稳定性。

3. 酶和金属离子连接

用固定化金属离子亲和层析技术可以将组氨酸标记的蛋白质通过金属离子定向固定在石英上。将螯合剂次氮基二醋酸共价结合在亲水性石英上，然后再连上二价金属离子（Ni^{2+}），螯合剂-金属离子复合物上的自由协调位点可以和供电子基团如组氨酸连接。这样就可以通过金属离子镍将蛋白质和载体连接在一起（如图 5-16 所示）。Ahmet Ulu[67]研究有机硅烷修饰的 Fe_3O_4 和 MCM-41 核壳磁性纳米粒子，用于 L-天冬酰胺酶固定并探索固定条件，如 pH、温度、热稳定性、动力学参数、可重用性和储存稳定性。通过共沉淀法制备 Fe_3O_4 核壳磁性纳米颗粒，并用 MCM-41 涂覆。然后，通过（3-缩水甘油氧基丙基）三甲氧基硅烷（GPTMS）作为有机硅烷化合物使 Fe_3O_4 和 MCM-41 磁性纳米颗粒官能团化。随后，将 L-天冬酰胺酶共价固定在环氧官能化的 $Fe_3O_4@$ MCM-41 磁性纳米颗粒上。固定化的 L-天冬酰胺酶在高 pH 和温度值下具有更高的活性。与天然 L-天冬酰胺酶相比，固定化的 L-天冬酰胺酶显示出更高的 V_{max} 和更低的 K_m。此外，它在连续循环中表现出优异的可重用性。

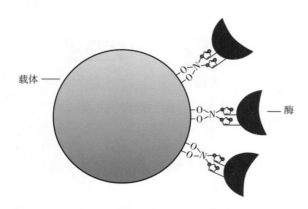

载体
酶

图 5-16　酶的金属离子定向固定化法

4. 分子生物学方法

对于不同的酶的结构特点，采用不同的方法固定化酶。例如，如果酶中没有半胱氨酸或酶的活性位点中没有半胱氨酸，可以采用特定位点基因突变法；当酶的 N 或 C 末端远离酶的活性位点时，可以用基因融合法；如果酶和载体之间允许有一个亲和素臂存在时，就可以使用翻译后修饰法在酶上而连接上一个生物素。通过定向固定化酶，可以使酶的活性位点位于载体的外侧。而且还可以提高酶的温度稳定性，减少底物抑制等，有助于保持酶的活性。①基因融合法基因融合法是指在酶的 N 或 C 末端连接上一个多肽亲和标记。然后酶通过这个亲和标记和载体上的抗标记抗体连接。生物素（Biotin）是一种重要的 B 族维生素，它和亲和素有很强的亲和反应特性。运用分子生物学方法可以将一个生物素分子连接到酶上的一个特定位点。例如，在 β-半乳糖苷酶 N 末端的基因处加上一个生物素多肽标记，然后在大肠杆菌质粒中表达，这样 β-半乳糖苷酶 N 末端就连上了一个生物素标记，同时在载体表面连接上亲和素分子，这样生物素就会和载体上的亲和素发生亲和反应，从而使酶和载体在特定位点发生连接。②翻译后修饰法当酶和载体之间允许有一个亲和素臂存在时，可以通过翻译后修饰的蛋白质融合技术在酶上连接一个单生物素分子，酶通过亲和素桥和载体连接。在一些酶载体反应器中，需要将用过的系统置换成新的系统，采用翻译后修饰方法在酶的特定位点和载体中间引入特殊的桥臂，就可以很容易地实现这个目的。③特定位点基因突变法如果酶中没有半胱氨酸或酶的活性位点中没有半胱氨酸，可以在酶的特定位点上通过基因突变引入特殊半胱氨酸，例如将丝氨酸变为半胱氨酸，一般对于这个半胱氨酸，酶可以通过引入的半胱氨酸一侧的巯基和载体表面的亲巯基团反应，从而使酶和载体在特定位点进行固定化。

枯草杆菌蛋白酶（Subtilisin）没有半胱氨酸，而且在远离活性位点的位置存在丝氨酸，可以通过基因突变法用—SH 替代—OH 把丝氨酸变异为半胱氨酸，通过动力学分析，可以发现变异后的酶的活性与水溶液中的酶的活性没有太大的区别，说明这种变异对酶的功能没有影响。

表 5-6 是对各种比较新的一些固定化方法的小结。

表 5-6　　　　　　　　　　　　　　一些新型的固定化方法

固定化酶	固定化酶载体	固定化方法	固定化酶性质
辣根过氧化物酶[3]	苯丙烯酸酯覆盖 3mm 的玻璃珠表面，三氯甲烷处理	共价固定：125W 汞灯照射 15min，与 5mL 0.11mmol/L 的酶液，5mL 磷酸缓冲液（pH 9.1，0.1mol/L）混合，4℃反应 21h	—
青霉素酰化酶[69]	活性环氧基团的甲基丙烯酸缩水甘油酯（GMA）和亲水性的 N-乙烯吡咯烷酮（NVP）两种单体	包埋交联：以 N，N'-亚甲基双丙烯酰胺（MBAA）为交联剂，甲醇水溶液作致孔剂，液体石蜡为主介质，通过反相悬浮聚合技术	表观活力 62U/g，4℃保存 40d，活力保持不变。经 3 次使用后，酶活力 60U/g，再经 12 次使用，酶活力几乎保持不变
中性蛋白酶[70]	羧甲基壳聚糖	吸附交联：在 pH 7.0 的中性环境下交联剂与羧甲基壳聚糖摩尔比为 0.4∶1，干酶与羧甲基壳聚糖的质量比为 0.125∶1，在室温下交联至少 4h	—
α-葡萄糖氧化酶[68]	粉末状壳聚糖	吸附交联	酶活力 14300U，酶活力回收率 59.6%
脲酶[74]	明胶	包埋-交联法：包酶量为 10mg 酶/g 明胶，明胶 100g/L，戊二醛 0.5%	6107U/g 载体，酶活力收率为 66.1%，固定化酶最适 pH 6.5，最适温度升至 70℃，固定化酶米氏常数 K_m 分别为 11.7 mmol/L 80℃下 180min 保留活力 10%，重复使用 20 次活力 15%，4℃下贮存 35d 后仍保持 55%

续表

固定化酶	固定化酶载体	固定化方法	固定化酶性质
甘油脱氢酶[64]	氨基纤维素	吸附交联：制备酶电极：0.3g 氨基纤维素→水洗→碳酸缓冲液（0.2mol/L，pH 10.0）洗涤→5% 戊二醛的碳酸缓冲液（0.2mol/L，pH 10.0）混合，20℃振荡 2h→磷酸缓冲液（0.05mol/L，pH 8.0）洗涤→甘油脱氢酶（10U）的磷酸缓冲液（0.05mol/L，pH 8.0）5℃反应 30min→载体与 2mg 的氰基硼氢化钠，5℃反应 12h→0.5mol/L NaCl 磷酸缓冲液（0.05mol/L，pH 8.0）与磷酸缓冲液依次洗涤→2mL 15mg/mL 甘氨酸溶液 20℃反应 2h→缓冲液洗涤玻璃管（2mm $i.d.$ × 10cm）包裹固定化酶，5℃贮存	—
共固定化蔗糖酶和葡萄糖氧化酶[65]	活性氧化铝	戊二醛交联	其蛋白质固定化率为 62.9%，分解葡萄糖的总速度为 441.6IU，使用半衰期 1623 次，在 4℃下保存 120d 活力残存为 83.7%
纤维素酶和溶菌酶共固定[66]	氨基化的磁性纳米颗粒	戊二醛交联	78.9% 的纤维素酶和 69.6% 的溶菌酶回收率，共固定化酶的半衰期提高 3 倍，共固定化酶在再循环 6 次后保留了高达 60% 的残余活性
L - 天冬酰胺酶[67]	Fe_3O_4 @ MCM - 41 磁性纳米颗粒	共价固定	55℃温育 3h 后，它还保持 92% 的初始活力，12 个连续循环中表现出优异的可重用性。在 4℃和 25℃连续下储存 30d 后，保留其初始活性的 54% 和 26%

第四节
固定化酶的性质

一、 固定化对反应系统的影响

固定化酶的制备方法很多，酶在固定化过程中，对酶反应系统产生的影响各不相同。假定：酶固定化之后，在载体表面或多孔介质内的分布完全均匀；整个系统各向同性，可以将讨论对象大为简化，我们可以将固定化带来影响概括为如下三方面：

（一） 构象改变、 立体屏蔽

酶在固定化过程中，由于酶和载体之间相互作用，引起酶分子构象发生某种扭曲（图 5-17），从而导致酶与底物的结合能力或催化底物转化能力发生改变，在大多数情况下，固定化致使酶活性不同程度下降。在共价结合法和吸附法制备固定化酶时，表现尤为突出。

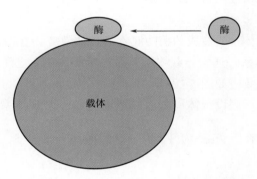

构象改变：由于载体的吸附或连接，酶的形状发生
改变

图 5-17 固定化酶的构象改变

立体屏蔽是指固定化后，由于载体孔隙太小，或固定化的结合方式不对，使酶活性中心或调节部位造成某种空间障碍，使效应物或底物与酶的邻近或接触受到干扰，如图 5-18。因此，选择载体的孔径不可忽视。采用载体加"臂"的方法，或者定向固定化，也能改善这种立体屏蔽的不利影响。构象改变通常影响到酶的变形能力——酶的应变能力，会引起酶的催化温度，稳定性、最适 pH、K_m 等一系列性质的变化。

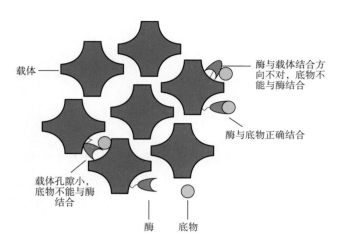

图 5-18　固定化酶的立体屏蔽效应

（二）　分配效应和扩散限制

这两种效应都和微环境密切相关。所谓微环境是指紧邻固定化酶的环境区域，主要是载体的疏水亲水及电荷性质带来的影响。

1. 分配效应

分配效应是由于载体性质造成的酶的底物或其他效应物在微观环境（通常指酶所处的载体环境）和宏观体系（通常指载体所处的水溶液环境）之间的不等性分配，从而影响酶促反应速度的一种效应如图 5-19 所示。这种效应，可以用分配系数进行定量描述。如果仅考虑分配效应，可假设载体周围底物浓度为 S_i，宏观体系底物浓度为 S，则分配系数 $K_p = S_i/S$，此时米氏方程为 $V = \dfrac{V_m \times S_i}{K_m + S_i}$，而 $S_i = K_p \times S$，则 $V = \dfrac{V_m \times K_p \times S}{K_m + K_p \times S} = \dfrac{V_m \times S}{K_m/K_p + S} = \dfrac{V_m \times S_i}{K'_m + S_i}$，即 $K'_m = K_m/K_p$

由以上公式可知，分配效应对固定化酶的米氏常数的影响与分配系数有关：$K_p > 1$，载体对底物表现亲和力，载体周围底物浓度为大于宏观体系浓度，即米氏常数 K_m 变小；反之米氏常数 K_m 变大。如果载体与底物作用力属于电荷作用，则此种效应可被离子浓度影响，在高离子强度下，载体在底物之间的作用力，可减弱或被屏蔽，$K_p \approx 1$，K_m 不变。

通过分配效应我们可以选择吸附底物的载体进行酶的固定化，是载体周围底物浓度升高，降低扩散限制对底物浓度的影响，降低 K_m。或者利用分配效应选择阳离子载体或阴离子载体吸附或排斥氢离子，而使载体周围环境 pH 偏高或偏低，使酶的作用 pH 偏向我们希望的范围，改善酶的应用特性。

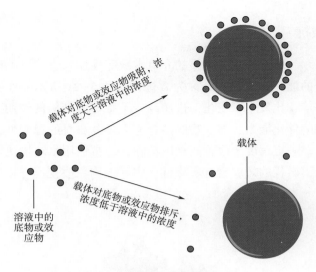

图 5-19　固定化酶的分配效应

2. 扩散限制效应

扩散限制效应是指底物、产物和其他效应物在环境中的迁移运转速度受到的限制作用如图 5-20 所示。有外扩散限制和内扩散限制两种类型。前者是指物质从宏观体系穿过包围在固定化酶颗粒周围近乎停滞的液膜层（又称 Nernsl 层）达到颗粒表面时所受到的限制。外扩散限制可以通过提高搅拌速度，提高温度是水分子相对运动速度加快，而使吸附的水层变薄，而降低甚至消除外扩散限制。内扩散限制是指上述物质进一步向颗粒内部酶所在点扩散所受到的限制。增强载体凝胶多孔性和结构有序性，可在一定程度上降低内扩散限制的影响。扩散限制效应可通过引入相应的参数和模量，进行定量讨论。

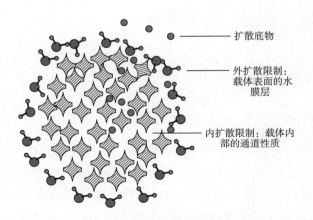

图 5-20　固定化酶的扩散限制

（三） 微扰

由于载体的亲水、疏水作用和介质的介电常数等性质，直接影响酶的催化能力或酶对效应物作出反应的能力，这种效应称为微扰，如图 5-21 所示。即酶所处的微环境与原来所处的宏观环境相比发生了变化，进而改变了维持酶结构的作用力，引起酶的构象改变，最终影响酶的催化能力、与底物的结合能力以及自身的稳定性，目前还不能作定量描述。微扰只能在一定程度上改善而难以消除，通常选用水环境比较接近的极性载体或者采用包埋固定，微扰的效应会有所降低。实际上构象改变，立体屏蔽效应，也还不能作定量描述。

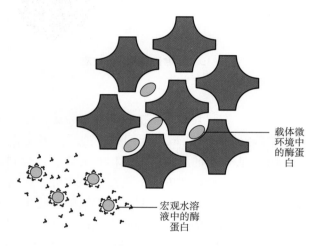

载体微环境中的酶蛋白

宏观水溶液中的酶蛋白

图 5-21　固定化酶的微扰

二、　固定化对酶催化特性的影响

游离酶经过固定化以后，其催化反应特征变化相当大。具体表现主要有以下几方面：

（一）底物专一性变化

对于作用于大分子底物的酶，当其固定于水不溶性载体之后，往往由于空间障碍，而使酶对分子量大的底物的催化活性大大下降。例如，糖化酶用 CM-纤维素经化学法共价固定化后，对相对分子质量为 8000 的直链淀粉的催化活性下降 23%，而对相对分子质量为 500000 的直链淀粉的催化活性下降 85%~87%。由于载体环境与水相环境的不均一，有时会使酶的催化方向逆转或降低酶的催化活力，如乳糖酶，游离的乳糖酶在水相当中以水解为主，而其固定化后，由于水作为反应物，在反应的局部空间由于疏水作用造成水浓度不足，催化反应方向逆转，趋向合成反应，会生成相当数量的低聚半乳糖。

（二）反应的最适 pH 变化

许多实验证明，酶固定化后的反应最适 pH 会发生不同程度的变化。例如，天冬氨酸酶固定于疏水载体 N-烷基琼脂糖珠之后，酶的最适反应 pH 与液酶相比，向碱性区移动了 0.4 个 pH 单位，胰蛋白酶用戊二醛固定于脱乙酰壳聚糖载体后，最适 pH 范围加宽，由液相酶的 pH 8 变为 pH 7~9。另外也有实验证明固定化酶最适 pH 移向酸侧的。据报道，最适 pH 变化是由载体的静电荷决定的，用阴离子作载体，其最适 pH 比固定化前向酸性一侧偏移，这可解释为：当酶被结合到阴离子载体上时，酶蛋白的周围阳离子数降低，这是因为多聚阴离子载体会吸引溶液中阳离子，包括 H^+ 使其附着于载体表面，结果使固定化酶扩散层 H^+ 浓度比周围的外部溶液高，即偏酸，这样外部溶液中的 pH 必须向碱性偏移，才能抵消微环境作用，使其表现出酶的最大活力，从而使最适 pH 转移到了酸性一侧，若用阳离子作载体，则与上述情况相反，最适 pH 移向碱性一侧。同样由于载体环境与水相环境的不均一，可能使宏观水溶液与载体微观环境之间的氢离子浓度改变，进而影响酶的酸碱催化。刘晨光[78]以戊二醛为交联剂，用壳聚糖制备了 3 种固定化载体，即粉末状、凝胶状、海绵状，并测定了固定化酶的特性，结果显示：固定化脲酶的最适 pH 都是 6，而游离酶的最适 pH 为 7，证明分配效应占主导作用，扩散限制为次要作用。贾英民等用乳糖酶[76]经固定化处理后，其最适 pH 较游离酶稍向碱性方向移动，固定化酶最适 pH 为 4.5，游离酶最适 pH 为 4.0。这是因为阳离子交换树脂会吸引溶液中的阳离子，包括 H^+，使其附着于载体表面，结果使固定化酶扩散层 H^+ 浓度比周围溶液高，即偏酸，如图 5-19 所示。这样外部溶液中的 pH 必须向碱性偏移，才能抵消微环境作用，使其表现出酶的较高活力。

（三）反应最适温度的变化

固定化酶的最适反应温度，在很多情况下是高于游离酶的，固定化天冬氨酸酶最适反应温度提高了 5℃，为 50℃；胰蛋白酶也提高了 5℃，为 60℃，而且即使在 70℃ 仍有较高的活性。用 CM-纤维素叠氮衍生物固定化的胰蛋白酶和糜蛋白酶的最适温度则比游离酶高 5~15℃。杨本宏[53]用包埋法制备固定化德氏根霉（Rhizopus delemar）脂肪酶，其橄榄油水解反应的最适温度由 40℃ 上升至 90℃，晋治涛[70]固定的 AS1.398 中性蛋白酶，自由酶和固定化酶的最适宜温度分别为 40℃ 和 65℃，王燕固定化氨基酰化酶，与自由酶相比，固定化酶的最适反应温度分别由 47℃ 变为 57℃，pH 由 7.0 变为 6.5，并且最适反应条件范围明显变宽。这可能是酶固定化后，酶构象改变受到限制，酶的活性中心柔性降低，即酶的诱导契合效应受到限制，表现出对外界环境的钝化，需要较高温度，才能达到原来的构象水平，表现为反应最适温度的变化。也有固定化酶的最适温度不变的与最适温度降低的报道，这种可能是酶固定化后，微环境与宏观环境的差异显著，如酶周围的 pH 环境，介质环境等变化会与温度交叉影响酶活力，从而显示酶活力的下降或不变。王静等固定化乳糖酶[76]的最适温度较游离酶的最适温度偏低，前者为 60℃，后者为 70℃，最适温度下降了 10℃，采用的是阳离子载体[76]进行的固定化，而且载体酸化严重，吸附了大量质子，低 pH 影响了酶的构象，降低了最适温度。

（四）米氏常数变化

酶被固定化后，米氏常数的变化仍是考察酶与底物的反应性能的重要参数。这种变化可以从表 5-7 所列的固定化酶的 K'_m 与游离酶的 K_m 之比值看出一斑。

表 5-7   某些固定化酶的 K_m 变化

酶	载体	固定化方法	底物	K'_m/K_m
无花果酶	CM-纤维素	肽键结合法	苯甲酰精氨酸乙酯	0.9
肌酸激酶	CM-纤维素	肽键结合法	ATP、肌酸	10
天冬酰胺酶	尼龙或聚脲	微囊	天冬酰胺	10^2
木瓜蛋白酶	火棉胶	吸附	苯甲酰精氨酸乙酯	1.8

由表 5-7 可以看出：不同载体，不同固定方法，可以使米氏常数发生不同程度的改变；不同的酶用相同的载体、相同的固定化方法固定化，米氏常数也有不同的变化。总的来说，酶在固定化以后，一般都表现为 K_m 增大，即 $K'_m/K_m > 1$。前述壳多糖固定化木瓜蛋白酶、中性蛋白酶和胰蛋白酶的 K'_m/K_m 均约为 2。

对 K_m 值的变化有各种解释，主要从分配效应和内扩散限制两方面考虑。从载体电荷性质与底物电荷性质的异同来推测。例如，CM-纤维素为多价阴离子载体，无花果酶的底物苯甲-L-精氨酸乙酯带正电荷，故静电引力作用有助于底物向酶分子移动，表观 K_m 减少。杨本宏[53]以羧甲基壳聚糖固定化脂肪酶，酶经固定化后，K_m 由 13.8mg/mL 下降为 8.1mg/mL。刘晨光[78]制备的 3 种固定化载体，即粉末状、凝胶状、海绵状，表观米氏常数 K_m 分别为 2.78、14.5、34.5mmol/L，游离酶的 K_m 为 55.5mmol/L，也可证明分配效应可起主导作用。包埋固定化酶多表现为 K_m 增大现象，推测因底物进入微囊的障碍所造成的浓度低于游离酶的底物浓度可能是重要原因。王静等所做的固定化酶[76]对乳糖的 K'_m 为 132.1 mmol/L，游离酶对乳糖的 K_m 为 109.7 mmol/L，K_m 变大，说明固定化后的乳糖酶存在底物的扩散限制，与乳糖结合的能力下降。

事实上，对于最大反应速度的比较是很难进行的，因为 V_m 与反应体系中的加酶量有关，单纯 V_m 的比较，也难以说明什么问题，由于无法精确测量，一般比较总酶活力，酶经固定化以后，酶催化速度一般表现为下降的趋势，原因可能有多方面：①分配效应与扩散限制使底物浓度在微观低于宏观酶周围的底物浓度降低，酶反应速度降低；产物难于释放扩散，结合于酶的活性中心，抑制酶促反应，降低反应速度。②酶的构象改变，载体微环境的干扰，影响酶的催化，降低酶活力。

（五）固定化酶的稳定性

大多数酶在固定化之后，其稳定性增强、使用寿命延长，但若固定化过程使酶活性构象的敏感区受到牵连，也可能导致稳定性下降。

1. 固定化酶的热稳定性

大多数酶经固定化以后，热稳定性提高。例如，乳酸脱氢酶、氨基酰化酶、胰蛋白酶等，固定化后，热稳定性都比游离酶高；也有固定化之后耐热性反而下降的例子。DEAE-纤维素离子交换吸附的转化酶，40℃加热30min，其剩余活力为4%，而游离酶，在相同条件下其活力为100%。杨本宏[53]固定化脂肪酶，酶学性质研究表明，此固定化酶的热稳定性较好。游离酶在60℃下保温1h已完全丧失活力，而固定化酶在100℃下保温1h仅损失36.2%的活力，在100℃下保温6h仍可保持46.8%的酶活力。晋治涛[70]固定的 AS 1.398 中性蛋白酶，在70℃下，固定化酶的热稳定性比自由酶要好。自由酶和固定化酶的最佳 pH 分别为7.0和6.0，固定化酶具有较宽的酸碱稳定性，在 pH6~8 都保持较高活力。固定化酶在5℃和35℃下储存1周后酶相对活力分别为97.6%和85.1%，而没有被固定的自由酶在5℃下储存1周酶相对活力仅为61.3%。自由酶和固定化酶的 K_m 分别为 5.66g/L 和 1.04g/L。

固定化后酶稳定性提高的原因可能有以下几点：①固定化后酶分子与载体多点连接，可防止酶分子伸展变形，抑制了酶构型的转变。②载体上局部的微环境，有时也可以对酶提供一定的保护作用。③抑制酶的降解，将酶与固态载体结合后，由于空间位阻，蛋白酶与底物接触受阻，蛋白酶作用受到抑制，从而抑制了降解。

2. 固定化酶对化学试剂的稳定性

大多数情况下，酶固定化之后，增强了对化学试剂的耐受力。例如氨基酰化酶，用DEAE-葡聚糖交换吸附法制成固定化酶后，在 6mol/L 尿素、2mol/L 脲中，保存活力分别为146%和117%；而游离酶在相应条件下，保存活力仅9%和49%，常见有机溶剂对固定化脂肪酶的活力影响较小，杨本宏将该固定化脂肪酶用于非水溶剂中正戊酸异戊酯的合成，重复使用6次后固定化酶仍保持95%的酶活力。CMC 偶联的胰蛋白酶，在3mol/L 脲中的保存活力为120%，游离酶仅为60%。尿素、盐酸脲这样的蛋白质变性剂，不仅没有损失固定化酶的活性，反而提高酶活性的现象，据认为可能与酶的柔顺性增加有关。个别酶如葡萄糖淀粉酶，固定化以后，对某些抑制剂更为敏感。这可能与酶所处的微环境有关，在水相当中，酶易与同化学试剂接触，容易诱发酶的构象发生改变，而发生酶的变性作用，固定化后，酶所处的微环境发生改变，同化学试剂作用降低，只增强了酶的诱导契合作用，而不至于使酶变性，增强了酶活力。

3. 固定化酶对蛋白酶的稳定性

一般来说，酶固定化以后，增强了对蛋白酶的抵抗力。例如，用尼龙或聚脲膜包埋，或用聚丙烯酰胺包埋的天冬酰胺酶，对蛋白酶极为稳定，而游离酶在同样条件下，几乎全部失活。据认为，这可能与固定化酶的载体不允许大分子蛋白透过有关，蛋白酶由于空间位阻作用同固定化酶的接触受到了抑制，固定化酶无法被水解增强了对蛋白酶的抗性。

4. 固定化酶的操作稳定性和贮藏稳定性

大多数酶固定化以后，操作稳定性和贮藏稳定性都明显提高。这对工业生产是很重要的有利性质。例如，三酯酸纤维素包埋的转化酶，在25℃操作530d，活力仅丧失一半。重氮化结合于多孔玻璃的葡萄糖异构酶，60℃下的半寿期为14d。梁足培[74]制备的固定化脲酶，重复使用20次其活力仅下降15%，4℃下贮存35d后仍保持初始活力的55%。贾英民等固定的乳糖酶[76]在pH6.5、50℃条件下，游离酶的半衰期仅为9 d；而固定化酶在此条件下经过反复使用20 d后，其酶活力下降到初始酶活力的59%，操作半衰期为24 d，连续使用10次后其酶活力保持在90%以上，具有良好的重复使用性能。

贮藏稳定性下降的例子也存在。游离核酸酶4℃下保存一周，活力不减；而共价固定化酶（载体苯乙烯马来酐）则丧失50%的活力。

（六）提高固定化酶稳定性的途径

探讨固定化过程增强酶稳定性的机制，从中寻求提高固定化酶稳定性途径，是值得重视的课题，不少研究者已在这方面作了有益探索。初步归纳有以下几点：

1. 对固定化酶化学修饰增加与载体相反的电荷

例如，用乙酰酐和琥珀酰酐作为酶的酰化剂，酶经酰化后与阴离子交换剂DEAE-纤维素结合。如此制备的固定化葡萄糖淀粉酶，55℃糖化可溶性淀粉，经7.5h，酶活力保留71%，而未经酰化的固定化酶，只保留17%的活性。

2. 固定化酶与底物或产物同时固定

固定化酶与底物或产物形成复合物，固定化时保护酶的活性中心免受破坏。研究固定化多核苷酸磷酸化酶微环境对酶稳定性的作用时，证明固定化酶与其反应产物大分子核酸形成的复合物，对酶的稳定性起很大的作用。

3. 添加惰性蛋白质

研究固定化葡萄糖氧化酶的稳定性指出，在固定化过程中，以1∶10（酶∶Hb）的比例添加血红蛋白，提高酶活性效果最为明显，这可能是惰性蛋白质提供了对酶更为有利的微环境之故。

4. 增强载体凝胶多孔性和结构有序性研究

可降低载体的内扩散限制，卡拉胶的结构与其包埋的异构酶热稳定性的关系时，发现含硫酸根多的卡拉胶，具有较好的孔隙性和结构上的有序性。而这种有序性与酶对底物的亲和力呈正相关。在制备固定化酶时，添加氨基葡萄糖，可提高胶的结构有序性，同时得到了理想的酶稳定性。

5. 同时固定化能消除产物抑制的酶

葡萄糖氧化酶氧化葡萄糖的产物之一为H_2O_2，易使该酶钝化，若同时固定化葡萄糖氧化酶（GOD）和过氧化氢酶（CAT），当CAT/GOD为27时，固定化双酶，使葡萄糖氧化酶半寿期延长了12倍。25℃连续使用36h活力不变，半衰期达1155h（约48d）。

第五节
固定化酶反应器

固定化酶反应器有以下优点：高载酶量，延长酶活作用时间，能以较高流速循环反复生产，降低成本和能耗及减少副产品，反应系统易放大，产物单一而且收率也高。生产过程的自动化使成本明显降低。现在使用的酶反应器包括分批给料的搅拌罐反应器，连续给料的搅拌反应器，连续给料的固体基料反应器或液体基料反应器和连续给料的超滤膜反应器。

一、 分批式酶反应器

此种反应器适用于游离酶与固定化酶，由反应罐、搅拌器和保温装置组成（如图5-22所示），设备简单、操作容易。根据加料和排料方式的不向，酶反应器可分为分批式与连续式两大类。分批式反应器可用于溶液酶反应，分批式是先将酶和底物一次装入反应器，在适当温度下开始反应，反应达一定时间后，将全部反应物取出。而半分批式是将底物缓慢地加入反应器中进行反应，到一定时间后，将全部反应物取出。当反应出现底物抑制时，需采用半分批式操作。在这种情况下，一般并不回收溶液酶。这类反应器的特点是内容物的混合是充分均匀的。无论哪一种都有结构简单，温度和 pH 容易控制，适用于受底物抑制的反应，传质阻力较低，能处理胶体状底物及不溶性底物和固定化酶易更换等优点。但反应效率较低，载体易被旋转搅拌桨叶的剪切力所破坏，搅拌动力消耗大。分批反应器常被用于食品工业和饮料工业。

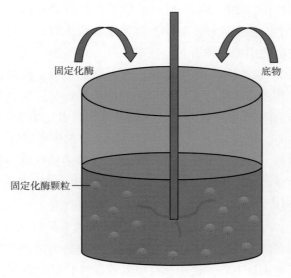

图 5-22　分批式酶反应器

如果用于游离酶的使用，一般酶不能回收，把固定化酶用于分批反应器，则在下一操作中需把流出液中的固定化酶和产物分离，用离心或过滤沉淀方法可回收固定化酶，但酶经反复的循环回收使用，会失去活性，故含固定化酶的分批反应器，在工业上很少应用。吴虹[79]探讨了无溶剂系统中固定化脂肪酶催化餐饮业废油脂转酯生产生物柴油。反应副产物甘油可吸附在固定化酶载体表面，采用丙酮洗涤除去甘油可提高酶的稳定性，适宜的醇/油摩尔比为 1、酶用量 616U/g、反应温度 35~40℃和摇床转速 150r/min，不宜加水到反应体系中，采用分步加入甲醇的方式可减轻甲醇对酶的毒害作用，分别在反应进行到 6h 和 14h 时用丙酮除去酶表面的甘油，然后按醇/油摩尔比为 1 的比例加入甲醇继续反应，反应 30h 后产物中的脂肪酸甲酯含量为 88.6%，连续反应 300h 后，酶活力基本没有下降。

二、 连续搅拌式反应器

这种反应器在运转过程中，以恒定的流速流入新的底物溶液。与此同时，反应液则以同样的流速流出反应器。在理想的反应器中，反应液混合良好，各部位的成分相同，并与流出液的组成也一致。其缺点是，由搅拌桨产生的剪切力较大，常会引起固定化酶的破坏。近来有一种改良的反应器. 这就是将载有酶的圆片聚合物固定在搅拌轴上或者放置在与搅拌轴一起转动的金属网筐内。这样，既能保证反应液搅拌均匀，又不致损坏固定化酶。适合用于有底物抑制的场合。

三、 填充床反应器

填充床反应器是柱式的反应器，应用较广。把酶固定化，制成片状、粒状、块状，装填成柱，使可连续操作，如图 5-23 所示。根据底物流动方向，可分上向流动、下向流动、回路循环等种类。使用这种反应器，必须注意液体通过柱时压力下降和柱直径对反应速度的影响。它所使用的载体有多孔性玻璃珠、珠状离子交换树脂，如二乙基氨基乙基-葡聚糖凝胶、团片状聚丙烯酰胺凝胶、薄片形聚合物、胶原蛋白海膜片等。此反应器的缺点是传质系数和传热系数相对较低，如加上循环装置后，可适当改善。固定化酶颗粒大小会影响压力降和内扩散阻力。一般言之，固定化酶颗粒大小应尽可能均匀。当反应液有固体物质时，不宜采用，因为固体物质会引起床层堵塞。陈盛[81]将该固定化淀粉酶制成柱式反应器，考察了不同条件下柱式反应器的催化反应性能，结果表明，该柱式反应器顺流时的反应速度大于逆流时，最适温度为 36℃，具有两个最适 pH 分别为 0.8 和 7.0，当离子强度在 0.60mol/L NaCl 以上时呈抑制现象，在酸性条件下，固定化酶易解离而丧失活性，因此在实际操作中建议选择中性（即 pH7.0）条件，在 36~40℃范围内操作，该反应器的反应速度均较快，该柱式反应器的通透性好，经连续操作，反复使用 2 个月，酶活力未见下降。说明该反应器稳定性较好，重复使用率高。表 5-8 为报道的填充床反应器应用。

表 5-8 填充床反应器反应条件及效果

固定化酶	反应器条件	效果
环糊精葡萄糖基转移酶[30]	100g/L 环糊精为糖基供体，100g/L 的木糖醇作为糖基受体，流速 20mL/h 温度 60℃	产率产量分别为 25%、7.82g/（L·h），固定化酶的半衰期大于 30d
菊粉酶[84]	17.6mL 固定化酶填充床反应器中，以 1.7h⁻¹ 的空间速度进料，50℃ 下连续操作 4d	4.5%菊芋果聚糖液可被 100%降解，反应器定容产率为 77.0g/（L·h）、半衰期 27d，降解产物（总糖）含 85%果糖
麦芽糖环糊精葡萄糖基转移酶[40]	柱床体积（190mm *i.d.* × 1000mm），4%（*w/w*）分支糊精溶在含 0.5mmol/L CaCl$_2$ 的乙酸缓冲液（0.1mol/L，pH 6.0）底物流速 0.16h⁻¹ 反应温度 50℃	产物 70d 的平均产量为 10%
蛋白酶[80]	反应器有效容积 0.2L（3.5cm×20cm），内置折流板，填加固定化蛋白酶的大孔树脂，装填容重：0.36g/mL，上升流速：0.18cm/min，反应温度 37℃，将"黄浆"废水经计量泵按 0.066L/h 流量进入反应器，水力停留 3.0h	当其蛋白质浓度与反应器的酶浓度匹配时（500mg/L），反应器能获 80%蛋白质水解率和 36.1%有机物水解酸化率
黑曲霉孢子[82]	海藻酸钙为载体包埋：3.5cm×50cm 夹套层析柱上，最佳操作参数为 pH 6.5，50℃，体积流量 1.3mL/min；扩大到 5.5cm × 100cm 中型填充床反应器中，确定其最佳操作参数为 pH6.5，50℃，体积流量 6.0mL/min	低聚果糖质量分数达 53%，并且连续反应 17d 低聚果糖质量分数保持在 50%以上
乳糖酶[83]	聚丙烯酰胺包埋：40%的乳糖质量分数，反应温度 55℃，pH5.5，反应停留时间 45min，酶用量 30U/g	乳糖得率可达 40%

王静等固定化乳糖酶[76]通过填充床反应器水解牛乳中的乳糖，连续生产低乳糖乳，最佳水解温度为 50℃，底物空间流速为 1.5h⁻¹（底物流速 0.53mL/min、停留时间 40min），最终可获得 79.7%的乳糖水解率，达到低乳糖乳的要求，此时固定化酶反应器生产效率 0.93mg/（min·mL）（酶柱体积）、固定化酶生产效率 0.99mg/（min·g）（湿酶）。固定化酶装柱以空间流速 1.5h⁻¹，在 50℃ 条件下连续水解牛乳，每隔 20h 用 pH6.5 缓冲液清洗反应柱，固定化酶在 10d 内对牛乳中乳糖的水解率从最初的 79.7%下降到 70.1%，符合低乳糖乳的要求。

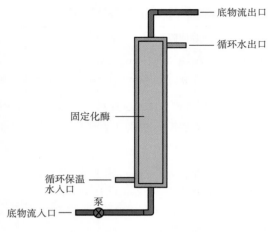

图 5-23　填充床反应器

四、　流化床反应器

在流化床反应器内，底物溶液以足够大的流速由下向上流过通过固定化酶床层，使固体颗粒处于流化状态，使固定化酶颗粒在浮动状态下进行反应。它有下列优点：①具有良好的传质及传热的性能，pH 与温度控制及液体的供给比较容易。②不易堵塞，可适用于处理黏度高的液体。③能处理粉末状底物。即使应用细粒子的载体，压力降也不会很高。但也有缺点如下：①需保持一定的流速，运转成本高，难以放大。②由于颗粒酶处于流动状态，易导致粒子的机械破损。③由于流化床的空隙体积大，酶的浓度不高。④由于底物高速流动使酶冲出，降低了转化率。使底物进行循环是避免固定化酶冲出，使底物完全转化成产物的一种方法。另一种方法是使用几个流态化床组成的反应器组，或使用锥形流态化床（如图 5-24 所示）。

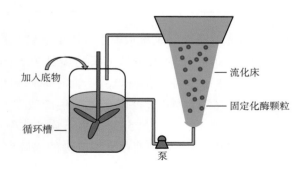

图 5-24　流化床反应器

五、膜式反应器

其结构是在反应器内隔一层酶膜，底物和产物分别由膜两边进出。采用这种型式的反应器时，酶处于水溶液状态，由于膜是蛋白（大分子）物质，非透过性的，因此，只允许小分子产物透过，而酶被截留回收重新使用，可节省用酶，特别适用于价格较高的酶。这种反应器可用于分批操作，也可适用于连续操作。所谓连续操作即一边连续地将底物加到反应器中，一边连续地排出生成物。用于这类反应器的膜有超滤膜和透析膜等。膜的形状有平板状、管状、螺旋状和中空纤维状。此反应器可以作用于胶态或不溶性底物，特别是产物对酶有抑制作用时，采用此装置较合适。但是，酶的长期操作稳定性差，而且酶易在超滤膜上吸附损失，或在膜表面浓缩极化。

（一）螺旋卷膜式反应器

螺旋卷膜式反应器的螺旋结构是将含有酶的膜片和支承材料交替地缠绕于小心棒上。所用的膜片一般是胶原蛋白，支承材料则是一种惰性聚合网状物。螺旋模型可把流体流动的单元分隔成很多独立的空间。当底物流经这些独立空间并与酶接触时，都只有相同的流体力学条件和相同的停留时间，从而改善接触效果，消除短路的发生。并且，膜状的网孔支承物能增加每一流动间隔内的混合效果，以增强物质传通过程。张定丰[85]研究了用固定化米根霉发酵生产 L2 乳酸的转盘反应器及其放大过程，由于整个生物转盘反应器容积为 8L，实验中选择了 4L、5L 和 6L 三种装液量进行实验，装液量对生产速率和得率影响均不显著。接触面积一定，装液量本身对速率及转化率的影响就不大，因此转速的改变对发酵结果影响就更小。用 1m³ 的生物转盘反应器进行放大试验，放大试验所用的反应器长 1.2m、直径 1m，反应器罐体由普通碳钢制成，反应器内的不锈钢转轴上等间距地装有 12 片转盘，反应器装液量 0.5m³，转盘转速 30r/min，发酵时罐压 0.03/0.05MPa，第二批通气量为 0.45m³/h，其他各批通气量均为 0.6m³/h，后三批的平均发酵速率已经比传统的游离发酵提高了 1 倍以上。

（二）中空纤维膜式反应器

中空纤维膜式反应器（图 5-25）是把酶结合于半透性的中空纤维。用这种固定化酶填充的反应器可以提供较大的催化表面，它的结构类似于列管换热器。在这种反应器中，酶与中空纤维可按不同的方式安排。例如，酶可被包埋于中空纤维内，然后再把纤维束服于反应器内。操作时，底物流经纤维外表面，并扩散进入纤维内腔，再在腔内发生酶促反应，生成的反应产物又扩散返回流动主体。另一种方式是把酶保留在纤维的外侧，而底物则流经纤维内腔。这些体系的缺点是，中空纤维的制造极为困难，难以保证纤维束内流体流动的均匀性，以及较大的物质传递阻力等。王筱兰[86]固定了来源米曲酶的 β-半乳糖苷酶，在纤维床反应器中连续生产半乳糖寡糖，在连续反应体系中，研究底物浓度、pH、反应温度和停留时间对半乳糖寡糖合成的影响，确定了连续生产半乳糖寡糖的最佳工艺条件为：底物浓度 400g/L，反应温度 50℃，pH6.0，停留时间 40min，在连续反应 36h 时，流加 1.5%D-半乳糖，半乳糖寡糖的得率由 39.6%提高到 66.2%，固定化酶反应器能基本稳定地操作 96h。

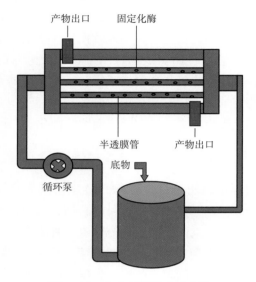

图 5-25　中空纤维膜式反应器

六、　对固定化酶反应器的选择

影响酶反应器选择的因素很多，但一般可以从以下几个方面考虑：固定化酶的形状；底物的物理性质；酶反应动力学特性；酶的稳定性；操作要求及反应器本身的代价等。

（一）　固定化酶的形状、　大小及机械强度

通常情况下，颗粒状、片状、膜状或纤维状固定化酶均可采用填充床反应器，而颗粒状、粉末状及片状固定化酶均适用于连续搅拌式反应器，但是，膜状、纤维状固定化酶不适用于连续搅拌式反应器，其中，膜状固定化酶要用螺旋卷膜式反应器。粉状固定化酶或者易变形易黏结或是颗粒细小的固定化酶，由于它们易造成堵塞，并产生高压力降，而无法实现高流速，此时，可采用流化床反应器。

固定化酶的机械强度，希望越大越好。但用凝胶包埋法和微胶囊法所制备的酶，其机械强度要比用纯粹固体作为载体的酶差得多，对搅拌罐来说，要当心粒子易被搅拌桨叶的剪切力所损伤。对填充凝胶粒子的固定床反应器来说，如塔身很长，由于凝胶本身重且而产生的压缩和变形，压力损失会增加。为了防止产生上述问题，必须想办法用多

孔板等将塔身适当地隔开。

(二) 底物的物理性质

底物的物理性质是影响选择反应器的重要因素。底物不外乎 3 种情况，溶解性物质（包括乳浊液）、颗粒物质与胶体物质。溶解性或混液性的底物显然对任何类型的反应器都不会造成困难。但是颗粒状和胶体状底物往往会堵塞填充床，可选用流化床反应器只要搅拌速度足够高，连续搅拌式反应器能维护颗粒状底物和固定化酶在溶液中呈悬浮状态，故颗粒状底物溶液可适用于连续搅拌式反应器。但是，搅拌速度过高易打碎固定化酶，因此，应适当控制搅拌速度。当反应过程需要控制温度、调节 pH 时，选用连续搅拌式反应器更为方便。

(三) 酶反应动力学特性

酶反应动力学特性也是选择反应器的一个重要依据。在酶工程中，接近平推流特性的固定床反应器，在固定化酶反应器中占有主导地位。它适用于有产物抑制的转化反应；但在有底物抑制的反应系统中，连续搅拌式反应器的性能优于固定床反应器。填充床反应器的流动特性接近于连续搅拌式反应器，故也适用于有底物抑制的转化反应。循环反应器的回流溶液中含有产物，故不宜用于有产物抑制的转化反应。

(四) 固定化酶稳定性

固定化酶在反应器中催化活性的损失可能有如下 3 种原因：①酶失活；②酶从载体上脱落；③载体肢解。酶失活可能由于热、pH、毒物或微生物引起。在连续搅拌式反应器中任何时间内底物浓度都是均一的，因此酶失活动力学关系较简单。但在填充床反应器中，底物浓度沿液流方向逐渐在降低，故在反应器的不同区段里，酶失活速度也不一样，其动力学关系也较复杂。但是将填充床反应器看成一系列连续搅拌式反应器时，那么在相似的条件下，从零级到一级反应的范围内，填充床反应器应优于连续搅拌式反应器，即酶失活速度校低。

在反应器操作过程中，由于搅拌或液流的剪切作用，常会使酶从载体上脱落下来，或者由于磨损而使粒度变细，从而影响了固定化酶的操作稳定性。其中，尤以连续搅拌式反应器最为严重。为解决这一问题而改进连续搅拌式反应器的设计，例如把酶直接连接在搅拌轴上，或者把固定化酶放置在与轴相连的金属网筐内。这些措施均可使酶免遭剪切，对提高强的稳定性起一定的作用。

(五) 操作要求及反应器费用

有些酶反应需要不断调节 pH，有的则需要经常供应氧气，有的需要间断地加入或补充底物，还有的需要更换或补充酶，或者对固定化酶进行清洗和灭菌等。所有这些操作，在连续搅拌式反应器中进行，甚为方便，在其他反应器中进行甚难。Cop[87] 和 Aivasidis[88]对啤酒发酵的研究中选用了填充床反应器，而没有选用流化床，是由于填充床反应器终产物含有较低的氨基酸水平。但是，基质传递的低效率，比如营养物质的传递与发酵产物的去除，就成为填充床反应器当中固定化细胞发酵啤酒风味不平衡的主要影响因素。而流化床反应器，由于它的搅拌性能，就少有风味的不平衡问题。Okabe[89]和Mensour[90]研究中，采用流化床反应器可获得较高的双乙酰与较低的乙醇与酯含量。就造价而言，连续搅拌式反应器结构简单，造价最低，而且有较大的操作弹性反应用可塑性，而其他的反应器，则需要为特定的生产过程专门设计和制造，造价较高。

练上所述，反应器的选择没有一个简单的标准可以遵循，我们必须根据具体情况进行全面分析与权衡，比铰各方面的利与弊，才能最后作出准确的选择。

第六节
固定化酶的应用

目前，有关固定化酶应用的研究报道越来越多，大量的综述和专著都着重介绍这方面的成果，现主要介绍以下几个方面的应用。目前在工业上应用的主要是水解酶类，因为这些酶一般比较稳定又不需要辅酶，主要应用领域是食品、氨基酸和制药工业。

一、 食品工业

（一）糖工业

固定化有 a-淀粉酶和葡萄糖淀粉酶、葡萄糖异构酶、蔗糖酶、a-半乳糖苷酶、葡聚糖酶、淀粉酶等。

（1）高果糖浆的生产　利用含葡萄糖异构酶的固定化酶生产高果糖浆是固定化酶在工业应用方面规模最大的一项，它可以用来催化玉米糖浆和淀粉生产高甜度的高果糖糖浆。自1972年这项技术产生以来，科学家已经固定了几种芽孢杆菌和链霉菌中提取的葡萄糖异构化酶，近年来，比蔗糖更便宜的果葡糖浆的需求量日渐增大，因此很多国家都进行了旨在以大量和廉价生产果葡糖浆为目的的固定化葡萄糖异构酶的应用研究，并大量应用于工业生产中，今后几十年中它将是应用最广，市场份额最大的固定化酶。曾鸣[71]等在进行固定菊粉酶水解菊芋提取液制备果糖的研究中，将内切菊粉酶和外切菊粉酶，用吸附和共价相结合进行，取得了较好的效果，对果糖、葡萄糖分离，果糖浓度可达95%。

（2）蔗果低聚糖的生产　蔗果低聚糖，又称低聚果糖或果寡糖，是以蔗糖为原料，通过生物技术转化而成的一种功能性低聚糖，为国际新兴的功能性养生食品及新型糖源。目前低聚果糖的生产采用的是液体深层发酵法。此法存在一些弊端：对产酶的菌体只能利用一次，转化反应时酶的利用率低，后处理的除杂质、脱色和过滤等工艺较为繁琐，生产成本高，用固定化酶生产低聚糖，30d 后酶活性仅损失 8%，产率达到 1174g/L·h。何社强[91]按固定化酶:50%糖液 = 1:20 的比例投加固定化酶、蔗糖、净化水三种材料至反应罐中，工艺采用温度 40~50℃，转速 80r/min，转化时间 20h；采用 200 目筛网把酶与 FOS 糖浆粗产品分开，再采用 400 目筛网精过滤。然后进行真空浓缩，真空度采用 0.090~0.095MPa，温度低于 50℃，浓缩至 70°Bx 以上，用玻璃瓶灌装，灭菌得 FOS 糖浆成品，固定化酶法生产 FOS 糖浆，固定化酶可反复利用 60 次以上。产品所含色素很少，没有菌体代谢物。吴定[92]将壳聚糖溶解于 20% 的盐酸，配成 25% 的壳聚糖溶液，加到 15%氢氧化钠和 30%甲醇的混合溶液中凝结成 2mm 左右的中空球形壳聚糖。经 4% 的戊二醛活化的中空球形壳聚糖分别与 α-葡萄糖转苷酶、α-淀粉酶、β-淀粉酶、切枝普鲁兰酶在室温反应 2h，4℃静置过夜，制备固定化酶。然后通过两根保温的中空球形壳聚糖固定的 α-淀粉酶生物反应器，收获液化淀粉液（DE 6~8）调 pH 约为 4.6，并加热到 69℃，过保温的固定化 α-淀粉酶、β-淀粉酶柱和切枝普鲁兰酶的组合生物反应器（1:1:1），至 DE 值达一定值后再通入两根直径较细中空球形壳聚糖固定的 α-葡萄糖转苷酶柱可获得较满意的低聚异麦芽糖含量（38.9%）。用固定化酶酶促生产阿斯巴甜，阿斯巴甜是双肽甜味剂，在工业上用化学法合成。现在，已开始用酶法合成，用固定化酶进行耦合反应，得到阿斯巴甜。

（二）乳制品工业

固定化酶可用于水解牛乳中的乳糖，牛乳中含有 4.3%~4.5%乳糖，患乳糖缺乏症的人饮用牛乳后将导致不良后果，用乳糖酶可以将乳糖分解为半乳糖和葡萄糖。用固定化乳糖酶反应器可以连续处理牛乳，将乳糖分解；此外，固定化乳糖酶还可以用来分解乳糖，制造具有葡萄糖和半乳糖甜味的糖浆乳糖在温度较低时易结晶，用固定化乳糖酶处理后，可以防止其在冰淇淋类产品中结晶，改善口感，增加甜度。固定化的酶还有凝乳酶、胃蛋白酶、胰蛋白酶、过氧化氢酶、巯基氧化酶、链霉菌蛋白酶等。

（三）固定化酶应用于酿造

长期放置的啤酒会由于多肽和多酚物质发生聚合反应而变得混浊。为防止出现混浊，目前主要是采取向啤酒中添加蛋白酶来水解啤酒中的蛋白质和多肽，但水解过度会影响啤酒保持泡沫的性能。用戊二醛交联将木瓜蛋白酶固定化制成反应柱，生产所得啤酒在长期贮存中保持稳定。用几丁质固定的木瓜蛋白酶，用于啤酒的大罐冷藏或过滤后装瓶进行处理，通过调节流速和反应时间，可以精确控制蛋白质的分解程度。处理后的啤酒和固定化酶易分开，固定化酶可以多次反复使用，极为经济。经处理后的啤酒在风味上，传统的啤酒无明显差异。Smogrovicova[93]研究中发现采用果胶酸钙与海藻酸钙固定酵母发酵生产啤酒，从 5~20℃ 的范围内可降低双乙酰和酒精含量。

（四）在油脂改性中的应用

脂肪酶可以催化酯交换、酯转移和水解等反应，所以在油脂工业中有广泛应用，1，3-特异性脂肪酶可酶促酯交换反应，将棕榈油改性为可可酯。代可可酯是生产巧克力的原料，价格甚高，而棕榈价廉，因此这一工艺受到较大重视，已开展了较多工作。吴茜茜[94]以改性的硅胶为载体，通过戊二醛交联固定化碱性脂肪酶，得到较佳固定化条件：当戊二醛浓度为0.8g/L，给酶量为30U/g时，酶活回收率效率达到90%以上。通过改变溶剂的种类、给酶量、含水率、底物摩尔比、甲醇的流加方式等参数，考察了脂肪酸和甲醇在固定化碱性脂肪酶催化下合成生物柴油的工艺条件，试验结果表明在20mL正己烷，给酶量7.5g（12U/g），脂肪酸10g，酸醇摩尔比为1∶1.2，含水率4%条件下，分3次加入甲醇，40℃反应8h，反应体系酯化率达到了82%。

（五）固定化酶法脱去柑橘类果汁中的苦味

柑橘类加工产品出现过度苦味是柑橘加工业中较重要的问题。脱去苦味的方法有吸附法和固定化酶法。吸附法是一次去除苦味物质，而酶法脱苦主要是利用不同的酶分别作用于柠檬苦素和柚皮苷，生成不含苦味的物质。酶法去除苦味物质因为酶的生物活性特征而使其应用受到很多限制。为了在不改变底物理化性质条件下，使酶保持最大活性，通常要注意以下几个问题：固定化材料的选择；固定率；固定化后的酶活力；最适pH；温度对酶活性的影响；酶在不同浓度果汁中受到的抑制作用；酶的保存。

二、 氨基酸和有机酸生产

天冬氨酸和L-苹果酸都可以采用固定化酶以富马酸为原料生产。L-天冬氨酸是最早用固定化酶在工业上大规模生产的氨基酸，所用的固定化方法有：聚丙烯酰胺凝胶法、琼脂凝胶包埋法、明胶-戊二醛包埋法和卡拉胶包埋法，由大肠杆菌得到的天冬氨酸酶催化延胡索酸（富马酸）与氨作用，得到L-天冬氨酸，固定化延胡索酸酶用于将延胡索酸转化为苹果酸。这两种酶都是胞内酶，当对细胞进行固定化处理时，酶的稳定性提高了。随后，又发展起利用固定化细胞生产L-丙氨酸，目前，可以利用固定化酶和细胞生产的氨基酸和有机酸还有：L-谷氨酸、L-异亮氨酸、L-瓜氨酸、L-赖氨酸、L-色氨酸、L-精氨酸、乳酸、醋酸、柠檬酸、葡萄糖酸等。Kazuhiro Hoshino[95]以淀粉为原料，用羟丙基甲基纤维素醋酸琥珀酸酯（AS-L）固定化的淀粉酶与κ-卡拉胶包埋固定化的乳酸菌连续生产乳酸，酶的最佳固定化条件为pH 6.0，200mg/g的淀粉酶与0.3g的1-（3-二甲氨基丙基）-3-乙基碳二亚胺盐酸盐、1g AS-L混合，室温搅拌6h。细胞固定化条件为L. casei培养24h，离心收集与4%卡拉胶混合，在40~45℃乳酸的生产效率为3.1g/（l·h）。

三、　制药工业

固定化有青霉素酰胺酶、氨苄基青霉素酰化酶、青霉素合成酶系、谷氨酸脱羧酶、类固醇酯酶、乳酸合成酶等。

（一）半合成抗生素母核的生产

工业生产半合成青霉素类和头孢霉素类抗生素的主要问题是制备母核，即6-氨基青霉烷酸和7-氨基头孢霉烷酸，6-氨基青霉烷酸是半合成青霉素的关键中间体，在6-氨基青霉烷酸的氨基上用化学方法接上适当的侧键，可以制得高效、广谱、服用方便的半合成抗生素，如氨苄青霉素、甲氧苄青霉素、羧苄青霉素和邻氯苯甲异唑青霉素等。生产6-APA有化学裂解法和青霉素酰胺酶水解法两种。起初，酶水解法常用含有青霉素酰胺酶的菌体进行反应，但菌体易失活，且菌体易带来异种蛋白，影响产品质量，从而使酶水解法难以和化学法竞争。但随着固定化技术的发展，人们利用固定化青霉素酰胺酶或含青霉素酰胺酶的菌体细胞来水解青霉素生产6-APA时，由于固定化酶和细胞性能稳定，可长期反复使用，有利于提高6-APA的产率和质量，因此，在工艺上、经济上都可与化学法竞争。现在，固定化酶生产6-APA已实现工业化。

（二）临床医疗方面的应用

现在，人们已将酶作为药物广泛地在医疗上加以应用，发展成为酶疗法，但用于治疗目的的酶，本身是一种蛋白质，进入人体后，会产生抗体，由于抗体反应，能引起患者的过敏性休克，此外，作为药物使用的酶，一般活力比较低，酶本身也不太稳定，易被蛋白酶水解，失去治疗作用。如果将酶制成微小的胶囊型固定化酶再注入人体，则可以增加稳定性，并且避免与体液接触而产生抗体，例如，L-天冬酰胺酶具有治疗白血病的作用，但天然L-天冬酰胺酶进入人体会产生抗体，使病人出现休克。因此，需将其微囊化或用可溶性高分子如羧甲基壳聚糖对其进行修饰以降低其毒副作用，这种修饰实际上与固定化在化学本质上是一样的。微小胶囊还适于包埋多酶系统，因而可用于代谢异常症的治疗或制造人工器官如人工肾脏以代替血液透析等，需要说明的是，用于体内治疗的固定化载体或胶囊都应具有良好的生物相容性或是可以生物降解的，以避免长期存留对人体带来的不良影响。

四、　化学分析方面的应用

酶的专一性可以使酶在一个复杂体系中不受其他物质干扰，准确地测出某一物质含量，但由于纯酶不够稳定且价格昂贵，因而限制了其应用范围。而固定化技术的发展为酶法分析的应用开辟了新途径，伴随固定化酶技术的发展，生物传感器应运而生。它的问世不仅使食品成分的快速、低成本、高选择性分析测定成为可能，而且生物传感器技术的持续发展将很快实现食品生产的在线质量控制，降低食品生产成本，并给人们带来安全可靠及高质量的食品。生物传感器的核心元件就是其分子识别元件，即由生物活性物质经固定化后形成的敏感膜。1967 年，采用固定化酶技术，把葡萄糖氧化酶固定在疏水膜上再和氧电极结合，组装成第一个酶电极——葡萄糖电极。如将葡萄糖氧化酶、过氧化物酶和邻联甲苯胺等还原性色素原固定在纸片上即可制成检糖试纸。将其浸入待测溶液中，如存在葡萄糖，试纸则呈现蓝色，根据试纸上蓝色的深浅，可判断葡萄糖多少，以此可检验尿液、血液中的糖含量，作为糖尿病临床诊断依据，方法十分简便。利用活蚕液状丝素蛋白的变性作用制备的葡萄糖氧化酶传感器，具有酶活力损失小，稳定性好，响应速率快及使用寿命长等优点，葡萄糖氧化酶被固定化在纳米微带金极上可得能用于活体检测的微型生物传感器。K. Matsumoto[64]采用吸附交联制备的甘油脱氢酶的酶电极，酶电极线性范围是：$1.8 \times 10^{-8} \sim 3.6 \times 10^{-7}$mol。而生化分析中最常用的 pH 电极也绝大多数是固定化酶产品。青霉素酶电极就是其中的一种，经过固定化处理的酶电极与 pH 电极一起浸入含有青霉素的溶液时，青霉素酶即催化青霉素水解，使溶液中的氢离子浓度增加，通过 pH 电极测出溶液中 pH 的增加，从而计算出溶液中的青霉素的浓度。

（作者：于宏伟　贾英民）

参考文献

［1］ Colagrande, O., Silva, A., Fumi, M. D. Recent applications ofbiotechnology in wine production ［J］. Rev. Biotechnol. Progr. 1994，10：2-18.

［2］ Qingqing Liu, Hua, Yufei, Kong, Xiangzhen, et al. Covalent immobilization of hydroperoxide lyase on chitosan hybrid hydrogels and production of C6 aldehydes by immobilized enzyme ［J］. Journal of Molecular Catalysis B：Enzymatic，2013，（95）：89-98.

［3］ Francisco Rojas-Melgarejo, José Neptuno Rodríguez-López, Francisco García-Cánovas, et al. Cinnamic carbohydrate esters：new polymeric supports for the immobilization of horseradish peroxidase ［J］. Carbohydrate Polymers，2004，58：79-88.

［4］ Xiongjun Zhu, Tao Zhou, Xiuxiu Wu, et al. Covalent immobilization of enzymes within micro-aqueous organic media ［J］. Journal of Molecular Catalysis B：Enzymatic，2011，（72）：145-149.

［5］ Dong Mei Liu, Juan Chen, Yan-Ping Shi. Advances on methods and easy separated support materials for enzymes immobilization ［J］. Trends in Analytical Chemistry，2018（102）：332-342.

［6］ Yonghui Deng, Dawei Qi, Chunhui Denget al. Superparamagnetic High-Magnetization Microspheres with an Fe_3O_4 @SiO_2Core and Perpendicularly Aligned Mesoporous SiO_2 Shell for Removal of Microcystins ［J］. Journal of the American Chemical Society，2008，130（1）：28-29.

［7］ Yue Wu, Yujun Wang, Guangsheng Luo, et al. In situ preparation of magnetic Fe_3O_4-chitosan nanoparticles for lipase immobilization by cross-linking and oxidation in aqueous solution ［J］. Bioresource Technology 2009（100）：3459-3464.

［8］ Jun Zheng，Cheng，Chao，Fang，Wei-Jun，et al. Surfactant-free synthesis of a Fe_3O_4@ ZIF-8 core – shell heterostructure for adsorption of methylene blue ［J］. Cryst Eng Comm 2014（16）：3960-3964.

［9］ Ranjana Das，Mahe Talat，O. N. Srivastava，et al. Covalent immobilization of peanut of methylene blueross-linking and oxidation in aqueous solutionlization of horseradish peroxidase ［J］. Food Chemistry，2018（245）：488-499.

［10］ Bakoyianis，V.，Kanellaki，M.，Kaliafas，A，et al. Low temperature wine-making by immobilized cells onmineralkissiris ［J］. J. Agric. Food Chem. 1992，40：1293-1296.

［11］ Bakoyianis，V.，Kana，K.，Kalliafas，A et al. Low temperature continuous wine-making by kissiris-supported biocatalyst：volatile by-products ［J］. J. Agric. Food Chem. 1993. 41：465-468．

［12］ Loukatos，P.，M. Kiaris，I. Ligas，et al. Continuous wine-makingby g-alumina-supported biocatalyst. Quality of the wine anddistillates ［J］. Appl. Biochem. Biotechnol. 2000，89：1-13.

［13］ 曹树祥，黎苇. 固定化酶制备方法研究进展 ［J］. 化工环保，1999，（5）：273-277.

［14］ 居乃琥. 21世纪酶工程研究的新动向 ［J］. 工业微生物，2001，31（1）：37-45.

［15］ 卓仁禧，罗毅，陶国良. 固定化技术及其进展 ［J］. 离子交换与吸附，1994（5）：447-450.

［16］ 黎刚. 固定化技术进展 ［J］. 中国生物工程杂志，2002，22（5）：45-48.

［17］ 王家东，侯红萍. 酶固定化研究进展 ［J］. 中国调味品，2005，（9）：4-9.

［18］ 肖海军，贺筱蓉. 固定化酶及其应用研究进展 ［J］. 生物学通报，2001，36（7）：9-10.

［19］ 罗丽萍，熊绍员. 固定化酶及其在食品工业中的应用 ［J］. 江西食品工业，2003，（03）：10-12.

［20］ 卓仁禧，罗毅. 固定化酶技术及其进展 ［J］. 离子交换与吸附，1994，（05）：447-452.

［21］ 周帼萍，贾君，黄家怿. 固定化酶和细胞中应用的新载体 ［J］. 生物技术，2002，（01）：2-3.

［22］ 蒋治良，莫琪. 酶的固定化及应用 ［J］. 广西化工，1994，23（5）：18-23.

［23］ 张伟，杨秀山. 酶的固定化技术及其应用 ［J］. 自然杂志，2000，22（5）：282-286.

［24］ 刘建龙，王瑞明，刘建军等. 酶的固定化技术研究进展 ［J］. 中国酿造，2005，（9）：4-6.

［25］ 曹黎明，陈欢林. 酶的定向固定化方法及其对酶生物活性的影响 ［J］. 中国生物工程杂志，2003，23（1）：22-29.

［26］ 钱军民，张兴，吕飞等. 酶固定化载体材料研究新进展 ［J］. 化工新型材料，2002，（10）：21-24．

［27］ 刘秀伟，司芳，郭林等. 酶固定化研究进展 ［J］. 化工技术经济，2003，（4）：12-17.

［28］ 王洪祚，刘世勇. 酶和细胞的固定化 ［J］. 化学通报，1997，（2）：22-27.

［29］ 万武光，魏文铃. D201-GM 大孔树脂吸附交联固定菊粉酶的研究 ［J］. 工业微生物，1999，29（2）：10-15.

［30］ Pan-Soo Kim，Hyun-Dong Shin，Joong-Kon Park，et al. Immobilization of Cyclodextrin Glucanotransferase on Amberlite IRA-900 for Biosynthesis of Transglycosylated Xylitol ［J］. Biotechnol. Bioprocess Eng. 2000，5：174-180.

［31］ 王燕，张凤宝，朱怀工等. 大孔阴离子树脂 DEAE-E/H 固定化氨基酰化酶的研究 ［J］. 离子交换与吸附，2005，21（3）：248-254.

［32］ 钱军民，李旭祥，锁爱莉. 氨基化硅胶固定化葡萄糖氧化酶的研究 ［J］. 生物化学与生物物理进展，2002，29（3）：394-397.

［33］ 陈辉，张剑波，王维敬等. 壳聚糖固定化云芝漆酶的制备及特性 ［J］. 北京大学学报（自然科学版），2006，42（2）：254-258.

［34］ Arfaoui Mohamed，Behary Nemeshwaree，Mutel Brigitte，et al. Activity of enzymes immobilized on plasma treated polyester ［J］. Journalof Molecular Catalysis B：Enzymatic，2016（134）：261-272.

［35］ 蔡琨，方云，胡学铮等．大豆脂肪氧合酶（LOX）的固定化及增强稳定性［J］．精细化工，2004，21（6）：408-412.

［36］ Shilong Pang, Yanwen Wu, Xiaoqiong Zhang, et al. Immobilization of laccase via adsorption onto bimodal mesoporous Zr-MOF［J］. Process Biochem, 2016（51）：229-239.

［37］ Kamata Y, Sato A, Saito, SAITO, Natsuko, et al. Stability of enzyme activity immobilized onglycosylated egg white beads and some general carrierina flow system［J］. Food Sci Res, 2000, 6（1）：24-28.

［38］ Nesrine Aissaoui, Jessem Landoulsi, Latifa Bergaoui, et al. Catalytic activity and thermostability of enzymes immobilized on silanized surface：Influence of the crosslinking agent［J］. Enzyme and Microbial Technology, 2013（52）：336-343.

［39］ 籍宏，王艳辉，马润宇等．水滑石固定化木瓜蛋白酶制备的研究［J］．北京化工大学学报，2004，31（1）：26-29.

［40］ S. Sakai Yamamoto N, Yoshida S, et al. Continuous Production of Glucosyl-cyclodextrins Using Immobilized Cyclomaltodextrin Glucanotransferase［J］. Agric. Biol. Chem. , 1991, 55（1）：45-51.

［41］ 田晖，谢伯泰，孙连魁等．环糊精葡萄糖基转移酶在壳聚糖上的固定化［J］．西北大学学报，1995，25（3）：223-226.

［42］ 张莉，贾志宽．白腐菌（*T. pubescensMB*89）漆酶的固定化及其酶学性质研究［J］．西北农林科技大学学报（自然科学版），2009，37（10）：151-160.

［43］ 钱军民，李旭祥．纤维素固定化葡萄糖氧化酶的研究［J］．西安交通大学学报，2001，35（4）：416-420.

［44］ 蓝虹云，雷福厚，莫坤等．聚合松香钙固定化淀粉酶的研究［J］．林产化学与工业，2006，26（1）：45-48.

［45］ Quinn Z , K Zhou, XiaoDong Chen, et al. Immobilization of β-galactosidase on graphitesurface by glutaraldehyde［J］. Food Eng, 2001, 48（1）：69-741.

［46］ 陶美林，王新波．丝胶蛋白粉末的制备及其应用于 L2 天冬酰胺酶的固定化［J］．生物化学与生物物理进展，2002，29（6）：961-965.

［47］ Akiko Kurota, KAMATA, Yoshiro, YAMAUCHI, Fumio. Enzyme Immobilization by the Formation of Enzyme Coating on Formation of Enzyme Coating on Small Pore-size Ion-Exchangers［J］. Agric. Biol. Chem, 1990, 54（6）：1557-1558.

［48］ Ranjana Das, Mishra, Himanshu, Srivastava, Anchal, et al. Covalent immobilization of β-amylase onto functionalized molybdenum sulfide nanosheets, its kinetics and stability studies：A gateway to boost enzyme application［J］. Chemical Engineering Journal , 2017（328）：215-227.

［49］ 刘宇，王峰，郭晨等．磁性 SiO2 纳米粒子的制备及其用于漆酶固定化［J］．过程工程学报，2008，8（3）：583-588.

［50］ Muhammad Bila, Iqbal, Hafiz M. N. , Hu, Hongbo, et al. Development of horseradish peroxidase-based cross-linked enzyme aggregates and their environmental exploitation for bioremediation purposes［J］. Journal of Environmental Management 2017（188）：137-143.

［51］ Hiroyuki Ukeda, Ukeda, Masatomo, et al. Co-immobilization of Alcohol Dehydrogenase, Diaphorase and NAD and Its Application to Flow Injection［J］. Agric. Biol. Chem. , 1989, 53：2909-2915.

［52］ 姜忠义，吴洪，许松伟等．溶胶-凝胶固定化多酶催化二氧化碳转化为甲醇反应初探［J］．催化学报，2002，23（2）：162-164.

［53］ 杨本宏，蔡敬民，吴克等．海藻酸钠固定化根霉脂肪酶的制备及其性质［J］．催化学报，2005，26

（11）：977-981.

［54］郁建平，郭刚军，肖云鹏等．海藻酸钠固定化多酚氧化酶及红酚的合成研究［J］．有机化学，2003，23（1）：57-61.

［55］郭永胜，王杰，董军等．醋酸纤维素固定化酰化酶膜的研究［J］．生物化学与生物物理进展，2001，28（5）：748-751.

［56］P. Lozano，PérezMarín, a. B, De Diego, T, et al. Active membranes coated with immobilized Candida antarctica lipase B: preparation and application for continuous butyl butyrate synthesis in organic media［J］．*Journal of Membrane Science* 2002（201）：55-64.

［57］C. Jolivalt S. Brenon，E. Caminade，et al. Immobilization of laccase from Trametes versicolor on a modified PVDF microfiltration membrane: characterization of the grafted support and application in removing a phenylurea pesticide in wastewater［J］．Journal of Membrane Science，2000（180）：103-113..

［58］彭立凤，刘新喜，杨国营．CaCO₃粉末作载体固定化脂肪酶催化合成单甘酯［J］．日用化学工业，2001，（5）：13-15.

［59］宋宝东，邢爱华，吴金川等．表面活性剂包衣的固定化脂肪酶在有机介质中催化酯化反应［J］．化学工程，2004，32（5）：50-52.

［60］管文军，龚兴国，李荣宇．葡萄糖氧化酶-过氧化物酶膜共固定化的研究［J］．浙江大学学报（工学版），2002，36（2）：209-211.

［61］李笃信，贾德民．聚苯乙烯阴离子交换树脂固定α-淀粉酶的研究（II）［J］．离子交换与吸附，1996.12（5）397-402.

［62］Zaita N，Fukushige T，Tokuda M，et al. Preparation and enzymatic properties of aspergillus niger endoinulinase immobilized onto various polysaccharide supports［J］．Food Sci Techno Res，2000，6（1）：34-391.

［63］乌云高娃，卢冠忠，魏东芝等．青霉素酰化酶在甲基丙烯酸缩水甘油酯共聚物上的固定化［J］．催化学报，2003，24（3）：219-223.

［64］K. Matsumoto，Hiroaki Matsubara，Masashi Hamada，et al. Determination of Glycerol in Wine by Amperometric Flow Injection Analysis with an Immobilized Glycerol Dehydrogenase Reactor［J］．Agric. Biol. Chem.，1991，55（4）：1055-1059.

［65］周小华，任绍光，梁文柱．蔗糖酶和 GOD 的共固定化研究［J］．生物技术，1994，4（2）：10-13.

［66］Qingtai Chen，Liu，Dong，Wu，Chongchong，et al. Co-immobilization of cellulase and lysozyme on amino-functionalized magnetic nanoparticles: An activity-tunable biocatalyst for extraction of lipids from microalgae［J］．Bioresource Technology，2018（263）：317-324.

［67］Ahmet Ulu，Imren Ozcan，Suleyman Koytepe，et al. Design of epoxy-functionalized Fe₃O₄@MCM-41 core-shell nanoparticles for enzyme immobilization［J］．International Journal of Biological Macromolecules，2018（115）：1122-1130.

［68］岳振峰，彭志英，徐建祥等．壳聚糖固定化α-葡萄糖苷酶的研究［J］．食品与发酵工业，2001，27（4）：20-24.

［69］薛屏，卢冠忠，郭杨龙等．含环氧基亲水性固定化青霉素酰化酶共聚载体的合成与性能研究［J］．高等学校化学学报，2004，25（2）：361-365.

［70］晋治涛，陈国华，刘晓云等．羧甲基壳聚糖微球固定化 AS 1.398 中性蛋白酶的制备和性质研究［J］．生物医学工程学杂志，2006，23（1）：97-101.

［71］曾鸣，李翔，蔡怀宇等．固定酶法水解菊芋提取制备果糖的研究［J］．精细石油化工进展 2000，1（11）：33-34.

［72］黄淑芳，姜忠义，吴洪等．吸附法和溶胶-凝胶法固定化醇脱氢酶比较研究［J］．离子交换与吸附，2005，21（3）：255-262.

［73］Sang-Yoon Lee, Byung-Hyuk Min, Seong-Won Song, et al. Polyacrylamide Gel Immobilization of Porcine Liver Esterase for the Enantio selective Production of Levofloxacin［J］. Biotechnol. Bioprocess Eng. 2001，6：179-182.

［74］梁足培，冯亚青，孟舒献等．明胶膜固定化脲酶的制备及性质［J］．精细化工，2004，21（7）：512-515.

［75］Sarah Afaq IQBAL. Jawaid. Immobilization and stabilization of papain on chelating sepharose：a metal chelate regenerable carrier［J］. Electronic Journal of Biotechnology，2001，4（3）：120-124.

［76］王静．乳糖酶的固定化技术及其在低乳糖乳中的应用［D］保定：河北农业大学 2006.

［77］Goldstein，L，Pecht，M.，Blumberg S.，et al. Water-insoluble enzymes Synthesis of a new carrier and its utilization for preparation of insoluble derivatives of papain trypsin and subtilopeptidase A.［J］. Biochemistry，1970，9：2322-2333.

［78］刘晨光，陈微，孟祥红等．三种形态的壳聚糖固定化脲酶的研究［J］．武汉大学学报，2003，49（2）：243-246.

［79］吴虹，宗敏华，娄文勇等．无溶剂系统中固定化脂肪酶催化废油脂转酯生产生物柴油［J］．催化学报，2004，25（11）：903-908.

［80］于宏兵，林学钰，张兰英等．固定化蛋白酶对废水中蛋白质的水解效果与机理［J］．环境科学，2005，26（3）：112-117.

［81］陈盛，刘艳如，余萍．淀粉酶的固定化及其柱式反应器研究［J］．福建师范大学学报，1996，12（4）：75-79.

［82］史锋，江波．连续生产低聚果糖的最佳操作参数［J］．无锡轻工大学学报，2000，19（1）：1-4.

［83］秦燕，宁正祥，胡新宇．固定化 B2 半乳糖苷酶催化生成低聚半乳糖［J］．食品与发酵工业，2002，27（11）：12-16.

［84］魏文铃，万武光，王世媛等．固定化菊粉酶连续降解菊芋果聚糖的研究［J］．厦门大学学报，1998，37（3）：34-37.

［85］张定丰，林建平，金志华等．用于固定化米根霉发酵生产 L-乳酸的转盘反应器及其放大［J］．化学工程，2004，32（1）：436-442.

［86］王筱兰，王白杨，蔡友良等．固定化酶连续生产半乳糖寡糖［J］．南昌大学学报，2001，23（4）：87-90.

［87］Cop，J.，Dyon，D.，Iserentant，V.，Masschelein，C. A. Reactor design optimisation with a view to the improvement of amino acid utilization and flavour development in calcium alginate entrapped brewing yeast fermentation［J］. Proceedings of the European Brewery Convention，1989 Zurich，315-322.

［88］Aivasidis，A.，Wandrey，C.，Eils，H. G.，Katzke，M. Continuousfermentation of alcohol free beer with immobilized yeast influidized bed reactor［J］. Proceedings of the European BreweryConvention，1991*Congress*，*Lisbon*，*pp.* 569-576.

［89］Okabe，M.，Miwa Katoh, Fumihiko Furugoori et al. Growth and fermentation characteristics of bottom brewer's yeastundermechanical stirring［J］. J. Ferment. Bioeng，1992，73：148-152.

［90］Mensour，Normand AMargaritis，Argyrios Briens，et al. New Developments in the brewing industry using immobilizedyeast cell bioreactorsystems［J］. J. Inst. Brew. 1997，103：363-370.

［91］何社强．固定化酶法生产蔗果低聚糖糖浆技术的探讨［J］．食品科学，2003，24（2）：82-85.

［92］ 吴定，邹耀洪，王云等．固定化酶生产低聚异麦芽糖工艺研究［J］．食品科学，2005，26（3）：125-127.

［93］ Smogrovicova Z. D[o]mény. Beer volatile by-productformation at different fermentation temperature using immobi-lizedyeasts［J］．Process Biochem. 1999，34，785-794.

［94］ 吴茜茜，吴克，穆文侠等．碱性脂肪酶固定化条件及其催化生物柴油的研究［J］．农业工程学报，2009，25（9）：254-258.

［95］ Kazuhiro Hoshino，Masayuki Taniguchi，Hideji Marumoto，et al. Continuous Lactic Acid Production from Raw Starch in a Fermentation System Using a Reversibly Soluble-autoprecipitating［J］．Agric. Biol. Chem.，1991，55（2）：479-485.

第六章
生物酶工程

第一节
生物酶工程概论

这里论述的生物酶工程，与传统意义的酶工程不同，属于蛋白质工程的范畴。传统的酶工程指的是将生物酶特殊的催化性能应用到工业催化中，如利用果糖转化酶将葡萄糖转化为果糖。而蛋白质工程则指的是将天然蛋白质结构进行改造，即对蛋白质进行改性，得到满足人类需求的具有新型特殊功能的蛋白质。可以说，生物酶工程是酶工程和以基因重组技术为主的现代分子生物学技术相结合的一门新兴的生物工程。自从基因工程技术于20世纪70年代问世以来，酶工程进入了一个十分重要的发展时期。它的基础研究和应用领域正在发生革命性的变化，人类不仅可以实现目的酶基因的异源高水平表达，而且可以通过基因修饰以及基因的合成，对现有的酶蛋白加以改造，甚至设计和构建自然界不存在的新酶，最终生产出性能比天然酶在催化能力、底物特异性和稳定性等方面更加优良，更加符合人类生活需要的生物酶新品种。生物酶工程的诞生充分体现了基因工程对酶工程的巨大影响。

生物酶工程的发展与基因工程技术手段的进步密不可分，中国科学院微生物研究所的黎高翔教授[1]2015年统计了第九届中国酶工程会议上有关基因工程酶论文数，其中酶基因工程与蛋白质工程论文占总论文数36.4%。这说明利用基因工程和蛋白质工程技术改造和生产酶已成为酶工程研究的热点。自20世纪70年代末开始，近40年的科研文献说明了生物酶工程的发展历经了几个阶段。

（1）借助基因的克隆与表达技术，提高酶的表达水平，构建克隆酶。我们知道，酶在生物体内的含量是有限的，不管是哪种酶，在细胞中的浓度都不会很高，当然这是出于生物机体生命活动平衡调节的需要，但无疑就限制了直接利用天然酶更有效地解决很多化学反应的可能性。而利用基因工程的方法可以解决这一难题。只要在生物体内找到了某种有用的酶，即使含量再低，只要应用基因重组技术，通过基因扩增与增强表达，就能够建立高效表达特定酶制剂的基因工程菌或基因工程细胞。大量的研究文献报道了构建基因工程菌株来获取高水平表达的酶，比如在农林水畜等产品加工领域应用的蛋白酶、纤维素酶、葡萄糖氧化酶、乳糖酶、木聚糖酶、脂肪酶、植酸酶等[2-8]。

新一代基因工程酶（或克隆酶）的开发研制，无疑使酶工程如虎添翼。固定化基因工程菌、基因工程细胞技术也使酶的威力发挥得更出色。有科学家曾预言，如果把这些相关的技术与连续生物反应器巧妙结合起来，将导致整个发酵工业和化学合成工业的根本性变革。

（2）通过对酶的改造和修饰，改善酶的催化特性和稳定性，获得修饰酶。酶的作用力虽然很强，尤其是被固定起来之后，力量就更大了，但并不是所有的酶制剂都适合固定化的，即使是用于固定化的天然酶，其活性也往往不能满足人们的要求，需要改变其某些性质、提高其活性，以便更好地发挥其催化功能。于是，酶分子修饰和改造的任务就被提了出来。

通过对酶蛋白分子的主链进行"切割""剪切"以及在侧链上进行化学修饰来达到改造酶分子的目的[9,10]。但随着基因突变、基因敲除以及基因进化技术的出现，酶蛋白在基因水平上可以被修饰和改造，修饰改造的酶分子，无论是物化性质，还是生物活性都得到了改善，甚至被赋予了新的功能[11]。

（3）利用计算机辅助设计，创造新酶。利用计算机进行人工设计和合成具有生物活性的非天然大分子物质，是科学家们共同努力的目标。计算机设计新酶是一个新兴的领域，近年来，酶的重新设计或从头设计（De Novo Design），在广泛领域取得了重大进展[12,13]。

相对基于实验结果进行设计的传统方法，计算机辅助设计技术体现出了更为高效、经济的优势。在酶的理性设计中，传统方法通常运用比对的手段寻找保守序列来对关键残基进行预测和改造，计算机辅助设计则通过引入一种或几种算法直接对大量的氨基酸序列的结构信息进行分析计算和排序，可以更加精确可控地预测关键残基以及相关突变体的催化特性[14-16]。

酶具有若干显著特性，同时为广泛的细胞反应提供难以置信的催化能力，通常对底物/产物具有优良的特异性，并显著调节催化活性。天然酶在非生理条件下在酶稳定性和特异性方面存在功能缺陷。为了商业用途，需要具有改善活性或稳定性的酶。因此，天然酶的工程可能是提高酶学性质用于商业应用的工具。归纳起来，在工业条件下能更好地利用酶的生物酶工程手段主要体现在以上三个方面。

第二节
酶基因的克隆和表达

重组 DNA 技术的建立，使人们在很大程度上摆脱了对天然酶的依赖。特别是在天然材料来源极其困难时，重组 DNA 技术更显示其独特的优越性。近年来，基因工程的发展使人们较容易地克隆各种天然酶基因，并能使其在微生物中高效表达。然后，通过发酵就可以大量地生产所需要的酶。

一、 酶基因的克隆和表达的基本原理

酶基因的克隆和表达原理上是比较简单的（图6-1）。首先制备含有目的酶的 DNA片段，同时选择适当的载体（如质粒、λ噬菌体等）。选用只有一个切点的限制性内切酶切割环状质粒 DNA 或者其他载体 DNA 分子，形成具有黏性末端的线状分子。用同种限制性内切酶切割外源 DNA，形成相同的黏性末端。在连接酶作用下，线状的载体 DNA分子与外源 DNA 片段重组。再用重组 DNA 分子转化大肠杆菌。转化之后，根据载体上的筛选标记进行阳性克隆的筛选。大肠杆菌克隆载体 pUC 系列、表达载体 pET 系列一般

采用抗生素和蓝白斑筛选，一旦筛选出能高效表达的菌株，就可以发酵工程菌株，大量生产所需要的酶（克隆酶）。由于这种克隆酶在宿主细胞中可以有较高的拷贝数，宿主细胞（常是微生物）的生长周期短，可以用发酵工程技术大规模培养，因而可以极大地降低生产成本和酶制剂的销售价格，扩大其应用。

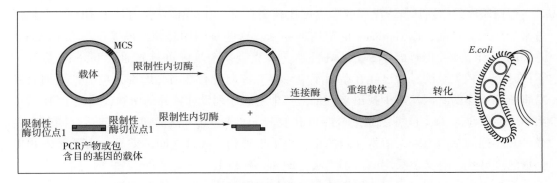

图 6-1　基因克隆表达的原理图示

近年来，随着基因工程技术在酶工程中的应用和发展，越来越多的酶基因都已克隆和表达成功。目前，已克隆的酶基因超过了 100 种，部分酶基因已得到转化和生产，成为具有商业价值的基因工程酶（表 6-1）。

表 6-1　　　　　　　　　　　　　已转化的克隆酶

酶	来源菌	用途	公司
枯草杆菌蛋白酶	枯草芽孢杆菌（*B. subtilis*）	洗涤剂	Genencor
α-淀粉酶	曲霉素（*Aspergillus* sp.）	洗涤剂	Novo
脂酶	枯草芽孢杆菌（*B. subtilis*）	淀粉加工	EnzymeBioystems
凝乳酶	大肠埃希氏菌（*E. coli*）	奶酪生产	Pfizer
凝乳酶	马克斯克鲁维酵母（*Kluyveromyces maxianus*）	奶酪生产	Gist-Brocades
凝乳酶	黑曲霉变种泡盛曲霉（*A. niger* var. *awamori*）	奶酪生产	Genencor

二、　酶基因的分离策略

酶基因克隆的本质是把编码靶酶的 DNA 片段通过无性的方式进行扩增，而这一过程往往是通过载体和寄主细胞来实现的。靶酶基因的分离和获得主要有以下几种途径。

1.　根据已知序列分离靶酶基因

对已知序列的基因或有同源序列的基因而言，其克隆方法是最为简便的一种。获取基因序列多从文献中查取，即将别人报道的基因序列直接作为自己克隆的依据。现在国际上公开发行的杂志一般都不登载整个基因序列，而要求作者在投稿之前将文章中所涉及的基因序列在基因库中注册，拟发表的文章中仅提供该基因在基因库中的注册号（Accession Number），以便别人参考和查询。目前，世界上主要的基因库有：①EMBL，为设在欧洲分子生物学实验室的基因库，其网上地址为 http：//www. ebi. ac. uk/ebi-home. html；②Genbank，为设在美国国家卫生研究院（NIH）的基因库，其网上地址为 http：//www. ncbi. nlm. nih. gov/ web/ search/index. html；③Swissport 和 TREMBL，Swissport 是一蛋白质序列库，其所含序列的准确度比较高，而 TREMBL 只含有从 EMBL 库中翻译过来的序列。目前，以 Genbank 的应用最频繁。这些基因库是相互联系的，在 Genbank 注册的基因序列，也可能在 Swissport 注册。要克隆某个基因可首先通过 Internet 查询一下该基因或相关基因是否已经在基因库中注存。查询所有基因文库都是免费的，因而极易将所感兴趣的基因从库中找出来，根据整个基因序列设计特异的引物，通过 PCR 从基因组中克隆该基因，也可以通过 RT-PCR 克隆 cDNA。此方法简便快速，适合同源序列或已知序列的基因克隆。值得注意的是，由于物种和分离株之间的差异，为了保证 PCR 扩增的准确性，有必要采用两步扩增法，即 nested PCR。

根据蛋白质序列也可以将编码该蛋白质的基因扩增出来。在基因文库中注册的蛋白质序列都可以找到相应的 DNA 或 cDNA 序列。如蛋白质序列是自己测定的，那么需要设计至少 1 对简并引物（Degenerated Primer），从 cDNA 文库中克隆该基因，或者根据简并引物扩增出部分序列，再采用 RACE 或 PCR 技术克隆出目的基因。以这种方法克隆的基因必须做序列测定才能鉴别所扩增产物的特异性。

2. 根据已知探针克隆基因

这也是基因克隆的一种较直接的方法。首先将探针作放射性或非放射性标记，再将其与用不同内切酶处理的基因组 DNA 或 cDNA 杂交，最后将所识别的片段从胶中切下来，克隆到特定的载体（质粒、噬菌体或病毒）中作序列测定或功能分析。这种方法不但可以将基因克隆出来，还能同时观察该基因在基因组中的拷贝数。但在探针杂交后，要注意高强度漂洗，以避免干扰信号，即保证克隆的特异性，同时节省时间。

3. 根据已知序列扩增侧翼未知 DNA 序列

当了解了某酶基因的部分序列，要想获得完整的基因序列，可以通过 TAIL-PCR（Thermal Asymmetric Interlaced PCR）或 RACE-PCR（Rapid Amplification of cDNA end PCR）技术完成[17]。

（1）TAIL-PCR　即交错式热不对称 PCR，是一种染色体步移技术（Chromosome Walking），鉴定已经克隆的特定 DNA 片段侧翼顺序的方法。其原理是根据已知 DNA 序列，分别设计三条同向且退火温度较高的特异性引物（SP Primer），与经过独特设计的退火温度较低的兼并引物（可以设计多条，AD1、AD2、AD3……），进行热不对称 PCR 反应（图6-2）。通常情况下，其中至少有一种兼并引物可以与特异性引物之间利用退火温度的差异进行热不对称 PCR 反应，一般通过三次嵌套 PCR 反应即可获取已知序列的侧翼序列。如果一次实验获取的长度不能满足实验要求时，还可以根据第一次步移获取的序列信息，继续进行侧翼序列获取。甚至还可以获得该基因两端的其他酶基因。

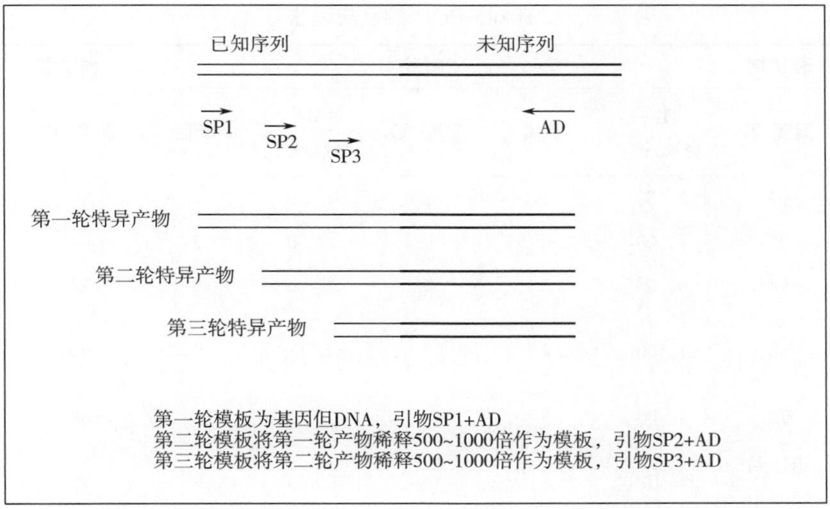

图 6-2　Tail-PCR 的原理图示

　　TAIL-PCR 的关键是引物的设计，TAIL-PCR 反应对引物的要求较高，3 个嵌套的特异性引物长度一般在 20~30bp，GC 含量 45%~55%，T_m 一般设 58~68℃。SP1、SP2 和 SP3 之间最好相距 100bp 以上，以便在电泳时更容易区分 3 轮 PCR 产物。随机引物是按照物种普遍存在的蛋白质的保守氨基酸序列设计的，相对较短，长度一般是 14bp 左右，T_m 介于 30~48℃。华南农业大学的 Yao-Guang Liu 教授[18] 对 TAIL-PCR 方法作了较大改进，创建了新的高效 TAIL-PCR（hiTAIL-PCR）方法，其中 LAD 简并引物及 AC1 引物都是通用的，而特异引物序列是基于目的基因设计的三个巢式引物。采用该技术，我们针对部分已知序列的非核糖体肽合成酶设计了 hiTAIL-PCR 引物（表6-2），设定了 hiTAIL-PCR 的反应条件（表6-3），成功获得了侧孢短芽孢杆菌 S62-9 非核糖体肽合成酶 A 结构域全序列，同时还获得其上游的 ABC 转运蛋白基因[19]。

表 6-2　　　　　　　　　　hiTAIL-PCR 引物

引物名称	引物序列（5′—→3′）
LAD1	5′-**ACGATGGACTCCAGA**G*CGGCCGC*VNVNNNGGAA-3′
LAD2	5′-**ACGATGGACTCCAGA**G*CGGCCGC*BNBNNNGTT-3′
LAD3	5′-**ACGATGGACTCCAGA**G*CGGCCGC*VVNVNNNCCAA-3′
LAD4	5′-**ACGATGGACTCCAGA**G*CGGCCGC*BBNBNNNCGGT-3′
AC1	5′-**ACGATGGACTCCAGAG**-3′
LB0	5′-CTTCCGATAATTCAACTCTATAACCTTGGATC-3′
RB0	5′-GTAATATTATCACTAAAGTTTATGTAACCATG-3′
RB1	5′-**ACGATGGAC**TCCAGTCGACTGTACCTCCACTTATAAAACTAG-3′

注：加粗序列：表示 LAD 的 5′端结构；下划线：表示酶切位点。

表6-3　　　　　　　　　　　　　　hiTAIL-PCR 的反应程序

预扩增			初扩增			再扩增		
步骤	温度/℃	时间 分：秒	步骤	温度/℃	时间 分：秒	步骤	温度/℃	时间 分：秒
1	93	2：00	1	94	0：20	1	94	0：20
2	95	1：00	2	65	1：00	2	68	1：00
3	94	0：30	3	72	3：00	3	72	3：00
4	60	1：00	4	返回到 第1步	循环1次	4	94	0：20
5	72	3：00	5	94	0：20	5	68	1：00
6	返回到 第3步	循环10次	6	68	1：00	6	72	3：00
7	94	0：30	7	72	3：00	7	94	0：20
8	25	2：00	8	94	0：20	8	50	1：00
9	升温至72	0.5℃/s	9	68	1：00	9	72	3：00
10	72	3：00	10	72	3：00	10	返回到 第1步	循环8次
11	94	0：20	11	94	0：20	11	72	0：20
12	58	1：00	12	50	1：00	12	结束	
13	72	3：00	13	72	3：00			
14	返回到 第11步	25个循环	14	返回到 第5步	循环13次			
15	72	5：00	15	72	5：00			
16	结束		16	结束				

（2）RACE-PCR　即 cDNA 末端快速扩增法，是一种在已知 cDNA 序列的基础上克隆 5′端或 3′端缺失序列的技术[17]。其原理是基于 5′端 RNA 寡聚接头的锚定引物（AP primer）或 3′端寡 dT 引物（oligodT）和已知序列的特异性引物（GSP1、GSP2）进行 PCR 扩增。3′RACE 较为简便，以 5′端基因特异引物和 3′端寡 dT 序列为引物进行 PCR，获得 3′端序列。5′RACE 操作复杂，难度相对较大，其原理如图 6-3。首先，获取高质量的总 RNA，以已知基因内部的特异引物 GSP1 启动逆转录合成第一链 cDNA；其次，RNaseH 降解模板 mRNA，得到纯化的 cDNA，并由用脱氧核糖核酸末端转移酶在 cDNA3′端连续加入 dCTP，形成 Oligo（dC）尾巴；再用含有 Oligo（dC）的锚定引物 AP 与特异引物 GSP2 进行巢式 PCR，合成目的基因的 5′端片段。目前已有商业化 RACE 技术产品推出，如 CLONTECH 公司的 MarathoTM 技术和 SMARTTM RACE 技术。

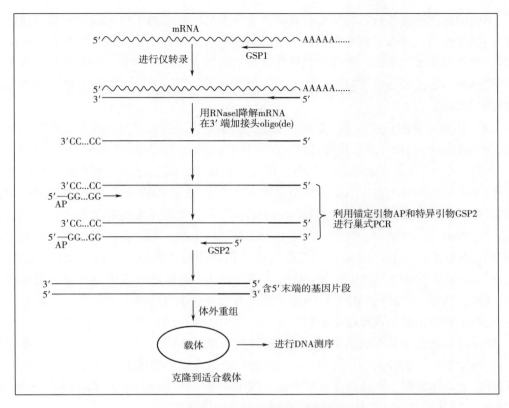

图 6-3 5′RACE 的原理图示

4. 未知序列的基因打靶技术

根据已知序列进行基因克隆，多数是重复别人的工作，或者是在别人工作的基础上继续自己的工作，因而不存在新基因的克隆过程；对未知序列的基因克隆才是真正的创造性研究。鸟枪法（Shotgun）就是常用的一种新酶基因克隆方法。其原理是加入合适的限制性内切酶，如 Sau3AI，将基因组 DNA 随机切成大小不同的片段，与载体连接后转化受体细胞，通过转化子的生化特征或表型，筛选出所需的目的基因。2007 年，Ogawa 等通过该方法获得来自类芽孢杆菌的一个新的糖苷水解酶家族 5 内切葡聚糖酶。此外，2019 年 Zhang 等采用鸟枪法从一株新分离的 *Ochrobactrum* sp. PP-2 菌中克隆出一种克隆了水解丙烯腈的酰胺酶基因，并在大肠杆菌中成功进行了表达[20]。

三、 提高酶基因表达水平的策略

1. 构建和选择高效的表达系统

基因工程技术经过 40 年的发展，人们已经建立了许多基因表达系统，如细菌、酵母、昆虫、植物和动物。目前常用的原核表达系统主要是大肠杆菌表达系统、枯草芽孢杆菌表达系统以及乳酸菌表达系统；真核表达系统主要是酿酒酵母、毕赤酵母表达系统。不同的表达系统各有各的特点，有优势也有不足之处，由于宿主细胞对外源基因有修饰限制的作用，所以通常来自原核生物的酶基因选择原核表达系统，来自真核生物的酶基因选择真核表达系统，这样更容易获得有活性的克隆酶。当然，为了获得高水平表达的克隆酶，选择表达系统时可以根据实际情况对表达系统做一定的改造以满足外源基因的高效表达。

（1）选择适宜的表达宿主　尽管有很多的表达受体，但大肠杆菌和毕赤酵母因具有细胞高效接收外源 DNA 并以非常高的速率表达重组蛋白的能力而最为流行的手段。

大肠杆菌（*E. coli*）表达系统具有发酵生产周期短、易于操作、生产成本较低等优点，因此大量的酶基因在 *E. coli* 系统中得以表达[21]。截至 2017 年，PDB 数据库中蛋白结构的数目也已经超过 13 万个，其中大约 80% 的蛋白质是在大肠杆菌表达系统中进行表达，并解析其三维结构。但是，由于 *E. coli* 为原核生物，不具备对蛋白质进行翻译后修饰加工的能力，而且产品通常以没有活性的包涵体形式出现，需进行相应的复性处理；*E. coli* 表达系统中外源基因以质粒形式进行表达，在生产过程中经常会出现质粒丢失的现象，造成生产性能不稳定；另外，缺乏有效释放蛋白质进入生长培养基的分泌系统；这些不利因素在一定程度上限制了 *E. coli* 作为一种表达系统在工业上的应用。

毕赤酵母则由于具有表达量高、可对翻译形成的蛋白进行修饰加工、传代培养稳定性高、易于调控表达等优点，目前已被越来越广泛地应用于外源蛋白的表达[22]。适合于进行高密度液体发酵，其高密度液体发酵干细胞产量可达 100g/L。据 Cereghino 等报道，至 2000 年时就已有 400 多种外源蛋白在毕赤酵母中表达成功。

此外，也有少量通过其他宿主进行异源表达的报道，如 Roth 等将来源于棘孢曲霉 MRC11624（*Aspergillus aculeatus* MRC11624）中的 *β*-甘露聚糖酶基因 *man*1 在解酯耶罗维亚酵母（*Yarrowia lipolytica*）中进行了表达。

（2）选择强启动子　强启动子对外源基因的表达效率有显著影响。大肠杆菌常用的启动子有 Lac、SP6、Tac、T7 启动子等，其中 T7 启动子（T7 promoter），来自 T7 噬菌体，对 T7 RNA 聚合酶有特异性反应的强启动子，其合成 mRNA 的速度比普通大肠杆菌的 RNA 聚合酶快 5 倍左右，成为当今大肠杆菌表达系统主流启动子[21,23]。

毕赤酵母表达载体 pPIC9k，采用了 pAOX1 作为一个甲醇强启动子，目前在外源蛋白的表达及实际工业化应用中最为常用。它可以对醇氧化酶基因 AOX1 进行严格调控，在甲醇存在时，可诱导该启动子下游的外源基因进行表达。至今为止，已有许多外源蛋白通过该启动子获得了表达，如来源于酿酒酵母的超氧化物歧化酶（SOD）以及来源于嗜热毛壳菌（*Chaetomium thermophilum*）的耐热木聚糖酶等[24]。

另外，作为不利用甲醇进行诱导的 3- 磷酸甘油醛脱氢酶基因启动子 pGAP（Glyceraldehyde-3-phosphate Dehydrogenase Promoter）被 Waterham 等于 1997 年开发出来。据报道，已有部分外源蛋白通过 pGAP 启动子获得了表达，2010 年，Yang 等从褐色嗜热裂孢菌（*Thermobifida fusca*）中克隆出 α-淀粉酶基因并通过 p GAP 启动子在毕赤酵母 X33 中进行了表达[25]。Zhao 等还将 pGAP 启动子更换为启动子 pPHO89，*lipase* 基因在启动子

pPHO89 的作用下高效表达，表达量比 pGAP 启动子的提高了 14.8 倍[26]。

2. 利用密码子偏好性进行密码子优化

每个氨基酸由一个以上的密码子编码，并且每个生物体在 61 种可用密码子的使用中都有其自身的偏好。不同密码子的使用频率在不同生物之间，甚至同一个生物体或同一个操纵子内都存在差异[17]。在异源条件下，宿主细胞的环境完全不同，宿主被迫表达其不具有丰富 tRNA 的特定蛋白质，由于密码子偏好问题导致了重组蛋白无法表达或产成截短的重组蛋白。能高度表达的基因倾向于含有细胞具有丰富 tRNA 的密码子，而以低水平表达的基因倾向于包含稀有密码子。这种密码子偏好性对于不同来源的重组基因的高水平表达是一个大问题[27]。如果来自重组基因的 mRNA 含有稀有密码子，或者如果相关蛋白的氨基酸组成与典型的受体菌蛋白相比是偏差的，则可能面临翻译问题，包括翻译停滞，翻译过早终止，翻译移码和氨基酸错误掺入，它导致表达蛋白质的数量或质量降低。大肠杆菌中最罕见的密码子 AGG 和 AGA 的存在已经被证明是几种哺乳动物基因表达的限制。同样，Tegel 等 2011 年比较了人源基因组衍生的某些蛋白质在大肠杆菌 BL21（DE3）和 Rosetta（DE3）细胞中的表达，发现 Rosetta（DE3）中可溶性蛋白质含量较高[28]。我们的研究也发现，也发现在大肠杆菌 BL21（DE3）无法表达蚀木链霉菌纤维素酶，但在 Rosetta（DE3）受体中获得较高水平表达的纤维素酶[3]。原因就是大肠杆菌 Rosetta（DE3）含有 AUA，AGG，AGA，CUA，CCC 和 GGA 等稀有密码子的 tR-NA，所以这类菌株能够明显改善大肠杆菌中由于稀有密码子造成的表达限制。

中国农业科学院生物技术研究所的研究人员通过对 346 种不同来源微生物基因的密码子进行分析，发现基因中的密码子选择具有明显的规律性。通过建立氨基酸密码子使用的规律表，分析基因中哪些氨基酸需要采用稀有密码子，而哪些位置需要采用最佳密码子来调控基因的翻译速率。通过构建的密码子使用索引表，以及相关基于大数据的学习算法可以实现对外源基因进行分子设计与优化，最终达到提高其在异源表达系统中表达量的目的。多黏类芽孢杆菌 BN1 株 β-葡萄糖苷酶 A 的基因中含有很多大肠杆菌的稀有密码子，这限制了其在大肠杆菌中的表达。选择部分稀有密码子同义替换为大肠杆菌的偏爱密码子，结果表达量显著提高，I 型单密码子替换可以使酶的表达量提高 3~6 倍，II 型单密码子替换可以使酶的表达量提高 3~4 倍；通过组合突变，得到一个表达量提高 13 倍的基因型（WT-13）[29]。江南大学的罗长财利用密码子优化，构建及筛选出一株 ReTMan26 生产菌株，在 50 L 液体发酵罐中的表达水平为 10750U/mL，其生产性能同原重组毕赤酵母相比，提高了 98.6%[30]。

3. 增加基因拷贝数

提高整合拷贝数是提高外源基因表达的重要手段。据报道，基因拷贝数可能会影响毕赤酵母中外源蛋白的表达水平[31]。毕赤酵母表达载体 pPIC9K、pPICzaA 分别携带遗传霉素（G418）及吉欧霉素（zeocin）抗性基因，可以使阳性菌株对这些抗生素产生抗性，且抗性与质粒在染色体上的拷贝数有良好的线性关系，所以可以通过提高抗生素浓度来筛选基因高拷贝整合菌株。Li 等[32]将丙二酸盐阴性柠檬酸杆菌 *phytase* 基因导入毕赤酵母中表达，整合了 6 个 *phytase* 基因拷贝，在启动子 pAOX1 的作用下，植酸酶产量提高了 4 倍。

目前常用于构建多拷贝基因表达载体的方法主要有：

（1）同尾酶法　同尾酶是指两种不同的限制性内切酶，它们可以识别不同的酶切位点而产生相同的黏性末端。利用这一性质对重组载体进行单酶切和双酶切，产生的线性化重组载体和插入片段具有相同的黏性末端，有助于多拷贝表达载体的构建，同尾酶法在构建多聚体的精确度上具有优势。

（2）多拷贝表达盒串联法　是将完整的表达盒串联，是表达盒的多拷贝，而不是目的基因的多拷贝，适用于二硫键数目较多的或是大分子蛋白的多拷贝构建，降低了二硫键复性和构象折叠的难度，通过此法构建的多拷贝重组表达载体表达时，各个单一表达盒同时进行表达，表达产物是目的蛋白单体。

Biobrick 技术（生物砖技术）是一种快速的对任何基因进行多拷贝表达盒串联的方法。该技术是由麻省理工学院的 Tom Knight 等于 2003 年首次开发的一项新的基因工程技术，2006 年 Phillips 和 Silver 对此又做了一些改进，使得不同生物砖可以正确融合。生物砖技术的发展，也为当今合成生物学的出现提供了技术手段。

当然，除了以上提到的策略之外，优化工程菌培养条件（营养条件、培养条件）也是提高外源基因表达水平的一个重要措施，由于不属于遗传修饰手段，在此不做解释。

第三节
酶基因的定点突变

现代酶工程中使用的基因突变技术，不同于自然遗传修饰的突变。它是在体外进行基因操作，按照预定的目标（突变位点），通过核苷酸的置换、插入或删除，获得突变酶基因。将其引入表达载体，则可获得遗传修饰酶或突变酶。定点突变（Site-directed Mutagenesis）已成为工程生物酶广泛采用的有效技术。它是根据酶的结构、功能和作用机制的信息，在基因水平上精确改变酶分子中的氨基酸残基，在不改变酶分子构象的情况下，以期使酶的性质最佳化，便于应用。

一、 酶基因的定点突变方法

定点突变技术属于酶分子的合理设计方案，必须首先获取酶的三维空间结构，搞清结构与功能之间关系以及氨基酸残基功能等方面的信息，以此为依据采用定点突变或化学修饰方法改变酶分子中个别氨基酸残基，以产生新性状的酶[33]。20 世纪 80 年代以来随着蛋白质工程技术的发展利用定点突变技术对天然酶蛋白的催化性质、底物特异性和热稳定性等进行改造已有很多成功的实例。

基因的定点突变技术有寡核苷酸介导的定点突变、盒式突变及基于 PCR 的定点突变。目前最为常用的是基于 PCR 的定点突变。

1. 寡核苷酸介导的定点突变（Oligonucleotide Directed Mutagenesis）

这项技术主要是利用带有预定突变序列的寡核苷酸单链引物，在体外与原基因序列退火，诱导合成少量完整的突变基因，然后，通过体内增殖得到大量的突变基因，其原理如图 6-4 所示。这类技术的最早应用是 Hutehison 和 Razill 等，分别用合成的寡核苷酸引物诱导了 φX174 单链噬菌体 DNA 嘌呤点突变。后来，逐渐改用 M_{13} 单链噬菌体 DNA 作为基因载体，突变技术也日趋成熟。

（1）寡核苷酸介导的定点突变基本原理及其主要步骤

①将酶基因克隆到载体上，制备含突变基因的单链模板（以下称"正链"）。

②化学合成含有所需突变顺序的寡核苷酸引物，这段"突变引物"的核苷酸顺序，除预定突变的部位外，其余的顺序与"正链"互补。

③将合成的突变引物 5′端磷酸化后，与"正链"模板 DNA 退火，这时突变引物与"正链"的欲突变部位，形成含错误配对的异源双链，然后加入 DNA 聚合酶（常用大肠杆菌 DNA 聚合酶Ⅰ的大片段，即图中的 Klenow 酶）和四种 dNTP，将引物延伸，合成全部互补的双链、并由 T4 噬菌体 DNA 连接酶封口，得到共价闭环双链 DNA（cccDNA）。并用超离心或凝胶过滤等技术分离纯化双链 DNA。

④将双链 DNA 转染受体菌（例如大肠杆菌 F′株）使其扩增。从所得到的噬菌斑分离单链 DNA。经印迹转移至硝酸纤维素薄膜上，把上述突变引物标记 5′^{32}P 作为探针，进行杂交（退火），此时突变型单链 DNA 与探针全部互补，而野生型（未突变者）与探针之间，存在错误配对，在高温洗涤时，这种互补链，易解链，探针被洗掉，因而留下来的互补链，可能是突变酶基因的链。

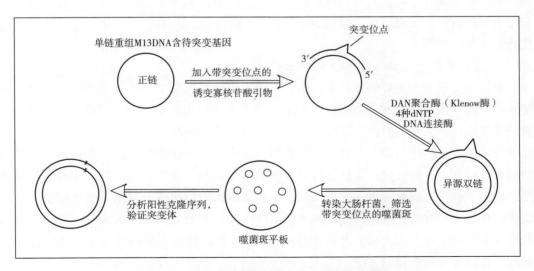

图 6-4　寡核苷酸介导的定点突变技术原理图示

⑤由筛选到的含突变酶基因的受体菌株，进一步纯化，分离 DNA，测定突变部位的顺序，与预定序列相符者，即为所要求的突变酶基因。

⑥将含有突变酶基因的 M_{13}，转化高效表达体菌、溶菌后即可收得大量的突变酶。

这个方法有许多重要的优点：首先，它可以精确地在基因的预定位置导入任何所需的突变，并用有效的筛选手段取得突变基因；其次，它对目的基因本身的结构没有任何附加要求（如要求它在某处具有某种限制位点之类），可以直接地用于各种需要突变的基因；加之这个方法步骤比较简单、技术比较成熟，因此，目前在蛋白质工程研究中得到了广泛的应用。

（2）寡核苷酸介导的定点突变技术　改进寡核苷酸介导的定点突变技术最突出的缺点是突变基因产率较低，噬菌体后代带有所需突变的比率常常远低于理论值（50%）。针对这一缺点，提出了许多改进方案。现有的改进主要集中于两个方面：

①尽量增加突变引物与正链退火后形成的局部错配双链的稳定性，使其尽量少被破坏，从而使突变率接近 50% 的理论值。例如"双引物法"，这是 Zoller 和 Smith 等提出的一项改进方法。其要点是在"突变引物"上游，再增加一个保护性引物，它们同时与正链退火，即可防止突变引物过早被破坏，在这种情况下，即使不合成全长的负链，含突变基因的噬菌体产率也可接近 50%。②设法使合成的 M_{13} 双链中，不带突变的正链部分在后代中的比例尽量减少，而带有突变基因的负链部分在后代中的比例尽量提高，这样得到的突变产率，不仅可以超过 50%，而且还可能接近 100%。Calter 等提出了偶联双引物法，在加入突变引物的同时，还加入一个特殊设计的限制选择引物，后者能引起 M_{13} 载体上一定的限制位点也发生突变。这样的双引物与正链退火、延长、闭环、富集双链以后，转化可识别原正链上限制位点的限制性宿主菌，其结果是正链的后代被菌内的限制性酶识别并破坏，负链的后代因位点已突变，故不被识别和破坏，突变率可达 70% 左右。另外还有一些改进，比如异源 M_{13} 双链法（缺口 M_{13} 双链法）、dUMP 正链法以及硫代核苷酸负链法等。

2. 盒式突变（Cassette Mutagenesis）

上述的寡核苷酸诱导的定点突变法，只适用于将蛋白质中的某一氨基酸，转变为预定的另一种（或有限几种）氨基酸。但如果事先不能确定转变产物，需将每一种可能代替的氨基酸逐一实验的时候，就要同时进行某一位点的多种突变。

盒式突变是利用一段人工合成的含基因突变序列的寡核苷酸片段，取代野生型基因中的相应序列。这种突变的寡核苷酸是由两条寡核苷酸组成的，当它们退火时，按设计要求产生克隆需要的黏性末端，由于不存在异源双链的中间体，因此重组质粒全部是突变体。如果将简并的突变寡核苷酸插入到质粒载体分子上，在一次的实验中便可以获得数量众多的突变体，大大减少了突变需要的次数。这对于确定蛋白质分子中不同位点氨基酸的作用是非常有用的方法。

3. 基于 PCR 的定点突变技术（Site-directed Mutagenesis Based on PCR）

PCR 反应的出现大大促进了定点突变技术的发展，简化了实验操作程序，提高了突变效率。目前科学家们主要采用两种 PCR 介导的定点突变方法，即重叠延伸 PCR 和大引物 PCR 法，在基因序列中进行定点突变。

（1）重叠延伸 PCR（overlap extension PCR，OE-PCR）法　图 6-5 阐述了重叠延伸 PCR 介导的定点突变机制。该方法需要设计 4 条引物，分别是 F 和 R 为侧翼引物，用于扩增全长基因片段，其 5′末端分别带有限制性内切酶酶切位点；*R*m 和 *F*m 为两条完全互补的引物，且引入了突变位点，它们分别与侧翼引物 F 和 R 搭配扩增突变位点及其两侧的基因片段。其过程：首先将模板 DNA 分别与引物对 1（正向引物 F 和反向右边引物 *R*m）和引物对 2（反向引物 R 和正向突变引物 *F*m）退火，通过 PCR1 和 PCR2 得到两个靶基因片段。回收纯化两个片段，并在重叠区退火，用 DNA 聚合酶补平缺口，形成全长双链 DNA。最后用侧翼引物 F 和 R 进行 PCR 扩增，获得大量带有突变位点的全长 DNA 片段。

该法应用非常广泛、灵活，不受突变位置及突变类型的限制。利用 OE-PCR 不仅实现基因点突变，还能便利地实现大片段的插入及删除。OE-PCR 虽然突变成功率很高，但一次突变需要两对引物，进行三个 PCR 反应，还需对中间产物进行纯化。因此，相对而言成本偏高，操作较烦琐。

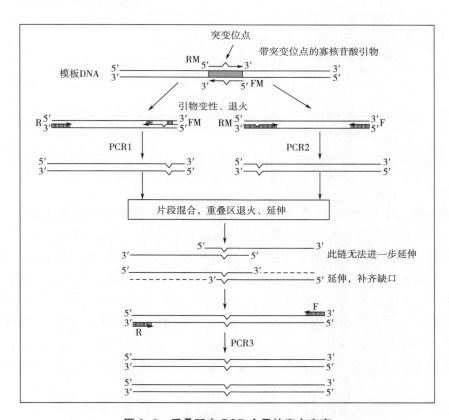

图 6-5　重叠延申 PCR 介导的定点突变

（2）大引物 PCR 法　此法只需三个引物（正向引物 F、反向引物 R 以及突变引物 M），两个 PCR 反应，而且无需中间产物纯化等步骤（图 6-6）。其方法是首先用反向引物 R 以及突变引物 M 扩增模板 DNA，产生双链大引物片段（PCR1），然后与原模板 DNA 退火，加入正向引物 F 进行第二次 PCR，扩增得到含突变的完整基因。因为作为引物使用的 DNA 片段较通常的引物要大许多，通常有上百碱基，所以命名为大引物 PCR 法。由于 F 的退火温度显著高于第 1 轮 PCR 的引物 R 和 M，因此可以忽略 M 和 R 在第二轮反应中的干扰。获得的突变产物一般需要测序分析以验证突变位点。

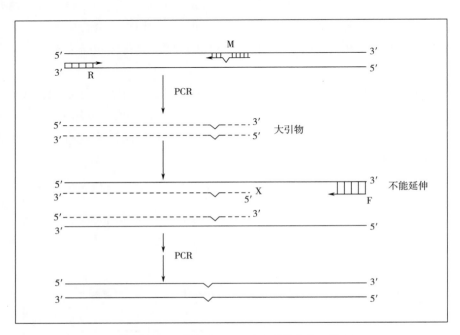

图 6-6　大引物 PCR 介导的定点突变原理图示

许多科研工作者在引物的设计方面加以改进以提高诱变效率。Ke 等在设计引物时使两个正向和反向外侧引物的长度相差较大，相应它们的解链温度（Tm）也产生显著差异，这样第一轮 PCR 采用低的退火温度，之后在无需纯化的情况下直接加入高 Tm 的外侧引物，同时相应提高退火温度来排除低 Tm 的外侧引物的干扰，使野生型模板不致被扩增。Lu 等[34]通过采取限制引物（U）浓度的不对称 PCR 技术，既可以消除引物对结果的干扰，又可以产生大量的单链 DNA，而且在第二轮并没有添加反向外侧引物，而是直接用第一的 PCR 的反应产物，即单链突变大引物来延伸扩充整个基因，并以次延伸的整个基因为模版，在利用两个外部引物通过随后的 PCR 循环产生大量的双链突变 DNA。

（3）扩增环状质粒全长的突变方法　这是近年来出现的一种快速 PCR 定点突变方法，该方法以 Stratagene 公司开发的 QtukChange 定点突变试剂盒为代表，先把待突变的基因克隆入环状质粒，然后利用一对含突变的引物扩增整个环状质粒，从而得到含突变位点的线性 DNA，然后加入限制性内切酶（DpnI 消化酶）消化模板后，用 DNA 聚合酶 Pfu 补平，T4 DNA 连接酶连接，经乙醇沉淀后直接转化 *E. coli*，*E. coli* 自身修复系统可自行环化缺口。目前，试验室所用的 *E. coli* 宿主菌多为甲基化细菌，它可在细胞内对一些特定的 DNA 碱基序列进行甲基化修饰。模板限制性内切酶的识别位点为甲基化和半甲基化位点。由于只有亲代 DNA 经过细胞内甲基化修饰，体外 PCR 扩增的 DNA 因没有被甲基化，限制性内切酶对模板不敏感，故模板限制性内切酶不能消化体外 PCR 扩增的 DNA，由细胞内提取的 DNA 经模板限制性内切酶酶切后切为多个片段，体外合成的带有缺口，所以实验中还需 DNA 的末端补平和连接两步。但该法仅需一次 PCR 反应，降低了 PCR 反应中因碱基错配引入的非特异突变率，目标突变效率高。

二、 定点突变技术在酶分子改造中的应用

20 世纪 80 年代以来随着蛋白质工程技术的发展利用定点突变技术对天然酶蛋白的催化性质、底物特异性和稳定性等进行改造已有很多成功的实例（表 6-4）。

表 6-4　　　　　　　　　定点突变技术在酶分子改造中的应用

酶及来源	突变方法	突变位点	效果	参考文献
土曲霉（*Aspergillus terreus*）酸性脂肪酶 ATL	同源建模、定点突变	V218W	催化活性显著提高	[35]
N - 酰基高丝氨酸内酯酶 AiiA	同源建模、定点突变	N65K/T/A206E	活性提高 20%	[36]
天蓝色链霉菌（*Streptomyces coelicolor*）漆酶	定点突变	Y229A/Y230A	对底物 ABTS 的催化活力提高 10 倍	[37]
Thermobifida fusca 葡萄糖苷酶	家族改组、点突变	L444Y/ G447S/A433V	半衰期从 12min 提高到 1244 min	[38]
环状芽孢杆菌（*Bacillus circulans*）木聚糖酶（Bcx）	定点突变	N52Y	热稳定性提高	[39]
Bacillus deramificans 普鲁兰酶	定点突变	D503F/ D437H/ D503Y	60°C 的半衰期提高 2 倍	[40]
华根霉（*Rhizopus chinensis*）脂肪酶	Lid 结构域更换	NSFRSAITDMVFT[96] 被 SSSIRNWIADLTFV 取代	对月桂酸硝基苯酯的催化效率提高 5.4 倍	[41]
华根霉（*Rhizopus chinensis*）脂肪酶	定点突变	F95C/F214C	60°C 的半衰期提高 11 倍且 Tm 提高了 7°C	[42]
黑曲霉（*Aspergillus niger*）木聚糖酶 Xyn10A_ ASPNG	计算机分析、饱和突变	4S1（R25W/V29A/ I31L/L43F/T58I	4S1 突变体酶 60°C 的半衰期提高了 30 倍	[43]

续表

酶及来源	突变方法	突变位点	效果	参考文献
嗜热子囊菌 (*Thermoascus aurantiacus*) 内切木聚糖酶	理性设计、定点突变	H209N	最适温度从 65℃ 提高到 75℃	[44]
大肠埃希氏菌 (*Escherichia coli*) β-葡萄糖醛酸酶 BGus	定点突变	G559H, G559N, G559T, G559S	G559N, G559T 酶活力提高了 3 倍; G559S 活性提高了 5 倍	[45]

其应用程序包括几个过程：酶分子的理性设计，确定突变残基；选择实施突变方法；突变体的筛选和性能测定。此项技术不仅是蛋白质改造的强有力工具，也是研究蛋白质结构与功能关系的重要方法。

1. 酶分子的理性设计

前面介绍了定点突变的技术原理，而在实际操作之前还有一个重要环节，就是如何合理设计确定酶基因的突变位点。定点突变技术属于理性设计，是在一定的结构或功能信息辅助下，依据某种结构功能特性，预测特定氨基酸位点的优化结果，并结合分子生物学方法进行验证的改造策略。所以在进行突变操作之前，首要的是明确突变位点。那么突变位点的设计需要酶蛋白的三维结构，并且对结构与功能关系也相当清楚。如果是一种新酶，就需要纯化、结晶、X 射线衍射获得新酶蛋白的三级结构；如果是同源酶蛋白，人们可以根据已发表的同源蛋白质的三维结构，进行同源建模，找到高度保守区当中与活性中心相关的氨基酸位置，从中选择拟突变氨基酸。同源建模可以预测蛋白的结构，但需要借助与之序列同源且结构已知的蛋白质（模板蛋白）来进行预测，一般同源建模遵循以下步骤，而且一般是在线通过服务器及其相关软件完成（表 6-5）。

表 6-5 同源建模的基本步骤及相关分析

同源建模步骤	分析软件或网址	分析内容
1. 模板蛋白搜索	PDB 数据库、BLAST（或 PSI-BLAST）（http://www.rcsb.org/）	获取一个或多个模板
2. 序列比对	常用的序列比对程序有 EMBL-EBL、BLAST-P，程序都只需在网上提交模板序列与目标序列即可运行	通过对目标蛋白与模板蛋白的序列进行排列和定位可确定出序列的保守区域
3. 模型搭建（主链生成、环区建模）	实验同源模建采用的软件是：SWISS-MODEL、ESyPred3D、EasyModeller、Rasmol 等	给保守区和柔性的序列区的氨基酸残基赋坐标
4. 模型优化	优化一般采用分子力学与分子动力学的方法，Chiron 服务器：http://troll.med.unc.edu/chiron/processManager.php	消除原子间的重叠以及不合理的构象，尤其是柔性区的构象
5. 模型评价（合理性检测）	立体化学的评价采用 PROCHECK 程序来执行的，模型的能量可用 PROSA 程序执行；此外还有 WHATCHECK、ERRAT、Verify_3D、PROVE；网址为：http://services.mbi.ucla.edu/SAVES/	主要包括立体化学和能量评价

目前国际蛋白质结构数据库 PDB 已收录了大量生物大分子 3D 结构，为突变位点的设计提供了极好的数据资源以及分析软件。比如通过广义伯恩面积算法（MM-GBSA）中的 ALA 扫描可以计算口袋附近残基突变后对结合能力的改变。使用 Auto Vina 软件对酶分子及其天然底物进行分子对接模拟，利用 WinPyMol 软件对活性中心氨基酸进行模拟突变并与底物对接，依据氨基酸疏水性和对接后结合能的变化，选定拟突变位点进行下一步试验。分子对接可以大致的看一下哪些残基是对亲合性贡献比较大的，看是不是有形成氢键、盐桥、共轭 π 键等作用。而 Discovery Studio（DS）软件可以对蛋白残基进行突变；MOE（Molecular Operating Environment）软件中可以显示蛋白-配体的二维和三维作用，这些软件都比较直观。目前很多研究报道均采用了同源建模的方法结合分子对接技术对突变位点进行了选择和设计。

2. 改造酶的工业应用性能

高温、高压、极端 pH、有机溶剂等工业条件常常使酶的特性遭到破坏，导致其生产应用受到了极大的限制。到目前为止，利用理性设计和定点突变改造工业用酶的基本特性已取得了较大的成效。因此，对于一个工业用酶来说首先要求它必须有较高的催化活性和足够的稳定性。杨梅等[36]利用理性设计和定点突变的方法对 N-酰基高丝氨酸内酯酶 AiiA 蛋白进行了改造。首先比对 Aii A 蛋白的氨基酸序列与 PDB 数据库中酰基高丝氨酸内酯酶（PDB ID：3DHA）的一致性为 96.4%，然后利用在线三维结构模拟程序 Swiss-model（http：//swissmodel. expasy. org/）构建 AiiA 蛋白的三维结构，并利用 Rasmol v2.7 软件进行蛋白质空间结构的可视化（图 6-7）。

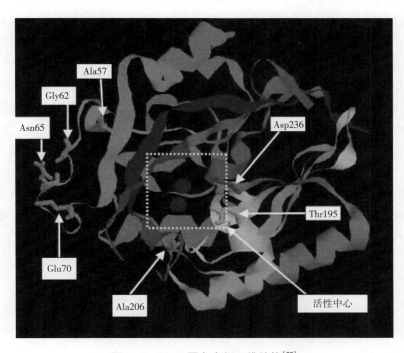

图 6-7　Aii A 蛋白空间三维结构[36]

分析 AiiA 的三维结构发现，Ala57、Gly62、Asn65、Glu70 处于活性中心外围，其中，Ala57 位于一螺旋末端，Asn65 与 Glu70 相邻，Glu 拥有一个带负电荷的羧基。将 Asn 突变成带正电荷的 Lys，使两者之间可能形成盐桥，增加蛋白质结构的稳定性。Ala206、Thr195、Asp236 在空间结构上也相互靠近，且位于活性中心附近，如果将 Thr195 突变成 Arg，Ala206 突变为 Glu，就可在这两个氨基酸间建立盐桥，稳定蛋白结构；综合考虑，选定了 A57P、G62A、N65K、T195R、以及 A206E 五个突变位点。利用环状诱变法对 AiiA 蛋白进行定点突变，成功获得了 5 株突变株：A57P、G62A、N65K、T195R、以及 A206E。突变 AiiA 蛋白（N65K，T195R 和 A206E）的酶活力较野生型 AiiA 均提高了 20% 以上，突变株 N65K 比野生型 AiiA 对高温具有更强的耐受性[36]。这一研究也证明了通过引入二硫键、引入新的盐桥、静电相互作用、疏水相互作用、在蛋白质无规则卷曲处或转角处引入 Pro 增加蛋白质的刚性，以 Ala 替换 Gly，降低区域柔顺性等均是提高蛋白质稳定性的策略[46]。

另外，经典 $(\beta/\alpha)_8$ 桶状折叠、表面电荷、短螺旋、盐桥、柔韧性等参数也均会影响酶的稳定构象。比如，酶分子中存在环状区二级结构，说明具有较高的柔性和灵活性。Thompson 等通过对 20 个完整基因组进行综合分析后发现，短的环状区，尤其是表面暴露的短环状区是蛋白质耐热性提高的主要贡献者，短的环状区可以降低多肽链折叠时的构象熵，可以提高蛋白质的稳定性，因而 loop 删除可作为一种通用的提高蛋白质稳定性的策略。Singh 等的研究显示，脂肪酶在催化相关的环区突变改善了其灵活性，且在高温条件下具有更稳定的构象[47]。

酶活力的高低直接影响工业生产效率和生产成本。对于酶的活性中心及调控部位来说，一般只由少数的几个关键氨基酸残基在空间排列而成，酶活性会因为这些残基中的一个或几个的改变而发生很大的变化，通过一些特定氨基酸残基的突变，可以提高突变体酶的活力。Nakano 等[48] 对产 D-乳酸菌株 Sporolactobacillus laevolacticus 的 D-乳酸脱氢酶（D-LDH）进行突变改造（图 6-8）。研究思路如下：①同源序列比对和建模，比较该酶氨基酸序列与其他乳酸盐生产者的氨基酸序列结构，发现靠近底物结合位点或活性中心的一些氨基酸残基可以被取代。②对预测的 10 个位点进行定点突变，根据酶学特性评价，推测 Ala234 可能是对 S. laevolacticus 的 D-LDH 催化活性有积极影响的重要氨基酸残基；③于是对第 234 个残基的位点进行饱和诱变。得到的 Ala 到 Ser 或 Gly 的突变体 D-LDH 对丙酮酸的催化活性增强。动力学分析显示，与野生型 D-LDH 相比，突变体 D-LDH A234S 和 D-LDH A234G 对丙酮酸的 kcat/K_m 分别增加 1.9 倍和 1.2 倍。④最后进行组合突变，得到 2 个组合突变 D-LDH_ T75L/A234S 和 D-LDH_ T75L/A234G，其 kcat/K_m 比野生型分别提高了 6.8 倍和 5.03 倍，这些突变体已具有通过异源表达产生 D-乳酸的潜力。

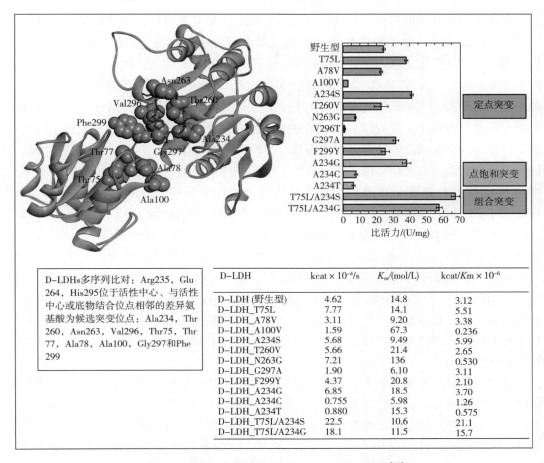

图 6-8 D-乳酸脱氢酶（D-LDH）的定点突变[48]

通过基因改造提高酶的催化活性，前提是要对酶的催化机理有充分的认识和理解。因此现在人们正努力去探求各种酶催化机制，一旦搞清了酶的催化机制，那用蛋白质工程就能更有效的提高酶活力。

3. 研究酶分子的结构功能

尽管定点突变技术是基于了解酶分子结构功能的基础进行的理性设计和分子改造，但实际应用中，大多属于半理性设计，是通过对多个同源氨基酸序列进行对比，从中找出可能的功能氨基酸残基，进而实施定点突变。因此，这一技术还可以用来验证氨基酸残基的功能，阐述酶分子结构与功能的关系。

（1）确定催化残基 在定点突变技术出现之前，鉴定酶中的催化残基是一个艰苦的过程，通常涉及蛋白质的化学修饰，然后进行肽做图和测序。然而，定点突变允许直接探测疑似参与酶催化反应的残基的功能重要性，并且通常能够进行细微机制测定。例如，利用定点突变技术确定了酪氨酰-tRNA 合成酶中的 Cys-35，三磷酸异构酶的 Glu-165 和枯草杆菌蛋白酶的 Asn-155 都参与稳定其反应中间体的过渡态[49]。定点突变对于通过突变预测具有功能作用的残基来确定同源模型预测非常有用，以确定是否实现了预期结果。该技术涉及通过与已知结构的相关蛋白质的序列比对来预测蛋白质的三级结构，然后计算地产生靶蛋白质的三维模型。由于得到的模型仅是预测，因此可用于验证模型的准确性。Tian 等[50] 对不同植酸酶之间氨基酸序列进行比对，发现残基 53 和 91 的氨基酸变化很大。为了证明残基 53 和 91 处的氨基酸与植酸酶特异性活性相关，通过定点诱变策略获得两个单突变体 phyI1 Q53R 和 K91D。两个突变体中没有单个氨基酸残基处于据报道对催化或底物结合重要的位置。两种突变体（Q53R 和 K91D）的植酸酶活性的动力学分析表明突变体归因于 2.2 倍和 1.5 倍增加的比活性，以及对植酸钠的亲和力增加 1.47 倍和 1.16 倍。此外，与野生型相比，两种突变体的总催化效率（kcat/Km）提高了 4.08 倍和 2.84 倍。这些突变体将有助于酶的结构功能研究和工业应用。

（2）确定结合位点　定点突变也是一个非常强大的工具，对证实预测的底物识别、辅因子结合和蛋白质-蛋白质互作至关重要。例如，计算机扫描诱变预测提供了潜在参与海藻糖结合的残基，随后通过实际诱变证实了麦芽寡糖基海藻糖水解酶中潜在的底物相互作用位点[51]。定点突变还经常用于探测金属离子的结合位点。Kiraly 等[52] 使用定点突变改变人转谷氨酰胺酶 2 中五个 Ca^{2+} 结合位点的氨基酸残基，明确了当所有五种 Ca^{2+} 离子影响转谷氨酰胺酶活力时，只有两个位点参与 GTP 酶活力，只有一个负责与乳糜泻相关的抗原性。

定点突变是一种非常强大的技术，它使我们能够以非常精确的方式探测高度复杂的蛋白质分子的功能，并且它允许我们设计蛋白质以增强其功能。但该技术适于蛋白质三维结构已弄清楚，并且对结构与功能关系也相当清楚的酶蛋白，所以总体说来酶分子合理设计方案的局限性是显而易见的，且只能对天然酶蛋白中少数的氨基酸残基进行替换，酶蛋白的高级结构基本维持不变，因而对酶功能的改造较为有限。除了了解酶蛋白的三维结构，定点突变理性化设计的困难之处还在于缺少对维持蛋白内部以及蛋白与底物之间力的了解。分子动力学计算在理论上允许通过计算机建模将底物定位到活性位点上，检测结构波动范围从而了解蛋白-底物复合物可能的构象，因此，同源建模经常用于帮助蛋白结构的分析。同源建模所获得的模型可以用来鉴别包括与酶催化活性、与底物结合及酶分子结构稳定性有关的氨基酸残基。应该尽量采用同源性较高的酶作为建模的模板，因为靶酶与模板之间的进化距离越近，所得到的同源建模结构就会越精确，从而对突变位点设计的指导就越有意义。

第四节
酶分子定向进化及改造

分子酶工程设计可以采用定点突变和体外分子定向进化两种方式对天然酶分子进行改造。定点突变需要知道酶蛋白的一级结构及编码序列，并根据蛋白质空间结构知识来设计突变位点；体外定向进化是近几年新兴的一种蛋白质改造策略，可以在尚不知道蛋白质的空间结构，或者根据现有的蛋白质结构知识尚不能进行有效的定点突变时，借鉴实验室手段在体外模拟自然进化的过程（随机突变、重组和选择）使基因发生大量变异，并定向选择出所需性质或功能，从而使几百万年的自然进化过程在短期内得以实现[53]。由于已有的结构与功能相互关系的信息远远不能满足当今人们对蛋白质新功能的要求，因此目前采用体外分子定向进化的方法来改造酶蛋白的研究越来越多，并取得了令人瞩目的成就。

酶分子定向进化，简单的讲就是在实验室试管中模拟达尔文生物进化过程，让目标蛋白质分子在事先设计过的道路上快速"进化"，从而产生具备多种有用特性的蛋白分子。例如，在酶的稳定性大大提高的同时又能对新底物产生催化作用或者可在极端条件下实现催化反应。利用定向进化手术可以获得自然进化无法达到的酶功能。定向进化既有能力定制个体蛋白质，也可为生物技术工艺过程设计完全的生物合成及生物降解途径。

酶分子的定向进化属于酶分子改造的非合理设计方案，即它不需要事先了解酶的结构信息及催化机制，只是通过随机突变、基因重组、定向筛选等方法对酶分子进行改造，定向进化策略其突出优点就在于不需要事先了解酶的结构与功能关系的信息，它适宜于任何蛋白质分子，因而大大拓宽了分子酶学工程的研究和应用范围。另外，通过对定向进化所获得的突变体酶的突变位点与功能关系的分析还有助于我们更快、更多地了解蛋白质结构与功能之间的关系，为酶的合理设计以及最终应用奠定理论基础。总之，酶的体外定向进化与酶的合理设计相比，是更加实用、更加简便、更加接近于自然进化的蛋白质工程研究新策略。

一、 酶分子定向进化的基本策略

简单来说，酶分子定向进化就是从一个或多个已经存在的亲本酶出发，经过基因的突变和重组，构建一个人工突变酶库，通过筛选获得预先期望的具有某些特性的进化酶，需要的话，这个酶可以再作为下一轮进化的起点，重复上述过程，直到最终获取性状满意的酶为止。因此构建人工突变酶库和筛选是定向进化的两个关键所在。就构建突变酶库的方法来看，主要是两大类方法，一是随机诱变，二是体外重组，在定向进化的实践中，也常常将二者结合起来运用。

1. 随机诱变

（1）易错 PCR（Error-prone PCR） 易错 PCR 是在采用 Taq 酶进行 PCR 扩增目的基因时，通过调整反应条件，例如提高镁离子浓度，加入锰离子，改变体系中四种 dNTP 的浓度，如原创人 Leung 等[54]采用的 0.20 mmol/L dATP，各 1.00mmol/L dGTP，dTTP，dCTP 体系，Cadwell 和 Joyce 采用的 0.20 mmol/L dATP，0.20 mmol/L dGTP，1.00 mmol/L dTTP，1 mmol/L dCTP 体系，以此向目的基因中随机引入突变，建突变体库，然后筛选所需的突变体。该方法的关键在于如何选择合适的突变频率。一般有益突变的频率很低，绝大多数突变是有害的。当突变频率太高时，几乎无法筛选到有益突变，甚至出现很多完全失去酶活力的个体；但突变频率也不能太低，否则未发生任何突变的野生型将占据绝对优势，样品的多样性则较少，也很难筛选到理想的突变体。对于每一目标基因 DNA 来说，合理的碱基突变数一般在 1.5~5。通过改变反应体系中的 Mg^{2+} 和 dNTP 浓度，添加一定浓度 Mn^{2+} 以及选用易错合成的 DNA 聚合酶（Mutazyme DNA 聚合酶）均可以有效地控制这一技术所引导的点突变率。有时，经一次突变的基因很难获得满意的结果，由此发展出连续易错 PCR（Sequential Error-prone PCR）策略，即将一次 PCR 扩增得到的有用突变基因作为下一次 PCR 扩增的模板，连续反复地进行随机诱变，使每一次获得的小突变累积而产生重要的有益突变。

Chen 和 Arnold 用此策略在非水相二甲基甲酰胺（DMF）中，定向进化枯草杆菌蛋白酶 E 的活力获得成功，通过三轮易错 PCR 所得的突变体在 60% DMF 中，催化效率 kcat/Km 比野生酶的提高了 451 倍。Kohn 等用此法得到一突变体酶，其氨基酸序列中有三个氨基酸残基被替换，该酶的最适作用温度比野生酶提高了 15℃。

易错 PCR 技术是一种相对简单、快速廉价的随机突变方法，已广泛应用在酶的定向进化中，但它也存在一定的局限性。本法的不足之处在于：①靶序列长度一般在 0.5~1.0kb，应用范围有限；②中性突变较多；③获得的 DNA 序列中碱基的转换高于颠换。因此，本法突变具有一定的密码偏向性。

（2）化学诱变剂介导的随机诱变体外　随机诱变还可以直接用羟胺处理带有目的基因片段的质粒，然后用限制性内切酶切下突变了的基因片段，再克隆到表达载体中进行功能的筛选。

（3）由致突变菌株（Mutator Strain）产生随机突变　美国 Stratagene 公司构建了一株 DNA 修复途径缺陷的大肠杆菌突变株 XL1-Red，它体内 DNA 的突变率要比野生大肠杆菌高出 5000 倍。若将带有目的基因的质粒转化到该致突变菌株内复制过夜，就会在质粒 DNA 上产生随机突变，再将带有突变过的基因的质粒转化到表达系统中进行筛选。Amara 等采用此法筛选了 200000 个突变转化子，得到了 4 个聚羟基脂肪酸（PHA）合成酶活性提高的突变子，其中 M1 突变子的 PHA 合成酶只产生了一个氨基酸的替代（F518），结果使酶的比活力提高为野生酶的 5 倍，PHA 的产量提高了 20%。本法产生的随机突变的特点为：①每代筛选出 1 个最佳的突变体作为下一代的亲本，通过累积正突变加快进化进程，但要将有益的突变组合到一起较困难；②常会发生突变的复原；③无法删除有害突变，连续突变也会累积有害突变，往往导致进化提前终止。

（4）酶法体外随机定位诱变　为解决空间结构未知酶的蛋白质工程问题，我国吉林大学张今课题组，曾以 L-天冬氨酸酶基因为模型，探索了一种酶体外诱变的新途径，即酶法体外随机-定位诱变（Random-site-directed Mutagenesis）[55]。

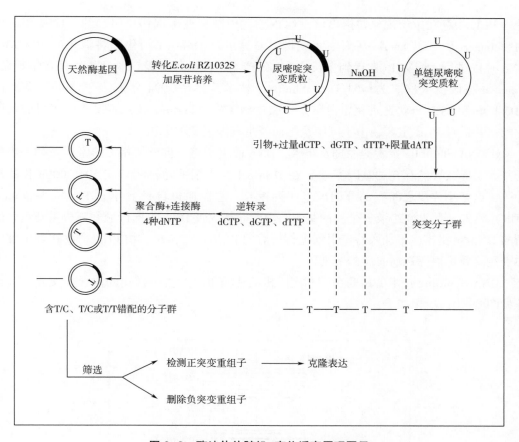

图 6-9 酶法体外随机−定位诱变原理图示

它是通过限制某特定碱基（如 A）的浓度，使引物沿目标基因模板延伸至与该碱基配对的碱基前（如 T），产生长短不一的分子群后，酶法掺入另外三个错配碱基（如 C，G，T）引起点突变，合成片段继续延伸，经连接酶连接、转化、尿嘧啶模板法筛选得突变株（图 6-9 所示）。该法能有效地避免野生型再生，产生所有可能的突变，又不需要蛋白质空间结构信息指导，便可获得所希望的突变体。另外，通过控制 DNA 合成的底物种类和浓度比例还可灵活控制基因突变的随机和定位性，从而控制突变库的大小以及突变碱基的准确变化，因而该法简便、灵活、高效、耗资低，已成为分子酶学工程的重要方法。该课题组从这样的突变库中筛选出两株 *L*-天冬氨酸酶活力为 *E. coli AS* 1. 881 菌株 10 倍和 15 倍的工程菌。

2. 体外重组

在随机诱变方法中，遗传变化只发生在单一分子内部，因此属于无性进化（Asexua-levolution），而在以 DNA 改组和杂合酶技术为代表的体外重组方法中，遗传变化是在两个分子或多个分子之间进行，从而可以将来自不同酶分子的点突变、结构单元等随机结合在一起，形成新的突变库，因而属于有性进化（Sexual Evolution）。

（1）DNA 改组（DNA Shuffling） 早在 1990 年，Marton 和 Meyerhans 等已经发现在

体外 PCR 中存在重组现象并指出该重组现象是由断裂或出现切口引起的。1994 年美国的 Stemmer 等[56]以 LacZa 基因为实验材料对其进行 DNase I 消化并将消化的 10~70bp DNA 片段进行无引物 PCR 得到全长的 LacZa 产物，以巧妙的设计验证了体外重组现象。Stemmer 将该技术称之为体外 DNA Shuffling 技术，并在 1994 年发表于 *Nature* 杂志的《DNA shuffling 体外快速进化蛋白质》一文中将 DNA Shuffling 技术定义为：将目的基因片段化并进行 PCR 重聚，由于同源重组而产生基因突变的方法。

①DNA Shuffling 技术的原理及步骤：DNA 改组是将一群密切相关的序列（如一组突变基因文库或天然存在的基因家族）在 DNase I 的作用下随机酶切成 50~200bp 长的小片段，这些小片段之间有部分的碱基序列重叠，它们通过自身引导 PCR（Self-priming PCR）延伸，并重新组装成全长的基因，由此获得大量 DNA 不同区域间随机重新组合的新的 DNA 突变体，再加入特定引物进行最后的 PCR 扩增，有引物 PCR 产物在寄主细胞中表达后就可以筛选所希望的突变体。

DNA Shuffling 技术的精髓在于利用随机的片段重组产生多样化的嵌合体文库。其原理见图 6-10，步骤如下：

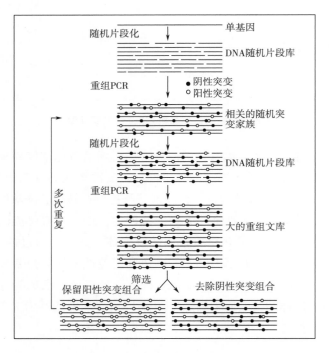

图 6-10　DNA 改组原理图示

a. 待改组目的 DNA 的获得：目的 DNA 可以是单一的基因、基因家族、质粒、操纵子，乃至整个基因组。

b. 目的 DNA 的片段化：待改组的目的 DNA 可以用物理（超声波）或化学（DNase I）的手段将其随机切割成一定长度范围内的小片段。随机片段的大小视整个目的片段程度而定，其大小与重组频率，突变频率密切相关。

c. 重组 PCR（无引物 PCR）：无引物 PCR 反应阶段没有添加特定引物，在变性，退火过程中，随机酶切成的小片段间由于具有部分的碱基序列重叠，它们通过互相退火而引导 PCR 延伸，并重新组装成全长的基因。在此过程中，由于配对的不精确性，就会引入突变及重组，其突变形式多样，涵盖了点突变、缺失、插入、颠倒、整合等自然界广泛存在的多种突变类型，从而得到高度多样化的嵌合体基因文库。

d. 有引物 PCR：加入特定的引物进行第二次 PCR 扩增，以获得全长的 PCR 目的产物。

e. 筛选：将产物在寄主细胞中表达，通过合适的方法筛选出理想的突变克隆。

DNA 改组过程中不仅可以使已发生的突变随机重组，也可以引入新的点突变，因仅靠 DNA 改组就可以有效地从单一基因序列开始进行蛋白质的定向进化。

事实上，DNA 改组的每一步骤都会产生点突变，从多基因重组的角度看，DNA 改组过程中伴随的较高点突变频率会严重阻碍正突变组合的发现，甚至产生大量完全不表现活性的克隆，这是由于绝大多数突变是有害的，有利突变的重组和稀少有利点突变会被有害突变的负背景所掩盖。因此 DNA 改组技术也有一个控制点突变率的问题，一般应控制在 0.05～0.70。由于 PCR 中无校对功能的 Taq 酶是导致点突变的重要原因，也有人用具有校对功能的 Pfu 酶代替 Taq 酶或与之按比例混合使用，有效地降低了点突变率，使 95% 以上的克隆保持活性（原来只有 20% 的活性克隆），同时又可以重组仅有 12bp 之隔的点突变。

②DNA 改组类型 DNA 改组技术的具体应用主要有三种情况。

第一，由单一基因序列直接进行改组。这时序列的多样性来源于 PCR 过程中引入的随机点突变，筛选到若干有益点突变后，再将这些有差异的突变群体 DNA 作为下一轮改组的出发序列，循环进行改组。该技术的原创 Stemmer 即是对 TEM-1-内酰胺酶基因经过 3 轮的 DNA 改组和 2 轮的与野生型 DNA 的"回交"改组以除去非必需的突变，每一步都紧随着在新底物头孢噻肟浓度逐渐升高的平板上的筛选，最后得到了使宿主菌对头孢噻肟抗性增加了 32000 倍的进化酶。

第二，DNA 改组与易错 PCR 技术结合使用，目标基因先经易错 PCR 产生带有不同突变位点的突变基因库，经筛选获得有益突变体，再由 DNA 改组将已经获得的存在于不同 DNA 分子中的有益突变组合在一起，使酶分子得到进一步进化。

第三，来自不同种属的具有一定同源性的多个基因可以进行基因家族 DNA 改组（DNA Family Shuffling）。这些天然存在的同源序列由于其中的有害突变在漫长的自然进化过程中已经被淘汰掉了，因此富含"功能性"的多样性，利用这些同源序列作为起始模板，通过 DNA 改组进行重组，应该可以加速定向进化的过程。多基因的 DNA 改组尽管建立在多个亲本序列的同源重组之上，但并不要求很高的 DNA 同源性，其中两个基因的序列的同源性甚至可以低至 50%。Crameri 等[57] 首先使用了基因家族改组技术，他们选取了来自四个不同菌属、相互间同源性在 58%～82% 的 4 个头孢菌素酶 C 的基因作为实验材料，用这 4 个基因分别单独或共同作为出发序列进行 DNA 改组，结果从单基因改组得到的突变菌株抗性比出发菌株提高了 8 倍，而基因家族改组得到的突变菌株抗性则提高了 270~540 倍，是单基因改组的 34~68 倍，可见基因家族 DNA 改组可以使来源于不同种属间具有较低序列同源性的 DNA 重组在一起，打破了传统物种间由于生殖隔离而导致的界限，的确大大加速了基因体外进化的过程。目前已有许多酶通过这种方式得到了有效的进化。

综上所述，DNA 改组技术至少显示出以下突出的特征：a. 可以利用现存的有利突变，快速积累不同的有利突变；b. 重组可伴随突变同时发生，不仅能引入点突变，还能引入插入、缺失、颠倒、整合等突变类型；c. 通过突变体与野生型 DNA 进行"回交"改组，可删除个体中的有害突变和中性突变；d. 改组对象广泛，可以是单一基因、基因家族、一个操纵元、质粒甚至整个基因组。难怪美国《新科学家》杂志形象地将 DNA 改组技术描绘为"有性的革命（Sexual Revolution）"。

（2）交错延伸过程（StEP）　交错延伸过程（Staggered Extension Process，STEP）是 Zhao 等[58] 1998 年在 DNA 改组基础上发展起来的一种体外重组方式。交错延伸原理的核心是，在 PCR 反应中把常规的复性和延伸合并为一步，并大大缩短其反应时间，从而只能合成出非常短的新生链，经变性的新生链再作为引物与体系内同时存在的不同模板复性而继续延伸。此过程反复进行，直到产生完整的基因长度，结果会产生间隔的含不同模板序列的新生 DNA 分子（图 6-11）。

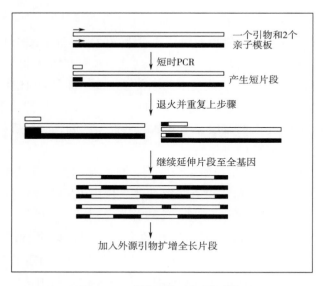

图 6-11　交错延伸过程原理图示

StEP 法重组采用的是变换模板机制，这正是反转录病毒所采用的进化过程。在操作上它省略了 DNA 改组中用 DNase I 酶切成小片段这一步，因而缩短了反应时间，更加简便易行。该技术已成功地重组了由易错 PCR 产生的 5 个热稳定的枯草杆菌蛋白酶 E 的突变体，得到了热稳定性进一步提高的重组酶。

（3）体外随机引发重组（RPR）　体外随机引发重组（Random-priming *in vitro* Recombination，RPR）是以单链 DNA 为板，配合一套随机序列引物，在 Klenow 片段作用下，先产生大量互补于模板不同位点的短 DNA 片段（500bp），由于碱基的错配和错误引发，这些短 DNA 片段中会有少量的点突变。然后除去模板，进行无引物 PCR，重新组装成全长基因，经最后的有引物 PCR 后，进行表达筛选（图6-12所示）。

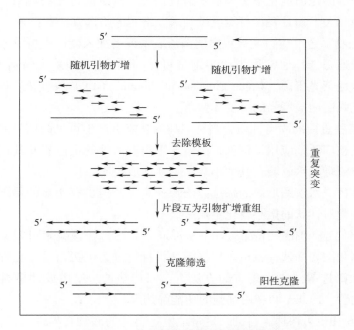

图6-12　体外随机引发重组原理图示

事实上，该技术也是基于 DNA 改组的原理设计的，该技术的原创 Shao 等[59]总结了它与 DNA 改组相比所具有的优点：① RPR 可直接利用单链 DNA 或 mRNA 作模板；②DNA 改组在 DNA 片段重新组装成全长序列之前必须去除干净 DNase I，而 RPR 技术使基因的重新组装更容易；③合成的随机引物长度一致并且很少有序列的偏爱性，这种序列的异质性保证了点突变和交换在全长的子代基因中的随机性；④随机引导的 DNA 合成不受 DNA 模板长度的影响，这给小肽的改造提供了机会；⑤所需亲代 DNA 比 DNA 改组所需的量少 1020 倍。

（4）外显子改组（Exon Shuffling）　是由 Kolkman 等[60] 2001 年建立的以外显子为单元进行自由重组技术。自然界中，真核生物通过对 DNA 转录产物的剪切和拼接过程将内含子切除，将外显子连成为一完整的蛋白质编码序列，在内含子剪切过程中有可能将相互独立的其他外显子拼接入某个基因中，一个外显子通常编码蛋白质的某一特定折叠域，代表独立的一个功能域，因而外显子的不同的拼接可能形成全新的蛋白质，这是真核生物进化新蛋白质的重要机制之一。

3. 定向进化的筛选策略

定向进化的实质是"筛选你所需要的突变体"。在突变体库产生之后，筛选的条件决定了蛋白质预期特征的进化方向，因此建立有效的搜索突变体库的方法是影响定向进化成功与否的关键。与基因的定点突变不同，在酶分子的定向进化中，突变是随机发生的，但通过筛选特定方向的突变，便可限定进化的趋势，再加上适当的控制实验条件，不仅可大大的减少工作量，还加快了酶某种特征的进化速度。

筛选方法在酶的定向进化中至关重要，直接关系到定向进化的成败。通常，筛选方法应与目标性质相关，而且要尽可能灵敏高效。常用的筛选方法有：

（1）利用底物显色反应，易被观察的菌落表型或者加入能产生可见光信号的酶作用底物等可用于快速筛选，通常称为"半定量可见筛选法"。如采用易错 PCR 法及 DNA 改组技术产生绿色荧光蛋白（Green Fluorescent Protein，GFP）突变体文库经大肠杆菌表达，筛选出荧光强度明显增强的突变体菌落。

（2）利用某些蛋白的固有性质，当感兴趣的功能可产生可见的信号时，简单的肉眼可见的筛选方法被广泛地应用，例如，菌落分泌出有活性的蛋白酶使其在含有酪蛋白的琼脂平板上产生清晰的水解圈，其大小与水解活性成正比。

尽管根据颜色或水解圈形成的筛选方法快速高效，但也有明显的局限性，即它是非定量的，而且经常对性状的微小变化不灵敏。

（3）高通量筛选（High Throughout Screening，HTS）　该技术可根据待测样品的合成路线分为液相和固相筛选，也可以根据筛选目标物分为纯蛋白受亲合性筛选、酶活力筛选、细胞活性筛选等。HTS 现有的方法有：固相筛选、使用放性染料筛选、荧光筛选、闪烁接近化验、ELISA 和利用细胞的功能筛选等。

高通量的 96 孔板可快速、自动、定量地鉴定出酶的底物特异性、热稳定性等性状，在定向进化中经常被采用。对于那些难以或无法建立筛选模型的蛋白质来说，定向进化的策略也难以奏效。因此敏感而高效的筛选方法成为体外定向进化蛋白质的瓶颈，有必要继续开发新的高通量、自动化、定量表征酶活力的筛选手段。

（4）酵母展示技术　最近，酵母展示技术已经应用于更多酶活性的进化。利用酵母展示可以筛选结合在细胞表面的进化酶，Chen 等[61] 的研究证明了这一点，他们利用酵母展示技术筛选得到一种进化的分选酶 A（SrtA），一种来自金黄色葡萄球菌的序列特异性转肽酶（即蛋白质连接酶）。将 Aga2 - SrtA 文库成员与融合至 Aga1 的三甘氨酸（GGG）受体肽一起展示在细胞表面上。在与生物素化的底物肽 LPETG 温育后，活性 SrtA 催化底物和受体之间的键形成。酵母表面展示筛选技术通常采用一种荧光激活细胞分选方法（Fluorescence-activated Cell Sorting，FACS），利用流式细胞仪分离得到展示生物素化的 LPETGGG 产物的细胞。由于野生型 SrtA 的动力学不佳，有效的生物共轭通常需要等摩尔浓度的底物和酶。随着严格程度的增加，迭代轮次的 FACS 筛选产生了 SrtA（eSrtA）的进化变体，其 kcat/K_m 提高了 140 倍，从而实现了分选酶 A 新的应用。

二、 定向进化在改造酶分子中的应用

定向进化有两个基本要素，即突变与选择，突变是随机的，选择则是可以有方向性的。"酶的定向进化"是指通过快速随机突变结合高效的筛选来实现短时间内有目的的优化或者改造酶的功能。酶在人类社会从日常到工业无处不用，比如，日常用的洗衣粉中，有的就含有酶，促进油污等污渍的分解；食品工业上的发酵、降解等过程中，酶更是必不可少；药物以及精细化工中酶作为绿色高效催化剂已经替代了传统化学中一些需要重金属参与且高耗能的生产过程；此外，酶更是生物能源发展中最为重要的角色。可以说，酶之所以能有这么广泛的应用，完全是得益于"定向进化"。可以说，定向进化技术已经被广泛地应用于各种酶分子的改造，使其朝向人们所期望的性质进化，并获得了许多满意的结果。

来源于各种生物体的酶，一旦脱离了原始的生物体环境，在体外甚至对酶本身具有伤害的环境中，酶在绝大多数情况下无法发挥其原本的性能。不同的温度、酸碱度（pH）、盐浓度、有机溶剂等外在条件会极大程度影响酶的稳定性、催化活性以及选择性；而且单一的酶往往局限在单一的底物，难以普适使用。为攻克这些弊端，酶的定向进化成了必要的手段——通过引入随机突变提高酶的性能。对酶性质的改造工作主要集中在以下几个方面：

1. 提高酶分子的催化活力

这是对酶分子进行改造的最基本的愿望之一，很多研究都涉及对目的酶催化活性的提高，代表性案例如表 6-5 所示。美国加州理工学院的 Arnold 教授将"定向进化"这一策略用于解决酶在体外环境中稳定性以及催化活性问题[62]，她在酶的定向进化方面做出突出贡献，因此获得 2018 年诺贝尔化学奖。

"定向进化"是解决酶的催化活性问题的最佳策略，但通过"定向进化"，往往需要几轮的进化，这些酶的催化活性就能得到指数型的增长。因此，在选择定向进化的方法来提高酶分子的催化活力，要考虑几个问题：①选用哪种策略，或哪几种组合策略；②进化策略的参数优化，以获得适宜的突变；③筛选方法。既然是提高催化活性，因此对突变体库进行筛选的指标就是测定突变酶的催化活性。而最常用的进化策略包含多轮易错 PCR、DNA 改组、易错 PCR 结合 DNA 改组、DNA 改组结合理性设计等。比如，对天冬氨酸酶基因定向进化的修饰中发现，四轮易错 PCR 和三轮 DNA 改组后，从最后一轮纯化的进化酶显示出 4.6 倍的 K_m 降低，同时 kcat/K_m 增加 28 倍，而且热稳定性和 pH 稳定范围也得到了增强。针对不同的进化策略、实验条件优化方式、筛选方法以及进化效果等做了总结（表 6-6），以便参考。

值得注意的是，在第一轮进化中筛选出最优的正突变株，然后对该株进行下一轮进化。比如，Liang 等[64]对内切葡聚糖酶 Cel5A 采取了三轮易错 PCR，其程序如图 6-13，在第一轮易错 PCR 中获得 6 个突变体，然后分别进行第二轮易错 PCR，经过筛选得到 2

个透明圈较大的正突变株 3F6 和 3A4；将 3F6 进一步易错进化，获得 3 个较优突变，其中突变株 C3-13 对羧甲基纤维素（CMC）的比活力是野生型相的 193%±8% 倍。

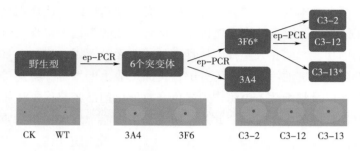

图 6-13　Cel5A 的进化和筛选策略程序[65]

表 6-6　　　　　　　　　　　　　提高酶催化活力的进化策略和操作实例

进化酶	进化策略	实验条件优化	筛选方法	进化机制或突变位点	突变体性能	参考文献
L-氨基酸脱氨酶	ep-PCR	易错 PCR 条件：采用 Mutazyme II DNA 聚合酶的错配聚合，其他条件与普通 PCR 一样	高通量筛选：96 孔板，催化产物显色	五点突变 D149Y/ T205R/ A214T/ 209E/K366R	突变株 7/23-6 生产 α-酮-β-甲基正戊酸（KMV）产量和底物转化率均提高了 13%	[63]
纤维素酶 Cel	三轮 ep-PCR	借助添加 Mn^{2+}（0.15~0.25mmol/L）实现错配合成	刚果红平板筛选	C3-13 N207S/ K267R/ 1321V/ N322S	最佳变体 C3-13 对/CMC 的比活力是野生型相的 193%±8%	[64]
嗜热脂肪芽孢杆菌木聚糖酶 A	ep-PCR	借助改变 dNTP 和 Mg^{2+} 的浓度，添加 Mn^{2+} 实现易错突变：7.5mmol/L $MgCl_2$、1mmol/L dNTPs、0.8mmol/L dTTP、dCTP、0.05mmol/L $MnCl_2$	96 孔板通量筛选，DNS 法显色	S138T	突变酶 ReBaxA50 的木聚糖酶比活力提高了 3.5 倍（9.38U/mg）	[65]
枯草芽孢杆菌碱性植酸酶	ep-PCR	在普通 PCR 条件下，添加 0.1mmol/L Mn^{2+} 实现易错	96 孔通量筛选板	D24G/ K70R/ K111E/ N121S	突变株植酸酶在 pH 4.5 和 37℃ 下的催化活性提高 121.1%，$kcat/K_m$ 提高 131%	[66]

续表

进化酶	进化策略	实验条件优化	筛选方法	进化机制或突变位点	突变体性能	参考文献
β-内酰胺酶	ep-PCR、定点突变	PCR 反应体系额外添加 100mmol/L dCTP 和 100mmol/L dTTP 各 0.5μL，10mmol/L Mn²⁺ 1~5μL	96 孔板通量筛选	Bsp PVA-3 T63S/ N198Y/ S110C	突变株的 V_{max}、$kcat/K_m$ 分别是对照的 13.8 倍和 11.3 倍	[67]
β-1,3-1,4-葡聚糖酶	ep-PCR、DNA 改组	ep-PCR：7mmol/L Mg²⁺，0.2mmol/L Mn²⁺，0.2mmol/L dGTP 和 dATP，1mmol/L dCTP 和 dTTP；DNA 改组优化酶切条件：DNase I（70U/μL）稀释 1000 倍后，取 3.6μL 加到 50μL 体系中，20℃ 消化 15min	刚果红平板筛选	D56G/ D221G/ C263S	突变株 PtLic16AM2 的 V_{max} 提高 40.7%、$kcat/K_m$ 提高 1.59 倍	[68]

由于经一次突变的基因很难获得满意的结果，所以才发展出连续易错 PCR 的策略，即将一次 PCR 扩增得到的有用突变基因作为下一次 PCR 扩增的模板，连续反复地进行随机诱变，使每一次获得的小突变累积而产生重要的有益突变。

易错 PCR 与 DNA 改组技术也常常结合使用，目标基因先经易错 PCR 产生带有不同突变位点的突变基因库，经筛选获得有益突变体，再由 DNA 改组将已经获得的存在于不同 DNA 分子中的有益突变组合在一起，使酶分子得到进一步进化。采用 DNA 改组技术，很关键的是 DNase I 消化目的基因片段，获得适当大小的 DNA 片段，操作中要优化酶切条件，包括目的 DNA 的含量、酶量、酶切时间。一般对于 1000~1500bp 的基因，酶切片段大小在 50~60bp 范围比较适合。无引物组装时一般出现 Smear 现象，或无明显的电泳条带，但在有引物 PCR 时就会出现与其大小的目的片段。嗜热子囊菌内切葡聚糖酶基因 eg I 长 918 bp，回收的目的基因约 1μg，加入 0.15U DNase I，15℃ 酶切 15min 后，100℃ 水浴 10min 使 DNase I 失活，该条件下获得 50~100bp 的酶切片段，然后进行无引物和有引物 PCR，经过这两步的富集，出现了目的片段，其改组过程和电泳图如图 6-14 所示。

2. 提高酶分子稳定性的进化

高温可以提高底物的溶解度，降低反应基质的黏度，减少微生物污染以及提高伴随发生的非酶促反应的速率，因此热稳定的酶始终是工业应用上所力求的。然而，天然酶热稳定性差，严重阻碍了其大规模应用。广泛的研究表明，使用定向进化、半合理设计和合理设计等基因修饰手段，能够有效地提高了酶的热稳定性。Han 等总结了酶的热稳定机制以及酶热稳定性改进策略[69]。

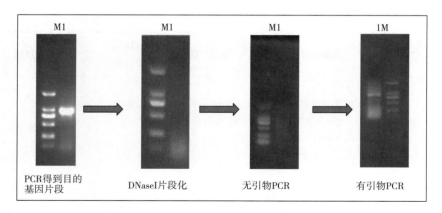

图 6-14　DNA 改组的步骤及其电泳检测图

众所周知，分子间的相互作用对蛋白稳定性有显著的作用，那么嗜热酶固有的热稳定性与经典 $(\beta/\alpha)_8$ 桶状折叠、二硫键、氢键、疏水相互作用、高比例的丙氨酸和精氨酸密切相关[44]。在大多数情况下，二硫键、氢键、疏水相互作用等分子间作用力的微调常会导致酶热稳定性的巨大变化。例如，来自 *Neocallimastix patriciarum* 的木聚糖酶 XynCDBFV 的结构分析和功能研究表明，C4／C172 二硫键在其热稳定性中起关键作用，而 C4A／C172A 突变体仅在 75℃ 时保留了 23.3% 的酶活力[70]。新产生二硫键主要通过半理性设计或理性设计结合定点突变技术完成。比如，在 TEM-1 β-内酰胺酶的改造中，利用随机突变获得 144 个琥珀型终止密码子（TAG）突变库，使用定点突变将 Cys 残基插入到 ΔTEM-1 的 TAG 突变文库中（图 6-15B），每个文库成员包含 12 个 Cys 突变中的 1 个（图 6-15A 红色显示）和 144 个琥珀色终止密码子突变中的 1 个（图 6-15A 蓝色显示）。经过 ΔTEM-1 蛋白质突变体的选择方案（图 6-15B），在硫醇 NCAA 存在下，40℃ 下能够生长的含有双突变体库，其中一个双点突变 R65C／A184Y，其突变酶增加一个二硫键，T_m 提高了 9℃[71]。

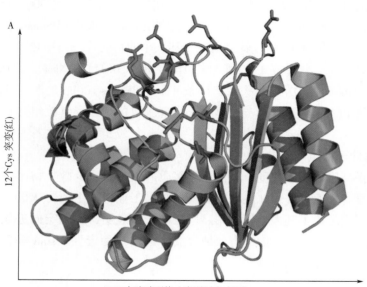

12个Cys突变(红)

A

144个琥珀型终止密码子突变(蓝)

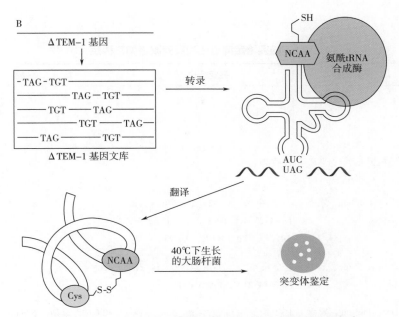

图 6-15　TEM-1 β-内酰胺酶的结构、改造和筛选[71]

　　另外，优势构象利于酶的稳定，有几个参数如经典 $(\beta/\alpha)_8$ 桶折叠、表面电荷、短螺旋、盐桥、柔韧性等，维持酶的稳定构象[72-74]。众所周知，嗜热酶的刚性增加可以保持其高温下的活性结构。Mazola 等[75]通过比较分子动力学阐明了嗜热 BfrA 和嗜温 AtcwINV1 之间的热稳定性差异，具有短环的前者似乎是热稳定性的关键机制。Alponti 等[76]研究了枯草芽孢杆菌 G11 木聚糖酶表面带点氨基酸对其热稳定性的影响，首先利用通过同源序列比对和特异氢键分析，发现 5 个保守氨基酸 S22、S27、N32、N54 和 N181 位于蛋白表面，并高度暴露在溶剂中。确定了突变残基后，进行 PCR 介导的定点突变，产生 5 点突变（S22E、S27E、N32D、N54E、N181R）；然后采用体外多重 PCR 重组（MUPREC），得到 S22E/N32D 的双突变，该双突变酶增加表面的带点氨基酸残基，导致形成氢键，而双突变酶的半衰期 T_{50} 由 13.3min 提高到 84.8min。

　　也有人提出寡聚化是增加或维持蛋白质热稳定性的重要机制，很明显蛋白质-蛋白质接触可以导致许多现存蛋白质的基本稳定化，但是寡聚化的进化选择的证据在很大程度上是间接的，并且对寡聚体进化的早期步骤也知之甚少。Nicholas 等[77]的进化研究增加了 Lucilia cuprina 的 αE7 羧酸酯酶的热稳定性，产生一种热稳定变体 LcαE7-4a，显示其二聚体和四聚体结构水平的增加。进化程序、氨基酸突变及结构稳定性分析见表6-7。在热稳定性的进化过程中，活性和热稳定性之间有个平衡，一般高阶低聚物具有最大的热稳定性和最低的催化活性。对单体和二聚体 LcαE7-4a 晶体结构的分析显示，仅一种诱导寡聚化的突变位于潜在的蛋白质界面。通过施加选择性压力，突变可以导致寡聚化和稳定化增加，为寡聚化是蛋白质稳定化的可行进化策略提供支持。

突变循环	突变策略	突变结果	性能
野生型			LcαE7 在 40℃ 的半衰期为 1.6min；单体存在，单体的 T_{50} 为 48.8℃
野生型 1	随机突变	没检测	—
野生型 2	DNA shuffling、定点突变	4 个突变体：2a（F478L）、2b（A472Y/K530Q）、2c（A285S/A472T）、2d（I419F/A472T）	—
野生型 3	DNA shuffling、定点突变	2 个突变体：3a（I419F/A472T）3b（A472T/K530Q/I505T）	—
野生型 4	DNA shuffling、定点突变	1 个突变体 LcαE7-4a：（D83A/M364L/I419F/A472T/K530Q/I505T/D554G）	40℃ 的半衰期为 60min；LcαE7-4a 为单体、二聚体和四聚体的混合形式，四聚体的 T_{50} 值为 65.2℃

在实际的遗传操作中，随机诱变形成了一些具有明显优势的突变体，例如在热和极端 pH 处理下，reBaxA50（BaxA 中 S138T 点的突变）比 reBaxA 更稳定，其在 60℃ 的半衰期和解链温度分别为 9.74min 和 89.15℃[78]。为了进一步拓宽工业应用，Stephens 等对获得的热稳定突变体（G41）和最碱性稳定突变体（G53）进行组合，具有 G41 和 G53 组合特性的突变体 S325 在 80℃ 时仍保持 80% 的稳定性，在 pH10 时仍保持 60% 的稳定性[79]。

3. 适应人工环境的酶分子活性或稳定性的进化

由于生物酶是在生物体水性环境中起作用的，而在非水环境中经常遇到限制，特别是在极性有机溶剂中，酶的稳定性变差，催化活性降低。而在工业化生产中，有机溶剂的使用可提高某些底物的溶解性或提高专一反应的速率，这就是说，酶往往需要在有机溶剂中发挥催化作用——这一工业需求随之带来一个问题——能否通过调整蛋白结构提升酶在有机溶剂中的稳定性，从而保证甚至提高其催化活性？因此在有机溶剂环境中对酶分子定向进化就十分必要。针对这方面的研究，进化技术步骤与前文所述一致，关键是筛选方法。如果想提高对有机溶剂的稳定性，那么就利用该有机溶剂作为筛选压力；如果需要将常温生物中的酶在低温下应用，那就应该在低温下选择酶活高的突变。例如，蛋白酶 Subtilisin E 一般用于水解酪蛋白（Casein），但其在有机溶剂 N, N-二甲基甲酰胺（DMF）中的稳定性极差，导致其在 60%DMF 溶液中的催化活性不足在 100% 水溶液中的活性的 0.5%。Arnold 课题组在表达该蛋白酶的基因中引入随机突变，得到表达相应突变体酶的菌落，并快速筛选出了催化活性更高的突变体。通过数轮进化，他们得到了在 60%DMF 溶液中的催化提高了 256 倍的 Subtilisin E 突变体，这个活性水平与 Subtilisin E 在水溶液中的活性水平相当[62]。Song and Rhee 应用易错 PCR 和 DNA 改组对磷脂酶 A1 进行改造，基于过滤视觉筛选法在指示板［即含有 30%二甲基亚砜（DMSO）的 1%磷脂酰胆碱凝胶］上分离出三个突变体（SA8、SA17 和 SA20）。在 50%DMSO 中处理 36h，三种突变体的半衰期比野生型酶增加大约 4 倍，在其他供试有机溶剂中稳定性也得到增强[80]。Kano 等通过人工进化方法从嗜中温枯草芽孢杆菌获得了在低温下催化效率明显提高的蛋白酶 BPN′，BPN′ 在 10℃时的酶活力提高 10%，在 1℃时的酶活提高 30%，而更高温度下的酶活保持不变。

4. 改变底物专一性的进化

酶在生物体内，往往只对个别底物催化特定的反应，这就是酶的特异性（Specificity）或底物专一性。增加底物专一性，降低酶的 K_m，可有效地提高酶的催化效率，对新底物的适应则可以拓宽酶的应用范围（表 6-8 所示）。

然而，很多时候，酶也具有混乱性（Promiscuity），也就是说，如果给酶提供一个在结构上与天然底物具有相似性的非天然底物，有时候酶也会体现出催化活性，但是这样的催化活性，往往是非常低的。而"定向进化"则可以利用酶的混乱性这一性质，使得酶的适用范围得到数量级的提升。当酶对非天然底物表现出非常低的活性之后，"定向进化"可以得到突变体，对该非天然的底物表现出相当高的活性。虽然这样的进化往往需要非天然底物与天然底物在结构上具有相似性，但是基于新的突变体，又可以对新的底物进行"定向进化"，周而复始，使得酶的底物范围得到大规模的扩展——这一过程称之为"底物攀行"（Substrate Walking）[86]。

Arnold 实验室利用"定向进化"改造了天然的色氨酸合成酶，使之能有极其广泛的底物普适性，可用于高效合成在生物学、药物开发领域的重要意义非天然氨基酸。生物体内，色氨酸合成酶由两个蛋白区 TrpA 和 TrpB 复合而成，两者缺一不可。通过"定向进化"，Arnold 课题组得到了一个 TrpB 的突变体，它可不依赖于 TrpA 实现催化功能[87]；后续的进化得到了更多的突变体，可用于高效、快速、大规模的合成不同类别的非天然氨基酸[88]。这一策略已被药物研发公司的巨头默克（Merck）公司采用，用于几十到上百千克级非天然氨基酸的生产。

"定向进化"不仅仅针对单一的酶进行，还可以对一些重要天然产物的生物合成途径中的不同的酶同时进行进化。Arnold 课题组对类胡萝卜素的生物合成途径中的酶（包括去饱和酶、环化酶等）做了定向进化。改造后的代谢途径（Metabolic Pathway）可以用于不同类胡萝卜素天然产物的合成，其中，还实现了圆酵母素（Torulene）在大肠杆菌体内的首次生物合成[89]。

表6-8　定向进化改善酶的底物专一性实例

进化酶	进化策略	实验程序	筛选方法	进化机制或突变位点	突变体性能	文献
二烷基甘氨酸脱羧酶 (DGD)	多轮 ep-PCR、DNA 改组	野生型1: WT dgdAecx 基因先 ep-PCR, 其产物再做 DNA 改组; 野生型2: 1:1 的 R1 突变质粒为模板做 ep-PCR; 野生型3: R2 突变基因先 ep-PCR, 其产物再与 R1 产物 DNA 改组; 野生型4: R3 的等体积混合质粒为模板进行常规 PCR, 产物再与 WT dgdAecx 基因改组	底物特异选择平板	R1: 2个单点突变 N96S、S306F; RII c1: 1个三点突变 N96S/S306F/I221P; RIII c6: 12D/I221P/ S306F; RIV c15: 12D/R85H/N96S/N203S/S306F	突变株底物范围, RIV c15 突变体展现出更高的 kcat, 分别是 R1 (S306F) 和野生型 WT 的 4 倍和 2 倍	[81]
转酮酶	饱和突变	饱和突变采用试剂盒, 随机饱和突变 17 个活性氨基酸残基	96 孔板通量筛选	D469T, D469A, D469Y, R520V, A29E, D259A, D259G, H26A, H26T, H26K, R358I, R358P, H461S	D469Y 对丙醛 (产生 DHP) 的特异性是相对乙醇醛于 (产生赤藓糖 Ery) 的 64 倍, 而 D469T 和 H26T 是 8.5 倍	[82]
天冬氨酸酶 aspA	ep-PCR、饱和突变	ep-PCR: 50mmol/L KCl, 7mmol/L MgCl2, 0.2mmol/L each dATP, dGTP 和 dCTP, 1mmol/L dTTP; 其他与普通 PCR 一样; 饱和突变采用试剂盒 Mutan-Super Express Km kit	96 孔板通量筛选	K327N	突变酶对 L-天冬氨酸和 L-天冬氨酸-α-酰胺的 Km 和 Vmax 分别是 28.3mmol/L、0.26U/mg, 和 1450mmol/L、0.47U/mg	[83]

酶	方法	方法描述	筛选	突变体	效果	参考
甲基对硫磷水解酶	定点突变、DNA shuffling	定点突变采用大引物 PCR 方法；DNA 改组采用 StEP 法，控制退火时间和循环数：120 循环：98℃ 10s，55℃ 退火 10s，72℃ 延伸 2s	96 孔通量筛选板	R1A6（F119Y，L258S）、R2F3（F119Y，F196I，L258H）、R2D2（F119Y，L258H）	除了 MPS，R1A6 和 R2D2 对其他 5 种底物的转移性均得到改善，R1A6 对 ECO 的 kcat/K_m 提高了 252 倍；R2F3 对 EPO 最有效，kcat/K_m 提高 100 倍	[84]
漆酶 CotA	饱和突变、StEP 法	针对 19 个氨基酸进行饱和突变；StEP 法：饱和突变产物混合为模板，100 个循环，包括 94℃ 30s，55℃ 5s，56℃ 5s；StEP 产物稀释 10 倍后进行常规 PCR	活性筛选	CotA-ABTS-1（G417L），CotA-ABTS-3（L386W），CotA-ABTS-10（G417L/L386W）	突变体 1 对 ABTS 的特异性提高了 132 倍。且热稳定性增强，80℃ 时的半衰期（t1/2）增加了 62min	[85]

5. 对映体立体选择性的人工进化

用酶来生产手性化合物时，需要提高酶的对映体选择性，而有时酶对底物对映体较强的选择性则会使底物造成空间位阻，妨碍酶高效作用，利用定向进化的方法可以改变酶的立体选择的专一性。Matcham 和 Bowen 对一个催化 β-四酮转变成胺的转氨酶进行人工进化，从 10000 个克隆中筛选获得 10 个突变体，其对映体选择性从 65% 提高到 90% 以上。

Escalettes & Turne[90] 利用定向进化改变了半乳糖氧化酶的底物特异性，产生了对映选择性氧化外消旋 1-苯基乙醇的突变体。野生型半乳糖氧化酶具有非常高的活性，但具有相当有限的底物特异性，事实证明：与葡萄糖相比，它对半乳糖具有 > 106 倍的活性，而葡萄糖与半乳糖仅在 C4 位羟基的立体化学结构不同。这些进化的半乳糖氧化酶突变体已用于快速筛选酮还原酶的活性和对映选择性。

在工业制药领域，酶的"定向进化"最为突出一次胜利当为转氨酶（Transaminase）的进化与使用。2010 年，Merck 公司在 *Science* 发表了转氨酶的"定向进化"在绿色合成 2 型抗糖尿病药物"西他列汀"（Sitagliptin，2016 年销量：2.3 亿美元）中的使用[91]。与化学催化方法相比，进化后的转氨酶显示出对手性胺合成的广泛适用性，"西他列汀"的合成在产率上提升了 10% ~ 13%，立体选择性几乎完美（99.95% ee），日产量增长了 53%，工业废料减少了 19%，避免了重金属的使用，缩短了反应步骤，无需高压条件以及高压设备，大幅降低了工业生产成本。

体外定向进化技术虽只有短短十几年的发展历程，但它已在基础研究及应用领域显示了巨大的优势，它不仅能使酶（或蛋白质）进化出非天然特性，还能定向进化某一代谢途径，不仅能进化出具有单一优良特性的酶，还能使已分别优化的酶的两个或多个特性叠加，产生多项优化功能集于一体的酶，大大丰富了酶类资源，使酶工程的研究进入了一个崭新的领域。体外定向进化与合理设计互补，将会使分子生物学家更加得心应手地设计和剪裁酶分子，使蛋白质工程学更加显示出强大的威力，并且正在工业、农业和医药等领域逐渐显示其生命力。

随着代谢工程研究的深入，对代谢途径中的关键酶分子进行人工设计与进化，可以获得具有高催化活性、高特异性、高稳定性的催化元件，从而实现对人工代谢途径的精准、定向调控与优化。上海交大的冯雁教授[92]课题组对具有较高底物非专一性的酵母糖基转移酶的活性中心关键位点进行半理性设计，使其合成 Rh2 的催化效率提高了 1800 倍，然后结合代谢工程技术在酿酒酵母中构建了 Rh2 的高效人工细胞工厂，在 5L 发酵罐中 Rh2 产量达到 300mg/L，为目前已报道的最高水平。这也是酶的定向进化在合成生物学中的成功范例。DNA 改组技术的发明人 Stemmer 博士以 5 项美国专利为技术支撑，于 1997 年创立了专门从事 DNA 改组研究的公司 Maxygen 公司（www. maxygen. com），目前已成功得到了各种优良特性的工业酶，称为超级酶，可满足工业生产的特殊需要，具有巨大的商业价值，这从一个方面反映了体外定向进化技术诱人的应用前景。

三、 酶定向进化还需解决的问题

成功的定向进化需满足四个要求：①所需功能必须实际可能。②目标功能在生物学上和进化学上可行。这意味着实际存在着某个突变途径，并可通过某个长远改良计划加以证实。③能建立突变体复合物文库，并能足够容纳所有珍稀突变体。这表明功能可在大肠杆菌和酵母等微生物宿主中表达。④必须有一个快速的筛选方法，能够迅速证实所获得的功能。决定选择方法是否快速，取决于所需功能的突变株是否难得，以及为获得这一突变株需积累多少次突变。

定向进化能否解决实际问题在一定程度上取决于已存在的自然进化的难易度。如果一个选定的特征（如催化活性）已处在自然选择压力下，那么这种特征在实验室条件下进一步改良的机会会减少。反之一种生物学功能既处在选择压力下又有外在条件束缚（如除了催化活性还有高耐热性），则在实验室条件下这种平衡即可被改变。一般选择性特征难改良，易去除（如产物抑制性）。而许多不在选择性压力下的特性却以随机遗传变异的方式发生改变。它们也许会发生退化以反映酶的过去，也可同选择性特征产生偶合。总之非选择性特征易改良，难去除。在生物学功能上不太需要的特征一般较易改良。

以上讨论的均针对已存在酶的特征改良，进化改良一个全新的酶功能是一件艰辛的工作。因为很少能预期在顺序空间中究竟要走多远才能产生一种新功能。或者说要重复多少次才一能得到理想答案。如果方案设计可靠，通过替换 1~2 个氨基酸就能获得新功能，这样的进化工作是相当幸运的。反之如果一个新功能需要在每一步同时植入多个新氨基酸残基，那么实验室进化工作就变得十分艰难。

第五节
酶的细胞表面展示技术

细胞表面展示技术是将靶蛋白的基因序列与特定的锚定蛋白的基因序列融合后导入微生物宿主细胞，靶蛋白在锚定蛋白的引导下表达并定位于微生物细胞表面，被展示的靶蛋白可保持相对独立的空间结构和原有的生物活性[93]。根据这个原理将酶基因和细胞壁蛋白基因融合表达，可以获得具有酶催化活性的优质全细胞催化剂，而且可以重复利用。

一、 细胞表面展示技术

目前，随着基因工程的发展，根据采用宿主细胞的不同微生物表面展示系统科分为噬菌体展示系统、细菌表面展示系统及酵母表面展示系统，并被广泛应用于蛋白质文库筛选、蛋白质定向进化、全细胞生物催化剂和生物传感器等多各领域。

1. 噬菌体展示系统

噬菌体表面展示系统，研究最早且比较成熟。1985 年，Smith 等首次建立了噬菌体展示系统，他们将外源 DNA 整合到丝状噬菌体基因Ⅲ中，并与 pⅢ蛋白融合展示。目前，噬菌体展示系统已发展为：丝状噬菌体展示系统、T7 噬菌体展示系统、T4 噬菌体与 λ 噬菌体展示系统等，并广泛应用于蛋白质-蛋白质的相互作用、蛋白质-DNA 相互作用、抗原表位分析、抗体筛选等研究，在免疫学、细胞生物学、蛋白质工程等领域产生极大的影响。

尽管噬菌体展示技术可以有效地对所需功能的克隆进行反复筛选和扩增，但是由于噬菌体颗粒较小，展示蛋白的大小和数量均有限；而密码子的兼并性使噬菌体扩增中会不可避免地造成 20 种氨基酸合成具有明显的倾向性；此外，噬菌体也不能展示那些需糖基化、二硫键异构化等翻译后修饰才表现功能活性的复杂真核蛋白。

2. 细菌表面展示系统

随着表面展示技术的发展，细菌细胞表面展示可以通过将靶蛋白固定在细菌表面构建全细胞催化剂，这样既可以在细胞表面发生催化反应，利用细胞表面的微环境提高催化活力和反应效率，又能够避免表达蛋白在胞内形成包涵体。自从 1986 年德国的 Freudl 及法国的 Charbit 分别通过大肠杆菌 κ-12 外膜蛋白 OmpA 与 LamB 将外源蛋白展示在菌体的表面以来，细菌表面展示系统主要包括革兰氏阴性菌展示系统及革兰氏阳性菌展示系统。

（1）革兰氏阴性菌膜结构主要是外膜。外源蛋白与暴露在细胞表面的外膜蛋白（OmpA、OmpC 等）、脂蛋白（TraT、PAL、INP）、菌毛蛋白（FimA、FimH）或鞭毛蛋白的末端融合后得到展示。因此，革兰氏阴性菌表面展示系统已成功应用于开发疫苗、展示功能性蛋白、开发全细胞催化剂、展示抗体、开发全细胞诊断工具等。

（2）革兰氏阳性菌的外壁由单层的质膜及细胞壁组成。外源蛋白可通过与质膜相连的跨膜蛋白、与质膜共价连接的脂蛋白、与细胞壁非共价结合的细胞壁蛋白以及 S 层蛋白等融合而锚定在革兰氏阳性菌表面。与革兰氏阴性菌相比，拥有较厚细胞壁结构的革兰氏阳性菌，可在不同的实验操作中表现更高的稳定性；且革兰氏阴性菌所展示的外源蛋白只能插入到菌体表面的凸环部位，这不仅不易插入大分子质量的蛋白，而且影响展示蛋白的结构和活性。因此同革兰氏阴性菌相比革兰氏阳性菌更适合于表面展示。

但是，革兰氏阳性菌也有一些明显缺点，如细胞壁厚，转化效率较低，这样会影响大容量肽库的构建；一些革兰氏阳性菌如枯草杆菌，分泌大量蛋白酶，这会影响其应用。

3. 酿酒酵母表面展示系统

相比于噬菌体表面展示和细菌表面展示，酵母表面展示系统是比较理想的，应用最广泛的展示系统，由于其遗传操作方便；能对表达的外源蛋白进行折叠、糖基化等翻译后修饰；且酵母可以在廉价的培养基中培养达到很高的细胞密度等优势而在医药、食品、生物燃料等多个工业领域都展现出广泛的应用前景。

（1）宿主细胞 酵母菌的细胞壁非常坚硬，主要由内层的 β-葡聚糖骨架和外层的甘露糖蛋白组成。在酵母表面展示系统中作为宿主细胞的菌株主要有酿酒酵母、毕赤酵母、汉逊酵母等。其中，酿酒酵母因其是被公认的安全模式生物且遗传背景清晰等优点而成为在酵母表面展示系统中研究最多的宿主细胞。而近年来，能利用甲醇作为单一碳源和能量的细胞株，如汉逊酵母等，由于其能够在廉价的碳源中生长和更高的细胞培养密度等优势，而逐渐被开发应用作为表面展示的宿主细胞。此外，毕赤酵母对外源蛋白的 O-糖基化程度更高，因而说对展示的外源酶具有更好的稳定效果。

（2）锚定蛋白 酵母细胞细胞壁外层的甘露糖蛋白主要有两种类型：一种以非共价方式松弛连接地结合与细胞壁，可被 SDS 抽提；另一种与细胞壁共价相连，不能被 SDS 抽提，但可用 β-1，3-或 β-1，6-葡聚糖酶消化细胞壁释放出来，这类蛋白常含有 GPI 锚定区域。α-凝集素和絮凝素以及细胞壁蛋白如 Cwp1p、Cwp2p、Tip1p 等都属于 GPI 家族蛋白，这些蛋白都是酵母表面展示常用的锚定蛋白。

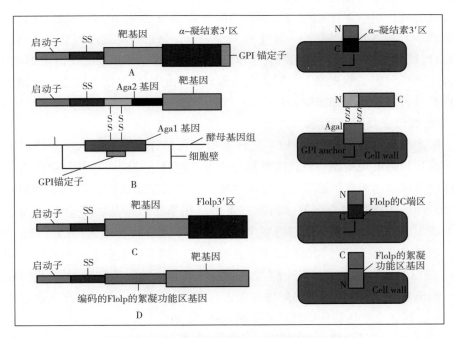

图 6-16 酿酒酵母锚定蛋白的锚定方式图示

①凝集素：可利用酵母菌细胞壁上的甘露糖蛋白 α 凝集素或 α 凝集素与目的蛋白相互作用而实现目的蛋白的酵母表面展示。α 凝集素展示系统是将目的蛋白的 C 端与 α 凝集素的 Aga2 亚基的 N 端融合（图 6-16B），α 凝集素展示系统是将目的蛋白的 N 端与 α 凝集素的 C 端融合（图 6-16A）。

② Flocculin Flo1p：Flocculin Flo1p 是酿酒酵母中由 Fol1 编码的一种凝集素样的细胞

壁蛋白，在絮凝反应中起主要作用。Flo1p 由分泌信号、N 端絮凝功能域、C 端 GPI 锚定信号区和膜锚定结构域组成，其中絮凝功能区接近 N 末端，能够识别并且以非共价见连接到细胞壁的甘露糖复合物上（图 6-16D），因而目前应用较多的是将外源蛋白的 N 端与 Flo1p 的絮凝功能区融合表达后非共价连接在细胞壁上进行表面展示，如 Tanino 等利用 Flo1p 的 N 端部分作为载体蛋白，成功展示 ROL；另外，外援蛋白也可通过 C 端与 Flo1p 的 GPI 锚定去融合，而实现展示 N 端游离的蛋白（图 6-16C）。

③ Pir 型共价连接细胞壁的锚定蛋白已经在克鲁维酵母菌、鲁氏结合酵母、白色念珠菌等芽殖酵母中发现 Pir 型共价连接细胞壁的锚定蛋白同源基因，研究发现，Pir 型蛋白的成熟肽 N 端的重复序列对融合蛋白锚定在细胞壁上起主要作用，而 C 端序列对其在菌体表面的不规则展示其主要作用。外源蛋白可通过 N 端融合、C 端融合或插入融合的方式展示在菌体表面，并可用温和碱（30 mmol/L NaOH，12 h，4℃）从细胞壁抽。此外，Pir 系列蛋白虽然不是酵母生存所必需的，但却参与了多种生物功能。

（3）锚定方式　在细胞表面展示中，靶蛋白与锚蛋白基因融合，融合蛋白在宿主细胞中表达[94]。展示在细胞表面上的靶蛋白的活性部分取决于靶蛋白和锚蛋白之间的融合位点或锚定方式。对于 N 末端融合，锚蛋白的 N 末端与靶蛋白的 C 末端融合，这种方式适合于活性中心在 N 端的酶蛋白。对于 C 末端融合，是指锚定蛋白的 C 末端与靶蛋白的 N 末端融合，这种方式适用于活性中心在 C 端的酶蛋白。融合蛋白在宿主细胞中表达，并由信号序列引导到细胞表面上。靶蛋白（暴露于细胞外）与锚蛋白连接，锚蛋白又通过共价或非共价连接而与细胞壁连接[95]。

4. 毕赤酵母表面展示系统

由于酿酒酵母对外源蛋白 N-糖基化修饰形式是高甘露糖型，从而易使产生的蛋白在人体中有比较强的免疫原性且过度糖基化还可能使表达的酶等功能性蛋白失活；而且还存在酿酒酵母表达菌株不够稳定，分泌效率差，以及缺乏有效的启动子等缺点，最近毕赤酵母开始成为微生物表面展示新的宿主菌。在毕赤酵母基因组全部序列还没公布前，研究者大多利用酿酒酵母的细胞壁蛋白，如 Flo1 蛋白的 N 端絮凝结构域，GPI、Pir 等蛋白，通过 N 端融合将外源蛋白非共价连接于毕赤酵母细胞壁上。陶站华等利用酿酒酵母 Flo1 蛋白的絮凝结构域在毕赤酵母表面成功展示白地霉脂肪酶[96]。我们利用酿酒酵母的细胞壁蛋白 Pir 构建了毕赤酵母表面展示载体 pPIC9K-pir，以此来表达内切葡聚糖酶 EG[97]，其融合表达载体构建方式如图 6-17 所示。

为了验证构建的展示载体的可行性，可以先展示报告基因 GUS 或 GFP，验证成功后将目的基因替换报告基因[98]。通过这个方法成功地将内切葡聚糖酶展示到毕赤酵母细胞表面，展示的内切纤维素酶的酸热稳定性得到显著改善，而且操作稳定性很高，连续重复使用，第十轮反应时的残留酶活力仍能够保持在 65%[97]。可见，利用表面展示技术构建的全细胞催化剂应用于工业生产上，可以大大简化操作，节约成本。

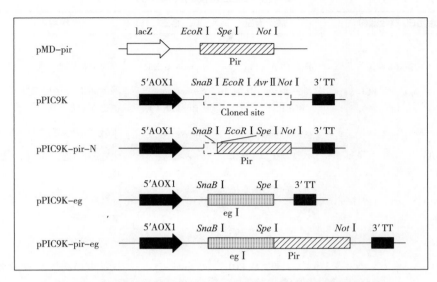

图 6-17　内切葡聚糖酶 EG 在毕赤酵母表面展示的载体构建图示

毕赤酵母的基因组测序结果于 2011 年公布，直接克隆其自身的锚定蛋白基因已经成为可能，利用内源锚定蛋白替代酿酒酵母来源的锚定蛋白，不仅可以改善毕赤酵母表面展示体统的稳定性，而且提高外源蛋白的展示能力。

细胞表面展示技术是功能化细胞的强有力工具，构建酵母全细胞生物催化剂作为研究酶蛋白质的功能和应用提供了广阔的平台。除了上述几种表面展示系统，最近还报道了一种基于内含肽的新型细胞表面系统[99]。使用该系统，已经在酵母细胞上展示了几种蛋白质，包括木糖异构酶[100]、漆酶[101]和扩展蛋白样蛋白质。尽管已经报道了许多表面展示技术，但未来仍然需要开发更多展示系统，以拓宽表面工程微生物在工业中的潜在应用。

二、　酵母表面展示技术的应用

目前，酵母表面展示系统因可以利用自身的真核表达系统对外源蛋白进行糖基化、加工和折叠等翻译后修饰，已成功展示了各种真核蛋白，包括酶、细胞识别因子、抗体片段、细胞表面受体如表皮生长因子受体（EGFR）等。外源蛋白可通过 C 末端融合、N 末端融合的方式与锚定蛋白融合，可根据外源蛋白的特点选取合适的融合方式以达到更好的展示效果或增加蛋白的功能特性。

酶分子成功展示在酵母细胞表面的应用具体实例见表 6-9。

表 6-9 酵母细胞表面展示酶的应用实例

锚定蛋白/融合结构	展示蛋白	宿主	应用	文献
N 端融合				
Gcw61/LipA -Gcw61	脂肪酶 A（Lip A）	*P. pastoris* X33	改善脂肪酶稳定性	[102]
α-agglutinin（Aga）/（BGL1-Aga）	*β*-葡糖苷酶 1（BGL1）	*S. cerevisiae* GRI-117-UK	展示 BGL1 pH 稳定性和热稳定性大大提高	[103]
Aga/（amy-Aga）	*α*-amylase	*S. cerevisiae*	发酵生玉米淀粉生产乙醇	[104]
GPI/XR-GPI	木聚糖还原酶 XR	*S. cerevisiae*	比较选择锚定方式和锚定蛋白	[106]
Aga/（BGL1 - Aga）+ EG2 - CBH2- Aga	BGL1、EG2、CBH2	*S. cerevisiae*	纤维素酶全酶系的全细胞催化稻草产乙醇	[107]
Aga/XI-Aga	木糖异构酶 XI	*S. cerevisiae*	酿酒酵母发酵木糖	[108]
Pir/EG1- Pir	内切纤维素酶 EG1	*P. pastoris* GS115	改善内切纤维素酶的稳定性	[97]
Aga/cutL-Aga	角质酶 cutL	*S. cerevisiae*	释放脂肪酸	[109]
C 端融合				
Pir/Pir-XR	木聚糖还原酶 XR	*S. cerevisiae*	比较选择锚定方式和锚定蛋白	[106]
Flo1p/Flo1p-pldm$_{sh}$/ pld$_{sh}$	pld$_{sh}$、pldm$_{sh}$	*P. pastoris* GS115	用于从磷脂酰胆碱和 1-丝氨酸合成 PS	[105]

如表 6-9 所示，主要的应用体现在以下几个方面：

（1）改善酶的操作稳定性　通过表面展示表达技术，将目标蛋白或酶固定于细胞表面，从而提高蛋白或酶的稳定性和重复利用性，而且无需对蛋白进行复杂的分离纯化，这对于降低工业生产成本极具吸引力。目前，脂肪酶、淀粉水解酶、纤维素水解酶等已成功展示在酵母表面[102-104]。例如，展示脂肪酶的全细胞生物催化剂可以使用 10 个重复批次循环；葡萄糖淀粉酶和淀粉酶共展示酵母细胞重复发酵 23 个循环，没有 *α*-淀粉酶或葡糖淀粉酶活性的损失，与天然淀粉酶展示酵母相比，产量高 1.5 倍。

（2）作为全细胞催化剂进行生物转化　全细胞生物催化是指利用完整的生物有机体（即全细胞、组织甚至个体）作为催化剂进行化学转化的过程，这种反应过程又称为生物转化（Biotransformation）。其本质是利用细胞内的酶进行催化。将酶展示在酵母细胞表面，并能发挥催化作用，那么整个酵母细胞就成为了全细胞催化剂。展示酶的酵母细胞作为全细胞催化剂，既具有固定化酶的优点，能省去分离纯化和固定化的复杂操作，又有制备简单、成本较低的特点。目前，利用表面展示技术构建的全细胞催化剂也取得了较大进展。例如，展示 PLDMsh（dPLDMsh）的酵母全细胞用于从磷脂酰胆碱和 1-丝氨酸合成 PS 的生物过程。在最佳条件下，PS 的转化率为 53%，并且在水性体系中 dPL-

DMsh 催化的 4 次重复循环后相对产率保持在 40% 以上[105]。Junji Ito 等将展示 BGL1 的酵母菌 GRI-117-UK 全细胞用于有效地水解异黄酮混合物，产生异黄酮糖苷配基，在最佳温度和 pH 下，糖苷配基的产生速率至少为 15.8g /L·h。反应 144h 后，通过展示 BGL1 的酵母将几乎异黄酮转化为其糖苷配基。结果表明展示 BGL1 的酵母菌株是异黄酮糖苷配基生产的有效全细胞生物催化剂[103]。

（3）复合酶的共展示　复合酶催化剂的使用可以弥补单一酶催化剂的缺陷，得到催化活性高、酶学性质优良的优质催化剂。同样，多酶共同展示在同一个酵母表面展示系统中，能得到兼具各种酶催化特性和催化活性的高效全细胞催化剂，具有广阔的商业前景，这对于自然界生物大分子的转化有极其重要的意义。例如，利用自然界的生物质纤维素高效生产乙醇，需要进行戊糖和己糖的生物转化，这就涉及复合纤维素酶对纤维素的彻底水解，以及半纤维素转化为木糖的能力。Yuki Matano 等[107] 利用真菌内切葡聚糖酶、纤维二糖水解酶和 β-葡萄糖苷酶的细胞表面共展示的酵母为发酵菌株，利用短期液化和新型鼓式旋转发酵系统实现了木质纤维素生物质的转化和乙醇的高效生产。

（4）突变体文库的筛选　DNA 操作的新进展使人们能够通过易错 PCR 和 DNA 改组技术轻松构建大型 DNA 文库，但快速筛选蛋白质文库以获得具有所需功能的克隆是蛋白质工程中最关键的程序之一。由于酵母可以表达许多具有活性形式的翻译后修饰的蛋白质，因此酵母展示系统成为一种强大的筛选方法，能够直接从基因文库中选择具有酶活性的克隆。比如，热稳定性突变体的筛选，在诱导表面展示后，将酵母展示的蛋白质文库在亲本蛋白质至少在某种程度上不可逆地变性的温度下孵育，那么，更稳定的蛋白质变体将抵抗热解折叠，当探测结合特异性配体时，在 Fluorescence Activated Cell Sorting（FACS）中产生更高的信号。Michael 和 Obinger 报道了基于表面展示的蛋白质文库的热孵育来选择热稳定突变体的策略，获得具有高内在热稳定性的蛋白质 IgG1-Fc[110]。

从这些应用实例的具体操作中发现，用于融合的锚定蛋白有很多，融合方式也有 N 端融合和 C 端融合之分，那么在具体操作中如何选择呢？Hossain 等比较了两种融合蛋白展示同一种木糖还原酶 XR，其构建方式如图 6-18 所示。

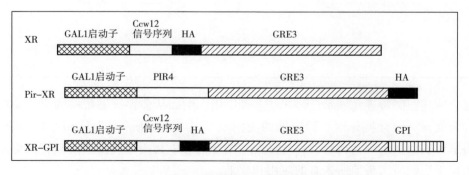

图 6-18　木糖还原酶 GRE3 的表面展示盒构建

图 6-18 所示，将木糖还原酶基因 GRE3 与编码 Pir 家族的一种蛋白质的 PIR4 基因融合来构建展示表达盒，所述 Pir 家族蛋白质含有将 Pir 蛋白质锚定于 β-1，3-葡聚糖的特征性 N 末端重复序列。以这种方式，木糖还原酶通过其 N 末端共价连接到葡聚糖上，编号为 Pir-XR。另外，木糖还原酶基因 GRE3 与 CCW12 基因的两部分融合，N 末端编码分泌信号序列，C 末端编码糖基磷脂酰肌醇锚定信号 GPI，命名为 XR-GPI。同时使用了 GAL1 启动子进行表达。两种融合菌株均显示木糖还原酶活性，并且将它们的酶性质与带有分泌信号序列但没有锚定信号的对照酶进行比较（表 6-10）。从结果来看，通过与 PIR4 的 N 末端融合展示的酶对木糖的亲和力高于其他构建体，但它们均比对照酶表现出稍低的亲和力。类似地，两种固定化酶的 NADPH 的 K_m 值略高于对照 XR 的 K_m 值。两者展示酶，尤其是与 Pir4 融合的酶，具有比对照更高的热稳定性和 pH 稳定性，可见表面固定不会显著损害其他酶学性质。

由于凝集素基因含有 PGI 结构域，因此这类锚定蛋白常常用构建 N 端融合展示，而 Pir 本身就是含多个重复序列的结构，因此 PIR 既可以用于 N 端融合，也可以用于 C 端融合。絮凝素细胞壁蛋白有 2 个结构域，N 端含有絮凝结构域 FLOP，可以细胞糖类物质结合；C 端有 GPI 结构区，可以与细胞壁结合，因此絮凝素锚定蛋白也是可以 N 端或 C 端融合。

表 6-10　　　　　　　　　　　　　不同融合形式的木糖还原酶酶学特性

		XR	Pir-XR	XR-GPI
底物	木糖（mmol/L）	157	227	343
	葡萄糖（mmol/L）	790	1920	3190
	果糖（mmol/L）	466	420	530
	阿拉伯糖（mmol/L）	1030	1000	900
	半乳糖（mmol/L）	360	350	410
	NADPH（μmol/L）	60	170	140
温度/℃	-20℃	36h	84h	72h
	30℃	60min	120min	120min
	40℃	45min	100min	100min
	50℃	30min	60min	40min
pH	pH 3.5	1.2 h	1.2h	1.2h
	pH 5.0	10h	30h	30h
	pH 6.0	5h	20h	20h
	pH 7.0	4h	7.5h	12.5h

综上所述，酵母表面展示已经用于多种应用，例如从多种折叠蛋白的组合文库中分离亲和力变异，结合特异性和稳定性的蛋白质，以及蛋白质-蛋白质相互作用研究等。如果将酵母表面展示与其他组合筛选平台相结合，可以利用每种技术的独特优势，将会在蛋白质工程领域实现前所未有的应用和成果。

第六节
核酶及其研究进展

一、 核酶的发现和意义

20 世纪 80 年代初期，美国科学家 Cech 和 Altman 分别在研究原虫、植物病毒以及卫星病毒的过程中，发现某些生物化学过程不是由传统的化学本质为蛋白质的"酶"所催化，而是由某些 RNA 分子所催化。后来，把这类具有催化切割活性的 RNA（Catalytic RNA）分子取名为"核酶"（Ribozyme）[111]。核酶的发现冲击了长达半个多世纪以来认为酶都是蛋白质的传统观点，引起了一场酶学上的革命，使人们对"酶"的认识从蛋白质领域延伸到核酸领域，具有重要的里程碑意义。Cech 和 Altman 也为此获得了 1989 年诺贝尔化学奖。此后，研究者们又相继报道了一些存在于其他生命体中，可催化自我剪切反应的核酶。烟草斑纹病毒线性包装卫星 RNA，梨白斑类病毒 RNA，紫花苜蓿易过性条纹病毒 RNA，人类肝炎 δ 病毒（HDV）RNA，核蛋白体 RNA 等，表明核酶广泛存在自然界中。

近年来又发现该 RNA 分子除具有催化切割、剪切的功能外，还具有氧化还原酶、聚合酶、连接酶等活性。上述开创性的工作不仅意味着一场酶学革命，更激起了人们研究 RNA 的浓厚兴趣。RNA 像蛋白质一样有催化功能，这一发现无论在理论上还是实践上都有极其重要的意义。在理论研究上开创了生命起源的新概念，即原始生命可能源于这种兼有催化和自我复制双重功能的 RNA 分子。而重视应用的学者则把眼光聚焦在核酶催化反应的高度底物特异性，特别是 1988 年 Haseloff 等发现锤头（Hammerhead）状结构的核酶可通过作用于特定基因之 mRNA 而抑制该基因的表达，开创了设计、合成序列特异性人造核酶的先例[112]。这表明从原理上讲可以设计出任意致癌基因转录物的特异性核酶，从而有可能对肿瘤、某些遗传性疾病及一些病毒性疾病（如艾滋病、慢性乙型肝炎等）从转录水平上开始治疗，开创了基因治疗的新途径。

核酶从发现至 2004 年 2 月发表有 5000 多篇有关核酶的研究论文和综述。自然界留存的核酶不多，但已能制造出许许多多人工核酶。从 1997 年人造出肽基转移核酶，到 2000 年根据一系列证据提出核糖体是一种核酶，在理论上和应用上都具有深远意义。核酶出现早于酶（蛋白质），后来让位于酶的观点，已为多数人所接受。在应用上，人们已经设计和制造出各种各样的核酶对付各种各样的疾病，但目前临床应用的极少。

1. 核酶的概念和类型

核酶是一类具有酶催化活性的小分子核酸（RNA），通过催化靶位点 RNA 链中磷酸二酯键的断裂破坏 mRNA 的状态，从而阻断该基因的表达。它能特异性地剪切底物 RNA 分子，是一类很有希望的基因功能阻断剂，被形象地称为"分子剪刀"。

迄今为止，人们已发现了七大类自然存在的核酶[113]，即 I 类内含子（Group I Intron）、Ⅱ类内含子（Group Ⅱ Intron）、RNA 酶 P 的 RNA 亚基（RICA Subunit of RNase P）、锤头状核酶（Hammer-head Ribozyme）、发夹状核酶（Hairpin Ribozyme）、丁型肝炎病毒核酶（Hepatitis Dvirus Ribozyme，HDV Ribozyme）及 VS 核酶（Neurospora Varkud Satellite Ribozyme）等。核酶按其分子大小和反应机制不同，大致可分为两类，即大分子核酶：RnaseP、类内含子和Ⅱ类内含子。其分子大小为几百到几千个核苷酸；小分子核酶：锤头状、发夹状、丁型肝炎病毒 Hepatitis Delta Virus（HDV）和 Neurospora Varkud Satellite（VS）核酶，其大小为 35～155 个核苷酸。其中，以锤头状核酶的结构最为简单，易于人工设计，对其进行的研究也最多；其次是发夹形核酶，其催化效率较高，对金属离子和 pH 变动的依赖性也较小。

大分子核酶由几百个核苷酸组成，结构复杂。第一类内含子存在于各类生物的细胞器基因和核基因中，甚至在噬菌体中也有发现。其代表分子有：四膜虫 mRNA 前体，藻类线粒体 mRNA 和 tRNA 前体，玉米及豆类叶绿体 rRNA 前体，T4 噬菌体胸腺嘧啶合成酶转录产物。其中纤毛原生动物四膜虫（Tetrahymena）的大 rRNA 前体的剪接机制很早就已经相当清楚，从而成为第一类内含子剪接机制的模型。第二类内含子的代表分子是酵母线粒体细胞色素氧化酶 mRNA 前体，真核 snRNA 前体。这两类内含子的区别在于第一类内含子有一个由 10～12 个碱基的保守序列构成的"中心核心结构"（Central Core Structure），而第二类没有。RNase P 是一种由 RNA 和蛋白质构成的复合体，其中的 RNA 是真正的活性中心，蛋白质部分只是起支持结构的功能。RNase P 是一种核酸内切酶，它参与加工 tRNA 的初始转录产物，所有的 tRNA 5′末端都由该酶催化产生。目前人们已经获得了一些核酶的晶体结构，这些结构的分析为核酶催化机制的解释提供了重要的帮助。大分子核酶切割磷酸酯键时通过从外部吸收亲核基团来完成，它们的 RNA 折叠非常复杂，人们推测这与核苷酸和磷酸的定向密切相关。金属离子的作用也很重要，它不仅参与大多数核酶的催化反应，还是稳定核酶结构的重要因子。

2. 核酶的结构和设计

（1）核酶的结构　核酶结构主要分为锤头状结构、发夹状结构和假结样结构（Pseudoknot Structure）三类。目前研究得较多的有两种核酶，锤头核酶（Hammerhead Ribozyme）和发夹核酶（Hairpin Ribozyme）。它们的分子较小、动力学较快。

①锤头核酶：锤头状核酶因其与底物结合后呈现一种锤头状结构而得名（图6-13）。锤头结构包括一个催化中心和三个螺旋区（Ⅰ，Ⅱ，Ⅲ）。此三个螺旋区的核苷酸序列变化较大，螺旋区Ⅰ没有高度保守的核苷酸；螺旋区Ⅱ中有两个保守的核苷酸形成碱基对，与催化中心相邻。催化中心由 11 个相对保守的核苷酸序列（5′GAAAn（N）NCUGA（N）GA3′）组成，其中任一核苷酸的改变都会破坏其催化活性。另外在第 7位，不同的核苷酸也会影响催化效果，U 的剪切率最高，随后依次为 G，60%，A，50%，C，20%。催化中心中的 NUX（N 代表任何核苷酸，U 代表尿苷酸，X 代表除鸟苷酸外的任何核苷酸）称为剪切三联体，它是高度保守的核心。许多实验证明，只要满足锤头状的二级结构和 11 个核苷酸的保守序列，靶 RNA 含有的 5′-NUX-3′位点在被锤头

核酸臂和催化中心特异地识别后，通过构建与剪切位点侧翼序列互补的臂序列，核酶就能专一地与靶 RNA 杂交，紧接的剪切作用就被导向了靶位点，即锤头结构右上方 NUX 三联体的 3′侧。

②发夹状结构：该结构是通过烟花草叶病毒（Tobacco Ringspot Virus，TRV）负链 RNA 催化活性中心基本的碱基序列发现的，基本结构包括 4 个螺旋区（Helical Domain）及 5 个环状区（Loop Domain）。其结构见图 6-19。螺旋结构遵循碱基互补原则，其中螺旋 1 和螺旋 2 将核酶与底物紧密结合。与螺旋结构相反，环上的核苷酸大多比较保守，它们的变化或修饰都可能影响剪切效果。其识别的底物序列为 N＊GUC（其中 N＝A，G，U，C），剪切反应发生在底物环 5 的 N 与 G 之间。如发生分子间的反式切割反应，靶序列一般为 BN＊GUC，＊为剪切位点，B 可为除 A 之外的任一核苷酸，N 可为任一核苷酸，G 是高度特异性的，不可改变，U 和 C 的存在可使切割效果达到最佳。

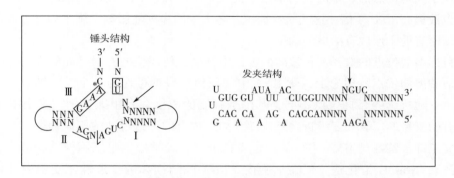

图 6-19　锤头状核酶结构和发夹状结构示意图

N，N′代表任意核苷酸；X 可以是 A、U 或者 C，但不能是 G；

Ⅰ、Ⅱ和Ⅲ是锤头结构中的双螺旋区；箭头指向切割位点。

（2）核酶的设计　核酶的设计目的在于选择特异性高、活性强、性质稳定的核酶。一般来讲，要获得特异性高的核酶就必须找到有效的靶序列，要取得较好活性和稳定性就需要对核酶进行修饰。目前研究最多的是锤头状核酶，因为它结构简单、体积小、易于设计、合成及转移，并且对底物 RNA 序列的要求不像发卡型核酶那样严格。人工合成核酶相应的三个设计原则，即①选择 RNA 靶分子上切割所要求的特殊切割位点，即紧靠切点 5′侧翼必须是"NUX"或"UX"（N＝A，G，C，U；X＝A，U，C），但以 GUC 作靶位点切割活性最高；②天然核酶中高度保守序列也是人工设计的核酶所必需的；③在核酶催化区与 RNA 底物的切割位点精确定位前提下，确定核酶两侧与靶 RNA 碱基配对的区域。

①核酶催化核心的设计：最近发现，在锤头状核酶核心中保守的 A9 与 G10.1 之间插入一额外的碱基 U10 后，不仅可保留活性，甚至还可使剪切率常数提高 3~4 倍，并且不影响 K_m。

②核酶结合臂的设计：核酶结合臂的长度和碱基组成对核酶活性有重要影响。对于核酶的循环而言，与特异性位点高效地结合，同时从底物 RNA 中快速有效地脱离都是非常重要的，所以结合臂的长度必须在保证对底物的特异性（或稳定性）和允许产物有效解离这两个方面取得最佳平衡。有学者提出：不等长的结合臂比等长的结构更有效率。Hendry 等证实：一个较短的螺旋 I 可使剪切率迅速增加，而且当螺旋 I 为 5 个碱基对时，螺旋Ⅲ的最佳长度为 10bp。此外，该学者在对锤头状核酶的晶体结构进行研究后认为，螺旋 I 应保持较短的结构，因为螺旋 I 与螺旋 Ⅱ 之间存在着相互作用，而这种作用实际上能使无活性的构象更加稳定。将螺旋 I 删减到 6bp，则可消除此作用。同样，删除或截断螺旋Ⅱ也可获得较大的剪切率。由于 A-U 碱基对比 G—C 碱基对的稳定性差，故也可促进核酶的循环。

一般推测 NUX 三联体的上下游序列对剪切有很少的或没有影响。但当 2 个 U-A 碱基对出现于剪切位点的 3′端时，剪切效率提高了 10 倍。当序列从 GGUC 变为 UCGA 时，剪切率也被提高了 3~4 倍。这些研究提示，茎 I 中的序列能影响螺旋 I 和Ⅲ之间的角度形成，因而有助于形成有活性的构象。

③目标剪切位点的选择：在核酶的设计中，最具技巧性的方面是如何在目标序列中选择合适的剪切位点。理论上，靶 RNA 中的任何片段都可作为一个反义结合位点，但实验显示，随所选的目标位点不同，基因被抑制的程度会有很大差别。这是由于 RNA 序列具有的复杂的二级和三级折叠结构导致局部位点的可接近性的不同而引起的。所以人们建立了许多鉴定靶 RNA 中可接近位点的方法，较常用的是细胞外选择技术，如随机文库法和 RNaseH 消化法。但在细胞内，RNA 的结构和可接近性还受胞内环境的影响，而且细胞内的 RNaseH 的特性可能不同于实验中所用的细菌酶，这些都使得体外选择的可靠性受到质疑。因此，有学者使用一种内源性的 RNaseH 在细胞提取物中测定 ODN 与目标 RNA 的可接近性。虽然这种方法允许在更接近于胞内环境下评估靶分子的可接近性，但它仍会受到一些不能控制和排除的实验限制的影响。而理论方法，即计算机折叠程序法，虽不受实验的限制，但其运算的精确性是有限的，且不能预测更高级的内部结构。

目前人们更倾向于将上述两者结合起来，取长补短，即所谓的计算机辅助的半实验性方法，首先运用计算机程序，根据二级结构的自由能最小化原则筛选出一组最可能的结合位点。然后根据不同的位点设计出相应的核酶，并将其与靶 RNA 一起克隆到同一载体上，转染到细胞中，定量检测它们的活性，筛选出具有最佳活性的核酶。

最近，Mir 等提出了一种新的基于 RNaseH 消化的方法。与传统方法不同的是，它使用一种被称为"Gapmer Oligo Nucleotide"作为探针。在这种探针中，被称为"gap"的一段 DNA 被插入到经过修饰的 RNA 寡核苷酸中，形成 RNA-DNA-RNA 结构。这样不仅提高了寡核苷酸在细胞内的稳定性，而且提高了探针与底物相互作用的亲和力，因此可以有效地使用更短的探针。由于此方法降低了文库的复杂性，所以与其他方法相比有许多优点，可使鉴定位点的过程变得更加敏感和简单。

Pierce 等构建了一个锤头状核酶文库，用质粒载体将其导入 HeLa 细胞中，筛选出针对 ICP4 的高效核酶。另外，核酶文库也能应用于一种"基因筛选"法，此法可在无预知的基因序列信息的情况下，鉴定出一个与特定功能相关的基因。在此方法中，将核酶文库导入受体细胞后，与特定表型相关的基因的 mRNA 将会被剪切，并引起相应的表型改变。如果表型发生改变的细胞能被分离出来，那么就能从这些细胞中得到引起表型改变的特异性核酶。接着，根据核酶的靶分子识别序列推测出相应的互补序列，然后从数据库中找到相应的靶基因。因此，核酶文库在直接筛选出高活性的核酶的同时，也能作为识别功能性基因组的有效工具。

④核酶的修饰：未经修饰的核酶在细胞内迅速被核酸酶降解（半衰期大约只有 0.1min），目前解决这一问题的唯一方法就是对核酶进行修饰。由于反义寡核苷酸的有很多相似之处，所以对核酶的修饰也借鉴了前者的结果。对核酶的修饰可以归为三类，磷酸二酯骨架的修饰、戊糖环的修饰和碱基的修饰。理论上，良好的修饰不但可以增强核酶的稳定性，还能提高其催化活性，然而在多数实际情况下，提高了核酶的稳定性就降低了它的活性。不同的修饰基团，对核酶产生的稳定作用及对其活性的影响也不一样。甚至化学结构很相似的基团也会产生差异较大的结果。例如，2′-嘧啶修饰抑制核酶切割活性，而均匀 2′-氨基嘧啶修饰的锤头核酶提高了裂解活性和稳定性，但选择性的 2′-氨基修饰使核酶切割活性降低了 8 倍[114]。2′-O-烯丙基能够提高核酶 1000 倍左右的稳定性，但是降低了 5 倍左右的活性；而 2′-C-烯丙基能够提高 3000 倍左右的稳定性，活性仍保留了 33%。

对于相同的修饰基团来说，不同的修饰部位是影响修饰结果的最大因素。在核酶的催化中心引入硫代磷酸酯通常会降低其催化的活性，但是如果在 5′ 或 3′ 末端引入则很少对核酶的活性产生影响。Frank Seela 等用 1-脱氮腺苷（1-deaza Adenosine）作取代基，对锤头核酶进行修饰。结果在 A14 和 A15.1 位的修饰都显著地降低了核酶的催化活性，而在 A6、A9 和 A13 位上的修饰影响较小。

3. 脱氧核酶

脱氧核酶（Deoxyribozyme，DNAzyme）是利用体外分子进化技术获得的一种具有催化功能的单链 DNA 片段，具有高效的催化活性和结构识别能力。自 1994 年首次发现脱氧核酶以来，迄今已发现了几十种脱氧核酶。根据其功能可分为 7 大类：具有 RNA 切割活性；具有 DNA 连接酶活力；具有卟啉金属化酶和过氧化酶活性；具有 DNA 水解活性；具有 DNA 激酶活力；具有 N-糖基化酶活力；具有 DNA 戴帽活性[115]。其中最特别的是具有 RNA 切割活性的 DNAzyme，它能催化 RNA 特定部位的切割反应，从 mRNA 水平对基因灭活，从而调控蛋白质的表达，同时因其具有廉价低毒、易合成易修饰、高稳定性和特异性的优势，所以在对抗病毒感染、肿瘤等疾病的新型基因治疗药物和基因功能研究、核酸突变分析等领域倍受青睐。

目前，研究最多的能够切割 RNA 的脱氧核酶主要有：8-17 DNAzyme（从约 1×10^{14} 个随机序列体外筛选时第 8 轮循环第 17 个克隆）和 10-23 DNAzyme（从约 1×10^{14} 个随机序列体外筛选时第 10 轮循环第 23 个克隆）。其中，10-23 型 DNAzyme（简称 DZ13）是一种能特异结合并切割 RNA 分子的功能核酸 DNA，具有高效的催化降解能力。DZ13 包括催化核心和侧臂两部分，催化核心是由 15 个脱氧核糖核苷酸组成的环状结构，侧臂通过 Waston-Crick 碱基配的形式与靶标序列进行特异性结合，将环状催化核心固定在底物分子催化位点上。被激活的 DNAzyme，催化底物链中 RNA 碱基水解断裂，从而实现切割靶 mRNA 分子的功能。因此，可以通过对侧臂的设计，能够实现对含有核糖核苷酸位点的 DNA 进行特异性识别与切割。由于 DZ13 高效识别与切割能力，其介导的生物传感器在体内的靶向治疗、生物成像及生物传感等方面有广泛的研究[116]。

DNAzyme 的切割反应需要辅因子参与才能实现其催化功能，作为一种新型的治疗药物，与核酶、反义核酸寡核苷酸等一样，最主要的问题是如何提高其在体内的稳定性，如何有效的进入靶细胞，以及其在体内活性的监测及可控性等。

为了提高其在体内的稳定性和靶向性，许多学者尝试对脱氧核酶进行修饰。Unwalla 等利用 G2 残基能直接与巨噬细胞的受体相互作用的能力，合成一种脱氧核酶 DNAzyme5970，在 3′ 端含有 10 个 G 残基，催化核心区为 10-23DRz 的催化区，为了提高其稳定性，在其识别臂分别加上 2 条 12 个碱基组成的茎 2 环结构。在缺乏脂质体载体时，该 DNAzyme 能特异地与人巨噬细胞特异性细胞系作用而切割靶 mRNA。

迄今为止，尚未证实天然的脱氧核酶的存在，但有学者认为在生物界庞大的基因库中，某些天然的 DNA 序列可能具有酶学活性。目前对脱氧核酶的研究已取得一定进展，目前人工合成筛选的 DNAzyme 已经展示了多种生物催化功能，在环境、生物医学等领域都有非常广泛的应用，并成为当今分子生物学、基因诊断的热点之一。如何发现 DNA 新的催化功能和更多种类的脱氧核酶，如何将脱氧核酶发展成为新型基因治疗药物以及基因分析和诊断的工具等，正在进一步的深入研究。

二、 核酶的应用研究

自美国科学家 Cech 和 Altman 等发现核酶至今的 20 多年来，人们利用核酶可以特异性地切割靶 RNA 序列的特点，通过设计合适的核酶阻断特定基因的表达，已相继对获得性免疫缺陷综合征、肿瘤、生殖系统疾病、病毒性肝炎、白血病、移植排斥反应等进行了广泛深入的研究[117]。核酶已经开始应用于人体内治疗。到目前为止，应用核酶治疗 HIV 等疾病已进入临床研究阶段。

目前用于基因治疗的主要是锤头状核酶和发夹状核酶。与反义寡核苷酸等相比，核酶作为基因治疗新药具有如下优点：①一个核酶分子可切割多个病毒核酸分子；②其作用是切断，不是单纯抑制，停药后复发的可能性小；③与底物通过碱基配对结合，因而有较好的特异性；④针对多个靶位设计串状排列的核酶，可提高切割效率，减少变异病毒逃逸的机会；⑤兼具反义抑制效果。

对于 DNAzyme 而言，在金属离子和生物分子检测以及在基因治疗方面的应用报道较多。科学家相继发现了多种 DNAzymes，它们对金属离子有高度的识别特异性，只有在特定金属离子的存在下，才能显示酶活性，且酶活性的大小与金属离子的浓度密切相关。这无疑对痕量的金属离子如铅、镉、汞等的检测有极其重要的意义。目前出现了 Pb^{2+} DNAzyme、Cu^{2+} DNAzyme、UO_{22}^+ DNAzyme 等。DNAzyme 的辅助因子既可以是特定的金属离子（Pb^{2+}、Cu^{2+}、Mg^{2+} 等），也可以是细菌（大肠杆菌等）或者中性分子（腺苷、精氨酸、组氨酸、维生素 C 等）。因此，同样可以构建用于生物样品中目标分子的 DNAzyme 检测系统[114]。

核酶已得到全球的广泛关注，但是核酶的应用技术还没有完全成熟，受到诸多因素的影响，如核酶的可塑性、最佳靶位点的选择、核酶的剪切效率、转染的效率、在受体细胞内的稳定性等。随着更多新核酶的发现、核酶晶体结构的确立、剪切机理的深入了解、转染载体技术的进步、不断发展的阳离子脂质体导入技术和核酶化学修饰技术的提高，核酶的基因治疗研究将不断深入，最终会成为疾病治疗的一个重要手段。

第七节
抗体酶、模拟酶和杂交酶

一、抗体酶

抗体酶是继 RNA 酶活力后又一重大发现，是新一代的人工酶，也称催化抗体（Catalytic Antibody）或抗体酶（Abzyme）[118]。美国 Lerner 在研究抗原抗体相互作用机理中发现，某些抗原决定簇并非原来就处于抗原分子表面，而是当抗原与抗体结合时才转位到抗原分子的表面。这种现象类似于酶与底物诱导契合。酶之所以有催化化学反应，在于它和底物形成中间产物时提供了一个过渡态，从而降低反应活化能。而抗原与抗体结合也可能有一个过渡态，使抗原分子的某些化学键断裂成形成新的化学键。Tramontano 等人选择一种在结构上与某些酶类水解反应过渡态相类似物作为半抗原制备单克隆抗体。发现此抗体竟能使酯水解反应加速 1000 倍，并具有酶的基本特征：①底物特异性；②pH 依赖性；③可被抑制性。Schulti 等用对硝基酚碳酸酯的过渡类似物——对硝基酚磷酸胆碱单克隆抗体可使碳酸酯水解反应加速 15000 倍。由于这类抗体具有酶的催化活性，因此将其称为 Abzyme。

抗体酶自 1986 年研制成功以来，在生物学、化学、医学、制药等诸多学科中发挥着重要的作用，它开创了催化剂研究和生产的崭新领域。抗体酶的研究深化了对酶本质的认识，丰富了酶的种类，是酶学研究的一大进步。

1. 抗体酶的作用机理

抗体酶是指通过一系列化学与生物技术方法制备出的具有催化活性的抗体，它既具有相应的免疫活性，又能像酶那样催化某种化学反应。诺贝尔奖得主鲍林于 1946 年提出，酶的催化机制是在反应过程中，酶的活性中心能与底物的过渡态结合，形成酶一底物复合物，大大降低了反应的活化能，从而加快了反应速率。

抗体是生物体受抗原诱导产生的，在结构上与抗原高度互补并能与之特异结合的蛋白质。抗体酶是通过设计化学反应过渡态或中间体类似物作为半抗原，诱导机体产生抗体，产生的抗体能特异性地识别过渡态分子，降低反应的活化能，到达催化反应的目的。

抗体酶和所有的抗体一样，都是由两条轻链和两条重链构成，抗原与轻链和重链的可变区特异性结合，因此可变区的氨基酸排列顺序决定了抗体分子的特异性，可变区赋予其酶的属性。

抗体与酶都是蛋白质，且都能高选择性地与靶分子结合。但酶的种类有限，仅有几千种，而抗体的种类可达千万种以上。如果能赋予抗体以酶的活性，则酶的范畴将大大扩展。制备成功的抗体酶不仅能催化天然酶可以催化的反应，还能催化一些天然酶所不能催化的反应。抗体酶的发现打破了只有天然酶才有分子识别和加速催化反应的传统观念，为酶工程学开创了新的领域。

2. 抗体酶的设计和制备

抗体酶的设计和制备方法主要有：诱导法、工程抗体催化法、拷贝法、化学修饰法等多种方法，其中尤以前两种方法的应用最为普遍[119]。

（1）诱导法　这是抗体酶的传统制备方法，选择合适的反应过渡态类似物作为化学模型物，与载体蛋白偶联后免疫动物，使宿主产生抗体，再利用杂交瘤技术来筛选和分离，得到具有催化活性的单克隆抗体就是抗体酶。用单克隆化的杂交瘤细胞就能进行单克隆抗体的扩大生产。

由于多数反应过渡态类似物的分子量较低，即半抗原本身的免疫原性很弱，必须与某种载体偶联才能表现免疫原性。目前最常见的载体蛋白包括牛血清蛋白（Bovine Serum Albumin，BSA）和钥孔血蓝蛋白（Keyhole Limpet Hemocyanin，KLH）等。

所得到的抗体酶的催化能力的高低，在很大程度上取决于反应过渡态类似物，即半抗原的设计。要求通过半抗原的设计，产生最优化的抗体催化剂，实现与免疫球蛋白结合口袋的互补。现已应用的设计策略包括：过渡态类似物设计、诱导和转换设计、反应免疫、"潜过渡态"半抗原设计等。

（2）工程抗体催化法　工程抗体催化法借助基因工程和蛋白质工程技术，对抗体进行改造，引入催化活性，将催化基因引入到特异抗体的抗原结合位点上，也可以针对性地改变抗体结合区的某些氨基酸序列，以获得高效的抗体酶。目前，定点突变的方法已成为提高抗体酶活性的一种常规方法。此外，对抗体结合口袋中的氨基酸残基进行随机突变，再用合适的体外筛选方法，就可获得高活性的抗体。

随着噬菌体抗体库技术的完善，可根据需要构建适当序列的基因片断，绕过免疫学方法，构建全新的抗体酶。在此基础上，人们又发展了噬菌体展示技术，这种技术将组建亿万种不同特异性抗体可变区基因库和抗体在大肠杆菌中功能性表达，与高效快速的筛选手段结合起来，彻底改变了抗体酶生产的传统途径。

用工程抗体催化法生产抗体酶，不需要进行细胞融合以获得杂交瘤细胞，并且可筛选具有特定功能的未知结构，具有生产简单、价格低、抗体的免疫原性较低的优点，并易获得稀有的抗体。

（3）拷贝法　用已知的酶作为抗原免疫动物，通过单克隆技术，制得该种酶的抗体。以此种抗体免疫动物，再次采用单克隆技术，经筛选与纯化，就可获得具有原来酶活性的催化抗体。因为抗原和由其诱导产生的抗体具有互补性，经过二次拷贝后，就把原来酶的活性部位的信息翻录到抗体酶上，使该抗体酶具有高选择性地催化原酶所催化的反应的能力。

（4）化学修饰法　对抗体进行化学修饰，引入酶的催化基团或辅助基团，如果引入的催化基团与底物结合部位取向正确、空间排布恰到好处，就能产生高活力抗体酶。为提高抗体酶的催化能力，可采用邻近效应、静电催化、诱导应变、功能团催化等方法，在抗体结合位点引入催化基团，对抗体酶进行结构修饰的关键，是找到一种温和的方法在抗体结合位置或附近引入具有催化功能的基团。

3. 抗体酶的应用

（1）在有机合成领域的应用　目前，已成功筛选出可催化6种类型酶促反应和几十种化学反应的抗体酶，可催化许多困难和能量不利的反应。催化类型包括底物异构化反应、酯水解、酰胺水解、酰基转移、Claisen重排反应、光诱导反应、氧化还原、金属螯合、环化反应等，抗体酶还可以作为手性助剂控制光加成反应产物的立体化学，用于手性化合物的拆分，还可用于探索化学反应机制。

（2）在医学领域的应用　利用抗体酶催化药物在体内的还原，有利于机体对药物的吸收，并降低药品的毒副作用；将抗体酶技术和蛋白质融合技术结合在一起，设计出既有催化功能又有组织特异性的嵌合抗体，用于切割恶性肿瘤；将抗体酶直接作为药物，以治疗酶缺陷症患者。

（3）在戒毒领域的应用　抗体酶可以拮抗可卡因等麻醉剂的成瘾性，使可卡因失去刺激功能，以帮助瘾君子戒除毒瘾。抗体酶还可以水解清除血液中的毒素，如分解可卡因、有机磷毒剂等。

（4）在前药设计中的应用　前药（Prodrug）是指为降低药物毒性而设计的一类自身无活性或活性较低，需在体内经代谢转化为活性药物以发挥作用的化合物。抗体酶在正在发展的ADEPT体系中成功地对前药进行活化，提高了肿瘤治疗的选择性，显示出很好的应用前景。ADEPT体系，即抗体靶向的酶前药治疗（Antibody Directed Enzyme Prodrug Therapy，ADEPT）体系。将能催化前药转化为肿瘤细胞毒剂的酶，与肿瘤细胞专性抗体相偶联，酶通过与肿瘤抗体的结合而存在于肿瘤细胞表面，当前药扩散至肿瘤细胞表面或附近时，抗体酶就会将前药迅速水解，释放出抗肿瘤药物。这样大大提高了肿瘤细胞附近局部药物的浓度，增强对肿瘤细胞的杀伤力，减少对正常细胞的杀伤作用。经过科学家们的不断努力，抗体酶在ADEPT体系中的应用将日益完善，有可能成为癌症化疗的重要武器[120]。

4. 抗体酶应用中存在的问题和研究展望

（1）存在的问题　目前，抗体酶技术工业化面临的最大困难是生产出的一些抗体酶的底物专一性、反应选择性和催化效率不如天然酶。

抗体酶催化活性较低的可能原因是：

①设计出的半抗原与真实过渡态之间总会存在细微的差别；

②抗体酶的结合位点易受底物抑制和环境因素的影响；

③同一种类的不同细胞产生的抗体酶的活性有差异，多数特异性的抗体酶并不是单一的分子种类，这使得抗体酶的分离纯化较为困难；

④抗体酶多为鼠源性的单克隆抗体，在诱导中机体内可能会产生抗催化抗体的蛋白，使抗体酶失活。

另外，抗体酶的应用中还存在制备价格较贵，制备过程过于复杂，并且还没有找到一种普遍适用的筛选方法。

（2）研究展望未来对抗体酶的研究重点是：

①通过定制催化活性实现对特定化学反应的催化，实现对那些不能用天然酶催化的反应的催化；

②利用抗体酶的立体或区域选择性实现化学反应的选择性催化；

③抗体酶体内治疗作用的拓展；

④对抗体酶催化活性的优化策略的研究，以提高催化效率，降低抗体用量，降低应用成本；

⑤抗体酶生产库以及生产技术的研究，使抗体酶能降低成本，实现商业化应用．随着蛋白质工程、基因工程、免疫学等生物技术的不断发展，抗体酶的研究将会有更大的突破和广泛的应用前景。

二、 模拟酶

模拟酶（Model Enzyme）本质上是用人工方法合成具有酶性质的一类催化剂。模拟酶是 20 世纪 60 年代发展起来的一个新的研究领域，是仿生高分子的一个重要的内容[121]。通过化学合成的方式模拟天然酶的活性中心构建人工模拟酶，成为解决天然酶应用缺陷的有力手段，但人工模拟酶的构建需要对酶催化机制的研究及分子结构的精确构建，是在酶催化机制研究及结构解析基础上完成的。

1. 根据酶的催化机制构建模拟酶

按照天然酶的作用机理，研究人员在构建人工模拟酶的过程中，需要从两个方面进行模拟。首先，所制备的模拟酶应该具有专一催化作用，那么模拟酶在结构上必须具备能够起到催化作用的活性位点；其次，要想把所制备的模拟酶成功应用到实际测试中，这就要求模拟酶在结构上具备结合位点，使得底物通过某些相互作用能够与模拟酶进行结合。因此，模拟酶的设计构建原则是模拟酶在结构上必须要具备催化位点和能够与底物结合的结合位点。

催化位点通常位于酶分子的活性中心，通常是由几个活性功能基组成。如何引入功能基团是构建人工模拟酶必须考虑的问题。利用有机高分子材料合成带有这些活性基团的聚合物，或者人们利用高分子化合物作为模型化合物的骨架，引入活性功能基团，产生模拟酶，与相应底物进行催化反应。例如，C. G. 奥弗贝格等根据胰凝乳蛋白酶的催化中心与丝氨酸的羟基、组氨酸的咪唑基和天冬氨酸的羧基有关的事实，用乙烯基苯酚与乙烯基咪唑进行共聚合，制得带有羟基和咪唑基的-胰凝乳蛋白酶模型，用这个模型聚合物作为 3-乙酰氧基-N-三甲基碘化苯胺水解的催化剂，当 pH=9.1 时，其活性比单一的乙烯基咪唑高 63 倍。用相对分子质量 40000~60000 的聚亚乙基亚胺作为模型化合物的骨架，可以引入 10%摩尔的十二烷基和 15%摩尔的咪唑基，这就形成一个硫酸酯酶模型。为了使催化底物与酶分子在构型上匹配，人们随后又合成了许多冠醚化合物来模拟酶的结合功能，随着冠醚空穴尺寸的不同，表现出不同的底物选择性。因此，人工构建模拟酶的前提要充分了解酶的催化机制。

2. 模拟酶的研究进程

模拟酶的概念最早见于 1954 年 F. Cramer 的《包结化合物》一书中，截止到 2018 年底，关于模拟酶的研究文献知网上检索到 428 篇。模拟酶的初始研究阶段是开发了各种分子人工酶，如环糊精、金属配合物、卟啉、高分子聚合物、超分子和生物分子等，此类人工酶克服了天然酶的内在缺陷，但催化活性相比天然酶仍十分有限[122]。

随着纳米技术的飞速发展，科学家们建立起了连接纳米材料和酶这两个截然不同领域的桥梁。此类具有酶催化活性的纳米材料称为纳米酶。相比于天然酶和传统人工酶，纳米酶赋予了酶更多纳米材料的特有性质，如高比表面积、光学、电学、磁学等性质。此外，纳米酶易修饰，能连接生物分子设计各种生物传感器。另外，纳米酶的纳米结构对其催化活性影响巨大，纳米结构的调控能够实现纳米酶活性的有效调控。基于这些优点，纳米酶成为了目前模拟酶领域的研究热点。

3. 纳米模拟酶

根据纳米酶的催化类型可将其划分为过氧化物模拟酶、过氧化氢模拟酶、超氧化物歧化模拟酶、氧化物模拟酶等。过氧化氢（H_2O_2）是非常重要的生物中间体，参与了很多重要的生化反应，因而目前以过氧化物模拟酶研究最为广泛。

（1）过氧化物纳米酶的类型　现在已报道的过氧化物纳米酶主要可分为基于金属氧化物、碳基材料、金属类的纳米酶。

金属氧化物纳米酶的种类包括铁氧化物（Fe_3O_4、Fe_2O_3）、四氧化三钴（Co_3O_4）、氧化铜（CuO）、五氧化二钒（V_2O_5），二氧化锰（MnO_2）、稀土金属氧化物二氧化铈（CeO_2）以及二元双金属氧化物 $ZnFe_2O_4$、$CoFe_2O_4$ 等。

碳基材料纳米酶有早期报道的羧基化的氧化石墨烯（GO-COOH）、单壁碳纳米管以及碳点过氧化物模拟酶，新型的碳纳米酶材料有类石墨氮化碳、聚吡咯纳米粒子等。

金属类的纳米酶已见大量报道。其中最典型的金属基纳米酶是纳米金。金属类纳米酶具有更多种类的酶活性。以金纳米为例，除了过氧化物模拟酶活性外，金纳米还被证明具有氧化物模拟酶、过氧化氢模拟酶、超氧化物歧化模拟酶活性。除了金纳米以外，其他的贵金属纳米酶也见报道，如壳聚糖修饰的 Ag NPs、形状不规则的 Pt NPs、Pd NPs、PVP-Ir NPs 等。发现了非贵金属纳米酶 Fe NPs、Co NPs、FeCo NPs。FeCo NPs 具有优异的过氧化物酶效果，对 H_2O_2 的亲和能力比其他过氧化物纳米酶至少低一个数量级。Hu 等发现了牛血清白蛋白稳定的铜纳米簇的过氧化物酶活性[123]。

（2）纳米酶的主要应用 与天然酶及其他人工模拟酶相比较，纳米模拟酶具有诸多独特优点，如稳定性高、大表面积利于修饰生物分子、具有多种功能等。因而纳米模拟酶受到了研究者的极大关注，被广泛应用在生物分析、生物医学等领域[124]。

①过氧化氢及其相关生物分子的测定：过氧化物纳米酶的催化活性与过氧化氢的浓度相关，因而可实现对过氧化氢的测定。目前常见的相关生物分子包括葡萄糖、胆固醇、黄嘌呤、尿酸、乙酰胆碱等。此类分子能够被特定氧化酶催化产生过氧化氢，进而间接实现对此类生物分子的测定。

②还原剂的测定：此类物质能抑制过氧化氢氧化底物的过程，主要包括抗坏血酸、谷胱甘肽、多巴胺等。

③纳米酶催化活性调控剂的测定：此类物质能够改变纳米酶的纳米结构或表面状态，从而影响其催化活性的表达。包括重金属离子、核酸、三聚氰胺等。

④免疫分析：免疫分析是通过标记具有过氧化物酶活力的纳米酶和抗原抗体或者配体受体的特异性识别来实现，如抗原以及癌细胞的测定。

⑤杀菌及降解有机污染物：纳米酶能够催化过氧化氢产生强氧化性的羟自由基。羟自由基能破坏细菌的细胞膜，达到抑菌的效果。羟自由基能破坏有机污染物的分子结构，实现染料、苯酚类等物质的去除。

4. 展望

伴随着纳米技术和生物技术的发展，纳米酶的发展也是日新月异。纳米酶的种类在不断扩充，纳米酶的催化性能在不断优化，纳米酶的催化机理研究在逐渐深入，纳米酶的多酶活性在不断被开发和关注，纳米酶的实际应用变得更为广泛。然而纳米酶领域仍然存在一些重要问题，值得去进一步探索解决。

（1）相对于天然酶，纳米酶的催化性能如催化效率、底物亲和能力和选择性上仍存在明显不足。因而，基于纳米酶构建的传感方法在灵敏度和选择性仍有很大的提升空间，这会限制纳米酶在实际生产生活中的应用。

（2）相对于天然酶，纳米酶催化的反应类型十分有限，主要为特定的氧化还原反应和水解反应。而天然酶可催化多种多样的生化反应。

（3）纳米酶的精确的机理研究还有待深入。

（4）纳米酶的多酶活力的实际应用还有待开发。纳米酶的应用研究主要集中在过氧化物纳米酶，而氧化物纳米酶、超氧化物歧化纳米酶和过氧化氢纳米酶的应用研究还有很大的开发空间。

三、 杂交酶

杂交酶（Hybrid Enzyme）又称嵌合酶，它是把来自不同酶分子中的结构单元（二级结构、三级结构、功能域）或整个酶分子进行组合或交换，以产生具有所需性质的优化酶杂合体[125]。杂交酶不只是在人为状况下产生，天然蛋白质功能的进化有一部分也是通过结构域或亚结构域的重组产生了杂合酶来实现的，这一点如同前面谈到的外显子改组的情形。

近年来，随着现代生物工程技术的日新月异，以酶为主要研究对象的蛋白质工程技术发展非常迅速。在蛋白质工程研究方面，有关杂交酶的研究日益受到重视。杂交酶在酶学研究上提供了一个确定酶的某一特定结构—功能区的强有力工具，在应用上可创造具有新功能的改性的酶。

1. 杂交酶的构建策略及相关技术

通常，生物学认为酶的进化是用来适应某一特殊的环境，其过程为基因拷贝数的增加，结构域的互补以及多点突变的固定。杂交酶的构建策略与天然酶的进化相似。当前，主要采用随机突变与适当的筛选方法相结合的手段来产生性状改变的酶。随机度较小的蛋白质工程方法是：利用现有酶的特性，参考其序列和结构方面的知识，构建杂交酶。杂交酶的构建方法是 DNA 水平的基因操作和酶学检测方法的结合，其实质是突变和筛选。DNA 序列改组技术、限制性酶切–再连接介导的基因重组、功能结构域的交换、串联融合甚至整个分子的融合等都可以用来产生杂交酶[126]。

（1）DNA 序列改组（DNA Shuffling）技术　该方法首先获得被改进对象的某些同源（或其同功酶）基因，将这些基因的混合物用 DNase I 随机切割成合适大小的 DNA 片段，然后进行无引物的 PCR 扩增，产生随机重组的基因突变库；表达这些基因并进行合适的筛选，活性提高的阳性克隆重复前面的突变与筛选步骤，直到获得满意的突变基因。

用 DNA 序列改组技术结合平皿筛选方法，已经成功地获得了活性提高 540 倍的头孢菌素酶基因（Cephalosporinase），平均每一轮突变提高 50 倍。采用这一方法，Tetsuya 等也获得了能够降解聚氯化联苯（Polychlorinated Biphenyls，一类主要的环境污染物）的联苯双加氧酶（Biphenyls Dioxygenase）的杂交酶，并且突变后，杂交酶的底物范围有所扩大。此外，还有 FLP（荧光蛋白）重组酶活力的提高等。

（2）基于连接酶的基因融合　这是一种经限制性酶切–再连接介导的基因重组，在前一个基因的下游和后一个基因的上游嵌入同样的内切酶位点序列，经酶切、连接得到融合基因。Malin 等通过酶切位点的设计，将纤维素结合位点、几种连接肽和脂肪酶连接成杂合基因，并在毕氏酵母中成功表达纤维素结合域–脂肪酶融合蛋白（CBD–CALB）[127]。

（3）功能结构域融合　结构域是蛋白质进化的功能单元，多结构域的杂合酶往往比单结构域的酶分子具有更稳定的性质和更多样的功能，因而有利于降低酶制剂的生产成本，简化生产工艺。早期的杂合酶主要通过功能结构域的串联融合、插入融合和翻译后融合等形式构建。串联融合技术通常可以直接串联融合，即一个酶的 N 端与另一酶的 C 端直接融合。采用直接融合，各结构域距离太近容易造成空间位阻，导致新的杂合酶分子发生错误折叠、表达量偏低或者活性受损等问题，通过引入连接肽（Linker），使其维持单个结构域的构象延伸性和结构稳定性，以达到改善蛋白质表达水平和生物活性的目的。Kim 等利用柔性型连接肽（GGGGS）2 实现了纤维素酶 Cel5B 和木聚糖酶 Xyl10g 的融合，所得杂合酶可更有效地降解稻草、秸秆等生物质[128]。

（4）蛋白质功能域的精准嫁接　目前，NCBI 数据库、Uniprot 数据库及 PDB 蛋白数据库中收录了海量的基因及蛋白序列，如何深入分析与挖掘这些生物大数据、对蛋白质功能的准确预测与分析对于酶分子理性设计与改造等有极其重要的作用。比如，利用同源模建方法来构建结构并分析预测功能，利用比较分子动力学模拟（MDs）分析，认识酶分子特定功能簇的分子动态行为，定位功能簇内残基的相互作用网络及其动态学变化，分析如酶蛋白热敏感区等的分子动态性质，从而可确定热稳定性等相关基元并进行精准嫁接[129]。

2. 杂交酶的应用

（1）创造新催化活性酶　杂交酶技术最大用途之一是用来创造新催化活性酶，可以通过调整现有酶的特异性或催化活性，或向结合蛋白引入催化残基，或向某蛋白质骨架引入特定功能的催化和结合结构域来实现。到目前为止，所获得的杂交酶大部分属于这些领域。Hopfner 等将凝血因子的 N 末端亚结构域与胰蛋白酶 C 末端的亚结构域重组在一起，创造出一个新的有活力的酶，这个酶可以水解的底物范围变宽，并且表现出一些不同于亲本的新性质。Suen 等通过基因家族 DNA 改组筛选到一脂肪酶 B 杂合酶，其活性比具有最高活力的亲本酶大 13 倍，另一杂合酶比其中一个亲本的 T（45℃）提高 11 倍，Tm 提高 6.4℃。Conradf 等利用限制性酶切片段的随机重组构建了淀粉液化芽孢杆菌和地衣芽孢杆菌 α-淀粉酶的杂合酶库，获得的杂合酶的特性一些与某一亲本相似，一些介于双亲酶之间，由此确定了若干与某一功能相关的结构区域。

创造新酶的另一方法是功能性结构域的融合。我们可以把功能性结构域看作"建筑用的砖块（Building Block）"，而互换这些砖块可以构建催化特定反应的酶。如果一种酶的活性位点位于两个结构域，其中一个拥有催化中心，另一个拥有特异性识别中心，则这种酶可以比较方便地通过结构域的交换来创造新酶。Ribeiro 等将木聚糖酶 XynA 插入到大肠杆菌木糖结合蛋白 XBP 中，筛选到两种活性都提高 20% 的杂合酶[130]。

在所有改进方法中最先进的方法是选用一个合适的骨架，然后向这个骨架引入所需的底物特异性和催化特性的活性位点。该骨架可以是活性位点已经去掉的蛋白，或是小蛋白质骨架。

（2）用来产生融合蛋白和确定蛋白质的结构与功能关系　蛋白质融合在生物工程领域有非常巨大的作用，把编码两个功能蛋白的基因末端融合，从而产生融合蛋白，因此也可把这一途径产生的酶看作杂交酶。杂交酶还常常被用来确定相关酶间的差异，某个酶的特性在其同源酶中缺失也可采用杂交酶的方法来分析决定该特性的残基和结构等。

（3）杂交酶推动了合成生物学的发展　Nixon 等则尝试通过杂合酶技术将 2 个酶的功能集于一体，大肠杆菌的甘氨酰胺核苷酸（GAR）的转甲酰作用由两个酶来完成，一个是 purN 基因编码的 GAR 转甲酰酶，一个是 purU 基因编码的 N-甲酰四氢叶酸水解酶，利用重叠延伸 PCR 将 purN 基因的包含核苷酸结合域的模块和 purU 基因的包含催化及甲酰四氢叶酸结合域的模块组合在一起形成杂合酶，该酶显示了 1% 的野生 GAR 转甲酰酶的活性，转甲酰效率为 10%，又经 DNA 改组随机引入突变，筛选到一个转甲酰效率大于 95% 的杂合酶突变体[131]。这一研究显示了杂合酶技术的巨大应用前景，因为利用杂合酶我们有可能将目前采用多酶处理的多步反应工艺的步骤减少，甚至变为一步反应，从而大大降低工业成本。可以想象，如果将某一代谢途径中的酶进行组合表达，那就可以实现在异源细胞中生产目的代谢产物。

生物砖技术（BioBricks）的出现和发展可以将整个代谢途径中的酶和其他表达组件组装在一起，构建大规模的复杂系统，导入底盘细胞，实现产物的高效快捷生产，这就是真正意义的合成生物学[132]。2015 年美国斯坦福大学的 Smolke 团队利用生物合成学技术在酵母中构建出阿片类生物碱生物合成的完整通路，该通路包括 20 多个步骤，涉及 20 多种酶，最后成功在酵母中生产蒂巴因和氢可待因[133]。现如今，合成生物学的发展突飞猛进，但其核心仍是将不同的酶组装在一起进行共表达。

3. 展望

在新酶的开发和现有酶的性能改造利用方面，杂交酶技术显示了它巨大的应用前景。仅 1998 年，有 14 个采用杂交酶技术改良的酶获得了美国专利（以 Hybrid Enzyme 作为关键词检索）。我们有理由相信：未来杂交酶技术仍将会活跃在蛋白质工程的研究领域。

杂交酶技术是将 DNA 水平上的突变筛选与蛋白质水平上的酶学研究相结合的一门综合技术。它将传统酶学活性筛选方法同简便的 DNA 重组技术有机结合起来。这一技术的引入，使酶工程的研究摒弃了繁琐的蛋白质序列研究和繁重的菌种选育这一传统做法，为加快构建新酶和改进生物工艺过程开创了一条新路。同样，DNA 与蛋白质研究技术的突破也必将推动杂交酶技术的发展。随着新克隆的基因序列不断增多和基因组序列信息日新月异，提供了越来越多的同功酶信息，使我们能够更正确地预测可作为分子筛选引物的保守序列和用这些引物对培养和未经培养的微生物进行筛选。从筛选的角度看，发展趋势是从活性筛选向分子筛选转移。"基因数据库掘宝"（Gene Database Mining）和其他生物信息工具的利用将越来越频繁。然而，任何筛选工作的最终关键仍将是开发具有特异性的分析方法。如果这些系统能够完成，它们将成为人工进化研究的非常有力的工具，为杂交酶的设计和构建开辟新的道路。

（作者：郭润芳　贾英民）

参考文献

［1］ 黎高翔. 中国酶工程的兴旺与崛起［J］. 生物工程学报，2015，31（6）：805-819.

［2］ Yu JJ, Seung CB, Hoon K. Cloning and characterization of a novel intracellular serine protease（IspK）from *Bacillus megaterium* with a potential additive for detergents［J］. International Journal of Biological Macromolecules，2018，108：808-816.

［3］ Guo RF, Gao KX, Yu HW, et al. Construction of the expression vector and location analysis of thermotolerant endoglucanase in *E. coli*［J］. Frontiers of Agriculture in China，2011，5（1）：25-30.

［4］ 黄亮，郭润芳，于宏伟，贾英民. 黑曲霉 A9 葡萄糖氧化酶基因克隆及其酵母表达载体构建［J］. 河北农业大学学报，2008，31：60-64.

［5］ 李淑娟，郭润芳，于宏伟，贾英民. *Aspergillus niger* 乳糖酶基因的克隆及序列分析［J］. 中国农学通报，2007，23（6）：187-190.

［6］ Zhao N, Guo RF, Yu HW, et al. Expression and Characterization of a Thermostable Xylanase Gene xynA from a Themophilic Fungus in *Pichia pastoris*［J］. Agricultural Sciences in China，2011，10（3）：343-350.

［7］ Wang CH, Guo RF, Yu HW, et al. Cloning and Sequence Analysis of a Novel Cold-adapted Lipase gene From Strain lip35 4（*Pseudomonas* sp.）［J］. Agricultural Sciences in China，2008，10（7）：895-900.

［8］ 柯晓静，郭润芳，于宏伟，贾英民. 来源黑曲霉 WP1 的两种植酸酶基因的克隆及序列比较［J］. 华北农学报，2009，24（2）：22-26.

［9］ Hadjer Z, Laura FL, Cristina O, et al. Improved stability of immobilized lipases via modification with polyethylenimine and glutaraldehyde［J］. Enzyme and Microbial Technology，2017，106：67-74.

［10］ Darby JF, Atobe M, Firth JD, et al. Increase of enzyme activity through specific covalent modification with fragments［J］. Chemical Science，2017，8（11）：7772-7779.

［11］ Huawen H, Zhenmin L, Aman K, et al. Improvements of thermophilic enzymes：From genetic modifications to applications［J］. Bioresource Technology，2019，279：350-361.

［12］ Alexandre Z. de novo computational enzyme design［J］. Current Opinion in Biotechnology，2014，29：132-138.

［13］ Świderek K, Tuñón I, Moliner V, et al. Computational strategies for the design of new enzymatic functions［J］. Archives of Biochemistry and Biophysics，2015，582：68-79.

［14］ Pethe MA, Rubenstein AB, Khare SD. Large-scale structure-based prediction and identification of novel protease substrates using computational protein design［J］. Journal of Molecular Biology，2017，429：220-236.

［15］ Bastian V, Tobias J E. Negative and positive catalysis：complementary principles that shape the catalytic landscape of enzymes［J］. Current Opinion in Chemical Biology，2018，47：94-100.

［16］ Alexandre B, Rokborstnar, G and Shina CLK. Computational Protein Engineering：Bridging the Gap between Rational Design and Laboratory Evolution［J］International Journal of Molecular Sciences，2012，13：12428-12460.

［17］ 朱玉贤，李毅，郑晓峰，郭红卫. 现代分子生物学［M］.4 版. 北京：高等教育出版社.2013.

［18］ Liu YG, Chen YL. High-efficiency thermal asymmetric interlaced PCR for amplification of unknown flanking sequences［J］. Biotechniques，2007，43（5）：649-656.

［19］ 刘洋，柯晓静，于宏伟，等. 一种新型抗菌肽基因决定簇的克隆及序列结构特征［J］. 河北农业大学

学报，2019，42（1）：69-74.

［20］ Zhang L，Hu Q，Heng P，et al. Characterization of an arylamidase from a newly isolated propanil transforming strain of *Ochrobactrum* sp. PP-2 ［J］. Ecotoxicology and Environmental Safety，2019，167：122-129.

［21］ Jashandeep K，Arbind K，Jagdeep K. Strategies for optimization of heterologous protein expression in *E. coli*：Roadblocks and reinforcements ［J］. International Journal of Biological Macromolecules，2018，106：803-822.

［22］ Yang ZL，Zhang ZS. Engineering strategies for enhanced production of protein and bio-products in *Pichia pastoris*：A review ［J］. Biotechnology Advances，2018，36：182-195.

［23］ Zhao YJ，Fan JJ，Li JL，et al. Visualized and precise design of artificial small RNAs for regulating T7 RNA polymerase and enhancing recombinant protein folding in *Escherichia coli* ［J］. Synthetic and Systems Biotechnology，2016，1：265-270.

［24］ Ghaffar A，Khan SA，Mukhtar Z，et al. Heterologous expression of a gene for thermostable xylanase from *Chaetomium thermophilum* in *Pichia pastoris* GS115 ［J］. Molecular Biology Reports，2011，38（5）：3227-3233.

［25］ Yang CH，Huang YC，Chen CY，et al. Expression of Thermobifidafusca thermostable raw starch digesting alpha-amylase in *Pichia pastoris* and its application in raw sago starch hydrolysis ［J］. Journal of Indusrial Microbiology & Biotechnology，2010，37（4）：401-406.

［26］ Zhao H，Chen D，Tang J，et al. Partial optimization of the 5-terminal codon increased a recombination porcine pancreatic lipase（op PPL）expression in *Pichia pastoris* ［J］. PLoS One，2014，9（12）：e114385.

［27］ Kane JF，Effects of rare codon clusters on high-level expression of heterologous proteins in *Escherichia coli* ［J］. Current Opinion Biotechnology，1995，6（5）：494-500.

［28］ Tegel H，Ottosson J，Hober S. Enhancing the protein production levels in *Escherichia coli* with a strong promoter ［J］. FEBS Journal，2011，78（5）：729-739.

［29］ 陈荫楠，刘震，石贤爱，等. 密码子优化提高多黏类芽孢杆菌β-葡萄糖苷酶源表达量 ［J］. 中国生物化学与分子生物学报，2017，33（4）：414-422.

［30］ 罗长财. 一种耐高温β-甘露聚糖酶在毕赤酵母中高效表达及其耐高温机理分析 ［D］. 无锡：江南大学，2018.

［31］ Ahmad M，Hirz M，Pichler H，et al. Protein expression in *Pichia pastoris*：recent achievements and perspectives for heterologous protein production ［J］. Applied Microbiology and Biotechnology，2014，98（12）：5301-5317.

［32］ Li，C.，Lin，Y.，Zheng，X.，et al. Combined strategies for improving expression of *Citrobacter amalonaticus* phytase in *Pichia pastoris* ［J］. BMC Biotechnology，2015，15：88-96.

［33］ 张今编著. 分子酶学工程导论 ［M］. 北京：科学出版社，2003.

［34］ Lu HQ，Yu HW，Guo RF，et al. An improved megaprimer method for Site-directed mutagenesis and its application to phytase from the *Aspergillus Niger*，Fronties of Agriculture in China，2009，3（1）：22-25.

［35］ 张晓凤，喻晓蔚，徐岩. 定点突变提高土曲霉 *Aspergillus terreus* 脂肪酶的催化活性 ［J］. 生物工程学报，2018，34（7）：1091-1105.

［36］ 杨梅，谢盼盼，简思美，等. 定点突变提高 N-酰基高丝氨酸内酯酶酶活和温度稳定性 ［J］. 微生物学报，2014，54（8）：905-912.

［37］ Sherif M，Waung D，Korbeci B，et al. Biochemical studies of the multicopper oxidase（small. laccase）from *Streptomyces coelicolor* using bioactive phytochemicals and site-directed mutagenesis ［J］. Microbial Biotechnology，2013，6：588-597.

［38］Pei XQ，Yi ZL，Tang CG，et al. Three amino acid changes contribute markedly to the thermostability β-glucosidase BglC from*Thermobifida fusca*［J］. Bioresource Technology，2011，102：3337-3342.

［39］Joo JC，Pack SP，Kimc YH，Yooa YJ. Thermostabilization of*Bacillus circulans* xylanase：computational optimization of unstable residues based on thermal fluctuation analysis［J］. Journal of Biotechnology，2011，151：56-65.

［40］Duan X，Chen J，Wu J. Improving the thermostability and catalytic efficiency of *Bacillusderamificans* pullulanase by site-directed mutagenesis［J］. Applied Environmental Microbiology，2013a，79（13）：4072-4077.

［41］Yu XW，Zhu SS，Xiao R，Xu Y. Conversion of a*Rhizopus chinensis* lipase into an esterase by lid swapping［J］. Journal of Lipid Research，2014，55：1044-1051.

［42］Zhu SS，Li M，Yu X，et al. Role of Met93 and Thr96 in the lid hinge region of*Rhizopus chinensis* lipase［J］. Applied Biochemical Biotechnology，2013，170：436-447.

［43］Song，A. T.，Michel Sylvestre. Engineering a thermostable fungal GH10 xylanase importance of N-terminal amino acids［J］. Biotechnology and Bioengineering，2015，112（6）：1081-1091.

［44］de Souza AR，de Araujo GC，Zanphorlin LM，et al. Engineering increased thermostability in theGH-10 endo-1，4-beta-xylanase from *Thermoascus aurantiacus* CBMAI 756［J］. International Journal of Biological Macromolecules 2016，93（Pt A）：20-26.

［45］Zhang XL，Sitasuwanc P，Horvathc G，etal. Increased activity of β-glucuronidase variants produced by site-directed mutagenesis［J］. Enzyme and Microbial Technology，2018，109：20-24.

［46］Farnoosh G，Latifi AM. A review on engineering of organophosphorus hydrolase（OPH）enzyme［J］. Journal of Applied Biotechnology Reports，2014. 1（1）：1-10.

［47］Singh B，Bulusu G，Mitra A. Understanding the thermostability and activity of *Bacillus subtilis* lipase mutants：insights from molecular dynamics simulations［J］. TheJournal of Physical Chemistry B，2015，119（2）：392-409.

［48］Nakano K，Sawada S，Yamada R，Mimitsuka T and Ogino H. Enhancement of the catalytic activity of D-lactate dehydrogenase from *Sporolactobacillus laevolacticus* by site-directed mutagenesis［J］. Biochemical Engineering Journal，2018，133：214-218.

［49］Walker KW. Site-Directed Mutagenesis［J］. Encyclopedia of Cell Biology，2016，1：122-127.

［50］Tian YS，Peng RH，Xu J，et al. Mutations in two amino acids in phyl1s from *Aspergillus niger* 113 improve itsphytase activity［J］. Molecular Biology Reports 2011，38：977-982.

［51］Fu C，Wang Y，Fang T，Interaction between trehalose and MTHase from *Sulfolobus solfataricus* studied by theoretical computation and site-directedmutagenesis［J］. PLoS One，2013 8：1-10.

［52］Kiraly R，Csosz E，Kurtan T，et al.. Functional significance of five noncanonical Ca^{2+}-binding sites of human transglutaminase 2 characterized by site-directed mutagenesis［J］. FEBS Journal，2009，276：7083-7096.

［53］张今. 进化生物技术——酶定向分子进化［M］. 北京：科学出版社，2004.

［54］Leung DW，Chen E，Goeddel DV. A method for random mutagenesis of a defined DNA segment using a modified polymerase chain reaction［J］. Technique，1989，1：11-15.

［55］张红缨，李正强，张今. 酶法体外建立天冬氨酸酶基因的随机突变库［J］. 科学通报，1991，36：1500-1502.

［56］Stemmer WPC. Rapid evolution of a protein in vitro by DNA shuffling［J］. Nature，1994，370：389-391.

［57］Crameri A，Raillard SA，Bennudez E，et al. DNA shuffling of genes from diverse species accelerat es directed evolution［J］. Nature，1998，391：288-291.

［58］ Zhao H, Giver L, Shao Z, et al. Molecular evolution by staggered extension process（StEP）in vitro recombination ［J］. Nature Biotechnology, 1998, 16: 258-261.

［59］ Shao Z, Zhao H, Giver L, et al. Random priming in vitro recombination: an effective tool for directed evolution ［J］. Nucleic Acids Res. 1998, 26: 681-685.

［60］ Kolkman JA, Stemmer WPC. Directed evolution of protein by exon shuffling ［J］. Nature Biotechnology, 2001, 19: 423-428.

［61］ Chen I, Dorr B M, Liu D R. A general strategy for the evolution of bond-forming enzymes using yeast display ［J］. Proceedings of the National Academy of Sciences of the United States of America 2011, 108: 11399-11404.

［62］ Arnold FH. Engineering proteins for nonnatural environments ［J］. The FASEB journal, 1993, 7: 744-749.

［63］ 郭濛檬, 刘龙, 李江华, 堵国成, 陈坚. 易错 PCR 法提高 L-氨基酸脱氨酶全细胞转化 L-异亮氨酸生产 α-酮-β-甲基正戊酸效率 ［J］. 食品与生物技术学报, 2018, 37（11）: 1173-1180.

［64］ Liang C, Fioroni M, Rodriguez-Ropero F, et al. Directed evolution of a thermophilic endoglucanase（Cel5A）into highly active Cel5A variants with an expanded temperature profile ［J］. Journal of Biotechnology 2011, 154 （1）: 46-53.

［65］ Xu X, Liu MQ, Huo WK, Dai XJ. Obtaining a mutant of *Bacillus amyloliquefaciens* xylanase A with improved catalytic activity by directed evolution ［J］. Enzyme and Microbial Technology, 2016, 86: 59-66.

［66］ Chen WW, Ye LD, Guo F, et al. Enhanced activity of an alkaline phytase from *Bacillus subtilis* 168 in acidic and neutral environments by directed evolution ［J］. Biochemical Engineering Journal, 2015, 98: 137-143.

［67］ Xu G, Zhao Q, Huang B, et al. Directed evolution of a penicillin V acylase from *Bacillus sphaericus* to improve its catalytic efficiency for 6-APA production ［J］. Enzyme and Microbial Technology, 2018, 119: 65-70.

［68］ Jia HY, Li YN, Liu YC, et al. Engineering a thermostable β-1, 3-1, 4-glucanase from *Paecilomyces thermophila* to improve catalytic efficiency at acidic pH ［J］. Journal of Biotechnology, 2012, 159: 50-55.

［69］ Hana H, Linga Z, Khana A, et al. Improvements of thermophilic enzymes: From genetic modifications to applications ［J］. Bioresource Technology, 2019, 279: 350-361.

［70］ Cheng YS, Chen CC, Huang CH, et al. Structural analysis of a glycoside hydrolase family 11 xylanase from *Neocallimastix patriciarum*: insights into the molecular basis of a thermophilic enzyme ［J］. Journal of Biological Chemistry 2014a. 289（16）: 11020-11028.

［71］ Liu T, Wang Y, Luo X, et al. Enhancing protein stability with extended disulfide bonds ［J］. Proceedings of the National Academy of Sciences of the United States of America 2016, 113（21）: 5910.

［72］ Irfan M, Guler HI, Ozer A, et al. C-Terminal proline-rich sequence broadens the optimal temperature and pH ranges of recombinant xylanase from *Geobacillus thermodenitrificans* C5 ［J］. Enzyme and Microbial Technology 2016, 91: 34-41.

［73］ Liu X, Liu T, Zhang Y, et al. Structural Insights into the thermophilic adaption mechanism of endo-1, 4-β-Xylanase from *Caldicellulosiruptor owensensis* ［J］. Journal of Agricultural and Food Chemistry, 2018. 66（1）: 187-193.

［74］ Chen CC, Luo H, Han X, et al. Structural perspectives of an engineered beta-1, 4-xylanase with enhanced thermostability ［J］. Journal of Biotechnology 2014. 189: 175-82.

［75］ Mazola Y, Guirola O, Palomares S, et al. A comparative molecular dynamics study of thermophilic and mesophilic beta-fructosidase enzymes ［J］. Journal of Molecular Modeling 2015, 21（9）: 228.

［76］ Alpontia J S, Maldonado R F, Ward R J. Thermostabilization of *Bacillus subtilis* GH11 xylanase by surface charge engineering [J] . International Journal of Biological Macromolecules. 2016, 87: 522-528.

[77] Nicholas J. Fraser, Jian-Wei Liu, Peter D. Mabbitt, et al. Evolution of protein quaternary structure in response to selective pressure for increased thermostability [J] . Journal of Molecular Biology, 2016, 11: 2359-2371.

[78] Stephens DE, Singh S, Permaul K. Error-prone PCR of a fungal xylanase for improvement of its alkaline and thermal stability [J] . FEMS Microbiology Letters 2009, 293 (1): 42-47.

[79] Stephens DE, Khan FI, Singh P, et al. Creation of thermostable and alkaline stable xylanase variants by DNA shuffling [J] . Journal of Biotechnology 2014, 187: 139-46.

[80] Song J K, Rhee J S. Enhancement of stability and activity of phospholipase A1 in organic solvents by directed e-volution [J] . Biochimica et Biophysica Acta 2001, 1547: 370-378.

[81] Taylor J L. , Price J E. , Toney M D. . Directed evolution of the substrate specificity of dialkylglycine decarboxy-lase [J] . Biochimica et Biophysica Acta 2015, 1854: 146-155.

[82] Hibberta E G. , Senussia T, Smithb M E. B. , et al. Directed evolution of transketolase substrate specificity to-wards an aliphatic aldehyde [J] . Journal of Biotechnology, 2008, 134: 240-245.

[83] Yasuhisa Asano, Ikuo Kira, Kenzo Yokozeki. Alteration of substrate specificity of aspartase by directed evolution [J] . Biomolecular Engineering , 2005, 22: 95-101.

[84] Ng TK, Gahan L R. , Schenk G, et al. Altering the substrate specificity of methyl parathion hydrolase with di-rected evolution [J] . Archives of Biochemistry and Biophysics, 2015, 573: 59-68.

[85] Gupta N, Lee F S, Farinas ET. Laboratory evolution of laccase for substrate specificity [J] . Journal of Molecular Catalysis B: Enzymatic, 2010, 62: 230-234.

[86] Renata H, Wang JZ, Arnold FH. Expanding the enzyme universe: accessing non-natural reactions by mecha-nism-guided directed evolution [J] . ACIE, 2015, 54, 335-3367.

[87] Buller AR, Brinkmann-Chen S, Romney DK, et al. Directed evolution of the tryptophan synthase β-subunit for stand-alone function recapitulates allosteric activation [J] . PNAS, 2015, 112: 14599-14604.

[88] Romney DK, Murciano-Calles J, Wehrmuller J E, et al. Unlocking Reactivity of TrpB: A General Biocatalytic Platform for Synthesis of Tryptophan Analogues [J] . JACS, 2017, 139: 10769-10776.

[89] Schmidt-Dannert C, Umeno D, Arnold FH. Molecular breeding of carotenoid biosynthetic pathways [J]. Nature Biotechnology 2000, 750-753.

[90] Escalettes F, Turner NJ. Directed evolution of galactose oxidase: generation of enantioselective secondary alcohol oxidases [J] . Chemistry and Biochemistry 2008, 9: 857-860 .

[91] Savile CK, Janey JM, Mundorff EC, et al. Biocatalytic asymmetric synthesis of chiral amines from ketones ap-plied to sitagliptin manufacture [J] . Science, 2010, 329: 305-309.

[92] 冯雁. 酶分子进化及其在合成生物学中的应用 [C] . 第十一届中国酶工程学术研讨会, 2017.

[93] Lee SY, Choi JH, Xu ZH. Microbial cell-surface display [J] . Trends in Biotechnology, 2003, 21 (1): 45-52.

[94] Tanaka T, Yamada R, Ogino C, et al. Recent developments in yeast cell surface display toward extended appli-cations in biotechnology [J] . Applied Microbiology and Biotechnology. 2012, 95: 577-590.

[95] Jose J, Maas RM, Teese MG. Autodisplay of enzymes-molecular basis and perspectives [J] . Journal of Bio-technology 2012. 161: 92-103.

[96] 陶站华, 张博. 白地霉脂肪酶在毕赤酵母表面展示 [J] . 生物技术通报, 2011, 1: 174-178.

[97] Shi BS, Ke XJ, Yu HW, et al. Novel Properties for Endoglucanase Acquired by Cell-Surface Display Technique [J] . Journal of Microbiology and Biotechnology, 2015, 25 (11): 1856-1862.

［98］ 谢晶，于宏伟，李宁，等. 以 Pir1-N 端为锚定序列构建巴斯德毕赤酵母通用表面展示载体 ［J］. 河北农业大学学报，2012，35（6）：81-85.

［99］ Marshall CJ, Agarwal N, Kalia J, et al. . Facile chemical functionalization of proteins through intein-linked yeast display ［J］. Bioconjugate chemistry 2013, 24：1634-1644.

［100］ Ota M, Sakuragi H, Morisaka H, et al. Display of *Clostridium cellulovorans* xylose isomerase on the cell surface of *Saccharomyces cerevisiae* and its direct application to xylose fermentation ［J］. Biotechnology Progress 2013, 29：346-351.

［101］ Nakanishi A, Bae JG, Fukai K, et al. Effect of pretreatment of hydrothermally processed rice straw with laccase-displaying yeast on ethanol fermentation ［J］. Applied Microbiology and Biotechnology 2012, 94：939-948.

［102］ Raoufi Z, Latif S, Gargari M. Biodiesel production from microalgae oil by lipase from *Pseudomonas aeruginosa* displayed on yeast cell surface ［J］. Biochemical Engineering Journal, 2018, 140：1-8.

［103］ Junji I, Hiroshi S, Masahiko K, et al. Characterization of yeast cell surface displayed *Aspergillus oryzae* β-glucosidase 1 high hydrolytic activity for soybean isoflavone ［J］. Journal of Molecular Catalysis B：Enzymatic . 2008, 55：69-75.

［104］ Yamakawa S, Yamada R, Tanaka T, et al. Repeated fermentation from raw starch using *Saccharomyces cerevisiae* displaying both glucoamylase and α-amylase ［J］. Enzyme and Microbial Technology, 2012, 50：343-347.

［105］ Liu Y, Huang L, Fu Y, et al. A novel process for phosphatidylserine production using a *Pichia pastoris* whole-cell biocatalyst with overexpression of phospholipase D from *Streptomyces halstedii* in a purely aqueous system ［J］. Food Chemistry. 2019, 274：535-542.

［106］ Hossain AS., Teparić R, Mrša V. Comparison of two models of surface display of xylose reductase in the Saccharomyces cerevisiae cell wall ［J］. Enzyme and Microbial Technology, 2019, 123：8-14.

［107］ Matano Y, Hasunuma T. Kond A. Display of cellulases on the cell surface of Saccharomyces cerevisiae for high yield ethanol production from high-solid lignocellulosic biomass ［J］. Bioresource Technology 108（2012）128-133.

［108］ Kuroda K, Ota M, Morisaka H, et al. Yeast cell surface display of xylose isomerase from C. cellulovorans toward efficient xylose fermentation ［J］. New Biotechnology, 2012, 29S：548.

［109］ Ken H, Takashi A, Takanori T, et al. Fatty acid production from butter using novel cutinase-displaying yeast ［J］. Enzyme and Microbial Technology 2010, 46：194-199.

［110］ Traxlmayr M W, Obinger C. Directed evolution of proteins for increased stability and expression using yeast display ［J］. Archives of Biochemistry and Biophysics, 2012, 526：174-180.

［111］ Altman S. A view of RNase P ［J］. Molecular BioSystems 2007, 3：604-607.

［112］ Haseloff J, Gerlach WL. Simple RNA enzyme with new and highly specific endoribonuclease activities ［J］. Nature, 1988, 334：585-591.

［113］ 周耕民，刁勇，李三暑. 核酶的发现及其在基因治疗中的应用 ［J］. 华侨大学学报（自然科学版）. 2017, 38（4）：509-615.

［114］ Marianne L, Mouldy S. High cleavage activity and stability of hammerhead ribozymes with a uniform 2′-amino pyrimidine modification ［J］. Biochemical and Biophysical Research Communications, 1998, 250, 1：171-174.

［115］ 范思思，程进，冀斌，等. 脱氧核酶在生物检测及基因治疗中的研究进展 ［J］. 科学通报，2018，63：

1-10.

[116] 李凯，罗云波，许文涛. 10-23 脱氧核酶介导的生物传感器研究进展 [J]. 生物技术通报，2019，35（1）：140-150.

[117] Yau EH, Butler MC, Sullivan JM. A cellular high-throughput screening approach for therapeutic trans-cleaving ribozymes and RNAi against arbitrary mRNA disease targets [J]. Experimental Eye Research, 2016, 151: 236-255.

[118] Ricoux R, Mahy J P. A new generation of artificial enzymes: catalytic antibodies or 'abzymes' [J]. Comprehensive Natural Products II, 2010, 5: 323-352.

[119] Alain F, Catherine BCr, Daniel T. A new kind of abzymes: anti-idiotypic antibodies exhibiting catalytic activities [J]. Advances in Molecular and Cell Biology, 1996, 15: 23-31.

[120] Surinder KS, Kenneth DB. Antibody directed enzyme prodrug therapy (ADEPT): trials and tribulations [J]. Advanced Drug Delivery Reviews, 2017, 118: 2-7.

[121] Wei H, Wang E. Nanomaterials with enzyme-like characteristics (nanozymes): next-generation artificial enzymes [J]. Chemical Society Reviews, 2013, 42: 6060-6093.

[122] Lin Y, Ren J, Qu X. Nano-gold as artificial enzymes: hidden talents [J]. Advanced Materials, 2014, 26: 4200-4217.

[123] Hu A, Liu Y, Deng H, Hong G, et al. Fluorescent hydrogen peroxide sensor based on cupric oxide nanoparticles and its application for glucose and L-lactate detection [J]. Biosensors and Bioelectronics, 2014, 61: 374-378.

[124] 罗成，李艳，龙建纲. 纳米材料模拟酶的应用研究进展 [J]. 中国科学：化学，2015，45（10）：1026-1041.

[125] 罗贵民. 酶工程 [M]. 北京：化学工业出版社，2002.

[126] 张群，吴秀芸，蒋绪恺，等. 大数据时代杂合酶的设计及其新趋势 [J]. 生物工程学报，2018，34（7）：1033-1045.

[127] Gustavsson M, Lehtio J, Denman S, et al. Stable linker peptides fur a cellulose-binding domain-lipase fusion protein expressed in *Pichia pastoris* [J]. Protein Eng, 2001, 14: 711-715.

[128] Kim HM, Jung S, Lee KH, et al. Improving lignocellulose degradation using xylanase-cellulase fusion protein with a glycine-serine linker [J]. International Iournal of Biological Macromolecules, 2015, 73: 215-221.

[129] Jiang XK, Li W, Chen GJ, et al. Dynamic perturbation of the active site determines reversible thermal inactivation in glycoside hydrolase family 12 [J]. Journal of Chemical Informationand Modeling, 2017, 57 (2): 288-297.

[130] Ribeiro LF, Furtado GP, Lourenzoni MR, et al. Engineering bifunctional laccase-xylanase chimeras for improved catalytic performance [J]. Journal of Biological Chemistry, 2011, 286 (50): 43026-43038.

[131] Nixon AE, Ostermeier M, Benkovic SJ. Hybrid enzymes: manipulating enzyme design [J]. Trends Biotechnology, 1998, 16 (6): 258-264.

[132] 杨菊，邓禹. 合成生物学的关键技术及应用 [J]. 生物技术通报，2017，33（1）：12-23.

[133] Galanie S, Thodey K, Trenchard IJ, et al. Complete biosynthesis of opioids in yeast [J]. Science, 2015, 349: 1095-1100.

第七章

酶工程技术在粮油加工中的应用

　　稻米、小麦、玉米、大豆等是人类赖以生存的最宝贵食物资源，世界发达国家利用高新技术大力开发和充分利用粮食和油料资源，进行米、面、油的精深加工，使粮油资源增值，是国外粮食和油料加工高新技术发展的主要趋势。

　　生物技术是 21 世纪高新技术中的核心技术之一[1]。在粮油加工中有着广泛的应用前景，其中各种生物酶制剂是深加工必不可少的，谷物转化淀粉糖、超纯度米淀粉、多孔淀粉、高蛋白米粉、高纯度米蛋白、米糠蛋白、米糠营养素、肌醇，酶法制油、酯交换等深加工产品的生产都需要生物技术，如淀粉酶、糖化酶、蛋白酶、脂肪酶、纤维素酶、植酸酶等多种酶制剂及酶工程技术[2]。

　　当今世界高新技术在粮油深加工及副产品综合利用中的应用，将成为粮油深加工应用高新技术的集中体现，是粮油精深加工高新技术的发展趋势。

第一节
酶工程技术在小麦加工中的应用

　　小麦是最重要的谷物，世界上靠小麦作为食品的人多于靠其他任何食品生活的人。世界上 70% 以上的可耕地种植粮食，小麦占地最多，高于 22%。

　　小麦面粉是当今世界上人类重要粮食之一，人们膳食中的糖、蛋白质很大一部分来自于小麦。小麦是我国主要的粮食作物，约占全国粮食总量的 1/4。面食是中国十四亿人口一日三餐主食的主要品种，特别是北方地区[3]。随着经济的发展，生活节奏的加快，作为主食的面食品，其品种和数量将不断增加，质量将不断提高。不同的面食品对面粉品质的要求不同[4]。面粉的品质大小主要由面筋蛋白的数量和质量决定的。不同面食品从质量上对面粉筋性具有不同的要求[5]。面包需要高筋粉；馒头、面条、花卷、饺子需要中筋粉；大多数糕点如饼干、蛋糕、月饼、桃酥等需要低筋粉[6]。如果面粉筋性不符合某种食品的要求，用其制作该食品就会出现质量问题。例如，用低筋粉就无法制出体积大，口感好，疏松有弹性的面包，主要原因就是筋性小所致；用高筋粉也无法制出花纹清晰、形状平整，口感酥松的饼干和糕点，主要原因就是面粉筋性过大所致[7]。

　　要生产好专用面粉，需优质的原料小麦。我国的小麦品质尽管在最近几年有所提高，但与国际上优质小麦（加麦、美麦和澳麦）相比，仍有很大差距。客观地讲，目前国产优质低筋小麦的理化指标不够理想，面团发黏，给后期食品加工带来一定难度。国产优质高筋小麦的同一品种，不同批次的质量稳定性有待提高；从营养品质看，粗蛋白质和赖氨酸含量与国外小麦差距不是很大[8]，但从加工品质来看，面筋强度、烘焙性能、流变学特性等远不如国外优良品种。我国小麦"软麦不软，硬麦不硬"[9]。另外优质小麦推广是我国农业产业化进程中的一个难题，解决这个问题，必须以市场需求为导向[10]。故完全使用国产小麦很难加工出达到专用粉要求的高质量面粉，这是我们必须正视的现实[11]。

从理论和实践上解决国产小麦及面粉的质量问题是当前我国经济建设中亟待解决的大问题，是关系千家万户的粮袋子工程的一部分[12]。国家为此已经出台了一系列宏观调控措施。如对小麦实行优质优价，对劣质小麦退出保护价等。但仅依靠上述措施在近期内也不能完全解决问题[13]。法国用近百年时间才摸索出适合本国的主食——法式面包的一系列小麦品种。我国农产品优化尚处于起步阶段，要彻底解决以上问题，也需要相当长一段时间[10]。即使将来我国小麦全部达到了优质专用化，优质专用小麦的育种、种植、收购、仓储、运输、加工和销售实现一条龙以后，根据美国等发达国家食品加工的经验，也仍然需要添加品质改良剂进行品质改良[7,14]。开发专用粉除了选择合适的原料、还有一个不可忽视的途径就是使用面粉品质改良剂，可能在某些情况下，面粉改良剂对改善面粉的品质起着关键的作用，可以抵偿原料的不足[15]。品质改良剂具有优质面粉所不具备的特殊功效[16]。优质面粉只能形成面团的基本面筋网络框架结构，但不能形成良好的组织纹理结构，而品质改良剂的特殊功效在于除了进一步提高面粉筋力以外，还能使面筋网络结构更具有规律性，纹理清晰，组织均匀[17-20]。形象地说，优质面粉就好比是建筑材料，用于房屋框架结构。而品质改良剂则好比是装饰材料，用于内部装饰[21,22]。国内外面粉品质最传统、最有效的改良剂是溴酸钾，但世界卫生组织（WHO）已经通报全世界溴酸钾是致癌物质，许多国家已经或正在禁止使用[23,24]。我国卫生部《2005年第9号公告》宣布自2005年7月1日起，取消溴酸钾作为面粉处理剂在小麦粉中的应用[7,25]。因此，各国食品科技工作者都在寻找、研制溴酸钾等替代品，并已成为世界性研究课题[23]。

目前，随着消费者食品安全意识的提高，科技的进步，食品行业和大众消费者迫切需要天然无公害的面粉添加剂，国际上研究的热点是应用生物技术，采用新型酶制剂，开发出高效面粉改良剂。酶是一种有生物催化活性的蛋白质，具有专一性，高效性，且操作条件温和，经济节约，易操作，清洁、安全、可被生物降解，污染小等一般改良剂无法比拟的优点。酶制剂来自生物（动物、植物、微生物），是一种纯天然的生物制品，是绿色食品添加剂，正逐步取代其他化学改良剂而被广泛应用。它在谷物加工和其他食品加工中有很多应用，在面粉工业中的应用越来越引起人们的重视[15]。

一、　酶工程技术在专用面粉加工中的应用

（一）淀粉酶

淀粉是小麦和面粉中最主要的碳水化合物，约占小麦籽粒重的57%，面粉重的67%[26,27]。小麦籽粒中的淀粉以淀粉粒的形式存在于胚乳细胞中。淀粉是葡萄糖的自然聚合体，根据葡萄糖分子之间的连接方式的不同而分为直链淀粉和支链淀粉两种。在小麦淀粉中，直链淀粉约占1/4，支链淀粉约占3/4[28]。

淀粉是面团发酵期间酵母所需能量的主要来源。淀粉粒外层有一层细胞膜，能保护

内部免遭外界物质（如酶、水、酸）的侵入[29]。如果淀粉的细胞膜完整，酶便无法渗入细胞膜而与膜内的淀粉粒作用。但在小麦制粉时，由于机械碾压作用，有少量淀粉外层细胞膜被损伤而使淀粉粒裸露出来。因此，淀粉酶只能作用于损伤淀粉[30]。损伤的淀粉颗粒在酶或酸的作用下，可水解为糊精、麦芽糖、葡萄糖。淀粉的这种性质在面包的发酵、烘焙、营养等方面具有重要意义。

面团发酵过程中，酵母只能利用简单的单糖（葡萄糖和果糖）和双糖（蔗糖和麦芽糖）代谢，但大多数面粉中仅含约 0.5% 的单糖和双糖，如此少的含量不足以维持使面团顺利膨发的发酵作用[31-34]。因此，添加一定量的淀粉酶使淀粉聚合物有效的转化成单糖[35]。在烘焙工业中应用麦芽和微生物 α-淀粉酶作为在面粉工业中应用的第一代酶制剂，已有数十年的历史。

根据淀粉酶对构成淀粉的糖苷键作用的不同，淀粉酶可分为 α-淀粉酶、β-淀粉酶和葡萄糖淀粉酶（图 7-1）。其中 α-淀粉酶主要存在于小麦籽粒的胚乳部分，而 β-淀粉酶主要存在于小麦籽粒的皮层和糊粉层，因此精面粉中主要是 α-淀粉酶[36,37]。α-淀粉酶用于补充面包粉中酶活力的不足，提供面团发酵过程中酵母生长繁殖时所需的能量来源[38,39]。它能将面粉中的损伤淀粉连续不断的水解成小分子糊精和可溶性淀粉，再继续水解成麦芽糖、葡萄糖，从而保证面团正常连续发酵。淀粉酶的来源较多，有细菌淀粉酶、真菌淀粉酶和谷物淀粉酶等[40,41]。

面包加工中，当天然存在的或加入的糖在发酵过程中消耗掉时，α-淀粉酶与面粉中天然存在的 β-淀粉酶协同作用，可提供产气需要的发酵糖。

为控制面粉的适度酶解，保证 α-淀粉酶用量稍多时也对面包等食品质量的影响较小，需选用热稳定性较低的真菌 α-淀粉酶。如果选用高于淀粉糊化温度的细菌淀粉酶和麦芽粉，则易出现面包粘心[13,38]。

细菌麦芽糖 α-淀粉酶能大大改进面包的抗老化作用，而且对面包瓤的弹性和口感都有明显的改良作用，在美国和欧洲其销量很大[36,43,44]。麦芽糖 α-淀粉酶和乳化剂（如CSL-SSL）共用具有明显的抗老化作用[45]。相比之下，真菌 α-淀粉酶虽具有明显的改进制品组织结构、降低硬度、增大制品体积的作用，但不具备降低淀粉在储存过程中老化速度的作用，故不能产生抗老化作用。我国面制食品以馒头为主，长期以来，馒头的老化回生是限制我国主食品工业化发展的一大障碍。因此，在馒头专用粉生产中麦芽糖 α-淀粉酶有很好的应用前景[46]。

随 α-淀粉酶加入量的增加，混合时间及混合所需能量均有所增加，这可能是由于添加过量时，由于 α-淀粉酶和 β-淀粉酶协同作用，从而使得水快速释放，导致面团变弱。β-淀粉酶的加入可以快速减少 α-淀粉酶水解产物糊精的大小及持水性。

酶的加入使得剪切力下降，面团软化。添加过量的 α-淀粉酶，会使面团过软，从而导致较差的机器加工性能及较差的面包质量。加工过程及面粉质量都会强烈影响酶在面包制作中的作用。

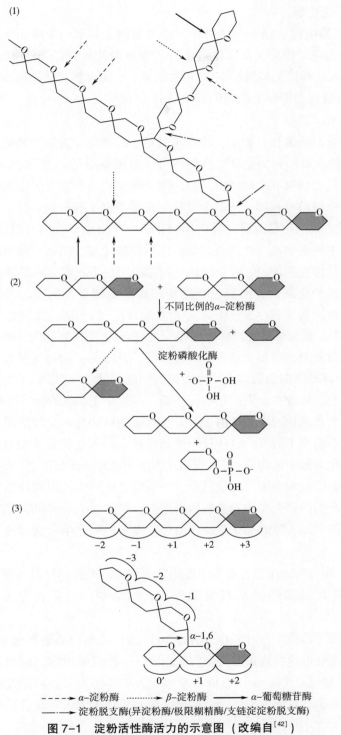

(1)

(2)

不同比例的α-淀粉酶

淀粉磷酸化酶

(3)

－2　－1　＋1　＋2　＋3

－3
－2
－1
α-1,6
0′　＋1　＋2

- - - - → α-淀粉酶　······· → β-淀粉酶　——— → α-葡萄糖苷酶
——— → 淀粉脱支酶(异淀粉酶/极限糊精酶/支链淀粉脱支酶)

图7-1　淀粉活性酶活力的示意图（改编自[42]）

注：葡萄糖单位（六边形）的线性，麦芽低聚糖通过α-1，4-糖苷键连接

1. 真菌 α-淀粉酶

真菌 α-淀粉酶简称 FAA，是一种传统的酶制剂，是第一个应用于面包制作的微生物酶，主要用作面包、馒头改良剂和面粉 α-淀粉酶增补剂。它是一种用筛选过的米曲霉（*Aspergillus Oryzae*）制得的高纯度 α-淀粉酶制剂，它能水解直链淀粉和支链淀粉的 1,4-α-糖苷键生成糊精和麦芽糖，产物的末端残基 C_1 碳原子为 α-构型，最适 pH4.0~5.0，最适温度 50~60℃[47-50]。

在面团发酵食品的制作过程中，酵母需要足够的糖源作为营养物质，但在面粉中仅有 1%~2% 的单糖、双糖和少量可溶性糊精可供酵母利用[51]。适量加入真菌 α-淀粉酶后，面粉中的损伤淀粉被其水解成麦芽糖，麦芽糖又在酵母本身分泌的麦芽糖酶的作用下，水解成葡萄糖供酵母利用，从而为酵母的发酵提供了有利的条件；糊精的存在使面包纹理疏松[52,53]。我们项目组研究和应用结果表明，真菌 α-淀粉酶作为面包、馒头专用粉添加剂时，主要起到以下作用：加快面团的发酵速度，缩短发酵时间；改善面包心和馒头心的组织结构孔洞均匀，心白，增加内部组织的柔软度，减缓掉渣[54]；增大比体积，提高面包的入炉急胀性；使面包产生良好而稳定的金黄色面包外表色泽；香气增浓；但不具备降低淀粉在储存过程中老化速度的作用，故不能产生抗老化作用[55]。

Matsushita 等[56]研究表明在 60:40 精制面粉和全麦面粉的混合物中，α-淀粉酶提高了面团的气体保留能力，增加了特定的面包体积，并降低了面包屑硬度和老化率。值得注意的是，用 α-淀粉酶制备的整个小麦面包的硬度在储存 3d 后低于精制小麦对照面包的硬度，证明该酶有望改善全麦面包的保质期，因为全麦面包的保质期通常较短。由 α-淀粉酶实现的硬度和老化的降低是由于低分子质量糖的增加和比容的增加。淀粉水解的低分子质量产物不能用于凝沉，这些较小的糖类也会延迟凝胶化淀粉的回生。此外，这些糖类会干扰老化面包中的淀粉-蛋白质相互作用，从而降低紧致度。

我国面制食品以馒头为主，长期以来，馒头的老化回生是限制我国主食品工业化发展的一大障碍，我们的研究和应用实践结果表明：真菌 α-淀粉酶可与乳化剂或酶制剂协同作用，延缓面包、馒头等的老化，保持面包、馒头在储存中的新鲜度，延长产品的货架期[46]。

使用真菌 α-淀粉酶应注意，此酶主要用于面包粉的改良，对馒头等发酵食品的专用粉也能起到改善其制品外观及口感的作用，但对面条、蛋糕等专用粉无明显的效果[49,54,57]。

据报道，使用降落数值仪（Falling Number）难以观察到添加真菌 α-淀粉酶后的效果，因水浴的高温会迅速使真菌 α-淀粉酶变性[58]。建议采用布拉班德糊化仪来检测真菌 α-淀粉酶的添加效果[59]。国内权威专家鉴定表明：将发酵力和起发性两个指标整合到一起，研究建立了具有醒发工序面制品的面粉品质评价方法、评价标准，该方法可检测真菌 α-淀粉酶的添加效果。

另外，配方中含有的糖量会影响淀粉酶的活性。淀粉酶作用产生的糖的数量和种类也会影响发酵期间某些特定物质的形成速率，同样影响烘烤的褐变反应[60]。

2. 细菌 α-淀粉酶

细菌 α-淀粉酶一般是耐热的枯草菌 α-淀粉酶，在作用的基本原理上此酶与真菌 α-淀粉酶并无差异，但两者的性质不同，耐热性差异很大。细菌 α-淀粉酶的最适 pH5.0，最适温度 80~90℃[58]。由于在烘焙时仍有酶的活性存在，从而产生过多的可溶性糊精，结果使得面包皮过黑，馒头和面包带有酸味，产品心过黏且不易咀嚼而不被人们所接受。这与酶用量和耐高温有关。

细菌 α-淀粉酶在烘焙中应用也有其优点，与真菌 α-淀粉酶相比，它能产生很好的抗老化效果，而且对面包心的弹性和口感的改善都优于真菌 α-淀粉酶。因而，应用细菌 α-淀粉酶时，如何解决其耐高温而造成最终产品发黏的问题是十分关键的。在这方面，科技工作者做了不少的工作，但总体上效果并不很理想[55]。

3. 麦芽糖 α-淀粉酶

麦芽糖 α-淀粉酶是一种新型的酶制剂。以丹麦诺维信公司产品麦芽糖 α-淀粉酶（商品名 Novamyl）为例，它是一种经过遗传工程改造，由枯草杆菌菌株生产的纯的麦芽糖 α-淀粉酶。其最佳作用条件为 45~75℃，pH4.8~6.0[61]。它能改良小麦淀粉，产生很好的保鲜作用，从而延长面包心储存过程中的保鲜期[49]。目前，人们还不能对 Novamyl 的保鲜效用的确切机理做出解释[48]。诺维信公司的研究揭示出 Novamyl 在面包储存期内能降低淀粉的老化速度。根据该研究，面包中淀粉和蛋白质的相互作用是引起面包失去风味和老化的主要原因[62]。试验结果表明：含有 Novamyl 制作的面包能增加一定量的低分子糖类物质，主要是 DP2-DP4。研究还提出假设，认为这些小分子的糊精阻碍或干扰了蛋白质网络和淀粉之间交叉的结合，从而延迟了老化进程[62]。解释麦芽糖 α-淀粉酶作用机理还需要做大量的工作[58]。

麦芽糖 α-淀粉酶最为突出的作用就是其抗老化作用。面包和馒头专用粉中添加麦芽糖 α-淀粉酶可以使产品心保持新鲜，面包和馒头在储存过程中有较新鲜的口感，这尤其对我国馒头工业化生产很有意义。应注意的是该酶制剂对面团结构和面包的体积等没有作用，应考虑与其他酶制剂和添加剂协同作用；同时还应注意，不能过量添加。

4. 麦芽四糖生产酶（G4-淀粉酶）

Bae 等[63]研究了麦芽四糖生产酶（G4-淀粉酶）在全麦面团和面包中的作用。该酶产生高浓度的麦芽低聚糖，其显示出高保湿性和抗回生性。这种酶降低了水的吸收并增加了面团的形成时间，但是不影响通过 Mixolab 测量的面团稳定性。在混合期间受损淀粉的酶促分解可能影响面团水合和混合性质。在 Mixolab 中加热和冷却期间，与对照相比，酶处理的面团的扭矩值较低，尤其是在淀粉糊化，糊化淀粉颗粒的稳定性和淀粉回生期间。酶促水解和连续剪切导致糊化淀粉颗粒的分解，并且在 90℃（C3 至 C4）温度保持期间观察到的扭矩减小。使用质构分析仪评估面团拉伸性能的影响。G4-淀粉酶在更高（0.08 和 0.12BMK）添加水平下增加了面团延展性（E），但不影响最大抗延伸性（Rmax）。这些数据表明，由于 G4-淀粉酶，面团的黏性变得更加显著。这与动态黏弹性分析的结果一致，其显示弹性（G′）通过 G4-淀粉酶活力比黏性（G″）更大程度地降低。

G4-淀粉酶的添加显著增加了面包的比容,高达对照的 1.2 倍。体积的变化归因于酶介导的可发酵糖的增加,这增加了酵母的发酵活性。在这种情况下,气体保留能力足以支持增加的气体产量,结果是在醒发期间产生更大的面团体积。观察到的面团流变学变化,尤其是主要的黏性特征,可能允许更大的入炉急涨性。补充 α-淀粉酶补增加了比容,但是与测试的最高水平的 G4-淀粉酶的增大程度不同。

G4-淀粉酶显著降低了初始面包的硬度。7d 储存后的硬度也降低至 31%,表明该酶降低了老化速率。基于在面团的 Mixolab 分析中获得的低最终扭矩值来预测对回生的积极影响,其是淀粉解聚的指标。Bae 等[63]提出了几种解释抗老化作用的机制。淀粉的解聚可能会抑制淀粉重结晶的程度,而高吸湿性的麦芽低聚糖可能通过保持水分子来阻止分子间淀粉的相互作用。由于空间位阻,麦芽低聚糖的大小可能干扰淀粉链之间的氢键结合。

5. 麦芽粉淀粉酶

粮食是一种有生命的物质,大量酶产生于粮食发芽的阶段,所以烘焙师常在加工前使谷物发芽。活性酶麦芽粉是发芽的大麦或小麦为原料的干燥制品,尽管二者的功效基本上一样,但是各国允许将它们用于面粉处理范围却不尽相同,如法国,只允许使用小麦做的麦芽粉[64]。淀粉酶只作用于溶解了的物质,如面团中膨胀的破损淀粉,能降低面团的黏性,提高加工特性。这种连锁反应,能增强发酵能力,增大面团体积,提高面制品的口感和色泽,延长货架寿命。

麦芽淀粉酶常常以麦芽粉的形式添加,目前已经不多使用,这是因为麦芽粉中除了含有淀粉酶外,蛋白酶的含量也较多,α-淀粉酶的含量也多变不稳定,酶的耐热稳定好,故使用不当生产面包发粘。

6. 淀粉葡萄糖苷酶

淀粉葡萄糖苷酶又称葡糖淀粉酶,催化葡萄糖分子从寡糖和多糖如淀粉的非还原末端释放,并且可以作用于 α-1,4 和 α-1,6 糖苷键。淀粉葡萄糖苷酶在全麦面包制剂中是有功能的,其受益于糖的增加,用于改善甜味和增加酵母活性。通常,甜味剂如蜂蜜、糖蜜、玉米糖浆和红糖被添加到配方中,但是淀粉葡萄糖苷酶在面团中产生额外的葡萄糖,这通过美拉德褐变有助于发酵和外皮颜色。根据使用水平,淀粉葡萄糖苷酶可降低或增加全麦面团延伸的抗性[65]。只有在面团醒发 135min 后,这种变化才有意义,这表明该酶需要更长的时间才能生效。与对照一样,阻力随着静置时间而增加。添加淀粉葡萄糖苷酶可延迟面团的水合,因为酶催化的反应与面粉竞争水;增加的面团抗性反映了此种延迟[66]。淀粉葡萄糖苷酶还减少了全麦面包烘烤过程中的水分流失,这被认为是一个积极的特征,但面包体积会减[66]。

(二) 蛋白酶

面粉根据蛋白质含量的高低可分为高筋粉、中筋粉和低筋粉。制作糕点、饼干等需要低筋粉。目前我国江苏地区种植的低筋麦已经供不应求，市场对低筋专用粉的需求量不断增大，为此需要在现行的面粉中添加减筋剂以达到生产低筋专用粉的目的[8]。另外在面包的加工中，减筋剂可用来处理筋力过强的面粉，便于操作。常用的减筋剂主要有：亚硫酸氢钠、L-半胱氨酸和蛋白酶。

亚硫酸氢钠可以弱化面筋，其作用机理是使面筋网络的二硫键裂解，该过程具有可逆性[55]。亚硫酸氢钠并不专一地作用于蛋白质，还可能对破坏 B 族维生素，故应避免使用[58]。

L-半胱氨酸具还原性，它对面粉的影响来自两个方面：其一是可以激活面粉中蛋白酶活性，蛋白酶可分解面筋蛋白质，从而软化面筋，这种对面筋蛋白质的改变不随面团静置时间延长而增加；其二是直接参与氧化还原反应，使二硫键还原为巯基，从而软化面筋[67]。L-半胱氨酸可以降低面团弹性，增加延伸性[8,68]。

蛋白酶也称作肽酶，蛋白酶也是最早应用于面粉工业的酶制剂之一[69]。面粉中应用的蛋白酶是一种中性蛋白酶，最适 pH5.5~7.5，最适温度 65℃ 左右。蛋白酶能水解面筋蛋白，切断蛋白质分子的肽键，弱化面筋，使面团变软，改善面团的黏弹性、延伸性、流动性等面团的处理特性，缩短面团的混合时间，改善其机械特性和烘焙品质[70]。蛋白酶专一性地作用于蛋白分子，对面筋网络的弱化是不可逆的，且不会造成营养破坏，这充分显示了生物酶制剂在作为面粉改良剂的优势。

在焙烤中，蛋白酶用来水解蛋白质分子中的肽键。所有蛋白质都是蛋白酶水解的底物，因此小麦中的清蛋白和球蛋白等都被不同程度的水解。蛋白酶的作用与还原剂打断二硫键的交联相似，但它们之间存在不同，二硫键的还原是可逆的（通过氧化剂），而肽键的断裂却是不可逆的。一旦面筋链被蛋白酶水解，面粉便变为弱力粉[13]。另外一点不同是在反应的速率与程度上，还原剂很快作用于面团，且每个分子仅作用一次；而蛋白酶的作用则较缓慢，它们作为催化剂一直作用直至变性。前者面筋软化的数量取决于所加还原剂的量，而后者则取决于加入酶的量及蛋白酶所作用的时间。

中性蛋白酶在添加量合理、使用方法得当的情况下，可使低筋面粉的品质得到较大程度的提高[71]。作者项目组流变学研究表明：所添加蛋白酶的量都大大超过了面粉本身的需要，使得面粉中的蛋白质被大量分解，面团在搅拌过程中越来越稀，越来越粘，粉质曲线在达到最大值后很快下降，曲线由宽变窄最后迅速变成了一条细线。在作拉伸曲线时面团的筋力很小，弹性下降，塑性增强，延伸性和抗延伸性阻力都很小。添加量比较合适，面团的流变学特性较正常，改良效果良好。因此，蛋白酶的用量需掌握得恰到好处。用量太少，改良效果不太明显；用量太大，会造成面团太黏，不易操作，粘手粘机，影响产品质量的后果。中性蛋白酶对面粉蛋白质的作用是切断肽链，这种反应方式是不可逆的。如添加过量，很难再用其他改良剂进行修正，只能和质量较好的面粉配合使用，从而造成不必要的麻烦。3-半胱氨酸盐酸盐，该产品可将面粉蛋白质中的二硫键还原为硫氢基，降低面粉的筋力，是我国目前使用较多的一种面粉减筋剂。3-半胱氨酸盐酸盐的还原作用是可逆的，在添加量过大，面团发软、变黏，对面制品的质量有不良影响的情况下，我们可适当地加入一些氧化剂，借以消除因使用不当而产生的负面效应。如果将蛋白酶与3-半胱氨酸盐酸盐配合使用，可起到互补增效作用，使改良效果更加明显[71]。

同时，蛋白酶作用于蛋白质和多肽形成多肽和氨基酸。制作面包时添加蛋白酶会使面团中多肽和氨基酸含量增加。氨基酸是形成香味的中间产物，多肽则是潜在的滋味增强剂、氧化剂、甜味剂或苦味剂[72,73]。蛋白酶种类不同，产生的羰基化合物也不同，若蛋白酶不含产生异味的脂酶，适量添加有利于改善面包的香气[74,75]。

蛋白酶主要应用于饼干专用粉和面包专用粉。在饼干专用粉中添加蛋白酶，可以使产品易成型并准确压花，避免了因面筋过强引起的面团难以操作，制品易碎，外形及表面不均一等缺点[58]。同时，蛋白质分解产生的氨基酸还有利于烘焙时发生美拉德反应，使制品的口感风味也有所改善[54]；在面包专用粉中添加蛋白酶，有利于确保均一稳定的面团质量和面包组织，且可改善风味，特别适用于短的生产流程。应注意的是，细菌来源的胞内蛋白酶因对面筋的网络结构有不良影响，很少在面包中应用[76]；蛋白酶应用于面包专用粉时要严格控制添加量，以免造成面团的过度软化[58]。

（三）脂肪酶

脂肪酶（Lipase EC3.1.13）又称甘油酯水解酶，催化甘油三酯水解生成甘油二酯或甘油一酯或甘油。应用于面粉工业的脂肪酶来源于微生物，其最适的作用条件为pH 7.0，温度37℃，可被钙离子及低浓度胆盐激活[77]。

脂肪酶在食品工业中的应用，已有几十年的历史了，最早用于增加乳制品的风味，在油脂加工中也有应用，1968年报道了脂肪酶防止面包老化的作用[78]。30多年来，脂肪酶改善小麦粉品质的功能得以证实并不断推广应用[79]。

丹麦诺维信公司酶制剂部的有关研究发现，脂肪酶的作用方式涉及小麦类脂与面筋蛋白质之间的相互作用，形成了更好的面筋网络，并具有更好的弹性特征，特别是高筋粉，一定添加量能提高稳定性和评价值，减少弱化度，而对中筋粉，这些作用不够明显。脂肪酶对面团强度有良好的改善作用，一般不会给面团带来负面影响。对不同种类的小麦粉，脂肪酶有一个合适的添加量，添加过量会造成面筋强度过大，产生负面效应，使制品体积变小，结构板结[79]。

最近的研究结果表明，在面粉中适量添加脂肪酶可以使面粉的抗拉伸阻力和能量明显增加，延伸性也有所增加。这说明脂肪酶对面团的强度有明显的改善作用，而且可以解决加入强筋剂后面粉的延伸度变得过小的缺点[47]。这一研究可以作为脂肪酶改善面粉制品品质的一个佐证。应该注意的是，目前针对不同的专用粉，也推出了相应的商品脂肪酶品种，不同用途的面粉应选择添加相应的品种[58]。

脂肪酶可以添加于面包专用粉、馒头专用粉及面条专用粉中[80]。在面包专用粉中脂肪酶能改善面团的流变学特性，增强面团对过度发酵的耐受性，提高入炉急涨能力，增大面包体积，改善面包芯的组织结构和柔软性[81]。脂肪酶对制品还有一定的增白作用。

早期的研究还表明，因脂肪酶作用而产生的单酸甘油酯，可提高面包的保鲜能力；在馒头专用粉中，脂肪酶也会起到类似于在面包专用粉中的添加效果，尤其对我国使用老面发酵的情况，脂肪酶可以有效地防止其发酵过度，保证产品质量[82]；在面条专用粉中加入脂肪酶，可减少面团上出现斑点，改善面带压片或通心粉挤出过程中颜色的稳定性。同时还可以提高面条或通心粉的咬劲，使面条在水煮过程中不粘连、不易断，表面光亮滑爽[83,84]。

Gertis 等[85]先前已经综述了在基于小麦的食物系统（包括面包和蛋糕）中使用脂肪酶。食品工业可以使用几种类型的脂肪酶，它们分为三大类：三酰基甘油脂肪酶（"真正的"脂肪酶），磷脂酶和半乳糖脂肪酶[86]。Colakoglu 等[87]研究了两种脂肪酶对面团的粉质，拉伸和质构特性的影响，并将它们与单甘油酯（DATEM）的效果进行了比较。总体而言，全麦面团对添加剂的响应性低于白面团。如通过降低软化程度和增加面团硬度所显示的，脂肪酶对面团具有硬化作用。两种脂肪酶都降低了面团黏性，这可以增加全麦面团的可加工性。Colakoglu 等[87]提出由极性和非极性脂质的水解产生表面活性化合物作为面团中脂肪酶功能的机制，同时建议其他机制也在发挥作用。外源性脂肪酶可以增加内源性脂肪酶的活性。由两组脂肪酶释放的甘油单酯能够与谷蛋白结合并降低其疏水性，导致面团性质的变化。通过释放的甘油单酯结合谷蛋白可以影响谷蛋白和淀粉之间的相互作用。Altinel 等[66]报道，添加脂肪酶对粉质和延伸性质的影响最小。该酶降低了全麦面包的体积，此归因于在脂质水解时释放的游离脂肪酸的去稳定作用。

Colakoglu 等[87]也使用差示热量扫描法（DSC）研究用脂肪酶和 DATEM 制备的面团的热性质。最重要的发现是脂肪酶增加了熔化焓并降低了淀粉丝脂复合物解离的起始温度。通常认为更大量的直链淀粉-脂质复合物是有益的，因为它与淀粉回生的减少有关。两种脂肪酶在不同程度上影响这些参数，但两者都比 DATEM 具有更大的效果。这种差异表明这两种酶在面团系统中不具有相同的活性，并且来自每种酶的产物可能与直链淀粉产生不同的相互作用。

磷脂酶催化磷脂的裂解。据报道，该酶可改善面团的弹性和延展性，并增加面包体积。添加半纤维素酶的磷脂酶通过降低抗延伸性和抗性/延伸性比来改善全麦面团的流变性，实现增加面包体积，可能是因为酶允许面团的更大膨胀。在精制小麦面团和面包中观察到类似的功能[88]。

国产食品用脂肪酶的生产起步较晚，应用国产脂肪酶改善小麦粉品质的研究，近来也有报道。胡乐时等[89]报道了国产脂肪酶对馒头粉品质的改良作用，国产脂肪酶与乳化剂联用对馒头粉品质改良的协同增效作用。另前人研究作者项目组粉质特性试验表明，添加脂肪酶后，面团的稳定时间延长；在一定的添加量下，吸水率提高，有利于提高产率；还需要从延伸特性表现出的粉力，抗拉力增大的情况，烘焙试验中面包烘焙品质的改善情况、蒸馒头和面条实验综合分析，面包粉的流变学特性得到改善，烘焙和蒸煮品质提高；在馒头粉中添加国产脂肪酶，馒头的比容改善较大，但对于其他品质的改善不是很明显。国产脂肪酶与其他小麦粉改良剂复配具有协同增效作用[79]。

国产脂肪酶和进口脂肪酶相比在改善各类小麦粉的品质中，某些方面还有一些差距。此外，国产脂肪酶在色泽、气味、流散性及稳定性方面还有待进一步提高。但国产脂肪酶改善各类小麦粉品质的作用是肯定的，在某些方面还有较突出的表现，如延长了面团粉质曲线的稳定时间，而且还有价格上的优势。相信通过生产单位的不断改进，国产脂肪酶在改善小麦粉品质中将发挥重要作用[79]。

（四）葡萄糖氧化酶

葡萄糖氧化酶（GOD）的系统名称为 β-D-葡萄糖氧化还原酶（EC 1.1.3.4），GOD 具有高度的专一性，它只对葡萄糖分子 C_1 上的 β-羟基起作用，而对 C_1 上的 α-羟基几乎不起作用（它对 C_1 上的 β-羟基的活力比 α-羟基的活力大约高出 160 倍）[59]。过氧化氢（H_2O_2）是在面团中起作用的活性成分。GOD 具有较宽的 pH 适应范围，在 pH3.5~7.0 范围内，酶活力稳定，可耐受 50℃ 以上的高温[58]。

GOD 最先于 1928 年在黑曲霉和灰绿青霉中发现，在有氧参与的条件下，GOD 能催化葡萄糖氧化成 δ-D-葡萄糖酸内酯，同时产生 H_2O_2。生成的 H_2O_2 在过氧化氢酶的作用下，分解成 H_2O 和 [O]，[O] 可将面筋蛋白中的巯基（—SH）氧化形成二硫键（—S—S—），从而增强面团的网络结构，使面团具有良好的弹性和耐机械搅拌特性[76]。也有研究者提出，GOD 及其产生的 H_2O_2 作用于面粉或面团的水溶性部分，从而促进水溶性戊聚糖的阿魏酸活性双键与蛋白质、氨基酸残基上的巯基发生交联，形成蛋白多糖复合大分子，使水溶性部分相对黏度增大，从而提高面团的持水性及气孔均匀性，增大了面包体积，提高面包的抗老化性[38,90]。

由于有上述作用，GOD 被认为有希望作为目前已被许多国家禁用的与动物组织癌变有关的强筋剂溴酸钾的替代品，因而科技工作者就 GOD 对面粉的改良作用做了大量的研究工作[58]。林家永等[91,92] 发现 GOD 和脂肪酶对面团质地的改善都十分显著，其中 GOD 的效果更为明显，并指出二者联合在面粉中使用可起到协同增效的作用；张守文等[7] 将 GOD 与硬脂酰乳酸钠（SSL）、谷朊粉、维生素 C 等面粉改良剂复配在面粉中使用，结果表明，葡萄糖氧化酶与其他面粉改良剂复配使用，可以显著地改善面粉的粉质特性和拉伸特性，具体表现在粉质稳定时间延长，弱化度减小，抗拉伸阻力提高，延伸性改善等方面。夏萍等[93] 通过粉质测定和面包烘焙试验，对葡萄糖氧化酶作进一步的研究，认为 GOD 可以作为溴酸钾的替代品；李力[94] 有关 GOD 替代溴酸钾的研究表明：GOD 可作为一个较为理想的溴酸钾替代物；粉质试验、拉伸试验以及面包的烘焙试验，比较了 GOD 和溴酸钾改良面包粉品质的效果，单独使用 GOD 对面包专用粉的改良尚不如溴酸钾的作用明显；杨鹃华博士[95] 近年来对有关寻找溴酸钾替代物的研究进行了总结，得出以下两点结论：没有任何一种酶可以单独取代溴酸钾；溴酸钾的取代物必须为数种物质的组合方可达到效果。我们项目组研究可溶性蛋白采用 25g/L SDS 来溶解，其溶解性及表观黏度的变化表明，GOD 在最适添加量下，从面粉或面团中提取的水溶性部分的巯基含量随着 GOD 的反应时间的延长而减少，同时它也引起了从面粉中提取的水溶性部分的氧化生成凝胶，表观黏度随着反应时间延长而增大。他人研究表明当添加过量 GOD 时，从发酵面团中提取的水溶性部分的黏度减小，这可能是由于过量 GOD 存在时，没有凝胶形成或形成的凝胶迅速溶解[96]。水溶性部分的疏基的氧化及黏度的增大可能就是 GOD 使面团流变学性质得到改善的原因所在[38]。综合上述研究，GOD 对面粉品质的改良效果是良好的，但尚不能确证其可以完全替代溴酸钾，应采取使用复合改良剂的方式来最终完全替代溴酸钾[58]。

GOD 是催化葡萄糖氧化成葡萄糖酸和 H_2O_2 的酶。Altinel 等[65]报道 GOD 不会显著影响全麦或白面粉的粉质特性。由于谷蛋白与麸皮中的非淀粉多糖之间的相互作用，全麦面粉制成的面团比白面粉具有更高的抗延伸性。添加 GOD 降低了对全麦面团延伸的抵抗力，使其达到与白面团类似的水平。此种变化归因于过氧化氢的面团弱化作用，过氧化氢是在 GOD 催化的反应过程中产生的。在白面粉中，对面团抗性的影响很小。白面粉面团或全麦面团的延展性没有受到葡萄糖氧化酶的显著影响。该酶降低了全麦和白面团拉伸特性中的能量。因此，GOD 可以减少面包生产过程中处理面团所需的能量。根据 Yang 等[97]的研究，添加到全麦面粉中的 GOD 产生了更硬的面团，增加了弹性（G'）和黏性（G''）模量。全麦面团具有比白面粉面团低的弹性，因此通常不希望增加面团的硬度。

Altinel 等[65,66]发现 GOD 显著增加了全麦面包的比容，这与面团流变学的变化有关，包括抗延伸性降低。这种面包是在没有额外的改良剂或添加麸质的情况下制备的，因此与 Da 等[98]的结果相比，可以清楚地看到氧化酶的改善效果。在所有配方中使用 DATEM 的谷蛋白和二乙酰基酒石酸酯，并且没有观察到用 GOD 制备的面包的任何显著影响。GOD 没有显著改变白面包的体积。无论有无酶，白面包的体积都大于全麦面包[65]。

使用 GOD 应注意不可过量添加，过量添加会使面粉筋力过强，对制品加工产生负面影响[54]。H_2O_2 与面粉中自然存在的过氧化物作用，生成自由基，导致面团中水溶性戊聚糖形成胶体。胶体限制了水分的流动性，生成干化面团。添加丁基羟基茴香醚（BHA）或二丁基羟基甲苯（BHT）可控制胶体的形成。

GOD 是一种快速氧化剂，其能引起面团的干化和强化效应，类似于过氧化钙，不同于溴酸钾，溴酸钾仅起到强化作用。因此添加适量的 GOD 可增强面筋的网络结构，使面团具有良好的弹性和可操作性，改进烘焙食品的颜色、质构。

由于面团中的其他化学变化（如酵母的发酵过程）也消耗氧，因此，在面团醒发过程中，必须提供充足的氧。

GOD 是一种新型的酶制剂，主要用于面包专用粉，能显著地改善面粉的粉质特性，延长稳定时间，减少软化度，提高评价值，改善面粉的拉伸特性，增大抗拉伸阻力，增强弹性，对机械冲击有更好的承受力，改善面粉的糊化特性，提高最大黏度，降低破损值，在面包烘焙中使面团有良好的入炉急胀性，增大面包的体积[99-101]。葡萄糖氧化酶能有效地提高面条的咬劲，改善面条的表面状态。

（五）脂肪氧化酶

新磨制出来的面粉，粉色较暗、微黄，贮存一段时间后，逐渐变白，这种现象称为面粉"熟化"。面粉白度取决于带有色素的表皮及类胡萝卜素（它包括 β-胡萝卜素、叶黄素及黄酮类），1kg 小麦面粉中包含约 3mg 类胡萝卜素，其中主要是叶黄素。当类胡萝卜素被空气中的氧氧化而褪色时，面粉就"熟化"变白，但这种成熟很慢，也很不充分，与市场需求不相衔接[102]。另外，虽然烘焙食品工业意识到纤维素、矿物质和维生素的重要性，但消费者对许多面制品，仍希望其内心色泽浅淡[64]。

过氧化苯甲酰（BPO）是最普遍的面粉漂白剂，但是它仅在某些国家（如中国、加拿大、美国等）允许使用。过氧化苯甲酰主要影响面粉中的亲脂色素，它对面筋质的结构有一点影响。过氧化苯甲酰是强氧化剂，在使面粉增白的过程中破坏了面粉中的维生素，使面粉营养价值降低[41]。

脂肪氧化酶可催化分子氧对面粉中的具有戊二烯 1,4-双键的油脂发生氧化，形成氢过氧化物。氢过氧化物氧化蛋白质分子的巯基（—SH）形成二硫键（—S—S—），并能诱导蛋白质分子聚合，使蛋白质分子变得更大，从而起到增强面筋的作用。同时还可以抑制面粉中的蛋白酶激活因子，防止面筋蛋白的水解[103]。此外，脂肪氧化酶还可以通过耦合反应破坏胡萝卜素的双键结构，从而使面粉变白。由此可见，脂肪氧化酶兼具强筋和漂白的功效，可以减少或替代强筋剂溴酸钾及漂白剂过氧化苯甲酰的用量[104]。

脂肪氧化酶是一种源于大豆粉的酶，对面筋中的蛋白质也有氧化作用。在脂肪氧化酶对类脂化合物的氧化过程中，过氧化物形成，它在硫醇基团上有交联耦合作用。但是，大豆粉的增强面筋筋力的作用相对较弱，其漂白作用更为突出[64]。

现在，欧洲为达到使面包内心颜色变浅的目的，仅使用大豆或豆类生产出的活性酶豆粉，其用量在很大程度上受到另一种酶——尿素酶的限制。脲酶（尿素酶）有一种附加的活性，会造成口感不佳，因此，大豆粉的最大用量一般是 0.5%，其他豆类粉为 2.0%[64]。在北美，焙烤厂采用它作为过氧化苯甲酰的辅助漂白剂。同过氧化苯甲酰相比，脂肪氧化酶作用发生在面粉混合过程中，由于它的活性需要水和氧气。包含全脂豆粉的面粉的一个主要缺点是它们对面包风味的不良影响。酸败也限制脂肪氧化酶在面包中的使用。脂肪氧化酶作用于大豆粉及其他来源中存在的脂类生成氢过氧化物，而它们容易转变成引起食品风味恶化的羰基化合物[40]。亚油酸是脂肪氧化酶作用的主要底物。面粉中的色素通过共氧化作用而被漂白，因此，漂白效应是由于在脂肪酸氧化过程中形成的自由基及其他活性氧的作用，而并非脂肪氧化酶的直接作用[38]。

两种类型的氧化还原酶可以对面粉中的色素进行漂白：过氧化氢酶和过氧化物酶。过氧化氢酶可把过氧化氢转变为水和氧气；过氧化物酶催化一些芳香胺及酚类的氧化（通过过氧化氢）。实验发现，过氧化物酶有较好的漂白性，尤其是在亚油酸存在的条件下，同时它还对面团有其他积极的影响，如面包面团中蛋白质之间的交联、改善稠度、面包芯结构及柔软性等[38]。

（六）半纤维素酶（戊聚糖酶和木聚糖酶）

阿拉伯木聚糖（Arabinoxylan）主要有五碳糖、木糖和阿拉伯糖聚合而成，习惯上又称戊聚糖。它是小麦等谷物种子细胞壁的重要成分[105]。小麦粉含有约 2.5%戊聚糖，戊聚糖能结合 10 倍于其质量的水，属于半纤维素。通常根据阿拉伯木聚糖在水中溶解性的不同将其区分为水溶性阿拉伯木聚糖（Water Extractable-arabinoxylan，WEAX）和水不溶性阿拉伯木聚糖（Water Unextractable-arabinoxylan，WUAX）。阿拉伯木聚糖在小麦面分中的含量虽然很低（面粉干基的 1.5%~3%），但对面粉的品质，面团的流变性以及焙烤制品等有显著影响，所以很久以来有关此方面的研究受到国内外谷物化学研究领域的重视[106-109]。多年来的研究已经达成共识，即天然存在于面粉中的水溶性阿拉伯木聚糖对面包的品质是有益的，而水不溶性阿拉伯木聚糖则有不利的影响，它使面包体积减小，面包瓤质构变差，面包品质恶化[105]。

戊聚糖由不同的糖分子组成，而半纤维素酶能将它们分解。半纤维素酶类包括内切木聚糖酶、外切木聚糖酶、纤维二糖水解酶、阿拉伯呋喃糖苷酶，以半纤维素为底物。大部分这些酶也是从曲霉属菌株生成，是半纤维素酶产品精选或有特殊用途的菌株。半纤维素酶对降落数值几乎没有什么影响，多数情况下以与淀粉酶结合成化合物的形式出售，并且没有用量要求，因此半纤维素的活性无法测定[64]。

半纤维素酶分解戊聚糖过程中，首先形成可溶性分子，增强戊聚糖与水结合的能力，从而增强黏性，随着这些分子被进一步分裂，水被释放，使黏度降低。现已确认，戊聚糖与面筋结合形成网络。戊聚糖越多，形成的网络越结实。这就是粉色越黑的面粉其发面体积越小的原因所在[64]。

戊聚糖酶对水不溶性戊聚糖的作用主要是使其增溶，这一点为戊聚糖酶作为面包改良剂提供了理论依据[38]。戊聚糖酶对水不溶性戊聚糖的增溶作用，一定程度上减小了水不溶性戊聚糖的消极影响，提高了面包品质[13]。面粉水溶性部分主要含有水溶性戊聚糖，它在小麦胚乳中占 0.5%~1.0%。水溶性戊聚糖吸水性强，糖度高，可增强蛋白质膜的强度和弹性，在焙烤时降低了二氧化碳扩散速度，提高了面团持气性。而且使气体的分布更均匀，气泡的大小和稳定性都得到改善[51]。典型水溶性戊聚糖的主链是以 β-1,4 键结合的 D-吡喃木糖残基，在 2 号或 3 号碳位上具有一个脱水 L-呋喃阿拉伯糖残基，其他还有一些半乳糖[110]。除碳水化合物以外，水溶性戊聚糖还含有少量的酯化阿魏酸，它仅接在阿拉伯木聚糖链上。阿魏酸参与形成凝胶，且参与交联的活性位置是双键。戊聚糖组分中阿魏酸含量的高低影响戊聚糖氧化交联反应的程度，即阿魏酸含量较高的戊聚糖组分具有较明显的氧化胶凝反应，阿魏酸含量较低的戊聚糖组分具有不太明显的氧化胶凝反应[111]。

随着生物技术的发展，由基因变性微生物制得的木聚糖酶比传统的戊聚糖酶更优越。如丹麦诺维信公司的木聚糖酶比戊聚糖酶纯化，副酶活力少，使制品性质更稳定，用量也少，故正逐步替代戊聚糖酶制剂[44]。木聚糖酶可提高面筋网络的弹性，增强面团稳定性，改善加工性能，改进面包瓤的结构，增大面包体积。但木聚糖酶和戊聚糖酶添加过量时，会使面粉中的戊聚糖过度降解，从而破坏面粉中戊聚糖的水结合能力，使面团发黏[38]。

木聚糖酶和戊聚糖酶均能调整面团性能，增大面包体积，特别是在欧式面包中应用很广。传统面包工艺多采用戊聚糖酶，戊聚糖酶又称半纤维素酶。在面粉中添加膳食纤维，由于不可溶戊聚糖的存在和粗糙的麸皮颗粒会干涉面筋的网络结构，针对这一问题，可以在面粉中适量添加半纤维素酶，以部分溶解非淀粉多糖，提高面包质量[76]。

加入全麦配方中的木聚糖酶会降低其吸水率，同时保持面团稠度与全麦对照相似[112-114]。据报道，因木聚糖酶释放游离水，故必须减少加入面团中的水量。相反，一项关于全麦面团的研究报告说，主要由木聚糖内切酶组成的半纤维素酶混合物不会对全麦面团的粉质特性产生任何显著变化[66]。在木聚糖酶补充的面团中会产生更高的醒发高度，此种变化归因于水从戊糖分子转移至蛋白质而形成更完全的谷蛋白水合作用。木聚糖酶活性引起面团中可发酵糖的浓度升高，从而提高发酵速率。通过半纤维素酶活性改善了气体保留能力[56]。半纤维素酶（主要是木聚糖内切酶）降低了对全麦面团延伸的抗性。它使面团软化，较低添加水平时在静置135min后产生显著变化，而较高添加水平能够使酶更快地发挥作用（45min）。Yang 等[97]发现木聚糖酶降低了全麦面团的贮藏（G'）和损失（G''）模量（即分别为弹性和黏性行为），木聚糖酶水平的提高增加了$\tan\delta$，这表明面团转向更主要的弹性特征。

木聚糖酶和半纤维素酶可应用于面包专用粉和馒头专用粉中，它们可以提高面团对过度发酵的承受力，使面包和馒头的体积增大 10%~20%，同时改善制品的内部组织结构及柔软度。其中，被高度纯化的木聚糖酶比传统的半纤维素酶效果要好得多，用量也相应小得多，是一种新型的酶制剂[115]。目前在国外面包品质改良剂中常见的一种有效成分即能够降解阿拉伯木聚糖的戊聚糖酶（主要是木聚糖酶）[105]。周素梅等[107,108]在较简单的反应体系中，戊聚糖酶可将水溶性阿拉伯木聚糖降解到很低的聚合度；对水不溶性阿拉伯木聚糖的酶解作用则是先将其降解为相对分子质量较大的水溶性阿拉伯木聚糖（与面粉中天然的水溶性阿拉伯木聚糖相比），之后随着反应时间的延长，再将水溶性阿拉伯木聚糖进一步降解[116]。作者项目组研究和实践表明：适量的戊聚糖酶对提高面团机械加工性能，消除发酵过度的危害，增大面包体积，改善面包心质以及延缓老化等方面有显著效果。使用过量则会带来面脱发黏，面包品质下降等不良效果[105,117]。

木聚糖酶对面包体积的影响。国外的一些研究表明，加入木聚糖酶后面包体积增加[66,112,113,118,119]。已经提出了许多关于体积积极影响的解释。木聚糖酶的添加降低了面粉的吸水性，导致更好的面筋水合和网络形成，因此面团醒发高度上升[113]。由于加入水解酶后游离水的释放，面团需要较少的配方水[120]。Kumar 等[119]报道了用木聚糖酶制备的面包中还原糖和可溶性蛋白质含量较高。此外，当面团发酵时，水从戊糖向谷蛋白的转移可导致面筋网络的重组，从而允许更大的醒发和面包体积。面包体积的改善也可能是由水解的（较低分子质量）半纤维素引起的，其不太能够干扰面筋网络的形成。

Altinel 等[66]认为，由于水不溶性阿拉伯木聚糖转化为水溶性阿拉伯木聚糖，体积增加，故提高了面团中的气体保留能力。加入半纤维素酶后，白小麦和全麦面包的体积都有所增加，因此这种效果并非特定于全谷物系统。然而，在全麦面包中而不是在白面包中，半纤维素酶活力降低了烘烤过程中的水分损失。更大的保湿性被认为是由于水溶性阿拉伯木聚糖增加而形成的黏稠溶液的产生，更黏稠的水相减少了面包烘烤时水量的损失。Jaekel 等[118]观察到随着木聚糖酶剂量从 0 增加至 8g/100kg 面粉，面包体积增大，至 12g/100kg 面粉面包体积减小。在最高添加水平，面团具有最大的醒发体积但在烘焙期间塌陷。因此，酶使用水平的优化是重要的，并且可能需要调整发酵条件以防止由于过度搅拌导致的面包不稳定性。Da 等[98]测试的木聚糖酶水平没有显著增加全麦面包的体积。在这种情况下，可能在所有处理中存在 DATEM 和小麦面筋性质掩盖了因木聚糖酶所引起的任何改善。

影响酶作用的另一个因素是酶源、纯度和特异性引起的活性和作用模式的变化。由 Trichoderma Stromaticum 产生的两种木聚糖酶（Xyl1 和 Xyl2）对全麦面包的体积和质地的影响不同。Xyl1 是三种木聚糖酶的混合物，它们共同作用以改善面包体积[121]。

木聚糖酶对面包屑硬度和老化的影响。木聚糖酶还显示出有效降低全麦面包的初始硬度和老化率（储存硬度增加）。面包屑含水量和面包比容是影响面包硬度的关键因素。Shah 等[114]观察到加入木聚糖酶后硬度降低 77%。烘焙面包中的水分含量增加了 125%。Driss 等[112]也报道了硬度下降。Ghoshal 等[113]同样观察到木聚糖酶降低了新鲜和储存面包的硬度并且还增加了保湿性。Ghoshal 等[113]使用 Avrami 分析将硬度与淀粉结晶的时间联系起来。他们得出结论，木聚糖酶减少了淀粉晶体的形成和生长，这一结论基于限制硬度值的减少和 Avrami 常数（n）的晶体形状和生长；提出木聚糖酶作用降低了面包中的老化速度，这是由 Avrami 方程给出的从非晶态到晶态的变化所定义的。在用全麦面粉代替的白面包中，半纤维素酶（包括木聚糖酶）改善了面包比容并降低了面包老化的速度，可能源于阿拉伯木聚糖的降解。不溶性阿拉伯木聚糖的水解产生较小的多糖，其干扰淀粉-蛋白质相互作用并因此抑制老化。Jaekel 等[118]报道，在室温下储存的第 1 天和第 7 天，4 和 8g/100kg 面粉的木聚糖酶水平显著降低了全麦面包的硬度。添加 12g/100kg 面粉没有显著降低硬度值，但该水平也产生了比中间水平的木聚糖酶更低的面包体积；得出 8g/100kg 面粉是他们研究中的最佳使用水平。与前面提到的报道不同，该研究未发现因酶添加导致的面包含水量的显著变化。

木聚糖酶对面包屑感官特性的影响。Ghoshal 等[113]报道了添加木聚糖酶制备的全麦面包的感官特性得到显著改善。由描述性品评小组确定的具体改进指标包括更光滑的质地；黏性降低；细胞结构更均匀；较佳的香气，味道和颜色。这些属性在面包新鲜和储存 7d 后的评级高于对照面包，表明木聚糖酶可以帮助提供比面包保质期更可感知的产品。Shah 等[114]报道了在木聚糖酶的添加可改善全麦面包的以下感官属性：香气、味道、外皮的颜色和外观、面包屑的颜色、对称性、烘烤均匀性、整体质地和颗粒。Kumar 等[119]报道了木聚糖酶的添加可改良面包屑结构。用木聚糖酶制备的全麦面包在 Driss

等[112]评价的所有感官属性中得分较高。

(七) 纤维素酶

纤维素酶催化纤维素（细胞壁的组分）的水解。纤维素酶可以在全谷物应用中发现特别的相关性，因为全谷物具有比精制谷物产品更高的纤维素浓度。然而，纤维素酶没有显著改变全麦面团的粉质或延伸性，或全麦面包的比容或最终含水量。纤维素酶在烘焙过程中增加了全麦面包的水分损失。在麸皮的细胞壁中水解纤维素之后，由麸皮吸收的水被释放，导致面团在烘烤时产生更大的水分损失。纤维素酶降低了用全谷物糯小麦制成的面包的硬度，但不影响比容[122]。

(八) 谷氨酰胺转氨酶

谷氨酰胺转氨酶（Transglutaminase EC 2.3.2.13）（R-glutaminyl-peptide：amine - γ-glutamyl-transferase，TGase）又称转谷氨酰胺酶，是一种催化酰基转移反应的转移酶，是一种新型的食品添加剂。中国食品添加剂标准化技术委员会已经批准谷氨酰胺转氨酶列入中国使用卫生标准[123]。

谷氨酰胺转氨酶能催化蛋白质分子内的交联，分子间的交联，蛋白质和氨基酸之间的连接以及蛋白质分子内谷氨酰胺酰胺基的水解[124]。它利用肽链上的谷氨酰胺残基的γ-甲酰胺基作为酰基供体，而酰基受体可以是：①多肽链中赖氨酸残基的ε-氨基，形成蛋白质分子内和分子间的ε-（γ-谷氨酰基）赖氨酸异肽键，使蛋白质分子发生交联，改善其发泡性、溶解性、乳化性、持水能力等，同时，通过保护赖氨酸，可以防止发生美拉德反应[125]。②伯胺基，形成蛋白质分子和小分子伯胺之间的连接，从而可将一些限制性氨基酸引入蛋白质中，以提高其营养价值[126]。③当不存在伯胺时，水会成为酰基受体，结果是谷氨酰胺残基脱去氨基生成谷氨酸残基。该反应可用于改变蛋白质的等电点及溶解度[123]。

在转谷氨酰胺酶催化食品蛋白质中（如大豆蛋白、乳蛋白、鸡蛋蛋白及小麦蛋白等）ε-Lys 与 γ-谷酰基分子内或分子间的交联，从而赋予蛋白食品更好的功能特性[127,128]。面粉中的麦胶蛋白和麦谷蛋白都是谷氨酰胺转氨酶的良好底物，它能使面粉蛋白改性，使团粒结构变成网状结构，改善面粉的口感，提高制成品的弹性、黏性、乳化性、起泡性和持水能力等[129,130]。因而，谷氨酰胺转氨酶在面粉制品的加工中具有广泛的应用前景。在日本，味之素公司已将谷氨酰胺转氨酶应用于面粉制品的加工中[123]。

1. TGase 改良面筋的流变学特性

Larre 等[131]报道了 TGase 能够交联面筋蛋白，生成大分子质量的聚合物，这些聚合物的形成能够产生较强的面筋网络，并提高其物理化学性质以及流变学性质。该酶能够在分子间或分子内形成ε-（γ-谷氨酰基）赖氨酸异肽键，能够使蛋白质发生聚合。即使在赖氨酸含量较低的面筋中，这种酶也能够诱导产生大分子质量的聚合物。面筋蛋白因分子间或分子内的ε-（γ-谷氨酰基）赖氨酸异肽键共价交联，使三维网络结构变得更加紧密，黏弹性的稳定值升高，并能够加快与储能模量和损耗模量有关的转换频率。谷氨酰胺转氨酶还可以催化谷氨酰胺残基脱氨基，使之成为谷氨酸残基。如果面团中发生了此反应，那么面筋蛋白的亲水性上升，使其有更好的持水性。同时，由于 TGase 共价交联作用，使面筋蛋白的平均相对分子质量上升，从而导致面团的储能模量上升。因此，TGase 可以改善面团形成过程中的流变学特性，提高面团的稳定时间和断裂时间，降低公差指数和弱化值，使面粉的评价值上升，使面团的抗拉阻力，粉力和储能模量大大提高。

我们项目组研究表明 TGase 可以改善面团形成过程中的流变学特性，提高面团的稳定时间和断裂时间，降低公差指数和弱化值，使面粉的评价值上升。倪新华等[132]研究表明 TGase 可以改善面团形成后的流变学特性，使面团的抗拉阻力、粉力和贮能模量大大提高。TGase 的添加量可大可小，当加酶量大时，可缩短酶反应时间；当添加量小时，可适当延长酶反应时间，另外，控制酶反应温度也是可行的方法。TGase 可以提高面团的持水能力，改善面团的表面性质，有利于面制品的加工。

2. TGase 改良麦谷蛋白的功能性质

早在 1995 年 Zhu 等[133]就报道了 TGase 对小麦谷蛋白的回收利用。小麦谷蛋白是生产淀粉的副产品，具有不溶性。传统做法中用蛋白酶或酸水解来增加溶解性，但如此消化后，由于其暴露的疏水肽段增多，使之味道发苦，而且仍有大量的不溶物不能被消化吸收。而应用 TGase 处理后，由于其共价交联作用，产生的大分子聚合物掩盖了疏水基团，利用 TGase 催化蛋白质中谷氨酰胺残基进行脱酰胺，使蛋白质中的交联键得到保护，增加了分子的静电斥力，故既提高了溶解性，又消除了苦味现象[134]。溶解性提高了，面筋蛋白的乳化性和起泡性均得到改善，该方法拓宽了面筋蛋白的应用范围，提高其附加价值。

3. TGase 能够提高面粉制品的营养价值

面筋蛋白中含有大量谷氨酰胺残基和少量赖氨酸，因赖氨酸的含量少，并且在加工过程中又容易损失，赖氨酸又是人体必须的氨基酸，所以必须向面筋蛋白中引入赖氨酸。Iwami 等[135]成功的利用谷氨酰胺转氨酶，通过交联的方法将赖氨酸导入面筋中，提高其营养价值。用 L-赖氨酸处理麦谷蛋白，赖氨酸的含量比处理前增加了 5.1 倍。由此可见，这是一种向氨基酸组成不理想的蛋白质中引入限制性氨基酸，提高其营养价值的有效手段。

4. TGase 在小麦制粉中的应用

根据我国的小麦品质线装和加工高质量专用面粉的需求，完全使用国产小麦加工出高质量的面粉有较大的困难。同时，面粉品质的好坏直接影响面制品的质量。多数面粉属于面筋含量较低，弹性和延展性较差的类型，不能满足烘焙食品和面制品加工生产的需要[136]。所以，急需找到一种较好的改良剂来对其进行修饰，延长面粉的保质期，改善面粉的加工性能，提高面粉的营养价值[137]。TGase 作为食品添加剂，在国外已经研究了十几年，进行了大量的实验并逐渐应用于生产面粉制品中。利用其共价交联的催化特性在面粉制品的加工中具有重大的意义[134]。Yamazaki 等[138]用 TGase 处理小麦，使磨制的小麦面粉品质得到大幅度提高，在长期储藏中不易变质。用 TGase 可在水分调节、磨粉或磨粉后的混合等多个步骤中进行。如在水分调节时，控制小麦含水量在 10%~20%，温度 10~30℃，时间 16~50 h；同时加入外源蛋白质或水解蛋白质可以进一步加强面筋蛋白的黏弹性或持水性[132]。

在中东、东欧和北非的许多国家里，由 Eurgaster 类和 Aelia 类昆虫在收割前造成的小麦虫蚀现象时有发生。这些害虫侵蚀麦粒，导致大量的谷物中含有较多的蛋白酶，破坏了面团的面筋结构[134]。用虫蚀面粉制成的面团弹性少，黏度大，而且生产出的面包质量很差，因而无法用于生产焙烤食品。Sivri 等[139]在 1998 年报道了谷螨蛋白酶能够严重影响大分子质量的麦谷蛋白聚合物的含量，特别是对高分子量麦谷蛋白残基（HMWGS）的影响很大。Larre 等[131]2000 年报道了 HMWGS 是最易受 TGase 影响的面筋蛋白，在其中添加了 TGase 后，能够修复被谷螨蛋白酶弱化了的面筋结构。2001 年 Koksel[140]研究了利用 TGase 来减轻虫害。实验证明，无论是否添加了 SPI（大豆分离蛋白），TGase 对被谷螨蛋白酶水解的面团样品都具有修复作用，从而可利用虫蚀小麦得到高质量的面粉制品。

5. TGase 在面制品中的应用

在各种面条（如中华面、乌冬面、荞麦面和通心面等）的生产中，添加 TGase 后，通过调整酶的用量和反应时间就可以控制面条的质构，使口感明显提高。因为面团的面筋网络结构经共价交联而加强，面团中的淀粉就可以更好的被包裹在此网络结构中，在烹煮后释放进入沸水中的固形物也就减少了，同时面条的表面黏性下降，烹煮时就不易结成大块，面汤的浑浊度也就降低了；并且 TGase 形成的共价交联结构是耐热的，所以在热汤中面条可较长时间维持弹性结构，提高了面条口感[136]。

在面条的加工中，一般会加碱水改善其质构、赋予面条弹性、使其具有良好的风味、香气、色泽等。但是碱水的添加使得部分的赖氨酸变为赖丙氨酸，降低了其营养价值，同时还加重了肾脏的负担，对人体健康不利。通过添加 TGase 可以减少碱水的使用量甚至不使用，面条仍可维持较好的质构和口感；为无碱面的生产创造了条件[123]。

在油炸方便面添加 TGase，可降低方便面的吸油率，针对厂家可降低成本，对消费者来讲可减少方便面的热量。

在日本面条和意大利通心面的加工中已经得到了广泛的应用。味之素公司生产乌冬面的时在面粉中添加 0.2%~1.0% 的 TGase，同时加入 38%~45% 的水混合均匀，然后进行压延，发酵时间有两种：一种是长时发酵：5℃，8~12h；一种是短时发酵：20℃，15min~2h，TGase 的作用效果稳定，短时发酵与长时发酵的效果相近，最后切出制成品[123]。

吴正达[141]研究了 MTGase 在面类中的应用效果，结果表明，MTGase 可以赋予面韧性所需要的黏性、弹力和持水能力，提高鲜切面的出面率，使面皮制品耐冷冻、不易破碎，还能改善面食制品的口感。可见，MTGase 在饺子专用粉和面条专用粉中都会有很好的应用前景。

在馒头制作中，TGase 可以提高面筋蛋白的吸水量，在蒸煮过程中有更多的水分释放给淀粉，同时可以使面团表面不粘利于机械化生产。

6. TGase 在焙烤食品中的应用

近年来，国内外不断报道了 TGase 在焙烤食品加工中的应用，特别是在面包的加工中广泛应用起来。TGase 在面包加工中有如下优点：①TGase 对面团性质的影响：添加了 TGase 的面团与对照样品相比，在发酵初期其膨胀较大，面团的硬度下降，同时面团产生弹性，从而改变其可塑性。②TGase 对面团发酵的影响：在面团松弛试验中发现 TGase 可以显著增加面团的应力松弛时间，和溴酸钾、L-抗坏血酸处理的面团相比，随着反应时间的延长或 TGase 用量的加大，应力松弛时间明显增大，面团的要求更低且不需要很高的搅拌强度。③TGase 对加水量的影响：TGase 的添加可以减少劳动量和增加面团的水分吸收，并提高面包出品率。在面包中水分含量增加 6% 意味着会降低成本，也降低了添加酶的成本。因为 TGase 的添加将蛋白质内的麦谷蛋白残基水解成谷氨酸，增加其亲水性。④TGase 对面包瓤硬度的影响：TGase 还可以大大增加面包块的捏碎强度，减少切片碎屑，同时有利于在面包上涂抹黄油。⑤TGase 对消耗功要求的影响：面团的最佳消耗功是指为使面团达到最大硬度所需用于搅拌的能量。添加了 TGase 能够降低消耗功，消耗功的降低能够直接降低面包的生产成本。

在焙烤工艺中，TGase 还可以代替乳化剂和氧化剂来改善面团的稳定性，提高焙烤产品的质量，使面包的颜色较白，内部结构均一，增大面包的体积。作为乳化剂，TGase 可以改善面团的手感、稳定性和烘焙产品的品质，产生更均匀一致的面包瓤结构和增长面包体积；也可以作为化学氧化剂的替代物，如取代溴酸钾、偶氮甲酰胺和其他化学成分，用以增加面团筋力和用于化学发面，TGase 与抗坏血酸混合使用效果更佳[142]。随着对烘焙工艺及产品质量和新鲜度要求的不断提高，新的烘焙技术应运而生。即采用深度冷冻或延迟发酵，是指储存一段时间后再进行焙烤。但是，这种工艺的面团焙烤后，面包的质量变差，口感降低。添加了 TGase 后，通过其共价交联作用，保证冰晶中面筋网络更大的耐冻耐融性，使网络结构的强度增大，改善面包的质构[134]。在高纤维面包制作中，高比例的膳食纤维的加入，破坏了面团中淀粉、面筋和戊聚糖等成分的平衡，降低了面团的可焙烤性。TGase 的加入可制得混合均匀的面团，提高面团的稳定性，适合于机械化加工高纤维面包。

Grausgruber 等[143]使用由转谷氨酰氨酶，α-淀粉酶和木聚糖酶组成的商业酶补充剂来增加面包体积并降低全谷物 Einkorn 小麦面包的硬度。添加乳化剂进一步改善了体积并降低了硬度。Einkorn 是一种二倍体软质小麦，具有特征性弱的谷蛋白，因此受益于转谷氨酰胺酶的强化作用。在具有强筋的面团和面包系统中，增加的强度可能导致面团和面包的不期望的硬化。

TGase 不仅用于面包的生产中，而且还可用于饼干和蛋糕的加工中。1990 年 Ashikawa 等[144]在日本的特许公告中报道：生产蛋糕时，面粉加入 3U/g TGase，蛋糕的外观、内在结构和口感都得到了明显的提高。

7. TGase 能够降低面粉的致敏性

人们由于长时间食用致敏性食物而引起的 IgE 介导的超敏感反应，即食物过敏。尽管对小麦中的致敏性蛋白及其抗原决定簇结构不甚了解，但是已经有人用酶法来生产低致敏性的小麦面粉了。Watanabea 等[145] 报道了转谷氨酰胺酶处理小麦粉，降低了其致敏性。Watanabea 等[145] 用肌动蛋白酶、胶原酶和 TGase 来处理面粉，获得了低致敏性的小麦粉。经 TGase 和胶原酶处理的小麦面粉仍保持大部分的面团特性，适合加工成对谷物过敏者的健康食品，具有重大的意义[136]。

近年来，围绕使用微生物转谷氨酰胺酶出现了谨慎。一些研究表明，酶诱导的麸质蛋白交联可能在乳糜泻的发病中发挥作用，尽管这是有争议的[146,147]。

（九）其他酶

1. 植酸酶

植酸酶在谷物加工中发挥很大作用。植酸盐在小麦的糊粉层中存在，能限制小麦粉中金属矿物质（如锌、铁等）的活性。在全麦粉的烘焙过程中，植酸盐能分别降低到 20%～30%。pH 和内部植酸酶的活性被认为是调节面团中植酸水解的最重要的因子。在面包制作和其他食品加工中控制好内部植酸酶的含量能使生产出的面制品具有较高的矿物生物活性[76]。

Rosell 等[148] 观察到用植酸酶制备的常规全麦面包的比容显著降低。他们将相互矛盾的结果归因于面粉成分和内源性 α-淀粉酶含量的差异，尽管他们没有检验这一假设。该研究团队还测试了通过不同方法制备的全麦面包中的真菌植酸酶，包括冷冻面团和标准焙烤。他们发现该酶导致冷冻面团的比容没有显著增加，但是烤制面包的比容没有变化。此外，他们观察到植酸酶降低了冷冻面团中面包的硬度，但不影响传统或烘焙方法的面包硬度。

2. 巯基氧化酶

巯基氧化酶是从牛脱脂乳膜中提取的金属糖蛋白。当其用于面粉行业时，可催化巯基氧化成新的二硫键，不催化已有巯基和二硫键的交换反应。另一观点认为巯基氧化酶不是面粉的强筋剂，因酶的专一性阻碍了酶和底物复合物的形成，巯基数量太少，因此不能催化巯基的氧化。

3. 其他酶

现在正在开发的几种氧化酶，己糖氧化酶、脱氨基氧化酶、吡喃氧化酶等都能产生过氧化氢，但是这些酶所能作用的底物范围比葡萄糖氧化酶多得多[149]。

过氧化氢酶以过氧化氢为底物，过氧化氢能转变为超氧阴离子，其氧化面筋结构中的巯基的能力比过氧化氢强得多。漆酶是一类多酚氧化酶，通过氧化芳香族氨基酸结合面筋蛋白质。蛋白质二硫键异构酶能够重新排列半胱氨酸间的二硫键，影响面筋蛋白的结构[150]。甘露聚糖酶能提高面包的结构。环糊精葡萄糖基转移酶使面包心软化[15]。

（十）复合酶制剂

单一的酶往往是特异性的酶，其产品品质的提高往往是间接的，而几种酶制剂混合使用往往有协同增效作用，因此近年来复合酶制剂的研究和开发越来越得到人们的重视[151,152]。

据有关研究表明，葡萄糖氧化酶与脂肪酶混合使用，前者能解决后者所达不到的强度，后者能解决前者所达不到的延伸度；α-淀粉酶和木聚糖酶混合使用能使面包的体积增大[153]；将真菌 α-淀粉酶、木聚糖酶和脂肪酶联用，增效作用会更好，且酶总用量下降，在此基础上如再增加麦芽糖淀粉酶时，还可极大提高制品的保鲜效果；氧化酶和真菌淀粉酶、抗坏血酸、谷朊粉、乳化剂等复合后，能使特一粉面团的稳定时间延长，面包的体积增大，内部纹理结构细腻，柔软而富有弹性[154]；酶制剂和乳化剂如硬脂酰乳酸钠（SSL）、硬脂酰乳酸钙一钠（CSL-SSL）、分子蒸馏单甘酯、L-抗坏血酸等复合使用能有效地改善面粉的品质，使面包体积增大，提高耐储性[44]。

Grausgruber 等[143]（2008）评估了全谷物 Einkorn 小麦面包中的 α-淀粉酶，木聚糖酶和转谷氨酰胺酶。单独或与 α-淀粉酶或与 α-淀粉酶和转谷氨酰胺酶组合的木聚糖酶导致面包体积略微但显著增加，硬度显著下降。当与乳化剂组合时，对面包体积的影响进一步增加，硬度进一步降低，表明酶和乳化剂之间的协同效应。

Da 等[98]发现中间水平的木聚糖酶与较高水平的氧化剂结合通常会降低全麦面包的硬度。较低的硬度值对应于较高的水分含量；结果表明必须优化木聚糖酶的水平，并且应该与氧化剂组合使用。

Liu 等[155]调查了 α-淀粉酶（6 和 10mg/kg），木聚糖酶（70 和 120mg/kg）和纤维素酶（35 和 60mg/kg）对面包面团流变特性的影响。通过使用 DoughLAB 测量面团的混合性质。使用质构分析仪分析面团的伸展性和黏性。结果表明，添加单一酶和酶组合可以增加延展性、软化度、混合耐受指数（MTI）和黏性，而降低抗延伸性。对于吸水率，单一酶的添加没有显著影响，而组合酶显著（$P < 0.05$）将吸水率从 63.9% 降低到 59.6%（小麦粉面团）和 71.4%~67.1%（面团掺入 15% 麦麸）。与单一酶的 34.1mm 的延伸性相比，酶组合（6、120 和 60mg/kg）使小麦粉面团的延伸性提高了 42%。α-淀粉酶、木聚糖酶和纤维素酶的组合对面团流变学具有协同作用。

作者充分利用复合酶的协同作用，开发了馒头、面包、高纤维面包、速冻面制品、面条和饼干等加工系列专用改良剂，被国家权威专家鉴定为国际先进水平。馒头、柔软面包和高纤维面包改良剂具有增筋和延缓老化功能；比体积大，组织均匀，弹柔性好，不掉渣，色泽好，促进发酵，减弱纤维对面筋的破坏。速冻面制品和面条改良剂具有增筋功能；减弱冰晶体对面筋的破坏，降低破皮率和起泡；耐煮，降低糊汤。饼干糕点改良剂具有降筋功能；饼干可塑性好，不易碎，易脱模，色泽好；蛋糕比体积大，均匀质软。本系列改良剂在河北博通饼业有限公司等公司推广，取得了显著的经济效益。

（十一）面粉工业中应用酶制剂应注意的问题

1. 酶制剂的最佳添加量

酶制剂的最佳添加量应在参考产品说明书的基础上，依据本厂专用粉的特点进行实际应用试验。除粉质试验和拉伸试验外，最好应进行相应产品的试制试验，最终确定最佳添加水平。对于新型添加剂而言，进行产品的试制试验是验证其效果的最直接又最有效的手段。

2. 酶制剂的特点与加工工艺

使用添加了酶制剂的专用粉的食品厂，应依据酶制剂固有的特点，在加工工艺上适当加以调整，用传统的加工工艺往往不能发挥出酶制剂的最佳效用，有时甚至根本不能生产出合格的产品，因此而造成食品厂与专用粉厂的纠纷也时有发生。食品厂与专用粉厂应不断地通过生产实践，总结合理使用酶制剂的经验。

3. 提倡酶制剂的复合使用

几种酶制剂复合作用效果比单独使用一种酶的效果更好，而且总酶量往往会大大下降，产生协同增效的作用。

4. 严防添加过量

酶制剂并非添加越多效果越好，过量添加后，面粉品质反而下降。如葡萄糖氧化酶的过量添加会造成面团筋力过强，制品质量下降；脂肪酶添加过量可能引起制品风味不良等。即使过量添加不会造成面粉品质的下降，但也会使厂家在经济效益上遭受损失。

5. 酶制剂的贮存

酶制剂属生物活性制品，应注意良好地贮存，防止其活性降低或失活。在常温干燥的情况下，一般可贮存 3 个月左右，冷藏条件下（5℃）可保持活力 1 年以上。

6. 酶制剂的使用

使用纯酶制剂时，建议先以低水分的载体如变性淀粉或非淀粉多糖加以稀释，并且现配现用，同时注意操作中应戴面罩，严防酶粉尘对人引起的过敏及对皮肤、眼睛等的损害。

二、 酶工程技术在谷朊粉中的应用

蛋白质是重要的食物常量营养素，作为能量和氨基酸的来源，有助于身体的生长和维持。除营养作用外，蛋白质还负责食物的各种物理化学和感官特性，并可作为功能性和促进健康的成分。蛋白质的许多生理学和功能性质归因于生物活性肽，其通常含有各自特有的天然序列[156]。生物或生物活性肽可以通过消化酶（胃肠消化），在食品加工（熟化、发酵、烹饪），储存期间或通过蛋白水解酶的体外水解从蛋白质前体产生[157]。

生物活性肽主要含有 3~20 个氨基酸单元，它们可被视为功能性食品的成分，可能在人体内发挥调节作用，无论它们是什么营养功能。体外和一些体内研究显示生物活性肽具有多种生物学功能，例如：结合矿物质、免疫调节、抗菌、抗氧化、抗血栓形成、降胆固醇、抗高血压[158]和抗肿瘤[159,160]。

目前，关于促进健康的功能性食品、膳食补充剂和含有生物活性肽的药物制剂等方面的研究显著增加[158]。谷物（提供世界一半的蛋白质需求）和豆类是这项研究的主要研究对象，且是具有互补氨基酸谱的丰富蛋白质来源[161,162]。

Rizzello 等预先筛选出具有特定蛋白酶和肽酶活性的谷蛋白选择性酵母乳酸菌，进而将其应用到小麦粉和全麦粉中，以释放血管紧张素转化酶（ACE）抑制肽[163]。特别是，在半液体条件下发酵小麦粉中尤其是全麦小麦粉中，生成了高活性的 ACE 抑制肽。向起始物中添加商业蛋白酶不会增加发酵基质的 ACE 抑制活性，因为它们引起活性序列的过度广泛水解。从发酵的全麦粉及小麦粉中鉴定出 14 种 ACE 抑制肽（IC50 范围为 0.19 ~ 0.54mg/mL）。几乎上述所有肽都含有众所周知的抗高血压表位 VAP[164]。

如前所述，通过食物蛋白质的水解获得的肽可以作为调节血压生理机制的抗高血压剂[165]。小麦是抗高血压肽的植物来源之一。从酸性蛋白酶制备的小麦醇溶蛋白水解物中分离出 ACE 抑制肽 IAP，用碱性蛋白酶得到的小麦胚芽水解物产生 ACE 抑制性三肽 IVY[166,167]。Nogata 等[168]发现了六种 ACE 抑制肽 LQP、IQP、LRP、VY、IY 和 TF，这些肽是由可能涉及天冬氨酸蛋白酶的小麦碾磨副产物的自溶反应产生的。

在从谷物、假谷物和豆类获得的不同粉中，发现全麦、斯佩尔特、黑麦和卡姆特酸面团的活性最高。纯化的活性肽具有 8 ~ 57 个氨基酸残基的大小，对消化酶的进一步水解具有抗性。几乎所有序列都具备共享组成特征，这是其他抗氧化肽的典型特征[158]，并且显示出离体抗氧化活性，其与人工成熟氧化应激的小鼠成纤维细胞上的 α-生育酚相当。

碱性蛋白酶和木瓜蛋白酶均可使谷朊粉乳化性得到改良，但前者的效果略好。木瓜蛋白酶、复合蛋白酶和胰蛋白酶水解谷朊粉后的酶解产物对反应具有抑制作用。抑制率与水解度相关，超过某一水解度（3 种酶分别为 5%、7%、4%）时，末端产物对反应的抑制率保持恒定，将抑制剂利用截留相对分子质量分别为 20、10 和 5kDa 的超滤膜分离后，得到相对分子质量不同的 4 种组分，原始酶解产物和这 4 种组分对反应的抑制率分别为 49.8%、4.9%、32.6%、38.1%、63.2%（木瓜蛋白酶），48.4%、4.7%、27.9%、29.1%、54.9%（复合蛋白酶）和 63.1%、8.5%、28.3%、37.6%、85.7%（胰蛋白酶），SE-HPLC 分离后发现抑制剂（肽）的相对分子质量主要集中在 5000 以下[169]。

用复合蛋白酶水解谷朊粉，制备生物活性肽，小麦肽具有抗氧化能力，响应面实验得到最佳水解条件：时间 3h、pH 7.3、温度 54℃、酶浓度 [E/S] 是 35mg/g 和谷朊粉质量分数 3%。此时水解度为 7.5%，还原力达到最大值 0.573，肽含量为 0.148mg/mL[170]。

三、 酶工程技术在小麦麦麸中的应用

（一） 小麦麦麸蛋白

小麦麦麸蛋白含量较丰富，而且营养价值较高，赖氨酸含量高达 0.6%，B 族维生素含量高，也是叶酸的很好来源。从麦麸中分离蛋白质的方法主要有干法和湿法两种。干法的分离要点是对粉碎后的麦麸进行自动分级（风选），得到高蛋白含量的轻质麦麸，同时其他的营养素也在其中获得富集。

湿法分离蛋白方法如图 7-2 所示。

麦麸 → 浸泡 → 粉碎 → 提取 → 离心 → 上清液酸沉蛋白 → 水洗 → 干燥 → 麦麸蛋白

图 7-2 湿法分离蛋白工艺流程

麦麸蛋白可作为浓缩蛋白，直接作为蛋白质的添加剂应用于食品行业，以增加蛋白质的含量，提高食品的营养价值和质构，也可将麦麸蛋白进行改性，提高蛋白麦麸蛋白的功能特性，或用蛋白酶水解生产水解产品[171]。

关于源自农产品加工副产物来源的蛋白质肽的自组装的报道非常少。虽然已经表明纯度是肽自组装的决定因素，但是用水和其他组分提取的蛋白质是否也形成自组装结构尚不清楚。来自研磨工业的副产品麦麸中的白蛋白可以在 Ca^{2+} 存在下与 V8 蛋白酶水解时形成管状纳米结构。水解产物的电子显微镜显示，在特定条件下，形成长丝，其长度为几微米的纳米管，内径和外径分别为 100nm 和 200nm。水解产物的红外分析鉴定了 —OOC—Ca^{2+} 相互作用和响应于蛋白质/V8 /Ca^{2+} 摩尔比变化的 β 片层含量的变化。图 7-3 描述了自组装可能机制的模型[172]。

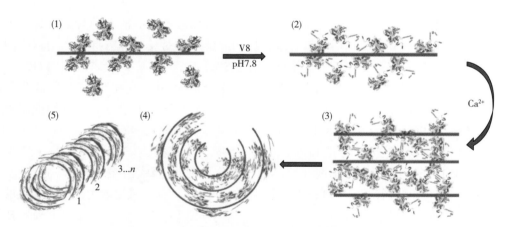

图 7-3 描述所提出的纳米管形成机制模型的方案

注：AXs 链附有蛋白质，加上培养基中的游离蛋白质（1）；V8 使蛋白结构不稳定，暴露出带负电荷的羧基和形成氢键的基团（2）；钙桥与氢键结合形成片状结构（3）；由于蛋白质的精确定向（4），片状结构被折叠成环状；许多环被组装以形成纳米管（5）。图 7-3A 中的蛋白质是 PDB ID 的 RasMol 呈现 1A8E 结构并用于说明目的。

麦麸（WBPs）自溶反应产生的肽对血管紧张素 I 转化酶（ACE）具有抑制作用，对肝纤维化具有抑制作用。由于 ACE 激活脂肪细胞，抑制脂肪细胞中脂联素的产生，并诱导胰岛素抵抗，因此建议 WBPs 改善胰岛素抵抗。此外，WBPs 含有支链氨基酸

（BCAA），具有保护肝细胞，抗氧化应激和抗癌作用；Uneno 检查了 WBPs 在 NASH 模型小鼠中的治疗效果[173]，方法如下：给 10 周龄雄性 C57BL／C 小鼠喂食含正常饲料的甲硫氨酸缺乏饮食（MCDD）（Gr.1），含 0.2%WBPs 的 MCDD（Gr.2），含 0.1%WBPs 的 MCDD（Gr.3），或具有 0.05%WBPs 的 MCDD（Gr.4）。处理 10 周后，将小鼠放血，人道地杀死并检查以下参数。肝脏重量与体重的比率；生化测定，包括血清 AST 和 ALT；根据 NASH 分级和分期，肝脏标本的形态测定；使用抗 NFüB 抗体进行炎症信号传导的免疫印迹（Western Blotting），使用抗酰基辅酶 A 抗体评估脂质代谢，以及抗 -elF2，-Ire1 和 -ATF6 抗体来分析内质网状（ER）应激。结果如下：含有 0.1%WBPs 治疗组的 MCDD 患者肝脏重量与体重的比值和血液 ALT 水平均显著降低（Gr.3）；血清白蛋白，总胆固醇和甘油三酯水平按 MCDD 与 0.2%WBP 治疗组（Gr.2）至 MCDD 与 0.05%WBP 治疗组（Gr.4）的比例逐渐增加；脂质过多，炎症，肝细胞膨胀，Mallory-Denk 透明体和纤维化的程度以 WBPs 剂量依赖性方式得到改善，并且与具有正常饲料处理组的 MCDD 相比，Gr.2 显著降低（Gr.1）；在 Western blotting 中，NFüB 在肝组织中的表达下降，而 Acyl-CoA，PERK，elF2 和 ATF6 的表达从 Gr.1 到 Gr 的比例增加。因此，WBPs 可抑制 ER 应激，炎症，增强其他致病因子对 NASH 的抑制作用。这些可以容易地获得的肽可以是 NASH 患者的有用疗法。

（二）小麦麦麸提取 β-淀粉酶和植酸酶

麦麸中酶类丰富，含量较高的有 β-淀粉酶、植酸酶、羧肽酶和脂肪酶等[174]。麦麸中 β-淀粉酶和植酸酶的制备工艺如图 7-4 所示。

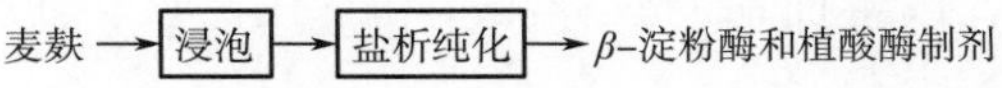

麦麸 → 浸泡 → 盐析纯化 → β-淀粉酶和植酸酶制剂

图 7-4　β-淀粉酶的制备工艺流程

浸泡条件为 40℃、pH 6；纯化条件为 40% 和 90% 硫酸铵分步盐析。β-淀粉酶酶活力可达 100 万 U/g 以上，植酸酶酶活力可达 7 万 U/g 以上。

（三）小麦麦麸酶法制备膳食纤维

麦麸中富含纤维素、半纤维素和木质素等，是构成膳食纤维的成分。小麦麦麸具有抗衰老、减肥、增加大肠蠕动、预防大肠癌的发生、减少胆固醇体内合成、降低血糖水平等重要生理功能。麦麸直接食用口感和风味较差，利用率低。生物法制备麦麸膳食纤维的工艺流程如图 7-5 所示。

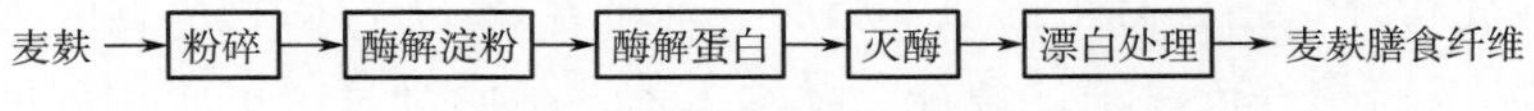

麦麸 → 粉碎 → 酶解淀粉 → 酶解蛋白 → 灭酶 → 漂白处理 → 麦麸膳食纤维

图 7-5　麦麸膳食纤维的工艺流程

（四）　麦麸酶法制备低聚糖

小麦麦麸是制备低聚糖的良好来源。小麦麦麸中的低聚糖具有良好的双歧杆菌增殖效果和低热值性能。

小麦麦麸中低聚糖的一般制备工艺如图 7-6 所示。

小麦麦麸 → 酶解淀粉 → 酶解蛋白 → 低聚糖酶转化 → 过滤脱色 → 离子交换 → 浓缩干燥 → 产品

图 7-6　麦麸低聚糖的工艺流程

酶法研究的去淀粉麦麸（DWB）含有 13.8% 的阿拉伯糖和 23.1% 的木糖。当在 80 或 100℃ 下在用 HCl 酸化的媒介中加热时，最多 70% 的阿拉伯糖逐渐从 DWB 中释放出来。而在压力容器中在较高温度下的微波辐射可以产生更高的提取率。Box-Behnken 实验设计建立了一个有效的模型，描述了温度，辐照持续时间和 pH 对阿拉伯糖提取率的影响。pH 是该过程中最重要的因素。在 150℃ 和 pH1 下微波加热 4~5min 是一种快速且高效的方法，可以回收超过 90% 的 DWB 阿拉伯糖。在微波加热下，也可使游离木糖高效释放。二次模型可预测 DWB 释放木糖。一系列条件能够使木糖的量最小化并水解约 50% 的总阿拉伯糖，产生高纯度组分。另一种方法是释放超过 90% 的阿拉伯糖和木糖，用于进一步的阿拉伯糖纯化或两种戊糖的共同增值[175]。

小麦制粉生产过程中，在润麦、后处理工序利用酶技术，发展食品专用粉，开发预混合面粉，开发汤用面粉（增稠剂）、面拖料等面粉延伸产品，给小麦加工业开辟新的经济增长点[176]。采用安全、高效的面粉品质生物改良剂，替代现在使用的化学添加剂，实施面粉营养强化战略，改善面粉的营养品质和食用品质，使传统的小麦加工业生气蓬勃[177]。

小麦深加工中应用酶技术开发有着广泛市场的谷朊粉、小麦麸皮制品、麦麸戊聚糖等产品，从而最大程度的利用小麦资源。把应用高新技术开发新用途的未来小麦产品作为未来小麦加工业发展的重点工作之一。

第二节
酶工程技术在稻谷加工中的应用

我国是世界上盛产稻谷的国家之一，稻谷产量居世界首位，素有"稻谷王国"的美称[178]。水稻是我国种植面积最大和产量最高的食品作物品种，播种面积占粮食播种面积的 28%，产量占粮食总产量的 40%[179]。在亚洲，约有一半以上的人口以大米为主食。大米除了富含淀粉外，还含有蛋白质、脂肪、纤维素及 11 种矿物质，能为人体提供较全面的营养[180]。将稻谷按清理、砻谷、碾米工艺，制成符合一定质量标准的食用大米的加工过程称为稻谷的初加工。稻谷的深加工是在初加工的基础上，采用一定的方法将稻谷（或）普通大米制成各种精细适口、富有营养的特种米，如水磨米、免淘洗米、蒸谷米、强化米、胚芽米等[183,184]。稻谷深加工是将稻米按一定的工艺加工成满足工业和食用要求的各种用途的制品。稻谷加工后，主副产品主要有精米、碎米、米糠、稻壳等，本节将从这四个方面探讨酶工程技术在稻谷的精深加工及综合利用中的应用。

一、 大米淀粉的加工

大米是东亚、东南亚和南亚地区的主要食粮，全世界产量达到 4 亿 t 左右。我国是大米的最大生产国和消费国，年产稻米约 1.8 亿 t[185]。精制大米主要由淀粉、蛋白质、纤维素和脂质组成，其中淀粉的含量在 60%~70%，我国大米中淀粉含量平均为62.7%[186]。虽然大米产量很大，但由于其价格较高又是人的主要口粮，且成分之间的分离比其他谷物难，因此，与玉米淀粉、薯类淀粉生产和深加工相比，大米淀粉生产及其深加工比较落后[187]。全世界大米淀粉仅在 3 万 t 左右，相比玉米淀粉的 4000 万 t 要少得多[188]。同时，相对于玉米、小麦和马铃薯淀粉，大米淀粉的价格一直较高，从而使大米淀粉的广泛应用受到了很大的限制[186,189-191]。然而，现在社会正在研究和利用大米淀粉的特殊性质，开发一些附加值较高的大米淀粉及其深加工产品，以满足一些特殊应用行业的需要，进而在世界范围内形成了对大米淀粉进行有效开发利用的研究热点[185,192,193]。

利用大米淀粉生产出附加值较高的产品需要对大米淀粉的结构和性质有全面的了解。下面主要对大米淀粉潜在用途，包括大米原淀粉、大米变性淀粉、黄淀粉、糙米粉等，同时展望大米淀粉工业的发展前景。

（一）大米原淀粉的性质、 应用与制备

1. 原淀粉

商用大米淀粉是一种非常细和非常纯白的粉末，可用于化妆用粉、洗衣硬化剂、造纸、照相用纸以及药片赋形剂中，还可以用于生产光滑且有光泽的涂饰剂，如糖果上的糖衣[186]。不论是粉末状还是胶体状，大米淀粉都具有相当纯正的风味；在糊化状态下，大米淀粉具有柔软的稠度和奶油的气味，并且组织细腻容易涂开，是一种良好的奶油淀粉，因此，大米淀粉胶可作为增稠剂用于羹汤、沙司和方便米饭中，并能很好地改善食品的口味[194-196]。由于大米淀粉颗粒和均质后的脂肪球具有几乎相同的尺寸，因此大米淀粉与脂肪具有相似的质感，可以在某些食品中替代部分脂肪。大米淀粉还有一个主要的特征是具有很好的可消化性，消化率高达 98%~100%；另外由于大米淀粉中的结合蛋白具有完全非过敏性，因此，大米淀粉常用于婴儿食品和其他一些特殊食品中[194]。大米淀粉中直链淀粉含量分布较广，能生产出不同直链淀粉含量的普通大米淀粉和直链淀粉含量相当低（小于 2%）的蜡质大米淀粉。普通大米淀粉和蜡质大米淀粉的主要区别在于淀粉胶的特性和温度稳定性（包括热稳定性和冻融稳定性）。蜡质大米淀粉具有优

于其他非蜡质和蜡质淀粉的冻融稳定性。在一项研究中发现，干基含量5%的蜡质大米淀粉糊经过20个冻融周期不会发生脱水收缩，相比之下，蜡质玉米淀粉或蜡质高粱淀粉仅在3个冻融周期内表现稳定，玉米淀粉在一个冻融周期后会出现脱水收缩[194]。蜡质大米淀粉的冻融稳定性好可使蜡质大米淀粉具有更广的用途和更好的使用效果，可作为模拟脂肪应用于冷冻甜品和冷冻午餐肉中。蜡质大米淀粉对温度也具有很强的抵抗力，如在杀菌、UHT、微波处理过程中仍保持性质稳定。因此，相对于普通大米淀粉，蜡质大米淀粉应用面广[186]。

在许多水果制品中，不能单独使用果胶作为黏结剂，因为果胶的性质受pH和糖浓度的影响，因此它一般同其他黏结剂（如蜡质大米淀粉）配合使用，以提高稳定性。蜡质大米淀粉也可用于替代乳制品和其他奶油制品中的部分脂肪，如生产低脂的人造奶油，这种脂肪替代品具有良好的口感，有类似于脂肪的质地和清爽的味道[194]。最近研究显示，不加其他碳水化合物和树胶的情况下，使用蜡质大米淀粉可以生产出低脂的凝固型酸奶。蜡质大米淀粉还可作为抗老化剂用于焙烤食品中和作为膨化剂用于挤压型的小吃食品中[197]。

2. 大米原淀粉的制备

同玉米和大麦淀粉相比，大米淀粉的制备是比较困难的，主要是因为在大米胚乳中淀粉与蛋白质结合紧密。稻米中的蛋白质聚集成颗粒状的蛋白体（Protein Body）。通过显微镜可以观察到两类蛋白体，即蛋白体Ⅰ（PB-Ⅰ）和蛋白体Ⅱ（PB-Ⅱ）[198]。两者形状、结构、特性、对蛋白酶抵抗力及其所含蛋白质种类和多肽链都有明显差异（见表7-1）。

表7-1　　　　　　　　　　　PB-Ⅰ和PB-Ⅱ的特性

蛋白体	PB-Ⅰ	PB-Ⅱ
形状	球形	椭圆形
结构	同心片层结构	没有片层结构
性能	物理性能强	物理性能弱
易消化性	对蛋白酶有较强抵抗力	对蛋白酶抵抗力弱
蛋白质种类	醇溶蛋白	主要是谷蛋白和球蛋白
占胚乳蛋白质总量	20%	60%

从表7-1中可看出PB-占总蛋白质的绝大部分，且多为碱溶性的谷蛋白，它不溶于水，单用水磨、水洗等方法不能将其除去[198]。因此，要制造高纯度的大米淀粉，需要通过碱、表面活性剂甚至酶来除去蛋白质。

（1）碱浸法　最常用的大米淀粉制备工业方法是碱浸法，在过去40年里这个方法几乎没有改变过。先用0.3%~0.5%的NaOH浸泡碎米，碱液的量约为米的2倍，浸泡温度为室温到50℃。浸泡过程中，每隔6h搅拌1次，共浸泡24h，搅拌以空气搅拌效果最好。浸泡后去掉浸泡液，加入新的碱液湿磨，然后放入沉淀槽通过沉淀法进行粒度分级，除去上部澄清部分，将水洗过的淀粉乳液经离心脱水分离出淀粉，干燥粉碎即得成品[199]。碱处理的废液中蛋白质溶解量很高，将其收集起来，通过调节 pH 将蛋白质沉淀分离出来，可用作动物饲料[198]。

制取大米淀粉、米蛋白质的工艺过程如图 7-7 所示：

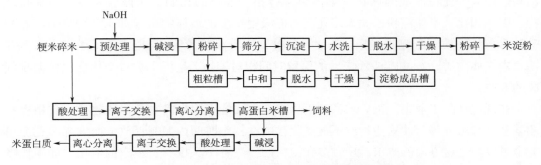

图 7-7　制取大米淀粉、米蛋白质的工艺流程

（2）表面活性剂法　表面活性剂法是实验室制备大米淀粉常用的方法。将精米在 3～4 倍体积的表面活性剂中浸泡 24～48h，通常用的表面活性剂是 1%～2% 癸酰氧苯磺酸盐（DoBs）-0.12%Na_2SO_3。倒掉上层清液，残余部分干燥后在研钵中研磨成粉[200]。

（3）超声波法　将大约 5g 的精米粉末溶于 45mL 蒸馏水中，置于试管中，用 10kHz 的超声波作用 10～20min。用 200 目的筛网过滤均浆，静置滤液，然后除去上层暗黑层，将下层淀粉清洗数遍，干燥粉碎得成品[201,202]。

（4）酶法　传统的碱浸法会产生大量的碱性废液，造成环境污染，将逐渐被酶法替代。取湿磨大米粉配成约 35% 米粉乳液，于 55℃、pH10 条件下加入 0.5% 的蛋白酶，温和搅拌 18h，反应过程中要补充 NaOH 以维持 pH 恒定。反应后的乳液经 200 目筛过滤，离心（3000g/20min），去掉上层黑黄色上清液，沉淀层用 50mL 的水清洗两遍，再离心（3000g/15min），去除上清液，重复此清洗过程，后将沉淀物分散于 50mL 水中，调节 pH 到 7，再离心（1000g/20min），刮掉暗色上层，用水将下层沉淀物清洗 3 遍，干燥即得成品。

（二）大米变性淀粉

文献上关于大米变性淀粉的制备和应用的信息较少，主要是一些常见的用得相对较多的变性淀粉，如大米氧化淀粉、大米酯化淀粉、大米醚化淀粉、大米交联淀粉、大米淀粉明胶替代物、缓慢消化淀粉、大米多孔淀粉、抗性淀粉和大米淀粉模拟脂肪等[203]。在此，我们重点介绍与酶应用相关的多孔淀粉、模拟脂肪和抗性淀粉。

1. 大米多孔淀粉

多孔淀粉（Porousstarch）又称微孔淀粉（Microporousstarch），是指将天然大米淀粉经过淀粉酶水解处理后，形成一种蜂窝状多孔性淀粉，是一种新型的变性淀粉。多孔产生很大的比表面积，因而多孔淀粉主要用作吸附的载体。由于多孔淀粉的优良特性，最近国内外学者对其制备和应用进行了较广泛的研究[204]。Zhao 等[205]发现在存在少量黏合剂（如蛋白质或水溶性多糖）的情况下，小颗粒淀粉在喷雾干燥过程中会结合成疏松的多孔球体。这种现象只发生在小颗粒淀粉中，如大米淀粉、苋菜红淀粉和小颗粒小麦淀粉。用大米淀粉形成的球状聚集体包含有相互连接的孔洞，能提供大面积的多孔结构，因此相比大米原淀粉，大米多孔淀粉能吸附更多的液体物质（如水、咖啡油或乙醇等）和气体物质（如咖啡气味、奶油香味等）[186]。姚卫蓉等[206]还实验证明在大米多孔淀粉中气体物质（如咖啡油气味）的保留时间相对较长，室温下放置 2 周能保留咖啡气味的 80%。

在现代食品工业中，正寻求一种更理想的方式能吸附食品中的风味物质、香精香料和某些特殊组分等，使这些物质不被氧化且能在特定时间内控制释放，而大米多孔淀粉完全可以满足这方面的要求。现在多孔淀粉已经在各个领域有了一定的应用，如用作吸附食品添加剂，比如吸附含有 DHA 的鱼油并微胶囊化，防止 DHA 氧化且封闭鱼腥味；在口香糖中添加多孔淀粉用于吸附香味成分，从而在咀嚼时可缓慢释放，增加香味在口腔中的停留时间[186]。随着生活水平的提高，人们对食品的要求也将会越来越高，大米多孔淀粉在将来会有更广泛的应用。

根据研究结果，多孔淀粉的制备工艺及控制条件如图 7-8 所示。

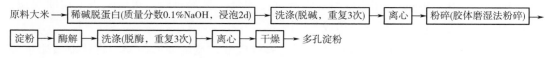

图 7-8　多孔淀粉的制备工艺

制备多孔淀粉最有实用价值的方法是酶水解法。酶法制备多孔淀粉首先要找到生淀粉酶和原淀粉，并且两者匹配，才能形成多孔淀粉。目前，国内生产糖化酶和 α-淀粉酶的厂家较多，所生产的酶的活力也较高。但是还没有厂家专门生产具有生淀粉活力的糖化酶和 α-淀粉酶（简称生淀粉糖化酶或生淀粉 α-淀粉酶）[207]。

迄今，多孔淀粉的研究只有不到 10 年的时间。有关多孔淀粉的理论和应用研究正在深入进行。多孔淀粉的应用除了日本有两个产品以外，其他的基本上还处于研究阶段[200]。

2. 大米淀粉模拟脂肪

目前世界各国经常采用的脂肪替代物主要有两大类型：代脂肪（Fat Substitutes）和模拟脂肪（Fat Mimics）。代脂肪是以脂肪酸为基础的酯化产品，具有类似油脂的物理性质，其酯键能抵抗人体内脂肪酶的催化水解，因此不参与能量代谢。模拟脂肪以碳水化合物或蛋白质为基础成分，原料经过物理方法处理，能模拟出脂肪润滑细腻的口感特性[186]。

由于大米淀粉颗粒尺寸与均质后的脂肪球相似，而且具有与脂肪相同的质感，因此小颗粒的大米淀粉完全适合做模拟脂肪；与大米原淀粉相比，经改性后的大米淀粉具有更优异的感官和功能特性，且可以以凝胶的形式存在，更方便使用，因此用大米变性淀粉（由酸或酶水解、氧化、糊精化作用、交联或单取代反应制成）做脂肪替代物更为适合。王俊芳等[208]研究发现，用轻度变性的大米淀粉取代蛋糕中30%的油脂基本上不会影响蛋糕的感官指标。在欧洲和北美，当前的主要应用是使用蜡质大米淀粉为原料生产模拟脂肪，因为蜡质大米淀粉具有它所固有的热稳定性和冻融稳定性。如何使用非蜡质大米淀粉制成冻融稳定性很好的脂肪替代物将是令人渴望的，而且，现在使用的脂肪替代物只能代替食品中的部分脂肪，如何提高油脂的替代量同时又不影响口感，也是一个急需解决的问题。但不管怎样，从经济和健康两方面考虑，开发大米淀粉作为脂肪替代物具有很好的应用前景[209]。

　　米淀粉制取脂肪替代物的技术，是以大米淀粉为原料采用酶法或酸法水解制备成小颗粒淀粉的高新技术，一般是经稀酸或 α-淀粉酶处理至葡萄糖值（DE）小于5，最好是 DE 大约为2的糊精，使其具有脂肪的感观特性[198]。目前作为淀粉基质脂肪模拟品的主要类型有：微晶粒淀粉、低 DE 值糊精、变性淀粉、超微粉体等。下面简单介绍两种产品的生产工艺，分别如图7-9和图7-10所示。

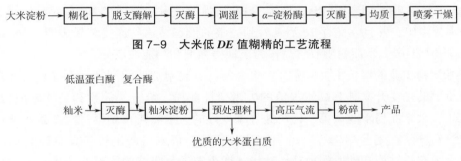

图7-9　大米低 DE 值糊精的工艺流程

图7-10　籼米淀粉基质脂肪模拟品的工艺流程

3. 抗性淀粉

　　膳食成分在预防慢性病中的作用已引起很多研究关注。淀粉是人类饮食的主要成分，与其他膳食碳水化合物一样，其能量值为17kJ/g（4kcal/g）。然而，现在很好理解存在许多不同的淀粉组分，它们以不同的速率消化。这些淀粉被分为快速消化淀粉（RDS）在20min内消化，缓慢消化的淀粉（SDS）消化20～120min，消化超过120min，一般来说，SDS已被证明可引起温和的餐后血糖和胰岛素血症反应。这部分淀粉被认为有益于慢性和代谢性疾病患者的饮食管理，特别是那些患有 II 型糖尿病和高脂血症的患者。抗性淀粉（RS）也被认为是有益的，因为它逃避了人类胃肠道的消化，因此这种淀粉含量高的食物具有非常低的消化率。此外，抗性淀粉（RS）具有与膳食纤维相似的生理功能，因为它为人结肠中的短链脂肪酸（SCFAs）的微生物发酵提供了底物[210]。

Doan 等[211]通过淀粉蔗糖酶（ASase）反应制备酶促修饰的抗性淀粉（RS），并用于开发结构强化的大米淀粉凝胶。检测 ASase 修饰的和商业 RSs 对大米淀粉凝胶的结构和物理化学性质的影响（图 7-11）。

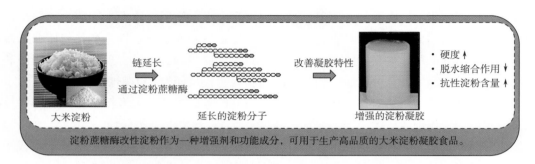

图 7-11　淀粉蔗糖酶（ASase）反应制备酶促修饰抗性淀粉的示图（改编自[212]）

ASase 修饰的 RS 存在时，大米凝胶硬度增加至 60%，增加与替代水平成正比。当添加 RS 时，凝胶黏结性似乎显著下降，而弹性保持完整。对于具有 20%（w/w）ASase-修饰的正常玉米淀粉的样品，观察到弹性略微降低，而与未处理的凝胶相比，获得该样品中 RS 含量的 2~5 倍。用 ASase 修饰的 RS 增强的大米淀粉凝胶从凝胶结构中减少高达40%的水分渗出，并且在储存 7d 后观察到完整的形态结构。这些结果表明，ASase 修饰的 RS 适用于生产大米淀粉凝胶食品作为质地增强剂和功能性成分[211]。

大米淀粉工业的增长主要依靠开发更多的具有高附加值的产品，不仅是要开发原淀粉，更重要的是要开发具有高附加值的大米变性淀粉。与玉米淀粉和马铃薯淀粉相比，最近几年，大米淀粉工业从第一代产品（未变性的大米淀粉）到第二代产品（变性大米淀粉、淀粉糖浆、麦芽糊精等）的发展比较缓慢，仍未生产出较多具有高附加值的产品。但大米淀粉结构和性质的独特性和优越性决定了大米淀粉能更好的满足一些特殊应用行业的要求，因此，开发大米淀粉及其深加工产品具有深远的意义[194]。只要我们对大米淀粉的结构和功能的关系有更进一步的了解，对当前生产大米淀粉产品的工艺有进一步的创新，对大米淀粉的独特性质有进一步的挖掘，大米淀粉一定能生产出附加值高且需求量大的产品，大米淀粉工业一定会有大的发展。

（三）黄淀粉

在碱法制备大米淀粉的过程中，在制备出高纯度的淀粉同时，还产生黄淀粉浆和黄淀粉两种副产物（以下总称为黄淀粉），常规技术这两种副产物一般作为废弃物处理，但这两种物质在大米粉中的含量高达 40%，且其中的蛋白质含量尚有 4.5% 左右，生产中如果也丢弃处理则不但会造成极大浪费，而且还会污染环境。如果利用酶技术将这两部分物质中的蛋白和淀粉进一步分离，以提高蛋白和淀粉的得率，并使淀粉的纯度得到提高[213]。

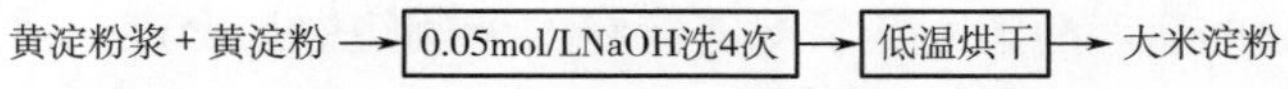

黄淀粉浆 + 黄淀粉 → 0.05mol/LNaOH洗4次 → 低温烘干 → 大米淀粉

图 7-12　黄淀粉碱法纯化工艺流程

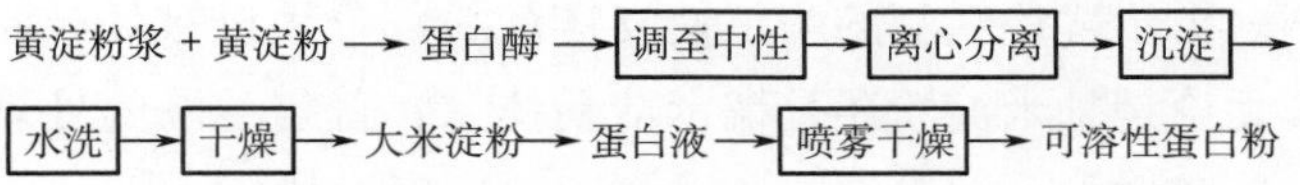

黄淀粉浆 + 黄淀粉 → 蛋白酶 → 调至中性 → 离心分离 → 沉淀 →

水洗 → 干燥 → 大米淀粉　蛋白液 → 喷雾干燥 → 可溶性蛋白粉

图 7-13　黄淀粉酶法纯化工艺流程

酶法纯化比碱法纯化适合大米蛋白和大米淀粉分离过程中产生的纯度不高的淀粉（图 7-12、图 7-13）。采用碱性蛋白酶纯化大米淀粉的最优工艺参数为时间 2 h，温度 60℃，料液比 1∶6，加酶量 0.4%。在此条件下实验碱性蛋白酶可将淀粉中的蛋白最低含量降到 1.34%[213]。

(四) 糙米粉

Qi 等[214]研究了不同加工方法对速溶糙米粉的流动性、溶解度、营养成分、消化率、颜色和香气成分的影响。结果表明，除黄酮外，不同的加工方法对速溶糙米粉的指标有显著影响（$P<0.05$）。发芽会使糙米粉的流动性和溶解性变差，并降低蛋白质和淀粉的消化率。外源酶处理改善了糙米粉的流动性和溶解性以及蛋白质和淀粉的消化率。发芽和外源酶的协同处理显著提高了淀粉的消化率，但它使流动性，团聚速率和分散时间劣变。与纤维素酶和 α-淀粉酶处理干燥发芽糙米粉（Drum-dried Germinated Brown Rice with Cellulase and α-amylase，DGBRE）相比，纤维素酶和 α-淀粉酶处理干燥糙米粉（Drum-dried Brown Rice with Ccellulase and α-amylase，DBRE）生产出质量更好的速溶糙米粉。

(五) 大米淀粉的回生

米制品的回生主要由大米支链淀粉的结晶所引起。其理由有以下方面：大米制品的回生速率慢于大米直链淀粉分子间的结晶；大米直链淀粉分子结晶的熔融温度为 130~160℃，支链淀粉分子结晶的熔融温度为 60℃左右，而回生后的米制品在加热到 60℃以上，即可消除回生老化[215]。

Ring 等[216]认为，支链淀粉的回生是由其外侧短支链形成双螺旋结构后堆积结晶而引起。Eerlingen 等[217]研究回生的直链淀粉后发现，其双螺旋结晶片段 DP 为 20~65。Gidley 等[218]则认为 DP 可以在 10~100，DP 小于 10 不能形成双螺旋结构。根据 Ring 等[216]的研究结果，用普鲁兰酶水解处理的大米支链淀粉外侧短支链不会形成双螺旋而结晶，从理论上讲可以抑制支链淀粉的回生。β-淀粉酶可以缩短大米支链淀粉外侧短支链，根据 Gidley 等[218]的理论，淀粉酶也可抑制大米支链淀粉的回生。对于大米淀粉回生的抑制，淀粉酶的添加被证明是一种有效的方法。文献资料通过研究 α-，β-和葡萄糖淀粉酶对米饭硬化回生的影响后认为：β-淀粉酶可以显著抑制米饭的回生硬化[219]。

由于 β-淀粉酶的适度酶解降低了支链淀粉的外侧短链聚合度,对于籼米淀粉而言,β-淀粉酶的处理虽没有影响其重结晶的成核,但降低了重结晶的增长速率,因此回生受到抑制;对于糯米淀粉而言,β-淀粉酶的处理使其重结晶成核速度和增长速率都降低,回生受到有效抑制。由于普鲁兰酶的酶解使支链淀粉部分短链被切枝,增加了支链淀粉分子的迁移能力。无论是籼米淀粉还是糯米淀粉体系,普鲁兰酶的处理都使支链淀粉重结晶的成核和结晶速率增加,因而淀粉体系的回生速度增加[220,221]。

二、 大米蛋白加工

稻谷加工后,产生 55% 的整米,15% 的碎米,10% 的米糠和 20% 的谷壳。整米的售价较高,但其副产物特别是米糠和碎米的售价低,且未充分利用。米糠中含有 10%～12% 的大米蛋白、18%～22% 的油和 25%～40% 的膳食纤维;碎米中 80%～90% 为淀粉,蛋白质含量为 7%～9%[222]。大米蛋白根据溶解性的不同分为 4 种类型:水溶性白蛋白、盐溶性球蛋白、碱溶性谷蛋白、醇溶蛋白;其中谷蛋白和球蛋白为主要成分,各自占 80% 和 12%,醇溶蛋白占 3%[223]。大米谷蛋白由二硫键连接的多个亚基组成,分子质量大（60～600kDa）,与之相反,大米球蛋白分子质量小（12～3000Da[224]）。在所有的谷物蛋白中,由于大米蛋白含有较高的赖氨酸,因此,营养价值最高,特别是米糠蛋白,其蛋白氨基酸组成更接近 FAO/WHO 建议模式,营养价值可与鸡蛋蛋白相媲美,且跟大豆和牛乳蛋白相比较,大米蛋白具有低过敏性[222]。

正是由于大米蛋白的低过敏性和高营养价值,其市场需求量日趋增加。提取蛋白后的残渣可用于生产商品大米淀粉,高纯度的大米淀粉在储藏过程中几乎不发生酸败,可广泛用于化妆品、药品和发酵食品工业等,是目前最有价值的植物淀粉。因此有效地分离提取大米蛋白是十分必要的[225]。目前对大米蛋白的研究较多,大米蛋白的应用也越来越广泛,如生产大米蛋白粉、水解大米蛋白、大米改性蛋白、高附加值肽、生物活性肽、抗性蛋白;作为多种食品的添加剂,如混合饮料、布丁、冰淇淋、婴儿食品等的添加剂[226]。尽管大米蛋白的用量和需求日趋增加,但它在食品行业的应用却十分有限,主要是由于它的功能仍不清楚,提取方法也不完善。与其他谷物相比,由于大米淀粉颗粒细小,并几乎全以复粒状态存在,蛋白质与淀粉颗粒的包络结合紧密,大米胚乳的内部结构紧密,大米蛋白质分离较为困难。占大米蛋白 80% 以上的为分子质量很大的米谷蛋白,仅能溶解于 pH<3 或>10 的溶液中[227]。目前国内外研究得较多的大米蛋白提取方法主要是碱法和酶法[228]。

(一) 大米蛋白提取

1. 大米蛋白的碱法提取

碱法提取大米蛋白的原理是利用大米蛋白中 80% 以上为碱溶性谷蛋白,碱法可使大米中与大米蛋白结合的大米淀粉的紧密结构变得疏松,同时碱液对蛋白分子的次级键特别是氢键有破坏作用，并可使某些极性基团发生解离，使蛋白质分子表面具有相同的电荷，从而对蛋白质分子有增溶作用，促进淀粉与蛋白质的分离[229]。实际上，稀碱对蛋白质、淀粉混合体系的作用是复杂的，如 pH、温度、时间、料液比等因素对蛋白质的影响都会引起提取体系及提取性质的改变。实验表明，pH11.0，温度 20℃，振荡 30min，谷蛋白的提取率可达 93.2%；谷蛋白在 pH11.8 时可得到 98% 的提取回收率，pH 低于 10 时谷蛋白的碱溶性急骤下降；在室温的条件下，用 0.1mol/L 的 NaOH 以 10:1 的液固比提取 1.5h，蛋白质的抽提率可以达到 98%，目前，碱法提取是植物蛋白提取最普遍的方法[228]。

大米蛋白的碱法提取只是提取了大米蛋白中的碱溶性谷蛋白（图 7-14），而水溶性白蛋白、盐溶性球蛋白、醇溶蛋白都留在残渣中浪费了，并且对下一步利用渣滓生产淀粉很不利，因此，国外已有人研究按如下实验方案提取大米中 4 种蛋白质。将除醇溶蛋白外的 3 种蛋白质浸提液调节到各自的等电点，使蛋白质聚合沉淀分离出来。等电点的确定是用可见分光光度计测少量提取液在 pH 从 3.0 到 10.0 时的浊度，浊度最大处的 pH 为该蛋白质的等电点，白蛋白、谷蛋白的等电点分别为 pH4.1、pH4.8，球蛋白有 2 个等电点即 pH4.3 和 pH7.9[226]。

研究表明，碱法提取的工艺简单，但对氨基酸有破坏作用，同时存在抽出物中淀粉含量高，抽提液固比大，等电点沉淀要消耗大量酸、脱盐纯化难度大，提取液中的蛋白质浓度低等缺点，且提取时需要消耗大量的碱和水，因而难以应用于工业生产。尽管碱法提取蛋白的抽提率可达到 90% 以上，但是高碱条件下会导致蛋白质的变性和水解；麦拉德反应加剧，产生黑褐色物质；提取物中非蛋白物质含量增加，分离效果降低等许多不良反应[230]。此外，碱法提取还会引起蛋白一些性质的变化，破坏氨基酸的结构，降低蛋白的营养价值，甚至形成有毒物质如 Lysinoalnine 等，损坏肾脏的功能[231]。

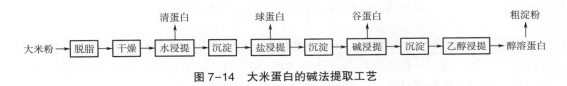

图 7-14　大米蛋白的碱法提取工艺

2. 大米蛋白的酶法提取

酶法主要是通过各种蛋白酶水解蛋白质，使大米蛋白溶出；或者用淀粉酶水解大米淀粉把淀粉转化淀粉糖，以获得含量较高的大米蛋白。蛋白酶法是用蛋白酶将大米蛋白水解成小肽，因此可能使大米蛋白丧失大分子的功能性质；淀粉酶法因为侧重于淀粉糖的利用，在加工过程中使用了较高的温度，使大米蛋白变性比较严重，且蛋白纯度很难进一步提高[232]。

（1）碳水化合物水解酶法　用碳水化合物水解酶如纤维素酶、果胶酶、半纤维素酶处理米糠可生产大米浓缩蛋白（RPC）或分离蛋白（RPI）。当用纤维素酶处理米糠时，其蛋白质含量从 12.6% 增加到 18.9%。但 Shih[233] 认为，由于碳水化合物的复杂性和有限的酶资源，通过纤维素酶、半纤维素酶、木质素酶只能部分水解米糠中的纤维原料，其产品中蛋白质含量只能达到 50% 左右。Wang 等[234]认为，造成商业化生产 RPC 和 RPI 困难的原因有：米糠中蛋白质组分多；米糠中含有许多二硫键，造成溶解性低；米糠中含有较多植酸（17%）和纤维（12%），这两种成分跟蛋白质缠绕在一起而使其他成分很难分离。因此，他们采用植酸酶和木质素酶处理脱脂米糠，获得了蛋白质含量为 92% 的 RPI，且得率从 34% 提高到 74.6%[222]。其生产工艺流程如图 7-15 所示。

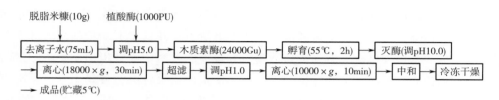

图 7-15　大米分离蛋白植酸酶和木质素酶法制备的工艺流程

淀粉是米粉中的主要成分，用淀粉水解酶如 α-淀粉酶、葡萄糖淀粉酶和普鲁兰酶处理米粉能够获得 RPC 和 RPI。Mortia 等[235]用 Termanyl 120L 处理米粉，然后过滤，水洗，获得了蛋白含量为 90% 以上的 RPI，其生产工艺如图 7-16 所示。

图 7-16　大米分离蛋白淀粉水解酶法制备的工艺流程

但 Shih[233]认为，大米粉中蛋白质含量较低（9%），用米粉生产 RPC 和 RPI 商业上不能实行，最好用生产调味料的米渣生产 RPC 和 RPI。试验表明，用 α-淀粉酶处理后再用葡萄糖淀粉酶处理米渣，可得到蛋白质含量为 85% 的 RPC；再用纤维素酶和木质素酶处理，可得 91% 以上的 RPI[222]。

Tang 等[236]通过对淀粉酶、纤维素酶和戊聚糖复合酶在蛋白质抽取中作用的研究发现，热处理导致蛋白质变性作用和蛋白质-淀粉间的相互作用，淀粉酶可以水解淀粉并且能释放被束缚的蛋白质，而且、α-淀粉酶比纤维素酶更有效，α-淀粉酶能释放大多数的水溶性蛋白质。另外，糖酶和蛋白酶联合酶处理能将蛋白质的抽取率增加到 80%[237]。

（2）蛋白酶法　大米改性蛋白质是指大米蛋白经过酶法处理后，其功能性如可溶性、稳定性、乳化性、发泡性等得以增强的一类蛋白质。大米蛋白功能性较差的主要原因是含有一定数量的谷蛋白多肽。米谷蛋白含有二条多肽链，一条酸性肽链为 α 肽链，另一条基本肽链为 β 肽链。α 肽链的等电点为 pH 6.6~7.5，β 肽链的等电点为 pH 9.4~

10.3，在 pH4~10 的范围内，米谷蛋白溶解性很小，另外，疏水氨基酸组成也影响其功能性[222]。酶处理后，可以增强其静电阻力，破坏氢键和疏水键，从而使其功能性得以改善。Flavourzyme 是由二种内肽酶和外肽酶组成的复合酶，能去除蛋白质水解时产生苦味的疏水残基。当用它处理米糠时，能使 8%~9% 的肽键水解，部分水解后的米糠蛋白其溶解性、稳定性和乳化性比未水解米糠蛋白增强，适合于各种加工食品，特别是在酸性条件下那些需较强溶解性和乳化性的食品[238]。Anderson[239] 用 Pronase 酶处理米谷蛋白后，进行水解物功能性评价发现，处理后蛋白 pH 为 2~12，溶解性增加，乳化性和发泡性也得到改善，淋洗液的混浊度也增大[240]。大米蛋白的溶解性较差，不能在水中与其他物料形成均匀的体系，其应用受到极大限制。碱性蛋白酶在一定条件下水解 RPI 可显著改善它的溶解、乳化和发泡性能，且三项性能指标达到最大所需要的水解程度是不同的，蛋白质乳化性能所需的分子质量可能更大。因此，酶处理可获得大米改性蛋白[241]。

其工艺流程如图 7-17 所示。

大米 → 粉碎 → 调蛋白酶最适温度、pH → 蛋白酶水解 → 离心分离 → 蛋白液 → 冷冻干燥 → 大米蛋白

图 7-17　大米分离蛋白酶法制备的工艺流程

①蛋白酶的选择：按照蛋白酶作用方式的不同，蛋白酶分为内切蛋白酶和外切蛋白酶两类。外切蛋白酶从肽链的任意一端切下一个单位氨基酸残基；商业的蛋白酶主要是内切蛋白酶，内切蛋白酶在多肽链的内部破坏肽键，依赖不同水解程度产生一系列分子量不同的多肽[242]。内切蛋白酶和外切蛋白酶对底物的作用方式的差异会影响蛋白质的提取。按照蛋白酶作用条件的不同，蛋白酶可以分为酸性蛋白酶、中性蛋白酶和碱性蛋白酶等[243]。为了提高酶法提取的提取效率和氮收率，王文高等[244]对复合风味酶、中性蛋白酶和碱性蛋白酶三种蛋白酶进行研究，结果表明，酶的种类对蛋白质抽提率的影响最大。目前，对单个不同蛋白酶水解以及多酶组合酶水解蛋白质的探索有很多，由结果可知，酸性蛋白酶、复合蛋白酶、木瓜蛋白酶、中性蛋白酶、碱性蛋白酶都可以用于提取大米蛋白，其中以多酶复合酶解的氮收率最高，是除碱性蛋白酶外其他单一酶解远不能及的[227]。

②分步水解法：采用碱酶两步法分步抽取大米蛋白可获得较好的效果。此方法先用碱溶法提取部分蛋白质，然后采用碱性蛋白酶对残渣轻微水解，以提高蛋白质溶解性，进行蛋白质二次提取，使蛋白质抽提率达到 78.8%。碱提的条件为：pH 12，时间 2h，温度 40℃，料液比 1:12，蛋白质的抽提率可达 49.9%，碱提后残渣仍含有 25%~35% 的蛋白质，再经碱性蛋白酶水解进行二次提取，二次抽提率可达 28.9%。酶解条件为温度 40℃，pH 10.5，酶用量 140U/mL，时间 2h 为了克服单一酶水解作用的缺陷和多酶组合水解的局限性，熊善柏等[245]在对乌鸡蛋白质酶水解的研究中首先提出了分步酶水解的工艺，随后将分步酶水解工艺成功地应用于油菜饼粕蛋白质的提取之中。在对脱脂油

菜籽饼粕蛋白质酶水解研究中发现，在碱性蛋白酶和木瓜蛋白酶的最适作用温度和起始pH下，先用碱性蛋白酶水解再添加木瓜蛋白酶水解的分步水解方法得到水解产物的水解度和氮收率很高，在 pH3~9 范围内水解产物有较好的溶解性，氮溶解性指数在76.92%以上，而且此方法由于不经酸碱中和，盐分含量较低（0.26g/100mL）。用分步酶水解法提取大米蛋白还有待于进一步研究[237]。

③物理处理对酶法提取大米蛋白的影响：美国阿肯色大学食品科学系 Tang 等[236]的研究表明，物理处理能够提供一个合适的微环境来溶解和提取蛋白质并且增加蛋白质的抽提率。该研究评估了超声波处理、冻结-融化、高压力和高速度均质在有或没有酶的情况下对大米糠中蛋白质的提取的影响。超声波处理、冻结-融化、高压力和高速均质分别从大米糠中提取了 15%、14%、11% 和 16% 的蛋白质。在 0、20%、40%、80% 和100%输出功率（750 W）的声波处理下，只添加糖酶时提取了 25.6%~33.9% 的蛋白质，同时添加淀粉酶和蛋白酶时可以提取 54.0%~57.8%。在 0、200、500 和 800MPa 的高压力处理下，可提取 10.5%~11.1% 的蛋白质，添加了淀粉酶和蛋白酶时可以提取61.8%~66.6% 的蛋白质。高速均质处理下，比未经此处理的对照组（9.9%）多提取了5%的蛋白质。这些结果表明物理处理与酶处理联合有利于提取大米蛋白质[246]。

④二硫键还原剂对酶法提取大米蛋白的影响：大米中二硫键较多，从而使蛋白分子形成更大的聚合体，这是其溶解性较差的主要原因。如果用 SDS、Na_2SO_3 等打开二硫键，最大限度使蛋白分子处于伸展状态，而且同时应用多种蛋白酶在不同的位点切割蛋白分子，则应该更有利于蛋白质的水解，其功能性可能更容易改善[247]。

碱法、单酶法、多酶法和分步水解法等可用于大米蛋白的分离提取。加酶量、pH、温度、时间等是影响蛋白质提取效果的主要因素。适宜的物理处理和非蛋白酶的存在可以改善蛋白质的提取效果[248]。

碱法提取的大米蛋白持水性、吸油性和起泡性优于酶法提取的大米蛋白，而酶法提取的大米蛋白的溶解性、乳化稳定性和泡沫稳定性优于碱法提取的大米蛋白。两种方法提取得到的产品乳化能力相当[249]。

⑤高附加值肽：长期以来，谷氨酸和它的盐作为一种风味剂在食品中使用，其中谷氨酸钠是使用最多、最广的一种风味剂。它在食品中的用量为 0.2%~0.8%，过量易引起毒副作用。蛋白质中的谷氨酸本身不是一种风味增强剂，但在某些肽中的谷氨酸则具有增强风味的特性[222]。大米蛋白中具有很高的天冬氨酸和谷氨酸，其脱酰氨肽和蛋白质水解物可用作食品风味增强剂[250]。Hamada 等[251]用蛋白酶 Alalase 处理米糠，使其7.6%的肽键水解，然后用高效液相色谱分离发现，在所有几种肽碎片中，前四种肽中谷氨酸和天冬氨酸为总氨基酸的 57%，这些肽进一步脱氨基后，是一种极好的风味增强剂。

⑥生物活性肽：生物活性肽是指那些有特殊生理功能的肽类，按它们的主要来源，可分为天然存在的活性肽和蛋白质酶解活性肽。天然存在的活性肽包括肽类抗生素、激素等生物体的次级代谢以及各种组织、骨骼、肌肉、免疫系统、消化系统、中枢系统中

存在的活性肽，这些活性肽大部分或含量微少，或提取难，不足以大量生产供给所需。化学人工合成费时费力，成本昂贵，因此，采用酶解蛋白生产生物活性肽是一种比较合理的途径[252]（图7-18）。

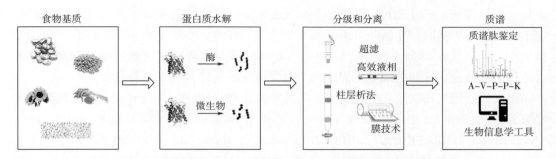

图7-18　用于鉴定植物性食品和副产品中生物活性肽的分析工作流程

　　生物活性序列的释放是第一步。检查释放的肽的生物活性。样品中包含的大量肽通常在通过质谱（MS）鉴定之前需要它们之前的分离。具有不同分子截留膜的超滤通常用于分级步骤。由于其多功能性，效率和自动化能力，各种模式的高效液相色谱（HPLC）是分离肽的优选技术。最近，已经提出了用于分离和纯化生物活性肽的不同膜技术。分离后获得的不同组分测定生物活性，并在MS中注射最活跃的组分。最后，在化学合成后体外和/或体内验证鉴定的肽的生物活性[253]。

　　采用胰蛋白酶消化大米可溶性蛋白可获得一种最新的生物活性肽（Oryzatensin），结构为 Gly-Tyr-Pro-Met-Tyr-Pro-Leu-Pro-Arg，也可表示为 GYPMYPLPR，具有引起豚鼠回肠收缩，抗吗啡和免疫调节活性。Oryzatensin 显示了二步回肠收缩方式。当浓度较低时如 0.3μm，只能引起回肠缓慢收缩，浓度较高时如 5μmol/L，则快速收缩后跟随着缓慢收缩[222]。Takahashi 等[254]认为 Oryzatensin 不是引起快速收缩的直接原因，而是通过诱发回肠释放组氨酸促使回肠收缩，缓慢收缩也同样，经过二酰甘油酶而不是磷脂酶 Az（pLA$_2$）作用，Oryzatensin 能刺激二酰甘油释放花生四烯酸而引起缓慢收缩。因为这二种收缩方式能被河豚毒素和阿托品控制，表明缓慢收缩由拟副交感神经系统控制。尽管 Oryzatensin 与 L 受体的亲和力较弱，但其明显的抗阿片活性跟缓慢收缩联系在一起[255]。

　　在所有引起回肠收缩的肽中，人补体 C3a 引起回肠收缩方式，作用机理跟 Oryzatensin 的类似。C3a 八肽羧基末端即 C3a（70—77）系列为 Ala-Ser-His-Leu-Gly-Leu-Ala-Arg。Oryzatensin 结构跟其较一致（图7-19）：

生物活性肽　　G Y P M│Y P│L P│R
人补体　　　　　　A S H│L G│L A│R

C3a(70—77)

图7-19　生物活性肽结构图

它们在羧基末端有共同的结构 Leu-X-Arg 羧基末端的第五个残基 Leu73（C3a70-77）Ty5r（Oryzatensin）都是疏水的。所有这些发现都说明了 Oryzatensin 是一种特殊 C3a 受体的激动剂[222]。

Taniguchi 等[256]用胃蛋白酶水解水稻胚乳蛋白（REP）并使用无两性电解质的等电聚焦（自动聚焦）产生 20 个具有不同等电点（pI）的多功能阳离子肽的组分。随后确定了每种组分对病原体牙龈卟啉单胞菌，痤疮丙酸杆菌，变形链球菌和白色念珠菌的抗微生物活性。组分 18、19 和 20 具有大于 12 的 pI 并且表现出抗牙龈卟啉单胞菌，痤疮丙酸杆菌和白色念珠菌的抗微生物活性，但对抗变形链球菌没有活性。在进一步的实验中，研究者使用反相高效液相色谱和基质辅助激光/解吸电离-飞行时间质谱来纯化和鉴定组分 18、19 和 20 的阳离子肽。研究者还化学合成了 5 种鉴定出的肽（RSVSKSR，RRVIEPR，ERFQPMFRRPG，RVRQNIDNPNRADTYNPRAG 和 VVRRVIEPRGLL），其 pI 值大于 10.5，并评估了抗微生物，脂多糖（LPS）中和和血管生成活性。在这些合成肽中，仅 VVRRVIEPRGLL 显示出抗牙龈卟啉单胞菌的抗微生物活性，IC50 为 87μm。然而，所有五种阳离子肽都表现出 LPS 中和和血管生成活性，在功能浓度下对哺乳动物红细胞几乎没有或没有溶血活性。现有数据显示了五种鉴定的阳离子肽的双重或多重功能，几乎没有或没有溶血活性。因此，含有来自 REP 水解产物的阳离子肽的组分有可能用作食品中的膳食补充剂和功能性成分。

（二）抗性蛋白

根据大米蛋白形状和粒径大小可分为 PB-Ⅰ和 PB-Ⅱ两种类型。1975 年，人们在东京下水道内发现无数 1~2μm 非细菌粒子。通过喂养试验确定这些粒子来源于大米消耗后的残渣，称其为残渣蛋白粒子（FPP）。化学分析表明，FPP 不是淀粉而是蛋白质和脂类的复合物。现在 FPP 又被许多食品学家称为抗性蛋白。有关 FPP 的来源有二种观点，一种观点认为：FPP 是 PB-Ⅰ在蒸煮过程中其中心蛋白变性的结果，机械损伤如研磨也会产生不易消化残基。在透射电子显微镜下可看到，PB-Ⅰ中心含硫复合物比四周高，由含硫氨基酸引起，在二硫键作用下 PB-Ⅰ中心蛋白质键缠绕在一起，导致未消化或不可溶结构的形成。用蒸煮和未蒸煮大米喂养小鼠，未蒸煮大米 100% 被消耗掉，而蒸煮大米只消耗掉 85%，证明了破坏理论的正确性[222]。

另一种观点认为，电子显微镜和免疫化学观察正在发育的大米蛋白质体，发现正在形成的 PB-Ⅰ中心，其抗醇溶性蛋白抗体跟四周相差无几，但结构跟四周明显不同，说明机械损伤使中心成为 FPP 的假设不能接受[222]。

尽管 FPP 的形成、作用机理还处于进一步探索之中，但通过酶法已生产出跟 FPP 结构相同的粒子。食品和生化家认为，酶法生产无毒的、不能消化的蛋白（抗性蛋白）作为一些药品的载体，将在医疗或兽医上发挥其独特的作用[222]。

（三）米浓缩蛋白脱酰胺

大米蛋白是一种过敏性低、营养价值高的植物蛋白，但由于其溶解性差而影响其乳化性与乳化稳定性、起泡性与起泡稳定性及持水持油性等其他加工性能，使大米蛋白难以在食品中得到进一步应用，因而需要针对其溶解度等功能性质进行改性[257]。

脱酰胺改性是植物蛋白改性中常用的一种方法，脱酰胺的蛋白质与未改性样品比较，溶解度、乳化与乳化稳定性、发泡与发泡稳定性及持水性等均有改善。脱酰胺改性方法包括物理方法、化学方法和生物酶法[258,259]。

物理方法包括高温热脱酰胺和控制温度、湿度和 pH 的双螺杆挤压法脱酰胺，这两种物理脱酰胺方法采用 110℃ 以上的高温处理，脱酰胺度最高达 29.65%[258,259]。

化学法脱酰胺有酸法、碱法和磷酸盐等其他阴离子对蛋白质脱酰胺改性，虽然在一定温度范围内碱法脱酰胺较酸法快，但由于碱法脱氨破坏半胱氨酸，形成赖氨酰丙氨酸，降低蛋白质的营养价值而在食品工业中较少采用[237]。酸法脱酰胺是一种常用而且有效的脱酰胺方法，很多学者用稀盐酸或稀醋酸对谷朊粉、麦胶蛋白和花生蛋白进行处理，得到很好的脱酰胺效果。此外，磷酸盐和碳酸盐等也可用于蛋白质的脱酰胺改性[260]。

Liu 等[261]研究了谷氨酰胺酶对米谷蛋白脱酰胺作用的影响。将水不溶性米谷蛋白在 200mmol/L 磷酸钠缓冲液（pH7.0）中于 37℃ 脱酰胺至脱酰胺度 52.29%，持续 48h。Zeta 电位分析表明，米谷蛋白的谷氨酰胺被脱酰胺成谷氨酸残基。尺寸排阻色谱结果表明，谷氨酰胺脱酰胺破坏了米谷蛋白中的疏水性、氢键和一些分子间二硫键，从而重排了分子质量分布，而没有肽键的严重裂解。傅立叶变换红外光谱分析揭示了 α-螺旋转化为无规卷曲和通过脱酰胺转化 β-转角，表明脱酰胺米谷蛋白保持更多的柔性或延伸形式。通过谷氨酰胺酶脱酰胺作用显著改善了米谷蛋白在温和酸（pH5）和中性缓冲液（pH7）中的溶解性。脱酰胺米谷蛋白的这些新特征表明，谷氨酰胺酶可能是提高大米蛋白在食品工业中可用性的潜在工具。

（四）大米蛋白酶法制备可食用膜

谷氨酰胺转氨酶（TG）是一种催化酰基转移反应的转移酶，它以肽链中谷氨酰胺残基的 γ-羧酰胺基作为酰基供体，赖氨酸残基的 ε 氨基为受体，形成蛋白质分子内和分子间的 ε-（γ-Glu）Lys 异肽键，将较小的蛋白质基质交联成高分子网络结构[262]。

当大米蛋白的质量分数 5%，甘油的添加量为质量分数 3%，谷氨酰胺转氨酶的添加量为质量分数 0.2%，酶反应时间 90min，膜液在 80℃ 处理 40min，能得到性能较好的膜。在这个条件得到的可食用膜的性能比较理想，膜的延伸率为：$E = 108.11\%$；抗拉强度为：$T = 3.35MPa$；透水率为：$22.4g$[263]。加酶后膜的抗拉强度明显增大，这是由于通过 TG 的交联作用使膜的结构变得致密。

（五）米糠蛋白

米糠蛋白是一种源自米糠的植物蛋白，在功能性和营养食品开发中是具有高度通用和潜力的成分。米糠蛋白的营养和健康特性，包括平衡氨基酸组成，低过敏性，抗氧化，抗糖尿病和抗癌活性。提取方法包括碱提取、添加解离剂、酶水解和物理处理。

Zang 等[264]研究了胰蛋白酶水解度（*DH*）对米糠蛋白（RBP）结构，溶解度和乳化性能的影响，十二烷基硫化钠聚丙烯酰胺凝胶电泳（SDS-PAGE），内源荧光，表面疏水性和圆二色（CD）技术用于分析结构特征，水解可以改变蛋白质的分子量，增加其柔韧性和流动性，改变其表面疏水性，并增加其溶解度。由具有不同 *DH* 值（1%，3% 和 6%）的米糠蛋白质水解产物（RBPH）制备水包油乳液。在以下环境压力下研究 RBPH 稳定的乳液的稳定性：pH（3~9），离子强度（0~300mmol/L NaCl）和热处理（30~90℃，30min），测量粒度和表面电荷（ζ-电位）作为乳液稳定性的指示，用 3% *DH* RBP 制备的乳液比用其他 *DH* 值 RBPH 制备的乳液稳定得多，并且该米糠蛋白（RBP）在食品工业中具有作为乳化剂的潜力。

三、 低过敏大米

相对于大豆、花生、小麦等农产品来说，大米具有较弱的过敏性，且在传统上大米一直被认为是低过敏性的，致使大米过敏性的研究进展缓慢，某些研究成果还不成熟，尤其在国内，开发低过敏大米甚少。近些年来，国内外相继报道有对大米过敏的病例，尤其是患有特异性皮炎的人对大米中的球蛋白存在过敏反应。因此，研制低过敏大米已逐渐引起了学者们的重视。采用木瓜蛋白酶分解大米中的过敏原（球蛋白），制取低过敏大米。

（一）大米过敏简介

一种抗原进入机体后，会导致机体发生正常的或过度的免疫应答，我们通常称过度的免疫应答为超敏反应。与免疫相关的超敏反应分为Ⅰ-Ⅳ型，食物过敏大多为Ⅰ型速发超敏反应。IgE 是介导Ⅰ型超敏反应的抗体。Ⅰ型超敏反应发生时，与过敏原特异的 IgG 抗体会与 IgE 抗体竞争结合过敏原，从而一定程度上抑制了反应的发生。在某些情况下，人们通过检测 IgG 来间接地反映抗原的过敏性质[265]。Eysink 等[266]研究发现小麦与大米的混合物所引起的特异性 IgG 抗体和特异性 IgE 抗体之间存在很大的相关性；Pattis 等[267]采用酶联免疫吸附法用大豆分离蛋白、米糠蛋白进行抗原性实验，其引起的 IgG 滴定度分别为 21845000 和 655000，大豆分离蛋白具有更强的抗原性，这一切似乎与人们的想法相吻合，然而引起 IgE 抗体与 IgG 抗体的抗原决定簇是不相同的，上面的例子就不具有普遍的意义。尽管大米蛋白相对于其他蛋白具有更低的抗原性，事实上对大米过敏的患者依然存在，在日本已经出现了多例由于摄入大米而导致皮肤过敏的患者。这说明了两方面的问题，一是大米中绝大部分的蛋白质具有很低的抗原性，是不会引起过敏的，二是大米中仍含有过敏的成分，尽管这样的成分不是很多。所以明确大米中的过敏成分对于大米过敏的研究就显得非常必要[265]。

（二）大米中过敏成分

大米的胚乳包含 8% 左右蛋白质，大部分以贮藏蛋白的形式积聚在蛋白体内。按照其溶解度分为四个部分，清蛋白、球蛋白、醇溶蛋和谷蛋白（含量分别约为 6%、10%、3%、81%）。Matsuda 等[268]利用大米过敏患者血清中特异性 IgE 与过敏原相结合的特点，检测了大米蛋白中各种组分的抗原性，在大米盐溶蛋白中分离出一种分子量约 16kDa 的过敏蛋白，此过敏蛋白约占整个胚乳蛋白的 5%，其与所检测的三个患者的血清 IgE 都有强烈的反应，研究表明 16kDa 的过敏蛋白所有半胱氨酸残基相互交联形成胱氨酸，其具有很高的热稳定性，也不易被蛋白酶水解；后来 Matsuda 进一步分离出三种过敏蛋白，分子质量分别为 16、15.5 和 14 kDa，等电点分别为 6.3、6.5 和 7.9，并指出过敏蛋白成分主要在清蛋白中，这三种蛋白是目前已知的大米中最主要的过敏原。Alvarez 等[269]推断出的大米过敏蛋白的氨基酸序列非常相似于小麦和大麦的 α-淀粉酶/胰蛋白酶抑制剂，而此抑制剂最近被认为是引起哮喘的主要过敏原，同时他验证发现大米过敏蛋白对人的唾液确实具有抑制的作用。Izumi 等[270]推断出 16kDa 过敏蛋白二硫键的连接方式，五个分子内二硫键的存在使 16kDa 蛋白质的多肽结构保持相对的稳定，这种稳定的结构使 16kDa 的过敏蛋白具有高的耐热性且不易被消化。水稻可溶性蛋白质的胰蛋白酶消化产生一种名为 oryzatensin（GYPMYPLPR）的肽，具有刺激免疫系统的能力，oryzatensin 尤其对人多形核白细胞显示出吞噬作用促进活性，并增加人外周白细胞产生的超氧阴离子[254]。

为了解米糠的致敏性，Satoh 等[271]分析了糙米粒中大米过敏原的分布，确定了含有米糠的化妆品和保健食品的致敏性。RAG2 和 19kDa 球蛋白定位于精米中，而 52kDa 球蛋白定位于米糠中。52kDa 球蛋白也被鉴定为米糠过敏的最可能的致病过敏原。发现含有完整米糠的几种产品含有 52kDa 球蛋白。Satoh 等[271]的研究提供了有关含有潜在米糠过敏原的化妆品和健康食品的第一个数据。使用米糠过敏患者血浆的蛋白质印迹分析显示，52kDa 球蛋白被检测为米糠和一些含米糠的化妆品和健康食品的 IgE 结合蛋白。Satoh 等[271]的研究结果表明，米糠过敏患者需要注意使用含有完整米糠作为成分的产品。

（三）去除大米过敏原方法

大米过敏原的去除方法大体上分为三种：

1. 物理化学方法

过敏蛋白中包含的二硫键，可以用硫氧还原蛋白降解为硫氢基。二硫键存在时有过敏性，当被还原为硫氢基时，其过敏性就会消失。过敏蛋白大多为盐溶蛋白，利用过敏蛋白和非过敏蛋白的溶解性不同，用盐溶液萃取经酸浸泡的大米，大部分过敏蛋白会溶解于盐溶液中，达到了把过敏蛋白去除的目的。另外，Ryo Nakamura 利用超声波处理浸泡过的大米，去除了约 90% 过敏蛋白，而其他蛋白没有明显损失[272]。

2. 酶分解过敏原方法

由于与过敏反应相关的仅为部分抗原决定簇，破坏及除去这类决定簇也成为开发低过敏大米的关键。Michiko等采用六种不同的酶水解大米蛋白以破坏其抗原决定簇，其中以肌动蛋白酶处理效果最好，在被检测的七名患者中有六名患者不再对此大米过敏，采用此方法制成的低过敏大米现在已有商品出售[272]。陈宝宏等[182]通过木瓜蛋白酶分解大米中的过敏原，不仅可以降低大米的过敏性，同时也可以改善其食用品质。不过这种方法需酶量很大，制成的低过敏大米的价格也很昂贵[273]。

3. 育种方法

此方法主要有两种，传统的育种法和采用基因工程的方法。为了找到不含过敏蛋白的大米，Takahirco Adachi检测了150种不同种类的大米，结果发现绝大部分都含有14~16kDa的过敏性蛋白，仅有几种野生品种不含或含有少量的过敏蛋白，然而它们缺乏胚乳而不具有食用的价值[272]。由于这样的原因，人们把目光投向了基因的方法，Tada等[274]开发出一种转基因大米，其所含过敏蛋白量只有普遍大米的1/5。由于很少量的过敏原仍可导致过敏，所以仍然不能保证大米过敏患者对其不再过敏，仍需要进一步开发出过敏蛋白含量更低的转基因大米[265]。

对大多数人来讲，大米过敏可能是那样的遥不可及，但我国也有对大米敏感的人，具体是由于免疫的还是饮食习惯的原因，目前还不清楚。由于各民族的遗传因素差异和饮食习惯的不同，引起过敏的过敏原可能会有所不同，因此确定我国大米是否含有过敏成分是我们下一步所要研究的内容[265]。

四、 大米胚芽中脂肪酶抑制剂的研究

现代人常苦于高脂肪的摄入而引起的肥胖和因肥胖而引起的富贵病，如一些心血管疾病、糖尿病、高血脂症等，如果能够阻止脂肪的吸收消化，同时配合低脂肪膳食，对高脂肪引起的肥胖和疾病将有很大的改善。因此研究开发具有抑制脂肪酶活性功能的物质，成为预防和治疗肥胖的一种有效的途径，目前市售的减肥药物中，有一部分即是通过抑制脂肪酶活性来达到减肥目的，但皆是合成类药物，有不同程度的副作用[275]。在崇尚自然的现代社会更需要纯天然的脂肪酶抑制剂，据报道，血清清蛋白、β-乳球蛋白、某些大豆蛋白及从小麦胚芽中提取的碱性蛋白等具有抑制脂肪酶活性的功能[276]。其提取工艺如图7-20所示。

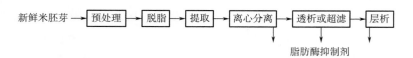

新鲜米胚芽 → 预处理 → 脱脂 → 提取 → 离心分离 → 透析或超滤 → 层析

脂肪酶抑制剂

图7-20　脂肪酶抑制剂提取工艺流程

米胚芽是稻米加工中的副产品，占稻谷 2%～2.2%，估计我国大米胚芽年产量为 10 万 t 以上，在我国一直未能很好地开发利用。研究开发米胚芽中的脂肪酶抑制剂，作为减肥降血脂等保健食品的材料，不失为米胚芽开发利用的一条新途径。脱脂米胚芽中具有抑制脂肪酶活性的物质的提取，最佳的提取工艺条件为：温度 35℃、料水比 1∶5、pH6.5 和提取时间 3h，在此条件下米胚芽提取物对脂肪酶活力的抑制率（以下简称抑酶率）为 46.7%；最佳的脱脂溶剂为正己烷。通过对米胚芽提取物进行热和蛋白酶处理的结果初步断定，提取物中抑酶活性成分为蛋白质[277]。

五、 酶处理陈化大米

大米在陈化过程中，本身含有的物质在量的变化上较小，而这些微小的量的变化却会引起米粒内部结构的变化，结构变化不仅仅是本身物质结构上的改变，也有一部分是变化中产生的各物质间相互连结造成的米粒内部结构变化，最终导致了米粒蒸煮品质或食用品质的变化[278]。

新米蒸煮以后的黏性大于陈米是因为新米胚乳细胞壁的脆性较大，在蒸煮时容易破裂，也容易形成黏稠的状态，蒸煮以后，陈米饭粒的外侧和中心部分的淀粉细胞未充分破裂，而新米饭粒的中心部分的淀粉细胞已经破裂，这种差异影响到了米饭的黏性[279]。

从纤维素酶处理前后米粒结构变化的显微镜观察结果来看，酶处理效果主要表现在对胚乳外层细胞的作用，它可以使由于陈化导致的这一层增厚的糊粉层变薄乃至出现局部通道，使水分进入变得更容易，而从高倍显微镜放大的内部结果来看，酶及水分从米饭的结构观察结果来看，新米饭表现出淀粉糊化完全，间质整齐划一等特点，而陈米在同样条件蒸煮以后表现出淀粉糊化不完全结构比较粗糙的特点，估计与米饭口感变差有很大关系，通过酶处理以后蒸煮出来的米饭，其结构发生了较大的变化，淀粉糊化完全，各种物质在米饭各个部位分布均匀，粗糙的质感也随之消失了[280]。

第三节
酶工程技术在玉米加工中的应用

玉米又称玉蜀黍、珍珠米，16 世纪被外国人当作晋见中国皇帝的礼品而传入我国，有"御麦"之称[281]。在世界粮食生产中，玉米播种面积和总产量仅次于小麦和水稻，居第三位[282]。我国玉米的种植面积和总产量居世界第二位[283]。玉米作为我国的主要粮食作物之一，其营养价值丰富，含有大量的氨基酸、脂肪和粗纤维，其次还含有谷胱甘肽和大量的硒镁元素，对抑制癌细胞具有一定作用[284]。我国医学认为：玉米味甘、性平可利尿、利胆、止血、降血压，因此玉米是很有开发潜力的食品原料[285]。

玉米的加工方法根据所获得的主要产品不同，可分为干法加工和湿法加工。干法加工主要产品有玉米糁、玉米粉、玉米胚；湿法加工主要产品有玉米淀粉和副产品。

　　玉米深加工开始于美国，美国的国内战争期间，以托马斯·金斯福特（Thomas Kingsford）开发的玉米淀粉水解工艺为标志。另一项主要进展是1866年用玉米淀粉生产葡萄糖[286]。自玉米湿磨工业诞生以来，各种产业化技术创新和改进为该工业的发展提供了更高效率，更大生产率、更好工作条件以及生产更优良产品的能力[287]。

　　20世纪以来，玉米深加工工业将新开发的成果和工艺付之于实践，如逆流式工艺；旋转真空过滤机用于淀粉和麸质的分离；水力旋流器引入，用在淀粉的洗涤工艺；针磨代替石磨；DSM筛（曲筛）代替滚筒纤维洗筛和胚芽洗涤振动筛和中央工艺控制计算机系统等。

　　最近20年中，工厂的变化主要在能源的生产和利用领域。深加工工业采用了许多新式的锅炉，对干燥和蒸发系统进行了改造。机械脱水、多效机械蒸汽再压缩蒸发器都得到相当普遍的利用[286]。近15年来膜材料技术的进步大大扩大了玉米湿磨工业应用微滤技术的可能性。20世纪80年代中期，在玉米葡萄糖浆进行活性炭和离子交换工艺之前，深加工厂商们开始采用膜过滤技术除去蛋白质和其他非糖浆物质。膜过滤技术提高了糖浆的质量，从而也减少了活性炭的用量，延长了离子交换树脂的寿命。膜技术同样用于洗涤、变性淀粉和浓缩葡萄糖浆。最近，特别是不锈钢膜开始应用以后，应用的范围有可能扩展到浸泡水过滤，这样可以除去大分子的蛋白质，提高了蒸发器的性能，增加了麸质饲料的产量，高固体含量的过滤浸泡水可直接销售给发酵工厂[286]。

　　抗消化淀粉是一个相当新的产品，仍然处在市场开拓的早期。抗消化淀粉在小肠中不易消化，功能同食物中的纤维一样。可作为降糖和减肥食品中的填充剂。

　　目前市场上可见到的但仍处在早期开发阶段的产品，有环境的代用品和石油用材料。生物降解包装材料可通过玉米淀粉挤压改变其物理性质的方法生产得到。聚乳酸可以制成商用的塑料制品，价格可同不可再生资源生产的产品竞争。这类材料可制成纺织品、地毯、杯、食品容器、包装和装备。在可预见的将来，以玉米为原材料制成的衣服会成为现实。以葡萄糖为原材料生产对苯二酸丙二醇酯（Three Carbon Glycol Terephthalate，3GT）的研究具有光明的前途。3GT可以制成同丝的质量相类似的纤维。

　　玉米深加工厂商利用深加工工业的坚实技术基础，结合其他工业的新技术进行动态产品革新，以创造新市场和提供更宽的产品多样性。

一、　酶技术用于玉米高筋粉加工

　　2002年北京科技大学玉米食品专家王福林教授利用现代生物工程技术经多年的潜心研究研制成功的生物酶化玉米高筋粉生产技术，通过国家有关部门的鉴定，并由北京科大群龙科技有限公司、山东莱州分公司投入批量生产。用该技术生产的玉米高筋粉食用起来不仅口感滑爽、筋道，而且去除了普通玉米面粉口感粗糙和苦涩；不仅具有小麦面粉的滑爽、荞麦面粉的筋性，而且还有玉米特有的清香。2012年王景会等[288]采用枯草芽孢杆菌和黑曲霉分泌的胞外酶修饰玉米粉，结果表明：改性后玉米粉的总淀粉及真蛋白含量显著下降，直链淀粉含量及溶解度有所提高，枯草芽孢杆菌胞外酶改性玉米粉的黏度、凝胶膨胀率及保水力有所上升，而黑曲霉胞外酶改性玉米粉的黏度、凝胶膨胀率及保水力均有所下降。两种酶改性后玉米面团的韧性及延展性均显著改善，表明改性玉米粉具有加工饺子、面条等主食品的潜力。

生物酶化玉米面粉和工艺机理是：以普通玉米为原料，利用生物工程技术对其分子结构进行局部的修饰使分子链得到适当调整和嫁接后精制而成，不添加任何胶类物质、防腐剂、抗氧化剂。该面粉不仅保留了玉米的原有色泽、香味及营养成分和玉米中具有抗衰老作用的亚油酸，而且玉米在生物酶化过程中还生成了含硒的谷胱甘肽过氧化酶，经生物化学研究表明，这种酶具有抗环氧化和抗过氧化作用，因此能阻止过氧化物和自由基的形成，在人体内起到一定的抗衰老和抗癌变作用[289]。

玉米高筋粉不仅可以制作水饺、馄饨、小笼包、面条、馒头、烙饼，还可以做机制挂面、米线、馅饼、猫耳面、通心粉、糕点、面包、方便面等。食用起来口感爽滑、筋道，去除了玉米口感粗糙、食味辛辣的缺点，使玉米的可食性得到进一步提高。

作者项目组将酶制剂直接作用于玉米粉，研究酶处理后的玉米粉巯基含量、直链淀粉和支链淀粉等的变化从而间接反映酶在改善玉米粉加工适性的作用；其次研究了将酶直接作用于原料玉米，然后制粉。在研究中首次将谷蛋白溶涨指数引入衡量玉米粉品质，通过谷蛋白溶涨指数和保水力分析，发现酶制剂处理玉米后可以大大提高玉米粉的筋力。为平衡玉米粉的营养品质和降低生产玉米专用粉的成本，对一些天然的面粉复配组分对玉米粉保水力和黏度的影响进行研究，找到了适用于不同玉米专用粉的复配组分。根据目前国内同类研究的结果，玉米粉经高温高压处理后可提高其黏弹性，本研究创造性的开发出在130~150℃下射流熟化玉米粉，该熟化玉米粉作为我们开发玉米专用粉重要辅料之一。

通过对酶和复配组分进行正交实验，研制出可用于工业化生产的玉米饺子专用粉、玉米馒头专用粉、玉米面条专用粉和玉米蛋糕粉。四种专用粉的原料均为普通的黄色玉米，经酶制剂浸泡处理后，进行制粉，制的面粉部分再次用酶制剂处理，另一部分进行喷雾熟化处理制成熟化玉米粉。两种特制玉米粉按照不同比例进行混合后加不同复配组分后制成相应的专用粉。

本工艺生产的玉米专用粉最大限度保留了玉米原有的营养价值和风味，同时针对其营养缺陷，通过添加大豆蛋白粉补充了赖氨酸。玉米专用粉模糊了粗粮与细粮的界限；玉米专用粉用凉水和成面团时，跟普通小麦粉一样，制作加工成熟食品后，所用制品均具有玉米特有的金黄色，可闻到玉米的清香，吃起来没有粗粮难下咽的感觉，更没有胃酸和烧心等不良反应[290]。

二、　玉米淀粉

（一）　玉米淀粉的加工

玉米是富含淀粉植物，籽粒中淀粉含量可达64%~78%，经过湿法生产可提取淀粉。

玉米的湿磨工业发展迅速，它能够有效地分离籽粒各部分，生产高纯度的淀粉和副产品。湿法生产玉米淀粉的主要目的是把玉米粒充分地分解成其组成部分，逐步分离，得到各种产物，从而最大限度地提取淀粉[291]。湿法生产玉米淀粉的关键环节是玉米浸泡、胚芽分离、淀粉与蛋白质分离等。每一道工序都影响淀粉的得率。浸泡工艺是玉米淀粉生产工艺中第一道工序，这一步的好坏最为关键，不适宜的浸泡操作，不仅增加成本，而且影响淀粉成品的质量与产量[292]。目前，浸泡工艺是把玉米籽粒浸泡在含有 0.2% ~ 0.3%的亚硫酸中，在 48~55℃的温度下保持 48~72 h。亚硫酸具有打破蛋白质的网状结构，使玉米籽粒表皮的半透性变成通透性，钝化胚芽，防腐，以及有助于乳酸形成等的作用。应用较高浓度亚硫酸水溶液浸泡玉米存在的主要问题是会在一定程度上造成设备的腐蚀，地下水污染，产品中亚硫酸残留等。浸泡时间在整个生产工艺流程中比其他各步使用的时间均长，这就限制了玉米淀粉生产的效率，生产时间长，消耗的能源多[291]。

目前，世界各国研究人员正在致力于在保证浸泡效果的同时降低浸泡水中亚硫酸的浓度，缩短浸泡时间的研究。玉米籽粒的皮层主要是由纤维素构成的，由于半透性皮层的存在，阻碍了水分的进入和玉米粒内部可溶性物质向外的渗透。纤维素酶是一种复合酶，它含有 C_1，C_x 酶和 β-葡萄糖苷酶等三种主要组分[293]，另外它还含有一定的果胶酶、半纤维素酶、蛋白酶、淀粉酶和核酸酶等，这些酶是辅助酶，通过这些酶的协同作用，可以使植物细胞壁很快分解、崩溃。纤维素酶应该能够使玉米籽粒皮层的半透性变成通透性，提高玉米浸泡效果，缩短浸泡时间。

段玉权等[291]通过使用纤维素粗酶制剂对湿法生产玉米淀粉的浸泡工艺的影响进行了研究，结果表明，纤维素粗酶制剂能够显著地缩短玉米淀粉生产的浸泡时间，降低了二氧化硫的使用浓度，在 0.1%的二氧化硫浓度的浸泡液中添加 0.3%纤维素粗酶制剂，作用时间为 12h，其淀粉得率为 57.0%，而使用传统的逆流法工艺（实验室模拟）浸泡48 h 的淀粉得率仅为 54.1%。

（二）非晶化淀粉

淀粉是一种天然高分子化合物，在淀粉颗粒的结构中包含结晶相与非结晶相两大部分组成，如图 7-21 所示，对淀粉颗粒结晶的研究，涉及淀粉颗粒及淀粉分子的组成与结构，淀粉颗粒的天然合成与机理，淀粉糊化过程和糊化机理，淀粉的化学反应活性与反应机理，淀粉及变性淀粉产品的性质和应用[294]。

Scherrer 曾证明淀粉具有结晶性，1920 年，Herzog 等[296] 用 X 射线衍射证实了Scherrer 的实验结果。1941 年 Katz 在研究面包的变质问题时，建立了目前仍在使用的淀粉结晶结构的一些概念即天然的淀粉颗粒主要产生两种类型的各具特色的 X 射线粉末衍射图，将淀粉分为 A 型模式、B 型模式和 C 型模式，1977 年 Fench [297] 发现直链淀粉形成络合物的典型 X 衍射图形即水合 V 型模式，1993 年 Gernat 等[298] 用 X 射线衍射研究了不同含量链淀粉的谷类和豆类淀粉，发现高链淀粉含有 74.6% ~ 84.6% B - type 和15.4% ~ 22.6% V-type。1999 年 Lebail 等[299] 发现水分和温度对结晶类型有决定性作用，

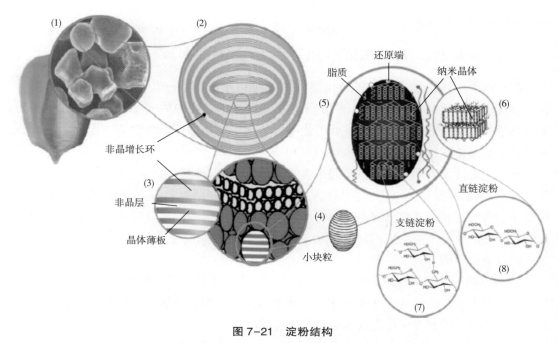

图7-21 淀粉结构

淀粉结构的表示 (1) 玉米淀粉颗粒 (30μm), (2) 半结晶和无定形淀粉生长环 (120~500nm),
(3) 结晶和无定形薄片 (9nm), (4) 生长 环状和嵌段内部结构 (20~50nm), (5) 支链淀粉的双螺旋,
(6) 淀粉纳米晶体或通过酸水解产生淀粉纳米晶体时称为结晶薄片, (7) 支链淀粉的分子结构 (0.1~1nm),
(8) 直链淀粉的分子结构 (0.1~1nm)。改编自 Ogunsona 等[295], 2018。

在高水分含量情况下, 络合物形成 V 型结构, 中等水分则形成 A+V 型 (对高直链淀粉 B+V)。随着对淀粉结晶研究的深入, 人们发现了淀粉颗粒在某些条件下具有非晶化现象, 1998 年日本的 Tamaki 等[300] 报道了球磨机对玉米淀粉颗粒进行长达 320 h 研磨后, 淀粉颗粒发生的逐渐非晶化现象。

梁勇等[294] 借助三氯氧磷高交联改性对淀粉颗粒的非晶化作用, 并顺利制备高交联的非晶颗粒态淀粉。非晶颗粒态淀粉颗粒的表面更加圆滑, 原淀粉多角形貌特征已被溶胀破坏, 表面的小孔也已经消失。α-中温淀粉酶生物活性对非晶颗粒态淀粉作用能力高, 使用较少量的酶作用于非晶颗粒淀粉, 在颗粒表面上可以观察到明显变化。非晶颗粒态淀粉颗粒由于存在爆裂口, 所以酶对非晶淀粉作用均从爆裂口开始, 逐渐由爆裂口开始均匀扩张, 颗粒模糊, 最后颗粒消失, 不同时间、酶量、温度对酶降解作用均产生一定影响。其中温度可明显加快酶降解速度, 酶量的增加同样对酶降解产生显著影响, 时间的延长也可以使非晶颗粒态淀粉逐渐降解, 但变化较慢。

Sun 等[301] 使用普鲁兰酶脱支和重结晶 15% 的天然蜡质玉米淀粉制备具有高达 55.41% 的结晶度和高于 85% 的产率的纳米淀粉晶体 (SNC)。因此, 这可能是用于纳米颗粒的工业生产的有前途的方法。Sun 等[301] 采用普鲁兰酶制备的纳米颗粒为宽 50~100nm, 长 80~120nm。Qiu 等[302] 采用普鲁兰酶制备的纳米颗粒为球形, 粒径为 60~123nm。Ji 等[303] 采用普鲁兰酶和湿热处理制备的纳米颗粒为球形或椭圆形, 纳米颗粒宽

50~100nm，长 80~120nm。

（三）淀粉磨制方式与酶的作用

淀粉水解是其在食品、饮料和化学等工业应用中关键的一步。不经纯化的淀粉材料，如玉米磨料和玉米粉的转化，引起了包括葡萄糖工业在内的诸多科研人员和专家的极大关注，这是由于成熟的淀粉水解工艺可以节约一笔相当可观的投资。无论是干磨淀粉还是湿磨淀粉都是可用于直接水解。

已有人做过大量的研究比较不同来源的淀粉以及被不同酶水解的情况，然而黄祥斌等[304]研究比较了干磨与湿磨淀粉制品的水解情况，研究结果表明 α-淀粉酶与葡萄糖淀粉酶在干磨与湿磨玉米粉水解中的协同作用。协同作用可限制反应时间；可避免葡萄糖淀粉酶制品所常有的负反应问题（使得其中含有转葡糖基酶杂质）；还可避免由葡萄糖导致的对糖化酶的抑制。

α-淀粉酶和糖化酶对原干磨玉米的协同作用是经济可行的，糖化酶与 α-淀粉酶的最佳比例为 1.8AGU/KNU。干磨玉米淀粉比光滑玉米淀粉和湿磨玉米淀粉水解都要快得多，相比之下，干磨玉米淀粉的水解也是最有效的[304]。

（四）淀粉复合变性

曾洁等[305]对玉米淀粉采用次氯酸钠氧化和 α-淀粉酶水解处理，研究了玉米淀粉的酶解-氧化复合变性工艺以及对其应用性质的影响。在酶浓度 0.015% 以下，温度 60~65℃，反应时间 0~8min 时可以得粉状颗粒产品；这种复合变性使玉米淀粉的透明度、抗凝沉性以及老化性质得到了极大改善。

来自奈瑟球菌多糖的重组淀粉蔗糖酶用于修饰天然和酸稀释的淀粉。Zhang 等[306]研究了改性淀粉的分子结构和理化性质。酸化淀粉在糊化后显示出比天然淀粉低得多的黏度。然而，该酶对两种形式的淀粉表现出相似的催化效率。改性淀粉具有较高比例的长（DP>33）和中间链（DP 13-33），并且 X 射线衍射显示所有改性淀粉的 B 型晶体结构。随着反应时间的增加，改性淀粉的相对结晶度和吸热焓逐渐降低，而熔融峰温度和抗性淀粉含量增加。在改性的天然和酸稀释淀粉之间的热参数，相对结晶度和支链长度分布中观察到轻微差异。此外，改性淀粉的消化率不受酸水解预处理的影响，但受中链和长链的百分比影响。

（五）玉米多孔淀粉

微孔淀粉是一种新型变性淀粉，其概念是由日本长谷川信弘先生提出，指具有生淀粉酶活力的酶在低于淀粉糊化温度下处理生淀粉后形成的多孔蜂窝状物质。虽然小孔在淀粉粒表面直径只有 1μm 左右，但由于小孔由表及里常常相交形成大洞穴，致使孔容积可增至颗粒体积的 50% 左右。微孔淀粉具有良好的机械强度与吸附能力，且安全、无毒，是一种理想的吸附剂和微胶囊芯材，常被用于维生素、色素、药剂或保健食品中功能活性物质的包埋或吸附剂，对食品和医药生产具有重要意义[307]。

据报告称，种子维持生命（自己消化），霉菌等消化，动物摄食的消化酶分解等会引起淀粉粒子表面开孔，且许多报告表明生淀粉分解酶也会分解淀粉粒子成孔，特别是曲霉属生淀粉分解酶作用明显。所以，工业上现采用将玉米淀粉经生淀粉分解酶作用制得多孔淀粉[308]。

多孔淀粉制法流程如下（图 7-22）：

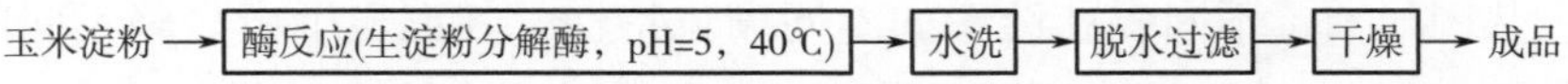

玉米淀粉 → 酶反应(生淀粉分解酶，pH=5，40℃) → 水洗 → 脱水过滤 → 干燥 → 成品

图 7-22　玉米生淀粉制备多孔淀粉工艺流程

方祥等[307]采用糖化酶对玉米淀粉进行部分降解制备微孔淀粉，其工艺流程如下（图 7-23）：

淀粉 → 调制淀粉乳 → 酶解 → 灭酶活 → 抽滤 → 烘干 → 粉碎 → 成品

图 7-23　玉米淀粉制备多孔淀粉工艺流程

王志民等[309]使用 α-淀粉酶和糖化酶水解玉米淀粉制备多孔淀粉的方法，当 α-淀粉酶与糖化酶重量比为 2∶1、pH5.7、50℃、水解 24 h，可获得吸水率、吸油率较高的多孔淀粉；α-淀粉酶与糖化酶同时混合使用较使用单一酶或两种酶先后使用效果更好。

多孔淀粉在许多食品应用中因其吸收和屏蔽能力而备受关注。Dura 等[310]研究了两种不同酶，即真菌 α-淀粉酶或淀粉葡萄糖苷酶（AMG）对亚凝胶化温度下玉米淀粉的影响，作为获得多孔淀粉的替代方法。研究了处理过的淀粉的生化特征，热和结构分析，颗粒的显微分析证实了淀粉的酶促改性，在 AMG 处理的淀粉的情况下获得具有更多附聚物的多孔结构，在酶改性淀粉中观察到热性质和水解动力学的若干变化，酶促改性对 AMG 活性影响较大，水合特性受到显著影响，并且在糊化特性中观察到相反的趋势。总之结果表明，在亚糊化温度下的酶促修饰确实为获得用于各种食品应用的多孔淀粉颗粒提供了有吸引力的替代方案。

环糊精糖基转移酶（CGTase）已用于从淀粉中生产环糊精（CD），但几乎没有探索它们改性淀粉的能力。Dura 等[311]评估了 CGTase 对亚糊化温度（50℃）和不同 pH 条件（pH4.0 和 pH6.0）下玉米淀粉的影响。研究了生化特征，热和结构分析，低聚糖和 CD 含量，颗粒的显微镜分析证实了淀粉的酶促改性，获得了具有不规则表面和小针孔的结构，淀粉改性的程度很大程度上取决于 pH，在 pH6.0 时更高，这也通过在加热和冷却循环期间所得糊剂的低黏度来证实。由于酶处理，热参数不受影响。改性淀粉不易发生 α-淀粉酶水解。对于在 pH 4.0 下处理的样品，释放的 CD 更高。因此，在亚糊化温度下对玉米淀粉进行 CGTase 修饰为获得具有取决于 pH 条件的不同性质的多孔淀粉提供了有吸引力的替代方案。

Benavent-Gil 等[312]比较了不同水解酶产生多孔玉米淀粉的作用。使用一系列浓度测试 AMG，α-淀粉酶（AM），环糊精-糖基转移酶（CGT 酶）和分支酶（BE）。在多孔淀粉上评估微观结构，吸附能力，糊化和热性质。SEM 显微照片显示具有不同孔径分布和孔面积的多孔结构取决于酶类型和其水平，AMG 推出了最大的漏洞。酶促修饰受 AMG 活性影响较大，对吸附能力有显著影响。出乎意料的是，用 AMG 和 BE 处理的淀粉中的直链淀粉含量增加，并且在 AM 和 CGT 酶处理的样品中观察到相反的趋势，表明不同的作用模式。热图显示了不同多孔淀粉的不同糊化特性，其也显示出显著不同的热性质，具有较低的 T_o 和 T_p。可以通过使用不同的酶和浓度来调节多孔淀粉性质。

微孔淀粉作为吸附剂或一种微胶囊包埋的芯材使用时，孔容积是一个主要的质量因素，而吸油率是孔容积的直接反映。如果继续提高酶浓度或延长处理时间，淀粉得率可能还会继续下降，淀粉比容积也有一定的上升空间，吸油率出现一个峰值，因此，可以判断在该酶浓度下达到孔容积的峰值。

原淀粉也具有吸油能力，微孔淀粉吸油率是淀粉表面吸油与微孔吸油共同体现。但表面吸附力较弱，在水中或受到其他物质更大的吸附力时，这种吸附便会发生解离。微孔吸附是一种内部吸附，作用较强，且对一些易受到氧化破坏的活性物质具有保护作用。因此微孔淀粉制备过程中，应尽可能增加表观吸附中微孔吸附的比例，然而淀粉颗粒的孔容积越大，颗粒中心的孔隙越大，淀粉颗粒的结构稳定性就越差，在外力的作用下越容易受到破坏和崩解，可采用一些安全的物质如三偏磷酸盐、表氯醇等进行交联处理以增强其吸附能力和结构稳定性，达到抗溶解和机械破坏的目的[307]。

（六）抗性淀粉

长期以来，人们都认为膳食中的淀粉在人的小肠能被完全水解吸收，但近十几年来研究发现，有少部分淀粉受某种因素或加工过程的影响，其结构发生变化，在小肠中产生抗消化现象，即在人体肠胃中仍不被水解[313]。英国生理学家 Hans 于 1983 年首先将它定义为抗性淀粉（Resistant Starch，RS）。

抗性淀粉有四种类型：RS1（物理包埋淀粉）、RS2（抗性淀粉颗粒）、RS3（老化淀粉）和 RS4（化学改性淀粉）。

抗性淀粉跟膳食纤维一样不被小肠吸收，能原封不动地进入大肠，部分为肠道菌发酵利用而产生短链脂肪酸如丁酸等，较同等膳食纤维产生的丁酸还要多，而丁酸会阻止癌细胞的生长与繁殖，与直肠癌的防治密切相关[314]。另外，抗性淀粉可增加粪便体积，促进肠道蠕动，对于便秘、炎症、痔疮、结肠癌等疾病有良好的预防效果。摄入高抗性淀粉食物，具有较少胰岛素反应，可延缓餐后血糖上升，能有效地控制糖尿病病情。同时，抗性淀粉可增加脂质排泄，将食物中脂质部分排除从而减少热量的摄取，而且抗性淀粉本身几乎不含热量，作为低热量添加剂添加到食物中，可有效控制体重[313]。抗性淀粉以其显著优点及特殊的生理功能，引起了生理学家、酶学家等众多学者极大的兴趣和广泛的关注，成为食品营养学的一个研究热点。有关抗性淀粉的制备研究国外近 10 年来发展较快，研究非常活跃，国内则处于刚起步阶段。采用酶法制备，是一个新的研究领域。RS3 型抗性淀粉即老化淀粉，其抗酶解性是由于糊化后的淀粉分子在凝沉过程中分子重新聚集成有序结晶，阻止酶与淀粉分子结合而产生的[315]。RS3 的抗酶解能力极强，且可通过加工手段制备，所以是最具研究价值的抗性淀粉。

采用酶法制备抗性淀粉的主要原理如下：首先将淀粉糊化，淀粉颗粒在糊化过程中，分子结晶区大部分氢键断裂，原有的结晶结构受到破坏，导致淀粉双螺旋结构的展开和解离。此时将淀粉糊的温度和 pH 调到一定值，加入普鲁兰酶。普鲁兰酶作用于 α-1，6 葡萄糖苷键，从而使淀粉水解产物中含有更多游离的直链分子。将处理过的淀粉糊静置并于低温下凝沉，此时被打乱的分子链尤其是直链分子又重新靠近，链之间发生缠绕、延伸，形成双螺旋、折叠乃至最后形成新的晶体等一系列变化。此时淀粉糊中直链分子较多，更容易形成晶体，晶体结构也更加牢固和稳定。

塞华丽等[313]在研究过程中发现，在淀粉糊化时加入耐热 α-淀粉酶进行液化，然后再加入普鲁兰酶进行处理，所得到的淀粉样品中 RS 含量高于未加液化酶处理的样品。究其原因可能是由于在没有加液化酶的情况下，直接加入普鲁兰酶，会导致淀粉糊中直链分子的长短差异过大，不利于晶体形成。因此采用先加入液化酶处理，再进行脱支制备样品。液化酶对于淀粉分子的作用是从中间随机切开 α-1，4 葡萄糖苷键，从而迅速降低淀粉糊的黏度，因此液化酶用量多少与淀粉糊的黏度大小紧密相关。当加入酶量少时分子被切断程度不够，淀粉糊的黏度仍然很大，不利于直链淀粉分子相互接近而形成结晶；酶量太大，黏度过低，直链淀粉分子相互接近的概率减小，也不利于抗性淀粉的形成。同时，加酶量多少也会影响被切断后的分子链长短比例以至于影响晶体形成的难易程度。当加入一定量的液化酶时最有利于 RS 的形成，含量达到 14.9%。

例如，高链玉米淀粉（直链淀粉高达 70% 左右）、绿豆淀粉（直链淀粉 35% 左右）等，淀粉分子中直链淀粉、支链淀粉的比例与 RS 的形成关系密切。同样，经普鲁兰酶处理过的淀粉糊在凝沉时重新形成晶体的过程中，也会因为直链、支链淀粉的比例不同而形成不同形态和性质的晶体，从而导致 RS 的含量有高有低。重新形成晶体的过程和机理是相当复杂的，除了直链、支链淀粉的比例会影响结晶外，直链分子的分子质量大小也是一个关键因素。淀粉糊在凝沉时其中的分子链都是不断运动的，当两条分子链靠近时就会相互缠绕从而形成双螺旋或其他类似结构，然后进一步延伸，延伸的分子链进一步发生折叠卷曲，最后形成晶体。但是每种分子链运动的速度都不相同，分子质量大的直链分子运动的速度相对较慢，而分子质量小的则运动很快。因为运动快的链碰撞在一起的概率及稳定的概率相对小，所以直链分子过短（即分子质量过小）反而不利于晶体的形成。因此 RS 的含量不仅由链淀粉含量决定，也跟直链分子的分子质量大小密切相关，普鲁兰酶的几个脱支条件综合影响到直链支链淀粉的比例以及直链分子的分子质量大小等诸多方面，通过正交试验才可得出较好的条件组合。从最后的结果可以看出，普鲁兰酶的加入量是其中最重要的影响因素。

在酶法制备抗性淀粉过程中，控制耐热 α-淀粉酶的用量及普鲁兰酶的作用条件非常重要，当加入一定量的耐热 α-淀粉酶，普鲁兰酶作用条件为反应温度 60℃，反应 pH 5.5，酶相对用量 1.5～2.5，反应时间 12 h 时较有利于抗性淀粉的形成，质量分数达到 19.2%。

朱旻鹏等[315]以玉米淀粉为原料，采用压热酶解法制备 RS3。热糊化后，用适量的普鲁兰酶进行水解，可使 RS3 产率进一步提高。天然淀粉一般是直链淀粉和支链淀粉的混合物，因为抗性淀粉主要由直链淀粉老化结晶而成，所以原料玉米淀粉中直链淀粉与支链淀粉的比例，对抗性淀粉的形成有显著影响。原料中直链淀粉比例越大，抗性淀粉产率就越高。普鲁兰酶是一种淀粉脱支酶，能够水解淀粉分子支叉位置的 α-1，6 糖苷键，从而提高直链淀粉的含量。所以，压热处理后的淀粉，用普鲁兰酶做进一步的脱支处理可以提高抗性淀粉的产率。

普鲁兰酶的脱支作用并不能无限地提高 RS3 产率。这可能是由于普鲁兰酶在水解淀粉链支叉位置 α-1，6 糖苷键的同时也能水解直链结构中的 α-1，6 糖苷键，过度的水解能使直链淀粉变短，而在冷却静置条件下，只有达到一定长度的直链淀粉才能重新彼此靠近结晶成抗性淀粉。直链淀粉的长度过短，不利于 RS3 的形成。相关研究表明，RS3 的平均聚合度为 50～60。

普鲁兰酶的脱支作用有利于抗性淀粉的形成，确定压热酶解法制备抗性淀粉的工艺为（图 7-24）：

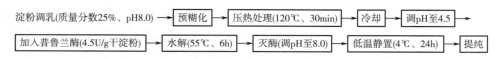

图 7-24　压热酶解法制备抗性淀粉的工艺流程

按该工艺制备 RS，其产率可达 18%。

Mutlu 等[316]通过微波储存循环和干燥过程研究了微波辐射对高直链淀粉玉米淀粉 Hylon VII 中 RS 形成和功能特性的影响。响应面法（RSM）用于优化反应条件，微波时间（2～4min）和功率（20%～100%），用于 RS 形成。将淀粉：水（1：10）混合物蒸煮并高压灭菌，然后应用不同的微波功率下微波处理 3 个循环2min 后，通过烘箱干燥获得最高 RS（43.4%）。F（$P<0.05$）和 R2 值表明所选模型是一致的。对于通过 1 和 3 个微波循环施加的烘箱干燥样品获得线性方程，回归系数分别为 0.65 和 0.62。通过 3 个微波循环应用的冻干样品获得二次方程，回归系数为 0.83。微波应用样品的溶解度，水结合力（WBC）和 RVA 黏度高于天然 Hylon VII。冷冻干燥样品的 WBC 和黏度值高于烘箱干燥的样品。

（七）玉米淀粉膜的加工

淀粉是自然界中丰富的可再生的有机质资源，它既是人类和动物的食物，也是良好

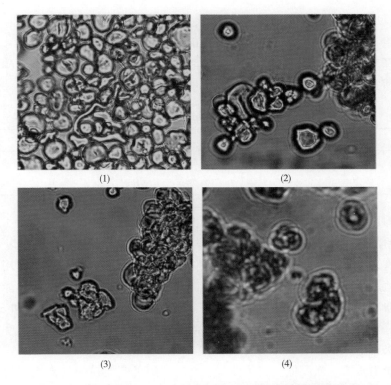

图 7-25　天然 Hylon VII 和热处理淀粉样品的偏光显微镜图像

天然 Hylon Ⅶ　　（2）煮熟　　（3）高压灭菌　　（4）3 次微波循环，100%功率 4min

的工业原料。在近年来开发的生物可降解塑料中，淀粉作为一种共聚物的潜在作用正在被探索，它将成为塑料制品的一种颇具吸引力的替代原料的可能性也在被证实。20 世纪 70 年代，对直链淀粉薄膜的研究引起了人们的极大兴趣，在成膜材料与工艺和增塑剂等方面都取得了较大进展，但原料的获得较困难，且优良的增塑剂，如聚乙烯醇，却是不可食的。

　　目前国外主要采用以遗传育种方法培育出的高直链淀粉的玉米（70%~80%直链淀粉）为原料，成本较普通淀粉高 3 倍。有文献报道采用异淀粉酶对原料淀粉进行脱支改性，以提高直链淀粉含量[317]。

　　以玉米、木薯、蕉芋、甘薯淀粉为原料，采用理化方法分离直链淀粉，测定其含量，遴选出玉米、甘薯淀粉分离的直链淀粉含量大于 80%；用脱支酶处理原料淀粉，使链淀粉含量增至 40%左右。遴选合适的可食性增塑剂和膜增强剂；并以它们为材料进行成膜配方与工艺的探讨，试制出性能良好的水不溶性可食淀粉薄膜。

　　普鲁兰酶是一种切支酶，它作用于淀粉，能切断支链淀粉分子中的 $\alpha-1,6$ 葡萄糖苷键，提高淀粉中直链分子的比例。经普鲁兰酶脱支处理的淀粉，在流变学特性、成膜性方面有突出的特点，对人体无毒无害，在食品、医药、轻化工业等方面有重要的应用价值。经酶变性的淀粉形成的膜具有很好的强度和隔氧性，适用于食品的包装膜。同时，生产中反应条件温和，不造成环境污染，其产品也是一种不会因焚烧、丢弃而带来公害的能被生物分解的物质，是一种有发展前景的绿色包装膜。

为了选择对改进淀粉膜质量较理想的酶制剂，试验中分别选用普鲁兰酶和糖化复合酶，在各自适宜的反应条件下，对淀粉成膜情况进行分析，结果见表7-2。

表7-2　　　　　　　　　　　两种酶制剂对淀粉成膜效果的比较

酶种类	成膜效果评定
普鲁兰酶	成膜均匀，透明，有一定强度和韧性，易起膜
糖化复合酶	乳液变稀不均匀，膜面粘手，有颗粒，不平滑，不能起膜

普鲁兰酶可使淀粉的成膜性能及透明度得到优化。因为普鲁兰酶属 $\alpha-1$，6 糖苷酶，能使支链淀粉的支叉脱掉，并且脱支反应只要分支点的葡萄糖基在两个以上就可以进行，增加了直链淀粉的含量，改善了膜的强伸度，使得所形成的膜具有利用价值。而糖化复合酶不适用于改进淀粉膜，虽然多酶协同作用可加快反应，提高水解能力，但糖化酶作用于淀粉液只能从非还原性尾端一个一个地切断 $\alpha-1$，4 葡萄糖苷键和 $\alpha-1$，6 葡萄糖苷键，在普鲁兰酶切断淀粉的 $\alpha-1$，6 葡萄糖苷键后，糖化酶的切支速度加快，使小分子葡萄糖快速增加，影响了淀粉的成膜性。

普通淀粉膜质脆、强度低、实用性差。普鲁兰酶可使淀粉中的支链淀粉脱支而形成直链淀粉从而提高淀粉膜的成膜性能及强度。利用普鲁兰酶改进淀粉膜的成膜性能及抗张强度是可行的，这为淀粉膜的开发利用做了必要的基础研究。添加少量甘油作增塑剂，也可提高膜强度。研究发现，单一的普鲁兰酶对淀粉脱支处理效果仍不够特别理想，多酶协同作用可提高反应速度，增加膜强度，但复合酶的选择有待进一步试验。

与聚合物一起使用的典型抗微生物剂是有机或无机酸、金属、醇铵化合物或胺。然而，由于这些抗微生物剂的低分子质量，据报道它们的保留能力差，导致它们在直接施用于基质或聚合物体系时浸出，从而抑制它们的抗微生物性能。淀粉作为抗微生物剂载体来自其成膜性能和高分子质量。使用这种高分子质量聚合物作为抗微生物聚合物的载体消除了通过缠结和与基线塑料制造聚合物的其他相互作用的浸出问题。此外，淀粉经济，环保且无毒，使其在食品包装和生物医学应用中具有吸引力。通常，抗微生物剂通过合成策略与淀粉共价键合以改善其在聚合物中的保留[295]。

三、　玉米蛋白的加工

玉米蛋白又称玉米渣，原料来源丰富、价格低廉；同时玉米蛋白的性质又表现出水溶性差、组成复杂、口感粗糙，故作为人类的营养成分以及被利用均受到极大的限制。

（一）　玉米黄粉蛋白

玉米中含蛋白质 8%～14%，75%在胚乳中，20%在胚芽中。胚乳中的蛋白质主要是醇溶蛋白和谷蛋白。在玉米淀粉的湿法加工中，玉米黄粉（Corn Gluten Meal，CGM）含蛋白质 60% 以上，其中醇溶蛋白约 68%，谷蛋白约 22%[318]。

目前，国内多数玉米加工企业把很多未经利用的玉米黄粉自然排放，部分利用仅是作为动物蛋白饲料，也就是说玉米蛋白质的利用率极低。据有关统计报告，仅我国每年随废液排走的玉米蛋白高达八万吨之多，这不仅是对可利用粮食资源的极大浪费，而且对环境也造成一定程度的污染[319]。国际上，玉米黄粉也主要用作饲料，少部分加工成可食用保鲜膜等产品。国际范围内，每年由玉米黄粉生产的玉米醇溶蛋白约 500t，依据纯度售价在 10~40 美元/kg[318]。面对当今世界蛋白质资源严重短缺的现象，国内外有较多的研究报道均证实，通过对玉米蛋白进行专一性位点的有限酶解过程，可生产高营养且易于人体吸收的、高附加值的具有生物学功能性的生物活性肽产品，提高玉米资源的综合利用率[319]。

目前，蛋白质水解的方式主要有化学降解法、微生物发酵法和酶降解法。

化学降解法是利用酸碱水解蛋白，虽工艺简单、生产成本低，但由于反应条件剧烈，生产过程中严重损害了玉米蛋白的营养特性，并会形成像 Lys-Ala 这样的有毒二肽，而且蛋白水解程度难以控制，同时对环境也会造成不可估量的影响，因此较少使用[319]。

微生物发酵法生产多肽是近年来发展起来的生物法转化蛋白的技术。该技术直接利用微生物发酵过程中产生的蛋白酶（复合）降解蛋白质，可达到较高的水解度，一定程度上能相对地降低酶法生产活性肽的成本。但是利用微生物发酵法生产活性肽对菌种的依赖性较大，如果没有优良的发酵菌种，那么降低生产成本而实现工业化生产必然存在困难，目前尚处于实验室开发阶段[319]。

酶降解法是通过食品级生物酶制剂对蛋白质进行有限的水解。在一定条件下，生物酶制剂能对蛋白进行高度专一性地定位水解产生可预测的特定的具生物活性的短肽，同时整体的水解进程也易于控制，能较好地满足释放特征性功能肽生产的需要。玉米黄粉含有丰富的蛋白质，就氨基酸组成而言，它的中性氨基酸和芳香族氨基酸含量较高，是植物蛋白中较有特色的组成，因此，利用酶工程技术将其水解成的玉米多肽具有很多生理活性[320]。徐力等[321]通过蛋白质酶解途径及一系列的分离纯化手段，获得了一种新的来源于玉米醇溶蛋白的抗氧化肽，经表征确认其组成和顺序为 Leu-Asp-Tyr-Glu。周大寨等[322]利用高效液相色谱对玉米黄粉蛋白的酶解产物进行氨基酸组成测定，发现酶解产物中含有大量的 Pro、Phe 和 Leu 等必需氨基酸，可以用作保健食品来补充必需氨基酸和降低高血压患者的血压。Kim 等[323]和 Suh 等[324]曾报道用玉米黄粉制备血管紧张素转换酶抑制剂（ACEI）。因此，可根据玉米蛋白特定的氨基酸组成选择适当的食品级生物酶制剂对其进行有限地水解，使其释放出生物活性肽，从而可改变玉米蛋白原有的性质，提高玉米蛋白的利用率，显著增加其营养和保健功能附加值。

目前酶水解玉米蛋白生产生物活性肽的主要问题之一是玉米醇溶蛋白的酶水解度低，主要原因是玉米醇溶蛋白分子结构中 α-螺旋所占比例大，水溶性差，这已成为玉米活性肽生产的瓶颈[318]。

林莉等[325]将玉米蛋白粉配成5%的溶液，取100mL按2000U/g蛋白加入碱性蛋白酶、中性蛋白酶、胃蛋白酶和动植物蛋白水解酶，按各酶的适宜温度、pH，拟定水解条件水解5h后测定水解度，综合比较各酶的水解能力，确定最佳用酶。碱性蛋白酶Alcalase催化玉米蛋白粉的水解度较大，这是因为玉米蛋白在碱性溶液中的溶解性较大，从而酶能充分地和蛋白接触进行水解。

陈新等[319]采用不同的蛋白变性方式即不同温度的适度变性、Na_2SO_3、变性剂A对碱性蛋白酶AF2.4L酶解玉米蛋白水解度的影响的研究可知，变性剂A对酶解玉米蛋白水解度的影响显著。原因可能是玉米蛋白粉是玉米湿法加工淀粉的副产物，加工过程中经过SO_2等处理，分子内或分子间的二硫键已被打开；况且玉米蛋白中Cys的含量很低，二硫键的破坏不能造成玉米蛋白构象有利于酶解的明显变化，加入变性剂A可以明显地提高玉米蛋白的水解度，可能是变性剂A能与玉米蛋白结合，引起玉米蛋白构象趋于伸展，致使玉米蛋白中的酶切位点更多的暴露出来。采用变性剂A对玉米蛋白进行预处理后，能显著地提高玉米蛋白在时间和水解度上的酶解水平，使得Alcalase AF2.4L酶解玉米蛋白的水解度经过1h酶解可达30%以上。

郑喜群等[318]将玉米黄粉中的蛋白质在膨化机内的5~6MPa压力和200℃高温作用下，分子内部高度规则的空间结构被一定程度破坏，部分氢键、范德华力、离子键等次级键断裂，肽链一定程度松散，最后由于压力突降为常压，水分发生急骤的蒸发，物料产生一定的膨化，部分蛋白质分子发生了定向的再结合，形成多孔的蛋白结构，这种结构的变化有利于蛋白酶的水解作用。

采用挤压膨化的方法预处理玉米黄粉，可提高Alcalase酶解玉米黄粉的水解度。确定了Alcalase酶解玉米黄粉的适宜条件，即60℃，pH8.5，底物浓度5%，加酶量3%，反应60min。该条件下玉米黄粉水解度为39.54%，水解物的分子质量主要分布在3819~663Da。Alcalase酶解玉米黄粉的水解产物具有抗氧化活性。

通过玉米蛋白酶解，再对其水解物进行琥珀酰化改性，以便开发功能性质优良的玉米蛋白质，并分析复合改性对蛋白质功能性质和其结构参数的影响。蛋白酶对玉米蛋白质有良好水解效果，水解度可达29.47%，随着酰化试剂用量增大，蛋白质酰化程度得以逐步提高。玉米蛋白质水解物（DH3.0）比原蛋白质更易被琥珀酰化，琥珀酰化对蛋白质水解物水溶性、乳化性、疏水性和结柔性影响比原蛋白质更显著，因而复合改性（酶解-酰化）是改变蛋白质功能性质更优良方法。

赵国华等[326]通过价格相对低廉，来源丰富的微生物蛋白酶——Asl398枯草杆菌中性蛋白酶对玉米蛋白质的水解改性发现，Asl398蛋白酶对玉米蛋白质的最大水解度为29.47%；随水解度的增大，水解物的表面疏水性先增大后减少，分子柔性不断增大，溶液黏度不断降低，这表明水解使玉米蛋白结构发生了明显变化。而随着水解度的增大，玉米蛋白质的水溶性大幅度提升，水解度为3.0%的水解物的乳化活性最大，而水解度为9.0%的水解物的乳化稳定性最高。

鲁晓翔等[327]利用胰蛋白酶对玉米蛋白进行水解，重要研究了酶解蛋白液的溶解性、起泡性和乳化性等功能特性。对原料进行加热、加碱或添加 0.1% 的亚硫酸钠的预处理，可以大大提高酶解的效果，水解度可由 7.1% 分别提高到 17.2%、17.6% 和 23.6%；酶改性可显著提高玉米蛋白的水溶性、起泡性和乳化性在一定的水解度范围内，这些功能特性随着水解度的增大而增大，但继续增加水解度，起泡性和乳化胜均有下降的趋势。当底物浓度为 5%，酶与底物比 6000U/g，pH9.0，温度为 500℃，水解 240min，水解度达 18.6%，玉米蛋白有较好的起泡性和乳化性。

刘亚丽等[328]选用 2709 碱性蛋白酶，其水解条件为 2709 酶和底物之比为 1000U/g，温度 50℃，pH 为 9.0~9.6，玉米渣浓度 10%。在以上条件水解 2h 后水解度已接近最大值，为充分发挥 2709 蛋白酶水解效果，将水解时间延长至 5h，这时玉渣的水解度可达到 11.6% 左右。调味后玉米肽装入饮料瓶内，压盖后杀菌，自然冷却。蛋白质类含量 1.5%；澄清透明，无浑浊，不沉淀；杀菌后，颜色基本不变，微带黄绿色；酸甜可口，品尝不出苦味；无异味，特有的清新风味；有良好的营养和保健功能。

云霞等[320]利用中性蛋白酶和复合风味蛋白酶对玉米黄粉蛋白进行酶解，两酶一同作用时，对底物的肽键选择性大，作用的肽键多，能在较短的时间内发挥较强的水解作用，大大缩短了水解时间。

由于大豆蛋白、玉米蛋白均非全价蛋白，前者含硫氨基酸不足，后者赖氨酸和色氨酸缺乏。为了改善大豆及玉米蛋白的功能性，增加其营养价值和产品的附加值，何慧等[329]将两者按一定比例复配，再将其酶解成肽，采用碱性蛋白酶酶解。当酶解条件为：pH10、45℃，酶解 3h，酶浓度为 7U/mL，底物浓度为 0.8g/50mL 时，复配物的水解度及氮溶解指数均最高，且具有较好的抗油脂氧化能力；酶解物的抗羟基自由基活性与水解度并非正相关关系，水解时间是影响·OH 抑制率的主要因素，水解 2h 时，酶解物对·OH 的抑制率高于 80%。两种蛋白质复配后氨基酸分析表明营养价值提高，可作为生产高 F 值寡肽的原料。

玉米蛋白粉（CGM）是玉米湿磨的主要副产品。通过 Na_2CO_3 预处理 CGM，去除淀粉和蒸煮，总淀粉和脂肪分别减少了 93% 和 78%。通过使用 Alcalase，Protamex 和 Flavourzyme 以 13.5%（w/w）的底物浓度制备更高的抗氧化剂水解产物。水解度达到 29.49% 和 27.11%。水解产物中的肽的范围为 250~1200Da。它以 300mg/kg 的剂量增加小鼠的超氧化物歧化酶，谷胱甘肽过氧化物酶和降低的 MDA 当量的活性。因此，玉米麸质可以发展成抗氧化剂补充剂[330]。

玉米蛋白质被三种微生物蛋白酶水解，并通过连续超滤进一步分离成 12 种水解产物部分，进而研究其自由基清除能力和螯合活性。水解产物的氧自由基吸收能力（ORAC）在具有最高抗氧化活性的中性蛋白酶（NP）产生的小肽组分（NP-F3）的 65.6 和 191.4Trolox 当量（TE）/g 干重之间显著变化。水解产物馏分的 1，1-二苯基-2-三硝基苯肼（DPPH）清除活性也在 18.4 和 38.7μmol TE/g 之间显著变化。由碱性蛋白酶（AP）产生的两个组分（AP-F2 和 AP-F3）显示出最强的活性。然而，没有检测到组分螯合活性的显著差异。将 NP-F3，AP-F2 和 AP-F3 掺入碎牛肉中以确定它们在

15 天储存期间对脂质氧化的影响。NP-F3 是 250 和 500 lg/g 水平抑制脂质氧化的唯一组分，高达 52.9%[331]。

目前通用的方法是对玉米蛋白进行酶水解而获得玉米活性肽。实际生产中玉米蛋白常以 CGM 的形式存在，玉米蛋白按溶解性不同可分为 4 类，即醇溶蛋白、谷蛋白、球蛋白和白蛋白，其中醇溶蛋白含量最多，约 40%。醇溶蛋白中又以 α-醇溶蛋白为主，占 75%~85%。

通常直接以玉米蛋白粉作为酶解底物，有时为了产物纯净或序列特殊，也采用 α-醇溶蛋白为底物。水解蛋白酶种类繁多，其中碱性蛋白酶使用较为频繁，已见文献中使用的，如碱性蛋白酶（Alcalase Novo 公司）、枯草芽孢杆菌碱性蛋白酶（杰能科公司）等。但在制备降血压肽的研究中，嗜热菌蛋白酶也达到了很好的效果。酶解过程研究主要目的在于确定酶解工艺的条件，如底物浓度与酶量比例、温度、pH、时间等。因为底物、酶、酶解目的、实验条件的不同，结果也不同。

酶解后需要通过不同方法将酶解液中的肽片断富集并逐步分离纯化。在层析色谱分析之前，用不同截留量的超滤膜分级分离可以达到非常好的效果。在抗血栓形成肽的连续制取中，一种超滤装置已被实际应用。

大量的具有生理活性的玉米肽已经被发现，目前实际应用还非常少。日本烟草公司利用玉米肽开发出了低热量早餐饮料，翟瑞文等[332]研制出玉米蛋白肽饮料。要真正能使之服务于人类营养和健康，还有许多科学和技术上的问题需要解决。目前已经采用的研究模式包括，建立一个有效的生物活性检测体系、确定蛋白质酶解的优化工艺、发展有效的多肽分离和结构研究方法，以及人工合成已知肽段以鉴定活性。同时还需要进一步进行动物实验，以确保活性肽的有效性和安全性。关于活性肽的作用机制的研究也是值得关注的领域。

一般来说，玉米淀粉厂的副产物黄浆中，蛋白质含量丰富。将脱水的黄浆，先用 α-淀粉酶在 90℃ 左右将其中的淀粉水解至碘呈黄红色，然后再用 β-淀粉酶于 60℃ 左右保温糖化 3h，将其压滤，滤液可作为微生物培养基，其滤饼可作为提取玉米蛋白的粗制蛋白原料。

玉米粗蛋白的酶解工艺如图 7-26 所示：

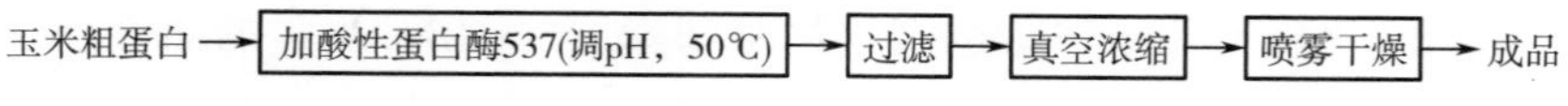

玉米粗蛋白 —→ 加酸性蛋白酶537(调pH，50℃) —→ 过滤 —→ 真空浓缩 —→ 喷雾干燥 —→ 成品

图 7-26 玉米粗蛋白的酶解工艺流程

蛋白酶的最适水解温度为 45℃ 左右，因在此温度有杂菌生长繁殖，所以将温度控制在 50℃ 比较合适。

酶解液中均未检出色氨酸，且赖氨酸的含量也较低，如加工成营养品时，应相应给予适当的补充和提高。

采用酶解玉米蛋白所得的酶解产物含氨基酸 17 种，食味鲜，可以加工水解蛋白以及经纯化处理后制备混合氨基酸，也可加工成各种单一氨基酸或生产调味品。

崔凌飞等[333]以 Alcalase 碱性蛋白酶对玉米皮进行水解，制取玉米蛋白水解液结果，该酶水解的最佳工艺条件为：在浓度 5% 的玉米皮中加 2.67% 酶制剂，pH7.5，55℃反应 1h 该工艺条件下制得的蛋白水解液中，蛋白质溶出率为 89.3%，水解度为 9.0%。

王遂等[334]研究 1398 中性蛋白酶对玉米皮蛋白的水解最佳工艺条件为：温度 40℃，pH7.5 时，底物浓度 10%，酶用量 3000U/g，水解时间为 3h 时，蛋白质溶出率最高达 90.30%。

（二）蛋白发泡粉

玉米蛋白发泡粉是麸质粉中的不溶性蛋白质经不完全水解而得的可溶性蛋白胨、肽及氨基酸的混合物，其溶解于水后，可形成一定黏度的胶体溶液，分散于溶胶中的上述物质分子，由于具有很强的亲水性基团如—COOH、—OH、—CO 等和（疏）憎水性基团（烃基），降低了表面张力，表现出较强的表面活性[335]。当胶体受到快速搅拌作用时，大量气体混入，形成一定量的水-空气界面，溶液中的蛋白、胨、肽、氨基酸等分子被吸附到这一界面上来，降低了界面的张力，促进了界面的形成；又由于这些物质分子的肽链在界面上伸展，并通过肽键间的相互作用，形成一个平面的保护网，使界面得以加强，这样就促进了泡沫的形成和稳定。这里蛋白质的不完全水解是泡沫形成和稳定的关键因素，如果蛋白质完全水解或水解程度过高，溶液中易移动的小分子物质数量多，在快速搅拌时，虽能快速吸附到界面上，但因高分子成分较少，难以形成坚固的平面保护网络，泡沫不稳定，失水率高。因此我们在此选用氢氧化钙水解，碱性较温和，水解生成中间产物多；另外钙离子与蛋白质形成配位化合物，体积增大，增加了表面膜的厚度，更有利于提高泡沫的稳定性。

蛋白发泡粉是一种氨基酸表面活性剂，通常以鸡蛋蛋白粉、豆粕、奶酪等为原料生产，存在生产成本高、产量低、工艺条件要求严格等不足。而采用玉米麸质粉生产发泡粉，可以充分利用蛋白质资源，将廉价的副产品转化成高附加值的食品添加剂，显著地提高其经济价值[336]。

蛋白发泡粉可广泛应用于糕点、糖果、饮料、面包等行业，作为食品添加剂主要起发泡、疏松、增白、乳化等作用，并能增加食品中的蛋白质含量。李梦琴等[336]探讨了利用玉米麸质粉生产蛋白发泡粉的优化工艺条件，采用玉米麸质粉为主要原料，经酶液化、碱水解、脱色脱臭、蒸发及干燥制得蛋白发泡粉。经正交试验和计算机辅助设计法，确定的优化工艺条件为：滤饼与水质量比为 1∶2.2，介质 pH11.4，水解时间 8.0h，水解温度 115℃，所得产物的蛋白质含量为 65.03%，得率达 54.2%。为玉米淀粉厂大规模生产和麸质粉的综合利用提供可靠的依据。

（三）高 F 值低聚肽

为了增强玉米蛋白在人类食品、卫生、医药等方面的用途，利用专一性较强的酶对玉米蛋白进行酶解，以改变某些功能特性，制备出具有生理活性的高 F 值寡肽。近年发现小肽类（2~7个氨基酸），在人体吸收与相关的代谢中具有重要的生理功能。人们发现活性肽在人体消化吸收明显优于单个氨基酸，并且氨基酸在人体内转移输送有不同的体系。现代医学界和生物界均已公认，作为膳食和临床食品，肽的形式在以下2个方面优越于相应的氨基酸，即肽在消化道中吸收率高于相应的氨基酸，肽的渗透压低于相应的氨基酸。营养实验证明，肽对人体内蛋白质合成无任何不良影响，它的功能特性要优越于蛋白质[337]。

高F值寡肽，即由动、植物蛋白酶解后制得的具有高支链、低芳香族氨基酸组成的寡肽，具有抗疲劳，改善肝、肾、肠、胃疾病患者营养的功能[338]。F值是指支链氨基酸（BCAA）与芳香族氨基酸（AAA）的摩尔比值。玉米醇溶蛋白含支链氨基酸高而芳香氨基酸低，制备高F值寡肽具有原料上的优势。由玉米加工下脚料制备的高F值寡肽，可促进酒精代谢，用做醒酒食品，F值与肝脏疾病密切相关（如肝硬化、肝性脑病），所以说在食品、医药领域里，这种肽的前途是很广阔的[337]。

我国在具有生物活性的寡肽的研究开发上才刚刚起步，从事活性肽的研究单位也多从医药角度出发，研究力量投入较少，限制了活性肽药食两用功能的发挥，市场上国产的活性肽药品和食品寥寥无几，而这些制品在美国、日本、欧洲西部地区则早已上市[339]。

选用玉米湿法淀粉厂的副产品-玉米黄粉（玉米胚乳蛋白）为原料，原因是：玉米黄粉产量丰富，并集中于淀粉厂，易于收集；玉米黄粉蛋白中60%以上为醇溶蛋白，不溶于水，难于用作水溶性食品，因此它的使用价值较低，目前多用作饲料，价位较低[340]。玉米蛋白的支链氨基酸比例几乎居谷类、油料之首，见表7-3[341,342]：

表7-3   联合国粮农组织推荐必需氨基酸构成模式与玉米蛋白必需氨基酸组成表

氨基酸	玉米蛋白必需氨基酸组成/%	联合国粮农组织推荐构成模式/%			
		婴儿	儿童（2~5岁）	儿童（10~12岁）	成人
苏氨酸	1.52	4.30	3.40	2.80	0.90
缬氨酸	3.00	5.50	3.50	2.50	1.30
蛋氨酸+胱氨酸	1.61	4.2	2.5	2.2	1.7
异亮氨酸	2.05	4.60	2.80	2.80	1.30
亮氨酸	8.24	9.30	6.60	4.40	1.90
苯丙氨酸+酪氨酸	5.40	7.20	6.30	2.20	1.90
赖氨酸	0.96	6.60	5.80	4.40	1.60
组氨酸	0.87	2.60	1.90	0.90	—
色氨酸	0.20	1.70	1.10	0.90	0.50

蛋白质经酶、酸或碱水解后可以分解为相对分子质量不同的肽，水解的方法有酸水解、碱水解和酶水解。在这三种方法中由于酶水解具有专一性、高效性，同时对蛋白质营养价值破坏较小，无异味而被广泛采用[337]。

高 F 值低聚肽的制备原理—蛋白的控制酶解。

为了制取高 F 值低聚肽必须尽可能多地从黄粉蛋中除去芳香族氨基酸，为此目的，就希望能以一种或几种专用酶使它们最大限度地从芳香族氨基酸的二端切断玉米蛋白，然后再用另一些专用酶将 N 或 C 端的芳香族氨基酸脱落成自由氨基酸并将之分除。为此目的，该研究进行了二步酶解及一次吸附的办法，由蛋白酶 A 水解成由芳香族氨基酸为氨基末端所形成的肽键，并希望达到较高的水解度；再用蛋白酶 B 水解由芳香族氨基酸的羧基所形成的肽键使芳香族氨基酸游离，并希望脱芳彻底。

经过酶的筛选以及条件的优化，研究表明在蛋白酶 A 水解后其水解度达 25% ～ 23.5%，溶液中基本不含游离的芳香族氨基酸。经蛋白酶 B 处理后溶液中游离的芳香族氨基酸则显著增加。二次酶解后的混合液用活性炭吸附，以便分离掉游离的芳香族氨基酸（在实验中发现也可吸附部分小肽中的芳香族氨基酸）。用优选所得的活性炭及其吸附条件，制得了 F 值>20 的低聚肽混合物，当产品 F 值>20 时，其得率（产品含氮量与黄粉含氮量之比）为 15% 左右。所得产品为无色透明无苦味的液体，含氮物的平均分子质量 200～600[340]。

高 F 值低聚肽的制备[341]，对酶的选择尤为重要，制备过程主要采用二步酶解法，水解工艺流程如图 7-27 所示：

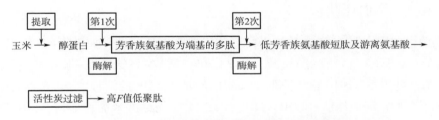

图 7-27　高 F 值低聚肽二步酶解法工艺流程图

由于采用的是二步酶解的方法，主要是为了去除芳香族的氨基酸，而保留支链氨基酸，所以水解程度的确定尤为重要。

水解度（DH）可通过下式计算：

$$DH = B \times NB \times (1/2) \times (1/Mp) \times (1/h) \times 100\%$$

式中　B——底物质量，mL 或 g；

　　NB——底物的摩尔分数；

　　Mp——底物蛋白质的总量，g 或 kg；

　　h——每克蛋白质中肽键的摩尔分数。

水解度与水解时间、酶的种类、pH 大小有关。酶解终止可用调节 pH 或升高温度灭酶。

玉米蛋白经两步水解后，在水解液中同时存在支链氨基酸为主的寡肽、游离的芳香族氨基酸和少量未水解的蛋白质及其他游离的氨基酸，分离的目的主要是去除游离的芳香族氨基酸。分离的方法很多，其中活性炭色谱法简单易行。活性炭对各种氨基酸吸附强度不同，对苯丙氨酸、酪氨酸有选择性吸附特性，利用这一特性可将寡肽和芳香族氨基酸分离，另外活性炭也可除去较高相对分子质量物质，未水解的蛋白质和潜在的过敏性物质及一些有色物质，可获得合理的氨基酸和寡肽分布。

（四）醒酒肽的制备

由于玉米蛋白的不溶于水的性质，使得玉米蛋白的食品功能特性很差，至今在食品上很难应用，玉米蛋白中丙氨酸、亮氨酸的含量较高，采用特定的酶及酶解条件以及现代化生物分离技术来生产富含丙氨酸的醒酒肽，可以有效地提高玉米资源的利用率。

目前有许多资料显示，摄入含有大量氨基酸的蛋白质饮料对酒精代谢有积极的作用。一定剂量的玉米肽确有抑制和减轻乙醛的急性毒性的效力。

制备醒酒肽的工艺流程如图 7-28 所示：

玉米加工下脚料 → 酶解 → 分离 → 脱苦脱臭(第2次酶解) → 分离 → 浓缩 → 干燥 → 成品

图 7-28　制备醒酒肽的工艺流程

（五）　降血压肽

嗜热菌蛋白酶水解 α-玉米醇溶蛋白释放出抗高血压三肽，如亮氨酸-精氨酸-脯氨酸（LRP）、亮氨酸-丝氨酸-脯氨酸（LSP）和亮氨酸-谷氨酰胺-脯氨酸（LQP）。在 30mg/kg 静脉注射后，SHR 血压降低 15mmHg 验证了 LQP 的活性[342]。在不同的玉米品种中发现了三种抗高血压肽（LQP、LRP 和 LSP）（无论玉米品种如何，LRP 肽的含量都非常低）[343]。在所有玉米品种中检测到与众所周知和研究最多的 VPP 和 IPP 肽相比具有更高活性的 LQP 和 LSP 肽。在不同的玉米品系中观察到 LQP 和 LSP 含量的显著差异[343]。由来自地衣芽孢杆菌的丝氨酸蛋白酶制备的玉米麸质水解产物是 ACE 抑制肽 PSGQYY 的来源，其由氨基末端的疏水氨基酸，中心的碱性氨基酸残基和酪氨酸羧基末端组成。30mg/kg 的剂量可拮抗大鼠对血管紧张素 I 的升压反应来降低血压[344]。在淀粉去除后，通过碱性蛋白酶水解玉米蛋白粉，并分离 ACE 抑制肽 AY。该肽的活性不受 ACE 预孵育的影响，并且在口服施用于 SHR 后持续存在。在口服 50mg/g 剂量的 AY 后 2h 观察到收缩压最大降低 9.5mmHg[345]。

（六）氨基酸

1. 谷氨酰胺

谷氨酰胺（Gln）是一种条件必需氨基酸，过量运动、饥饿、手术、创伤、烧伤、酸中毒及脓毒症等应激状态下，人体对 Gln 的需求量远远超过体内合成 Gln 的能力，因而 20 世纪 80 年代很多学者研究了 Gln 的生理作用，提出 Gln 是一种条件必需氨基酸。

长期以来 Gln 被认为是非必需氨基酸，而且 Gln 单体不稳定，这是传统氨基酸营养液或输液中不含 Gln 的主要原因。自从认识到应激状态下 Gln 的必需作用后，人们开始重视 Gln 代用品的研究与开发。研究发现，只要 Gln 的 α-氨基被取代，Gln 的稳定性即大大增加，因而 Gly-Gln、Ala-Gln、Glu-Gln 等含有 Gln 的小肽都是 Gln 的良好代用品。

植物蛋白中含有丰富的 Gln，玉米醇溶蛋白（Zein）中 Gln 含量在 15% 以上，淀粉加工的副产品玉米黄粉蛋白中含 60% 以上的蛋白，其主要成分为玉米醇溶蛋白，因而选择玉米黄粉蛋白作为提取的原料[346]。

任国谱等[346]研究了醇水体系中酶法水解玉米黄粉蛋白提取 Gln 活性肽的可行性，在 50% 乙醇（或异丙醇）水溶液中，2h 内所筛选酶的活性消失，并且 2h 内玉米黄粉蛋白的 DH 仅有 3% 左右，醇浓度越高，活性降低越快，显然，除非对酶进行特殊的固定化处理，否则醇水体系中水解黄粉蛋白是不合适的。进而以 DH、氮溶解指数（NSI）及 Gln 得率为指标，研究了水相中蛋白酶的水解情况，多数酶对酰胺基具有水解作用，以中性蛋白酶为最适，反应 6h，脱酰胺率高达 40.85%，碱性蛋白酶和木瓜酶次之，复合酶 A、风味酶和胃蛋白酶对酰胺基的水解作用较弱。

酰胺基团—CO—NH$_2$—具有类肽键的结构，容易受到多酶的攻击。Gln 的酰胺基不被水解或较少水解以及提高产品得率是制备 Gln 活性肽的两个重要指标。为此要求所用酶在尽可能提高 DH 的同时，对酰胺基的水解作用较少。另外，肽中非 N 端 Gln 才是有效的，为此要求产品中的游离 Gln 及 N 端 Gln 越少越好，这样在酶的选择上既要考虑是否对酰胺基有破坏作用，也要考虑酶的作用位点，同时应控制好水解程度，确保游离 Gln 及 N 端 Gln 达到最少。

除复合酶 A、胰蛋白酶、胃蛋白酶和风味酶在 6h 内对酰胺基的水解作用很少外，其他酶对 Gln 的酰胺基都有水解作用，以中性蛋白酶为最适，碱性蛋白酶和木瓜蛋白酶次之。它们对酰胺基的水解作用，中性蛋白酶和木瓜酶可能是单纯酶的作用，碱性蛋白酶除酶本身的作用外，pH 也有影响。碱性条件下利于酶解反应，但碱性条件以及碱性蛋白酶本身对 Gln 的水解较大，因此选择复合酶 A 为第一次水解用酶，为了提高得率，需要进行二次酶解。二次水解用酶应在胃蛋白酶、风味酶和胰蛋白酶中选择，但玉米蛋白中 Lys 和 Arg 的含量很少，胰蛋白酶对 NSI 的增加不会很大；风味酶含有外切酶活力，这将增加 Gln 为 N 端的机会；胃蛋白酶对酰胺基没有水解作用，但使用胃蛋白酶时，要将 pH 调低，水解结束后，又要调回中性，使水解液中的盐含量增加，因而选择碱性蛋白酶为第二次水解用酶。

在 50L 的反应体系中，采用复合酶 A 和碱性蛋白酶两次酶解玉米蛋白制备 Gln 活性肽，复合酶 A 的选用条件为 pH8.5，底物浓度 [S] 2%，酶用量 [E] 9 万 U/100g 玉米蛋白，温度 40℃，水解度 DH10；碱性蛋白酶的条件为 pH8.5，[E] 3 万 U/100g 玉米蛋白，温度 45℃，水解 1h。酶解液通过超滤（COMW5000）、反渗浓缩（10kg/cm^2，常温 2h），最后产品中的有效 Gln 组成（有效 Gln 占总氨基酸的百分率）为 17.9%，总氮得率 33.3%[347]。

2. 缩氨酸

日本昭和产业公司和通产省工业技术所微生物工业研究室，自玉米蛋白质中提取抑制血管紧张的缩氨酸。提取方法为，首先去除玉米中淀粉，制成谷蛋白，然后采用蛋白酶从玉米醇蛋白中制备出缩氨酸并精制。将其添加到食品中，可加工出能够防治高血压的保健食品[349]。

四、 玉米皮纤维的加工

小麦胚芽和玉米麸是来自面包烘焙业的副产物。De 等[349]的研究了开发有效且低成本的加工方法，以将这些残留物转化为附加值的副产物。基本化学成分分析显示干物质含量高（87.5~89.8g/100g FW），总灰分含量（13.3~18.0g/100g FW）和低脂肪含量（2.2~9.8g/100g FW）。原始样品中的淀粉值远低于连续脱脂后的淀粉含量，小麦胚芽、玉米粉和玉米粉的样品分别显示出 3.39、3.44 和 3.27 倍的淀粉含量。进行的稳定化研究表明，在小麦胚芽和玉米细胞壁样品的总酚含量中，第 3 周显著增加。在低分子质量酚类物质中，槲皮素是小麦胚芽样品细胞壁中的主要化合物（47.3mg/100g FW）。抗氧化活性在液体和固体部分之间显示出显著差异，在小麦胚芽液体部分中具有最高值（0.38mol/L Trolox Eq. FW）。结果表明，这些副产物可用作有益于健康的生物活性化合物的来源，而用于淀粉"富集"的方法可能潜在地将精细玉米粉转化为附加值的副产物。

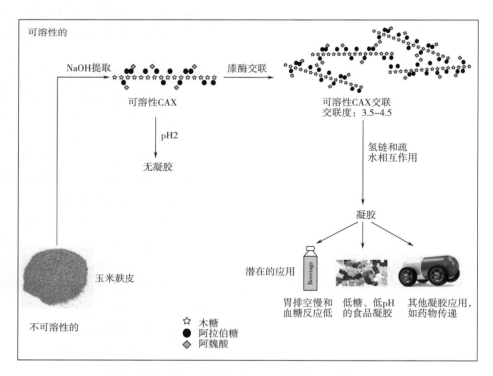

图 7-29　玉米阿拉伯木聚糖的新凝胶形成的图示

注：用漆酶处理碱提取的 CAX 以形成可溶性交联 CAX（SCCAX）复合物，然后当 pH 降至 2 时形成凝胶。

Zhang 等[350]揭示了水溶性交联玉米麸质阿拉伯木聚糖复合物所形成的新胶体（图 7-29）。这与需要高糖含量的低 pH 胶凝高甲氧基果胶不同，并且其胶凝性质与低酰基结冷胶相似，但易溶于水。用漆酶（一种交联酶）处理具有两个水平的残留结合阿魏酸的碱溶性玉米麸阿拉伯木聚糖（CAX），以产生两种不同大小的可溶性交联 CAX（SCCAX）复合物（平均 3.5 和 4.5 聚体）。两种 SCCAX 在 pH 2 下形成凝胶，较大的、更大量的阿魏酰化 SCCAX 形成更强的凝胶。凝胶显示剪切稀化行为和热及 pH 可逆性质。Zhang 等[350]提出凝胶形成机制通过非共价交联发生，包括 SCCAX 络合物之间的氢键和疏水相互作用。使用 Zeta 电位-粒径和傅里叶红外光谱法（FTIR）对交联 CAX 复合物的结构表征支持该机制。SCCAX 凝胶的应用可能是需要低 pH 低糖凝胶的地方，或者含有 SCCAX 的饮料可能在胃的低 pH 环境中发生胶凝，以及在其他食物凝胶中和作为药物递送基质。

随着对膳食纤维研究的深入，膳食纤维越来越受到人们的重视。它对预防、治疗肠道和心血管系统疾病具有特殊的功效，还可以作为一种特殊的食品营养添加剂，因此，被人们称为第七营养素。目前我国业已研究的膳食纤维品种主要集中在小麦麸皮纤维、大豆纤维和甜菜纤维三种，玉米纤维尚有待开发[351]。

玉米外皮是玉米食物纤维（CDF）的主要来源。与其他谷类外皮相比，不仅食物纤维含量高，而且其干研磨所得外皮与小麦麸皮、米糠相比植酸含量低，因此其对钙、锌等矿物元素的吸附性小，对人体的营养吸收无太大的影响。利用扫描型电子显微镜对玉米外皮和 CDF 进行观察比较，可以发现，CDF 的表面覆盖着淀粉质（20.8%）、蛋白质（16.6%）等，而 CDF 表面则显示出多孔蜂窝状结构，CDF 由于表面积增大，在体内对胆汁酸和胆固醇等物质的吸附加强，同时从其内壁易溶出半纤维素等生理性物质。基于上述观察，仅将玉米外皮粉化而不去除附着物不能达到其显示出各种生理活性的状态。即使直接摄取，由于光靠咀嚼力很难使玉米外皮变细。因此在消化道内滞留时间，在还没有露出与 CDF 相同的构造时就被排出体外。玉米皮不经特殊处理，在人的胃肠中只能作为一种无能量充添剂，对人体并无显著的保健作用，食人过多还会引起人的胃肠不适[352]。

根据 DF 的溶解性可把 DF 分成可溶性膳食纤维（Soluble Dietary Fiber，SDF）和不溶性膳食纤维（Insoluble Dietary Fiber，IDF）。

SDF 是指不能被人体消化道分泌的消化酶所消化，但可溶于温水或热水，且其水溶液又能被相当于其体积四倍的乙醇再沉淀的那部分膳食纤维。它主要是植物细胞内的储存物质和分泌物，另外还包括部分微生物多糖和合成多糖。经研究表明，可溶性膳食纤维的生理活性较高，具有很强的保健作用。

IDF 是指不能被人体消化道分泌的消化酶所消化又不溶于热水的那部分膳食纤维。它主要为细胞壁的组成成分，包括纤维素、半纤维素、木质素和甲壳素等。IDF 生理活性较弱，没有明显的保健作用[353]。

根据膳食纤维的品质可将膳食纤维分成两类，即普通膳食纤维和高品质膳食纤维。普通膳食纤维只是一种无能量填充剂，其中可溶性成分很低，一般在 3% 以下，这也是其生理活性较低的原因所在。普通的玉米皮不经任何改性处理即为这种膳食纤维，因此不具备较好的加工学特性、生理活性和保健功能[354]。

高品质膳食纤维的可溶性成分含量应达 10% 以上，膨胀力大于 10mL/g，持水力不小于 7g/g，结合水力不低于 5g/g。因此其生理活性较强，具有明显的保健作用，可作为各种食品的添加剂以及用于生产保健食品。

高品质膳食纤维生产所采用的处理方法有酸碱法、酶法、高压蒸煮法和挤压法等[351]。

高温高压蒸煮或利用酸碱催化法制取水溶性纤维的工艺，因反应条件苛刻，制得的水溶性纤维具有令人不爽的异味，且收率很低。目前膳食纤维制备一般采用化学方法，该法使所得纤维的主要生理活性物质损失很大，因为强烈的溶剂处理导致 10%~30% 的纤维素，50%~60% 的半纤维素和近 100% 的水溶性纤维被溶解损失掉[355]。

挤压蒸煮法是 20 世纪 40 年代后期首先在国外发展起来的。经逐步改进及完善，形成了现代挤压技术。现代挤压技术所使用的挤压机集输送、混合、加热和加压等多种单元操作于一体，能在极短时间内形成高温、高压及高剪切，进而实现天然高分子聚合物直接或间接的化学形态转化。CDF 在挤压筒内受到的强烈剪切力作用下，部分不溶性阿拉伯木糖之类半纤维素及不溶性果胶类化合物会发生熔融现象或部分连接键断裂，转变为水溶性聚合物成分[356]。

利用微生物酶法生产玉米皮膳食纤维，其工艺简单，成本较低，无二次污染，而且，在得到可溶性膳食纤维的同时，也可得到不溶性膳食纤维。这不但使玉米皮得到充分的利用，还可根据膳食纤维溶解性不同，所发挥的生理功能也不相同的特性，适当地调整可溶性成分和不溶性成分的配比，使玉米皮膳食纤维发挥最大的生理活性[357]。

金毓崟等[358]采用纤维素酶法水解纤维后，在极其温和的条件下，使反应顺利完成。不但没有任何异味，而且实现了很高的酶解率，这主要是由纤维素酶的特性决定的。目前我国市场上的纤维素酶是复合酶，主要由 C_1、C_B 和 C_x 组成酶，是纤维素酶系中的重要组成部分，在天然纤维素降解过程中起主导作用 C_x 酶，即 β-1，4 葡聚糖酶，是一种水解酶，它能水解溶解纤维素衍生物或已经膨胀并部分降解的纤维素。外切型 β-1，4 葡聚糖酶能迅速水解内切酶作用产生的纤维寡糖，内切型 β-1，4 葡聚糖酶以随机形式水解 β-1，4 葡聚糖，主要产物是纤维糊精、纤维二糖和纤维三糖。而 C_B 酶，即 β-1，4 葡萄糖苷酶，是纤维二糖酶，其作用是将纤维二糖分解为葡萄糖，这是不希望发生的，工艺过程中应尽量减少其作用。因为 C_1 和 C_x 易于吸附在底物上，而 C_B 不易吸附在底物上，因此，第 1 步水解分离之后，大量 C_B 随滤液分离出去。C_1 和 C_x 附着在滤饼上，在第2、3 步水解时继续发挥作用，生成寡聚糖，使反应尽可能少地生成葡萄糖单体，只有这样才能保证最终产品的聚合度。以 3 步酶解法制取的膳食纤维，在膳食纤维的性质方面实现了纤维的可溶性。在制备方法方面克服了碱法或蒸煮法的缺陷，制得了口感很好的膳食纤维。实验结果表明，制取的产品具有水溶性，采用酶法 3 步水解制取最终产品的酶解率可达 86% 左右，聚合度约为 4。张钟等[351]以糯玉米皮渣为原料，通过化学试剂结合酶法及无水乙醇来除去其中的淀粉、蛋白质、脂肪和蜡质，从而得到较纯净的膳食纤维。采用混合酶制剂（α-淀粉酶∶糖化酶=1∶3）酶解淀粉，用碱性蛋白酶来水解蛋白质，无水乙醇来浸提脂肪和蜡质，用质量分数15%的NaOH溶液按固液比1∶8来浸提半纤维素和增加水溶性纤维素的量，利用酸碱对纤维素和半纤维素以及木质素的不同溶解度来对其进行分离。其工艺流程如图7-30：

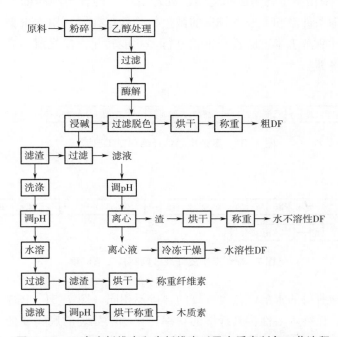

图7-30　玉米皮纤维素和半纤维素以及木质素制备工艺流程

　　玉米皮表面覆盖着淀粉不经处理是难以显示其生理活性作用的。王遂等[359]进行了酶法去除淀粉的酶解工艺的研究。

　　最佳酶法脱淀粉工艺为：调10%脱脂样品溶液的pH至6.5，按0.17mL/g样品加耐高温α-淀粉酶，100℃水解30min，后降温至60℃，按6%（w酶/w淀粉）加糖化酶，60℃继续水解60min，所得产品淀粉含量为6.4%，可溶性膳食纤维含量为3.9%。采用α-淀粉酶专一地水解玉米皮中淀粉质而不水解其他生理活性成分如果胶质等；采用糖化酶专一地水解糊精、低聚糖成为葡萄糖而溶于有机溶剂，从而可有效地沉淀可溶性纤维使产品的生理活性提高。

　　酸法水解需高温、高压等条件，而酶解法条件温和，并可省去中和工艺及设备。酸法水解可较彻底地将原料中的淀粉水解掉，同时也无选择地水解掉果胶质、多聚糖等非淀粉类物质而使产品的生理活性大为降低，而酶解法中，由于酶可专一地水解淀粉，因此产品中可有效地保存可溶性膳食纤维而使其具有广泛的生理功能。无论从水解工艺还是产品指标上来看，酶解法都优于酸法。

对于某一特定品种的膳食纤维，可以通过理化方法、生物技术等改变天然膳食纤维中部分组成聚合物的化学结构与相对含量，给膳食纤维新增或强化部分原先没有或即使有但很微弱的功能特性，这称为膳食纤维的多功能转化。可以使用的方法包括：挤压蒸煮技术、气流膨胀技术、局部爆炸技术、湿热处理技术、酶处理技术和微生物转化技术等[360]。

李凤敏等[357]采用微生物酶法和化学法处理所得到的较为纯净的玉米皮膳食纤维作为底物，采用处理条件温和、成本较低的微生物酶处理技术，用木聚糖酶和纤维素酶相结合的方法限制性酶解玉米皮膳食纤维，进行多功能转化，使之成为高品质、具有高生理学活性的纤维多糖。

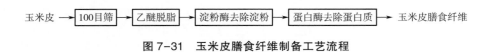

图 7-31　玉米皮膳食纤维制备工艺流程

图 7-32　玉米皮纤维多糖制备工艺流程

两种不同底物所得的水溶性膳食纤维的含量不相同（图 7-31、图 7-32）。微生物酶法处理的底物，其最终水溶性膳食纤维的得率比化学法处理的底物要低。不过，微生物酶法处理条件温和、设备简单、酶专一性高，可以最大限度的保留膳食纤维的活性成分，更不会由于强酸、强碱的使用造成环境污染，而且微生物酶法处理所得的玉米皮膳食纤维，其可溶性多糖成分色泽较浅，呈淡黄色，感官效果好，可省去脱色等繁琐步骤；其不溶性成分细小、手感细腻、柔软。而化学法要求设备高，必须能够耐强酸、强碱，最终的废液会造成环境污染，更重要的是其产物颜色较深，呈棕红色，不但需要脱色处理，而且由于酸碱的使用，最终产品需要进行安全性检测。另一方面，在脱除脂肪、淀粉和蛋白质的过程中，化学法造成可溶性纤维素、半纤维素的很大损失，总膳食纤维的得率化学法要比微生物酶法低 25%左右。尽管可溶性膳食纤维的生理活性要高于不溶性膳食纤维，但两者所发挥的功能不相同，只有两者达到适当的配比才能使其发挥最大的生理学活性，因此，微生物酶法比化学处理法具有更大的优越性。

五、　玉米黄色素的提取

玉米蛋白粉中总蛋白质含量为 65%左右，还含有丰富的类胡萝卜素，包括玉米黄素、β-胡萝卜素、叶黄素、隐黄素、α-胡萝卜素、新黄质和金莲花黄素等成分，含量为

200～400μg/g。玉米黄色素除了可作为食品着色剂外，还具有不可多得的营养保健功效，例如可降低患老年性眼部黄斑退化、老年性失明、老年性白内障的风险、抑制肿瘤的生长以及有助于减缓动脉硬化的进程等。

目前，从玉米蛋白粉中提取玉米黄色素的方法主要是直接浸提法，提取溶剂采用70%～95%的乙醇，浓缩后得到玉米黄色素粗制品。但是由于玉米蛋白粉中存在的蛋白质大多为醇溶蛋白，使用乙醇作为提取溶剂会溶出较多的蛋白质，使得玉米黄色素纯度较低，由于玉米黄色素是极性差异较大的类胡萝卜素混合物，由极性较大的叶黄素、玉米黄素及极性较小的α-胡萝卜素和β-胡萝卜素等物质组成，采用单一极性的溶剂提取不利于各组分溶出，适宜使用混合溶剂为提取溶剂。有文献采用蛋白酶水解处理原料后再提取色素的方法，该方法有效提高了玉米黄色素的得率[361]。

朱蕾等[361]选用丙酮：石油醚＝1：1（V/V）作为提取溶剂，与多数研究采用乙醇作为提取剂相比，既可避免醇溶蛋白质等杂质溶出的问题，提高了玉米黄色素纯度，又提高了玉米黄色素的得率。采用蛋白酶水解和溶剂提取两步法进行玉米黄色素提取，玉米黄色素的得率比直接提取提高了126.8%。最佳水解条件为：中性蛋白酶在底物浓度5%，酶浓度1.4%，pH 7.0，温度40℃条件下水解6h。

六、 玉米加工酒精

具有结晶构造、难溶于水的生淀粉，一般很难被淀粉酶分解，必须糊化溶解后才能为淀粉酶作用。从节约糊化过程中能源的使用和简化工艺的观点出发，无蒸煮淀粉发酵生产酒精、无蒸煮米发酵酿酒技术已在日本开始得到应用。生淀粉糖化酶能将未经高温蒸煮糊化的生淀粉转化为葡萄糖，比传统的高温蒸煮糖化节能近40%，而且可进行浓醪发酵，因此广泛地应用于生淀粉酒精发酵、生料酿酒、酿醋等食品工业。产生生淀粉糖化酶的菌株与产生纤维素酶、果胶酶等菌种共同作用，可将秸秆等农业废弃物转化为家畜可利用的饲料，从而有利于环境保护及生物能的充分利用[362]。目前已发现 Aspergillus awomori、Chaluraparadoxa 等菌存在生淀粉分解酶，很多芽孢杆菌属的细菌也能产生 α-amylase 型生淀粉分解酶，这些酶可将生淀粉分解成不同长度的糊精，但是，其一直受到酶活性低，产酶菌产酶量不高的制约。郭爱莲等[362]从自然界分离到一株高酶活力的生淀粉糖化酶菌株黑曲霉 Sx。

纤维素酶是降解纤维素生成葡萄糖的一组酶的总称，它不是单一酶，而是起协同作用的多组分酶系。纤维素酶应用于酒精生产提高原料出酒率的主要依据是：①薯干、玉米、高粱、木薯等淀粉质原料中含有1%～3%的纤维素和半纤维素，在纤维素酶的作用下转化成可发酵性糖，使原料中可利用的碳源增加，出酒率提高；②纤维素酶对纤维的降解作用，破坏间质细胞壁的结构，使其包含的淀粉释放出来，利于糖化酶作用，从而可提高原料的淀粉利用率；③降低粉浆、蒸煮醪和糖化醪的黏度，利于醪液的输送和浓醪发酵的顺利实施。

日本、丹麦、美国、巴西、印度及俄罗斯等有许多关于纤维素酶应用于酒精生产的报道。应用较好的丹麦等国原料出酒率提高了 1%～3%，以黑麦为原料可达 5%。近几年，国内对纤维素酶的研究、生产及其应用较为活跃，四川、黑龙江、辽宁、河北、山东、江苏等地均有纤维素酶的生产单位。粮食价格的不断上涨，促进了纤维素酶在我国酒精与白酒生产中应用的研究，从少数几篇报道看，原料出酒率可提高 1% 以上[363]。山东兰陵美酒股份有限公司以玉米为原料生产酒精，采用糖化罐加入法加入复合纤维素酶，使用量为 0.1%，即每 1000kg 玉米原料加入 1kg 复合纤维素酶，随糖化酶一同加入到糖化罐中，经二次冷却后送入发酵罐。试验结果表明，使用复合纤维素酶后平均出酒率提高 0.96%，吨酒精降低粮耗 3% 左右，年产万吨酒精厂可增加经济效益 40 万元左右[364]。然而，纤维素酶在酒精生产中的应用远没有被完善，许多厂的应用效果并不理想。目前存在的主要问题有：一是纤维素酶的活力较低，单位酶活力的生产成本较高，使得其在酒精厂中的应用与推广受到限制；二是酶活力的单位不统一，使其应用缺乏依据；三是纤维素酶在酒精生产中应用的工艺条件有待于进一步研究[365]。

植酸在谷物、豆类和油料等植物籽实中含量丰富，可达 1%～3%，是植物总磷的主要储存形式，占 60%～80%，如玉米中植酸磷占总磷的 71%。动物和某些微生物缺乏植酸酶，对植酸的利用效率相当低。饲（原）料中的植酸磷大部分被残留。植酸（盐）还可以通过螯合作用与金属钙、铁等离子以及氨基酸、蛋白质等结合，影响其利用率，并抑制淀粉酶、蛋白酶等的活力，所以植酸是一种主要的植物抗营养因子。

酒精发酵生产对能源、化工、食品等领域有重要作用。利用纤维素酶、酸性蛋白酶或构建高效酒精发酵酵母菌等生物技术手段，可显著提高原料出酒率，投入少，效益高。然而，在酒精发酵中应用植酸酶的报道较少。

由于玉米中植酸含量较高，以玉米为原料生产酒精会对酒精发酵产生不利影响。大量的植酸磷残留在酒糟中，造成环境污染。在酒精发酵醪中添加适量的植酸酶，补充酒精酵母产植酸酶的不足，既可提高原料中磷的利用率，减少磷在酒糟中残留，又可减少植酸对其他营养因子的螯合作用和对粉酶、蛋白酶的抑制作用，从而提高酒精原料利用率，增加发酵醪中游离磷的含量。

玉米原料中加入植酸酶，有利于无机磷的释放，从而提高酵母菌的生长及代谢能力，提高酒精产量。从实验可以看出，原料出酒率提高了 1.6%。目前市场上植酸酶主要是国外产品，如巴斯夫、诺和诺德等大公司产品，售价较贵，每吨价格在 20 万元以上。据报道国内已有两家单位开发出产植酸酶基因工程菌，但目前在市场还未见基因工程菌生产的植酸酶产品。因此还有待于进一步开发活力高、价廉的专用植酸酶应用于酒精生产[366,367]。

木质纤维素生物质［例如玉米秸秆（CS）］向乙醇的转化遇到了降解产物的抑制，低乙醇滴度和低乙醇生产率的问题。Chen 等[367]将 CS 整合到玉米乙醇工艺中进行有效转化（图 7-33）。使用稀碱或稀酸预处理对 CS 进行预处理。将预处理的 CS 酶促水解，然后与液化玉米混合用于乙醇发酵。研究了发酵菌株，底物混合比和补料分批策略。碱

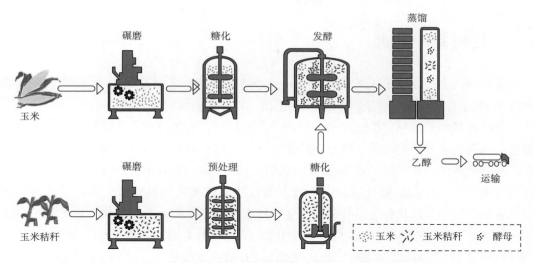

图 7-33　玉米与玉米秸秆整合转化乙醇示图（引自 Chen 等[367]）

预处理的 CS 和玉米的混合物分别在 10% 和 20% 的固体含量下产生 92.30g/L 乙醇。采用补料分批策略，将乙醇滴度进一步提高至 96.43g/L，稀酸预处理 CS 和玉米的混合物获得了更好的性能，得到 104.9g/L 乙醇，乙醇产率为 80.47%，生产率高达 2.19g/（L·h）。这项工作证明了 CS 和玉米能一起有效转化为乙醇。

第四节
酶工程技术在淀粉糖加工中的应用

　　淀粉糖是以淀粉为原料，通过酸或酶的催化水解反应生产的糖的总称，是淀粉深加工的主要产品。在美国，淀粉糖年产量已达 1000 万 t，占玉米深加工总量的 60%，从 20 世纪 80 年代中期开始，美国国内淀粉糖消费量已超过蔗糖。我国淀粉糖工业目前仍处于发展的初步阶段，从 20 世纪 90 年代以来，由于现代生物工程技术的应用，生产淀粉糖所用酶制剂品种的增加及质量的提高，不但使淀粉糖行业得到快速发展，产量以年均 10% 的速度增长，而且随着品种的日益增加，形成了各种不同甜度及功能的麦芽糊精、葡萄糖、麦芽糖、功能性糖及糖醇等几大系列的淀粉糖产品[368]。

　　淀粉糖的原料是淀粉，任何含淀粉的农作物，如玉米、大米等均可用来生产淀粉糖，生产不受地区和季节的限制[369]。淀粉糖在口感、功能上比蔗糖更能适应不同消费者的需要，并可改善食品的品质和加工性能，如低聚异麦芽糖可以增殖双歧杆菌、防龋齿；麦芽糖浆、淀粉糖浆在糖果、蜜饯制造中代替部分蔗糖可防止"返砂""发烊"等，这些都是蔗糖无法比拟的。因此，淀粉糖具有很好的发展前景[370]。

一、 淀粉糖的种类

淀粉糖种类按成分组成来分大致可分为液体葡萄糖、结晶葡萄糖（全糖）、麦芽糖浆（饴糖、高麦芽糖浆、麦芽糖）、麦芽糊精、麦芽低聚糖、果葡糖浆等[371]。

液体葡萄糖是控制淀粉适度水解得到的以葡萄糖、麦芽糖和麦芽低聚糖组成的混合糖浆，葡萄糖和麦芽糖均属于还原性较强的糖，淀粉水解程度越大，葡萄糖等糖含量越高，还原性越强。淀粉糖工业上常用葡萄糖值（Dextrose Equivalent，DE 值）（糖化液中还原性糖全部当作葡萄糖计算，占干物质的百分率称葡萄糖值）来表示淀粉水解的程度。液体葡萄糖按转化程度可分为高、中、低 3 大类。工业上产量最大、应用最广的中等转化糖浆，其 DE 值为 30%~50%，其中 DE 值为 42% 左右的又称为标准葡萄糖浆。高等转化糖浆 DE 值为 50%~70%，低转化糖浆 DE 值在 30% 以下。不同 DE 值的液体葡萄糖在性能方面有一定差异，因此不同用途可选择不同水解程度的淀粉糖[372]。

葡萄糖是淀粉经酸或酶完全水解的产物，由于生产工艺的不同，所得葡萄糖产品的纯度也不同，一般可分为结晶葡萄糖和全糖两类，其中葡萄糖占干物质的 95%~97%，其余为少量因水解不完全而剩下的低聚糖，将所得的糖化液用活性炭脱色，再流经离子交换树脂柱，除去无机物等杂质，便得到了无色、纯度高的精制糖化液。将此精制糖化液浓缩，在结晶罐冷却结晶，得到含水 α-葡萄糖结晶产品；在真空罐中于较高温度下结晶，得到无水 β-葡萄糖结晶产品；在真空罐中结晶，得无水 α-葡萄糖结晶产品。

如果把精制的葡萄糖液流经固定化葡萄糖异构酶柱，使其中葡萄糖一部分发生异构化反应，转变成其异构体果糖，得到糖分组成主要为果糖和葡萄糖的糖浆，再经活性炭和离子交换树脂精制，浓缩得到无色透明的果葡糖浆产品[373]。这种产品的质量分数为 71%，糖分组成为果糖 42%（以干基计），葡萄糖 53%，低聚糖 5%，在 20 世纪 60 年代末，这是国际上开始大量生产的果葡糖浆产品，甜度等于蔗糖，但风味更好，被称为第一代果葡糖浆产品。20 世纪 70 年代末期世界上成功研究出用无机分子筛分离果糖和葡萄糖的技术，将第一代产品用分子筛模拟移动床分离，得到果糖含量达 94% 的糖液，再与适量的第一代产品混合，得果糖含量分别为 55% 和 90% 两种产品。甜度高过蔗糖分别为蔗糖甜度的 1.1 倍和 1.4 倍，也被称为第二、第三代产品。第二代产品的质量分数为 77%，果糖 55%（干基计），葡萄糖 40%，低聚糖 5%。第三代产品的质量分数为 80%，果糖 90%（干基计），葡萄糖 7%，低聚糖 3%。故工业生产的三种果葡糖浆分别为 F-42，F-55 和 F-90[374]。

麦芽糖浆是以淀粉为原料，经酶或酸结合法水解制成的一种淀粉糖浆，和液体葡萄糖相比，麦芽糖浆中葡萄糖含量较低（一般在 10% 以下），而麦芽糖含量较高（一般在 40%~90%），按制法和麦芽糖含量不同可分别称为饴糖、高麦芽糖浆、超高麦芽糖浆等，其糖分组成主要是麦芽糖、糊精和低聚糖。

淀粉水解程度低的产品，在 20DE 或以下称为麦芽糊精，一般喷雾干燥成粉末状。

葡萄糖和麦芽糖含量低，味微甜或不甜。

将淀粉分子按一定的方向、一定的长度进行水解，生成的产物大多在麦芽三糖至麦芽七糖的范围，该酶解产物称为麦芽低聚糖。低聚糖的生产可通过葡萄糖转苷酶的作用，将游离的葡萄糖转移至另一个葡萄糖或麦芽糖的分子的 $\alpha-1$，6 位上，形成具有分支结构的异麦芽糖、异麦芽三糖和潘糖等新的聚合物，该聚合物称为异麦芽低聚糖[375]。

二、　淀粉的酶液化和酶糖化工艺

（一）淀的粉酶液化工艺

液化是使糊化后的淀粉发生部分水解，暴露出更多可被糖化酶作用的非还原性末端。它是利用液化酶使糊化淀粉水解到糊精和低聚糖程度，使黏度大为降低，流动性增高，所以工业上称为液化。酶液化和酶糖化的工艺称为双酶法或全酶法。液化也可用酸，酸液化和酶糖化的工艺称为酸酶法[376]。

由于淀粉颗粒的结晶性结构，淀粉糖化酶无法直接作用于生淀粉，必需加热成生淀粉乳，使淀粉颗粒吸水膨胀，并糊化，破坏其结晶结构，但糊化的淀粉乳黏度很大，流动性差，搅拌困难，难以获得均匀的糊化结果，特别是在较高浓度和大量物料的情况下操作有困难[377]。而 α-淀粉酶对于糊化的淀粉具有很强的催化水解作用，能很快水解到糊精和低聚糖范围大小的分子，黏度急速降低，流动性增高。此外，液化还可为下一步的糖化创造有利条件，糖化使用的葡萄糖淀粉酶属于外酶，水解作用从底物分子的非还原尾端进行。在液化过程中，分子被水解到糊精和低聚糖范围的大小程度，底物分子数量增多，糖化酶作用的机会增多，有利于糖化反应[378]。

1. 液化机理

液化使用 α-淀粉酶，它能水解淀粉和其水解产物分子中的 $\alpha-1$，4 糖苷键，使分子断裂，黏度降低。β-淀粉酶属于内酶，水解从分子内部进行，不能水解支链淀粉的 $\alpha-1$，6 糖苷键，当 α-淀粉酶水解淀粉切断 $\alpha-1$，4 糖苷键时，淀粉分子支叉地位的 $\alpha-1$，6 糖苷键仍然留在水解产物中，得到异麦芽糖和含有 $\alpha-1$，6 糖苷键、聚合度为 3~4 的低聚糖和糊精。但 α-淀粉酶能越过 $\alpha-1$，6 糖苷键继续水解 $\alpha-1$，4 糖苷键，不过 $\alpha-1$，6 糖苷键的存在，对于水解速度有降低的影响，所以 α-淀粉酶水解支链淀粉的速度较直链淀粉慢。

国内常用的 α-淀粉酶有由芽孢杆菌 BF-7658 产的液化型淀粉酶和由枯草杆菌产生的细菌糖化型 α-淀粉酶以及由霉菌产生的 α-淀粉酶。因其来源不同，各种酶的性能和对淀粉的水解效能也各有差异。

2. 液化程度

在液化过程中，淀粉糊化、水解成较小的分子，应当达到何种程度合适，葡萄糖淀粉酶属于外酶，水解只能由底物分子的非还原尾端开始，底物分子越多，水解生成葡萄糖的机会越多。但是，葡萄糖淀粉酶是先与底物分子生成络合结构，而后发生水解催化作用，这需要底物分子的大小具有一定的范围，有利于生成这种络合结构，过大或过小都不适宜。根据生产实践，淀粉在酶液化工序中水解到葡萄糖值15~20范围合适。水解超过此程度，不利于糖化酶生成络合结构，影响催化效率，糖化液的最终葡萄糖值较低。

利用酸液化，情况与酶液化相似，在液化工序中需要控制水解程度在葡萄糖值15~20为宜，水解程度高，则影响糖化液的葡萄糖值降低；若液化到葡萄糖值15以下，液化淀粉的凝沉性强，易于重新结合，对于过滤性质有不利的影响[379]。

3. 液化方法

液化方法有三种：升温液化法、高温液化法和喷射液化法。

（1）升温液化法　升温液化法是一种最简单的液化方法。30%~40%的淀粉乳调节pH为6.0~6.5，加入CaCl₂调节钙离子浓度到0.01mol/L，加入需要量的液化酶，在保持剧烈搅拌的情况下，喷入蒸汽加热到85~90℃，在此温度保持30~60min，达到需要的液化程度，加热至100℃以终止酶反应，冷却至糖化温度[380]。此法需要的设备和操作都简单，但因在升温糊化过程中，黏度增加使搅拌不均匀，料液受热不均匀，致使液化不完全，液化效果差，并形成难于受酶作用的不溶性淀粉粒，引起糖化后糖化液的过滤困难。为改进这种缺点，液化完后加热煮沸10min，谷类淀粉（如玉米）液化较困难，应加热到140℃，保持几分钟。虽然如此加热处理能改进过滤性质，但仍不及其他方法好。

（2）高温液化法　将淀粉乳调节好pH和钙离子浓度，加入需要量的液化酶，用泵经喷淋头引入液化桶中约90℃的热水中，淀粉受热糊化、液化，由桶的底部流出，进入保温桶中，于90℃保温约40min或更长的时间达到所需的液化程度。此法的设备和操作都比较简单，效果也不差。缺点是淀粉不是同时受热，液化不均匀，酶的利用也不完全，后加入的部分作用时间较短。对于液化较困难的谷类淀粉（如玉米），液化后需要加热处理以凝结蛋白质类物质，改进过滤性质。在130℃加热液化5~10min或在150℃加热1~1.5min。

（3）喷射液化法　先通蒸汽入喷射器预热到80~90℃，用位移泵将淀粉乳打入，蒸汽喷入淀粉乳的薄层，引起糊化、液化。蒸汽喷射产生的湍流使淀粉受热快而均匀，黏度降低也快。液化的淀粉乳由喷射器下方喷出，引入保温桶中在85~90℃保温约40min，达到需要的液化程度。此法的优点是液化效果好，蛋白质类杂质的凝结好，糖化液的过滤性质好，设备少，也适于连续操作。马铃薯淀粉液化容易，可用40%浓度；玉米淀粉液化较困难，以27%~33%浓度为宜，若浓度在33%以上，则需要提高用酶量两倍。

酸液化法的过滤性质好，但最终糖化程度低于酶液化法。酶液化法的糖化程度较高，但过滤性质较差。为了利用酸和酶液化法的优点，有酸酶合并液化法，先用酸液化到葡萄糖值约4，再用酶液化到需要程度，经用酶糖化，糖化程度能达到葡萄糖值约97，稍低于酶液化法，但过滤性质好，与酸液化法相似。此法只能用管道设备连续进行，因为调节 pH、降温和加液化酶的时间快，也避免回流。若不用管道设备，则由于低葡萄糖值淀粉液的黏度大，凝沉性也强，过滤性质差。

（二）酶糖化工艺

在液化工序中，淀粉经 α-淀粉酶水解成糊精和低聚糖范围的较小分子产物，糖化是利用葡萄糖淀粉酶进一步将这些产物水解成葡萄糖。纯淀粉通过完全水解，会增重，每 100 份淀粉完全水解能生成 111 份葡萄糖，但现在工业生产技术还没有达到这种水平。双酶法工艺的现在水平，每 100 份纯淀粉只能生成 105~108 份葡萄糖，这是因为有水解不完全的剩余物和复合产物如低聚糖和糊精等存在。如果在糖化时采取多酶协同作用的方法，例如除葡萄糖淀粉酶以外，再加上异淀粉酶或普鲁兰酶并用，能使淀粉水解率提高，且所得糖化液中葡萄糖的百分率可达 99% 以上。

双酶法生产葡萄糖工艺的现在水平，糖化 2d 葡萄糖值达到 95~98。在糖化的初阶段，速度快，第一天葡萄糖达到 90 以上，以后的糖化速度变慢。葡萄糖淀粉酶对于 α-1，6 糖苷键的水解速度慢。提高用酶量能加快糖化速度，但考虑到生产成本和复合反应，不能增加过多。降低浓度能提高糖化程度，但考虑到蒸发费用，浓度也不能降低过多，一般采用浓度约为 30%。

1. 糖化机理

糖化是利用葡萄糖淀粉酶从淀粉的非还原性尾端开始水解 α-1，4 糖苷键，使葡萄糖单位逐个分离出来，从而产生葡萄糖。它也能将淀粉的水解初产物如糊精、麦芽糖和低聚糖等水解产生 β-葡萄糖。它作用于淀粉糊时，反应液的碘色反应消失很慢，糊化液的黏度也下降较慢，但因酶解产物葡萄糖不断积累，淀粉糊的还原能力却上升很快，最后反应几乎将淀粉 100% 水解为葡萄糖。

葡萄糖淀粉酶不仅由于酶源不同造成对淀粉分解率有差异，即使是同一菌株产生的酶中也会出现不同类型的糖化淀粉酶。如将黑曲菌产生的粗淀粉酶用酸处理，使其中的 α-淀粉酶破坏，然后用玉米淀粉吸附分级，获得易吸附于玉米淀粉的糖化型淀粉酶 I 及不吸附于玉米淀粉的糖化型淀粉酶 II 2 个分级，其中 I 能 100% 地分解糊化过的糯米淀粉和较多的 α-1，6 糖苷键的糖原及 β-极限糊精，而酶 II 仅能分解 60%~70% 的糯米淀粉，对于糖原及 β-极限糊精则难以分解。除了淀粉的分解率因酶源不同而有差异外，耐热性、耐酸性等性质也会因酶源不同而有差异。

不同来源的葡萄糖淀粉酶在糖化的适宜温度和 pH 也存在差别。例如曲霉糖化酶为温度 55~60℃，pH 3.5~5.0；根霉的糖化酶为温度 50~55℃，pH 4.5~5.5；拟内孢酶为温度 50℃，pH 4.8~5.0[381]。

2. 糖化操作

糖化操作比较简单，将淀粉液化液引入糖化桶中，调节到适当的温度和 pH，混入需要量的糖化酶制剂，保持 2~3d 达到最高的葡萄糖值，即得糖化液[382]。糖化桶具有夹层，用来通冷水或热水调节和保持温度，并具有搅拌器，保持适当的搅拌，避免发生局部温度不均匀现象。

糖化的温度和 pH 决定于所用糖化酶制剂的性质。曲霉一般用 60℃、pH4.0~4.5，根霉用 55℃、pH5.0。根据酶的性质选用较高的温度，可使糖化速度较快，感染杂菌的危险较小。选用较低的 pH，可使糖化液的色泽浅，易于脱色。加入糖化酶之前要注意先将温度和 pH 调节好，避免酶与不适当的温度和 pH 接触，活力受影响。在糖化反应过程中，pH 稍有降低，可以调节 pH，也可将开始的 pH 稍高一些。

达到最高的葡萄糖值以后，应当停止反应，否则，葡萄糖值趋向降低，这是因为葡萄糖发生复合反应，一部分葡萄糖又重新结合生成异麦芽糖等复合糖类。这种反应在较高的酶浓度和底物浓度的情况下更为显著。葡萄糖淀粉酶对于葡萄糖的复合反应具有催化作用。

糖化液在 80℃，受热 20min，酶活力全部消失。实际上不必单独加热，脱色过程中即达到这种目的。活性炭脱色一般是在 80℃保持 30min，酶活力同时消失。

提高用酶量，糖化速度加快，最终葡萄糖值也增高，能缩短糖化时间。但提高有一定的限度，过多反而引起复合反应严重，导致葡萄糖值降低[380]。

三、 糖化液的精制和浓缩

淀粉糖化液的糖分组成因糖化程度而不同，如葡萄糖、低聚糖和糊精等，另外还有糖的复合和分解反应产物、原存在于原料淀粉中的各种杂质、水带来的杂质以及作为催化剂的酸或酶等，成分是很复杂的。这些杂质对于糖浆的质量和结晶、葡萄糖的产率和质量都有不利的影响，需要对糖化液进行精制，以尽可能地除去这些杂质。

糖化液精制的方法，一般采用碱中和、活性炭吸附、脱色和离子交换脱盐，酶法糖化不用中和[383]。

（一）过滤

过滤就是除去糖化液中的不溶性杂质，目前普遍使用板框过滤机，同时最好用硅藻土为助滤剂，来提高过滤速度，延长过滤周期，提高滤液澄清度。一般采用预涂层的办法，以保护滤布的毛细孔不被一些细小的胶体粒子堵塞。

为了提高过滤速率，糖液过滤时，要保持一定的温度，使其黏度下降，同时要正确地掌握过滤压力。因为滤饼具有可压缩性，其过滤速度与过滤压力差密切相关。但当超过一定的压力差后，继续增加压力，滤速也不会增加，反而会使滤布表面形成一层紧密的滤饼层，使过滤速度迅速下降。所以过滤压力应缓慢加大为好。不同的物料，使用不同的过滤机，其最适压力要通过试验确定。

（二）脱色

糖液中含有的有色物质和一些杂质必须除去，才能得到澄清透明的糖浆产品。工业上一般采用骨炭和活性炭脱色。活性炭又分颗粒和粉末炭两种。骨炭和颗粒炭可以再生重复使用，但因设备复杂，仅在大型工厂使用。一般中小型工厂使用粉末活性炭，重复使用 2 或 3 次后弃掉，成本高，但设备简单，操作方便[384]。

活性炭的表面吸附力与温度成反比，但温度高，吸附速率快。在较高温度下，糖液黏度较低，加速糖液渗透到活性炭的吸附内表面，对吸附有利。但温度不能太高，以免引起糖的分解而着色，一般以 80℃ 为宜。

糖液 pH 对活性炭吸附没有直接关系，但一般在较低 pH 下进行，脱色效率较高，葡萄糖也稳定。工业上均以中和操作的 pH 作为脱色的 pH[385]。

一般认为吸附是瞬间完成的，为了使糖液与活性炭充分混合均匀，脱色时间以 25～30min 为宜。

活性炭用量少，利用率高，但最终脱色差；用量大，可缩短脱色时间，但单位质量的活性炭脱色效率降低。因此要恰当掌握，一般采取分次脱色的办法，并且前脱色用废炭，后脱色用好炭，以充分发挥脱色效率[386]。

糖液脱色是在具有防腐材料制成的脱色罐内完成的。罐内设有搅拌器和保温管，罐顶部有排汽筒。脱色后的糖液经过滤得到无色透明的液体。

（三）离子交换树脂处理

糖液经活性炭处理后，仍有部分无机盐和有机杂质存在，工业上采用离子交换树脂处理糖液，起到离子交换和吸附的作用。离子交换树脂除去蛋白质、氨基酸、羟甲基糠醛和有色物质等的能力比活性炭强。经离子交换树脂处理的糖液，灰分可降低到原来的 1/10，对有色物质去除彻底，因而，不但产品澄清度好，而且久置也不变色，有利于产品的保存。

离子交换树脂分为阳离子交换树脂和阴离子交换树脂两种，目前普遍应用的工艺为阳—阴—阳—阴 4 只滤床，即 2 对阳、阴离子交换树脂滤床串联使用。

（四）浓缩

经过净化精制的糖液，浓度比较低，不便于运输和储存，必须将其中大部分水分去掉，即采用蒸发使糖液浓缩，达到要求的浓度。

淀粉糖浆为热敏性物料，受热易着色，所以在真空状态下进行蒸发，以降低液体的沸点。一般蒸发温度不宜超过 68℃。蒸发操作有间歇式、连续式和循环式 3 种。采用间歇式蒸发，糖液受热时间长，不利于糖浆的浓缩，但设备简单，最终浓度容易控制，有的小型工厂还在采用。采用连续式蒸发，糖液受热时间短，适应于糖液浓缩，处理量大，设备利用率高，但最终浓度控制不易，在浓缩比很大时难于一次蒸发达到要求。采用循环式蒸发可使一部分浓缩液返回蒸发器，物料受热时间比间歇式短，浓度也较易控制，适合糖液的浓缩。蒸发操作中的主要费用是蒸汽消耗量，为了节约蒸汽，可采用多效蒸发，充分利用二次蒸汽，又节约大量的冷却用水[384]。

四、 淀粉糖品的生产

（一）液体葡萄糖

液体葡萄糖常用的生产工艺有酸法、酸酶法和双酶法。

1. 酸法工艺

酸法工艺是以酸作为水解淀粉的催化剂，淀粉是由多个葡萄糖分子缩合而成的碳水化合物，酸水解时，随着淀粉分子中糖苷键断裂，逐渐生成葡萄糖、麦芽糖和各种相对分子质量较低的葡萄糖多聚物。该工艺操作简单，糖化速度快，生产周期短，设备投资少[387]。

酸法工艺流程如图7-34所示：

淀粉 → 调浆 → 糖化 → 中和 → 第一次脱色过滤 → 离子交换 → 第一次浓缩 → 第二次脱色过滤 →

第二次浓缩 → 成品

图7-34 酸法工艺流程

2. 酸酶法工艺

由于酸法工艺在水解程度上不易控制，现许多工厂采用酸酶法，即酸法液化、酶法糖化。在酸法液化时，控制水解反应，使DE值在20%~25%时即停止水解，迅速进行中和，调节pH至4.5、温度55~60℃后，加葡萄糖淀粉酶进行糖化，直至所需DE值，然后升温、灭酶、脱色、离子交换、浓缩[388]。

3. 双酶法工艺

酸酶法工艺虽能较好地控制糖化液最终DE值，但和酸法一样，仍存在一些缺点，设备腐蚀严重，使用原料只能局限在淀粉，反应中生成副产物较多，最终糖浆甜味不纯，因此淀粉糖生产厂家大多改用酶法生产工艺。其最大的优点是液化、糖化都采用酶法水解，反应条件温和，对设备几乎无腐蚀；可直接采用原粮如大米（碎米）作为原料，有利于降低生产成本，糖液纯度高、得率也高。

（1）生产工艺 双酶法工艺流程如图7-35所示：

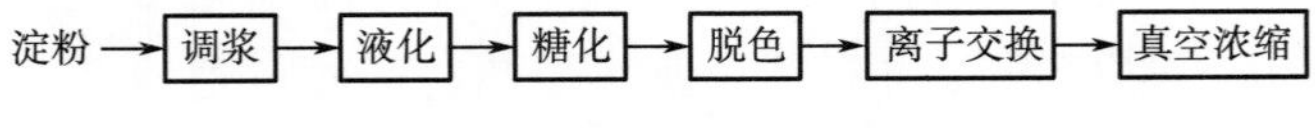

淀粉 → 调浆 → 液化 → 糖化 → 脱色 → 离子交换 → 真空浓缩

图7-35 双酶法生产多糖工艺流程

（2）操作要点 淀粉乳浓度控制在30%左右（如用米粉浆则控制在25%~30%），用Na_2CO_3调节pH至6.2左右，加适量的$CaCl_2$，添加耐高温α-淀粉酶10U/g左右（以干淀粉计，U 为活力单位），调浆均匀后进行喷射液化，温度一般控制在（110±5）℃，液化，DE 值控制在 15%~20%，以碘色反应为红棕色、糖液中蛋白质凝聚好、分层明显、液化液过滤性能好为液化终点时的指标。糖化操作较为简单，将液化液冷却至 55~60℃后，调节 pH 至 4.5 左右，加入适量糖化酶，一般为 25~100U/g（以干淀粉计），然后进行保温糖化，到所需 DE 值时即可升温灭酶，进入后道净化工序[389]。淀粉糖化液经过滤除去不溶性杂质，得澄清糖液，仍需再进行脱色和离子交换处理，以进一步除去糖液中水溶性杂质。脱色一般采用粉末活性炭，控制糖液温度 80℃左右，添加相当于糖液固形物 1% 活性炭，搅拌 0.5h，用压滤机过滤，脱色后糖液冷却至 40~50℃，进入离子交换柱，用阳、阴离子交换树脂进行精制，除去糖液中各种残留的杂质离子、蛋白质、氨基酸等，使糖液纯度进一步提高。精制的糖化液真空浓缩至固形物为 73%~80%，即可作为成品。

4. 新进展

秦剑等[390]分别用玉米淀粉和玉米粉进行酸酶法和双酶法处理制取葡萄糖，对玉米粉替代玉米淀粉进行了经济分析；实验证明采用半湿法玉米粉作为淀粉糖的原料是可行的。采用新工艺技术和酶技术，降低产品成本和提高产品质量是入世后提高国际竞争力的唯一出路。

宋富兵等[391]研究了温度、pH、底物流速、底物浓度、底物的葡萄糖当量值（DE）等因素对分子筛固定化黑曲霉葡糖淀粉酶水解淀粉液化液反应性能的影响规律，考察了固定化酶催化剂的寿命。在适宜条件下，供给质量分数 10% 的淀粉液化液，连续 22d 可产生 DE 值 95% 以上的糖化液，运转 30d，活力仅下降 25%，以 DE 值 15% 的米淀粉液化液为底物，糖化液中葡萄糖的质量百分数可达 97% 以上。

姚妙爱[392]研究了双酶直接催化玉米粉中的淀粉糖化工艺参数，结果为：糖化温度 55~60℃，最佳点为 60℃，液化液 pH4.0~4.5，要得到较高 DE 值的糖浆混合物需 60h 的糖化时间，糖化酶用量在 280~320U/g 淀粉。肖志刚等[393]考察了在葡萄糖淀粉酶作用挤压玉米粉的过程中，反应温度、pH、加酶量、底物浓度对酶解速率的影响规律，初步确定了糖化酶解条件。结果表明：在底物浓度 0.33mg/mL、温度 58~62℃、pH4.4~4.6、加酶量 40U/mL 左右时，可通过对酶解时间的控制，得到理想 DE 值的淀粉糖。

英国活性炭公司和麦克唐纳斯生物工程公司研制成功新固定化酶 AG 可代替可溶性葡萄糖淀粉酶，使玉米糊精转化成葡萄糖。如果用可溶性葡萄糖淀粉酶，需要两天时间来完成糖浆生产的循环，每次循环后还必须调换。据报道使用固定化酶 AG 可在 10min 之内完成转化过程，并且可以重复再次使用[394]。

5. 性质及应用

液体葡萄糖是我国目前淀粉糖工业中最主要的产品，广泛应用于糖果、糕点、饮料、冷饮、焙烤、罐头、果酱、果冻、乳制品等各种食品中，还可作为医药、化工、发酵等行业的重要原料。该产品甜度低于蔗糖，黏度、吸湿性适中。用于糖果中能阻止蔗糖结晶，防止糖果返砂，使糖果口感温和、细腻。葡萄糖浆杂质含量低，耐储存性和热稳定性好，适合生产高级透明硬糖；此外，该糖浆黏稠性好、渗透压高，适用于各种水果罐头及果酱、果冻中，可延长产品的保存期。液体葡萄糖浆具有良好的可发酵性，适合面包、糕点生产中的使用[395]。

（二）结晶葡萄糖、全糖

葡萄糖是淀粉完全水解的产物，由于生产工艺的不同，所得葡萄糖产品的纯度也不同，一般可分为结晶葡萄糖和全糖两类。结晶葡萄糖纯度较高，主要用于医药、试剂、食品等行业。葡萄糖结晶通常有 3 种形式的异构体，即含水 α-葡萄糖、无水 α-葡萄糖和无水 β-葡萄糖，其中以含水 α-葡萄糖生产最为普遍，产量也最大[396]。工业上生产的葡萄糖产品除这 3 种外，还有"全糖"，为省掉结晶工序由酶法得到的糖浆直接制成的产品。酶法所得淀粉糖化液的纯度高，甜味纯正，经喷雾干燥直接制成颗粒状全糖，或浓缩后凝固成块状，再粉碎制成粉末状全糖。这种产品质量虽逊于结晶葡萄糖，但生产工艺简单，成本较低，在食品、发酵、化工、纺织等行业应用也十分广泛。

葡萄糖的生产因糖化方法不同在工艺和产品方面都存在差别。酶法糖化所得淀粉糖化液的纯度高，除适于生产含水 α-葡萄糖、无水 α-葡萄糖、无水 β-结晶葡萄糖以外，也适于生产全糖。酸法糖化所得淀粉糖化液的纯度较低，只适于生产含水 α-葡萄糖，需要重新溶解含水 α-葡萄糖，用所得糖化液精制后生产无水 α-葡萄糖或 β-葡萄糖。用酸法糖化制得的全糖，因质量差，甜味不纯，不适于食品工业用。酸法糖化产生复合糖类多，结晶后复合糖类存在于母液中，一般是再用酸水解一次，将复合糖类转变成葡萄糖，再结晶。酶法糖化基本避免了复合反应，不需要再糖化。酶法糖化液结晶以后所剩母液的纯度仍高，甜味纯正，适于食品工业应用，但酸法母液的纯度差，甜味不正，只能当作废糖蜜处理。

1. 生产工艺
酶法葡萄糖生产工艺流程如图 7-36 所示：

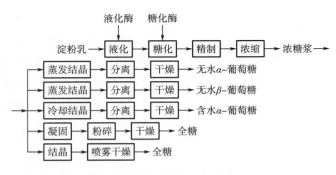

图 7-36　酶法葡萄糖生产工艺流程

2. 操作要点
结晶葡萄糖主要生产工序包括糖化、精制、结晶，其中结晶工艺较为复杂，而糖化、精制工艺和全糖生产类似，主要介绍酶法生产全糖的工艺过程。

淀粉乳含量为30%~35%，调节pH至6.2~6.5，以10U/g添加量加入高温 α-淀粉酶。一级喷射液化，温度105℃，进入层流罐保温30~60min；二级喷射液化，温度125~135℃，汽液分离，如碘色反应未达棕色，可补加少量中温 α-淀粉酶，进行二次液化。液化液冷却至60℃，调pH至4.5，按50~100U/g加入糖化酶进行糖化，保温，定时搅拌，时间一般为24~48h，当DE值≥97%时，即可结束糖化。如欲得到DE值更高的产品，可在糖化时加少量普鲁兰酶。升温灭酶，同时使糖化液中蛋白质凝结。过滤，最好加少量硅藻土作为助滤剂。加1%活性炭脱色，80℃搅拌保温30min，过滤。采用阳-阴离子交换树脂对糖液进行离子交换，如最终产品要求不高，可省去此道工序。采用真空浓缩锅浓缩至固形物75%~80%（如用于喷雾干燥，浓缩至45%~65%即可）。将糖液冷却到40~50℃，放入混合桶，加入相当于糖浆总量1%左右的葡萄糖粉作为结晶的晶种，搅拌冷却至30℃，放入马口铁制成的长方形浅盘中，静置结块，即得工业生产用全糖块。也可将糖块粉碎，过20~40目筛，再干燥至水分小于9%，即为粉状成品。

3. 性质与应用

酶法生产的葡萄糖（全糖）纯度高、甜味纯正，在食品工业中可作为甜味剂代替蔗糖，还可作为生产食品添加剂焦糖色素、山梨醇等产品的主要原料；在发酵工业上，可作为微生物培养基的最主要原料（碳源），广泛用于酿酒、味精、氨基酸酶制剂及抗生素等行业；全糖还可作为皮革工业、化纤工业、化学工业等行业的重要原料或添加剂。

（三）麦芽糖浆（饴糖、高麦芽糖浆、超高麦芽糖浆）

麦芽糖浆是以淀粉为原料，经酶法或酸酶结合的方法水解而制成的一种以麦芽糖为主（40%~50%）的糖浆，按制法与麦芽糖含量不同可分为饴糖、高麦芽糖浆和超高麦芽糖浆等[397]。

饴糖是最早的淀粉糖产品，距今已有2000余年的历史，传统生产工艺是以大米或其他粮食为原料，煮熟后加麦芽作为糖化剂，淋出糖液经煎熬浓缩即为成品。该糖浆含有40%~60%的麦芽糖，其余主要是糊精、少量麦芽三糖和葡萄糖，具有麦芽的特殊香味和风味，因此又称为麦芽饴糖。20世纪60年代起已被酶法糖化工艺所取代。所谓酶法糖化是先将淀粉原料磨浆，加热糊化，用 α-淀粉酶液化，然后用植物（麦芽、大豆、甘薯等） β-淀粉酶糖化作成糖浆，再经脱色和离子交换精制成酶法饴糖，称为高麦芽糖浆。高麦芽糖浆制造时，若在糖化时将淀粉分子中的支链淀粉分支点的 α-1，6键先用脱支酶水解，使之成为直链糊精，再经 β-淀粉酶作用，可生成更多的麦芽糖，其中糊精的比例很低，麦芽糖的含量在70%以上，这种糖浆被称为超高麦芽糖浆活液体麦芽糖浆。

1. 饴糖

饴糖为我国自古以来的一种甜食品，以淀粉质原料大米、玉米、高粱、薯类经糖化剂作用生产的，糖分组成主要为麦芽糖、糊精及低聚糖，营养价值较高，甜味柔和、爽口，是婴幼儿的良好食品。我国特产"麻糖""酥糖"、麦芽糖块、花生糖等都是饴糖的再制品。

饴糖生产根据原料形态不同，有固体糖化法与液体酶法，前者用大麦芽为糖化剂，设备简单，劳动强度大，生产效率低，后者先用 α-淀粉酶对淀粉浆进行液化，再用麸皮或麦芽进行糖化，用麸皮代替大麦芽，既节约粮食，又简化工序，现已普遍使用。但用麸皮作糖化剂，用前需对麸皮的酶活力进行测定，β-淀粉酶活力低于 2500U/g（麸皮）者不宜使用，否则用量过多，会增加过滤困难。

（1）工艺流程　饴糖液体酶法生产工艺流程如图 7-37 所示：

原料(大米) → 清洗 → 浸渍 → 磨浆 → 调浆 → 液化 → 糖化 → 过滤 → 浓缩 → 成品

图 7-37　饴糖液体酶法生产工艺流程

（2）操作要点　以淀粉含量高，蛋白质、脂肪、单宁等含量低的原料为优。蛋白质水解生成的氨基酸与还原性糖在高温下易发生羰氨反应生成红、黑色素；油脂过多，影响糖化作用进行；单宁氧化，使饴糖色泽加深。据此，以碎大米、去胚芽的玉米胚乳、未发芽、腐烂的薯类为原料生产的饴糖，品质为优[398]。清洗原料去除灰尘、泥沙、污物。除薯类含水量高不需要浸泡外，碎大米须在常温下浸泡 1~2h，玉米浸泡 12~14h，以便湿磨浆。不同的原料选用的磨浆设备不同，但要求磨浆后物料的细度能通过 60~70 目筛。加水调整粉浆浓度为 18~22°Bx，再加碳酸钠液调 pH 6.2~6.4，然后加入粉浆量 0.2%氯化钙，最后加入 α-淀粉酶酶制剂，用量按每克淀粉加 α-淀粉酶 80~100U 计（30℃测定），配料后充分搅匀。

将调浆后的粉浆送入高位贮浆桶内，同时在液化罐中加入少量底水，以浸没直接蒸汽加热管为止，进蒸汽加热至 85~90℃再开动搅拌器，保持不停运转。然后开启贮浆桶下部的阀门，使粉浆形成很多细流均匀地分布在液化罐的热水中，并保持温度在 85~90℃，使糊化和酶的液化作用顺利进行。如温度低于 85℃，则黏度保持较高，应放慢进料速度，使罐内温度升至 90℃后再适当加快进料速度。待进料完毕，继续保持此温度 10~15min，并以碘液检查至不呈色时，即表明液化效果良好，液化结束。最后升温至沸腾，使酶失活并杀菌。液化醪迅速冷却至 65℃，送入糖化罐，加入大麦芽浆或麸皮 1%~2%（按液化醪量计，实际计量以大麦芽浆或麸皮中 β-淀粉酶 100~120U/g 淀粉为宜），搅拌均匀，在控温 60~62℃温度下糖化 3h 左右，检查 DE 值到 35%~40% 时，糖化结束。将糖化醪乘热送入高位桶，利用高位差产生压力，使糖化醪流入板框式压滤机内压滤。初滤出的滤液较混浊，由于滤层未形成，须返回糖化醪重新压滤，直至滤出清汁才开始收集。压滤操作不宜过快，压滤初期推动力宜小，待滤布上形成一薄层滤饼后，再逐步加大压力，直至滤框内由于滤饼厚度不断增加，使过滤速度降低到极缓慢时，才提高压力过滤，待加大压力过滤而过滤速度缓慢时，应停止进行压滤。先开口浓缩，除去悬浮杂质，并利用高温灭菌，后真空浓缩，温度较低，糖液色泽淡，蒸发速度也快。开口浓缩，将压滤糖汁送入敞口浓缩罐内，间接蒸汽加热至 90~95℃ 时，糖汁中的蛋白质凝固，与杂质等悬浮于液面，先行除去，再加热至沸腾。如有泡沫溢出，及时加入硬脂酸等消泡剂，并添加 0.02% 亚硫酸钠脱色剂，浓缩至糖汁浓度达 25°Bx 停止。真空浓缩，利用真空罐真空将 25°Bx 糖汁自吸入真空罐，维持真空度在 79993.2Pa 左右（温度 70℃ 左右），进行浓缩至糖汁浓度达 42°Bx/20℃ 停止，解除真空，放罐，即为成品[399]。

2. 高麦芽糖浆

高麦芽糖浆与饴糖的制法大同小异，只是前者的麦芽糖含量应高于普通饴糖，一般要求在 50% 以上，而且产品应是经过脱色、离子交换精制过的糖浆，其外观澄净如水，蛋白质与灰分含量极微，糖浆熬煮温度远高于饴糖，一般达到 140℃ 以上[400]。

（1）普通高麦芽糖浆 制造高麦芽糖浆的糖化剂除麦芽外，也常用由甘薯、大麦、麸皮、大豆制取的 β-淀粉酶。为了保证麦芽糖生成量不低于 50%，糖化时常用脱支酶。

也可用霉菌 α-淀粉酶制造高麦芽糖浆，霉菌 α-淀粉酶虽然不能水解支链淀粉的 α-1，6 键，但它属于内切酶，能从淀粉分子内部切开 α-1，4 键，作用结果生成麦芽糖与带 α-1，6 键的 α-极限糊精。后者的相对分子质量远比 β-极限糊精小，故制成的高麦芽糖浆黏度低而流动性好，产品中其他低聚糖的组成也不同于 β-淀粉酶制成的糖，除麦芽糖外，还含有较多的麦芽三糖及 α-极限糊精。麦芽三糖可抑制肠道中产生毒素的产气荚膜梭菌的繁殖，具有一定的保健作用。

欧美各国的高麦芽糖浆大多是用真菌 α-淀粉酶作糖化剂来生产的，商品真菌 α-淀粉酶制剂如 Mycolase（Gist Brocades 公司生产）、Fungamyl 800 L（Novo 公司生产）、Clarase（Miles 公司生产）都是用米曲霉（A. oryzae）所生产的，其制剂有液状浓缩物，也有用酒精沉淀制成的粉状制剂。曲霉 α-淀粉酶生产的高麦芽糖浆称为改良高麦芽糖浆，其组成中麦芽糖占 50%~60%，麦芽三糖约 20%，葡萄糖占 2%~7% 以及其他低聚糖与糊精等。

高麦芽糖浆制造工艺如下：干物质浓度为 30%~40% 的淀粉乳，在 pH 6.5 加细菌 α-淀粉酶，85℃ 液化 1h，使 DE 值达 10%~20%，将 pH 调节至 5.5，加真菌 α-淀粉酶（Fungamyl 800 L）（0.4kg/t），60℃ 糖化 24h（其时反应物中含麦芽糖 55%，麦芽三糖 19%，葡萄糖 3.8%，其他 2.2%），过滤后经活性炭脱色，真空浓缩成制品。

（2）超高麦芽糖浆 超高麦芽糖浆的麦芽糖含量超过 70%，其中发酵性糖的含量达 90% 或以上，麦芽糖含量超过 90% 者也称液体麦芽糖。

超高麦芽糖浆的用途不同于一般高麦芽糖浆，主要是用于制造纯麦芽糖，干燥后制成麦芽糖粉，氢化后制造麦芽糖醇等。生产超高麦芽糖浆必须并用脱支酶，为了提高麦芽糖的含量，常使用一种以上的脱支酶和糖化用酶，并严格控制液化程度，DE 值应不超过 10%。由于黏度，因此底物浓度不宜太高，一般控制在 30% 以下，尤其是在制造麦芽糖含量 90% 以上的超高麦芽糖时，液化液的 DE 值应小于 1%，底物浓度也应大大降低，这样的操作必须用喷射液化法来完成[401]。

并用 β-淀粉酶、麦芽糖生成酶和支链淀粉酶生产超高麦芽糖浆，使用同上的液化淀粉为底物，同时添加 β-淀粉酶和麦芽糖生成酶进行糖化，麦芽糖生成量并不比单独使用 β-淀粉酶者为多，但若同时使用支链淀粉酶，则麦芽糖的产量明显增加。由于麦芽糖生成酶可水解麦芽三糖，故水解物中的麦芽三糖很少，而葡萄糖的生成量较单独使用 β-淀粉酶时为高，且由于它对糊精的作用较慢，故糖化液中的麦芽三糖以上的低聚糖和糊精残留量较多。因此，如生产普通高麦芽糖浆，则不宜用麦芽糖生成酶，因为这种酶不仅价格高，而且用其生产的糖浆中因葡萄糖含量较多，会使成品熬糖温度降低。但单独使用一种 β-淀粉酶或麦芽糖生成酶，或并用脱支酶时，糖化液中由于残留较多糊精而会严重干扰麦芽糖的结晶，即使 β-淀粉酶与麦芽糖生成酶并用，如不用脱支酶也不能减少糊精的生成，只有同时并用脱支酶，糊精才显著降低，因而适合于超高麦芽糖的生产。

3. 性质与应用

麦芽糖浆因含大量的糊精，具有良好的抗结晶性，食品工业中用在果酱、果冻等制造时可防止蔗糖的结晶析出，而延长商品的保存期。麦芽糖浆具有良好的发酵性，也可大量用于面包、糕点及啤酒制造，并可延长糕点的淀粉老化[402]。高麦芽糖浆在糖果工业中用以代替酸水解生产的淀粉糖浆，不仅制品口味柔和，甜度适中，产品不易着色，而且硬糖具有良好的透明度，有较好的抗砂、抗烊性，从而可延长保存期。高麦芽糖浆因很少含有蛋白质、氨基酸等可与糖类发生美拉德反应的物质，故热稳定性好，在制造糖果时比饴糖更适合于用真空薄膜法熬糖和浇铸法成型[403]。

在医药上用纯麦芽糖输液滴注静脉时，血糖可不致升高，适合于作为糖尿病人补充营养之用。麦芽糖氢化后可生成麦芽糖醇，这是一种甜度与蔗糖相当而热量值低的甜味剂。麦芽糖也是制造麦芽酮糖和低聚异麦芽糖的原料，后两者对肠道中有益人体的双歧乳酸菌的繁殖有促进作用，是很好的功能性食品原料[404]。

当前，在食品工业中高麦芽糖浆主要的用途是制造糖果及果冻、糕点、饮料等产品。有关研究表明，对高麦芽糖浆的利用正在向两个方向发展：一是制备常温条件下不发生结晶的固形物含量达 80% 的超高麦芽糖浆；二是制造纯麦芽糖浆。在过去，麦芽糖是以饴糖作原料，用酒精沉淀除去糊精，再结晶而生成的。自从脱支酶开发成功后，利用高温 α-淀粉酶的喷射液化、经 β-淀粉酶糖化，可容易地制造麦芽糖含量高达 85% 的超高麦芽糖浆，从而为工业化大规模制造麦芽糖创造了条件[397]。

（四）麦芽低聚糖浆

在众多品种的淀粉糖中，麦芽低聚糖不仅具有良好的食品加工适应性，而且具有多种对人体健康有益的生理功能，正作为一种新的"功能性食品"原料，日益受到人们重视[405]。虽然麦芽低聚糖在淀粉糖工业中问世时间较短，但"异军突起"，发展迅猛，目前已成为淀粉糖工业中重要的产品。麦芽低聚糖按其分子中糖苷键类型的不同可分为两大类，即以 α-1，4 糖苷键连接的直链麦芽低聚糖，如麦芽三糖、麦芽四糖……麦芽十糖；

另一大类为分子中含有 α-1，6 糖苷键的支链麦芽低聚糖，如异麦芽糖、异麦芽三糖、潘糖等。这两类麦芽低聚糖在结构、性质上有一定差异，其主要功能也不尽相同[406]。

麦芽低聚糖的生产无法用简单的酸法或酶法水解得到。直链麦芽低聚糖（简称麦芽低聚糖）如麦芽四糖等，是一种具有特定聚合度的低聚糖，必须采用专一的麦芽低聚糖酶（如麦芽四糖淀粉酶）水解经过适当液化的淀粉；而支链麦芽低聚糖（简称异麦芽低聚糖）的生产必须采用特殊的 α-葡萄糖苷转移酶，其原理是淀粉糖中麦芽糖浆分子受该酶作用水解为 2 分子的葡萄糖，同时将其中 1 分子的葡萄糖转移到另一麦芽糖分子上生成带 α-1，6 糖苷键的潘糖，或转移到另一葡萄糖分子上生成带 α-1，6 糖苷键的异麦芽糖。

自 20 世纪 70 年代以来，随着多种特定聚合度的麦芽低聚糖酶的不断发现，特别是 α-糖苷酶的出现，为各种麦芽低聚糖的研制、开发以及工业化生产奠定了基础。

1. 直链麦芽低聚糖的生产工艺

（1）工艺流程　直链麦芽低聚糖的生产工艺如图 7-38 所示：

图 7-38　直链麦芽低聚糖的生产工艺

（2）操作要点　生产麦芽低聚糖关键是喷射液化时要尽量控制 α-淀粉酶的添加量和液化时间，防止液化 DE 值过高，造成最终产物中葡萄糖等含量较高。一般 DE 值控制在 10%~15%，既能保证终产物中低聚糖含量较高，又能防止因液化程度太低造成糖液过滤困难。麦芽低聚糖的精制和其他淀粉糖生产基本相同。

其主要参数为：淀粉乳质量分数 25%，喷射液化 DE 值控制在 10%~15%，按一定量加入麦芽低聚糖酶和普鲁蓝酶，在 pH 为 5.6，温度为 55℃条件下协同糖化 12~24h，经精制、浓缩得到的成品中，麦芽低聚糖占总糖比率大于 70%。

2. 支链麦芽低聚糖的生产工艺

（1）工艺流程　支链麦芽低聚糖的生产工艺如图 7-39 所示：

图 7-39　支链麦芽低聚糖的生产工艺

（2）操作要点　支链麦芽低聚糖（简称异麦芽低聚糖）生产工艺的关键是首先用淀粉生产高麦芽糖，然后再用葡萄糖苷转移酶转化麦芽糖为异麦芽糖和潘糖，由于 β-淀粉酶和葡萄糖苷转移酶最适 pH 和温度接近，该两种酶可同时用于糖化。淀粉浆质量分数 30%，喷射液化至 DE 值为 10%，按一定添加量加入 β-淀粉酶和葡萄糖苷转移酶，在 pH

为 5.0，60℃条件下反应 48~72h。经精制浓缩得到的成品中，异麦芽低聚糖占总糖比例不低于 50%。

崔凤娥[407]研究表明，液化 α-淀粉酶在 pH6.5、95℃活力最佳，且用量在 16U/g DS，液化液 DE 值 10%条件下利于产物的最大化，超声波较微波预处理在协同玉米淀粉液化中更具优势；3%海藻酸钠、4%戊二醛和 0.3%壳聚糖组合，可使 α-葡萄糖苷酶固定化酶活力回收率达 73%。纳滤分离法制备低聚异麦芽糖总含量达 89%，尽管该工艺低聚异麦芽糖略低于微生物发酵法，但该法所得产品纯度高、投资小、操作简单，成本低，适用于工业化生产。

3. 性质与应用

（1）麦芽低聚糖的性质与应用　麦芽低聚糖的性质为低甜度，甜度仅为蔗糖的30%，可代替蔗糖，有效地降低食品甜度，改善食品质量。具有较高黏度，增稠性强，载体性好。可有效防止糖果、巧克力制品中的返砂现象，防止果酱、果冻中蔗糖的结晶。用于冷饮制品中，可有效减少冰点下降作用，使冷饮抗融性得到改善。

麦芽低聚糖的功能为，麦芽低聚糖能促进人体对钙的吸收，可有效促进婴儿骨骼的生长发育及满足中老年人补钙的需要；能抑制人体肠道内有害菌的生长，促进人体有益菌的增殖，可增进老人身体健康，减少发病的可能性；具有低渗透压及供能时间等葡萄糖和蔗糖不具备的优点，特别适合用于运动员专用饮料及食品中；易消化吸收，不必经过唾液淀粉酶和胰淀粉酶的消化，可直接由肠上皮细胞中的麦芽糖酶水解吸收；能抑制淀粉老化，防止蛋白质变性，保持速冻食品的新鲜度。

麦芽低聚糖可在如下产品中应用在糖果糕点、饮料、乳制品、冷饮制品、焙烤食品、果酱、蜜饯、果冻、婴幼儿食品、罐头食品、速冻食品、传统糖制品、各种营养保健液等。

（2）异麦芽低聚糖的性质与应用　异麦芽低聚糖能促进人体内有益细菌双歧杆菌的增殖，被称为"双歧杆菌增殖因子"，是理想的保健食品原料；不易被人体吸收，具有类似水溶性膳食纤维的功能，可广泛应用于治疗糖尿病及肥胖病的保健食品中；不易被酵母菌、乳酸菌利用，特别不易被蛀牙病原菌——变异链球菌发酵，同时还能阻止蔗糖在口腔中产生不溶性高分子葡萄糖，对预防龋齿意义重大。

异麦芽低聚糖有许多优良的性质和保健功能，适合代替蔗糖添加到各种饮料、乳制品、糖果、糕点、焙烤食品、冷饮品等食品中。

（五）麦芽糊精

麦芽糊精是指以淀粉为原料，经酸法或酶法低程度水解，得到的 DE 值在 20%以下的产品。其主要组成为聚合度在 10 以上的糊精和少量聚合度在 10 以下的低聚糖。麦芽糊精具有独特的理化性质、低廉的生产成本及广阔的应用前景，成为淀粉糖中生产规模发展较快的产品。

1. 生产工艺

麦芽糊精的生产有酸法、酸酶法和酶法等。由于酸法生产中存在过滤困难、产品溶解度低以及易发生凝沉等缺点，且酸法生产中须以精制淀粉为原料，因此麦芽糊精生产现采用酶法工艺居多。

酶法工艺主要以α-淀粉酶水解淀粉，具有高效、温和、专一等特点，因此可用原粮进行生产。下面以大米（碎米）为原料简述酶法生产工艺。

麦芽糊精的酶法生产工艺流程如图7-40所示：

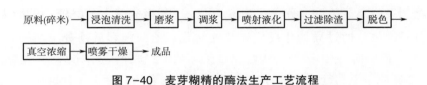

图7-40 麦芽糊精的酶法生产工艺流程

2. 操作要点

原料筛选、计量投料、温水浸泡、淘洗去杂、粉碎磨浆等，具体操作和其他淀粉糖生产类似。采用耐高温α-淀粉酶，用量为10~20U/g，米粉浆质量分数为30%~35%，pH在6.2左右。一次喷射入口温度控制在105℃，并于层流罐中保温30min。而二次喷射出口温度控制在130~130℃，液化最终DE值控制在10%~20%。由于麦芽糊精产品一般以固体粉末形式应用，因此必须具备较好的溶解性，通常采用喷雾干燥的方式进行干燥。其主要参数为：进料质量分数40%~50%，进料温度60~80℃，进风温度130~160℃，出风温度70~80℃，产品水分≤5%。

徐伟等[408]以玉米粉为原料，采用酶法生产DE值低于20%的麦芽糊精过程中，玉米粉中含有水溶蛋白质和灰分，会进入液化液中，增加过滤的难度。经研究得到在液化液中加入膨润土絮凝蛋白质，应用在麦芽糊精的生产中，达到过滤容易，蛋白质降低明显的良好效果。

张文博[409]以麦芽糊精DE值及液化得率为指标，研究了超声波前处理，玉米淀粉高温淀粉酶方法制备低DE值糊精的加工工艺。结果表明：在超声频率80kHz，超声功率2kW，超声时间40min，超声温度90℃，加酶量40U/g，水解时间40min工艺条件下，液化得率为80.2%，糊精DE值达到18.3%。与未进行超声预处理的对照样品相比，超声预处理能够在DE值和液化得率方面均能提高玉米淀粉酶解加工麦芽糊精的反应效率。

3. 性质与应用

麦芽糊精甜度低、黏度高、溶解性好、吸湿性小、增稠性强、成膜性能好，在糖果工业中麦芽糊精能有效降低糖果甜度、增加糖果韧性、抗"砂"、抗"烊"、提高糖果质量；在饮料、冷饮中麦芽糊精可作为重要配料，能提高产品溶解性，突出原有产品风味，增加黏稠感和赋形性；在儿童食品中，麦芽糊精因低甜度和易吸收可作为理想载体，预防或减轻儿童龋齿病和肥胖症[410]。

低DE值麦芽糊精遇水易生成凝胶，口感和油脂类似，因此能用于油脂含量较高的食品中如冰激凌、鲜奶蛋糕等，代替部分油脂，降低食品热量，同时不影响口感。麦芽糊精具有较好的载体性、流动性，无淀粉异味，不掩盖其他产品风味或香味，可用于各种粉末香料、化妆品中。此外，麦芽糊精还具有良好的遮盖性、吸附性和黏合性，能用于铜版纸表面施胶等，提高纸张质量[411]。

（六）果葡糖浆

1. 异构化机理

葡萄糖和果糖都是单糖，分子式为 $C_6H_{12}O_6$，但葡萄糖为己醛糖，果糖为己酮糖，两者为同分异构体，通过异构化反应能相互转化。葡萄糖和果糖分子结构差别在 C1、C2 碳原子上，葡萄糖的 C1 碳原子为醛基，果糖的 C2 碳原子为酮基，异构化反应是葡萄糖分子 C2 碳原子上的氢原子转移到 C1 碳原子上转化为果糖。这种反应是可逆的，在一定条件下，果糖分子 C1 的氢原子也能转移到 C2 的碳原子上成为葡萄糖。在碱性条件下，其反应是可逆的，而葡萄糖异构酶为专一性酶，仅能使葡萄糖转化为果糖[412]。

2. 生产工艺

果葡糖浆生产工艺流程如图 7-41 所示：

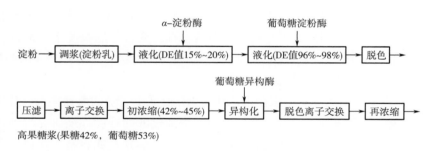

图 7-41 果葡糖浆生产工艺流程

3. 操作要点

该工艺液化等工序与前饴糖同。液化液调节 pH 4.0~4.5，加入葡萄糖淀粉酶 80~100U/g 淀粉，控制温度 60℃，糖化 48~72h，DE 值达 96%~98% 时，加热至 90℃，10min，使糖化酶活力破坏，糖化反应终止。脱色、压滤、离子交换、浓缩等工序与前淀粉糖浆同。固定化葡萄糖异构酶异构化，异构糖精制、浓缩及保存 经异构反应放出的糖液，含有颜色及储存过程中产生颜色的物质及灰分等杂质，须经脱色、离子交换除去，然后再用盐酸或柠檬酸调 pH 4.0，真空浓缩至 71%，即成 42% 果葡糖浆或称 42 型高果糖。储存于 30℃ 左右，以免葡萄糖结晶，但不超过 32℃，否则色泽加深。

4. 固定化葡萄糖异构化反应

葡萄糖异构化是在反应器中进行，分分批法与连续法反应。

（1）分批法反应 糖液与固相酶混合盛保温反应桶中，控温 60℃ 左右，在搅拌条件下使糖液与固定化异构酶充分接触产生反应，一般约经 20 h，异构率可达 45%。反应结束后，停止搅拌，让酶自行沉淀，放出清的异构糖液。反应桶另加新糖液进行异构化。

该批固相酶可重复使用 20 次以上，酶活力降低，需加新酶补充或更换新酶。此法生产周期长，生产率低。

（2）连续反应法　连续反应器有酶层法与酶柱法。

①酶层法：选用叶片式过滤机。先将固相酶混于糖液中过滤，使酶沉淀在叶片滤布表面上厚 3~7cm，可 3 个过滤机串联。然后将配制葡萄糖液通过酶层发生异构化反应。因其接触的酶量多，反应速度快，酶层较薄，过滤阻力小。

②酶柱法：将固相酶经糖液膨润后，装于直立保温反应塔中，有如离子交换树脂柱，可 3 个塔串联。配制葡萄糖液由塔底进料，流经酶柱，发生异构化反应，由塔顶出料，连续操作，反应速度快，时间短，副反应的程度也在连续反应过程中，酶活力逐渐降低，需相应降低进料速度，以保持一定的异构率。连续使用约 500h 后，酶活力约降低 50%，700~750h 可降低到原酶活力的 25%，需更换新酶。每千克固相酶（150U/g 酶）能异构 1000kg 葡萄糖液，异构率 45%。

酶柱法，必须保持糖液均匀地分布于酶柱反应塔的整个横断面，流经酶柱。但操作时，pH、温度的变化可引起酶颗粒的膨胀和收缩变形，导致酶柱产生"沟路"影响糖液与酶接触不均匀，从而影响异构效率。

5. 果葡糖浆的性质与应用

果葡糖浆是淀粉糖中甜度最高的糖品，除可代替蔗糖用于各种食品加工外，还具有许多优良特性如味纯、清爽、甜度大、渗透压高、不易结晶等，可广泛应用于糖果、糕点、饮料、罐头、焙烤等食品中，提高制品的品质[377]。

第五节
酶技术在植物油脂加工中的应用

油脂工业通常将含油率高于 10% 的植物性原料称为植物油料。植物油料有植物的种子、果肉、块茎等，但大多数系植物的种子。

油脂制取与加工技术的发展由来已久，从原始的人力榨油到水压、螺旋机榨油，直到近代浸出法制油技术的普及[413]。虽经历了漫长的历史阶段，但随着现代科学技术的发展，人类需求量的多样化，尤其对食物结构要求的更新，使传统油脂工业产生了很大的变革。它们的主产品由原来单一的初级加工制油，迅速发展成为对油料中的主要成分（油脂、植物蛋白和碳水化合物）以及各种有效成分的提取与精深加工，扩大了范畴、提高了产品质量档次，以适应新形势要求。

酶技术的应用，已广泛渗透到油脂制取和加工工艺的许多方面。例如，酶法预处理制油，酶催化反应（水解、合成、酯交换、聚合等），酶法脱毒，三废处理等。生物技术如同在其他领域的应用一样，正在为从根本上改变传统油脂加工工艺、开发新油源，提供一条崭新的技术途径。

一、 油料水酶法预处理制油技术及其应用

油料预处理、制坯工序主要作用是为了尽量破坏油籽细胞，取得最佳出油条件。传统工艺之预处理过程，采用的主要是机械和热力学处理方法。其中机械处理对油籽细胞破坏程度有限；而湿热处理则又会使蛋白质剧烈变性，影响其进一步的利用价值[414]。

随着生物工程技术的深入发展，有关应用酶制剂预处理油料，提高制油工艺效率方面的研究与实践不断深入。1984年Fullbrook等[415]用蛋白水解酶等对西瓜籽、大豆与油菜籽等油料进行预处理，并取得较满意的提油工艺效果。经过多年对多种油料，尤其高油分软质油料（如花生仁、卡诺拉籽、葵花籽、油梨、可可豆、椰子、玉米胚芽等）的应用试验，研究工作已取得长足进展。对大豆的酶法预处理、直接浸出制油应用也作了深入研究。其结果初步证明：酶法预处理制油工艺具有以下明显的特点：①不仅可以提高出油效率，而且所得到的毛油质量较高，色泽浅、易于精炼；②酶法处理条件温和，脱脂后的饼粕蛋白质变性率低，可利用性好；③油与饼粕（渣）易分离，如采用离心分离油、粕，可大大提高设备处理能力；④生产过程相对能耗低、废水中生物耗氧量（BOD）与化学耗氧量（COD）值大为（下降35%~75%），易于处理。由此可见，水酶法预处理制油技术具有广泛的应用前景。

1. 油料水酶法预处理的作用机理

在植物油籽中，通常油脂以球状"脂类体"形式存在于油籽细胞之中（如大豆"脂类体"直径$0.2~0.5\mu m$；花生仁为$1\mu m$）。该"脂类体"是油脂与其他大分子（如蛋白质、碳水化合物）结合构成"脂蛋白""脂多糖"等的复合体[416]。因此，只有将油籽细胞结构以及这些脂类复合体破坏，才能提取其中的油脂。酶处理就是采用能降解植物籽细胞壁和脂类复合体的酶制剂，在油籽被机械破坏的基础上，在一定的条件下，与料坯接触，进一步将细胞壁"打开"，同时使油脂的"复合体"中被释放出来[417]。从而达到预处理、制坯的目的。这一类酶很多，例如能降解、软化细胞壁的纤维素酶（CE）、半纤维素酶（HC）和果胶酶（PE）以及酸性蛋白酶（PR）、α-淀粉酶（α-AM）、α-聚半乳糖醛酶（α-PG）、β-葡聚糖酶（β-GL）等。对它们的作用机理及其应用研究日趋成熟。酶法预处理工艺效果已得认同。提高出油率与产品质量的具体作用，包括：①利用复合纤维素酶，可以降解植物细胞壁的纤维素骨架、破坏细胞壁，使油脂容易游离出来，尤其适合于纤维、半纤维质含量较高的油籽细胞，如卡诺拉油菜籽、玉米胚芽等多种带皮、壳油料；②利用蛋白酶等对蛋白质的水解作用，对细胞中的脂蛋白，或者由于在磨浆制油工艺（如水剂法制花生蛋白、椰子和油橄榄浆汁制油）过程中磷脂与蛋白质结合形成的、包络于油滴外的一层蛋白膜进行破坏，使油脂被释放出来，因而容易被分离；③AM、PE、β-GL等对淀粉、脂多糖、果胶质的水解与分离作用，不仅有利于油脂提取，而且由于其温和的作用条件（常温、无化学反应）、降解产物不和提取物发生反应，可以有效保护油脂、蛋白质以及胶质等可利用成分的品质[418]。

2. 油料水酶法预处理的基本技术方案

油料水酶法预处理制油工艺，与原料品种、成分、性质以及产品质量要求等密切相关。根据需要，一般可供选择的技术方案有三种[414]。

（1）高水分酶法预处理制油工艺　即将脱皮、壳后的高油分油籽先磨成浆料，同时加水（料、水比为1∶4~6，而后加酶，水作为分散相，酶在水相中进行水解，使油从固体粒子中分离出来。而固粒中的亲水性物质到水相中，与油脂分离（重力、离心力或滗滤）。酶还可以防止脂蛋白膜形成乳化，有利于油水分离，同时水相又能分离出磷脂等类脂物，提高了油脂的纯度。该工艺属于改进型"水代法"制油范畴，适用于大多数高油分油料如葵花籽仁、花生仁、棉籽仁、可可豆、牛油树果以及玉米胚芽等，并取得良好效果。大豆则主要用来生产大豆蛋白。基本工艺流程如图 7-42：

油料
清理
破碎(磨浆)
(调质热处理)
酶解
粗分离
离心分离
毛油

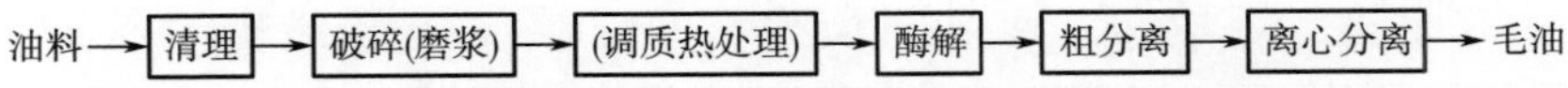

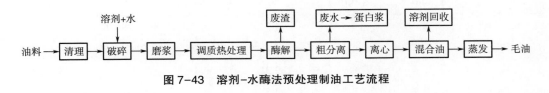

图 7-42　高水分酶法预处理制油工艺流程

（2）溶剂-水酶法预处理制油工艺　即在上述水相酶处理的基础上，加入有机溶剂，作为油的分散相，萃取油脂。目的在于提高出油效率。溶剂可以在酶处理前或后加入。也有人认为，在酶处理前加溶剂出油率高些。酶解的作用即使油能容易从固相中（蛋白质）分离，也容易和水相有效分离。形成剂相的"混合油"与"水相"，一般用滗析或离心机进行分离。此法适用范围基本同上水相酶处理工艺，一般不适于低油分料如大豆等。其基本工艺流程如图 7-43：

溶剂+水
废渣
废水
蛋白浆
溶剂回收
油料
清理
破碎
磨浆
调质热处理
酶解
粗分离
离心
混合油
蒸发
毛油

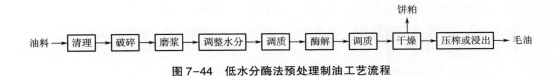

图 7-43　溶剂-水酶法预处理制油工艺流程

（3）低水分酶法预处理制油工艺　即酶解作用在较低水分条件下进行的一种技术方案（表 7-4）。这是对传统制油工艺的优化与完善。由于酶解作用所需要的水分较低（20%~70%），工艺中不需油、水分离工序。比较上述两种工艺则无废水产生，但水分低也会引起酶作用效率的下降，粉碎颗粒大不适宜做酶处理。因此，该法仅适用于高油分软质油料（如葵花籽仁、脱皮卡诺拉油菜籽等）（表 7-5）。其基本工艺流程如图 7-44：

饼粕
油料
清理
破碎
磨浆
调整水分
调质
酶解
调质
干燥
压榨或浸出
毛油

图 7-44　低水分酶法预处理制油工艺流程

表 7-4　　　　某些油料采用水酶法预处理制油工艺与传统工艺对比出油率的增加值　　　　单位：%

油籽	酶制剂④	高水分酶法工艺①	溶剂-水相工艺②	低水分酶法工艺②
椰子	PG+α-AM+PR	68.0		
油梨	α-AM	68.0		
可可豆	PG+CE+HC	14.0		
葵花籽	CE（+PE+CE 分解酶）	14.0	3.2	3.1（5%~8%）
油菜籽	CE	6.0		2.1
油菜籽	HC		18.3	5.1
花生仁③	PE+CE	4.0~8.0		
大豆	CE	10.0	3.0	8.3
大豆	PE+CE		13.9	
大豆	CE+HC			10.0

注：①以 g/100g 种子浸出溶剂为正己烷，己烷：水=1：2。

　　②以总出油率的%计。

　　③与水剂法工艺比较。

　　④ 符号说明：纤维素酶（CE）、半纤维素酶（HC）和果胶酶（PE）以及蛋白酶（PR）、α-淀粉酶（α-AM）、α-聚半乳糖醛酶（α-PG）、β-葡聚糖酶（β-GL）。

表 7-5　　　　　　　卡诺拉油菜籽采用水酶法预处理制油工艺效果的改善

酶制剂③	一次压榨制油工艺效果（Soculski，1993）				直接浸出制油工艺效果②	
	处理量/（kg/h）	油流速/（kg/h）	出油效率/%	干基残油/%	出油效率/%	出油效率/%
未加处理	18.0	6.4	78.7	16.8	89.0（90.98）	6.10（4.95）
PE	16.5	6.5	86.2	11.3	96.07（99.95）	4.76（2.65）
CE	21.8	8.9	89.3	9.1		4.98（4.25）
PR	19.9	8.2	90.8	7.6		
α-PG	27.0	11.4	11.2	92.4	7.1	
混合酶①	25.8	11.2	93.6	6.5		

注：①混合酶：CE+β-GL+HC+PE+α-PG+XY（木糖酶）+AR（阿拉伯聚糖酶）。

　　②浸出时间 80min，括号内为萃取 140min 的试验结果，原料含油 41.47%，颗粒度 0.2mm（1997，中国）。

　　③符号说明如表 7-4。

3. 影响水酶法预处理制油工艺效果的主要因素

（1）研磨方法　水酶法提油（EAEP）改善油籽油提取的第一步也是关键步骤是用于破裂细胞壁并释放油脂的操作，以便它可以作为游离油和富含油的乳化层回收。

①酶辅助机械研磨：近年来，在 EAEP 期间应用酶作为预处理已被证明可提高油产量[419]。使用酶作为预处理会破坏细胞壁并促进油的提取。此外，采用这种方法有助于

避免形成水包油乳液。根据 Zúñiga 等[420]的研究，在智利榛子的情况下，发现油粕的残油含量显著降低。此外，这些研究表明酶预处理适用于各种油籽，并且可以在机械和溶剂萃取方法之前使用。油产量的增加是由于酶对细胞壁和膜组分的水解作用，这有利于随后的油释放。

②机械研磨：挤压是一种机械过程，在短时间内将材料暴露于高温，剪切力和压力下。挤出薄片提供有力的热/机械处理，可有助于破裂细胞壁（细胞变形）和排出一些游离油。通常，材料的粒度越小，油提取越好。理论上，酶和细胞组分之间的路径长度随着细胞壁尺寸减小而缩短[211]。

（2）料坯的破碎度　油籽的破碎度对酶处理提高出油率影响很大。含油物质的粒度是影响酶功能和油产量的一个重要因素[421]。一般地说，破碎度大，出油率高。据测定，未经破碎的油籽进行酶解出油率极低（油菜籽约 6.9%）；轧坯（0.8mm）后酶解出油率最高 39.8%；轧坯、磨碎的可达 40.4%。因此，油籽必须进行粉碎或研磨成细的颗粒才能有效地进行酶解作用。一般认为，低水分工艺粒度要求 0.75~1.0mm；高水分酶解工艺要求颗粒度 0.2mm 以下，有些油籽如可可豆、牛油树籽、花生仁、芝麻、椰子等则要求研磨成微粒（150~200 目）。然而，大多数早期研究并未将含油材料的粒径视为影响提取效率的关键因素[422,423]。Passos 等[422]使用的葡萄籽分为不同的粒度范围（mm）：< 0.50、0.50~0.60、0.60~0.71、0.71~1.0、1.0~1.4、1.4~2.0 和>2.0，油产量增加为在较低的粒度下观察到。根据 Passos 等[422]的说法（2009 年），结构较弱的油籽在暴露于溶剂流时易坍塌，然后失去其大孔隙，从而阻止不均匀和方便渗透。

（3）酶的种类与浓度　酶解作用的效果与底物油籽细胞的组成密切相关。酶的专一性，决定了采用单一纯酶在酶解工艺中有很大的局限性。这是油籽细胞组成的复杂多变所决定的。因此，选择合适的几种酶混合使用，将会使细胞降解更彻底、效果更好。如采用低水分酶法预处理制取菜籽油工艺时混合酶>β-PG>PE>HC>CE。混合酶应用的商品化越来越受到油脂界的关注。

酶可以同时溶解和水解蛋白质并破坏多糖成分，这有利于油的提取[422,424]。当 Long 等[425]使用 pH4.5~5.0 的纤维素、果胶酶和半纤维素（1:1:1）的混合酶时，亚麻籽油产量（73.9%）高于每种酶的油产量。Rovaris 等[426]使用 Alcalase 2.4L 和 Celluclast 1.5L 的混合物，油产率为 26.82%，高于不受控制 pH 下大豆油产率 20.63%。Tabtabaei 等[427]研究黄色芥菜粉 EAEP 中纤维素酶、果胶酶和半纤维素酶（1:1:1）的混合物在 pH4.5~5.0 下使用，相对每种酶获得的油和蛋白质提取产率，也观察到了较高的油和蛋白质提取率。

酶浓度（用量）的确定，是直接影响工艺效果和经济成本的一项重要技术参数。一般认为，酶浓度的增加，会提高出油率和分离效果。但也存在一个适度，即所谓"经济浓度"。须考虑油籽品种、含油率、制油方式等因素，经过试验来确定酶的种类和用量。例如，用 CE 处理油橄榄果肉时，含量在 25%~30%（w/w）范围出油率最高；PR 为 50%（g/100g 油橄榄）；PE 为 4%，但对出油率影响不大，而 HE 更无明显的最适浓度[414]。应注意：当酶用量大于最适浓度时，其效果也将会不明显，甚至变差。一般商品酶多数属于混合酶，活性高，用量较低（0.5%～1%）。

（4）酶处理温度、pH 与时间　这些参数一般取决于酶的种类、特性和来源，参考必要的试验而定。

①酶处理温度：一般在 40～55℃，也有采用变温操作程序。如常用的升温程序为50℃，60min；63℃，120min；80℃，13min 灭酶（大豆、油菜籽）。

②酶处理的 pH：范围在 3~8，最适为 4.5～6.5。一般不加调整，可利用料浆原来的 pH。

③酶处理时间：须经过生产实践，综合考虑出油率、经济性等诸多因素而定。多数情况酶的主作用时间在 70~90min，总范围在 0.33～3h，也有长达 6h 者（见表 7-8）。

（5）料水比和溶剂加入量的影响　酶处理时的加水量与具体的工艺有关。一般高水分酶处理工艺向加水量较多，对提高出油率影响较大。"料水比"的确定以达到最大出油率和提取目的为基准，如 1∶2（花生仁）、1∶6（花生仁提取蛋白时）。溶剂水相制油工艺中溶剂的作用，仅仅是协助水提取油脂，加量一般较少，为加水量的一半左右。在低水分酶法预处理制油工艺中，控制水分在 15%～50% 范围。但应注意操作过程首先将料坯调质、干燥使水分降至 10% 以下，然后加入用缓冲介质稀释的酶液，要达到确保酶解作用的活力最高水分含量，例如大豆水分含量 15%～20%。同时，要注意在酶解后制油前，仍应将料坯调节到入榨（3%～6%）或入浸水分（约为 10%），必须烘干，或膨化成型后冷却、干燥，同时也能起到后阶段灭酶的作用。表 7-6 列出了常见油料水酶法预处理制油工艺条件。

表 7-6　　　　　　　　常见油料水酶法预处理制油工艺条件

油料	酶的种类	酶的活力/U/g	酶的用量	温度/℃	时间/h	料水比（量）
椰子	PG+α-AM+PR	—	1%（W/V）	40	0.33	1∶4
油梨	α-AM	—	1%（W/V）	65	1	1∶5
可可豆	PR+（CE+HC②）	50000+1500	1%（W/W）	37	6	1∶1
葵花籽	CE	—	1%（W/W）	45	8（6）	30%～40%
卡诺拉油菜籽	PE	—	0.12%（W/W）	50	6	30%
油菜籽④	CE、PR	—	约5%	50	12④	1∶1.5
大豆	CE+HC②	16.7①	约1%（W/W）	50	3	30%～70%（50%）
花生仁③	PE+CE	—	0.3%（W/W）	49	4	1∶2（1∶6）
蓖麻籽仁⑤	CE+HE+PE+PR	222.73	约1%（W/W）	45～50	约3.5	1∶4
芝麻	Protex 7L, Alcalase 2.4L, Viscozyme L, Natuzyme, Kemzyme	—	—	45	2	1∶6 Latif and Anwar（2011）[424]

续表

油料	酶的种类	酶的活力/U/g	酶的用量	温度/℃	时间/h	料水比（量）
杨梅仁	CE+PR	—	3.17%（w/w）	51.6	4	4.91 Zhang, Li, Yin, Jiang, Yan, and Xu
南瓜籽	CE+PE+PR	—	1.4%（w/w）	44	1	JIAO et al. (2014)[429]
棕榈果	Celluclast 1.5L, Pectinase Multieffect FE	—	—	50	1	Teixeira, Macedo, Macedo, da Silva, and d. C. Rodrigues[430] (2013)
橄榄果	Pectinex Ultra SP-L, Pectinase 1.6021	—	1:4	35	1	Najafian et al. (2009)[431]
米糠	CE +PR+α-AM	—	2%（v/w）	50	12	Fang and Moreau (2014)[432]

注：①纤维素酶活力。

②一种商品酶。

③括号内为提取花生蛋白时的加水量，pH6.4，复合纤维素酶来自丹麦 NOVO 公司，出油率与水剂法相比提高 4%~8%。

④酶处理后直接浸出小试，采用国产酶，单用，CE 比 PR 出油率高 2.6%。

⑤pH6.5 国产中性蛋白酶（加量 3%）；最高出油率达 95.23%；表中为进口酶量。

（6）其他影响因素

①后序制油方式的影响：高水分酶法工艺一般采用离心分离法，要比传统震荡浮选法（滗析法）的出油率高。

②离心机的类型及其参数（转速、分离因素等）：例如蓖麻籽料浆离心机转速 4000r/min 以上、15min，出油率可提高至 92.1%。

③酶液中添加助剂的影响：在一定的条件下添加助剂对提高酶的相对活力、改善出油状况相当有效。例如，一价或二价的阳离子（如 2%~4%NaCl、0.5%~1.5% CaCl_2）可以活化果胶酶；而在一定浓度下对 CE 和 PR 无影响。对于处理较黏稠呈乳胶状的油橄榄料浆时，提高出油率很有效。经过应用实践的助剂有甲基纤维素、鸡蛋白、不溶性聚乙烯氮戊环酮等。

4. 在水酶法中重复使用酶的潜力

Rosenthal 等[433]强调了改善水萃取的可能替代方案，包括使用酶，优化萃取和去乳化过程，利用膜技术，以及水循环的潜力进行酶的回收利用。酶回收可以帮助降低水酶法的成本，其具有与基于油所指示的市场价格的常规提取方法竞争的潜力[434]。

根据 Jung 等[435]的研究，在进行水酶法（Protex 6L）生产大豆油后，回收的水相含有剩余 Protex 6L 活性的 84.7%。分离后，在脱脂部分中回收了该酶活性的主要部分。同样，在 Chabrand 等[436]进行的一项研究中，100% 的 Protex 6L 活性仍然存在于脱脂部分。

这些发现表明在该过程的上游末端可以回收和再利用脱脂部分作为水和酶的来源。此外，Jung 等[435]报道了乳液中较低的 Protex 6L 活性，但足以通过使用合适的酶解时间和温度来增加游离油产量。在乳液的反应过程中，通过温和搅拌也促进了液滴聚结。

关于酶再循环的研究是为了改善工艺经济性并降低该方法的环境影响。最近引起兴趣的另一种方法是酶固定化，其中酶在重新使用之前与处理过的产物分离。据报道，分离的酶具有增强的稳定性[425,437,438]。对基于酶的方法的不断增长的需求导致以更低的生产成本生产更多的酶[439-441]。

二、 酶工程与油脂改性技术

将近一个世纪以来，人类一直在探寻改进油脂性质的方法，取得了包括氢化、蒸馏分离、酯酯交换等化学改性技术手段。随着科学技术的发展及人类对天然食品的追求和对环境保护的重视，传统化学法油脂改性技术的某些弊端日显突出。因而，经过数十年酶科学和酶工程技术的研究发展，直到 20 世纪 80 年代以后，油脂酶法改性技术才成为关注的热点，并开始形成了生产力。因为与化学方法相比，酶促反应具有工艺条件温和、底物专一性强、催化效率高、产品得率和纯度高、色泽浅等优点。而且可利用酶对底物的专一性，来准确的控制反应产物异构体的形式和旋光性[442]。

酶是一种具有特殊功能的蛋白质，广泛存在于细胞内，是一种独特的生化催化剂。在细胞内所发生的化学反应，均由酶进行控制和调节。在一定的条件下，在细胞内反应则非常迅速。酶的种类很多，但专一性很强。所谓油脂的酶法改性，就是利用脂肪酶（Lipases），有选择性地催化甘油三酯的分解或合成。从而有目的地改变油脂的结构和组成，使得到营养与适用性均有很大提高的目标产品。

（一）脂肪酶的选择和应用原理

1. 脂肪酶的选择

脂肪酶根据其来源可分为动物脂肪酶、植物脂肪酶与微生物脂肪酶三大类。其中微生物脂肪酶种类多、来源广、易选育培养，因而是商用脂肪酶的主要来源[442]。来源不同则催化特性也不一样。包括酶活力、最适 pH 和温度、最佳底物浓度以及底物专一性等脂肪酶的专一性，可分为脂肪酸专一性、醇专一性、甘油酯专一性与位置专一性。其中应用于油脂改性的主要是脂肪酸专一性和位置专一性。表 7-7 列出了国内外几种常用脂肪酶及其专一性。

表 7-7　　　　　　　　　　　几种常用脂肪酶及其催化特性

脂肪酶来源或种类	位置专一性	脂肪酸专一性
Aspergillus niger	1，3>2	—
Candida rugosa	无	Δ4，5，6 酸或酯（不作用）
C. antarctica	无	Δ4，5，6 酸或酯（不作用）
C. lypolytica	1，3>2	—
Geotrichum candidum	—	Δ9$_c$的酸（催化）
Thermomyces lanuginosus	1，3>2	—
Mucor javanicus	1，3>2	—
Mucor miehei	1，3>2	Δ4，5，6 酸或酯（不作用）
Rhizopus delemar	1，3>2	Δ4，5，6 酸或酯（不作用）
Rhizomucor miehei	—	Δ4，5，6 酸或酯（不作用）
燕麦脂酶	—	Δ4，5，6 酸或酯（不作用）
猪胰脂肪酶	1，3>2	Δ9$_c$的酸（催化）
前胃脂肪酶	1，3>2	—
葡萄籽脂酶	—	Δ9，12，15 酸或酯（不作用）

此外，磷脂酶是一种应用于磷脂催化改性的专用酶。其中专一性较强的有磷脂酶 A_1、A_2、C、D 等，它们分别能专一性地水解磷脂的 S_{n-1}、S_{n-2}、S_{n-3} 位酰基和磷酸与胆碱的结合位，并在一定条件下，也能进行催化酯化反应和酯交换反应。对磷脂结构进行改变、合成或降解，取得不同结构与用途的磷脂产品[443]。

2. 脂肪酶应用与油脂改性中的催化反应

包括许多方面，列示如下：

（1）水解反应　$ROCOR^1 + H_2O \rightarrow ROH + R^1COOH$

（2）酯化反应　$R^1OH + R^2COOH \rightarrow R^1OCOR + H_2O$

（3）酸化反应　$ROCOR^1 + R^2COOH \rightarrow ROCOR^2 + R^1COOH$

（4）醇化反应　$R^1OCOR + R^2OH \rightarrow R^2OCOR + R^1OH$

（5）酯交换反应　$R^1OCOR^2 + R^3OCOR^4 \rightarrow R^1OCOR^4 + R^3OCOR^2$

3. 酶促反应体系的建立

酶促反应体系由酶、催化底物和反应介质（溶剂、载体等）组成。如在体系中含水量较大的情况下，脂肪酶能够催化甘油三酯水解反应，使之水解成脂肪酸和甘油；而在无水或微水体系中，包括有机溶剂、多相体系、胶束介质、气相底物以及超临界流体等体系中，则可催化酯化和酯交换反应[442]。该体系中作为反应介质的有机溶剂通常有石油醚、异辛烷或正己烷等。为了有效地加快酶促反应的进行，应确定适宜于某特定酶促反应体系，确保脂肪酶与底物充分接触，提高其反应速度。例如利用表面活性剂、水和非极性溶剂三相系统组成的反相胶束，可以用来提高酶促水解反应的效率；利用蔗糖脂等对脂肪酶进行修饰，可促使脂肪酶在有机溶剂中的溶解度增加，从而提高酶促酯化反应速度；酯交换也可在无溶剂体系中进行，由于酶直接作用于底物，从而可提高底物和产物的浓度以及反应的选择性。采用酶固定化技术，是提高酶促反应效果的有效手段。它有利于分离、实现连续化生产。酶促反应通常是可逆的，易形成平衡。为提高产品出率，对水分和其他挥发性产物可用蒸馏或分子筛移去；对其他产品有时也可以通过冷却、结晶将其提取出来，使反应不断朝着正方向移动。

（二）油脂酶法改性的实际应用

自 20 世纪 90 年代以来，人类对 α-亚麻酸（ALA）、γ-亚麻酸（GLA）、花生四烯酸（ARA）、二十碳五烯酸（EPA）、二十二碳六烯酸（DHA）等多不饱和脂肪酸（PU-FA），以及对中链脂登酸（MCFA，$C_6 \sim C_{12}$）营养价值的认识取得了很大进展。在天然油脂中，这些脂肪酸含量相对较少。GLA 只是在乳脂和几种野生油料种子中存在；ARA、EPA、DHA 主要存在于海洋动物脂内；而中链甘油三酯（MCT）主要来源是以月桂酸（C12：0）、肉豆蔻酸（C14：0）为主的椰子油和棕榈仁油（$C_8 \sim C_{10}$ 含量 6% ～ 15%）等少数油种。其数量还不到世界油脂总量的 1/10。市场需要的是这类脂肪酸的纯度高、在甘三酯中位置适宜的产品。同时，也希望能利用长链动植物油脂转变成中链甘油三酸酯（如辛、癸酸脂），这对改变油脂产品结构意义重大。

在油脂酶法改性的实际应用中，目前多数应用 PUFA 的浓缩富集和对油脂结构化处理的方法，来获得这类产品。此外，从富含油酸的天然动植物油脂中，用酶法制取具有高度"生体机能"的高纯度油酸（99% 以上）；"无溶剂体系"酶催化酯交换生产类可可脂等研究与应用实践，也备受世人关注。

前已述及，从油脂中分离精制多不饱和脂肪酸的方法有物理法（包括分子蒸馏、低温溶剂分提、低温分提结晶、层析法、膜分离、超临界流体二氧化碳萃取法等）和化学反应法（包括酶选择性水解、银配合法、尿素包络、碘内酯化法等）。但由于 PUFA 对热和氧化的不稳定性，采用常温、常压、处于氮气流条件下反应的酶法来富集 PUFA，优点十分明显。其原理主要是，利用多数脂肪酸对长碳链 PUFA 的作用性弱之特点进行富集[442]。富集方法主要有以下几种：

1. 二步酶法（即酶催化水解、酯化分离法）

第一步利用对脂肪酸专一性差的脂肪酶将含 PUFA 的油脂完全水解；第二步采用对 PUFA 催化性弱的脂肪酶，催化其中非 PUFA 的游离脂肪酸酯化，然后分离得到富集的 PUFA。应用示例如下。

（1）黑加仑籽油富集 γ-亚麻酸　第一步，采用单孢菌脂肪酶水解原料黑加仑籽油（含 GLA 22.2%）。工艺条件为油水比 3/2（w/w），加酶量 1000U/g，35℃，24h，水解率 92%。第二步用代氏根霉脂肪酶，催化水解液中的脂肪酸与月桂醇进行酯化反应。工艺条件为脂肪酸/月桂醇=1/2（摩尔比），含水量 20%，脂肪酶 200U/g，30℃，24h。分离，一次酯化纯度达 70%；二次酯化纯度 93%。

（2）含25%ARA油脂的富集　第一步，采用 *Psedida rugosa* 脂肪酶将其水解成游离脂肪酸（FFA）（40℃，40 h）；第二步用 *Candida rugosa* 脂肪酶，专一性地催化除花生四烯酸以外的FFA与十二烷醇进行酯化（36℃，16 h，酯化率55%）；然后用尿素分离法得到含63%的ARA产品；再一次酯化纯度可提高到75%。此外，用同样方法，可纯化金枪鱼油中的二十二碳六烯酸。

2. 选择性酶催化水解法富集 PUFA

例如，采用 *C. rugosa* 脂肪酶对琉璃苣油（含22% GLA）进行选择性水解（35℃，15h）得到含46% GLA的甘油酯；再用分子蒸馏法除去游离脂肪酸后，二次水解，可使GLA含量提高到54%。应用的脂肪酶还有葡萄籽脂酶，*Geotrichum candidum* 脂肪酶，*Mucor miehei* 脂肪酶等。该方法还可以用于富集鱼油的EPA、DHA；富集苏籽油、月见草籽油中的ALA和GLA。

为了提高脂肪酶的稳定性，添加剂方法因其高效率和简便性而具有吸引力，其中 β-环糊精（β-CD）作为添加剂引起了人们的关注。Wang 等[444]研究了 β-CD 对脂肪酶对火麻籽油酶水解的影响。通过分别添加 β-CD 来比较 *Candida* sp. 99-125 的稳定性、光谱学和可重复使用性。结果表明，24h 后，*Candida* sp. 99-125 在 β-CD 存在下产生最高的ALA 18.27%（w/w），脂肪酶的热稳定性也得到改善。紫外光谱显示脂肪酶的吸光度随着 β-CD 浓度的增加而降低，荧光结果相似。此外，脂肪酶与 β-CD 的可重复使用性优于游离脂肪酶。该研究表明，β-CD 可以提高脂肪酶的水解活性和稳定性，从而改善 *Candida* sp. 99-125 对火麻籽油的水解过程。

3. 专一性脂肪酶催化醇化法富集 PUFA

例如，采用 *Rhizomucor miehei* 脂肪酶或 *R. delemar* 脂肪酶催化金枪鱼油，选择性地与十二烷醇进行醇化，可使油中的DHA含量23%提高到50%~52%。然后进行分离。若进一步醇化，DHA含量能提高到80%~93%。

（三）油脂的酶法结构化处理

结构化改性油脂，是指将具有特殊营养作用或组成性能的脂肪酸进行酯化，使其接到同一个甘油分子的特定位置上形成油脂。这种改性油脂具有特殊营养或药用价值。例如：生产具有与天然可可脂独特甘油三酯结构〔（含POS（1-棕榈酰-2-油酰-3-硬脂酰甘酯）36%、SOS（1，3-二硬脂酸-2-油酸甘油酯）26%、POP（1，3-棕榈酰-2-油酰甘油酯）26%〕熔点非常接近的油脂，代可可脂或类可可脂；中链脂肪酸甘油酯（MCI）；富含EPA、DHA的甘油三酯；富含EPA、DHA的磷脂；适宜于生产人造奶油、起酥油的专用油脂；用于酶法精炼等[442]。

油脂的酶法结构化处理的方法和步骤包括：①采用合适的酶催化甘油与目的脂肪酸进行酯化；②先对甘油三酯选择性局部水解，脱除不需要的脂肪酸，再将所需脂肪酸酯化接到经局部水解的甘油酯上；③采用酯交换，将所需脂肪酸置换到甘油三酯特定的位置上。

1. 中链脂肪酸甘油三酯（MCT）的制备

MCT 是一种较理想的饮食类油脂。它具有区别于普通长链油脂（ICT）独特的吸收功能和医药用途。

MCT 的制备一般是以椰子油、棕榈仁油、山苍籽油等为原料，经水解、分馏切割，得到辛酸、癸酸。然后根据需要，调整二者比例，与甘油三酯进行酶催化酯化、再精制得到产品"甘油辛癸酸酯"。产品规格为无色、无味的透明液体，酸价低于 0.5，酯含量大于 99%，符合国家卫生标准，MCT 的氧化稳定性（100℃ Rancimat 法，诱导期）大于 180h。另一类 MCT 制品，为同时含有中链和长链脂肪酸的甘油三酯。其中长链在甘油 S_{n-2} 位的"MLM"型甘油三酯，具有很高的生产和应用价值。一般采取两步法制取，先将甘油三酯与甘油醇化（选择 R. delemar 脂肪酶，40℃，30h，meobu 酶-己烷溶剂），生成的甘二酯从己烷中结晶纯化后，在 R. miehei 脂肪酶催化下，与辛酸（或癸酸）酸化（己烷，分子筛蒸馏，38℃）。最后产品是甘油三酯在 S_{n-1} 和 S_{n-3} 位上约 94% 含有辛酸，在 S_{n-2} 位上 98% 含有不饱和十八酸（如亚油酸，可配置用于静脉注射油剂）。又如采用 R. miehei 脂肪酶，催化癸酸与米糠油进行酸化反应（工艺条件为米糠油/癸酸/正己烷/酶 = 100mg/39mg/3mL/10mg，55℃，24h，200r/min）。所得产品中 85.8% 为"（中碳链-长碳链-中碳链）型"甘油三酯（主要是亚油酸和油酸）。

2. 富含 EPA、DHA 甘油三酯

由于游离脂肪酸形式的 EPA、DHA 产品，易被氧化、酸味较重、口感差。虽然最容易被人体吸收，一般仍选择甘油酯型 EPA、DHA 为最佳食用形式。利用甘油三酯富集 EPA、DHA 的方法，有可将甘油与从鱼油中富集的 PUFA 浓缩液原料（含 24% EPA，53% DHA），在有机溶剂中，用 C. viscosum 脂肪酶进行催化反应。可得到 14% 的甘油单酯（含 27% EPA；50% DHA）、43% 的甘油二酯（含 25% EPA；50% DHA）以及 37% 甘油三酯（含 21% EPA；50% DHA）的混合物。继而采用 C. antarctica 脂肪酶催化（60℃，96h）可得到 85% 甘油三酯（含 26% EPA；45% DHA）的产品。此外，也可以直接将甘油三酯或经过局部水解后与富含 EPA、DHA 的脂肪酸浓缩液，进行酸化反应来取得。此法可以被用来提高花生油、大豆油、高油酸葵花籽油的 EPA、DHA 的含量。

3. 富含 EPA、DHA 磷脂的制取

人体从磷脂中吸收 PUFA 的速度，大于从甘油三酯中的吸收速度，而且磷脂中的 PUFA 氧化稳定性好。用 1，3 位专一性的脂肪酶，在有机溶剂中，催化磷脂与 PUFA 或鱼油进行酯交换反应，可制备富含 PUFA 的磷脂。此外，用磷脂酶 A_2 催化蛋黄磷脂酰胆碱，使水解成溶血磷脂酰胆碱（30℃，16h）。然后再与 PUFA 混合物（含 41% EPA；30% DHA）进行酸化，最后得到含 11%~16% PUFA 的磷脂酰胆碱。

酶解磷脂的制备：在磷脂浓度为 150mmol/g，Ca^{2+} 浓度 180mmol/L，pH 9，温度 50℃ 的反胶团体系中，加入磷脂酶 A_2（100U/g）水解 7h，酶解磷脂的生成率可达到 65% 以上。与普通磷脂相比，溶解度上升、黏度下降 2 倍，乳化能力提高 3~4 倍，而乳化液的稳定性明显提高，还具有较强的广谱抗菌性能。

三、 酶法脱胶工艺

（一） 工艺原理

连续酶法脱胶是 1991 年德国鲁奇公司 （Lurgi） 首先开发并应用于生产的一种生化脱胶法。其工艺原理是利用磷脂酶 A_2，在一定的反应条件下，进行催化水解，把油脂中的非水化性磷脂转化成水化磷脂，然后用水化脱胶法将这些胶质去除。磷脂酶 A_2 对水解甘油三酯中的 2-位酰基具有专一性，而对脂肪酸和磷脂的类型却没有严格的专一性[445]。水解掉 2-位酰基后的磷脂极性增大，遇水时能形成液态水合晶体，从油中析出而易被脱除。酶催化水解最佳工艺条件：调节系统的 pH 至 5~6，反应温度 55~60℃，反应时间 3~4h，磷脂酶 A_2 的浓度在 0.03%~0.2% （油重，一般值为 0.07%），使用时须配成 10000U/mL 的溶液。

（二） 酶法脱胶工艺

一般生产过程：首先将毛油加热到 60℃，加入油重 0.1% 左右的柠檬酸 （加 NaOH） 缓冲液，调节体系的 pH 到最佳值 （5~6），进行混合滞留，然后按定量加入磷脂酶 A_2 （200mg/kg 左右），混合后进入酶催化反应器 （三层式带搅拌），进行滞留反应约 2~3h （间歇、连续操作），待完成水解反应、形成水化磷脂后，再加热到 80℃ 左右进入离心机进行分离油脚，并取得高质量的脱胶油。部分油脚经过处理 （酶复活者） 返回重复使用。

该工艺对毛油的要求：含磷量 100~250 mg/kg （含磷脂低于 0.5%），含 Fe 2mg/kg 以下，含 FFA 3% 以下。目前磷脂酶 A_2 的主要来源有德国的 ROHM 公司、丹麦的 NOVO 公司。我国天津也将有生产，尽管进口酶的价格昂贵 （160 美元/kg） 直接影响该工艺的生产成本，但酶法脱胶的优点仍然是很明显的：适用于多种植物油；脱胶油含磷量保证值很低，在 $5×10^{-6}$ 以下能满足物理精炼要求；废水排放极少。该工艺每生产 1t 脱胶油的消耗指标：蒸汽 35kg，空气 $2m^3$，电能 13kW/h，柠檬酸 （100%） 1 kg，NaOH （100%） 0.48kg，酶溶液 0.014kg。

Purifine© PLC 是一种用于工业油脱胶的新酶。Sampaio 等[446]研究使用商业磷脂酶 C 酶 Purifine PLC 对粗玉米油进行酶促脱胶试验，目的是确定其最佳工艺条件。使用 200mg/kg 的 Purifine© PLC 进行酶促脱胶，在 60℃ 下 120min，pH 为 5.7，使用化学调节，残留磷含量为 27mg/kg，绝对甘油二酯增加 0.54wt%。与水脱胶相比，使用 Purifine© PLC 酶促脱胶提供了更好的脱胶 （67mg/kg 对 27mg/kg） 和甘油二酯含量的增加。由于酸性磷酸酯基团的连续释放，通过苛性碱预处理进行的粗玉米油的 pH 调节不能将 pH 保持在最佳稳定值。分析油脂胶部分中剩余磷脂的组成表明，Purifine© PLC 可以有效地将磷脂酰胆碱和磷脂酰乙醇胺转化为甘油二酯，而不能转化磷脂酰肌醇和磷脂酸。这些结果证实，Purifine© PLC 脱胶是传统脱胶工艺的商业上可行的替代方案。

四、 酶促酯化脱酸技术

对于高酸价毛油的一种脱酸法，就是利用甘油与毛油中的游离脂肪酸产生的酯化反应。然而要使脂肪酸转变成甘油三酯反应条件较为苛刻：高度真空（残压 666.6 ~ 799.9Pa）；相当高的温度（200~225℃）；适当过量甘油（脂肪酸数量的 12.5% 以上）与必需的催化剂（锌粉或与氯化锌的混合物），而且生产成本也较高。因此，这一脱酸法虽然已经在意大利、日本和印度等国家，应用于橄榄饼油、米糠油等得到较高的酯化油产品（92%~94%），但在商业化应用方面则无多大的优越性。

为此，一种条件温和的生物精炼脱酸技术正在研究与开发。利用脂肪酶在 50~60℃ 的条件下，能催化脂肪酸与甘油间的酯化反应，从而把油中大量的 FFA 转变成甘油三酯（转化率 85% 以上）。这样已降低酸价的酯化油，也可进一步与碱炼或物理精炼相结合，达到完全脱酸之目的。

用于通过高酸米糠油（HRBO）FFA 和植物甾醇之间的酶促酯化来对 HRBO 进行酶促脱酸。优化脱酸条件以使 HRBO 的游离脂肪酸最小化。在最佳条件下，HRBO 中的 FFA 含量从 15.8% 降低至 1.2%（w/w），而植物甾醇酯含量从 0 增加至 29.3%（w/w）。随后，关于脱酸米糠油（RBO）的氧化稳定性的研究表明，大部分维生素 E 保留在脱酸油中，并且由于在植物甾醇酯中形成植物甾醇酯，在脂肪酶催化酯化后储存条件下的氧化稳定性增加。产品与使用甘油或单酰基甘油（MAG）作为酰基受体以降低 HRBO 的 FFA 含量的先前方法相比，使用改进的途径使 FFA 脱酸并且以植物甾醇作为酰基受体产生富含植物甾醇酯的米糠油。酶途径比传统的脱酸过程更环保，更可持续[447]。

五、 酶技术在酯交换工艺中的应用

早在 20 世纪 20 年代，Normann 就已证实油脂与脂肪酸在适当条件下，即使无催化剂的存在，也会发生酸根的置换，因而萌发了"酯交换"的概念[454]。油脂的酯交换是指油脂中的甘油三酯与脂肪酸、醇、自身或者其他的酯类作用，而引起酯基交换或分子重排的过程。即不需经过化学改变脂肪酸组成，就能改变油脂特性的一种工艺方法。

美国联合利华公司推出酯交换技术生产无反式异构体的硬脂（即零反式酸油脂），并很快投入加拿大、欧洲市场。该产品在不改变脂肪酸组成的前提下，能改善熔点和结晶功能性以及氢化油容易产生反式酸的困惑。20 世纪 80 年代又推出用脂肪酶生产的代可可脂。从此，酯交换技术不断进步、产品不断开拓。尽管还没有形成工业化规模。但就其在油脂改性方面的特殊用途（如猪油改性、椰子白脱代用品等），具有很大的吸引力。尤其 1985 年 Ham-Mard 提出令人关注的脂肪酶催化定向酯交换技术，生产贵重油脂

（包括无溶剂体系酶法酯交换和超临界流体条件酶法酯交换）和固定床反应器的开发和应用[455]；Chobanov[456]利用猪油、牛油与葵花籽油脂交换生产人造奶油的成功，更使这项技术成为颇具潜力的新兴工艺。目前，酯交换已开始被广泛应用于表面活性剂、乳化剂、生物柴油和各种专用油脂（如人造奶油、类可可脂、$C_8 \sim C_{12}$重构脂质等）生产领域[457]。

　　酯交换方式主要分为两种：①化学酯交换：即构造脂质（TAG）分子内部（分子内酯交换）或分子之间（分子间酯交换）的脂肪酸部分相互移动直至达到热动力平衡的一种技术，其机制有两种学说：羰基加合机制与烯醇中间体机制（即Claaisen浓缩机制）[457]。②脂肪酶催化酯交换：即利用脂肪酶的某种特异性（如1,3-立体特异性）进行酯交换。由于条件温和可生产化学酯交换无法达到的一些油脂，其酯交换过程与化学酯交换相似，但酶催化剂成本高。

　　影响酯交换的因素主要包括催化剂的种类和用量、反应温度以及原料油脂的品质等方面。

　　（1）催化剂　在酶法酯交换中，脂肪酶作为生物催化剂也已得到广泛应用。其中1,3-特种脂肪酶，能够有选择性的催化脂肪酸，使它从甘油三酯的1、3位上释放出来。然后引导到希望连接的另一种脂肪酸上，得到目的产物，即所谓伯酰基取代反应。可用棕榈油与游离硬脂酸（或脂肪酸甲酯）进行催化酯交换，生产可可奶油型甘油三酯。采用的酶有A. miger1,3-专用特殊多孔脂肪酶（负载于硅藻土上，以正己烷或石油醚做载体，在二羟基或三羟基醇存在下进行反应）等。如用乌桕脂与硬脂酸甲酯在固定化猪胰脂肪酶催化下，生产类可可脂；利用M. miehei脂肪酶，催化鱼油中的EPA与DHA使连接到玻璃苣油、柳叶菜油上，形成具有特殊用途的"重构脂质"（$C_8 \sim C_{12}$，低、中链脂肪酸）。

　　（2）反应温度　温度不仅影响反应速度而且影响酯交换反应的平衡方向。总的来说，反应温度高，反应速度快。酯交换是可逆反应。当反应温度高于熔点时，化学平衡向正方向移动，即进行随机酯交换；当反应温度低于熔点时，化学平衡向逆方向移动，即进行定向酯交换。

　　（3）原料油品质　为了确保催化剂的功效，原料油中的杂质必须降低到最低限度。这些使催化剂中毒的杂质有水分、FFA、过氧化物等。一般要求水分小于0.01%；FFA在0.05%以下；甲醇钠用量0.1%左右。原料油最好是经过精炼，使水分与酸价达标，并在充氮的条件下进行酯交换反应。

　　酯交换技术目前虽然还存在着催化剂的选择、成本以及催化反应定向控制等问题，有待进一步扩大工业化应用。但酯交换反应从原理到实践都已说明：它对于油脂改性（改变熔点、SFI与结晶状态）而不降低饱和度，也不产生异构化，能保持天然脂肪的营养价值具有独特的功效。因此有其潜在的发展前景。

六、　玉米胚芽油的水酶提取

玉米胚是玉米粒中营养成分最好的部分。它集中了玉米粒中84%的脂肪，83%的无机盐，65%的糖和22%的蛋白质。玉米胚中含量最高的是脂肪，达40%~50%，其中含72.3%的液体油脂和27.7%的固体油脂，属半干性油。玉米胚油是一种营养很丰富的食用油，它含有34%~62%的亚油酸和多种维生素 A、维生素 D、维生素 E 等，并易于被人吸收。对动脉硬化、血管胆固醇沉积、糖尿病等具有积极的防治作用，对于防止皮肤色素沉着和延缓皮肤先期发皱也有积极的作用，国外称为营养健康油。

传统的玉米胚制油技术与其他油料基本相同，通常有压榨法、直接浸出法和预榨浸出法。其中压榨法制油工艺需要经强烈的湿热处理（蒸炒），出油率约为84%，得到的粗制玉米油含较多的蜡质和其他杂质，给油脂精炼带来一定困难[453]。

湿磨法生产的胚含水分高达50%，必须进行干燥（干燥至水分含量2%~7%）后才能进行传统的制油。长期的研究表明，玉米胚油的品质变化非常大，这主要是因为玉米胚在浸泡、干燥和储藏期间，存在于胚内部的各种酶（如过氧化酶等）使玉米胚油发生了降解反应。传统方法制得的胚含大量氧化和有色物质，它们在预榨和浸出期间会进入油中，给油脂的精炼带来困难。但提油后的饼粕不能利用，造成蛋白质资源的浪费，且溶剂浸出后需要脱溶剂过程，设备多，投资大，污染重[454]。

水酶法提油工艺是一种新兴的油脂提取法。它利用对油籽细胞壁的机械破碎和酶的降解作用机理。此工艺在温和条件下进行，并且特别适合直接用于含有高水分的原料，玉米淀粉厂生产的含水50%的胚可直接用于酶法提油，这是传统制油工艺所不能比拟的优势。国外一直在研究利用酶对油籽细胞壁进行降解以释放出油脂，研究成果也日趋成熟。1983年Fullbrook等[415]使用蛋白水解酶和对细胞壁有降解作用的酶从西瓜籽、大豆和菜籽制取蛋白质和油脂，研究中大豆油回收率高达90%，菜籽油为70%~72%。1986年Carter等[455]用聚半乳糖醛酸酶、α-淀粉酶和蛋白酶来提取椰子油，油脂收率为74%~80%。1988年Sosulski等[456]对Canola油料进行酶解预处理后再进行己烷浸出，可明显缩短浸出时间，提高浸出效率。1993年Sosulski等[457]对Canola油料先进行酶处理后再进行压榨，未经酶处理的Canola压榨出油率仅为72%，经过酶处理后可达90%~93%。

水酶法提油是一种新兴的提油方法，原料无需干燥，经酶解、离心，即可获得清油。与传统工艺相比，酶解提油工艺具有以下优点：①能同时分离油和蛋白质，缩短了工艺路线；②操作条件温和，所得油和蛋白质质量较高；③特别适合高水分油料。湿法生产的玉米胚水分质量分数高达50%，可直接用于酶解提油，而采用传统方法制油，水分质量分数必须干燥至2%~7%。

（一）　玉米胚水酶法提油工艺流程

王素梅、段作营、李珺、魏义勇等从事过水酶法从玉米胚中提油的工艺研究。根据生产目的不同，工艺略有差异。现结合其研究，将玉米胚水酶法提油工艺流程整理如图7-45：

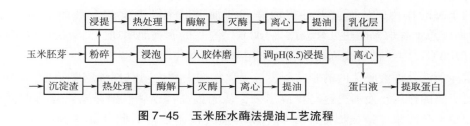

图7-45　玉米胚水酶法提油工艺流程

（二）　工艺操作要点

1. 胚芽粉碎

粉碎是通过高速旋转刀片式粉碎机实现的。粉碎的作用是减小胚芽的粒度，增加其表面积，提高酶的作用效果；同时采用干法粉碎能有效地避免乳化。

但是若在提油的同时，欲制备蛋白，建议先预粉碎，浸泡然后再入胶体磨。魏义勇等[458]的研究表明：旋转速度、物料的温度及磨碎次数有关，增加磨碎次数，提油率和蛋白提取率均明显下降。粉碎度越高，酶可作用的面积相应增大，提油率也相应提高。综合考虑二者的收率，确定胶体磨条件为5μm磨碎2次。

2. 浸提

浸提缓冲液参数与生产目的密切相关。若欲以提取胚芽油总提取率为主，浸提液的pH6.0效果好，因为玉米胚芽蛋白溶于微碱性溶液中，溶解度增大，但也增加了乳化程度，提油率反而下降；若欲以提取胚芽清油提取率为主，浸提液的pH4.0效果好，在较低的pH下可溶性蛋白质和总糖溶出较多。植物组织细胞结构在低pH下易降解破坏，从而使细胞内可溶物溶出；若欲同时提取油脂和蛋白质，浸提液的pH8.5效果好，玉米胚芽在该pH溶解度最大[459]。缓冲液的浓度对胚芽中可溶性蛋白质影响很大，而对总糖溶出量影响不大。在低盐浓度下，盐可促进蛋白质溶解，溶出量随离子强度的增加而增强；当浓度达到0.6mol/L时溶出量最高，超过0.6mol/L时出现盐析效应，使蛋白质溶出量降低。蛋白质的盐溶效应使胚芽组织结构疏松，利于多糖物质的溶出。故通常选择不同pH的0.5mol/L柠檬酸缓冲液作为浸提液。

浸提液不仅有助于水解作用，而且有利于酶和水解产物的扩散。低水含量，静态条件下，酶不能扩散，而导致酶作用的不均匀；加水量太多，又会降低底物的浓度从而降低酶的作用效果。水的添加量不仅对提油过程有作用，对后分离也有影响，因此选择合适的加水比是很重要的，通常在1∶3~1∶5[460]。

3. 热处理

纤维素是植物细胞壁的主要成分，在玉米胚中，纤维素质量约占细胞壁总量的39%。纤维素是纤维二糖以1，4-β-D-葡萄糖苷键连接而成无分支的线性多糖。大部分分子呈规律性排列，形成结晶结构，称为结晶区；部分分子排列规律性差，称为无定形区。纤维素的结晶区一般约占85%，无定形区约为15%[461]。酶易与无定形区的纤维素分子结合，发生催化水解作用，但难以渗入结晶区。高温处理可能会破坏纤维素晶型结构，利于酶的作用，从而使总油提取率和清油提取率随温度的升高而增加。王素梅等[459]研究总油提取率随热处理温度（100℃以内）的升高而增加，而清油提取率首先随温度（100℃以内）的升高而增加，故采用常压蒸汽处理。

常压蒸汽处理使胚芽内的脂肪酶、过氧化物酶失活，同时使细胞壁疏松，增加渗透性和便于酶的作用，使油更容易释放出来，从而提高提油率。但是蒸汽处理时间过长，乳化现象十分严重，造成提油率反而下降。通过控制处理时间使其得到不同程度的处理。常压蒸汽处理时间为20~40min。

4. 酶解

段作营等[462]研究纤维素酶、果胶酶、酸性蛋白酶、中温α-淀粉酶、中性蛋白酶、Cereflo、Pectinex和Viscozyme提取玉米胚芽油，效果较好的酶有纤维素酶、中温α-淀粉酶、中性蛋白酶、葡聚糖酶。用单一的酶进行酶法提油的提油率是有限的，因为植物细胞壁的组成是很复杂的，它由纤维素、半纤维素、果胶质等物质组成。油又存在于细胞质的网络结构中，因此，研究了酶的复合，以使细胞壁与胞内网络结构能够更彻底地降解，以提高提油率。研究了Pectinex5×L和纤维素酶、纤维素酶和果胶酶、纤维素酶、纤维素酶和中温α-淀粉酶、纤维素酶和Alcalase、中温α-淀粉酶，结果纤维素酶和中温α-淀粉酶的复合酶的提油率最高。原因可能是植物细胞壁主要由纤维物质组成，同时由于物料经蒸汽处理后淀粉糊化使黏度增加，而淀粉酶的作用可以降低黏度使油脂易于分离，同时也使酶易于同底物接触从而得到较高的提油率。这与李珺[463]的研究结果基本一致，但两种酶配比不同，前者认为纤维素酶和淀粉酶的配比为5∶3，而后者认为纤维素酶和中温α-淀粉酶复配比例为1∶1。但魏义勇等[458]研究认为单一纤维素酶的作用效果好。

单一纤维素酶的添加量为2%左右，酶解时间为7h左右；复合酶的添加量为0.8%~1%，酶解时间为6h左右。

王素梅等[459]将压榨法和水酶法制取的玉米胚芽油做比较，以评价水酶法对玉米胚芽油品质的影响。水酶法制取的玉米胚芽油的过氧化值、色泽等指标都好于压榨油。磷脂含量虽低于压榨油，生育酚含量高，氧化稳定性较高。

水酶法提油工艺是近年来一种新兴的油脂提取方法，其设备简单，操作安全，污染少，能耗低、所得清油品质高，与传统工艺相比有着无可比拟的优越性。随着生物工程技术的发展，酶制剂价格的下降，酶解提油工艺应用前景广阔。

（作者：李慧静　贾英民）

参考文献

[1] 何永进. 世界粮油加工新技术 [J]. 苏南科技开发，2004，(7)：48.

[2] 汪玉海. 大米加工现状与趋势 [J]. 农业工程技术 (农产品加工业), 2008, (6): 18-22.

[3] 李书国, 陈辉, 李雪梅. 面粉品质改良剂开发应用、安全现状及发展趋势 [J]. 粮食与油脂, 2007, (1): 14-17.

[4] 尤新. 我国面食品质改良剂发展动向 [J]. 中国食品添加剂, 2003, (4): 3-8.

[5] 班进福. 添加剂对饺子粉品质改良效果研究 [D]. 杨凌: 西北农林科技大学, 2008.

[6] 张守文. 论研制、开发、应用面粉品质改良剂的必要性和发展趋势 [J]. 粮食与油脂, 2001, (6): 2-5.

[7] 张守文, 高红岩. 葡萄糖氧化酶复合改良剂对面粉烘焙品质特性的影响 [J]. 中国粮油学报, 2000, 15 (4): 9-13.

[8] 刘梅森, 何唯平. 面粉改良剂综述 [J]. 粮食与饲料工业, 2003, (10): 6-8.

[9] 陈丽萍. 谈粮食加工过程中的面粉改良 [J]. 甘肃科技, 2004, 20 (3): 50-52, 56.

[10] 刘晓真, 郑心羽, 杨业栋. 对优质小麦推广及中国主食产业化的探索 [J]. 中国粮油学报, 2001, 16 (4): 32-35.

[11] 张守文. 面粉品质改良剂的开发、创新、应用是一个永恒的课题 [J]. 食品科技, 2001, (2): 38-39.

[12] 张守文. 论研制、开发、应用面粉品质改良剂的必要性和发展趋势 [J]. 粮食与油脂, 2001, (6): 2-5.

[13] 陆洋, 陈慧. 面粉改良剂 [J]. 粮食与油脂, 2007, (5): 1-4.

[14] 冯志强. 河南主要小麦品种品质分析及传统面制品原料面粉品质改良研究 [D]. 郑州: 河南农业大学, 2006.

[15] 邱伟芬. 酶制剂在面粉品质改良中的应用 [J]. 食品科技, 2002, (3): 28-31.

[16] 李昌文, 欧阳韶晖, 罗勤贵, 等. 面粉的品质改良与添加剂的应用 [J]. 食品工业科技, 2004, (3): 135-137.

[17] 杨玉民, 才晓梅, 王军. 浅谈用国产优质小麦生产专用粉 [J]. 吉林粮食高等专科学校学报, 2002, 17 (3): 8-12.

[18] 严忠军, 卜科, 司建中. 谷朊粉应用概述 [J]. 中国粮油学报, 2005, 20 (5): 16-20.

[19] 裴旭东. 小麦面筋蛋白的改性及其应用 [D]. 上海: 华东师范大学, 2009.

[20] 唐小君. 复合改性对谷朊粉溶解性的影响及应用研究 [D]. 郑州: 河南农业大学, 2012.

[21] 纪建海, 王彦霞, 闵伟红. 谷朊粉和真菌 α-淀粉酶在面粉中的应用前景 [J]. 粮食加工, 2006, 31 (2): 53-55.

[22] 王显伦. 面粉品质改良及安全性 [J]. 粮油加工与食品机械, 2005, (12): 22-24.

[23] 陈井旺, 凡哪哪, 游玉明, 等. 溴酸钾禁用始末及其替代品研究进展 [J]. 现代面粉工业, 2009, 23 (2): 32-36.

[24] 杨其林, 刘钟栋. 面粉改良剂中酶制剂的应用及最新发展趋势 [J]. 中国食品添加剂, 2007, (4): 45-53.

[25] 王力清. 褪色分光光度法测定面粉中的溴酸钾 [J]. 粮油加工与食品机械, 2005, (9): 65-66.

[26] 王江春. 建国以来山东省小麦品种的遗传多样性分析 [D]. 泰安: 山东农业大学, 2006.

[27] 王浩, 刘志勇, 马艳明, 等. 小麦品种资源农艺和品质性状遗传多样性研究进展 [J]. 新疆农业科学, 2005, (S1): 1-4.

[28] 韩巧霞. 不同质地土壤条件下冬小麦品质形成与积累动态研究 [D]. 郑州: 河南农业大学, 2004.

[29] 宦克为. 小麦内在品质近红外光谱无损检测技术研究 [D]. 长春: 长春理工大学, 2014.

[30] 邱发福. 真菌 α-淀粉酶在面粉生产中的应用 [J]. 粮油食品科技, 1999, (4): 22-23.

[31] 叶向宝. 酶和酵母在面包制造过程中的作用 [J]. 福建轻纺, 1998, (9): 5-8.

[32] 贝士. 面包制造中的酵母和酶 (上) [J]. 食品工业, 1993, (1): 35-36.

[33] 贝士. 面包制造中的酵母和酶 (中) [J]. 食品工业, 1993, (2): 36-37.

[34] 贝士. 面包制造中的酵母和酶 (下) [J]. 食品工业, 1993, (3): 32-33.

[35] 张超, 卢艳, 黄卫宁, 等. 面包老化抑制因素的研究 [J]. 中国食品添加剂, 2005, (5): 26-29.

[36] 邱泼, 李喜宏, 韩文凤, 等. 生物酶法抑制淀粉回生机理研究进展 [J]. 粮食加工, 2006, 31 (6): 59-61, 66.

[37] 陈海峰, 杨其林, 何唯平. 面粉改良中酶制剂的作用 [J]. 粮食加工, 2007, 32 (2): 25-26.

[38] 孔祥珍, 周惠明, 吴刚. 酶在面粉品质改良中的作用 [J]. 粮油食品科技, 2003, 11 (2): 4-6.

[39] 潘真清. 糙皮侧耳深层发酵产酶条件研究及在改良面粉品质中的初步应用 [D]. 芜湖: 安徽工程大学, 2010.

[40] 陆洋, 陈慧. 面粉改良剂 [J]. 粮食与油脂, 2007, (5): 1-4.

[41] 魏巍. 酶制剂对国产面粉烘焙品质和面包老化影响的研究 [D]. 合肥: 合肥工业大学, 2009.

[42] Moller M S, Svensson B. Structural biology of starch-degrading enzymes and their regulation [J]. CURRENT OPINION IN STRUCTURAL BIOLOGY, 2016, 40: 33-42.

[43] 李庆龙. 用国产优质麦生产优质的中国主食专用粉 (Ⅰ)——兼论合理使用面粉处理剂 [J]. 中国食品添加剂, 2001, (3): 33-37.

[44] 李庆龙. 用国产优质麦生产优质的中国主食专用粉 (Ⅱ)——兼论合理使用面粉处理剂 [J]. 中国食品添加剂, 2001, (4): 20-22, 11.

[45] 杨春玲. 复合酶制剂在面粉工业中的应用前景 [J]. 现代面粉工业, 2015, (2): 34-36.

[46] 付香斌. 食品添加剂在面粉加工中的应用与发展前景 [J]. 农产品加工 (学刊), 2012, (7): 119-121.

[47] 张建忠, 赵晓文. 酶制剂在面制品中的应用 [J]. 食品科技, 2006, 31 (8): 185-188.

[48] 肖付刚, 刘钟栋. 酶制剂在面制品中的应用 [J]. 中国食品添加剂, 2003, (5): 68-73.

[49] 方晓波. 酶制剂对面团特性及馒头品质影响研究 [D]. 郑州: 河南工业大学, 2011.

[50] 孙兴旺, 纪建海, 崔志军. 酶制剂在面粉中的应用 [J]. 粮食加工, 2010, 35 (3): 27-28.

[51] 崔兆惠, 李书国. 生物酶制剂在面制食品加工中的应用研究 [J]. 粮食加工, 2015, 40 (5): 15-19.

[52] 袁建国, 高艳华, 王佳, 等. 酶制剂改良面粉品质的应用研究 [J]. 中国食品添加剂, 2007, (z1): 270-273.

[53] 杨其林, 刘钟栋. 面粉改良剂中酶制剂的应用及最新发展趋势 [J]. 中国食品添加剂, 2007, (4): 45-53.

[54] 朱彦, 王显伦, 朱庆芳. 酶对面制食品品质的影响 [J]. 中国西部科技, 2008, 7 (29): 34-35, 46.

[55] 王学东. 新型酶制剂改良小麦粉烘焙品质的机理及其应用研究 [D]. 武汉: 华中农业大学, 2003.

[56] Matsushita K, Santiago D M, Noda T, et al. The bread making qualities of bread dough supplemented with whole wheat flour and treated with enzymes [J]. Food Science and Technology Research, 2017, 23: 403-410.

[57] Cauvain S P, Chamberlain N. The Bread Improving Effect of Fungal α-amylase [J]. J. of Cereal Science, 1998, 8: 239-248.

[58] 王学东, 李庆龙, 张声华. 酶制剂在我国面粉工业中的应用及研究进展 [J]. 粮食与饲料工业, 2002, (1): 1-4.

[59] 杨春玲. 浅谈复合酶制剂在面粉工业中的应用前景 [J]. 粮食加工, 2015, 40 (2): 15-17.

[60] 李亚纳, 赵国华, 阚建全. 面包生产中的酶 [J]. 食品科技, 1999, (6): 17-18.

［61］林彬，肖烟云. 酶制剂对面包品质的影响研究进展［J］. 北京农业，2014，（18）：234.

［62］周云，张守文. 面包生产中应用的新型酶制剂［J］. 哈尔滨商业大学学报（自然科学版），2002，18
（2）：205-210.

［63］Bae W，Lee S H，Yoo S，et al. Utilization of a Maltotetraose-Producing Amylase as a Whole Wheat Bread Im-
prover：Dough Rheology and Baking Performance［J］. JOURNAL OF FOOD SCIENCE，2014，79（8）：
E1535-E1540.

［64］朱萍. 欧洲面粉处理技术［J］. 粮食与食品工业，2004，11（1）：15-17.

［65］Altinel B，Unal S S. The effects of certain enzymes on the rheology of dough and the quality characteristics of
bread prepared from wheat meal［J］. JOURNAL OF FOOD SCIENCE AND TECHNOLOGY-MYSORE，2017，
54（6）：1628-1637.

［66］Altinel B，Unal S S. The Effects of Amyloglucosidase，Glucose Oxidase and Hemicellulase Utilization on the
Rheological Behaviour of Dough and Quality Characteristics of Bread［J］. INTERNATIONAL JOURNAL OF
FOOD ENGINEERING，2017，13（201600662）.

［67］周光俊，王彩琴. 小麦粉弱化剂的研究［J］. 粮食与饲料工业，1995，（1）：9-13.

［68］赵秋红，赵娟，陆龙. 浅述小麦粉添加剂的功能及合理应用［J］. 面粉通讯，2004，（3）：44-46.

［69］马清香. 面制品中常用的酶制剂及其作用［J］. 现代面粉工业，2013，27（5）：31-33.

［70］周会喜. 改良剂对面粉品质及面制食品加工影响研究［D］. 合肥：合肥工业大学，2010.

［71］冯新胜. 低筋面粉配制技术的研究［J］. 西部粮油科技，2001，26（5）：6-9.

［72］刘传富，董海洲，侯汉学. 淀粉酶和蛋白酶及其在焙烤食品中作用［J］. 粮食与油脂，2002，（6）：
38-39.

［73］朱晓月，黄志远，陈笑玉，等. 不同酶制剂在面粉中的应用探讨［J］. 粮食加工，2015，40（3）：
17-19.

［74］王应强，刘爱青. 酶在谷物食品加工中应用［J］. 粮食与油脂，2006，（8）：23-25.

［75］姚轶俊. 生物酶在食品工业中的应用［J］. 中国粮油学报，2011，26（1）：124-128.

［76］王业东，卞科. 酶制剂在面粉品质改良中的应用及研究进展［J］. 西部粮油科技，2003，28（1）：
23-25.

［77］陈颖慧，陆启玉，李炜炜. 酶制剂在面包加工中的应用［J］. 粮油加工，2008，（4）：82-84.

［78］李慧静，贾英民，田益玲，等. 脂肪酶对小麦粉品质的影响［J］. 中国粮油学报，2008，（3）：29-33.

［79］李庆龙，王学东，周第萍，等. 国产脂肪酶改良小麦粉品质的应用研究［J］. 中国粮油学报，2004，
（2）：32-34.

［80］王霞，周惠明. 溴酸钾的替代以及面粉改良剂［J］. 面粉通讯，2007，（5）：38-43.

［81］张开平，惠明，田青，等. 微生物脂肪酶的应用领域及研究进展［J］. 河南工业大学学报（自然科学
版），2012，33（1）：90-94.

［82］周家春，彭亚锋. 生物技术在焙烤食品中的应用［J］. 食品与药品，2005，（12）：67-69.

［83］栾金水，汪莹. 酶制剂在面粉改良中应用［J］. 粮食与油脂，2003，（2）：42-43.

［84］韩振林. 耐热脂肪酶基因在枯草芽孢杆菌中的克隆与表达［D］. 天津：天津科技大学，2006.

［85］Gerits L R，Pareyt B，Decamps K，et al. Lipases and Their Functionality in the Production of Wheat-Based
Food Systems［J］. COMPREHENSIVE REVIEWS IN FOOD SCIENCE AND FOOD SAFETY，2014，13（5）：
978-989.

［86］Pareyt B，Finnie S M，Putseys J A，et al. Lipids in bread making：Sources，interactions，and impact on bread
quality［J］. JOURNAL OF CEREAL SCIENCE，2011，54（3）：266-279.

［87］Colakoglu A S, Ozkaya H. Potential use of exogenous lipases for DATEM replacement to modify the rheological and thermal properties of wheat flour dough［J］. JOURNAL OF CEREAL SCIENCE, 2012, 55（3）: 397-404.

［88］Inoue S, Ota S. Bread or other cereal-based food improver composition involving the addition of phospholipase A to the flour［P］.

［89］胡乐时, 陈军荣, 周锋, 等. 国产脂肪酶对馒头粉品质改良作用的研究［J］. 粮食与饲料工业, 2003, （2）: 3-4.

［90］刘燕琪, 李梦琴, 周玉瑾, 等. 葡萄糖氧化酶对面团水分状态及蛋白质结构的影响［J］. 现代食品科技, 2014, 30（10）: 126-133.

［91］林家永, 李歆, 封雯瑞. 葡萄糖氧化酶与脂肪酶改善面粉质量的作用（二）［J］. 粮油食品科技, 2000, （1）: 16-18.

［92］林家永, 李歆, 封雯瑞. 葡萄糖氧化酶与脂肪酶改善面粉质量的作用（一）［J］. 粮油食品科技, 1999, （6）: 3-4.

［93］夏萍, 梁新宇. 葡萄糖氧化酶在面包中作用机理的初探［J］. 粮食与食品工业, 1999, （3）: 8-11.

［94］李力. 葡萄糖氧化酶: 颇具发展前途绿色面粉改良剂［J］. 粮食与油脂, 2000, （5）: 42-43.

［95］杨鹃华. 以酵素为基质之溴酸钾取代物［J］. 焙焙工业（中国台湾省）, 1994, （5）: 38-40.

［96］许梅. 复合方法提高糯玉米粉品质特性的研究［D］. 大庆: 黑龙江八一农垦大学, 2009.

［97］Yang T, Bai Y, Wu F, et al. Combined effects of glucose oxidase, papain and xylanase on browning inhibition and characteristics of fresh whole wheat dough［J］. Journal of Cereal Science, 2014, 60（1）: 249-254.

［98］Da Silva C B, Almeida E L, Chang Y K. Interaction between xylanase, glucose oxidase and ascorbic acid on the technological quality of whole wheat bread［J］. Ciencia Rural, 2016, 46（12）: 2249-2256.

［99］张晓双, 张瑜, 雷一名. 酶在面制品中的应用［J］. 现代面粉工业, 2014, 28（3）: 28-31.

［100］Vemulapalli V, Miller K A, Hoseney R C. Glucose oxidase in breadmaking systems［J］. CEREAL CHEMISTRY, 1998, 75（4）: 439-442.

［101］Bonet A, Rosell C M, Caballero P A, et al. Glucose oxidase effect on dough rheology and bread quality: A study from macroscopic to molecular level［J］. Food Chemistry, 2006, 99（2）: 408-415.

［102］陈丽萍. 谈粮食加工过程中的面粉改良［J］. 甘肃科技, 2004, 20（3）: 50-52, 56.

［103］任娣, 谢亚娟, 陆兆新, 等. 重组脂肪氧合酶对面团流变性质及面包品质的影响［J］. 食品科学, 2015, 36（13）: 1-6.

［104］张充. Anabaena sp. PCC 7120脂肪氧合酶基因克隆表达的研究［D］. 南京: 南京农业大学, 2010.

［105］李慧静, 田益玲, 李宁, 等. 戊聚糖酶对小麦粉品质的影响研究［J］. 中国粮油学报, 2007, 22（4）: 28-32.

［106］叶晓枫, 何娜, 姜雯翔, 等. 冷冻非发酵面制品品质改良研究进展［J］. 食品科学, 2013, 34（11）: 369-374.

［107］周素梅, 王璋, 许时婴. 小麦面粉中阿拉伯木聚糖酶解性质的研究（Ⅱ）水不溶性阿拉伯木聚糖的酶解［J］. 中国粮油学报, 2000, 15（5）: 40-45.

［108］周素梅, 王璋, 许时婴. 小麦面粉中阿拉伯木聚糖酶解性质的研究（Ⅰ）水溶性阿拉伯木聚糖的酶解［J］. 中国粮油学报, 2000, 15（3）: 13-17.

［109］Koegelenberg D, Chimphango A F A. Effects of wheat-bran arabinoxylan as partial flour replacer on bread properties［J］. Food Chemistry, 2017, 221: 1606-1613.

［110］李静, 王学东, 李庆龙, 等. 小麦戊聚糖及其在烘焙工业中的作用［J］. 粮食与饲料工业, 2002,

(9)：39-41.

[111] 郑学玲，刘延奇，范会平，等. 小麦麸皮戊聚糖氧化胶凝性质研究 [J]. 郑州工程学院学报，2004，25（4）：20-23.

[112] Driss D，Bhiri F，Siela M，et al. Improvement of Breadmaking Quality by Xylanase GH11 from Penicillium occitanis Pol6 [J]. JOURNAL OF TEXTURE STUDIES，2013，44（1）：75-84.

[113] Ghoshal G，Shivhare U S，Banerjee U C. Effect of Xylanase on Quality Attributes of Whole-wheat bread [J]. JOURNAL OF FOOD QUALITY，2013，36（3）：172-180.

[114] Shah A R，Shah R K，Madamwar D. Improvement of the quality of whole wheat bread by supplementation of xylanase from Aspergillus foetidus [J]. BIORESOURCE TECHNOLOGY，2006，97（16）：2047-2053.

[115] 谭秀山. CXJZ95-198 菌株分泌果胶酶和半纤维素降解酶的活性研究及果胶酶的分离纯化 [D]. 乌鲁木齐：新疆农业大学，2004.

[116] 袁永利. 酶在面包工业中应用 [J]. 粮食与油脂，2006，（7）：20-22.

[117] 王霞，朱科学，钱海峰，等. 葡萄糖氧化酶和戊聚糖酶对面团流变学性质的影响 [J]. 中国粮油学报，2009，24（4）：17-22.

[118] Jaekel L Z，Da Silva C B，Steel C J，et al. Influence of xylanase addition on the characteristics of loaf bread prepared with white flour or whole grain wheat flour [J]. Ciencia E Tecnologia De Alimentos，2012，32（4）：844-849.

[119] Kumar V，Satyanarayana T. Production of thermo-alkali-stable xylanase by a novel polyextremophilic Bacillus halodurans TSEV1 in cane molasses medium and its applicability in making whole wheat bread [J]. Bioprocess and Biosystems Engineering，2014，37（6）：1043-1053.

[120] Martinez-Anaya M A，Jimenez T. Physical properties of enzyme-supplemented doughs and relationship with bread quality parameters [J]. Zeitschrift Fur Lebensmittel-Untersuchung Und-Forschung A-Food Research and Technology，1998，206（2）：134-142.

[121] Carvalho E A，Goes L M D S，Uetanabaro A P T，et al. Thermoresistant xylanases from Trichoderma stromaticum：Application in bread making and manufacturing xylo-oligosaccharides [J]. FOOD CHEMISTRY，2017，221：1499-1506.

[122] Van Hung P，Maeda T，Fujita M，et al. Dough properties and breadmaking qualities of whole waxy wheat flour and effects of additional enzymes [J]. Journal of the Science of Food and Agriculture，2007，87（13）：2538-2543.

[123] 马微，张兰威，钱程，等. 谷氨酰胺转氨酶的功能特性及其在面粉制品加工中的应用 [J]. 粮油食品科技，2004，12（3）：12-14.

[124] 胡春霞，叶梦情，易明花. 新型食品添加剂谷氨酰胺转氨酶的生产及应用研究进展 [J]. 安徽农业科学，2013，41（12）：5498-5501.

[125] 李君文，赵新淮. 食品中的蛋白质交联技术 [J]. 食品工业科技，2011，（1）：380-384.

[126] 尹覃伟，付时雨，詹怀宇. 谷朊蛋白的改性及应用 [J]. 高分子通报，2007，（5）：1-11.

[127] 李慧静，田益玲，李宁，等. 转谷氨酰氨酶对小麦面粉加工品质的影响研究 [J]. 农业工程学报，2008，24（2）：232-236.

[128] Renzetti S，Dal Bello F，Arendt E K. Microstructure，fundamental rheology and baking characteristics of batters and breads from different gluten-free flours treated with a microbial transglutaminase [J]. JOURNAL OF CEREAL SCIENCE，2008，48（1）：33-45.

[129] 班进福，刘彦军，张国丛，等. 几种面粉添加剂的作用机理及研究进展 [J]. 粮食加工，2010，35

（2）：55-58.

[130] 班进福，魏益民，郭波莉，等. 谷氨酰胺转氨酶对饺子粉品质改良效果的研究 [J]. 中国粮油学报，2008，23（6）：33-36.

[131] Larre C，Denery-Papini S，Popineau Y，et al. Biochemical analysis and rheological properties of gluten modified by transglutaminase [J]. CEREAL CHEMISTRY，2000，77（2）：121-127.

[132] 倪新华，江波，王璋. 谷氨酰胺转氨酶对面粉品质的改良作用 [J]. 无锡轻工大学学报，2002，21（6）：613-616，621.

[133] Zhu Y，Bol J，Rinzema A，et al. Microbial transglutaminase - A review of its production and application in food processing [J]. APPLIED MICROBIOLOGY AND BIOTECHNOLOGY，1995，44（3-4）：277-282.

[134] 李赟高，陆瑞琪，郭宏明. 谷氨酰胺转氨酶在谷物制品中的应用 [J]. 粮食与食品工业，2011，18（3）：31-34.

[135] Iwami K，Yasumoto K. Amine-binding capacities of food proteins in transglutaminase reaction and digestibility of wheat gliadin with E-attached lysine [J]. Journal of the Science of Food and Agriculture，1986，37（5）：495-503.

[136] 周中凯，邢同浩，孔宇. 谷氨酰胺转氨酶在面筋和非面筋质制品中应用 [J]. 粮食与油脂，2013，（2）：9-11.

[137] 章锦波，姜峰，吴立根. 谷氨酰胺转氨酶特性及其在食品加工中的应用 [J]. 农产品加工（学刊），2007，（5）：87-88.

[138] Yamazaki，Katsutoshi，Soeda. Process for Obtaining a Modified Cereal Flour [P].

[139] Sivri D，Koksel H，Bushuk W. Effects of wheat bug（Eurygaster maura）proteolytic enzymes on electrophoretic properties of gluten proteins [J]. NEW ZEALAND JOURNAL OF CROP AND HORTICULTURAL SCIENCE，1998，26（2）：117-125.

[140] Koksel H，D D S，W N P K，et al. Effects of transglutaminaseenzyme on fundamental rheological properties of sound and bugdamed wheat flour doughs [J]. Cereal Chem，2001，78（1）：26-30.

[141] 吴正达. 食品酶制剂 MTGase 在面类中的利用 [J]. 西部粮油科技，1999，（1）：34-35.

[142] 韩璐，潘力. 转谷氨酰氨酶在食品加工中的应用 [J]. 食品科技，2007，（1）：140-143.

[143] Grausgruber H，Miesenberger S，Schoenlechner R，et al. Influence of dough improvers on whole-grain bread quality of einkorn wheat [J]. ACTA ALIMENTARIA，2008，37（3）：379-390.

[144] Ashikawa N，Fukui H，Toiguchi S，et al. Transglutaminase containingwheat and premix for cake using them [P].

[145] Watanabea M，Suzukia T，Ikezawaab Z，et al. CONTROLLED ENZYMATIC TREATMENT OF WHEAT PROTEINS FOR PRODUCTION OF HYPOALLERGENIC FLOUR [J]. Bioscience，Biotechnology and Biochemistry，1994，58（2）：388-390.

[146] Lerner A，Matthias T. Possible association between celiac disease and bacterial transglutaminase in food processing：a hypothesis [J]. NUTRITION REVIEWS，2015，73（8）：544-552.

[147] Heil A，Ohsam J，van Genugten B，et al. Microbial transglutaminase used in bread preparation at standard bakery concentrations does not increase immunodetectable amounts of deamidated gliadin [J]. Journal of Agricultural and Food Chemistry，2017，65：6982-6990.

[148] Rosell C M，Gomez M. Frozen dough and partially baked bread：An update [J]. FOOD REVIEWS INTERNATIONAL，2007，23（3）：303-319.

[149] 严群. 大豆皮过氧化物酶的分离纯化研究 [D]. 杭州：浙江大学，2005.

［150］ 田灏，陆丽霞，熊晓辉．改善食品质构的直接交联酶［J］．食品工业科技，2010，31（5）：399-401.

［151］ 豆康宁，曾维丽，高政．酶制剂在面包粉改良中的应用［J］．现代面粉工业，2011，25（4）：43-45.

［152］ Primo-Martin C, Wang M W, Lichtendonk W J, et al. An explanation for the combined effect of xylanase-glucose oxidase in dough systems［J］. JOURNAL OF THE SCIENCE OF FOOD AND AGRICULTURE, 2005, 85（7）: 1186-1196.

［153］ 孔繁东，姚晓宁，孙浩，等．糕点的保质期研究［J］．中国酿造，2008，（24）：87-90.

［154］ 邵秀芝，于晓霞，边建华．复合酶制剂改良面粉质量的研究［J］．粮油食品科技，2002，10（2）：11-12.

［155］ Liu W J, Brennan M A, Serventi L, et al. Effect of cellulase, xylanase and α-amylase combinations on the rheological properties of Chinese steamed bread dough enriched in wheat bran［J］. Food Chemistry, 2017, 234: 93-102.

［156］ Shahidi F, Zhong Y. Bioactive peptides［J］. Journal of AOAC International, 2008, （91）: 914-931.

［157］ Carrasco-Castilla J, Javier Hernandez-Alvarez A, Jimenez-Martinez C, et al. Use of Proteomics and Peptidomics Methods in Food Bioactive Peptide Science and Engineering［J］. FOOD ENGINEERING REVIEWS, 2012, 4（4）: 224-243.

［158］ Coda R, Rizzello C G, Pinto D, et al. Selected Lactic Acid Bacteria Synthesize Antioxidant Peptides during Sourdough Fermentation of Cereal Flours［J］. APPLIED AND ENVIRONMENTAL MICROBIOLOGY, 2012, 78（4）: 1087-1096.

［159］ Rizzello C G, Hernandez-Ledesma B, Fernandez-Tome S, et al. Italian legumes: effect of sourdough fermentation on lunasin-like polypeptides［J］. MICROBIAL CELL FACTORIES, 2015, 14（1）: 1.

［160］ Rizzello C G, Nionelli L, Coda R, et al. Synthesis of the Cancer Preventive Peptide Lunasin by Lactic Acid Bacteria During Sourdough Fermentation［J］. NUTRITION AND CANCER-AN INTERNATIONAL JOURNAL, 2012, 64（1）: 111-120.

［161］ Garcia M C, Puchalska P, Esteve C, et al. Vegetable foods: A cheap source of proteins and peptides with antihypertensive, antioxidant, and other less occurrence bioactivities［J］. TALANTA, 2013, 106: 328-349.

［162］ Malaguti M, Dinelli G, Leoncini E, et al. Bioactive Peptides in Cereals and Legumes: Agronomical, Biochemical and Clinical Aspects［J］. INTERNATIONAL JOURNAL OF MOLECULAR SCIENCES, 2014, 15（11）: 21120-21135.

［163］ Rizzello C G, De Angelis M, Di Cagno R, et al. Highly efficient gluten degradation by lactobacilli and fungal proteases during food processing: New perspectives for celiac disease［J］. APPLIED AND ENVIRONMENTAL MICROBIOLOGY, 2007, 73（14）: 4499-4507.

［164］ Rizzello C G, Cassone A, Di Cagno R, et al. Synthesis of angiotensin I-converting enzyme（ACE）-inhibitory peptides and gamma-aminobutyric acid（GABA）during sourdough fermentation by selected lactic acid bacteria［J］. JOURNAL OF AGRICULTURAL AND FOOD CHEMISTRY, 2008, 56（16）: 6936-6943.

［165］ Aluko R E. Antihypertensive Peptides from Food Proteins［M］. Annual Review of Food Science and Technology, Doyle M P, Klaenhammer T R, 2015, （6）: 235-262.

［166］ Motoi H, Kodama T. Isolation and characterization of angiotensin I-converting enzyme inhibitory peptides from wheat gliadin hydrolysate［J］. NAHRUNG-FOOD, 2003, 47（5）: 354-358.

［167］ Matsui T, Li C H, Osajima Y. Preparation and characterization of novel bioactive peptides responsible for angiotensin I-converting enzyme inhibition from wheat germ［J］. JOURNAL OF PEPTIDE SCIENCE, 1999, 5

（7）：289-297.

[168] Nogata Y, Nagamine T, Yanaka M, et al. Angiotensin I Converting Enzyme Inhibitory Peptides Produced by Autolysis Reactions from Wheat Bran [J]．JOURNAL OF AGRICULTURAL AND FOOD CHEMISTRY，2009，57（15）：6618-6622.

[169] 王金水，赵谋明，杨晓泉．酶解产物对小麦面筋蛋白酶水解过程抑制作用的研究 [J]．河南工业大学学报（自然科学版），2005，26（4）：5-8，31.

[170] 蒲首丞，王金水，王亚平．响应面法对酶水解谷朊粉制备生物活性肽的优化研究 [J]．粮食与饲料工业，2005，（5）：23-25.

[171] 史建芳，胡明丽．小麦麸皮营养组分及利用现状 [J]．现代面粉工业，2012，26（2）：25-28.

[172] Chaquilla-Quilca G, Balandran-Quintana R R, Azamar-Barrios J A, et al. Synthesis of tubular nanostructures from wheat bran albumins during proteolysis with V8 protease in the presence of calcium ions [J]．FOOD CHEMISTRY，2016，200：16-23.

[173] Ueno T., Nogata Y., Nakamura A., et al. Peptides produced by autolysis reactions from wheat bran have therapeutic effects in nonalcoholic steatohepatitis, Journal of Hepatology, 2013, 58（s1）: S526-S527.

[174] 周惠民，陈正行．小麦加工副产品的综合利用 [J]．农产品加工，2011，（3）：6-7.

[175] Aguedo M, Vanderghem C, Goffin D, et al. Fast and high yield recovery of arabinose from destarched wheat bran [J]．INDUSTRIAL CROPS AND PRODUCTS，2013，43：318-325.

[176] 姚惠源．新世纪前20年我国粮油加工业发展战略的研究 [Z]．上海：2004，（9）.

[177] 李铭，陈冬梅，林娟．面包预混合小麦粉概况 [J]．经济研究导刊，2011，（8）：284-285.

[178] 韩锐敏．对稻谷加工工艺的探讨 [J]．粮食与饲料工业，2005，（3）：1-3.

[179] 赵建军，邴建国．稻谷精深加工及综合利用现状与前景的探讨 [J]．现代化农业，2004，（11）：42-44.

[180] 叶霞．稻谷储藏过程中重要营养素变化的动力学研究 [D]．重庆：西南农业大学，2003.

[181] 王静美．浅论大米的营养与大米食品的开发 [J]．食品科技，2000，（1）：17-18.

[182] 陈宝宏，朱永义．木瓜蛋白酶分解大米过敏原的研究 [J]．粮食与饲料工业，2004，（3）：9-11.

[183] 高陆卫，史万民，郭常振．小米精深加工技术探讨 [J]．河北农业科学，2010，14（11）：147-148.

[184] 陈正行，庞乾林，张小惠．稻文化的再思考（10）：古今科技——碾米：从石碾米到机械碾米和全程自动化碾米 [J]．中国稻米，2015，21（2）：35-39.

[185] 刘星．以大米淀粉为原料制取高麦芽糖浆研究初探 [D]．长沙：中南林业科技大学，2010.

[186] 顾正彪，李兆丰，洪雁，等．大米淀粉的结构、组成与应用 [J]．中国粮油学报，2004，（2）：21-27.

[187] 李丽莎．食品级抗老化糯米变性淀粉的制备及应用研究 [D]．无锡：江南大学，2008.

[188] 陈磊．大米缓慢消化淀粉的制备 [D]．哈尔滨：东北林业大学，2007.

[189] 盛志佳．大米淀粉的研发现状与前景 [J]．湖南农业大学学报（自然科学版），2010，36（S1）：11-14.

[190] 李玥．大米淀粉的制备方法及物理化学特性研究 [D]．无锡：江南大学，2008.

[191] 周林秀，丁长河．大米淀粉的提取及其在食品工业中的应用 [J]．农产品加工（学刊），2012，（11）：191-193.

[192] 芦鑫，张晖，姚惠源．不同提取方法对粳米淀粉结构的影响 [J]．食品科学，2008，（1）：102-106.

[193] 谢新华．稻米淀粉物性研究 [D]．杨凌：西北农林科技大学，2007.

[194] 苏俊烽，程建军，韩翠萍，等．玉米淀粉与稻米淀粉混合物的糊化特性 [J]．食品科技，2010，35

（9）：187-193.

[195] 徐勇．稻米理化品质及其测定相关影响因素的研究［D］．扬州：扬州大学，2009.

[196] 符琼．大米淀粉酶法制备低聚异麦芽糖的研究［D］．长沙：中南林业科技大学，2011.

[197] 孙晓莉．磷酸酯化大米多孔淀粉的工艺优化及其在卷烟过滤嘴中的应用［D］．合肥：安徽农业大学，2011.

[198] 周林秀，丁长河．大米淀粉的提取及其在食品工业中的应用［J］．农产品加工（学刊），2012，（11）：191-193.

[199] 于泓鹏，徐丽，高群玉，等．大米淀粉的制备及其综合利用研究进展［J］．粮食与饲料工业，2004，（4）：21-22.

[200] 周静舫．面窝加工工艺参数优化及油炸对大米淀粉特性影响研究［D］．武汉：华中农业大学，2008.

[201] 王良东，杜风光，史吉平．大米淀粉的制备和应用［J］．粮食加工，2006，（4）：72-75.

[202] 李俊伟．挤压法制备大米抗性淀粉的工艺及其性质研究［D］．广州：暨南大学，2008.

[203] 孙昕炀．中国大米重金属水平分析及其健康风险评估［D］．南京：南京农业大学，2012.

[204] 李源．加工处理方法对米粉结构性质影响的研究［D］．广州：华南理工大学，2012.

[205] 王晓曦，郑学玲，梁少华．大米深加工与功能元素提取与应用技术［J］．粮食加工，2009，34（3）：34-37.

[206] Zhao J，Whistler. R L. Spherical Aggregates of Starch Granulesas Flavor Carriers.［J］．Food technology，1994，48：104-105.

[207] 姚卫蓉，姚惠源．多孔淀粉概述［J］．粮食与饲料工业，2004，（3）：25-27.

[208] 应雪肖．普通糖化酶制备多孔淀粉及其吸附性能的研究［D］．杭州：浙江工业大学，2007.

[209] 王俊芳，刘宇鹏，张彭湃，等．变性淀粉用作油脂替代物工艺条件的确定［J］．粮食科技与经济，2002，（3）：35-37.

[210] 程小续．以大米淀粉为基质的低DE值麦芽糊精的研究［D］．长沙：中南林业科技大学，2010.

[211] Brouns F，Kettlitz B，Arrigoni E. Resistant starch and "the butyrate revolution"［J］．TRENDS IN FOOD SCIENCE & TECHNOLOGY，2002，13（PII S0924-2244（02）00131-08）：251-261.

[212] Doan H X N，Song Y，Lee S，et al. Characterization of rice starch gels reinforced with enzymatically-produced resistant starch［J］．FOOD HYDROCOLLOIDS，2019，91：76-82.

[213] Toutounji M R，Farahnaky A，Santhakumar A B，et al. Intrinsic and extrinsic factors affecting rice starch digestibility［J］．Trends in Food Science & Technology，2019.

[214] 易翠平，倪凌燕，姚惠源．大米淀粉的纯化及性质研究［J］．中国粮油学报，2005，（3）：5-8.

[215] Qi X，Cheng L，Li X，et al. Effect of cooking methods on solubility and nutrition quality of brown rice powder［J］．FOOD CHEMISTRY，2019，274：444-451.

[216] 陈迪．糯米淀粉复合物的制备及性质研究［D］．郑州：河南农业大学，2013.

[217] Ring. S G，Keeling P L. The gelation and crystallization of amyloePection.［J］．Carbohydr. Res，1987，（162）：277-285.

[218] Eeiringen R C，Deeeuninel M，Deleour J A. nllIuenee of Amylose chain length on regsistant starch fomration［J］．Cereal Chem，1993，（70）：345-350.

[219] Giidey M. J. C D，Dark E A. H.，Hoffmann R. A.，et al. Molecular order and strueture in enzyme resistant retrograded starch.［J］．Carbohydr. Polym，1995，28：23-31.

[220] 丁文平，李清，夏文水．淀粉酶对大米淀粉回生影响机理的研究［J］．粮食与饲料工业，2005，（10）：16-17.

［221］余世锋. 低温和超低温预冷下大米淀粉凝沉特性及应用研究［D］. 哈尔滨：哈尔滨工业大学，2010.

［222］蒋雅茜. 米糠膳食纤维对大米淀粉理化特性的影响［D］. 长沙：中南林业科技大学，2014.

［223］陈季旺，姚惠源. 大米蛋白的开发利用［J］. 食品工业科技，2002，（6）：87-89.

［224］陈煦. 不同栽培法对水稻产量和品质作用效果与机理的比较研究［D］. 长沙：湖南农业大学，2006.

［225］易翠平，姚惠源. 大米蛋白的研究进展［J］. 粮油加工与食品机械，2003，（8）：53-54.

［226］陆钫. 美拉德反应改进大米蛋白功能性质的研究［D］. 无锡：江南大学，2008.

［227］陈静静，孙志高. 大米蛋白的研究进展［J］. 粮油食品科技，2008，（6）：8-10.

［228］席文博，赵思明，刘友明. 大米蛋白分离提取的研究进展［J］. 粮食与饲料工业，2003，（10）：45-47.

［229］魏明英，邬应龙. 大米蛋白的研究进展［J］. 粮食与饲料工业，2003，（3）：44-45.

［230］奚海燕. 大米蛋白的提取及改性研究［D］. 无锡：江南大学，2008.

［231］陈升军. 米蛋白肽及米蛋白肽铁螯合物生产工艺研究［D］. 南昌：南昌大学，2008.

［232］田蔚，林亲录，刘一洋. 米渣蛋白的提取及应用研究［J］. 粮食加工，2009，34（2）：31-33.

［233］易翠平，姚惠源. 高纯度大米蛋白和淀粉的分离提取［J］. 食品与机械，2004，（6）：18-21.

［234］Shih F. Food of 21st Century－Food and Resource，Technology（Ⅱ）. ［J］. China light Industry Press，2000：406-410.

［235］Wang M，Qi H N S，Burk M. Prepartion and functional properties of rice bran protein isolate［J］. Journal of Agriculture and Food Chemistry，1999，47：411-416.

［236］Morita T，Ohhashi A，Kasaoka S，et al. Rice protein isolates produced by the two different methods lower serum cholesterol concentration in rats compared with casein［J］. JOURNAL OF THE SCIENCE OF FOOD AND AGRICULTURE，1996，71（4）：415-424.

［237］Tang S H，Hettiarachy N S. Protein extraction from heat-stabilized defatted rice bran Ⅱ：The role of amylase，celluslast，and viscozyme［J］. Journal of Food Science，2003，68（2）：471-475.

［238］肖莲荣，任国谱. 大米蛋白改性研究进展［J］. 食品与发酵工业，2012，38（2）：151-156.

［239］王方方. 双酶法制备优质大米蛋白的研究［D］. 西安：西北大学，2009.

［240］Anderson A，Hettiarachchy N，Ju Z Y. Physicochemical properties of pronase-treated rice glutelin［J］. JOURNAL OF THE AMERICAN OIL CHEMISTS SOCIETY，2001，78（1）：1-6.

［241］龚情. 微射流辅助大米蛋白分离及功能特性研究［D］. 广州：华南理工大学，2011.

［242］王方方. 双酶法制备优质大米蛋白的研究［D］. 西安：西北大学，2009.

［243］陈升军. 米蛋白肽及米蛋白肽铁螯合物生产工艺研究［D］. 南昌：南昌大学，2008.

［244］王士磊. 大米蛋白提取工艺优化及功能特性的研究［D］. 哈尔滨：哈尔滨工业大学，2010.

［245］王文高，陈正行，姚惠源. 不同蛋白酶提取大米蛋白质的研究［J］. 粮食与饲料工业，2002，（2）：41-42.

［246］熊善柏，赵山，王启明. 木瓜蛋白酶在乌鸡肉蛋白质分步酶解中的应用研究［J］. 食品科学，2000，（12）：26-29.

［247］陈升军. 米蛋白肽及米蛋白肽铁螯合物生产工艺研究［D］. 南昌：南昌大学，2008.

［248］王章存，姚惠源. 大米蛋白质的酶法水解及其性质研究［J］. 中国粮油学报，2003，（5）：5-7.

［249］陈升军. 米蛋白肽及米蛋白肽铁螯合物生产工艺研究［D］. 南昌：南昌大学，2008.

［250］吴思. 大米蛋白提取与酶解条件研究［J］. 天津职业院校联合学报，2010，12（5）：30-33.

［251］史云丽. 酶法制备大米抗氧化活性肽的研究［D］. 长沙：中南林业科技大学，2009.

［252］Hamada J S，Spanier A M，Bland J M，et al. Preparative separation of value-added peptides from rice bran proteins by high-performance liquid chromatography［J］. Journal of Chromatography A，1998，827（2）：

319-327.

[253] 葛娜．酶法提取大米蛋白及其应用的研究 ［D］．无锡：江南大学，2006.

[254] Rizzello C G, Tagliazucchi D, Babini E, et al. Bioactive peptides from vegetable food matrices: Research trends and novel biotechnologies for synthesis and recovery ［J］. JOURNAL OF FUNCTIONAL FOODS, 2016, 27: 549-569.

[255] Takahashi M, Moriguchi S, Ikeno M, et al. Studies on the ileum-contracting mechanisms and identification as a complement C3a receptor agonist of oryzatensin, a bioactive peptide derived from rice albumin ［J］. PEPTIDES, 1996, 17 (1): 5-12.

[256] 俞明伟，张名位，孙远明，等．米糠蛋白及其活性肽的研究与利用进展 ［J］．中国粮油学报，2009, 24 (5): 154-159.

[257] Taniguchi M, Kawabe J, Toyoda R, et al. Cationic peptides from peptic hydrolysates of rice endosperm protein exhibit antimicrobial, LPS-neutralizing, and angiogenic activities ［J］. PEPTIDES, 2017, 97: 70-78.

[258] 刘永乐，王发祥，周小玲，等．酶法脱酰胺对米谷蛋白分子微观结构的影响 ［J］．食品科学，2011, 32 (17): 69-71.

[259] 易翠平，姚惠源．大米浓缩蛋白脱酰胺研究（Ⅱ） 酸法脱酰胺改性对大米蛋白功能特性及营养性质的影响 ［J］．食品科学，2005, (3): 79-83.

[260] 易翠平，姚惠源．大米浓缩蛋白脱酰胺研究（Ⅰ） 酸法脱酰胺与酶法脱酰胺工艺比较与参数优化 ［J］．食品科学，2005, (1): 145-149.

[261] 彭清辉．大米蛋白的提取及其酸法脱酰胺改性方法研究 ［D］．长沙：湖南农业大学，2009.

[262] Liu Y, Li X, Zhou X, et al. Effects of glutaminase deamidation on the structure and solubility of rice glutelin ［J］. LWT-FOOD SCIENCE AND TECHNOLOGY, 2011, 44 (10): 2205-2210.

[263] 石继均，梅德祥，丁桂莲，等．生物酶在真丝织物染整加工中的应用进展 ［J］．现代丝绸科学与技术，2011, 26 (5): 198-200.

[264] 邵瑜．玉米淀粉牙签的制备及其性质的研究 ［D］．无锡：江南大学，2007.

[265] Zang X, Yue C, Wang Y, et al. Effect of limited enzymatic hydrolysis on the structure and emulsifying properties of rice bran protein ［J］. JOURNAL OF CEREAL SCIENCE, 2019, 85: 168-174.

[266] 王文高，陈正行．低过敏大米研究进展 ［J］．粮食与油脂，2001, (5): 32-33.

[267] Eysink P E D. De Jong. M. H, Clin. Exp ［J］. Allery, 1999, 29 (5): 604-610.

[268] Pattis. Landers, Bruce R. Hamaker. ［J］. CereaL Chemistry, 1994, 71 (5): 409-411.

[269] Matsuda T, Matsubara T, Hino S. Immunogenic and allergenic potentials of natural and recombinant innocuous proteins ［J］. Journal of Bioscience and Bioengineering, 2006, 101 (3): 203-211.

[270] Alvarez A M, Adachi T, Nakase M, et al. Classification of rice allergenic protein cDNAs belonging to the α-amylase/trypsin inhibitor gene family ［J］. Biochimica et Biophysica Acta (BBA) - Protein Structure and Molecular Enzymology, 1995, 1251 (2): 201-204.

[271] Izumi H, Adachi T, Fujii N, et al. Nucleotide sequence of a cDNA clone encoding a major allergenic protein in rice seeds Homology of the deduced amino acid sequence with members of α-amylase/trypsin inhibitor family ［J］. FEBS Letters, 1992, 302 (3): 213-216.

[272] Satoh R, Tsuge I, Tokuda R, et al. Analysis of the distribution of rice allergens in brown rice grains and of the allergenicity of products containing rice bran ［J］. FOOD CHEMISTRY, 2019, 276: 761-767.

[273] 王文高，陈正行．低过敏大米研究进展 ［J］．粮食与油脂，2001, (5): 32-33.

[274] 漆定坤，曹劲松，唐传核．食品脱敏技术研究的新进展 ［J］．食品与发酵工业，2006, (7): 79-82.

[275] Tada Y, Nakase M, Adachi T, et al. Reduction of 14-16 kDa allergenic proteins in transgenic rice plants by antisense gene [J]. FEBS Letters, 1996, 391 (3): 341-345.

[276] 张永军. 茶叶浸提物对功能性酶活性和二级结构的影响研究 [D]. 广州: 华南理工大学, 2010.

[277] 张晖, 姚惠源, 姜元荣. 大米胚芽研究开发新进展 [J]. 中国油脂, 2002, (3): 81-84.

[278] 张晖, 温怀宇, 姚惠源. 大米胚芽中脂肪酶抑制剂的研究 [J]. 中国粮油学报, 2004, (1): 1-3.

[279] 陈伟畅. 大米天然防霉保鲜剂的研究 [D]. 无锡: 江南大学, 2008.

[280] 潘巨忠. 大米储藏保鲜技术研究 [D]. 杨凌: 西北农林科技大学, 2004.

[281] 钱海峰, 姚惠源. 大米陈化过程中的组织学变化研究 [J]. 粮食储藏, 2001, (1): 41-45.

[282] 陈俊, 陈芳. (甜) 玉米澄清汁饮料加工工艺的研究 [J]. 农产品加工 (学刊), 2007, (6): 50-51.

[283] http: //www. fao. org/statistics/en/.

[284] 彭凌, 杜丽冰, 张猛. 甜玉米啤生产工艺的研究 [J]. 食品科学, 2007, (7): 578-583.

[285] 毛晓英, 谢晓霞, 吴庆智, 等. 玉米发酵饮料工艺的探讨 [J]. 山西食品工业, 2002, (1): 19-21.

[286] 彭辉, 吕惠丽, 张金良. 玉米胚芽植物蛋白饮料的工艺研究 [J]. 山西食品工业, 2005, (2): 11-14.

[287] 刁殿桐. 玉米淀粉清洁生产技术研究 [D]. 济南: 山东大学, 2008.

[288] 王红. 吉林省玉米深加工产业循环经济模式研究 [D]. 长春: 吉林大学, 2007.

[289] 王景会, 刘景圣, 闵伟红, 等. 生物酶修饰对于玉米粉品质的影响 [J]. 食品科学, 2012, 33 (11): 8-11.

[290] 郭洪伟. 用生物酶化技术生产玉米高筋粉 [J]. 中国新技术新产品精选, 2003, (4): 75.

[291] 冯玉法. 玉米高附加值深度开发的市场报告 [J]. 西部粮油科技, 2002, (4): 7-8.

[292] 段玉权, 李新华, 马秋娟. 纤维素酶对玉米淀粉生产中浸泡效果的影响 [J]. 粮油食品科技, 2004, (1): 14-15.

[293] 黄丽. 利用发酵法和酶法综合技术改进玉米淀粉加工工艺的研究 [D]. 长春: 吉林大学, 2007.

[294] 任海松. 玉米淀粉的酶法湿磨工艺及其理化性质研究 [D]. 泰安: 山东农业大学, 2007.

[295] 梁勇, 张本山, 杨连生, 等. 非晶颗粒态玉米淀粉结构及酶降解活性研究 [J]. 中国粮油学报, 2005, (1): 22-26.

[296] Ogunsona E, Ojogbo E, Mekonnen T. Advanced material applications of starch and its derivatives [J]. EUROPEAN POLYMER JOURNAL, 2018, 108: 570-581.

[297] Herzog H O, Jancke W. A Comprehensive Survey of Starch Chemistry Ed. R. P. Walton, Reinhold, New York [J]. 1928, 41 (29): 824.

[298] Fench A. D. M V G. Cereal Foods World [M]. 1977. 22-61.

[299] Gernat C, Berlin, Radosta S. Teltow Seehof Crystalline parts of three different conformations detected in native and enzymatically degraded starches [J]. Starch, 1993, 45 (9): 309-314.

[300] Lebail P, Bizot H, Ollivon M. A Buleon Monitoring the crystallization of amylose-lipid complexes during maize starch melting by synchrotron x-ray diffraction [J]. Biopolymers, 1999, 50 (7): 99-110.

[301] Tamaki S, Hisamatsu M, Teranishi K. Strutural changes of maize starch granules by ball-mill treatment [J]. Starch, 1998, 50 (8): 342-348.

[302] Sun Q, Li G, Dai L, et al. Green preparation and characterisation of waxy maize starch nanoparticles through enzymolysis and recrystallisation [J]. FOOD CHEMISTRY, 2014, 162: 223-228.

[303] Qiu C, Yang J, Ge S, et al. Preparation and characterization of size-controlled starch nanoparticles based on short linear chains from debranched waxy corn starch [J]. LWT-FOOD SCIENCE AND TECHNOLOGY,

2016, 74：303-310.

[304] Ji N, Ge S, Li M, et al. Effect of annealing on the structural and physicochemical properties of waxy rice starch nanoparticles Effect of annealing on the properties of starch nanoparticles [J]. FOOD CHEMISTRY, 2019, 286：17-21.

[305] 黄祥斌，于淑娟，吴谋成. 湿磨与干磨玉米淀粉的水解研究 [J]. 食品科技，2001，(6)：8-9.

[306] 曾洁，高海燕，李新华. 酶解-氧化复合变性淀粉的研究 [J]. 粮油加工与食品机械，2003，(6)：47-49.

[307] Zhang H, Zhou X, He J, et al. Impact of amylosucrase modification on the structural and physicochemical properties of native and acid-thinned waxy corn starch [J]. FOOD CHEMISTRY, 2017, 220：413-419.

[308] 方祥，刘少颜，黄胜桥. 糖化酶法制备微孔淀粉工艺条件的研究 [J]. 食品与机械，2005，(1)：17-19.

[309] 亦森. 微胶囊新型材料——有孔淀粉 [J]. 粮食与油脂，1999，(2)：49.

[310] 王志民，熊华，唐禾，等. 多孔淀粉的研制 [J]. 四川工业学院学报，2002，(4)：101-103.

[311] Dura A, Blaszczak W, Rosell C M. Functionality of porous starch obtained by amylase or amyloglucosidase treatments [J]. Carbohydrate Polymers, 2014, 101：837-845.

[312] Dura A, Rosell C M. Physico-chemical properties of corn starch modified with cyclodextrin glycosyltransferase [J]. International Journal of Biological Macromolecules, 2016, 87：466-472.

[313] Benavent-Gil Y, Rosell C M. Comparison of porous starches obtained from different enzyme types and levels [J]. CARBOHYDRATE POLYMERS, 2017, 157：533-540.

[314] 寨华丽，高群玉，梁世中. 抗性淀粉的酶法研制 [J]. 食品与发酵工业，2002，(5)：6-9.

[315] 张丽娜. 抗性淀粉的制备及其对黑曲霉产糖化酶影响的研究 [D]. 长沙：湖南农业大学，2006.

[316] 朱旻鹏，李新华，刘爱华. 压热-酶解法制备玉米抗性淀粉的研究 [J]. 粮食与饲料工业，2005，(6)：28-29.

[317] Mutlu S, Kahraman K, Ozturk S. Optimization of resistant starch formation from high amylose corn starch by microwave irradiation treatments and characterization of starch preparations [J]. International Journal of Biological Macromolecules, 2017, 95：635-642.

[318] 李志达，朱秋享，陈为旭，等. 可食性淀粉薄膜材料与性能研究 (I) [J]. 中国粮油学报，1997，(3)：30-33.

[319] 郑喜群，刘晓兰，王晓杰，等. 挤压膨化玉米黄粉酶解制备生物活性肽 [J]. 食品与发酵工业，2005，(8)：1-3.

[320] 陈新，陈庆森，庞广昌. Alcalase AF 2.4L 酶解玉米蛋白动力学研究 [J]. 食品科学，2004，(10)：29-32.

[321] 云霞，朱蓓薇，吴海涛，等. 玉米黄粉蛋白酶解过程的研究及产物分析 [J]. 食品科学，2003，(5)：75-78.

[322] 徐力，李相鲁，吴晓霞，等. 一种新的玉米抗氧化肽的制备与结构表征 [J]. 高等学校化学学报，2004，(3)：466-469.

[323] 周大寨，黄国清，唐巧玉. 用 HPLC 测定酶解玉米蛋白氨基酸的组成 [J]. 食品科学，2005，(2)：179-181.

[324] Kim J M, Whang J H, Kim K M, et al. Preparation of corn gluten hydrolysate with angiotensin I converting enzyme inhibitory activity and its solubility and moisture sorption [J]. Process Biochemistry, 2004, 39 (8)：989-994.

[325] Suh H J, Whang J H, Kim Y S, et al. Preparation of angiotensin I converting enzyme inhibitor from corn gluten [J]. PROCESS BIOCHEMISTRY, 2003, 38 (PII S0032-9592 (02) 00316-38): 1239-1244.

[326] 林莉, 马莺. 酶法水解玉米蛋白的研究 [J]. 食品工业, 2003, (4): 38-39.

[327] 赵国华, 陈宗道, 王光慈, 等. 改性对玉米蛋白质功能性质和结构的影响 (I) ——酶解 [J]. 中国粮油学报, 2000, (3): 28-31.

[328] 鲁晓翔, 陈新华, 唐津忠. 酶法改性玉米蛋白功能特性的研究 [J]. 食品科学, 2000, (12): 13-15.

[329] 刘亚丽, 李会侠, 王红新. 酶解玉米渣生产玉米蛋白肽的研究 [J]. 粮食科技与经济, 2005, (2): 46-47.

[330] 何慧, 谢笔钧, 杨卓, 等. 大豆蛋白和玉米蛋白酶解肽及其活性研究 [J]. 粮油食品科技, 2002, (1): 14-16.

[331] Liu X, Zheng X, Song Z, et al. Preparation of enzymatic pretreated corn gluten meal hydrolysate and in vivo evaluation of its antioxidant activity [J]. Journal of Functional Foods, 2015, 18 (B): 1147-1157.

[332] Zhou K, Sun S, Canning C. Production and functional characterisation of antioxidative hydrolysates from corn protein via enzymatic hydrolysis and ultrafiltration [J]. FOOD CHEMISTRY, 2012, 135 (3): 1192-1197.

[333] 翟瑞文, 李雁群, 佘世望. 用玉米渣生产玉米蛋白肽饮料 [J]. 食品科学, 1997, (9): 31-33.

[334] 崔凌飞, 王遂. Alcalase 蛋白酶水解玉米皮蛋白的研究 [J]. 哈尔滨师范大学自然科学学报, 2002, (1): 62-66.

[335] 王遂, 刘芳. 高活性玉米膳食纤维的制备、性质与应用 [J]. 食品科学, 2000, (7): 22-24.

[336] 黄亮, 郑仕宏. 糖糟植物蛋白发泡粉的研制 [J]. 中南林学院学报, 2005, (1): 70-73.

[337] 李梦琴, 李琰, 宋莲军. 碱水解法制取玉米蛋白发泡粉及工艺参数的优化 [J]. 西部粮油科技, 1998, (4): 31-34.

[338] 吴红艳, 刘晓艳, 刘宗民, 等. 玉米加工下脚料制备活性寡肽 [J]. 高师理科学刊, 2003, (3): 43-45.

[339] 刘玲, 刘茜, 王红. 啤酒糟蛋白中高 F 值寡肽的制备 [J]. 食品工业科技, 2012, (9): 309-312.

[340] 贾建. 乳清蛋白酶解工艺参数优化及酶解产物功能特性的研究 [D]. 大庆: 黑龙江八一农垦大学, 2008.

[341] 谷文英. 肝性脑病防治肽——高 F 值低聚肽的研究 [J]. 中国食品添加剂, 2000, (2): 69-73.

[342] Ma Y, Lin L, Sun D. Preparation of high Fischer ratio oligopeptide by proteolysis of corn gluten meal [J]. CZECH JOURNAL OF FOOD SCIENCES, 2008, 26 (1): 38-47.

[343] Miyoshi S, Ishikawa H, Kaneko T, et al. Structures and activity of angiotensin-converting enzyme inhibitors in an alpha-zein hydrolysate. [J]. Agricultural and biological chemistry, 1991, 55 (5): 1313-1318.

[344] Puchalska P, Luisa Marina M, Concepcion Garcia M. Development of a reversed-phase high-performance liquid chromatography analytical methodology for the determination of antihypertensive peptides in maize crops [J]. JOURNAL OF CHROMATOGRAPHY A, 2012, 1234: 64-71.

[345] Suh H J, Whang J H, Lee H. A peptide from corn gluten hydrolysate that is inhibitory toward angiotensin I converting enzyme [J]. BIOTECHNOLOGY LETTERS, 1999, 21 (12): 1055-1058.

[346] Yang Y, Tao G, Liu P, et al. Peptide with angiotensin I-Converting enzyme inhibitory activity from hydrolyzed corn gluten meal [J]. Journal of Agricultural and Food Chemistry, 2007, 55 (19): 7891-7895.

[347] 任国谱, 谷文英. 控制酶解玉米黄粉蛋白制备富含 "条件必需氨基酸" ——谷氨酰胺 (Gln) 活性肽营养液的研究 (I) 玉米黄粉蛋白水解用酶的筛选研究 [J]. 中国粮油学报, 2000, (1): 18-22.

[348] 任国谱, 瞿伟菁. 谷氨酰胺 (Gln) 活性肽营养液的制备研究 [J]. 食品科学, 2004, (7): 117-120.

[349] 王玉. 新型功能性食品添加剂 [J]. 食品科技, 1995, (5): 22.

[350] De Vasconcelos M C B M, Bennett R, Castro C, et al. Study of composition, stabilization and processing of wheat germ and maize industrial by-products [J]. INDUSTRIAL CROPS AND PRODUCTS, 2013, 42: 292-298.

[351] Zhang X, Chen T, Lim J, et al. Acid gelation of soluble laccase-crosslinked corn bran arabinoxylan and possible gel formation mechanism [J]. Food Hydrocolloids, 2019, 92: 1-9.

[352] 张钟, 董永清, 徐丽红, 等. 糯玉米皮渣中膳食纤维的提取、纯化及理化性质研究 [J]. 粮食与饲料工业, 2004, (3): 20-22.

[353] 李健, 庄连峰, 王秀敏. 玉米皮中蛋白质的酶水解特性研究 [J]. 应用科技, 2001, (8): 52-54.

[354] 张艳荣. 姬松茸综合利用关键技术研究与应用 [D]. 长春: 吉林农业大学, 2008.

[355] 李想. 发酵法制备豆渣可溶性膳食纤维 [D]. 哈尔滨: 东北农业大学, 2008.

[356] 王遂, 刘芳. 高活性玉米膳食纤维的制备、性质与应用 [J]. 食品科学, 2000, (7): 22-24.

[357] 祝威. 挤压蒸煮法改善玉米膳食纤维功能特性的研究 [D]. 长春: 吉林农业大学, 2003.

[358] 李凤敏. 微生物酶法生产高活性膳食纤维的研究 [D]. 长春: 东北师范大学, 2003.

[359] 金毓崟, 李兆辉, 李坚, 等. 酶法制取水溶性膳食纤维的实验研究 [J]. 北京工业大学学报, 2004, (1): 45-48.

[360] 王遂, 张亚丽, 尤旭. 玉米种皮中蛋白质水解特性的研究 [J]. 中国粮油学报, 2000, (1): 23-25.

[361] 王遂, 李桂春, 宫晓波. 酶法脱淀粉技术用于玉米膳食纤维制取工艺的研究 [J]. 哈尔滨师范大学自然科学学报, 1999, (3): 73-77.

[362] 朱蕾, 陈敏, 李赫, 等. 酶法提取玉米蛋白粉中玉米黄色素的工艺研究 [J]. 粮油加工与食品机械, 2005, (8): 65-67.

[363] 郭爱莲, 郭延巍, 杨琳, 等. 生淀粉糖化酶的菌种筛选及酶学研究 [J]. 食品科学, 2001, (10): 45-48.

[364] 肖冬光, 丁友, 王德培, 等. 里氏木霉纤维素酶在酒精生产中应用的研究 [J]. 酿酒科技, 1997, (3): 14-18.

[365] 皇甫亚柱, 夏守岭, 张永安, 等. 复合纤维素酶在酒精生产中的应用试验 [J]. 酿酒科技, 2001, (3): 44-46.

[366] 刘桂荣, 张鑫, 郑明珠. 纤维素酶的生产及应用前景 [J]. 食品研究与开发, 2004, (1): 14-16.

[367] 邱立友, 戚元成, 张世敏, 等. 应用植酸酶提高玉米酒精出酒率的研究 [J]. 酿酒科技, 2005, (6): 72-73.

[368] Chen S, Xu Z, Li X, et al. Integrated bioethanol production from mixtures of corn and corn stover [J]. Bioresource Technology, 2018, 258: 18-25.

[369] 陈志成. 大米淀粉酶法制糖工艺研究 [J]. 粮食科技与经济, 2009, 34, (5): 52-54.

[370] 周丽君. 大米淀粉转化生产葡萄糖的研究 [D]. 长沙: 中南林业科技大学, 2011.

[371] 杨远志, 杨海军. 我国淀粉糖行业机遇与挑战并存 [J]. 中国食品工业, 2000, (10): 52.

[372] 刘丽. 挤压酶解技术制备碎米淀粉糖 [D]. 哈尔滨: 东北农业大学, 2013.

[373] 刘福红. 玉米淀粉糖超细纤维的纯化制备与性质表征 [D]. 长春: 东北师范大学, 2009.

[374] 梁智勇. 适用果葡萄糖异构工艺的异构柱设计制造 [Z]. 中国广东广州: 20125.

[375] 刘文红, 刘文卓, 吴振强, 等. 淀粉酶的发酵条件优化及淀粉糖的酶法制备综述 [J]. 生物技术世界, 2014, (3): 67-68.

[376] 郁蓉, 王岁楼. 酶法制备功能性低聚糖的研究进展 [J]. 中国食物与营养, 2009, (12): 32-35.

[377] 刘文静.酶法液化高浓度玉米淀粉乳的研究 [D].无锡：江南大学，2013.

[378] 王丽.复配淀粉基高吸水性树脂的制备研究 [D].无锡：江南大学，2008.

[379] 凡霞.酶转化淀粉接枝单体的表面施胶剂的合成 [D].南京：南京林业大学，2010.

[380] 朱香云.异淀粉酶酶解玉米淀粉的性质及其成膜性研究 [D].天津：天津大学，2010.

[381] 柏映国.脂环酸芽孢杆菌（Alicyclobacillus sp. A4）部分糖基水解酶研究及其基因组序列初步分析 [D].北京：中国农业科学院，2010.

[382] 蔡莽劝.淀粉糖生产过程中糖糟固态类杂质的性质研究 [D].广州：华南理工大学，2013.

[383] 马成业.低温挤压添加淀粉酶的脱胚玉米生产糖浆的糖化试验研究 [D].哈尔滨：东北农业大学，2010.

[384] 吴天祥，刘西会，廖忠明.芭蕉芋生产葡萄糖浆的研制 [J].酿酒科技，1995，（2）：88.

[385] 牟德华，康明丽，李艳，等.板栗饮料工艺中淀粉的酶转化研究 [J].食品工业科技，2002，（11）：72-75.

[386] 钱鹏.黑曲霉糖化酶基因在酵母中克隆和表达 [D].芜湖：安徽工程大学，2012.

[387] 冼雪芬，陈穗，何松.酶制剂在淀粉加工中的应用 [J].广州食品工业科技，1999，（3）：56-59.

[388] 余斌.小麦 β 淀粉糖制备技术的研究及其麦芽糊精在蛋糕中的应用 [D].无锡：江南大学，2008.

[389] 权伍荣，张健，李森.结晶葡萄糖的生产工艺、用途及其发展前景 [J].延边大学农学学报，2004，（4）：313-318.

[390] 张郁松，王宪伟.酶法制取葡萄糖的工艺研究 [J].食品工业科技，2006，（11）：122-123.

[391] 李成涛，陈雪峰，田三德，等.酶法制取葡萄糖的工艺技术 [J].食品研究与开发，2005，（1）：97-99.

[392] 赵连彬.和利时 DCS 系统在葡萄糖生产中的应用 [J].工业仪表与自动化装置，2016，（5）：87-91.

[393] 王福伸.注射级一水葡萄糖生产工艺研究 [D].济南：齐鲁工业大学，2014.

[394] 李瑛，吕明生，王淑军，等.海洋耐高温酸性 α-淀粉酶水解玉米淀粉的研究 [J].微生物学杂志，2012，32（2）：31-35.

[395] 秦剑，杨永怀，闻小龙，等.玉米粉生产葡萄糖技术研究 [J].粮食与饲料工业，2001，（10）：44-45.

[396] 宋富兵，陈海鹰，于家波，等.分子筛固定化葡萄糖淀粉酶性能的研究 [J].复旦学报（自然科学版），2000，（4）：363-367.

[397] 姚妙爱.双酶直接催化玉米粉中的淀粉糖化工艺参数的研究 [J].粮油加工，2009，（8）：104-106.

[398] 肖志刚，申德超.酶解挤压玉米粉糖化条件分析 [J].食品工业科技，2008，（5）：188-190.

[399] 张肇富.用于玉米糖浆的新固定化酶 [J].四川粮油科技，1998，（4）：52.

[400] 李利民，郑学玲，孙志.小麦深加工及综合利用技术 [J].现代面粉工业，2009，23（2）：45-48.

[401] 宋黎，李新兰.酸法生产葡萄糖的冷却结晶 [J].辽宁化工，1997，（3）：43-45.

[402] 杨翔娣.玉米深加工及综合利用 [J].黑龙江粮食，2015，（7）：50-52.

[403] 潘磊庆，孙晔，屠康，等.一种酶法处理富硒大米生产富硒麦芽糖的方法 [P].2015-04-01.

[404] 张业云.碎米（或糯米粉头）制饴糖 [J].西部粮油科技，1997，（1）：34-35.

[405] 李大锦，王汝珍.喜甜人士的健康选择——麦芽饴糖 [J].上海调味品，2005，（3）：37.

[406] 任鸿均.有发展前景的麦芽糖和麦芽糖醇 [J].化工科技市场，2002，（2）：18-22.

[407] 张春华，张懋，周乐群，等.预处理对脱水甘蓝品质的影响 [J].食品与生物技术学报，2006，（5）：35-39.

[408] 叶红玲.全酶法制备超高麦芽糖浆工艺的研究 [D].合肥：安徽农业大学，2010.

［409］黄丹．玉米淀粉转化麦芽糖浆的研究［J］．吉林农业，2013，（2）：68.

［410］朱明，吴嘉根．麦芽四糖的性质及在食品中的应用［J］．冷饮与速冻食品工业，1999，（4）：23-24.

［411］张百胜．麦芽低聚糖在食品生产中的应用［J］．农产品加工（学刊），2007，（7）：91-92.

［412］崔风娥．玉米淀粉酶法制备低聚异麦芽糖的研究［D］．济南：齐鲁工业大学，2015.

［413］徐伟，陈国海，段善海，等．在玉米液化液中添加膨润土絮凝蛋白质的应用［J］．哈尔滨商业大学学报（自然科学版），2002，（6）：667-668.

［414］张文博．超声辅助处理高温淀粉酶水解玉米淀粉制备麦芽糊精的工艺研究［J］．粮油加工，2008，（10）：104-107.

［415］胡爱军，郑捷，秦志平，等．变性淀粉特性及其在食品工业中应用［J］．粮食与油脂，2010，（6）：1-4.

［416］徐晓斌．变性淀粉在食品工业中的应用及展望［J］．中国科技信息，2006，（12）：104-105.

［417］宁斌．胰蛋白酶酶解核桃蛋白的工艺改进［D］．昆明：昆明理工大学，2009.

［418］王黎黎．植物油料压榨自动控制系统的设计［D］．武汉：武汉工业学院，2010.

［419］于妍．微生物发酵法提取大豆油脂的研究［D］．哈尔滨：东北林业大学，2012.

［420］倪培德，江志炜．高油分油料水酶法预处理制油新技术［J］．中国油脂，2002，（6）：5-8.

［421］Fullbrook P D. The use of enzymes in the processing of oilseeds［J］．Journal of the American Oil Chemists' Society，1983，60（2）：476-478.

［422］李杨，刘雯，江连洲，等．琥珀酰化对水酶法提取大豆油的影响［J］．中国油脂，2012，37（2）：14-18.

［423］李大房，马传国．水酶法制取油脂研究进展［J］．中国油脂，2006，（10）：29-32.

［424］王瑛瑶，栾霞，魏翠平，等．酶技术在油脂加工业中的应用［J］．中国油脂，2010，35（7）：8-11.

［425］Li F，Yang L，Zhao T，et al. Optimization of enzymatic pretreatment for n-hexane extraction of oil from Silybum marianum seeds using response surface methodology［J］．FOOD AND BIOPRODUCTS PROCESSING，2012，90（C2）：87-94.

［426］Zuniga M E，Soto C，Mora A，et al. Enzymic pre-treatment of Guevina avellana mol oil extraction by pressing［J］．PROCESS BIOCHEMISTRY，2003，39（PII S0032-9592（02）00286-81）：51-57.

［427］Sharma R，Sharma P C，Rana J C，et al. Improving the Olive Oil Yield and Quality Through Enzyme-Assisted Mechanical Extraction，Antioxidants and Packaging［J］．Journal of Food Processing and Preservation，2015，39（2）：157-166.

［428］Passos C P，Yilmaz S，Silva C M，et al. Enhancement of grape seed oil extraction using a cell wall degrading enzyme cocktail［J］．FOOD CHEMISTRY，2009，115（1）：48-53.

［429］Rosenthal A，Pyle D L，Niranjan K，et al. Combined effect of operational variables and enzyme activity on aqueous enzymatic extraction of oil and protein from soybean［J］．Enzyme and Microbial Technology，2001，28（6）：499-509.

［430］Latif S，Anwar F. Aqueous enzymatic sesame oil and protein extraction［J］．Food Chemistry，2011，125（2）：679-684.

［431］Long J，Fu Y，Zu Y，et al. Ultrasound-assisted extraction of flaxseed oil using immobilized enzymes［J］．Bioresource Technology，2011，102（21）：9991-9996.

［432］Rovaris A A，Dias C O，Da Cunha I P，et al. Chemical composition of solid waste and effect of enzymatic oil extraction on the microstructure of soybean（Glycine max）［J］．Industrial Crops and Products，2012，36（1）：405-414.

［433］ Tabtabaei S, Diosady L L. Aqueous and enzymatic extraction processes for the production of food-grade proteins and industrial oil from dehulled yellow mustard flour ［J］. Food Research International, 2013, 52 (1SI): 547-556.

［434］ Zhang Y, Li S, Yin C, et al. Response surface optimisation of aqueous enzymatic oil extraction from bayberry (Myrica rubra) kernels ［J］. Food Chemistry, 2012, 135 (1): 304-308.

［435］ Jiao J, Li Z, Gai Q, et al. Microwave-assisted aqueous enzymatic extraction of oil from pumpkin seeds and evaluation of its physicochemical properties, fatty acid compositions and antioxidant activities ［J］. FOOD CHEMISTRY, 2014, 147: 17-24.

［436］ Teixeira C B, Macedo G A, Macedo J A, et al. Simultaneous extraction of oil and antioxidant compounds from oil palm fruit (Elaeis guineensis) by an aqueous enzymatic process ［J］. Bioresource Technology, 2013, 129: 575-581.

［437］ Najafian L, Ghodsvali A, Khodaparast M H H, et al. Aqueous extraction of virgin olive oil using industrial enzymes ［J］. Food Research International, 2009, 42 (1): 171-175.

［438］ Fang X, Moreau R A. Extraction and Demulsification of Oil From Wheat Germ, Barley Germ, and Rice Bran Using an Aqueous Enzymatic Method ［J］. Journal Of The American Oil Chemists Society, 2014, 91 (7): 1261-1268.

［439］ Rosenthal A, Pyle D L, Niranjan K. Aqueous and enzymatic processes for edible oil extraction ［J］. Enzyme And Microbial Technology, 1996, 19 (6): 402-420.

［440］ Nyam K L, Tan C P, Lai O M, et al. Enzyme-Assisted Aqueous Extraction of Kalahari Melon Seed Oil: Optimization Using Response Surface Methodology ［J］. Journal Of The American Oil Chemists Society, 2009, 86 (12): 1235-1240.

［441］ Jung S, Maurer D, Johnson L A. Factors affecting emulsion stability and quality of oil recovered from enzyme-assisted aqueous extraction of soybeans ［J］. Bioresource Technology, 2009, 100 (21): 5340-5347.

［442］ Chabrand R M, Glatz C E. Destabilization of the emulsion formed during the enzyme-assisted aqueous extraction of oil from soybean flour ［J］. Enzyme And Microbial Technology, 2009, 45 (1): 28-35.

［443］ Roy I, Sharma S, Gupta M N. Smart biocatalysts: design and applications. ［J］. Advances in biochemical engineering/biotechnology, 2004, 86: 159-189.

［444］ Wan L, Ke B, Xu Z. Electrospun nanofibrous membranes filled with carbon nanotubes for redox enzyme immobilization ［J］. Enzyme And Microbial Technology, 2008, 42 (4): 332-339.

［445］ Chase H A. Purification of proteins by adsorption chromatography in expanded beds. ［J］. Trends in biotechnology, 1994, 12 (8): 296-303.

［446］ Mondal K, Mehta P, Gupta M N. Affinity precipitation of Aspergillus niger pectinase by microwave-treated alginate ［J］. Protein Expression And Purification, 2004, 33 (1): 104-109.

［447］ Sharma A, Mondal K, Gupta M N. Separation of enzymes by sequential macroaffinity ligand-facilitated three-phase partitioning ［J］. Journal Of Chromatography A, 2003, 995 (1-2): 127-134.

［448］ 刘雄, 阚健全, 陈宗道. 油脂酶法改性研究进展 ［J］. 粮食与油脂, 2002, (1): 30-32.

［449］ 周梅, 阚建全. 脂肪酶法改性的应用研究 ［J］. 西华大学学报 (自然科学版), 2005, (3): 44-47.

［450］ Wang P, Ke Z, Yi J, et al. Effects of beta-cyclodextrin on the enzymatic hydrolysis of hemp seed oil by lipase Candida sp. 99-125 ［J］. INDUSTRIAL CROPS AND PRODUCTS, 2019, 129: 688-693.

［451］ 马云肖, 周龙长. 粗油中非水化磷脂的产生及脱除方法 ［J］. 粮油加工, 2009, (7): 41-43.

［452］ Sampaio K A, Zyaykina N, Uitterhaegen E, et al. Enzymatic degumming of corn oil using phospholipase C from a selected strain of Pichia pastoris [J]. LWT, 2019, 107: 145-150.

[453] Wang X, Lu J, Liu H, et al. Improved deacidification of high-acid rice bran oil by enzymatic esterification with phytosterol [J]. Process Biochemistry, 2016, 51 (10): 1496-1502.

[454] 柏云爱, 梁少华, 刘恩礼, 等. 油脂改性技术研究现状及发展趋势 [J]. 中国油脂, 2011, 36 (12): 1-6.

[455] 周春晖, 黄惠华. 酯交换反应及其在油脂工业应用 [J]. 粮食与油脂, 2001, (7): 12-13.

[456] Chobanov D. J. Am. Oil Chem. Soc., 1997, 54: 47-50.

[457] 顾志伟, 毛佳, 黄少烈. 米糠蜡在超声条件下制备二十八烷醇的研究 [J]. 中国油脂, 2008, (6): 54-57.

[458] 张超然, 王胜男, 齐宝坤, 等. 酶法酯交换与化学法酯交换技术制备塑性脂肪及其物理性质对比研究 [J]. 粮食与油脂, 2014, 27 (11): 25-29.

[459] Guo Z, Vikbjerg A F, Xu X B. Enzymatic modification of phospholipids for functional applications and human nutrition [J]. BIOTECHNOLOGY ADVANCES, 2005, 23 (3): 203-259.

[460] Liu Y, Zhang Q, Guo Y, et al. Enzymatic synthesis of lysophosphatidylcholine with n-3 polyunsaturated fatty acid from sn-glycero-3-phosphatidylcholine in a solvent-free system [J]. Food Chemistry, 2017, 226: 165-170.

[461] 张莉华, 江连洲, 刘淑杰. 酶改性大豆磷脂对面团流变学特性的影响 [J]. 粮油食品科技, 2005, (6): 32-33.

[462] 佘纲哲. 浅谈糖脂的开发和利用 [J]. 中国油脂, 2000, (6): 155-156.

[463] 谭东. 蔗糖酯的合成、性质和应用 [J]. 广西化工, 1984, (2): 16-24.

[464] Osipow L, Foster D S, Dorothea M, et al. Surface Activity of Monoesters Fatty Acid Esters of Sucrose [J]. Industrial and Engineering Chemistry, 1956, 48 (9): 1462-1464.

[465] 李宪璀. 海藻中 α-葡萄糖苷酶抑制剂的分离鉴定及其活性机理的研究 [D]. 青岛: 中国科学院海洋研究所, 2001.

[466] 王晓辉, 司南, 叶爱英, 等. 植物油脚的综合利用 [J]. 现代化工, 2006, (11): 21-24.

[467] 唐年初, 汪志炜, 倪培德, 等. 玉米胚的水酶法提油新工艺 [J]. 粮食与饲料工业, 1997, (12): 37-39.

[468] 谭春兰, 袁永俊. 水酶法在植物油脂提取中的应用 [J]. 食品研究与开发, 2006, (7): 128-130.

[469] Carter J V, Mcglone O C, Canales A. Coconut oil extraction by a new enzymatic process [J]. Journal of Food Science, 1986, 51 (3): 695.

[470] Sosulski K, Sosulski F. Enzyme Pretreatments To Enhance Oil Extractability In Canola [J]. Abstracts Of Papers Of The American Chemical Society, 1988, 64.

[471] Sosulski K, Sosulski F W. Enzyme-aidedvs. Two-stage processing of canola: Technology, product quality and cost evaluation [J]. Journal of the American Oil Chemists' Society, 1993, 70 (9): 825-829.

[472] 魏义勇, 李珺. 水酶法提取湿磨法玉米胚芽油的研究 [J]. 中国油脂, 2005, (8): 18-20.

[473] 王素梅, 王璋. 水酶法提取玉米胚油工艺 [J]. 无锡轻工大学学报, 2002, (5): 482-486.

[474] 李珺, 段作营, 毛忠贵. 玉米胚芽综合利用的加工工艺研究 [J]. 粮油加工与食品机械, 2002, (3): 44-47.

[475] 钱志娟. 玉米胚芽水酶法提油及蛋白质的回收 [D]. 无锡: 江南大学, 2005.

[476] 段作营, 李珺, 尤新, 等. 水酶法提取玉米胚芽油的研究 [J]. 中国油脂, 2002, (3): 15-18.

[477] 李珺, 段作营, 尤新, 等. 水酶法提取玉米胚芽油研究 [J]. 粮食与油脂, 2002, (1): 5-7.

第八章
酶工程技术在畜产品加工中的应用

随着时代的发展，人们对畜产品的质量、品种多样性、副产物综合利用以及畜产品加工业与环境的和谐发展提出了越来越多和越高的要求。这一趋势直接推动了酶工程技术在肉制品、乳制品、蛋制品、其他动物食品以及毛皮制品加工中的广泛应用。

第一节
酶工程技术在肉制品加工中的应用

随着肉制品工业的发展，酶工程技术在其中的应用日趋广泛和深入。目前，谷氨酰胺转氨酶、蛋白酶、脂肪酶、溶菌酶及其复合酶已在肉制品加工中广泛应用。

一、 谷氨酰胺转氨酶在肉制品加工中的应用

（一）谷氨酰胺转氨酶对肌肉蛋白质的作用机制

肌球蛋白和肌动蛋白作为肌原纤维的重要成分，是使肌肉具有保水性和黏结性的两种重要蛋白质，其中尤以肌球蛋白最为重要。在受热的情况下，肌球蛋白分子之间以及肌动蛋白分子间形成二硫键，并且在分子疏水基团的相互作用下，形成复杂的热诱导凝胶空间网络结构，而二硫键和疏水基团便是这一网络结构上的连接点。肌原纤维蛋白热诱导凝胶的形成，使得肉制品具有了弹性、切片性、保水性等品质特征。

谷氨酰胺转氨酶（Transglutaminase，TG）又称转谷氨酰胺酶，可催化同种或异种蛋白质分子或肽链中的谷氨酰胺残基的酰胺和伯胺之间的酰胺基转移反应，最为典型的是催化谷氨酰胺残基的酰胺和赖氨酸残基的 ε-氨基发生转酰胺基反应，形成 ε-（γ-Gln）Lys 共价键，引起同种或异种蛋白质分子之间的交联和聚合。这种共价键不仅构成蛋白质凝胶网络上新的连接点，还具有比二硫键更强的连接力，从而能够使凝胶具有更强的稳定性。

（二）谷氨酰胺转氨酶在肉制品加工中的应用效果

谷氨酰胺转氨酶既可以改善蛋白质食品的物理特性，也可以提高营养价值，赋予制品更加优良的品质。经谷氨酰胺转氨酶改性后，蛋白质的胶凝性、可塑性、持水性、水溶性、稳定性等得到改善。另外，谷氨酰胺转氨酶还具有一些独特的性质：它可以保护食品中的赖氨酸免受各种加工过程的破坏；可用于使蛋白质包埋脂类或脂溶性物质；可使蛋白质形成耐热性、耐水性的膜；采用谷氨酰胺转氨酶以后，在蛋白质形成凝胶的过程中可以不需要热处理。

1. 改善肉制品的质构
良好的质构不仅是评定产品质量的重要指标，还是影响消费者选择的关键因素，因

此，生产者常采用腌制、滚揉、斩拌以及添加淀粉等填料来改善肉制品的品质，以期获得良好的弹性、切片性。

例如，在原有工艺不变的情况下，将0.2%~0.5%的谷氨酰胺转氨酶应用于火腿中，即可达到明显改善产品品质的效果。在改善切片性上，将谷氨酰胺转氨酶用于脱骨火腿中，即使降低辅加蛋白用量，产品的原始风味和切片性仍然能够很好地保持。

2. 提高产品出品率

肉制品的保水性是一项重要的质量指标，它不仅影响制品的色香味、营养成分、多汁性、嫩度等食用品质，还具有重要的经济价值。利用肌肉系水力这一潜能，在加工过程中可以添加水分，提高出品率。ε-（γ-谷氨酰胺）赖氨酸的肽键可以提高制品中凝胶网络的稳定性，使凝胶抗热能力增强，从而产品能够在热处理中降低蒸煮损失，提高产品出品率。

例如，以禽胸脯肉为原料，加入大豆蛋白和谷氨酰胺转氨酶，制成肉饼，随着谷氨酰胺转氨酶添加量的增加，蒸煮损失逐渐下降。此外，利用谷氨酰胺转氨酶处理香肠制品，可以避免香肠脱水收缩现象的发生。聂晓开等研究了复合磷酸盐、谷氨酰胺转氨酶和大豆分离蛋白对新型鸭肉火腿保水特性和感官品质的影响[1]。单独添加复合磷酸盐或大豆分离蛋白，可以显著改善新型鸭肉火腿的蒸煮损失（$P<0.05$）；谷氨酰胺转氨酶添加量小于0.5%时，增加鸭肉火腿的保水性，但是大于0.5%时，会显著降低鸭肉火腿的保水性（$P<0.05$）。最佳添加量为：复合磷酸盐0.3%，谷氨酰胺转氨酶0.4%，大豆分离蛋白4%。应用此工艺，能够明显改善鸭肉火腿的保水特性和感官品质。

3. 拓宽原料来源，提高原料利用率

（1）本身品质有缺陷的肉类　在肉类食用结构中，牛、羊、禽肉已由20世纪80年代中期的15%上升到目前的35%。这些肉类脂肪含量低，蛋白质含量高，是天然的保健肉制品。大力开发优质牛、羊、禽肉制品，是今后丰富肉制品市场需要解决的重要问题。但是，由于原料肉本身品质的缺陷，往往会限制其产品的开发。例如，以鸡肉为原料生产香肠，就很难获得强的凝胶体系，所以产品的质构一般较差。谷氨酰胺转氨酶催化生成ε-（γ-谷氨酰胺）赖氨酸，交联食品中的蛋白质，有望改善产品的品质。而且，添加谷氨酰胺转氨酶的鸡肉肠的抗裂强度显著提高。

（2）PSE肉　随着集约化商品畜禽大规模生产的发展，畜禽屠宰后，肌肉常出现不同程度的异常状态。其基本特征表现为肉色苍白（Pale），肉质松软无弹性（Soft），切面有水分向外渗出（Exudative），简称PSE肉（图8-1）。

图8-1　PSE肉的外观形态

PSE肉加热烹调时口感粗硬，持水性差，品质明显降低，严重者失去食用价值，不受消费者欢迎。并且，其制品货架期短，销售量低，也对批发商和零售业者造成一定的经济损失，大大限制了在生产中的应用。PSE肉作为一种异常肉，

常见于猪肉和火鸡肉，在牛、羊肉加工中处理不当也会产生。

对于 PSE 肉，除了在生产、屠宰中加以控制外，还可以利用谷氨酰胺转氨酶处理。此种方法特别适合对猪肉或火鸡胸脯肉进行处理，然后加工成罐装或其他包装的火腿，产品的黏结能力和保水性大大提高，赋予了制品结实的质构。

（3）碎肉　在肉制品加工过程中，会产生大量的碎肉。谷氨酰胺转氨酶可以对低价值的碎肉进行重组，改善其外观、结构、风味，以提高其营养价值和利用率，降低了生产成本。例如，去筋的碎牛肉与肥肉（含固定的脂肪成分），在 0.2%～0.5% 谷氨酰胺转氨酶的作用下，牛肉肌原蛋白粗链之间交叉链接，可制造出口感甚佳的牛排，同时又有固有的营养成分。

4. 开发保健肉制品

随着人们保健意识的增强，"低脂肪、低盐、低糖、高蛋白"的肉制品越来越受到人们的青睐。目前，对此类产品的开发已纳入中国国家食品营养发展纲要。因此，充分利用现有资源，开发保健肉制品，既是肉类产业面临的新课题，又具有广阔的市场前景。

（1）低盐肉制品　食盐、磷酸盐、亚硝酸盐等在肉制品加工中起着关键性的作用，直接影响着产品的风味和质地。但是，它们的大量添加具有损害健康的潜在危险性。如何既能保持产品的良好品质，又能降低其用量，谷氨酰胺转氨酶为该产品的开发提供了一个思路。大量科学研究已经证实，在肉制品中添加谷氨酰胺转氨酶能降低这些盐的使用量，同时又能保持肉制品原有的风味。

例如，在维也那香肠中，食盐量降为 0.4%，再加入 0.25% 的谷氨酰胺转氨酶，则这种香肠的破裂强度与添加 1.7% 食盐的香肠完全相同；并且，产品仍能获得同样的弹性。因为谷氨酰胺转氨酶能大大增强凝胶效果，弥补低盐造成的凝胶减弱，使产品具有与高盐产品同样的质构特征。添加 0.3% 磷酸盐的香肠与不加磷酸盐只加 0.6% 谷氨酰胺转氨酶的香肠相比，其香肠的抗裂强度还不如后者。因为，谷氨酰胺转氨酶在肉制品中可以起到磷酸盐类添加剂在增加肠馅内聚力、增加保水性等方面的作用。此外，酶处理后的肉制品的色泽度也随着酶的添加呈直线上升。

（2）低脂肉制品　对低脂食品的需求，推动了对脂肪取代物的研究。应用谷氨酰胺转氨酶，可生产出优良的乳化剂，开发出低脂保健型食品。谷氨酰胺转氨酶交联蛋白质可以作为脂肪的取代物。例如，Novo 公司以肉制品常用的乳化剂酪蛋白钠为原料，经过谷氨酰胺转氨酶作用，生产的脂肪取代物应用于色拉米香肠中，可取代 50% 的脂肪，而产品原有质构、风味不变。

5. 生产可食性保鲜膜

Kaewprachu P 等利用微生物谷氨酰胺转氨酶（Microbial Transglutaminase，MTGase）对蛋白质的交联作用，研制了含有乳酸链球菌素（Nisin）和儿茶素的明胶基活性膜，用于猪肉糜的保存，以延长猪肉糜货架期[2]。膜的体外抗菌和抗氧化活性分别由乳酸链球菌素和儿茶素掺入产生。在成膜悬浮液中加入 MTGase，使明胶大分子交联，使得膜在水中的溶解度明显降低。这种明胶膜的气体阻隔性能足够高，可以通过肉中菌群的呼吸活动在 7 d 里自我形成一个气调环境，氧气减少，二氧化碳浓度增加。添加了 Nisin 和儿茶素的明胶膜延缓了脂质氧化和微生物生长：达到总活菌数 10^7 CFU/g 肉的时间，从 1 d 延长到 4 d。

（三）谷氨酰胺转氨酶在肉制品加工中的使用方法

决定谷氨酰胺转氨酶起作用的主要条件是酶量、作用温度、作用时间、作用 pH 等。谷氨酰胺转氨酶在 5 ~ 55℃ 下，酶活力都比较高；在该温度范围内，随着温度的升高，其催化反应的活力增强，反应速度加快。在 50℃ 下，保温 1 h 基本可以达到理想催化效果。保温结束后，加热灭酶。当产品中心温度达到 75℃ 时，酶将失去活性。为了使谷氨酰胺转氨酶尽可能保持在酶活力较佳的 pH 范围内，可以用 0.1% 的 $NaHCO_3$ 溶液将其溶解之后加入。

1. 谷氨酰胺转氨酶在火腿肠加工中的应用

火腿肠是一种大众化的肉制品，近年来在中国发展很快，产量很大。生产厂家为了降低成本，在火腿肠中添加了很多辅料，致使该类产品口感不佳，缺乏弹性，特别是在放置一段时间后，口感更差，有砂粒感。谷氨酰胺转氨酶可以降低由于增加淀粉、水分、肥肉的含量而引起的制品品质的下降，提高火腿肠的硬度、脆度、咀嚼性等多个感官指标，使火腿肠制品的品质得到提高。谷氨酰胺转氨酶在火腿肠中的使用条件为：酶添加量和反应时间因火腿肠种类而异，反应温度一般为 30℃。

2. 谷氨酰胺转氨酶在乳化香肠和猪肉糕加工中的应用

谷氨酰胺转氨酶用于加工乳化香肠和猪肉糕时，在保持催化环境温度（50℃）、时间（1h）、作用 pH（6~7）一致的条件下，谷氨酰胺转氨酶的添加量越大，产品的质构弹性强度越大。但是，为了防止成本过高，产品的硬度过大，一般谷氨酰胺转氨酶的加入量为 0.3% ~ 0.6%。加谷氨酰胺转氨酶之后的产品得率明显提高；而且谷氨酰胺转氨酶的加入量越大，产品的得率越高。由于干燥工艺的影响，香肠得率提高的程度不如肉糕明显。加谷氨酰胺转氨酶的样品嫩度值提高，弹性改善，表现在口感上有弹性和韧劲，而且不粘牙。加了谷氨酰胺转氨酶的产品切片性佳，而不加的样品切片性差，且切片时有沫渣掉落。加酶的样品切面基本没有细小的气孔，只有少数几个因为灌装原因而留有的大气孔，这种大气孔可以通过真空灌装来克服；而不加的样品的切面除了有大气孔外，还有许多均匀分布的小气孔。

3. 谷氨酰胺转氨酶在低脂鸡肉加工中的应用

为充分利用福建省的优质资源白羽鸡，张馨元等采用基于谷氨酰胺转氨酶的生物交联技术，研制了低脂、健康和风味好的白羽鸡肉块[3]。白羽鸡肉块的最佳配方：谷氨酰胺转氨酶 1.07%（体积分数，下同）、大豆分离蛋白 6%、复配亲水胶 0.48%、复合磷酸盐 0.31%。在此条件下，白羽鸡肉块脂肪含量低，感官品质提高。

（四）谷氨酰胺转氨酶的应用前景

中国肉制品的总量占肉类总量的 4%，而发达国家则占到 40%～70%，因此，中国肉制品深加工方面具有很大的潜力。谷氨酰胺转氨酶作为一种新型的蛋白质功能改良剂，对蛋白质的修饰作用已显示出强大的生命力，在肉制品加工中正日益显示出其重要作用。在日本、美国和德国，谷氨酰胺转氨酶已广泛应用于食品工业生产中，并且有的技术已经申请专利，创造了良好的经济效益。谷氨酰胺转氨酶不仅对肉制品工业，对整个食品工业都将是一次新的革命。随着发酵工业和基因工程技术的发展，谷氨酰胺转氨酶的成本将有很大程度的下降，产量将大大提高，谷氨酰胺转氨酶将获得更为广泛的应用。

二、溶菌酶在肉制品加工中的应用

溶菌酶（Lysozyme，EC3.2.1.17）又称胞壁质酶，化学名称 N-乙酰胞壁质聚糖水解酶，是一种专门作用于细菌细胞壁的水解酶。溶菌酶作为一种既安全又有效的天然防腐剂，现已广泛应用于食品保鲜、防腐。

（一）溶菌酶的抗菌特性

革兰阳性（G^+）细菌与革兰阴性（G^-）细菌的细胞壁中肽聚糖含量不同，G^+细菌细胞壁几乎全部由肽聚糖组成，而 G^-细菌只有内壁层为肽聚糖，因此，溶菌酶主要破坏 G^+细菌的细胞壁，而对 G^-细菌作用不大。

科学研究已经证实，对溶菌酶敏感的一些常见的与食品工业相关的细菌如表 8-1 所示。溶菌酶在食品保藏中可以有选择性地使用，尤其是对付嗜热芽孢杆菌时。

表 8-1　　一些对溶菌酶敏感的细菌

菌种	拉丁文学名	敏感性
枯草芽孢杆菌	*Bacillus subtilis*	+
地衣芽孢杆菌	*B. licheniformis*	+
大肠杆菌	*Escherichia coli*	+
副溶血性弧菌	*Vibrio parahemolyticus*	+
单核细胞增生李斯特菌	*Listeria monocytogenes*	+
肉毒梭状芽孢杆菌	*Clostridium botulinum*	+
热解糖梭菌	*C. thermosaccharolyticum*	+
嗜热脂肪芽孢杆菌	*B. stearothermophilus*	+
酪丁酸梭菌	*C. tyrobutyricum*	+
蜡样芽孢杆菌	*B. cereus*	−

续表

菌种	拉丁文学名	敏感性
产气荚膜梭菌	*C. perfrinens*	-
金黄色葡萄球菌	*Staphylococcus aureus*	-
空肠弯曲杆菌	*Campylobacter jejuni*	-
鼠伤寒沙门菌	*Salmonella typhimurium*	-
小肠结肠炎耶尔森菌	*Yersinia enterocolitica*	-
大肠杆菌 O157：H7	*Escherichia coli* O157：H7	-

注：+，表示敏感；-，表示不敏感。

溶菌酶在动物源性食品中活性较低。在某些食品中，为了使溶菌酶发挥出最大活力，需要添加 EDTA。在新鲜的猪肉香肠中，溶菌酶同 EDTA 相结合，在 2~3 周的时间内，抑制了单核细胞增生李斯特菌的生长。但是，这种处理不能杀死显著数量的细胞，从而不能最终阻止生长。在只含溶菌酶或含有溶菌酶和 EDTA 的干酪中，单核细胞增生李斯特氏菌的数量在后熟的前 3~4 周减少了大约 10 倍，而在对照中，该菌缓慢地开始增长，在后熟 55d 后，最终达到 $10^6 ~ 10^7 CFU/g$。

（二）溶菌酶的来源和种类

溶菌酶按其来源可分为动物源溶菌酶、植物源溶菌酶、微生物源溶菌酶等。

1. 动物源溶菌酶

鸡蛋清溶菌酶是动物源溶菌酶的典型代表，也是目前研究得最深入最透彻的一类溶菌酶。蛋清中溶菌酶含量 2%~4%。

2. 植物源溶菌酶

目前，已经从木瓜、无花果、芜菁、大麦、甘蓝等植物体内分离得到溶菌酶。此种酶对溶壁微球菌（*Micrococcus lysodeikticu*）活性较鸡蛋清溶菌酶低。

3. 微生物源溶菌酶

目前发现的微生物源溶菌酶大体有以下 5 种：

（1）内 *N*-乙酰己糖胺酶　此酶类似于鸡蛋清溶菌酶。

（2）酰胺酶　此酶能切断细菌细胞壁肽聚糖中 *N*-乙酰胞壁酸与肽尾之间的 *N*-乙酰胞壁酸-*L*-丙氨酰腱。

（3）内切酶　使肽尾及肽桥内的肽键断裂。

（4）β-1，3 和 β-1，6 葡萄糖和甘露聚糖酶　此酶分解酵母菌细胞的细胞壁。

（5）壳多糖酶　分解霉菌细胞壁。

（三）溶菌酶的使用方法及注意事项

1. 溶菌酶的使用方法

（1）溶菌酶在用于冷却肉保鲜时的使用方法　一般采用浸渍法和喷洒法。

①浸渍法：将溶菌酶充分溶解于蒸馏水中，冷却至 0～4℃，将分割肉块于浸泡液中浸泡 3～5 s，取出沥干，真空包装后冷藏即可。

②喷洒法：将含有溶菌酶的保鲜剂配成浓度 1%～3% 的喷洒液，喷洒在肉块表面，一般每千克溶液可喷洒 200～300 kg 鲜肉。

（2）溶菌酶在用于肉糜类产品加工时的使用方法 一般是将溶菌酶或含有溶菌酶的保鲜剂在斩拌时和原料肉混合，然后按特定的加工工艺加工成产品。加工西式火腿等低温肉制品时，常在滚揉时将保鲜剂和原料肉混合，然后按预定的加工工艺加工成产品。

2. 使用溶菌酶时的注意事项

不同种类的溶菌酶的最适作用条件不同，而且底物特异性强，因此，应用溶菌酶时，要充分掌握其酶学特性、食品中营养成分、pH、食盐浓度等影响溶菌酶效果的因素以及造成肉制品腐败的主要微生物类群，据此确定适当地添加量和使用方法。由于溶菌酶对革兰阴性菌得抑菌效果不如革兰阳性菌，因此，为有效地发挥溶菌酶的防腐效力，可以考虑与其他物质配合使用。例如，将溶菌酶与甘氨酸、植酸、聚合磷酸盐等配合使用以增强对革兰阴性菌的溶菌作用；也可与 Nisin 等防腐剂混合使用。溶菌酶受热后失去活性，因此，在肉制品加工时，应注意加热温度不要超过 95℃，否则会影响其发挥活性。溶菌酶在酸性条件下稳定，因此使用时应注意保鲜液的 pH。

（四）溶菌酶在肉制品加工中的应用举例

1. 溶菌酶在冷却肉保鲜中的应用

冷却肉又称冷鲜肉、冰鲜肉，是指动物屠宰后将卫生检验合格的动物胴体迅速冷却到肉类冰点以上、7℃以下，并在此温度下，对动物胴体进行加工、储运和销售的肉类。一般而言，冷却肉具有热鲜肉不具备的如下优点：新鲜、保质期长；卫生安全；食用方便；为纯肉，难以形成注水肉，营养价值高。

冷却肉是肉类消费的发展方向，具有广阔的市场发展空间。但是，由于肉类冷藏所采用的温度（0～4℃）并不能彻底抑制微生物的生长繁殖及其他有关变化的发生，因此其保鲜期还是比较短，无法满足市场较长时期流通的要求。近年来，许多学者将溶菌酶应用于冷却肉的保鲜中，取得了比较满意的效果。溶菌酶作为其中成分之一的一些冷却肉的复合保鲜剂的配方如下。

配方 1：溶菌酶 0.5%，NaCl 18%、葡萄糖 4.5%、Nisin 0.5%。用于小包装分割冷却肉的保鲜。

配方 2：溶菌酶 0.05%，Nisin 0.05%。用于保鲜猪肉。在 4℃ 条件下，猪肉可保鲜 12d。若采用真空包装，保鲜期可达 24d。

配方 3：溶菌酶 0.5%、Nisin 0.05%，山梨酸钾 0.1%，pH3.0。用于处理冷却肉，真空包装后，在 0～4℃ 条件下，可保鲜 30d 以上。

对冷却肉的保鲜效果，溶菌酶单独使用时略优于 Nisin。并且，溶菌酶对抑制细菌总数的增殖和减缓挥发性盐基氮（TVB-N）值上升，具有极其重要的作用。

2. 溶菌酶在红肠加工中的应用

红肠是一种北方传统的肉制品。其含水量较高，营养物质丰富，因此，红肠在贮存与销售中极易腐败变质，保存期缩短，特别是在夏季，仅能存放 1~2d。为延长其货架期，在红肠混合料斩拌时可以加入 0.04%溶菌酶、0.05%Nisin、0.2%山梨酸钾和 4%乳酸钠，能够取得满意的效果。

3. 溶菌酶在低温肉制品加工中的应用

低温肉制品与高温肉制品相比，由于采用低温处理，产品保持了肉原有的组织结构和天然成分，营养素破坏少，具有营养丰富、口感嫩滑的特点，因此，是今后肉制品的发展方向。但是，低温肉制品货架期短。为延长其货架期，可以将溶菌酶与 Nisin、复合磷酸盐、茶多酚、酪朊酸钠组成复合保鲜剂，于滚揉过程中和原料肉混合，制成盐水方腿，其保质期可达 3 个月。

4. 溶菌酶在软包装肉制品加工中的应用

在软包装肉制品真空包装前，添加一定量的溶菌酶保鲜剂，然后杀菌（80~100℃，25~30min），可获得良好的杀菌效果，有效地延长小包装方便肉制品的货架期。

5. 溶菌酶在肉糜保鲜中的应用

Kaewprachu P 等将儿茶素和溶菌酶掺入明胶薄膜中，用于包裹猪肉糜，以延长其保质期[4]。他们监测和比较了用儿茶素-溶菌酶掺入的明胶薄膜（Catechin-lysozyme Incorporated Gelatin Film，CLGF）和商品化的聚氯乙烯（Polyvinyl Chloride，PVC）薄膜在冷藏期间（4℃，7d）包裹时的猪肉糜的品质。PVC 薄膜比 CLGF 具有较高的机械性能，但厚度、水蒸气渗透性和溶解度较小。在整个贮藏过程中，与包裹在 PVC 薄膜中的样品相比，包裹在 CLGF 中的样品的失重（1.20% ~ 2.92%）、脱色（CLGF-PVC；$L^* =$ 50.04~53.86，$A^* = 4.60~3.13$，$B^* = 7.30~11.17$）和 TBARS（1.29~1.57mg 丙二醛/kg 样品）较少。用 CLGF 包裹样品的微生物生长速率，包括总平板数（4.15log CFU/g）、酵母菌和霉菌数量（2.99log CFU/g），均低于 PVC 膜。CLGF 可成功抑制冷冻猪肉糜中的脂质氧化和微生物生长，因此，加入儿茶素-溶菌酶的明胶膜可以保持猪肉糜的品质，从而延长其保质期。

（五）溶菌酶的应用前景

溶菌酶作为一种天然蛋白质，能在胃肠内作为营养物质被消化和吸收，对人体无毒性，也不会在体内残留，因此是一种安全性很高的食品保鲜剂。因此，在倡导绿色食品消费的今天，溶菌酶必定有广阔的应用前景。尽管目前由于其成本较高，未能广泛应用于肉制品加工中，但随着科技水平的不断发展和人们生活水平的不断提高，溶菌酶一定会对食品工业的发展，起到不可估量的作用。

三、 蛋白酶在肉制品加工中的应用

（一）蛋白酶在肉类嫩化中的应用

肉类的嫩度是肉类品质的一个重要指标，同时也是人们对肉类的鲜嫩美味的一种时尚美食追求。此外，许多国家老龄化问题突出，这一群体牙齿咀嚼功能差，胃肠道功能低下，他们更需要肉类的嫩化（Tendering），以确保蛋白质的吸收。

1. 肉类嫩化的方法简介

目前，肉的嫩化有很多方法。

（1）物理嫩化法 拉伸嫩化法、机械嫩化法、电刺激嫩化法、声波嫩化法、高压嫩化法等。

（2）化学嫩化法 磷酸盐嫩化、钙盐嫩化、植物油嫩化、表面活性剂嫩化等。

（3）生物学嫩化法 内源蛋白酶嫩化法、外源蛋白酶法、激素法等。

2. 蛋白酶肉类嫩化剂作用机理

蛋白酶肉类嫩化剂是一种专门用于嫩化肉类的生物制剂，其主要成分是蛋白酶。它能在适当温度条件下，使蛋白质中的某些肽键断裂，有效地降解胶原纤维和结缔组织中的蛋白质，从而极大地提高肉的嫩度，使肉变得柔软、适口、多汁且易于咀嚼，并且显著提高肉的成品率、保质期及经济效益。

3. 用作肉类嫩化剂的主要蛋白酶种类

在肉制品加工中，酶法嫩化所用的蛋白酶主要有两类：一类是植物蛋白酶类，如木瓜蛋白酶（Papain）、菠萝蛋白酶（Bromelin）、无花果蛋白酶、生姜蛋白酶、朝鲜梨蛋白酶及猕猴桃蛋白酶等；另一类是微生物蛋白酶类，如枯草芽孢杆菌蛋白酶、根霉蛋白酶、黑曲霉蛋白酶等。一般认为，植物来源的蛋白酶安全性较高。联合国粮农组织（FAO）和世界卫生组织（WHO）把木瓜蛋白酶列入 A 级食品添加剂，不限制其用量。动物来源的蛋白酶其原料容易污染，酶活力低，相对用量大且杂质较多。微生物来源的蛋白酶，由于微生物发酵产物复杂，有些甚至有微生物代谢的残留毒素，故安全性最差。目前，在肉类嫩化中，使用最多的是木瓜蛋白酶。

4. 木瓜蛋白酶在肉类嫩化中的应用

（1）木瓜蛋白酶嫩化肉类的原理 木瓜蛋白酶能将肉中的结缔组织及肌纤维中结构复杂的胶原蛋白和弹性蛋白进行适当降解，使得它们结构中的一些连接键（由精氨酸、赖氨酸、苯丙氨酸、甘氨酸等 7 种氨基酸构成的肽键）发生断裂，在一定程度上破坏了它们的结构，使肉类的质构疏松，从而大大提高了肉的嫩度。

（2）木瓜蛋白酶的特性 木瓜蛋白酶的 pH 和温度适用范围较宽，在酸性、碱性和中性环境下均能分解蛋白质，对于肌原纤维蛋白在 40~70℃ 范围内有最高活性。木瓜蛋白酶耐热性较强，在 80℃ 维持 40min，达到活力半衰期。适于肉类嫩化的蛋白酶，应当具有较高的耐热性，因为肉类胶原蛋白在60℃以上开始变性，在70℃左右断裂最多。此外，木瓜蛋白酶从木瓜果实中提炼而得，生产成本较低。所以，在肉类嫩化中，使用最多的是木瓜蛋白酶。

（3）木瓜蛋白酶的使用方法

①酶粉嫩肉法：通常将粉末状木瓜蛋白酶均匀地撒在肉块上，或者将肉块浸泡在木瓜蛋白酶溶液中，一般经10min，即可烹煮。

②宰前注射法：在牲畜屠宰前5~10min注射木瓜蛋白酶，通过血管分布全身，在其宰后产生嫩化作用。1980年以来，英国牛肉产品大约2%是用宰前注射木瓜蛋白酶处理的。

（4）木瓜蛋白酶应用于肉类嫩化实例

①木瓜蛋白酶在腊肉加工中的应用：

工艺流程：原料肉（后臀尖）→ 滚揉预处理 → 腌制（注射后静置）→ 烘烤（预热高温，低湿快速脱水，恒温恒湿烘烤）→ 烟熏 → 冷却 → 包装 → 成品

操作要点：酶制剂先溶解到香辛料水中，然后注射至肉中。木瓜蛋白酶的适宜添加量为0.004%。添加一定量的木瓜蛋白酶可以促进腊肉中蛋白质的降解，且对风味有一定影响。

②木瓜蛋白酶在牛肉干加工中的应用：

牛肉干是中国的一种传统肉制品。使用传统工艺生产的牛肉干口感坚韧、硬度大、色泽灰暗、出品率低。采用蛋白酶进行嫩化处理，可以提高牛肉干的品质。不同蛋白酶对牛肉嫩化的能力不同，每克牛肉嫩化所需酶活力单位为：木瓜蛋白酶2.5、菠萝蛋白酶5、无花果蛋白酶5、枯草芽孢杆菌蛋白酶75、米曲霉蛋白酶100、黑曲霉蛋白酶200、根酶蛋白酶250。由此可见，木瓜蛋白酶对牛肉嫩化的能力强。

工艺流程：原料肉的选择和处理 → 腌制嫩化 → 预煮 → 复煮 → 烘干 → 包装 → 成品

腌制嫩化操作要点：每千克鲜牛肉腌制和嫩化剂的配方如下，木瓜蛋白酶1mg（200TU/mg）（TU为商品化酶制剂常用的一个酶活力计量单位），复合磷酸盐4g，食盐20g，糖40g。将腌制和嫩化剂加入肉丁后，放于55℃的恒温培养箱中，保温3h，在此过程中，每20min翻动肉丁1次。

③木瓜蛋白酶在淘汰蛋鸡肉加工中的应用

产蛋能力退化的老龄蛋鸡，都要被养鸡场淘汰。中国是蛋鸡养殖大国，每年约有20多亿只蛋鸡被淘汰。这种淘汰蛋鸡的肌肉中结缔组织（主要是胶原蛋白）含量较高，使得肉质老化，难于烹调，往往只被一些个体作坊制作成烧鸡等地方产品。这在一定程度上限制了蛋鸡养殖业的发展。鸡肉富含蛋白质、维生素、矿物质等营养素，深受消费者青睐。淘汰蛋鸡还富含有利于人体健康的三价的不饱和脂肪酸。因此，利用嫩化处理以提高淘汰蛋鸡鸡肉的嫩度，使得这一肉食资源得到更好的加工利用，从而可以推动蛋鸡养殖业的良性发展。

淘汰蛋鸡肉嫩化处理的方法：酸性焦磷酸盐（0.2%～0.6%）和木瓜蛋白酶（0.01%～0.0001%，酶制剂酶活力 120U/g）对淘汰蛋鸡肉均有较好的嫩化效果，使淘汰蛋鸡肉的增水率极显著地增加，对剪切力的影响木瓜蛋白酶大于酸性焦磷酸盐。酸性焦磷酸盐和木瓜蛋白酶的混合腌制液能极显著地降低淘汰蛋鸡肉的 pH。

④木瓜蛋白酶在鹅肉加工中的应用

鹅肉具有很高的营养价值，其中含蛋白质 22.3%，脂肪 11.2%，极易被人体消化吸收。鹅肉还具有特殊的风味，深受人们喜爱。中国部分地区的养鹅业十分发达，现在已成为很多地方农民脱贫致富、增加收入的一个主要途径。但是，在养鹅业飞速发展的同时，加工技术并没有同步发展，对鹅肉的加工仍然采用传统的加工方法，工艺落后，规模小，品种少。

鹅肉纤维较粗，肉质较差，木瓜蛋白酶和氯化钙均具有较好的嫩化作用。嫩化剂的最佳配方是：木瓜蛋白酶 0.04%，氯化钙 3%，复合磷酸盐 0.4%[5]。

5. 菠萝蛋白酶在肉类嫩化中的应用

菠萝蛋白酶又名菠萝酶、凤梨酶，是从菠萝水果的皮、芯等部分经生物技术制得的一种纯天然植物蛋白酶，其相对分子质量 33000，等电点 9.55。菠萝蛋白酶属于疏基蛋白酶。酶促反应适宜温度 30～45℃，最佳温度因底物的种类及浓度不同而有所改变。适宜 pH 6～7，最适宜 pH 因底物的种类、浓度不同而有所改变。添加量一般为 0.2%～1.0%，根据不同底物作适当增减，反应时间在 3～8h 内作相应缩短或延长。

赵立等优化了超声波辅助菠萝蛋白酶嫩化鸭肉的最佳工艺参数[6]，如表 8-2 所示。

表 8-2　　　　　　　　　超声波辅助菠萝蛋白酶法嫩化鸭肉的工艺参数

工艺因素	最佳参数
处理温度	45℃
pH	7.2
酶添加量	350U/g
超声波功率	80W
处理时间	15min

在该条件下，剪切力的预测值为 20.208N，实测值为 21.110N。相对于未处理的鸭肉，嫩化后鸭肉的 pH、持水力和肌原纤维小片化指数显著增加（$P<0.05$）；剪切力、肌原纤维溶解度和不溶性胶原蛋白的含量显著下降（$P<0.05$），而色差无明显变化（$P>0.05$）；嫩化后鸭肉中大分子蛋白被水解成小分子肽类或氨基酸；嫩化后鸭肉肌原纤维 Z 线断裂溶解，肌节变形缩短，I 带和 A 带模糊不清，出现了肌原纤维小片化现象。因此，超声波与菠萝蛋白酶协同作用对鸭肉的嫩化具有显著的效果，大大缩短了嫩化时间，使鸭肉更加多汁并富有弹性，鸭肉的品质得到了极大的改善。

6. 其他蛋白酶在肉类嫩化中的应用

唐福元等考察了不同的嫩化剂、超声时间、超声功率、原料肉水分、嫩化剂用量、嫩化温度、嫩化时间和 pH 等因素对猪脯肉嫩化的影响[7]，发现无花果叶蛋白酶嫩化明显优于木瓜蛋白酶，复合酶优于单一酶，酶嫩化优于无机物嫩化。超声对无花果叶蛋白酶复合嫩化剂嫩化猪脯肉有促进作用，可缩短嫩化时间 1/3；最优嫩化条件为超声功率 240W、超声时间 5min、无花果叶蛋白酶复合嫩化剂用量 4.0g/100g 肉样、嫩化温度 50℃、嫩化时间 60min、pH 7.5。在此条件下，嫩化所得的猪脯肉柔软细嫩、多汁，富有弹性，明显改善了口感。

（二）蛋白酶在水解动物蛋白加工中的应用

水解动物蛋白（Hydrolytic Animal Protein，HAP）是新型食品添加剂，主要用于生产高级调味品和食品的营养强化，以及作为功能性食品的基料。

1. 水解动物蛋白的用途

近年来，在食品工业中，非常重视新型高级调味品的开发与利用。用生物工程方法生产的核苷酸增鲜剂、水解植物蛋白（Hydrolytic Vegetable Protein，HVP）、HAP 及酵母抽提物等复合天然调味料，正逐步取代味精，成为食品工业调味品的主要支柱。在发达国家，高档调味品和汤料均使用了 HVP 和 HAP。中国的部分独资和合资方便面生产企业，也使用了进口的 HAP 作为调味剂，提高了产品档次，占领了很大市场份额。

2. 水解动物蛋白的生产方法

水解动物蛋白的制备有酸解法和酶解法。

（1）酸解法　通过酸水解、高温蒸煮骨头原料或禽类、牛或猪的畜体而制得产品。该法需强酸和高温，并且作为必需氨基酸之一的色氨酸被破坏。

（2）酶解法　目前，人们已经开发出利用酶技术在 6~24h 内即可生产出水解动物蛋白的生产工艺，水解度为 50%~60%。与化学方法相比，酶法条件温和，无需高压蒸煮设备，减少在设备上的投资；氨基酸不被破坏，构型不发生改变，最大程度地保留了营养成分；可将更多的动物蛋白转化为风味成分；不会产生不良副产物，如氯丙醇（Monochloropropanediol，MCP）或二氯丙醇（Dichloropropanediol，DCP）等。

3. 蛋白酶在水解动物蛋白生产中的应用实例

肉鸡（Broiler）是中国市场上的主要鸡种，具有产肉性能好、生长速度快、能适应现代化大型养殖生产等特点。但是，肉鸡的肉含水率高，香味较淡，口感较差，销售价格一直较低，有逐渐被市场淘汰的趋势。因此，必须进一步开发鸡肉深加工产品。

鸡肉水解蛋白液和蛋白粉是近年来出现的一类新型鸡肉深加工产品，可用于生产复合调味料、酱包、鸡精、膨化食品和一些功能食品等。以鸡肉为原料制作水解蛋白液或蛋白粉可充分提高鸡肉产品的附加值，是鸡肉开发利用和发展的一条新出路。

鸡肉酶水解工艺：

（1）最佳酶类的选择　采用菠萝蛋白酶水解鸡肉，获得的水解度小，水解液浑浊，无苦味。采用中性蛋白酶时，虽然水解液澄清，但水解度更低，水解液苦味强。采用胃蛋白酶能得到较高的水解度，但水解液浑浊且苦味强。采用木瓜蛋白酶时，不但能获得较高的水解度，而且水解液色泽金黄，无苦味，有很好的鸡肉香味，不需要进行澄清处理；另一方面，木瓜蛋白酶成本低、来源丰富，在水解度控制适度时，还会有鲜味肽产生[8]。

（2）木瓜蛋白酶最优水解工艺条件　如表 8-3 所示。

表 8-3　　　　　　　　　　木瓜蛋白酶水解鸡肉的最优工艺条件

工艺因素	工艺参数
固液比	1 : 4
加酶量/%（以鸡肉的质量百分数计）	2.4
反应温度/℃	50
反应 pH	7.0
反应时间/h	7

（三）蛋白酶在肉源性生物活性肽加工中的应用

1. 生物活性肽简介

生物活性肽通常是指由几个或十几个氨基酸分子结合形成的肽链，可在人体小肠内直接吸收，具有多种生理功能，如降低血液中胆固醇，降低血压，增强机体免疫能力等。

2. 木瓜蛋白酶在乌鸡蛋白肽制备的应用

乌鸡又称乌骨鸡，它不仅喙、眼和脚是乌黑的，而且皮肤、肌肉、骨头和大部分内脏也都是乌黑的。乌鸡的营养价值远远高于普通鸡，吃起来口感也非常细嫩。至于药用和食疗作用，更是普通鸡不能相比。因此，用酶法将乌鸡蛋白质中具有生理功能的肽段释放出来，制备成具有生理功能的生物活性肽，对乌鸡的精深加工有着重要的意义。

（1）酶解工艺流程　　　乌鸡 → 绞碎成肉糜（含骨、去内脏）→ 加水打浆 → 预热（70℃，10min）→ 加木瓜蛋白酶酶解 → 灭酶（沸水中保温 20min）→ 水解度测定 → 离心（4000r/min，15min）→ 硅藻土过滤 → 清液 → 指标测定 → 冷冻干燥。

（2）主要工艺参数　如表 8-4 所示。

表 8-4　　　　　　　　　　木瓜蛋白酶水解乌鸡肉的主要工艺参数

工艺因素	工艺参数
底物浓度/%	7.0
酶用量/（U/g）	4000
酶解温度/℃	70
酶解时间/h	3~5
pH	不用加碱恒定

在此条件下，酶解 3h，水解度可达 19.12%，总氮得率 79.64%，乌鸡肽得率 68.45%。

四、 脂肪酶在肉制品加工中的应用

目前，已有研究开始将脂肪酶应用于肉制品加工，如中式香肠、猪脂等。

（一）脂肪酶在中式香肠加工中的应用

为提高高温短时烘烤的中式香肠品质，封莉等研究了添加量为肉质量 0.02%、0.04%、0.06%、0.08% 和 0.10% 水平的脂肪酶对中式香肠脂质降解、脂肪氧化、挥发性风味物质和感官品质的影响，以不添加脂肪酶的处理为对照组[9]。添加脂肪酶能有效加速中式香肠中的脂肪降解和脂肪氧化，促进香肠中脂质来源的挥发性风味物质的生成。添加适量（0.06%）外源脂肪酶能使香肠香气显著增强，并且不影响香肠的其他感官品质。然而，过量添加外源脂肪酶则会导致香肠过度氧化，影响感官品质。

（二）脂肪酶在猪脂加工中的应用

唐琪等研究了猪脂的最佳脂肪酶酶解工艺和酶解程度[10]。天野脂肪酶为较合适的酶解猪脂的脂肪酶，其最佳反应条件为：底物浓度为 50%（质量分数），酶添加量 0.55%，pH6，反应温度 45℃，反应时间 2.5h。在脂解率为 25.13% 时，挥发性的醛类、游离脂肪酸等大量富集，为最佳酶解程度。

五、 复合酶在肉制品加工中的应用

（一）复合酶在骨产品加工中的应用

Song S. Q. 等开发了一种通过脂肪酶预处理提取牛骨蛋白的新方法，并将其应用在美拉德（Maillard）反应中[11]。经脂肪酶预处理后，牛骨的蛋白酶水解物的水解度（Degree of Hydrolysis，DH）、低分子质量肽含量和氨基酸含量显著增加。气相色谱-质谱联用（GC-MS）分析表明，脂肪酶和木瓜蛋白酶组合（Y+M）处理组的美拉德反应产物（Maillard Reaction Products，MRPs）中呋喃类、吡咯类和硫醚类化合物的总含量，比单独木瓜蛋白酶（M）处理组的 MRPs 提高了 78.0%，而猪胰脂肪酶和复合蛋白酶组合（Z+F）处理组的 MRPs 中吡嗪类化合物的总含量比单独复合蛋白酶（F）处理组的 MRPs 提高了 44.1%。通过检测 MRPs 的感官特征，来自 Y+M 组合处理组的水解产物的 MRP 具有最佳的口感、鲜味和肉质特征。相关分析进一步证实，适当的脂肪酶预处理可改善 MRPs 的风味。

（二）复合酶在香肠加工中的应用

刘婷等研究了谷氨酰胺转氨酶和脂肪酶的复合使用在低温腌制过程中对中式香肠食用品质和质构特性的影响[12]。谷氨酰胺转氨酶能够提高中式香肠的胶黏强度，并且在一定的条件下能降低加压损失，提高保水性。脂肪酶能改善中式香肠的硬度和咀嚼性。当谷氨酰胺转氨酶用量为 0.2%、脂肪酶为 0.75% 时，能显著提高中式香肠制品的硬度、凝聚性、胶凝强度和咀嚼性，产品的感官品质更令人满意。

第二节
酶工程技术在乳制品加工中的应用

随着乳制品工业的发展，酶工程技术在其中的应用日趋广泛和深入。目前，乳糖酶、脂肪酶、凝乳酶、蛋白酶、谷氨酰胺转氨酶、乳糖氧化酶、溶菌酶及复合酶已在乳制品加工中广泛应用。

一、 乳糖酶在乳制品加工中的应用

乳糖酶（Lactase）的系统名为 β-D-半乳糖苷半乳糖水解酶（β-D-galactoside Galactohydrase，EC 3.2.1.23），或简称 β-半乳糖苷酶（β-galactosidase）。乳糖酶能够催化乳糖及其他 β-半乳糖苷的水解反应。它将一分子乳糖水解成一分子葡萄糖和一分子半乳糖。

（一）乳糖酶在乳制品加工中的作用

1. 牛乳的营养价值

牛乳中含有丰富的优质蛋白质、脂肪、碳水化合物、维生素和多种矿物质。牛乳中钙含量高，钙磷比例适当，易被人体消化吸收。此外，牛乳中还含有抗病因子，如免疫球蛋白等。所以，乳及乳制品有"近乎完善的食物"的美称，是人类改善营养、增强体质不可缺少的理想食品。世界卫生组织已把人均乳品消费量列为衡量一个国家人民生活水平的主要指标。

2. 乳糖不耐症及其危害

（1）乳糖不耐症的概念　牛乳中的主要碳水化合物是乳糖，在牛乳中的含量为 4.5%~4.7%，占牛乳中总糖量的 99.8%，是牛乳能量的主要来源之一。所谓乳糖不耐症是指由于人体小肠内缺乏分解乳糖的乳糖酶，摄入牛乳或乳制品后不能将其中的乳糖消化吸收，乳糖就保留在肠腔中（图 8-2），造成等渗性水潴留和结肠细菌酵解乳糖产生多种气体及短链脂肪酸，从而形成腹胀、排气增多、腹痛、腹泻等胃肠症状。

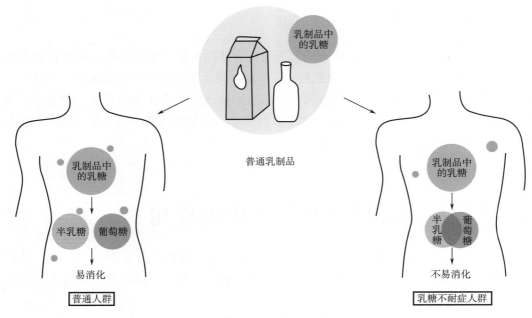

图 8-2   乳糖不耐症的病因

(2) 乳糖不耐症的危害   亚洲人口中约有 70% 的人患有程度不同的"乳糖不耐症"，中国成年人饮用牛乳后乳糖吸收不良的发病率高达 86.7%，乳糖不耐受指数为0.9。乳糖不耐症减少了蛋白质、无机盐等营养物质的吸收。对儿童来说，其长期危害易表现为钙吸收不良，腹泻，软骨病，体重低下及生长发育迟缓。对老年人尤其是老年妇女来说，易表现为骨质疏松症状。由于乳糖不耐症的普遍存在，相当一部分人无法像正常人一样接受牛乳这一天然、具有良好平衡性的食品。这已成为阻碍中国乳品工业发展的主要障碍之一。

3. 低乳糖牛乳及其生产方法

低乳糖牛乳是乳糖不耐症患者的最佳食品。低乳糖牛乳是指乳糖含量低于正常牛乳中乳糖含量，一般情况下，低乳糖乳生产以水解 70%~80% 乳糖为最佳选择。它可以解决乳糖不耐症的问题，同时，剩余 20%~30% 的乳糖能够发挥其原有的营养保健作用。适量的乳糖可以促进肠道系统内乳酸菌的生长，抑制有害菌的繁殖，又能改进钙和氨基酸的吸收。

目前，生产低乳糖牛乳的方式有四种：物理去除法、化学酸水解法、酶水解法以及基因工程法。

(1) 物理去除法   例如，超滤法。该法虽然可将乳糖从牛乳中除去或转化，但是维生素和矿物质也将和乳糖一起损失掉，造成营养的极大浪费。

(2) 化学酸水解法   该方法能在短时间内快速分解乳糖，但是，该方法会导致蛋白质变性，引起褐变，产生副产物等，因此，不能直接用于牛乳、乳清等乳制品的处理，而仅限于超滤乳清的水解。

（3）酶水解法 即利用外源性的乳糖酶，将乳糖降解为易被人体吸收利用的单糖葡萄糖和半乳糖。该法水解条件温和（pH3.5~8，温度 5~60℃），产物简单，不会破坏乳中的其他营养成分，较酸水解法更为优越。迄今为止，酶水解法是最安全、实用和有效的生产低乳糖牛乳的方法。这也是目前乳糖酶在食品工业的最大用途之一。

（4）基因工程法 即通过基因工程技术，在动物体内淘汰与乳糖合成有关联的基因，动物的乳中可以完全不出现乳糖或明显减少乳糖。虽然这项技术的实用性尚待证明，但却不失为研究的一个新方向。

4. 低乳糖牛乳的其他用途

利用乳糖酶水解牛乳中的乳糖生产的低乳糖水解乳在食品工业中还有许多其他用途。

（1）酸奶生产 用低乳糖水解乳制造酸奶，可加速反应，提高发酵效率，使酸奶具备特有的乳香风味。由于发酵效率高，pH 降低快，可抑制有害细菌，延缓产品的货架期。

（2）奶酪生产 在奶酪生产中，采用水解程度约为 50% 的水解乳，酸形成较快，脱水收缩较好，凝乳破碎或细屑较少，干酪形成快，而且产量较高。

（3）浓缩乳和炼乳生产 在浓缩乳及炼乳生产中，采用低乳糖乳可使乳糖在浓缩时避免结晶，得到的产品口感细腻，香味十足，增加甜度，减少蔗糖的用量，抑制细菌，从而改善产品品质。

（4）奶粉生产 用低乳糖乳进行喷雾干燥的奶粉口感好，风味浓郁，冲调性好，适用人群广，用途多，等等。在加工中，进行喷雾干燥时，应注意必须在略低于正常出口温度下收集，否则，干粉会粘在罐壁上。快速冷却方法可抑制美拉德反应。另外，此种奶粉稍有吸湿性，如果储存于阴凉的地方，封口气密性好，则可长期保存。

（5）冷冻乳制品的生产 利用普通牛乳进行冷冻时，冻结的牛乳中呈溶解状态的乳糖与一部分钙盐结合存在，或在乳糖发生结晶后，脱离乳糖的部分钙盐作用于乳蛋白，促进了蛋白质的沉淀，同时，α-乳糖水合物的生成起到了一种脱水作用，也构成了破坏蛋白质胶粒稳定性的因素。采用乳糖酶水解生成的低乳糖乳，可避免上述现象的产生。

例如，在冰淇淋生产中，使用经过适度水解处理的脱盐乳清粉或乳清蛋白浓缩粉，能大量取代牛乳中的固形物，即使储存一年也没有含沙现象，而且增加了甜度，取代了部分蔗糖的用量。较大量的乳清蛋白改善了产品的组织结构，此外，半乳糖能降低冰点的特性，提高了冰淇淋产品在低温下的抗融化性，同时降低了成本。

（6）乳味面包生产 在乳味面包制作中，添加乳糖水解乳，能够增加面包甜度，提高酵母菌产气量，使面包更加膨胀，而且水解乳中的半乳糖有利于美拉德反应。

（二）乳糖酶在乳制品加工中的使用方式

1. 直接添加游离乳糖酶

商品化乳糖酶制剂价格较高。采用直接添加游离乳糖酶生产低乳糖乳，乳品生产企业成本增加较大。有些企业曾经采用在乳中直接加酶法生产低乳糖乳，由于酶制剂价格昂贵，不得不半途而废，停止生产。其次，直接添加乳糖酶会使牛乳中掺入外来的蛋白质，影响乳制品的风味。

2. 利用产乳糖酶的微生物细胞

利用活的产乳糖酶微生物的细胞水解乳糖，成本较低。但是，由于底物必须通过细胞壁和细胞膜进入胞内后才能被水解，乳糖的水解速度就大大降低，难以满足工业生产的需要。另外，活细胞对乳糖水解的同时，有时还会将水解产物葡萄糖和半乳糖进一步代谢，如，产生 CO_2 和乙醇等。当然，微生物细胞进行生命活动时，还会产生其他新陈代谢产物。这些都会使产品质量受到影响，甚至造成产品缺陷。

3. 使用固定化乳糖酶

随着酶的固定化技术的发展，在美国、日本和意大利等国已工业化生产固定化的乳糖酶。固定化乳糖酶具有明显的优势，它既可以重复使用，缩短处理时间，显著降低使用成本，又能增加乳糖酶的适应能力，提高其催化效果[13-14]。

（三）乳糖酶固定化及其在生产上的应用

1. 国外乳糖酶固定化和应用现状

关于乳糖酶的固定化和应用，美国、日本和意大利等国已开展了广泛的研究。国外固定化乳糖酶水解乳糖的现状，如表8-5所示。

表8-5　　　　　　　　　国外固定化乳糖酶水解乳糖的现状

固定化系统	应用现状
纤维包埋酵母菌乳糖酶，水解牛乳中的乳糖	工业化（意大利）
玻璃珠吸附的黑曲霉乳糖酶，处理酸乳清	半工业化（法、美）
多孔氧化铝吸附的黑曲霉乳糖酶，处理乳清	中试（美国）
苯甲醛树脂吸附的黑曲霉乳糖酶，处理乳清	工业化（芬兰）
固定化 Maxilact 酶，处理牛乳	中试（荷兰）
PlexazymLA-1 共价结合米曲霉乳糖酶，处理酸乳清和牛乳	中试（德国）
大孔离子交换树脂共价结合米曲霉乳糖酶，处理乳清和牛乳	中试（日本）
微孔 PVC-silica 共价结合米曲霉乳糖酶，处理乳清	中试（美国）

注：Maxilact 为一种中性乳糖酶的商品名称；PlexazymL 为一种商品化酶制剂的名称。

Wolf M 等使用基于壳聚糖的水凝胶，固定化乳糖酶，以水解乳糖，生产低乳糖牛乳[15]。水凝胶的膨胀程度受水溶液、pH 和温度的影响。在室温下处理 1440min，在 pH 4.0 和 pH 7.0 下乳糖酶的固定化能力分别为（257.12±3.18）和（157.87±1.96）mg 酶/g 干燥水凝胶。从标准乳糖溶液和 UHT 乳中所含乳糖的从第 1 次至第 10 次水解循环，固定化乳糖酶的活性分别为 97.91 %~56.04 % 和 97.91 %~71.80 %。因此，水凝胶中固定的乳糖酶可用于生产低乳糖牛乳，进行至少十次连续水解循环。此外，含有固定化乳糖酶的水凝胶对于患乳糖不耐受个体中的乳糖酶释放也是有用的。

2. 国内乳糖酶固定化和应用现状

我国从 20 世纪 80 年代对乳糖酶进行了大量的工作，其中也包括较少的对乳糖酶的固定化研究。例如：①采用聚丙烯酰胺凝胶包埋米曲霉的乳糖酶。当丙烯酰胺单体浓度为 20% 时，酶活力与凝胶的机械强度都比较理想。固定化酶与游离酶相比，具有更宽的 pH 范围和更好的热稳定性。底物乳糖在凝胶中扩散不影响固定化酶的反应速度，在 50℃下，2 h 将脱脂乳中的乳糖水解 47%。但是，聚丙烯酰胺凝胶强度差，不适用于填充柱式反应器，而且它的单体具有毒性，不适合用于食品工业。②用卡拉胶包埋脆壁克鲁维酵母乳糖酶。酶活力回收率达 83%，可以在实验条件下有效地水解乳清、脱脂乳和全乳中的乳糖。在 45℃下，水解这些溶液中乳糖的半衰期均在 169~200h。但是，卡拉胶的机械强度差，不适合工业化使用。③将乳糖酶固定在 D202 载体上。该法用戊二醛作交联剂，与游离酶相比具有更宽的 pH 适应范围，反应动力学参数 Ea 变大，K_m 和 V_{max} 变小。

河北农业大学食品科技学院酶学研究室以自行选育的高产乳糖酶黑曲霉菌株 Uco-3 产乳糖酶为研究对象，围绕乳糖酶的固定化和利用固定化酶生产低乳糖乳的相关理论与技术，对固定化酶载体选择、固定化条件的优化、固定化乳糖酶的特性以及低乳糖乳的生产工艺进行了系统研究，取得了一系列研究成果。

（1）筛选出了对乳糖酶吸附效果较好的两种载体　阳离子交换树脂 D151 和阴离子交换树脂 D201GF。通过对乳糖酶吸附条件的优化，得到 D151 对乳糖酶的最佳吸附条件：pH4.0，酶与载体的比例 50U/g 载体，时间 24h，离子强度 0.3mol/L。在此条件下，乳糖酶吸附率为 89.6%，固定化酶活力 9.08U/g 载体。比较而言，D151 对乳糖酶的吸附率比 D201GF 高 57.9%，固定化酶活力高 2U/g 载体。

（2）优化了对乳糖酶的交联条件　以阳离子交换树脂 D151 为载体，戊二醛为交联剂，pH4.0，酶与载体比例为 50U/g 载体，戊二醛浓度为 4%，30℃，交联反应 6h。在此条件下，获得的固定化酶活力可达 11.8U/g 载体，固定化酶回收率为 37.2%。

（3）系统地研究了固定化乳糖酶的基本酶学性质　固定化酶的最适作用温度为 60℃，比游离酶低 10℃；最适 pH4.5，比游离酶提高了 0.5 个单位，较游离酶稍向碱性方向移动[16]。固定化酶比游离酶热稳定性有所降低；固定化酶与游离酶的酸碱稳定性有较大差异，固定化乳糖酶在 pH5.0~7.0 范围内稳定性较好，而游离酶在 pH2.5~4.5 范围内稳定性较好，因此，固定化酶在牛乳的天然 pH（约 6.5）条件下使用更为适宜。Na^+、Ca^{2+}、Cu^{2+}、Zn^{2+} 对游离酶和固定化酶水解有不同程度的抑制作用；Pb^{2+}、Mg^{2+} 对游离酶水解有较低的抑制作用，但对固定化酶水解具有较高的激活作用，其中 Mg^{2+} 作用更为显著；K^+、Fe^{2+}、乙二胺四乙酸（EDTA）对游离酶和固定化酶的水解无抑制和激活作用。固定化酶对乳糖的 K'_m 为 132.1mmol/L，与游离酶 K_m 109.7mmol/L 相比稍有升高。固定化酶在 4℃贮存 60d 后其相对活力保持在 89.5%，而游离酶为 85%，贮存稳定性稍有增强。固定化酶具有良好的重复使用性能，在反应后用 pH4.0、0.2mol/L 醋酸缓冲液洗涤固定化酶 10min 条件下，固定化乳糖酶连续使用 10 次后其酶活力保持在 90% 以上。游离酶在 pH6.5、50℃条件下的半衰期仅为 9d；而固定化酶在此条件下操作半衰期为 24d。

（4）研究了利用固定化酶连续生产低乳糖乳的条件和使用稳定性　在 50℃条件下，牛乳在底物流速 0.53mL/min、停留时间 40min 条件下，通过填充床式固定化酶反应器连续生产低乳糖乳效果最好，可获得 79.7 %的乳糖水解率，达到低乳糖乳的要求。此时，固定化酶反应器生产效率为 0.93 mg/（min·mL）酶柱体积，固定化酶生产效率为 0.99 mg/（min·g）湿酶。固定化酶装柱，以相同空间流速，在 50℃条件下连续水解牛乳，每隔 20 h 后用 pH6.5 缓冲液清洗反应柱，固定化酶在 10 d 内酶活力丧失 12%。此时，对牛乳中乳糖的水解率为 70.1 %，达到低乳糖乳的要求。固定化乳糖酶连续使用半衰期约为 22 d。

（四）透性化细胞乳糖酶的应用

1. 透性化细胞乳糖酶的作用机理和效果

乳酸克鲁维酵母（*Kluyveromyses lactis*）和脆壁克鲁维酵母（*K. fragilis*）是目前生产乳糖酶的主要酵母菌种。酵母菌乳糖酶通常是胞内酶，分离提取需破碎细胞。所谓透性化细胞乳糖酶，就是在一定的温度和 pH 条件下，对细胞进行渗透性处理一定时间，改变细胞壁和细胞膜的通透性，使细胞的乳糖酶表现活力大大增加，底物及水解产物更易于进出细胞（图 8-3）[17]。

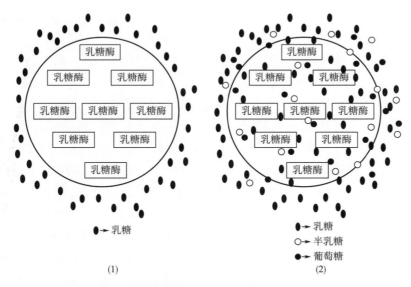

图 8-3　透性化细胞乳糖酶（引自骆承庠等，2001）
（1）透性化处理之前　　（2）透性化处理之后

骆承庠等采用有机溶剂渗透细胞技术和物理法渗透细胞技术（低温速冻–真空冷冻干燥）相结合，研制成功乳糖酶活力达原细胞酶活力的 450 倍左右的透性化乳酸克鲁酵母细胞乳糖酶，与国外报道的使用价格昂贵的毛地黄皂苷渗透处理的酵母细胞的乳糖酶活力相近甚至更佳，但是，生产成本大大降低，因此，更适合于工业化生产中的应用[17]。

2. 透性化乳酸克鲁维酵母细胞乳糖酶生产工艺流程及操作要点

（1）工艺流程

菌种 → 活化 → 扩大培养 → 发酵培养 → 菌体分离 → 清洗 → 有机溶剂渗透细胞 → 脱除有机溶剂和细胞成分 → 速冻 → 真空冷冻干燥 → 成品细胞酶

（2）操作要点

①原种酵母的制备：a. 扩大培养：将活化好的乳酸克鲁维酵母纯培养物接种于液体的乳糖酶最佳诱导培养基中，进行扩大培养，其培养条件为：300mL 三角瓶装液量80mL，发酵温度29℃，培养基起始 pH7.0，170r/min 摇瓶发酵，发酵时间24h。发酵完成后，取样镜检，当典型菌较多且无杂菌污染时，才可用于制备生产发酵剂。b. 接种：最佳接种量为 5%。

②透性化细胞乳糖酶制备：从发酵培养液中分离出的菌体进行清洗后，首先用有机溶剂对细胞进行渗透。渗透结束后，应无活的乳酸克鲁维酵母细胞存在。然后进行冻干处理，得到粉末状的透性化乳酸克鲁维酵母细胞乳糖酶。这种细胞乳糖酶的活力达到原细胞酶活力的 450 倍左右。

3. 一种新型的中空纤维生化反应器

利用这种细胞酶不易被超滤膜吸附而变性失活的特点，骆承庠等设计制造了一种新型中空纤维生化反应器[17]。该反应器对透性化细胞乳糖酶的活力回收率为99.9%，对乳糖含量为 4.7% 的脱脂乳中乳糖进行水解，控制乳糖水解率达到 75% 以上的工艺条件为：底物流速 324.08 ~ 421.84mL/min，酶用量 2.66% ~ 3.04%，操作温度 32 ~ 34℃，时间2h。该膜酶生化反应器中透性化细胞乳糖酶的半衰期为 859h。

中空纤维膜酶生化反应器设计原理如图 8-4 所示，利用内压式中空纤维柱，适当改装。所用的中空纤维超滤膜的截留量为 10000，将乳糖酶置于超滤膜的外侧，脱脂乳、乳清等从 c 口流入中空纤维，在 a 口施加压力限制流速，b 口配以截留相对分子质量为100000 的膜，则含有小分子乳糖的乳清就通过纤维超滤膜扩散到外室中，与外室中的乳糖酶接触，被水解为葡萄糖和半乳糖，经循环反应一段时间后便得到乳糖水解乳，而水解过程中外室中的酶在这一过程中不会流失。

（五）　关于乳糖酶使用方式的其他研究进展

1. 乳糖酶的热稳定性

为了提高乳糖酶的热稳定性，李宁等对多元醇类、糖类、金属离子以及蛋白质对酶热稳定性的影响进行了研究[18]。甘油、乳糖、麦芽糊精和大豆蛋白对提高乳糖酶的热稳定性具有一定作用。通过正交试验，获得了最佳复合热稳定剂的配比：4% 甘油，3% 乳糖，4% 麦芽糊精和 4% 大豆蛋白。在该热稳定剂的作用下，乳糖酶经 70℃ 保温 2h 后，

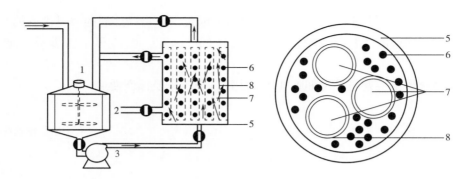

图 8-4　中空纤维膜酶生化反应器设计原理（引自骆承庠等，2001）

1—搅拌机　2—保温缸　3—卫生泵　4—中空纤维膜酶生化反应柱　5—中空纤维膜酶生化反应柱外室壁

6—乳糖酶　7—中空纤维超滤膜内室　8—中空纤维超滤膜壁

酶活保留率达到 85.28%，显著地提高了乳糖酶的热稳定性。

2. 乳糖酶的冻干保护剂

针对乳糖酶在冻干过程中的失活问题，李宁等研究了几种保护剂对乳糖酶真空冷冻干燥过程中的保护作用[19]。使用单因素筛选和正交试验方法，确定了乳糖酶保护剂最优配方：1%甘露醇，2%乳糖，7%可溶性淀粉，对乳糖酶真空冷冻干燥过程中具有显著保护作用，残余酶活力为 73.55%。

3. 原料乳的预处理对乳糖酶水解效率的影响

Jimenez-Guzman J 等的研究表明，在使用乳糖酶水解乳糖之前，预先对牛乳和乳清进行热处理，可以显著提高乳糖酶的活力[20]。当牛乳在 55℃ 被预热时，获得了最大的酶活力提高。在乳清中，从 55℃ 直到 75℃，乳糖酶的活力轻微地下降；在 85℃ 预热 30min，显著地提高了水解速度。电泳图谱和紫外光谱表明，酶活力变化与牛乳中的蛋白质变性相关，尤其是 β-乳球蛋白的变性。加热乳清透过物不能像加热完整乳清一样提高酶活力。但是，在超滤之前加热乳清也引起酶的激活。对乳清和加热乳清透过物中的游离巯基的测定结果显示，游离巯基的释放和酶活性的改变高度相关。而且，这种激活可以通过氧化反应性巯基而逆转，从而证实对牛乳和乳清进行预热处理提高了乳糖酶活力的效果可能与自由巯基向基质中的释放有关，而不是与热不稳定性的蛋白质抑制剂的变性有关。

4. 乳糖酶微胶囊化的新型囊材

Kwak H S 等的研究表明，乳化剂可以作为乳糖酶微胶囊化的有效囊材，使用微胶囊化的乳糖酶，能够制造出可以令人接受的乳制品[21]。作为囊材，中链甘油三酯（Medium-chain Triacylglycerol，MCT）和聚丙三醇单硬脂酸（Polyglycerol Monostearate，PGMS）是上佳选择。使用 MCT（94.9%）或 PGMS（72.8%），囊材与芯材之比为 15：1时，微胶囊化效率最高。

（六）乳糖酶的生产

要生产低乳糖乳制品，首先需要解决乳糖酶的来源和制取问题。目前，乳糖酶主要通过微生物发酵来生产，应用中的乳糖酶主要来自乳酸克鲁维酵母、脆壁克鲁维酵母、黑曲霉（Aspergillus niger）和米曲霉（A. oryzae）等微生物。微生物乳糖酶需要经过多步分离纯化，才能获取具有较高酶活力的乳糖酶制剂，而且，在每步纯化操作过程中，都不可避免地导致酶蛋白部分流失或变性失活，带来总活力的损失。此外，酵母菌和细菌的乳糖酶通常是胞内酶，分离提取需破碎细胞，更增加了乳糖酶生产成本。

1. 乳糖酶高产菌株的选育

（1）高产乳糖酶的霉菌　李宁等为诱变选育出产高温乳糖酶的高产黑曲霉菌株，采用紫外线诱变和 ^{60}Co-γ 射线诱变协同的方法，对出发菌株 D2-26 进行诱变处理，并根据致死率与诱变剂量的相互关系，选择合适的诱变剂量。确定了菌株的最佳诱变剂量，即采用 15min 紫外线照射，用剂量为 2 kGy 的 γ 射线对黑曲霉 D2-26 进行诱变，获得 1 株产高温乳糖酶的高产突变株 U co-3。对其进行显微观察发现，突变株菌落形态较原菌株略有改变，菌落呈整齐圆形年轮状，菌落背面只在接种处有明显的皱褶。突变株产乳糖酶能力显著提高，酶活力可达 16.27U/mL。紫外线和 ^{60}Co-γ 射线的协同诱变效果好，突变株稳定性和产酶情况良好[22-23]。

杜海英等采用紫外线诱变和 ^{60}Co-γ 射线协同诱变的方法，对出发菌株 Uco-3 的原生质体进行诱变处理，通过正突变率与诱变剂量的相互关系，确定最佳诱变剂量。采用 4min 的紫外线照射和剂量为 500 Gy 的 γ 射线对黑曲霉 Uco-3 的原生质体进行诱变，获得一株产高温乳糖酶的高产突变株 DL116，突变株产乳糖酶能力显著提高，产酶活力达 44.37U/mL，是出发菌株 Uco-3 的 2.73 倍[24]。

（2）高产乳糖酶的酵母菌　邱雯雯等使用常压室温等离子体（Atmospheric Room Temperature Plasma，ARTP）诱变，结合高通量筛选，选育出高乳糖酶活力的乳酸克鲁维酵母[25]。对乳酸克鲁维酵母进行不同时长（10~300s）的诱变处理，然后进行高通量筛选，快速筛选出 33 株乳糖酶活力提高 50%以上的突变株。通过复筛，最终得到 4 株高乳糖酶活力的突变株，其中最大乳糖酶活力提高到 0.257U/mL，是原始菌株的 2.8 倍；生长速度比原始菌株也显著提高。

2. 乳糖酶的发酵条件优化

杜海英等为确定黑曲霉菌株 DL116 的最佳发酵培养条件，研究了该菌株产乳糖酶的发酵培养基成分及培养条件。DL116 产乳糖酶的最佳培养基成分为：果胶 2.5%，豆粕粉 6%，玉米浆 9%，$(NH_4)_2SO_4$ 0.1%，K_2HPO_4 1%，吐温 80 0.3%；最佳培养条件：温度 30℃，初始 pH 5.0，装液量 30mL/250mL，接种量 10^4 个/mL。在此条件下培养，β-半乳糖苷酶酶活力达 83.89U/mL，是初始发酵条件下酶活力的 1.89 倍[26]。

Karlapudi A. P. 等用 Plackett-Burman 设计，通过筛选不同的营养和环境变量，设计了低成本发酵培养基，以实现芽孢杆菌 VUVD101 菌株的乳糖酶的最大产量[27]。他们选择了发酵过程的 14 种变量：培养时间、温度、pH、摇床转速、溶解氧、接种量、接种龄、$MgSO_4$、L-半胱氨酸、KH_2PO_4、$CaCl_2$、K_2PHO_4、玉米浆和乳糖。其中，6 个变量即玉米浆、乳糖、$MgSO_4$、温度、pH 和摇床转速都有高置信水平的影响，而剩余的 8 个变量对产量没有显著影响。与起始培养基相比，优化培养基的模型的酶活力提高 68 %，乳糖酶活力为 18.31U/mL。

3. 乳糖酶的分离纯化

李红飞等建立了一套简单易行的乳糖酶分离纯化方法[28]，从黑曲霉 D2-26 发酵液中得到单一的乳糖酶组分，以便研究其酶学性质。他们采用过滤、超滤、硫酸铵分级盐析、Sephadex G-25 脱盐、DEAE-纤维素-32 离子强度梯度层析、Sephadex G-100 凝胶过滤、DEAE-纤维素-32 pH 梯度层析等方法，从发酵液中分离纯化乳糖酶。纯化酶液经 PAGE 鉴定，得到单一蛋白条带。接着，李宁等对其进行酶学性质研究[29]。该乳糖酶的最适温度 70℃，在 30~60℃ 有较高的耐受性；最适 pH 为 2.5，pH 稳定范围在 2.0~9.0；Mn^{2+} 对乳糖酶活性有显著的激活作用，Hg^{2+}、Pb^{2+} 对酶活力有较强的抑制作用；SDS 严重抑制了酶活力；以 ONPG 为底物，采用双倒数做图法，测得 V_{max} 为 97nmol/min，K_m 为 8.77mmol/L；单亚基蛋白的分子质量为 116.978kD；糖基化程度为 11.3%。

（七）乳糖酶在使用时的副作用

1. 乳糖酶制剂中残留的蛋白酶会加速乳糖水解型 UHT 牛乳的变质并降低保质期

Nielsen S. D. 等发现，乳糖酶制剂在用于乳制品加工时，可能会发生蛋白水解副作用[30]。他们采用五种商业化的乳糖酶制剂对超高温（Ultra-high-temperature，UHT）处理后的半脱脂乳中的乳糖进行水解。在贮存 60 d 期间，采用蛋白质组学方法，比较了乳糖酶制剂对 UHT 牛乳的蛋白水解副作用及对常规 UHT 牛乳的影响。所有乳糖水解（Hydrolysed-lactose，LH）型 UHT 牛乳样品在贮藏过程中游离氨基的含量均高于常规 UHT 牛乳。这种增加部分归因于完整 β-和 α_{S1}-酪蛋白中 C 端氨基酸残基的释放，表明所用乳糖酶制剂具有羧肽酶活力。在贮存期间，有三种酶制剂增加了从 β-和 α_{S1}-酪蛋白的疏水区衍生的肽的释放，这可能导致在牛乳样品中产生苦味。

2. 乳糖酶水解后的牛乳可以加重美拉德反应从而影响乳的蛋白质品质

李思宁等用中性乳糖酶处理鲜牛乳，获得不同水解程度的低乳糖牛乳，然后对牛乳进行不同的热处理，处理后的样本进行美拉德反应程度评价[31]。随着乳糖水解的进行，牛乳中的葡萄糖含量增加，葡萄糖质量浓度从 0.00mg/100mL 增加到 1721.33mg/100mL，乳糖水解率从 0 增加到 70.33%。糠氨酸（Furosine）含量上升，水解时间在 3.0h 以上并经 75℃、30min 热处理的牛乳，糠氨酸含量超过了 190mg/100g 蛋白质；水解时间为 0.5h 及以上并经 75℃、15s 热处理的牛乳，糠氨酸含量超过了 12mg/100g 蛋白质。生鲜牛乳和水解后经 75℃、30min 热处理的牛乳，均未检测到 5-羟甲基糠醛（5-hydroxymethylfurfural，5-HMF），水解后经 75℃、15s 热处理的牛乳，随乳糖水解时间的延长，牛乳中 5-HMF 含量增加显著（$P<0.05$）。牛乳的褐变程度随乳糖水解时间显著增加（$P<$

0.05），且乳糖酶水解后75℃、30min热处理的牛乳的褐变程度明显高于75℃、15s热处理的牛乳。

二、 脂肪酶在乳制品加工中的应用

（一）脂肪酶的作用机制和使用方法

脂肪酶（Lipase）对脂肪中的脂肪酸残基的种类和酯键的位置具有很高的专一性，因此，一种脂肪酶的反应底物和产物是相对恒定的，用一种脂肪酶生产出的产品在风味上具有一定的独特性。大多数脂肪酶的最适pH6~9；酶解反应的最适温度20~40℃，生产中一般用30~36℃。脂肪酶只有在甘油酯和水所构成的非均相体系乳状液中才表现其活力，它对水溶性底物的催化作用很小，任何能增加底物–水界面面积的条件和措施，都能提高脂肪酶的活力，例如添加乳化剂、均质等。

（二）脂肪酶在乳制品加工中的作用

一般而言，天然牛乳中至少含有一种以上的脂肪酶。但是，脂肪酶在鲜牛乳中并无多大活性，因为酶与其底物被脂肪球膜分开。当牛乳被均质、搅拌或改变温度而使脂肪球膜破坏时，就会发生脂解，释放出的游离脂肪酸引起牛乳发生不良的水解性酸败，导致牛乳不能久藏和破坏某些乳制品的质量，因此，一般需要采取措施加以避免。

但是，某些乳制品的生产依赖乳脂中形成脂肪酸从而产生特殊的风味，例如，不同品种干酪的生产、用酸性稀奶油制作黄油等。此时，通常将牛乳均质以活化其中的脂肪酶系统或者人为添加脂肪酶，然后通过调控反应条件，使脂解向希望的方向发展，以获得独特风味的产品。近年来，已经能够针对特定的目的，选择最合适的脂肪酶，有很多脂肪酶已向商业化生产发展。

（三）脂肪酶在乳制品加工中的应用

1. 脂肪酶在干酪生产中的应用

目前，脂肪酶用于干酪生产主要是为了强化风味和缩短成熟时间。意大利干酪的传统做法是用小牛、小羊的前胃脂肪酶类制剂或皱胃膜浆进行处理，将前胃脂肪酶加到巴氏杀菌后的牛乳中可以增强风味、加速成熟过程。现在，人们已改用米黑毛霉（*Mucor miehei*）产生的脂肪酶。在制造布鲁干酪（Blue Cheese）之前，一般都将生乳或其稀奶油进行均质，以活化牛乳中的脂肪酶系统。在盐渍时，凝乳中加入霉菌如青霉（*Penicillium*）的脂肪酶，成熟时间从温度10℃下的6~9个月缩短到温度5℃下的30~45d。与以上两种干酪相比，切达干酪只受轻度脂解。

2. 脂肪酶在奶油生产中的应用

将奶油加热至90℃以上，保温1~2h，稍冷，除去上层的凝固蛋白质和下层的奶水，制成酥油。按酥油量的5%加入2%的脂肪酶苏打水溶液，均质，在5~10℃下放置12h，然后在20℃下保温酶解5d，待酸度达到要求后，加热灭酶，除去下层酶液，过滤，即得增香奶油制品。该产品具有很强烈的香味，可以广泛地用于糖果、巧克力、调味品和冰淇淋等产品中。

3. 脂肪酶在酸乳生产中的应用

酸乳生产中应用脂肪酶，只需在接种的同时加入一定量的脂肪酶即可。一方面可以提高酸乳的风味，另一方面可以加速发酵过程，这一方法在日本经常使用。

4. 脂肪酶在乳脂生产中的应用

熊志琴等采用两步酶法合成母乳脂替代品[32]。他们以油茶籽油和棕榈酸为原料，在有机相体系中，利用脂肪酶Novozym 435催化合成Sn-2位富含棕榈酸的甘油三酯。通过单因素试验和响应面设计，获得了最佳合成条件（表8-6）：

表8-6　　　　　　　　脂肪酶催化合成新型甘油三酯的最佳合成条件

反应因素	参数	备注
反应溶剂用量	10mL/g	反应溶剂为正己烷
底物质量比	1.1:1	棕榈酸-油茶籽油
脂肪酶用量	10.1%	以底物质量计
反应时间	16.5h	
反应温度	50℃	

在此条件下，Sn-2位棕榈酸含量达到66.08%。以第一步酸解反应得到的甘油三酯和鱼油为底物，经Sn-1，3专一性脂肪酶Lipozyme TL IM催化酯交换制备母乳脂替代品。最终，制品中不仅棕榈酸的含量和分布与母乳脂相似，而且具有较高含量的二十碳五烯酸、二十二碳六烯酸等多不饱和脂肪酸，也可作为婴儿配方奶粉的脂肪来源。

三、 凝乳酶在乳制品加工中的应用

凝乳酶有狭义与广义之分，狭义凝乳酶（Chymosin/Rennin）常称为皱胃酶，广义凝乳酶（Coagulating Enzyme）是作为干酪（Cheese）制作必不可少的凝乳剂的一类酶的总称，包括皱胃酶和植物性、动物性及微生物代用凝乳酶。

酪蛋白的降解模式对干酪的产量、硬度及风味影响很大。理想的皱胃酶替代品应该具有较高的酪蛋白水解特异性。只有在乳正常pH范围内的凝乳活力与干酪成熟条件下的蛋白水解活力比值高的酶才适合制作干酪。因为这种酶使得蛋白质损失较少，干酪产量高。此外，还应考虑其脂肪酶活力，脂肪酶活力过高会导致形成不良风味、脂肪损失较多。

（一）凝乳酶的来源

1. 动物来源凝乳酶

动物来源凝乳酶主要是指从羔羊皱胃、成年牛皱胃提取的皱胃酶或从猪胃中提取的胃蛋白酶（Pepsin）。另外，某些主要的蛋白质分解酶，如胰蛋白酶（Trypsin）和胰凝乳蛋白酶（Chymotrypsin）等，也包括其中。

（1）皱胃酶　皱胃酶通常是从小牛第四胃（皱胃）室分离出来，是干酪生产的首选凝乳剂。近年来，世界干酪产量逐年增加，而小牛宰杀有限，因此，犊牛皱胃酶资源越来越短缺，价格不断上扬。从成牛皱胃中提取的皱胃酶和胃蛋白酶的混合物替代小牛皱胃酶，会造成酪蛋白过度水解，使得干酪产量降低。为缓解干酪生产量不断增加与皱胃酶供应紧张的矛盾，尤其是近年来随着疯牛病的出现和不断蔓延，消费者对用皱胃酶生产的干酪的安全性产生了质疑，因此，皱胃酶替代品的开发引起人们的普遍关注。

（2）胃蛋白酶　胃蛋白酶主要取自成年动物（如猪、牛等）的胃，来源广，成本较低。尽管胃蛋白酶易受乳 pH 和钙离子的影响，但是只要工艺参数合理，并加以严格控制，胃蛋白酶凝乳的速度和质量较好。因此，从凝乳质量和经济角度考虑，胃蛋白酶作为皱胃酶的代用品生产干酪是可行的。

2. 微生物来源凝乳酶

微生物凝乳酶可分为霉菌、细菌和其他微生物三种来源，在干酪生产中得到应用的主要是霉菌凝乳酶。

（1）霉菌凝乳酶　霉菌凝乳酶的主要代表是从微小毛霉（*M. pusillus*）中分离出的凝乳酶，其分子质量为29800，凝乳的最适温度为56℃，蛋白分解力比皱胃酶强，但比其他的蛋白分解酶弱，对牛乳凝固作用强。现在，日本、美国等国将其制成粉末凝乳酶制剂而应用到干酪的生产中。另外，其他一些霉菌凝乳酶也被广泛开发和利用。例如，王成忠等以蓝色刺孢霉（*Quambalaria cyanescens*）为出发菌株，利用复合（紫外线和硫酸二乙酯）诱变，获得了凝乳酶高产菌株 A18、B9 和 B20，其凝乳酶活力比出发菌株分别提高了 20.80%、104.32% 和 37.51%，其中以菌株 B9 相对酶活力最高 [（115.95±7.20）SU/mL]，酶活力增加 104.32%[33]。该菌株具有较好的遗传稳定性，所产酶为天冬氨酸蛋白酶，相对分子质量为 32 400kDa。通过与小牛皱胃酶酶切位点比较，得出水解产物和小牛皱胃酶的基本相同。

（2）细菌凝乳酶　对天然凝结剂日益增长的需求增加了对凝乳酶替代品的需求，促进了寻找具有凝结剂性质的蛋白酶新来源。例如，Lemes A. C. 等筛选到一株产新型凝乳酶的芽孢杆菌 P45，并将这种细菌来源的凝乳酶应用于奶油干酪生产中，开发了添加奇雅粉和藜麦粉的奶油干酪[34]。腾军伟等采用酪蛋白平板法和 Arima 时间法，筛选出 1 株产凝乳酶的解淀粉芽孢杆菌 GSBa-1[35]。该菌株在液体 LB 培养基中发酵 72 h，产凝乳酶的凝乳活力为（431.53±15.89）SU/mL（SU 为 Soxhlet Unit 的缩写，常用于凝乳酶活力的表示），蛋白水解活力为（5.05±0.59）U/mL，所产凝乳酶凝乳活力高而蛋白水解活力低。凝乳酶粗酶的单位酶活力为 1.54~5SU/g。该菌株来源安全，可作为工业化候选菌株进一步研究开发。

（3）其他微生物凝乳酶　赵笑等使用酒曲发酵，生产凝乳酶[36]。其最佳产酶条件是：酒曲接种量 5.7%，发酵时间 72 h，摇床转速 120 r/min，在此条件下，凝乳酶凝乳活力为 51.05 SU/mL。在温度 30~35℃、pH 5.5~6.1 范围时，酒曲凝乳酶的凝乳效果较好。随着 CaCl₂ 和凝乳酶添加量的增加，酒曲凝乳酶的凝乳效果增强。与商业凝乳酶相比，酒曲凝乳酶的凝乳时间较短，凝乳的黏性和弹性较高，可使凝乳形成连续的、不规则且较为致密的网状结构，有利于其在干酪中的应用。

3. 植物来源凝乳酶

植物来源凝乳酶包括无花果蛋白酶（Ficin）、菠萝蛋白酶、粗制木瓜蛋白酶和木瓜凝乳蛋白酶（Chymopapain，EC3.4.22.6）等。

（1）粗制木瓜蛋白酶　木瓜蛋白酶可以使牛乳凝固，其对牛乳的凝乳作用比蛋白分解力强，但制成的干酪带有一定的苦味。

（2）木瓜凝乳蛋白酶　木瓜凝乳蛋白酶是未成熟番木瓜果实浮汁中最丰富的组分，其成分复杂。随着酶分离技术的日益完善，将木瓜凝乳蛋白酶的各组分分离提纯，分别研究其凝乳特性已成为可能。将最适宜凝乳的组分提纯出来用于干酪生产，不仅可缓解日益紧张的皱胃酶资源，还可提高番木瓜的产品附加值。

（3）无花果蛋白酶　无花果蛋白酶存在于无花果的乳汁中，可结晶分离。用无花果蛋白酶制作契达干酪（Cheddar Cheese）时，凝乳与成熟效果较好，只是由于它的蛋白分解力较强，因此，脂肪损失多，收率低，略带轻微的苦味。

4. 利用遗传工程技术生产的皱胃酶

由于皱胃酶的各种代用酶在干酪的生产中通常会表现出某些缺陷，迫使人们利用新的技术和途径来寻求犊牛以外的皱胃酶来源。美国和日本等利用遗传工程技术，将控制犊牛皱胃酶合成的 DNA 分离出来，导入微生物细胞内，利用微生物来合成皱胃酶获得成功，并得到美国食品与医药管理局（FDA）的认定和批准（1990 年 3 月）。

中国在这方面也开展了研究。例如，张艳丽等将牛凝乳酶原基因连接 pNZ8149 载体，转化乳酸乳球菌（Lactococcus lactis）NZ3900，经乳酸链球菌素 Nisin 诱导，测得重组菌株胞内凝乳酶活力达到 0.7 SU/mL，实现了牛凝乳酶原基因在乳酸链球菌 Nisin 诱导基因表达系统（Nisin Controlled Gene Expression System，NICE）中活性表达[37]。在此基础上，将分泌信号肽 SPusp45 连接于 pNZ8149，构建了分泌型表达载体 pNZ8149s，实现牛凝乳酶原基因在 NICE 系统中分泌表达。当使用 1 ng/mL Nisin 诱导 5 h 后，培养基中凝乳酶活力为 1.2 SU/mL。该方法为重组牛凝乳酶在食品级菌株中重组表达提供了一种可行的方案。

（二）凝乳酶在干酪加工中的应用

干酪是一种浓缩发酵乳制品，营养丰富，还具有诸多保健功能。

1. 动物来源凝乳酶在干酪加工中的应用

（1）皱胃酶　皱胃酶是干酪生产的首选凝乳剂。

（2）胃蛋白酶　胃蛋白酶很早以前就已经开始作为皱胃酶的代用酶而应用到了干酪的生产中。猪的胃蛋白酶比牛的胃蛋白酶更接近皱胃酶。目前，国外该酶在干酪生产中已得到一定程度的应用，但国内还未见使用胃蛋白酶作为皱胃酶代用品生产干酪。胃蛋白酶生产干酪的工艺参数和操作要点如下：

①原料乳的杀菌温度：在实际生产中，可用巴氏杀菌法（65℃，30min）或高温短时杀菌法（75℃，15 s）。乳的凝固速度和凝块质量随原料乳的杀菌温度不同而异。随着杀菌温度的升高，乳中溶解性磷酸钙和柠檬酸钙的溶解度显著降低，影响钙桥的形成，从而导致凝固时间延长，凝块变软。严重时会导致 κ-酪蛋白和 α-乳清蛋白或 β-球蛋白分子间形成二硫键，妨碍乳凝块的形成。未经杀菌的乳虽然凝固速度快，凝块质量好，但易污染，无法保证质量。

②凝乳反应温度：保温温度为39℃，这与胃蛋白酶的最适作用温度一致。

③加酶量：视商品胃蛋白酶制剂的酶活力而定。比如，商品胃蛋白酶制剂的酶活力为552U/g时，适宜加酶量为0.005%。

④乳的酸度：乳的适宜酸度为24°T（吉尔涅尔度）。胃蛋白酶是一种酸性蛋白酶，酸度低于18°T的新鲜乳，如果不进行调酸则不能形成凝块。但是，酸度超过25°T后，凝块质量开始下降。这是由于随着酸度的增加，酸中和胶粒表面的电荷，蛋白质脱水收缩作用增强，使蛋白质胶粒相互凝集，凝块密度增加，形成粗凝块，甚至形成沉淀。

⑤$CaCl_2$加入量：$CaCl_2$的适宜加入量为0.015%。添加适量 $CaCl_2$ 是为了补充杀菌过程中部分可溶性钙转变为不溶性钙而导致的 Ca^{2+} 的不足。但是，高浓度的 $CaCl_2$ 会降低 His-Lys 肽键的水解率，阻碍乳的凝固，甚至给干酪成品带来苦味，影响质量。

2. 微生物来源凝乳酶在干酪加工中的应用

微生物来源的凝乳酶在生产干酪时的缺陷主要是在凝乳作用强的同时，蛋白分解力比皱胃酶高。此外，微生物凝乳酶对 κ-酪蛋白的水解特异性不高，且将副 κ-酪蛋白进一步水解成较小的肽段。干酪的收得率较皱胃酶生产的干酪低，成熟后产生苦味。另外，微生物凝乳酶的耐热性高，给乳清的利用带来不便。

Lemes A. C. 等筛选到一株产新型凝乳酶的芽孢杆菌 P45，并将这种细菌来源的凝乳酶应用于奶油干酪生产中[34]。在 30 mg/mL 的浓度下，凝乳强度与商业凝乳酶的凝乳强度相近，表明该酶具有催化牛奶酪蛋白水解的能力。开发的奶酪显示出高保水性（≥99.0%），因此，脱水收缩过程较低。该酶生产的产品具有良好的卫生条件和工艺特性，产品稳定性高，生产可行。

3. 植物来源凝乳酶在干酪加工中的应用

（1）粗制木瓜蛋白酶　如前所述。

（2）木瓜凝乳蛋白酶　由于东西方饮食习惯的差异，许多东方人不太喜欢经长期发酵成熟的味道较浓的硬质干酪。利用木瓜凝乳蛋白酶有效凝乳组分生产新鲜的或经短期发酵成熟的干酪，或再用其生产再制干酪，都可避免因发酵时间太长、造成酪蛋白过度水解而生成苦味肽，导致干酪风味不良，并且可以生产出东方人能接受的新型干酪制品。

（3）无花果蛋白酶 如前所述。

总之，植物来源凝乳酶和微生物来源凝乳酶的蛋白水解活力较强，会使 α-酪蛋白、β-酪蛋白和 κ-酪蛋白过度水解并生成苦味肽，β-酪蛋白 C-末端水解生成的苦味肽不能在酶的作用下进一步降解，从而使干酪带有苦味，其中主要是 β-酪蛋白水解生成的。

4. 生物合成皱胃酶在干酪加工中的应用

美国 Pfizer 公司和 Gist Brocades 公司生产的生物合成皱胃酶制剂在美国、瑞士、英国、澳大利亚等国已经广泛推广应用。

（三）凝乳酶在干酪素加工中的应用

1. 干酪素的生产现状

干酪素（Casein），是一种重要的食品和化工原料，可作为营养添加剂或品质改良剂用于食品、医药、烟草、化妆品、皮革、轻纺、造纸等行业中。国内外市场对干酪素的需求量较大，发展前景广阔。

目前，中国生产工业用干酪素的主要原料是来自青藏高原牧区的"曲拉"（Qula）。曲拉是牧民将牦牛乳脱脂后，自然发酵使酪蛋白凝结风干而制成。曲拉再经碱溶、离心、酸沉、脱水干燥，得到干酪素，其中，酪蛋白含量高于 80%。与国外用鲜乳生产的干酪素相比，这种干酪素存在溶解黏度高、色泽发黄、无光泽、酸败异味等缺陷，使其在使用、价格和对外出口等方面受到很大限制。

2. 凝乳酶在干酪素加工中的应用

采用以酶技术为核心的新方法，通过离心分离、酶水解蛋白、酶法脱脂脱臭、酶法降糖等处理，改进曲拉制干酪素生产工艺，可以对降低干酪素溶解黏度、减少酸败异味、抑制类黑素（Melanoidins）产生和改善色泽起到很好的改善作用，得到品质较佳的干酪素制品[38]。

（1）酶法加工干酪素工艺流程 曲拉→粉碎→碱溶（NaOH）→过滤（加入 Na_2SO_3 等，200 目）→离心分离→加入胰蛋白酶、脂肪酶和乳糖酶制剂→保温酶解→灭活（95℃，5min）→点酸（HCl）→过滤→加压脱水→干燥（40~45℃，30min）→检验→包装→成品

（2）胰蛋白酶的处理条件 胰蛋白酶用于适量分解大分子酪蛋白，产生少量小分子蛋白胨和氨基酸等，并且分子直径较小，使干酪素的溶解黏度降低，易溶于水，遇热不凝固，品质更符合工业添加剂的使用要求。但是，反应时间不宜过长，以免造成酪蛋白大量损失。最佳处理条件为：酶浓度 1.0 g/kg（酶制剂的活力为 5000U/g），处理温度 38℃，处理时间 5min。

（3）脂肪酶和乳糖酶的处理条件 加入脂肪酶，对曲拉溶液中残留脂肪进行水解，

可以减免不良酸败味的产生，复现牦牛奶本身特有的奶香味。乳糖酶可以对曲拉溶液中乳糖进行分解，降低乳糖残留量，防止乳糖与酪蛋白中的氨基酸在加热之后发生美拉德反应，改善产品的不良棕褐色。最佳处理条件为：脂肪酶浓度 0.01 g/kg（酶制剂的活力为 4500U/g），乳糖酶浓度 0.03 g/kg（酶制剂的活力为 6500U/g），pH 4.2。

四、 蛋白酶在乳制品加工中的应用

由于不同的作用机制，生物活性肽可以提供不同的健康益处。

（一）蛋白酶在乳清蛋白水解物加工中的应用

近年来，随着人们对营养、健康认识的提高，蛋白质、脂肪含量相当于原料乳十倍的高营养含量的干酪，成为世界上较少的保持连续上升的乳制品。乳清是工业生产干酪的副产品，按生产干酪时的工艺不同可分为：甜乳清、酸乳清和含盐乳清。它有两大特点，一是产量大，按生产 1 t 干酪排放 9 t 乳清计算，每年都有上亿吨的乳清等待利用和处理。二是含有乳中的多种成分，具有极高的营养价值，其中乳清蛋白占牛乳总蛋白质的 20%。

1. 使用蛋白酶处理乳清蛋白的意义

乳清蛋白是一种重要的乳源食品蛋白，含有大量的功能性成分，主要包括四大类蛋白质，分别是：α-乳白蛋白（19%）、β-乳球蛋白（48%）、血清白蛋白（5%）、免疫球蛋白（8%）。其他的组分为乳铁蛋白、乳过氧化酶、生长因子等许多生物活性因子和酶。这些物质均具有一定的生物活性，对人体非常重要。乳清蛋白有着较高的功效比（PER 值为 3.0），仅次于鸡蛋蛋清的 PER 值（3.8），而酪蛋白的 PER 值却只有 2.5。乳清蛋白不仅易于被消化吸收，而且其必需氨基酸组成完全符合或超出 FAO/WHO 要求，在食品、保健品等领域被广泛应用。

但是，乳清蛋白自身的某些性质不利于它的进一步开发利用。乳清蛋白的主要成分 β-乳球蛋白是婴儿牛乳过敏症的主要致敏因子。乳清蛋白质是热敏性蛋白质，热变性后在水中溶解性明显下降，因而直接影响其功能特性的表现，也使其利用范围受到很大的限制。用乳清制作饮料时，热处理往往会使乳清蛋白变性沉淀，影响产品的感官特性，若弃去沉淀，则其营养价值大大降低。

蛋白酶水解乳清蛋白是克服其性质局限的一种重要处理手段。乳清蛋白经蛋白酶水解，不仅能够显著改善其乳化、起泡性能，而且降解后产生的肽段更易于机体的转运、吸收及利用，其中一些肽段更是有着特殊的生理功能，如降血压、降胆固醇、抗菌、镇静等。此外，通过对乳清蛋白的酶降解，能够有效破坏 β-乳球蛋白的致敏结构，从而消除其致敏性。因此，乳清蛋白的蛋白酶处理技术具有改善营养、扩大应用范围的现实意义。

2. 蛋白酶水解乳清蛋白的工艺条件

乳清蛋白的分子中有较多的疏水氨基酸残基。

（1）中性蛋白酶（A. S1398）水解乳清蛋白的最佳工艺参数　温度50℃，初始pH 7.5，加酶量8000U/g蛋白，乳清蛋白浓度4%。在此工艺条件下，乳清蛋白的水解度可达20.31%[39]。

（2）碱性蛋白酶水解乳清蛋白的最佳工艺参数　$E/S=5\%$，$T=60℃$，$pH=8.0$，水解度21.6%。国内外有关蛋白酶解的资料表明，碱性蛋白酶有水解终端疏水性氨基酸的专一性，主要裂解疏水性氨基酸如亮氨酸、异亮氨酸、缬氨酸等的终端，而疏水性氨基酸在终端比在肽链间呈苦味小。

3. 蛋白酶在酶解乳清蛋白制备ACE抑制肽中的应用

（1）制备ACE抑制肽的意义　血管紧张素转换酶（Angiotensin-converting Enzyme，ACE）在人体血压调节过程中起重要作用。它催化血管紧张素Ⅰ从C端裂解二肽形成血管紧张素Ⅱ（肾素-血管紧张素系统中已知最强的血管收缩剂）。同时，它能纯化血管舒张剂-舒缓激肽。ACE抑制肽通过抑制ACE的活性，可使血管紧张素Ⅱ的生成和舒缓激肽的破坏均减少，从而达到治疗高血压的目的。

自从1965年Ferreirra首次从巴西蝮蛇蛇毒中分离出ACE抑制肽以来，人们现已从牛乳酪蛋白、乳清蛋白、大豆蛋白、大米蛋白等蛋白质中发现了许多具有抑制ACE活性的小肽。

（2）影响乳清蛋白酶解制备ACE抑制肽的因素

①蛋白酶种类：不同蛋白酶水解乳清蛋白的产物的ACE抑制率不同。胃蛋白酶水解物的ACE抑制率较小，碱性蛋白酶、中性蛋白酶、胰蛋白酶和木瓜蛋白酶的水解物的ACE抑制率都比较高。其中，碱性蛋白酶水解物的ACE抑制率达到90%以上，显著高于其他蛋白酶水解物。因此，碱性蛋白酶比较适合酶解乳清蛋白生产ACE抑制肽。

②使用碱性蛋白酶水解乳清蛋白制取ACE抑制肽的工艺条件：水解温度50℃，底物质量浓度为0.05 kg/L，酶与底物的质量比为5.5%，水解时间6 h。

（二）蛋白酶在酪蛋白糖巨肽生产中的应用

1. 酪蛋白糖巨肽的涵义

在干酪生产中，凝乳酶作用于牛乳酪蛋白，可水解释放出κ-酪蛋白的C端106~169残基片段。这部分水溶性的肽段被称为酪蛋白大肽（Caseinomacropeptide，CMP）。κ-酪蛋白上的碳水化合物都在此片段。由于κ-酪蛋白上的糖链的非均相性，CMP糖基化程度不同，在TCA溶液中的溶解度也就不同，其中在12%TCA溶液中可溶的CMP含κ-酪蛋白全部糖链，被称为糖巨肽（Glycomacropeptide，GMP）。通常，将酪蛋白来源的此类多肽统称为酪蛋白糖巨肽（Caseinglycomacropeptide，CGMP）。

2. 酪蛋白糖巨肽的化学组成特点与功能

CGMP的化学组成非常独特，不含有苯丙氨酸，带有含唾液酸（Sialic Acid）的低聚糖糖链，因而具有许多重要的生理活性功能。主要为：①抗微生物活性；②糖巨肽中的唾液酸可抑制细菌和病毒在宿主细胞表面的附着和定植；③可与霍乱毒素和大肠杆菌毒素结合，使其毒性降低；④不含苯丙氨酸，使其成为苯丙酮尿症患者的适宜食物；⑤抑制某些动物的食欲；⑥抑制血栓形成；⑦促进双歧杆菌（*Bifidobacterium*）增殖等。因此，CGMP 是很好的疗效食品、保健品并具有药用价值。

3. 酪蛋白糖巨肽的研究与开发现状

目前，国外在 CGMP 的制备、纯化及生理活性等方面已经开展了大量的工作。

在 CGMP 的纯化方面，主要利用其在 TCA 溶液中的溶解特性，通过调整 TCA 的终浓度为 12%沉淀杂蛋白，透析后获得 CGMP 纯品。在工业上，开发了许多从凝乳酶酶解的酪蛋白乳清中大规模纯化 CGMP 的技术，如超滤、离子交换层析、亲和层析、凝胶层析、乙醇沉淀等。

用其他消化酶如胃蛋白酶对酪蛋白或酪蛋白酸钠进行短时水解后，也可释放出一组酪蛋白巨肽混合物。由于胃蛋白酶的专一性较凝乳酶差，酶解酪蛋白时切割位点较多，因此，高纯度及高活性 CGMP 的制备和分离纯化更为困难。但是，与凝乳酶相比，胃蛋白酶的价格非常低廉，因此，从其酶解产物中大规模分离与纯化 CGMP 的技术有重要的意义及应用前景。

用胃蛋白酶对牛乳酪蛋白进行有限度的酶解，可获得产量为 0.82 g/100g 酪蛋白的高纯度（0.86）及高糖基化度（0.841）的 CGMP[40]。CGMP 的酶解制备条件为：E/S=1/100，酶解反应 15min。硫酸铵对酶解液的盐析除杂效果极好。采用 60%饱和度硫酸铵盐析，除沉淀后，经透析脱盐可获得高纯度、高糖基化度（0.791）的 CGMP，得率为0.74%（以酪蛋白计）。采用 20%终饱和度盐析，可除去 52.7%的杂蛋白，经透析脱盐后，粗分离产物的糖基化度可提高到 0.25，得率为 4.56 g/100g 酪蛋白。Q-SepharoseFF是 CGMP 较好的纯化的手段，具有处理量大、需时短、除杂量大等优点，可用于 CGMP的早期纯化。其工艺条件是：上样 pH8.5，最大上样量 34.2 mg 脱盐粗分离物（以蛋白质计）/mL 树脂，洗脱条件为 pH7.1 的含 0.3mol/L NaCl 的缓冲液。此步骤可除去脱盐粗分离物中 60%杂蛋白，纯化后的产物的糖基化度可提高到 0.472。经上述盐析、脱盐除杂及柱层析后，CGMP 纯化产物的得率为 2.19 g/100g 酪蛋白，总结合态唾液酸回收率为 87.4%。

（三）蛋白酶在酪蛋白磷酸肽加工中的应用

1. 酪蛋白磷酸肽的概念和功能

酪蛋白磷酸肽（Casein Phosphopeptides，CPP）是牛乳酪蛋白经适宜的蛋白酶酶解所得到的一系列含有磷酸丝氨酸簇的天然生理活性肽。其功能的核心结构为-SerP-SerP-SerP-Glu-Glu-，能和钙、铁、锌等金属离子形成可溶的螯合物。它可以在小肠的中性或碱性环境中保持钙的溶解状态，并促进肠壁对钙的吸收，因此被称之为促钙吸收因子。此外，CPP 还能提高铁、锌、镁等矿物元素的生物利用率，并具有抗龋齿的功能，可用于防止和治疗牙结石。

2. 酪蛋白磷酸肽的生产现状

在中国，酪蛋白磷酸肽尚未完全实现产业化生产。而且，世界上现有的生产中往往采用单一酶水解，存在水解度低、酶消耗量大、底物浪费、成本过高等缺点。筛选合适的复合酶系和确定适宜的酶促反应条件是今后研发方向。复合酶水解生产酪蛋白磷酸肽比单酶水解的水解度大，可提高底物的利用率；胰蛋白酶参与的多酶水解体系中，水解速率较大。

3. 酶解酪蛋白生产酪蛋白磷酸肽工艺流程

酪蛋白→ 酶水解 → 灭酶 → 离心 → 上清液 →钙–乙醇沉淀 → 离心 → 沉淀干燥

（四）蛋白酶在其他乳蛋白肽加工中的应用

Zanutto-Elgui M R 等使用来自米曲霉和黄曲霉（*A. flavus*）的真菌蛋白酶，从牛乳和羊乳中制备了具有抗菌和抗氧化特性的生物活性乳肽[41]。该真菌蛋白酶由固态发酵培养而来。生成的肽对所有受试的细菌和真菌都有很好的抑制作用。在 52.5 μmol/μL 的 Trolox 当量浓度下，DPPH 清除率高达 92.5%，氧化自由基吸收能力（Oxygen Radical Absorbance Capacity，ORAC）稳定。通过 2D-PAGE 分级和质谱得到牛乳特异性序列肽。因此，通过固态发酵可以经济有效地制备出具有广泛抗菌作用和抗氧化活性的乳生物活性肽，对制药和食品工业具有一定的意义。

五、 谷氨酰胺转氨酶在乳制品加工中的应用

目前，微生物谷氨酰胺转氨酶（MTGase）已被用来形成新的具有高理化稳定性的食物结构和基质。将这种多功能酶加入奶酪、冰淇淋等基于乳蛋白的产品的结构组成中，不仅是一种通过分子内交联来改善其营养和工艺特性的成功策略，而且可以通过降低脂肪和稳定剂的含量来降低生产成本。

（一）谷氨酰胺转氨酶在乳品中的作用机理

Gharibzahedi S M T 等对此提出了一些新的见解和展望[42]。在奶酪、冰淇淋和奶中添加 MTGase 可增强蛋白质基质，被视为改善终端产品理化和感官性质的一种新型添加剂。

王文超等以酸奶乳清为原料，添加谷氨酰胺转氨酶（TG）进行处理，然后通过 3 种截流分子质量的超滤膜对酸奶乳清蛋白进行分级分离，得到 4 种分子质量的超滤酸奶乳清蛋白（UFMP）[43]。TG 处理导致各 UFMP 组分的 DPPH 清除率和还原力等抗氧化活性提高；一些乳清蛋白肽组成和游离氨基酸种类及含量的显著变化（$P<0.05$），这是抗氧化活性提高的主要原因。UFMP 的抗氧化活性与其分子质量呈显著负相关（$P<0.05$），这可能与小分子蛋白质活性基团的暴露及其空间结构的反应灵活性有关。

（二）谷氨酰胺转氨酶在不同乳制品加工中的应用

1. 谷氨酰胺转氨酶在奶酪加工中的应用

添加 MTGase 到奶酪中，在不改变化学成分的情况下，显著改善了奶酪的水分、产

量、质地、流变学和感官特性。

2. 谷氨酰胺转氨酶在冰淇淋加工中的应用

MTGase 处理不影响冰淇淋的 pH。与未经处理的冰淇淋相比，MTGase 的应用显著提高了冰淇淋的稠度、脂肪不稳定性、膨胀和感官接受度，同时大大降低了冰淇淋样品的硬度和融化速度。

3. 谷氨酰胺转氨酶在乳加工中的应用

O'Sullivan M. M. 等研究了谷氨酰胺转氨酶对牛乳热稳定性的影响及其可能的机制[44-45]。从对照和谷氨酰胺转氨酶处理的脱脂乳中制备脱脂乳粉。复原的谷氨酰胺转氨酶处理的脱脂乳（9.0%的总固形物）的热稳定性和对照乳相比，在最低的能够保持稳定性的 pH 范围内（6.8~7.1）有显著提高。同时，复原的浓缩谷氨酰胺转氨酶处理的脱脂乳（22.5%的总固形物）的热稳定性和对照乳相比，作为 pH 的一个函数逐渐改进。

用谷氨酰胺转氨酶处理牛乳影响它的热稳定性。但是，谷氨酰胺转氨酶怎样起作用，取决于牛乳在保温处理之前是否被预热以及预热的温度。在未加工的牛乳中，似乎是酪蛋白分子之间的交联形成在稳定性的极限 pH 范围内阻止了 κ-酪蛋白从胶束的分裂。在用酶处理之前就预热的牛乳中，乳清蛋白的变性可能允许依靠谷氨酰胺转氨酶在变性的乳清蛋白和个别酪蛋白之间形成交联，而后者和酪蛋白的交联结合在一起，有助于极大地提高在 pH>6.5 时的热稳定性[46]。

从目前研究的结果来看，谷氨酰胺转氨酶具有潜在的商业用途，可以作为一种能改善牛乳热稳定性的食品级的添加剂。但是，为了更好地了解谷氨酰胺转氨酶提高牛乳热稳定性的机制，有必要进行更深入的研究。

4. 谷氨酰胺转氨酶在酸奶加工中的应用

微生物谷氨酰胺转氨酶可以用于改善新型益生菌酸奶和非益生菌酸奶的功能特性和品质特性。MTGase 与乳蛋白的交联反应稳定了酸奶的三维结构。经 MTGase 处理的酸奶在贮藏过程中表现出脱水收缩作用降低，持水力和黏度增加，结构均匀，质地理想，理化性质稳定性提高。MTGase 的使用对酸奶的感官特性没有负面影响。在酸化的酸奶饮料中加入 MTGase 可减少乳清的分离，提高黏弹性。这种多功能酶还能保护酸奶中的活发酵剂和益生菌细胞。Gharibzahedi S M T 等提出，需要进一步的研究，来评估使用 MTGase 介导的微胶囊保护的酸奶中益生菌的活性[47]。

5. 谷氨酰胺转氨酶在其他乳制品加工中的应用

李昕等通过微射流分别制备乳清分离蛋白（Whey Protein Isolate，WPI）和乳铁蛋白（Lactoferrin，LF）乳状液，二者混合后，乳状液微滴之间发生异型聚集效应，形成微聚集体；然后，通过谷氨酰胺转氨酶交联，结合形成具有特定三维空间网络结构的微聚集体[48]。WPI 与 LF 乳状液发生异型聚集，最大程度的聚集和最高物理稳定性体系发生在50%LF-50%WPI 微滴形成的微聚集体。异型聚集效应改变了乳状液的流变特性，与单一 WPI 和 LF 乳状液相比，50%LF-50%WPI 微聚集体流变学特性黏度值分别为单一乳状液的 3.72 倍和 2.2 倍。通过谷氨酰胺转氨酶交联，乳状液微聚集体的黏度值为原来的

11.4 倍。因此，基于异型聚集效应结合酶促交联，可提高食品体系的流变特性，为开发食品脂质替代物提供了一定的理论支持。

Wang W. Q. 等将谷氨酰胺转氨酶固定在聚醚砜膜表面，考察了所得酶膜反应器（Enzymatic Membrane Reactor，EMR）的过滤效率及其催化蛋白质交联和从奶酪乳清分离的机理[49]。经傅里叶变换红外光谱和 X 射线光电子光谱证实，谷氨酰胺转氨酶共价固定在聚醚砜膜表面。谷氨酰胺转氨酶 EMR 的蛋白质回收率达到 85%。蛋白质回收率和相对的膜流量随时间的降低，主要是由于连续操作 1365min 后膜表面酶活性降低。EMR 的总的膜阻力比纯聚醚砜膜乳清过滤膜小 50% 左右。阻力下降的主要原因是交联蛋白质与酶膜之间存在排斥力能，这是通过分析基于扩展的 Derjaguine-Landaue-Verweye-Overbeek（XDLVO）理论而确定的。

（三）谷氨酰胺转氨酶的新来源

李洪波等将黏玉米的谷氨酰胺转氨酶基因重组到大肠杆菌中，并从重组菌株中分离纯化出黏玉米的谷氨酰胺转氨酶（TGZ）[50]。在 pH 8.0，37℃的条件下，重组 TGZ 的 K_m 为 1.55μmol/L，V_{max} 为 155/min。该酶的最适反应温度为 45℃，具有较稳定的耐热性；最适反应 pH 为 8.0，具有较强的耐碱性；K^+、Ca^{2+}、Na^+ 和 Ba^{2+} 对该酶的活性具有促进作用，Fe^{3+}、Cu^{2+} 和 Zn^{2+} 的抑制作用较强。酪蛋白是 TGZ 的良好底物。

六、 溶菌酶在乳制品加工中的应用

采用 Nisin 为 100mg/kg、溶菌酶为 33.50U/mL、抗坏血酸为 0.15g/kg 的鲜乳保鲜剂，可有效地延长鲜乳的保质期。

在完整的牛乳中，单核细胞增生李斯特菌对鸡蛋清溶菌酶是非常有抵抗力的。通过阳离子交换法去除牛乳中的矿物质，尤其是钙离子和镁离子，在 4℃贮藏 6d 期间，溶菌酶对单核细胞增生李斯特菌的致死作用有所增加。热处理（62.5℃，15 s）强烈地增加了单核细胞增生李斯特菌对在去除矿物质的牛乳中的溶菌酶的敏感性。在去除矿物质的牛乳中添加钙离子或镁离子，恢复了单核细胞增生李斯特菌对溶菌酶的抵抗力。在含有溶菌酶的去除矿物质的牛乳中，细胞在 55℃被加热失活地更迅速，而向去除矿物质的牛乳中添加钙离子，恢复了单核细胞增生李斯特菌对热的敏感性。牛乳中的矿物质或与矿物质相关的成分对单核细胞增生李斯特菌起到保护作用，使其不被溶菌酶和热处理失活，这或许是因为它们提高了细胞表面的稳定性。对添加溶菌酶的食品进行热处理，对食品的微生物安全性的起到重要作用。

长期以来，人们一直在探讨使用生物技术来促进畜牧业和食品生产。运用基因工程的手段，将具有抗菌活性或其他功能的人乳成分添加到畜乳中，既有益于动物健康，也有益于食品安全和生产。例如，Maga E. A. 等培育了一系列的转基因山羊，在其乳腺中表达人的溶菌酶，作为将来转基因奶牛的模型[51]。这一系列山羊在乳中表达人的溶菌酶，含量是人乳中水平的68%，达到270μg/mL。来自转基因动物的乳具有较低的体细胞数量，但是，这些乳及其制品的总的成分组成和对照乳几乎没有差异。来自转基因动物的乳具有较短的胃内膜凝乳时间，同时还提高了凝乳强度。这种性质的乳可以影响动物乳房的健康和乳的加工，因此对生产者可能是有利的。

七、　乳糖氧化酶在乳制品加工中的应用

乳过氧化物酶系统（Lactoperoxidase System，LS）是一种天然存在于牛乳中的抗菌系统，由H_2O_2激活，在不能进行冷藏的地区，已被用于抑制生牛乳中的微生物生长。乳糖氧化酶（Lactose Oxidase，LO）氧化乳糖并产生激活LS所需的H_2O_2，被认为是LS的一种新型激活剂。乳糖氧化酶可用于开发基于酶的保鲜技术，应用于冷链使用受限的领域。这种提高乳制品保质期的酶法代表了一种新的清洁的变质控制选择。

Lara-Aguilar S等在模型系统中评价了不同浓度的LO［含和不含LS、硫氰酸盐（Thiocyanate，TCN）和乳过氧化物酶（Lactoperoxidase，LP）］的抗菌作用，并将其应用于巴氏杀菌乳和生牛乳中[52]。总的来说，LO增加，对模型系统中的莓实假单胞菌（*Pseudomonas fragi*）减少更多。在6℃处理比在21℃处理更有效。在6℃时，0.12和1.2 g/L的LO溶液在单独添加和与LS组分联合添加时，微生物减少量显著高于对照组。在21℃时，用1.2 g/L的LO溶液处理24 h后，菌体降低了2.93 lg CFU/mL以上，但在较低浓度下，与对照组相比没有明显降低。在两种温度下，当LO与TCN联合使用时，TCN浓度越高，莓实假单胞菌的减少量越大，而当与LP联合使用时，莓实假单胞菌不减少。在巴氏杀菌乳中，单独添加0.12 g/L的LO溶液，24 h内可减少约1.4 lg CFU/mL的莓实假单胞菌；当与LP和TCN联合使用时，可减少约2.7 lg CFU/mL。在贮藏期间，细菌数量一直显著低于对照组；添加了TCN的牛乳与对照组相比，在第7d时出现了大约6 lg CFU/mL的差异。在生牛乳中，与对照组［（4.0±1.0）h］相比，LO激活LS后［（11.3±1.4）h］，细菌生长曲线呈现较长的滞后期，但与推荐方法［（9.4±1.0）h］无差异。与对照组（7.2 lg CFU/mL）和推荐方法（6.1 lg CFU/mL）相比，使用LO和TCN处理的样品24 h后的细菌总数显著降低（5.3 lg CFU/mL）。因此，LO是H_2O_2的替代来源，可以增强LS对微生物的抑制作用。

八、　复合酶在乳制品加工中的应用

（一）蛋白酶和脂肪酶复合酶在乳制品加工中的应用

林伟峰等研究了单独添加及复配添加蛋白酶和脂肪酶对稀奶油-乳清体系发酵特性及风味的影响[53]。风味物质以挥发性羧酸类、酮类和酯类为主。蛋白酶促进pH下降、乳酸菌增殖和产酸和酮类生成，可增强体系的风味，提高风味品质。脂肪酶可引起滴定

酸度大幅度上升，抑制乳酸菌增殖和产酸，但明显促进羧酸类生成，并产生酯类，可明显改变风味，赋予体系丰富的风味。复配添加后，结合两种酶的特点，酯类产量上升，增香效果更明显，可显著改变风味，具有缓和大量挥发性羧酸带来的刺激性酸味作用。

（二）蛋白酶和谷氨酰胺转氨酶复合酶在乳制品加工中的应用

于国萍等使用胰凝乳蛋白酶与谷氨酰胺转氨酶复合酶法改性，制备乳清分离蛋白（Whey Protein Isolate，WPI）可溶性聚合物，并利用电泳、荧光分光光度计和旋转流变仪等方法，对可溶性聚合物的性质进行了对比分析[54]。复合酶改性制得的聚合物与单一谷氨酰胺转氨酶改性相比，黏度增大，游离巯基含量显著降低，但表面疏水性和ζ-电位无显著变化。复合酶改性聚合物平均粒径是（153.66±9.15）μm，而谷氨酰胺转氨酶改性聚合物平均粒径是（157.92±10.91）μm，没有显著差异。通过十二烷基硫酸钠-聚丙烯酰胺凝胶电泳和非变性聚丙烯酰胺凝胶电泳对比分析，单独的谷氨酰胺转氨酶改性聚合物分子质量较大，被截留在凝胶加样口，而复合酶改性聚合物分子质量更多地集中在65kDa附近，即聚合物分子大小适中，这与粒径的结果相一致。胰凝乳蛋白酶和谷氨酰胺转氨酶复合改性聚合物表面呈波纹片状，结构均一紧致。与未改性的WPI相比，复合酶改性WPI聚合物的pH溶解性曲线在pH 2.0~7.0范围变化较平缓，且在pH 4.0~5.0时溶解性提高。复合酶法改性WPI在酸乳或酸性乳饮料方面有应用潜力。

第三节
酶工程技术在蛋制品加工中的应用

近年来，世界蛋品开发和蛋制品加工有了长足的发展，许多发达国家投入大量的资金和科技力量进行研究和开发。加、美、英、法、日等国禽蛋制品深加工比例已达其禽蛋总量的20%~25%，其产品达60多个品种。目前，上述几国对禽蛋产品的研究主题主要是对禽蛋产品成分进行了化学和营养价值修饰，将禽蛋作为营养药物的来源，应用于医学、美容、功能性食品等方面，提高了禽蛋产品的商品价值，取得了巨大的经济效益。

我国蛋制品的生产加工通常以再制蛋为主，咸蛋和皮蛋加工量占整个蛋制品加工的80%，而蛋白粉、溶菌酶等产品只占极少部分。其实，禽蛋在传统的食用方法之外，利用其特性延伸使用范围是大有可为的。比如，利用鸡蛋的乳化性可加工成蛋黄酱、色拉调味剂、酱汁、冰淇淋等。利用鸡蛋的变性和凝固性可用作火腿腊肠、鱼糜制品等的黏结剂和其他食品的脱水防止剂。蛋白的胶着性，用在鱼糜制品中能保持水产品的原有风味，用于畜禽肉食品可改善其弹性及质地。现在家庭中各种饮品和营养冲剂的需求直线上升，因而各种蛋黄粉、蛋清粉、速溶蛋松产品等也有广阔的市场。

一、 磷脂酶 A 在蛋制品加工中的应用

（一）磷脂酶 A 在蛋制品加工中的作用

蛋黄是一种营养价值很高的食品，同时作为一种天然的食品乳化剂在食品加工中有着广泛的应用。蛋黄的乳化性主要是其组分脂蛋白及卵磷脂的作用。对于蛋制品而言，巴氏杀菌是达到制品微生物指标要求不可缺少的一步。然而，蛋黄在 65℃ 前后开始凝固，其乳化能力大为下降，尤其对于含油量很高的制品（如蛋黄酱是油含量达到 70%～80% 的 O/W 的体系），对蛋黄的乳化性要求很高，巴氏杀菌很容易影响产品性能。因此，杀菌强度太低，会缩短产品的货架期；杀菌强度太高，则导致产品分层，严重影响感官品质。

磷脂酶 A（Phospholipase A）作用于蛋黄中的卵磷脂使其转变成溶血卵磷脂。一方面因为其亲水性增强，使得其乳化性增强；另一方面是其热稳定性大大提高。改性蛋黄开始变性温度为 71℃，而普通蛋黄开始变性温度为 65℃。这一点对蛋黄制品的巴氏杀菌是有很大的好处的，它使得改性之后的蛋黄制品在高强度的巴氏杀菌条件下还能保持较好的感官指标，解决了微生物指标和感官指标之间的矛盾。总之，磷脂酶 A 改性蛋黄比普通蛋黄具有更好的乳化性和更强的热稳定性，这些功能性质的改善使得蛋制品的品质有了很大的提高，同时拓宽了蛋黄的使用范围。中国是一个产蛋大国，然而目前蛋黄仅限于喷粉等简单的加工，对传统蛋黄进行酶法改性无疑对提高中国蛋黄粉的国际竞争力具有重大的推动作用。

（二）磷脂酶 A 用于改性蛋黄制备的工艺流程

磷脂酶 A 用于改性蛋黄制备的工艺流程如下：

鸡蛋 → 分蛋器分离除蛋清 → 蛋黄预热至 50℃ → 调节 pH 至 7.0 → 按 100IU/g 蛋黄加入磷脂酶 A（酶活力为 10000IU/mL）→ 反应 1.5 h → 灭酶（72℃，5min）→ 喷雾干燥（进风 180℃）→ 密封包装

（三）改性蛋黄的用途

1. 改性蛋黄对蛋黄酱品质的影响

应用改性蛋黄粉制作的蛋黄酱的黏度几乎是用普通蛋黄粉制作的蛋黄酱的黏度的 1.5 倍，这在蛋黄酱的生产中尤为有利，可以减少蛋黄的用量，或者可以减少增稠剂的用量，而达到较为满意的口感。

2. 改性蛋黄对面包品质影响

改性蛋黄粉对面包的老化有一定的延缓作用。蛋黄在面包中的作用除了作为营养物

和增加风味外，还可以使油更充分分散，阻碍水分迁移而延缓面包老化。这可能是乳化性增强的改性蛋黄水分损失较慢的一个原因。改性蛋黄粉中含有的溶血卵磷脂的三维空间结构能容许其被包进直链淀粉链的螺旋排列中，从而阻止直链淀粉发生重结晶，有助于延缓焙烤食品中淀粉的老化，保持制成品新鲜，松软。另外，改性蛋黄粉对水的作用力较强，因而对水分的散失有一定的抑制作用。

二、 葡萄糖氧化酶在蛋制品加工中的应用

干蛋品（Dried Eggs）系指鲜鸡蛋经打蛋、过滤、消毒、喷雾干燥或经发酵、干燥制成的蛋制品。可分为干全蛋（包括巴氏消毒鸡全蛋粉和普通鸡全蛋粉）、干蛋黄（即鸡蛋黄粉）和干蛋白（即鸡蛋白片）三种。

（一） 葡萄糖氧化酶在干蛋白脱糖中的应用

葡萄糖氧化酶（Glucose Oxidase，GOD）是一种需氧脱氢酶，能专一地氧化 $\beta\text{-}D\text{-}$ 葡萄糖成为葡萄糖酸和过氧化氢。

1. 作用机理

干蛋白在加工和贮藏过程中褐变的原因是由于蛋白中含有 $0.5\%\sim0.6\%$ 的葡萄糖，葡萄糖的活性基团和游离氨基相结合而产生褐变。因此，必须将葡萄糖排除才能防止褐变，最完善的工艺是酶法脱糖。葡萄糖氧化酶能将葡萄糖氧化成葡萄糖酸，从而防止褐变的产生。

2. 干蛋白片酶法脱糖工艺流程

鲜蛋 → 照选 → 洗蛋 → 分蛋 → 蛋白液 → 过滤 → 调 pH → 预热 → 葡萄糖氧化酶处理 → 间断搅拌加双氧水 → 调 pH → 胰酶处理 → 过滤 → 中和 → 干燥 → 凉白（通过冷却，颜色转白）→ 挑选 → 取样 → 包装

3. 注意事项

在应用葡萄糖氧化酶进行干蛋白生产的工艺中，为使酶促反应能顺利进行，必须不断地供给适量的氧。若采用通空气或氧气，将使蛋白液产生大量泡沫，无法操作。由于蛋白脱糖所用的葡萄糖氧化酶制剂含有一定量的过氧化氢酶，因此，不断加入适量的过氧化氢，使其在过氧化氢酶的作用下，分解产生的原子氧供葡萄糖氧化酶氧化葡萄糖成葡萄糖酸。在该工艺中，要特别注意过氧化氢在蛋白液中的浓度，因为葡萄糖氧化酶能被过氧化氢钝化。此外，采用添加过氧化氢供氧脱糖的同时也能消灭可能存在的沙门菌等的污染，达到双重效果。

（二） 葡萄糖氧化酶在全蛋白脱糖中的应用

1. 作用机理

普通的鸡全蛋粉和巴氏鸡全蛋粉在贮藏过程中，溶解度降低。采用葡萄糖氧化酶处

理全蛋，分解其中糖分，是取得全蛋粉贮藏稳定的有效方法。

2. 巴氏鸡全蛋粉的生产流程

鲜蛋→ 照蛋 → 淋洗 → 打蛋 → 过滤 → 葡萄糖氧化酶处理 → 巴氏杀菌 → 喷雾干燥 →巴氏杀菌鸡全蛋粉

三、 蛋白酶在蛋制品加工中的应用

（一）蛋白酶在鸡蛋清蛋白水解物加工中的应用

1. 鸡蛋清蛋白水解物加工的意义

通过蛋白酶对鸡蛋清蛋白进行水解后，可进一步加工高蛋白营养型果冻、蛋白饮料等，是一种较好的加工手段。

2. 鸡蛋清蛋白的蛋白酶水解工艺

鸡蛋清蛋白水溶液（蛋白质含量5.5%）→ 沸水浴加热变性20min → 加水调整蛋白质浓度为3% → 调水浴温度到水解所需温度 → 调蛋白溶液 pH 至水解所需 pH → 加入水解所需要的酶量 → 反应中加3mol/L氢氧化钠维持水解反应所需 pH → 到达水解所需的时间后加入6mol/L盐酸调 pH 至4.2~4.5 → 升温至85~90℃维持30min灭活酶 → 降温 → 离心分离 → 收集上清液

3. 注意事项

碱性蛋白酶的水解效果优于中性蛋白酶，这与碱性蛋白酶的作用特点有关。

（二）蛋白酶在提取蛋黄油加工中的应用

1. 蛋黄油的功能

鸡蛋的蛋黄含有丰富的脂质和蛋白质。蛋黄油（Egg Yolk Oil）又称蛋黄脂质，是鸡蛋黄中脂溶性物质的总称，包括磷脂（主要为卵磷脂）、甘油三酸脂和胆固醇3部分，其主要特征是含有丰富的卵磷脂和不饱和脂肪酸。因此，蛋黄油具有调节血脂、健脑益智、改善肺、神经功能和肝脏脂质代谢障碍等多种生理功能作用，可广泛用于食品保健、医药、化工等行业。

2. 蛋黄油的主要生产方法

（1）有机溶剂法 该方法为工业上所采用，其蛋黄油产品质量较好，提取率较高。但存在一定的溶剂残留，尤其是有些溶剂还具有毒性。另外，其工艺比较复杂、费时。

（2）干馏法 该方法为我国民间传统方法。简而言之，将蛋黄置于容器内，以火烤灼，使其产生汁液。其制备简便，但出油率很低，质量较差，并且易使环境污染。

（3）超临界 CO_2 萃取法 该方法是一项现代高新技术，可从蛋黄粉原料中有效分离出不含磷脂的蛋黄油、蛋黄磷脂和蛋黄蛋白。其产品质量好。但是，该方法对蛋黄粉原料质量和萃取装置耐压度要求很高，生产成本偏高。其主要产品蛋黄磷脂一般限于药用，还未能形成工业化规模。

（4）蛋白酶法　近年来，国内外学者开始研究利用蛋白酶法提取蛋黄油的新工艺。其工艺流程为：蛋黄粉→ 配液 → 调整 pH 及温度 → 加蛋白酶水解 → 灭酶（90℃，30min）→ 离心分离（4000r/min，15min）→蛋黄油（上层）

四、 溶菌酶在蛋制品加工中的应用

付星等以天然大蒜素和溶菌酶为原料，复配、制备了可食性风味早餐蛋涂膜保鲜剂。最佳涂膜复配为 0.05%（质量分数）溶菌酶和 0.6%（质量分数）大蒜素[55]。在 25℃贮藏第 5d 时，最佳涂膜组的失重率为对照组的 55%，pH 由 7.49 上升到 8.54（对照组为 8.95），挥发性盐基氮（TVB-N）值仅为对照组的 40%，菌落总数为 6.83 lg（CFU/g）。在 4℃条件下，最佳涂膜组在贮藏第 13d，失重率仅为对照组的 63%，TVB-N 值仅为对照组的 41%，pH 由 7.49 上升至 8.35（对照组为 8.81），菌落总数为 6.70 lg（CFU/g）。因此，该可食性保鲜剂 0.05%在低温条件下显著抑制微生物的生长，延长早餐蛋的货架期，具有良好的保鲜效果。

第四节
酶工程技术在其他动物食品加工中的应用

一、 蛋白酶在其他动物食品加工加工中的应用

（一）蛋白酶在动物血加工中的应用

血液作为肉中的天然营养成分，一般应用于生化制药方面，而很少用于肉制品中。其主要原因是血液中的成分不稳定，易氧化变质，进而影响产品的质量。

1. 谷氨酰胺转氨酶在动物血加工中的应用

谷氨酰胺转氨酶可以与血液中的血红蛋白结合，将经过谷氨酰胺转氨酶处理的血液重新添加到肉制品中，不仅可以改善制品的色泽，还可以作为抗氧化剂使产品品质维持稳定、延长货架期。此外，这种处理也最大限度地保留了肉中的天然营养成分。

2. 蛋白酶在猪血加工中的应用

猪血蛋白酶解物对小鼠酒精性肝损伤具有明显保护作用，其机制可能与其抗炎、抗氧化作用有关。胡滨等将小鼠随机分为空白对照组、模型对照组、药物对照组（还原性谷胱甘肽，每日以 20mg/kg 体重灌胃）、猪血蛋白酶解物各剂量组（每日分别以 0.83、1.70、3.33g/kg 体重灌胃），连续灌胃 30d，空白对照组和模型对照组给予等体积蒸馏

水[56]。第 31 天，给予体积分数 50%乙醇溶液（12mL/kg 老鼠体重）建立动物急性肝损伤模型。在灌胃 16 h 后，各组小鼠取血，测定谷草转氨酶和谷丙转氨酶活力；处死小鼠后，取肝脏，测定各项抗氧化指标，并采用组织切片分析小鼠肝损伤程度。与模型对照组相比，猪血蛋白酶解物各剂量组均能降低血清谷丙转氨酶、谷草转氨酶活力及肝脏丙二醛、肿瘤坏死因子-α、白细胞介素-6 水平，提高肝脏超氧化物歧化酶、谷胱甘肽过氧化物酶活力及谷胱甘肽水平，使肝脏脂肪变性程度明显减轻。

3. 蛋白酶在鸡血加工中的应用

鸡血经过蛋白酶水解，可以制备抗氧化肽。郑召君等为挖掘家禽血液潜在的抗氧化特性，以鸡血球（血球又称血细胞，包括红细胞、白细胞和血小板）为原料，筛选最佳蛋白酶，酶解制备抗氧化肽，并对酶解工艺进行响应面优化[57]。采用超滤、阳离子交换色谱、凝胶色谱及高效液相色谱对酶解物进行连续分离纯化，用质谱进行结构鉴定。酸性蛋白酶水解血球蛋白制备的酶解物具有最高的 1，1-二苯基-2-三硝基苯肼（1，1-diphenyl-2-picrylhydrazyl，DPPH）自由基清除能力（>80%）。其最佳酶解条件为：酶用量 2%，酶解温度 45℃，酶解时间 3.0h。在该条件下，DPPH 自由基清除能力、超氧阴离子自由基清除能力和还原力分别为（98.31±0.66)%、（28.89±0.31)% 和 1.94±0.03。经系列分离纯化，获得抗氧化活性最强的组分，其在质量浓度为 0.1mg/mL 时，DPPH 自由基清除能力和还原力分别为（87.16±1.59)% 和 0.21±0.01。经高效液相色谱-质谱联用技术鉴定，目标肽的氨基酸序列为 MGQKDSYVGDEAQSKRGILT，分子质量为 2182.1Da。

（二）蛋白酶在动物骨加工中的应用

猪骨蛋白水解物（Porcine Bone Protein Hydrolysates，PBPH）在水解时间为 3h（水解度为 11.1%）的适度水解的条件下，其乳化性最好，可以用于制备高物理稳定性的乳状液。刘昊天等采用碱性蛋白酶对猪骨蛋白进行水解，0，1，2，3，4，5h 得到水解度分别为 0、5.6%、7.8%、11.1%、14.3%、17.2%的样品[58]。分别测定 PBPH 的乳化活性、乳化稳定性、Zeta 电位、乳状液微观结构的变化以及活性肽的分子质量分布。随着水解度的增加，乳状液的乳化活性和乳化稳定性呈先增加后降低的趋势（$P<0.05$），水解度为 11.1%时的 PBPH 所形成的乳状液稳定性最高，这可能与其具有最高的表面疏水性、最高的 Zeta 电位、最小的体积平均粒径和最均匀的液滴分布有关。随着水解度的增加，酶解产物的分子质量分布表现出大分子肽含量逐渐减少，小分子肽含量逐渐增多，水解过程中伴有多肽链的断裂和蛋白质的聚集，结构变化影响不同水解度的 PBPH 功能性质的变化，进一步解释了乳化性变化的原因。

二、谷氨酰胺转氨酶在其他动物食品加工加工中的应用

谷氨酰胺转氨酶可以应用在猪油加工中，用于制备改性乳化猪油。例如，许笑男等

以猪油为原料，使用超声诱导脂肪晶体发生重排，然后，采用谷氨酰胺转氨酶交联浓缩乳清蛋白作为乳化剂，制备改性乳化猪油，进而探讨乳化猪油未吸附蛋白含量的变化，并在体外消化模型中以平均粒径、Zeta 电位、游离脂肪酸释放量以及脂肪颗粒微观结构作为评价指标，对改性乳化猪油体外消化特性进行研究[59]。超声和谷氨酰胺转氨酶处理分别对乳化猪油产生不同的作用。超声处理后，乳化猪油未吸附蛋白含量低于未处理样品，乳化稳定性降低。谷氨酰胺转氨酶处理，提高了乳化猪油的乳化稳定性。超声处理后，乳化猪油在体外消化过程中的游离脂肪酸的释放量、平均粒径显著高于未处理样品（$P<0.05$），Zeta 电位明显低于未处理样品。谷氨酰胺转氨酶交联浓缩乳清蛋白促使乳化猪油颗粒更加细小，在体外消化过程中游离脂肪酸的释放量显著降低（$P<0.05$）。超声处理的乳化猪油更易于消化，谷氨酰胺转氨酶处理则减缓了乳化猪油的消化速率。

第五节
酶工程技术在皮毛制品加工中的应用

一、 蛋白酶在羊毛制品加工中的应用

羊毛（Wool）具有弹性好、保暖性好、吸湿力强等优良性能，可以织制各种高级服用织物、工业用材料和各类装饰用品。但是，羊毛表面独特的鳞片层结构使得毛制品在洗涤时容易毡缩，弹性、手感等服用性能下降，毛纤维不易做成高捻细支纱，染料上染困难，限制了它的使用范围。羊毛作为 1 种天然蛋白质纤维，蛋白质质量分数高达99%，是蛋白酶作用的底物之一。蛋白酶处理羊毛的要求是在合适的减量率范围内能有好的强力保持率。

（一） 羊毛纤维的结构特征

羊毛纤维是一种蛋白质纤维，其结构和组成相当复杂。外部是鳞片层，约占羊毛重量的10%。它又分为鳞片表层、外层和内层，这三层的胱氨酸含量分别为12%、50%和3%。表层厚度仅为 $5\mu mol/L$，但很可能覆盖整个鳞片结构。在鳞片表层中整齐排列着类脂层，厚度约为 $0.9\mu mol/L$，使羊毛具有一定的拒水性，并且提高了羊毛的化学稳定性。鳞片层内是占羊毛重量90%的皮质层，其中胱氨酸含量只有1%，对羊毛的主要物理和化学性能起决定性作用。

羊毛的另一组成部分是细胞膜复合物（CMC），它以网状结构存在于整个羊毛中，对羊毛的性能也起着重要作用。

（二）蛋白酶对羊毛的作用机理

1. 蛋白酶与羊毛的作用过程

蛋白酶分子在溶液中向羊毛纤维表面扩散→蛋白酶分子在溶液中向羊毛纤维表面吸附→蛋白酶分子从羊毛纤维表面的结构疏松部位向羊毛内部扩散和渗透→蛋白酶的催化水解反应→反应产物从羊毛内部向外部扩散→产物向溶液中扩散。

2. 影响蛋白酶对羊毛作用的因素

（1）氧化预处理　采用蛋白酶对羊毛进行处理时，首先采用氧化预处理使羊毛蛋白质中的二硫键打开，蛋白分子更易变形，有利于酶催化的位置取向。

（2）酶的种类　酶具有底物专一性，选择合适的酶制剂并控制好处理条件，才能获得较好的效果。大量研究表明，酸性蛋白酶对羊毛表面鳞片的催化作用远远弱于中性蛋白酶和碱性蛋白酶，尤其是碱性蛋白酶最强。当两种蛋白酶复配处理时，由于互补协同作用，羊毛织物的各项性能均比单一酶处理时好。

（三）蛋白酶在羊毛低温染色中的应用

1. 蛋白酶在羊毛低温染色中应用的原因

羊毛的常规染色是在沸腾或 105℃加压条件下进行，才能获得良好的染色效果。由于高温作用时间较长，因此该方法对羊毛损伤较大，易引起羊毛失重，影响羊毛柔软的手感，能源耗费较大。如果在较低温度下进行，此时羊毛鳞片层不能充分张开，二硫键水解不充分，从而对染料顺利上染到纤维上有一定的阻碍作用。随着酶在纺织工业中的应用，人们开始利用蛋白酶对羊毛的作用来实现低温染色。

2. 蛋白酶在羊毛低温染色中应用的机理

羊毛在染色时，染料向纤维内部扩散有两种可能的途径。一种途径是染料穿过角质层向皮质层渗透。羊毛角质层的最外面是一层外表皮层，它由 3/4 的蛋白质和 1/4 类脂组成，其中类脂为脂肪酸混合物，主要是 18-甲基二十烷酸，并可能通过胱氨酸残基和蛋白质共价结合。另一种途径是染料通过毛纤维蛋白质细胞内部扩散。毛纤维每个角质细胞、皮质细胞以及它们两者之间均由细胞膜复合物（CMC）相互隔离开来。CMC 主要是由非角朊蛋白质胞间黏合物、类脂物和阻抗膜（Resistant Membrane）组成。它贯穿于纤维的内部，形成唯一连续相。蛋白酶能够降解或除去脂肪酸和 CMC 中的类脂或胞间黏合物，使羊毛上染料赖以扩散的孔道扩大，上染速率加快，上染百分率提高，从而克服低温染色时染量不足、上染速率慢的缺点，使低温染色接近或达到常规染色的效果。其中色牢度、匀染性可基本达到常规染色效果，而断裂强度、拉伸强度还优于常规染色。此外，该工艺可节省大量的能源，有利于保持羊毛柔软的手感，减小羊毛的损伤。

3. 蛋白酶处理工艺

NovolLanL 蛋白酶（丹麦诺和诺德公司）0.6%（owf），平平加（平平加，是用于羊毛染色的助剂）1g/L，pH 为 8；浴比（浴比，专业术语，指染物的重量与溶液的体积之比）1：30；50℃入染，保温 30min；然后升温到 85℃，保温 15min。

4. 低温染色工艺

弱酸蓝 RAN1%（owf），平平加 0.5%（owf），pH 为 4；浴比 1：30；60℃入染，1℃/min 升温至 85℃，保温续染。

（四）蛋白酶在羊毛防毡缩整理中的应用

1. 羊毛制品出现毡缩现象的原因和危害

由于羊毛纤维表面鳞片层的存在，极易造成羊毛制品毡缩现象，使其具有与众不同的缩绒性，即羊毛纤维集合体在一定的温湿度条件下，经反复连续不断的无规则外力作用，体积会逐渐缩小、单重增大，并且表面出现细密绒毛，使人们可以得到外观粗犷、表面绒毛密布、结实厚重、保暖性好的毛纺织品，这是对纺织加工有利的一面。

但是，羊毛的这种缩绒性也存在一定的弊端。它使得普通的、未经防缩处理的纯毛织品在穿着和洗涤时发生缩绒，从而导致产品外观不良，起球发毛，甚至出现尺寸收缩、织纹不清、扭曲变形、增厚毡并等不良现象，严重影响产品的质量。

2. 防止羊毛制品毡缩的方法措施

生产上为了防止羊毛制品出现毡缩现象，多年来从原料方面采取了选择与搭配使用等多项措施，但仍不能达到防起球与防毡缩的要求。目前，在实际生产中，应用比较成熟的措施主要是改变羊毛纤维表面鳞片的形态，限制羊毛发生相互纠缠，对羊毛表面鳞片进行变性。多以化学方法为主，主要包括氯化技术、氧化技术、树脂防毡缩等技术。20 世纪 80 年代开始兴起用生物酶处理的方法进行羊毛防毡缩研究。

（1）氯化法　氯化法是羊毛防毡缩处理的传统方法，比较常用，工艺也比较成熟，能够有效地提高羊毛制品的服用舒适性和羊毛品质。但是，这种方法易使纤维受损，手感粗糙，色泽萎暗泛黄，影响染色鲜艳度；尤其是该工艺的废水中存在着大量的可吸附有机卤化物（Adsorbable Organic Halogen，AOX）。AOX 潜在毒性很高，会造成严重的生态环境污染，目前已经被欧美发达国家的法规严格限制。

（2）聚合物法　该方法的缺点是单独处理羊毛手感不理想，处理效果不稳定，仅适用于轧染工艺等。

（3）氯化-聚合物法　该方法的处理效果已得到认可，羊毛强力损伤小，防毡缩效果好。但是，该方法同样会造成严重的环境污染。

（4）蛋白酶处理法

①蛋白酶处理法防止羊毛制品毡缩的机理和优点：选用适当的蛋白酶使羊毛鳞片层蛋白质分解，降低了羊毛纤维的定向摩擦效应，使羊毛的毡缩性降低，获得一定的防毡缩效果，同时可改善手感、外观等服用性能。酶本身也是蛋白质，可被生物降解，因此，该方法是有利于环境的"清洁"加工方法。酶催化作用条件温和，所以，从环保和节能方面来说，它是极具潜力的催化剂。此外，蛋白酶可使羊毛中的天然色素褪色，处

理后织物的白度有所提高。

②蛋白酶处理法防止羊毛制品毡缩的应用实例：定劳沙 WSL New 蛋白酶（瑞士汽巴公司）处理羊毛织物的优化工艺为：酶用量 1.0%（owf），45℃，60min，pH 9.5。

③蛋白酶处理法的应用现状：目前，蛋白酶在羊毛防毡缩上的应用研究相当广泛，但是真正实现产业化应用的还不多。其主要原因是酶处理羊毛通常在比较温和的条件下进行，作用不够强烈，对鳞片层的破坏程度较低，应用于实际生产则效果更低。

④蛋白酶处理法的研究进展：近年来的研究表明，超声波技术用于蛋白酶处理羊毛和羊毛织物，能与酶发生协同作用，具有以下优点：缩短工艺流程、节约染化料、节能降耗；羊毛纤维表面的鳞片层被明显地破坏，毡缩率降低，手感也较单用酶处理的柔软，上染百分率高；在赋予羊毛织物防毡缩作用的同时，织物的强力未见显著下降。

超声波协同酶处理羊毛纤维和羊毛织物的最佳工艺为：蛋白酶（DB 88）用量 5%，时间 60min，温度 50℃，浴比 1∶40。取一定量的毛条，按处方配制好处理浴，放入恒温超声波发生器中处理。

另外，氧化剂和脂肪酶作用于羊毛纤维外层的类脂物质，可以加速蛋白酶向纤维内部扩散，使内层水解加剧，使减量率增加，提高防毡缩效果。

（五）蛋白酶在羊毛减量细化加工中的作用

1. 羊毛减量细化处理的意义

精纺毛织物作为内衣越来越受到青睐，但是精纺毛织物贴身穿着时皮肤会产生刺痛等不舒服的感觉。刺痛感与织物表面的毛羽的弯曲刚度有很大的关系。去除织物表面的毛羽，或降低毛羽的弯曲刚度可以显著降低刺痛感。对羊毛纤维进行减量（Weight-loss）细化改性，一方面可以取得防缩效果，另一方面可以使改性羊毛具有类似山羊绒的某些性能。如果把羊毛作为高档的内衣用原料，精细化加工是发展的必然趋势。

2. 羊毛减量细化处理的方法

羊毛减量细化可分为化学细化和酶法细化。

（1）化学细化　化学细化中的氯化-赫科塞特法因其良好的防缩效果在工业生产中广泛应用。但是，由于在工艺中使用了氯，该方法有可能产生可以吸附的有机氯化物，造成严重的环境污染，对人体也有不可逆的侵害。

（2）酶法细化　随着人们对环境问题与对自身健康的关注以及生物技术的发展，用蛋白酶对羊毛进行减量细化的研究十分活跃。目前已有市售纺织用蛋白酶，多数为碱性蛋白酶。由于碱对羊毛纤维有较强的破坏作用，因此用碱性蛋白酶处理羊毛时很容易造成羊毛纤维较大的强力损失。与碱性蛋白酶相比，酸性蛋白酶对羊毛的水解相对比较温和，显示出其在羊毛处理应用上的优势。在处理均匀性方面，多种蛋白酶的共同作用要比单一或仅几种蛋白酶的作用要好。

3. 酶法减量细化处理中的影响因子

（1）金属离子对羊毛蛋白酶减量效果的影响　金属离子对羊毛蛋白酶减量效果的影

响主要是通过改变蛋白酶活力而起作用的。Ca^{2+}、Mg^{2+}、Ni^{2+}在一定条件下可以提高蛋白酶的活力，而Zn^{2+}对蛋白酶有明显的抑制作用。

（2）葡萄糖、蔗糖、甘油对羊毛蛋白酶减量效果的影响　葡萄糖、蔗糖、甘油对蛋白酶没有明显的激活作用，但是，它们对羊毛蛋白酶减量有一定的促进作用。随着蛋白酶催化羊毛水解反应的进行，溶液中的短链多肽及氨基酸的种类与含量不断增多，它们有可能引起蛋白酶肽链的伸展，改变蛋白酶的高级结构，导致蛋白酶活力的降低，甚至完全失活。葡萄糖、蔗糖、甘油等多羟基物质，对维持蛋白酶在水溶液中高级结构的稳定性起一定作用。因此，它们的存在有利于蛋白酶对羊毛纤维的降解。

（3）表面活性剂对羊毛蛋白酶减量效果的影响　表面活性剂吐温80、平平加O、JFC等对蛋白酶没有明显的激活作用。但是，这些纺织助剂可以提高蛋白酶对羊毛的减量效果。蛋白酶分子只有被吸附到羊毛纤维表面，并从其疏松部位扩散到羊毛纤维内部才能发生催化水解羊毛纤维的反应。表面活性剂能降低溶液的表面自由能，从而降低蛋白酶大分子从溶液扩散到羊毛纤维表面的能量。在低浓度下，表面活性剂浓度的增加较明显地降低了液体表面自由能，促进催化反应；而当浓度达到CMC时，浓度进一步增加，蛋白酶对羊毛的减量率就不再提高。

（4）H_2O_2氧化预处理对羊毛蛋白酶减量效果的影响　蛋白酶对羊毛的减量率在不经过预处理时非常低，预处理后则有很大的提高。这主要是因为羊毛纤维外表皮层对化学试剂及蛋白酶的作用具有很高的阻抗性。外角质层含有较高的二硫键交联，而且蛋白酶的分子质量较大，因而很难扩散进入纤维外角质层并进行有效的催化水解作用。当羊毛经H_2O_2（双氧水）预处理后，鳞片外层致密的二硫键交联被破坏，纤维的亲水性提高，使蛋白酶更容易向纤维内部扩散，并对其发生作用。经过H_2O_2处理后的纯羊毛织物，细胞间质疏松，酶分子易于扩散，有利于蛋白酶对羊毛表面层蛋白质的作用。另外，由于羊毛纤维表面存在结构疏松区和无定形区，酶很容易从这些部位进入羊毛纤维内部降解皮质层，造成羊毛纤维强度较大的损失。在用氧化剂与蛋白酶对羊毛纤维进行处理时，先用保护剂对羊毛纤维进行保护处理，阻止蛋白酶从这些部位进入羊毛纤维内部。这样，在获得较好减量效果的同时，羊毛纤维的强度损失也相对较小。

（5）温度对羊毛蛋白酶减量效果的影响　减量率受温度的影响很大。温度升高，使羊毛纤维的溶胀增大，有利于酶分子进入羊毛的鳞片层发生作用，同时活化分子增多，加快了反应速率，使减量率得到很大提高。但是温度太高，酶会逐渐失活，减量率反而下降。

（6）处理时间对羊毛蛋白酶减量效果的影响　酶处理中，处理时间增加，减量率不断增加，织物强力逐渐下降。如果不加以控制，随着时间的延长，不仅会破坏羊毛的鳞片层，而且要侵蚀到皮质层，使羊毛受到严重损伤。

（六）蛋白酶在羊毛的丝光改性处理中的应用

羊毛表面的鳞片形成不规则的反射光线，使羊毛制品很难有明显的光泽。羊毛的丝光处理是采用适当的前处理部分或完全去除羊毛的鳞片，再配以适当的后处理改善羊毛纤维表面的形状，使其具有真丝般的光泽，从而达到丝光目的。

采用蛋白酶对羊毛进行丝光处理，可使羊毛表面光滑平整，对光线呈有规则的反射，从而显现较好的光泽。处理后的粗绒毛光泽提高了 25%，细绒毛由于光泽本身较好，只提高了 15%。采用巯基乙酸铵预处理、复合酶处理的工艺，可以使毛织物的光泽得到明显提高。

（七）蛋白酶在羊毛漂白中的应用

在生产中，羊毛的漂白常采用氧化漂白（双氧水、次氯酸钠等）、还原漂白（漂白粉、二氧化硫脲等）或者采用先氧化漂白再进行还原漂白的双漂方法。这些漂白方法速度较慢，温度大都需要 50~80℃，且在碱性条件下进行，因此对羊毛的损伤大。

采用蛋白酶对羊毛进行处理，在室温和酸性条件下可实现对羊毛的漂白，毛纤维损伤小，并且能节约能源。生产中把蛋白酶加入漂白浴中进行同浴漂白，可以显著提高羊毛的白度。

（八）蛋白酶在毛纱上浆处理中的应用

随着生活水平的提高和服饰的高档化，人们对毛精纺产品的轻薄化提出了越来越高的要求。传统的毛精纺产品为股线织造而成，毛织物平方米质量难以降低，影响了毛织物的弹性、柔软性、透气性和悬垂性，也限制了精纺毛织物在夏季时装上的应用。为此，开发单纱制织的薄型毛织物被提上议事日程。但是，毛单纱强力低，不利于织造。因此，解决单纱上浆，提高织造性能成了国内外许多科研机构研究的对象。由于毛纱的缩绒性，使纱线在上浆过程中的湿热条件下易产生不均匀收缩和松弛，造成同一纱线不同片段及各根纱线之间的伸长和张力不匀。其次，羊毛纤维本身的类脂物和纺纱过程中施加的和毛油降低了浆液中的高聚物与羊毛纤维大分子的亲和力，易造成浆液渗透不足，浆膜脱落等现象。

用蛋白酶对毛纱进行预处理，可以提高上浆效果，纱线上浆率得到提高，上浆后强力大幅度上升，保伸性较好，为毛纱的单纱织造提供了一个很好方法。羊毛单纱酶处理能耗小，污染少，可提高纱线支数，同时可达到防毡缩、毛纱丝光、去除毛羽等综合效果，其上浆效果整体优于原纱上浆效果，是实现羊毛精纺织物高支轻薄化的有效措施之一。

二、 蛋白酶在皮革加工中的应用

随着世界皮革工业重心移向亚洲，中国已经成为世界皮革加工和贸易中心。当前，中国皮革工业面临着产品档次低、资源利用率低和环境污染严重等问题。其中，环境污染已经成为制约中国制革工业发展的重大问题。制革工业的污染源一是来自原料皮上的油脂、肉渣、毛角质蛋白及碎毛，二是制革过程中所用的化工原料，如硫化物、染料及高聚物等。制革污水处理投入高，效果差。

要解决制革业对环境的污染，就必须依赖绿色化学对制革化学进行革命性的改造，而属于生物范畴的酶能够加快制革行业的绿色化。国内外研究并推广酶制剂应用于脱毛、脱脂等湿加工工序已历时几十年，并取得了令人欣喜的成果。

酶的作用具有专一性，因此，在准备工段中可以根据各工序的需要有针对性地选择酶制剂，在较小的用量下达到理想的效果，减少有害物质的使用，缩短处理时间，提高成革的质量。根据制革各工序的要求，人们选择不同的蛋白酶并辅以其他酶和特殊助剂，开发了一系列的制革用酶制剂产品。目前市场上的制革用酶制剂，根据它们的应用性能和特点，主要有以下几类：浸水酶、浸灰酶、脱毛酶、软化酶、酸性蛋白酶、脂肪酶和用于猪皮的臀部包酶（一个皮革加工业的专业术语）的酶制剂等。

蛋白酶是制革工业中使用最广泛的一类酶。因为酶制剂在制革过程中的应用主要体现在准备工段，而准备工段中各工序的处理对象主要是各种蛋白质，如胶原蛋白、角蛋白、网硬蛋白（细胞间质中的Ⅲ型胶原等蛋白质形成的纤维状结构蛋白）、弹性蛋白及纤维间质中的清蛋白、球蛋白、蛋白多糖等。

（一）蛋白酶在皮革脱毛中的应用

1. 硫化钠脱毛法的缺点

硫化钠脱毛法价廉，脱毛速度快，操作方便，易控制，成革质量好，适用广，在制革生产中具有难以替代的地位。但是，硫化物、有机物和石灰的高污染性是其致命缺点。其废液污染负荷占鞣前加工总量的 60%～70%。

几十年来人们一直在努力研究如何减少或消除硫化钠脱毛法的污染，也开发了一些实用技术，如 Sirolime 保毛浸灰法、HS 保毛浸灰法、废液循环使用法等，这些技术在一定程度上能大幅度减少废液中的 S^{2-} 和固体悬浮物（SS）、化学需氧量（COD）等，但工艺实施和运行管理繁琐，石灰用量仍然很大。

2. 酶法脱毛工艺的优点与不足

对酶法脱毛工艺的实施，国内外研究得都较多。1910 年，Rohm 发明的脱毛方法称为 Arazym 法，该法是将原料皮经碱膨胀后，再用胰酶进行脱毛。1968 年，上海新兴制革厂在国内首先成功地运用 1398、3942 两种蛋白酶进行脱毛，实现了猪皮制革酶脱毛新工艺。酶法脱毛具有可减少废水中硫化物的含量、可回收质量较好的毛以及可消除脱灰液中的软化剂等优点。但是它成本高，安全系数低，容易造成松面，甚至烂皮，限制了其在制革工艺中的运用。

要用酶法脱毛得以推广应用，关键在于解决脱毛用酶制剂存在的种种问题。目前研究的重点之一是开发稳定性好、成本低、耐盐碱的新型脱毛蛋白酶。此外，蛋白酶脱毛是一种酶促反应的结果，因此它受到酶浓度、反应温度、pH 和 NaCl 浓度等因素的影响。酶液浓度越高，脱毛速度愈快。温度对脱毛效果也有影响，脱毛温度低于 25℃时，脱毛效果差；温度过高，皮革受到的损伤较大。

3. 酶法脱毛应用实例

使用耐盐高温碱性蛋白酶脱毛的最适条件：pH8.5~9.5，酶浓度 150U/g，堆置脱毛 24h；或 pH9.5~10.5，酶浓度 250U/g，180r/min，有温有浴酶（一个皮革加工业的专业术语）脱毛 12h，脱毛效果最佳。对有温有浴酶脱毛来说，由于在较高温度下，并伴有机械挤压和摩擦，所以酶向皮内的渗透快，脱毛迅速，但工艺控制困难，容易造成松面、毛穿孔或留毛的质量缺陷。相比较而言，堆置法脱毛的操作容易控制，松面、毛穿孔等质量缺陷也大大减少，但此方法需要较长的时间才能将毛脱下，气味难闻。

Tian J. W. 等克隆了芽孢杆菌 LCB14 的胞外金属蛋白酶（Extracellular Metalloprotease，EMPr），将其表达于枯草芽孢杆菌 SCK6 中，用于制革工艺中山羊皮脱毛[60]。通过对发酵条件的优化，培养 72h 后，EMPr 的表达水平达到 6973U/mL。粗酶经离心、透析、SP-琼脂糖快速流动三步纯化，纯化了 6.30 倍。用 12.5%SDS-PAGE 法鉴定了纯化的蛋白酶 EMPr，分子质量为 40.08kDa。在 pH6.5 和 50℃下，其活性最高，为 77302U/mg。Li^+ 和 K^+ 略微增强了酶活力。表面活性剂如吐温 20、吐温 80、SDS 和 Triton X-100 分别提高了酶活力。在不使用硫化钠的情况下，粗制 EMPr 在 33~35℃下处理 6h，完全脱掉山羊皮的毛。酶法脱毛的区域具有良好的纤维结构开放性，胶原蛋白无损伤。因此，蛋白酶 EMPr 在不使用硫化钠的脱毛工艺中具有很大的应用潜力。

（二）蛋白酶在生皮浸水中的应用

1. 蛋白酶在生皮浸水中的应用意义和现状

浸水（Soaking）的目的是使失水的原皮充分吸收水分，达到鲜皮状态，为后工序的化学处理打下良好的基础。通常情况下制革厂通过添加浸水助剂来加速生皮充水。中国常用的浸水助剂有碱性材料、盐类和表面活性剂。但是，仅靠上述的浸水助剂以及机械作用，很难使生皮得到良好的浸水，并且助剂的大量使用会加重环境的污染。目前含酶制剂在浸水工序中的应用并不多，因而研究开发并应用含酶制剂于浸水工序，就显得很有必要。

目前国外已有浸水专用酶制剂，如 NOWO 公司的 Nowolase SG、德瑞公司的 Erhazym C、希伦赛勒赫公司的 AglntanPR、汤普勒公司的 TrupyMS 等。酶助浸水过程的主要优点是：能去除原料皮中大部分的纤维间质；较大程度地疏松皮垢、减少粒面皱纹；大大缩短浸水时间，增加浸水的均匀性；改善浸灰化工材料的渗透和膨胀作用；减少成革血管痕和肥纹的产生，从而为后工序的处理提供更理想的条件。

2. 蛋白酶在生皮浸水中的应用实例

用胰蛋白酶和 2709 碱性蛋白酶（Alkaline Protease）作为浸水助剂，在生皮浸水时的较优处理条件为：胰蛋白酶和 2709 碱性蛋白酶总用量以皮质量计为 0.016%（30U/g 皮；2709 碱性蛋白酶和胰蛋白酶各占 50%），常温，水 300%，pH9.5，时间 9h。

（作者：孙纪录 贾英民）

参考文献

[1] 聂晓开，邓绍林，周光宏，等．复合磷酸盐、谷氨酰胺转氨酶、大豆分离蛋白对新型鸭肉火腿保水特性和感官品质的影响［J］．食品科学，2016，（1）：50-55.

[2] Kaewprachu P, Amara C B, Oulahal N, et al. Gelatin films with nisin and catechin forminced pork preservation［J］. Food Packaging and Shelf Life, 2018, 18：173-183.

[3] 张馨元，洪永祥，宗瑜，等．酶联重组交联技术制备低脂白羽鸡肉块［J］．中国食品学报，2018，（8）：146-153.

[4] Kaewprachu P, Osako K, Benjakul S, et al. Quality attributes ofminced pork wrapped with catechin-lysozyme incorporated gelatin film［J］. Food Packaging and Shelf Life, 2015, 3：88-96.

[5] 刘学军，谢春阳，吴晓光，等．酱香鹅系列方便食品的研制［J］．食品科学，2005，26（3）：274-276.

[6] 赵立，周振，贺倩倩，等．超声波与菠萝蛋白酶协同作用对鸭肉嫩化的影响［J］．食品科学，2018，（12）：93-100.

[7] 唐福元，刘晓庚，毛匡奇，等．超声辅助无花果叶蛋白酶复合嫩化剂对猪脯肉嫩度的影响［J］．食品科学，2017，（12）：204-210.

[8] 谢永洪，刘学文，王文贤，等．鸡肉蛋白酶水解工艺条件的研究［J］．农业工程学报，2004，20（5）：207-210.

[9] 封莉，邓绍林，黄明，等．脂肪酶对中式香肠脂肪降解、氧化和风味的影响［J］．食品科学，2015，36（01）：51-58.

[10] 唐琪，肖作兵，宋诗清，等．猪肉特征风味前体酶法制备工艺［J］．中国食品学报，2016，（6）：112-121.

[11] Song S Q, Li S S, Fan L, et al. A novel method for beef bone protein extraction by lipase-pretreatment and its application in the Maillard reaction［J］. Food Chemistry, 2016, 208：81-88.

[12] 刘婷，胡冠蓝，何栩晓，等．谷氨酰胺转氨酶和脂肪酶的使用量对中式香肠品质的影响［J］．食品科学，2014，35（05）：43-47.

[13] Tu W X, Sun S F, Nu S L, et al. Immobilization of beta-galactosidase from Cicer arietinum（gram chicken bean）and its catalytic actions［J］. Food Chemistry, 1999, 64（4）：495-500.

[14] Sun S F, Li X Y, Nu S L, et al. Immobilization and characterization of beta-galactosidase from the plant gram chicken bean（Cicer arietinum）. Evolution of its enzymatic actions in the hydrolysis of lactose［J］. Journal of Agricultural and Food Chemistry, 1999, 47（3）：819-823.

[15] Wolf M, Belfiore L A, Tambourgi E B, et al. Production of low-dosage lactose milk using lactase immobilised in hydroge［J］. International Dairy Journal, 2019, 92：77-83.

[16] 王静，于宏伟，李宁，等．阳离子交换树脂 D151 固定化乳糖酶研究［J］．河北农业大学学报，2006，（4）：64-68.

[17] 骆承庠，陈铁涛．应用透性化细胞乳糖酶生产低乳糖乳制品的特点和技术要求［J］．农牧产品开发，2001，（3）：9-11.

[18] 李宁，赵珊，于宏伟，等．黑曲霉 DL-116 高温乳糖酶复合热稳定性的研究［J］．食品科技，2010，（6）：25-28.

[19] 李宁，赵珊，贾英民．黑曲霉乳糖酶冻干保护剂的研究［J］．中国酿造，2010，（12）：101-103.

[20] Jimenez-Guzman J, Cruz-Guerrero A E, Rodriguez-Serrano G, et al. Enhancement of lactase activity in milk

by reactive sulfhydryl groups induced by heat treatment ［J］. Journal of Dairy Science 2002，85：2497-2502.

［21］ Kwak H S, Ihm M R, Ahn J. Microencapsulation of β-Galactosidase with fatty acid esters ［J］. Journal of Dairy Science 2001，84（1）：1576-1582.

［22］ 李宁，贾英民，韩军. 高温乳糖酶产生菌株的诱变选育［J］. 河北农业大学学报，2005，（2）：64-66.

［23］ 李宁，贾英民，祝彦忠. 黑曲霉乳糖酶高产菌株的诱变选育［J］. 中国食品学报，2006，（5）：54-58.

［24］ 杜海英，于宏伟，韩军，等. 原生质体诱变选育乳糖酶高产菌株［J］. 微生物学通报，2006，（6）：48-51.

［25］ 邱雯雯，任雅琳，陈存社，等. 常压室温等离子体诱变筛选高乳糖酶活力酵母的研究［J］. 中国食品学报，2014，（2）：132-137.

［26］ 杜海英，李宁，韩军，等. 黑曲霉 DL116 产乳糖酶发酵条件的研究［J］. 河北农业大学学报，2007，（1）：60-64.

［27］ Karlapudi A P, Krupanidhi S, Reddy E R, et al. Plackett-Burman design for screening of process components and their effects on production of lactase by newly isolated *Bacillus* sp. VUVD101 strain from Dairy effluent ［J］. Beni-Suef University Journal of Basic and Applied Sciences，2018，7（4）：543-546.

［28］ 李红飞，于宏伟，韩军，等. 黑曲霉 D2-26 乳糖酶分离纯化研究［J］. 河北农业大学学报，2006，（5）：65-68.

［29］ 李宁，李红飞，柯晓静，等. 黑曲霉 D2-26 高温乳糖酶的酶学性质研究［J］. 微生物学通报，2008，（7）：1045-1050.

［30］ Nielsen S D, Zhao D, Le T T, et al. Proteolytic side-activity of lactase preparations ［J］. International Dairy Journal，2018，78：159-168.

［31］ 李思宁，康善虎，胡洋，等. 酶法水解乳糖与热处理偶联对牛乳 Maillard 反应的影响［J］. 食品科学，2017，（7）：122-128.

［32］ 熊志琴，潘丽军，姜绍通，等. 响应面试验优化两步酶法合成母乳脂替代品工艺及脂肪酸组成分析［J］. 食品科学，2017，（2）：248-254.

［33］ 王成忠，饶鸿雁，毕德成. 1 种高产凝乳酶菌株复合诱变选育及所产酶酶学性质研究［J］. 中国食品学报，2015，（9）：32-40.

［34］ Lemes A C, Pavón Y, Lazzaroni S, et al. A new milk-clotting enzyme produced by *Bacillus* sp. P45 applied in cream cheese development ［J］. LWT – Food Science and Technology，2016，66：217-224.

［35］ 腾军伟，赵笑，杨亚威，等. 酒曲中产凝乳酶微生物菌株的分离筛选及鉴定［J］. 食品科学，2017，（16）：23-28.

［36］ 赵笑，王辑，郑喆，等. 酒曲发酵产凝乳酶条件优化及其凝乳特性研究［J］. 中国食品学报，2017，（2）：52-56.

［37］ 张艳丽，聂春明，周利伟，等. 牛凝乳酶原基因在食品级乳酸乳球菌中的重组表达［J］. 食品科学，2014，（7）：123-127.

［38］ 余群力，甘伯中，敏文祥，等. 牦牛"曲拉"精制干酪素工艺研究［J］. 农业工程学报，2005，21（7）：140-144.

［39］ 包怡红，王振宇，王军. 乳清蛋白的酶解及其性质研究［J］. 食品科学，2003，24（9）：63-65.

［40］ 刘剑虹，庞广昌，吴瑞巍. 采用盐析及 Q Sepharose FF 分离纯化酪蛋白胃蛋白酶水解物中的酪蛋白糖巨肽［J］. 食品科学，2005，26（8）：255-259.

［41］ Zanutto-Elgui M R, Vieira J C S, do Prado D Z, et al. Production of milk peptides with antimicrobial and antioxidant properties through fungal proteases ［J］. Food Chemistry，2019，278：823-831.

［42］ Gharibzahedi S M T, Koubaa M, Barba F J, et al. Recent advances in the application of microbial transglutami-nase crosslinking in cheese and ice cream products：A review ［J］. International Journal of Biological Macromol-ecules, 2018, 107 （Part B）: 2364-2374.

［43］ 王文超, 袁海娜, 赵广生, 等. 谷氨酰胺转氨酶对酸奶乳清蛋白抗氧化活性的影响 ［J］. 中国食品学报, 2017, （8）: 80-85.

［44］ O'Sullivan M M, Lorenzen P C, O'Connell J E, et al. Influence of transglutaminase on the heat stability of milk ［J］. Journal of Dairy Science, 2001, 84 （6）: 1331-1334.

［45］ O'Sullivan M M, Kelly A L, Fox P F. Effect of Transglutaminase on the heat stability of milk：A possible mech-anism ［J］. Journal of Dairy Science, 2002, 85 （1）: 1-7.

［46］ Vasbinder A J, Rollema H S, Bot A, et al. Gelation mechanism of milk as influence by temperature and pH：Studied by the use of transglutaminase cross-linked casein micells ［J］. Journal of Dairy Science, 2003, 86: 1556-1563.

［47］ Gharibzahedi S M T, Chronakis I S. Crosslinking of milk proteins by microbial transglutaminase：Utilization in functional yogurt products ［J］. Food Chemistry, 2018, 245: 620-632.

［48］ 李昕, 王旭, 刘佳炜, 等. 乳铁蛋白-乳清分离蛋白乳状液微聚体构建与酶交联对其流变学特性的影响 ［J］. 食品科学, 2018, （12）: 20-25.

［49］ Wang W Q, Han X, Huaxi Yi H X, et al. The ultrafiltration efficiency and mechanism of transglutaminase enzy-matic membrane reactor （EMR） for protein recovery from cheese whey ［J］. International Dairy Journal, 2018, 80: 52-61.

［50］ 李洪波, 李金, 李红娟, 等. 重组黏玉米谷氨酰胺转氨酶的酶学性质及其对乳蛋白的交联作用 ［J］. 中国食品学报, 2018, （1）: 49-55.

［51］ Maga E A, Shoemaker C F, Rowe J D, et al. Production and processing of milk from transgenic goats express-ing human lysozyme in the mammary gland ［J］. Journal of Dairy Science, 2006, 89: 518-524.

［52］ Lara-Aguilar S, Alcaine S D. Lactose oxidase：A novel activator of the lactoperoxidase system in milk for im-proved shelf life ［J］. Journal of Dairy Science, 2019, 102 （3）: 1933-1942.

［53］ 林伟峰, 周艳, 鲍志宁, 等. 蛋白酶和脂肪酶对稀奶油-乳清体系发酵特性及风味的影响 ［J］. 食品科学, 2018, （16）: 140-146.

［54］ 于国萍, 齐微微, 藏小丹, 等. 复合酶改性乳清分离蛋白可溶性聚合物的性质 ［J］. 食品科学, 2017, （15）: 89-94.

［55］ 付星, 赵艳, 马美湖, 等. 可食性涂膜保鲜剂的制备及在早餐蛋中的应用 ［J］. 中国食品学报, 2018, （1）: 193-201.

［56］ 胡滨, 李康林, 吴桥, 等. 猪血蛋白酶解物对小鼠急性酒精肝损伤的保护作用 ［J］. 食品科学, 2018, （11）: 185-190.

［57］ 郑召君, 张日俊. 酶解鸡血球制备抗氧化肽的工艺优化和分析鉴定 ［J］. 食品科学, 2018, （22）: 71-79.

［58］ 刘昊天, 李媛媛, 汪海棠, 等. 不同水解度猪骨蛋白水解物对水包油型乳状液乳化特性的影响 ［J］. 食品科学, 2018, （16）: 53-60.

［59］ 许笑男, 刘元法, 李进伟, 等. 超声和酶处理对乳化猪油体外消化特性的影响 ［J］. 食品科学, 2018, （1）: 111-117.

［60］ Tian J W, Long X F, Tian Y Q, et al. Eco-friendly enzymatic dehairing of goatskins utilizing a metalloprotease high-effectively expressed by *Bacillus subtilis* SCK6 ［J］. Journal of Cleaner Production, 2019, 212: 647-654.

第九章

酶工程技术在水产品加工中的应用

随着酶工程技术的不断发展，其在水产品加工、贮藏、保鲜和检测等领域中得到了广泛的应用。尤其是对于利用一些低值水产品来生产高附加值的产品，已经显得越来越重要。酶工程技术在水产品精深加工中的应用，也为水产品加工业的发展开辟了一条新途径。

我国水产品加工业发展迅速，一个包括渔业制冷、冷冻品、鱼糜、罐头、熟食品、干制品、腌熏品、鱼粉、藻类食品、医药化工和保健等系列产品的加工体系已经形成。目前，我国水产品加工已形成一大批包括鱼糜制品加工、罐装和软包装加工、干制品加工、冷冻制品加工和保鲜水产品加工等在内的现代化水产品加工企业，成为拉动我国水产行业迅速发展的主体。

第一节
酶工程技术在水产动物产品加工中的应用

一、 蛋白酶在水产动物产品加工中的应用

（一）蛋白酶对水产动物蛋白质的水解作用

自 1946 年联合国粮农组织倡导开发未利用或低利用的渔业资源以来，世界各国已开展了大量水产动物蛋白水解加工方面的研究。

1. 水产动物蛋白质水解的方法
蛋白质的水解主要有化学法和酶法两种方式。

（1）化学法 化学法水解彻底，但是有许多缺陷：①反应条件剧烈，对设备要求高，环境污染严重；②蛋白质被水解的同时，碳水化合物往往也被水解，色氨酸、酪氨酸、苯丙氨酸破坏严重，外观难以接受；③强酸水解后，必须脱盐，成本较高；④原料中脂肪含量较高时，易产生致癌物质，给产品的安全性带来问题。

（2）酶法 为了克服化学法水解的缺点，目前已越来越多地以条件温和的蛋白酶法水解代替化学法水解。蛋白酶水解的优点包括：条件温和；不破坏蛋白质的营养价值；不产生有毒副产物；盐含量低；水解过程反应速度、水解程度和产物特性可控；可以根据不同底物特性、所需产物与酶的特点来设计反应条件。因此，蛋白酶水解是用于获得所需产物理化特性、提高产物功能特性和增加蛋白质吸收度以及改变产品感官特性等的非常重要的处理方法。

2. 水产动物蛋白质的酶法水解分类
水产动物蛋白质的酶法水解可分为内源酶水解（自溶）和外源酶水解。

（1）内源酶水解 利用存在于水产动物本身内脏和消化道的消化酶，主要有丝氨酸

蛋白酶（胰蛋白酶、胰凝乳蛋白酶、胃蛋白酶）和硫醇蛋白酶。存在于肌肉细胞内部的溶菌酶和组织蛋白酶对酶解也有一定程度的贡献。内源性蛋白酶根据最适作用 pH 可分为酸性、中性和碱性蛋白酶。在水产动物蛋白质的酶法水解中，内源酶所占比例很少。不同内源蛋白酶类在水产品中的应用如下：

①酸性蛋白酶：为溶酶体组织蛋白酶，必须释放后才能与肌原纤维接触。鱼中存在酸性蛋白酶，不过酸性蛋白酶并非一定参与鱼糜凝胶降解。

②钙激活蛋白酶：最初在含 Ca^{2+} 的肌肉中发现一种能使 Z 盘完全消失、肌动蛋白和肌球蛋白相互作用减弱的中性蛋白酶，将其命名为钙激活酶。钙激活酶在死后肌肉嫩化中起重要作用。尽管钙激活酶不能单独降解鱼糜凝胶，但是，钙激活酶引起的 Z 盘降解是肌原纤维死后降解的主要原因，因为降解产物能被其他蛋白酶进一步作用。

③碱性蛋白酶：碱性蛋白酶位于肌肉组织的肥大细胞中，易与骨骼蛋白如肌动蛋白和肌球蛋白相互作用。许多碱性蛋白酶对热稳定，在鱼肉的 pH 下活跃，因而对鱼糜品质影响更大。碱性蛋白酶有一些相似特性：最适 pH 范围较窄，最适温度在 60℃ 左右，50℃ 以下和 70℃ 以上无活性，分子量较高，该酶可能与肌原纤维相结合。

在多数情况下，内源性蛋白酶往往在水产品的加工与贮藏中起负面影响。如，鱼糜凝胶劣化一般是由于内源性组织蛋白酶引起肌球蛋白降解。鱼死后，其肌肉极易受内源性蛋白酶作用发生自溶，导致结构软化。在温度高于 50℃ 时，肌肉中的蛋白酶活性较高，从而引起肌原纤维蛋白快速降解，尤其是肌球蛋白的降解。这种降解降低了鱼糜的凝胶强度，从而对鱼糜的质量有较严重的破坏作用。在蛋白水解酶中，组织蛋白酶具有热稳定性，对肌肉质地影响很大。在不同鱼类中，它都具有较高的活性。例如，太平洋牙鳕肌肉中组织蛋白酶活性在鱼糜加工过程中逐渐下降，而在鲭鱼鱼糜中，经漂洗处理，还有 87% 的活性。不同鱼种中存在有不同的组织蛋白酶，因此对鱼糜凝胶强度的影响也不同。在水解肌原纤维时，组织蛋白酶 L 的活性高于组织蛋白酶 B。组织蛋白酶 L 是大马哈鱼肌肉软化或太平洋牙鳕鱼糜降解的主要蛋白酶。组织蛋白酶 B、L 和 H 是溶酶体蛋白酶，溶酶体周围的 pH、温度及离子强度会影响这些蛋白酶向肌浆的释放。因此，鱼死后的状况和鱼糜加工工艺会影响鱼糜中这些蛋白酶的存留。

有效防止凝胶软化的措施是生产天然、经济的半胱氨酸蛋白酶抑制剂，或是破坏溶酶体膜而不破坏肌原纤维，从而在漂洗前或漂洗时除去组织蛋白酶。这类酶不能在加工中完全除去，对鱼糜的影响很大。因此，加工时通常采取的措施是使其在 50℃ 以下温度区慢慢通过以促进凝胶化，或迅速通过 50~70℃ 凝胶劣化区。

（2）外源酶水解　在水产动物蛋白质的酶法水解中，主要是使用外源酶。常用的主要蛋白酶制剂如表 9-1 所示。

表 9-1　　　　　　　　　　　水产动物蛋白水解常用蛋白酶

种类	来源	最适 pH	最适温度/℃
霉菌酸性蛋白酶	黑曲霉	2.4~4.0	45

续表

种类	来源	最适 pH	最适温度/℃
霉菌中性蛋白酶	米曲霉	4.5~7.0	45
霉菌碱性蛋白酶	米曲霉	8.0~9.0	45
细菌中性蛋白酶	枯草芽孢杆菌	5.0~7.5	50
细菌碱性蛋白酶	地衣芽孢杆菌	8.0~9.0	55
木瓜蛋白酶	木瓜	5.0~7.0	60~75
胰蛋白酶	动物胰脏	7.8~8.5	37
胃蛋白酶	猪胃	1~2	37

3. 蛋白酶水解水产动物蛋白的方式

（1）单一酶法　一种蛋白酶对蛋白质的水解有局限，一般很难达到产品要求。

（2）复合酶法　对水产动物蛋白的水解多采用复合酶法。如，利用枯草芽孢杆菌中性蛋白酶和胃蛋白酶双酶法。这两种蛋白酶对蛋白质底物的特异性有互补作用。枯草芽孢杆菌中性蛋白酶能水解弹性蛋白、胶原蛋白、类黏蛋白和黏蛋白等，而胃蛋白酶能水解球蛋白、胶原蛋白、组蛋白及大多数角蛋白，不能水解类黏蛋白、海绵硬蛋白、精蛋白及毛的角蛋白等；枯草芽孢杆菌中性蛋白酶优先水解肽键氨基侧为苯丙氨酸、酪氨酸残基的肽键，而胃蛋白酶优先水解肽键羧基侧为苯丙氨酸、酪氨酸及色氨酸残基的肽键，同时，胃蛋白酶还能优先切断苯丙氨酸、亮氨酸或谷氨酸羧基侧的肽键。

复合蛋白酶法有两种方式。①混合复合法：即采用两种或两种以上的蛋白酶以一定的比例进行混合，然后对水产品进行水解。例如，采用枯草芽孢杆菌（*Bacillus subtilis*）1389 蛋白酶、胰蛋白酶和木瓜蛋白酶对鱼鳞进行水解，其水解速度远远高于单独使用三种酶水解速度；②水生物酶法：即采用从水产动物体内提取的消化酶对水产品进行水解，特别是从一些肉食性水生物消化系统内提取的酶类，对水产品的水解率大大超过任何一种目前已知的混合复合法。

（二）蛋白酶在水解动物蛋白生产中的应用

水解动物蛋白（Hydrolyzed Animal Protein，HAP）具有营养功能和保健功能双重特性，既可直接用于制作高级食品的营养调味料，也可作为植物性食品的配料之一，以提高其蛋白质的生物价值。因此，HAP 是一种良好的食品添加剂，具有广泛的应用价值和广阔的应用前景。

1. 蛋白酶在水解鱼类蛋白生产中的应用

低值鱼和小杂鱼在海洋捕捞中历来占有较大的比例。随着人们生活水平的提高，低值鱼类直接食用的价值越来越低，另外，我国目前淡水鱼仍然以鲜食为主，但是，由于季节和贮藏条件的限制，大量的淡水鱼由于腐败而废弃。水解蛋白是一条值得探讨的途径。采用酶技术生产水解鱼蛋白对于提高淡水鱼的附加值、增加农民收入、解决"三农"问题具有很重要的作用。水解鱼蛋白优于整鱼肉或鱼蛋白浓缩物，其水溶性好，低脂，低灰分，高蛋白。

不同品种的鱼和酶产生不同性质的水解鱼蛋白。鱼类种类繁多，组成千差万别，因此，采用酶解的条件存在很大差别，即使对于同种鱼类来讲，目标产物不同，酶解条同样存在差别。概括而言，决定鱼类酶解条件的因素有以下几方面：①鱼类的基本组成。②水解产物的要求。③使用酶制剂的性质。一般而言，胰蛋白酶、木瓜蛋白酶和胃蛋白酶比较适合鱼蛋白水解。采用木瓜蛋白酶进行水解，可以得到较长的肽链；使用胃蛋白酶进行水解，得到的水解鱼蛋白有更好的溶解性。④水解工艺。例如，采用动物蛋白酶 1058 水解鱼蛋白时，酶与底物之比为 1.5∶1 000，在 50℃下水解 4 h，得到的水解鱼蛋白中氨基酸含量达 73%，短肽分子质量大部分在 3000 以下，易于人体吸收。

目前，酶法水解蛋白主要集中于人工养殖和水体中上层低值鱼（水产行业约定俗成的名称）的酶解研究。

（1）罗非鱼肉水解蛋白　罗非鱼繁殖力强，生长速度快，耐粗食，抗病力强，但是，肉质柔嫩多水，难以储运保藏[1]。其养殖技术日益完善，随着产量的提高，罗非鱼有望在国际贸易中成为继三文鱼和对虾之后的第 3 大水产品。大部分罗非鱼以鲜活或鲜冻方式进入市场。目前，在广东、福建、广西、海南、山东、北京等地都已形成了迅猛发展的罗非鱼产业，出口产品主要是冻鱼片和冻全鱼 2 大类，总体加工技术水平较低，仅部分制成干品或鱼粉、鱼饲料。但是，由于其固有的土腥味，导致市场竞争力不强，经济效益不高。科学的开发利用罗非鱼资源，提高其经济价值，HAP 是一条值得探讨的途径[2]。

①罗非鱼蛋白水解工艺流程：

罗非鱼肉→匀浆→酶解→灭酶→过滤→酶解液→脱色脱苦除腥处理→过滤→杀菌→罗非鱼蛋白水解液成品

②操作要点：

酶解：采用中性蛋白酶与酸性蛋白酶复合酶解，可以获得水解度较高的水解蛋白，水解度可达到 59.1%，操作条件为：液固比 3，酶解温度 50℃，加酶总量为 6000U/g，双酶分配比例为中性蛋白酶∶酸性蛋白酶＝1∶2，先加入中性蛋白酶水解 2h，控制 pH 在 6.0，再加入酸性蛋白酶水解 2h，pH 控制在 4.0。

脱色脱苦除腥处理：海藻糖和粉末活性炭脱色脱苦除腥总体效果最佳，但两者各有侧重，活性炭在脱色方面优于海藻糖，海藻糖则在脱苦除腥方面优于活性炭。在进一步进行脱腥处理时，风味酶表现优于海藻糖。

（2）青鳞鱼肉水解蛋白　青鳞鱼属于暖水性中上层低值鱼，资源丰富，产量高，蛋白质含量高，是丰富的蛋白质资源之一。但是，其脂肪及血含量高，不宜鲜食，更不耐贮藏。为了提高其价值，可以利用生物酶解技术制取青鳞鱼水解蛋白（表 9-2）。

表 9-2 不同蛋白酶对青鳞鱼鱼肉最佳水解条件及效果比较

水解条件/效果	胰蛋白酶	风味酶	木瓜蛋白酶和风味酶
肉：水/（质量比）	1：2	1：2	1：2
水解温度/℃	55	50	50
酶浓度/（U/g）	1800	1200	1500 和 1200
反应体系 pH	6.8	6.8	6.18
水解时间/min	20	180	180
可溶性蛋白得率/%	46.2	39.8	85.6

由表 9-2 可见，双酶水解的效果远远优于单酶水解。经过双酶水解，水解蛋白氨基酸总含量为 82.0%，必需氨基酸占 41.0%，其中赖氨酸占总量的 11.1%，水解蛋白的游离氨基酸含量为 41.4%，结合氨基酸为 77.96%，肽含量为 95.1%，肽链平均长度 4119。

（3）鲢鱼肉水解蛋白

①单酶水解：中性蛋白酶为水解鲢鱼肌肉的最适酶类，水解条件为：料液比 1：2，水解温度 50℃，酶用量 0.5%，pH 7.0，水解时间 3 h，在该条件下，蛋白质回收率可达到 90.60%。

②双酶水解：首先采用中性蛋白酶作用 1 h，然后，添加 0.4% 的复合风味蛋白酶，在 50℃、pH7.0 条件下，水解 4 h，蛋白质回收率可达到 94.50%。水解液采用活性炭脱腥后基本无腥苦味，经真空冷冻干燥可制得纯度 91.0% 的蛋白粉。

（4）鲨鱼肉水解蛋白　鲨鱼经济价值较高，皮、肝和鳍均可充分利用。但是，鲨鱼肉含尿素较高，氨味较浓，从而影响其鲜食味道。为提高鲨鱼肉的经济价值，以鲨鱼肉为原料，经酶解可制备富含氨基酸的水解液。

在对鲨鱼进行水解时，同时将枯草芽孢杆菌中性蛋白酶及木瓜蛋白酶各 100U/mL 添加于原料中，对鲨鱼肉进行水解。最适的水解条件为：原料：水 = 1：5，45℃，pH 7.0，水解时间 3 h。在该条件下，蛋白质水解率达 83.5%，所得水解液的氨基酸含量为 45.4 mg/mL，其中必需氨基酸总量为 19.8 mg/mL。

（5）蚌肉水解蛋白　在对取珠后的褶纹冠蚌肉进行水解时，使用胰蛋白酶，酶解温度 45℃，pH7.0，保温时间 7 h，加酶量 2.2%，在该条件下，蚌肉蛋白的水解度可达 43.56%。工艺流程如下：

蚌肉 → 肉和水（1：1）混合 → 调 pH → 加酶 → 恒温水解 → 灭酶（90℃，10min）→ 高速离心 30min →酶解液

（6）鳕鱼碎肉水解蛋白

①工艺流程：冷冻鳕鱼碎肉→ 空气解冻 → 捣碎匀浆 → 酶解 →水解液→ 脱苦脱色 → 分离 → 真空浓缩 → 喷雾干燥 →鳕鱼碎肉水解蛋白粉

②操作要点：酶解条件：AS1.98 蛋白酶，酶用量 240IU/mL，pH7.0，酶解温度 50℃，酶解时间 2h。

（7）蟹碎肉水解蛋白　我国蟹类资源丰富，蟹的加工主要是取其胸壳下及大螯中的大块蟹肉生产蟹肉罐头，也加工成蟹酱、蟹黄酱、蟹油、蟹香调味料等产品。同时，产生了许多下脚料，包括蟹的小脚及大量蟹壳。蟹加工下脚料中分别含蟹肉和蟹壳可达 12.97% 和 87.03%。其中，残余的蟹肉含蛋白质 18.66%，脂肪 2.7%，水分 78.34%。对这些残肉进行回收利用，不仅避免了蛋白质资源浪费，还可以减少由蟹壳制备几丁质过程中对环境的污染，简化蟹壳原料的预处理过程。

采用蛋白酶对蟹肉进行水解时，先用木瓜蛋白酶对蟹肉水解 2h，而后用复合风味蛋白酶再水解 2h，所得水解液的风味较佳，蟹香味浓郁，游离氨基酸含量达到 263～277mg/100mL。

（8）人工养殖中华鲟肉水解蛋白　使用木瓜蛋白酶水解人工养殖的中华鲟（*Acipenser sinensis*）的肌肉，可以制备其蛋白质水解产物。该产物具有改善的功能特性，在食品工业中具有潜在的应用。

Noman A 等研究了不同条件对使用木瓜蛋白酶时水解度（Degree of Hydrolysis，DH）的影响[3]。最适条件为：固液比 1：1，酶-底物比 3%，pH 6，温度 70℃，温育时间 6h。在最适条件下，DH 为 24.89%，蛋白质水解产物的收率为 17.47%，其中蛋白质含量为 79.67%，氨基酸含量为 96.35%。随着水解时间的延长，肽的分子质量降低。蛋白质水解物溶解度介于 86.57%～98.74%，乳化活性指数为 11.0～13.27m²/g，不同 pH 下乳化稳定性指数>94%，保水能力为 1.93g 水/g 蛋白质，保油能力为 2.59g 油/g 蛋白质，泡沫容量为 76.67%。

（9）其他　对于营养丰富、肉质鲜嫩味美的水产动物，随着人工养殖业的发展，资源越来越丰富，开发这些水产动物加工的新工艺、新技术、新途径和新产品具有一定的现实意义。采用酶水解技术对水产动物进行处理，不但提高了水产动物的利用率，而且利于人体消化吸收。如果再加入精选的药食同源保健药物，如党参、枸杞、大枣、薏苡仁和槐米等提取物，就既能强化水产动物的保健性能，又具有动植物营养成分和保健功能成分互补的作用。

例如，一种人工养殖甲鱼保健冲剂。

①工艺流程：甲鱼→ 加 10 倍水 → 高压蒸煮 15min → 冷却 → 酶解 → 与其他成分复配 →甲鱼保健冲剂

②操作要点：

酶解：胰蛋白酶（1000～1500U/g），酶浓度（*E/S*）6.4g/kg，温度 45℃，pH7.5，时间 6h。

复配配方：如表 9-3 所示。

表 9-3　　　　　　　　　　　　一种甲鱼保健冲剂的复配配方

成分	份数	备注
甲鱼酶解液	65	
糖	28	
奶粉	20	
药食同源植物提取物	22	固形物 125g/kg
环麦芽糊精	6	
柠檬酸	1.5	

（三）蛋白酶在水解动物蛋白产品脱苦中的应用

1. 水解动物蛋白产生苦味的原因

蛋白质水解物通常带有一定的苦味，这和蛋白质的氨基酸组成有关，特别是蛋白质中的疏水性氨基酸，它们是导致蛋白质水解后产生苦味肽的重要原因。苦味与水解产物中的疏水性氨基酸在肽链中的位置及含量有关。当疏水性氨基酸位于肽链末端位置，表现出苦味最大。酶水解蛋白质破坏了原有蛋白结构，使原来隐藏于分子内部的疏水性氨基酸等露于分子表面，因而水解产物可以有不同程度的苦味或腥臭味产生，有时还伴随着颜色偏深的现象，影响消费者的购买欲和应用的领域，因此，必须对水解液进行脱苦除腥处理。

2. 水解动物蛋白脱苦的方法

水解动物蛋白脱苦方法有很多，例如底物的选择，蛋白酶的筛选，水解度的控制，苦味物质的选择性分离，类蛋白反应覆盖，外切蛋白酶的应用等。其中，蛋白酶的筛选在这些脱苦方法中最为简捷和方便。

通过胃合蛋白反应（Plastein Reaction）可以脱除苦味。例如，在已浓缩到 30% ~ 35% 鱼蛋白水解液中加入一定量的木瓜蛋白酶或胰凝乳蛋白酶，使其重新合成新的蛋白质。由于胃合蛋白产物的结构和氨基酸顺序不同于原始的蛋白质，因此它们的功能性质也发生了变化，有可能脱去苦味。利用风味蛋白酶（酶活力 20000IU/g）对鳕鱼水解蛋白进行脱苦，可以有效地改善鳕鱼水解物的风味，降低苦味。其水解体系为水解温度 55℃，酶用量 3%，pH5.5。然而，在相同条件下，采用碱性蛋白酶，却无法改善鳕鱼水解产品的苦味。

（四）蛋白酶在水产动物生物活性肽生产中的应用

近年来，鱼类消费的增加与副产品生产有关，后者富含有价值的化合物，如蛋白质、维生素、矿物质、脂类（ω-3）或活性肽等。蛋白质是人体必需的营养成分之一，它在人体内以氨基酸或肽的形式被吸收。近年来，发现小肽类（2 ~ 10 个氨基酸），在人体吸收代谢中具有重要的生理功能。如，牛乳肽具有在体内运输微量元素、治疗低血压、提高机体免疫性的功能，大豆肽和玉米肽具有明显的降血压作用，沙丁鱼肽有降血压的功能。此外，以小肽形式作为动物氮源，其机体蛋白质合成效率高于相应氨基酸，说明肽类在动物体内具有较高的生物利用率。市场上已有相对分子质量在 1000 以下的肽制品，应用于治疗过敏、低血压等患者的保健食品中。目前，已经从海绵、海鞘、海葵、海兔等多种海洋生物中分离得到多种生物活性肽。从海洋生物中通过酶解制备活性肽的研究已在进行，并取得一定进展。

近年来，由于海洋经济鱼类资源严重衰退，海洋中上层低值鱼捕捞量急剧上升。绝大部分低值鱼用作加工价格低廉的鱼粉饲料。其实，低值鱼虽个体小，脂肪含量高，但是其蛋白质含量也高达 20% 左右，必需氨基酸齐全，是一种制取海洋鱼类蛋白小肽的理想原料。利用鱼类加工的废弃物如鱼内脏、鱼头、鱼骨、鱼皮等，通过酶解制备活性肽，已经成为鱼类废弃物综合利用的重要途径。当前对酶解海洋生物活性肽的研究主要集中在四个方面：①酶解工艺及其产物功能特性；②营养效价；③生理活性；④分离纯化技术。

1. 血管紧张素转化酶（Angiotensin-converting Enzyme，ACE）抑制肽

从目前所发现的降血压肽看，虽然降血压肽没有固定的氨基酸组成，但原料蛋白质的选择十分重要。常用的蛋白质有酪蛋白、乳清蛋白、大豆蛋白质、鱼蛋白、玉米蛋白等，而廉价的鱼蛋白是生产 ACE 抑制肽的重要来源。

（1）龟来源的 ACE 抑制肽　Sun Q. 等从嗜热真菌米黑根毛霉（*Rhizomucor miehei*）菌株 CAU432 中克隆了一种新的天冬氨酸蛋白酶基因（*RmproA*），并在巴斯德毕赤酵母（*Pichia pastoris*）中进行了表达[4]。*RmproA* 在巴斯德毕赤酵母中成功表达为有活性的胞外蛋白酶。通过高细胞密度发酵，获得 3480.4U/mL 的高蛋白酶活性。蛋白酶 RmproA 的分子质量为 52.4 kDa，最适 pH5.5，最适温度 55℃。该酶表现出广泛的底物特异性。RmproA 对龟肉的水解产生了大量的小肽，这些肽表现出高的 ACE 抑制活性。

（2）鱿鱼皮来源的 ACE 抑制肽　Lin L. N. 等从鱿鱼（*Dosidicus eschrichitii Steenstrup*）皮中提取明胶，然后用胃蛋白酶水解，制备了 ACE 抑制肽[5]。使用超滤单元，将水解产物分级成三个分子质量范围（6kDa<HSSG-1<10kDa，2kDa<HSSG-II<6kDa，HSSG-III<2kDa）。其中，HSSG-III 在体外显示出最有效的 ACE 抑制活性，IC_{50} 为 0.33mg/mL；并且，HSSG-III 可以通过口服，显著降低动脉血压。

（3）罗非鱼来源的 ACE 抑制肽　酶解法从罗非鱼肉制备 ACE 抑制肽的方法包括单一酶法和复合酶法。

①单一酶法：工艺流程：罗非鱼肉→ 匀浆 → 酶解 → 灭酶 → 过滤 →酶解液。采用表 12-4 中酶制剂，对罗非鱼进行水解生产制备 ACE 抑制肽。胰蛋白酶、Alcalase2.4L、Protamex、菠萝蛋白酶对罗非鱼肉控制酶解制备 ACE 抑制肽的效果较好，酶解产物（稀释 20 倍）的 ACE 抑制率最大值为酶解 1h 时获得，此时水解度达到 91.2%。

②复合酶法：采用菠萝蛋白酶和 Alcalase 2.4L 蛋白酶进行水解，所得水解产物的水解度为 30.43%。首先采用菠萝蛋白酶（酶活力 4000U/g）在 45℃，pH4.5，酶/底物为

6%，水解 4h；然后，再用 Alcalase 2.4L 蛋白酶（酶活力 6000U/g）在 55℃，pH7.5，酶/底物 4%，水解 2h。

表 9-4　　　　　　　　　　　罗非鱼水解的常用蛋白酶

名称	作用类型	最适温度/℃	最适 pH
Alcalase 2.4L[①]	内切	50~65	6.5~8.5
Flavourzyme[②]	内切+外切	50	5.0~7.0
Kojizyme[③]	内切+外切	30	5.5~6.5
Protamex[④]	内切	35~60	5.5~7.5
胰蛋白酶	内切	35~45	7.5~8.5
木瓜蛋白酶	内切	50~70	5.0~7.5
中性蛋白酶	内切	45~55	7.5
菠萝蛋白酶	内切	45	4.5

注：①~④为商品化类的酶制剂的商品名称。

酶的选择是 ACE 抑制肽生产的关键。Alcalase 2.4L 碱性蛋白酶是从地衣芽孢杆菌（*Bacillus licheniformis*）中提取的一种丝氨酸蛋白酶，属内切酶。菠萝蛋白酶是典型的巯基蛋白酶，能分解蛋白质、肽、酯和酰胺中的 Lys-、Arg-、Phe-、Tyr-羧基端。因此，采用这两种酶进行水解，产物中疏水氨基酸含量较多。一般来说，以其他水产动物蛋白为原料制得的具有 ACE 抑制活性的水解产物平均分子质量大都在 1500Da 以下。经上述两种工艺进行水解得到的 ACE 抑制肽，过凝胶柱层析后，经 HPLC 分离所得高活力组分的分子量大约为 350Da。

（4）刺参来源的 ACE 抑制肽　利用复合蛋白酶酶解刺参（*Stichopus japonicus*）体壁制备的 ACE 抑制肽，在降血压功能性食品的开发利用方面具有研究价值。华鑫等以刺参体壁为原料，利用复合蛋白酶对其进行酶解，运用单因素法优化了 ACE 抑制肽的酶解制备工艺[6]。获得最佳工艺参数为：料液比 1:6（g/mL）、加酶量 0.8%（质量分数）、反应时间 6h、pH 7.0。将酶解产物用 3kDa 膜超滤，其中小于 3kDa 组分具有较高的 ACE 抑制活性，IC_{50} 为 0.8mg/mL，对 ACE 表现为非竞争性抑制作用。刺参 ACE 抑制肽在高温、酸性和碱性条件下均具有较好的稳定性，同时具有较强的抵抗胃蛋白酶、胰蛋白酶和胰凝乳蛋白酶消化的能力。刺参 ACE 抑制肽对雄性自发性高血压大鼠具有良好的降压功效。

（5）牡蛎来源的 ACE 抑制肽　苑圆圆等以水解度（DH）为指标，测定了时间对不同蛋白酶酶解牡蛎蛋白的影响[7]。4h 时水解基本完全。中性蛋白酶水解度最高，达到 89.88%；木瓜蛋白酶水解度最低，为 34.51%。水解 15min 后，酶解产物 ACE 抑制率达较高水平，随时间延长而缓慢增加或减少。胃蛋白酶水解牡蛎的蛋白酶解物对 ACE 的抑制率最高，在 1200U/g 底物的添加量、水解 4h 的条件下，其抑制率可达 96.99%，且酶解物可在 12h 内保持稳定而不被水解。

2. 抗氧化肽

（1）雄鲱鱼来源的抗氧化钛　　Rachel D. 等采用超滤膜电渗析（Electrodialysis with Ultrafiltration Membrane，EDUF）技术对雄鲱鱼的蛋白酶水解液进行了分离[8]。阴离子组分中酸性氨基酸（Glu、Asp）含量较高，而阳离子组分主要集中在碱性氨基酸（Arg、Lys）中。一种阴离子组分的抗氧化活性增加214%。因此，EDUF 是一种有效地分离具有高价值生物活性组分的方法。

（2）扇贝裙边来源的抗氧化肽　　王苏等选取中性蛋白酶对扇贝加工副产物-裙边进行水解，以制备抗氧化肽[9]。在单因素试验的基础上，采用响应面法考察主要因素对水解度的影响，建立回归模型。最佳酶解条件为：加酶量23154U/g 干物质，底物浓度7%，温度49.1℃，pH 7.8，酶解时间4h。在此条件下，水解率为50%，与预测值的相对误差为1%，预测模型与实际情况拟合较好。

李彩等以扇贝裙边为原料，以水解度和超氧阴离子清除率为考察指标，从 6 种蛋白酶中筛选出中性蛋白酶作为水解制备抗氧化肽的较优蛋白酶[10]。研究了反应温度、pH、加酶量、底物质量浓度和反应时间等单因素对酶解效果的影响；通过三元二次回归正交旋转设计，对水解条件进行优化，建立了单因素与水解度和抗氧化活性的回归方程，确定中性蛋白酶水解扇贝裙边蛋白的最佳水解条件为：反应温度 45℃，pH 8，底物质量浓度 40mg/mL，加酶量 12.9%，反应时间 6h。在最佳水解条件下，超氧阴离子清除活性为 25.64%。

（3）泥鳅来源的抗氧化肽　　You L. J. 等用木瓜蛋白酶和复合蛋白酶水解泥鳅蛋白，研究泥鳅蛋白水解物（Loach Protein Hydrolysates，LPH）的抗氧化活性[11]。木瓜蛋白酶和复合酶蛋白的深度水解导致水解产物的褐变。当水解度（DH）为23%时，由木瓜蛋白酶制备的水解产物（HA）表现出最强的抗氧化活性。羟基自由基、DPPH 自由基、ABTS 自由基清除活性和还原力的最大值分别为 56.1%、95.5%、2.80mmol/L 和 1.46。复合蛋白酶制备的水解产物（HB）在 DH 28%时具有最强的羟基自由基清除活性（55.0%），在 DH 23%时具有最强的 DPPH 自由基清除活性（92.2%）和 ABTS 自由基清除活性（2.81mmol/L），在 DH 为 33%时具有最强的还原力（1.17）。在相同的 DH 值下，HA 和 HB 之间存在显著的差异。几种抗氧化氨基酸残基，尤其是 Trp 和 His，对水解产物的抗氧化活性有显著贡献。对于所有 LPH，随着 DH 增加，分子质量低于 500Da 的肽增加。因此，DH 和蛋白酶对 LPH 的分子质量和氨基酸残基组成有很大影响，并进一步影响抗氧化活性。

接着，You L. J. 等又测定了泥鳅肽（Loach Peptide，LP）的体外抗氧化活性和体内抗疲劳活性[12]。LP 含有预计有助于其抗氧化和抗疲劳活性的氨基酸。LP 可以清除 DPPH 和羟基自由基。它可以螯合二价铜离子，并抑制亚油酸乳液体系中的脂质过氧化。与对照相比，它使老鼠的疲劳游泳时间延长至 20%~28%。它增加了血糖水平（28%~42%）和肝糖原水平（2.3~3.0 倍）。它使乳酸和血尿素氮水平分别降低了 10.9%~27.5%和 8.6%~17.5%。它还通过增加超氧化物歧化酶（SOD），过氧化氢酶（CAT）

和谷胱甘肽过氧化物酶（GSH-Px）的活性，来改善老鼠内源性的细胞抗氧化酶。因此，LP 可以提高耐力并促进疲劳恢复。

（4）蓝点马鲛鱼来源的抗氧化肽　一种新型的连续微波辅助酶消化（Continuous Microwave-assisted Enzymatic Digestion，cMAED）方法，可用于从蓝点马鲛鱼，获得潜在的抗氧化肽。Huang Y P 等使用 cMAED 方法，用于消化蓝点马鲛鱼蛋白质，获得潜在的抗氧化肽[13]。菠萝蛋白酶具有很高的消化蓝点马鲛鱼蛋白的能力。在微波功率 400W，温度 40℃，酶用量 1500U/g，底物浓度 20%，pH 6.0 和保温处理时间 5min 的条件下，水解产物的水解度和总抗氧化活性分别为 15.86% 和 131.49μg/mL。八种潜在的抗氧化肽序列，其范围为 502.32~1080.55Da，具有 4~10 个氨基酸残基，具有典型的抗氧化蛋白质的特征。

（5）蓝斑黄貂鱼来源的抗氧化肽　Wong F C 等从蓝斑黄貂鱼的碱性蛋白酶水解产物中鉴定和表征抗氧化肽[14]。纯化步骤由 ABTS 阳离子自由基（ABTS$^+$）清除试验和从头肽测序指导，得到两种肽：WAFAPA（661.3224Da）和 MYPGLA（650.3098Da）。WAFAPA（EC_{50} = 12.6μmol/L）比谷胱甘肽（EC_{50} = 13.7μmol/L）和 MYPGLA（EC_{50} = 19.8μmol/L）有更强的抗氧化活性。WAFAPA 和 MYPGLA 之间存在协同作用。WAFAPA 和 MYPGLA 在抑制 H_2O_2 诱导的脂质氧化方面超过了肌肽。这些肽保护质粒 DNA 和蛋白质免受芬顿试剂诱导的氧化损伤。热处理（25~100℃）和酸碱处理（pH 3~11）没有改变肽的抗氧化活性。MYPGLA 在模拟胃肠道消化后仍保持其抗氧化活性，而 WAFAPA 表现为部分损失。这两种多肽可能单独使用或联合使用，作为功能性食品成分或营养品具有潜在的应用。

（6）毛蚶来源的抗氧化肽　来自毛蚶的生物活性肽的信息很少被报道。Jin J E 等使用胃蛋白酶水解毛蚶，酶与底物（E/S）的比例为 1∶100 和 1∶500，持续 1~4h[15]。通过自由基清除和氧自由基吸收能力（Oxygen Radical Absorbance Capacity，ORAC）测定法，评估了毛蚶水解产物（ark shell hydrolysates，ASHs）的抗氧化活性。抗氧化肽（P）被纯化和鉴定为 MCLDSCLL（P1）和 HPLDSLCL（P2）。P1 和 P2 显示出有效的抗氧化活性，对 DPPH 自由基的 IC_{50} 值分别为（19.47±0.35）和（74.36±0.54）μmol/L，谷胱甘肽（GSH）为阳性对照［（19.31±0.36）μmol/L］。对于 ABTS$^+$ 自由基清除，P1 和 P2 分别表现出（678.36±5.33）μmol/L 的 trolox 当量（TE）/mmol/L P1 和（778.86±9.64）μmol/L TE/mmol/L P2，ORAC 值分别为（333.91±26.05）μmol/L TE/mmol/L P1 和（209.81±21.74）μmol/L TE/m mol/L P2。P1 和 P2 也显示出强大的还原能力。此外，P2 强烈抑制铜催化的人低密度脂蛋白氧化。

3. 抗菌肽

杨富敏等利用碱性蛋白酶对扇贝裙边进行酶解，以获得高附加值海洋蛋白来源的抗菌肽[16]。以水解率为指标，通过设计正交试验，得到最佳水解条件：pH11，底物浓度为 9%，反应温度 40℃，[E]/[S] 为 12%，反应时间 4 h。在该条件下，水解率最高，为 23.58%。通过低温离心和超滤等技术，将酶解液分为 F1、F2、F3、F4 四个组分，其中 F2（1~3 kDa）具有抑菌活性，该抗菌肽对大肠杆菌和金黄色葡萄球菌的 MIC 值均为 80 μg/mL。

4. 其他活性肽

（1）海参肽的制备　海参中含有多种活性肽。从海参上皮组织，分离获得一种五肽（其中个别氨基酸为 *D*-构型），相对分子质量 568.1，具有抗肿瘤和抗炎活性。海参经过酶法水解，也可制得具有多种功效的活性肽。在海参肽生产中，既要获得理想分布的低肽组成，又要控制水解程度，选择合适的蛋白酶和严格控制工艺操作十分重要。可以选用 A. S1398 中性蛋白酶（102 500U/g），水解的工艺条件为：底物浓度 8%，加酶量 1.5%，温度 50℃，pH7.0，水解时间 1.5 h。在此条件下，水解度可达到 43.6%，酶解产物中低分子肽（相对分子质量<2600）含量为 1.76%。

（2）鳀鱼肽的制备　鳀鱼是一种海洋中上层低值鱼。鳀鱼复合酶解可采用两步加酶法。

① 工艺流程：粗鳀鱼蛋白粉 → 加一定量的水 → 煮沸 15min → 冷却 → 捣碎 5min（组织捣碎机）→ 调 pH 至 5.0 → 胃蛋白酶水解 → 调 pH 至 8.0 → 胰蛋白酶水解 → 升温灭酶 → 粗过滤 → 离心（4000r/min，10min）→ 弃去沉淀 → 上清液过滤 → 鳀鱼复合酶解液

② 操作要点：

a. 胃蛋白酶水解：胃蛋白酶活力 60000U/g；水解温度 42℃；水解时间 5h。

b. 胰蛋白酶水解：胰蛋白酶活力 70000U/g；酶量 70000U/g 水解液。

c. 上清液过滤：分别经 0.45μm 和 0.2μm 滤膜过滤。

该酶解产物中，肽类相对分子质量在 7400 以下，其中相对分子质量 6600~7400、由 52~58 个氨基酸组成的较长肽链占 1.74%；相对分子质量 2500~5300、由 20~41 个氨基酸组成的中长肽链占 29.75%；相对分子质量在 1000 以下的由 2~10 个氨基酸组成的寡肽占 50%。水解物的总氮与氨基酸态氮比为 25.9∶1，约有 96% 的氨基酸以肽类形式存在。可溶性肽的总氨基酸含量为 73.98%。

（五）蛋白酶在水产调味品加工中的应用

鱼和贝类等海鲜产品是人体所需优质蛋白质、氨基酸、脂肪等营养素的重要来源，其独特的风味深受广大消费者的喜爱，其香味物质是现代加工食品的重要风味添加剂，可以广泛应用在方便食品、各式肉制品、小吃食品、仿生食品中。

一般来说，新鲜的鱼类具有浅淡的、柔和的、令人愉快的气味，这些香气被认为是由各种挥发性的羰基化合物和醇类物质产生。这些化合物是由脂肪酶作用于鱼脂肪中的多不饱和脂肪酸反应生成，参与呈味的羰基化合物有：（E）-2-戊烯醛、己醛、（E）-2-己烯醛、（E）-2-辛烯醛、（E）-2-壬烯醛、（E，Z）-2，6-壬二烯醛、1-辛烯-3-酮、2，3-辛二烯-1-酮、1，5-辛二烯-3-酮等。醇类化合物有：1-戊烯-3-醇、1-戊烯-3-醇、（Z）-3-己烯-1-醇、1-辛烯-3-醇、（E）-2-辛烯-1-醇、1，5-辛二烯-3-

醇、2，5-辛二烯-1-醇、（E）-2-壬烯-1-醇、（Z）-6-壬烯-1-醇、（Z）-3-壬-烯-1-醇、（E，Z）-2，6-壬二烯-1-醇、3，6-壬二烯-1-醇等。另外，某些含硫化合物也能产生新鲜海味特征的香气。利用海鲜产品进行酶解制备调味料，是当今水产品研究的热点之一。

1. 蛋白酶在蚝油生产中的应用

生蚝又称牡蛎，属贝类动物，形如淡菜，生长在我国北方沿海及广东、福建等地区。其肉鲜美，营养丰富，蛋白质含量高，且富含人体所需的必需氨基酸、无机盐及维生素等。以其为原料生产的蚝油，是一种高级天然调味品。传统的蚝油加工方法是把煮蚝汤汁浓缩，或将蚝肉打成酱，再煮汁浓缩。这类方法加工的产品重金属含量高，色泽差，腥味大，营养价值低。

为解决这些问题，采用生物技术法，将生蚝酶解，使蚝肉中蛋白质水解为氨基酸，以此水解液为基料配制蚝油，其蚝香浓，营养丰富，色泽艳丽，传统蚝油无法媲美。用木瓜蛋白酶、中性蛋白酶、复合蛋白酶和复合风味蛋白酶等对生蚝进行水解均有报道，其中复合蛋白酶和复合风味蛋白酶相互作用，水解效果最佳。其水解条件如表 9-5 所示，其氨基氮生成率为 40.5%。

表 9-5　　　　　　　　　　二步法水解生蚝的工艺条件

水解条件	第一步水解	第二步水解
蛋白酶种类	复合蛋白酶	复合风味蛋白酶
水解温度/℃	55	50
反应液 pH	7.5	6.0
底物浓度/%	35	—
酶/底物比/（g/kg）	1.25	1.25
水解时间/h	2	8

对牡蛎肉进行水解，也可以把枯草芽孢杆菌中性蛋白酶（酶活力 50000U/g）和木瓜蛋白酶（酶活力 60000U/g）混合加入牡蛎肉进行水解。其工艺条件为 pH7.0，水解温度 50℃，加酶量 600U/g，水解时间 5h。该工艺水解效率较好，比传统单一酶解的水解率增加了 8%。水解液经浓缩、配制，可制作出色、香、味俱佳的海鲜调味汁。

2. 蛋白酶在翡翠贻贝调味料生产中的应用

翡翠贻贝肉蛋白经双酶水解，减压浓缩，适当调配，可制作营养丰富、海鲜风味浓郁、具有一定保健功能的海鲜调味料。

（1）工艺流程

翡翠贻贝肉 → 匀浆 → 枯草芽孢杆菌中性蛋白酶水解 → 胃蛋白酶水解 → 过滤 → 水解液 → 减压浓缩 → 调配 → 调味料

（2）操作要点　双酶水解的条件如表 9-6 所示，最终酶解率可达 82%。

表 9-6 　　　　　　　　　　　　双酶法水解翡翠贻贝肉的工艺条件

水解条件	第一步水解	第二步水解
蛋白酶种类	枯草芽孢杆菌中性蛋白酶	胃蛋白酶
水解温度/℃	45	55
反应液 pH	7.5	4.0
钙离子浓度/%	0.1	—
酶用量/%	0.2	0.2
水解时间/h	2.5	2.0

3. 蛋白酶在珍珠贝肉营养调味液制备中的应用

目前，收珠后的贝肉除了少数直接食用外，一般作饲料，利用价值极低。

（1）马氏珠母贝　马氏珠母贝肉是一种高蛋白、低脂、低糖的海产食品，贝肉含有一些微小的天然珍珠和大量珍珠黏液，富含多种生理活性物质，具有丰富的营养价值和药用价值。运用酶技术，利用采珠废弃贝肉，可以研制出风味较好的贝肉营养液。

采用枯草芽孢杆菌中性蛋白酶（AS1398 枯草芽孢杆菌中性蛋白酶，酶活力100000U/g）和风味酶联合水解马氏珠母贝肉，最佳工艺条件是：水解温度50℃，水解时间5h，pH6.5，枯草芽孢杆菌中性蛋白酶和风味酶 Flavourzyme 的添加量分别为0.6%和0.25%。所得营养液中蛋白质达到73.6mg/mL，富含8种必需氨基酸，也含有一定量的脂肪酸、钙和微量元素锌等。

对马氏珠母贝肉进行酶解还可以采用枯草芽孢杆菌中性蛋白酶和胃蛋白酶两步水解法。水解条件如表9-7所示，最终蛋白质水解率为66.2%。所得水解液可用于生产海鲜调味料及功能性蛋白饮料。

表 9-7 　　　　　　　　　　　　双酶法水解马氏珠母贻贝肉的工艺条件

水解条件	第一步水解	第二步水解
蛋白酶种类	枯草芽孢杆菌中性蛋白酶	胃蛋白酶
底物浓度（原料/水）	1:3	1:3
水解温度/℃	40	60
反应液 pH	6.5	3.0
钾离子浓度/%	0.12	—
酶用量/（U/mL）	3000	4.5
水解时间/h	3.0	3.0

（2）贻贝　利用酶制剂对贻贝进行水解时，先采用枯草芽孢杆菌中性蛋白酶作用：pH7.5，温度45℃，酶用量0.2%，钙用量0.1%，水解时间25h；然后采用胃蛋白酶：pH4.0，温度55℃，酶用量0.2%，水解2.0h。最终，水解率达到82%。

4. 蛋白酶在虾酱生产中的应用

利用酶法，可以制备低盐虾酱，解决传统的自然发酵工艺的种种弊端。碱性蛋白酶（酶活力 2.4AU/g）和中性蛋白酶（酶活力 1.5AU/g）的加酶量均为 0.5%，温度 55℃，加盐量 18%（传统的自然发酵加盐量 30%），作用时间分别为 2h 和 1h（传统的自然发酵 1~3 月），最适 pH 7.0。酶法制备低盐虾酱使产品低盐，适合大众消费；高温酶解，风味品质更好；生产周期短，降低所需成本；加工工艺简单。酶解后虾酱的产品质量符合食品安全国家标准 GB 10133—2014，为小型虾的开发和发酵食品的生产开辟了一条新途径。

5. 蛋白酶在鱼露生产中的应用

鱼露又称鱼酱油，是我国传统的调味品，在我国沿海地区及东南亚一带食用极为普遍。它味道鲜美，营养丰富，风味独特，色泽清亮，香气宜人。鱼露是鱼类蛋白质的水解产品，其鲜味主要来自氨基酸、呈味核苷酸、多肽、有机酸（如琥珀酸）等。具有鲜味的天冬氨酸、甘氨酸、丙氨酸等在鱼露中占有相当的比例，它们是鱼露鲜美的一个主要原因。此外，鱼露还富含蛋白质、脂肪、钙和其他矿物质。

目前，鱼露加工主要靠食盐防腐，自然发酵。由于加盐量过多，抑制了酶的活性，使发酵周期有的长达一年以上。为了缩短发酵周期，先后研究出加温发酵、低盐发酵等工艺，使发酵周期由原来的 12~18 个月缩短为 4~6 个月。随着对其发酵的本质–酶催化水解反应认识的不断深入和酶工程技术的发展，酶制剂被直接引入发酵过程，使生产周期由原来的 12~18 个月缩短为十几个小时。酶法水解制鱼露，节省大量人力物力。它为鱼类调味品的生产开辟了一条切实可行的新途径，可大幅度降低鱼露加工企业的生产成本，增强市场竞争力。

6. 蛋白酶在其他调味品生产中的应用

（1）大麻哈鱼肽类调味料　一家日本企业以大麻哈鱼为原料，经酶水解制成了肽类调味料。与一般鱼酱相比，该调味料色泽很浅，鱼臭味几乎感觉不出，低聚肽含量 70% 以上，营养非常丰富。

（2）扇贝裙边水解液调味料　桑亚新等以扇贝裙边为原料，以水解风味、回收率为评价指标，在单因素实验的基础上，采用响应面法，考察主要因素对水解度的影响，建立数学模型，得到最佳的酶解条件[17]：温度 60.9℃，pH11.3，加酶量 23359U/g 干物质。在此条件下，实际水解度为 49.9%。利用 E1 和 E2 进行分段复合酶水解研究，采用高效液相色谱法对不同水解条件下扇贝裙边酶解液中的氨基酸组成进行分析，水解液中含 19 种氨基酸，甘氨酸、精氨酸、谷氨酸等呈味氨基酸含量较高。

（六）蛋白酶在水产动物胶原蛋白生产中的应用

1. 蛋白酶在鱼皮胶原蛋白生产中的应用

（1）大眼金枪鱼鱼皮胶原蛋白　由于受到宗教限制，许多人不接受使用猪源胃蛋白酶从鱼皮中提取的胶原蛋白。Ahmed R 等分离了两株产胶原蛋白分解蛋白酶（Collagenolytic Proteases，CP）的细菌，蜡样芽孢杆菌（*B. cereus*）FORC005 和蜡样芽孢杆菌 FRCY9-2[18]。FORC005 和 FRCY9-2 的最适碳源分别是甘油和蔗糖。温度和 pH 分别是影响 FORC005 和 FRCY9-2 产生 CP 的最主要因素。使用 FORC005 和 FRCY9-2 的 CP 处理大眼金枪鱼（*Thunnus obesus*）的酸溶性鱼皮胶原，胶原蛋白的总产率以鱼皮干基计，分别为 188g/kg 和 177g/kg。使用该方法提取的胶原蛋白都是 I 型胶原蛋白。

（2）泥鳅皮胶原蛋白　泥鳅皮胶原蛋白可能是陆生哺乳动物胶原蛋白的一种替代品，并且可能会增加这种鱼类的附加值。Wang J. 等从泥鳅皮中提取出酸溶性胶原蛋白（Acid-soluble Collagen，ASC）和胃蛋白酶溶性胶原（Pepsin-soluble Collagen，PSC）。ASC 和 PSC 的收率分别为 22.42% 和 27.32%[19]。十二烷基硫酸钠-聚丙烯酰胺凝胶电泳和肽质量指纹图谱分析表明，泥鳅皮中含有 I 型胶原蛋白。ASC 中有 212 个亚氨基酸/1000 个残基，PSC 中有 193 个亚氨基酸/1000 个残基。傅里叶变换红外光谱分析、紫外测量和圆二色性证实，泥鳅皮胶原蛋白具有三重螺旋结构。ASC 和 PSC 的变性温度分别是 36.03℃ 和 33.61℃。Zeta 电位分析显示，ASC 和 PSC 的净零电荷值分别为 6.42 和 6.51。

2. 蛋白酶在扇贝壳胶原螯合钙生产中的应用

为了有效利用废弃扇贝壳，提高贝类加工废弃物的附加值，桑亚新等采用双酶法水解猪皮，制得胶原多肽[20]。然后，利用灰化的扇贝壳制备胶原螯合钙。优化的胶原螯合钙制备条件是：pH8，胶原多肽与氯化钙的比为 0.3g：7mL，反应时间 50min。经 95% 乙醇沉淀，得到胶原螯合钙产品。用红外光谱法对胶原螯合钙进行表征，胶原多肽的氨基和羧基都参与了与 Ca^{2+} 的配位，存在 Ca-N 伸缩振动峰，表明经酶水解得到的胶原多肽，成功螯合了贝壳中的钙离子。该产品既具有胶原多肽增加骨胶原韧性的作用，又具有补钙的特性。

（七）蛋白酶在水产动物明胶生产中的应用

鱼鳞是明胶的良好来源之一。Zhang F. X. 等选择蛋白酶 A 2G（E. C. 3.4.24.39）预处理草鱼（*Ctenopharyngodon idella*）鳞片，最佳条件为：水解温度为 30.73℃，蛋白酶 A 2G 用量为 0.22%（*w/w*），水解时间为 5.52h，得到的明胶的凝胶强度为（276±12）g[21]。该干鱼鳞明胶具有三螺旋结构，等电点（pI）约为 7.0。与商品化的猪皮明胶 180PS8 相比，在较低温度下，草鱼鳞明胶的凝胶强度和凝胶黏弹性较高，而亚氨基含量（16%）、胶凝点和熔点（20.8℃，26.9℃）较低。在相同浓度下，明胶的 α-链和 β-组分含量对胶凝点或熔点下的凝胶黏弹性有较大贡献，而氨基酸组成对凝胶的稳定性影响更大。

（八）蛋白酶在甲壳纲水产动物几丁质生产中的应用

几丁质（Chitin），又称甲壳素，广泛存在于自然界，特别是海洋中。几丁质的全球年生物合成量超过 10^9t，是仅次于纤维素的第二大可再生资源。它是一种 β-（1→4）连

接的 *N*-乙酰基葡萄糖胺的多聚物。由于几丁质在水中和有机溶剂中的高结晶性和不溶解性，目前，它在工业上仍然较少被直接利用，而是主要被作为一种原材料，用来生产几丁质衍生物产品，如壳聚糖、壳寡糖以及葡萄糖胺等。这些产品具有抗菌、抗肿瘤等多种生物活性，目前广泛用于食品，农业，纺织，生物医药和制药行业。

从甲壳类动物废弃物（如虾壳、蟹壳）中提取几丁质的传统方法主要是强酸强碱处理，强酸负责脱去矿物质，强碱负责脱去蛋白质。传统方法所得产品品质不够理想，环境污染严重。对于从甲壳类动物废弃物中提取几丁质，正在探索高效、环保和经济可行的工艺，而使用蛋白酶脱去虾蟹壳中的蛋白质就是一种有应用潜力的工艺。

1. 产蛋白酶菌株在几丁质生产中的应用

Laxman P. V. 等在从甲壳类动物废弃物转变为具有商业价值的几丁质时，所有提取步骤中都使用海水，并且使用了产蛋白酶菌株枯草芽孢杆菌 B$_1$ 和地衣芽孢杆菌（*B. licheniformis*）B$_2$[22]。首先，先采用酶法（产蛋白酶菌株发酵）脱蛋白（Deproteinization，DP）；然后，再用化学处理法脱矿物质（Demineralization，DM）。这种联合方法生产几丁质，蛋白质脱除率至约84%，矿物质脱除率至约94%。

为使用微生物发酵法脱除蟹壳中的蛋白质以提取几丁质，刘杨柳等以蟹壳粉为培养基的主要成分，研究了一株枯草芽孢杆菌 UMN-26 在其中产蛋白酶的最适培养条件[23]。以发酵液中的蛋白酶酶活力作为指标，采用单因素试验和响应面法优化蟹壳粉培养基的发酵条件。最终优化的培养基组成为：蟹壳粉浓度5.5%，蔗糖浓度11.81%，初始 pH 7.27。最适培养条件为：培养温度37℃，摇床转速200r/min，培养时间108h。在此条件下，发酵液的蛋白酶酶活力达到1465.86U/mL，为优化前的7.86倍。发酵结束时，蟹壳粉的蛋白质的脱除率为70.71%。

2. 蛋白酶制剂在几丁质生产中的应用

Vázquez J. A. 等通过酶法和化学法相结合，从阿根廷鱿鱼软骨生产出高纯度的几丁质[24]。最佳的几丁质提取条件为：化学处理，0.82mol/L NaOH，36.4℃；碱性蛋白酶，57.5℃，pH 9.29；Esperase，59.6℃，pH 9.30；中性蛋白酶，49.6℃，pH 5.91。

Barona R. 等研发了一个一步提取虾皮中成分的酶法工艺，其创意是一个简单快速（6h）的皮分离工艺，回收了其中所有主要的化合物（几丁质、肽类和矿物质，特别是钙）[25]。这个工艺是在一个食品级酸性介质中，通过有控制的外源酶法来水解蛋白的过程，可以纯化几丁质（固相），获取肽类和矿物质（液相）。在 pH 3.5~4 时，蛋白酶活力是有效的，并且肽类被保存。对于 p*K*a 在 2.1~4.76 的磷酸、盐酸、醋酸、甲酸和柠檬酸，遵循了固相脱矿物质动力学。甲酸在 pH 接近 3.5 并且摩尔比为 1.5 时，实现了最初的目的：脱矿物质率达到99%，脱蛋白率为95%。

传统的蟹壳脱蛋白的方法消耗大量碱液，引起环境污染。为了开发一种可替代的方法，武小芳等以蟹壳粉为原料，蛋白质脱除率为主要评价指标，对蛋白酶脱蛋白作用进行研究，证实碱性蛋白酶较适宜于蟹壳脱蛋白[26]。最优的脱蛋白条件为：碱性蛋白酶添加量4U/mg，蟹壳粉目数160目，反应温度45℃，处理时间4h，pH 10.5。在此条件下，蟹壳粉的蛋白质脱除率为 78.54%。因此，碱性蛋白酶处理是一种有效的脱除蟹壳中蛋白质的方法。接着，武小芳等又以蟹壳粉为原料，研究了酸酶一步法同时脱除矿物质和蛋白质的工艺[27]。酸酶一步法的最优条件为：1mol/L 甲酸，加酸反应 30min 后添加胃蛋白酶，保温处理时间 6h，反应温度 50℃。最终得到了甲壳素产品。该产品的蛋白质脱除率为 88.59%，灰分含量为 1.98%；扫描电镜观察显示，结构比起传统方法所得甲壳素更均匀，明显呈纤维状。红外光谱检测结果也证实产品为甲壳素。因此，酸酶一步法可以有效地从蟹壳提取甲壳素。

此外，采用蛋白酶法水解虾、蟹壳，既得到了蛋白质水解液，滤渣又可成为提取几丁质、色素的原料，同时又减少了酸、碱的用量，对环保有利。虾青素和蛋白质结合在一起，可用来饲养鲑、鳟鱼等，能使其肉呈红色。虾壳的酶水解液经过降压分馏，可分离出鲜虾味素，用于制造鲜虾风味食品。

3. 产蛋白酶菌株和蛋白酶制剂联合使用在几丁质生产中的应用

Dun Y. H. 等使用凝结芽孢杆菌（*B. coagulans*）LA 204 和蛋白酶 K 去除小龙虾壳粉（Crayfish Shell Powder，CSP）中的钙和蛋白质，从中提取几丁质[28]。在未经灭菌的 5 L 生物反应器中，进行酶水解和发酵同步工艺，主要操作条件为：50g/L CSP，50g/L 葡萄糖，1000U 蛋白酶/kg CSP，10% 的凝结芽孢杆菌 LA204 接种量。水解和发酵 48h 后，CSP 的脱蛋白质率、脱矿物质率和几丁质回收率分别达到 93%、91% 和 94%。1mol 额外的葡萄糖有效地除去了 0.91mol 碳酸钙，脱除的蛋白质被水解成酸溶性蛋白质。因此，同步蛋白质酶水解和发酵是几丁质提取的一种新策略和有竞争力的生物学方法。

（九）蛋白酶在水产动物产品加工中的其他应用

在鱼类产品的加工中，可以利用酶技术进行脱鱼鳞、脱卵膜等。

1. 蛋白酶在脱鱼鳞中的应用

在鱼制品加工中，去鳞是一个很麻烦的工序过程，机械脱磷经常出现一些问题：脱鳞不完全；使鱼的表皮失去原有的光泽；肌肉组织结构受损；产率降低。用酶法脱鳞，则可避免上述缺陷。用于脱鳞的酶有胶原酶、胃蛋白酶、从鱼体内提取出来的解阮酶等。酶法脱鳞通常包括 3 个步骤：①用温水使鱼表皮变性，外层黏液层和蛋白质结构层松软；②用酶使表皮外层结构降解；③用水冲去松散的鱼鳞。但是，目前，酶法去鳞的自动生产线比手工去鳞生产线的费用要高。

2. 蛋白酶在取鱼卵中的应用

蛋白酶法可以在鱼子酱的加工中用于鱼的取卵。使用酶混合物，能让鱼卵在温和的过程中从卵囊里释放出来。这样处理对卵损伤不大，适用于更广的卵的成熟范围，获得的产品干净无残渣，产量提高。在加工过程中，先将卵囊浸入含酶的恒温水槽中，酶能有效而卫生地使结缔组织中的卵松散；经过 10min 的搅拌，卵便释放出来；用浮选法剔除结缔组织，获得完好的卵。机械法排放出来的卵粒往往在贮存期内会发生失水坏损，而酶法获得的卵粒不但完整，而且可以冷藏 2~3 个月不出现质量问题，用其生产的鱼子酱还可以节省防腐剂和抗氧化剂的用量。

3. 蛋白酶在对虾废弃物提取油脂中的应用

酶辅助超临界 CO_2 方法是一种新型的萃取方法。张雪娇等以中国对虾废弃物为原料，利用酶辅助超临界 CO_2 方法，以油脂得率为指标，获得最佳工艺条件[29]：萃取压力 31.5Pa，萃取温度 43℃，加酶量 6.90%。在此工艺条件下，油脂提取率为 9.76%。所得油脂经 GC-MS 分析，不饱和脂肪酸含量为 69.30%，其中多不饱和脂肪酸（亚油酸、亚麻酸、花生四烯酸、EPA 和 DHA）含量约为总样品的 28.62%，具有保健功效。

4. 蛋白酶在金枪鱼加工废弃物提取油脂中的应用

De Oliveira 等使用碱性蛋白酶，以 1∶200（质量比）的酶-底物比，在 60℃ 和 pH 6.5 条件下，对金枪鱼加工废弃物进行酶促水解 120min，提取副产物油[30]。然后对粗油进行化学精制，包括脱胶、中和、洗涤、干燥、漂白、脱臭。在不同的温度和处理时间下进行脱臭。对于富含多不饱和脂肪酸的金枪鱼副产品油，推荐使用 160℃ 1h 和 200℃ 1h 的除臭条件。虽然化学精炼成功，但温度和化学试剂有利于从油中除去多不饱和脂肪酸。鱼腥味、油炸气味和腐臭气味的香气特性主导了产品的感官评价。

5. 蛋白酶在虾剥壳中的应用

Dang T T 等研究了功率超声（频率 24kHz）单独处理和与蛋白水解酶联合处理以促进北极甜虾的壳松动的潜力[31]。在超声处理过程中（振幅 27.6μm，持续时间 120min，脉冲 0.9s），虾的质构特性高度依赖于温度的控制。然而，在剥皮时，虾的剥离性、肉产量和完全去皮虾的比例，较少依赖于温度。在酶促成熟（0.5%Endocut-03L，6h，3℃）之前，提高超声幅度（0~46μm）和时间（0~45min），能提高虾的可剥离性。超声和酶（振幅 18.4μm，脉冲 0.9s，0.5%Endocut-3L，3h 和 4h 持续时间，$T \leqslant 5℃$）的平行组合，明显改善了虾的可剥离性，而不会对虾的质构和颜色产生不利影响。超声可以使溶液中的蛋白酶失活，并改变虾壳的结构特性。基于超声壳表面侵蚀和酶扩散，推测超声-酶诱导壳松动的机制为：声波产生的空化气泡使虾壳表面产生凹陷，产生酶扩散进入肌肉-壳体附着的通道。

二、 谷氨酰胺转氨酶在水产动物产品加工中的应用

目前，蛋白质缺乏仍然是全人类共同面临的严峻问题。鱼类蛋白资源量大质优，是战胜这一困难的强有力的武器。谷氨酰胺转氨酶又称转谷氨酰胺酶，能催化蛋白质形成聚合物。谷氨酰胺转氨酶作为一种新型的蛋白质改良剂，在水产动物产品加工中日益显示出其重要性。

（一）谷氨酰胺转氨酶在水产动物产品加工中的作用

1. 改善水产动物产品中蛋白质的质构

（1）鱼糜制品　鱼糜制品是一种重要的水产加工品，富含蛋白质，营养价值高，深

受人们喜爱，近年来蓬勃发展。鱼糜制品的质构直接影响了它的消化性和消费者的喜好程度。鱼类可以在低温下利用自身的谷氨酰胺转氨酶形成凝胶，凝胶的好坏与其内源性谷氨酰胺转氨酶含量有直接的关系[32]。新鲜的或未经过冷冻的鱼，其谷氨酰胺转氨酶含量较多，因此能生产出较好的鱼糜制品。但是，经过冷冻的鱼，其凝胶弹性会降低，因此，只能在渔船上操作，很不方便。

要解决上述问题，只要在产品中添加谷氨酰胺转氨酶，就能大大提高鱼糜的弹性。在盐擂（鱼糜加工行业的一个专业术语）后的鱼糜中加入 0.1% ~ 0.3% 的谷氨酰胺转氨酶，在 40℃ 下凝胶化 10min，然后再加热，形成的鱼糜断裂强度和凹陷度都得到很大程度的提高，并具有很高的弹性和齿感，增加鱼糜的含水量，稳定产品质量。谷氨酰胺转氨酶对新鲜的原料鱼的作用没有明显效果。值得注意的是，添加过多的谷氨酰胺转氨酶会降低凝胶的强度。

（2）鱼肉膏 在鱼肉膏生产中，当谷氨酰胺转氨酶浓度接近 0.03% 时，鱼肉膏凝胶胶体强度达最大值，但是，随着添加更大量的酶，其强度降低；将鱼膏在 15℃ 放置，其肌球蛋白重链键随着谷氨酰胺转氨酶的量的增加而减少，同样降低了凝胶强度。SDS-PAGE 分析结果表明，当谷氨酰胺转氨酶添加量大于 1.5 ~ 3U/g 蛋白，Sa 级鱼膏（一个较为小众的专业术语）中的肌球蛋白重链键减少；在谷氨酰胺转氨酶添加量大于 3 ~ 5U/g 蛋白时，C 级鱼膏中的肌球蛋白重链键减少。因此，在使用谷氨酰胺转氨酶时，必须考虑其最佳使用量。

2. 提高水产品的营养价值

（1）强化限制性氨基酸 利用谷氨酰胺转氨酶，可以将限制性氨基酸交联到某种蛋白质上，以提高此种蛋白质的营养价值。比起直接添加游离氨基酸，这种操作有两个优点：①可以提高氨基酸的稳定性，增强蛋白质的功能性。②赖氨酸与蛋白质交联后，可以降低美拉德反应发生，减少营养成分损失。

（2）降低食盐用量 在水产品加工中利用谷氨酰胺转氨酶，可以生产一些低盐产品。例如，将谷氨酰胺转氨酶应用在低盐鱼糕中，其工艺是：用斩拌机将冻鱼肉 1kg 斩碎；转速 1500r/min 斩拌 1min；加冰水 200g 和食盐 0.15 ~ 30g，再斩拌，转速为 3000r/min，时间 3min；加入蔗糖 50g、马铃薯淀粉 50g、香料 30g、冰水 200g 及谷氨酰胺转氨酶 1.5U/g 蛋白，在 5 ~ 8℃ 混合 3min；包装；于 40℃ 放置 10min；在 85℃ 下蒸煮 30min，即可制成不同盐浓度的鱼糕。加入谷氨酰胺转氨酶后，凝胶强度上升，而且食盐的用量也从 3% 降到了 1%，有益于人们的健康。

3. 提高水产品凝胶的持水性

谷氨酰胺转氨酶催化形成的 Glu-Lys 键可以提高产品的凝胶的持水性，使浓度为 2% 的蛋白质溶液胶体化。其机理是谷氨酰胺转氨酶作用于蛋白质后形成交联键，对水分子有包容束缚能力。利用谷氨酰胺转氨酶，可以解决水产品中凝胶的脱水收缩作用。例如，在制作鱼香肠时，加入谷氨酰胺转氨酶处理后，其脱水收缩现象明显降低。利用盐和微生物谷氨酰胺转氨酶（MTG）可以改变鱼香肠的质构，加入 1% 的食盐和 0.3%

MTG，可调整鱼香肠的硬度为2773g，凝胶强度为29106g·cm，黏度为0.233Pa·s，持水量为11.6%。

（二）谷氨酰胺转氨酶在水产动物产品加工中应用时的注意事项

1. 谷氨酰胺转氨酶的添加量

谷氨酰胺转氨酶催化反应的特殊性要求其添加量不宜太小，更不宜太大。谷氨酰胺转氨酶添加量过大，不仅造成浪费，还会因过度反应使其使用效果适得其反。因此，应根据不同的产品、不同的加工工艺，通过预试验，确定谷氨酰胺转氨酶添加量。

2. 谷氨酰胺转氨酶的作用环境

一般来说，需要从反应温度、pH、反应时间、氧气等因素来综合考虑。在水产品加工中，谷氨酰胺转氨酶的反应温度通常控制在15~40℃，时间0.5~2h。谷氨酰胺转氨酶作用的pH应控制在5~8，最好在6~7。另外，无氧的环境有利于谷氨酰胺转氨酶发挥作用。

3. 谷氨酰胺转氨酶的专用性

水产品种类繁多，每种水产品中蛋白质含量及组成都不完全相同，所以，使用谷氨酰胺转氨酶时，必须有针对性。例如，不能将使用在冷冻蛇鲻鱼糜的工艺方法照搬到其他鱼糜制品上，也不能不管什么鱼糜原料都用同一的谷氨酰胺转氨酶处理方法来生产鱼糜制品。需要做一定的预试验，以试验结果和实际使用情况来确定具体的生产工艺。

（三）谷氨酰胺转氨酶在水产动物产品加工中的应用

1. 谷氨酰胺转氨酶在水产动物重组产品加工中的应用

重组可以提供新的功能性，如调节血压，获得无鱼骨产品[33]。

（1）谷氨酰胺转氨酶在鳕鱼重组产品加工中的应用　欧洲无须鳕（*Merluccius merluccius*）的重组产品可以提供新的功能性，从而提高其商业价值。Martelo-Vidal M J 等使用低盐和微生物谷氨酰胺转氨酶开发了重组鳕鱼[34]。这些产品是适合儿童和老年人的无鱼骨产品，也适用于血压失调的人群。使用10g NaCl/kg 和377U 谷氨酰胺转氨酶/kg，25℃下凝固2h，可以获得与火鸡胸肉相似的硬度。该重组鳕鱼产品的切片可以制作三明治，为欧洲无须鳕开辟了新的市场。

（2）谷氨酰胺转氨酶在低值鱼肉重组鱼排产品加工中的应用　为了提升低值杂鱼的商业价值，陈秋妹等利用生物技术研制了凝胶性和持水性好的重组鱼排[35]。他们以低值杂鱼鱼糜与大豆分离蛋白为原料，利用谷氨酰胺转氨酶催化鱼肉蛋白与大豆分离蛋白共价交联，生成超大蛋白分子。低值鱼肉重组鱼排的最佳制作工艺条件为：大豆分离蛋白添加量1.86%、谷氨酰胺转氨酶添加量0.24%、低温凝胶化温度35℃、低温凝胶化时间1h。重组鱼排的凝胶强度得到很大提升，持水性也显著提高。

（3）谷氨酰胺转氨酶在重组虾肉产品加工中的应用　陈建林等以中国对虾在加工过程中产生的副产物-碎虾肉为原材料，利用谷氨酰胺转氨酶和非肉蛋白等添加剂，制得重组虾肉制品[36]。然后，对其贮存期间品质变化进行了分析。重组虾肉品质变化的关键因素是挥发性盐基氮（TVB-N）。建立了重组虾肉货架期预测模型，可用于预测重组虾肉制品在贮藏过程中的品质变化情况和货架期，为碎虾肉的综合利用及新型虾肉制品开发、生产提供了理论依据。

（4）谷氨酰胺转氨酶在其他重组产品加工中的应用　谷氨酰胺转氨酶也可将植物蛋白（如大豆蛋白、谷朊蛋白等）、动物蛋白（如酪蛋白、明胶等）与鱼蛋白有机结合，生产出别具风味和口味的食品[37]。

2. 谷氨酰胺转氨酶在鱼糜产品加工中的应用

作为一种营养丰富、食用方便、口味独特的蛋白质制品，鱼糜制品一直受到广大人群的喜爱。鱼糜制品的形成经过肌原纤维的溶胶化、凝胶化和凝胶劣化三个阶段。随着生物技术的发展，已经系统研究了各种酶对鱼糜质量的影响。

鱼肉蛋白质在低温下形成凝胶，是由于鱼肉本身所含有的谷氨酰胺转氨酶的活力（0.1~2.41U/g湿重）所致。当原料品质比较差时，可通过添加谷氨酰胺转氨酶提高产品凝胶强度，减少蒸煮损失，提高产品质量。

陈海华将谷氨酰胺转氨酶（TGase）应用于竹荚鱼鱼糜的生产[38]。TGase作用最佳条件为：TGase添加量85U/100g蛋白质，作用温度37℃、时间4.7h。在此条件下，竹荚鱼鱼糜凝胶的破断强度为378g，凹陷度为10.06mm，凝胶强度为3803g·mm。

利用盐和微生物转谷氨酰胺酶（MTG）可以改变鱼香肠的质构，加入1%食盐和0.3%MTG，可调整鱼香肠的硬度为2773g，凝胶强度为2906g·cm，持水量为11.6%。

3. 谷氨酰胺转氨酶在水产动物产品加工中的其他应用

（1）鱼肉饼　用谷氨酰胺转氨酶与鳕鱼肉、食盐、马铃薯粉等混合，可以生产鱼肉饼。

（2）仿鱼制品　目前，仿鱼制品的市场非常广阔，前景看好。在骨胶或明胶的pH为7的水溶液中加入谷氨酰胺转氨酶，挤出成型，形成凝胶，干制，可以制成仿鱼翅制品。谷氨酰胺转氨酶还可应用于生产仿蟹肉等模拟食品。

（3）其他　谷氨酰胺转氨酶在磷虾肉泥、虾仁的制作中也有应用。另外，谷氨酰胺转氨酶添加到水产调味品中，可以增强其香味。

三、脂肪酶在水产动物产品加工中的应用

脂肪酶的来源非常广泛，在许多动植物及微生物中存在。植物中含脂肪酶较多的是油料作物的种子。动物体内含脂肪酶较多的是高等动物的胰脏和脂肪组织等（如，马肝酯酶）。微生物脂肪酶是工业用脂肪酶的重要来源，它包括细菌、酵母和霉菌产生的脂肪酶，常见的产脂肪酶的微生物有荧光假单胞菌（*Pseudomonas fluorescens*）、皱褶假丝酵母（*Candida cylindracea*）、黑曲霉（*Aspergillus niger*）、白地霉（*Geotrichum candidum*）、无根根霉（*Rhizopus arrhizus*）、戴尔根霉（*R. delemar*）、米黑毛霉（*Mucor miehei*）、棉毛状腐质霉（*Humicola lanuginosa*）、圆弧青霉（*Penicillium cyclopium*）等。

脂肪酶的底物特异性可分为：（羟基）位置选择性、脂肪酸选择性（见表9-8）和立体选择性。

表9-8　　　　　　　　　　　　脂肪酶的脂肪酸选择性及位置选择性

脂肪酶的来源	最适脂肪酸	羟基位置选择性
圆弧青霉	中等链长（C12~C18）	Sn-1、Sn-3、Sn-2
黑曲霉	中等链长（C12~C18）	Sn-1 或 Sn-3
根霉	所有脂肪酸	Sn-1 或 Sn-3
白地霉	油酸、癸酸、亚麻酸	Sn-1 或 Sn-3
猪胰或人胰	短链	Sn-1 或 Sn-3

圆弧青霉所产脂肪酶对二油酸甘油酯和单油酸甘油酯的水解比三油酸甘油酯要快得多，这种特定的甘油酯水解酶与其他脂肪酶共用可形成一个有效的水解脂类系统。

（一）脂肪酶在 DHA 和 EPA 生产中的应用

二十二碳六烯酸（DHA）和二十碳五烯酸（EPA）属于 $n-3$ 型多不饱和脂肪酸，它们可提高智力，预防和治疗心脑血管疾病，抗癌及校正幼儿弱智等。DHA 和 EPA 主要以甘油酯的形式存在于深海鱼类的脂肪组织中，一般来说，DHA 和 EPA 的总含量为14%~30%。

为了得到多不饱和脂肪酸浓度较高的浓缩产品，可以采用减压分馏、低温结晶、超临界萃取、尿素包合、制备型高效液相色谱等方法，富集产物大多是游离脂肪酸和烷基酯。这些物理或化学方法往往使 DHA 和 EPA 处于高温、高压或不适当的 pH 环境中，致使 DHA 和 EPA 分子发生部分双键氧化、全顺式构型异构化、双键移位或双键聚合等副反应。此外，有些方法能耗大，操作成本较高（制备型高效液相色谱），也难以满足工业化要求。

随着人们对含 $n-3$ 型多不饱和脂肪酸的保健品和药品的需求越来越大，反应条件温和、低能耗、低成本的酶法富集 DHA 和 EPA 的工艺及其产品越来越受到工业界和消费者的青睐。脂肪酶催化的水解、转酯和酯化反应，提供了一个有效的富集 DHA 和 EPA 的途径[39]。利用脂肪酶选择性水解鱼油，可使 DHA 和 EPA 含量由10%提高到40%。

另外，经过脂肪酶处理，DHA 和 EPA 可以富集在甘油酯上[40]。DHA 和 EPA 甘油酯在消化道中的水解速率比由物理或化学方法富集得到的相应的甲酯或乙酯快。同时，2，3-多不饱和脂肪酸的甘油酯比其甲酯或乙酯更适合机体吸收。从市场的角度考虑，DHA 和 EPA 的单酰、双酰和三酰甘油酯将因为比相应的游离脂肪酸和其烷基酯更"天然"而畅销。因此，酶法富集 DHA 和 EPA 是一种大有前途的浓缩方法[41]。

1. 脂肪酶富集 DHA 和 EPA 的原理

从深海鱼类脂肪组织中提炼的鱼油是含有各种脂肪酰成分的甘油三酯。在脂肪酶的催化下，这些甘油三酯很容易完成水解（Hydrolysis）、醇解（Alcoholysis）、酸解（Acidolysis）和酯交换（Interesterification）反应，从而使 DHA 和 EPA 较多地以某种形式存在，再经分离，便可达到富集和浓缩 DHA 和 EPA 的目的。

（1）水解反应　脂肪酶催化水解鱼油中的甘油三酯，可以得到以酰基甘油形态存在的 DHA 和 EPA 浓缩物或游离态的 DHA 和 EPA。饱和的或单不饱和的酰基在脂肪酶的催化下，先于 DHA 和 EPA 从甘油酯上水解下来。若控制好水解时间，鱼油中 DHA 和 EPA 被留在甘油酯分子上而得以富集。脂肪酶的这种选择性与鱼油中的长链 n-3 不饱和脂肪酸对脂肪酶水解作用的"抵抗机制"有关。不饱和脂肪酸分子中存在碳碳双键和全顺式构型，引起整个链的弯曲。因此，在甘油酯分子上不饱和脂肪酰中靠近酯键的最末端甲基对脂肪酶的"进攻"形成空间阻碍。DHA 和 EPA 分子中分别有六个和五个双键，导致全顺式构型的整个链高度弯曲，加强了这种空间阻碍作用，使得脂肪酶难以接触到 DHA 和 EPA 与甘油形成的酯键，故脂肪酶对甘油酯上的 DHA 酰基和 EPA 酰基作用较弱。而饱和的和单不饱和的脂肪酰在空间上对酶分子不存在如此大的空间阻碍，因而酶很容易水解。经过水解反应，富集在甘油酯上的 DHA 和 EPA 含量可达到 50%左右。

（2）酯交换反应　酯交换反应是指鱼油中的甘油酯与游离酸（可以为 DHA 或 EPA）、醇或另一酯发生的酰基交换反应，又分为酸解反应、醇解反应和转酯反应。通过选择不同活力的脂肪酶，使鱼油中的多不饱和脂肪酸较多的分布于某一组分中（如甘油酯），可以达到富集目的。

（3）酯化反应　脂肪酶选择性地催化游离脂肪酸中的饱和脂肪酸和单烯脂肪酸，使之先于 DHA 或 EPA 与醇反应生成酯，而多不饱和脂肪酸则较多地以游离态残留在未反应的脂肪酸中；或是选择性地催化游离脂肪酸中的多不饱和脂肪酸，使之先于其他的饱和或单烯脂肪酸与醇反应生成酯，多不饱和脂肪酸富集在酯分子上，从而将其与其他脂肪酸分离。

实际上，在富集 DHA 和 EPA 的应用中，单用一种酶催化一步反应，难以将 DHA 和 EPA 富集到所需要的含量。水解、酯交换和酯化反应相结合的多步酶催化富集，则往往可以达到较好的浓缩效果。例如，用脂肪酶 Lipase2AK 将金枪鱼油在 40℃处理 48h，当水解程度为 79%时，鱼油中 83%的 DHA 富集在游离脂肪酸中；然后将该混合物与月桂醇在戴尔根霉（$R. delemar$）脂肪酶的催化下选择性酯化，饱和脂肪酸和单烯脂肪酸先与月桂醇反应，得到 DHA 含量较高的游离脂肪酸、脂肪酸乙酯或脂肪酸甘油酯。同时，还可以结合其他的物理或化学富集方法，进一步提高浓缩产量，从 24%上升到 72%，收率 83%。然后，用正己烷萃取游离脂肪酸后，在同样的反应条件下再酯化，可以使 DHA 含量达到 91%，收率为 88%。

2. 对 DHA 和 EPA 具有富集作用的脂肪酶

脂肪酶可以广泛地催化酯水解反应、酯交换反应（转酯、酸解、醇解）和酯化反应。但是，并非所有脂肪酶都适合用来富集 n-3 不饱和脂肪酸。即使是同一种脂肪酶，对 DHA 或 EPA 的富集能力也有所不同。因此，脂肪酶还可用于 DHA 和 EPA 的动力学拆分。表 9-9 是近年来研究过的对于 DHA 或 EPA 有较好富集作用的脂肪酶[42]。

表 9-9　　　　　　　　　　对 DHA 或 EPA 有较好富集作用的脂肪酶

脂肪酶来源	商品名	底物	反应类型/介质	富集产物	含量	收率
假单胞菌	Lipase2AK	金枪鱼油	水解（第一步）/水	DHA-FFA	24%	83 %
戴尔根霉		含 DHA 的游离脂肪酸和月桂醇	酯化	DHA-FFA	73%	84%
南极假丝酵母	Novozyme-435	游离 DHA/EPA 和甘油	酯化/己烷	DHA/EPA-TG		84.7%
米黑根毛霉	Lipozyme-IM	沙丁鱼油、金枪鱼油和乙醇	醇解/无溶剂	DHA-TG	49%	DHA 90%
米黑根毛霉		DHA-FFA、DHA-TG	转酯/水	DHA/EPA-TG		95%
假单胞菌	PSL	鱼油、乙醇	醇解/无溶剂	DHA/EPA - TG/ DG/MG	50 %	DHA 80% EPA 90%
假单胞菌		鱼油、乙醇	醇解（第一步）/无溶剂	DHA/EPA - TG/ DG/MG	46%	
褶皱假丝酵母		海豹油	鱼油水解	DHA/EPA - TG/ DG/MG	45%	
米黑毛霉	Lipozyme	中等链长 TG 和 EPA	酸解/超临界 CO_2	EPA-TG	62%	85%
米黑毛霉		丙二醇 DHA 或 EPA	酯化/正己烷	富集了 DHA 和 EPA 的丙二醇单酯		
米黑根毛霉	Lipozyme-IM	DHA 乙酯、EPA 乙酯和月桂醇	醇解/无溶剂	DHA 乙酯	49%	90%
米黑毛霉	Lipozyme	大豆卵磷脂 EPA 及乙酯	酸解/乙二醇	富集 EPA 的大豆卵磷脂	40%	80%
染色黏性菌	LP2401-AS	游离不饱和脂肪酸和甘油酯化/异辛烷		DHA/EPA - TG/DG/MG		93%

3. 酶法富集 DHA 和 EPA 的工艺

经过脂肪酶的一步或多步富集，可以得到 DHA 和 EPA 含量较高的游离脂肪酸、脂肪酸乙酯或脂肪酸甘油酯。还可以结合其他的物理或化学富集方法进一步提高浓缩产品的纯度和多不饱和脂肪酸的含量，使多不饱和脂肪酸浓缩产品更符合消费者需求。

例如，鱼油经过假单胞菌脂肪酶初步富集，使 DHA 和 EPA 的含量达到 40%～50%，收率达 88%；另外，鱼油上结合的污染物质（环境中的杀虫剂），在脂肪酶的催化作用下先与乙醇生成乙酯而除去，从而使鱼油得以净化。米黑毛霉脂肪酶选择性催化 EPA 的转酯反应，使 EPA 以 EPA 乙酯的形式富集；而 DHA 存在于鱼油的甘油酯上，经过下步的短程蒸馏分离，可以使 DHA 和 EPA 分离；EPA 乙酯浓缩物经色谱法纯化可以得到纯品；而富集 DHA 的甘油酯在南极假丝酵母（*Candida antarctica*）脂肪酶催化下与乙醇发生转酯反应，可得到 DHA 乙酯浓缩物，再经色谱纯化可得到 DHA 纯品。

4. 酶法富集 DHA 和 EPA 的影响因素

在酶法富集 DHA 和 EPA 的过程中，脂肪酶的种类、使用状态（游离或固定化）、酶量、酶催化反应时间、温度、pH、反应体系、起始反应物的比例等都影响最终富集产品的产率、多不饱和脂肪酸的含量和回收率。

（1）脂肪酶的种类　不同来源的脂肪酶对 DHA 和 EPA 的富集效果不同。有的脂肪酶的水解作用是选择性的，可以用来制备富含 DHA 和 EPA 的甘油三酯，如来源于褶皱假丝酵母、白地霉的脂肪酶。有的脂肪酶适合水解鱼油制备富含 DHA 和 EPA 的游离脂肪酸，如假单胞菌脂肪酶。另外，有的脂肪酶适合转酯或酯化反应，如米黑毛霉、染色黏性菌（*Chromobacterium viscosumz*）、南极假丝酵母的脂肪酶等[43]。

（2）酶的使用状态　与游离脂肪酶相比较而言，使用固定化脂肪酶有许多优点。固定化酶便于产物的分离和提纯、酶的回收和利用，而且固定化酶稳定性好，可多次重复使用。例如，使用固定化的米黑根毛霉（*Rhizomucor miehei*）脂肪酶 100 次（每次 24h）后，仍有较好的富集能力；固定化米黑毛霉脂肪酶在 300kg/cm² 、60℃的超临界 CO_2 中催化反应 10h，未见酶活力有明显损失；在 100kg/cm²、60℃的超临界 CO_2 中催化反应 70h，才有轻微失活。

（3）反应体系　随着有机介质中脂肪酶促反应研究的深入，开始将水相中的脂肪酶富集不饱和脂肪酸的反应扩展到有机介质中进行研究，并取得了较满意的结果。例如，以高极性的水模拟物乙二醇作溶剂，米黑毛霉脂肪酶可以使 EPA 富集在大豆卵磷脂上，EPA 含量达 40%，收率 80%。在超临界 CO_2 中，用固定化米黑毛霉脂肪酶催化游离 DHA 和 EPA 与中等链长甘油三酯发生酸解反应，甘油三酯中 EPA 的含量高达 62%，收率为 85%。在脂肪酶富集 DHA 和 EPA 的研究中，常选择有机溶剂作为酯化反应的溶剂。

有机溶剂通过以下方式影响酶催化：①有机溶剂通过影响底物、产物在水相和有机相中的分配，从而影响其在必需水层的浓度来改变酶催化反应速度；②有机溶剂可增大酶反应活化能来降低酶反应速度，或者降低酶活性中心内部极性并加强底物与酶之间形成的氢键，使酶活力下降；③有机溶剂可造成酶的正常三级结构变化，间接改变酶活性中心的结构而影响酶活力。最佳溶剂因底物和脂肪酶而异。例如，采用脂肪酶 LP-401-AS 催化游离不饱和脂肪酸浓缩物（海豹油制得）与甘油在异辛烷中反应，酯化率达 85%。采用脂肪酶 Novozyme-435 催化游离不饱和脂肪酸浓缩物（鳕鱼肝油制得）与甘油在正己烷中反应，酯化率达 90%，甘油三酯收率 59.4%。

除此之外，在有机溶剂中，适当加入一些辅剂，将有助于改善富集效果。例如，以正己烷：叔丁醇为 9：1 的比例，在反应混合物中加入叔丁醇，反应 48h 后，EPA 丙二醇单酯的收率从原来的 76.0%提高到 94.0%。

（4）反应体系的水分活度和含量　在脂肪酶催化的水解反应中，由于水是反应物之一，因此，增加反应物中的水含量有助于水解反应向生成产物的方向进行。在低水含量时，鱼油的水解程度和富集产品中不饱和脂肪酸的含量随着水含量的增加而增加。但是当水含量超过某一值时，水解程度和不饱和脂肪酸含量将会减少。

在酯化反应中，水是反应的产物之一，较大量的水会导致已富集了 DHA 和 EPA 的甘油酯重新发生水解。脱水分子筛的加入可以及时移走反应生成的水，能有效提高酯化率。在反应物中加入 0.5g 的分子筛，酯化率可从未加分子筛的 85%提高到 88.9%。

在脂肪酶催化的转酯反应中，常使用无溶剂系统。在有机相中，痕量的必需水是维持脂肪酶正常催化结构和功能的先决条件。因此，水活度和含量的控制在脂肪酶富集 DHA 和 EPA 中十分重要。

（5）起始反应物的比例　起始的甘油和脂肪酸的比例影响酯化反应的平衡。例如，脂肪酶 Novozyme-435 催化含不同甘油和脂肪酸比例的混合物，得到不同的富集结果。当甘油和脂肪酸比例为 1：3 时，酯化率为 72%，甘油三酯收率 32%；当甘油和脂肪酸比例为 1：1 时，酯化率为 90%，甘油三酯收率 8%；当甘油和脂肪酸比例为 4：1 时，酯化率为 93%，甘油三酯收率 18%。利用脂肪酶 IM-20 合成富集 DHA 和 EPA 的丙二醇单酯，当丙二醇与脂肪酸的比例达到 5 时，DHA 丙二醇单酯和 EPA 丙二醇单酯的收率分别会增加到 93%和 90%；若再增加丙二醇的量会导致两种单酯的收率下降。

（二）脂肪酶在非水酶解鱼油制备天然鱼味香精中的应用

1. 酶在非水体系中的反应优势

酶可以在非水体系中与底物反应，并且有许多优势：能够增加有机底物的溶解度，从而提高溶液中底物的浓度；有些反应过程的热力学平衡可以向期望的方向移动；减少水介质可能带来的副反应；产物的分离与纯化更容易；在有机溶剂中酶的热稳定性与储存稳定性比在水中有明显提高；酶不溶于有机溶剂，有利于酶的回收与再利用，从而节约成本；能有效抑制微生物的污染；通过改变溶剂，能控制底物的特异性，催化某些在水中不能进行的反应等。目前用于非水介质的酶有氧化还原酶类、转移酶类、水解酶类及异构酶类等。

2. 脂肪酶在鱼味香精生产中的应用

采用脂肪酶酶解鱼油，可以制备鱼味香精。

工 艺 流 程：鱼油 → 加入乙醇（鱼油：乙醇=1：10） → 搅拌乳化 → 巴氏杀菌 → 冷却（至 40~60℃）→ 添加脂肪酶（1.0%）→ 酶解（50℃，pH7.0，3h）→ 灭酶（85℃，30min）→ 减压浓缩 →成品

鱼油经过脂肪酶酶解后，酶解液的颜色略微变深，酶解后产生的香气同原鱼油相比，香气增加 1~20 倍，经感官评价分析，基本保持原有天然鲜香的鱼香气。因此，利用脂肪酶在非水介质中酶解鱼油制备海鲜味香精在技术上是可行的。

（三）脂肪酶在水产动物产品加工中的脱脂作用

Sae-leaw T 等使用硫酸铵沉淀和一系列层析法，从鲈鱼（*Lates calcarifer*）肝脏分离纯化出一种脂肪酶[44]。该酶的分子质量为 60kDa，最适 pH 和温度分别为 8.0 和 50℃。当使用对硝基苯基棕榈酸酯（*p*-NPP）作为底物时，该脂肪酶的 K_m 和 k_{cat} 分别为 0.30 mmol/L 和 2.16 s^{-1}。使用来自鲈鱼肝脏的粗脂肪酶，以 0.30U/g 干皮的添加量，在 30℃ 下处理鲈鱼皮 3 h，脂质去除率高达 84.57%，脱脂的效力高于使用异丙醇时的效力。

（四）脂肪酶在水产动物其他油脂产品加工中的应用

Solaesa Á G 等在脂质修饰反应中使用了商业化的固定化脂肪酶 Lipozyme 435、Lipozyme RM 和 Lipozyme TL[45]。当在较高温度下加入固定化脂肪酶时，氧化产物浓度较低。在 Lipozyme RM 存在下，氧化指数最低。这些固定化脂肪酶在高温（90℃）下用于脂肪酶催化的鱼油反应，将产生更高的反应速率，还减少由于多不饱和脂肪酸的氧化而形成的氧化产物。

四、几丁质脱乙酰酶在甲壳纲水产动物壳聚糖生产中的应用

壳聚糖（Chitosan）是被广泛应用的生物聚合物，用于药物递送、废水处理以及作为营养药物。目前，壳聚糖主要是由几丁质通过加热浓碱脱乙酰法生产。这种工艺危害环境，控制条件烦琐，并且会生成成分混杂的产物。作为一种环保的替代方法，壳聚糖可以通过几丁质脱乙酰酶（Chitin Deacetylase，CDA）（EC 3.5.1.41）对几丁质脱乙酰来生产。CDA 可在温和反应条件下，催化 *N*-乙酰基-*D*-葡糖胺残基脱乙酰化，从而把几丁质转化为壳聚糖。这种酶技术可以克服传统的浓碱加热处理的大部分缺点。

（一）几丁质脱乙酰酶的生产技术

已有报道，一些微生物能产生 CDA（表 9-10）。不同来源的 CDA 有不同的活性、稳定性、特异性和效率。转化几丁质生成壳聚糖需要加强筛选新型的高酶活力的 CDA。目前，已被观察到的大多数真菌菌株只能产生低活性和低产量的 CDA 胞内酶。

表 9-10　　　　　　　　　　已报道的产 CDA 的微生物种类

中文名称	拉丁文学名
日本根酶	*Rhizopus japonicus*
红平红球菌	*Rhodococcus erythropolis*
菜豆炭疽菌	*Colletotrichum lindemuthianum*
胶孢炭疽菌	*Colletotrichum gloeosporioides*
草酸青霉	*Penicillium oxalicum*

1. 产几丁质脱乙酰酶的微生物的选育

（1）产几丁质脱乙酰酶的微生物的分离筛选 Zhang H. 等分离了一株具有高细胞内和细胞外活性的日本根霉 M193，用于生产 CDA[46]。Sun Y. Y. 等分离了一个产生 CDA 的菌株，通过形态特征和 16S rDNA 分析，鉴定为红平红球菌，命名为红平红球菌 HG05[47]。

（2）产几丁质脱乙酰酶的工程菌株构建 已有关于菜豆炭疽菌的 CDA 的大量生化数据，但是，其新特性依然存在。Kang L X 等根据密码子使用偏好性，合成并在巴斯德毕赤酵母（*Pichia pastoris*）中表达了 *Cl*CDA，用来脱去具有各种乙酰基的复合低聚糖底物的乙酰基[48]。这些低聚糖都是通过烟曲霉（*A. fumigatus*）的壳聚糖内切酶水解壳聚糖产生的。通过质谱分析了脱乙酰化产物，所得数据表明，低乙酰基的低聚糖（如单乙酰基壳寡糖）首先脱乙酰化，然后葡糖胺低聚糖残基被外切性断裂而降解。此外，乙酰基与高乙酰壳寡糖（例如，单脱乙酰基壳寡糖）结合，以合成完全乙酰化的壳寡糖（GlcNAc）$_n$，而（GlcNAc）$_n$ 产物没有再脱乙酰化。因此，*Cl*CDA 是一种 *N*-D-葡糖胺低聚糖（GlcN）$_n$ 水解作用和完全乙酰化的壳寡糖合成的催化剂。

2. 产几丁质脱乙酰酶的微生物的发酵条件优化

通过微生物发酵生产 CDA 受到许多因素的影响，包括营养条件和培养条件。在常规实验设计中，通常一次只考虑一个单一的处理因素，同时保持其他变量不变。这种方法可能导致不可靠的结果和不准确的结论，因为它不能检测到各处理因素之间的相互作用，并且不能确定最优条件。为了克服这些限制，可以应用响应面法（Response Surface Methodology，RSM）。RSM 不仅可以减少实验次数，确定显著的处理因素，而且可用于优化处理条件和试验过程。Plackett-Burman 设计（Plackett-Burman design，PBD）是最常用的 RSM 设计之一。因此，为了减少试验时间并确保实验结果的准确性，首先可以使用 PBD 来确定对 CDA 生产有显著作用的处理因素。此外，使用田口设计，可以优化已确定的处理因素。这种连续的两步优化程序可以应用于通过微生物发酵生产高活性的 CDA。

（1）日本根霉 M193 发酵条件的优化 Zhang H. 等通过日本根霉 M193 发酵生成 CDA[46]。首先，在液态条件下，对日本根霉 M193 发酵生成 CDA 的营养要求进行了研究。基于 PBD 的结果，营养成分包括葡萄糖、接种量、$MgSO_4 \cdot 7H_2O$ 以及培养时间被认为是 CDA 生成的最关键因素。然后，根据 PBD 的结果，进一步使用具有正交阵列的田口设计优化发酵条件，最优发酵条件被确定为：2.5% 几丁质，5g/L 葡萄糖，5% 接种量，0.6g/L $MgSO_4 \cdot 7H_2O$ 和 5d 培养时间。在此条件下，最高 CDA 产量为（47.48±12.06）U/L。

（2）胶孢炭疽菌发酵条件的优化 Ramos-Puebla A. 等通过在深层液体培养中添加植物激素脱落酸，提高了胶孢炭疽菌的 CDA 的产量[49]。脱落酸对 CDA 酶产量有积极和显著的作用，酶活性提高了 9.5 倍。胶孢炭疽菌在酸性条件（pH3.5）下比在中性条件（pH7.0）下，有更高的 CDA 酶活性。此外，提高接种量也有助于提高 CDA 产量。最高的酶活性是在加速生长阶段测到的，CDA 是在胶孢炭疽菌孢子萌发进程和萌发管伸长的延滞期内产生的。

（3）红平红球菌 HG05 发酵条件的优化　Sun Y. Y. 等通过统计学方法，优化了红平红球菌 HG05 生产 CDA 的培养基组成和培养条件[47]。通过 PBD 和中心复合设计，红平红球菌 HG05 的 CDA 产量从 58.00U/mL 增加至 238.89U/mL。最后，分析了酶解产物。使用红平红球菌 HG05 的粗酶，胶体几丁质的水解产物成分是聚合度大于六糖的几丁质低聚糖。

（4）草酸青霉菌 SAE_M-51 发酵条件的优化　Pareek N. 等使用芥子油饼作为一种廉价支持物，用于草酸青霉菌 SAE_M-51 固态发酵生产 CDA[50]。在评估的不同农业园艺基质中，芥菜油饼得到最高的 CDA 产量。采用响应面法，优化草酸青霉菌 SAE_M-51 的培养条件，以增加固态发酵下 CDA 的产生。最高 CDA 产量的优化条件是：底物量、含水量和接种量分别为 4.906g，73.62% 和 8.578%。在优化条件下，CDA 产量为（1162.03±7.2）U/gds。与优化前［（877.56±8.9）U/gds］相比，CDA 产量显著增加了 1.3 倍。

（二）几丁质脱乙酰酶在壳聚糖生产中的应用

Zhang H 等通过日本根霉 M193 发酵生产 CDA，在发酵过程中，CDA 把发酵基质中的几丁质同步转化为壳聚糖[46]。最终，所生成壳聚糖的脱乙酰度（Degree of Deacetylation，DDA）和摩尔质量分别（78.85±1.68）% 和（125.63±3.74）kDa。基于傅立叶变换红外光谱（Fourier Transform Infrared Spectrometer，FT-IR）、热重分析（Thermogravimetric Analysis，TGA）、差示扫描量热法（Differential Scanning Calorimetry，DSC）和核磁共振（Nuclear Magnetic Resonance，NMR）的试验，获得的壳聚糖与使用化学方法提取的商品化壳聚糖有相似的物理化学和结构性质，而化学试剂的使用则显著降低。

五、　几丁质酶在甲壳纲水产动物几丁寡糖生产中的应用

几丁质是广泛分布于自然界的生物多聚物，它是构成大多数真菌细胞壁的主要成分，同时也大量存在于昆虫和动物的甲壳中。几丁质经水解后得到的几丁寡糖（Chitin Oligosaccharide）具有增强人体免疫机能、促进肠道功能、消除体内毒素、抑制肿瘤细胞生长等多种重要生理功能。因此，几丁质的降解成为人们关注的热点。

（一）几丁寡糖的生物活性

Ngo D. 等确定了蟹几丁质酸性水解产生的几丁寡糖（NA-COS；分子质量 229.21~593.12 Da）在活细胞中起着强大的抗氧化作用[51]。NA-COS 对人骨髓细胞（HL-60）中髓过氧化物酶（MPO）活性以及小鼠巨噬细胞（Raw264.7）中 DNA 和蛋白质的氧化作用有抑制作用。此外，它们有直接自由基清除作用，通过 2′,7′-二氯荧光素（DCF）强度和细胞内谷胱甘肽（GSH）水平，分别以时间依赖性方式显著增加。

（二）几丁寡糖的转化

用来自植物乳杆菌的 β-Gal 和几丁寡糖或壳寡糖作为糖基受体，进行乳糖转化，可以产生新型寡糖。Black B. A. 等确定了几丁寡糖和壳寡糖是否适合作为植物乳杆菌的 LacLM 型 β-半乳糖苷酶的受体碳水化合物[52]。用乳糖作为半乳糖基供体，用几丁二糖（N，N'-二乙酰基壳二糖）、几丁三糖（N，N'，N''-三乙酰基壳三糖）或一种聚合度为 2~4 的高度脱乙酰化的壳寡糖制剂作为半乳糖基受体，进行酶促反应。液相色谱-质谱分析表明，形成了单半乳糖基化的几丁二糖和二半乳糖基化的几丁二糖、单半乳糖基化的壳三糖，以及单半乳糖基化的壳寡糖、二半乳糖基化的壳寡糖和三半乳糖基化的壳寡糖。在几丁二糖和几丁三糖的半乳糖基化过程中，形成了 β-1，4 键。

（三）产几丁质酶的微生物

由于海洋浮游动物在生长过程中进行规律性地换壳，产生大量废弃的几丁质，为几丁质降解微生物的生长繁殖提供了丰富的碳源和能源。目前，已发现能够产生几丁质酶（Chitinase）的微生物种类繁多，包括曲霉、青霉、根霉、黏球菌（*Myxobacter*）、生孢噬纤维菌（*Sporocytophaga*）、芽孢杆菌、河流弧菌（*Vibrio fluvialis*）、副溶血性弧菌（*V. parahaemolyticus*）、拟态弧菌（*V. mimicus*）、溶藻弧菌（*V. alginolyticus*）、肠杆菌（*Enterobacter*）、克雷伯菌（*Klebsiella*）、假单胞菌、沙雷菌（*Serratia*）、色杆菌（*Chromobacterium*）、梭状芽孢杆菌（*Clostridium*）、黄杆菌（*Flavobacterium*）、节杆菌（*Arthrobacter*）、链霉菌（*Streptomyces*）、鳗利斯顿菌（*Listonella anguillarum*）及嗜水气单胞菌（*Aeromonas hydrophila*）等。在这些微生物中，褶皱链霉菌（*S. plicatus*）、创伤弧菌（*V. vulnif icus*）、球孢白僵菌（*Beauveria bassiana*）等的研究较多，包括酶的分离纯化、理化性质及作用机理方面。

目前，已经有多种来自细菌和真菌的几丁质酶基因得到克隆。例如，将来自黏质沙雷菌（*S. marcescens*）的两个几丁质酶基因 *ChiA* 和 *ChiB* 嵌入大肠杆菌（*Escherichia coli*）中，随后又嵌入到假单胞菌中，获得了 4 株几丁质酶的高产菌株。

表 9-11　　　　　　　　　不同菌株产几丁质酶的最佳条件

菌种名称	碳源	氮源	pH	温度/℃	发酵时间/d
链霉菌 s-128	2.0%脱矿物几丁质	1.5%玉米浆	7.0	30	5~6
白孢链霉菌 CT86	2.0%磷酸膨化几丁质	1.0%豆饼粉	7.0	30	8~10
蜂房芽孢杆菌 B91	2.0%蚕蛹粉、虾壳粉	—	6.8	28	2~3

几丁质类废物的处理是海鲜产业的一个主要问题。大多数已知的几丁质分解生物已经被用于研究将纯的几丁质作为基质。这些生物用于降解海产食品废物还未被深入探索。Kumar A. 等从海鲜废物堆积处分离到一株海洋细菌——类芽孢杆菌（*Paenibacillus*）

AD[53]。它可以高效降解虾废物，同时生产几丁质酶和几丁质低聚糖。基于 16 S rRNA 和生化分析，该细菌被证实是芽孢杆菌属的一个新种。在优化条件下，虾废物完全降解（99%），同时，几丁质酶产量为 20.01IU/mL。扫描电子显微镜和傅里叶变换红外光谱显示了几丁质的结构变化和典型键的断裂，表明该工艺也可用于降解其他几丁质类材料。层析法显示，在水解产物中存在不同聚合度的几丁质低聚糖。该菌株有潜力用于大规模的海鲜废弃物的生物治理。几丁质酶和几丁质低聚糖同时生产，进一步使这项工艺在经济上和商业上可行。

（四）几丁质酶用于几丁寡糖的生产

Villa-Lerma G 等对超临界的 1，1，1，2-四氟乙烷快速减压预处理的几丁质进行酶促水解，生产高度乙酰化的低聚糖[54]。使用从蜡蚧轮枝菌（*Lecanicillium lecanii*）的优化发酵中获得的几丁质酶，成功地水解了在超临界条件下处理的几丁质。基于超临界的 1，1，1，2-四氟乙烷中的悬浮，对生物聚合物进行预处理，1，1，1，2-四氟乙烷的临界温度和压力分别为 101℃和 4MPa，然后快速减压至大气压力，并进一步原纤化（原纤化一般是指纤维素表面分裂出细小的微纤维，用在此处为类比）。该方法与对照未处理的几丁质和进行蒸汽爆破的几丁质相比，还原糖产量提高（0.18 mg/mL），在聚合度为 2~5 的产物中高乙酰化（FA 0.45）。

糖转移法是利用低聚合度寡糖在酶参与作用后，延长糖链成为高聚合度的寡糖。单纯的酶反应合成较高聚合度的低聚糖比较困难。巧妙地利用某些几丁质酶所具有的糖转移性，可以以较好的收率合成具有生理活性的 N-乙酰基六糖和 N-乙酰基七糖。使用来自诺卡菌（*Nocarcia*）或木霉（*Trichoderma*）的具有高的糖基转移功能的几丁质酶，使二糖链发生连接反应，得到六糖的白色沉淀。同样，以五糖为基质可合成七糖。此法不仅能调节聚合度，还可以通过对基质的精心设计合成一些特殊结构的寡糖衍生物。但此法只能用来制备几丁寡糖。

六、　壳聚糖酶在甲壳纲水产动物壳寡糖生产中的应用

研究表明，壳寡糖（Chito-oligosaccharide）具有较高的免疫调节功能及抗肿瘤、抗菌等生理活性。从壳聚糖生产壳寡糖可以使用化学反应降解和酶法降解。酶法降解是用专一性酶或非专一性酶对壳聚糖进行生物降解而得到均分子质量较低的壳寡糖。酶法降解通常优于化学反应降解，因为酶法降解过程和降解产物的分子质量分布更容易被控制，从而可以便利地对降解过程进行监控，得到所需一定分子质量范围的壳寡糖。而且，酶法降解在较温和的条件下进行，不需要加入大量的反应试剂，对环境污染较少。目前，已发现有 30 种左右的专一性酶（如壳聚糖酶，Chitosanase）或非专一性酶（如脂肪酶、溶菌酶、蛋白酶、聚糖酶等），可用于壳聚糖的降解反应，从而生成各种分子量的壳寡糖。

（一）壳聚糖酶

1. 壳聚糖酶的酶学特性

若控制一定的条件，利用壳聚糖酶对壳聚糖进行降解，则可得到低至二至七糖的水溶性壳寡糖，甚至单糖。特别是在制备聚合度比较小的壳寡糖时，更显出其优越性。

使用壳聚糖酶，对具有不同 N-乙酰化度壳聚糖和不同取代壳聚糖衍生物进行水解作用。在均相反应中，随着 N-乙酰化度的提高，K_m 增加，而 Vmax 降低；当 N-取代的脂肪簇酰基中碳链增长时，K_m 增加，而对 Vmax 影响很小。对其他衍生物的水解作用，则 K_m 为 O-羧甲基壳聚糖>壳聚糖>O-羟乙基壳聚糖，Vmax 为壳聚糖>O-羟乙基壳聚糖>O-羧甲基壳聚糖。在非均相反应中，具有一定取代度的 N-乙酰化壳聚糖比壳聚糖容易被水解。但当脱乙酰化度<36%时，由于壳聚糖不能溶解，而难以被水解。壳聚糖酶的最适 pH4.0～6.8。

2. 产壳聚糖酶的微生物

利用苏云金芽孢杆菌（$B.\ thuringiensis$）的壳聚糖酶活力，可以将壳聚糖高效转化为壳寡糖。Santos-Moriano P 等从广泛用作农业生物杀菌剂的苏云金芽孢杆菌 $Aizawai$ 变种的商业化制剂出发，通过用浓乙酸钠洗涤细胞，获得壳聚糖酶活性[55]。该酶的最适 pH 和温度分别为 6.0 和 60℃。该酶提取物有效地将具有不同脱乙酰度（Deacetylation Degrees，DD）的各种壳聚糖水解成小寡糖。结合质谱（ESI-Q-TOF）和配有脉冲安培检测的高效阴离子交换色谱（High-Performance Anion-exchange Chromatography with Pulsed Amperometric Detection，HPAEC-PAD），观察到完全脱乙酰化的壳寡糖 [fdCOS，(GlcN) 2-5] 和较小程度部分乙酰化的壳寡糖 [paCOS，GlcNAc-(GlcN) 1-3] 的形成。具有 600～800kDa 和 DD≥90% 的 10 g/L 壳聚糖溶液，可以在 55h 内完全转化为寡糖。大多数产物是 fdCOS：1.6 g/L 壳二糖、1.7 g/L 壳三糖、5 g/L 壳四糖和 1.4 g/L 壳五糖。

（二）能够水解壳聚糖的其他酶类

壳聚糖除能被壳聚糖酶降解外，还能被溶菌酶、葡萄糖苷酶、蛋白酶、脂肪酶、纤维素酶、淀粉酶、半纤维素酶和果胶酶等在室温及相对较低的 pH（pH3.3～4.5）下有效地水解。有些非专一性酶的水解甚至比专一性酶更加有效。了解这些酶的性质以及这些酶对壳聚糖降解的作用机理和动力学，对了解壳聚糖在人体内的代谢和消化吸收，指导壳寡糖甚至包括单糖的生产有着重要的意义。

1. 溶菌酶

溶菌酶广泛存在于鸡蛋蛋白及人的唾液中。其中，从鸡蛋蛋白中提取的溶菌酶的转糖苷化能力较强，而从人的唾液中提取的溶菌酶裂解 β-1，4 糖苷键的能力较强。溶菌酶在一定条件下可有效地降解壳聚糖，且初始速度很快，反应 10min，VDP（黏度降解百分率）即可达 55%。若先对壳聚糖的乙酸溶液进行适当的处理，再由溶菌酶在 37℃进行较长时间（6d 左右）的降解，则经分离可得到较高收率的二至四糖产物。

2. 脂肪酶

脂肪酶是作用于水-有机界面上不溶性物的酶。脂肪酶对于壳聚糖的降解反应已引起一些研究者的兴趣。麦胚脂肪酶在微酸性条件下能非常有效地使壳聚糖及其衍生物降解，这种酶能在几分钟内快速降低壳聚糖黏度，使壳聚糖平均分子质量降低，形成无任何偏向的分子质量组分。在一定的来自猪胰腺的脂肪酶与壳聚糖比率下，黏度降解百分率 VDP 可达到 100%。这些研究结果表明，脂肪酶对壳聚糖的降解效率很高，有必要对其产业化的可能性进行进一步的研究。

3. 其他非专一性水解酶

壳聚糖和纤维素都是由 D-葡萄糖经聚合形成的以糖苷键连接起来的同多糖化合物，结构上有相似性。纤维素酶和一些其他酶在一定条件下，对不同均分子质量壳聚糖溶液具有降解作用。对于较低黏度的壳聚糖溶液，一些聚糖酶（Glycanase）对壳聚糖有显著的降解作用，其中纤维素酶（Cellulase TV，Cellulase AP）和果胶酶（Pectinase）的 VDP 可达 99%，半纤维素酶（Hemicellulase）的 VDP 为 93%，淀粉酶（Amylase）和葡聚糖酶（Dextranase）的 VDP 为 70%~80%。对于较高黏度的壳聚糖溶液，以聚糖酶的降解效率最高，木瓜蛋白酶（Papain）和单宁酶（Tannase）也显示了较强的降解能力。在一定的酶与底物比率下，半纤维素酶具有比几丁质酶及溶菌酶更好的降解能力。各种酶降解所适宜的 pH 是不同的，纤维素酶为 4.5，木瓜蛋白酶为 3.0~4.0，半纤维素酶为 3.5；各种酶适宜的降解温度也有差别，一般为 30~60℃。

总之，酶降解法制备水溶性壳寡糖的研究非常有意义和前途，特别是由此能得到较高收率的六至八糖，更是在食品及医药方面有着广泛的用途。但是，要以经济成本进行大规模工业化生产，还需要进行更深入的研究。

七、 多酶联合在水产动物产品加工中的应用

1. 蛋白酶和谷氨酰胺转氨酶联合使用

郑雅爻等研究了鲢鱼皮明胶的蛋白酶法、酸法和热水法 3 种常用的工业提取方法对其凝胶强度、黏度以及膜性能指标的影响，在此基础上，使用谷氨酰胺转氨酶（TG）改性，以达到改善膜性能的效果[56]。同时，以市售猪皮明胶为对照，采用圆二色谱和红外光谱方法，分析了 3 种提取方法对明胶高级结构的影响；通过红外光谱和原子力显微镜，分析了鲢鱼皮明胶经 TG 改性前后明胶高级结构和表面结构变化。3 种提取方法中，酶法明胶的比黏度和凝胶强度最大，成膜后的酶法明胶膜抗拉强度最大、断裂延伸率最大、水蒸气透过率最低。继续经过 TG 改性后，抗拉强度、断裂延伸率指标显著增加（$P<0.05$），接近猪皮明胶膜，水蒸气透过率进一步降低。圆二色谱及红外光谱结果发现，酶法明胶 α-螺旋相对含量增加，无规卷曲相对含量减少，并可保留更多的分子内氢键。TG 改性后，明胶分子内氨基转变为亚氨基，同时增强了肽链间相互作用。原子力显微镜图像分析结果证明，TG 改性的明胶膜具有更为致密均匀的表面结构。明胶膜的

机械强度与明胶结构中 α-螺旋的含量呈正相关。因此，酶法提取并通过 TG 改性是一种提高可食性明胶膜性能的有效方法。

2. 谷氨酰胺转氨酶和葡萄糖氧化酶联合使用

在水产品加工过程中，变色是很常见的问题。实际上，变色和变质紧密相连，其中的实质问题在于鱼肉易于被氧化。氧化的结果不但导致色泽的变化，也导致口味和品质的下降。为避免鱼肉氧化变质，可在其中同时加入葡萄糖氧化酶与谷氨酰胺转氨酶。这样，不仅可防止产品变色，还可起到保护谷氨酰胺转氨酶的活性中心的—SH 基团不被氧化，更好地发挥谷氨酰胺转氨酶的作用。

3. 蛋白酶和唾液淀粉酶的联合使用

曹月刚等以海胆生殖腺干粉为材料，采用木瓜蛋白酶酶解、乙醇沉淀、Sevag 法脱蛋白等方法，提取得到海胆生殖腺粗多糖[57]。然后，用唾液淀粉酶脱除粗多糖中的糖原组分。经过 Sepharose CL-6B 色谱柱分离纯化，得到均一的虾夷马粪海胆生殖腺多糖（Polysaccharide from Gonad of Sea Urchin，SUGP）。SUGP 为含有甘露糖的均一多糖，分子质量为 4436 D。唾液淀粉酶可以去除多糖中的所有葡萄糖成分，之后其单糖组成仅为甘露糖。因此，虾夷马粪海胆生殖腺多糖是由多聚甘露糖与糖原相连接构成，其本质是一种多聚甘露糖物质。

4. 蛋白酶、溶菌酶和纤维素酶的联合使用

Laokuldilok T 等用溶菌酶、木瓜蛋白酶和纤维素酶（0.003% w/w），分别对脱乙酰度（Degrees of Deacetylation，DD）为 80% 和 90% 的两种壳聚糖水解 0~16 h[58]。木瓜蛋白酶对壳聚糖 DD90 的分子质量（Molecular Weight，MW）降低最高。用木瓜蛋白酶对 DD90 水解 16 h 后，平均 MW 为 4.3 kDa，符合壳寡糖（Chitooligosaccharides，COS）（≤ 10kDa）的要求。使用壳聚糖 DD90 和木瓜蛋白酶生产的材料，具有不同分子质量 5.1（COS5），14.3（COS14）和 41.1（COS41）kDa。COS5 具有最高的抗氧化活性，即 DP-PH 自由基清除活性的最低 50% 有效浓度（EC50）、最高的还原力和最高的金属螯合活性。大肠杆菌、鼠伤寒沙门菌（Salmonella typhimurium）和肠炎沙门菌（S. enteritidis）对 COS5 最敏感。所有三种 COS 对大肠杆菌都比对其他病原体更有效。然而，天然的壳聚糖更有效地抑制金黄色葡萄球菌（Staphylococcus aureus）。

八、 其他酶类在水产动物产品加工中的应用

水产品一般都不同程度地存在着土腥味、腥臭味等不良气味。水产品的腥味成分，随原料的不同而差异很大。甲基硫醇、1-辛烯-3-酮和顺-4-庚烯醛是引起鲤鱼腥异味的主要化合物。鲫鱼与鲢鱼具有草臭味，相关的成分是：己醛、1-戊烯-3-酮、1，3-戊二酮、1-戊烯-3-醇、反-2-己烯醛等 C5－C8 的羰基化合物和醇类，这些挥发性成分协同作用构成了草腥味、土腥味。即使是同种水产品原料，还受生长环境、饵料来源、新鲜程度等因素的影响。

目前，脱腥技术主要有微生物转化法、物理吸附法、酸碱盐处理法、溶剂萃取法、分子包埋法、掩蔽法和复合脱腥法等。

1. 脲酶在脱腥和去异味中的应用

鲨鱼和鳐鱼等鱼肉中存在大量尿素，产生异味，很难被消费者接受。使用脲酶就可以祛除这些异味。大豆粉中富含脲酶，提取大豆粉中的脲酶，可有效地除去除鲨鱼肉的腥味。

2. 三甲胺酶在脱腥和去异味中的应用

一些新鲜度差的鱼受到细菌的还原作用，使得鱼体中本来含有的无臭的氧化三甲胺变成了腥味物质三甲胺。海水鱼中含有大量的氧化三甲胺，因此比淡水鱼腥臭味更强烈。此外，鱼的腥味成分还与鱼体内存在的脂肪氧化酶作用于多不饱和脂肪酸有关。三甲胺酶也可以有效地除去水产品中的腥味。

第二节
酶工程技术在藻类产品加工中的应用

大部分水生植物的营养或功能性成分往往包裹在细胞壁内。植物细胞壁是由纤维素、半纤维素、果胶质、木质素等构成的致密结构。在有效成分提取过程中，存在于细胞原生质体中的有效成分必须克服细胞壁及细胞间质的双重阻力。选用适当的酶作用于植物材料，如，水解纤维素的纤维素酶、水解果胶质的果胶酶等，可以使细胞壁及细胞间质中的纤维素、半纤维素、果胶质等降解，破坏细胞壁的致密构造，减小细胞壁、细胞间质等传质屏障对有效成分从胞内向提取介质扩散的传质阻力，从而有利于有效成分的溶出。另一方面，选择适当的酶类，可以有效地使水生植物中的目标物溶出，同时控制非目标物的溶出，在提高溶出效率的同时，为后续的提取液的精制创造有利条件。总之，酶法提取过程的实质是通过酶解反应强化传质过程。

藻类多糖是一类藻类提取物，有着多种多样的应用价值。琼脂、卡拉胶、褐藻酸盐在工业上已被长期使用。藻类多糖可以作为药物和药物中间体。藻类多糖的功能性作用有以下方面：①降血脂及抗氧化作用。由海带中提取的低分子质量岩藻聚糖硫酸酯（Low Molecular Sulfated Fucan，LMSF）是褐藻中固有的细胞间水溶性多糖，LMSF 在体外能直接清除过氧阴离子自由基和羟基自由基，在体内也可以显著增强血清和组织中超氧化物歧化酸（SOD）活力，在降血脂和预防动脉粥样硬化（Antherosclerosis，AS）形成方面具有较大的潜在应用价值；②作为细胞物质的寒冷保护介质。藻类多糖衍生物，如琼脂糖和褐藻酸盐，可以作为非渗透性寒冷保护剂。这些多糖在遇冷时，形成胶体基质，防止冰晶形成，并且在融化时，也能提高细胞的生存能力；③免疫调节活性。藻类多糖在哺乳动物中能增强特异性和非特异性免疫功能。近年来，发现某些藻类多糖具有明显的抗肿瘤作用。海带多糖（Laminarin）是由 L-岩藻糖、D-半乳糖等糖基组成的硫酸酯化的多聚物，对小鼠肉瘤 s180 的抑制率可达 86.5%；④其他活性。如，抗凝血、抗病毒、抗艾滋病、抗菌、抗炎等作用[59]。

多糖是极性强的大分子化合物。提取时，一般先将原料脱脂、脱色，然后用水、稀酸或稀碱溶液在不同温度下提取。提取物浓缩后加沉淀剂（如丙酮、乙醇等）沉淀，离心，沉淀部分通常经膜分离后冷冻干燥得粗多糖。如果用化学方法提取，应注意提取的时间要短，提取温度不宜太高，以避免糖苷键的断裂，并且，采用化学方法往往不能提取藻类的胞内多糖。

采用酶法提取，不仅不会引起糖苷键的断裂，还可以提高提取率。但是，由于水生生物的多样性，因此，对不同藻类多糖进行提取时，采用的酶制剂和条件有所不同。例如，利用复合型纤维素酶处理沙菜，比单酶处理提高卡拉胶的产率还要高，而且对卡拉胶的硬度和脆性没有影响。

在藻类产品加工中涉及到的水解碳水化合物的酶类包括：纤维素酶、半纤维素酶、木聚糖酶、褐藻胶裂合酶等。

一、 纤维素酶在藻类产品加工中的应用

纤维素为自然界第一量大多糖，植物细胞壁中的纤维素约占 50%，半纤维素占 25%~30%，其余的则主要是木质素。纤维素酶是一组能够降解纤维素生成葡萄糖的酶的总称。

（一）产纤维素酶的微生物

许多微生物都可以产生纤维素酶。真菌中有木霉、毛壳霉（*Chaetomium*）、曲霉、镰刀霉（*Fusarium*）、茎点霉（*Phoma*）、侧孢霉（*Sporotrichum*）和青霉等。放线菌中有诺卡菌和链霉菌。细菌中有噬纤维菌（*Cytophaga*）、纤维单胞菌（*Cellulomonas*）、弧菌和梭菌等。

南极独特的地理气候特征，形成了一个干燥、酷寒、强辐射的自然环境，生存于其中的微生物具备了相应独特的分子生物学机制和生理生化特性，成为产生新型生物活性物质的重要潜在资源。已经从南极中山站、长城站附近分离到产纤维素酶的耐冷型丝状菌，该菌在 0℃ 和 5℃ 都能分解纤维素，并能在低温下保持增殖能力。

（二）纤维素酶的特性

不同菌种所产纤维素酶在分子质量、等电点、最适温度等方面性质不同，有的甚至相差较大，一般纤维素酶相对分子质量为 45000~75000，最适温度 50℃ 左右，最适 pH 4~5。纤维素酶的组成比较复杂，是具有 3~10 种组分的多组分酶，随着现代生物大分子分离技术的发展，在各种组分中又先后分离出各种分子质量不同、性质各异的亚组分。纤维素酶催化效率高，速度快，对纤维素的理论糖化率为 100%。与酸水解相比，在 50℃ 的条件下，达到同等程度的水解作用，需要消耗的酸量要比消耗的酶量多十

万倍。

纤维素酶可用于海藻解壁及生物肥料加工等。随着海藻工业的迅猛发展，产生大量的海藻加工废弃物并排放到环境中，造成极为严重的环境污染。利用纤维素酶降解海藻加工废弃物，得到易被吸收利用的低聚分子片段，制成生物肥料，同时解决了环保问题。

（三）纤维素酶在琼胶提取中的应用

1. 琼胶简介

琼胶主要是由石花菜、江蓠、鸡毛菜等红藻中提取出来的一种细胞间黏多糖。有些红藻，如仙菜、海萝、紫菜、多管菜、软骨藻等，它们所含的多糖在 L-半乳糖和 D-半乳糖上的取代基及物理性质有差异，但是仍具有琼胶多糖共同的重复二糖结构，因此也属于琼胶类多糖[60]。琼胶是由含最低量硫酸基的中性琼胶糖和含中等量硫酸基和丙酮酸的酸性琼胶糖，直至含最高量硫酸基的酸性半乳聚糖连续分布的分子混合物组成。不同来源的琼胶，物理性质差异很大，但是它们具有共同的化学结构，以 β-1，4 和 α-1，3 连接的 D-半乳糖基和 3，6-内醚-L-半乳糖及其衍生物为主要重复二糖单位。琼胶是良好的凝固剂，凝胶强度与硫酸基含量呈负相关，与 3，6-AG 含量呈正相关。碱处理琼胶可以使硫酸基含量减少，3，6-AG 含量增高，产率和凝胶强度均有提高。

2. 纤维素酶在琼胶提取中的作用

采用纤维素酶提取琼胶时，所加纤维素酶应适量，这样才可以显著提高琼胶产率，且对凝胶强度影响不大。其原因是，大部分琼胶存在于细胞表层，与细胞壁多糖如纤维素结合较紧密，加入纤维素酶能破坏藻体细胞壁，从而使胶质得以顺利溶出而提高产率。在适量酶作用下，纤维素酶只作用于藻体细胞外壁，而基本不破坏胶质分子结构，因而对凝胶强度影响不大。但是，加酶过量，凝胶强度将显著下降，色泽变差，这可能是因为：①纤维素酶降解纤维素，使某些水溶性色素溶于胶液中使之颜色加深；②纤维素酶作用底物专一性不强，可能切断琼胶，使凝胶强度下降；③纤维素酶作用后，纤维素类物质溶解度大大增加，这些杂质会影响多糖高分子结构的形成。例如，在从江蓠中提取琼胶时，添加纤维素酶 140U/g，作用 1.5h 后，提取率显著增加。

二、 半纤维素酶在藻类产品加工中的应用

半纤维素酶一般是指能够水解构成植物细胞壁的纤维素和果胶以外的多糖类的总称，例如木聚糖酶、半乳聚糖酶、阿聚糖酶、甘露聚糖酶等，其中木聚糖酶具有尤为重要的经济价值。

木聚糖酶能以植物残渣中的半纤维素为原料生产经济价值较高的产品，如木糖醇。例如，利用紫菜粉或木聚糖分离到 275 株细菌，包括黄杆菌、交替单胞菌

（*Alteromonas*）、不动杆菌（*Acinetobacter*）和弧菌。它们具有多种糖苷酶活力，能够降解紫菜等海藻的细胞壁多糖，包括木聚糖、紫菜多糖、甘露聚糖和纤维素，得到紫菜细胞的原生质体，其中木聚糖酶活力最高[61]。

三、 褐藻胶酶在藻类产品加工中的应用

（一）褐藻胶

褐藻是海洋中生物量最大的资源之一。褐藻胶是褐藻细胞壁的主要组成物质之一，它在藻体中含量高，用途广泛，具有重要的工业应用价值，被广泛地应用于食品、纺织、生物、医药、发酵等行业。随着医学和分子生物学的发展，糖类药物已被广泛认知，为褐藻胶的应用开拓了新的领域。

1. 褐藻胶的结构

褐藻胶是一种直链多糖，它是以 β-甘露糖醛酸和 α-古罗糖醛酸为单体，通过 1-4 糖苷键连接而成。从整个分子来看，褐藻胶可分为三种段落：聚甘露糖醛酸（M block）、聚古罗糖醛酸（G block）和甘露糖醛酸古罗糖醛酸杂合段（MG block）。在褐藻胶中，甘露糖醛酸与古罗糖醛酸的比值因藻类种类、地域、季节和在藻类中分布部位不同而呈现差异，大致为 2∶1 至 1∶2。褐藻胶在天然状态下，以游离酸、钠盐、钾盐及二价盐（以钙盐为主）的形式存在。商品褐藻胶以钠盐为主，当钙盐存在时，褐藻胶将形成"蛋盒"结构，因为钙离子通过古罗糖醛酸残基将众多的糖链联接成网状结构。

2. 褐藻胶的生物活性

褐藻多糖具有多种生理活性和广泛的应用价值，其经降解后得到的低分子片段，在医疗保健、食品保藏、植物促生长和诱抗等方面具有多种功效。如，相对分子质量<1000 的褐藻胶寡糖可作为人表皮角质化细胞的激活剂；聚合度 2~9 的低聚甘露糖醛酸或古罗糖醛酸可用于制作矿质吸收促进剂；褐藻胶寡糖还具有植物激发子效应，诱导植物产生抗虫抗病化合物和相关蛋白，参与植物的防御反应等。

3. 褐藻胶寡糖的生产方法

有三种：化学降解法、酶降解法和物理降解法。目前普遍采用的方法是酸降解法。这种方法的降解条件难以控制，操作较复杂。酶降解法条件温和，得率高，使得褐藻胶制备寡糖更为容易。

（二）褐藻胶裂合酶

褐藻胶酶又称褐藻胶裂合酶，通过 β-消去反应裂解褐藻胶的糖苷键，并在低聚糖醛酸裂解片段的非还原性末端形成 4，5-不饱和双键。经褐藻胶酶降解后可存在三种片段形式的低聚糖醛酸，均聚甘露糖醛酸（M）n、均聚古罗糖醛酸（G）n 和 M、G 混杂交替片段。

1. 褐藻胶酶的来源

主要来源是海洋中的微生物和食藻的海洋软体动物。已发现的产褐藻胶酶的海洋微生物包括弧菌、黄杆菌、维氏固氮菌（*Azotobacter vinelandii*）、产气克雷伯菌（*K. aerogenes*）、肺炎克雷伯菌（*K. pnermoniae*）、褐藻胶假单胞菌（*P. alginovora*）、铜绿假单胞菌（*P. aeruginosa*）、阴沟肠杆菌（*E. cloacae*）、交替单胞菌、芽孢杆菌等。早在1934年，*Waksman* 就从海水和海底沉积物以及藻体上分离到能降解褐藻胶的菌种。1961年，安藤芳明等从腐烂的海带叶片上分离到能降解褐藻胶的弧菌 SO20 菌株，认为该菌与海带藻体病害有关。1995年，戴继勋等从海带、裙带菜病烂部位分离到褐藻胶降解菌埃及交替单胞菌（*A. espejiana*）和麦氏交替单胞菌（*A. macleodii*），利用发酵得到的褐藻胶酶。

2. 褐藻胶酶的用途

用褐藻胶酶对海带、裙带菜进行细胞解离，可以获得大量的单细胞和原生质体。海藻单细胞在海藻养殖工业中具有重要的科研和应用价值，并可作为单细胞饵料用于扇贝养殖，可明显促进亲贝的性腺发育和成熟，促进幼体的发育。1997年，Tomoo Sawabe 等利用交替单胞菌 H-4 发酵生产褐藻胶酶。该酶不仅可以降解褐藻酸钠和古罗糖醛酸甘露糖醛酸聚合物，还可以降解聚甘露糖醛酸和聚甘露糖醛酸，降解产物为 DP7-8，5-6，3-4 三种主要的寡糖产品。

四、 琼胶酶在藻类产品加工中的应用

1. 琼胶

琼胶是一种亲水性红藻多糖，包括琼脂糖（Agarose）和硫琼胶（Agaropectin）两种组分。琼脂糖是由交替的 3-*O*-β-*D*-半乳呋喃糖和 4-*O*-3，6 内醚-α-*L*-半乳呋喃糖残基连接的直链组成。硫琼胶的结构则较为复杂，含有 *D*-半乳糖、3，6-半乳糖酐、半乳糖醛酸及硫酸盐、丙酮酸等。

2 琼胶寡糖

琼胶寡糖在食品生产中有广泛的应用价值，如，可用于饮料、面包及一些低热量食品的生产。日本利用琼胶寡糖作为添加剂生产的化妆品对皮肤具有很好的保湿效果，对头发有很好的调理效果。利用海洋细菌产生的琼胶酶制备的琼胶寡糖表现出良好的体外抗氧化活性。从琼胶制备琼胶寡糖的方法包括酸法和酶法。酸法降解琼胶的反应剧烈，工艺条件难以控制，逐渐被酶法降解所代替。

3. 琼胶酶的来源

降解琼胶的酶可以从微生物和一些软体动物中分离得到[62]。琼胶降解菌主要存在于海洋环境中[63-64]，这些降解菌可分为两类：一类菌软化琼胶，在菌落周围出现凹陷；另一类菌则剧烈地液化琼胶。

1902年，第一次从海水中分离到琼胶降解菌琼胶假单胞菌（*P. galatica*）。目前，已

从噬纤维菌（*Cytophage*）、芽孢杆菌、弧菌、交替单胞菌、假交替单胞菌（*Pseudoaltero-monas*）及链霉菌等发现琼胶酶[65-67]。一种来源于海洋的弧菌 JT0107 的 α-新琼寡糖水解酶，水解琼胶的 α-1，3 糖苷键产生新琼五糖、新琼三糖、新琼二糖、3，6-内醚-*L*-半乳糖、*D*-半乳糖。利用硫酸铵沉淀、连续的阴离子交换柱层析、凝胶过滤层析、疏水层析得以纯化。纯化的蛋白质在 SDS-PAGE 上得到一条带，相对分子质量为 42000，凝胶过滤测得相对分子质量为 84000，推测此酶为二聚体。有几种琼胶酶的基因已得到克隆和测序[68]。1987 年，得到链霉菌的琼胶酶基因 *dagA*。1989 对假单胞菌的琼胶酶基因 *agrA* 进行了序列分析。1993 年对弧菌的 *agaA* 基因进行了克隆和测序，1994 年又对同种菌的一种新的 β-琼胶酶的基因 *agaB* 进行了序列分析。

五、 卡拉胶酶在藻类产品加工中的应用

（一）卡拉胶

1. 卡拉胶的结构

卡拉胶（Carrageenan）是某些红藻的细胞壁多糖，呈水溶性，它是由 1，3-β-*D*-吡喃半乳糖和 1，4-α-*D*-吡喃半乳糖作为基本骨架，交替连接而成的线性多糖。根据半酯式硫酸基在半乳糖上所连接的位置不同，可分为七种结构类型，分别是 κ、μ、τ、γ、λ、θ、η。目前，工业生产和使用的卡拉胶主要为 κ、λ 和 τ 卡拉胶三个品种或者它们的混合物。

2. 卡拉胶的用途

随着对卡拉胶结构和功能的认识，其应用领域不断拓宽。目前，卡拉胶主要用于食品工业。80% 的卡拉胶被应用在食品和与食品有关的工业中，在乳制品、面包、果冻、果酱、调味品等方面应用较为广泛，卡拉胶可用作凝固剂、黏合剂、稳定剂和乳化剂。卡拉胶在医药领域的应用也日益广泛。卡拉胶具有多种生物活性，可作为抗凝剂，有与肝素近似的抗凝作用；降低血脂；刺激结缔组织的生长；增加骨骼对钙的吸收；在抗病毒及免疫调节方面也有重要的药理活性。

3. 卡拉胶的生产方法

目前，卡拉胶主要从麒麟菜中提取，特别是耳突麒麟菜，其提取出来的卡拉胶性能很好。我国生产卡拉胶所用原料基本上是从菲律宾、印度尼西亚、马来西亚、越南等国家进口的麒麟菜，原料供应不稳定，导致我国卡拉胶工业受到很大限制。我国沙菜资源相当丰富，因此，利用沙菜资源来提取卡拉胶可以解决生产原料缺乏的难题。当前，卡拉胶的生产主要采用由碱处理、提胶、精制和脱水干燥等工序组成的工艺。但是，沙菜藻体致密的细胞壁妨碍了胶质的溶出。

4. 卡拉胶的降解

卡拉胶往往因分子质量过大而使其应用受到限制。卡拉胶大分子降解后，可增加其

生物利用度，并具有独特的生物活性。如，未经降解的卡拉胶与血纤维素蛋白形成不溶性复合物；而其降解物与血纤维蛋白则形成可溶性复合物，毒性比未降解的明显减少。卡拉胶寡糖表现出多种特殊的生理活性，如抗病毒、抗肿瘤、抗凝血、治疗胃溃疡和溃疡性结肠炎等。因此，对卡拉胶降解方法及降解物性状进行研究，对其在医药方面的应用有重要的意义。

目前，卡拉胶的降解方法主要有以下三种：①酸降解法：在酸性溶液中，κ-卡拉胶由于 3，6-内醚-半乳糖苷键水解而发生降解；②氧化还原降解法：卡拉胶经过高磺酸盐-氢硼化物氧化还原得到降解产物；③酶降解法。

（二）卡拉胶酶

早在 1943 年，Mori 就从海洋软体动物中提取到能够水解角叉菜卡拉胶的酶。现在，已经在假单胞菌、噬纤维菌、大西洋交替单胞菌（*A. atlantica*）、食鹿角菜交替单胞菌（*A. carrageenovora*）等菌中发现卡拉胶降解酶。Sarwar 等利用含有卡拉胶的培养基发酵海洋噬纤维菌 1k-C783，获得其胞外 κ-卡拉胶酶。经硫酸铵沉淀、离子交换层析及 SephadexG-200 凝胶过滤后，得到分子质量为 10kDa 的单一组分。Mou H 等从海洋噬纤维菌 MCA-2 中分离到胞外 κ-卡拉胶酶，分子质量为 30kDa，该酶降解卡拉胶后形成以卡拉四糖和卡拉六糖为主的终产物。

近年来，酶降解卡拉胶的研究有一定进展。从卡拉胶假单胞菌（*P. carrageenovora*）中分离出可降解 κ-卡拉胶的特异酶，主要断裂 β-D-1，4 键，降解产物以 3-O-（3，6-内醚-α-D-半乳糖基）-4-硫酸基-β-D-半乳糖为主。从以异枝麒麟菜为食物的刺冠海胆（*Diadema setosum*）的消化道中发现能水解 κ-卡拉胶的酶。从刺麒麟菜提取的 ι-卡拉胶上生长的一种海洋细菌培养液中分离出了 ι-拉卡胶酶。此外，从藻体生长环境中筛选分离降解卡拉胶的细菌，并从中提取卡拉胶酶，也取得一些进展。此外，果胶酶和半纤维素酶对卡拉胶也具有较强的降解作用。

六、　岩藻聚糖酶在藻类产品加工中的应用

岩藻聚糖是一种复杂的硫酸多糖，由岩藻糖、半乳糖、木糖、甘露糖、阿拉伯糖及糖醛酸等共同组成[69]。

Furukawa S. I. 等对海洋弧菌产生的岩藻聚糖酶进行纯化，得到 3 种不同的酶蛋白，对底物进行酶解后，形成以小分子寡糖为主要成分的产物。Yaphe 和 Morgan 曾报道，两株海洋细菌大西洋假单胞菌（*P. atlantica*）和 *P. carrageenovora* 在以岩藻聚糖为唯一碳源的培养基中培养 3d 后，对底物的利用率分别达到 31.5% 和 29.9%。从青岛地区选育的 *Erysipelothrix rosenbach*，岩藻聚糖酶活力达 3.68U；最适发酵培养基组成：岩藻聚糖硫酸酯 0.9%，$(NH_4)_2SO_4$ 0.3%，K_2HPO_4 0.1%，NaCl 2.5%，吐温 80 1%。，硫胺素 6×10^{-6} mol/L，$FePO_4$ 1%；最适产酶条件：起始 pH7.5，发酵时间 36h，发酵温度 30℃，装液量

75mL/250mL；硫胺素对发酵产酶有很大的促进作用，可使酶活力提高 24%，$MgSO_4 \cdot 7H_2O$ 对产酶也有一定的促进作用。

七、 其他酶类在藻类产品加工中的应用

1. 鲍鱼酶的生产方法

解剖鲍鱼，取消化器官，捣碎后溶解于 0.1mol/L 的磷酸盐缓冲液（pH7.0）中，先用 30% 饱和度的硫酸铵盐析；在冰箱中透析过夜；离心（1000 r/min，15min）去沉淀；取上清液，加硫酸铵至 90% 饱和度盐析；透析；离心，得沉淀物；溶解于磷酸盐缓冲液中，再经透析、离心和干燥，得酶粉。

2. 鲍鱼酶在藻类产品加工中的应用

采用鲍鱼消化酶分离不同海藻的单细胞，其对海带的酶解效果最好，裙带菜次之，对紫菜的酶解效果相对较弱。鲍鱼通常是以褐藻如海带、裙带菜为食物，故而消化腺中提取的酶液应以褐藻酸裂解酶为主。

八、 多酶联合在藻类产品加工中的应用

海带（*Laminaria japonica*）是一种大型的、资源丰富的经济海藻，生长快、产量高，富含维生素、氨基酸和矿物质等营养物质及多糖类的生物活性物质，是一种食药两用的褐藻类植物。一直以来，国内外对海带开发主要集中在食品加工、制碘、制甘露醇及褐藻酸等产业。

近年来，对海带多糖活性物质的分离纯化研究已逐步展开。海带藻体组织结构成分主要是纤维素、海藻酸、海带杂多糖和果胶质，使藻体呈现出较强的韧性；人体消化系统缺少消化纤维素和果胶质的酶，因此，直接食用海带，摄取的营养物质和海带多糖的量很少。

1. 海带多糖的种类和功能

目前，从海带中已发现 3 种多糖：褐藻胶（Algin）、褐藻糖胶（Fucoidan）、褐藻淀粉（Laminaran）。褐藻胶和褐藻糖胶是细胞壁的填充物，褐藻淀粉存于细胞质中。褐藻胶在海带中相对含量最丰富，约为 19.17%。海带中褐藻糖胶的含量一般在 0.3% ~ 1.5%，其主要成分是岩藻多糖，即 α-L-岩藻糖-4-硫酸酯的多聚物，同时还含有不同比例的半乳糖、木糖、葡萄糖醛酸和少量蛋白质。褐藻淀粉又称海带多糖、昆布糖，有水溶性和水不溶性两种，主要由葡萄糖的多聚物组成，其在海带中含量一般为 1% 左右。海带硫酸多糖（Laminaria Polysaccharide Sulfate，LPS）是一种含有多种单糖和硫酸基的水溶性杂多糖，海带中 LPS 的含量随其种类、产地、季节和植物体不同部位而变化，其生物学功能主要集中在抗肿瘤、免疫调节、血脂及血糖调节等方面。

2. 海带多糖的酶法提取

应用酶技术将纤维素和果胶质水解，提取出细胞质和细胞间液，再经分离纯化，可

得海带多糖。采用酶解提取海带多糖，一般工艺流程如下：

原料→ 预处理 → 酶解 → 渣液分离 →海带多糖

（1）预处理　海带晾晒，去除泥沙等杂质，粉碎（20~30目），收入浸泡池中浸泡0.5~1h，分离海带和浸泡液；浸泡液用于提取碘、甘露醇，浸泡过的海带作为酶解的原材料。

（2）酶解工艺　海带加水浸泡2 h；溶胀后的海带粉碎成浆（含水量约93 %）；向海带浆中加入纤维素酶、半纤维素酶、果胶酶和蛋白酶，50℃水解4 h；升温至90℃，使酶失活；冷却至室温；进行过滤。滤液加入氯化钙，离心去除海藻酸钙。于上清液中加入 CTAB 与 LPS 结合，沉淀；3000 r/min 离心 10min，收集 CTAB-LPS 沉淀物。加入氯化钙进行盐解，将 LPS 游离释放出来；然后加入乙醇使 LPS 析出；离心；烘干；得 LPS。采用酶解法，可提高 LPS 的得率。

第三节
酶工程技术在水产品保鲜中的应用

生鲜水产品通常是一类高蛋白、低脂肪、含水量大、pH 高、体内酶活性强、不饱和脂肪酸多、不易储运的特殊食品。由于水生生态环境、生物自身属性和生产供销流程辗转繁复等原因，它们容易腐败变质。

酶法保鲜的原理是利用酶的催化作用，防止或消除外界因素对食品的不良影响，从而保持食品原有的优良品性。目前应用较多的是葡萄糖氧化酶和溶菌酶。

一、　葡萄糖氧化酶在水产品保鲜中的应用

葡萄糖氧化酶用于鱼类冷藏制品的保鲜，一是利用其氧化葡萄糖产生的葡萄糖酸，使鱼制品表面 pH 降低，抑制细菌的生长。二是防止水产品氧化。氧化是造成水产品色、香、味变坏的重要因素，含量很低的氧就足以使食品氧化变质。将葡萄糖氧化酶和其作用底物葡萄糖混合在一起，包装于不透水而可透气的薄膜袋中，封闭后，置于装有水产品的密闭容器中。当密闭容器中的氧气透过薄膜进入袋中，就在葡萄糖氧化酶的催化作用下与葡萄糖发生反应，从而达到除氧保鲜的目的。例如，利用葡萄糖氧化酶可防止虾仁变色。将虾仁在葡萄糖氧化酶、过氧化氢酶溶液中浸泡一下，或将酶液加入到包装的盐水中，对阻止虾仁变色和防止酸败的效果更好。

二、　溶菌酶在水产品保鲜中的应用

（一）溶菌酶在水产品保鲜中的使用方法

利用溶菌酶对水产品进行保鲜，通常只要把一定浓度的溶菌酶溶液喷洒在水产品

上，或者用溶菌酶溶液浸渍，即可起到防腐保鲜效果。溶菌酶的最有效浓度为 0.05%，最适 pH 6~7，温度 50℃。例如，虾、鱼等水产品在含甘氨酸 0.1mol/L、溶菌酶 0.05% 和食盐 3% 的溶液中浸渍 5min 后沥干，5℃保存 9d，无气味和色泽变化。

（二）溶菌酶在鱼保鲜中的应用实例

1. 溶菌酶在冷藏鱼保鲜中的应用

只要将一定浓度（通常为 0.05%）的溶菌酶溶液喷洒在水产品上，就可起到防腐保鲜的作用。一些新鲜海产品和水产品（如虾、蛤蜊肉等）在 0.05% 的溶菌酶和 3% 的食盐溶液中浸渍 5min 后，沥去水分，进行常温或冷藏贮存，均可延长其贮存时间。

为了提升溶菌酶的脂溶性和稳定性，王者等以逆向蒸发法制备了溶菌酶脂质体[70]。溶菌酶脂质体具有较好的脂溶性，且能够增加溶菌酶的稳定性。在室温条件下，将金鲳鱼浸渍于一定质量浓度的溶菌酶脂质体溶液或溶菌酶溶液，于 4℃ 条件下贮藏。在同一贮藏时间，溶菌酶脂质体的保鲜效果要好于溶菌酶溶液，溶菌酶脂质体能够减缓感官得分的下降速率，抑制菌落总数的增加和硫代巴比妥酸值和 pH 的上升，与溶菌酶溶液以及对照组相比，可将金鲳鱼的货架期延长 2~3d 和 5~6d。

2. 溶菌酶在鱼丸保鲜中的应用

溶菌酶也可作为鱼丸等水产类熟制品的防腐剂。王当丰等制备了茶多酚-溶菌酶复合保鲜剂，其使用方法为 0.1 g/kg 茶多酚+0.3 g/kg 溶菌酶，并将其用于保鲜白鲢鱼丸[71]。与对照组相比，处理组鱼丸的白度、弹性及挥发性盐基氮（TVB-N）值无明显变化，而微生物菌落总数、pH、硬度、凝胶强度及水分分布均优于对照组。因此，茶多酚-溶菌酶复合保鲜剂对鱼丸的外观品质影响较小，可有效抑制鱼丸贮藏过程中微生物生长及蛋白质的氧化降解，提升鱼丸的贮藏品质，延长其货架期。

三、 谷氨酰胺转氨酶在水产品保鲜中的应用

利用谷氨酰胺转氨酶处理鱼肉蛋白后，可生成可食性的薄膜，直接用于水产品的包装和保藏，提高产品的外观和货架期。另外，谷氨酰胺转氨酶可以用于包埋脂类和脂溶性物质，防止水产品氧化腐败。

四、 脂肪酶在水产品保鲜中的应用

脂肪酶即甘油三酯水解酶，水解底物一般为天然油脂，其水解部位是油脂中脂肪酸和甘油相连接的酯键，反应产物为甘油二酯、甘油单酯、甘油和脂肪酸。脂肪酶可以用于含脂量高的鱼类中，生产脱脂大黄鱼、脱脂青鱼片等。其本质是水解部分脂肪，脱去鱼类的部分脂肪，延长鱼产品的保藏时间。

（作者：孙纪录　贾英民）

参考文献

［1］陈胜军，李来好，曾名勇，等．罗非鱼鱼皮胶原蛋白降血压酶解液的制备与活性研究［J］．食品科学，2005，26（8）：229-233.

［2］粟桂娇，阎欲晓，申柯，等．酶法制取罗非鱼水解动物蛋白的工艺研究［J］．食品科学，2005，26（4）：177-182.

［3］Noman A, Xu Y S, Q. AL-Bukhaiti W. Influence of enzymatic hydrolysis conditions on the degree of hydrolysis and functional properties of protein hydrolysate obtained from Chinese sturgeon (*Acipenser sinensis*) by using papain enzyme Anwar［J］．Process Biochemistry, 2018, 67: 19-28.

［4］Sun Q, Chen F S, Geng F, et al. A novel aspartic protease from *Rhizomucor miehei* expressed in *Pichia pastoris* and its application on meat tenderization and preparation of turtle peptides［J］．Food Chemistry, 2017, 245: 570-577.

［5］Lin L N, Li B F. Angiotensin-I-converting enzyme (ACE) -inhibitory and antihypertensive properties of squid skin gelatin hydrolysates［J］．Food Chemistry, 2012, 131 (1): 225-230.

［6］华鑫，孙乐常，万楚君，等．刺参 ACE 抑制肽制备及降压功效分析［J］．食品科学，2018，（10）：125-130.

［7］苑圆圆，于宏伟，田益玲，等．酶法制备牡蛎 ACE 抑制肽的条件优化［J］．中国食品学报，2013，（3）：115-121.

［8］Rachel D, Erwann F, Andre M. et al. Simultaneous double cationic and anionic molecule separation from herring milt hydrolysate and impact on resulting fraction bioactivities［J］．Separation and Purification Technology, 2019, 210: 431-441.

［9］王苏，桑亚新，王向红，等．响应面法优化中性蛋白酶水解扇贝裙边条件的研究［J］．中国调味品，2014，（11）：17-22.

［10］李彩，桑亚新，王向红，等．回归正交旋转法优化制备扇贝裙边抗氧化肽［J］．中国食品学报，2014，（4）：72-77.

［11］You L J, Zhao M M, Cui C, et al. Effect of degree of hydrolysis on the antioxidant activity of loach (Misgurnus anguillicaudatus) protein hydrolysates［J］．Innovative Food Science and Emerging Technologies, 2009, 10 (2): 235-240.

［12］You L J, Zhao M M, Regenstein J M, et al. In vitro antioxidant activity and in vivo anti-fatigue effect of loach (Misgurnusanguillicaudatus) peptides prepared by papain digestion［J］．Food Chemistry, 2011, 124 (1): 188-194.

［13］Huang Y P. Antioxidant activity measurement and potential antioxidant peptides exploration from hydrolysates of novel continuous microwave-assisted enzymolysis of the Scomberomorus niphonius protein［J］．Food Chemistry, 2017, 223: 89-95.

［14］Wong F C. Identification and characterization of antioxidant peptides from hydrolysate of blue-spotted stingray and their stability against thermal, pH and simulated gastrointestinal digestion treatments［J］．Food Chemistry, 2019, 271: 614-622.

［15］Jin J E. Purification and characterization of antioxidant peptides from enzymatically hydrolyzed ark shell (*Scapharca subcrenata*)［J］．Process Biochemistry, 2018, 72: 170-176.

［16］杨富敏，王向红，桑亚新，等．碱性蛋白酶酶解扇贝裙边制备抗菌肽．食品科技，2013，（12）：14-19.

［17］ 桑亚新，王向红，王苏，等．扇贝裙边酶解工艺优化及其氨基酸分析研究．中国食品学报，2012，（8）：78-86.

［18］ Ahmed R, Getachew A T, Cho Y J, et al. Application of bacterial collagenolytic proteases for the extraction of type I collagen from the skin of bigeye tuna（*Thunnus obesus*）［J］：LWT - Food Science and Technology, 2017, 89：44-51.

［19］ Wang J, Pei X L, Liu H Y, et al. Extraction and characterization of acid-soluble and pepsin-soluble collagen from skin of loach（*Misgurnusanguillicaudatus*）［J］. International Journal of Biological Macromolecules, 2018, 106：544-550.

［20］ 桑亚新，王昌禄，王苏，等．利用扇贝壳制备胶原螯合钙的研究［J］．中国食品学报，2012，（5）：49-55.

［21］ Zhang F X, Xu S Y, Wang Z. Pre-treatment optimization and properties of gelatin from freshwater fish scales ［J］. Food and Bioproducts Processing, 2011, 89（3）：185-193.

［22］ Laxman P V, Karima G, Tarek R, et al. Novel biological and chemical methods of chitin extraction from crustacean waste using saline water ［J］. Journal of Chemical Technology and Biotechnology, 2016, 91（8）：2331-2339.

［23］ 刘杨柳，魏东东，刘燕，等．枯草芽孢杆菌发酵蟹壳粉产蛋白酶的研究［J］．食品研究与开发，2017，（24）：174-180.

［24］ Vázquez J A, Noriega D, Ramos P, et al. Optimization of high purity chitin and chitosan production from Illex argentinus pens by a combination of enzymatic and chemical processes ［J］. Carbohydrate Polymers, 2017, 174：262-272.

［25］ Barona R, Socola M, Arhaliassd A, et al. Kinetic study of solid phase demineralization by weak acids in one-step enzymatic bio-refinery of shrimp cuticles ［J］. Process Biochemistry, 2015, 50：2215-2223.

［26］ 武小芳，张建旭，耿晓杰，等．蛋白酶对蟹壳的脱蛋白作用研究［J］．食品研究与开发，2018，（2）：132-136.

［27］ 武小芳，刘燕，刘建辉，等．酸酶一步法对蟹壳脱矿物质和蛋白质作用的研究［J］．河北农业大学学报，2017，（5）：72-77.

［28］ Dun Y H, Li Y Q, Xu J H, et al. Simultaneous fermentation and hydrolysis to extract chitin from crayfish shell waste ［J］. International Journal of Biological Macromolecules, 2019, 123：420-426.

［29］ 张雪娇，王向红，桑亚新．响应面法优化酶辅助超临界萃取中国对虾废弃物中的油脂［J］．中国食品学报，2016，（4）：167-173.

［30］ de Oliveira D A S B, Minozzo M G, Licodiedoff S, et al. Physicochemical and sensory characterization of refined and deodorized tuna（*Thunnus albacares*）by-product oil obtained by enzymatic hydrolysis ［J］. Food Chemistry, 2016, （207）：187-194.

［31］ Dang T T, Gringer N, Jessen F, et al. Facilitating shrimp（*Pandalus borealis*）peeling by power ultrasound and proteolytic enzyme ［J］. Innovative Food Science & Emerging Technologies, 2018, （47）：525-534.

［32］ Tsukamasa Y, Miyake Y, Ando M, et al. Total activity of transglutaminase at various temperatures in several fish meats ［J］. Fisheries Science, 2002, 68（4）：929-933.

［33］ Ramirez J, Uresti R, Tellez S, et al. Using salt and microbial transglutaminase as binding agents in restructured fish products resembling hams ［J］. Journal of Food Science, 2002, 67（5）：1778-1784.

［34］ Martelo-Vidal M J, Guerra-Rodríguez E, Pita-Calvo C, et al. Reduced-salt restructured European hake（*Merluccius merluccius*）obtained using microbial transglutaminase ［J］. Innovative Food Science & Emerging

Technologies, 2016, 38 (Part A): 182-188.

［35］陈秋妹，刘智禹，滕用雄，等. 新型重组鱼排及其低温凝胶化作用的研究 ［J］. 中国食品学报，2018，（6）: 200-206.

［36］陈建林，张雪娇，王向红，等. 中国对虾重组虾肉货架期预测模型的建立 ［J］. 现代食品科技. 2015，（10）: 234-240.

［37］Koppelman SJ, Wensing M, Jong D, et al. Anaphylaxis caused by the unexpected presence of casein in salmon ［J］. Lancet, 1999, 354 (9196): 2136.

［38］陈海华，薛长湖. 谷氨酰胺转氨酶生产竹荚鱼鱼糜工艺优化 ［J］. 中国食品学报，2010，（3）: 135-142.

［39］Haraldsson GG, Kristinsson B. Separation of eicosapentaenoic acid and docosahexaenoic acid in fish oil by kinetic resolution using lipase ［J］. J Am Oil Chem Soc, 1998, 75: 1551.

［40］Cerdan LE, Medina AR, Gimenez AG, et al. Synthesis of polyunsaturated fatty acid- enriched triglycerides by lipase-catalyzed esterification ［J］. J Am Oil Chem Soc, 1998, 75: 1329.

［41］Wanasundara U, Shahidi F. Lipase-assisted concentration of n-3 polyunsaturated fatty acid in acylglycerols from marine oils ［J］. Journal of the American Oil Chemists Society, 1998, 75: 945.

［42］唐青涛，余若黔，宗敏华，等. 脂肪酶富集 DHA 和 EPA 的研究进展 ［J］. 华西药学杂志，2001，16（4）: 289-292.

［43］Shimada Y, Maruyama K, Sugihara A, et al. Purification of ethyl docosahexaenoate by selective alcoholysis of fatty acid ethyl esters with immobilized *Rhizomucor meihei* lipase ［J］. Journal of the American Oil Chemists Society, 1998, 75: 1565.

［44］Sae-leaw T, Benjakul S. Lipase from liver of seabass (*Lates calcarifer*): Characteristics and the use for defatting of fish skin ［J］. Food Chemistry, 2018, 240: 9-15.

［45］Solaesa Á G, Sanz M T, Melgosa R, et al. Oxidation kinetics of sardine oil in the presence of commercial immobilized lipases commonly used as biocatalyst ［J］. LWT-Food Science and Technology, 2018, 96: 228-235.

［46］Zhang H, Yang S, Fang J, et al. Optimization of the fermentation conditions of *Rhizopus japonicus* M193 for the production of chitin deacetylase and chitosan ［J］. Carbohydrate Polymers, 2014, 101: 57-67.

［47］Sun Y Y, Zhang J Q, Wu S J, et al. Statistical optimization for production of chitin deacetylase from *Rhodococcus erythropolis* HG05 ［J］. Carbohydrate Polymers, 2014, 102: 649-652.

［48］Kang L X, Liang Y X, Ma L X. Novel characteristics of chitin deacetylase from *Colletotrichum lindemuthianum*: Production of fully acetylated chitooligomers, and hydrolysis of deacetylated chitooligomers ［J］. Process Biochemistry, 2014, 49 (11): 1936-1940.

［49］Ramos-Puebla A, Santiago C D, Trombotto S, et al. Addition of abscisic acid increases the production of chitin deacetylase by *Colletotrichum gloeosporioides* in submerged culture ［J］. Process Biochemistry, 2016, 51 (8): 959-966.

［50］Pareek N, Ghosh S, Singh R P, et al. Mustard oil cake as an inexpensive support for production of chitin deacetylase by *Penicillium oxalicum* SAE_M-51 under solid-state fermentation ［J］. Biocatalysis and Agricultural Biotechnology, 2014, 3 (4): 212-217.

［51］Ngo D, Kim M, Kim S. Chitin oligosaccharides inhibit oxidative stress in live cells ［J］. Carbohydrate Polymers, 2008, 74 (2): 228-234.

［52］Black B A, Yan Y L, Galle S, et al. Characterization of novel galactosylated chitin-oligosaccharides and chitosan-oligosaccharides ［J］. International Dairy Journal, 2014, 39 (2): 330-335.

［53］ Kumar A, Kumar D, George N, et al. A process for complete biodegradation of shrimp waste by a novel marine i-solate *Paenibacillus* sp. AD with simultaneous production of chitinase and chitin oligosaccharides ［J］. International Journal of Biological Macromolecules, 2018, 109: 263-272.

［54］ Villa-Lerma G, González-Márquez H, Gimeno M, et al. Enzymatic hydrolysis of chitin pretreated by rapid de-pressurization from supercritical 1, 1, 1, 2-tetrafluoroethane toward highly acetylated oligosaccharides ［J］. Bioresource Technology, 2016, 209: 180-186.

［55］ Santos-Moriano P, Kidibule P E, Alleyne E, et al. Efficient conversion of chitosan into chitooligosaccharides by achitosanolytic activity from *Bacillus thuringiensis* ［J］. Process Biochemistry, 2018, 73: 102-108.

［56］ 郑雅爻, 马月, 罗永康, 等. 鲢鱼皮明胶提取方法和谷氨酰胺转氨酶改性对明胶结构和膜性能的影响 ［J］. 食品科学, 2017, （19）: 92-99.

［57］ 曹月刚, 赵君, 陈泓宇, 等. 虾夷马粪海胆生殖腺多糖的提取、纯化及鉴定 ［J］. 食品科学, 2014, （21）: 16-20.

［58］ Laokuldilok T, Potivas T, Kanha N, et al. Physicochemical, antioxidant, and antimicrobial properties of chitooli-gosaccharides produced using three different enzyme treatments ［J］. Food Bioscience, 2017, （18）: 28-33.

［59］ Huheihel M, Ishanu V, Tal J, et al. Activity of *Porphyridium* sp. polysaccharide against herpes simplex viruses *in vitro* and *in vivo*, Journal of Biochemical and Biophysical Methods ［J］. 2002, 50 (2-3): 189-200.

［60］ Nikolaeva EV, Usov AL, Sinitsyn AP, et al. Degradation of agarophytic red algal cell wall components by new crude enzyme preparations ［J］. Journal of Applied Phycology, 1999, 11: 385-389.

［61］ Zhang Q, Yu P, Li Z, et al. Antioxidant activities of sulfated polysaccharide fractions from *Porphyra haitanesis* ［J］. Journal of Applied Phycology, 2003, 15: 305-310.

［62］ Hosoda A, Sakai M, Kanazawa S. Isolation and characterization of agar-degrading *Paenibacillus* spp. associated with the rhizosphere of spinach ［J］. Bioscience, Biolechmology, and Biochemistry, 2003, 67 (5): 1048-1055.

［63］ Kim BJ, Kim HJ, Ha SD, et al. Purification and characterization of 13-agarase from marine bacterium *Bacillus cereus* ASK202 ［J］. Biotechnology Letters, 1999, 21 (11): 1011-1105.

［64］ Romanenko LA, Zhukova NV, Rohde M, et al. Internation al Journal of Systematic and Evolutionary Microbiolo-gy, 2003, 53: 125-131.

［65］ Kirimura K, Masuda N, Iwasaki Y, et al. Purification and characterization of a novel p-agarase from an alkalo-philic bacterium, *Alteromonas* sp. E-1 ［J］. Journal of Bioscience and Bioengineering, 1999, 87 (4): 436-441.

［66］ Araki T, Hayakawa M, Lu Z, et al. Purification and characterization of agarases from a marine bacterium, *Vibrio* sp. PO-303 ［J］. Journal of Marine Biotechnology, 1998, 6 (4): 260-265.

［67］ Kang NY, Choi YL, Cho YS, et al. Cloning, expression and characterization of a beta-agarase gene from a ma-rine bacterium, *Pseudomonas sp.* SK38 ［J］. Biotechnol Lett, 2003, 25 (14): 1165-1170.

［68］ Shieh WY, Jean WD. *Alterococcus agarolyticus*, gen. nov., sp. nov., a halophilic thermophilic bacterium capable of agar degradation ［J］. Canadian Journal of Microbiology, 1998, 44: 637-645.

［69］ Renner MJ, Breznak JA. Purification and properties of ArfI, anα-L-arabinofuranosidase from *Cytophaga xyl-anolytica* ［J］. Applied and Environmental Micyobiology, 1998, 64 (1): 43-52.

［70］ 王者, 关荣发, 刘振峰, 等. 溶菌酶脂质体对冷藏金鲳鱼保鲜效果的影响 ［J］. 食品科学, 2018, （11）: 227-232.

［71］ 王当丰, 李婷婷, 国竟文, 等. 茶多酚-溶菌酶复合保鲜剂对白鲢鱼丸保鲜效果 ［J］. 食品科学, 2017, （7）: 224-229.

第十章

酶工程技术在果蔬产品加工中的应用

水果和蔬菜是人类的重要食品，它们为人类提供所需的营养成分，在人类生活中的重要地位。全世界每年果蔬产量约为 14 亿吨（水果：42%；蔬菜：58%），其中生鲜果蔬主要用于鲜食，但也有很大一部分用来加工成各类果蔬制品，如果汁、葡萄酒、果酱及果汁发酵饮料等。近 20 年来，中国果蔬加工业得到飞速发展，取得巨大成就。我国是果蔬生产大国，据统计，2009 年我国蔬菜、水果生产仅次于粮食作物，居种植业的第二和第三位；2014 年，我国果品产量占世界总产量近 1/4，我国蔬菜种植面积达到两千多万公顷，年产量超过 7 亿吨，人均占有量达 500 多千克，居世界第一位。其产量与产值均超过粮食，成为我国第一大农产品。在产品方面，我国的果蔬汁、果蔬罐头、脱水和速冻果蔬制品及洁净预切果蔬在国际市场上已形成非常明显的比较优势，我国已成为世界上最大的果蔬产品加工国。浓缩苹果汁（浆）出口量占世界贸易量的 50% 以上，脱水蔬菜占世界贸易量的 65%；橘子罐头达到国际贸易量的 80%，笋罐头占世界贸易量的 70%。果蔬产业已经成为我国促进区域特色农业发展，增加农业效益，提高农民收入，拉动食品产业发展，在国际市场具有明显优势和巨大发展潜力的重要行业。

尽管我国在果蔬加工业已取得了显著成绩，但装备靠引进、技术靠仿效、市场靠国外、规模靠资源、效益靠代价、竞争靠降价的局面没有得到根本上的解决。在先进装备、技术及市场等方面还受制于发达国家；在果蔬采后方面损失仍然较大，总体依然高达20%；加工利用率还很低，例如，苹果的加工率只有 15%，而国际上平均为 25%，德国甚至达到 75%。我国还不能被称为果蔬加工强国。未来 5～10 年是我国果蔬加工业发展的关键时期，既有极大的机遇，也面临着挑战，果蔬加工业的技术创新能力及全程质量与安全管理水乎能否跃上一个新的台阶，将直接关系到我国果蔬加工业在世界果蔬加工业中的"实力"地位，而不仅仅是"中国制造"；更直接关系到我国"三农"问题的解决程度。

目前，酶在果蔬加工中的应用已被广泛接受和研究，但是进一步改良以及新的应用仍有很多机遇。其中最有成效的例子就是酶在果蔬汁加工中的应用。将水果和蔬菜转化为各种食品，如果汁、果酱、果冻、泡菜和水果棒，不仅可以延长其作为食品的使用寿命，还可以为发展中国家的贫困农民创造经济机会[1]。随着对酶结构和动力学特征认识的提高，新来源的酶的开发以及酶的生产过程的改良将整体上降低果蔬加工用酶的成本，并为将来的果蔬加工的工业化奠定基础。

第一节
酶工程技术在果蔬汁加工中的应用

酶制剂是从生物中提取的具有酶特性的一类物质，在食品加工过程中主要作为各种化学反应的催化剂。加入酶制剂可以改进最终产品的稳定性，解决果蔬汁在加工过程中的出汁率低、易褐变、难澄清、风味物质易流失和苦味物质不易去除等问题，同时提高产品质量。在果蔬汁加工中，水解酶和氧化还原酶是应用最广泛地用于提高产品感官特性与增加产量的酶类，主要包括果胶酶、纤维素酶、半纤维素酶、淀粉酶、漆酶、葡萄糖氧化酶、单宁酶、柚苷酶[2]、风味酶等。

一、 果胶酶

在当前的生物技术时代，果胶酶作为一种环保型生物催化剂受到全世界的关注，其占全球食品和饮料酶市场25%的份额[3]。果胶酶市场正在加速增长[4]，因为它在几个工业领域的生物技术应用，如葡萄酒和果汁的提取与澄清，水果浸渍，果汁黏度降低，植物油提取，咖啡和茶发酵，纤维作物脱胶和废水处理[5]。果胶是一种高分子的多糖化合物[6-9]，用于植物纤维素网络的坚固性和结构，在高等植物的中间薄片和细胞壁中呈现最高浓度[10]。它作为细胞结构的一部分广泛存在于植物及微生物细胞中，对果蔬加工过程中压榨和澄清等有不利影响。果胶酶是一种能够分解果胶物质的一组酶的总称，作为世界四大酶制剂之一，果胶酶已被广泛应用于果蔬汁加工、酿酒以及天然产物的提取等食品行业[11]。真菌用于商业规模生产果胶酶的主要原理是其一般认为安全（GRAS）状态及其代谢物无毒性[12-14]。还有许多其他种类的曲霉菌用于酸性果胶酶的生物合成[15]。果胶酶是一类复杂的酶，有原果胶酶、果胶酯酶、聚半乳糖酸醛酶、果胶裂解酶、果酸裂解酶等几种。

通常可根据以下标准对果胶酶进行分类：①果胶、果胶酸、原果胶是否为其优先底物；②底物是被反式消去作用还是水解；③切割方式是随意的（内切酶）还是发生在末端方向的（外切酶）。一般可将果胶酶分为以下三大类，它们具有较高的束缚水的效应和胶体稳定性[16]。作用方式如图10-1所示[5]。

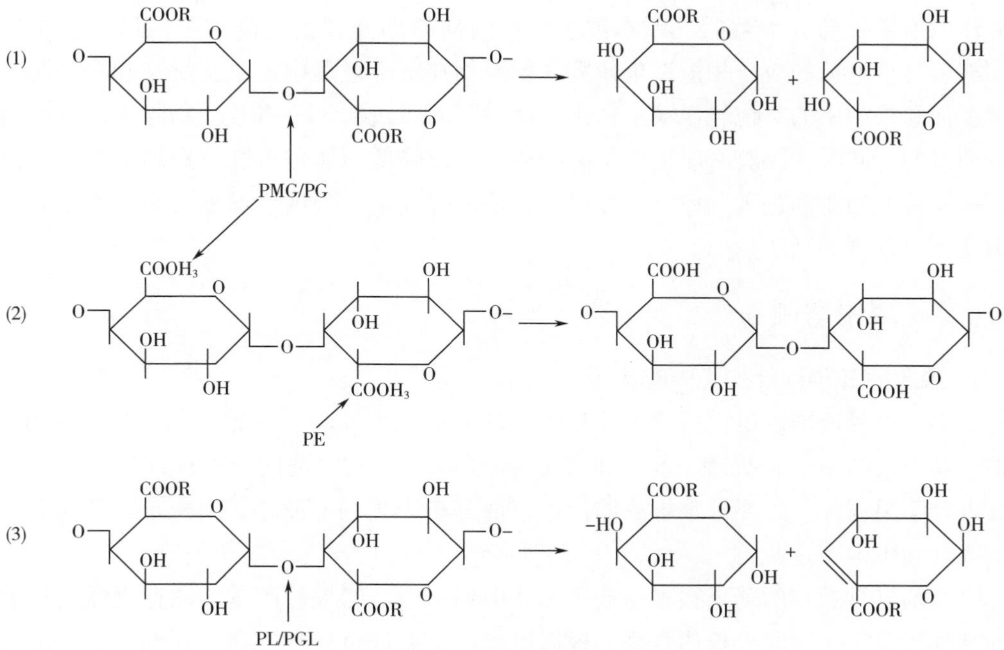

图10-1　果胶酶作用示意图
（1）聚半乳糖醛酸酶　（2）果胶酯酶　（3）裂解酶

（1）果胶酯酶（Pectinesterase，PE）　随机切割果胶聚半乳糖醛酸主链上 6-羧基的甲氧基，产生甲醇、果胶酸和重新形成的羧基电离出的质子。果胶酯酶能够提高桃汁、李子汁、梨汁的出汁率、果汁糖分和总固形物含量[17]。

（2）解聚酶（Depolymerizingenzymes）　水解酶专一水解底物的糖苷键，可分为：①聚甲基半乳糖醛酸酶（Polymethylgalacturonase，PMG）：可分为内切酶（endo-PMG）与外切酶（exo-PMG）。②聚半乳糖醛酸酶（Polygalacturonase，PG）：也可分为内切酶（endo-PG）与外切酶（exo-PG）。

另一类解聚酶则通过反式消去作用切割底物的 α-1，4-糖苷键，降解产物带有还原基团和双键，双键位于产物非还原末端 C4、C5 之间，并在 235nm 处产生最大紫外吸收。此类酶成为裂解酶，可分为①聚甲基半乳糖醛酸裂解酶（Polymethylgalacturonatelyase，PMGL），俗称果胶裂解酶（PNL），可分为内切酶（endo-PMGL）与外切酶（exo-PMGL）；②聚半乳糖醛酸裂解酶（Polygalacturonatelyase，PGL），又称果胶酸裂解酶（PL），也可分为内切酶（endo-PGL）与外切酶（exo-PGL）。

（3）原果胶酶（Protopectinase，PPase）　原果胶酶是一种可以催化原果胶水解的胞外酶类，可将原果胶分解为水溶性的高聚合度果胶。根据其作用方式可分为：①A-型原果胶酶（A-PPase），作用于原果胶内部区域的聚半乳糖醛酸部位；②B-型原果胶酶（B-PPaes），作用于与聚半乳糖醛酸和细胞壁组分（如纤维素等）相连的多糖。

（一）作用机制

果胶酶澄清果蔬汁和果酒作用包括果胶的酶促水解和非酶的静电絮凝两部分，在果胶酶作用下果胶部分水解后，原本被包裹在内部的部分带正电荷的蛋白质颗粒暴露出来，随后与带电荷的粒子相撞发生絮凝。絮凝物在沉降过程中，果胶酶又起到吸附、缠绕果蔬汁和果酒中的其他悬浮粒子作用，通过离心、过滤，可将絮凝物除去，从而达到澄清的目的。同时，果胶酶应用于果酒酿造中可以降低酒体黏稠度、提高出汁率和澄清度、提高香气物质和色素，单宁的浸出率，从而提高呈色强度、增加酒香、增强酒体的丰满度，改善酒的品质。

（二）应用举例

1. 果胶酶在苹果汁加工中的应用

苹果是世界范围内生产透明果汁和浓缩汁的第二大原料。每年大约收集 54×10^6 t 的苹果，其中大约 10% 被处理以生产非常透明的苹果汁，2% 被用于生产浑浊苹果汁、苹果酒以及苹果酱汁。主要的苹果浓缩汁生产商分布于美国、波兰、阿根廷、意大利、智利、德国和中国[18]。

收获期进行处理的苹果很容易被压榨并得到相当高的果汁产量。储存于低温和被控制的空气环境中，时间可长达数月，根据市场需求而进行处理。在储存期，不可溶的原生果胶被内生苹果果胶酶（原生果胶酶的种类）缓慢地转化为可溶的果胶；淀粉被内生苹果淀粉酶缓慢的转化为葡萄糖，并同时消耗于收获后的代谢中。每千克过熟苹果中可溶果胶的含量可从 0.5g 增加到 5.0g。苹果变得难于压榨，除非用果胶酶进行浸软。

在传统的处理过程中，在两个不同的阶段使用酶，如图 10-2 所示。对苹果使用商业化果胶酶是必需的，因为内切酶的活性非常低以至于很难引起迅速的、显著的变化。由于苹果果胶高度甲基化，因此商业酶制剂必须包含高浓度的果胶裂解酶或果胶甲酯化酶，同时还要包含多聚半乳糖醛酸酶和阿聚糖酶，以及具有侧链活性的酶，如鼠李糖半乳糖醛酸聚糖酶和木糖半乳糖醛酸聚糖酶。一些用于苹果果肉浸软工艺的商业化果胶酶制剂，可以在整个季节中进行使用以获得好的压榨特性和高的产量。商业化的产品中差不多都包括了下述酶的活性，其区别在于所包含的从非转基因生物和转基因生物中获得的酶的比例。用酶处理后的果肉会快速降低黏度，产生较大体积的自由果汁，并加快压榨过程。使用液压压榨和梨果状冲洗可使收率超过 90%；如果不使用酶处理，其最大收率仅能达到 75%~80%。

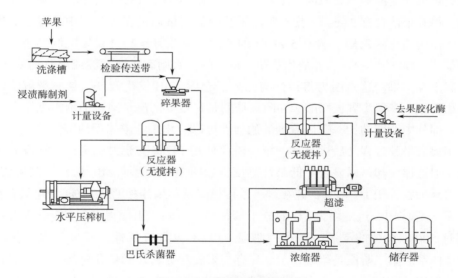

图 10-2　苹果浓缩液的生产

苹果中含有一定量的果胶，致使果汁难于澄清和过滤。采用果胶酶处理，可以取得较理想的效果。用果胶酶处理方法生产苹果汁的工艺流程一般如下[19]：

苹果→破碎→压榨→果汁→果胶酶处理→过滤→清果汁→灭菌→成品

用于苹果汁处理的酶一般均是混合果胶酶，其中含有果胶酯酶（PE）、内切聚半乳糖醛酸酶（endo-PG）、外切聚半乳糖醛酸酶（exo-PG）、内切聚半乳糖醛酸裂解酶（endo-PGL）、外切聚半乳糖醛酸裂解酶（exo-PGL）、内切聚甲基半乳糖醛酸裂解酶（endo-PMGL）、外切聚甲基半乳糖醛酸裂解酶（exo-PMGL）等。

由于苹果果胶的酯化度高达 90%，用分离纯化的单一果胶酶处理，难于达到果汁澄清的效果。在应用果胶酶处理苹果汁时，要特别注意 pH、温度、作用时间、酶等对果汁澄清速度的影响。

苹果汁的 pH 一般为 3.2~4.0，大多数果胶酶制剂的最适 pH 3.5~5.0，其中，endo-PG 和 exo-PG 的最适 pH 一般为 4.0~4.5，PE 的最适 pH 4.5~5.0，PMGL 最适 pH 5.0~5.5。因为苹果汁的 pH 一般在果胶酶酶制剂的适宜 pH 范围内或略低，所以应用果胶酶处理果汁时，一般不用调节 pH。如果 pH 相差较大，可用不同 pH 的果汁互相调整。要注意的是，在任何情况下都不宜用碱调节果汁的 pH，否则影响果汁质量。

温度对果汁的澄清有很大影响，在正常 pH 和保证酶不失活的条件下，适当提高温度，可以加快果胶酶分解果胶的速度和缩短澄清所需的时间。在 pH3.5 时，加入酶制剂的量为 0.025%，加入明胶量为 0.0005%，在 30~40℃ 范围内处理，则果汁澄清所需时间为 30~60min。在温度和 pH 恒定的情况下，果汁澄清时间与酶浓度成正比。加入 0.005% 的明胶，可使澄清时间缩短一半。将清果汁经灭菌处理，即得到原果汁产品。若经过浓缩，则得到浓缩果汁。

果胶是果汁变浑的主要原因。压榨后，1L 果汁包含有 13% 的干物质；随水果成熟度的不同，每升果汁含有 2~5g 果胶不等。果胶酶的用量通过在实验室中进行乙醇检验法来确定。使用酸化的乙醇（含 0.5%HCl 的乙醇：苹果汁＝2∶1）来沉淀剩余的、相对分子质量达 3000 的果胶。乙醇酸化是非常重要的，否则有机酸沉淀或果胶钙就会形成，并给出假阳性结果。这是因为将果汁与乙醇混合后，pH 发生改变。果胶裂解酶或果胶甲基酯化酶加上多聚半乳糖醛酸酶和阿聚糖酶是最重要的酶。阿拉伯糖占据了苹果果胶粗糙区域部分中性糖的 55%。阿聚糖酶的活性可以防止果汁浓缩后浊雾的形成。果汁澄清是在酶促去果胶过程之后进行的。第一阶段使用 PL 将沉淀去稳定，尽管没有视觉上的变化，但这样做却可以显著降低果汁黏度，如图 10-3 所示。PL 随机切割果胶分子，但仅需切断果胶分子 1%~2% 的连接键，就可以降低苹果汁黏度达 50%。PG 只有在使用 PME 之后才起作用。这是因为 PG 的分子量很高，空间位阻使得 PG 不能够水解甲基化程度超过 50%~60% 的果胶。在这一阶段，PL 不再具有活性，起果胶水解作用的是 PME/PG 体系。第二阶段是絮凝作用。只有当果胶和淀粉被酶催化降解时，苹果汁澄清所必需的沉降才能够进行。絮状沉淀是由果汁 pH 3.5~4.0 条件下，带正电的蛋白质所组成，这是因为这些蛋白质的等电点位于 pH 4.0 和 5.0 之间。这些蛋白质结合于被果胶所包围的半纤维素上，带负电的果胶是有保护作用的凝胶层。果胶酶部分地水解果胶凝胶，由此导致电荷相反的微粒发生静电凝聚（带正电的蛋白质和带负电的鞣酸及果胶）、絮状物沉降以及果汁澄清。这种机理的最优 pH 3.6。乙醇检验法可以指示果汁的去果胶化是否完全。

总之，经过酶促果肉浸软和果汁去果胶化后，苹果汁非常容易产生，其浓度可以达到 70°Bx（白利度，指 100g 糖溶液中，所含固体物质的溶解克数），而不会出现产生凝胶或浊雾的危险。也有一些生产商制造"天然"苹果汁或浑浊苹果汁，如在德国和美国，直到现在，他们仍不使用酶，因为现有的商业果胶酶会使果汁澄清发生得太快。DSM 出售没有果胶解聚酶活性的、纯化的果胶甲基酯化酶。这种酶可以用于浑浊果汁生

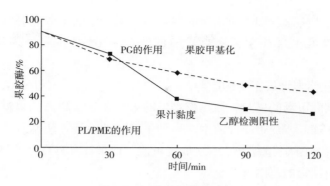

图 10-3　苹果汁去果胶化

产中的浸软阶段，以改善产率；也可以用于法国苹果酒生产，与钙一起通过富集法进行澄清。

2. 果胶酶在红色浆果汁加工中的应用

浆果类一般果胶较多，果实破碎后所得的果浆黏稠，自流汁少，榨汁困难。通过浆汁酶化法可获得更多的透明度高、颜色鲜艳的果汁。试验结果表明，经过酶处理的浆果出汁率高，出渣少，可显著提高果汁中的可溶性固形物含量，而且该法工艺设备简单，制汁效果明显优于其他方法。

由黑加仑、覆盆子或者草莓来生产透明果汁和浓缩液，需要酶促浸软和去果胶。这些果汁的澄清、过滤和浓缩都较为困难，这是因为他们有着较高的果胶含量（一般残存的低分子质量果胶含量为 7g/L，而苹果汁为 0.5g/L）。人们认为果胶粗糙区域作为可溶凝胶保存于果汁中，而半纤维素在处理和储存过程中倾向于和酚醛塑料及蛋白质结合。其结果是形成不可逆连接的棕色复合物，使得酶不再能够起作用。此外，这类水果的色泽在高温下容易发生变化，因此应选用低温果胶酶，并且该果胶酶中不能含有破坏色素的酶活成分[20]。研究显示果胶酶的最佳活性为温度 30~40℃[21]。

树莓富含维生素和矿物质，树莓果实含酸量高，具有一种独特的气味，常被用来加工制成果汁、果冻、果酱等产品。其含水量高，作为果汁加工工艺较简单，出汁率高，但由于树莓果实中含有一定量的果胶成分，对于汁液的澄清度造成一定的影响，也相应降低了出汁率。因此在加工过程中，常采用果胶酶处理，以进一步提高出汁率，增加澄清度。

果实榨汁后经 90℃ 以上短时杀菌，冷却到 40~50℃，加入酶制剂，放置一段时间，果胶混浊物分解，有利于沉淀的分离[22]。用含有不同酶活的果胶酶、花青素酶、纤维素酶的复合酶制剂对黑莓汁进行处理，能够增加出汁率和可溶性固形物含量[23]。

通过果胶酶对桑葚果汁的单因素试验研究表明，当果胶酶添加量 0.15~0.21ml/L，温度 40~60℃，pH 3.0~4.0，果胶酶对桑葚果汁起到了澄清的作用，使其透光率达到 95% 以上。人心果是一种热带浆果，其果实在经过热处理后会出现浑浊、黏稠等情况，并且会发生褐变，在储藏过程中会产生沉淀。为减少果胶和多聚糖，采用果胶酶处理果实原汁。果胶酶可水解果胶和胶质蛋白的结合体，果汁中的果胶和黏物质减少，使得果汁澄清。通过试验得出最佳工艺条件：酶的浓度为 0.1%，酶处理温度为 40℃，时间 120min。

3. 果胶酶在热带果汁加工中的应用

热带水果在欧洲市场的盛行，使热带水果的果汁及其饮料产品也流行起来。随着对热带水果汁需求的提高，热带果汁的生产得到了较大的发展。酶制剂的应用，使混浊汁浓缩至 40~50°Bx，澄清汁浓缩至 72°Bx 成为可能，使果汁具有良好的储藏性。同时，较低的运输费用，使销售的范围遍及全球。

热带水果主要制作成果浆，作为进一步加工成混浊或澄清的果汁原料加以储存。杏、梨、猕猴桃、芒果、番石榴、木瓜和香蕉做成果酱、浑浊或澄清的果汁时，通常都不使用酶。黏度是主要的问题，可以使用果胶酶加以降低。果胶酶和淀粉酶随后用于澄清果汁的生产。

西番莲是著名的热带果汁用水果。它特别适合加工成果汁、果露、果酱、果冻等风味独特、营养丰富的产品。由于西番莲果汁含有较多胶质，将其破碎成果浆出汁率低，并且果汁容易产生浑浊跟沉淀，这严重的影响其口感与品质，产品稳定性也较差。因此必须在加工过程中采取有效的处理，将胶质去除。因此采用果胶酶酶法液化技术来处理西番莲果浆，提高其出汁率。主要机理是果胶酶将胶质水解，使果肉组织软烂分解，改善了果浆的压榨性能。

降低汁液黏度，提高出汁率。选择成熟后自然落果前后 3d 的西番莲果进行加工处理，其中酶添加量分别为：α-淀粉酶 0.05%，果胶酶 0.25%，在 45℃下酶解 2.5h，离心过滤，能够显著提高西番莲的出汁率。通过单因素实验分别就果胶酶种类、酶添加量、温度、pH 和时间等因素探讨对于西番莲果汁澄清效果的影响。进行正交试验确定了西番莲果汁澄清的最佳工艺：果胶酶的添加量 0.14mg/kg、pH 5.0、温度 45℃、时间 50min，即可得到澄清透明的西番莲果汁。

二、 纤维素酶

水果和蔬菜的细胞壁多糖含有 20%~35% 的干重纤维素。纤维素是由 D-吡喃葡萄糖单元通过 B-1，4 糖苷键连接而成的线性聚合物。重复的最小单位纤维素称为纤维二糖，$(C_6H_{10}O_5)$ n 表示纤维素的化学式，其中 "n" 表示葡萄糖基团的数量，称为聚合度。与氢键结合的纤维素链构成植物细胞壁的微纤维，其含有约 36 个葡聚糖链，每条链含有平均 500~15000 个葡萄糖分子。

纤维素酶（Cellulase）由葡聚糖内切酶（EC3.2.1.4，又称 Cx 酶）、葡聚糖外切酶（EC3.2.1.91，也称 C1 酶）和 β-葡萄糖糖苷酶（EC3.2.1.21，又称 C_B 酶或纤维二糖酶）三个主要成分组成的诱导型复合酶系，是一种复合酶。

（1）葡萄糖内切酶 该酶作用于纤维素分子内的非结晶区，随机水解 β-1，4-糖甘键，截短长链纤维素分子，产生许多带有非还原性末端的小分子纤维素，但不能单独作用于结晶的纤维素。同时它也能水解小分子的纤维寡糖。

（2）葡萄糖外切酶　这类酶作用于纤维素分子的末端，依次切下纤维素分子中的纤维二糖，可作用于纤维素分子内的结晶区、无定形区和羧甲基纤维素。

（3）β-葡萄糖苷酶　也称纤维二糖酶，是一种可将纤维二糖、纤维三糖和纤维六糖等水解为葡萄糖的非专一性酶；在水解过程中低聚糖对外切酶和内切酶的产物产生抑制作用，这种酶的存在可以显著降低抑制作用，提高水解效率。

纤维素酶的来源非常广泛，昆虫、动物体、微生物（细菌、放线菌、霉菌、酵母）等都能产生纤维素酶。由于动物体和放线菌的纤维素酶产量极低，所以很少研究。细菌所产生的酶是胞内酶，或者吸附在菌壁上，很少能分泌到细胞外，提取纯化的难度大，而且产量也不高，主要是中性和碱性的葡萄糖内切酶。目前，报道较多的是真菌，其产生的纤维素酶通常是胞外酶，酶一般被分泌到培养基中，用过滤和离心等方法就可较容易地得到无细胞酶制品。丝状真菌产生的纤维素酶一般在酸性或中性偏酸性条件下水解纤维素底物，其中木霉纤维素酶产量高、酶系全，故而被广泛应用，尤其是里氏木霉、绿色木霉的研究较多[24]。

将纤维素酶应用于食品工业中时，应该切实分析纤维素酶的有关性质并掌握其特点，从而才能有效提升纤维素酶的应用效率。大多数纤维素作用于底物的最适 pH 为 4.0~6.0，pH 的稳定范围为 4.0~9.0。纤维素酶的最适温度普遍在 50~70℃，不同种类的纤维素酶也存在一定的差异，且还受到 pH 环境的影响。此外，对于离子及化学物质对纤维素活性的影响也是将其应用于食品工业之前应该重点研究的问题。据有关研究显示，染料、重金属（Ag、Cu、Mn 和 Hg）、单宁、部分卤素化合物等物质都会在一定程度上抑制纤维素酶的活性，而镁、氟化钠及半胱氨酸则能够有效激活纤维素酶的活性。

（一）作用机制

纤维素酶因可降解植物细胞壁的纤维素，常被用来提高果蔬的出汁率和可溶性固形物含量。植物细胞内的营养物质由植物细胞壁包裹，植物细胞壁主要由纤维素、半纤维素和果胶组成。纤维素酶可与半纤维素酶、果胶酶共同作用，以破坏果蔬的细胞壁，使营养物质释放出来，增加果蔬原料的利用率，从而有效地提高了果蔬的有效能值。

（二）应用举例

从柑橘类水果中提取果汁会产生大量残留物，占果实重量的 50%。（CJBs）是酚类糖苷的丰富来源。Amanda 等[25]研究了酶辅助提取和生物转化来自 CJB 的酚类化合物，结果表明采用果胶酶、纤维素酶、鞣酸酶和 β-葡糖苷酶单独使用或混合使用，有助于从 CJB 中提取酚类物质并促进其从糖残留物中水解，酚类物质的变化和抗氧化活力提高。

三、 半纤维素酶

(一) 作用机制

半纤维素酶（Hemicellulase）是一种能使构成植物细胞膜的多糖类（纤维素和果胶物质除外）水解的酶类。半纤维素酶也是木聚糖酶、甘露聚糖酶、阿拉伯聚糖酶、阿拉伯半乳糖酶和木葡聚糖酶等多组酶的总称[26]，主要作用是将植物细胞壁中的半纤维素水解为五碳糖，并可降低半纤维素溶于水后的黏性[27-28]。

(二) 应用举例

虽然大多数水果和蔬菜都富含果胶，如菠萝、西红柿和苹果含有大量的木聚糖，因为相应的半纤维素富含木聚糖。当半纤维素酶以较高浓度使用时[29]，可以观察到最显著的效果。因此，用木聚糖酶（来自短小芽孢杆菌 SV-85S）处理菠萝、西红柿和苹果可以增强相应的果汁转化率，分别为 22.20%、19.80% 和 14.30%，果汁产量分别增加 23.53%、10.78% 和 20.78%[30]。用聚半乳糖醛酸酶处理木瓜汁，其黏度降低至 17.6%，透光率升高至 59.1%[31]。从曲霉菌中提取的聚半乳糖醛酸酶澄清苹果汁，苹果汁黏度降低 38%，透光率达到 93%[32]。此外，利用蛋白酶处理樱桃汁来降低加工时的果汁浊度，在冷藏过程中加入果胶酶，达到良好的澄清效果[33]。由于不同酶的作用机制不同，因此在果蔬汁的澄清工艺中常采用几种酶协同处理以提高澄清效果，在葡萄果渣和橙子皮中提取出含木聚糖酶、外切聚半乳糖醛酸酶、羧甲基纤维素酶的混合酶，发现该混合酶能降低橙子汁浊度和黏度，提高果汁的透明度[34]。

Goldbeck 等[35]采用实验设计研究了 6 种半纤维素酶对原糖甘蔗渣和两种预处理甘蔗渣的影响。结果表明可以通过纤维素酶改善生物质糖化，再用商业纤维素酶混合物处理，将预处理的木质纤维素的糖化增加了 24%。Yang J. 和 Fattah S. 等[36-37]在空果串的水热酶解中，加入半纤维素商业酶，高固体含量下也实现了相对高的酶消化率。

澄清度是果汁加工生产中的一个重要品质指标，采用酶制剂处理果汁原料提升果汁澄清度已被行业所认可并被广泛应用。甘露聚糖作为一种重要的半纤维素成分，广泛地存在于植物的果实中。因此，利用甘露聚糖酶降解果汁中的甘露聚糖，继而提高果汁的澄清度是一条可行策略。Nadaroglu 等[38]首次对甘露聚糖酶在果汁中的应用进行探索，发现甘露聚糖酶在果汁的澄清中发挥着重要作用，其中对杏汁的作用最为明显，使得澄清度从 34% 提高到 47%。将重组甘露聚糖酶 NsMan5 分别去处理柿子汁、苹果汁、桃子汁、葡萄汁和橘子汁，结果如表 10-1 所示，重组酶除了对橘子汁外，其他果汁的澄清度，都有不同程度的提高，其中柿子汁提高的最为明显，提高了 31.8%，其他三种果汁分别提高了 7%、4% 和 4%[39]。

表 10-1　　　　　　　　　　　甘露聚酶对果汁澄清效果　　　　　　　　　单位：%

水果	对照组	酶处理组
柿子	59.64±4.60	91.45±3.17
苹果	91.71±2.46	98.65±4.18
桃子	92.72±3.62	96.38±0.31
葡萄	74.26±1.61	77.89±0.13
橘子	71.74±1.64	70.82±2.52

四、淀粉酶

淀粉酶（Amylase）是水解淀粉分子内的 α-1，4 糖苷键和 α-1，6 糖苷键得到葡萄糖、寡糖或者酶精等产物的一类酶。依据一级结构相似性，可将淀粉酶分解为糖苷水解酶家族：① α-淀粉酶 GH13；② β-淀粉酶 GH14；③葡萄糖糖化酶 GH15。

（一）作用机制

对于苹果汁和梨汁的澄清，除了果胶之外，还有另外一种重要的胶体必须控制，这就是淀粉。尤其在收获季节之初，核果可能含有大量的不溶性淀粉，在混浊果汁加热时，它们就会胶化。由于黏度的增加和一种几乎不能用过滤法除去的特殊类型的混浊出现，一些附带的问题也就随之产生。这些淀粉 95% 以上是以淀粉粒形式存在于新压榨的果汁中，用离心的方法可以机械去除。为了回收风味物质，剥下果皮之后，已经胶化了的淀粉必须用适当的淀粉葡萄糖苷酶彻底降解为葡萄糖，使之可以过滤，又能避免装瓶后出现混浊。这种酶法处理通常与脱果胶作用同时进行，并用碘试法检查。

在果汁工业中，霉菌酸性淀粉酶（Fungal Acid Amylase）和淀粉葡糖苷酶（Amyloglucosidase）被用于处理含有淀粉的水果，这种情况主要出现在收获期的未成熟水果上[40-43]。淀粉的降解是由淀粉酶的活性引起的，因此凡是影响淀粉酶活性的处理，都将影响淀粉的含量和果实的软化。在生产中，有很多关于采用几种复合酶来提高淀粉转化率的相关研究，多种研究表明，采用异淀粉酶与葡萄糖淀粉酶复合糖化，能够提高底物浓度，从而提高淀粉的转化率。

（二）应用举例

1. 淀粉酶在苹果汁加工中的应用

生产季节初始，未成熟苹果所榨取的每升果汁中含有 5~7g 淀粉。此时碘检验法产生深蓝色，并且淀粉被碘沉淀。淀粉是 2~13μm 的颗粒，由 30% 的直链淀粉和 70% 的支链淀粉组成。后者可以固定自身质量 20% 的碘。苹果含有内生淀粉酶，但是其催化过程太短而酶的活性太低，不足以降解淀粉。当果汁被加热到 75~80℃，淀粉由不可溶变为可溶形式（与水发生凝胶化作用）。如果此时不加入淀粉酶，这些分子随后会发生退化，并形成大的团聚体，从而难于水解并会堵塞过滤器。加入真菌淀粉酶和淀粉葡糖苷酶会使可溶淀粉水解为葡萄糖单体。这就防止了退化的发生和装瓶后浊雾的生成，因而澄清和滤过率都得到了改善。一些酶制剂，如 Hazyme DCL（DSM）和 AMG（Novozymes），含有从黑曲霉获得的 α-淀粉酶和淀粉葡糖苷酶。用量根据碘检验法来确定。第三阶段为澄清和板式过滤，正被微滤或超滤所取代。无机膜可以截断 20～500kDa 的分子。不可溶的颗粒或可溶的未降解分子，如 RGI、RG II、包括酶在内的蛋白质和多酚，根据过滤膜的截留范围不同，都或多或少有着一定的残留程度。最近，人们发现未降解的 RGI、RG II 和糊精会堵塞超滤膜。RapidaseUF（DSM）和 Novoferm43（Novozymes）含有鼠李糖半乳糖醛酸聚糖酶和其他侧链活性的酶，能改善超滤膜的流率。

2. 淀粉酶在浑浊型饮料加工中的应用

先使用淀粉酶和蛋白酶对银杏液进行酶解，将淀粉和蛋白质降解为较小分子质量的物质，然后再进行离心，将离心获得的上层溶液均质，获得浅黄白色的银杏浑浊饮料，具有独特的银杏风味。利用正交试验和均匀设计试验确定最佳复配稳定剂和乳化剂，得到的浑浊型银杏饮料浑浊均一，稳定性好。

3. 淀粉酶在果实软化中的应用

猴桃果实采后的软化与淀粉含量密切相关，淀粉作为内容物对细胞起着支撑作用，并维持着细胞的膨压，当淀粉被水解以后，这一内容物直接转化为可溶性糖，进而又被代谢，从而引起细胞胀力的下降，导致了果实的软化。

五、 漆酶

漆酶（Laccase，EC1.10.3.2）是一种含铜的多酚氧化酶，具有很强的氧化活性，能将多酚类物质氧化为多酚氧化物，多酚氧化物自身能够发生再聚合，形成可以被滤膜截留的大颗粒，从而达到提高食品品质，降低环境污染的目的。Cu^{2+} 是漆酶催化活性中心，根据磁学和光谱性质差异，漆酶的 Cu^{2+} 分为三类：I 型 Cu^{2+} 呈顺磁性，是单电子受体，与半胱氨酸的 S 结合形成共价键，在 600 nm 处有较强吸收峰，呈蓝色；II 型 Cu^{2+} 各一个，呈顺磁性，是单电子受体，可与两个组氨酸（His）和一个水分子配位形成松散的 T 型结构，在 600 nm 处无较强吸收峰，不显蓝色，III 型 Cu^{2+} 是双电子受体，以耦合离子对（$Cu^{2+}Cu^{2+}$）的形式存在，与 3 个组氨酸（His）和一个氢氧桥配位形成四面扭曲的四方立体结构。典型的漆酶中三种类型的 Cu^{2+} 都存在，漆酶呈蓝色，常被称为"蓝色漆酶"。随着研究的深入，发现部分漆酶中缺少 I 型 Cu^{2+}，这类漆酶呈白色，被称为"白色漆酶"，有些漆酶中 Cu^{2+} 在 600nm 处无显著吸收峰，而在 300nm 处有显著吸收峰，呈黄色，被称为"黄色漆酶"。蓝色漆酶需要有小分子介体物质协助参与催化氧化非酚型化合物，而黄色漆酶则能够在无外源介体的情况下催化氧化非酚型化合物。实际应用于生产的漆酶主要来源于细菌、真菌，大多数真菌分泌漆酶。漆酶也可存活于空气中，发生反应后唯一的产物就是水。

　　在果蔬加工中，漆酶常被用于果汁类饮料的澄清和色泽控制。如苹果汁用固定化漆酶处理并过滤后，能除去其中的儿茶素、绿原酸、根皮苷等酚类物质，使果汁长期贮存，保持澄清。固定化漆酶处理鲜葡萄汁和葡萄酒也有同样效果。

　　漆酶的最适反应温度和 pH 具有很强的底物依赖性，不同来源的漆酶有不同的最适温度，最适反应温度普遍偏高，50~80℃ 较为常见。pH 对漆酶活力有一定影响。酸性 pH 催化效率较高，多数真菌漆酶的最适反应 pH 在 4.0~6.0，且不同来源的漆酶最适 pH 范围不同。由于漆酶可破坏水果的颜色、香气和香味，催化破坏果蔬食物中存在的维生素 C，尤其当组织受到破坏又与空气接触或加热时（如榨取过程），酶的活性更高。因此，加工时应缩短反应时间，降低温度等[44]。

（一）作用机制

　　漆酶具有很好的底物专一性。据统计，漆酶能催化氧化 6 大类 250 余种底物，包括酚及其衍生物、芳胺及其衍生物、羧酸及其衍生物、金属化合物和其他非酚类底物等。根据对漆酶光谱学、动力学和晶体衍射的研究，推测漆酶催化不同类型底物氧化反应的机理可能表现在两个方面。一方面是底物自由基中间体生产。在这一过程中，漆酶 T1 活性位点的 Cu^{2+} 从还原态的底物吸收电子，底物被氧化形成自由基，进而导致各式各样的非酶促次级反应，如羟化、歧化和聚合等；另一方面，漆酶催化底物氧化和对 O_2 的还原是通过 4 个 Cu^{2+} 协同传递电子和价态变化来实现的，T1 活性位点的 Cu^{2+} 吸收的电子传递到 T2/T3Cu 三核中心位点，O_2 在那里被还原成水。O_2 被还原到水是经过了两步双电子反应，第一步形成超氧化物过渡体，第二步再生成水。

（二）应用实例

　　在果蔬加工中，漆酶常被用于果汁类饮料的澄清和色泽控制。如苹果汁用固定化漆酶处理并过滤后，能除去其中的儿茶素、绿原酸、根皮苷等酚类物质，使果汁长期贮存，保持澄清。固定化的漆酶可以选择性除去橘子汁、石榴汁、杏仁汁、桃汁、樱桃汁和苹果汁中多酚物质，且去除率较高，而对人体有益的黄酮物质得以保存，去除乙烯基愈创木酚的果汁具有更好口感。采用热降压、酸、碱协同处理后的椰皮纤维素为载体，以乙醛酰或戊二醛为支持物固定漆酶用于苹果汁澄清，结果表明漆酶可以脱去果汁的颜色，降低浑浊度，重复利用多次后，漆酶还保留全部初始活性，实现了利用廉价支持物固定漆酶用于果汁澄清。固定化漆酶处理鲜葡萄汁和葡萄酒也有同样效果。

　　采用热降压、酸、碱协同处理后的椰皮纤维素为载体，以乙醛酰或戊二醛为支持物固定漆酶用于苹果汁澄清，结果表明漆酶可以脱去果汁（61±1）% 的颜色，降低（29±1）% 的浑浊度，重复利用 10 次后，漆酶还保留全部初始活性，实现了利用廉价支持物固定漆酶用于果汁澄清。

　　Lettera 等[45]利用漆酶选择性降解了橘子、石榴、杏仁、桃子、樱桃和苹果汁中的多酚物质，去除率在45%以上，而对人体有益的黄酮物质得以保存，果汁具有更好口感。

通过SPASS软件采用Box-Behnken试验设计法对漆酶的酶解工艺进行了优化。研究结果表明：酶添加量对总酚的影响最为显著，酶解时间次之，酶解温度对其没有显著影响，并且酶添加量和酶解温度存在交互作用。得到最佳酶解工艺条件：漆酶添加量1.5%，酶解时间40min和酶解温度45℃苹果汁浓缩效果最佳。

六、 葡萄糖氧化酶

葡萄糖氧化酶（Glucose Oxidase，EC1.1.3.4，GOD），系统名称为β-D-葡萄糖氧化还原酶（EC1.1.3.4）。GOD能专一地氧化β-D-葡萄糖，生成过氧化氢和葡萄糖酸。它是一种天然的食品添加剂，对人体无毒、无副作用。目前工业化生产GOD的菌株主要有黑曲霉和青霉。黑曲霉产酶水平较高，青霉则具有产酶反应速度快的特点。除了黑曲霉和青霉外，拟青霉属（*Paecilomyces*）、胶霉属（*Glioctadium*）及帚霉属（*Scopulariopsis*）等也具有产GOD的能力。工业化生产GOD的主要菌种如表10-2所示。葡萄糖氧化酶广泛应用于食品、医药、饲料等行业中，起到了去除葡萄糖、脱氧、杀菌等作用。

表10-2　　　　　　　　　　　　工业化生产 GOD 的主要菌种

菌属	具体菌种
青霉	点青霉（*Penicillium notatum*）、生机青霉（*Penicillium uital*）、产黄青霉（*Penicillium chrysogenum*）、灰绿青霉（*Penicillium glaucum*）、尼崎青霉（*Penicillium amagasakiense*）、紫色青霉（*Penicillium puopuragenum*）
曲霉	米曲霉（*Aspergillus oryzae*）、黑曲霉（*Aspergillus niger*）、土曲霉（*Aspergillus terreus*）
其他菌属	镰刀霉属（*Fusarium*）、柠檬酸霉属（*Citromyces*）

葡萄糖氧化酶稳定的pH范围为3.5~6.5，最适pH 5.0，如果在没有葡萄糖等保护剂的作用剂的存在下，pH>8.0或<3.0，葡萄糖氧化酶会迅速失活。葡萄糖氧化酶的作用温度一般为30~60℃。在水果贮存中，酶能够脱除氧气，水果的非酶褐变得到抑制，水果的品质及储存期都得到改善。

（一）作用机制

GOD能消耗分子氧或原子氧氧化葡萄糖，保护食品中的易氧化成分。按反应条件GOD催化反应有3种形式：（1）没有过氧化氢酶存在时，每氧化1mol葡萄糖消耗1mol氧：$C_6H_{12}O_6+O_2\rightarrow C_6H_{12}O_7+H_2O_2$；$\beta$-$D$-葡萄糖+$O_2\rightarrow\beta$-$D$-葡萄糖内酯+$H_2O_2$；（2）有过氧化氢酶存在时，每氧化1mol葡萄糖消耗1/2mol氧：$C_6H_{12}O_6+1/2O_2\rightarrow C_6H_{12}O_7+H_2O_2$；（3）有乙醇及过氧化氢酶存在时，过氧化氢酶可用于乙醇的氧化，每氧化1mol葡萄糖消耗1mol氧：$C_6H_{12}O_6+C_2H_5OH+O_2\rightarrow C_6H_{12}O_7+CH_3CHO+H_2O_2$。GOD应用于果蔬汁的

加工中，可以消耗果蔬汁的葡萄糖和溶解氧并产生 H_2O_2，得以有效抑制果蔬汁褐变、保护还原性物质和阻止好氧菌生长繁殖。而产生的 H_2O_2，则会起到杀菌作用，使得货架期延长。

（二）应用举例

葡萄糖氧化酶稳定的 pH 范围为 3.5~6.5，最适 pH 5.0，如果在没有葡萄糖等保护剂的存在下，pH>8.0 或<3.0，葡萄糖氧化酶会迅速失活。葡萄糖氧化酶的作用温度一般为 30~60℃。在水果贮存中，酶能够脱除氧气，水果的非酶褐变得到抑制，水果的品质及储存期都得到改善。

瓶装果汁贮藏时，因光线照射而生成过氧化物，促进氧化，使色泽和风味变坏，若用葡萄糖氧化酶、过氧化氢酶去氧，可保持食品原有色、香、味。用葡萄糖氧化酶还可防止水果冷冻保藏时的发酵变质而达到保鲜效果。树莓果实经 0.1%壳聚糖+0.1%葡萄糖氧化酶+0.1%葡萄糖涂膜液复合保鲜剂处理后的综合保鲜效果最佳，贮藏 12d 后，果实失重率为 10.57%，腐烂率为 13.26%，可溶性固形物含量为 10.8%，可滴定酸含量和硬度的保持情况、褐变受抑制的情况均优于其他处理组，且对照组与其具有显著差异（$P<0.05$）。

由于果汁及蔬菜中含有大量的维生素 C 容易被溶解在汁液中的氧所氧化而被破坏，添加适量的葡萄糖氧化酶与葡萄糖，可有效地保护维生素 C 不被氧化，葡萄糖氧化酶可以提高整体感官评分，增强质地特性，抑制微生物生长[46]。葡萄糖氧化酶对苹果汁保鲜效果的影响，发现葡萄糖氧化酶主要作用是可去除果汁中的氧气，防止产品氧化变质，抑制褐变，延长果汁的贮藏期，葡萄糖氧化酶具有专一性，不会与果汁中的其他物质产生反应，在果汁中加入 20mg/kg 的葡萄糖氧化酶，维生素 C 残存比对照组不加酶残存提高两倍多。葡萄糖氧化酶也可与过氧化氢酶结合，去除氧气来稳定食品的色泽与香味。把葡萄糖氧化酶在壳聚糖涂膜液形成保护膜后，能更有效去除果实表面的氧，从而减少或避免树莓中花色苷类化合物的氧化，减少其色泽的破坏。还可以减缓或抑制果实的有氧呼吸，减少果实内有机物的消耗，降低果实的失重。葡萄糖氧化酶产生的过氧化氢与壳聚糖共同作用，能更有效地抑制微生物生长，减缓树莓果实的腐烂速度。0.1%葡萄糖氧化酶+0.1%葡萄糖+0.1%壳聚糖涂膜液复合保鲜剂处理后的树莓果实，在贮藏 12d 后，保鲜效果最佳。抗坏血酸提高了苹果汁中葡萄糖氧化酶-过氧化氢酶系统的活性，因此可能会产生协同效应。

许培振等[47]以刺梨果汁为原料，研究葡萄糖氧化酶对刺梨果汁在加工贮藏过程中主要褐变因素的影响，为抑制刺梨果汁褐变，探索合适的工艺条件。采用 Box-Behnken 响应面试验设计优化葡萄糖氧化酶抑制刺梨果汁褐变最佳工艺条件为酶添加量 28U/L、作用时间 38min、作用温度 37℃，此条件下得到刺梨果汁褐变指数为 0.122±0.001，葡萄糖氧化酶能显著消耗刺梨果汁中溶解氧（7d 后溶解氧含量为 0.523mg/L），远低于对照组（5.991mg/L，$P<0.05$），抑制刺梨果汁氧化反应。此外，葡萄糖氧化酶处理可有效

保存维生素 C 和氨基态氮含量，减缓褐变中间产物 5-羟甲基糠醛的产生，降低褐变指数的增长速率（$P<0.01$），有效抑制刺梨果汁褐变的发生。

七、 单宁酶

单宁酶（Tannase，EC3.1.1.20）全称单宁酰基水解酶（Tannin Acyl Hydrolase），是一种能够水解没食子酸单宁中的酯键和缩酚羧键并生成没食子酸和葡萄糖的水解酶。单宁酶广泛存在于动物、产单宁植物及微生物中，在饮料、精细化工、皮革、化妆品、饲料领域有着广泛的应用。随着其应用范围逐渐扩大，自然界中产单宁酶菌株的筛选越发深入，基因工程技术也被用于构建单宁酶高产菌株。单宁酶也是一种诱导酶，微生物在单宁酸存在的情况下会诱导产生单宁酶。因此，单宁酶的生产过程中通常以单宁酸为诱导物，依靠液体发酵法或固体发酵法进行生产。产单宁酶的菌株如表 10-3 所示。单宁酶在果汁生产过程中还可用作澄清剂、防止饮料中酚类导致的变质、咖啡味饮料和麦芽多酚的稳定处理剂以及作为测定天然没食子酸酯类结构的一种灵敏的分析探针。除此之外，还可除去天然食品中因单宁而引起的苦涩味，例如在柿子食品加工中应用单宁酶除去柿子中的涩味。

表 10-3　　　　　　　　　　　　　产单宁酶菌株

微生物种类	具体菌株
细菌	枯草芽孢杆菌（*Bacillus subtilis*）、蜡样芽孢杆菌（*Bacillus cereus*）、肠杆菌属（*Enterobacter* sp.）、粪肠球菌（*Enterococcus faecalis*）、植物乳杆菌（*Lactobacillus plantarum*）、反刍月形单胞菌（*Selenomonas ruminantium*）
酵母菌	食腺嘌呤芽生葡萄孢酵母（*Arxula adeninivorans*）、假丝酵母（*Candida* sp.）、毕赤酵母（*Pichia pastoris*）
真菌	黑曲霉（*Aspergillus niger*）、米曲霉（*Aspergillus oryzae*）、黄曲霉（*Aspergillus flavus*）、棘孢曲霉（*Aspergillus aculeatus*）、泡盛曲霉（*Aspergillus awamori*）、栗疫病菌（*Cryphonectria parasitica*）、宛氏拟青霉（*Paecilomyces Variotii*）、产黄青霉（*Penicillium chrysogenum*）、变幻青霉（*Penicillium variable*）、米根霉（*Rhizopus oryzae*）、绿色木霉（*Trichoderma viride*）、毛霉（*Mucor* sp.）

（一）作用机制

单宁酶高效水解单宁的原理，可用于高单宁含量果汁的脱涩加工。单宁酶还可用于茶汤的澄清，单宁酶可以水解酯键和缩酚羧键，促进茶乳酪转溶。同时水解产生的没食子酸还可以进一步与茶汤中咖啡碱作用，从而在一定程度上缓解茶汤茶后浑问题，使茶汤澄清。

（二）应用实例

罗昱等[48-49]以刺梨果汁为原料，研究单宁酶对刺梨果汁中单宁的脱除效果，结果为单宁酶添加量 0.12%、pH4.5、脱除温度 45℃、脱除时间 100min，在此条件下单宁脱除率达到 76.07%，均高于明胶法和羧甲基壳聚糖法的脱除率，且单宁酶对刺梨果汁中的营养物质影响不大，但对刺梨果汁混浊度无明显影响。Amitabh 等[50-51]将单宁酶应用在橙汁、石榴汁和印度油柑汁的脱涩中，在橙汁中单宁含量降低 93.27%，石榴汁单宁含量降低 89.36%，印度油柑汁的单宁减少单宁含量降低 75.49%。

我国是柿树第一种植大国，其柿子产量占世界总量的 91%，接近 200 万 t。然而由于柿子中含有大量的单宁和果胶物质，造成市场上柿子的加工产品十分单调，采用单宁酶来对柿子中的单宁进行降解，是目前解决柿子单宁含量过高的最有效方法，单宁酶可有效降解葡萄果渣中的单宁，显著提高其总酚含量和抗氧化性，利用单宁酶脱除刺梨果汁中的单宁，总单宁脱除率达到 76.07%。在开展重组单宁酶 AftanA 对柿子汁的抗氧化性影响研究中发现，经重组单宁酶 AftanA 水解作用的柿子汁自由基清除能力均强于原柿子汁，其中，1，1-二苯基-2-三硝基苯肼（DPPH）清除率改变最为明显，由原来的 50%左右提高至 67%（图 10-4）；而 2，2′-联氮-双-3-乙基苯并噻唑啉-6-磺酸（ABTS）清除率也提升了 12.70%，其清除率为 45%（图 10-4）。·OH 清除率也有大约 3.40%的增加，其值为 33%左右图 10-4，由此可见柿子汁中添加重组单宁酶 AftanA 能够将其中的大分子单宁降解为小分子的单宁酸，从而显著增强柿子汁的抗氧化能力。

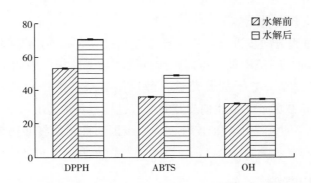

图 10-4　柿汁水解前后对 DPPH、ABTS 自由基和·OH 清除效果

八、柚苷酶

柚苷酶（Naringinase）是一种可以将柚皮苷分解生成具有重要应用价值的普鲁宁和柚皮素的水解酶。根据柚苷酶的研究发现，它是由 α-L-鼠李糖苷酶（E.C.3.2.1.40）和 β-D-葡萄糖苷酶（E.C.3.2.1.21）构成的混合酶，同时具有这两种酶的双重酶活

力，能够针对性的作用于许多天然糖苷类物质，如芦丁、柚皮苷、橙皮苷、槲皮苷等。许多研究表明，酶法脱除苦味具有操作简单、条件温和、脱苦效率高、便于操作等优点，进而广泛应用于生产。

目前，研究发现很多微生物也可以发酵生产柚苷酶，如细菌、真菌、酵母菌等，柚苷酶可由黑曲霉、米曲霉、青霉、根霉等霉菌产生[52-53]。鼠李糖和各种鼠李糖苷均可诱导该酶的产生。葡萄糖对柚苷酶的活性有抑制作用。细菌来源的柚苷酶最适温度 37~70℃，最适 pH 4.5~8.0；真菌来源的柚苷酶最适温度 30~75℃，最适 pH 4.0~11.0。

目前已经有关于能够同时产两种不同 α-L-鼠李糖苷酶的菌株的报道，其中有来自三个不同菌株的 α-L-鼠李糖苷酶基因被克隆及表达。Aspergillus aculeatus 可产生两个 α-L-鼠李糖苷酶：RhaA 和 RhaB，同时都具备水解与 β-D 糖苷配基以 α-1，2-和 α-1，6-结合的鼠李糖苷键的能力；对来自于 Bacillus sp. strain GL1 的两个 α-L-鼠李糖苷酶的基因 rhaA 和 rhaB 进行了研究。嗜热细菌 Thermophilic bacterlium 拥有两个不同的鼠李糖苷酶 RhmA 和 RhmB，其基因已被克隆且在 Escherichia coli 中得到了表达。研究的黑曲霉 WZ001 所产的 α-L-鼠李糖苷酶，作用于柚皮苷上的 1，2-鼠李糖苷键。

（一）作用机制

柚苷酶体系由 α-L-鼠李糖苷酶和 β-D-葡萄糖苷酶组成，α-L-鼠李糖苷酶可将柑橘类果汁中的黄烷酮糖苷类化合物的柚皮苷水解成普鲁宁和鼠李糖，普鲁宁的苦味约为柚皮苷的 1/3，因此苦味有所减轻；普鲁宁可在 β-D-葡萄糖苷酶的作用下生成无苦味的柚皮素和葡萄糖[54]。柚皮苷的溶解度随含糖量的增加而升高，随 pH 的升高而降低，未成熟柑橘果实中的柚皮苷含量最多。

柚皮苷的酶解过程分两步进行：柚皮苷首先经过 α-L-鼠李糖苷酶的酶解反应过程脱掉结构末端一分子的 L-鼠李糖，可以得到中间产物普鲁宁；中间产物进而可以被 β-D-葡萄糖苷酶分解去除一分子的葡萄糖，最后能够获得终产物柚皮素如图 10-5 所示[55]。等通过 HPLC 法验证了上述柚皮苷的酶解过程，并且提出当整个酶解反应体系中只有 β-D-葡萄糖苷酶时无法水解柚皮苷，进一步证实柚苷酶将底物柚皮苷降解的整个流程是分步进行的。

（二）应用举例

柑橘果实制品，如柑橘汁、柑橘罐头、橘子酱等往往有苦味，原因是柑橘中含有柚皮苷。它是一种苦味物质，可在柚苷酶的作用下，水解生成鼠李糖和无苦味的普鲁宁[柚（苷）配基-7-O-葡萄糖苷]。普鲁宁还可在 β-葡萄糖苷酶作用下，进一步水解生成葡萄糖和柚配基。

在柑橘汁生产过程中，于果汁中加入一定量的柚苷酶，在 30~40℃下处理 1~2h，即可脱除苦味。利用黑曲霉 ZG86 经固态发酵得到的柚苷酶，柚苷酶加酶量 16U/100mg/kg 柚皮苷对柑橘果汁进行脱苦，苦味脱除率达 90%。用于柑橘罐头生产时，宜选用耐热

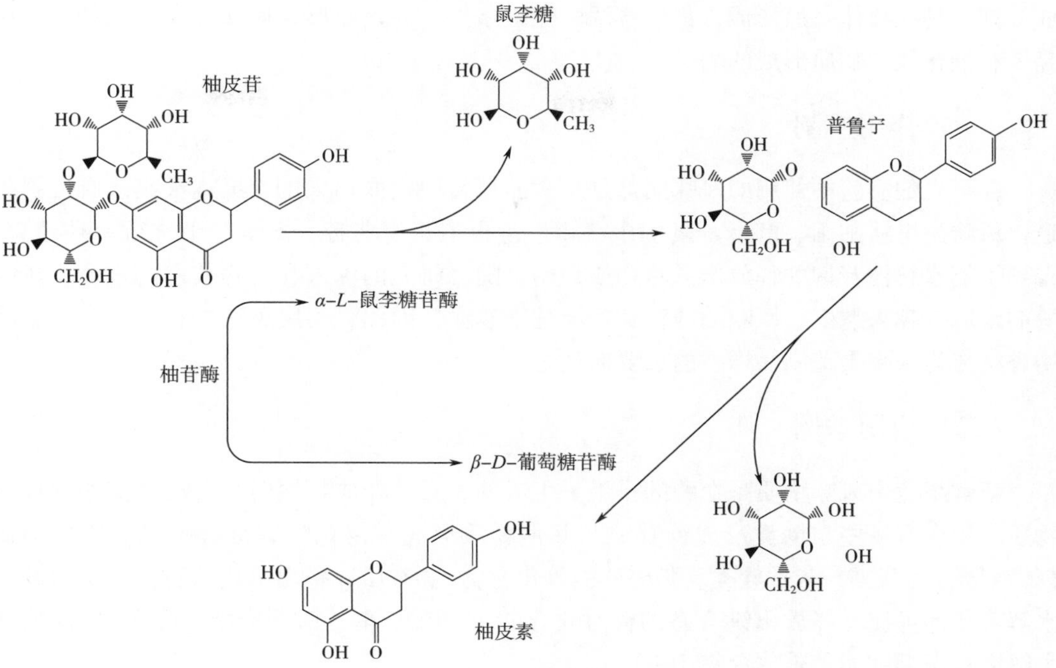

图 10-5　柚苷酶分解柚皮苷的过程

性强的柚苷酶。将柑橘与含有柚苷酶液的糖水一起装罐，密封后，在 60~65℃ 巴氏杀菌期间和杀菌后的一段时间内，通过酶的作用而除去苦味。

孙明元等[56]以鲜柠檬汁为对象，研究不同条件下柚皮苷酶对柠檬汁脱苦效果。通过单因素实验确定了酶用量不小于 0.2 g/L，果汁 pH3.0~5.0，果汁温度 50~70℃，酶作用时间不少于 40min，其脱苦率可在 88% 以上。

利用黑曲霉 ZG86 经固态发酵得到的柚苷酶，柚苷酶加酶量 16U/100mg/kg 柚皮苷对柑橘果汁进行脱苦，苦味脱除率达 90%。朱运平等[53]使用 8U/mL 的柚皮苷酶处理柑橘汁，柚皮苷的浓度降低到苦味阈值以下，有效去除了苦味。张素芳等[57]以柚苷酶处理琯溪蜜柚果汁，结果显示蜜柚果汁柚苷酶能够增强果汁的 ·OH 自由基清除能力和 Fe^{3+} 还原能力。

九、　风味酶

风味酶一词最早在 1965 年被提出，风味不管是通过正常的新陈代谢积累起来，或是通过破坏组织细胞而产生，都会在加工过程中损失，与此同时，产生风味的酶也会失活。但是产生风味物质的前体不一定会消失，如果将那些催化产生风味的酶添加到加工食品中，就有可能恢复食品原来的风味。风味酶实质上是在底物存在的基础上，催化底物形成某种风味物质的酶系。食品风味的形成是一个生化过程，不管是在生物体系内形成，抑或是在离体之后形成，都包含两个先决条件：一是要形成风味物质的底物；其次是要有催化风味物质形成的酶。

（一）作用机制

在早先的实验中使用的风味酶都是从食品原料中提取出来的，成本很高。有资料报道：风味酶可从细菌、酵母、真菌中获得。已报道从黑曲霉、木霉等中进行菌种选育，得到了能水解糖苷键并释放出风味物质的酶。随着研究的深入和生物技术的进步，风味酶的来源会越来越广，风味酶的种类也会越来越多。因此，利用风味增香酶使果蔬制品增香将成为未来果蔬制品增香的重要途径之一。

（二）应用举例

新鲜果蔬中风味物质是在酶的作用下生成的。果蔬在成熟期时，含有游离态的风味物质，也含有一些与糖类形成糖苷或与其他物质形成一定化学键键合的风味物质前体（如键合态的萜类、芳香族类、脂肪族类等化合物）。有研究指出，用从杏仁中提取的酶水解菠萝汁可使其释放出键合态的芳香化合物（如酚、醛、酸、内酯、醇等），而磷酸水解键合态键则无芳香化合物产生。

当果蔬加工过程中，尤其是热处理时，游离态的香味物质部分损失，风味酶失活，但风味物质前体不易挥发和破坏。添加适当的风味酶能够促进果蔬中原有的风味前体酶解产生香味物质，从而恢复其特有的香味，有时甚至好于原有香味。它使键合态的风味物质的前体发生水解或其他生物化学反应，从而释放风味物质，可以增加、再生、强化以及改善食品的风味。国外很多科研机构对此做了大量的研究，也取得了一些进展。

β-葡萄糖苷酶在果汁和果汁发酵产品中的糖甙前体中酶解芳香族化合物方面起着关键作用[58]。从米曲霉中分离出来的β-葡萄糖苷酶不但能够将鲜葡萄汁中的沉香醇、香叶醇、橙花醇从相应的单萜-β-葡萄糖苷中游离出来，增加果汁的香气，而且β-葡萄糖苷酶降低了氨基甲酸乙酯和低级醇的含量，有利于释放芳香前体物质。用β-葡萄糖苷酶处理了桃子、苹果、葡萄等多种水果汁，再用 GC-MS 的方法分析酶处理前后主要风味成分的变化，结果发现，芒果、橘子、草莓和苹果汁的风味成分分别提高。

采用 GC-MS 方法和感官评价分析杏仁 β-葡萄糖苷酶对刺梨果汁酶解前后风味品质变化，结果得到，杏仁 β-葡萄糖苷酶能明显增强刺梨果汁风味品质，刺梨果汁的最佳酶解工艺为：酶添加量 20U/L，酶解温度 45℃，酶解时间 60min，酶解前后果汁香气物质的成分及含量均显著增加，酶解后呈现香味的物质相对含量为 72.13%，较酶解前相对含量的 45.06% 提高约 1.5 倍，并增加了乙酸己酯、罗勒烯、乙酸苯乙酯、β-丁香烯、依杜兰、丁酸乙酯、乙酸戊酯等多种呈香成分，有效提升刺梨汁香气，起到自然增香的作用。

在蔬菜方面国外已进行了水芹、圆白菜、香菜、甘蔗、洋葱的酶解实验。干卷心菜中加入从卷心菜叶或芥末种子中提取的酶（1%的量）30℃下反应6h，可产生丙烯异硫氰酸等原有卷心菜特有的香气，在食品加工过程损失的风味，可以通过添加某种酶制剂得以恢复，如热烫过的脱水鲜水芥，变为无味产品。从一种白水芥子中制取一种酶制剂，也是无色无味的，加入几分钟后可恢复水芥原有典型风味，许多蔬菜都有类似现象，这说明酶在蔬菜风味形成中起重要作用。在热烫过程中，原有果蔬的风味受热挥发或分解。同时，酶也发生热失活，但风味的前体物质可能是热稳定、不易挥发的化合物，当加入由新鲜果蔬中提取的酶以后，又会催化前体物转化成风味物质早先的实验中，使用的许多酶都是从食品体系中提取的很不经济，资料报道风味酶可从酵母、细菌、真菌中获得，因而风味酶应用前景如何，毫无疑问地将取决于微生物来源及食品系中风味形成途径的阐明。

第二节
酶工程技术在果酒加工中的应用

果酒（Fruit Wine）是以水果为原料，通过发酵而成的低酒精度饮料，主要是指葡萄酒，此外还有桃酒、枣酒、柿子酒等。酶在葡萄酒的酿造过程中起着重要作用，早在1947年果胶酶已经被用于提高葡萄汁的产量、加速过滤和沉淀以及澄清葡萄酒等方面。随着人们对葡萄汁和葡萄酒中大分子物质的性质和结构的进一步了解，葡萄酒酿造业对酶的使用也逐步增加。目前，酶已不局限于在澄清和过滤操作中使用，还用于红葡萄酒和白葡萄酒的提取（如增加香气物质）和稳定化（如抑制细菌）。目前，酶制剂已经被广泛应用在发酵，后发酵和葡萄酒陈酿等各种生物转化中，继而增加产量收益（增加果汁产量），品质效益［改善颜色提取和增强加工工艺优势（更短的浸渍，沉降和过滤时间）］。使用最广泛的工业酶制剂包括果胶酶、葡聚糖酶和糖苷酶，其他还包括溶菌酶和脲酶等，它们的使用方法几乎都是直接加入到液相中，而不是制成固定酶。

在欧洲，工业酶制剂的使用受法规指导（由OIV主导），只有那些GRAS微生物才能用于生产葡萄酒酿造所用的酶制剂。新的国际葡萄酒酿造法典（International Enological Codex）和OIV葡萄酒酿造法典（OIV Code of Enological Practice）都认可将酶在葡萄酒酿造中的一系列使用。欧洲法律则更为严格，建立了许可使用名单制度。EC法规1493/1999仅许可使用黑曲霉（*Aspergillus niger*）产的果胶酶、哈茨木霉（*Trichoclerma harzicumm*）产的β-葡聚糖酶、发酵乳杆菌（*Lactobacillus fermentum*）产的脲酶和从蛋清中提取的溶菌酶。在过去的几十年中，商业酶制剂在葡萄酒行业越来越受欢迎（表10-4）。

表 10-4 用于酿酒的酶及其功能

应用	酶活性	目标
增强过滤/澄清	果胶分解酶	黏度降低（果胶）
浓醪发酵	果胶酶、纤维素酶	植物细胞壁多糖的水解。改善葡萄的皮肤浸渍和色素提取，质量，稳定性，葡萄酒过滤
白葡萄酒发酵后期	糖苷酶	通过从无味前体中分离糖残留物来改善香气
污染的果汁	葡聚糖	微生物胞外多糖的裂解
葡萄酒	尿素酶	酵母衍生的尿素水解，防止氨基甲酸乙酯的形成
葡萄酒	鸡蛋中的溶菌酶	控制细菌生长
葡萄酒	蛋白酶	通过防止蛋白质混浊来稳定葡萄酒；减少膨润土需求

　　用于欧盟的酿酒酶的生产受到国际葡萄与葡萄酒组织（OIV）的监管，该组织已经统治了黑曲霉和木霉属。可用作源生物（即具有 GRAS，"通常被视为安全"状态）。来自黑曲霉的选定菌株在有氧条件下在优化的生长培养基中发酵以产生果胶酶，半纤维素酶和糖苷酶，木霉属物种用于生产葡聚糖酶和用于脲酶的发酵乳杆菌。目前商业酶制剂通常是不同活性的混合物，如葡糖苷酶，葡聚糖酶，果胶酶和蛋白酶。寻找具有改进和更具特异性的酶的酶将继续存在。

一、果胶酶

　　葡萄果皮和果肉的细胞壁复杂而有一定的机械强度，它们由多糖、酚类物质和蛋白质通过离子键和共价键连接组成，图 10-6 为葡萄皮细胞壁糖组成，因此葡萄酒酿制过程中添加酶制剂有利于简化生产工艺、提高酒的品质及延长产品的保质期。

　　葡萄酒在酿造过程中，果胶的存在不仅会对葡萄出汁量产生一定影响，而且会在某种程度上对成品酒体品质有一定的影响。果胶是一种由大分子组成的化合物，其主要成分是由半乳糖醛酸和其他糖组成的杂多糖。果胶可导致葡萄出汁率低，葡萄汁液浑浊，用未澄清的葡萄汁发酵甚至会影响葡萄酒酵母对原料的作用，从而降低葡萄原酒的品质。果胶酶的添加可以有效降低葡萄汁中果胶的含量，从而利于提高葡萄酒的品质。

　　大多数商业制剂来自真菌，并且多为酶的混合物。大量酶制剂的应用对于葡萄酒的酿制是有利的，因为多种功能得到的发挥。市售的果胶酶制剂中含有活性酶（2%~5%）和添加剂（糖、无机盐、防腐剂），通常抑制蛋白质的因素会降低酶的有效性。这些包括：用膨润土澄清果汁，其吸附和沉积蛋白质。酒精含量高于 17%（体积比）和 SO_2 含量超过 500mg/L 会抑制果胶酶。富含单宁的葡萄酒显示酶活性降低，因为酚类聚合物与蛋白质反应并使它们变得无用。

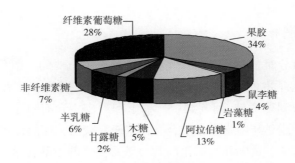

图 10-6　葡萄皮细胞壁糖组成

（一）　作用机制

葡萄细胞壁由通过木葡聚糖、甘露聚糖、木聚糖（半纤维素）和果胶基质连接在一起的纤维素微纤维组成，所有这些都通过蛋白质网络稳定。浆果破碎后溶解的果胶黏度高，阻碍了果汁的提取，澄清和过滤。此外，果胶可防止酚类和芳香化合物在葡萄酒发酵过程中扩散到葡萄酒中。果胶的完全降解需要多种酶的配合才能将复杂的大分子分解成小碎片。

1. 对果汁提取，澄清和过滤的影响

葡萄品种的果肉富含果胶化合物。因此，内源酶对这些分子的不完全水解可能导致加工中的问题。如果在压榨之前将果胶酶施加到纸浆上，它们可以改善果汁和颜色产量。为了澄清压榨后的必须品，推荐使用基于果胶酶的酶制剂。其果胶甲基酯酶和内切半乳糖醛酸酶活力引起果胶链的水解，并促进果渣中汁液的排出，同时提高了自由流动汁液的黏度。此外，它会导致云粒子聚集成较大的单元，沉积为沉积物。澄清过程的加速也产生更紧凑的酒糟。在压榨前应用于纸浆时，可提高果汁产量和颜色产量。

2. 对颜色提取的影响

花青素是红葡萄色素，主要存在于葡萄皮中，通常称为"黄嘌呤阳离子"的化学结构的特征在于由不饱和阳离子杂环连接的两个苯环。通常，染料分子与葡萄糖单体连接，这改善了水溶性和稳定性。

黄酮醇是在红葡萄和白葡萄皮中发现的淡黄色色素，这些主要是山奈酚、槲皮素和杨梅素的糖基化形式。黄酮醇在红葡萄酒中的浓度 100mg/L，白葡萄酒浓度 1～3mg/L。

在自然条件下，通过在酒精发酵过程中增加的乙醇浓度促进来自葡萄的酚类化合物的溶解。然而，提取是不完整的，因为葡萄皮形成物理屏障，防止花青素、单宁和香料从细胞中扩散。因此，已开发出各种酿酒技术，使葡萄酒具有良好的视觉特性并尽可能稳定。与未经处理的对照葡萄酒相比，尤其是通过果胶酶处理制成的葡萄酒显示出更高浓度的花青素和总酚，以及更高的颜色强度和光学透明度。

（二）应用实例

葡萄中的一些组分对于葡萄酒的香气和色泽是至关重要的，但果皮细胞壁能妨碍其扩散。红葡萄酒的色泽主要是由花色苷和单宁形成的。花色苷存在于果皮细胞的液泡中，在浸渍时被提取到葡萄汁/葡萄酒中。种子和果皮中含有单宁；在果皮中，它们以游离态存在于液泡中或是与细胞壁相结合。一些研究表明，在热毒化后，葡萄酒[59-60]中检测到更高水平的总酚，黄酮和抗氧化剂潜力以及更低的乙酸含量。在冷预发酵浸泡中也发现了类似的效果，以增加红葡萄酒的酚类成分[61]和颜色强度[62]。果胶酶处理的葡萄酒中的总酸降低（8.74g／L，作为酒石酸当量），这可归因于碱性物质或果胶酶释放钾，导致酒石酸钾降低[63]。

张铎[64]等研究结果表明，在35℃条件下，在山楂浆添加0.15mL/L果胶酶处理4h后，山楂鲜果浆的透光率可高达93%。同时该工艺相比未添加果胶酶处理的山楂果浆，还原糖含量由8.20g/L上升至14.20g/L，总酸含量从5.50g/L上升至7.00g/L，对还原糖和总酸的提取效果较好。测定35℃处理山楂果浆主要风味指标优于果胶酶55℃酶解处理发酵的山楂酒。

Marie-Agnès等[65]考察了果胶复合酶处理对Merlot红葡萄酒中多酚和多糖物质组成的影响，研究表明，果胶酶降解了葡萄果实的细胞壁，改善了释放到葡萄酒中多糖的分子质量分布，酶处理提高了葡萄酒中鼠李糖半乳糖醛酸聚糖Ⅱ含量，降低了阿拉伯糖和半乳糖含量；另一方面，酶处理改善了酒体中多酚类物质的组成和呈色强度。在不同浓度果胶酶处理对蓝莓半甜红酒风味成分影响的研究中发现处理后酒体澄清透明有光泽，香气浓郁，明显优于未添加果胶酶的蓝莓半甜红酒和日本半甜蓝莓红酒。将果胶酶应用于苹果酒生产的榨汁工艺中，结果表明：应用果胶酶可提高出汁率20%，澄清度可达到90%以上。

二、 葡萄糖苷酶

葡萄糖苷酶（Glucosidase）又称葡萄苷酶或葡萄水解酶。根据水解方式分类，可将其分为外切葡萄糖苷酶与内切葡萄糖苷酶。根据水解糖苷键的类型分类：可将其分为α-葡萄糖苷酶与β-葡萄糖苷酶。根据水解前后葡萄糖分子的构型分类：可将葡萄糖苷酶分为保留型葡萄糖苷酶与反转型葡萄糖苷酶。保留型葡萄糖苷酶是采用双取代反应机制，即整个催化需要两步取代反应完成。第一步是酶分子中谷氨酸残疾上的羧基作为酸催化剂，促进糖苷配基离去的同时进行糖基化，形成工价的糖基-酶中间体。在第二步中，遵循碱催化机制，激活亲核试剂，进攻导头碳，去糖基化形成葡萄糖基产物，恢复原构型，反转型葡萄糖苷酶通过一步反应完成催化反应，在酸碱催化基团辅助糖苷配基离去的同时，亲核基团协助亲核试剂发生亲核取代，完成异头碳构型的反转。

在葡萄酒酿造或贮存过程中通过酸水解，这些无气味无挥发性的糖苷能够产生具有气味的挥发性物质；虽然研究已发现在酿酒过程中糖苷的酸水解进行得相当缓慢，这些贮存香气物质不会得到释放。保留 β-葡萄糖苷酶和酯酶活性的菌株可能通过葡萄衍生的香气前体水解释放芳香挥发性化合物[67]或通过水解和合成改变酯浓度来影响葡萄酒质量[68-69]。β-葡萄糖苷酶处理过的葡萄酒中香叶醇，芳樟醇，α-松油醇和橙花醇的浓度显著增加[70]。

葡萄本身含有能够从无香气前体物质中释放香气物质的葡萄糖苷酶，但这些酶在酿酒过程中并不是能很好地发挥作用。这主要是因为它们的最适 pH 5.0，而葡萄汁的 pH 3.0~4.0。某些葡萄酒酵母，包括酵母属和非酵母属也具有葡萄糖苷酶活力，但最适 pH 也是 5，葡萄汁的 pH 与之相差较多，这些酶也很少被释放到葡萄汁中。因为乙醇能有效抑制这些酶的活力，因此它们仅有可能在酿酒初期，即酒精不存在时具有活力。目前基于适当的酿酒性质，包括一些酶活力，如 β-葡萄糖苷酶和酯酶，选择用作起子培养物的菌株。

葡萄酒中的芳香物质主要以糖苷键形式存在，因而其风味物质不能够完全得到释放，通过酶的作用，可以显著地增加其游离配基的含量，从而使葡萄酒的风味增强。并且酶活性对已经发酵成熟的葡萄酒比正在发酵的酒效果显著。用外源 β-葡萄糖苷酶处理 15%酒精的（体积比）葡萄酒后，苯甲醇、牻牛儿醇、橙花醇、2-苯乙醇和芳香醇含量分别较对照提高，且 β-葡萄糖苷酶处理的葡萄酒样品绝大部分香气成分均有提高[71-72]。

（一）作用机制

β-D-葡萄糖苷酶水解机理针对不同的糖苷键合态的香气物质，其作用机理有所不同，一般只有一种 β-D-吡喃葡萄糖连接的香气前体物质，可以直接经过 β-D-葡萄糖苷酶水解释放葡萄糖和相应的香气物质；对于连接 2 个单糖的香气前体物质，在水解过程中需要进行两步水解机制，第一步是在相应的双糖苷酶的作用下，水解去除 β-D-芹菜糖、α-L-鼠李糖或 α-L-阿拉伯糖形成单糖苷；第二步是在 β-D-葡萄糖单糖苷酶的参与下，彻底水解糖苷而释放出相应的糖配体和配基，进而对葡萄果实或葡萄酒起到增香的作用。

（二）应用举例

用产自出芽短梗霉的 β-葡萄糖苷酶对葡萄酒加酶处理后，单萜类物质含量亦有显著提升。关于黑曲霉 β-葡萄糖苷酶对玫瑰香葡萄酒中结合态香气提取物质的酶解作用效果，水解断裂产生典型的萜烯、醇类、酯类等化合物，释放出令人愉快的香气物质

关于 4 种商品化 β-葡萄糖苷酶对葡萄中结合态香气物质作用效果，样品经酶解处理后，大多数香气的含量均有不同程度提高，如芳香醇、橙花醇、香叶酸等。而来自于汉森酵母及毕赤酵母的 β-葡萄糖苷酶对糖、醇耐受性，二者表现出不同的特性，一个酶适宜于发酵前期，另一个适宜于发酵中后期，在各自较适宜的环境下，互补产生高活性 β-葡萄糖苷酶，更加有效水解释放风味活性物质，改善葡萄酒风味。通过 GC—MS 比较分

别接种诱导菌株与非诱导模拟酒中香气的差异，发现接种经熊果苷诱导菌株的模拟酒中香气含量明显高于对照组，说明熊果苷诱导植物乳杆菌中$\beta-D-$葡萄糖苷酶能显著改葡萄酒香气。其中接种诱导菌株 XJ-14-X 的模拟酒中检测到 29 种挥发性香气，香气总含量为 568.81μg/L，优于其他处理。

三、 葡聚糖酶

葡萄酒酿造中使用葡聚糖酶主要是为了避免用感染葡萄孢霉的葡萄酒中的葡聚糖在澄清和过滤时会出现的问题。这是最初使用葡聚糖酶的原因，而后葡萄酒的带酒渣成熟也开始使用葡聚糖酶。

葡聚糖酶（$\beta-1$，$3-1$，$4-$葡聚糖酶）专一作用于$\beta-$葡聚糖的-1，3 及-1，4 糖苷键，产生 3~5 个葡萄糖单位的低聚糖及葡萄糖[73]。$\beta-$葡聚糖是酵母菌等真菌细胞壁的主要组成部分，而$\beta-$葡聚糖酶是木霉属所产可以用来降解$\beta-$葡聚糖自然界中，细菌、真菌和动植物都能产生内切葡聚糖酶。细菌中内切葡聚糖酶产量低且在胞内不易分离，而真菌产生的内切葡聚糖酶大多分泌到胞外，在工业中内切葡聚糖酶的来源主要为木霉属和曲霉属。

葡萄酒中的多糖主要来自葡萄浆果（纤维素、半纤维素、果胶）和酵母在生长和自溶过程中的细胞壁（$\beta-$葡聚糖、几丁质）。一些乳酸菌（特别是片球菌属）也可产生黏性荚膜或细胞外多糖，继而影响葡萄酒过滤。胶体多糖不能通过絮凝，吸附或过滤方式从葡萄酒中除去。因此，葡聚糖酶可用于降低由微生物污染引起的葡萄汁和葡萄酒的黏度问题。近年来，M. Enrique 等[74]发现，葡聚糖酶在葡萄酒的酿造过程中的有害菌有一定的抑制作用。

（一）作用机制

在葡萄酒中，一些没有被分解的大分子多糖物质阻止了葡萄酒的澄清，而使用果胶酶和葡聚糖酶复合酶制剂可分解残留果胶和葡聚糖链，而使其沉淀。内切葡聚糖酶（CMCase，EC3.2.1.4）主要参与纤维素分解的初始阶段，与外切葡聚糖酶（EC3.2.1.91）和$\beta-$葡糖苷酶（EC3.2.1.21）以协同作用的方式诱导纤维素完全水解生成葡萄糖内切葡聚糖酶作为纤维素酶的主要成分在纤维素降解过程中起着非常重要的作用，它随机切割纤维素无定形区的$\beta-1$，4-葡萄糖苷键，为外切纤维素酶提供大量反应末端，在外切纤维素酶作用下产生纤维二糖，由$\beta-$葡萄糖苷酶作用最终生成葡萄糖。

（二）应用举例

葡聚糖是一种多糖，降低葡聚糖链长可以避免过滤时出现问题，酒精能加速葡聚糖分子间的聚合，随着酒精度的增加，过滤困难也成倍的加剧。因此，问题在酒精发酵结束时最为严重，可以通过在发酵前后向葡萄汁或葡萄酒中加入葡聚糖酶，来对葡聚糖进行降解[75]。当前，可用于葡萄酒酿造中的葡聚糖酶制剂。

四、 粥化酶

（一） 粥化酶在提高出汁率的应用

国外对果蔬加工酶的应用研究较早且较为广泛，包括：清酒生产过程中加入曲霉菌产生的粥化酶及其在酿酒工艺[76-78]、果汁工艺等饮料生产中的应用[79]；粥化酶也常用于红酒酿造，在浸泡过程中添加粥化酶可最大限度地提取果汁，帮助澄清和过滤，并促进这一过程[80]。在制作葡萄酒时，添加粥化酶可加速提取酚类化合物，减少高品质酿酒所需要的粥化时间[81]。当酶量达到一定的情形下，出汁率的幅度会逐渐变小，这样的情况说明加酶量处于饱和状态。在一定程度上讲当出酶率达到 15U/g 这样的状态时，南瓜以及苹果等的出汁率达到了最大化，在这样的情况下将酶量不断地加入，对出汁量也没有较大的影响。同时，黑曲霉的酶系是能够改变的，在不同应用中，将菌种进行改变，或根据培养条件对相关酶组成比例进行改变。具体已在粥化酶的酶系组成中详细介绍。

（二） 粥化酶在提高品质中的应用

以 170kg 的葡萄作为样品[82]，进行去梗，压碎，并分配到 200L 不锈钢罐中。首先添加亚硫酸氢盐（8g/L）。均质化后，加入不同的酶制剂：酶 A（Vinozym Vintage FCE，Novozymes，Denmark，一种果胶酶制剂，主要含有由肉桂酰酯酶活性纯化的多聚半乳糖醛酸酶，用于制造红葡萄酒）与酶 B（Vino flow FCE，Novozymes，Denmark，用于红葡萄酒成熟的果胶酶和 β-葡聚糖酶的纯化制剂）共 6g/L，进行葡萄酒的酿造。

（三） 粥化酶在保持色泽中的应用

粥化酶在酿酒厂中已经得到推广，将粥化酶添加到醪中以增加酚类化合物的提取，尤其是作为葡萄的红色色素的花青素，从而提高葡萄酒的颜色强度。水解葡萄皮的酶制剂主要包括果胶酶和少量的其他酶类，主要是纤维素酶和半纤维素酶。

M. Ortega-Heras 等[83]通过研究粥化酶和预冷发酵粥化对红葡萄酒的酚类和花青素成分和颜色比较发现，2007 年的葡萄的成熟度高于 2008 年，并且用干冰进行冷发酵粥化有利于酚类和花青素的提取。对于酚类含量较低的葡萄，使用粥化酶效果更好。而 Álvarez 等人发现的结果与之形成鲜明对比，他们认为当这种技术应用于较不成熟的葡萄时，冷预发酵粥化干冰的效果更为重要。这可能是与葡萄的品种不同有关。在 M. Ortega-Heras 的实验中，他指出，干冰有一些缺点，比如成本高，不能长期存放等，所以结合之前的结论，更好的效果还是使用粥化酶，技术成本低，易于应用。

五、 溶菌酶

溶菌酶是一种肽聚糖–N–乙酰胞壁酰水解酶（EC3.2.1.17），它可以降解细胞壁的肽聚糖，导致细胞膜发生自溶和崩溃，产生质构类似于酒渣的细腻沉渣。该酶能破坏革兰阳性菌（如乳酸菌）的细胞壁，导致细胞破裂并死亡；但它对酵母和革兰阴性菌无作用[84]。

酵母、乳酸和醋酸菌对葡萄酒质量有显著影响，通常通过添加二氧化硫来控制葡萄酒中的微生物生长。然而，酒精饮料中的亚硫酸盐，特别是葡萄酒中的亚硫酸盐，会引起假性过敏反应，症状从胃肠道问题到过敏性休克，其他抗菌剂如山梨酸和碳酸二甲酯主要对抗酵母，但对细菌的活性有限。葡萄酒酿造中使用溶菌酶主要是为了防止或推迟苹果酸–乳酸发酵，以及减少二氧化硫的使用量。苹果酸–乳酸发酵不彻底的葡萄酒具有更清新的风味特征。有时候酿酒师希望完全阻止或中止葡萄酒的苹果酸–乳酸发酵。在酿造红葡萄酒时，有时苹果酸–乳酸发酵可能会过早开始，从而导致乳酸酸败问题，此时应终止果皮的浸渍（即使葡萄酒的品质还未形成）。溶菌酶在葡萄酒生产中应用最初只是因其对革兰氏阳性菌的溶解作用，而关注于它对乳酸菌生长的调控。但随着研究与使用的进一步深入，人们发现溶菌酶的作用不仅于此，它在葡萄酒生产中还有许多重要的新用途[85]。

国际葡萄酒组织OIV于1994年批准在葡萄酒酿造中使用溶菌酶（决议OENO 10/97），其最大用量为500mg/L，我国也遵循相同标准。溶菌酶已于2001年被国际葡萄与葡萄酒组织批准用于葡萄酒酿造。添加量通常在250~500mg/L。

（一）作用机制

葡萄酒酿造中使用溶菌酶主要是为了防止或推迟苹果酸–乳酸发酵，以及减少二氧化硫的使用量。苹果酸–乳酸发酵不彻底的葡萄酒具有更清新的风味特征。有时候酿酒师希望完全阻止或中止葡萄酒的苹果酸–乳酸发酵。在酿造红葡萄酒时，有时苹果酸–乳酸发酵可能会过早开始，从而导致乳酸酸败问题，此时应终止果皮的浸渍（即使葡萄酒的品质还未形成）。

溶菌酶主要作用和剂量是：（1）预防乳酸发酵的开始（早期添加100~150mg/L）；（2）细菌活性和苹果酸乳酸发酵的总抑制作用（500mg/L）；（3）在酒精发酵期间保护葡萄酒（250~300mg/L）；（4）乳酸发酵后葡萄酒的稳定化（250~300mg/L）。通过添加澄清剂可以消除溶菌酶。

（二）应用举例

一些研究关注了溶菌酶对苹果酸–乳酸发酵的抑制作用。向霞多丽和长相思葡萄汁中添加不同剂量的溶菌酶，结果发现添加量为250~500mg/L时可以抑制苹果酸–乳酸发酵。在美乐葡萄酒中添加溶菌酶后，酒精发酵时野生乳酸菌数量从 $10^4CFU/mL$ 减少为 $10^3CFU/mL$，而未经溶菌酶处理的葡萄酒乳酸菌的数量大于 $10^4CFU/mL$。然而，酒精发酵后仍可引发苹果酸-乳酸发酵，这表明残余酶活力很低。使用溶菌酶或同时使用溶菌酶和二氧化硫可以推迟黑比诺和霞多丽葡萄酒的苹果酸-乳酸发酵。苹果酸-乳酸发酵的抑制比推迟更为复杂，不一定总能实现。溶菌酶并不总是能防止苹果酸-乳酸发酵的启动；它仅仅是减少细菌数量，并且它应在卫生条件良好的前提下与二氧化硫同时使用。溶菌酶的使用也能防止剧烈的或缓慢的酒精发酵时挥发酸度的增加。发酵结束后，杀死残余的细菌有助于阻止不受欢迎的挥发酸、组胺以及其他有害葡萄酒风味的物质的产生。值得注意的是，溶菌酶对醋酸菌或酵母菌没有效果。因此，有必要了解葡萄酒中这两种微生物的数量；如果怀疑葡萄酒受到了微生物（尤其是酒香酵母）污染，则应联合使用溶菌酶和二氧化硫。此外，溶菌酶和多糖的复合物能显著提高起泡性。在研究了皂土或木炭处理前后使用溶菌酶对香槟基酒起泡特性的影响。他们注意到在皂土处理前加入溶菌酶有助于保持正常的起泡性，即使进行了严格的脱蛋白处理。如果经木炭处理，效果则会减弱，这可能与蛋白质吸附较弱有关。

苹果酸-乳酸发酵后向红葡萄酒中加入 250mg/L 的溶菌酶有助于提高微生物稳定性。对照批次（未加溶菌酶）含有的细菌数量更高。葡萄酒加入溶菌酶后，在 18℃、6 个月的贮藏期中醋酸和生物胺含量不再增加。而在发酵和其他处理后，对照批次葡萄酒的挥发酸度比处理组高，而且组胺、酪胺和腐胺含量高三倍。研究溶菌酶在抑制腐败菌产组胺方面的作用，结果表明，酒精发酵初预防性地使用溶菌酶能抑制腐败乳酸菌的生长，从而抑制其产组胺。

一种来自链霉菌属 *Streptomyces* sp. B578 的胞外酶，它几乎能够溶解所有的与葡萄酒相关的乳酸菌和革兰氏阴性醋酸菌。这种分解酶在酿酒条件下亚硫酸盐和乙醇存在、低温、低 pH 条件下均表现出积极的活性。胞外酶组成分析表明，它和不同的细胞壁水解酶具有协同作用功能。可以看出，*Streptomyces* sp. B578 的溶菌酶是用来控制葡萄酒腐败细菌的很有前景的酶。

在黑比诺葡萄酒中添加 125g/t 溶菌酶 LYSO-Easy 就可有效抑制细菌的生长；若想达到同样控制效果，需要添加 50g/t 的 SO_2。虽然，溶菌酶由于自身特点只对革兰氏阳性菌有溶菌作用，不具有抗氧化性，还不能完全取代 SO_2，但它可以作为 SO_2 的天然的、强有力的补充，使 SO_2 的使用量大大降低。

六、　脲酶

脲酶（urease，EC3.5.1.5）又称尿素酶，具有绝对专一性的氨基水解酶，可以催化尿素水解产生氨和二氧化碳。当葡萄酒中尿素浓度超过 3mg/L 时就必须使用脲酶。由于脲酶能够引起诸如肾结石之类的疾病，因此当尿素含量显著降低后，必须要除去脲酶[86,87]。由于大多数脲酶的最适 pH 6.0~7.0，因此它们不适合在葡萄酒酿造中使用。但在一种乳杆菌中发现了一种脲酶，其最适 pH 2.4，与葡萄酒的 pH 较为接近。对发酵乳杆菌（*Lactobacillus fermentum*）的脲酶进行了部分纯化，在测定其性质后将其命名为酸性脲酶，该酶可用于发酵饮料中尿素的去除。因此，OIV 已认可其在葡萄酒中使用（决议 OEN0 5/2005）由合成培养基培养发酵乳杆菌产生的脲酶。

（一）作用机制

氨基甲酸乙酯是由尿素和乙醇的自发反应产生的，它天然的存在于所有的发酵食品和饮料中。由于高剂量存在时，它具有潜在的致癌性，因此如何降低食品中的氨基酸甲酯含量水平引起了科研人员很大的兴趣。

葡萄酒中尿素的含量增加可以源自酵母活性，然后通过化学反应转化为致癌物质氨基甲酸酯（乙基氨基甲酸酯）。在乳酸发酵过程中，乳酸菌可以产生氨基甲酸乙酯的其他前体，例如精氨酸衍生的瓜氨酸和氨基甲酰磷酸酯。特别是在较高温度下，发酵的葡萄酒可能含有过量的氨基甲酸乙酯。因此，应采取适当的预防措施，以防止氨基甲酸乙酯的产生。这些包括，例如，为乳酸发酵选择合适的起子培养物和降低葡萄中的精氨酸浓度。

（二）应用举例

脲酶于 1997 年由欧盟引入，作为一种新的酶促葡萄酒处理剂，可用于特殊情况。酶将尿素分解成氨和二氧化碳，防止尿烷形成。来自发酵乳杆菌的商业脲酶对尿素有效，红葡萄酒中添加剂量 150mg/L，白葡萄酒中添加剂量为 25 mg/L[88]。

七、 蛋白酶

蛋白酶（Protease）是水解蛋白质肽链的一类酶的总称，按其降解多肽的方式分成内肽酶和端肽酶两类。前者可把大分子质量的多肽链从中间切断，形成分子量较小的胨和腖；后者又可分为羧肽酶和氨肽酶，它们分别从多肽的游离羧基末端或游离氨基末端逐一将肽链水解生成氨基酸。蛋白酶在食品、医药、资源环境等领域的应用十分广泛。不同蛋白酶由于酶切作用方式及酶切位点不同，对底物的水解效率存在差异。酶切位点的专一性对酶解产物的成分与组成和比例均有较大影响，可直接影响最终产物的应用价值。

葡萄酒中必需的蛋白质来自葡萄、微生物细胞（酵母、乳酸、酸性细菌）及其活性。另一个重要来源是基于蛋白质的添加剂（如溶菌酶、卵清蛋白、明胶、酪蛋白），可能会对消费者造成类似过敏的反应。在终止葡萄酒发酵和随后的澄清程序后，大多数这些蛋白质已经消失。然而，仍然可以存在所谓的病原体相关（PR）蛋白（如 β–葡聚糖酶、几丁质酶、猕猴桃相关蛋白 kiwellin），它们主要用于防御细菌或真菌感染以及对非生物胁迫的反应。由于其结构紧凑，它们可以抵抗蛋白质的水解，同时 PR 蛋白质与其他葡萄酒成分相结合导致酒体浑浊，特别是在白葡萄酒冷藏期间会产生负面的经济后果。

在葡萄酒的生产中常用的是酸性蛋白酶，酸性蛋白酶能促进葡萄酒中的蛋白质的水解，从而防止葡萄酒中蛋白质浑浊沉淀的发生，提高了葡萄酒的非生物稳定性。果汁中还含有少量蛋白质和一定数量的酚类物质，蛋白质是由细胞原生质中渗透出来的，它很容易与酚类物质反应，生成浑浊物和沉淀物。此外，在一些果汁如苹果原汁（pH3.2~3.5）中，蛋白质还因带正电荷而能够与带负电荷的果胶物质或与具有强水合能力的含果胶浑浊物颗粒聚合，形成悬浮状态的浑浊物。因此，同样为了获得较好澄清效果和澄清稳定性葡萄酒中产生的沉淀主要是葡萄表皮存在的细菌及酵母裂解和自溶产生的蛋白质，当酒中的 pH 接近酒中所含蛋白质的等电点，易发生沉淀；此外蛋白质还可以和酒中的金属离子、盐类等物质聚集而产生沉淀，从而使葡萄酒出现浑浊现象。蛋白质水解酶可将葡萄汁中的蛋白质水解成可溶性肽和氨基酸，利于葡萄酒的澄清和稳定，也可阻止由于葡萄汁中氮源缺乏而引起的发酵不完全，同时对陈酿期间的酵母自溶也有着重要的作用[89]。因此通过添加一定量的蛋白酶可以改善葡萄酒的稳定性，增加葡萄酒的风味物质，提高葡萄酒的感官特性及营养价值[90]。

第三节
酶工程技术在果蔬去皮中的应用

我国是果蔬生产大国，果蔬种植面积广，但由于果蔬成熟期相对集中，不易保存。因此果蔬常作为加工制品被消费，如加工成果蔬汁、果酱、果脯、果蔬罐头等。酶促反应在水果加工中的应用仅限于通过压榨、压碎或均质化水果，获得果汁。但是，发展酶输注技术扩大了酶的适用范围，实现了酶工程技术在果蔬去皮中的应用。去皮是果蔬加工中的重要步骤，常见的果蔬去皮方法有热力去皮、碱液去皮、机械去皮和酶法去皮等，但热力去皮易导致过度去皮和硬度下降、碱液去皮环境污染严重、机械去皮果蔬损伤率高，因此在酶法去皮工艺基础上开发新型去皮技术是果蔬加工发展的一大方向。酶法去皮最早是运用于柑橘类水果的去皮，它可应用于不同的水果和蔬菜品种。为了去除橙皮，只有果胶酶或半纤维素酶与 PG 和阿拉伯糖酶的混合物在温和的温度下提供了良好的结果[91]。不同的商业剥离酶如 Peelzyms Ⅰ、Ⅱ、Ⅲ和Ⅳ（NOVO Nordisk Ferment）已广泛用于加工柑橘和其他水果。在这些剥离酶中，Peelzym Ⅱ（纤维素酶、半纤维素酶、阿拉伯糖酶和 PG 酶的混合物）在柠檬，橙子和葡萄果实上表现出更好的剥离活性[92]。酶法去皮会替代传统方法成为食品工业上的一个重要方法。

一、 作用机制

细胞壁中最主要的组成成分是果胶和纤维素。细胞壁能够增加果实的机械强度，起到支撑、保持细胞形状的作用。细胞壁结构的改变或其组成成分的降解，都会使细胞变形甚至解离破碎，最终导致果实出现软化。果皮和果肉之间的粘连与果胶、纤维素有关。因此，在酶法去皮中主要使用果胶酶和纤维素酶。果胶酶水解细胞壁中的多糖，而纤维素酶可释放出内果皮中的果胶物质，二者的作用使得果蔬碳水化合物网络结构被打破，果蔬的硬度降低。

果胶酶（PE）和多聚半乳糖醛酸酶（Polygalacturonase，PG）是分解果胶质的主要酶类（常把它们统称为果胶酶）。在桃果实中存在了 endo-PG 和 exo-PG 这两种 PG 同工酶。PE 的作用是催化脱除半乳糖醛酸 C-6 羧基上的甲醇基，由于 PG 是以脱去甲醇基的多聚半乳糖醛酸为作用目标，所以 PE 的活动是 PG 活动的必要前提。果胶酶作用顺序的大致模式是：PE 催化产生脱甲酯果胶质；endo-PG 使 exo-PG 从细胞壁上解离下来，并且提供 exo-PG 的作用基质；细胞壁果胶质在 endo-PG 和 exo-PG 的共同作用下发生增容以及解聚，导致果实出现软化。

纤维素酶（Cellulase，Cx），可使纤维素降解，随着 Cx 活性的提高，可导致细胞壁中纤维素微纤丝-半纤维素-果胶质"经纬结构"（PCH）的松散，接着果胶酶便会趁机分解果胶质，导致果实软化过程，纤维素的降解意味着细胞壁的解体和果实的软化。

二、 应用举例

（一）酶在柑橘去皮中的应用

柑橘果实外果皮包裹紧密，在食用、加工时经常因为剥皮引起很多不必要的麻烦。目前的柑橘去皮方法为传统的手工去皮，费时、费工，且白皮层去不干净，特别是在加工橘瓣罐头时人为造成橘瓣的损伤，从而失去加工价值。

相对于非柑橘类水果来说，酶法去皮技术在柑橘类水果去皮中具有更加明显优势，主要原因如下：

（1）与水果组织结构相关。柑橘类水果结构由果皮、橘白、瓢囊和汁胞所构成，它们在外观和形态上有所差异，这使得柑橘皮容易与肉组织分离，而非柑橘类水果中果皮和果肉组织之间的边界通常难以区分。因此，柑橘皮比非柑橘类水果更容易用酶处理。

（2）涉及果实细胞壁成分。由于柑橘皮的主要成分是细胞壁果胶多糖，因此通过用多聚半乳糖醛酸酶，纤维素酶和半纤维素酶等水解酶可以有效降解橘白和瓢囊物质，并且上述酶制已大规模生产销售，增强了柑橘皮的酶处理可操作性。

（3）与水果生物化学有关。多聚半乳糖醛酸酶抑制蛋白（PGIP）存在于营养和果实组织的细胞壁中并抑制真菌来源的多聚半乳糖醛酸酶。PGIPs在引发植物防御反应和避免植物组织的微生物腐烂方面发挥作用。

酶法去皮耗水量低、环境污染少，可替代传统方法用于去除果皮。要获得较好的去皮效率需要考虑很多因素，如酶制剂的种类和浓度、黄皮层的切割形式和使酶溶液进入到果皮内部的真空条件。此外，果实的形态特征：如果皮黏附力和厚度，以及瓣之间的粘连程度也是决定去皮效率的重要因素。最后，漂烫、作用时间和温度对去皮果实的品质的影响也很重要。

1. 工艺流程

收集、选果 → 去皮前处理（氯水、热水、漂烫）→ 切割外果皮 → 真空渗透 → 酶溶液处理 →
淋洗、分瓣 → 检测酶解效果 → 后续加工

2. 实例

柑橘酶法去皮技术[93-94]是基于真空灌注原理，一方面增大了果皮与果肉之间的空隙，另一方面果胶酶等降解果胶等细胞壁底物的一种去皮技术，其目的是最大限度地将组织转化为单个细胞。美国农业部佛罗里达州Winetr Haven农业研究中心柑橘和亚热带产品研究室的化学家Joseph Bruemmer通过真空灌输把果胶酶注入到果皮与果肉之间的空隙，使白皮层得以分解，果皮就很容易剥离了。该工艺先用刀在甜橙或葡萄袖的果皮上刺上6个刻痕，再将其浸在盛有约200mg/kg果胶酶水溶液的容器内，在真空室内放2~3min，使果皮内的空气经由刻痕从果皮内溢出，而果胶酶液则随之渗入到原来由气体所占据的空间。然后根据果实温度和酶的浓度再浸15min至1h。此时，果皮与果肉已完全分开，比手工剥离要干净得多。

在酶制剂用于柑橘全果去皮研究中发现，柑橘全果经前处理，在全果与酶液比为1：（1.5~2.0）、果胶酶与纤维素酶用量比为2：1的条件下，酶浸入0.4%的复合酶溶液中，于20~30 mmHg真空度下处理15~20min，然后45℃水浴保温40min（pH 6.8~7.2），自来水冲洗，去皮效果达到100%。得到的果实无论从色泽、风味等方面都与鲜果相近，且鲜果的营养成分保持得较好，维生素C的保存率>97%。

（二）酶法在非柑橘类水果中的应用

目前，酶解剥离技术在非柑橘类水果中的应用仅针对部分水果进行了研究。已成功处理桃（*Prunus persica*），油桃（*Prunus persica var. nucipersica*）和杏（*Prunus armeniaca*）果实所需的酶条件，这些果实在含有聚半乳糖醛酸酶，半纤维素酶和纤维素酶活性的酶溶液中孵育，在中等高温（约45℃）下促进它们的剥离。

1. 黄桃去皮工艺流程

选果 → 前处理 → 配制缓冲液 → 添加酶液 → 恒温水浴 → 全果酶解反应 → 物理辅助 → 酶解
→ 取出冲洗 → 检测酶解效果 → 后续加工

2. 应用实例

桃子的酶法去皮主要是利用纤维素酶和果胶酶使细胞壁膨胀疏松直至分离，从而到达去除果皮的效果。以黄桃为材料，使用复合酶去皮液（纤维素酶和果胶酶复合制成）加工工艺，通过浸没全果的方法使黄桃脱去外果皮。当去皮缓冲液 pH 为 3.6、反应温度在 45℃、选择八成熟黄桃、复合酶体积浓度为 0.8%、复合酶液比例 3∶1（果胶酶∶纤维素酶）、酶解反应时间 30min，振荡频率为 5Hz，黄桃外果皮脱除效果可达到最优。

四种（Ⅰ、Ⅱ、Ⅲ、Ⅳ）商品化的混合酶制剂对杏、油桃、桃子三种不同的核果的去皮效果。以脱皮率、酶溶液吸收率和组织变化为指标，通过分析酶促剥离的时间-温度-浓度三者之间的关系，确定了剥离的最佳条件。这四种酶制剂为高度浓缩酶制剂，主要含有果胶酶、半纤维素酶、纤维素酶活力，其中混合酶Ⅰ，Ⅱ，Ⅲ来自于黑曲霉，酶Ⅳ来自于黑曲霉和里氏木霉，其中混合酶Ⅳ在处理杏皮时的最佳温度为 45℃，在处理时间 57~60min，pH 3.0~3.5，浓度 0.85~0.9cm³ 酶制剂/100cm³ 溶液的条件下，效果最佳；混合处理油桃效果最好，最佳工艺为：44~47℃，53~58min，pH3.5~4.1，酶浓度为 0.70~0.9cm³ 酶制剂/100cm³ 溶液；利用混合酶Ⅳ在 41~46℃，处理 44~54min，pH3.6~4.5，0.73~0.90cm³ 酶制剂/100cm³ 溶液获得最佳去皮效果。利用酶法，在中高温度下可成功对核果进行脱皮处理。

（三）酶在橘子脱囊衣中的应用

酶法脱囊衣是一种生产效率高、产品质量稳定、安全性高、不污染环境的柑橘橘瓣脱囊衣新技术，它是通过酶解作用分解橙瓣囊衣中的纤维素和果胶质，打破果胶质和纤维素的连接，实现囊衣和囊胞分离。酶法脱囊衣解决了传统方法中存在的绿色壁垒和技术壁垒，酶法作用环境温和、橘瓣破碎率低，节省劳动力以及用水量，改善了劳动条件，保护了环境，产品质量有保障，安全可靠。图 10-7 所示为脐橙果实结构图。

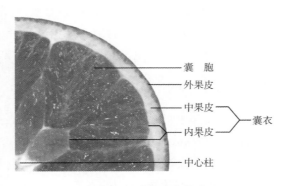

囊　胞
外果皮
中果皮
内果皮
囊衣
中心柱

图 10-7　脐橙果实构造

酶法脱囊衣是指在不影响橙瓣果肉和汁胞完整性的前提下，利用复合酶制剂（果胶酶、纤维素酶和半纤维素酶等）代替传统工艺上的强酸强碱，使脐橙囊衣、中心柱中主要成分果胶质和纤维素组分分解，使囊衣、中心柱组织细胞相互间失去连接，导致组织细胞松散，破坏中心柱及囊衣的紧密结构，实现中心柱及囊衣的崩解，进而在机械分散机中实现汁胞和囊衣渣的分离。该项技术的最大特点在于能提高生产效率、降低劳动强度、节能减排、无重金属残留，较好地保存了产品营养物质（表 10-5）。

表 10-5　　　　　　　酶法生产与传统酸碱法脱囊衣生产的主要工艺指标

指标名称	常规酸碱处理工艺	酶法处理工艺
耗水量（t/t 产品）	(70±15)%	(35±14)%
耗电量（kWh/t 产品）	(34±3)%	(28±2)%
耗煤量（t 标煤/t 产品）	(0.10±6)%	(0.08±5)%
相对生产成本	100	76
生产用工（工 d/t 产品）	23.5	15.7
生产时间/%	100	60

采用果胶酶、纤维素酶配制成的复合酶对酶法脐橙全果去皮的工艺进行了研究，可方便地去除外果皮及中果皮，得到的果实无论从色泽、风味等方面都与鲜果相近，且鲜果的营养成分保持良好，维生素 C 的保存率大于 95%。利用酶法脱除速冻蜜橘囊衣，将果胶酶与纤维素酶按 2∶1 混合，脱囊衣效果明显，得到的产品品质良好，外观整齐，散瓣率低。针对热碱去皮法中存在的问题，对酶法脱除黄桃皮的工艺进行了研究，发现使用酶法去皮工艺的黄桃，去皮后色泽依旧，产品外观质量和感官特性不变，且节能环保，操作安全。用果胶酶和纤维素酶共同降解橘皮，得出作用的最佳条件为 45℃、pH4.5，橘瓣去囊衣标准：囊衣易脱落，不包角，砂囊不松动，组织不软烂。

将复合酶（果胶酶和纤维素酶）用于温州蜜柑橘瓣去囊衣处理，并与传统的酸碱去囊衣的方法进行比较，结果表明：复合酶脱囊衣法比传统酸碱法处理的柑橘瓣中营养成分损失少，维生素 C 保存率达到 90% 以上，糖酸比没有明显变化，颜色更加美观鲜艳，风味口感也明显优于传统法。最佳工艺条件为：复合酶比例为 1∶1，浓度 1.2g/200mL，柑橘瓣加入量 150~160g/200mL。

（四）酶法去皮在马铃薯中的应用

对于蔬菜，研究了马铃薯块茎（*Solanum tuberosum cv. Asterix*）、胡萝卜根（*Daucus carota*）、瑞典萝卜根（*Brassica napus*）和洋葱鳞茎（*Allinum cepa*）的酶促剥离。在针对上述核果和蔬菜提出的方法中，通过真空灌注促进酶溶液进入组织，无需对植物材料进行任何预处理[95]。

Moumita Bishai 等[96]采用酶法对马铃薯进行了去皮研究，发现当纤维素酶-木聚糖酶混合物和淀粉酶的组合具有 1∶1 比例（体积比）时，能有效提高果皮水解过程，并通过基于响应面优化试验，将完整马铃薯块茎在 60℃ 和 pH 6.0 下孵育 4h 后，经磨料削皮器处理 30s，即可达到较为理想的去皮效果，而马铃薯的重量损失仅为（0.52±0.02）%。同时通过 AFM 和 SEM 研究发现马铃薯经酶处理后，马铃薯皮表面粗糙度降低加速了酶马铃薯皮细胞壁降解，该研究用于工业规模处理马铃薯块茎的过程中（图 10-8）。

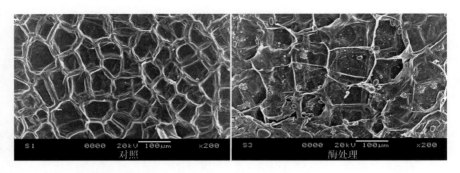

图 10-8　电子显微镜分析酶处理马铃薯皮的前后差异［对照（左）和酶处理（右）］

将果胶酯酶用于番茄去皮加工中，使其保护组织结构，可让原料损失减小，而且可以保持原有的形状和硬度。在杏、油桃的酶法去皮研究中，发现 20℃ 的温度太低而不能成功进行酶法去皮，且需要很长的作用时间（大于 2h）。还发现，过长的去皮时间降低了成品的品质，而在相对较高的温度下，如 50℃，由于果实软化而改变了成品的质地。在马铃薯、胡萝卜、瑞典芜菁和洋葱的酶法去皮中，使用温度为 40℃。

（作者：桑亚新　贾英民）

参考文献

［1］ Rahman S M M. STUDY ON PROCESSING OF WOOD APPLE（Feronia limonia）PRODUCTS［J］. 2012.

［2］ Ribeiro DS. Henrique S M B. Olivera Ls，et al. Enzymes in juice processing：a review［J］. International Journal of Food Science & Technology，2010，45（4）：635-641.

［3］ Nakkeeran E，Umesh-Kumar S，Subramanian R. Aspergillus carbonarius polygalacturonases purified by integrated membrane process and affinity precipitation for apple juice production［J］. Bioresource Technology，2011，102（3）：3293-3297.

［4］ Roy K，Dey S，Uddin M K，et al. Extracellular Pectinase from a Novel Bacterium Chryseobacterium indologenes Strain SD and Its Application in Fruit Juice Clarification.［J］. Enzyme Research，2018（1）：1-7.

［5］ Tapre A R，Jain R K. Pectinases：Enzymes for fruit processing industry［J］. International Food Research Journal，2014，21（2）：447-453.

［6］ Karthik，J. L.；Kumar，G.；Rao，K. V. B. Screening of oil. Asian Journal of BiochPectinase Producing Microorganisms from Agricultural Waste Dump Soemical and Pharmaceutical Research 2011，2，329-337.

［7］ Naderi，S.；Naghavi，N. S.；Shahanipoor，K. Pectinolytic Activity of Aspergillus Niger on Pectic Agricultural Substrates［C］. The 1st International and the 4th National Congress on Recycling of Organic Waste in Agriculture，Isfahan，Iran，2012：1-6.

［8］ Raju，E. V. N.；Divakar，G. Screening and Isolation of Pectinase Producing Bacteria from Various Regions in Bangalore［J］. International Journal of Research in Pharmaceutical and Biomedical Sciences 2013，4，

151-154.

［9］ Torimiro, N.; Okonji, R. E. A Comparative Study of Pectinolytic Enzyme Production by Bacillus Species ［J］. African Journal of Biotechnology, 2013, 12, 6498-6503.

［10］ Naderi, S.; Naghavi, N. S.; Shahanipoor, K. Pectinolytic Activity of Aspergillus Niger on Pectic Agricultural Substrates. The 1st International and the 4th National Congress on Recycling of Organic Waste in Agriculture, Isfahan, Iran, Apr 26-27, 2012; pp. 1-6.

［11］ AHMED A, SOHAIL M. Characterization of pectinase from Geotrichum candidum AA15 and its potential application in orange juice clarification ［J］. Journal of King Saud University - Science, 2020, 32: 955-961.

［12］ Esawy M A, Gamal A A, Kamel Z, et al. Evaluation of free and immobilized Aspergillus niger NRC1ami pectinase applicable in industrial processes ［J］. Carbohydrate Polymers, 2013, 92 (2): 1463-1469.

［13］ Kant S, Vohra A, Gupta R. Purification and physicochemical properties of polygalacturonase from Aspergillus niger MTCC 3323 ［J］. Protein Expression and Purification, 2013, 87 (1): 11-16.

［14］ Héctor A. Ruiz, Rosa M. Rodríguez-Jasso, Raúl Rodríguez, et al. Pectinase production from lemon peel pomace as support and carbon source in solid-state fermentation column-tray bioreactor ［J］. Biochemical Engineering Journal, 2012, 65 (none): 90-95.

［15］ Heerd D, Yegin S, Tari C, et al. Pectinase enzyme-complex production by Aspergillus spp. in solid-state fermentation: A comparative study ［J］. Food and Bioproducts Processing, 2012, 90 (2): 102-110.

［16］ Munarin F, Tanzi M C, Petrini P. Advances in biomedical applications of pectin gels ［J］. Inter J Biol Macro, 2012, 51 (4): 681-689.

［17］ Josh V K, Parmar M, Rana N. Purification, characterization of pectinase produced from apple pomace and its evaluation in the fruit juice extraction and clarification ［J］. Journal of Biotechnology, 2011, 136 (2): S294-S294.

［18］ Apple Juice Concentrate Market - Global Industry Analysis, Size, Share, Growth, Trends and Forecast ［J］. M2 Presswire, 2018, 2018-2025.

［19］ KATLEEN B, FRANK D, ACHOUR A, et al. Evaluation of strategies for reducing patulin contamination of apple juice using a farm to fork risk assessment model ［J］. International Journal of Food Microbiology, 2012, 154 (3): 119-29.

［20］ Sagu, S. T., NSO E J, Karmakar S, et al. Optimisation of low temperature extraction of banana juice using commercial pectinase ［J］. Food Chemistry, 2014. 151: p. 182-190.

［21］ Sandri et al., 2011 I. G. Sandri, R. C. Fontana, D. M, et al. Clarification of fruit juices by fungal pectinases ［J］. LWT-Food Science and Technology, 2011, 44 (10): 2217-2222.

［22］ SHARMA N, RATHORE M, SHARMA M. Microbial pectinase: sources, characterization and applications ［J］. Reviews in environment science and bio-technology, 2013, 12 (1): 45-60.

［23］ FILIZ U AN, ASIYE AKYILDIZ. Effects of different enzymes and concentrations in the production of clarified lemon juice ［J］. Journal of food processing, 2014, 2014: 14.

［24］ LI J, LI X, WANG Z, et al. Overexpression and characterization of endo-cellulase A10 from Aspergillus nidulans in Pichia pastoris ［J］. 2017, 33 (5): 757-65.

［25］ Ruviaro A R, Paula D P M B, Macedo G A. Enzyme-assisted biotransformation increases hesperetin content in citrus juice by-products ［J］. Food Research International, 2018: S0963996918303600.

［26］ Soni H, Kango N. Hemicellulases in lignocellulose biotechnology: recent patents ［J］. Recent patents on bio-technology, 2013, 7 (3): 207-218.

［27］陈小举，吴学凤，姜绍通，等. 响应面法优化半纤维素酶提取梨渣中可溶性膳食纤维工艺［J］. 食品科学，2015，36（6）：18-23.

［28］Ajijolakewu K A，Leh C P，Lee C K，et al. Characterization of novel, Trichoderma, hemicellulase and its use to enhance downstream processing of lignocellulosic biomass to simple fermentable sugars［J］. Biocatalysis and Agricultural Biotechnology，2017：S1878818116303930.

［29］Domingo C S，Soria M，Rojas A M，et al. Protease and hemicellulase assisted extraction of dietary fiber from wastes of Cynara cardunculus［J］. International journal of molecular sciences，2015，16（3）：6057-6075.

［30］Nagar S，Mittal A，Gupta VK. 2012. Enzymatic clarification of fruit juices（apple，pineapple，and tomato）using purified Bacillus pumilus SV-85S xylanase［J］. Biotechnol Bioproc E 17：1165-75.

［31］Tu T，Meng K，Bai Y，et al. High-yield production of a low-temperature-active polygalacturonase for papaya juice clarification［J］. Food chemistry，2013，141（3）：2974-2981.

［32］Dey TB，Adak S，Bhattacharya P，et al. Purification of polygalacturonase from Aspergillus awamori Nakazawa MTCC 6652 and its application in apple juice clarification［J］. LWT-Food Science and Technology，2014，59（1）：591-595.

［33］Pinelo M，Zeuner B，Meyer A S. Juice Clarification by Protease and Pecti-nase Treatments Indicates New Roles of Pectin and Protein in Cherry Juice Turbidity［J］. Food Bioprod Proces，2010，（2）：259-265.

［34］Diaz AB，Alvarado O，Ory I，et al. Valorization of grape pomace and orange peels：Improved production of hydrolytic enzymes for the clarification of orange juice［J］. Food Bioprod Proces，2013，91（4）：580-586.

［35］Goldbeck R，Gonçalves T A，Damásio A R L，et al. Effect of hemicellulolytic enzymes to improve sugarcane bagasse saccharification and xylooligosaccharides production［J］. Journal of Molecular Catalysis B：Enzymatic，2016，131：36-46.

［36］Yang J，Kim J E，Kim H E，et al. Enhanced enzymatic hydrolysis of hydrothermally pretreated empty fruit bunches at high solids loadings by the synergism of hemicellulase and polyethylene glycol［J］. Process Biochemistry，2017，58：211-216.

［37］Fattah S S A，Mohamed R，Jahim J M，et al. Commercial cellulases and hemicellulase performance towards oil palm empty fruit bunch（OPEFB）hydrolysis［C］// Ukm Fst Postgraduate Colloquium：Universiti Kebangsaan Malaysia，Faculty of Science & Technology Postgraduate Colloquium. AIP Publishing LLC，2016.

［38］NADAROGLU H，ADIGUZEL A，ADIGUZEL G J I J O F S，et al. Purification and characterisation of β-mannanase from Lactobacillus plantarum（M24）and its applications in some fruit juices［J］. Journal of Food Science and Technology 2015，50（5）：1158-65.

［39］陈伟，谷新晰，黄蕾，李晨，田洪涛，卢海强. 嗜热甘露聚糖酶毕赤酵母工程菌的表达及该酶其在果汁澄清中的应用［J/OL］. 食品科学：1-10［2019-08-07］. http：//kns.cnki.net/kcms/detail/11.2206.TS.20190102.1538.139.html.

［40］Junying W，Ying Z，Xingji W，et al. Biochemical characterization and molecular mechanism of acid denaturation of a novel α-amylase from，Aspergillus niger［J］. Biochemical Engineering Journal，2018，137：222-231.

［41］Wang J，Li Y，Lu F. Molecular cloning and biochemical characterization of an α-amylase family from，Aspergillus niger［J］. Electronic Journal of Biotechnology，2018：S0717345818300046.

［42］LI S，YANG Q，TANG B，et al. Improvement of enzymatic properties of Rhizopus oryzae α-amylase by site-saturation mutagenesis of histidine 286［J］. Enzyme and Microbial Technology，2018，117：96-102.

［43］PERVEZ S，NAWAZ M A，SHAHID F，et al. Characterization of cross-linked amyloglucosidase aggregates from Aspergillus fumigatus KIBGE-IB33 for continuous production of glucose [J]. International Journal of Biological Macromolecules, 2019, 135: 1252-1260.

[44] Amin F, Bhatti H N, Bilal M, et al. Improvement of activity, thermo-stability and fruit juice clarification characteristics of fungal exo-polygalacturonase [J]. International Journal of Biological Macromolecules, 2016: S0141813016309990.

[45] Lettera V, Pezzella C, Cicatiello P, et al. Efficient immobilization of a fungal laccase and its exploitation in fruit juice clarification [J]. Food Chemistry, 2016, 196: 1272-1278.

[46] Xu D, Sun L, Li C, et al. Inhibitory effect of glucose oxidase from, Bacillus, sp. CAMT22370 on the quality deterioration of Pacific white shrimp during cold storage [J]. LWT, 2018, 92: 339-346.

[47] 许培振, 罗昱, 林梓, 等. 响应面优化葡萄糖氧化酶抑制刺梨果汁褐变工艺 [J]. 食品科学, 2016, 37 (24): 55-60.

[48] 罗昱, 梁芳, 李小鑫, 等. 单宁酶对刺梨果汁单宁的脱除作用 [J]. 食品科学, 2013, 34 (18): 41-44.

[49] 张瑜, 罗昱, 刘芳舒, 等. 不同脱苦涩处理刺梨果汁风味品质分析 [J]. 食品科学, 2016, 37 (04): 115-119.

[50] Aharwar A, Parihar D K. Talaromyces verruculosus tannase production, characterization and application in fruit juices detannification [J]. Biocatalysis and Agricultural Biotechnology, 2019, 18: 101014.

[51] Parikova A, Fronek J P, Viklicky O. Bacterial tannases: production, properties and applications [J]. Revista Mexicana De Ingeniería Química, 2014, 13 (1): 2579-2586.

[52] ZHU Y, JIA H, XI M, et al. Purification and characterization of a naringinase from a newly isolated strain of Bacillus amyloliquefaciens 11568 suitable for the transformation of flavonoids [J]. Food Chemistry, 2017, 214 (39-46).

[53] Zhu Y, Jia H, Xi M, et al. Characterization of a naringinase from, Aspergillus oryzae, 11250 and its application in the debiterization of orange juice [J]. Process Biochemistry, 2017: S1359511317304853.

[54] 刘棠, 杨远帆, 杜希萍, 等. 柚苷酶处理、果汁浓缩和低温贮藏对柚子果汁中柠檬苦素的影响 [J]. 食品科学, 2015, 36 (4): 1-5.

[55] Puri M, Kaur A, Barrow C J, et al. Citrus peel influences the production of an extracellular naringinase by Staphylococcus xylosus MAK2 in a stirred tank reactor [J]. Applied Microbiology & Biotechnology, 2011, 89 (3): 715-722.

[56] 孙明元, 尹燕, 林洪斌, 等. 柠檬汁脱苦工艺条件研究 [J]. 食品科技, 2014, 39 (10): 106-108.

[57] 张素芳, 肖安风, 杨远帆, 等. 柚苷酶处理对琯溪蜜柚果汁抗氧化活性的影响 [J]. 中国食品学报, 2016, 16 (9): 60-67.

[58] Wang Y, Zhang C, Li J, et al. Different influences of β-glucosidases on volatile compounds and anthocyanins of Cabernet Gernischt and possible reason [J]. Food Chemistry, 2013, 140 (1-2): 245-254.

[59] Atanackovic, M., Petrovic, A., Jovic, S., et al. Influence of winemaking techniques on the resveratrol content, total phenolic content and antioxidant potential of red wines [J]. Food Chemistry, 2012, 131 (2): 513-518.

[60] Lima M D S, Silani I D S V, Toaldo I M, et al. Phenolic compounds, organic acids and antioxidant activity of grape juices produced from new Brazilian varieties planted in the Northeast Region of Brazil [J]. Food Chemistry, 2014, 161 (6): 94-103.

[61] Cejudo-Bastante M J, Gordillo B, Hernanz D, et al. Effect of the time of cold maceration on the evolution of

phenolic compounds and colour of Syrah wines elaborated in warm climate［J］. International Journal of Food Science & Technology, 2014, 49（8）: 1886-1892.

［62］ Effect of cold pre-fermentative maceration on the color and composition of young red wines cv. Tannat ［J］. Journal of Food Science and Technology, 2015, 52（6）: 3449-3457.

［63］ Olejar K J, Fedrizzi B, Kilmartin P A. Enhancement of Chardonnay antioxidant activity and sensory perception through maceration technique ［J］. LWT-Food Science and Technology, 2016, 65: 152-157.

［64］ 张铎, 毛健, 刘双平, 等. 果胶酶低温处理山楂鲜果浆制备山楂酒工艺优化［J］. 食品工业科技, 2017, 38（19）: 161-165+171.

［65］ DUCASSE M-A, CANAL-LLAUBERES R-M, DE LUMLEY M, et al. Effect of macerating enzyme treatment on the polyphenol and polysaccharide composition of red wines ［J］. Food Chemistry, 2010, 118（2）: 369-376.

［66］ YANG Y, JIN G-J, WANG X-J, et al. Chemical profiles and aroma contribution of terpene compounds in Meili （Vitis vinifera L.）grape and wine ［J］. Food Chemistry, 2019, 284（155-161）.

［67］ H. Michlmayr, S. Nauer, W. Brandes, C. Schümann, K. D. et al. Release of wine monoterpenes from natural precursor by glycosidases from Oenococcus oeni ［J］. Food Chemistry, 2012, 135（1）: 80-87.

［68］ F. Pérez-Martín, S. Seseña, P. M. Izquierdo, M. L. Esterase activity of lactic acid bacteria isolated from malolactic fermentation of red wines ［J］. International Journal of Food Microbiology, 2013, 163（2-3）: 153-158.

［69］ K. M. Sumby, V. Jiranek, P. R. Grbin Ester synthesis and hydrolysis in an aqueous environment, and strain specific changes during malolactic fermentation in wine with Oenococcus oeni ［J］. Food Chemestry, 2013, 141: 1673-1680.

［70］ Baffi M A, Tobal T, João Henrique, et al. A Novel β-Glucosidase fromSporidiobolus pararoseus: Characterization and Application in Winemaking ［J］. Journal of Food Science, 2011, 76（7）: 997-1002.

［71］ GONZALEZ-POMBO P, FARINA L, CARRAU F, et al. Aroma enhancement in wines using co-immobilized Aspergillus niger glycosidases ［J］. Food Chemistry, 2014, 143: 185-191.

［72］ PARDO-GARCíA A I, SERRANO de la HOZ K, ZALACAIN A, et al. Effect of vine foliar treatments on the varietal aroma of Monastrell wines ［J］. Food Chemistry, 2014, 163: 258-266.

［73］ 夏许寒, 朱成林, 李诚. β-1, 3-1, 4-葡聚糖酶研究进展［J］. 食品科学, 2016, 37（19）: 289-295.

［74］ ENRIQUE M, IBáñEZ A, MARCOS J F, et al. β-Glucanases as a Tool for the Control of Wine Spoilage Yeasts ［J］. Journal of Food Science, 2010, 75（1）: M41-M45.

［75］ TORRESI S, FRANGIPANE M T, GARZILLO A M V, et al. Effects of a β-glucanase enzymatic preparation on yeast lysis during aging of traditional sparkling wines ［J］. Food Research International, 2014, 55（83-92）.

［76］ Marie-Agnès Ducasse, Williams P, Canal-Llauberes R M, et al. Effect of Macerating Enzymes on the Oligosaccharide Profiles of Merlot Red Wines ［J］. Journal of Agricultural and Food Chemistry, 2011, 59（12）: 6558-6567.

［77］ E. Puértolas, G. Saldaña, S. Condón, et al. A Comparison of the Effect of Macerating Enzymes and Pulsed Electric Fields Technology on Phenolic Content and Color of Red Wine ［J］. Journal of Food Science, 2009, 74（9）: 6.

［78］ Romero-Cascales I, José María Ros-García, José María López-Roca, et al. Characterisation of the main enzymatic activities present in six commercial macerating enzymes and their effects on extracting colour during winemaking of Monastrell grapes ［J］. International Journal of Food Science & Technology, 2010, 43（7）:

1295-1305.

[79] Kaewkrod A，Niamsiri N，Likitwattanasade T，et al. Activities of macerating enzymes are useful for selection of soy sauce koji ［J］．LWT－Food Science and Technology，2017：S0023643817308393.

[80] Marie-Agnès Ducasse，Canal-Llauberes R M，Lumley M D，et al. Effect of macerating enzyme treatment on the polyphenol and polysaccharide composition of red wines ［J］．Food Chemistry，2010，118（2）：369-376.

[81] Romero-Cascales I，Ros-García J M，López-Roca J M，et al. The effect of a commercial pectolytic enzyme on grape skin cell wall degradation and colour evolution during the maceration process ［J］．Food Chemistry，2012，130（3）：626-631.

[82] Marie-Agnès Ducasse，Canal-Llauberes R M，Lumley M D，et al. Effect of macerating enzyme treatment on the polyphenol and polysaccharide composition of red wines ［J］．Food Chemistry，2010，118（2）：369-376.

[83] ORTEGA-HERAS M，PéREZ-MAGARIñO S，GONZáLEZ-SANJOSé M L. Comparative study of the use of maceration enzymes and cold pre-fermentative maceration on phenolic and anthocyanic composition and colour of a Mencía red wine ［J］．LWT－Food Science and Technology，2012，48（1）：1-8.

[84] 孙浩，石玉刚，朱陈敏，张润润，陈建设，Rammile Ettelaie. 溶菌酶的修饰、功能特性及其在食品保鲜中应用的研究进展 ［J/OL］．食品科学：1-14 ［2019-08-07］．http：//kns. cnki. net/kcms/detail/11. 2206. TS. 20190423. 1624. 004. html.

[85] SILVETTI T，MORANDI S，HINTERSTEINER M，et al. Chapter 22－Use of Hen Egg White Lysozyme in the Food Industry ［M］//HESTER P Y. Egg Innovations and Strategies for Improvements. San Diego；Academic Press. 2017：233-42.

[86] REGO Y F，QUEIROZ M P，BRITO T O，et al. A review on the development of urease inhibitors as antimicrobial agents against pathogenic bacteria ［J］．Journal of Advanced Research，2018，13（69-100）．

[87] KAPPAUN K，PIOVESAN A R，CARLINI C R，et al. Ureases：Historical aspects，catalytic，and non-catalytic properties－A review ［J］．Journal of Advanced Research，2018，13（3-17）．

[88] ANDRICH L，ESTI M，MORESI M. Urea degradation kinetics in model wine solutions by acid urease immobilised onto chitosan-derivative beads of different sizes ［J］．Enzyme and Microbial Technology，2010，46（5）：397-405.

[89] GUO Y，TU T，YUAN P，et al. High-level expression and characterization of a novel aspartic protease from Talaromyces leycettanus JCM12802 and its potential application in juice clarification ［J］．Food Chemistry，2019，281（197-203）．

[90] SAHAY S. Chapter 6－Wine Enzymes：Potential and Practices ［M］//KUDDUS M. Enzymes in Food Biotechnology. Academic Press. 2019：73-92.

[91] Kuhad R C，Singh A．Biotechnology for Environmental Management and Resource Recovery Microbial Pectinases and Their Applications ［J］．2013，10. 1007/978-81-322-0876-1（Chapter 7）：107-124.

[92] Pagán A，Conde J，Ibarz A，et al. Albedo hydrolysis modelling and digestion with reused effluents in the enzymatic peeling process of grapefruits.［J］．Journal of the science of Food and Agriculture，2010，90（14）：2433-2439.

[93] Noguchi M.，Ozaki Y. &Azuma J. Recent Progress in Technologies for Enzymatic Peeling of Fruit ［J］．Japan Agricultural Research Quarterly，2015，49（4），313-318.

[94] Sanchez-Bel P.，Egea I.，Serrano M.，et al. Obtaining and storage of ready-to-use segments from traditional orange obtained by enzymatic peeling ［J］．Food Science and Technology International，2012，18（1），63-72.

［95］ KHAWLA B J, SAMEH M, IMEN G, et al. Potato peel as feedstock for bioethanol production：A comparison of acidic and enzymatic hydrolysis ［J］. Industrial Crops and Products, 2014, 52 （144-9）.

［96］ MOUMITA BISHAI A S, SUNITA ADAK, JYOTSANA PRAKASH, LAKSHMISHRI ROY, RINTU BANER-JEE. Enzymatic Peeling of Potato：A Novel Processing Technology ［J］. Potato Research, 2015, 58 （4）: 301-11.

第十一章
酶工程技术在饲料中的应用

　　饲料中添加外源性酶制剂已经有 50 多年的历史，商业化食用仅仅出现在近 20 年内。酶制剂应用的初衷是为了提高动物对日粮种营养物的利用率，因此其在传统的动物生产模式中（饲料配方→饲料加工→动物养殖）主要应用在动物养殖生产商。随着对酶制剂作用机理认识的深入，饲料生产商逐步认识到酶制剂的作用是广泛的。其对饲料配方、饲料加工、动物保健、环境保护等方面都有深远的意义。

第一节
饲用非淀粉多糖酶制剂

　　作为饲料原料的各种动植物中均含有一定量的非淀粉多糖（Non - Starch Polysaccharid，NSP），其存在部位如图 11-1 所示；其中包括纤维素、半纤维素、木质素和果胶等，且不同种类饲料原料，非淀粉多糖的组成和含量存在差异（见表 11-1）。禾谷类植物（如玉米、高粱、小麦和大麦等）非淀粉多糖的主要组成成分是木聚糖、β-葡聚糖和纤维素，而豆科植物中非淀粉多糖的主要组成成分是果胶，甘露聚糖和纤维素。这些成分在动物体内往往阻碍营养成分消化利用，被称为抗性成分。为减轻饲料原料中的抗营养作用，可根据酶与底物作用的专一性，添加与其相应的 NSP 酶而使其营养价值得到改善。饲用酶制剂的基本功能在于补充动物内源性消化酶的不足和消除抗营养因子。外源酶作用的机理大体可归纳为：①弥补幼龄动物消化酶的不足；②刺激内源酶的分（但也有相反报道，外源酶抑制了内源酶的分泌）；③提供畜禽尤其是单胃动物不能分泌的非消化酶，使畜禽不能利用的多糖（纤维素、半纤维素）分解成能够吸收的单糖或双糖；④通过水解细胞壁包围的淀粉、蛋白质和脂肪的释放，使其易与消化酶结合，从而提高养分消化率。

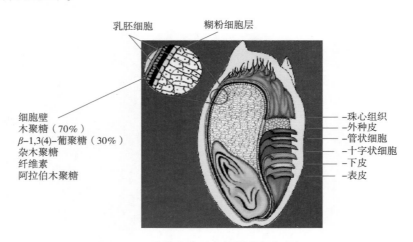

图 11-1　谷物非淀粉多糖的主要存在部位

表 11-1 　　　　　 主要谷物籽实及其副产物非淀粉多糖类型及含量 　单位：%干物质 *w/w*

原料	溶解性	阿拉伯木聚糖	β-葡聚糖	纤维素	甘露聚糖	半乳糖	糖醛酸	总 NSP
小麦[①]	可溶	1.8	0.4	—	—	0.2	—	2.4
	不溶	6.3	0.4	2.0	—	0.1	0.2	9.0
大麦[①]	可溶	0.8	3.6	—	—	0.1		4.5
	不溶	7.1	0.7	3.9	0.2	0.1	0.2	12.2
黑麦[①]	可溶	3.4	0.9	—	0.1	0.1	0.1	4.6
	不溶	5.5	1.1	1.5	0.2	0.2	0.1	8.6
玉米[②]	可溶	0.1	—	—	—	—	—	0.1
	不溶	5.1	—	2.0	—	0.6		8.0
黑小麦[②]	可溶	1.3	0.2	—	0.1		0.1	1.7
	不溶	9.5	1.5	2.5	0.2	0.4	0.1	14.6
高粱[②]	可溶	0.1	0.1	—	0.02		0.1	0.2
	不溶	2.0	0.1	2.2	0.6	0.15		4.6
糙米[②]	可溶	—	0.1	—	—	0.1	0.1	0.3
	不溶	0.2	—	0.3	0.2			0.5
脱脂米糠[②]	可溶	0.2	—	—	—	0.2		0.5
	不溶	8.3	—	11.2	—	1.0	0.4	21.3
小麦麸[②]	可溶	1.1	0.4	—	—	0.1	0.1	1.7
	不溶	20.8	—	10.7	0.4	0.7	1.0	33.6

资料来源：①Englyst（1989）；②Chot（1997）。

一、 植酸酶在饲料中的应用

（一）植酸酶在饲料中的应用原理

植酸（Phytic Acid）学名为肌醇六磷酸，由于其在很宽的 pH 范围内带有负电荷，能够牢固地粘合带正电的钙、锌、镁、铁等金属离子（见图 11-2）和蛋白质分子，形成难溶性的植酸盐复合物，导致一些必须元素的生物学效价减低，同时阻止了蛋白质的酶解，减低蛋白质的消化率[1,2]。因而，饲料中的植酸的抗营养作用[3]主要有：①降低饲料原料中矿物元素的利用率。猪和禽类等单胃动物消化道内缺乏水解植酸的植酸酶，对植物性饲料中磷的利用率较低，必须通过添加磷酸盐或含磷较高的动物性饲料来满足畜禽磷的需要。微生物植酸酶能够水解植酸磷，释放磷元素，提高猪和禽类等单胃动物对植物性饲料中磷的利用效率，降低粪便中磷的排泄量[4,5]。②降低饲料氨基酸和能量的消化率。植酸的不仅可以直接结合作用影响了碳水化合物、脂类和蛋白质吸收利用率，而且还可以结合内源酶和参与能量生成所需要酶的辅助因间接降低能量消化率；同时，植酸促进内源性 Na^+ 的分泌，影响消化道对氨基酸和葡萄糖的吸收。③降低畜禽的生产性能。

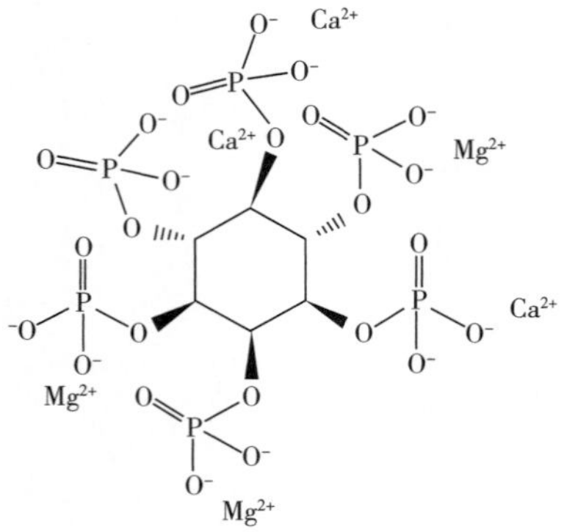

图 11-2 植酸钙镁螯合物

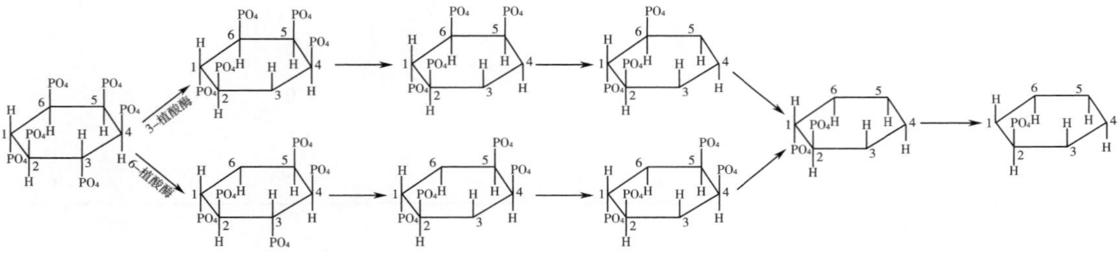

图 11-3 植酸酶水解植酸过程

植酸酶是指能够催化植酸（肌醇六磷酸）及植酸盐水解成肌醇与磷酸（或磷酸盐）一类酶的总称，属磷酸单酯水解酶。包括植酸酶和酸性磷酸酶。植酸酶只能将植酸分解为肌醇磷酸酯，不能彻底地分解成肌醇和磷酸，酸性磷酸酶能将肌醇磷酸酯彻底分解成肌醇和磷酸。植酸酶分为 3-植酸酶和 6-植酸酶。从而植酸酶对植酸的水解从 3 位或 6 开始，然后接着水解 5 位或 6 位，其水解过程如图 11-3 所示。最终的水解产物是 2-磷酸肌醇。如果想进一步水解则需要肌醇酶。随着植酸酶对植酸的水解，从而消除了植酸对金属离子和蛋白的络合作用，从而增加了饲料中磷的利用率。由于过去微生物植酸酶产量低，成本较高，一直未在畜禽日粮中得到广泛应用。近年来，随着生物技术的发展，极大地促进了植酸酶在畜禽日粮中的应用。而且耐热性的植酸酶已经成为目前在饲料行业中的热点之一[6]。

（二）植酸酶在畜禽日粮中的添加水平

植酸酶的加入都可以有效地降低无机磷和钙的添加。一般植酸酶的使用方法有两种，一种是简单替换使用方法即：简单的替换部分磷酸氢钙；另外一种是配方重新设计法即：降低钙、磷标准，重新设计配方。

简单替换法操作简单，实施容易，是很多养殖户的首选。具体操作过程包括：①添加一定量植酸酶。②减少原配方中磷酸氢钙用量。③用石粉补加减少的磷酸氢钙中所含的钙量。④用玉米、麸皮或沸石粉等补充剩余配方空间。表11-2为植酸酶在各畜禽配合饲料中简单的使用方法。其中预混合浓缩饲料中按照比例换算即可。

表11-2　　　　　　　植酸酶在各畜禽配合饲料中简单的使用方法

动物种类	植酸酶添加量/g	替代磷酸氢钙（16%P，21%Ca）/kg	添加石粉（36% Ca）/kg	添加载体/kg
猪	100	7.2	4.2	3.0
产蛋鸡/种鸡	60~80	8.5	5.0	3.5
肉鸡/育成蛋鸡	100	7.2	4.2	3.0
产蛋鸭	100	10	6.0	4.0
肉鸭	100	7.2	4.2	3.0

注：植酸酶活力为5000U，饲料为1t。

以产蛋鸡全价配合饲料为例，当每吨饲料中添加5000U的植酸酶60g，则每吨中减少8.7kg的磷酸氢钙，增加石粉（补充磷酸钙减少导致的钙含量不足）：8.7×23%/38% = 5.26kg，多出的配方空间：8.7kg（磷酸氢钙）－5.26kg（石粉）－0.06kg（植酸酶）= 3.4kg。添加3.4kg的玉米或麸皮补充配方空间（也可用沸石粉等低价原料补充）。

而配方重新设计法则是在添加植酸酶后，采用配方软件进行重新配方设计，以产蛋鸡40%浓缩料为例，添加植酸酶前后的配方变化如表11-3所示。

表11-3　　　　　　　产蛋鸡添加植酸酶前后40%浓缩饲料配方对比

原料	未添加/%	添加/%	原料	未添加/%	添加/%
豆粕	30.7	31.2	石粉	21.6	22.5
棉粕	10	10	磷酸氢钙	3.2	1.2
菜粕	10	10	盐	0.81	0.845
花生粕	8	8	防霉剂	0.1	0.1
玉米蛋白粉（50CP）	6	5.8	抗氧化剂	0.05	0.05
啤酒酵母	6	6	蛋氨酸	0.004	0.05
玉米胚芽粕	—	1.73	产蛋鸡1%预混料	2.5	2.5
进口鱼粉	1	—	5000U 植酸酶	—	0.015

概括起来一般植酸酶在各类饲料中添加了如表11-4所示。

表11-4 饲料中植酸酶添加推荐量

品种 全价料	添加量/（g/t）			可代替 磷酸氢钙
	≥5000U/g	≥2500U/g	≥500U/g	
猪	75~100	150~200	800~1000	50%~75%
肉仔鸡	75~100	150~200	800~1000	50%~75%
产蛋鸡	60~75	120~150	500~700	75%~100%
肉鸭	75~100	150~200	800~1000	50%~75%

1. 植酸酶在鸡日粮中的作用

植酸酶在产蛋鸡日粮中的应用最为普遍。无论是真菌还是细菌来源的植酸酶，最佳作用pH 4.5~5.5和2~2.5。从图11-4鸡消化系统的鸡的嗉囊和前胃中起作用。在产蛋鸡日粮中添加适量植酸酶替代部分无机磷对产蛋鸡生长性能无影响，并在一定程度上降低生产成本，提高经济效益。与产蛋鸡相比，肉仔鸡生长和骨骼发育较快，对钙和磷的需要与产蛋鸡相比存在差异，植酸酶在肉仔鸡日粮中的使用剂量和替代无机磷的数量与产蛋鸡也有所不同。Kornegay等[7]报道，添加939U/kg植酸酶相当于添加1g/kg无机磷。Biehl等[8]认为，在总磷为0.43%的玉米-豆粕型日粮中添加1200U/kg植酸酶与添加0.1%无机磷的效果相近。当利用1149U/kg植酸酶替代日粮中0.1%的有效磷，肉仔鸡体增重、采食量和增重耗料比与正常磷水平日粮相近[9]。Yi等[10]两个试验表明，添加1146U/kg或785U/kg植酸酶相当于添加1g/kg无机磷。此外，在这些研究中还发现，随植酸酶添加水平的增加释放出磷的总量也在增加，但每100U植酸酶所释放出磷的量逐渐降低。

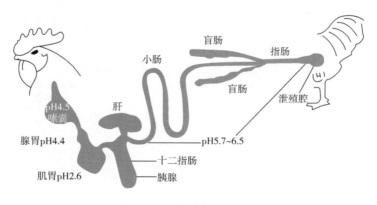

图11-4 鸡消化系统 pH

在肉仔鸡日粮中添加植酸酶剂量与所替代无机磷的数量上，不同试验的结果存在一定差异[11]。替代肉仔鸡日粮中0.1%的无机磷大约需要添加785~1200U/kg（平均值为

992U/kg）植酸酶才能维持肉仔鸡的正常生产，这一添加水平约是产蛋鸡的 2~3 倍。这种差异的原因目前尚不清楚，可能与肉仔鸡和产蛋鸡的生理特点有关。在产蛋鸡日粮中的磷主要用于自身骨骼磷的更新代谢和形成蛋壳，而在肉仔鸡日粮中的磷则主要是用于骨骼快速生长。也可能与食糜在产蛋鸡和肉仔鸡消化道各段所停留时间有关。食糜在产蛋鸡消化道内的停留时间高于肉仔鸡，这可能是植酸酶在产蛋鸡日粮中应用效果好于肉仔鸡的原因之一。

2. 植酸酶在猪日粮中的添加水平

相对于家禽，植酸酶添加到饲料中的作用主要在胃中进行（见图 11-5）。植酸酶在猪日粮中的应用也有大量研究报道，主要集中在断奶仔猪阶段。在体重为 8.18kg 的断奶仔猪日粮中用 750U/kg 植酸酶替代全部无机磷后，显著提高了磷沉积量（$P<0.0001$），粪中磷排泄量也相应降低（$P<0.001$），血液中磷和钙以及碱性磷酸酶活力均接近正常水平。但要维持仔猪正常血清磷和钙水平，植酸酶的添加量需要达到 1250U/kg。添加 1000U/kg 植酸酶，哺乳仔猪的增重速度、磷消化率、血清磷、大腿骨灰分和磷含量等指标与添加 0.17% 无机磷的相近[12]。在体重为 23.4kg 生长猪玉米-豆粕型日粮中添加 750U/kg 植酸酶全部替代无机磷，可以释放出足够的磷满足猪的生长需要，其生产性能与添加无机磷日粮的相比无差异。用 1000U/kg 植酸酶全部替代体重为 20kg 至育成期仔猪日粮中的无机磷，仍可维持仔猪正常生长和骨骼强度。从以上研究结果可以看出，在猪日粮中添加植酸酶替代无机磷所需植酸酶的水平也相对较高。断奶至育成期全部替代猪玉米-豆粕型日粮中的无机磷所需植酸酶的水平在 750~1250U/kg 之间[13]。

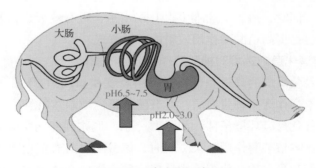

图 11-5　猪消化系统 pH

（三）　影响植酸酶作用效果的因素

1. 植酸酶添加水平、非植酸磷含量、钙磷比和维生素 D 对植酸酶作用效果的影响

植酸酶在畜禽日粮中的应用效果受多种因素的影响。通常，随植酸酶添加水平的增加，磷的释放量也增加[14]。日粮中非植酸磷的水平也会对植酸酶的作用产生影响。HAN等[15]，在非植酸磷水平分别为 0.225% 和 0.325% 的玉米-豆粕型日粮中添加植酸酶，结果发现，低水平非植酸磷组肉仔鸡增重、骨中矿物质含量、骨密度和强度显著提高（$P<$

0.05），但高水平非植酸磷日粮组无变化。

Lantzsch 等[16]报道，在大麦-豆粕-葵花粕日粮中添加 1000U/kg 植酸酶，促进了生长母猪磷和钙的吸收与沉积（$P<0.05$）。当日粮中钙水平由 5g/kg 增至 8g/kg 时，植酸酶提高磷表观吸收的作用降低，钙的最佳添加水平为 7g/kg 日粮。Sebastian 等[17]指出，在添加植酸酶的肉仔鸡日粮中钙水平以 0.6% 为最佳，降低磷和钙水平是提高植酸酶应用效果和肉仔鸡生产性能的最佳方式。

Lei 等[18]认为，降低仔猪日粮钙水平有提高植酸酶水解植酸的作用，所以应避免在加酶日粮中添加高水平的钙。Mikulski 等[19]报道，当仔猪（9.3kg）玉米-豆粕型日粮中有效磷水平为 0.07% 或 0.16% 时，随着钙磷比增加，仔猪平均日增重、采食量和增重耗料比直线下降。植酸酶活力、钙和磷消化率和骨指标等也随钙磷比增加而降低。Liu 等[20]试验表明，在生长至育成猪的低磷玉米-豆粕型日粮中添加植酸酶，使钙和总磷比例由 1.5∶1 降至 1∶1，可提高猪的生产性能和磷的利用率。所以，在畜禽低磷日粮中添加植酸酶，可以提高磷利用率，达到提高生产性能的作用。Lei 等[21]报道，在仔猪低磷玉米-豆粕型日粮中添加不同水平的植酸酶、维生素 D 和钙，结果发现日粮中正常钙水平降低植酸酶的应用效果（$P<0.05$），而增加维生素 D 可适当降低钙的副作用。Abdollahi 等[22]研究也表明，钙磷比和维生素 D 会对植酸酶的作用效果产生影响。钙磷比在 1.1∶1 和 1.4∶1 之间有利于提高植酸酶的作用效果。添加维生素 D 可提高钙和磷的沉积及趾骨中灰分含量（$P<0.05$）。

以上研究表明，日粮钙磷水平和比例以及维生素 D 均会对植酸酶作用效果产生影响。因此，在植酸酶实际应用中应注意保持日粮适宜钙磷水平和比例，适当降低钙的水平有助于磷的吸收。同时，适当增加维生素 D 的水平，可有效促进植酸酶水解植酸所释放无机磷的吸收，也是提高植酸酶作用效果的一种方式。

2. 外界环境与消化道内环境对植酸酶作用效果的影响

各种酶均有其催化反应的最适条件，在不同温度和 pH 条件下各种酶所表现出的活力也不同。植酸酶本身作为一种蛋白质，具有酶和蛋白质双重特性。一方面具有酶的特点，要求有适宜的催化反应环境条件，如温度、pH、底物和催化反应时间等，催化反应环境条件的变化会影响植酸酶作用效果。同时，植酸酶也具有蛋白质的特点，强酸、强碱、高温、有机溶剂和蛋白质消化酶等均易使植酸酶蛋白变性或被水解。饲用植酸酶主要在畜禽消化道内起作用，随着食糜向后排空，植酸酶催化反应环境条件的变化将直接影响植酸酶的应用效果。畜禽消化道内环境的 pH 对植酸酶活性的影响较大。在真胃 pH 条件下，测定的 2 种植酸酶活力分别降至原来的 77.82% 和 49.61%。由此可见，外源酶活力易受畜禽消化道低 pH、胃蛋白酶和胰蛋白酶的影响。不同酶活受各种消化道条件的影响程度与酶的种类以及饲料缓冲力等多种因素有关。Ravindran 等[23]对植酸酶在仔猪消化道内的活性变化情况进行了研究，结果发现，在未加植酸酶日粮和仔猪消化道内容物中均未检测出植酸酶活性。而添加植酸酶的日粮和仔猪胃内容物中的植酸酶活性极显著高于小肠前段（$P<0.001$），在小肠后段的食糜中未检测出植酸酶活性。胃内植酸

酶活性最高，可能是因为胃内较为适宜 pH 和蛋白酶的活性。同时还证明，添加高水平的柠檬酸会降低植酸酶的活性。温度对植酸酶活性和水解植酸程度有一定的影响。因此，不宜将植酸酶与酸性添加剂同时使用或长期接触。调整好制粒机的制粒温度，同时，添加一些植酸酶激活剂也有助于提高植酸酶的作用效果。

3. 其他因素对植酸酶作用效果的影响

Zyla 等[24]在体外条件下对酸性磷酸酶、酸性蛋白酶和纤维素酶对植酸酶水解植酸的影响进行研究时发现，酸性磷酸酶显著提高植酸酶水解植酸的能力（$P<0.05$），蛋白酶和纤维素酶对植酸酶水解植酸也有促进作用。生产中将植酸酶与以非淀粉多糖酶为主的复合酶同时使用，更有助于植酸酶活性的发挥。

（四）植酸酶今后的研究与发展方向

植酸酶在减少畜禽排泄物中磷对环境的污染和促进畜牧业可持续发展中起重要作用，但植酸酶在应用领域尚存在一些问题。

（1）植酸酶具有酶和蛋白质双重特性，其活性与作用效果易受外界环境的影响。

（2）研究和开发高抗逆性的植酸酶及其最适作用条件是今后的主要研究方向。

（3）植酸酶在产蛋鸡日粮中的应用已趋成熟，并在一定程度上降低生产成本，但植酸酶在肉仔鸡和猪的应用还存在一定的局限性。提高植酸酶在肉仔鸡和猪日粮中替代磷酸氢钙的比例与作用效果，也是植酸酶解决粪磷对环境污染问题的关键。

（4）影响植酸酶作用效果的因素尚缺乏系统的研究，今后仍需加强植酸酶在实际生产中应用的研究。

（5）开发能够在水产动物饲料中应用的植酸酶，即能够耐受较高的制粒温度，并能够在较低的温度条件下表现出高活性的植酸酶产品。

（6）根据反刍动物磷消化代谢特点及其影响磷利用的因素，开发和研制适合于反刍动物应用的植酸酶产品也是今后的发展方向。

总之，植酸酶作为一种绿色饲料添加剂产品，具有广阔的发展前景，在我国环保型畜牧业的发展中将发挥重要作用。

二、纤维素酶在饲料中的应用

纤维素是自然界中最丰富的可再生自然资源。我国每年仅作物秸秆的纤维素产量就高达 2 亿吨，其中绝大多数被烧掉，不仅浪费自然资源，还带来了严重的环境问题。有效地开发和利用纤维素作为饲料来源，对于解决我国饲料资源紧张、人畜争粮这一突出矛盾具有重大现实意义，也是促进我国畜牧业可持续发展的有效途径之一。纤维素酶（Cellulase）是降解纤维素生成葡萄糖的一类多组分酶系。除反刍动物瘤胃微生物可发酵利用纤维素外，单胃家畜本身缺乏纤维素酶，对纤维素不能利用或利用率很低。因此，纤维素作为饲料开发和利用的关键是对纤维素酶的研究开发。

（一）纤维素酶的动物营养作用

1. 补充动物内源酶的不足，刺激内源酶分泌

反刍动物体内虽有一定量的分解纤维素的微生物存在，但其产生的纤维素酶有限。单胃动物体内由于缺乏内源性纤维素酶，基本不能消化纤维素。添加纤维素酶可补充内源酶的不足，提高动物对粗纤维的利用率。同时，还可以改善非反刍动物消化道环境，优化消化道酶系组成，从而提高饲料利用率，增进家畜健康。

2. 破坏植物细胞壁，有利营养物质的消化吸收

纤维素是植物体内的重要结构性多糖，是细胞壁的主要组成成分。细胞壁阻碍畜禽体内消化酶与细胞内营养物质的接触，严重影响饲料中养分的消化吸收。纤维素酶与半纤维素酶、果胶酶等协同作用，可破坏植物的细胞壁，使细胞内营养物质外泄，从而被淀粉酶和蛋白酶进一步降解，提高营养物质的吸收利用率。

3. 消除抗营养因子，提高饲料营养价值

日粮中添加纤维素酶后，在半纤维素酶、果胶酶、β-葡聚糖酶等共同作用下，可将植物性饲料中的纤维素、半纤维素、果胶等大分子物质降解为单糖和寡糖，从而加速内源酶的扩散，增大酶与营养物质的接触面积，提高营养物质的消化率。

4. 改善消化道菌群结构

纤维素、半纤维素、果胶、葡聚糖和戊聚糖部分溶解在水中，增加了动物胃肠道内溶物的黏度，阻碍酶与营养物质的接触，导致饲料消化吸收利用率降低；而且，黏稠的消化道食糜易引起有害微生物滋生。纤维素酶可降低食糜黏度，增强肠道内溶物流动性，降低有害微生物附着可能性。纤维素酶还可促进有益微生物生长，提高微生物对饲料的分解，同时增加单细胞蛋白含量。

（二）纤维素酶的利用方式

国内外利用纤维素酶的方法有体外酶解法和体内酶解法两种。

1. 体外酶解法

体外酶解法把纤维素酶和粗饲料拌匀，在一定温度、湿度和 pH 下堆积或密封发酵一定时间，晾干后直接饲喂动物。该法效果较好，但费工费时成本高。Klemm[24]对不同生产阶段的玉米进行青贮后发现，添加纤维素酶可以降低中性洗涤纤维、酸性洗涤纤维和半纤维素的含量，且酶的剂量越大，纤维素的降解越多。

2. 体内酶解法

体内酶解法是把纤维素酶以添加剂的形式加到精料内，拌匀后饲喂动物，借助于动物消化道内环境发挥作用。该法简单，应用范围广泛，但受饲料加工贮藏与动物内环境的影响较大。在实际生产中，通常将纤维素酶与半纤维素酶、果胶酶、β-葡聚糖酶等组成复合酶添加到饲料中饲喂。

（三）纤维素酶在畜牧生产中的应用

1. 纤维素酶在养牛业中的应用

大量试验研究表明，在肉牛日粮中添加纤维素酶，对提高饲料利用率、缩短育肥周期及增加经济效益等方面的效果很显著。Hubbe 等[25]在育肥肉牛日粮中按干物质总量加入 0.3% 的"三高一号"纤维素复合饲料酶，平均日增重提高 43%。Alemdar 等[26]在日粮中添加 0.1%、0.15% 及 0.2% 三种水平的复合纤维素酶对阉牛增重的影响的试验结果表明，0.1%、0.15% 和 0.2% 的平均日增重分别为 748g、799g 和 806g，以 0.2% 的添加量对阉牛的增重效果最好。Iguchi 等[27]在奶牛日粮中每头 2 次/d，添加瘤胃保护纤维素酶（15g/次），显著提高标准乳产量（2.07kg/d），乳脂率也相应提高。

2. 纤维素酶在养羊业中的应用

Favier[28]在绵羊日粮中添加纤维素酶（30g/d），绵羊日增重提高了 5.41%，枯草期绵羊日增重提高 4.91%，同时羊毛的产量提高 5.04%。Berg 等[29]在研究多酶制剂对羔羊育肥和屠宰性能的试验中发现，添加纤维素酶对羔羊混合料转化率、干草转化率及日增重均显著提高。Imai 等[30]用纤维素酶、酵母菌处理玉米秸秆饲喂育肥羊的试验结果表明，平均日增重提高了 41.3g，减少精料用量 8.71%，对降低饲喂成本和提高经济效益效果显著。

3. 纤维素酶在养猪业中的应用

酶制剂在养猪业上的应用已较为普遍。在猪日粮中添加纤维素酶，能显著提高饲料消化率，降低饲养成本。Kalia 等[31]在生长猪（平均体重 19kg）日粮中添加单一纤维素酶，试验结果表明：在试验期 0~2 周，平均日采食、平均日增重分别提高 5%（$P>0.05$）、6.2%（$P>0.05$）；3~4 周平均日增重提高了 8.1%（$P>0.05$），料重比降低 6%（$P>0.05$）。Aracri,[32]在高次粉饲粮中添加木聚糖酶、β-葡聚糖酶和纤维素酶，生长仔猪（体重 18 kg 左右）日增重、采食量分别提高 15.25（$P<0.05$）、5.34%（$P<0.05$），料重比降低了 8.50%（$P<0.01$）。

4. 纤维素酶在养禽业中的应用

研究表明，纤维素酶在养鸡业的应用效果显著。Xu[33]在肉鸡日粮中添加 0.15% 的纤维素酶，平均耗料量降低 3.2%，每千克增重的饲料消耗降低 11.1%，死亡率降低 3.2%。Patel[34]在蛋鸡日粮中分别添加 0.1%、0.15%、0.5% 水平的纤维素酶，结果表明，0.5% 组饲料转化率提高 2.46%~2.70%，鸡蛋破壳率降低 16.19%。Elegir 等[35]将复合酶（含纤维素酶、半纤维素酶、糖化酶和蛋白酶等）添加到北京樱桃谷鸭日粮中，平均日增重提高 8.9%，料肉比下降 8.2%。

（四）纤维素酶应用中存在的问题及应用前景

纤维素酶在畜牧生产中推广应用，目前还存在以下问题亟待解决：

1. 添加量问题

虽然国内外有关纤维素酶应用的研究报道很多，但添加水平和结论并不一致。对于不同酶活性的产品、不同动物种类、不同生理阶段以及不同饲料适宜添加量及其规律尚待进一步深入系统研究。

2. 纤维素酶对畜禽消化生理的影响

饲喂纤维素酶对于不同种类、不同发育阶段动物消化酶系的变化及纤维素酶添加后对内源酶活力影响的研究还不够深入，难以合理地根据畜禽内源酶状况补充各种纤维素复合酶制剂，以改善纤维素酶单独使用效果不佳的状况。

3. 稳定性问题

纤维素酶是一种微生物制剂，对温度、湿度、酸、碱等敏感，处理不当易失活，导致饲用效果不稳定。

4. 缺乏质量监测标准

饲料纤维素酶已经广泛用于养殖业，但目前我国尚无法定的质量监测标准，极大地制约了在生产实践中的推广应用。

5. 菌株酶产量低、活力低、成本高及储存加工影响酶稳定性等

随着现代生物技术的发展，纤维素酶在畜牧生产上的应用前景将更加广阔。

三、β-葡聚糖酶在饲料中的应用

随着我国饲料畜牧业的迅速发展，饲料资源日益短缺，利用生物技术开发新的饲料资源成为发展重点之一。β-葡聚糖是植物细胞壁的重要组成部分，与纤维素、半纤维素、木质素以及少量的伸展蛋白通过共价键或次级键相互交联在一起。将大分子的营养物质包裹在植物细胞壁中，形成坚固的营养屏障，阻碍动物对营养物质的消化吸收。有效的破坏细胞壁，释放营养物质成为饲料工业中的重要研究课题之一。

（一）大麦产品的饲料营养成分

大麦是我国的主要粮食作物，其年产量约为600万t，产量位于小麦、稻谷和玉米之后，居第四位。大麦和玉米的营养成分比较如表11-5所示。

表11-5　　　　　　　　　　　　大麦和玉米的营养成分比较

营养成分	大麦	玉米
消化能/（MJ/kg）	12.64	14.19
代谢能/（MJ/kg）	11.30	13.48
粗蛋白质/%	9.0~12.5	8.0~9.5
赖氨酸/%	0.42	0.24
甲硫氨酸/%	0.18	0.18
苏氨酸/%	0.41	0.30

从表 11-5 可以看出，大麦可以在很大程度上代替玉米应用于饲料生产。然而大麦细胞壁中存在较高浓度的 β-葡聚糖（一种抗营养因子），限制了大麦在饲料工业中营养价值的发挥。大麦中 β-葡聚糖的含量为 5%~8%，主要存在于细胞壁中。它是由右旋葡萄糖以 β-构型连接而成的多聚物，其中约含 70% 的 β-1，4 糖苷键和 30% 的 β-1，3 糖苷键。其分子量和构型因大麦的品种不同而不同。此外，它并不是独立的物质，而是与其他组分紧密地结合在一起，构成大麦细胞壁的双向结构。

（二）β-葡聚糖的抗营养作用

大麦对动物生长发育的不利影响，起初人们怀疑可能是其纤维素的含量较高，后来证实了大麦的抗营养因子主要是 β-葡聚糖，并非纤维素。β-葡聚糖中不溶性 β-葡聚糖具有营养稀释作用，可溶性 β-葡聚糖具有抗营养作用，主要表现在以下几个方面：

1. 营养屏障作用

大麦细胞壁像砖墙似地围绕或束缚住细胞中的养分（蛋白质、淀粉和脂肪等），使得动物本身的消化酶无法消化这些细胞壁成分，因此动物对这些养分的消化甚微。

2. 高亲持水性和高吸水膨胀力

高亲水性的 β-葡聚糖与肠黏膜表面的脂类微团和多糖的蛋白复合物相互作用，导致黏膜表面水层厚度增加，降低养分吸收。表面水层厚度是养分吸收的限制因素。β-葡聚糖还具有持水活性，像海绵一样可通过网状结构吸收超过自身重量数倍的水分，从根本上改变其物理特性，抑制肠道的蠕动。

3. 增加食糜的黏度

食糜的黏度主要是由可溶性 NSP（主要是 β-葡聚糖）引起的，与多种因素有关，如 β-葡聚糖分子的大小、分子结构、荷电基团的存在以及浓度等，其中最主要的是分子大小。分子量越低，其水溶液的黏度也就越低。肠内容物的黏稠性会阻碍消化酶与营养的充分混合，延长混合时间，干扰食糜微粒在肠腔中的流动，减慢食糜通过消化道的速度。黏性多糖与营养物质的结合还会降低矿物质、氨基酸、脂肪酸的吸收。另外，内容物的黏性会使小肠黏膜表面的不动水层增厚，这种效应会降低养分向绒毛的扩散，直接阻碍淀粉酶、蛋白酶等与底物的接触，从而影响动物对各种养分的消化吸收。

4. 改变肠道微生物菌群

食糜黏度增加使得食糜在肠道中的流动速度减慢，从而为微生物的寄居繁殖提供了丰富的营养。大量有害微生物在消化道内繁殖，会产生许多酸性物质，改变 pH 环境，从而影响酶发挥最佳效应；同时微生物会竞争性地消耗大量营养物质，降低物质的利用率。另外，肠道内微生物过多会刺激肠壁，并使之增厚，损伤微绒毛，导致营养吸收下降。

5. 吸附矿物离子与有机质

β-葡聚糖能吸附 Ca^{2+}、Zn^{2+}、Na^+ 等离子和有机质，影响这些物质的代谢。

（三）　β-葡聚糖酶作用机理

广义的 β-葡聚糖酶主要包括内切 β-1，3-1，4-葡聚糖酶、外切 β-1，3-1，4-葡聚糖酶、内切 β-1，3-葡聚糖酶、内切 β-1，4-葡聚糖酶和外切 β-1，3-葡聚糖酶、外切 β-1，4-葡聚糖酶等。狭义的 β-葡聚糖酶指的是内切 β-1，3-1，4-葡聚糖酶。已经证明，内切酶主要随机地将 β-葡聚糖的长链切割成几条短链，它可明显降低 β-葡聚糖的黏度；而外切酶则是从非还原性末端开始作用，将葡聚糖切割成单个葡萄糖，对 β-葡聚糖黏度的影响较小。在饲料业中广泛应用的是内切 β-葡聚糖酶。试验证明，β-葡聚糖酶的作用效果并不是由于水解了 β-葡聚糖从而使得葡萄糖的利用率增加，而是由于多糖被水解为较小的聚合物，从而降低了黏度、改变消化酶活力和肠道形态结构以及破坏细胞壁结构而引起的。

（1）降低食糜黏度　β-葡聚糖酶可把 β-葡聚糖切割成较小的聚合物，大幅度降低水溶性 β-葡聚糖的黏性，从而降低食糜的黏性。Tsai 等的研究证明，添加含 β-葡聚糖酶的酶制剂明显降低畜禽胃、小肠和大肠内容物的黏度，食糜的流速加快。郭学义等的研究证明，大麦饲粮中添加含 β-葡聚糖酶的 GXC 使仔猪十二指肠中胆汁酸含量比大麦对照组提高了 73.50%，使空肠内容物黏度降低了 6.31%。

（2）破坏细胞壁结构　通过在饲粮中添加以 β-葡聚糖酶为优势的复合酶制剂，使其作用在细胞壁上，增加细胞壁的通透性，降低纤维素的保水性，促进细胞内部营养物质的释放，使细胞内养分暴露于动物本身的消化酶，从而使细胞壁中的养分更为有效地被动物消化利用。同时，酶分解饲料中的纤维素，降低纤维的保水性，可以增加动物采食量，提高养分的可利用率。试验表明[38]：在含 35% 麦麸的饲粮中添加 GXC30mg/kg，使干物质、粗蛋白、粗脂肪、粗纤维、粗灰分的表观消化率分别提高 11.23%、10.49%、30.83%、66.13% 和 29.44%。另外，在鸡的试验中，各营养物质的消化率也都有不同程度的提高。

（3）减少有害菌繁殖，改善肠道形态结构　含 β-葡聚糖酶的酶制剂的添加可以减少因消化率降低引起的营养物质在消化道内的蓄积，从而削弱肠道细菌繁殖，这种变化还可使肠道的形态结构发生有利于营养物质消化吸收的变化。李霞[39]发现，添加含 β-葡聚糖酶组猪空肠绒毛的高度及微绒毛高度比分别较大麦对照组高 54.17% 和 1.61%。

（4）通过改变消化部位来改善饲料利用率　通常日粮中纤维素在猪小肠中的消化降解非常有限，仅有 30% 的细胞壁物质可在大肠发酵并以挥发性脂肪酸的形式存在。Charles[40]的试验证实，在大麦日粮中加入含有 β-葡聚糖酶的酶制剂，能量的利用率提高了 13%，蛋白质的消化率增加了 21%，推断其机理是通过改变大肠消化或小肠消化实现的。

（5）提高动物对外来有害微生物的抵抗力　β-葡聚糖酶可以对微生物的细胞壁分解，将其杀死，从而增加机体对疾病的抵抗力。

（四）　β-葡聚糖酶在动物营养中的应用

1975 年，美国饲料业首次在大麦饲料中添加 β-葡聚糖酶，并取得了显著效果，从而引起世界各国重视。现在欧洲等国家通过使用葡聚糖酶制剂已使大麦等能量饲料在饲料中用量达 70%。近年来，随着我国畜禽饲料生产的规模化、现代化，玉米已经远远不能满足饲料生产的需要。因此，大麦、小麦、燕麦等麦类作物在饲料中的用量不断增加，但这些原料中抗营养因子 β-葡聚糖含量较高，难以被单胃动物（猪和禽）吸收，导致营养物质消化率低下，饲养效果差，限制了麦类作物及其副产品在饲料中的应用。利用 β-葡聚糖酶降解 β-葡聚糖，消除其抗营养因子作用，从而提高饲料利用率，开发麦类能量饲料新资源，已成为饲料工业研究热点之一。

1. β-葡聚糖酶在猪饲料营养中的应用

Clarke[41]报道，在以大麦为主要能量饲料的猪饲粮中添加 β-葡聚糖酶，可以提高能量利用率达 13% 和蛋白质利用率达 21%。在 3~6 周龄猪无壳大麦+豆粕型日粮中添加 β-葡聚糖酶对干物质（DM）、有机物（OM）、总能（GE）、粗蛋白（CP）及 β-葡聚糖和氨基酸的表观消化率和消化率研究表明：DM 的真消化率提高 6.6%（$P<0.05$），表现消化率提高 1.8%（$P<0.05$）；OM 的真消化率提高 6.6%（$P<0.05$），表观消化率提高 1.9%（$P<0.05$）；CP 的真消化率提高 8.3%（$P<0.01$），表观消化率提高 5.4%（$P<0.01$）；GE 的真消化率提高 6.2%，表观消化率提高 2.6%（$P<0.01$），β-葡聚糖的真消化率提高 12%（$P<0.01$），表观消化率无差异，各类氨基酸的真消化率和表观消化率也有不同程度提高（2.5%~4.9%）。

Owusu[42]以 12kg 重的仔猪为对象，在以大麦为基础的饲粮中添加 β-葡聚糖酶，日增重和饲料转化率分别提高了 11% 和 16%。郭小权[43]对仔猪、中猪和大猪的研究表明，在 3 种饲粮中用大麦替代日粮中 40%、50% 和 70% 的玉米，饲料中加 β-葡聚糖酶，DM、CP 和 DE 的消化率显著提高。Agyekum[44]报道，将含中性蛋白酶、α-淀粉酶和 β-葡聚糖酶的混合物，应用于早期断奶仔猪，可改善日增重及饲料转化率。MAO 等[45]的研究结果表明，在带有少量麦壳的大麦型饲粮中添加 β-葡聚糖酶，DM、CP 和能量消化率有适当改善。

2. β-葡聚糖酶在家禽饲料营养中的应用

以小麦或燕麦为基础的饲粮中添加 β-葡聚糖酶[46]，饲料转化率分别提高了 6.2% 和 23%。Yu[47]在大麦、燕麦和小麦为主要成分的饲粮中添加 β-葡聚糖酶，可提高青年鸡的日增重和饲料转化率。Zarghi[48]在以大麦为基础的肉用仔鸡饲粮中添加 1mg/kg 和 2mg/kg β-葡聚糖酶，21 日龄体重比未加酶组分别增长 23% 和 23%，其中添加 2mg/kg 组的鸡性能指标与玉米组相同。

近年来，对饲料中 β-葡聚糖的抗营养研究取得了很大进展，尤其是利用 β-葡聚糖酶来消除饲料（特别是麦类作物及其副产品）中 β-葡聚糖的抗营养作用，改善饲料的营养价值，以及通过配伍其他酶（如木聚糖酶、蛋白酶等）来进一步提高畜禽的生产性能等方面，人们已进行了大量的研究，取得了大量成果和极大的经济、社会效益。但是，作为一种很有开发前景的新型饲料添加剂，β-葡聚糖酶还有许多方面有待于深入研究。

四、 木聚糖酶在饲料中的应用

目前，中国饲料类型以玉米-豆粕型为主，其中玉米作为主要的能量饲料常占到日粮组成的60%左右。但是，由于玉米、豆粕等饲料原料严重短缺，为满足快速发展的饲料需求，客观上要求充分地利用我国资源丰富的小麦麸、米糠、菜粕、棉粕等。然而，这些植物性原料存在着抗营养因子。非淀粉多糖（NSP），特别是可溶性非淀粉多糖（SNSP），便是其中一种主要的抗营养因子。为了有效地利用这些饲料原料，需要使用木聚糖酶等酶制剂。同时，随着我国食品安全日益得到重视，抗生素等易产生残留、污染环境等问题的饲用添加剂的使用将受到限制或禁用，而木聚糖酶等饲用酶制剂作为无公害饲料添加剂，将会得到大力推广。

（一）木聚糖及其抗营养性

木聚糖是一类广泛存在于常用植物性饲料原料（玉米、小麦、菜粕和棉粕）中的半纤维素，约占细胞干重的35%。

木聚糖将饲料营养物质包围在细胞壁里面，部分纤维可溶解于水并产生黏性物质。这些黏性物质抑制动物的正常消化功能，妨碍动物吸收营养。阿拉伯木聚糖可吸收约10倍于自身重量的水，增加肠道食糜黏度，延迟食物通过消化道的时间，降低单位时间内养分的同化作用，从而产生较强的抗营养作用。

1. 对消化道酶活力影响

木聚糖可直接与肠道胰蛋白酶、脂肪酶络合，降低其活性，刺激动物代偿性大量分泌消化液，导致动物胰脏、肝脏的增生与肥大，内源性氮的损失增加[47]可溶性木聚糖引起的高黏性肠道内环境还能降低肠道 pH，增加内源氮排泄。

2. 对肠道微生物的影响

肠道黏度增加导致营养物质在肠道内蓄积，形成富含养分的食糜，使微生物在这里发酵，损害肠道黏膜正常形态与功能。病原菌在肠道内的大量繁殖还可导致动物腹泻、死亡。Stefanello[48]报道，饲喂小麦、大麦、黑麦饲粮的动物肠道内细菌数量显著增加。饲喂大麦的畜禽粪便干物质含量与大麦黏度呈高度负相关，大麦每提高一个黏度单位，则粪的湿度提高2%。对于家禽来说，湿润的粪便容易黏附在泄殖腔周围，污染禽及禽蛋，并提供微生物发酵的场所，从而产生大量的氨气。此外，它还促使真菌孢子繁殖，不利于家禽的健康。

总而言之，木聚糖能降低饲料的畜禽表观代谢能，降低蛋白质、氨基酸、脂肪等营养物质的消化吸收和养分利用率，并且影响消化道的生理形态及内源酶的活性，使食糜水分增加，排空速度减慢，导致后肠道大肠杆菌等有害微生物的发酵。

（二）木聚糖酶的作用机理

木聚糖酶的主要作用机理是：

（1）木聚糖酶通过降解木聚糖来打破细胞壁的坚固结构，包裹在里面的养分由此释放出来，从而提高这部分养分的消化率；

（2）降低胃肠道食糜的黏性，从而降低了对肠道的副作用。提高内源消化酶的扩散速率，并降低了其与小肠黏膜的有效作用，最终提高养分的消化吸收效率；

（3）能够提高内源性消化酶的活性，促进养分的消化吸收。木聚糖酶把结构复杂的木聚糖分解成木寡糖和单糖，促进底物与内源酶结合，从而提高内源酶活力，木聚糖酶同时使黏膜表面不动水层变薄，促进养分的消化吸收。同时，消化道糖浓度的降低也利于水、蛋白质、脂类、电解质的内源分泌，从而使消化道功能得到改善。此外，木聚糖的物理特性也抑制了胆酸的分泌，从而使脂肪代谢得以顺畅；

（4）木聚糖酶使木聚糖黏性降低后，食糜的排空速度提高，降低了小肠内的发酵，抑制了厌氧微生物的生长，降低肠道疾病的发生率。试验结果表明，木聚糖酶能和卑霉素一样，降低回肠和结肠中的致病性大肠杆菌的数量[50]。

（三）木聚糖酶在饲料中的应用

饲料中添加木聚糖酶的研究主要体现在提高能量、氨基酸、脂肪等营养物质的消化率和提高生产性能、改进胴体品质等方面。

1. 木聚糖酶在猪饲料中的应用

木聚糖酶能降低猪饲料成本，减少饲料浪费。它和蛋白酶组成的酶制剂应用于仔猪，能提高仔猪日增重，降低仔猪死亡率；能使蛋白质消化率提高3%，氨基酸浓度提高3%，纤维消化率提高17%（$P<0.01$），氮利用率提高10%（$P<0.01$），蛋白质沉积率提高9%（$P<0.01$）[50]。木聚糖酶和葡聚糖酶组成的酶制剂，能使饲喂大麦型日粮猪的盲肠纤维消化率由7%提高到57%，而盲肠蛋白质、纤维及脂肪消化率的提高又使代谢能增加了大约0.5MJ/kg。木聚糖酶、葡聚糖酶和纤维素酶组成的复合酶制剂（GXC）对56日龄仔猪消化性能的影响时发现，在含35%麦麸饲料中添加木聚糖酶可提高生长猪淀粉、粗蛋白质、粗灰分的回肠消化率，但不影响各营养指标的粪表观消化率。在含35%麦麸的饲料中添加GXC30mg/kg，使干物质、粗蛋白质、粗脂肪、粗纤维、粗灰分的表观消化率分别提高11.23%、10.49%、30.83%、66.13%和29.44%；肠内容物黏度、粪中大肠杆菌数和腹泻频率分别降低25.77%、88.51%和72.03%；胃、胰、小肠的相对重量分别降低9.48%、8.94%和7.29%；十二指肠内容物总蛋白水解酶和淀粉酶活力分别提高20.96%和5.66%；小肠绒毛高度提高22.94%，且微绒毛较长，数量多，均匀一致。日增重可比玉米组和未加酶组分别提高6.79%和15.25%，料重比分别降低3.83%和8.50%。Weiland[51]等研究木聚糖酶对不同阶段生长猪养分消化率的影响，发

现木聚糖酶对 37~46 kg 生长猪 DM 消化率和日粮消化能没有显著影响；对于 56 kg 生长猪，木聚糖酶能提高饲喂玉米豆粕的生长猪的 DM 消化率和日粮消化能，但降低饲喂30%DDGS 生长猪的 DM 消化率和日粮消化能；还使 70kg 生长猪 DM 消化率提高了3.4%，日粮消化能提高了 0.15 Mcal/kg。

2. 木聚糖酶在鸡饲料中的应用

Choct 等[52]报道，在肉鸡的小麦饲粮中，阿拉伯木聚糖含量与表观代谢能、氮沉积、饲料转化率和增重呈负相关。含 4%阿拉伯木聚糖的小麦日粮，使淀粉、蛋白质和脂肪的消化率分别下降。在添加木聚糖酶后，表观代谢能、增重、饲料转化率、蛋白质沉积率及粪便污染都得到了改善。试验结果表明小麦型日粮中添加木聚糖酶，肉鸡生长性能和饲料转化率与玉米型相同甚至可超过玉米型日粮。添加木聚糖酶能有效地改善生长表现、脂肪与脂肪酸消化率以及能量转化率。

Angkanaporn[53]报道，小麦日粮添加木聚糖酶可以提高蛋鸡生产性能，并认为其原因是木聚糖酶提高了小麦日粮蛋鸡的表观代谢能和降低了肠道食糜黏度。木聚糖酶显著改善蛋鸡的生产性能，提高幅度远高于先前的报道，这可能与饲料营养水平、添加酶制剂的种类和有效酶活力的剂量有关。

五、 果胶酶在饲料中的应用

(一) 果胶酶在饲料中的作用机理

果胶是以 α-1,4 糖苷键连接的聚半乳糖醛酸为骨架链，主链中连有（1-2）鼠李糖残基，部分半乳糖醛酸残基经常被甲基酯化。该结构是通过鼠李糖基的 C4 位置携带取代基阿拉伯低聚糖、半乳低聚糖或阿拉伯半乳低聚糖。果胶类物质主要有阿拉伯低聚糖、半乳聚糖或阿拉伯半乳聚糖，其中阿拉伯聚糖是由呋喃阿拉伯糖通过-1,5 糖苷键连接成主链，有时通过 C3 或 C2 位连有分支。半乳聚糖是由 β-吡喃半乳糖通过-1,4 键连接而成的线性结构。若此链上通过 C2 位置连有取代基阿拉伯糖或阿拉伯低聚糖，则成为阿拉伯半乳聚糖。果胶或果胶类物质均溶于水，它们在谷物纤维中的含量少，但在豆类及果蔬和甜菜渣纤维中含量较高。果胶能形成凝胶，对于维持日粮纤维的结构具有重要的作用。果胶在原料中的存在形式及其酶作用机理如图 11-6 所示[54]。从图 11-6 中可知按照对底物作用方式的不同对果胶酶进行分类，可分为聚半乳糖醛酸酶（Polygalacturonase，PG）、果胶酸裂解酶（Pectate Lyases，PL）和果胶胶酯酶三类。

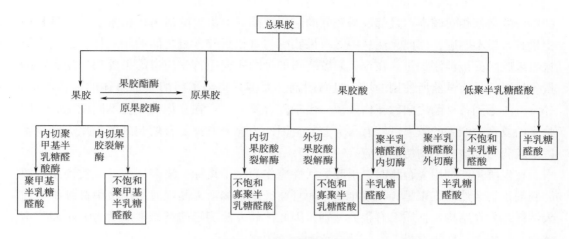

图 11-6　果胶酶解示意图

（二）果胶酶在饲料中的应用实例

Flores[55]用含有较高剂量的半纤维素酶、果胶酶和蛋白酶的商品酶制剂添加时能显著提高豆粕日粮的表观代谢能，减少粪便含水量，提高回肠蛋白质消化率，减少空肠和回肠食糜半乳寡糖的量。Tahi[56]研究表明，果胶酶能防止果胶类物质引起的仔鸡生产性能下降，并且增加了肝脏脂肪和血清胆固醇的浓度。果胶酶与植酸酶联合使用能更有效地提高小麦日粮肉仔鸡的增重和采食量，果胶酶（900U/g）、酸性磷酸酶（日粮 100U/g）和酸性蛋白酶（每克日粮 42U）等的复合物能提高火鸡生产性能、骨骼矿物化和钙磷存留量[57]。果胶酶根本的作用在于降解饲料中的非淀粉多糖中的果胶质类抗营养物质，从而降低动物食糜的黏度，还有可能增加动物对饲料能量的利用率。因此，从消化吸收的角度研究果胶酶对营养物质消化率的影响还有待于进一步开展。另外，试验用的果胶酶为固态发酵的粗酶制剂，还存在其他多种酶成分，更客观地讲，试验效果应该是多种酶组合的综合效应，应该分析其他酶成分，设置不同的添加剂量，为果胶酶更合理地在动物养殖业中的应用提供依据。诚然，动物和日粮类型也是应用果胶酶制剂需要考虑的因素。王春林等在玉米-豆粕日粮中添加果胶酶制剂能显著提高 21 日龄肉仔鸡的平均日增重和采食量，并且提高饲料转化率，与添加金霉素有相当的促生长作用。但是后期（21 日龄后）添加酶制剂的效果并不明显，并且认为饲料中果胶酶制剂的添加量以 500 mg/kg 为宜。

（三）果胶酶应用前景及问题

非淀粉多糖是指植物组织中除淀粉以外所有碳水化合物的总称，由纤维素、半纤维素、果胶和抗性淀粉四部分组成。目前酶制剂的研究多集中在纤维素酶和淀粉酶上，对饲用果胶酶并没有进行深入的研究。果胶酶可为其他酶的酶解反应提供作用底物，其作用在酶解反应开始阶段显得尤为重要。在目前的复合酶制剂中，果胶酶与其他酶类相比的单位酶活都相对较高，且都取得较好的应用效果。但由于酶活力单位不统一，且日粮中果胶含量不明确，因此无法从中寻求果胶酶与日粮果胶含量之间的相关性，也就不能得出果胶酶的最佳添加量。在今后果胶酶添加量的研究中首先应考虑果胶酶作用底物的量。另外，目前试验所使用的均为粗酶制剂，大多只指出了粗酶制剂整体的最佳用量，并没有考虑到各种酶之间的互作效应。由于复合酶内部存在互作效应，不同配比或不同浓度的复合酶产生的效果可能有很大差异，因此为充分发挥复合酶制剂的作用，亦应考虑果胶酶与其他酶类的协同效应。

　　在发酵生产饲用复合酶时，果胶酶活性应作为一个指标。诸多试验已证实使用外源酶制剂水解天然纤维素是相当困难的，而且在纤维素酶活力测定时所用羧甲基纤维素与天然纤维素在结构与性质上有很大差别，因此体外方法测定的纤维素酶活力并不能完全体现其在体内的作用效果。

　　酶活力单位的定义是应用酶制剂首要考虑的问题，而目前酶制剂的酶活单位并没有统一起来。不同的酶活力单位可导致酶的理论添加量上百倍的差异。而且在相互之间的转化计算上也不具可操作性。在发酵生产或体外试验条件下定义的酶活力单位与酶在动物生理条件下的实际环境也有很大差异，如何规范酶制剂酶活力的单位定义直接决定了酶制剂实际的推广效果，只有在二者之间找到一个平衡点才能真正解决酶制剂添加量上的盲目性。

　　单体酶及其复合效应的研究应是今后研究重点之一。在动物生产上复合酶制剂的作用显然要大于单体酶，但单体酶作用效果的研究毫无疑问将直接对复合酶的研究起指导作用。粗酶制剂在生产上的应用效果基本上已经得到肯定，但为进一步发挥其作用效果或提高其性价比就有必要更清楚地了解单体酶的作用机理。目前复合酶制剂发酵生产工艺主要针对菌种的选育和生产工艺参数的优化，如菌种选育、单菌种或多菌种选择、培养基配比、培养温度、pH、时间等参数的确定，而缺乏足够的数据来确定发酵终产品的目标特性，如酶种类、配比和酶活力，这也直接约束着发酵产品的使用范围和效果。这些都需要进一步深入研究。

六、　甘露聚糖酶在饲料中的应用

　　甘露聚糖是半纤维素（Hemicellulose）中含量仅次于木质素的第二大复合物，它以 $\beta-1,4$ 糖苷键链接构成主链的基本骨架，由半乳糖、葡萄糖等以 $\beta-1,6$ 糖苷键链接成支链结构，如图 11-7 所示[58]。不仅存在线性的甘露聚糖，而且还存在半乳甘露聚糖、葡甘露聚糖及半乳葡甘露聚糖。甘露聚糖是豆类等各种饲用原料的主要抗营养因子，能显著影响营养物质的消化吸收，造成动物的生产性能降低，而 β-甘露聚糖酶作为饲料工业使用广泛的新型非淀粉多糖酶制剂，可以水解日粮中的甘露聚糖，降低食糜黏度，提升日粮营养物质的消化率；其重要的水解产物甘露寡糖是有效的肠道益生菌增殖因子，能够改善肠道健康[59]，β-甘露聚糖酶在饲料行业中用作饲料酶添加剂，起到消除抗营

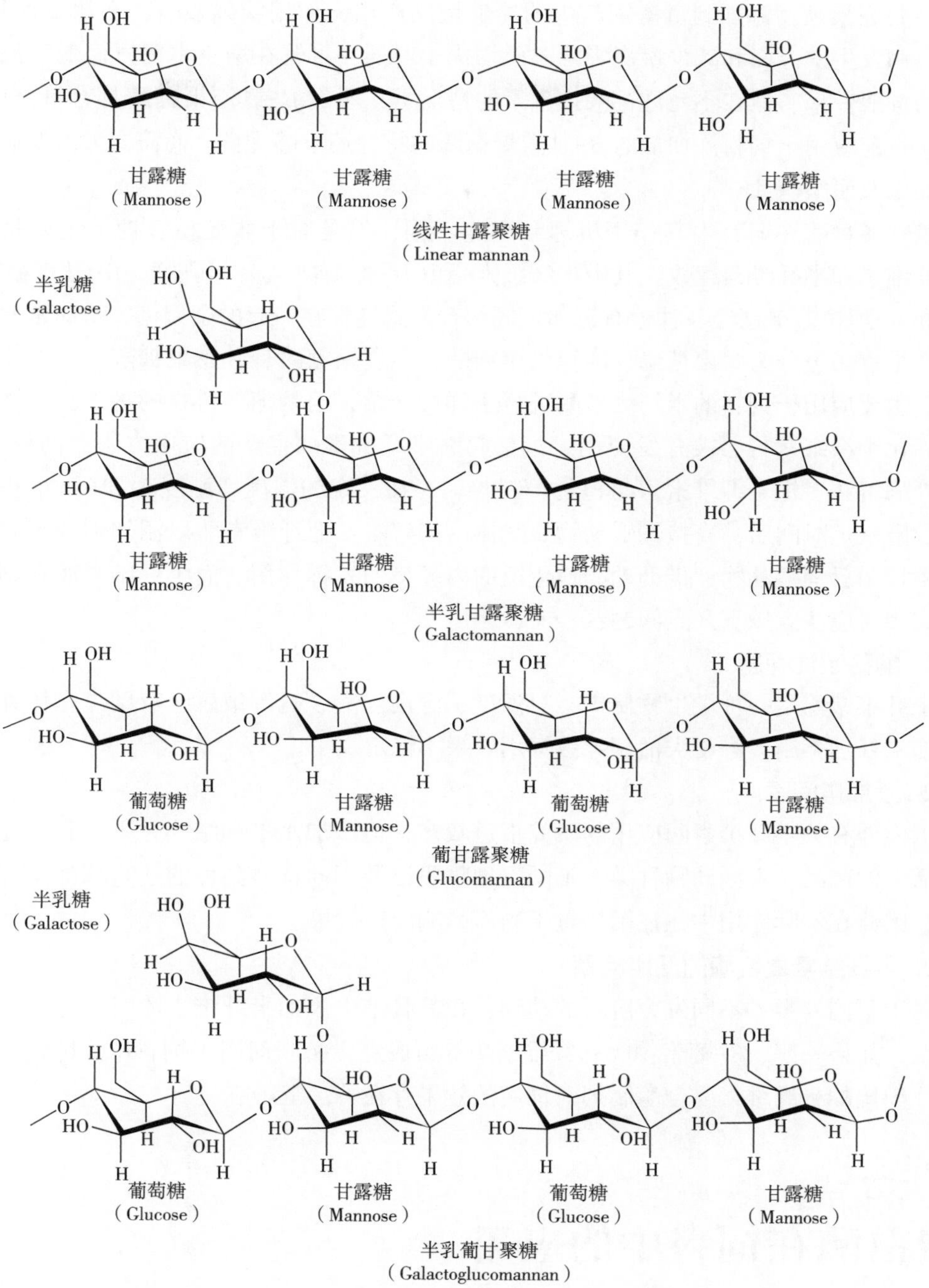

甘露糖
（Mannose）　　甘露糖
（Mannose）　　甘露糖
（Mannose）　　甘露糖
（Mannose）

线性甘露聚糖
（Linear mannan）

半乳糖
（Galactose）

甘露糖
（Mannose）　　甘露糖
（Mannose）　　甘露糖
（Mannose）　　甘露糖
（Mannose）

半乳甘露聚糖
（Galactomannan）

葡萄糖
（Glucose）　　甘露糖
（Mannose）　　葡萄糖
（Glucose）　　甘露糖
（Mannose）

葡甘露聚糖
（Glucomannan）

半乳糖
（Galactose）

葡萄糖
（Glucose）　　甘露糖
（Mannose）　　葡萄糖
（Glucose）　　甘露糖
（Mannose）

半乳葡甘聚糖
（Galactoglucomannan）

图 11-7　β-1，4 甘露聚糖/异甘露聚糖的示意图

养因子的作用和改善饲料的营养价值。甘露聚糖是饲料中的抗营养因子（Antinutritional Factor），添加甘露聚糖酶的饲料能够提高饲料转化率。饲喂 β-甘露聚糖酶，能够提高商品蛋鸡产蛋初期的蛋重，增加鸡蛋产量并适当延缓产蛋高峰期后的产能的快速下降[60]。

β-甘露聚糖酶添加到畜禽饲料中的能够增加产出，作用明确显著，在体重增长率、降低疾病发生率方面和减少疾病影响方面均优于对照，尽管在增重率等方面低于添加抗生素的饲喂效果，但在不允许饲喂抗生素的情况下，添加 β-甘露聚糖酶具有重要作用。但是，目前应用于饲料添加剂的 β-甘露聚糖酶的特性还不够优良，尚需要大力发展其热稳定性以及耐酸碱性[61]。

虽然各种酶在饲料中其作用机理和用途不同，但是对于非淀粉多糖类主要是由植酸、纤维素和半纤维素组成，其中半纤维素是由 D-葡萄糖、D-半乳糖、D-甘露糖、D-木糖和 L-阿拉伯单糖经各种糖有键和不同结合方式连接在一起的杂聚糖，从而常常提及的半纤维素酶也分为木聚糖酶、阿拉伯聚糖酶、半乳聚糖酶、甘露聚糖酶等。上述已经对目前主要应用于饲料的半纤维素酶进行了详细介绍，但是随着科技的进步，越来越多的商品化半纤维素将会被开发应用。概括起来半纤维素酶主要的应用方法有两种，即：①体外酶解法：把半纤维素酶与植物饲料拌匀，在一定的温度、湿度和 pH 下堆积或密封，发酵一定时间后，直接饲喂动物。②体内酶解法：把纤维素酶以添加剂的形式加入饲料中拌匀后饲喂动物，借助动物消化道的内环境而发挥作用。而半纤维素酶在饲料工业中应用时应注意以下几点问题：

1. 酶稳定性问题

半纤维素酶是一种微生物制剂，对温度、湿度、酸、碱等敏感。特别是在体外酶解时，如果处理不当，容易失活，导致饲用效果不稳定。

2. 添加量问题

国内外有关半纤维素酶应用的研究报道较多，但添加水平和结论并不一致。对于不同酶活性的产品、不同动物种类、不同生理阶段以及不同饲料品种的适宜添加量并没有明确，因此在实际应用中往往因用量不当而影响应用效果。

3. 半纤维素复合酶的配比问题

对于不同种类、不同发育阶段的动物，在其日粮中添加半纤维素酶时往往会添加其他酶系，如果胶酶、β-葡聚糖酶、纤维素酶等组成复合酶制剂用于饲料中。因此，不同组合及配比的半纤维素复合酶制剂对饲用的效果存在着一定影响。

第二节
蛋白酶在饲料中的应用

蛋白酶可促进动物机体对饲料中蛋白质的消化利用、降低饲料中的抗营养因子、解决幼龄动物在断奶后出现的腹泻等和养殖场臭气冲天的问题。蛋白酶按最适 pH 可分为酸性、中性和碱性蛋白酶，酸性蛋白酶的最适 pH 2~3，主要在胃部发挥作用，中性蛋白酶最适 pH 7，主要在嗉囊和小肠中发挥作用，而碱性蛋白酶最适 pH 8，主要在小肠发挥作用。本节主要介绍菠萝蛋白酶和角蛋白酶在饲料中的应用。

一、菠萝蛋白酶在饲料中的应用

（一）菠萝蛋白酶的药用功能

近年来，国内外不少专家和学者对菠萝蛋白酶的药用功效做了许多研究工作，尤其是在预防和治疗仔猪腹泻方面成果突出。

仔猪大肠杆菌性腹泻是养猪场最常见的疾病之一。肠毒源性大肠杆菌（Enterotox Igenic *Escherichia coli*，ETEC）是引起仔猪腹泻的主要病菌之一，其致病的前提是必须能在小肠黏膜定居、繁殖并产生肠毒素。ETEC 表面能产生菌毛黏附因子，使得这些菌株很容易吸附并定居于小肠黏膜。现已分离鉴定的 ETEC 黏附因子有 K88、K99、987P 及 F41 等。K88+ETEC 对小肠黏膜上糖蛋白受体的黏附，是腹泻疾病形成的重要早期因素。

在体外试验中，对人类、猪和牛小肠的蛋白酶处理抑制了受体活性和 ETEC 系（携带 CFA／Ⅰ和 CFA／Ⅱ，K88 和 K99）的黏附。Mynott 等[62]的研究结果表明，口服菠萝蛋白酶能帮助 K88+ETEC 攻毒仔猪对抗致命疾病，改善猪的健康状态，所有未经处理的 K88+ETEC 攻毒仔猪从攻毒开始 5d 后腹泻，相比较而言，菠萝蛋白酶治疗组猪只有 50%（低剂量组）和 40%（高剂量组）腹泻。同期，Mynott 等还证实，在口服菠萝蛋白酶时，因为 ETEC 受体对蛋白酶治疗敏感，所以可以抑制 ETEC 受体活性和 K88+ETEC 对猪小肠的附着，从而防治 ETEC 腹泻。国外还曾有通过给发生腹泻的初生仔猪口服卵黄抗体和菠萝蛋白酶的方法来对仔猪大肠杆菌性腹泻进行治疗[63]，也取得很好的效果。由此可见，菠萝蛋白酶治疗腹泻，主要是通过蛋白酶的水解作用破坏病原体的肠道受体而发挥作用。当然，因为菠萝蛋白酶还具有刺激免疫系统、促进药物吸收等作用，所以菠萝蛋白酶预防和治疗细菌性仔猪腹泻的机理也是多方面的。菠萝蛋白酶通过清除微生物附着的受体，可以从源头截断病原。由于它不直接作用于病原，所以不会产生耐药菌株。而且，菠萝蛋白酶是植物提取物，本身又是蛋白质，能被机体有效降解，无污染，无残留。从这一点上看，菠萝蛋白酶可以在一定程度上对抑制兽药中抗生素的滥用起到积极的推动作用。

（二）菠萝蛋白酶的在畜牧业中的应用前景

菠萝蛋白酶作为一种植物提取物，其应用已有很长的历史，安全性已受到时间的考验，对当前危害人类健康的疾病，如心血管疾病、癌症等，菠萝蛋白酶已表现出其应用潜力。它对疾病的预防和控制过程与抗生素不同，不会涉及到杀死侵入的微生物，因此不会引发病原体演变成新的"抗药性"菌株。在一些试验中，菠萝蛋白酶还作为饲料添加剂可以提高哺乳期小猪和断奶期小猪的生长速度[64~67]。另外，菠萝蛋白酶对抗生素药物的增强效应，也可以在达到治疗效果的同时，减少抗生素的用量。从而解决养殖业中药物过滥的问题，这也是 21 世纪新兽药开发的指导原则。

菠萝蛋白酶应用于饲料的优点包括：①原料充足。菠萝在世界范围内的栽培量及产量都很可观，湛江市徐闻县每年产量就达 40 多万吨，占全国产量的 1/3。因此，将菠萝生产的下脚料以及菠萝根茎等用作菠萝蛋白酶生产的原料，可提高菠萝的利用率，产生更高的经济效益。②活性高、抗逆性强，活力可达 $1.2 \times 10^6 U/g$。菠萝蛋白酶具有较强的蛋白酶活性，有助于饲料中蛋白质的降解，从而提高饲料蛋白质的可消化性。同时，菠萝蛋白酶在消化道内能保持一定的活力，可经受胃酸和胃蛋白酶的作用，且在伴有碱性物质服用时的酶活力更强。③提高抗病力。菠萝蛋白酶能够提高动物的免疫力，增强抗生素等药物的药效，降低人与动物患病的概率，减少对环境的压力，有助于生态和谐。④安全性高。菠萝蛋白酶安全性已受到时间的考验，其在医药及食品上的应用已有很长的历史，鲜见有关毒性的报道。

作为一种以植物为原料的提取物，存在以下问题：①提取成本高，设备工艺复杂。②保存条件苛刻。作为一种生物活性成分，需要合适的温度、pH 等储存条件。有研究指出，果菠萝蛋白酶在 -4℃ 条件下保存 180 d 后的存留活力降为原始活力的 75%，之后再降低保存温度所得酶活力与 -4℃ 没有显著差异。③原料产地限制。虽然我国菠萝产量很高，但是基本多集中在亚热带地区，液体粗酶制剂因运输困难，局限于产地，而经过精制后的酶制剂成本高，限制了菠萝蛋白酶的应用范围。

二、 角蛋白酶

蛋白质资源的短缺是我国饲料行业、养殖行业面临的严重问题。据相关数据统计，2013 年中国进口大豆量为 6338 万 t，2014 年为 7140 万 t，2015 年则为 8169 万 t，同比增长达 30%。而我国大概每年可产生废弃羽毛约在 200 万 t，利用角蛋白酶降解羽毛角蛋白，可获得营养价值较高的羽毛粉。

(一) 角蛋白酶的分类和作用机理

按照蛋白酶活性中心分类[68,69]，角蛋白酶可分为三类：丝氨酸蛋白酶、金属蛋白酶、天冬氨酸蛋白酶。其中丝氨酸蛋白酶类的角蛋白酶数量最多，应用也最广。根据亚基组成，可分为单体酶和复合酶；根据温度和酸碱性质，可分为酸性、中性和碱性角蛋白酶；根据分泌情况可将其分为胞内酶和胞外酶。角蛋白酶的底物范围一般比较广泛，除角蛋白外，还可水解多种可溶性和不溶性蛋白质底物，如牛血清白蛋白、酪蛋白、胶原蛋白、弹性蛋白、血红蛋白、明胶和卵蛋白等，且对胶原蛋白和弹性蛋白的水解能力较强。只有极个别的底物比较专一，如鸡禽毛癣菌的角蛋白酶底物范围很窄，只能利用鸟类羽毛。并且该蛋白酶具有自身水解性，角蛋白酶在溶解状态下可发生自身水解引起其酶活力的下降。

由于角蛋白均为保护组织，其结构组成致密，因而无论是化学水解还是酶水解较为困难，以羊毛纤维为例，图 11-8[70] 为 1996 年 Bruce Fraser 和 Tom Macrae 绘制的羊毛纤维示意图。对于毛发类角蛋白角蛋白可分为三大类：α 角蛋白、β 角蛋白和 γ 角蛋白。α 角蛋白具有 α 螺旋三级结构，硫含量低，平均摩尔质量在 60~80kDa 范围内，一般在毛发纤维层。β 角蛋白主要起保护作用，形成大部分表皮。由于交联致密，β 角蛋白很难提取。γ 角蛋白呈球形，硫含量高，分子质量（约 15kDa）比其他类型的角蛋白低。它们作为二硫化物交联剂发挥作用，将皮质上部结构结合在一起。因此对于角蛋白的酶解需要分两步进行，首先切断二硫键，然后进行肽链的水解，这两个步骤相辅相成，互相促进。二硫键的打开，肽链变得松散，其上的酶切位点暴露，有利于角蛋白酶快速降解角蛋白。对于微生物降解角蛋白则可以分为变性作用、水解作用和转氨基作用。变性作用指维系角蛋白三维结构的二硫键被破坏，角蛋白丧失不溶性和抗酶解能力的过程。在变性作用过程中由于二硫键断裂方式的不同又形成了以下四种理论，即物理压力理论、膜电位理论、复合酶理论和无机变性理论[71]。对于角蛋白酶的作用机制不断有新的理论报道[72]。

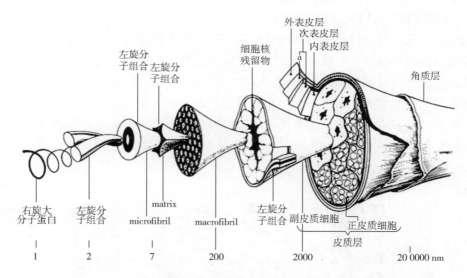

图 11-8 羊毛纤维示意图

（二）角蛋白酶在饲料行业中的作用

1. 提高蛋白的利用率，降低粪便中蛋白质含量

角蛋白酶由于特异性差，可以分解角蛋白以外的其他蛋白质，如血红蛋白、明胶和卵蛋白等，甚至是胶原蛋白和弹性蛋白等不可溶性蛋白同样可以进行水解。因此，在动物饲料中添加角蛋白酶可有效地将蛋白质水解成多肽或氨基酸，提高动物对营养物质的消化率和吸收率，合理利用生物资源而减少皮毛等含有角蛋白废物的大量堆积和降低动物粪便中蛋白的含量。以 Odetallah[73] 等的试验为例，添加地衣芽孢杆菌 PWD-1 蛋白酶

后肉鸡的增重大幅度提高，且饲料转化率高；空肠黏性显著降低。

2. 增加畜禽养殖业的收入， 避免环境污染

据统计，每年全球鸡肉生产中将产生 5 亿 t 的羽毛废料。一般采用物理、化学、生物等方法处理。物理法工艺简单，产物单一，用作饲料替代物口感不佳，吸收率低。化学法产率低，易破坏产物结构，消耗大量能量并污染环境。利用角蛋白酶特异性地降解羽毛等此类废弃物，可以避免机械性损伤，合理利用羽毛、被毛中的营养物质，从而降低饲料成本，大大减少环境污染。Yang 等[74]研究改造分泌角蛋白酶的菌株，可以在 12h 完全降解羽毛。

3. 角蛋白酶可改善畜禽免疫力

在动物饲料中添加多种酶制剂可提高动物的生产性能，提高动物对饲料的消化率，降低饲料中抗原的免疫原性，提高畜禽的免疫力。张荣飞等[75]研究结果显示，添加 0.08%~0.12% 的角蛋白酶可以显著地提高断奶仔猪的日增重和饲料转化效率，且血清中的白蛋白水平提高了 20%。此试验表明，角蛋白酶不仅可以提高饲料消化率，还可以促进肝脏对白蛋白的合成，改善动物的免疫力。

4. 角蛋白酶可降解大豆抗原蛋白

大豆抗原蛋白可使仔猪血清中大豆抗原特异性抗体滴度升高，小肠绒毛萎缩，隐窝细胞增生，同时导致消化吸收障碍、生长受阻以及过敏性腹泻。对于仔猪等幼龄动物的肠道屏障功能，引起吸收障碍和腹泻，影响动物的生长发育，从而给畜牧业造成重大损失。以商品化的加拿大集富（JEFO）的碱性蛋白酶为例，不仅可以有效地改善豆粕、肉骨粉、豌豆等的蛋白消化率，而且还可以增加黏膜绒毛长度及单位面积内绒毛数量（如图 11-9 所示）。

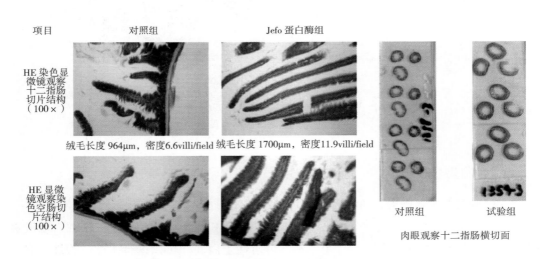

图 11-9　JEFO 碱性蛋白酶对肠道的改善作用

第三节
溶菌酶在饲料中的应用

一、 溶菌酶在饲料中的应用机理

畜禽胃肠道疾病是影响生产的主要疾病之一，传统预防措施是在饲料中添加抗生素。近年来，随着科学水平的提高，人们对抗生素的副作用有了越来越深刻的认识，如耐药菌的产生、抗生素在畜产品中的残留以及抗生素的长期使用而导致畜禽免疫功能下降等。溶菌酶是 1922 年 Alexander Fleming 发现的一种能选择性地溶解微生物细胞壁的酶类，经试验证明可用于防治畜禽胃肠炎、消化不良及化脓性过程。溶菌酶（Lysozyme，LZ），又称 N-乙酰胞壁质聚糖水解酶（N-acetylmuramide Glycanohydrase），是一种能特异性水解细菌细胞壁肽聚糖的糖苷水解酶。不同来源的 LZ，其作用底物的种类及位点均有差异。如卵清蛋白溶菌酶由 129 个氨基酸组成的一条单一肽链（结构如图 11-10 所示）[76]，含四对二硫键交联结合，结构稳定，在较大 pH 范围内活性不受影响。它的活性中心（Glu35 和 Asp52）可催化水解 N-乙酰胞壁酸和 N-乙酰葡萄糖胺间的 β-1，4 糖苷键。Glu 35 作为质子供体，攻击底物 C—O—C 糖苷键的氧，而 Asp52 共同参与稳定产生的瞬时 C—O 正离子，再与离子化水分子生成的 OH—发生反应。通过此胞壁质酶活

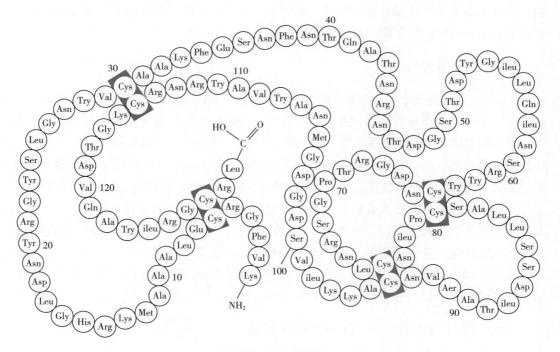

图 11-10　溶菌酶结构

性，破坏肽聚糖，导致细胞壁破裂，内容物泄露而使细菌溶解，从而实现杀菌。LZ 的主要作用对象是 G+菌的细胞壁。对于不同的微生物，溶菌酶作用机理存在一定的差别。①抗细菌作用主要是通过破坏细菌细胞壁激活细菌自溶蛋白，使膜通透性增大导致细菌裂解死亡。其机制：N-乙酰己糖胺酶水解细菌细胞壁肽聚糖的 β-1，4 糖苷键；酰胺酶水解细菌细胞壁内 N-乙酰葡糖胺与肽桥之间的连接-N-乙酰葡糖胺-L-丙氨酸键及内肽酶水解细菌细胞壁肽桥内的肽键；②抗真菌作用类似于水解细菌细胞壁，溶菌酶能水解真菌细胞壁几丁质的 β-1，4 糖苷键；③抗病毒作用机制作为碱性蛋白质，在体内中性条件下可携带大量正电荷，作为阳离子蛋白与带负电荷的病毒蛋白直接作用，和 DNA、RNA、脱辅基蛋白形成复盐，使侵入机体的病毒失活。另外，通过激活机体免疫系统，调节淋巴细胞和巨噬细胞介导的细胞毒作用杀伤病毒。因此，溶菌酶可以作为一种安全的辅助抗病毒药物使用。

二、　溶菌酶在饲料工业中的具体应用

（一）饲料的防腐剂和杀菌剂

溶菌酶本身是一种天然蛋白质，无毒性，是一种安全的饲料添加剂。它能专一性地作用于目的微生物的细胞壁，而不能作用于其他物质。该酶对革兰阳性菌有强力分解作用；对大肠杆菌、普通变形菌和副溶血弧菌等革兰阴性菌等也有一定的溶解作用。溶菌酶与聚合磷酸盐和甘氨酸等配合使用，具有良好的防腐作用，在饲料中添加溶菌酶可防止霉变，延长饲料的贮存期，减少不必要损耗。

（二）防治疾病

Nyachoti[77]等报道，仔猪断奶时，胰腺的分泌突然下降，动物消化功能出现短期障碍，养分吸收降低而导致腹泻。添加溶菌酶制剂后能有效地控制因消化不良而引起的腹泻。其原因是溶菌酶可以提高内源性蛋白酶的活性，促使抗炎多肽的产生，因而具有抵抗和消除炎症的作用。程时军[78]等报道，溶菌酶与免疫球蛋白在功能上有着紧密的联系，并能与其他生命活性物质互补增强抗体的活性，从而杀灭细菌，因此，溶菌酶对引起仔猪腹泻的埃希大肠杆菌和轮状病毒有较强的抑制作用。Humphrey 等[79]报道，溶菌酶制剂能有效防止球虫病。饲喂小麦基础日粮的鸡，添加和不添加酶对球虫病的应激呈现不同的反应，对照组猪生长被抑制 52.5%，而加酶组为 30.5%，且损伤系数要好得多。刁凤[80]经饲喂肉仔猪、犊牛、仔猪等畜禽证明，溶菌酶可用于防治畜禽肠胃炎、消化不良及化脓性过程，另外还可起到非专用性生长激素的作用。

（三）促进消化吸收，有利于动物健康

在不用任何抗生素的情况下，于饲料中添加饲用溶菌酶制剂，可以促进饲料中营养

物质的消化吸收，提高增重和饲料报酬，减少死亡。卢亚萍等[81]用自制的饲用溶菌酶制剂（1200~2000U/mg）作为饲料添加剂，对175羽肉用仔鸡饲养对比试验的结果显示，在不用任何抗生素的情况下，添加4~100mg/kg的饲用溶菌酶制剂，试验组平均增重比对照组提高2%~2.8%，饲料消耗量降低2.1%~5.2%，存活率提高14%~17%，饲料报酬提高5.0%~8.8%。吴[82]等在0~4℃下在鸡蛋白中添加入5%苛性钠和氯化钠，然后加热，得到白色凝胶状物，即为溶菌酶粗制品。将其用于饲喂肉鸡，结果活重比对照组提高2%，饲料报酬提高5.0%~8.8%，存活率提高2%~9%。纯的溶菌酶生产需时长、劳动量大、成本高，而在畜禽养殖业上应用则可用粗制品。

（四）维持肠道菌群平衡

肠道中存有大量的微生物群体，这些肠道菌群与机体健康息息相关。饲料中添加抗生素能抑制体内潜在致病性细菌对机体造成的影响。但是长期饲喂低剂量的抗生素或滥用抗菌剂治疗动物疾病可抑制肠道正常菌群，并且，某些细菌会对抗生素产生耐药性，造成肠道菌群失调，危害动物机体健康。而溶菌酶对细菌有选择性作用，可以直接清除体内致病性细菌，细菌对溶菌酶不产生耐药性，对肠道益生菌无效，可以维持肠道菌群平衡，有助于调节机体健康。在小羊和仔猪饲料中添加溶菌酶，可以有效地降低小羊、仔猪回肠和十二指肠有害大肠杆菌数量。排泄物中厚壁菌数量降低，拟杆菌数量增加，肠道菌群比例发生变化。

（五）增强免疫力

溶菌酶可以作为非特异性免疫因子调控畜禽先天免疫力，进而提高动物生产性能。同时，可改善和增强巨噬细胞吞噬功能，激活白细胞吞噬功能，并且改善细胞抑制剂所导致的白细胞减少，从而增强机体免疫力。肉兔饲料中添加溶菌酶，可提高肉兔免疫器官指数；Nyachoti等[83]在病猪饲料中添加溶菌酶，发现食用添加溶菌酶饲料的病猪，循环肿瘤坏死因子也低于正常水平。随后的研究表明当病原体暴露时，食用饲料中添加溶菌酶或抗生素的猪，可通过饲料中的溶菌酶或者抗生素消除或抑制病原体，减少自身机体的免疫反应，从而促进机体健康生长。

三、　使用溶菌酶时的注意事项

溶菌酶来源广泛、种类繁多，根据水解肽聚糖骨架具体部位的不同主要分为三类：N-乙酰胞壁质酶（Nacetylmuramidase）、N-乙酰胞壁酰-L-丙氨酸酰胺酶（Nacetylmuraxnyl-L-alanine amidase）和内肽酶。因此，在溶菌酶使用过程中，首先应充分研究掌握溶菌酶的特性。其次，要控制好物理因素，水分、pH、离子强度等对其活性的影响。溶菌酶通常对革兰阳性菌的作用非常有效，但对革兰阴性菌则无效或效果较差，因此，要弄清抑制菌的微生物种类，才能更大程度地发挥溶菌酶的作用。

　　我国目前的溶菌酶的生产几乎都是采用从鸡蛋清中提取溶菌酶，因此研究开发经济高效的溶菌酶生产方法是亟需解决的问题。今后饲用溶菌酶的生产及应用将在以下几个方面开展：

　　（1）高效无毒菌株的筛选；

　　（2）高效生产菌的基因重组；

　　（3）拓宽溶菌酶的品种及应用领域。

　　另外利用现代蛋白质工程技术对溶菌酶进行分子修饰、改造，构建具有新型杀菌性质的溶菌酶也是溶菌酶研究的重点之一[84]。

（作者：田益玲　贾英民）

参考文献

[1] 王建华，冯定远. 饲料卫生学 [M]. 西安：西安地图出版社，2000，98-116.

[2] S. Y. Liua, ,; D. J. Cadoganb; A. Péronc; et al. Effects of phytase supplementation on growth performance, nutrient utilization and digestive dynamics of starch and protein in broiler chickens offered maize-, sorghum-and wheat-based diets [J]. Animal Feed Science & Technology, 2014, 197 (8): 164-175.

[3] 杨露，谭会泽，刘松柏，等. 饲料原料中植酸的研究进展 [J]. 粮食与饲料工业，2019，3：53-57，60.

[4] 张铁鹰，周良娟. 植酸酶在畜禽日粮中应用研究进展 [J]. 中国饲料，2005，(4)：25-28.

[5] G L Cromwell. Diet formulation to reduce the nitrogen and phosphorus in pig manure. In nutrient management sumposium proceedings, chesapiaked bay commission harrisburg PA, 1994.

[6] U M Vasudevan, A K. J, S Krishnac, et al. Thermostable phytase in feed and fuel industries [J]. Bioresource Technology, 2019, 278 (4): 400-407.

[7] H, Qian: E T, Kornegay: D M, Denbow, Phosphorus equivalence of microbial phytase in turkey diets as influenced by calcium to phosphorus ratios and phosphorus levels [J]. Poultry Science. 1996, 75 (1): 69-81.

[8] R R, Biehl; D H, Baker: H F, DeLuca. 1 alpha-Hydroxylated cholecalciferol compounds act additively with microbial phytase to improve phosphorus, zinc and manganese utilization in chicks fed soy-based diets [J]. The Journal of nutrition. 1995, 125 (9): 2407-2416.

[9] Jackson ME, Fodge DW, Hsiao HY. Effects of beta-mannanase in corn-soybean meal diets on layinghen performance [J]. Poultry science. 1999, 78 (12): 1737-1741.

[10] Z, Yi [1]; E T, Kornegay: D M, Denbow. Supplemental microbial phytase improves zinc utilization in broilers [J]. Poultry science, 1996, 75 (4): 540-546.

[11] 杨敏，叶青华，米勇，等. 植酸酶在肉鸡饲粮中的应用研究进展 [J]. 中国家禽，2018，40（10）：46-49.

[12] J L Yáez, E Beltranena; M, Cervantes, R T Zijlstra. Effect of phytase and xylanase supplementation or particle size on nutrient digestibility of diets containing distillers dried grains with solubles cofermented from wheat and corn in ileal-cannulated grower pigs [J]. Journal of animal science. 2011, 89 (1): 113-123.

[13] Y D Li, P Plumstead, A Awati, et al. Productive performance of commercial growing and finishing pigs supplemented with a Buttiauxella phytase as a total replacement of inorganic phosphate [J]. Animal Nutrition, 2018,

4（4）：351-357.

［14］ H M Jr Edwards, Dietary 1, 25-dihydroxycholecalciferol supplementation increases natural phytate phosphorus utilization in chickens ［J］. The Journal of nutrition. 1993, 123（3）：567.

［15］ Y M Han, K R Roneker, W G Pond. Adding wheat middings, microbial phytase, and citric acid to corn-soybean meal diets for growing pigs may replace inorganic phosphorus supplementation ［J］. Journal of animal science. 1998, 76（10）：2649-2656.

［16］ H J Lantzsch, S. Wjst. The effect of dietary calcium on the efficacy of microbial phytase in rations for growing pigs1 ［J］. Journal of Animal Physiology and Animal Nutrition, 2009, 73（1-5）：19-26.

［17］ S Sylvester. S P, Touchburn; E R, Chavez：P C, Lague. The effects of supplemental microbial phytase on the performance and utilization of dietary calcium, phosphorus, copper, and zinc in broiler chickens fed corn-soybean diets ［J］. Poultry science. 1996, 75（6）：729-36.

［18］ X. G Lei, . C H Stahl. Nutritional benefits of phytase and dietary determinants of its efficacy ［J］. Journal of Applied Animal Research, 2000. 17：97-112.

［19］ D. Mikulski, G. Kłosowski, A. Rolbiecka. Influence of phytase and supportive enzymes applied during high gravity mash preparation on the improvement of technological indicators of the alcoholic fermentation process ［J］. Biomass & Bioenergy, 2015. 80：191-202.

［20］ K. Liu. Treating thin stillage and condensed distillers solubles with phytase for production of low - phytate coproducts ［J］. Cereal chemistry, 2014. 91（1）：72-78.

［21］ X. G. Lei, Weaver, J. D., Mullaney, E., Ullah, A. H., Azain, M. J., 2013. Phytase, a new life for an "old" enzyme ［J］. Annual Review of Animal Biosciences, 1, 283-309.

［22］ M. R. Abdollahi, V. Ravindran, B. Svihus, . Pelleting of broiler diets：an overview with emphasis on pellet quality and nutritional value ［J］. Animal Feed Science & Technology, 2013, 179（s1-4）, 1-23.

［23］ V. Ravindran. Poultry feed availability and nutrition in developing countries：main ingredients used in poultry feed formulations. In：Poultry Development Review. FAO, Rome, Italy, 2013a, 1-3.

［24］ D. Klemm, B. Philipp, T. Heinze, U. Heinze, W. Wagenknecht. Comprehensive cellulose chemistry Fundamenals and Analytical Methods, vol. 1, Wiley-VCH, Weinheim, 1998.

［25］ M. A. Hubbe, O. J. Rojas, L. A. Lucia, M. Sain. Cellulosic nanocomposites：a review ［J］. BioResources, 2008,（3）：929-980.

［26］ A. Alemdar, M. Sain. Isolation and characterization of nanofibers from agricultural residues—wheat straw and soy hulls ［J］. Bioresource technology, 2008（99）：1664-1671.

［27］ M. Iguchi, S. Yamanaka, A. Budhiono. Bacterial cellulose—a masterpiece of nature's arts ［J］. Journal of Materials Science, 2000,（35）：261-270.

［28］ V. Favier, H. Chanzy, J. Y. Cavaille, Polymer nanocomposites reinforced by cellulose whiskers ［J］. Macromolecules, 1995（28）：6365-6367.

［29］ O. van den Berg, J. R. Capadona, C. Weder, Preparation of homogeneous dispersions of tunicate cellulose whiskers in organic solvents ［J］. Biomacromolecules, 2007（8）：1353-1357.

［30］ T. Imai, J. Sugiyama, Nanodomains of I-alpha and I-beta cellulose in algal micro fibrils ［J］. Macromolecules, 1998（31）：6275-6279.

［31］ S. Kalia, A. Dufresne, B. M. Cherian, B. S. Kaith, et al., Cellulose-based bio-and nanocomposites：a review ［J］. International Journal of Polymer Science, 2011（1）：1-35.

［32］ E. Aracri, T. Vidal, Enhancing the effectiveness of a laccase-TEMPO treatmenthas a biorefining effect on sisal cellulose fibres ［J］. Cellulose, 2012, （19）: 867-877.

［33］ S. Xu, Z. Song, X. Qian, et al. Introducing carboxyl and aldehyde groups tosoftwood-derived cellulosic fibers by laccase/TEMPO-catalyzed oxidation ［J］. Cellulose 2013, （20）: 2371-2378.

［34］ I. Patel, R. Ludwig, D. Haltrich, et al. A. Potthast, Studies of thechemoenzymatic modification of cellulosic pulps by the laccase-TEMPOsystem ［J］, Holzforschung, 2011, （65）: 475-481.

［35］ G. Elegir, A. Kindl, P. Sadocco, et al. Development of antimicrobial cellulose packaging through laccase-mediated grafting of phenolic compounds ［J］. Enzyme and Microbial Technology, 2008, （43）: 84-92.

［36］ Tsai T, Dove C R, Clin P M, et al. The effect of adding xylanase or β-glucanase to diets with corn distillers dried grains with solubles （CDDGS） on growth performance and nutrient digestibility in nursery pigs ［J］. Livestock Science, 2017, 197: 46-52.

［37］ 漆雯雯, 高超, 何生, 等. 小麦型日粮添加重组葡聚糖酶和木聚糖酶对蛋鸡产蛋性能和蛋品质的影响 ［J］. 中国饲料, 2015, （6）: 21-24.

［38］ 郭学义, 张慧玲, 杨玉霞, 等. 日粮中小麦用量及添加重组葡聚糖酶和木聚糖酶对肉仔鸡生长、屠宰性能和肠道发育的影响 ［J］. 中国家禽, 2015, 37 （5）: 27-32.

［39］ 李霞, 宋代军. β-葡聚糖酶的作用机理及在单胃动物生产中的应用 ［J］. 饲料博览, 2007, （7）: 15-17.

［40］ Charles S. Brennan, Louise J, et al. The potential use of cereal （1→3, 1→4）-β-D-glucans as functional food ingredients ［J］. Journal of Cereal Science, 2005, 42 （1）: 1-13.

［41］ Clarke, L. C., Sweeney, T., Curley, E., et al. Effect of β-glucanase and β-xylanase enzyme supplemented barley diets on nutrient digestibility, growth performance and expression of intestinal nutrient transporter genes in finisher pigs ［J］. Animal feed science and technology, 2018, 238 （4）: 98-110.

［42］ Owusu-Asiedu, A., Simmins, P. H., Brufau, J., et al. Effect of xylanase and β-glucanase on growth performance and nutrient digestibility in piglets fed wheat-barley-based diets ［J］. Livestock Science. 2010, （1-3）: 76-78.

［43］ 郭小权, 胡国良, 刘妹. β-葡聚糖的抗营养作用及 β-葡聚糖酶在饲料中的应用 ［J］. 江西饲料, 2001 （2）: 11-13.

［44］ Agyekum A K, Sands J S, Regassa A. Effect of supplementing a fi brous diet with a xylanase and beta-glucanase blend on growth performance, intestinal glucose uptake, and transport associated gene expression in growing pigs ［J］. Journal of animal science, 2015, 93 （7） 3483-3493.

［45］ MAO Shurui, GAO Peng, LU Zhaoxin. Engineering of a thermos table beta-1, 3-1, 4-glucanase from Bacillus altitudinis YC-9 to improve its catalytic efficiency ［J］. Journal of the Science of Food and Agriculture, 2016, 96 （1）: 109-115.

［46］ Fernandes, V. O.; Costa, M.; Ribeiro, T; Serrano, L.; Cardoso, V.; Santos, H.; Lordelo, M.; Ferreira, L. M. A. 1; Fontes, C. M. G. A. 1, 3-1, 4-β-Glucanases and not 1, 4-β-glucanases improve the nutritive value of barley-based diets for broilers ［J］. Animal feed science and technology, 2016, 211 （1）: .

［47］ Ayadi D Z, Saya ri A H, Hlima H B. Improvement of Trichoderma reesei xylanase II thermal stability by serine to threonine surface mutations ［J］. International Journal of Biological Macromolecules, 2015, 72: 163-170.

［48］ Stefanello C, Vieira S L, Carvalho P S, et al. Energy and nutrient utilization of broiler chicken fed corn soybean meal and corn based diets supplemented with xylanase ［J］. Poultry science, 2016, 8 （98）: 1881-1887.

［49］ 尚庆辉, 朴香淑, 王玉璘. 木聚糖酶在畜禽饲料中应用效果及其机理的研究进展 ［J］. 饲料工业, 2017, 38 （2）: 17-24.

［50］ Roxanna V D， Diane S， Vince C. Safety evaluation of xylanase 50316 enzyme preparation（also known as VR007），expressed in Pseudomonas fluorescens，intended for use in animal feed ［J］. Regulatory Toxicology and Pharmacology，2018（97）：48-56.

［51］ Weiland S，Patience J F. Xylanase effects on apparent total tract cligestihility of energy and dry matter with or without DDGS at 46，54，and 70 kg bodyweight ［J］. Animal science，2016，94：109-109.

［52］ Choct M，Dersjant-Li Y，Mcleish，et al. Soy oligosaccharides and soluble non-starch polysaccharides：a review of digestion，nutritive and anti-nutritive effects in pigs and poultry ［J］. Asian-australasian Journal of Animal Sciences，2010，23（10）：1386-1398.

［53］ Angkanaporn K，Choct M，Bryden W L，et al. Effects of wheat pentosans on endogenous amino acid losses in chickens ［J］. Journal of the Science of Food and Agriculture，1994，66（3）：399-404.

［54］ 闫昭明，杨媚，郭志英，陈清华. 果胶酶的酶学特性及其在畜禽生产中的应用 ［J］. 动物营养学报，2019，31（7）：1-7 网络首发：http：//kns. cnki. net/kcms/detail/11. 5461. S. 20190228. 1424. 028. html.

［55］ Flores A I S，Land N GM，Rosales S G，et al. Effect of fibrolytic enzymes and phytase on nutrient digestibility in sorghum-canola based feeds for growing pigs ［J］. Técnica Pecuariaen México，2009，47（1）：1-14.

［56］ TahiR M，Saleh F，Ohtsuka A，et al. Pectinase plays an important role in stimulating digestibility of a corn-soybean meal diet in broilers ［J］. Journal Poultry science，2006，43（4）：323-329.

［57］ Khalil M，Ali A，Malecki IA，et al. Improving the nutritive value of lupin using a combination of pectinase and xylanase ［C］//Proceedings of Australian poultry science symposium. Sydney：PoultryResearch Foundation，2014：50-53.

［58］ Srivastava P K，Kapoor M. Production，properties，and applications of endo-β-mannanases ［J］. Biotechnology Advances，2017，35（9）：1-19.

［59］ 张金伟. 甘露聚糖酶对动物生产性能的影响 ［J］. 饲料工业，2016，37（12）：62-64.

［60］ Lee，J. T.，Bailey，C. A.，Cartwright，A. L.，2003. β-Mannanase ameliorates viscosity-associated depression of growth in broiler chickens fed guar germ and hull fractions ［J］. Poultry science. 82，1925-1931.

［61］ Lee，J.-J.，Seo，J.，Jung，J. K.，et al. Effects of β-mannanase supplementation on growth performance，nutrient digestibility，and nitrogen utilization of Korean native goat（Capra hircus coreanae）［J］. Livestock Science，169，83-87.

［62］ Mynott T L，Guandalini S，Raimondi F，et al. Bromelain prevents secretion caused byVibrio cholerae and Escherichia coli entero-toxins in rabbit ileum in vitro ［J］. Gastroenterology，1997，113（1）：175-184.

［63］ Chandler D S. Mynott T L. Bromelain protects piglets from diarrhoea caused by oral challenge with K88 positive enterotoxigenic Escherichia coli ［J］. Gut，1998，43（2）：196-202.

［64］ Roselli M，Britti M H L I，Marfaing H，et al. Effect of different plant extracts and natural substances（PENS）against membrane damage induced by enterotoxigenic Escherichia coli K88 in pig intestinal cells ［J］. Toxicology in Vitro，2007，21（2）：224-229.

［65］ 黄志坚，董瑞兰，罗刚，等. 菠萝蛋白酶体外抑制小肠黏膜上皮细胞黏附 K88+ETEC 的作用 ［J］. 福建农林大学学报：自然科学版，2014，43（5）：495-498.

［66］ 李志华，周淑亮，孙勇斌，等. 凤梨酵素复合酶和溶菌酶对华北柴鸡生产性能的试验 ［J］. 饲料研究，2009（4）：4-6.

［67］ Lien F，Cheng Y H，Wu C P，et al. Effects of supplemental bromelain on egg production and quality，serum and liver traits of laying hens ［J］. Journal of Animal Science Advances，2012，2（4）：386-391.

［68］ 杜雅坤，王兆敏，许菲. 饲用蛋白酶的分类及研究概况 ［J］. 中国饲料添加剂，2014（9）：34-38.

［69］ 杨连，曹永洪，杨培龙，黄火清．角蛋白酶的研究与应用前景［J］．生物技术进展．2015，5（1）：29-34.

［70］ Hill P, Brantley H, Dyke M V. Some properties of keratin biomaterials: Kerateines［J］. Biomaterials. 2010, 31（4）：585-593.

［71］ Friedrich A B, Antranikian G. Keratin degradation by Fervidobacterium pennavorans, a novel thermophilic anaerobic species of the order Thermotogales［J］. Applied and Environmental Microbiology, 1996, 62（8）：2875-2882.

［72］ Thys R C, Lucas F S, Riffel A, et al. Characterization of a protease of a feather-degrading microbacterium species［J］. Letters in Applied Microbiology, 2004, 39（2）：181-186.

［73］ Odetallah N H, Wang J J, Garlich J D. Keratinase in starter diets improves growth of broiler chicks［J］. Poultry science, 2003, 82（4）：664-670.

［74］ Yang L, Wang H, Lv Y, et al. Construction of a rapid feather-degrading bacterium by overexpression of a highly efficient alkaline keratinase in its parent strain bacillus amylo- liquefaciens K11［J］. Journal of the Science of Food and Agriculture, 2015, 64：78-84.

［75］ 张荣飞，杨久仙，高克俭．角蛋白酶对断奶仔猪生长性能的影响［J］．黑龙江畜牧兽医，2013（2）：74-75.

［76］ T T Wu, Q Q Jiang, D Wu, et al. What is new in lysozyme research and its application in food industry? A review［J］. Food Chemistry, 2019, 274：698-709.

［77］ Nyachoti CM, Kiarie E, Bhandari SK. Weaned pig responses to Escherichia coli K88（ETEC）oral challenge when receiving a lysozyme-supplement［J］. Journal of animal science, 2012, 90：252-260..

［78］ 程时军，马立保，张伟．溶菌酶对肉鸡肠黏膜形态、微生物数量及血氨浓度的影响［J］．饲料工业，2009, 20：13-16.

［79］ Humphrey BD, Huang N, Klasing KC. Rice expressing lactoferrin and lysozyme has antibiotic-like properties when fed to chicks［J］. The Journal of nutrition, 2002, 132：1214-1218.

［80］ 刁风．溶菌酶对仔猪腹泻的预防作用［J］．中国畜牧兽医文摘，2016, 32（1）：236.

［81］ 卢亚萍，陈张红，潘宏涛．溶菌酶对肉仔鸡生长性能及免疫功能的影响［J］．饲料研究，2009, 8：50-52.

［82］ Wu Y Y, Shao Y J, Song B C, et al. Effects of Bacillus coagulans supplementation on the growth performance and gut health of broiler chickens with Clostridium perfringensinduced necrotic enteritis［J］. Joural of Animal Science and Biotechnology, DOI 10. 1186/s40104-017-0220-2.

［83］ Nyachoti CM, Kiarie E, Bhandari SK, et al. Weaned pig responses to Escherichia coli K88（ETEC）oral challenge when receiving a lysozyme-supplement［J］. Journal of animal science, 2012, 90：252-260.

［84］ 温赛，刘怀然，续丹丹．溶菌酶及其分子改造研究进展［J］．中国生物工程杂志，2015, 35（8）：116-125.

第十二章

酶工程技术在其他农副产品加工中的应用

酶制剂在农副产品深加工中的应用，从实质上讲，就是利用酶对天然有机物质的利用与改性。其生产原料可分为两大类：一类是农、林、牧渔的主产物，如粮食、肉类等；另一类是它们的副产物，如农作物的皮、壳、芯和秆等，林产品的根、茎、叶和果实，畜产品的发、骨、血及内脏等。在第七至十一章对其主要的农产品深加工中酶制剂的应用已详细论述，本章结合 2017 年国家卫生健康委员会颁布的《新食品原料、普通食品名单》汇总，将对酶制剂前面章节没有涉及的茶、食用菌等其他农产品中加工的利用进行详述。

第一节
酶技术在生物活性成分提取中的辅助应用

酶技术在其他农产品应用中，常常作为产品预处理的主要方式之一，特别是各类原材料提取相关组分，经酶辅助处理后可以有效地得到高附加值产品，而且对于保持产品的功能性具有很重要的作用。

一、 酶在生物活性成分提取一般流程

随着人类对自然认识的发展，对于新资源的开发和加工废弃物中功能性成分的提取制备成为一个热点。在提取过程中，酶处理方式一般按照图 12-1 的流程进行。

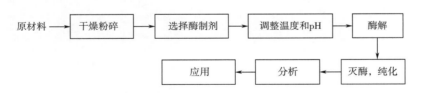

图 12-1　酶提取一般工艺流程

在对各类食源性成分提取过程总，酶辅助提取对于具有细胞壁的生物来讲是一种很重要的处理方式。细胞壁作为生物进化的保护组织，可以有效地保护自身生物不受外界恶劣环境和天敌的伤害，而对于生产利用来讲，就导致了人类所关注的功能性成分溶出难以纯化利用。而据有细胞壁的生物，往往处于食物链的最低端，在地球分布最广，农产品深加工中所占比例最大。

其中，利用光合作用为生物界提供初始能源的植物是酶辅助提取的重点之一，对植物细胞的组成特别是起到保护支撑作用的细胞壁的结构及所包含的大分子物质情况的明确，对于酶解有重要作用。从酶解的角度对植物细胞壁组成的主要高分子物质可以称之为复合木质纤维素或称为广义纤维素，即纤维素（由 D 呋喃葡萄糖通过 β-1，4 糖苷键

形成的多糖）、半纤维素和果胶多糖类物质利用疏水作用和氢键相结合，而与含有芳香环的木质素通过醚键和酯键结合，形成一种致密的组织结构，结构如图 12-2 所示[1]。从图中看到采用酶制剂对植物细胞进行处理，不是一种酶制剂可以起到有效作用的，需要几种酶协同作用更为有效。实际上，多种酶共同作用的效果并不理想，这还是源于细胞壁的组成复杂，结构致密，特别是难溶于水，导致糖苷键与酶难以触及，从而造成了酶解率较低。为了提高酶的作用效果，往往在采用酶制剂作用的时候加入蛋白（或者其他能够促进酶活性中心与催化位点接触的物质）。其中膨胀素和碳水化合物结合结构域（Carbohydrate-binding Module，CBM）是近年来的热点之一，其详细内容可以参考文献 [2]，这里不再详述。

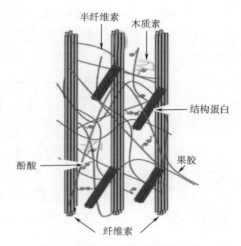

图 12-2　植物细胞壁结构示意图

二、　降解植物细胞的主要酶

糖类作为光合作用的最终产物，在地球上生物量干重的 50% 以上是由葡萄糖的聚合物构成的。是所有生物消耗的能力物质来源，也是各类生物活性成分的基础来源，从而造就了植物材料在能量和活性物质的开发中起到举足轻重的作用。自然界中存在的主要多糖的形式有木质素、纤维素、淀粉、糖原、几丁质类等物质。这些多糖由于分子质量成千上万，属于不溶性多糖，难以被生物酶降解，特别是单一酶制剂。所以目前对于多糖特别是木质纤维素的水解往往是多种酶的共同作用（见表 12-1）。

表 12-1　　　　　　　　　　　　酶解木质纤维素的主要酶[3]

聚合物	酶及协同作用因子	文献
纤维素	纤维二糖水解酶，葡聚糖内切酶，β-葡萄糖苷酶，溶解性多糖单加氧酶（LPMO），碳水化合物结合结构域，膨胀素	[3] ～ [7]
半纤维素		
木聚糖	木聚糖内切酶，β-木糖酶，α-阿拉伯呋喃糖苷酶，α-葡糖糖苷酶，α-半乳糖苷酶，乙酰基木聚糖酯酶，葡糖醛酸酯酶，阿魏酸酯酶	[5]，[7~9]
甘露聚糖	β-甘露聚糖酶，β-葡萄糖苷酶，甘露聚糖乙酰酯酶，α-半乳糖苷酶	

续表

聚合物	酶及协同作用因子	文献
果胶	果胶裂解酶，果胶酸盐裂解酶，多聚半乳糖醛酸酶，聚半乳糖醛酸水解酶，鼠李半乳糖醛酸裂解酶，鼠李半乳糖醛酸乙酰胆碱酯酶	[7]，[10, 11]
木质素	过氧化物酶（漆酶）、氧化酶（木质素、锰、多用途）和酯酶	[12, 13]

由于木质纤维素组成复杂，将复杂的高分子降解为各类单体需用采用不同的酶作用于不同位点（如图 12-3 所示）这些酶包括：

纤维素酶，即内切葡聚糖酶（EC3.2.1.4）、纤维二糖水解酶（EC 3.2.1.9 和 EC 3.2.1.176）和 β-葡萄糖苷酶（EC 3.2.1.21）[3,14~17]。

半纤维素酶，分为木聚糖酶和甘露聚糖酶两类；主要是降解酶类，通过对主体骨架和侧链的降解，破坏纤维素结构，消除酶作用的空间位阻[4,8,18]。

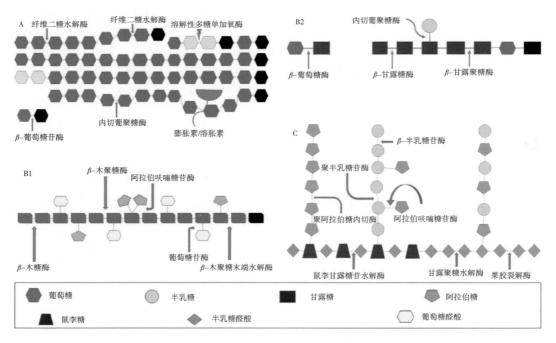

图 12-3　植物细胞壁酶解示意图[19]

A：纤维素水解，B：半纤维素水解，C：果胶水解

木质素酶、果胶酶（见表 12-1 和图 12-3）和辅酶，如碳水化合物结合结构域（CBMS）、纤维素结合结构域（Cellulose-binding Domain，CBD）纤维素膨胀素，溶解性多糖单加氧酶（Lytic Polysaccharide Mono-oxygenases，LPMOs），都可以有效增加酶制剂对纤维素的水解[2,20~22]。

　　多酶协同作用可以有效地降解植物细胞壁，提高生物活性成分的提取。目前已经有很多商品复合酶制剂用于辅助提取（见表 12-2）。而且大多数的商业酶制剂趋向于多种酶制剂复合，以提高最终产品的得率。根据 Kim 和 Lim 所报道的从大米副产品米糠中提取酚类物质，对比了商业酶制剂 AMG®，Celluclast®，Pentopan®，Viscozyme®，Termamyl®，和 Ultraflo® 五种复合酶制剂，这五种复合酶制剂辅助提取的提取物的抗氧化性都有显著提高，范围在 1.5~3.3 倍之间，其中 Pentopan® 复合酶制剂处理后其抗氧化活性提高最大，而其他酶制剂处理后可以有效地提高总酚的提取率[26]。本课题组采用纤维素酶、木聚糖酶、半纤维素酶和植酸酶对大枣果皮进行处理后提取其中的枣色素，其中采用纤维素酶：木聚糖酶：半纤维素酶：植酸酶（2：1：1：2）的提取率远远高于单酶制剂的处理。

表 12-2　　　　　　　　　　　　　用于辅助提取的商业酶制剂

商业名称	复配组成	微生物来源	制造商	文献
Viscozyme L®	阿拉伯聚糖酶，纤维素酶，半纤维素酶，β-葡聚糖酶，木聚糖酶	棘孢曲霉（*Aspergillus aculeatus*）	Novozymes®	[23]
Rapidase®	果胶酶和半纤维素酶	黑曲霉（*Aspergillus niger*）和长枝木霉（*Trichoderma longibrachiatum*）	Oenobrands®	[24]
Ultraflo L®	耐热性复合 β-葡聚糖酶和阿魏酸酯酶	特异腐质霉（*Humicola insolens*）	Novozymes®	[25]
Pentopan 500 BG®	β-1,4 内切木聚糖酶、阿魏酸酯酶、咖啡酸酯酶和果胶酶	疏棉状嗜热丝孢菌（*Thermomyces lanuginosus*）	Novozymes®	[26]
Pectinex®	纤维素酶，半纤维素酶和果胶酶	棘孢曲霉（*Aspergillus acueatus*）	Novozymes®	[27]
Lallzyme Beta®	果胶酶和 β-葡萄糖苷酶	—	Lallemand®	[28]

　　因此，酶制剂在天然活性成分提取和饲用中进行复配或者利用适当的微生物生产复合酶制剂具有广阔的前景。

三、　酶辅助提取的新方法

　　在提取过程中，加入酶制剂不仅有效地提高了活性成分的提取率而且还保持生物活性，因此，研究人员越来越关注酶辅助提取。近年来，人们已经将酶辅助提取应用于相分离、微波辅助萃取、超声波辅助萃取、超临界流体萃取和高压萃取等新技术。

1. 酶辅助超声波法提取（Ultrasound Assisted Enzymatic Extraction，UAEE）

　　酶特别是复合酶可以在一定程度上破坏细胞的完整性，提高提取率，从而酶辅助提取结合超声技术已成为生物活性分子提取的新方法。超声波通过溶剂介质时，伴随着声空化现象，即超声波暴露在溶剂介质中会产生充满蒸汽的小气泡。这种现象称为气穴现象。随着超声的进行，这些气泡聚合超过一定尺寸时便会导致爆炸，导致局部高压和高温。被提取物的细胞如果签好在气泡破裂的地方时，气泡破裂释放的高压和高温产生液体射流产生的剪切力作用于细胞壁表面，造成细胞的损伤，从而是内容物释放。酶制剂的加入，可以与超声波协同作用，有效的破坏细胞壁。特别是在优化条件下的超声波处理（适当频率和强度水平）可以提高酶的活性。UAEE 是一种简单快速的提取技术，可以有效地提高生物活性物质的提取率，影响提取率的参数有：酶浓度、超声功率、溶剂固比、超声频率、功率循环和提取时间[29]。这种技术可节省操作时间、溶剂消耗，一些最新的应用如表 12-3 所示。从玉米须中提取多糖，在酶辅助超声提取中提取率从 4.56% 增加到7.10%。并发现加酶后玉米须细胞壁的形态学变化。同样，胡萝卜皮中提取了类胡萝卜素。利用酶辅助超声提取，类胡萝卜素的提取率可以在低温下提高提取率[43]。不仅对于多糖可以有效地提高提取率，而且对于油脂来讲，同样可以有效地增加提取率，在表 12-3 紫苏油的提取中五种酶处理紫苏子后油脂的提取率可以达到 81.74%。受酶辅助超声提取启发，Luo 等优化了酶辅助负压空化提取长春花叶中 5 种吲哚生物碱的工艺条件，当加入纤维素酶、果胶酶和 β-葡萄糖苷酶复合酶，吲哚生物碱的提高了 58.3%[44]。

表 12-3　　　　　　酶辅助超声波提取天然产物的活性成分

提取物	酶制剂	超声波提取条件				得率/%	文献
		频率/kHz	功率/W	温度/℃	时间/min		
肉苁蓉多糖	纤维素酶	—	250	65	120	70.13	[30]
白术多糖	纤维素酶	—	225.2	57.99	90.5	59.9	[31]
苦瓜多糖	纤维素酶、果胶酶和胰蛋白酶	—	—	52	36.8	29.7	[32]
香菇多糖	纤维素酶	—	340	40	14	14.3	[33]
黑加仑多糖	果胶酶和木瓜蛋白酶	—	—	40	25.6	14.5	[34]
银杏叶多糖	纤维素酶、果胶酶和胰蛋白酶	—	—	50	40	7.1	[35]
河蚬多糖	木瓜蛋白酶	—	300	65	32	36.8	[36]
淫羊藿叶多糖	木瓜蛋白酶、果胶酶、纤维素酶和 α-淀粉酶	—	311	46.8	42.3	5.98	[37]
紫苏籽油	纤维素酶、Viscozyme L®，Alcalase 2.4L®，Protex 6L® 和 Protex 7L®	—	250	50	30	50.2	[38]
石榴籽油	纤维素酶和 Peclyve®	—	—	55	120	15.8	[39]
南瓜多糖	纤维素酶	—	440	51.5	20	4.33	[40]
桑香风味物质	Pectinex UF®	33.5	60	35	30	403.1mg/100g	[41]
亚麻油	固定化纤维素酶、果胶酶和半纤维素酶	20	250	45	30	62.5	[42]

2. 酶辅助高压萃取

超高压（Ultra-high Pressure，UHP）或高静压（High Hydrostatic Pressure，HHP）加工技术是指在密闭的超高压容器内，以水或油为介质在常温或加热的条件下加压到100~1000MPa对软包装食品进行处理，以达到杀菌、钝酶、提取和加工食品等目的的一种新兴的食品加工技术。高压萃取（High Pressure Extraction，HPE）处理被提取物，通过对细胞壁或膜的物理损伤引从而增加细胞壁渗透性和次生代谢物扩散到溶剂中。这将导致更好的提取率和效率[45]。相对传统溶剂提取具有四个优点：①可以有效地提取热敏化合物；②快速地提取挥发性化合物；③增加高分子物质溶解度；④密闭环境提取，不会对环境造成污染。一般HPE的压力范围为100~1000MPa[46,47]。酶辅助高压处理后可以进一步增强这种新型提取方式的友点。近年来的相关报道见表12-4。为了提高仙人掌中多酚的提取率，采用帝斯曼的Rapidase®和诺维信的Viscozyme®混合酶辅助高压提取处理，提高了提取物的多酚含量。与热处理提取多酚相比，高压酶辅助提取的多酚具有更好的生物活性，并且在提取过程中可以有效地降低体系的黏度[51]。同样，酶辅助高压从番茄废料中提取类胡萝卜素[48]、油砂豆精油[49]、龙眼多糖等，不仅提高了提取率而且有效地保持了活性。

表12-4　　　　　　　　　　　酶辅助高压提取生物活性物质

提取物	酶制剂	高压条件				得率	文献
		料液比	压力/MPa	温度/℃	时间/min		
番茄胡萝卜素	果胶酶和纤维素酶	1:10	700	25	30	160mg/kg	[48]
油砂豆精油	蛋白酶、α-淀粉酶和 Vis-cozymeL®	1:5	50	40	10	90%	[49]
龙眼多糖	纤维素酶	1:100	407	—	6	8.55%	[50]
仙人掌多酚	Rapidase® 和 Viscozyme®	1:50	300	40	60	12.2mg/g	[51]
辣木子油	纤维素酶	1:6	50	60	35	73%	[52]
稻壳麦黄酮	Celluloblast®	100:5	500	20	6	32.9 mg/kg	[53]
豆奶中豆渣分离	Ultraflo L®	40:1	600	30	120	15.6%	[25]

3. 酶辅助离子液体提取（Enzyme Assisted Ionic Liquid Extraction，EILE）

离子液（Ionic Liquids，ILS）体即指在室温或接近室温下呈现液态的、完全由阴阳离子所组成的盐，也称为低温熔融盐。作为一种绿色溶剂，具有可设计性、热稳定性、不挥发性、高黏度、高密度等独特性质，近年来在活性物质提取领域的应用研究备受关注。离子液体在天然活性成分提取方面相对于水、乙醇、石油醚等常规溶剂具有较大优势。植物细胞壁主要由纤维素、半纤维素和果胶组成，纤维素容易产生分子内氢键及纤维素链之间的分子间氢键，并聚集形成纤维素微纤丝。传统的植物提取方法是采用甲醇、丙酮等作为提取溶剂，这些有机溶剂只能通过溶解细胞膜中脂质，增大穿透性，在一定程度上对植物组织造成机械性破坏，从而达到萃取目的。而离子液体则能竞争性地与纤维素形成氢键，更大程度地破坏纤维素微纤丝的氢键网状结构，溶解纤维素，更易进入植物细胞，显著提高萃取效率。另外，与水相比，离子液体与纤维素形成的氢键键能提高了 3 倍，对纤维素的活性位点具有更强的亲和力，而这种作用力能够改变纤维素的特性而破坏它的三级结构，因此离子液体对植物细胞壁具有更强的破坏能力，故其对天然活性物质的提取效率也就更高。特别是当酶制剂加入体系内，将进一步破坏细胞壁，促进功能性成分的溶出。ILS 提取中可以调节的参数有离子化合物的化学结构、浓度、湿度、酶、pH、温度和酶的加入量。在离子溶剂中由于溶剂的黏度较大，可以有效地保持酶的活性[54]。如嗜热菌蛋白酶、溶菌酶和胰凝乳蛋白酶，这些酶在作用过程中失活临界点升高，在高温下表现非常好的酶活。离子液体种类繁多，理论上通过不同阴阳离子间的组合，可以设计出不同的离子液体。而常用的阳离子有 N，N-二烷基取代咪唑阳离子、N-烷基吡啶阳离子、烷基季铵阳离子和烷基季磷阳离子；阴离子有 Cl^-、Br^-、I^-、BF_4^-、$CF_3SO_3^-$、NTf_2^-、PF_6^- 等，这些阴离子与咪唑阳离子形成的离子溶剂的分解温度都在 400℃以上，远远高于一般提取过程的温度，可以满足任何物质的提取。常用于天然活性物质提取的离子液体如表 12-5 所示。合成的使用 N，N-二丙基铵，N，N-二丙基氨基甲酸酯（DPCARB）作为姜黄素快速提取的提取溶剂来自姜黄。酶预处理步骤（α-淀粉酶和淀粉葡聚糖酶）在提取前被用于降解姜黄的结构和提高提取效率。用合成的离子溶液从姜黄中提取姜黄素只有 3.58%。而姜黄经酶处理后，收益率显著提高到 5.73%。此外，研究人员观察到在相同的提取条件下，姜黄素的提取率为丙酮作为传统的有机萃取溶剂仅为 3.11%。结果还表明，离子溶液可回收利用，无明显污染，有效降低成本[56]。

表 12-5　　　　常用于提取分离天然活性物质的离子液体及其结构[55]

离子液体	结构	离子液体	结构
[EMIM] [Cl]		[BMIM] [Cl]	
[OMIM] [Cl]		[HMIM] [Cl]	
[EMIM] [Br]		[HMIM] [Br]	

续表

离子液体	结构	离子液体	结构
［BMIM］［Br］		［OMIM］［Br］	
［EMIM］［BF4］		［BMIM］［BF4］	
［HMIM］［BF4］		［OMIM］［BF4］	
［EMIM］［PF6］		［BMIM］［PF6］	
［OMIM］［PF6］		［HMIM］［PF6］	
［BMIM］［NTf2］		［BMIM］［TfO］	
［OMIM］［TfO］		［BMIM］［CF3SO3］	
［MPPyr］［NTf2］		［BPyr］［BF4］	

4. 酶辅助微波萃取（Enzyme Assisted Microwave Extraction，EMAE）

微波提萃取原理是微波通过溶剂介质时，溶剂分子吸收并转化为热能，当离子传导和偶极旋转极性溶剂分子在暴露时会导致其过热，温度升高从而促使被提取物的细胞水分瞬间蒸发而造成细胞壁的破裂，促进被萃取物的释放。微波萃取虽然具有加热速度快、高效节能和易于控制等优点，但是细胞破碎率低和所需时间长是其使用中的主要限制因素。而这一问题通过耦合一些加速的酶可以有效地克服。酶辅微波萃取（EMAE）已被公认为从植物中提取生物活性成分的有效技术之一，具有环境兼容性好、萃取效率高、萃取时间短、溶剂消耗低[57]。近年来，酶辅助微波萃取如表12-6所示。其中连翘精油的提取率由传统蒸馏的39.15%提高到45.3%；从花生壳中提取多酚，加入酶制剂后提取时间减少至2.6min，总多酚的回收率为1.75%远远高于他提取技术（如热回流）[63]。同样也优于单独的超声波辅助提取和酶提取。同样采用酶辅助微波萃取油脂，不仅提高了提取率而且还有效的保留了不饱和脂肪酸。采用酶辅助微波萃取成为一种流行以及经济有效的提取方法[65]。

表 12-6   酶辅助微波提取天然活性成分

提取物	酶制剂	微波条件				得率	文献
		频率/Hz	功率/W	温度/℃	时间/min		
连翘精油	纤维素酶、半纤维素酶和β-葡萄糖水解酶	2450	1000	100	5	45.3%	[58]
橄榄油多酚	果胶裂界酶、聚半乳糖醛酸酶	—	400	60	30	29.52mg/g	[59]
褐藻多酚	Viscozyme®	—	—	50	180	52%	[60]
南瓜油	纤维素酶、半纤维素酶、β-葡萄糖水解酶和中性蛋白酶	—	419	44	66	64.7%	[61]
天竺葵中鞣料云实素、牛儿素	纤维素酶	—	500	33	9	64.1%和72.9%	[62]
花生壳多酚	纤维素酶	—	—	66	120	1.75%	[63]
五味子多糖	纤维素酶、木瓜蛋白酶和果胶酶	—	—	47.5	10	7.38%	[64]

5. 酶辅助超临界流体萃取（Enzyme Assisted Supercritical Fluid Extraction，ESFE）

超临界流体萃取因其溶剂残留少、操作模式多、压力温度稍做变化可以完成提取和分离。其中CO_2因其临界温度和压力较低而被广泛应用，然而，CO_2溶解特性与己烷相似只能对非极性的物质进行提取[66]。表12-7是近年来采用酶辅助CO_2超临界流体萃取的实例。为了增加极性较强物质的提取率，往往在超临界流体中加入携带剂（也称拖带剂、共溶剂），如甲醇、乙醇、尿素等。因携带剂的加入，会造成携带剂在提取物中的残留，不过残留量往往低于普通的溶剂萃取[67,68]。

表 12-7　　　　　　　　　　　　酶辅助超临界流体提取天然活性成分

提取物	酶制剂	超临界条件				得率	文献
		固液比	压力/MPa	温度/℃	时间/min		
黑醋栗渣类脂物	Viscozyme L®	5%（v/w）	45	60	120	14.6%	[67]
番茄红素	Celluclast® 和 Viscozyme®	1:1	50	86	270	75%	[69]
石榴皮酚类	果胶酶、蛋白酶、纤维素酶、Alcalase® 和 Viscozyme®	—	0.3	50	120	161μg/g	[68]
黑胡椒油树脂	α-淀粉酶	5000:1	0.3	60	135	3.9g/100g	[70]

　　超临界流体萃取技术因其设备和运转成本较高，提高萃取率因而备受关注，但是应用于复杂生物基质的萃取时，萃取率往往很低。SC—CO_2萃取前对细胞壁进行酶解预处理，可以改善传质，增加接触面积，增强溶剂分布，从而降低提取成本[71]。用α-淀粉酶辅助超临界二氧化碳萃取胡椒中的胡椒碱，可以有效地提高萃取率，获得胡椒碱的最大产量（53%）。植物酚类化合物在植物细胞中主要有两种形式存在，一种是游离于细胞内，这部分量很少，但是萃取非常容易，而大部分与纤维素、半纤维素等多糖结合，简单的溶剂萃取很难溶出也成为不可萃取的多酚。经常采用微波、酸或碱水解法，增加这些结合的酚类物质的释放，不过经过上述方法进行处理后往往导致多酚化合物的氧化，虽然提取率得到很大的提高，可是活性却损失很多。采用酶辅助 SC—CO_2可以有效地解决上述问题。如从茶叶残渣中萃取多酚，用多种酶水解后进行超临界二氧化碳萃取乙醇作为共溶剂进行萃取，比使用乙醇和水（80:20，v/v）提取的萃取率提高5倍。对萃取物进行进一步研究发现：SC—CO_2萃取法提取的多酚更干净、更丰富。与溶剂萃取相比[72]。同样从石榴果皮中提取酚类抗氧化剂，酶辅助超临界流体萃取不仅提高了可萃取物的回收率，生物活性成分也显著提高[68]。

6. 酶辅助相分离（Enzyme Assisted Three Phase Partitioning，ETPP）

　　三相分离法是通过在粗提物中加入一定比例的有机溶剂和盐而使体系分成明显的三相，即疏水性较强的色素、脂质等集中的上层相（Top Phase），极性较强的蛋白质和细胞质集中的中间层（Middle Phase），强极性物质糖类等极性成分集中的下层相（Lower Phase）。该技术最初用于分离蛋白质、酶和脂类，逐渐应用于植物源提取生物活性物质，如油、油树脂和多糖[73,74]。TPP 作用原理包括盐析、等渗沉淀、共溶剂沉淀、渗透和共渗效应、蛋白质水化位移和静电力等多种因素。与传统的蛋白质提取方法相比，TPP 有使用温和、易于放大和可以直接从原料中提取目标物等优点[75,76]。在对大分子物质提取过程中，酶处理可以水解细胞壁和细胞膜多糖以及与目标生物活性相关的蛋白质，有助于减轻生物活性的释放。酶辅助三相分离生物活性物质如表12-8所示。

表 12-8   **酶辅助三相分离提取**

提取物	酶制剂	三相条件				得率	文献
		相组成	温度/℃	pH	时间/h		
生姜油	Stargen 002®，Accellerase® 和 β-葡萄糖水解酶	10%硫酸铵+正丁醇	30	5	1	87.8%	[77]
亚麻籽油	果胶酶和蛋白酶	30.4%硫酸铵+正丁醇	40	—	12	71.68%	[78]
毛喉鞘蕊根毛喉素	Stargen 002® 和 Accellerase®	30%硫酸铵+正丁醇	30	7	1	30.83μg/g	[79]
稻谷油	蛋白酶和 Protizyme®	30%硫酸铵+正丁醇	50	4	—	79g/100g	[80]

采用商业酶制剂辅助 TPP 从芒果核、大豆和米糠三种基质中提取油脂分别可以达到 98%、86% 和 79%（w/w）。使用丁醇作为溶剂比传统提取油的正己烷安全得多[80]。对亚麻籽进行酶解预处理，而后利用 TPP 亚麻油分离到有机相中[78]。对比索氏提取法、冷渗滤法提取生姜油树脂和酶辅助 TPP 比较发现，ETPP 可以有效地降低提取温度，缩短提取时间。常规提取技术提取温度高（大于 50℃），提取时间长（大多大于 10h），需要大量的危险溶剂。Varakumar 等人采用酶辅助技术从干姜根茎粉中提取生姜精油。可以在 4h 的提取率与常规提取 12h 的效果相同[77]。

第二节
酶技术在茶制品中的应用

酶技术在茶品中的应用主要分为四方面，一是在制茶工艺中应用。主要目的包括改变茶品的色香味，缩短制茶周期，提高茶品中有效成分的溶出；二是在茶膏制作中的应用。可以增加茶膏的得率，方便操作，有效的保留功能性成分；三是改善茶饮料的感官状态。即提高澄清度，降低泡沫；四是在残茶和茶渣中有效成分提取的应用。其中主要应用的酶制剂有纤维素酶、果胶酶、蛋白酶及多酚氧化酶等，单一酶作用效果不如采用复合，因此针对植物类产品水解，一些食品配料公司开发了各类复合酶制剂如风味蛋白酶、植物水解酶等，以产物生成量来表示其活性，这是未来酶的一种发展方向。各类外源酶在茶叶加工中的应用如表 12-9 所示。

表 12-9 外源酶在茶叶加工中的应用[81~83]

	作用机理	作用
纤维素酶	水解糖苷键，破坏细胞壁	提高内含物溶出，增加茶汤可溶性糖，改善口味
果胶酶	水解糖苷键，降解细胞壁	提高内含物溶出，增加茶汤果胶含量，改善口感
单宁酶	水解酯键和缩酚羧键	改善茶饮品的澄清度
蛋白酶	水解酰胺键，促进蛋白质水解	提高茶汤氨基酸含量，改善口味
氧化酶	促进茶色素的形成	提高茶的醇厚感，加深茶汤颜色
漆酶	氧化多酚类	提高茶的醇厚感，加深茶汤颜色

一、 酶对茶汤颜色和可溶性固形物的影响

以六堡黑茶为例[84]，在渥堆过程中分别添加果胶酶、纤维素酶、过氧化物酶及木瓜蛋白酶。果胶酶、木瓜蛋白酶和过氧化物酶可以有效加深茶的颜色，但是果胶酶主要影响到的是茶红素，木瓜蛋白酶则是提高茶褐色素，而过氧化物酶将茶黄素提高 64.29%。纤维素虽然不会对茶叶中色素类物质的量产生影响，但是对于其溶出量起到有效作用。

纤维素酶一般包括三大类，外切型葡聚糖酶、内切葡聚糖酶和葡聚糖苷酶，其中外切型葡聚糖酶从纤维素的末端开始水解 β-1，4 糖苷键，理论上最终可以将纤维素水解成葡萄糖。而事实上由于自然界纤维素往往与木质脂质等其他物质结合，单独用该酶对纤维素水解程度很低，往往在纤维素降解过程中起到破坏纤维素的晶体结构，从而有利于内切葡聚糖酶和葡聚糖苷酶对纤维素的进一步水解。纤维素酶加入渥堆的六堡茶中，则有效地水解了茶叶完整的纤维组织，有利于溶出。由于上述酶的作用，水解小分子物质糖类、氨基酸等可溶性物质增加。Raghuwanshi[81]利用果胶酶处理印度黑茶和普通茶均可以提高茶汤中的儿茶素（EGC）、没食子酸和表儿茶素，不过黑茶可以增加 10 倍以上，而普通茶增加一倍多一点。需要强调的是该报道中所用的果胶酶是源于黄青霉（*P. charlesii.*）根据报道的纯化过程，应用于茶处理的酶制剂是应该是以单宁酶为主而复合其他酶制剂的一种混合酶制剂。

二、 酶制剂在茶膏制备中的应用

茶膏作为一种传统的速溶茶始于唐兴于宋，根据《十国春秋》记载，在南唐（公元937 年）就有茶膏的雏形，是将茶叶中的营养物质和功能性成分分提取出来，制成膏体的形状的特殊固体速溶茶。《本草纲目拾遗》记载"普洱茶膏黑如漆，醒酒第一，绿色者更佳"。传统的茶膏制作在常温下制作，即低温萃取低温干制而成，不仅出品率低而且成品率低，因此在过去只作为宫廷贡品。解放初虽然采用大锅熬制制作过茶膏，但是不被认可和接收。2004 年随着清代普洱茶膏的拍卖，茶膏再次出现人们的视野。由于需

要进行低温萃取，生物酶制剂在茶膏制作过程中就倍受关注。成为提高茶膏出率保障品质的重要因素。虽然目前茶膏的研究集中对成品普洱茶的提取后进行酶处理，从而改善茶膏的溶解状态。考虑出品率和茶膏的速溶性，茶膏的现代化应该从原料采摘开始进行酶处理，如图 12-4 所示[87-89]。在渥堆过程中加入糖苷水解酶、蛋白酶、植酸酶[90]可以有效提高产品的出品率；对颜色的控制可以通过氧化酶实现，用得较多的是多酚氧化酶和漆酶，在渥堆和提取液中加入氧化酶可以有效地提高茶膏色泽；而对于糖苷酶类在渥堆的过程中更多的是加入纤维素酶、木聚糖酶、果胶酶和植酸酶等，这样有利于营养物质与纤维素的分离溶出可以有效地提高出品率；而在提取液中加入糖苷酶和蛋白酶，可以有效地提高茶膏溶解后的澄清度、改善茶体口感和风味，使茶更为柔和可口。提取后酶制剂的加入可以在初提液中加入，也可以结合浓缩，在浓缩过程中加入。具体根据产品需求加入。

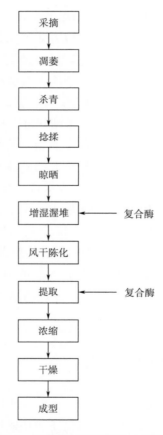

图 12-4 茶膏制备工艺流程（加酶工艺）

三、 茶饮料工艺中酶技术的应用

茶饮料作为茶的现代应用模式，生产中存在三个问题，即澄清、风味的保持、泡沫的消除。特别是绿茶饮料中绿色的保持。绿茶汤色的变化主要是叶绿素分解或茶汤内的茶多酚、黄酮等活性物质氧化导致的变色，解决这些问题的方法有：使用冷杀菌技术，避免高温对茶汤成分的破坏；使用微胶囊技术，将茶汤中的风味物质与敏感物质加茶绿色素提取及其对低温浸提茶汤增色作用，添加茶绿素同样可以改善绿茶色泽。茶绿素的提取研究正逐渐兴起，在酸、碱提取的基础上，添加纤维素酶后（见图 12-5），随着酶量的增加，茶绿素的浓度、提取率均显著增加。但在二次通用旋转试验中纤维素酶对茶汤提取浓度及提取率的影响的显著性不如时间、温度、水茶比三个因子。这可能是因为：虽然纤维素酶对茶汤低温提取浓度、提取率有一定的影响，但与时间、温度、水茶比三个主要因子相比显著性要差一些。加酶条件下低温浸提茶汁的最佳工艺条件为：温度 58、时间 38min、水茶比 11∶1、纤维素酶用量 0.17%、浸提用水的 pH 为 4.1～4.5，在此条件下浸提的一次提取浓度提取率为 25.20g/L[91]。

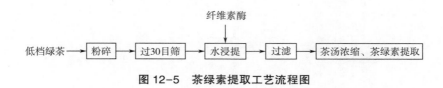

图 12-5　茶绿素提取工艺流程图

茶黄素最早由 Roberts E . A. H[92] 从红茶中发现，随后五六年中，该作者陆续发表了相关文章[93]。茶黄素是多酚类物质氧化形成的一类能溶于乙酸乙酯的具有苯并卓酚酮结构的化合物的总称，包括茶黄素（TF）、茶黄素单没食子酸（TF3G 和 TF3′G）和茶黄素双没食子酸（TFDG）等。茶黄素是构成红茶品质的主要成分之一，与红茶品质，尤其是汤色密切相关，也是与红茶价格呈正相关重要品质指标。

单宁酶和果胶酶可以有效防止沉淀和提高可溶性固形物的释放。单宁酶可以水解没食子酸与酯型儿茶素中的酯键端粒，促进非酯型的儿茶素和没食子酸，从而减少了茶饮料中茶乳酪的形成，减少了茶中的沉淀。另外，果胶酶通过对半纤维素和果胶组成的无定形结构的破坏，有助于茶叶中有效成分的渗出和扩散[94]，可溶性固形物含量可达到 11.5%[95]，但茶多酚的提取率没有明显提高。Chandini[95] 等以单宁酶处理红茶，茶多酚的浸出率可达 14.3%，可溶性固形物含量达 11.1%，红茶品质有较大的改善。Min 等[96]在对绿茶茶汤的抗氧化活性研究中发现，经单宁酶处理的茶汤有更好的自由基清除能力。

四、 残茶和茶渣中有效成分提取的应用

多糖、茶碱和多酚作为茶叶中主要的营养物质，在茶渣和残茶中含量都很高，通过对残茶和茶渣中这些物质的提取，可以有效地提高茶的附加值，酶工程作为生物技术的重要分支，提取工艺如图 12-6 所示。针对茶叶的有效成分均处于原生质体中，而原生质体又处于细胞壁和细胞间质包裹下的特点，选用主要成分是纤维素酶和果胶酶的复合酶液来分解构成细胞壁及细胞间质的纤维素、半纤维素和果胶质，使细胞壁及细胞间质结构产生局部疏松、膨胀、崩溃等变化，从而增大有效成分的扩散面积，减小传质阻力，提高有效成分的提取率。应用酶解技术来提取茶叶中的有效成分有以下显著优点：①反应条件温和。提取温度控制在酶的活性温区内（约 50℃），不仅减少了能耗，而且还有效地避免了茶多糖的降解、儿茶素的高温氧化。②有效成分提取率高。相较同条件下的水提取，可大幅度提高各有效成分的提取率。③安全、无污染。酶也是生物蛋白质，而且对作用物具有高度专一性，它的加入对提取体系无污染，也不会对有效物质的结构和活性造成影响，符合"绿色科技"的时代主题。

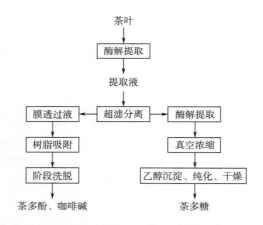

图 12-6 茶多酚、咖啡碱和茶多糖提取工艺流程图

其中，茶多糖的热稳定性较差，在 60℃ 以上降解加快；沸水提取的茶多糖抗糖尿病的效果较冷水提取的差。沸水提取的茶多酚中主要的活性成分儿茶素的含量较低温提取的低出 10%左右。溶剂萃取法不仅存在溶剂使用量大，回收困难，生产成本高等问题，而且有机溶剂有一定的毒性，产品及操作不够安全。针对以上两种方法的不足，近年出现了几种新型的提取技术，主要有超声波辅助浸提法、微波辅助浸提法和低温酶解提取法。

茶多酚的提取分为单独提取和综合提取两种情况。茶多酚单独提取的工艺研究最多，目前比较成熟的有金属离子沉淀法、有机溶剂萃取法和吸附树脂法，另外还有一种

正处于开发阶段但很有应用前景的方法——超临界流体萃取法。茶叶咖啡碱的单一提取方法主要有溶剂法、升华法、吸附法和超临界二氧化碳萃取法，但实际生产中很少对其单独提取，咖啡碱一般是作为茶多酚的副产物在制备茶多酚的过程中用氯仿等有机溶剂萃取分离，然后应用升华法制备的。茶多糖的传统制备工艺是提取液浓缩后醇沉得粗多糖，粗多糖再经除蛋白、脱色等纯化过程制得茶多糖。茶多糖与茶多酚和咖啡碱在分子质量上的差异，选取一定截留分子质量的超滤膜对茶叶酶解提取液进行超滤分离，将茶多糖、蛋白质、果胶等大分子物质从提取液中分离开来。

茶叶干基含有 21%~28% 的蛋白质[97]。有研究表明茶蛋白具有保护生物细胞免受辐射诱变的能力，茶蛋白提取也是残茶提取重要物质之一。浙江工商大学陈建设课题组[98]采用碱性法和酶法对茶叶浆中蛋白质的提取进行了研究。共检测了四种酶（中性酶、碱性蛋白酶、鱼精蛋白和风味酶）对茶叶蛋白提取的影响。结果表明，碱法提取蛋白质的产率较高（提取率为 56.4%）。单独使用一种酶在提取茶蛋白方面似乎不太有效（提取率低于 20%）。然而，两种酶（例如 Alcalase 和 Protamex 的重量比为 1∶3）的组合在提取蛋白质方面的能力大大增强，导致了更高的提取率（高达 47.8%）。

第三节
酶技术在食用菌加工中的应用

我国是食用菌生产的第一大国，根据联合国粮农组织（FAO）2016 年统计[99]，我国的食用菌产量计伴随着农业 780 万 t，占全球总产量的 2/3 以上，在我国农业产业中居第五位，是在粮、油、菜、果农业后的第五大产业，成为经济发展、脱贫致富的重要产业。并且食用菌因其风味独特、营养丰富和具有功能性而受到食品和药物研究人员的关注。我国和其他亚洲国家，许多品种长期用于传统中药或功能性食品。随着研究的深入，食用菌中的次级代谢产物——小分子化合物、多糖、蛋白质、多糖蛋白复合物等[100~102]。这些生物活性成分已成为天然抗氧化、抗肿瘤、抗病毒、抗菌和免疫调节剂的主要来源之一。酶技术在这些物质的分离纯化中起着重要的作用。酶技术在食用菌产业中主要应用于活性物质提取、蘑菇风味物质制备和食用菌饮品制作工艺等。

一、 酶技术在食用菌主要活性成分提取中的应用

多糖和蛋白质属于高分子物质，选择合适的溶剂提取后采用沉淀的分离方式获得粗多糖和粗蛋白，进一步精制则是通过色谱进行纯化，提取过程见图 12-7 所示。其中在多糖提取过程中可以反复醇沉淀，从而将多糖与提取过程中最大量的除去杂质；食用菌蛋白沉淀过程中根据蛋白的用途不同，选用不同的沉淀试剂，需要保留蛋白活性的最多使用的是硫酸铵和等电点沉淀；而不考虑活性的情况下可以采用任何获得最大量的沉淀方式。

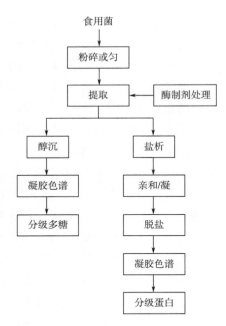

图 12-7　食用菌中多糖和蛋白分离一般流程

对于食用菌中次生代谢产物，往往是在脱除多糖和蛋白后进行提取分离，备受关注的是三萜类和植物固醇类化合物，通过酶解，将这些小分子的次生代谢产物与结合的碳水化合物和酯类等大分子物质分离后，采用制备色谱或移动床进行制备可以有效地进行纯化。

无论是多糖、蛋白质还是次生代谢产物在酶辅助制备过程中均是对食用菌细胞壁的酶解，相关酶制剂和处理技术见第一节概述。本节将对目前采用酶制剂制备的食用菌蛋白、多糖和次生代谢产物状况进行介绍。

（一）食用菌蛋白

食用菌作为食物和药物已有数千年食用历史。不仅脂肪含量低，而且许多食用菌是蛋白质的优良来源。不同的食用菌具有不同生物活性的食用菌蛋白，如凝集素、真菌免疫调节蛋白（Fungal Immunomodulatory Proteins，FIP）、核糖体失活蛋白（Ribosome Inactivating Proteins，RIP）、核糖核酸酶、漆酶等，已成为天然抗肿瘤、抗病毒、抗菌、抗氧化和免疫调节剂的常用来源[102]，也是制备各类食用菌抗氧化肽制备的原料。

1. 食用菌凝集素

凝集素是一类分布于动物、植物和微生物中的非免疫、非酶的蛋白质或糖蛋白（大部分为糖蛋白），可以凝集细胞的一类物质。食用菌凝集素已成为蘑菇多糖之外的另一活性物质[104]。食用菌凝集素是一类具有凝集各类血红细胞，也是各类毒蕈的主要毒素之一。但是，随着近年对食用菌凝集素的研究发现，食用菌凝集素具有抗增殖、抗肿瘤和免疫调节活性。分子质量一般在 12~190kDa，由单体或 2~4 个相同或不同亚基以非共价键方式结合而成的，一般情况下，蛋白质部分占到整个分子的 70%~100%，寡糖链以两个方式与蛋白质肽链相连，糖肽键连接方式分别构成 N-连接糖蛋白和 O-连接糖蛋白。猴头菇凝集素 HEA[105]（分子质量 51kDa），进行酶辅助提取后，经过 DEAE、CM、Q-Sepharose 和 FPLC Superdex 75 纯化后获得纯度大于 80%的 HEA。利用该物质进行动物实验发现可以有效地促进小鼠脾细胞有丝分裂；对肝癌（HEPG2）和乳腺癌（MCF7）细胞具有抗增殖活性，IC_{50} 分别为 56.1μmol/L 和 76.5μmol/L。另外，从野生蘑菇 *Russula delica* 的新鲜子实体中分离出一种二聚凝集素（分子 60kDa 和 N 末端序列 GLKLAKQFAL）。凝集素能有效抑制 HepG2 肝癌、MCF7 乳腺癌细胞和 HIV-1 逆转录酶的增殖，IC_{50} 值分别为 0.88、0.52 和 0.26mmol/L[106]。食用菌凝集素纯化及其性质探究可以探明相应食用菌药物作用机制，明确药用真菌中的有效成分。蘑菇凝集素的提取纯化方法随着生物酶技术、亲和层析技术和分子筛的应用为蘑菇凝集素提供了一条简便易行之路，大大提高了纯化技术水平与技术含量。

2. 核糖体失活蛋白（Ribosome Inactivating Proteins，RIPs）

核糖体失活蛋白是近几年从食用菌中分类出的一类作用于 rRNA 而抑制核糖体功能的具有酶活性的蛋白。近年来，已经从金针菇、真姬菇、龟裂秃马勃、本占地菇和虎奶菇[107-111]。同样，RIPs 具有多种生物活性，抑制 HIV-1 逆转录酶、抗真菌和抗增殖活性。

3. 漆酶（EC 1.10.3.2）

食用菌漆酶广泛存在于菌丝发酵液与食用菌菌渣中，具有优良的生物催化氧化活性，在食品、造纸、染整、生物电化学、生物转换、污水处理等领域极具发展前景。是一种是以铜离子为活性中心的多酚氧化酶，属于蓝色多铜氧化酶家族，能够催化酚类物质或者多酚类物质形成对应的醌[112]。食用菌漆酶多为糖蛋白，其分子质量差异很大。部分菌株产生的漆酶由数种同工酶组成，但皆为糖蛋白与单体酶。多数真菌漆酶存在于真菌发酵液与食用菌培养基残渣中，过滤掉菌体即可提取，部分真菌漆酶是胞内酶，需先进行细胞破碎后再提取。大型真菌食用菌的漆酶在菌体各部分均由分布，而且很多漆酶与菌体的纤维素和木质素相结合，采用合适的酶制剂的处理后进行分离纯化可以有效地获得漆酶。其提取流程如图 12-8 所示。

4. 真菌免疫调节蛋白（Fungal Immunomodulatory Proteins，FIPs）

真菌免疫调节蛋白（FIPs）是一种分子质量 13kDa，大概包括 110~114 氨基酸，具有相似的二级结构是一类具有多种生物学功能的小分子蛋白质，其作用机制如图 12-9 所示[113]。该类蛋白具有包括抗肿瘤活性、免疫调节功能、促进淋巴细胞增殖和抗过敏与 Arthus 反应在内的多种生物学功能。不同的食用菌 FIPs 的其特性有所差别，从金针菇提取的免疫调节蛋白可以刺激人外周血淋巴细胞的活性从而提高人体的免疫活性；而从草菇中提取的 FIPs 具有抗肿瘤活性，灵芝小孢子菌免疫调节蛋白 GMI 研究其对肿瘤侵袭转移的抑制作用。

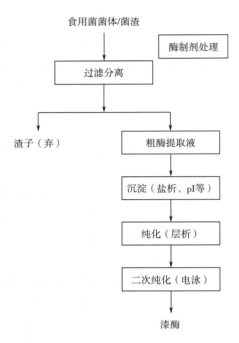

食用菌菌体/菌渣

酶制剂处理

过滤分离

渣子（弃）

粗酶提取液

沉淀（盐析、pI等）

纯化（层析）

二次纯化（电泳）

漆酶

图 12-8　食用菌中的漆酶提取

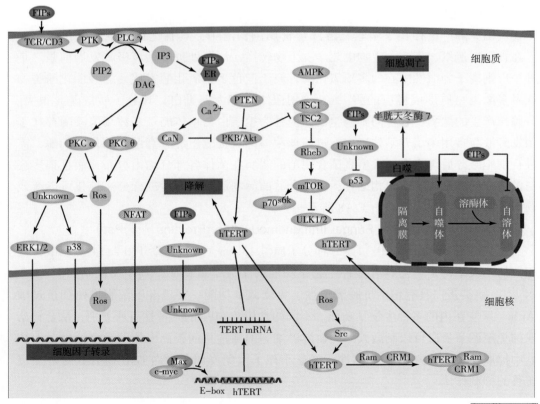

Drug Discovery Today

图 12-9　FIPs 生物作用通路

（二）　食用菌多糖

多糖是食用菌中的活性成分最多的一种，猴头菇、灰树花、竹逊等多糖的制备、结构、生物活性均有相关综述[114-118]。食用菌多糖中的活性成分是具有分支的 β-1，3-D-葡聚糖，这些活性多糖成分具有一个共同的结构，即主链由 β-1，3 连接的葡萄糖基组成，沿主链随机分布，由 β-1，6 连接的葡萄糖基，呈梳状结构。生物活性的大小随多糖的精细结构和构象不同而变化，这些多糖的抗肿瘤活性是因为其活化了宿主的免疫系统，而不是直接的细胞毒性作用。

食用菌组成复杂，其结构与植物保护组织相似，含有蛋白质、纤维素、半纤维素和果胶等物质，提取前的酶处理可参照本章第一节的概述处理，可以增加提取率并且有利于纯化。如：对香菇多糖提取[119]可以利用木瓜蛋白酶、纤维素酶（二者质量比为2：1）进行复合，在二者酶的添加量为 0.4% 时，在 55℃，pH 6.5，3h 提取率可以达到16.1%[119]。马淑凤等[120,121]对白灵菇多糖的提取进行详细研究，其中，复合提取酶系组成为纤维素酶、蜗牛酶、溶壁酶、中性蛋白酶，质量比为 3：2：0.5：5，在酶用量为2.53%、39.6℃、pH7.2、酶解 3.2h 多糖得率为 8.23%，比单独用水高出 1.87%。

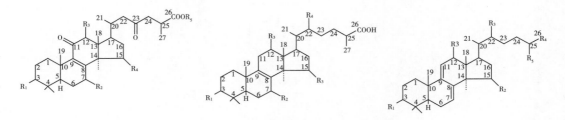

图 12-10　灵芝中的主要三萜类化合物

（三）　其他次生代谢产物

真菌作为三萜和甾体化合物的重要来源[122]，大型真菌——食用菌菌中含有丰富的三萜和甾体化合物。目前研究应用较大的是灵芝三萜类化合物，其分子质量在 400～600Da，根据中心基团不同，可以分为七大类；在七大类上可以有不同的取代基，这些取代基有甲基、羟基、羧基、酮基、乙酰基和甲氧基等；中心碳原子目前发现的主要有C_{30}、C_{27}、C_{24} 3 种。研究最多的灵芝酸、灵芝孢子酸、灵芝内酯、灵芝醇、灵芝醛、赤灵酸、灵赤酸、赤芝酮等 10 多种[123]。主要灵芝三萜类化合物如图 12-10 所示。相比食用菌多糖和蛋白质来讲，三萜和甾体化合物极性更弱，一般采用有机溶剂进行提取分离，并且由于其结构较为稳定，特别是甾体类化合物，在酶解的条件下几乎不会影响任何结构，因此在这两类物质的制备过程中，不考虑食用菌多糖和蛋白质的利用，可以采用任何有效酶制剂进行作用后用极性较弱的溶剂进行萃取后获得粗制品。进一步纯化也较为简单，可以利用 C_{18} 填料的制备柱进行制备。

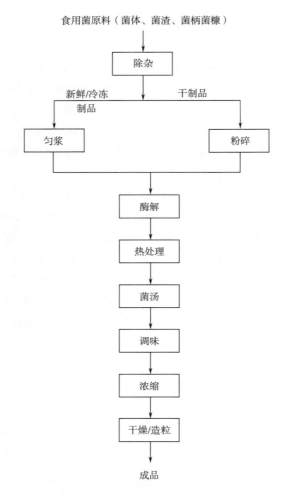

食用菌原料（菌体、菌渣、菌柄菌糠）

除杂

新鲜/冷冻　　　　　　　　干制品
制品

匀浆　　　　　　　　粉碎

酶解

热处理

菌汤

调味

浓缩

干燥/造粒

成品

图 12-11　利用食用菌制备风味物质一般流程

二、　酶制剂在食用菌风味物质制备中的应用

风味包括滋味和气味，即通过味蕾和嗅觉细胞感觉到令人产生共鸣的物质，无论是滋味还是气味都是以基本的物质为基础，而产生的感觉却会受到环境、共存物和人体自身状态的影响。往往滋味和气味需要和谐统一，即符合人们的一般认知规律。全世界的发现的食用菌 6000 余种。可供人食用将近 2000 多种，其风味和气味各具特色，灰树花食之味如鸡丝，香气诱人；杏鲍菇味道鲜美，口感极佳鲍鱼菇如其名有浓郁的鲍鱼风味等等。因此，食用菌风味物质制备中可以直接提取获得风味物质，这种方式往往在香味物质制备中应用，主要是挥发性风味成分如含硫化合物、一些不饱和醛酮和杂环化合物等；而对于口味物质虽然菌体中存在一定量的氨基酸和核苷酸具有特定的滋味，但是含量较低。利用食用菌间接制备风味物质，主要分为两大类，一类通以美拉德反应为基础

的热反应制备；另一类则是通过温和酶解获得风味物质，也可称为冷反应制备。酶解程度不仅会影响风味效果，而且还会获得一些功能性的寡肽或者寡糖。一般利用酶解制备风味物质流程如图 12-11 所示。

其中作为风味物质的原料往往是食用菌生产中的菌柄、菌渣和菌糠，这些物质不仅在食用菌生产中数量多，而且很多都是作为低值的副产物被丢弃或者作为饲料，经过该工艺处理后，可以有效地增加食用的附加值。

酶解工艺是食用菌风味料生产的关键技术要点，不同酶制剂及其作用不同条件，最终的水解产物均有差异，而不同的氨基酸具有不同的滋味（见表 12-10），同时也影响食用菌内的核苷酸的释放量。核苷酸与氨基酸同时存在则有相互协同增效作用。

表 12-10　　　　各种游离氨基酸呈味特征与呈味阈值[124]

游离氨基酸	呈味特性	呈味阈值/（mg/mL）
天门冬氨酸	鲜味（+）	1
谷氨酸	鲜味（+）	0.3
天门冬酰胺	无味（−）	无
丝氨酸	甜味（+）	1.5
谷氨酰胺	无味（−）	无
组氨酸	苦味（−）	0.2
甘氨酸	甜味（+）	1.3
苏氨酸	甜味（+）	2.6
丙氨酸	甜味（+）	0.6
精氨酸	苦味/甜味（+）	0.5
酪氨酸	苦味（−）	无
半胱氨酸	苦味/甜味/硫磺味（−）	无
缬氨酸	甜味/苦味（−）	0.4
甲硫氨酸	苦味/甜味/硫磺味（−）	0.3
色氨酸	苦味（−）	无
苯丙氨酸	苦味（−）	0.9
异亮氨酸	苦味（−）	0.9
亮氨酸	苦味（−）	1.9
赖氨酸	甜味/苦味（−）	0.5
脯氨酸	甜味/苦味（+）	3

味精作为传统的风味增强剂与新型的核苷酸类混合的协同增效可以采用经验公式 12-1。优化食用菌匀浆程度或者粉碎粒度、酶种类、用量等也会对提取效果有显著影响。酶解程度决定了食用菌的风味特征，经加热处理后，一方面可以起到灭酶作用，另

一方面随着温度的升高，食用菌中的氨基酸释放量增加，同时在高温下还可以将酶无法水解的键断裂，增加新的氨基酸或者多肽的释放；并且在高温下还有非酶反应发生，如轻微的美拉德反应，可以增加新的风味物质。从而在酶解后的热处理条件对于食用菌风味物质的制备非常重要。仅仅对食用菌酶解制备的风味物质往往不能商品化，因此，需要进行进一步的调味处理，加入相关辅料制备成流通过程中的食用菌风味制品。

$$Y = X + CXZ \tag{12-1}$$

式中　　Y——能够表现同混合溶液的鲜味同等强度的单一味精溶液的浓度，g/L；

　　　　X——混合溶液中味精的质量浓度，g/L；

　　　　C——常数，5′-肌苷酸钠为121.8，5′-鸟苷酸钠为280；

　　　　Z——5′-肌苷酸钠或者5′-鸟苷酸钠的质量浓度，g/L。

（作者：田益玲　贾英民）

参考文献

[1] Shamraja S. Nadar, Priyanka Rao, Virendra K. Rathod. Enzyme assisted extraction of biomolecules as an approach to novel extraction technology [J]. Food Research International, 2018, 108 (3): 309-330.

[2] 李恒，唐双焱. 碳水化合物结合结构域研究进展 [J]. 微生物学报，2017，57 (8): 1160-1167.

[3] I. J. Kim, H. J. Lee, I. G. Choi, et al. Synergistic proteins for the enhanced enzymatic hydrolysis of cellulose by cellulase [J]. Applied Microbiology and Biotechnology, 2014, 98 (20): 8469-8480.

[4] J. S. Van Dyk, B. I. Pletschke. A review of lignocellulose bioconversion using enzymatic hydrolysis and synergistic cooperation between enzymes-factors affecting enzymes, conversion and synergy [J]. Biotechnology Advances, 2012, 30 (6): 1458-1480.

[5] S. Mohanram, D. Amat, J. Choudhary, et al. Nain, Novel perspectives for evolving enzyme cocktails for lignocellulose hydrolysis in biorefineries, Sustain [J]. Sustainable Chemical Processes, 2013 (1): 15.

[6] M. D. Sweeney, F. Xu, Biomass converting enzymes as industrial biocatalysts for fuels and chemicals: recent developments [J]. Catalysts, 2012, 2 (2): 244-263.

[7] J. Van Den Brink, R. P. De Vries, Fungal enzyme sets for plant polysaccharide degradation [J]. Applied Microbiology and Biotechnology, 2011, 91 (9): 1477-1492.

[8] L. R. S. Moreira, E. X. F. Filho, An overview of mannan structure and mannan degrading enzyme systems [J]. Applied Microbiology and Biotechnology, 2008, 79 (4): 165-178.

[9] D. Shallom, Y. Shoham, Microbial hemicellulases [J]. Current Opinion in Microbiology, 2003, 6 (3): 219-228.

[10] G. S. Dhillon, S. Kaur, S. K. Brar, Perspective of apple processing wastes as low-cost substrates for bioproduction of high value products: a review, Renew [J]. Renewable and Sustainable Energy Reviews, 2013, 27 (11): 789-805.

[11] J. S. Van Dyk, R. Gama, D. Morrison, S. Swart, B. I. Pletschke, Food processing waste: problems, current management and prospects for utilisation of the lignocellulose component through enzyme synergistic degradation [J]. Renewable and Sustainable Energy Reviews, 2013, 26 (C): 521-531.

[12] R. L. Howard, E. Abotsi, E. L. Jansen van Rensburg, S. Howard, Lignocellulose biotechnology: issues of bio-

conversion and enzyme production ［J］. African Journal of Biotechnology, 2003, 2 (12): 602-619.

［13］ M. Dashtban, H. Schraft, T. A. Syed, W. Qin, Fungal biodegradation and enzymatic modification of lignin ［J］. International journal of biochemistry and molecular biology, 2010, 1 (1): 36-50.

［14］ T. Ganner, P. Bubner, M. Eibinger, C. Mayrhofers, H. Planks, B. Nidetzky, Dissecting and reconstructing synergism: in situ visualization of cooperativity among cellulases ［J］. Journal of Biological Chemistry, 2012, 287 (52): 43215-43222.

［15］ M. Kostylev, D. Wilson, Synergistic interactions in cellulose hydrolysis ［J］. Biofuels-UK, 2012, 3 (1): 61-70.

［16］ T. Jeoh, D. B. Wilson, L. P. Walker, Effect of cellulase mole fraction and cellulose recalcitrance on synergism in cellulose hydrolysis and binding ［J］. Biotechnology Progress, 2006, 22 (1): 270-277.

［17］ J. Jalak, M. Kurašin, H. Teugjas, P. Väljamä, Endo-exo synergism in cellulose hydrolysis revisited ［J］. Journal of Biological Chemistry, 2012, 287 (34): 28802-28815.

［18］ P. Biely, S. Singh, V. Puchart, Towards enzymatic breakdown of complex plant xylan structures: state of the art ［J］. Biotechnology Advances, 2016, 34 (7): 1260-1274.

［19］ Samkelo M. Mariska T., J. Susan van Dyk, Brett I. P., Time dependence of enzyme synergism during the degradation of model and natural lignocellulosic substrates, 2017, 103 (8): 1-11.

［20］ Y. Arfi, M. Shamshoum, I. Rogachev, Y. Peleg, E. A. Bayer, Integration of bacterial lytic polysaccharide monooxygenases into designer cellulosomes promotes enhanced cellulose degradation ［J］. Proceedings of the National Academy of Sciences of the United States of America, 2014, 111 (25): 9109-9114.

［21］ G. R. Hemsworth, E. M. Johnston, G. J. Davies, P. H. Walton, Lytic Polysaccharide Monooxygenases in Biomass Conversion ［J］. Trends in Biotechnology, 2015, 33 (12): 747-761.

［22］ P. K. Busk, L. Lange, Classification of fungal and bacterial lytic polysaccharide monooxygenases ［J］. BMC genomics, 2015, 16 (5): 368 (1-13).

［23］ Zheng, H. Z., & Chung, S. K., Mathematical and statistical methods in food science and technology, 美国新泽西州 Wiley-Blackwell, 2014.

［24］ Huynh, N. T., Smagghe, G., Gonzales, G. B., et al. Enzyme assisted extraction enhancing the phenolic release from cauliflower (Brassica oleracea L. var. botrytis) outer leaves ［J］. Journal of Agricultural and Food Chemistry, 2014, 62 (30), 7468-7476.

［25］ Pérez-López, E., Mateos-Aparicio, I., & Rupérez, P. Okara treated with high hydrostatic pressure assisted by Ultraflo ® L: Effect on solubility of dietary fibre ［J］. Innovative Food Science and Emerging Technologies, 2016, 33 (2): 32-37.

［26］ Kim, S. M., & Lim, S. T.. Enhanced antioxidant activity of rice bran extract by carbohydrase treatment ［J］. Journal of Cereal Science, 2016, 68 (3): 116-121.

［27］ Oszmiański, J., Wojdyło, A., & Kolniak, J. Effect of pectinase treatment on extraction of antioxidant phenols from pomace, for the production of puree-enriched cloudy apple juices ［J］. Food Chemistry, 2011, 127 (2): 623-631.

［28］ Dal Magro, L., Dalagnol, L. M. G., Manfroi, V., et al. Synergistic effects of Pectinex Ultra Clear and Lallzyme Beta on yield and bioactive compounds extraction of Concord grape juice ［J］. LWT-Food Science and Technology, 2016, 72 (10): 157-165.

［29］ Bansode, S. R., & Rathod, V. K. An investigation of lipase catalysed sonochemical synthesis: A review ［J］. Ultrasonics Sonochemistry, 2017, 38 (9): 503-529.

［30］ Zhang, W., Huang, J., Wang, W., et al. Extraction, purification, characterization and antioxidant activities of polysaccharides from *Cistanche tubulosa*. ［J］ International journal of Biological Macromolecules, 2016, 93 (9): 448-458.

［31］ Pu, J. B., Xia, B. H., Hu, Y. J., et al. Multi-optimization of ultrasonic-assisted enzymatic extraction of Atratylodes macrocephala polysaccharides and antioxidants using response surface methodology and desirability function approach ［J］. Molecules, 2015, 20 (12): 22220-22235.

［32］ Fan, T., Hu, J., Fu, L., et al. Optimization of enzymolysis-ultrasonic assisted extraction of polysaccharides from *Momordica charabtia L.* by response surface methodology ［J］. Carbohydrate Polymers, 2015, 115 (1): 701-706.

［33］ Ke, L. Optimization of ultrasonic extraction of polysaccharides from *L entinus Edodes* based on enzymatic treatment ［J］. Journal of Food Processing and Preservation, 2015, 39 (3): 254-259.

［34］ Xu, Y., Zhang, L., Yang, Y., et al. Optimization of ultrasound-assisted compound enzymatic extraction and characterization of polysaccharides from blackcurrant ［J］. Carbohydrate Polymers, 2015, 117 (6): 895-902.

［35］ Zhang, W., Huang, J., Wang, W., et al. Extraction, purification, characterization and antioxidant activities of polysaccharides from *Cistanche tubulosa*. ［J］ International journal of Biological Macromolecules, 2016, 93 (9): 448-458.

［36］ Liao, N., Zhong, J., Ye, X., et al. Ultra-sonicassisted enzymatic extraction of polysaccharide from *Corbicula fluminea*: Characterization and antioxidant activity ［J］. LWT-Food Science and Technology, 2015, 60 (2): 1113-1121.

［37］ Chen, R., Li, S., Liu, C., et al. Ultrasound complex enzymes assisted extraction and biochemical activities of polysaccharides from Epimedium leaves ［J］. Process Biochemistry, 2012, 47 (12): 2040-2050.

［38］ Li, Y., Zhang, Y., Sui, X., et al. Ultrasound-assisted aqueous enzymatic extraction of oil from perilla (*Perilla frutescens L.*) seeds ［J］. CyTA-Journal of Food, 2014, 12 (1): 16-21.

［39］ Goula, A. M., Papatheodorou, A., Karasavva, S., et al. Ultrasound-assisted aqueous enzymatic extraction of oil from pomegranate seeds ［J］. Waste and Biomass Valorization, 2018, 9 (1): 1-11.

［40］ Wu, H., Zhu, J., Diao, W., et al. Ultrasound-assisted enzymatic extraction and antioxidant activity of polysaccharides from pumpkin (*Cucurbita moschata*) ［J］. Carbohydrate Polymers, 2014, 113 (11): 314-324.

［41］ Tchabo, W., Ma, Y., Engmann, F. N. et al. Ultrasound-assisted enzymatic extraction (UAEE) of phytochemical compounds from mulberry (*Morus nigra*) must and optimization study using response surface methodology ［J］. Industrial Crops and Products, 2015, 63 (1): 214-225.

［42］ Long, J. J., Fu, Y. J., Zu, Y. g., et al. Ultrasoundassisted extraction of flaxseed oil using immobilized enzymes ［J］. Bioresource Technology, 2011, 102 (21): 9991-9996.

［43］ Arvayo-Enríquez, H., Mondaca-Fernández, I., Gortárez-Moroyoqui, P., et al. Carotenoids extraction and quantification: A review ［J］. Analytical Methods, 2013, 5 (12): 2916-2924.

［44］ Luo, M., Yang, L. Q., Yao, X. H., et al. Optimization of enzyme assisted negative pressure cavitation extraction of five main indole alkaloids from Catharanthus roseus leaves and its pilot-scale application ［J］. Separation and Purification Technology, 2014, 125 (2): 66-73.

［45］ Corrales, M., Toepfl, S., Butz, P., et al. Extraction of anthocyanins from grape by-products assisted by ultrasonics, high hydrostatic pressure or pulsed electric fields: A comparison ［J］. Innovative Food Science and Emerging Technologies, 2008, 9 (1): 85-91.

［46］Prasad, K. N., Yang, E., Yi, C., et al. Effects of high pressure extraction on the extraction yield, total phenolic content and antioxidant activity of longan fruit pericarp ［J］. Innovative Food Science and Emerging Technologies, 2009, 10 (2): 155-159.

［47］Jung, S., Lamsal, B. P., Stepien, V., et al. Functionality of soy protein produced by enzyme assisted extraction ［J］. Journal of the American Oil Chemists' Society, 2006, 83 (1): 71-78.

［48］Strati, I. F., Gogou, E., Oreopoulou, V. Enzyme and high pressure assisted extraction of carotenoids from tomato waste ［J］. Food and Bioproducts Processing, 2015, 94 (4): 668-674.

［49］Ezeh, O., Gordon, M. H., Niranjan, K. Enhancing the recovery of tiger nut (Cyperus esculentus) oil by mechanical pressing: Moisture content, particle size, high pressure and enzymatic pretreatment effects ［J］. Food Chemistry, 2016, 194 (3): 354-361.

［50］Bai, Y., Liu, L., Zhang, R., et al. Ultrahigh pressureassisted enzymatic extraction maximizes the yield of longan pulp polysaccharides and their acetylcholinesterase inhibitory activity in vitro ［J］. International journal of Biological Macromolecules, 2017, 96 (3): 214-222.

［51］Kim, J. H., Park, Y., Yu, K. W., et al. Enzyme assisted extraction of cactus bioactive molecules under high hydrostatic pressure ［J］. Journal of the Science of Food and Agriculture, 2014, 94 (5): 850-856.

［52］Mat Yusoff, M., Gordon, M. H., Ezeh, O., et al. (2017). High pressure pretreatment of Moringa oleifera seed kernels prior to aqueous enzymatic oil extraction ［J］. Innovative Food Science and Emerging Technologies, 2017, 39 (2): 129-136.

［53］Park, C. Y., Kim, S., Lee, D., et al. Enzyme and high pressure assisted extraction of tricin from rice hull and biological activities of rice hull extract ［J］. Food Science and Biotechnology, 2016, 25 (1): 159-164.

［54］Rantwijk, F., Sheldon, R. A. Biocatalysis in ionic liquids ［J］. Chemical Reviews, 2007, 107 (6): 2757-2785.

［55］李明英. 离子液体在天然活性物质提取中的应用研究进展 ［J］. 药学进展, 2015, 39 (6): 437-445.

［56］Sahne, F., Mohammadi, M., Najafpour, G. D., et al. Enzyme assisted ionic liquid extraction of bioactive compound from turmeric (Curcuma longa L.): Isolation, purification and analysis of curcumin ［J］. Industrial Crops and Products, 2017, 95 (1): 686-694.

［57］Calinescu, I., Gavrila, A. I., Ivopol, M., et al. Microwave assisted extraction of essential oils from enzymatically pretreated lavender (Lavandula angustifolia Miller) ［J］. Central European Journal of Chemistry, 2014, 12 (8): 829-836.

［58］Jiao, J., Li, Z. G., Gai, Q. Y., et al. Microwave assisted aqueous enzymatic extraction of oil from pumpkin seeds and evaluation of its physicochemical properties, fatty acid compositions and antioxidant activities ［J］. Food Chemistry, 2014, 147 (3): 17-24.

［59］Chanioti, S., Siamandoura, P., & Tzia, C. Evaluation of extracts prepared from olive oil by-products using microwave-assisted enzymatic extraction: Effect of encapsulation on the stability of final products ［J］. Waste and Biomass Valorization, 2016, 7 (4): 831-842.

［60］Charoensiddhi, S., Franco, C., Su, P., et al. Improved antioxidant activities of brown seaweed Ecklonia radiata extracts prepared by microwave-assisted enzymatic extraction ［J］. Journal of Applied Phycology, 2014, 27 (5): 2049-2058.

［61］Jung, S., Lamsal, B. P., Stepien, V., et al. Functionality of soy protein produced by enzyme assisted extraction ［J］. Journal of the American Oil Chemists' Society, 2006, 83 (1): 71-78.

［62］Yang, Y. C., Li, J., Zu, Y. G., et al. Optimisation of microwave-assisted enzymatic extraction of corilagin and geraniin from Geranium sibiricum Linne and evaluation of antioxidant activity [J]. Food Chemistry, 2012, 122 (1): 373-380.

[63] Zhang, G., Hu, M., He, L., et al. Optimization of microwaveassisted enzymatic extraction of polyphenols from waste peanut shells and evaluation of its antioxidant and antibacterial activities in vitro [J]. Food and Bio-products Processing, 2013, 91 (2): 158-168.

[64] Cheng, Z., Song, H., Yang, Y., et al. Optimization of microwave-assisted enzymatic extraction of polysac-charides from the fruit of Schisandra chinensis Baill [J]. International journal of Biological Macromolecules, 2015, 76 (5): 161-168.

[65] Chan, C., Yusoff, R., Ngoh, G., et al. Microwave-assisted extractions of active ingredients from plants [J]. Journal of Chromatography A, 2011, 1218 (37): 6213-6225.

[66] Bhusnure, O. G., Gholve, S. B., Giram, P. S., et al. Importance of supercritical fluid extraction techniques in pharmaceutical industry: A review [J]. Indo American Journal of Pharmaceutical Research, 2015, (1): 1-7.

[67] Basegmez, H. I. O., Povilaitis, D., Kitryte, V., et al. Biorefining of blackcurrant pomace into high value functional ingredients using supercritical CO_2, pressurized liquid and enzyme assisted extractions [J]. The Journal of Supercritical Fluids, 2017, 124 (1): 10-19.

[68] Mushtaq, M., Sultana, B., Anwar, F., et al. Enzyme assisted supercritical fluid extraction of phenolic an-tioxidants from pomegranate peel [J]. The Journal of Supercritical Fluids, 2015, 104 (9): 122-131.

[69] 高应权. 超临界流体萃取番茄果皮生产番茄红素软胶囊工艺介绍, 食品安全导刊, 2015, 12: 135-136.

[70] Dutta, S., & Bhattacharjee, P. Enzyme assisted supercritical carbon dioxide extraction of black pepper oleoresin for enhanced yield of piperine-rich extract [J]. Journal of Bioscience and Bioengineering, 2015, 120 (1): 17-23.

[71] Wang, X., Chen, Q., Lu, X. Pectin extracted from apple pomace and citrus peel by subcritical water [J]. Food Hydrocolloids, 2014, 38 (1): 129-137.

[72] Mushtaq, M., Sultana, B., Akram, S., et al. Enzyme assisted supercritical fluid extraction: An alternative and green technology for non-extractable polyphenols [J]. Analytical and Bioanalytical Chemistry, 2017, 409 (14): 3645-3655.

[73] Nadar, S. S., Pawar, R. G., Rathod, V. K. Recent advances in enzyme extraction strategies: A comprehensive review [J]. International journal of Biological Macromolecules, 2017, 101 (8): 931-957.

[74] Yan, J. K., Wang, Y. Y., Qiu, W. Y., et al. Three-phase partitioning as an elegant and versatile platform applied to non-chromatographic bioseparation processes [J]. Critical Reviews in Food Science & Nutrition, 2017, 13 (1): 1-16.

[75] Rao, P. R., Rathod, V. K. Rapid extraction of andrographolide from Andrographis paniculata Nees by three phase partitioning and determination of its antioxidant activity [J]. Biocatalysis and Agricultural Biotechnology, 2015, 4 (4), 586-593.

[76] Vidhate, G. S., Singhal, R. S. Extraction of cocoa butter alternative from kokum (Garcinia indica) kernel by three phase partitioning [J]. Journal of Food Engineering, 2013, 117 (4): 464-466.

[77] Varakumar, S., Umesh, K. V., Singhal, R. S. Enhanced extraction of oleoresin from ginger (*Zingiber offici-nale*) rhizome powder using enzyme assisted three phase partitioning [J]. Food Chemistry, 2017, 216 (1): 27-36.

[78] Tan, Z., Yang, Z. Z., Yi, Y. J., et al. Extraction of oil from flaxseed (*Linum usitatissimum L.*) using en-

zyme assisted threephase partitioning ［J］. Applied Microbiology and Biotechnology, 2016, 179 （8）: 1325–1335.

［79］ Harde, S. M., Singhal, R. S. Extraction of forskolin from *Coleus forskohlii* roots using three phase partitioning ［J］. Separation and Purification Technology, 2012, 96 （8）: 20–25.

［80］ Gaur, R., Sharma, A., Khare, S. K., et al. A novel process for extraction of edible oils. Enzyme assisted three phase partitioning （EATPP）［J］. Bioresource Technology, 2007, 98 （3）: 696–699.

［81］ Shailendra, R., Swati M., Rajendra K. S. Enzymatic Treatment of Black Tea （CTC and Kangra Orthodox） Using *Penicillium Charlesii* Tannase to Improve the Quality of Tea ［J］. Food and Bioproducts Processing, 2013, 37 （1）: 855–863.

［82］ 尹莲. 超声法提取茶多酚的实验研究 ［J］. 食品工业, 1999, （3）: 10–11.

［83］ 汪兴平, 周志, 莫开菊等. 茶叶有效成分复合分离提取技术研究 ［J］. 农业工程学报, 2002, 18 （6）: 131–136.

［84］ 聂枞宁. 外源酶处理对提高四川黑茶风味的工艺研究及效果评价 ［D］. 雅安: 四川农业大学, 2016.

［85］ http://www.zhenghangyq.net/news/97118587.html.

［86］ Chandini S K, Rao L J, Gowthaman M K, et al, Enzymatic treatment to improve the quality of black tea extracts ［J］. Food Chemistry, 2011, 127 （3）: 1039–1045.

［87］ 陈杰. 普洱茶膏——一种被遗忘的养生文化 ［M］. 昆明: 云南科技出版社, 2009.

［88］ 龚玉雷. 纤维素酶和果胶酶复合体系在茶叶提取加工中的应用研究 ［M］. 北京: 中国农业科学院, 2010.

［89］ 傅秀花. 酶法提高绿茶浓缩液风味品质与安全性研究 ［M］. 杭州: 浙江工业大学, 2013.

［90］ 潘斐, 刘通讯. 酶在普洱茶膏加工工艺中的应用 ［J］. 食品工业科技, 2017, 38 （19）: 79–83, 95.

［91］ 李凤娟. 茶绿色素提取及其对低温浸提茶汤增色作用的研究 ［D］. 泰安: 山东农业大学, 2005.

［92］ Roberts E A H, Cartwright R A. The phenolic substances off manufactured I—Fractionation and paper chromatography of water–soluble substances ［J］. Journal of the Science of Food and Agriculture, 1957, 8 （2）: 72–80.

［93］ Roberts E A H, Smith R F. The phenolic substances of manufactured tea. IX. The Spectrophotometric evaluation of tea liquors ［J］. Journal of the Science of Food and Agriculture, 1963, 14 （10）: 689–700.

［94］ 龚玉雷, 魏春, 王芝彪, 等. 生物酶在茶叶提取加工技术中的应用研究 ［J］. 茶叶科学, 2013, 33 （4）: 311–321.

［95］ Chandini S K, Rao L J, Gowthaman M K, et al. Enzymatic treatment to improve the quality of black tea extracts ［J］. Food Chemistry, 2011, 127 （3）: 1039–1045.

［96］ Min JL, Chen C. Enzymatic modification by tannase increases the antioxidant activity of green tea ［J］. Food Research International, 2008, 41 （2）: 130–137.

［97］ 顾谦, 陆锦时, 叶宝存. 茶叶化学 ［M］. 合肥: 中国科学技术大学出版社, 2005.

［98］ Shen L Q, Wang X Y, Wang Z Y, et al. Studies on tea protein extraction using alkaline and enzyme methods ［J］. Food Chemistry, 2008, 107 （2）: 929–938.

［99］ FAAO. FAOSTAT–data–crops visualized–mushrooms and truffles ［EB/OL］.（2016–11–01）［2018–04–01］. http://www.fao.org/faostat/en/#data/QC/visualize.

［100］ Ferreira ICFR, Vaz JA, Vasconcelos MH, et al. Compounds from wild mushrooms with antitumor potential ［J］. Anti–Cancer Agents in Medicinal Chemistry, 2010, 10 （5）: 424–36.

［101］ Quang DN, Hashimoto T, Asakawa Y. Inedible mushrooms: a good source of biologically active substances

［J］. Chemical Reviews，2006，6（2）：79-99.

［102］ Wasser SP. Medicinal mushroom science：history，current status，future trends，and unsolved problems ［J］. International Journal of Medicinal Mushrooms，2010，12（1）：1-16.

［103］ Xu X F，Yan H D，Chen J，et al. Bioactive proteins from mushrooms，Biotechnology Advances ［J］. Biotechnology Advances，2011，29（6）：667-674.

［104］ 吴恩奇，图力古尔料. 蘑菇凝集素及其研究进展 ［J］. 菌物研究，2006，4（4）：69-76.

［105］ Li YR，Zhang GQ，Ng TB，et al. A novel lectin with antiproliferative and HIV-1 reverse transcriptase inhibitory activities from dried fruiting bodies of the monkey head mushroom *Hericium erinaceum* ［J］. Journal of Biomedicine and Biotechnology，2010，doi：10. 1155/2010/716515.

［106］ Zhao S，Rong C B，Kong C，et al. A novel laccase with potent antiproliferative and HIV-1 reverse transcriptase inhibitory activities from mycelia of mushroom *Russula delica* ［J］. Biomed Research International，2014：417461，doi：10. 1155/2014/417461.

［107］ Wang HX，Ng TB. Flammulin：a novel ribosome-inactivating protein from fruiting bodies of the winter mushroom *Flammulina velutipes* ［J］. Biochemistry and Cell Biology，2000，78（6）：699-702.

［108］ Wang HX，Ng TB. Isolation and characterization of velutin，a novel low-molecular-weight ribosome-inactivating protein from winter mushroom（*Flammulina velutipes*）fruiting bodies ［J］. Life Sciences，2001，68（18）：2151-2158.

［109］ Lam SK，Ng TB. First simultaneous isolation of a ribosome inactivating protein and an antifungal protein from a mushroom（*Lyophyllum shimeiji*）together with evidence for synergism of their antifungal effects ［J］. Archbiochem Biophysarchives of Biochemistry and Biophysics，2001，393（2）：271-80.

［110］ Lam SK，Ng TB. Hypsin，a novel thermostable ribosome-inactivating protein with antifungal and antiproliferative activities from fruiting bodies of the edible mushroom*Hypsizigus marmoreus* ［J］. Biochemical and Biophysical Research Communications，2001，285（4）：1071-1075.

［111］ Ng TB，Lam YW，Wang HX. Calcaelin，a new protein with translation-inhibiting，antiproliferative and antimitogenic activities from the mosaic puffball mushroom *Calvatia caelata* ［J］. Planta medica，2003，69（3）：212-217.

［112］ 任红艳，张瑞琴，张婷婷，等. 食用菌漆酶的提取与应用技术研究进展 ［J］. 中国食用菌，2018，37（6）：8-14.

［113］ Li Q Z，Zheng Y Z，Zhou X W. Fungal immunomodulatory proteins：characteristic，potential antitumor activities and their molecular mechanisms ［J］. Drug Discovery Today，2019，24（1）：307-314.

［114］ Wang Y X，Shi X D，Yin J Y，et al. Bioactive polysaccharide from edible Dictyophora spp. ：Extraction，purification，structural features and bioactivities ［J］. Bioactive Carbohydrates and Dietary Fibre，2017，DOI：10. 1016/j. bcdf. 2017. 07. 008.

［115］ He X R，Wang X X，Fang J H，et al. Polysaccharides in *Grifola frondosa* mushroom and their health promoting properties：A review ［J］. International journal of Biological Macromolecules，2017，101（8）：910-921.

［116］ He X R，Wang X X，Fang J G，et al. Structures，biological activities，and industrial applications of the polysaccharides from *Hericium erinaceus*（Lion's Mane）mushroom：A review ［J］. International journal of Biological Macromolecules，2017，97（1）：228-237.

［117］ Cheng J J，Chao C H，Chang P C，et al. Studies on anti-inflammatory activity of sulfated polysaccharides from cultivated fungi *Antrodia cinnamomea* ［J］. Food Hydrocolloids，2016，53（2）：37-45.

［118］ Zhai F H，Han J R. Mycelial biomass and intracellular polysaccharides yield of edible mushroom *Agaricus blazei* produced in wheat extract medium ［J］. LWT-Food Science and Technology, 2016, 66 (3): 15-19.

［119］邹东恢，梁敏，杨勇，等. 香菇多糖复合酶法提取及其脱色工艺优化 ［J］. 农业机械学报, 2009, 40 (3): 135-138, 134.

［120］马淑凤，陈利梅，徐化能，等. 白灵菇多糖的分离纯化及清除自由基研究 ［J］. 食品科学, 2009, 30 (19): 109-113.

［121］马淑凤，王利强，胡志超，等. 酶法提取白灵菇深层发酵菌丝体多糖的研究 ［J］. 农业工程学报, 2006, 22 (9): 198-201.

［122］高铫晖，王高乾，黄蕙芸，等. 真菌三萜及甾体的生物合成研究进展 ［J］. 有机化学, 2018, 38 (9): 2335-2347.

［123］陈慧，杨海龙，刘高强. 灵芝三萜的生物合成和发酵调控 ［J］. 菌物学报, 2015, 34 (1): 1-9.

［124］谷镇. 食用菌呈香呈味物质分析及制备工艺研究 ［J］. 上海：上海师范大学, 2012.

第十三章
基于酶抑制的生物传感器在食品安全检测中的应用

食品安全一直是消费者关心的焦点，应用于食品安全检测的方法见表 13-1。其中色谱法、质谱法耗时长，前处理步骤烦琐，成本高，仅适合检测少量样品。电极检测技术因检测速度快、易于自动化等满足大多数行业大规模检测的要求。但是食品领域体系复杂，常规电极易受外界因素干扰，对特定物质的检测选择性低。基于酶的特异性和电化学传感器的快速性，1962 年 Clark 等提出酶与电极结合的设想，5 年后 Updike 研制了第一支酶电极对食品中葡萄糖含量进行了精确测量。酶电极对被测物有极好的选择性、灵敏度高、能反复使用，成为当前科学研究中普遍使用的检测方法。酶电极快速检测技术从食品成分检测逐步发展到食品安全检测领域，特别是基于酶抑制的食品安全检测成为了酶电极传感器的重要组成部分。本章将对酶电极传感器在食品中药物残留、生物毒素、食品添加剂、食源性致病菌、过敏原等与食品安全相关的检测进行介绍。

表 13-1　食品安全检测中常用方法比较[1]

测量方法	优点	缺点
气相色谱	分离效率高，分析速度快，检测灵敏度高，仪器制造难度小，流动相无毒、易处理	沸点高、热不稳定物质不适用
液相色谱	分辨率和灵敏度高，分析速度快，重复性好，定量精度高，适用于分析高沸点、大分子、强极性、热稳定性差的化合物	分析成本高，样品预处理繁琐，流动相有毒，色谱柱易污染不易再生
毛细管电泳	所需样品量少，仪器简单、操作简便，分析速度快，分离效率高，分辨率高，成本低，应用范围广，自动化程度高	灵敏度较低，重现性差，分析精确度不高
液-质谱联用	广适性检测器，分离能力强，检测限低	仪器精密，价格昂贵
质谱	测试速度快，结果精确，试样用量少，高灵敏度和高质量检测范围	仪器精密，价格昂贵
拉曼光谱	误差小，灵敏度高，操作简单，测定时间短。提供快速、简单、可重复、无损伤的定性定量分析，无须准备样品	易受光学系统参数、荧光现象等因素的影响，任何物质的引入都会污染被测体系，常出现曲线的非线性问题
电化学传感器	检测分析速度快，灵敏度高，选择性好，成本低，可与其他方法联用，应用范围广	维护条件复杂，预处理较耗时
酶联免疫吸附测定	灵敏度高，检测快速，稳定性好，操作简单，易于自动化操作，适于大批量标本检测，成本低	易出现假阳性结果
生物传感器	试剂可重复多次使用，专一性强，分析速度快，准确度高，操作简单，成本低	前期实验较多

第一节
基于酶的生物传感器的基本理论

一、 生物传感器定义

生物传感器：是由两个基本构件组成的生物传感装置或系统，即一个功能化的固体表面和一个将发生在功能化表面上的生物反应（或生物识别事件）转换成为可测量的物理信号的转换器（结构如图 13-1 所示）。作为一种分析设备，它将生物识别元件和物理传感器紧密结合起来，用于检测目标化合物。电化学传导结合酶作为生物化学成分构成了最大的类别，而与食品安全检测的酶电极主要是依赖抑制作用的生物传感系统。根据与转换器结合的生物受体及其模式可分为三类：

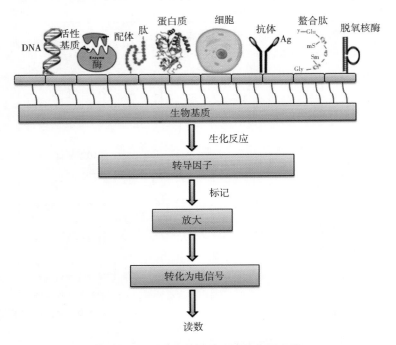

图 13-1　生物传感器的原理和主要组件

（1）全细胞固定化生物传感器[2~4]　由于完整细胞的存在，这种类型的生物传感器可以提高传感器的稳定性，而且酶的再生更容易。然而，由于细胞内存在大量的复杂酶系，从而导致这些生物传感器往往存在副反应，影响测定结果的准确性。

（2）固定化酶与转换器偶联[5]　固定化后的酶制剂连接到转化器，相对应全细胞而言，专一性较高，副反应低，酶可以反复利用，再生较为容易。

（3）酶直接固定到转化器[6~8]　酶和换能器元件彼此紧密接触并结合在一个单元中。目前，应用最多的是微电机系统（MEMS）生物传感器。生物 MEMS 技术指的是利用 MEMS 技术制造生物微型分析或检测仪器，是将传统实验室功能集成在一个芯片或一种仪器上，相较于传统传感器来说，MEMS 有着无可比拟的优势，具体来说体现在以下四个方面[9]。

①微型化：MEMS 器件体积较小，重量轻，能耗较低，惯性较小，响应速度快。

②性能优良：MEMS 的器件以硅为主要原料，硅的强度、硬度与铁相当，密度与铝相当，且热传导效率较高，具有优良的综合性能。

③能够批量生产：以硅微加工工艺为基础，可以在一个硅片上同时制造成百上千个微型机电装置，甚至可以制造完整的 MEMS，解决了传统工艺不能大批量生产的问题，大大降低了制造成本。

④集成化：MEMS 能够集多重功能和不同敏感方向的传感器或执行器于一体，甚至能够继承多种功能的器件，从而形成功能复杂的微系统，大大提升了 MEMS 的稳定性与可靠性。

生物 MEMS 能够获取大量信息，相较于传统实验室分析方法来说，其分析效率更高，其能够实现实时通信。在国际上，生物 MEMS 已经成为了热点研究领域。

二、　基于酶抑制的生物传感器的原理

生物传感器对添加底物的响应由传感器表面上酶促反应的产物（P）的浓度决定。由两个同时进行的速率控制反应，即底物的酶促转化（S）和酶层中产物的扩散。如果酶活性很高，由于扩散限制，底物浓度的降低不会完全由本体溶液的转移补偿。因此，只有部分酶活性中心参与基质的相互作用。在这种情况下（响应的扩散控制），无论是加热还是抑制剂效应，失活的固定化酶的敏感性，都低于溶液中参与的酶的敏感性。

对于影响食品安全污染物一般具有选择性地抑制某些酶的活性，这种抑制作用对于分析检测具有重要作用，并且已经优先用于制造许多生物传感装置。对于酶的固定化技术在第五章有详细论述，本章将对酶抑制系统进行详细介绍。食品污染物往往使酶的功能基团或活性中心受到某种物质的影响，而导致酶活力降低或丧失的作用。对于酶的抑制作用主要分为可逆抑制和不可逆抑制。三种可逆抑制作用比较如表 13-2 所示。

表 13-2 三种可逆抑制作用比较

类型	速率方程	特点	应用实例
竞争性抑制 $$E+S \xrightarrow{K_S} ES \xrightarrow{K_P} E+P$$ $$+I \updownarrow K_I$$ $$EI$$	$$V = \frac{V_{max}[S]}{K_m\left(1+\dfrac{[I]}{K_I}\right)+[S]}$$	① 抑制剂与底物结构相似 ② 两者都与酶的活性中心结合, 排斥性抑制 ③ 抑制程度取决于抑制剂与酶的相对亲和力和与底物浓度的相对比例 ④ 增加底物浓度可减低或解除抑制作用 ⑤ 动力学变化: V_{max} 不变、K_m 值变大	苯甲酸对酪氨酸酶的竞争性抑制[9]
非竞争性 $$E+S \xrightleftharpoons{K_S} ES \xrightarrow{K_P} E+P$$ $$+I \updownarrow K_I \quad +I \updownarrow K_I$$ $$EI+S \xrightleftharpoons{K_S} EIS$$	$$V = \frac{\dfrac{V_{max}}{1+\dfrac{[I]}{K_i}}\times[S]}{K_m+[S]}$$	① 抑制剂与底物结构不相似, 底物与抑制剂之间无竞争关系 ② 抑制剂与酶在活性中心外的必需基团结合, 是一种旁若无人式抑制 ③ 抑制结果取决于抑制剂的浓度 ④ 增加底物浓度不能解除抑制作用 ⑤ 动力学变化: V_{max} 变小、K_m 值不变	$HgCl_2$ 与辣根过氧化物酶[10] 氰化物与多酚氧化酶[11] 金属离子 (Cu^{2+}, Cd^{2+}, Fe^{3+}, Mn^{2+}) 与乙酰胆碱酯酶[12]
反竞争性 $$E+S \xrightleftharpoons{K_S} ES \xrightarrow{K_P} E+P$$ $$+I \updownarrow K_I$$ $$EIS$$	$$\frac{1}{V_0} = \frac{1+\dfrac{[I]}{K_i}}{V_{max}} + \frac{K_m}{V_{max}[S]}$$	① 反竞争抑制剂的化学结构不一定与底物的分子机构类似 ② 抑制剂与底物可同时与酶的不同部位结合 ③ 必须有底物存在, 抑制剂才能对酶产生抑制作用; 抑制程度随底物浓度的增加而增加 ④ 动力学参数 K_m 减小, V_m 降低	重金属与葡萄糖氧化酶[13]

对于不可逆的抑制剂，酶-抑制剂相互作用导致酶活性中心和抑制剂之间形成共价键。酶抑制剂复合物的分解导致酶的破坏，包括水解、氧化等。这个过程通常是逐步进行的，就像磷酸化的胆碱酯酶一样，并且可以通过特定的试剂加速。另外，电极老化也是固定化酶电极的一个问题。即电极贮藏一段时间而不将其暴露于再活化剂时，会产生永久性抑制。这种现象称为由酶本身催化"老化"，电极一旦发生老化，将再难恢复活性，也是目前研究的前沿问题之一。

三、　检测限

基于酶抑制作用的生物传感器测定包括三步：初始生物传感器的生物酶活性，传感器在待测溶液中的孵育（即检测过程），最终残留活性的测量（即生物传感器暴露于抑制剂后的活性）。因此，检测限（LOD）可定义为给出最小可检测差异信号（活性降低）被测物种的浓度，其等于 2 或 3 个空白样品（抑制剂浓度为零）标准差（SD）的平均响应值[14~15]。这是一个理论值，在实践中并不准确，因为没有考虑置信区间。LOD 的真实值可定义为抑制剂的浓度，其中置信区间不与抑制剂标准的零浓度重叠（如图 13-2 所示）。示意性地示出高于 LOD 值的任何浓度具有 95%（2SD）或 99%（3SD）的真实阳性结果的概率。LOD 值通常对应于残留活性的 90%~80%，即 10%~20% 抑制。基于酶抑制作用的检测限取决于酶与抑制剂的孵育时间，如固定化脲酶监测重金属测定 LOD 的最佳抑制时间为 6min[15]。而乙酰胆碱酯酶和胆固醇氧化酶双酶系统[16]检测到涕灭威 5min，LOD 值是 10mg/kg。除了孵育时间、pH、温度、酶负载（在不可逆抑制的情况下）、底物浓度（在竞争性可逆抑制情况下），固定基质和酶与抑制剂之间反应的时间都影响检测限。

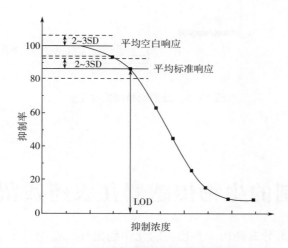

图 13-2　酶抑制最低检测限示意图

抑制剂（农药、重金属）的检测通常在水溶液中进行。然而，这些化合物在水中的溶解度较低，可以有效地溶解于有机溶剂中。因此。从固体基质（水果、蔬菜、鱼类等）中提取和浓缩农药或重金属通常在有机溶剂中进行，而在有机溶剂中酶容易失活，因此，为避免不良影响，有机溶剂的选择作为方法开发的一部分。酶的结构不同，对有机溶剂的敏感性不同，Montesino 等[17]和 Andreescu 等[18]报道了乙腈、乙醇和二甲基亚砜对胆碱酯酶传感器的影响，在 5% 乙腈和 10% 乙醇中工作时，由于酶的部分失活，输出电流增加。5% 乙腈的存在既不提高酶活性，也不影响 AChE 生物传感器对杀虫剂的检出限和选择性。

一般传感器响应采用色度、点位滴定和安培法进行计量检测。利用酶抑制法检测食品中污染物残留其响应信号变化如图 13-3 所示。食品理化污染物主要有农药残留、兽药残留、重金属和其他污染物，其中基于酶抑制的生物传感器大部分集中于农药残留和重金属污染的检测。

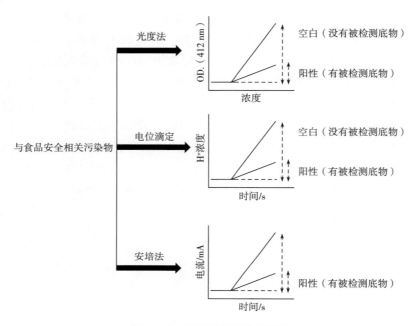

图 13-3　酶抑制检测信号变化

第二节
基于酶抑制的生物传感器在农药残留中的应用

农药残留是指一部分农药由于其很强的化学稳定性，施用后不易分解，仍有部分或大部分残留在土壤中、作物上以及其他环境中。这些残留农药在食物上达到一定浓度（即残留量，通常用 mg/kg 表示）后，人或其他高等动物长期进食这些食物，就会使农药在体内积累起来，引起慢性中毒，这就是农药的残留毒性，亦称残毒。农药残毒的三个主要来源是：①施用农药后药剂对农作物的直接污染；②作物对污染环境中农药的吸收；③生物富集与食物链。农药的性质与它引起的污染程度息息相关。例如内吸性药剂能被植物的根、茎、叶所吸收，并随植物体内水分、养分的输导而传播，所以它们引起植物的污染程度较大。那些性质稳定的内吸剂，如氟乙酰胺，消失缓慢的内转毒性内吸剂如乙拌磷、内吸磷等，它们造成的污染问题更为严重。穿透性强的农药能透过植物表皮组织深入到植物内部积累起来，这种药剂污染食品；而穿透性差的农药仅污染作物表面，污染程度应该低一些，但是对于一些无机农药如砷酸铅，由于它们在自然界中十分稳定，因此污染程度仍然是严重的，有机汞制剂便是典型的例子，不过这些农药已经被淘汰，但是由于其稳定在一些农产品中还会有检出。不同作物种类对农药表现出的吸收情况差异悬殊，造成的污染程度也不一样。例如，茄子对六六六基本不能吸收，但胡萝卜却很容易吸收六六六。此外，作物不同部位对农药的吸收程度也有明显差异，例如西瓜对狄氏剂的吸收顺序是根>茎>果皮>叶>种子>果肉。对于各类农药残留限量可以参考最新版的 GB 2763。其中对食品安全影响三大类农药是有机氯、有机磷酸盐和氨基甲酸酯。色谱作为定量分析是非常有效，而对于监测酶法是一种快速方式，图 13-4 所示为目前有机磷酶生物传感器的检测情况[20]，其中采用酶抑制作用的占到主导地位。应用于农药残留检测的主要酶有胆碱酯酶，包括乙酰胆碱酯酶、丁酰胆碱酯酶，碱性磷酸酶，有机磷水解酶和酪氨酸酶[21]。主要是以农药对酶的活化或抑制作用为基础的，这种活化或抑制作用与农药浓度成正比，其中 80%以上基于酶活性抑制进行检测。

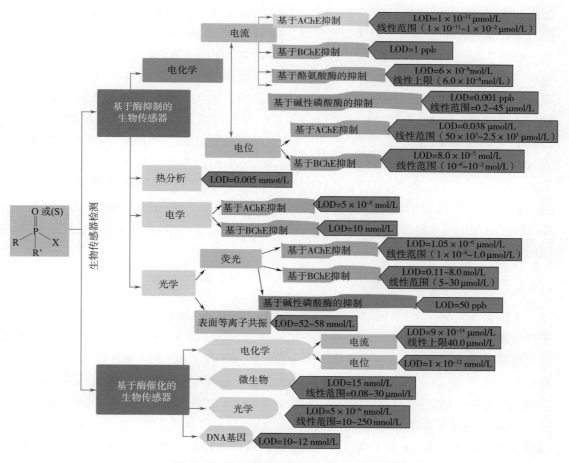

图 13-4　酶传感器检测有机磷（硫）现状

一、 胆碱酯酶

胆碱酯酶（Cholinesterases，ChEs）是一类能有效水解胆碱酯的酶。当乙酰胆碱在胆碱能突触释放之后，ChEs 能立即对乙酰胆碱进行消除，因而能精准地控制肌肉的收缩。戴尔在 1914 年首次提出 ChEs 的存在，之后于 1926 年由纳瓦弟尔和洛维对其进行了证明，再到 1937 年，科学家们才在电鳗的神经肌肉接头和电器官中观察到高浓度的乙酰胆碱酯酶，从那时起，胆碱酯酶在医药领域和食品安全检测中的应用备受关注，特别是在农药残留检测中的应用。

（一）乙酰胆碱酯酶

乙酰胆碱酯酶（Acetylcholinesterase，AChE，EC3.1.1.7）属于丝氨酸水解酶，AChE 是一种多分子型糖蛋白，不同种属的一级结构差异较大，从分子形态上可以分为球形（对称型）和尾型（不对称型），在不同生物组织和器官中分子形态不同。目前比较公认的 AChE 的结构是 1991 年 Sussman[22] 绘制出电鳐（Torpedo California）乙酰胆碱酯酶催化基团的晶体结构 X 射线衍射图谱。AChE 中有一条通向酶活性中心深而窄的峡谷，长约 2 nm，包含各种活性位点。其活性中心包括酯解、疏水性和阴离子 3 个区域。电鳐 AChE 活性位点示意图如图 13-5 所示[23]，其活性位点主要有 I、II、III 和 IV 四个位点：I 称为催化三联体（Esteratic Site），由 Ser200、His440 和 Glu327 组成，位于活性峡谷底部附近，是 AChE 的活性中心和抑制剂的键合位点；II 称为外围阴离子区（Peripheral Anionic Site，PAS），主要由一些带负电的氨基酸组成，位于活性峡谷的边缘处，是 Ach 首选的结合部位；III 称为酰基口袋（Acylpocket）：由 2 个苯丙氨酸残基 Phe288 和 Phe290 组成，它们的侧链延伸向活性中心，昆虫 AChE 的酰基口袋与脊椎动物的相比更大，可以水解底物的酰基部分；IV 称为氧阴离子洞（Oxyanion hole），由 Gly118、Gly119、Ala201 的主链碳原子和羰基氧之间的相互作用，以及酯键氧和 His44 咪唑基之间的相互作用组成[24]。

（二）丁酰胆碱酯酶

丁酰胆碱酯酶（Butyrylcholinesterase，BChE，EC 3.1.1.8）又称假性胆碱酯酶，属于丝氨酸酯酶家族。在电鳐 AChE 晶体结构不清楚以前认为 BChE 活性中心含有酯解部位和阴离子部位。在 AChE 电鳐晶体结构绘制出后，逐渐对 BChE 结构进行进一步解析，其示意图如图 13-6 所示[25]。BChE 活性中心囊袋的底部为 Ser198，其两侧相距 1nm 处分别是酰基结合部位和胆碱结合部位。BChE 在催化丁酰胆碱水解时，Glu325 的游离羧基参与协同 His438 咪唑基团的去质子化作用，后者又通过共轭效应，使丝氨酸的羟基变得更加活泼而攻击胆碱酯的羰基碳，使其形成四面体过渡态，而后丁酰基共价结合于酶的活性中心的丝氨酸残基上，同时释出胆碱，第二阶段丁酰化酶水解释放出丁酸，BChE

恢复原状，是整个反应的限速阶段。

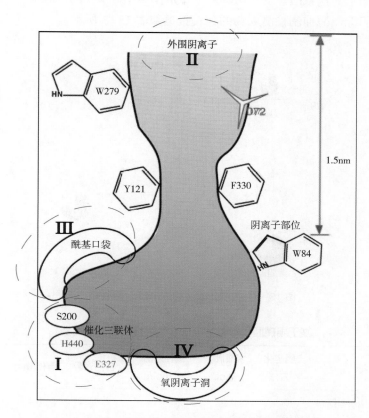

图 13-5　电鳐 AChE 的活性位点结构示意图

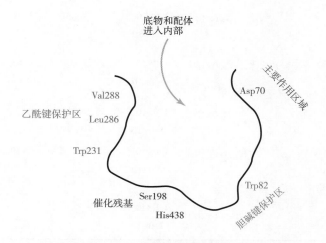

图 13-6　BChE 的活性部位示意图

　　有机磷对胆碱酯酶的影响以 AChE 为例，其抑制活性机理如图 13-7 所示。主要作用位点是胆碱酯酶上的丝氨酸。对于 AChE 主要是作用于区域 I 的 Ser200，而作用于 BChE 是 Ser198。与胆碱酯酶抑制检测农药的相关报道如表 13-3 所示。

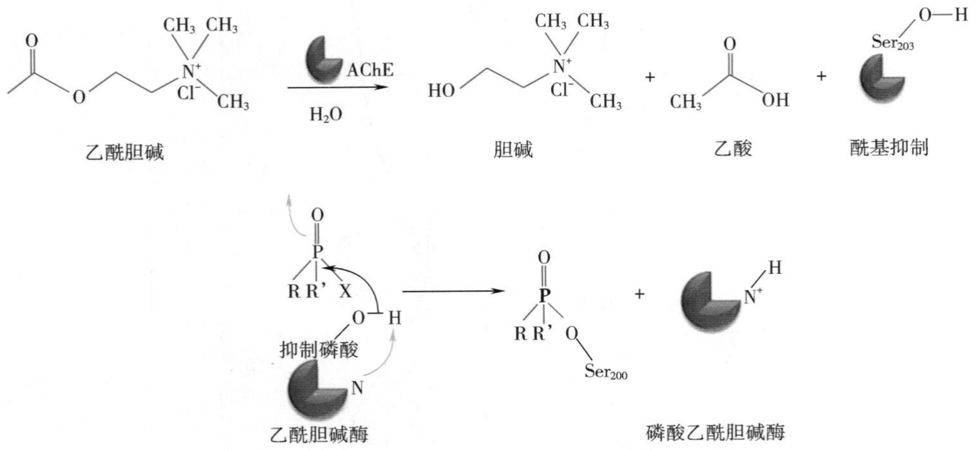

图 13-7　有机磷农药抑制 AChE 活性机理

表 13-3　　　　　　　基于胆碱酯酶抑制的电化学生物传感器应用实例

固定化基质	固定化方法	检测限/$\mu mol/L$	线性范围/$\mu mol/L$	应用对象	孵化/min	贮藏/d	文献
多壁碳纳米管/SnO$_2$/CHIT	吸附	0.05	0.05 ~ 1.0×10^5	毒死蜱	NR	NR	[26]
多壁碳纳米管/SnO$_2$/CHIT/SPE	吸附	0.05	0.05 ~ 1.0×10^3	毒死蜱	NR	30	[26]
CH/MTclay/ITO/GE	包埋	0.448	0.05 ~ 1.0×10^3	毒死蜱	NR	NR	[27]
IL-GR/改性明胶 GCE	包埋	4.6×10^{-20}	1.0×10^{-16} ~ 1.0×10^{-14}	久效磷	5	15	[28]
CdSe@ZnS QDs/石墨烯/ITO/GE	共价化合	1.0×10^{-20}	1.0×10^{-18} ~ 1.0×10^{-12}	对氧磷	NR	NR	[29]
		4.0×10^{-18}	1.0×10^{-17} ~ 1.0×10^{-12}	敌敌畏/马拉氧磷			
Unsubstitutedpillar [5] arene/Carbodiimide/Carbon black/GCE	共价化合	5.0×10^{-15}	1.0×10^{-14} ~ 7.0×10^{-12}	对氧甲基酮	10	NR	[30]
		2.0×10^{-17}	1.0×10^{-16} ~ 2.0×10^{-12}	呋喃丹			

续表

固定化基质	固定化方法	检测限/$\mu mol/L$	线性范围/$\mu mol/L$	应用对象	孵化/min	贮藏/d	文献
碳气凝胶铂电极（Pt-CAs）硼复合电极 钻石电极	包埋	3.1×10^{-19} 2.7×10^{-18}	$1.0\times10^{-11}\sim$ 2.0×10^{-6}	甲胺磷 诺曲磷	NR	NR	[31]
AuNP/RGO/GCE	吸附	0.35	$0.3\sim300$	三唑磷	15	7	[32]
（［BSmim］HSO4）-AuNPs-porous 改性多孔复合电极	包埋	2.99×10^{-19}	$4.5\times10^{-19}\sim$ 4.5×10^{-15}	敌敌畏	NR	NR	[33]
ERGO/AuNPs-β-环糊精/壳聚糖-普鲁士兰纳米/GCE	交联	4.14×10^{-6}	$7.98\times10^{-6}\sim$ 2.00×10^{-3}	马拉硫磷	NR	NR	[34]
Fe_3O_4/GR/SPE	共价化合	0.02	$0.05\sim100$	氯吡啶	15	NR	[35]
MWCNTs/IL/SPE	吸附	0.05	$0.05\sim1.0\times10^{-5}$	氯吡啶	14	30	[36]
AChE+ChO/CHIT/Fe@ AuNPs/Au 电极	吸附和交联	0.005	$0.005\sim400$	乙酰胆碱	NR	90	[37]
三维氧化石墨烯/MWCNTs	包埋	0.025×10^{-3}	$0.05\sim1.0\times10^{-3}$	对氧磷	10	20	[38]
SnO_2-cMWCNTs/Cu	戊二醛交联	0.1	$1.0\sim160.0$	甲基对硫磷	NR	40	[39]
MWCNT 改性膜条	物理吸附	0.5×10^{-3}	$0.05\sim6.9\times10^{-3}$	对氧磷	NR	NR	[40]
CNT-NH2/GC electrode	物理吸附	0.08×10^{-3}	$0.2\sim1\times10^{-3}$	对氧磷	NR	NR	[41]
Poly(4-(2,5-di（三噻吩-2-yl)-1H-吡咯-1-yl)苯氨)（聚（SNS-NH₂）)	包埋	0.09×10^3	$0.05\sim8\times10^3$	对氧磷,对硫磷和氯芬磷	NR	NR	[42]
聚吡咯	交联	1.1	NR	对氧磷	NR	120	[43]

　　乙酰胆碱酯酶可以与有机磷和氨基甲酸酯类的作用，残留的农药利用重组乙酰胆碱酯酶的农药检测方法，相比传统的农药检测方法速度快、稳定性强、灵敏度高。

二、　有机磷水解酶

　　有机磷水解酶（Organophosphorus Hydrolase，OPH）是一种将有机磷农药作为底物，水解有机磷化合物的酶，是一种广泛存在于多种生物体内的由有机磷水解酶基因（opd）编码的酯酶。从 1989 年 Mulbry 和 Dumas 就分别从黄杆菌属（*Flavobacterium* sp.）和缺陷假单胞菌（*Pseudomonas diminuta*）中首次分离纯化出了 OPH，并发现来自这两株菌属的有机磷降解基因（opd）具有相似的氨基酸序列和基因序列。虽然近几年也从一些其他的微生物中发现了有机磷降解酶基因，如书杆菌（*Arthrobacter*）、交替单胞菌（*Altero-monas*）和土壤杆菌（*Agrobacterium*）等，但从黄杆菌属和缺陷假单胞菌中分离的 opd 基因及编码的 OPH 是研究最多、认识最深入的。

OPH 分子为同型二聚体，每个亚单位形成一个扭曲的 α/β 桶，8 个平行的 β 折叠构成桶，依次与 14 个 α 螺旋侧向相连。此外，在氨基末端还有 2 个反平行 β 折叠，其中活性位点的 6 个组氨酸残基位于 β 桶的羧基末端。天然酶含有 Zn^{2+}，两个结合在一簇组氨酸残基内，其中一个通过一个精氨酸和两个组氨酸连接到蛋白上，另一个连接到两个组氨酸残基上，两个金属离子之间通过 Lys169 羧化作用形成的氨基甲酸基团和水分子连接在一起（图 13-8）。OPH 可以水解广泛的有机磷化合物，释放出容易检测的硝基酚、氟化物或氢离子，OPH 已经被广泛应用到生物传感器的应用中，可以快速灵敏地检测有机磷化合物。根据信号转换器的不同可分为电化学 OPH 传感器和光学 OPH 传感器两种。其应用实例如表 13-4 所示。

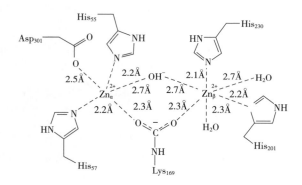

图 13-8　有机磷水解酶活性位点结构

表 13-4　　　　有机磷酸水解酶（OPH）抑制检测农药残留的应用实例

传感器制作方法	检测对象	LOD	转换器	文献
碳纳米管固定化酶玻碳电极	对氧磷	$0.15\mu mol/L$	电化学检测（安培法）	[44]
	甲基对硫磷	$0.8\mu mol/L$		
共价固定化酶修饰的 pH 敏感场效应晶体管（FET）	对氧磷	$1\times10^{-6}mol/L$	电化学检测（电位法）	[45]
纳米金复合物	对氧磷	—	光学（荧光法）	[46]
用戊二醛与 BSA 交联固定化的 pH 电极	对氧磷、乙基对硫磷、甲基对硫磷和二嗪酮	$2\mu mol/L$	电化学检测（电位法）	[47]

续表

传感器制作方法	检测对象	LOD	转换器	文献
荧光素-异硫氰酸盐共价固定吸附在聚甲基丙烯酸甲酯微球上	对氧磷	$8\mu mol/L$	光学（荧光法和光导纤维法）	[47]
用戊二醛将酶与 BSA 交联后固定在尼龙微孔膜上的 OPH	对氧磷	$5\mu mol/L$		
OPH 沉积氟化钠的丝网印刷厚膜碳电极	对氧磷	$9\times10^{-8}mol/L$	电化学检测（安培法）	[47]
	甲基对硫磷	$7\times10^{-8}mol/L$		

三、 酪氨酸酶

酪氨酸酶（Tyrosinase，EC 1. 14. 18. 1，TYR）又称多酚氧化酶、儿茶酚氧化酶、陈干酪酵素等是一种含铜需氧酶，广泛存在于微生物、动植物及人体中。酪氨酸酶活性中心呈现出双核铜中心结构，图 13-9 所示为芽孢杆菌所产生酪氨酸酶三维结构[48]。由 2 个铜离子位点组成，与蛋白质中的组氨酸残基结合，并且由 1 个内源桥基将 2 个铜离子联系起来。当酪氨酸等物质和酶过渡络合时，主要是羟基和酶的活性中心上的原子键合发生作用。在黑色素的催化反应过程中，将其分为氧化态（Eoxy）、还原态（Emet）和脱氧态（Edeoxy）3 种形式，区别在于双核铜离子活性中心的结构不同。基于酪氨酸酶的催化活性的应用领域如图 13-10 所示，食品安全领域的应用主要集中在小分子作用部分。目前发现的酪氨酸酶抑制剂如表 13-5 所示。理论上这些抑制剂均可以用酪氨酸酶电极进行检测。

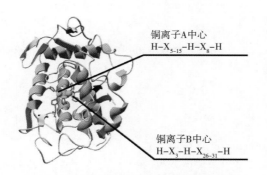

图 13-9 芽孢杆菌酪氨酸酶三维结构

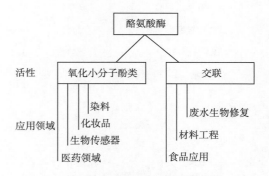

图 13-10 酪氨酸酶的应用领域

表 13-5 酪氨酸酶抑制剂[49,50]

类别	抑制剂	抑制类型	IC_{50} mmol/L	类别	抑制剂	抑制类型	IC_{50} mmol/L
天然产物	4',5,7-三羟基黄酮醇	竞争性	0.23	人工合成有机化合物	肉桂醛	非竞争性	0.97
	槲皮素	竞争性	0.07		肉桂酸	混合型	0.70
	苦参酮	非竞争性	0.005		卡托普利	非竞争性	—
	ECG	竞争性	0.035		甲巯咪唑	混合型	—
	GCG	竞争性	0.017		铜铁试剂	竞争性	0.001
	EGCG	竞争性	0.034		肽试剂	—	400
	1,2,3,4,6-5-O-没食子酰基-β-D-葡萄糖	非竞争性	50		2-甲基肉桂酸	非竞争性	0.34
	氧化白藜芦醇	非竞争性	0.001		3-甲基肉桂酸	非竞争性	0.35
	槚如酸	竞争性	—		4-甲基肉桂酸	非竞争性	0.34
	对羟基肉桂酸	混合性	3.65		4-取代苯甲醛	竞争性	—
	熊果酸	竞争性	0.04		L-含羞草碱	竞争性	—
	芦荟苦素	非竞争性	0.10		曲酸	混合型	0.014
	3,4-二羟基肉桂酸	非竞争性	0.97		环庚三烯酚酮	非竞争性	—
	4-羟基-3-甲氧基肉桂酸	非竞争性	0.33		4-取代间苯二酚	竞争性	—
	枯茗醛	非竞争性	0.05		二甲硫醚	竞争性	—
	小茴香酸	非竞争性	0.26		安息香酸	竞争性	0.64
	对甲氧基苯甲醛	非竞争性	0.38		苯甲醛	非竞争性	0.82
	对甲氧苯甲酸	非竞争性	0.68		对羟基苯甲醛	竞争性	1.2
	反式肉桂醛	竞争性	0.85		柠檬醛	非竞争性	1.5
	(2E)-庚烯醛	非竞争性	1.3		α/β-$K_6P_2W_{18}O_{62}\cdot 10H_2O$	非竞争性	0.64
	2-羟基-4-甲氧基苯甲醛	混合性	0.03	无机物	$H_3PW_{12}O_{40}$	混合型	1.57
	I_a	竞争性	—		$H_4SiW_{12}O_{40}$	竞争性	2.31
	I_b	非竞争性	—		$Na_6PMo_{11}FeO_{40}$	非竞争性	0.46
	蘑菇氨酸	反竞争性	—		α-$Na_8SiW_{11}CoO_{40}$	竞争性	0.24
	金属硫蛋白	混合性	0.22		α-1,2,3$K_6H[SiW_9V_3O_{40}]$	混合型	0.68

其中，过氧化氢抑制酪氨酸酶可以分两个阶段，并且第一阶段相对第二阶段迅速。酶的抑制程度大小取决于过氧化氢浓度及其环境的 pH，并且在限氧条件下抑制速度比供氧条件下要快。铜螯合剂（如环庚三烯酚酮和叠氮钠）和底物类似物（如 L-含羞草

碱、L-苯丙氨酸、对氟苯丙氨酸、苯甲酸钠）均能够阻止过氧化氢对酪氨酸酶的失活，酶活性中心的铜原子对于失活至关重要。

有机物和无机化合物对酪氨酸酶具有抑制作用，利用酪氨酸酶抑制生物传感器检测如表 13-6 所示，酪氨酸酶在农作物、水和药物分析中均由应用，相对于胆碱酯酶类，酪氨酸酶更多的应用于激素和胺类化合物的检测。

表 13-6　　　　　　　　　酪氨酸酶生物传感器的应用实例

电极材料	分析物	灵敏度/ [μA/（μmol/L）]	检测限/ μmol/L	线性范围/ μmol/L	样品基质	文献
碳纳米管	水杨酸甲酯	—	0.013	0.01~50	农作物	[51]
氧化石墨烯	双酚 A	83300	0.00074	0.01~50	饮用水	[52]
MWNT	邻苯二酚	8.15	1.66	10~120	药物分析	[53]
丝网印刷/Au 纳米管	邻苯二酚	13.72	0.0004	0.01~80	茶叶	[54]
丝网印刷/Au 纳米颗粒	磺胺甲恶唑	—	22.6	20~200	水	[55]
Au 平板微电极	多巴胺	—	0.24	20~300	药品	[56]
聚吡咯薄膜	酪胺	0.107	0.57	4~80	食品	[57]
石墨烯 TiO$_2$ 纳米管	邻苯二酚	—	0.055	0.3~390	—	[58]
纳米金刚石淀粉薄膜	邻苯二酚	—	0.39	5.0~740	河水和自来水	[59]
475 微孔板	L-DOPA	—	3	10~1000	帕金森病的诊断	[60]
活性炭黑	邻苯二酚	0.539	0.087	1~20	水	[61]
TiO$_2$ 改性凝胶	双酚 A	3.26	0.066	0.28~45.1	食品或饮品包装	[62]
丝网印刷纳米金颗粒	酪醇	—	1.8	2.5~50	啤酒	[63]
氧化石墨烯改性无定形碳	邻苯二酚	0.349	0.030	0.05~50	—	[64]
SWNT 导电高分子复合材料	多巴胺	—	2.4	0.1~0.5	—	[65]
二氧化钛凝胶改性 MWNT	苯甲酸	3.79×10^{-3}	0.030	0.01~2.46	食品、饮料、 化妆品和药品	[66]
金电极	哌啶酸	—	0.018	0.02~70	药品	[67]
改性金电极	阿特拉津	—	0.046	0.25~139.1	水	[68]
碳屏蔽电极	儿茶素	0.217	0.03	—	茶	[69]
金纳米粒子和聚合物 改性无定形碳	酪胺	0.019	0.71	10~120	发酵食品和饮料	[70]

四、　碱性磷酸酶

碱性磷酸酶（Alkaline Phosphatase，EC3.1.3.1，ALP）是一种水解酶，在碱性环境

中能水解很多磷酸单酯化合物。在化学组成上，ALP 为含锌的糖蛋白，是一类在碱性条件（pH 9~11）下具有高催化活性，能催化几乎所有磷酸单酯键生成无机正磷酸和对应醇、酚和糖等物质的一组水解酶类。属于非特异性的磷酸单酯酶，分子质量约为140000，包括六种同工酶。碱性磷酸酶可催化几乎所有的磷酸单酯的水解作用或转磷酸作用。在碱性环境下它作用为磷酸水解酶，在中性环境中它作用为磷酸转移酶。碱性磷酸酶在酸性环境下不稳定，pH<4.5 时，酶活性被抑制是一种可逆过程。目前，对碱性磷酸酶强抑制剂有：高精氨酸、砷酸盐、半胱氨酸、碘、无机磷酸盐、焦磷酸盐、亚磷酸二异丙酯、磷酸三苯酯、氟磷酸二异丙酯、左旋咪唑、原钒酸钠等。因而，基于碱性磷酸酶抑制的生物传感器中最常用的酶之一。Upadhyay 和 Verma 报道了一种基于抑制AP 的电导式单酶生物传感器[71]。此外，通过碱性磷酸酶-葡萄糖氧化酶和碱性磷酸酶-多酚氧化酶系统等复杂酶系统检测磷酸盐[72,73]等。因而 ALP 在农残、重金属和动植物毒素检测中均由应用。其应用实例如表 13-7 所示。

表 13-7　基于 ALP 生物传感器的应用

电极组成	检测对象	参考文献
PLA-尿素酶	重金属/农药	[74]
PLA	Cd^{2+}、Hg^{2+}	[75]
PLA	麻痹毒素、短裸甲藻毒素、河豚毒素类	[76]
PLA	麻痹毒素、雪卡毒素、环亚胺和河豚毒素	[77]
PLA-海藻	毒死蜱	[78]
PLA	钒	[79]
PLA-生物素	溶菌酶	[80]

这些基于 ALP 的生物传感器的设计，包括免疫传感器、细胞传感器、基于受体的生物传感器、适配传感器。然而，考虑到 ALP 作为活性生物识别酶的作用，以及其快速、低成本、灵敏度、多重检测等诸多优点，在开发基于 AP 的生物传感器方面具有潜在的可能性，可以说未来的生物传感器将以其为基础。

第三节
基于酶抑制的生物传感器在重金属残留中的应用

重金属是指大于 4 或 5 的金属，约有 45 种，如汞、铜、铅、镉、铁、锌、锰、钙、铬等。重金属污染指由重金属及其化合物造成的环境污染，主要是指生物毒性显著的汞、镉、铅、铬以及类金属砷，还包括具有毒性的重金属锌、铜、钴、镍、锡、钒等污染物造成的污染。与其他有机化合物的污染相比，重金属污染的最根本特征是不能通过自然界本身的物理、化学或生物净化而得到分解或降解。在自然界净化循环中，重金属只能从一种形态转化为另一种形态，从甲地迁移到乙地。同时，重金属污染易通过食物链而富集，从而给人体健康造成严重危害，如致癌、致畸和致突变，对人类健康构成严重危害。表 13-8 所示为全球范围内重金属对食品原料的影响[81]。这一问题的根本原因通常被认为是城市化、土地利用变化和工业化的快速发展，特别是在人口非常多的发展中国家，如印度和中国。自工业革命和经济全球化以来，环境污染物的多样性呈指数级增长。传统经典的重金属检测方法有原子吸收光谱法（AAS）、原子发射光谱法（AES）、原子荧光光谱法（AFS）、电感耦合等离子体质谱法（ICP-MS）和分光光度法等，这些方法和技术具有特异性强、灵敏度高等优点，但也存在一些缺陷，例如，仪器价格昂贵、运行费用高、不易携带、无法连续监测及现场测定。与传统速检测方法相比，重金属快速检测方法包括：酶抑制分析法、免疫分析法、微生物检测法、化学显色法等。其共同特点：①使用的仪器设备简单，具有微型化、便携化特点；②在线、连续、实时和计算机控制测量的自动化；③分析速度快，试样用量少，费用消耗少；④灵敏度和准确度高，选择性好。酶抑制法检测重金属具有快速、简便、能实现在线检测等特点，近年来已经成为相关领域研究的一个热点。但由于不同重金属离子对于酶活性的抑制效应相差很大，重金属离子对酶活力抑制的广潜性，使该方法对单一重金属检测存在一定的困难，需要采用特殊预处理技术，如预先分离、"掩盖"干扰物等。另外，酶的使用方式（游离或固定）和检测方法（静态或流动）的不同也影响检测的准确性。因此，酶源的筛选、检测结果可重复性、样品提取以及与之相结合的酶传感器、试纸条、量热计、比色法等方面将会是今后进一步研究的方向。

表 13-8　　　　　　　　　　全球范围内重金属对食品原料的影响概括

食品原料	国家或地区	污染物来源	含量（干重）
芸薹属、藜属、叶类和根类蔬菜、谷物	印度	污水	Cu1.7~12.9 mg/kg，Pb 0.13 mg/kg，Zn 7.25~24.6 mg/kg，Cr 0.08~0.38 mg/kg，Pb 0.02~0.013 mg/kg，Cu 0.16~0.85 mg/kg
玉米，小麦，大豆（富含甘氨酸），玉米（玉米），土豆	巴西	集约型城市农业	Zn 低于危害健康最高限
谷物、玉米（玉米）、青菜、芸苔、萝卜（萝卜）、芜菁、甘蓝、菠菜、花椰菜和生菜		污水排放（生物处理不当）	Cr0.08~0.38 mg/kg，Pb0.02~0.013 mg/kg，Cu0.16~0.85 mg/kg，Zn0.16~0.53 mg/kg，
芸薹属植物、粮食和多叶蔬菜	中国	污水（来自冶炼厂）排放到灌溉的河水	Cr0.01~0.19mg/kg，Pb0.12~0.23mg/kg，Cu0.15~0.86mg/kg，Zn0.42~0.95mg/kg
生菜（莴苣）；多叶的食物作物/蔬菜	西班牙	工业和汽车尾气	Ni<0.02mg/kg，Hg<0.008mg/kg，As 和 0.005Cd<0.005mg/kg

续表

食品原料	国家或地区	污染物来源	含量（干重）
大豆	阿根廷	土壤工业废物（特别是电池废弃物）	金属（铅和锌）远远高于允许限值
小麦、番茄、萝卜、菠菜、茄子、胡萝卜、辣椒、大蒜、芫荽、秋葵	巴基斯坦	金属污染地下水	Cr>0.18 mg/kg，Pb0.91～3.96mg/kg
水稻、其他水稻作物和蔬菜	澳大利亚（从孟加拉国、印度、巴基斯坦、泰国进口的粮食作物）、意大利、加拿大和埃及	砷和金属污染的地下水	稻米：Cr15～465μg/kg，Pb16～248μg/kg，Cu1.0～9.4mg/kg，Zn10.9～24.5mg/kg，Cd8.7～17.1μg/kg，Co7～42μg/kg，Mn61～356μg/kg，Ni61～356μg/kg，Pb670～16,500μg/kg；熟菜：Cr27～774μg/kg，Pb35～495μg/kg，Cu1～29 mg/kg，Zn17～183mg/kg，Cd3～370μg/kg，Mn3～140μg/kg，Ni151～10,035μg/kg，Pb35～495μg/kg
芸豆、甜菜根和甘蓝	澳大利亚	城市雨水	Cr0.00078～0.049mg/kg，Pb0.001～0.11mg/kg，Cu0.016～0.66mg/kg，Zn0.038～0.145mg/kg
菠菜	印度	处理不当的废水	Cu 0.09 mg/kg，Cr 2.9 mg/kg，Pb 3.1 mg/kg，Zn 10 mg/kg，Ni 3.2 mg/kg
萝卜	中国	处理不当的废水	Cu 0.34 mg/kg，Cr 0.03 mg/kg，Pb 0.07 mg/kg，Cd 0.012 mg/kg，Zn 2.48 mg/kg，Ni 0.07 mg/kg
食品（如糖果）和药品	美国、西班牙、葡萄牙、比利时、英国和智利	工业/食品加工；农药农业	Cr（0.10～17.7mg/kg），Ni（0.01～7.01mg/kg），Cu（0.01～6.44mg/kg），Zn（0.01～6.44mg/kg），Pb（0.03～7.21mg/kg）
马铃薯/其他食品	埃及	处理不当的废水	Cu0.83 mg/kg，Cr 未检出，Pb0.08 mg/kg，Cd0.02 mg/kg，Zn 7.16 mg/kg
马铃薯	中国	城市污水处理不当	Cu 1.03 mg/kg，Cr 0.03 mg/kg，Pb 0.067 mg/kg，Cd 0.015 mg/kg，Zn 3.77 mg/kg，Ni 0.054 mg/kg
萝卜	印度	多种来源	Cu 5.96 mg/kg，Cr、Pb、Cd 和 Ni 均为检出，Zn 22.5 mg/kg
花椰菜	中国	城市污水	Cu 0.6 mg/kg，Cr 0.02 mg/kg，Pb 0.03 mg/kg，Cd 0.014 mg/kg，Zn 5.45 mg/kg，Ni 0.68 mg/kg

续表

食品原料	国家或地区	污染物来源	含量（干重）
苋菜	印度	—	Cu 1.4 mg/kg，Cr 2.4 mg/kg，Pb 2.9 mg/kg，Cd 未检出，Zn 8 mg/kg，Ni 3.1 mg/kg
大白菜	中国	外源供给盆栽试验	Cd 0.12~1.70 mg/kg
生菜	美国（佛罗里达州）	—	As 27.3 mg/kg

　　基于酶抑制检测重金属的酶制剂主要包括：辣根过氧化物酶、脲酶、葡萄糖氧化酶、醇氧化酶、甘油-3-磷酸氧化酶和转化酶及其农残检测中所涉及的酶类等。其中应用最多的酶制剂是辣根过氧化物酶和脲酶。

一、　辣根过氧化物酶

　　辣根过氧化物酶（Horseradish Peroxidase，HRP）是一种以亚铁血红素为氧化还原中心的过氧化物酶，含有 30 多种 HRP 同工酶形式，包含 308 个氨基酸残基和 8 个糖链，每分子 HRP-C 中有 2 分子 Ca^{2+}、1 分子血红素辅基和 4 对二硫键，相对分子质量约为 44000。根据 HRP 的酸碱性和等电点可将 HRP 分为 5 类，如表 13-9 所示。X 射线晶体学解出了 HRP 的三维结构，HRPC 含有 2 种不同类型的金属中心——铁（Ⅲ）原卟啉Ⅸ（通常被称为"血红素"）和 2 个钙原子，对于酶的结构和功能完整性这两者都是非常必要的，钙的失去直接导致酶活性的减少和酶热稳定性的降低。

表 13-9　　　　　　　　　　　　　　　HRP 分类

分类	酸性	中性	微碱性	碱性	强碱性
	HRPA	HRPB	HRPC	HRPD	HRPE
含糖量	较高	较低	较低	较低	较低
pI	≈4	5.75~7.05	7.06~9.63	10.6~12	≥12

二、　脲酶

　　脲酶（Urea Amidohydrolase，EC3.5.1.5）是一种含镍的酶，由植物、真菌和细菌产生，催化尿素水解成氨和氨基甲酸酯，是第一种被发现的结晶酶。脲酶在其活性部位携带两个 Ni^{2+} 离子。不同来源的脲酶在其初级序列中具有约 55% 的同一性，是一种常见的非同源性蛋白。利用 X 射线衍射发现源于植物和细菌的脲酶具有共同的基本"三聚体"结构。形成的"单体"或功能单位因脲酶来源而异。对于植物和真菌脲酶来说，这个功能单元是一个单一的多肽链（α）。细菌脲酶的功能单位由两个或亚单位构成（α 和 β，到目前为止只在螺旋杆菌属中发现）或三种（α、β 和 γ）类型的多肽链（如图 13–11 所示）[82]。

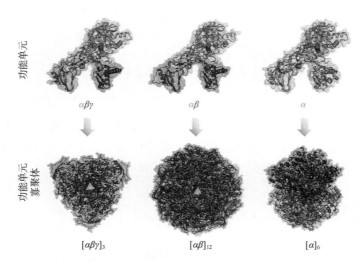

图 13–11　脲酶结构单元组装示意图

脲酶催化尿素水解作用分为五步：①尿素取代脲酶中的水分子（图 13–12A）；②羰基氧与镍（Ni1）离子结合（图 13–12B），使尿素碳更亲电，因而更易受亲核性试剂攻击；③形成不稳定的双齿键，尿素通过一个氨基氮原子与镍（Ni2）结合，与脲酶形成双齿键，（图 13–12C）；④双齿键被有助于水对羰基碳的亲核攻击形成四面体中间体（图 13–12D）；⑤NH_3 和氨基甲酸酯（图 13–12E）的生成。根据该反应机制，外源物作用于反应中任何一步都可以对脲酶的催化起到抑制作用，目前探明的具有抑制脲酶活性的化合物有：含硫化合物（如硫醇，特别是 β-巯基乙醇）、羟肟酸（如 Acetohydroxamic Acid）、有机磷（磷酸氨基甲酯类和硫磷类）、磷酸盐、氟化物、醌类、多酚和重金属（Hg、Ag、Cu 和 Bi）。

三、　生物传感器在常见重金属检测中的应用

近年来，已经开发出各种类型的生物传感器用于现场检测重金属。生物分子（如蛋白质、肽、酶、抗体、全细胞和核酸）与重金属之间的相互作用基本是基于重金属对其活性的抑制。如重金属镉离子，它可以同时抑制脲酶和丁酸胆碱酯酶等。而同一种酶可以用于多种金属的检测，如将脲酶和脱氢酶采用不同方法进行固定客源测定 Cu、Hg、Cd 和 Pb 等金属离子。表 13–10 是近年来采用生物传感器对常见重金属离子进行的检测。

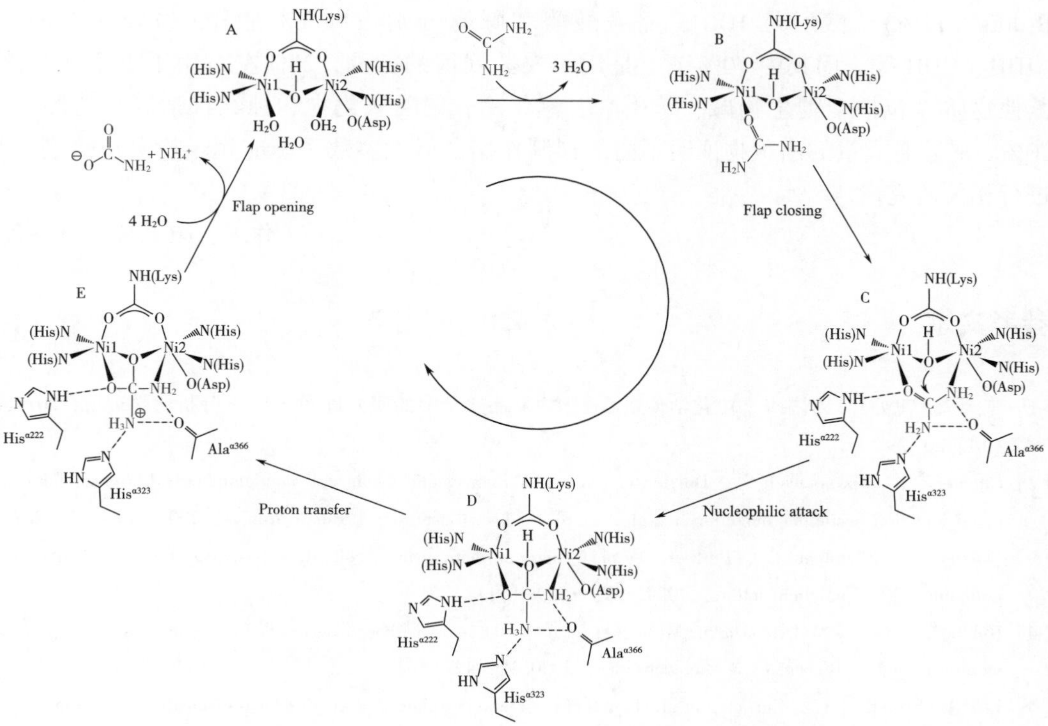

图 13-12　脲酶作用机制示意图

表 13-10　　　　　　　　　　　生物传感器在重金属离子检测中的应用

离子	酶制剂	检测指标	检出限	文献
Cd^{2+}	葡萄糖氧化酶和转化酶	降低 H_2O_2 生成	0.5 mol/L	[83]
	脲酶	降低活化能	10mg/kg	[84]
	碱性磷酸酯酶	耗氧量降低	0.5mg/kg	[85]
Hg^{2+}	葡萄糖氧化酶和转化酶	降低 H_2O_2 生成	0.5nmol/L	[83]
Pb^{2+}	葡萄糖氧化酶和转化酶	降低 H_2O_2 生成	0.5nmol/L	[83]
	脲酶	降低活化能	10mg/kg	[84]
	碱性磷酸酯酶	降低耗氧量	40mg/kg	[85]
Zn^{2+}	碱性磷酸酯酶	降低耗氧量	2mg/kg	[85]
Ag^+	葡萄糖氧化酶和转化酶	降低 H_2O_2 的生成	0.5mg/kg	[83]
Co^{2+}	碱性磷酸酯酶	降低耗氧量	2mg/kg	[84]
Ni^{2+}	碱性磷酸酯酶	降低耗氧量	5mg/kg	[84]
Cd^{2+}、Cu^{2+}、Hg^+	脲酶和 AChE	增加 FITC 的荧光强度	2.5~50nmol/L	[86]

　　食品和环境分析作为现代分析的重要组成部分，基于酶抑制的大量生物传感器具有
已开发用于检测各种化合物，其中应用 AChEs 设计的生物传感器占到了 50%，其次是

BChEs（11%），然后是 HRP、酪氨酸酶和脲酶分别占到 7% 左右，另外还有 GOx、AIDH、CDH 等。而其中 70% 以上是用于农药残留的检测，20% 左右用于重金属检测，其他物质（包括配糖生物碱、苯甲酸、氰化物、硝酸氧化物和神经毒素等）检测不到 10%。尽管有大量的出版物证明了酶的抑制作用，但大多数系统应用于检测还需进一步进行相关研究。

（作者：田益玲　贾英民）

参考文献

［1］李天天，王亦凡，刘振华 . 电化学传感器在国内食品安全中的研究进展［J］. 分析化学进展，2019，9（1）：23-29.

［2］Chouteau C., Dzyadevych S., Durrieu C., et al. A bienzymatic whole cell conductometric biosensor for heavy metal ions and pesticides detection in water samples［J］. Biosensors & Bioelectronics, 2005, 21：273-281.

［3］Durrieu C., Chouteau C., Barthet, et al. A bi-enzymatic whol-cell algal biosensor for monitoring waster polluants［J］. analytical letters, 2004, 37：1589-1599.

［4］Rekha K., Gouda M. D., Thakur M. S., et al. Ascorbate oxidase based biosensor for organophosphorus pesticide monitoring［J］. Biosensors & Bioelectronics, 2000. 15：499-502.

［5］Lee H.-S., Kim Y., Chi Y., et al. Oxidation of organophosphorus pesticides for the sensitive detection by cholinesterase-based biosensor［J］. Chemosphere, 2002, 46：571-576.

［6］Evtugyn G. A., Budnikov H. C., Nikolskaya E. B.. Biosensors for the determination of environmental inhibitors of enzymes［J］. Russian Chemical Reviews, 1999, 68：1041-1064.

［7］Casero E., Losada J., Pariente F., et al.［J］. Modified electrode approaches for nitric oxide sensing. Talanta, 2003, 61：61-70.

［8］Tran-Minh C. Immobilized enzyme probes for determining inhibitors［J］. Ion-Selective Electrode Reviews, 1985. 7：41-75.

［9］薛淞元 . 微机电系统科学与技术发展趋［J］. 数字技术与应用，2018, 36（11）：211, 213.

［10］Han S., Zhu M., Yuan Z., et al. A methylene blue-mediated enzyme electrode for the determination of trace mercury（Ⅱ）, mercury（Ⅰ）, methylmercury, and mercury-glutathione complex［J］. Biosensors & Bioelectronics, 2001. 16：9-16.

［11］Shan D., Mousty C., Cosnier S. Subnanomolar cyanide detection at polyphenol oxidase/clay biosensors［J］. Analytical Chemistry, 2004, 76：178-183.

［12］Stoytcheva M. Electrochemical evaluation of the kinetic parameters of heterogeneous enzyme reaction in presence of metal ions［J］. Electroanalysis, 2002, 14：923-927.

［13］Malitesta C., Guascito, M. R. Heavy metal determination by biosensors based on enzyme immobilised by electropolymerisation［J］. Biosensors Bioelectronics, 2005, 20：1643-1647.

［14］Del Carlo M., Mascini M., Pepe A., et al. Screening of food samples for carbamate and organophosphate pesticides using electrochemical bioassay［J］. Food Chemistry., 2004, 84：651-656.

［15］Kuswandi B.. Simple optical fibre biosensor based on immobilized enzyme for monitoring of trace heavy metal ions［J］. Analytical & Bioanalytical Chemistry, 2003, 376：1104-1110.

［16］Kok F. N., Bozoglu F., Hasirci V.. Construction of an acethylcholinesterase-choline oxidase biosensopr for aldicarb determination ［J］. Biosensors & Bioelectronics, 2002, 17: 531-539.

［17］ Montesinos T. , P'erez-Munguia S. , Valdez F. , et al. Disposable cholinesterase biosensor for the detection of pesticides in water-miscible organic solvents ［J］. Analytical Chemistry Acta, 2001, 431: 231-237.

［18］ Andreescu S. , Noguer T. , Mageru V. , et al. Screenprinted electrode based on AChE for the detection of pesticides in presence of organic solvents ［J］. Talanta, 2002, 57: 169-176.

［19］ Morales M. D. , Morante S. , Escarpa A. , et al. Design of a composite amperometric enzyme electrode for the control of the benzoic acid content in food ［J］. Talanta, 2002, 57: 1189-1198.

［20］ C. S. Pundiro, Ashish Malikb, Preety. Bio-sensing of organophosphorus pesticides: A review ［J］. Biosensors & Bioelectronics, 2019, 140 (5): 1-13.

［21］ J. Susan Van Dyk, Brett Pletschke. Review on the use of enzymes for the detection of organochlorine, organophosphate and carbamate pesticides in the environment ［J］. Chemosphere, 2011, 82 (11): 291-307.

［22］ Sussman J L, Harel M, Frolow F, et al.. Atomic structure of acetylcholinesterase from torpedo californica: A prototypic acetylcholine-binding protein ［J］. Science, 1991, 253 (5022): 872-879. .

［23］ Hay Dvira, Israel Silman, Michal Harel, et al. Sussmana, Acetylcholinesterase: From 3D structure to function ［J］. Chemico-Biological Interactions 2010, 187 (1-3): 10-22.

［24］ 李梦怡, 彭博, 李博, 等. 农用乙酰胆碱酯酶抑制剂研究进展 ［J］. 生物技术进展, 2017, 7 (2): 127-134.

［25］ L L Jing, G C Wu, D W Kang, et al. Contemporary medicinal-chemistry strategies for the discovery of selective butyrylcholinesterase inhibitors ［J］. Drug Discovery Today, 2019, 24 (2): 629-635.

［26］ Chen D. , Sun X. , Guo Y. , Acetylcholinesterase biosensor based on multi-walled carbon nanotubes-SnO_2-chitosan nanocomposite ［J］. Bioprocess & Biosystems Engineering, 2015, 38 (2): 315-321.

［27］ Sarkar T. , Narayanan N. , Solanki, P. R. Polymer-clay nanocomposite-based acetylcholine esterase biosensor for organ ophos phorous pesticide detection, 2017. International Journal of Environmental Research. 11, 5-6.

［28］ Zheng Y. , Liu Z. , Jing Y. , et al. An acetylcholinesterase biosensor based on ionic liquid functionalized graphene-gelatin-modified electrode for sensitive detection of pesticides ［J］. Sensors and Actuators B: Chemical, 2015, 210 (4): 389-397.

［29］ Li X. , Zheng Z. , Liu X. , et al. Nanostructured photoelectrochemical biosensor for highly sensitive detection of organophosphorous pesticides ［J］. Biosensors & Bioelectronics, 2015, 64 (15): 1-5.

［30］ Shamagsumova R. V. , Shurpik D. N. , Padnya P. L. , et al. Acetylcholinesterase biosensor for inhibitor measurements based on glassy carbon electrode modified with carbon black and pillar ［5］ arene ［J］. Talanta, 2015, 144 (11): 559-568.

［31］ Liu Y. , Wei M. Development of acetylcholinesterase biosensor based on platinum-carbon aerogels composite for determination of organophosphorus pesticides ［J］. Food Control, 2014, 36 (1): 49-54.

［32］ Ju K. J. , Feng J. X. , Feng J. J. , et al. Biosensor for pesticide triazophos based on its inhibition of acetylcholinesterase and using a glassy carbon electrode modified with coral-like gold nanostructures supported on reduced graphene oxide ［J］. Microchimica Acta, 2015, 182 (15-16): 2427-2434.

［33］ Wei M. , Wang J. A novel acetylcholinesterase biosensor based on ionic liquids-AuNPs-porous carbon composite matrix for detection of organophosphate pesticides ［J］. Sensors and Actuators B: Chemical, 2015, 211 (5): 290-296.

［34］ Haiyan Z. , Xueping J. , Beibei W. , et al. An ultra-sensitive acetylcholinesterase biosensor based on reduced graphene oxide-Aunanoparticles-β-cyclodextrin/Prussian blue-chitosan nanocomposites for organophosphorus pesticides detection ［J］. Biosensors & Bioelectronics, 2015, 65, 23-30.

［35］ Wang H., Zhao G., Chen D., et al. Sensitive Acetylcholinesterase Biosensor Based on Screen Printed Electrode Modified with Fe_3O_4 Nanoparticle and Graphene for Chlorpyrifos Determination ［J］. International Journal of Electrochemical Science, 2016, 11: 10906-10918.

［36］ Chen D., Fu J., Liu Z., et al. A Simple Acetylcholinesterase Biosensor Based on Ionic Liquid/Multiwalled Carbon Nanotubes-Modified ScreenPrinted Electrode for Rapid Detecting Chlorpyrifos ［J］. International Journal of Electrochemical Science, 2017, 12: 9465-9477.

［37］ Chauhan N., Pundir C. S., Amperometric determination of acetylcholine—A neurotransmitter, by chitosan/gold-coated ferric oxide nanoparticles modified gold electrode ［J］. Biosensors & Bioelectronics, 2014, 61 (11): 1-8.

［38］ Li Y., Zhao R., Shi L., et al. Acetylcholinesterase biosensor based on electrochemically inducing 3D graphene oxide network/multi-walled carbon nanotube composites for detection of pesticides ［J］. RSC Advances, 2017, 7 (84): 53570-53577.

［39］ Dhull V., Fabrication of AChE/SnO2-cMWCNTs/Cu Nanocomposite-Based Sensor Electrode for Detection of Methyl Parathion in Water ［J］. International journal of analytical chemistry, 2018, ID 2874059: 1-7. https: //doi. org/10. 1155/2018/2874059.

［40］ Joshi K. A., Tang J., Haddon R., et al. A Disposable Biosensor for Organophosphorus Nerve Agents Based on Carbon Nanotubes Modified Thick Film Strip Electrode ［J］. Electroanalysis, 2005, 17 (1): 54-58.

［41］ Yu G., Wu W., Zhao Q., et al. Efficient immobilization of acetylcholinesterase onto amino functionalized carbon nanotubes for the fabrication of high sensitive organophosphorus pesticides biosensors Biosens ［J］. Biosensors & Bioelectronics, 2015, 68 (6): 288-294.

［42］ Kesik M., Kanik F. E., Turan J.. An acetylcholinesterase biosensor based on a conducting polymer using multi-walled carbon nanotubes for amperometric detection of organophosphorous pesticides ［J］. Sensors and Actuators B: Chemical, 2014. 205 (9): 39-49.

［43］ Dutta R., Puzari P.. Amperometric biosensing of organophosphate and organocarbamate pesticides utilizing polypyrrole entrapped acetylcholinesterase electrode ［J］. Biosensors & Bioelectronics, 2014, 52 (2): 166-172.

［44］ Deo R. P., Wang J., Block I., et al.. Determination of organophosphate pesticides at a carbon nanotube/organophosphorus hydrolase electrochemical biosensor ［J］. Analytical Chemistry Acta, 2005, 530 (9): 185-189.

［45］ Flounders A. W., Singh A. K., Volponi J. V., et al., . Development of sensors for direct detection of organophosphates. Part II: sol-gel modified field effect transistor with immobilized organophosphate hydrolase ［J］. Biosensors & Bioelectronics, 1999, 14 (8-9): 715-722.

［46］ Simonian A. L., Good T. A., Wang S. -S., et al. Nanoparticle-based optical biosensors for the direct detection of organophosphate chemical warfare agents and pesticides ［J］. Analytical Chemistry Acta, 2005, 534 (7): 69-77.

［47］ Mulchandani A., Chen W., Mulchandani P., et al. Biosensors for direct determination of organophosphate pesticides ［J］. Biosensors & Bioelectronics, 2001, 16 (2): 225-230.

［48］ G. Faccio, K. Kruus, M. Saloheimo, et al. Bacterial tyrosinases and their applications ［J］. Process Biochemistry 2012, 47 (9): 1749-1760.

［49］ 李莉莉, 邢蕊, 邓阳阳, 等. 酪氨酸酶抑制剂的研究新进展 ［J］. 食品工业, 2016, 37 (8): 235-239.

［50］ 张启勤. 酪氨酸酶抑制剂的研究进展 ［J］. 科技资讯, 2015, 18: 200-201.

［51］ Fang Y. , Bullock H. , Lee S. A. , et al. Detection of methyl salicylate using bi-enzyme electrochemical sensor consisting salicylate hydroxylase and tyrosinase ［J］. Biosensors & Bioelectronics, 2016, 85 (11): 603-610.

［52］ Reza K. K. , Ali M. A. , Srivastava S. , et al. Tyrosinase conjugated reduced graphene oxide based biointerface for bisphenol A sensor ［J］. Biosensors & Bioelectronics, 2015, 74 (12): 644-651.

［53］ Apetrei I. M. , Rodriguez-Mendez M. L. , Apetrei C. , et al. Enzyme sensor based on carbon nanotubes/cobalt (II) phthalocyanine and tyrosinase used in pharmaceutical analysis ［J］. Sensors & Actuators: B. Chemical, 2013, 177 (2): 138-144.

［54］ Karim M. N. , Lee J. E. , Lee H. J. Amperometric detection of catechol using tyrosinase modified electrodes enhanced by the layer-by-layer assembly of gold nanocubes and polyelectrolytes ［J］. Biosensors & Bioelectronics, 2014, 61 (11): 147-151.

［55］ del Torno-de Román L. , Asunción Alonso-Lomillo M. , Domínguez-Renedo O. , et al. Tyrosinase based biosensor for the electrochemical determination of sulfamethoxazole ［J］. Sensors & Actuators: B. Chemical, 2016, 227 (5): 48-53.

［56］ Lete C. , Lakard B. , Hihn J. -Y. , et al. Use of sinusoidal voltages with fixed frequency in the preparation of tyrosinase based electrochemical biosensors for dopamine electroanalysis ［J］. Sensrs & Actuators: B. Chemical, 2017, 240 (3): 801-809.

［57］ Apetrei I. M. , Apetrei C. . Amperometric biosensor based on polypyrrole and tyrosinase for the detection of tyramine in food samples ［J］. Sensors & Actuators: B. Chemical, 2013, 178 (3): 40-46.

［58］ Liu X. , Yan R. , Zhu J. , et al. Growing TiO$_2$ nanotubes on graphene nanoplatelets and applying the nanonanocomposite as scaffold of electrochemical tyrosinase biosensor ［J］. Sensors & Actuators: B. Chemical, 2015, 209 (3): 328-335.

［59］ Camargo J. R. , Baccarin M. , Raymundo-Pereira P. A. , et al. Electrochemical biosensor made with tyrosinase immobilized in a matrix of nanodiamonds and potato starch for detecting phenolic compounds ［J］. Analytical Chemistry, 2018, 1034 (11): 137-143.

［60］ Saini A. S. , Kumar J. , Melo J. S. . Microplate based optical biosensor for L-Dopa using tyrosinase from Amorphophallus campanulatus ［J］. Analytical Chemistry Acta, 2014, 849 (11): 50-56.

［61］ Ibáñez-Redín G. , Silva T. A. , Vicentini F. C. , et al. Effect of carbon black functionalization on the analytical performance of a tyrosinase biosensor based on glassy carbon electrode modified with dihexadecylphosphate film ［J］. Enzyme and Microbial Technology, 2018, 116 (9): 41-47.

［62］ Kochana J. , Wapiennik K. , Kozak J. , et al. Tyrosinase-based biosensor for determination of bisphenol A in a flow-batch system ［J］. Talanta, 2015, 144 (11): 163-170.

［63］ Cerrato-Alvarez M. , Bernalte E. , Bernalte-García M. J. , et al. Fast and direct amperometric analysis of polyphenols in beers using tyrosinase-modified screen-printed gold nanoparticles biosensors ［J］. Talanta, 2019, 193 (2): 93-99.

［64］ Wang Y. , Zhai F. , Hasebe Y. , et al. A highly sensitive electrochemical biosensor for phenol derivatives using a graphene oxide-modified tyrosinase electrode ［J］. Bioelectrochemistry, 2018, 122 (8): 174-182.

［65］ Lete C. , Lupu S. , Lakard B. , et al. Multi-analyte determination of dopamine and catechol at single-walled carbon nanotubes-conducting polymer-tyrosinase based electrochemical biosensors ［J］. Journal of Electroanalytical Chemistry, 2015, 744 (5): 53-61.

［66］ Kochana J. , Kozak J. , Skrobisz A. , et al. Tyrosinase biosensor for benzoic acid inhibition-based determination with the use of a flow-batch monosegmented sequential injection system ［J］. Talanta, 2012, 96 (7):

147-152.

［67］ Bertolino F. A. ，De Vito I. E. ，Messina G. A. ，et al. Microfluidicenzymatic biosensor with immobilized tyrosinase for electrochemical detection of pipemidic acid in pharmaceutical samples ［J］. Journal of Electroanalytical Chemistry, 2011. 651 （2）: 204-210.

［68］ Guan Y. ，Liu L. ，Chen C. ，et al. Effective immobilization of tyrosinase via enzyme catalytic polymerization of L-DOPA for highly sensitive phenol and atrazine sensing ［J］. Talanta, 2016' 160 （11）: 125-132.

［69］ Nadifiyine S. ，Calas-Blanchard C. ，Amine A. ，et al. Tyrosinase biosensor used for the determination of catechin derivatives in tea: Correlation with HPLC/DAD method ［J］. Food and Nutrition Sciences, 2013, 4 （1）: 108-118.

［70］ da Silva W. ，Ghica M. E. ，Ajayi R. F. ，et al. Tyrosinase based amperometric biosensor for determination of tyramine in fermented food and beverages with gold nanoparticle doped poly （8-anilino-1-naphthalene sulphonic acid） modified electrode ［J］. Food Chemistry, 2019, 282 （6）: 18-26.

［71］ L. B. S. Upadhyay, N. Verma, Alkaline phosphatase inhibition based conductometric biosensor for phosphate estimation in biological Fluids ［J］. Biosensors & Bioelectronics, 2015, 68 （6）: 611-616.

［72］ G. G. Guilbault, M. Nanjo, A phosphate-selective electrode based on immobilized alkaline phosphatase and glucose oxidase ［J］. Analytial Chemistry Acta, 1975, 78 （1）: 69-80.

［73］ Y. Su, M. Mascini, AP-GOD biosensor based on a modified poly （phenol） film electrode and its application in the determination of low levels of phosphate ［J］. analytical letters, 1995, 28 （8）: 1359-1378.

［74］ V. N. Arkhypova, S. V. Dzyadevych, A. P. Soldatkin, et al. Martelet, Multibiosensor based on enzyme inhibition analysis for determination of different toxic substances ［J］. Talanta, 2001, 55 （5）: 919-927.

［75］ N. Tekaya, O. Saiapina, H. B. Ouada, et al. Ultra-sensitive conductometric detection of heavy metals based on inhibition of alkaline phosphatase activity from Arthrospira platensis ［J］. Bioelectrochemistry 2013, 90 （4）: 24-29.

［76］ S. Leonardo, L. Reverté, J. Diogène, et al. Biosensors for the detection of emerging marine toxins, in: D. P. Nikolelis, G. - P. Nikoleli （Eds. ）, Advanced Sciences and Technologies for Security Applications, Springer International Publishing ［J］. Switzerland, 2016, （3）: 231-248.

［77］ L. Reverté, L. Soliño, O. Carnicer, et al. Alternative methods for the detection of emerging marine toxins: biosensors, biochemical assays and cellbased assays ［J］. Marine drugs, 2014, 12 （12）: 5719-5763.

［78］ R. R. M. Thengodkar, S. Sivakami. Degradation of chlorpyrifos by an alkaline phosphatase from the cyanobacterium Spirulina platensis ［J］. Biodegradation, 2010, 21 （4）: 637-644.

［79］ A. L. Alvarado-Gámez, M. A. Alonso-Lomillo, O. Domínguez-Renedo, et al. Vanadium determination in water using alkaline phosphatase based screen-printed carbon electrodes modified with gold nanoparticles ［J］. Journal of Electroanalytical Chemistry, 2013, 693 （3） 51-55.

［80］ C. Ocaña, A. Hayat, R. K. Mishra, et al. A novel electrochemical aptamer – antibody sandwich assay for lysozyme detection ［J］. Analyst, 2015, 140 （12）: 4148-4153.

［81］ P K Rai, S S Lee, M Zhang, et al. Heavy metals in food crops: Health risks, fate, mechanisms, and management ［J］. Environment International, 2019, 125 （2）: 365-385.

［82］ K Kappaun, A R Piovesan, C R Carlini, et al. Ureases: Historical aspects, catalytic, and non-catalytic properties ［J］. Journal of advanced research, 2018, 13 （5）: 3-17.

［83］ Bagal-Kestwal D. ，Karve M. S. ，Kakade B. ，et al. Invertase inhibition based electrochemical sensor for the detection of heavy metal ions in aqueous system: applicationof ultra-microelectrode to enhance sucrose biosensor's sensitivity ［J］. Biosensors & Bioelectronics，2008，24：657-664.

［84］ Ilangovan R.，Daniel D.，Krastanov A.，et al. Enzyme based biosensor for heavy metal ions determination ［J］. Biosensors & Bioelectronics，2006. 20：184-189.

［85］ Berezhetskyy A. L.，Sosovska O. F.，Durrieu C.，et al. Alkaline phosphatase conductometric biosensor for heavy-metal ions determination ［J］. ITBM RBM，2008，29：136-140.

［86］ Tsai H. -c.，Doong R. -A.. Simultaneous determination of pH，urea，acetylcholine and heavymetals using array-based enzymatic optical biosensor ［J］. Biosensors & Bioelectronics，2005，20：1796-1804.